RIETSCHEL

Raumklimatechnik

Band 2: Raumluft- und Raumkühltechnik

Herausgegeben von Klaus Fitzner

16., völlig überarbeitete
und erweiterte Auflage mit
545 Abbildungen und 54 Tabellen

Professor a.D. Dr.-Ing. Klaus Fitzner
Hermann-Rietschel-Institut
FG Heiz- und Raumlufttechnik
Technische Universität Berlin
Marchstr. 4
10587 Berlin
klaus.fitzner@tu-berlin.de

Ursprünglich erschienen in 2 Bänden unter dem Titel:
Rietschel/Raiß, Heiz- und Klimatechnik,
erster Band: Grundlagen, Systeme, Ausführung
zweiter Band: Verfahren und Unterlagen zur Berechnung

ISBN   978-3-540-54466-1 (Band 1) 16.Auflage Springer Berlin Heidelberg New York
ISBN   978-3-540-57180-3 (Band 3) 16.Auflage Springer Berlin Heidelberg New York

ISBN 978-3-540-57011-0 16.Auflage Springer Berlin Heidelberg New York
ISBN   978-3-540-05001-8 15.Auflage Springer Berlin Heidelberg New York

Bibliografische Information der Deutschen Bibliothek
Die Deutsche Bibliothek verzeichnet diese Publikation in der Deutschen Nationalbibliografie; detaillierte bibliografische Daten sind im Internet über http://dnb.ddb.de abrufbar.

Dieses Werk ist urheberrechtlich geschützt. Die dadurch begründeten Rechte, insbesondere die der Übersetzung, des Nachdrucks, des Vortrags, der Entnahme von Abbildungen und Tabellen, der Funksendung, der Mikroverfilmung oder Vervielfältigung auf anderen Wegen und der Speicherung in Datenverarbeitungsanlagen, bleiben, auch bei nur auszugsweiser Verwertung, vorbehalten. Eine Vervielfältigung dieses Werkes oder von Teilen dieses Werkes ist auch im Einzelfall nur in den Grenzen der gesetzlichen Bestimmungen des Urheberrechtsgesetzes der Bundesrepublik Deutschland vom 9. September 1965 in der jeweils geltenden Fassung zulässig. Sie ist grundsätzlich vergütungspflichtig. Zuwiderhandlungen unterliegen den Strafbestimmungen des Urheberrechtsgesetzes.

Springer ist ein Unternehmen von Springer Science+Business Media

springer.de

© Springer-Verlag Berlin Heidelberg 2008

Die Wiedergabe von Gebrauchsnamen, Handelsnamen, Warenbezeichnungen usw. in diesem Buch berechtigt auch ohne besondere Kennzeichnung nicht zu der Annahme, dass solche Namen im Sinne der Warenzeichen- und Markenschutz-Gesetzgebung als frei zu betrachten wären und daher von jedermann benutzt werden dürften. Sollte in diesem Werk direkt oder indirekt auf Gesetze, Vorschriften oder Richtlinien (z. B. DIN, VDI, VDE) Bezug genommen oder aus ihnen zitiert worden sein, so kann der Verlag keine Gewähr für die Richtigkeit, Vollständigkeit oder Aktualität übernehmen. Es empfiehlt sich,gegebenenfalls für die eigenen Arbeiten die vollständigen Vorschriften oder Richtlinien in der jeweils gültigen Fassung hinzuzuziehen.

Satz und Herstellung: LE-TeX, Jelonek, Schmidt & Vöckler GbR, Leipzig
Einbandgestaltung: WMXDesign, Heidelberg
Gedruckt auf säurefreiem Papier   68/3180 YL – 5 4 3 2 1 0

Vorwort

Mit diesem 2. Band „Raumluft- und Raumkühltechnik" der 16. Auflage des „Rietschel" sind jetzt 3 Bände dieser Auflage unter dem Gesamttitel „Raumklimatechnik" erschienen. Horst Esdorn, mein Vorgänger am Herrmann-Rietschel-Institut für Heizungs- und Klimatechnik an der TU Berlin, hat diesen neuen Sammelbegriff eingeführt, der sämtliche Verfahren und Einrichtungen zur Schaffung behaglicher Innenraumverhältnisse umreißen soll. Es ist oberstes Ziel der Raumlufttechnik, behagliche Bedingungen im Raum herzustellen und nicht nur die benötigte Kühl- oder Heizleistung aufzubringen.

Nachdem der erste Band, Grundlagen, 1994 erschienen war, habe ich 2001 die Aufgabe des Herausgebers von Esdorn übernommen, der die Gliederung und die Auswahl der Autoren auch für diesen Band schon vorgenommen hatte. Ich habe die Vorschläge weitgehend übernommen.

Seit der letzten 15. Auflage im Jahre 1968 hat sich auf dem Gebiet der Raumklimatechnik eine überwältigende Entwicklung ergeben. Die Fortschritte vor allem auf dem Gebiet der Raumkühltechnik waren sehr groß. Ihre ungebremste Anwendung vor allem in Bürogebäuden der 70iger Jahre hat ihr allerdings einige nicht ganz unberechtigte Kritik eingebracht. Es mussten viele Gebäude gekühlt werden, weil sie falsch gebaut wurden. Teilweise waren aber auch die inneren Lasten sehr hoch. Es war früher nicht bekannt, dass behagliche Bedingungen mit Raumlufttechnik nur verwirklicht werden können, wenn die Kühlleistungen nicht zu hoch sind. Kühlleistungen bezogen auf die Grundfläche über etwa 100 W/m² stellen eine solche kaum überschreitbare Grenze dar. Heute gibt es eine andere Tendenz. Es wird häufig bei Neu- und Umbauten auf Raumkühltechnik verzichtet, ohne sich bewusst zu sein, dass das nur möglich ist bei sehr geringen thermischen Lasten im Raum, wie es zum Beispiel bei Wohngebäuden gegeben ist.

Die Bedeutung der thermischen Last kann gar nicht oft genug betont werden. Sie ist entscheidend für die Beantwortung der Frage, ob eine Raumlufttechnische Anlage erforderlich ist und wie sie auszusehen hat. Das wird selten beachtet. Leider werden auch immer wieder umfangreiche Forschungen und Vergleiche verschiedener Gebäude durchgeführt, ohne ihre thermische Last zu berücksichtigen. Es wird gar versucht, Erfahrungen aus dem Wohnbereich, wo die thermischen Lasten sehr klein sind, auf andere Gebäude zu übertragen.

Es ist sehr erfreulich, dass Michael Schmidt für die Kapitel A bis E gewonnen werden konnte, wo es vor allem darum geht, die verschiedenen Lasten und ihre Abfuhr zu beschreiben.

Das Kapitel F, Raumluftströmung, ist mein Lieblingsthema und versucht vor allem die Grenzen der thermischen Lasten hervorzuheben, wenn thermisch behagliche Bedingungen eingehalten werden sollen. Es handelt sich hier immer noch überwiegend um Erfahrungswerte aus experimentellen Arbeiten. Die numerischen Berechnungen stecken vor allem bei auftriebsbehafteten Strömungen immer noch so sehr in den Kinderschuhen, dass sie nicht verlässlich genug sind.

Der Abschnitt G1 über Ventilatoren von Tibor Rákóczy und mir soll vor allem die richtige Auswahl und Anwendung der Ventilatoren und der Antriebe erleichtern.

In den weiteren Kapiteln G werden zahlreiche Komponenten der Raumlufttechnischen Anlagen von mir beschrieben.

Thomas Sefker gibt in Kapitel H einen Überblick über dezentrale Anlagen, ihre Komponenten und ihre Anwendung.

In Kapitel I hat Ulrich Finke sich dem Thema Hygiene in RLT-Anlagen gewidmet, dem erfreulicherweise in letzter Zeit immer mehr Aufmerksamkeit geschenkt wird.

Die Kälteversorgung wird sehr umfangreich in Kapitel J von Anton Reinhart beschrieben, und er geht dabei auch auf die Kühlung ohne Kältemaschinen ein.

Siegfried Baumgarth und Georg-Peter Schernus haben in Kapitel K den aktuellen Stand der Regelungstechnik dargestellt. Es ist das Gebiet, auf dem sich nach wie vor die stärksten Änderungen vollziehen. Die Grundprinzipien, vor allem die charakteristischen Kennlinien der Komponenten, die schon in Band 1 beschrieben wurden, bleiben zwar erhalten, aber die Digitaltechnik erweitert die Möglichkeiten ständig. Trotzdem lassen sich falsch ausgewählte Komponentenkennlinien mit Digitaltechnik kaum korrigieren, was manchmal angenommen wird!

Das Kapitel L über Akustik wurde schon von Manfred Heckl geschrieben und von Michael Möser überarbeitet.

Ludwig Höhenberger hat in Kapitel L das Thema Wasseraufbereitung bearbeitet, das vor allem im Zusammenhang mit der Hygiene und Fragen der Korrosion eine große Bedeutung hat.

Das Thema Raumluftqualität hat in den letzten Jahren immer größere Bedeutung erlangt und es wird weiter wichtig werden, weil die Außenluftvolumenströme reduziert werden sollen und dadurch die Luftqualität schlechter wird, wenn nicht gleichzeitig Verunreinigungsquellen beseitigt werden. Es wird ein umfangreicher Überblick über die Empfundene Luftqualität und ihre Bestimmung von Dirk Müller und seinen Mitarbeitern Frank Bitter, Johannes Kasche, Birgit Müller und Jana Panaskova gegeben, und es ergänzt das Kapitel C3 aus Band 1. Auf diesem Gebiet ist weitere umfangreiche Forschung erforderlich.

Last not least habe ich eine Arbeit von Olli Seppänen und William Fisk zum Thema Raumklima und Leistungsfähigkeit als Kapitel O übersetzt, das ich für die Raumlufttechnik für sehr wichtig halte, bei allen Vorbehalten, die die Autoren selbst nennen.

Wie Heinz Esdorn schon im Vorwort zum ersten Band ausgeführt hat, soll der erste Band das „Warum" klären, dieser zweite das „Wie". Dabei sind Überschneidungen nicht immer vermeidbar. Das Buch wendet sich traditionsgemäß an Studenten zur Unterstützung während des Studiums, mehr aber noch an tätige Ingenieure auf unserem Fachgebiet und es wäre erfreulich, wenn auch Architekten hineinsehen würden. Das Buch geht nicht so weit ins Detail, dass Ingenieure in der Entwicklung und Forschung hiermit allein zurechtkämen.

Das Buch geht nicht auf Sonderanwendungen im industriellen Bereich ein, obwohl der größte Teil der Aussagen auch dort gilt.

Die Formelzeichen wurden wie in den beiden früheren Bänden weiter verwendet, also noch nicht auf die laufende europäische Normung umgestellt.

Auf unserem Gebiet haben sich in den letzten fast 30 Jahren zahlreiche bemerkenswerte internationale Konferenzen etabliert, die in Abständen von zwei bis vier Jahren regelmäßig stattfinden. Dazu zählen unter anderen Indoor Air, Roomvent, Healthy Building, Clima 2000 und für die Reinraumtechnik Konferenzen der ICCCS (International Confederation of Contamination Control Societies). Zahlreiche Beiträge sind daraus hier schon aufgenommen, aber es war leider nicht möglich, alle wesentlichen Beiträge dieser Konferenzen in dieses Buch einfließen zu lassen. Deshalb möchte ich auf die Kongressveröffentlichungen hinweisen.

Berlin im Juni 2008   Klaus Fitzner

Autorenverzeichnis

Abschnitt	Autor
A–E	**Schmidt**, Michael, Prof. Dr.-Ing. Institut für Gebäudeenergetik Universität Stuttgart Pfaffenwaldring 35 70569 Stuttgart
F, G	**Fitzner**, Klaus, Prof. a. D. Dr.-Ing. Hermann-Rietschel-Institut FG Heizungs- und Raumlufttechnik Technische Universität Berlin Marchstr. 4 10587 Berlin
G1	**Rákóczy**, Tibor, Prof. Dr.-Ing. Vorgebirgstraße 51 50677 Köln
H	**Sefker**, Thomas, Dr.-Ing. TROX GmbH Heinrich-Trox-Platz D-47504 Neukirchen-Vluyn
I	**Finke**, Ulrich, Dr.-Ing. KLIMAKONZEPT Ingenieurgesellschaft Olympische Str. 3a 14052 Berlin
J	**Reinhart**, Anton, Dr. sc. t. Schwesternberg 1c 88131 Lindau

Abschnitt	Autor
K	**BAUMGARTH, SIEGFRIED, PROF. DR.-ING.** Vereidigter Sachverständiger Homburgstr. 31 38116 Braunschweig **SCHERNUS, GEORG-PETER, PROF. DR.-ING.** Labor für Elektrotechik, Fachhochschule Braunschweig/Wolfenbüttel Institut für Verbrennungstechnik und Prozessautomation Salzdahlumer Straße 46–48 38302 Wolfenbüttel
L	**HECKL, MANFRED, PROF. EM. DR. RER. NAT., VERSTORBEN** Institut für Technische Akustik Technische Universität Berlin **MÖSER, MICHAEL, PROF. DR.-ING.** Technische Universität Berlin Institut für Technische Akustik, Sekr. TA7 Einsteinufer 25 10587 Berlin
M	**HÖHENBERGER, LUDWIG, DIPL.-ING.** TÜV Süddeutschland, Bau und Betrieb Westendstr. 199 80686 München
N	**BITTER, FRANK, DR.-ING.** WSPLab Dr.-Ing. Harald Bitter Dipl.-Ing. Frank Kapuzinerweg 7 70374 Stuttgart **DAHMS, ARNE, DIPL.-ING.** Hermann-Rietschel-Institut FG Heizungs- und Raumlufttechnik Technische Universität Berlin Marchstr. 4 10587 Berlin **KASCHE, JOHANNES, DIPL.-ING.** Building Applications Ingenieure Köpenicker Str. 154 a/D 10997 Berlin

Abschnitt   Autor

   MÜLLER, BIRGIT, DR.-ING.
   Fachgebiet: Heiz- und Raumlufttechnik
   Hermann-Rietschel-Institut
   Institut für Energietechnik
   Technische Universität Berlin
   Marchstr. 4
   10587 Berlin

   MÜLLER, DIRK, PROF. DR.-ING.
   RWTH Aachen University
   E.ON Energy Research Center
   Institute for Rational Use of Energy in Buildings
   Jaegerstr. 17–19
   D-52066 Aachen

   PANASKOVA, JANA, DIPL.-ING.
   RWTH Aachen, E.ON Energieforschungszentrum
   Lehrstuhl für Gebäude- und Raumklimatechnik
   Jaegerstr. 17–19
   D-52066 Aachen

O   SEPPÄNEN, OLLI, PROF.
   Helsinki University of Technology
   POBox 4100
   FIN-02015 HUT

   FISK, WILLIAM J. MS, BS.
   Lawrence Berkeley National Laboratory
   Indoor Environment Department
   1 Cyclotron Rd. 90R3058
   Berkeley, CA 94720

Inhaltsverzeichnis

A	**Aufgaben der Raumklimatechnik**	1
	Michael Schmidt	
A1	Übersicht	1
A2	Raumbelastungen und Raumlasten	2
A2.1	Raumbelastungen	2
A2.1.1	Allgemein	2
A2.1.2	Energiebelastungen	2
A2.1.2.1	Wärme	2
A2.1.2.2	Druck	3
A2.1.2.3	Geschwindigkeit	3
A2.1.2.4	Ladung	4
A2.1.3	Stoffbelastungen	4
A2.1.4	Speichern von Raumbelastungen	4
A2.2	Raumlasten	7
A2.2.1	Allgemein	7
A2.2.2	Energielasten	11
A2.2.2.1	Heizlasten	11
A2.2.2.2	Kühllasten	12
A2.2.2.3	Drucklasten	13
A2.2.2.4	Geschwindigkeitslasten*	14
A2.2.2.5	Ladungslasten	14
A2.2.3	Stofflasten	14
A2.2.3.1	Feuchtelasten	14
A2.2.3.2	Schadstofflasten	15
A2.2.4	Normlasten	16
A2.2.5	Norm-Auslegungslasten	16
Literatur		16
B	**Abfuhr von Raumlasten**	19
	Michael Schmidt	
B1	**Allgemeine Grundlagen der Lastabfuhr**	19
B2	**Lastabfuhr über Raumwärmeaustauscher**	20
B2.1	Raumheizflächen	20
B2.1.1	Allgemein	20

B2.1.2	Integrierte Heizflächen	20
B2.1.2.1	Allgemein	20
B2.1.2.2	Deckenheizungen	21
B2.1.2.3	Fußbodenheizungen	21
B2.1.2.4	Wandheizungen	22
B2.1.3	Freie Raumheizflächen	22
B2.1.3.1	Deckenstrahlplatten	22
B2.1.3.2	Raumheizkörper	23
B2.2	Raumkühlflächen	24
B2.2.1	Allgemein	24
B2.2.2	Integrierte Kühlflächen	25
B2.2.2.1	Allgemein	25
B2.2.2.2	Kühldecken	25
B2.2.2.3	Kühlfußböden	25
B2.2.2.4	Kühlwände	26
B2.2.3	Freie Kühlflächen	26
B3	**Lastabfuhr über Raumstoffaustauscher**	**27**
B3.1	Allgemein	27
B3.2	Raumbefeuchter	28
B3.2.1	Allgemein	28
B3.2.2	Aerosolbefeuchter	28
B3.2.3	Verdunstungsbefeuchter	28
B3.2.4	Dampfbefeuchter	29
B3.3	Raumentfeuchter	29
B3.3.1	Allgemein	29
B3.3.2	Kondensationsentfeuchter	29
B3.3.2.1	Raumkühlkörper	29
B3.3.2.2	Umluftentfeuchter	30
B3.3.3	Sorptionsentfeuchter	30
B3.4	Raumentstoffer	30
B3.4.1	Allgemein	30
B3.4.2	Umluftentstoffer	30
B3.4.3	Oberflächenentstoffer	30
B3.5	Raumbestoffer	31
B4	**Lastabfuhr über Raumluftaustausch**	**31**
B4.1	Allgemein	31
B4.2	Grundprinzipien der konvektiven Abfuhr von Raumlasten	32
B4.2.1	Verdünnen	32
B4.2.2	Zonieren	33
B4.2.3	Verdrängen	34

B4.3	Definitionen von Raumluftkonzentrationen	35
B4.3.1	Allgemein	35
B4.3.2	Energielasten	35
B4.3.2.1	Wärmelasten	35
B4.3.2.2	Sensible Heiz- und Kühllasten	36
B4.3.2.3	Latente Heiz- und Kühllasten	36
B4.3.2.4	Drucklasten	36
B4.3.2.5	Geschwindigkeitslasten	36
B4.3.3	Stofflasten	37
B4.3.3.1	Be- und Entfeuchtungslasten	37
B4.3.3.2	Schadstofflasten	38
B4.4	Raumströmungsformen zur konvektiven Lastabfuhr	39
B4.4.1	Mischströmung	39
B4.4.2	Schichtströmung oder Quellluftströmung	40
B4.4.3	Verdrängungsströmung	41
B4.4.4	Umsetzung der Lastabfuhr mit den Raumströmungsformen	41
B4.4.5	Raumbelastungsgrad, Lüftungseffektivität	41
B5	**Raumbilanzen**	**43**
B5.1	Allgemein	43
B5.2	Energiebilanzen	44
B5.2.1	Wärmebilanzen	44
B5.2.1.1	Sensible Wärmelasten	44
B5.2.1.2	Latente Wärmelasten	47
B5.2.2	Druckbilanzen	49
B5.2.3	Geschwindigkeitsbilanzen	50
B5.3	Stoffbilanzen	50
B5.3.1	Feuchtebilanzen	50
B5.3.2	Schadstoffbilanzen	52
Literatur		**53**
C	**Raumlufttechnische Anlagen zur konvektiven Abfuhr von Raumlasten**	**55**
	MICHAEL SCHMIDT	
C1	**Arbeitsbereiche der Lufttechnik**	**55**
C2	**Funktion Raumlufttechnischer Anlagen**	**57**
C3	**Prozesse Raumlufttechnischer Anlagen**	**57**
C3.1	Thermodynamische Prozesse	57
C3.1.1	Heizen	57
C3.1.2	Kühlen	59
C3.1.3	Befeuchten	60

C3.1.4	Entfeuchten (s. G6)	63
C3.1.5	Mischen	66
C3.1.6	Druck aufprägen	67
C3.1.7	Geschwindigkeit aufprägen	67
C3.2	Mechanische Prozesse	68
C3.2.1	Luftförderung	68
C3.2.2	Luftreinigung	70
Literatur		71

D Energetische Bewertung Raumlufttechnischer Anlagen ... 73
MICHAEL SCHMIDT

D1	**Optimierung Raumlufttechnischer Prozesse**	73
D1.1	Allgemein	73
D1.2	Energieeinsatz	74
D1.2.1	Wärmerückgewinnung	74
D1.2.2	Wärme- und Stoffrückgewinnung	76
D1.2.3	Fremdwärmenutzung	78
D1.2.4	Förderenergie	78
D1.3	Stoffeinsatz	79
D1.3.1	Luft	79
D1.3.2	Wasser	80
D1.3.2.1	Befeuchtung	80
D1.3.2.2	Entfeuchtung	81
D1.4	Betriebszeiten	81
D1.5	Regelung und Steuerung	81
D1.5.1	Sollwerte und Istwerte	81
D1.5.2	Regelung oder Steuerung	82
D1.5.3	Regelstrategie	83
D1.6	Anlagenbetrieb	86
D2	**Energie- und Stoffbedarf Raumlufttechnischer Anlagen**	87
D2.1	Allgemein	87
D2.2	Referenzbedarf	92
D2.3	Subsystem Nutzenübergabe	94
D2.4	Subsystem Verteilung	97
D2.5	Subsystem Erzeugung	98
D2.6	Berechnung des Energie- und Stoffbedarfs	99
D2.6.1	Allgemein	99
D2.6.2	Numerische Simulationsverfahren	101
D2.6.3	Näherungsverfahren	103
Literatur		105

E	**Klassifikation von Raumlufttechnischen Anlagen**...............	107
	MICHAEL SCHMIDT	
E1	Kurzbezeichnung nach Luftbehandlungsfunktionen und Luftarten	107
E1.1	Luftarten	107
E1.2	Kurzbezeichnungen	109
E2	Systembezeichnungen nach verfahrenstechnischen Merkmalen...............	110
E2.1	Allgemein	110
E2.2	Luftversorgung...............	111
E2.3	Luftart...............	111
E2.4	Umluftbehandlung...............	112
E2.5	Luftgeschwindigkeit in den Kanälen...............	112
E2.6	Druckdifferenz an den Durchlässen...............	113
E2.7	Luftvolumenstrom an den Durchlässen	113
E2.8	Transport thermischer Energie	113
E2.9	Zusammenfassung...............	114
Literatur...............		115
F	**Luftströmung in belüfteten Räumen**	117
	KLAUS FITZNER	
F1	Übersicht...............	117
F1.1	Einleitung...............	117
F1.2	Mischströmung	118
F1.3	Verdrängungsströmung	118
F1.4	Quellluftströmung...............	119
F1.5	Sonderfälle	120
F1.6	Lokale Senken und Quellen...............	121
F2	Erzwungene Raumströmung...............	122
F2.1	Mischströmung	122
F2.1.1	Allgemeines	122
F2.1.2	Isotherme Luftstrahlen...............	125
F2.1.2.1	Isothermer Freistrahl...............	125
F2.1.2.2	Mehrfachstrahlen...............	131
F2.1.2.3	Linearer Decken- oder Wandstrahl...............	135
F2.1.2.4	Radialer Freistrahl...............	136
F2.1.2.5	Radialer Decken- oder Wandstrahl...............	138
F2.1.3	Anisotherme Strahlen...............	140
F2.1.3.1	Anisotherme Freistrahlen	140
F2.1.3.2	Anisotherme Decken- und Wandstrahlen...............	144
F2.2	Verdrängungsströmung...............	151
F2.2.1	Vertikale Verdrängungsströmung	151

F2.2.2	Horizontale Verdrängungsströmung	153
F2.2.3	Anwendung in der Reinraumtechnik	154
F2.2.3.1	Verhalten kleiner Teile	154
F2.2.3.2	Reinraumklassen	156
F2.2.3.3	Laminare und turbulente Verdrängungsströmung	158
F2.2.3.4	Partiell beaufschlagte Reinraumdecken	170
F3	**Quellluftströmung**	**174**
F3.1	Beurteilungsmethoden	174
F3.2	Strömungsbild	177
F3.3	Auftrieb an einer Wärmequelle	179
F3.4	Temperatur-, Konzentrations- und Geschwindigkeitsverteilungen im Raum	181
F3.5	Rechenmodelle für die Temperaturprofile	187
F3.6	Beschleunigung vor dem Luftdurchlass	190
F3.7	Fensterlüftung	193
F3.8	Deckenkühlung mit Quelllüftung	194
F4	**Unterschiede bei Misch- und Quellluftströmung**	**195**
F4.1	Anwendungsbereiche von Verdrängungs-, Misch- und Quelllüftung	195
F4.2	Unterschiede zwischen Quell- und Mischlüftung beim Stoff- und Wärmeübergang an der Oberfläche einer Person	197
Literatur		**200**
G	**Bauelemente raumlufttechnischer Anlagen**	**205**
	G1 Tibor Rákóczy, G1–G7 Klaus Fitzner	
G1	**Ventilatoren**	**205**
G1.1	Einführung	205
G1.2	Bauarten	207
G1.3	Radialventilatoren	207
G1.3.1	Bauform und Geschwindigkeitsdreiecke	207
G1.3.2	Drücke	212
G1.3.3	Reaktionsgrad	214
G1.3.4	Dimensionslose Kennzahlen	215
G1.3.5	Kennlinien	218
G1.3.6	Betrieb von Ventilatoren	225
G1.3.6.1	Auslegung	225
G1.3.6.2	Regelung	226
G1.3.6.3	Schaltungen	233
G1.3.7	Einbau von Ventilatoren	237
G1.4	Axialventilatoren	243
G1.4.1	Bauform	243
G1.4.2	Drücke	246

G1.4.3	Dimensionslose Kennzahlen.	247
G1.4.4	Kennlinien	249
G1.4.5	Betrieb von Ventilatoren	251
G1.4.5.1	Auslegung	251
G1.4.5.2	Regelung	252
G1.4.5.3	Schaltung	255
G1.4.6	Einbau von Ventilatoren	257
G1.5	Querstromventilatoren	259
G1.5.1	Bauform	259
G1.6	Anschluss des Ventilators an das Kanalsystem	260
G1.7	Auswahl von Ventilatoren und Antrieben	262
G1.7.1	Spezifische Ventilatorleistung	264
G1.7.2	Ventilatorantriebe	265
Literatur		272
G2	**Lufterwärmer**	273
G2.1	Einleitung	273
G2.2	Wärmeleistungsvermögen $k \cdot A$	275
G2.3	Bauformen der Lufterwärmer	279
G2.4	Temperaturen	281
G2.5	Thermisches Betriebsverhalten	285
G2.6	Auslegung	287
G2.7	Betriebsverhalten und Regelung	290
Literatur		291
G3	**Luftkühler**	291
G3.1	Allgemeines	291
G3.2	Direktverdampfer	292
G3.2.1	Einleitung	292
G3.2.2	Wärmeaustauschgrad	293
G3.2.3	Wärmedurchgangskoeffizienten	293
G3.2.4	Auslegung	293
G3.2.5	Betriebsverhalten und Regelung	293
G3.3	Wasserkühler	294
G4	**Wärmerückgewinnungssysteme**	294
G4.1	Übersicht	294
G4.2	Rekuperative Systeme	298
G4.2.1	Bauformen	298
G4.2.2	Auslegung	300
G4.2.3	Betriebsverhalten und Regelung	302
G4.3	Regenerative Systeme	304
G4.3.1	Kreislaufverbundene Systeme mit Pumpenkreislauf	304
G4.3.1.1	Auslegung	304
G4.3.1.2	Betriebsverhalten und Regelung	307

G4.3.1.3	Bauformen	308
G4.3.2	Systeme mit Wärmerohren	308
G4.3.2.1	Bauformen	308
G4.3.2.2	Betriebsverhalten und Regelung	310
G4.3.2.3	Auslegung	311
G4.3.3	Thermosiphons	312
G4.3.4	Systeme mit rotierender nicht sorptionsfähiger Speichermasse	313
G4.3.4.1	Bauformen	313
G4.3.4.2	Betriebsverhalten und Regelung	314
G4.3.4.3	Auslegung	317
G4.3.5	Systeme mit rotierender sorptionsfähiger Speichermasse	317
G4.3.6	Rückfeuchtzahl	318
G4.3.7	Systeme mit flüssigen sorptionsfähigen Speichermedien	320
G4.4	Wirtschaftlichkeitsvergleiche	321
Literatur		**325**
G5	**Befeuchter**	**326**
G5.1	Übersicht	326
G5.2	Wasserbefeuchter	326
G5.2.1	Übersicht	326
G5.2.2	Sprühbefeuchter	327
G5.2.2.1	Aufbau und Bauformen	327
G5.2.2.2	Auslegung des Sprühbefeuchters (s. auch C3.1.3)	330
G5.2.2.3	Betriebsverhalten und Regelung (s. auch K2.6.2)	341
G5.2.3	Rieselbefeuchter	344
G5.2.3.1	Bauformen	344
G5.2.3.2	Auslegung	345
G5.2.3.3	Betriebsverhalten und Regelung	345
G5.3	Dampfbefeuchter	345
G5.3.1	Bauformen	345
G5.3.2	Auslegung	347
G5.3.3	Betriebsverhalten und Regelung	349
Literatur		**349**
G6	**Entfeuchter**	**350**
G6.1	Übersicht	350
G6.2	Kondensationsentfeuchter	351
G6.2.1	Bauformen	351
G6.2.2	Siphon	352
G6.2.3	Auslegung von Kühlern	352
G6.2.4	Betriebsverhalten und Regelung	354
G6.3	Sorptionsentfeuchter	354
G6.3.1	Systeme mit fester Sorptionsmasse	354
G6.3.1.1	Diskontinuierliche Systeme	354
G6.3.1.2	Kontinuierliche Systeme	356

G6.3.2	Systeme mit flüssiger Sorptionsmasse	357
G6.3.3	Auslegung	359
G6.3.4	Betriebsverhalten und Regelung	359
G6.3.5	Bauformen	360
Literatur		360
G7	**Luftdurchlässe**	**361**
G7.1	Wetterschutzgitter	361
G7.1.1	Bauformen	361
G7.1.2	Auslegung	362
G7.2	Zuluftdurchlässe	364
G7.2.1	Zuluftdurchlässe für Mischströmung	364
G7.2.1.1	Bauformen	364
G7.2.1.2	Gitterdurchlässe (Luftgitter)	365
G7.2.1.3	Schlitzdurchlässe	369
G7.2.1.4	Durchlässe in Wandnähe für Tangentialströmung im Raum	372
G7.2.1.5	Düsenluftdurchlässe	374
G7.2.1.6	Radial- und Dralldurchlässe	375
G7.2.1.7	Luftdurchlässe für lokale Mischströmung	377
G7.2.2	Zuluftdurchlässe für Quellluftströmung	381
G7.2.2.1	Luftdurchströmter Doppelboden	381
G7.2.2.2	Bodenluftdurchlässe	383
G7.2.2.3	Ebene Wanddurchlässe	385
G7.2.2.4	Radiale Quellluftdurchlässe	388
G7.2.3	Auswahl von Raumgeräten und Luftdurchlässen entsprechend der Kühlleistungsdichte	389
G7.2.4	Luftdurchlässe für Verdrängungsströmung	390
G7.3	Abluftdurchlässe	391
G7.3.1	Abluftdurchlässe in Wänden oder Abluftleitungen	391
G7.3.2	Abluftöffnungen zur Absaugung von Verunreinigungen im Raum	398
Literatur		403
H	**Dezentrale RLT-Anlagen**	**405**
	Thomas Sefker	
H1	Systembeschreibung	405
H2	Bauformen dezentraler Lüftungsgeräte	405
H3	Anforderungen an dezentrale Lüftungsgeräte	409
H3.1	Akustische Anforderungen	409
H3.2	Kondensatbildung	409
H3.3	Wärmerückgewinnung	409
H3.3.1	Bypass für das WRG-System aus energetischen Gründen	410

H3.3.2	Bypass des WRG-Systems zum Schutz vor Vereisung	410
H3.4	Hygiene	411
H3.5	Sekundärluftbetrieb	411
H3.6	Windeinfluss	412
H3.6.1	Kompensation von Windeinflüssen	413
H4	Luftführung im Raum	414
H5	Brand- und Rauchschutz	415
H6	Wartung	416
H7	Systemvorteile und -nachteile	416
H8	Anwendungsgebiete und Einsatzgrenzen	417
H9	Schlussfolgerungen	417
Literatur		418
I	**Hygiene in Raumlufttechnischen Anlagen** ULRICH FINKE	419
I1	Einleitung	419
I2	Hygieneanforderungen an Raumlufttechnische Anlagen	419
I3	Planung, Ausführung und Betrieb	420
I3.1	Ansaugung von Außenluft	421
I3.2	Luftfilter	422
I3.3	Befeuchter	424
I3.4	Schalldämpfer	425
I3.5	Wärmeübertrager, speziell Kühler	426
I3.6	Gerätegehäuse	427
I4	Überwachung der Hygieneanforderungen	428
I4.1	Hygienekontrolle	428
I4.2	Hygieneinspektion	428
I5	Hygienische Messverfahren	429
I5.1	Staubflächendichtebestimmung	429
I5.1.1	Messverfahren	431
I5.1.1.1	Vlies-Rotationsverfahren	431
I5.1.1.2	Saugverfahren	431
I5.1.1.3	Wischverfahren	432
I5.1.1.4	Tapeverfahren	432
I5.1.2	Kriterien für die Probenahme	433
I5.1.3	Bewertung	433

I5.2	Messverfahren für die Untersuchung von Wasser	433
I5.2.1	Orientierende Keimzahlbestimmung	433
I5.2.2	Untersuchung der Gesamtkeimzahl und der Legionellenkonzentration	435
I5.3	Oberflächenuntersuchung	435
I5.4	Luftkeimmessung	437
I6	**Zusammenfassung**	437
Literatur		438
J	**Kälteversorgung**	**439**
	Anton Reinhart	
J1	**Einleitung**	439
J1.1	Luftkühlung ohne Feuchteentzug	440
J1.2	Luftkühlung mit Entfeuchten	441
J2	**Kühlung ohne Kältemaschinen**	442
J2.1	Kühlung mit Wasser	442
J2.2	Kühlung mit Oberflächenwasser	443
J2.3	Kühlwasser aus Rückkühlwerken	443
J2.4	Kühlung durch Verdunstung	443
J2.5	Das DEC-Verfahren	444
J3	**Übersicht der Kälteverfahren**	447
J3.1	Kaltdampf-Kompressionsverfahren	450
J3.2	Kaltgasverfahren	457
J3.3	Sorptionsverfahren	457
J3.3.1	Das Absorptionsverfahren mit Wasser-Lithiumbromid	458
J3.3.2	Adsorptionsverfahren mit Wasser-Kieselgel	462
J4	**Der Kälteträgerkreislauf**	462
J4.1	Kreislaufschaltungen der Kälteträger	463
J4.1.1	Das 1-Kreis-System	463
J4.1.2	Das 2-Kreis-System	464
J4.2	Speicher im Kälteträgersystem	466
J4.2.1	Kurzzeit-Speicher	466
J4.2.2	Langzeit-Speicher	468
J4.3	Schaltung und Regelung der Kälteerzeuger	468
J4.4	Kälteträger	471
J4.4.1	Wasser als Kälteträger	471
J4.4.2	Sole als Kälteträger	472
J5	**Flüssigkeitskühlsätze**	473
J5.1	Konzeption	473
J5.1.1	Definition	473
J5.1.2	Anforderungen/Aufgaben/Vorgaben	473

J5.1.3	Übersicht	473
J5.1.4	Kühlmedium und Verflüssiger	474
J5.1.5	Verdichter	475
J5.1.6	Leistungsregelung	475
J5.1.7	Verdampfer	477
J5.2	Flüssigkeitskühlsätze mit Hubkolbenverdichter	478
J5.2.1	Flüssigkeitskühlsatz mit überflutetem Verdampfer	479
J5.2.2	Flüssigkeitskühlsätze mit variabler Temperatur des Kühlmediums	482
J5.2.3	Flüssigkeitskühlsätze mit Hubkolbenverdichter mit Trockenexpansionsverdampfer	485
J5.3	Flüssigkeitskühlsätze mit Spiral-Verdichtern	486
J5.4	Flüssigkeitskühlsätze mit Schraubenverdichter	486
J5.5	Flüssigkeitskühlsätze mit Turboverdichter	487
J5.6	Wasserkühlanlagen mit Dampfstrahlverdichtern	489
J5.7	Absorptionskältesätze	490
J5.8	Adsorptionskühlsätze	491
J6	**Arbeitsstoffe**	**491**
J6.1	Kältemittel	492
J6.2	Kältemaschinenöl	495
J6.3	Absorptionsgemische	496
J7	**Komponenten des Kühl-/Kältekreislaufes**	**497**
J7.1	Verdichter	497
J7.1.1	Kolbenverdichter	499
J7.1.2	Spiralverdichter	500
J7.1.3	Schraubenverdichter	501
J7.1.4	Turboverdichter	502
J7.2	Verdampfer	505
J7.2.1	Trockenexpansionsverdampfer	506
J7.2.2	Überflutete Verdampfer	508
J7.2.3	Umwälzverdampfer	510
J7.2.4	Rieselfilmverdampfer	510
J7.3	Verflüssiger	510
J7.3.1	Wassergekühlte Verflüssiger	510
J7.3.2	Luftgekühlte Verflüssiger	512
J7.3.3	Verdunstungsverflüssiger	512
J8	**Wasser-Rückkühlwerke (Kühltürme)**	**513**
J8.1	Grundlagen	513
J8.2	Bauformen	516
J8.3	Lärm und Lärmschutz	517
J8.4	Wasseraufbereitung und Wasserabschlämmung	517

J9	Gesetze, Normen, Vorschriften	518
Literatur		519

K	Regelung, Steuerung von Raumlufttechnischen Anlagen	521
	SIEGFRIED BAUMGARTH, GEORG-PETER SCHERNUS	
K1	Automation in der Raumlufttechnik	521
K1.1	Feldebene, Automatisierungsebene, Leitebene	521
K1.2	Globale Struktur: Kopplung von Systemen	523
K1.3	Zentrale – dezentrale Verarbeitung von Daten	525
K2	Regelung von Raumlufttechnischen Anlagen	526
K2.1	Übersicht	526
K2.2	Sensoren und Aktuatoren	526
K2.2.1	Sensoren	526
K2.2.2	Aktuatoren	531
K2.3	Hydraulische Schaltungen	533
K2.3.1	Lufterwärmer	533
K2.3.2	Luftkühler, Entfeuchter	535
K2.3.3	Ventilauslegung	537
K2.4	Informationspunkte	545
K2.5	Regelung der Temperatur von RLT-Anlagen	548
K2.5.1	Übersicht	548
K2.5.2	Raum-Zulufttemperatur-Kaskadenregelung:	548
K2.5.3	Raum-Zulufttemperatur-Kaskadenregelung mit Umluftbeimischung:	550
K2.5.4	Temperaturregelung einer VVS-Anlage	551
K2.6	Regelung einer Klimaanlage	553
K2.6.1	Übersicht	553
K2.6.2	Klimaanlage mit Umlaufsprühbefeuchter	553
K2.6.3	Klimaanlage mit Dampfbefeuchter	556
K2.6.4	Klimaanlage mit h,x-geführter Mischklappenregelung	558
K2.6.5	Klimaanlage mit Enthalpierückgewinnung	565
K3	Steuerungstechnik	566
K3.1	Übersicht	566
K3.2	Konventionelle (kontaktbehaftete) Steuerungstechnik	567
K3.2.1	Darstellung und heutige Bedeutung	567
K3.2.2	Hauptstromkreise	570
K3.2.2.1	Übersicht	570
K3.2.2.2	Drehrichtungsumsteuerung (Wendeschaltung)	570
K3.2.2.3	Stern-Dreieck-Anlauf	571
K3.2.2.4	Drehzahlumschaltung eines D-Motors mit getrennten Wicklungssystemen	572
K3.2.2.5	Drehzahlumschaltung eines D-Motors mit Dahlander-Wicklung	573

K3.2.3	Wichtige Hilfsstromkreise	575
K3.2.3.1	Kontaktverriegelung	575
K3.2.3.2	Handbedienung und lokale Vorrangbedienung (LVB)	575
K3.2.3.3	Wächter und Begrenzer	577
K3.3	Programmierbare Steuerungstechnik	579
K3.3.1	Übersicht	579
K3.3.2	Verknüpfungsfunktionen	579
K3.3.3	Binäre Speicherfunktionen	583
K3.3.4	Vergleicher	584
K3.3.5	Zeitfunktionen	585
K3.4	Programmierung von binären Steuerungsfunktionen	586
K3.4.1	Übersicht	586
K3.4.2	Anweisungsliste	587
K3.4.3	Strukturierter Text	589
K3.4.4	Funktionsbausteinsprache	589
K3.4.5	Kontaktplan (KOP)	590
K3.4.6	Tabellarische Programmierung	591
K3.5	Funktionen und Funktionsbausteine für RLT-Anlagen	593
K3.5.1	Übersicht	593
K3.5.2	Speicherung von Störungsmeldungen	593
K3.5.3	Sammelstörmeldung mit Hupe	594
K3.5.4	Pumpensteuerung für Wärmeübertrager	595
K3.5.5	Filterüberwachung	597
K3.5.6	Keilriemen- und Strömungsüberwachung	597
K3.5.7	Frostüberwachung und Frostschutzroutine	599
Literatur		602

L	**Schall- und Schwingungsdämpfung in raumlufttechnischen Anlagen**	605
	Manfred Heckl, Michael Möser	
L1	**Einleitung**	605
L2	**Schallquellen**	607
L2.1	Vorbemerkung	607
L2.2	Ventilatoren	608
L2.2.1	Entstehungsmechanismen für Luftschall	608
L2.2.1.1	Drehklang	609
L2.2.1.2	Breitbandgeräusch	611
L2.2.1.3	Radialventilatoren mit vorwärts gekrümmten Schaufeln und Querstromventilatoren	612
L2.2.2	Messverfahren	613
L2.2.2.1	Messgrößen	613
L2.2.2.2	Kanalverfahren	613
L2.2.2.3	Hüllflächen-, Hallraum- und Vergleichsquellenverfahren	615
L2.2.3	Messbeispiele	618

L2.2.4	Erfahrungsformeln	619
L2.2.5	Möglichkeiten zur Geräuschminderung	621
L2.2.6	Körperschallerzeugung durch Ventilatoren	622
L2.3	Elektromotore und Getriebe	622
L2.4	Kompressoren	623
L3	**Strömungsgeräusche in Luftleitungen, Umlenkungen, Auslässen, etc.**	**624**
L3.1	Gerade Leitungen	624
L3.2	Abzweigungen, Umlenkungen etc.	625
L3.3	Drossel- und Absperrelemente, Volumenstrom- und Mischregler	627
L3.4	Luftdurchlässe, Gitter etc.	628
L3.5	Induktionsgeräte	630
L4	**Schallpegelminderung in Luftleitungen**	**631**
L4.1	Prinzipielle Möglichkeiten zur Schallminderung	631
L4.2	Gerade, nicht ausgekleidete Leitungen	632
L4.3	Gerade, schallschluckend ausgekleidete Leitungen	632
L4.4	Querschnittssprünge, Verzweigungen	633
L4.5	Umlenkungen	635
L4.6	Durchlässe (Mündungsreflexion)	635
L4.7	Sonstige Einbauten	636
L4.8	Schalldämpfer	637
L4.8.1	Funktionsweise	637
L4.8.2	Messverfahren und Messergebnisse	639
L4.8.3	Telefonieschalldämpfer	641
L4.8.4	Weitere Gesichtspunkte für die Auswahl von Schalldämpfern	642
L4.9	Zusammenhang zwischen Schallleistung und Schalldruck in einem Raum	643
L5	**Weitere Schallschutzmaßnamen bei RLT-Anlagen**	**644**
L6	**Beispielrechnung**	**646**
Literatur		**653**
M	**Wasserbehandlung in Kühlwasser-, Rückkühl-, Kaltwasser- und Befeuchtungs-Systemen**	**655**
	LUDWIG HÖHENBERGER	
M1	**Kühlwasser- und Rückkühlsysteme**	**655**
M1.1	Übersicht und Definitionen	655
M1.2	Durchlauf-Kühlsysteme	655
M1.2.1	Belagbildung und Korrosion	656
M1.2.2	Schutz vor Ablagerung und Korrosion	657
M1.2.3	Wasseraufbereitung und Konditionierung	658

M1.3	Kreislaufkühlsysteme	659
M1.3.1	Belagbildung und Korrosion	659
M1.3.2	Schutz vor Ablagerung und Korrosion	660
M1.3.3	Wasseraufbereitung, Konditionierung und chemische Anforderungen an das Kühlwasser	661
M2	**Kaltwasser- und Zwischenkühlkreisläufe**	**663**
M2.1	Übersicht und Definitionen	663
M2.2	Belagbildung und Korrosion	663
M2.3	Schutz vor Belagbildung und Korrosion	663
M2.4	Wasseraufbereitung, Konditionierung und chemische Anforderungen an das Kalt- und Kühlwasser	664
M3	**Luftbefeuchtungssysteme**	**664**
M3.1	Übersicht und Definitionen	664
M3.2	Sprühbefeuchter	665
M3.2.1	Belagbildung und Korrosion	665
M3.2.2	Schutz vor Belagbildung und Korrosion	665
M3.2.3	Wasseraufbereitung, Konditionierung und chemische Anforderungen an Wasser zur Luftbefeuchtung	667
M3.3	Dampfbefeuchter	668
M3.3.1	Anforderungen an den Dampf	668
M3.3.2	Maßnahmen zur Verbesserung der Dampfqualität	669
M4	**Feuerlöschsysteme**	**670**
Literatur		**670**

N	**Sensorische Bestimmung der Luftqualität**	**673**
	FRANK BITTER, ARNE DAHMS, JOHANNES KASCHE, BIRGIT MÜLLER, DIRK MÜLLER, JANA PANASKOVA	
N1	Einleitung	673
N2	Ursachen der Geruchsentstehung	674
N3	**Grundlagen der Geruchswahrnehmung**	**676**
N3.1	Geruchssinn	676
N3.2	Geruchswahrnehmung	679
N3.3	Geruchsschwellen	682
N4	**Bewertungsgrößen für die Luftqualität**	**683**
N4.1	Empfundene Intensität	683
N4.2	Hedonik	686
N4.3	Akzeptanz	687
N4.4	Klassifizierung von Gerüchen	690
N4.5	Einfluss von Temperatur und Feuchte	691

N5	**Bewertungsverfahren für die Luftqualität**	694
N5.1	Statistische Auswertung der Bewertungen	696
N5.2	Probennahme und Probendarbietung	698
N5.2.1	Notwendige Luftmenge für eine Luftqualitätsbewertung	699
N5.2.2	Bewertungstrichter	700
N5.3	Probennahmeverfahren	701
N5.4	Emissionskammern	703
N5.5	Intensitätsbewertungen	705
N5.5.1	Kategoriemethode	705
N5.5.2	Referenzmethode	706
N5.6	Dynamische Olfaktometrie	708
N5.7	Hedonikbewertungen	710
N5.8	Akzeptanzbewertungen	712
N6	**Technische Messsysteme**	714
N6.1	Chemische Analytik	714
N6.1.1	Thermodesorption, Gaschromatographie und Massenspektroskopie	714
N6.1.2	Auswertung von Gaschromatogrammen	717
N6.1.3	Olfactory Detector Port (ODP)	718
N6.2	Luftqualitätssensoren	719
N6.3	Multigassensorsysteme	721
N6.3.1	Gassensoren	722
N6.3.2	Multivariate Datenanalyse	726
Literatur		727

O	**Rentabilität von Verbesserungen des Raumklimas**	729
	OLLI SEPPÄNEN, WILLIAM FISK, ÜBERSETZUNG UND VORWORT VON KLAUS FITZNER	
O1	Vorwort	729
O2	Einleitung	729
O3	Raumluftqualität und Leistungsfähigkeit	730
O4	Vorteile	731
O5	Investitions- und Betriebskosten	732
O6	Außenluftwechsel und Arbeitsausfall durch kurze Krankheiten	733
O7	Luftaustausch und Leistungsfähigkeit	734
O8	Empfundene Luft-Qualität und Leistungsfähigkeit	736
O9	Temperatur und Leistung	738
O10	Einfluss des Betrachterstandpunktes	741

O11	Anwendung der Berechnungsmethode	742
O11.1	Kühlung durch Nachtlüftung	742
O11.2	Rentabilität der Temperaturbegrenzung in einem Bürogebäude	743
O11.3	Economizer	748
O11.4	Empfundene Luftqualität und Leistungsfähigkeit	750
O12	Diskussion	750
O13	Zusammenfassung	751
Literatur		751

Sachverzeichnis 755

Danksagung 771

A Aufgaben der Raumklimatechnik

Michael Schmidt

A1
Übersicht

Räume werden gebaut, weil zum Durchführen einer Aufgabe Bedingungen erwünscht sind, die am jeweiligen Standort nicht den Außenbedingungen entsprechen oder die ohne besondere Vorkehrungen nicht gegeben sind.
Die erwünschten Bedingungen können vielfältige Aspekte betreffen, wie z. B. die persönliche Sicherheit vor Angriffen oder eine Vereinfachung der Verteidigung dagegen, die sichere Abgrenzung vor oder für Andere, die Beschränkung der Sichtbarkeit, den Schutz vor Wettereinflüssen, wie Wind, Regen, Schnee, Hitze, Kälte, Sonnenstrahlung, den Schutz vor Umgebungseinflüssen und den Schutz vor inneren Einflüssen, d. h. aus dem Raum selbst bzw. aus Nachbarräumen, wie Geräusch, Geruch, Staub, Schmutz, Keime etc., den Schutz der Umgebung vor den genannten inneren Einflüssen bis hin zur Bereitstellung einer als angenehm empfundenen Umgebung.
Die Aufgabe kann sich aus dem Aufenthalt von Menschen und Tieren ableiten, ggfs. spezifiziert nach einzelnen Funktionen, wie z. B. Arbeiten, Schlafen, Wohnen, Waschen usw., die Durchführung von Riten, Handlungen u. ä., wie z. B. Gottesdienste, Musik- und Theateraufführungen, Sportveranstaltungen, bis hin zur Fertigung von Produkten im weitesten Sinn.
Es ist die Aufgabe der Raumklimatechnik, entsprechend der jeweiligen Anforderung einen Teil der Bedingungen zum Schutz vor Wetter- und Umgebungseinflüssen sowie zum Schutz der Umgebung zu erfüllen und einen Teil der aufgabengemäßen Nutzungsbedingungen herzustellen. Dazu stellt die Raumklimatechnik in Räumen die Temperatur, die Feuchte, den Druck, die Luftgeschwindigkeit, die Ladung und die Luftqualität her. Die Raumklimatechnik stellt demnach nur eine Reihe der oben genannten erwünschten Bedingungen her, definitiv nicht alle. Daraus folgt, dass die Raumklimatechnik eine notwendige aber keine hinreichende Disziplin beim Bauen von Räumen ist.
Zur Herstellung der genannten Raumkonditionen umfasst die Raumklimatechnik die technischen Aufgaben der Planung, der Realisierung und des Betriebes entwurflich geeigneter Räume, bauphysikalisch geeigneter Konstruktionen und notwendiger Heiz-, Kühl- und RLT-Anlagen.

A2
Raumbelastungen und Raumlasten

A2.1
Raumbelastungen

A2.1.1
Allgemein

In allen Räumen werden Energie und Stoff freigesetzt, die als Belastung wirken. Nachfolgend wird die Betrachtung von Freisetzungen auf thermische Energie, kinetische Energie, Druckenergie, Ladungsenergie und auf Stoffe begrenzt. Mit diesen Belastungen beschäftigt sich die Raumklimatechnik.

In Bild A2.1-1 ist ein Raum dargestellt. Er wird von seinen inneren Oberflächen begrenzt. Im Raum entsteht eine Freisetzung. Die Freisetzung wird mit deren Quellstärke gekennzeichnet. Ob die Ursache für die Freisetzung im Raum selbst liegt oder außerhalb des Raumes ist zunächst unerheblich. Im Raum entsteht eine Konzentration. Ist die Freisetzung stofflich, so entsteht eine auf das Volumen oder auf die Masse bezogene Stoffmenge, die Stoffkonzentration. Ist die Freisetzung energetisch, so entsteht eine „Energiekonzentration", gekennzeichnet z. B. durch eine Enthalpie, eine Temperatur, einen Druck oder eine Geschwindigkeit.

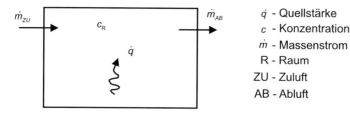

Bild A2.1-1 Raumbelastung, allgemein

A2.1.2
Energiebelastungen

A2.1.2.1
Wärme

Wärme wird dem Raum durch Leitung, Konvektion oder durch Strahlung zugeführt (s. a. Bd. 1, G1). Wegen der unterschiedlichen Wärmeübertragungsformen sind die daraus resultierenden Vorgänge im Raum unterschiedlich, mit letztlich auch unterschiedlichen Wirkungen im Raum. Konvektiv freigesetzte Wärme führt zu einer direkten Temperaturerhöhung der Raumluft. Zugeführte Strahlungswärme erwärmt abhängig von den Einstrahlzahlen und Oberflächentemperaturen der im Strahlungsaustausch stehenden Flächen die Umschließungsflächen. Es ist demzufolge grundsätzlich die getrennte Angabe der freigesetzten, konvektiven Wärme und der freigesetzten Strahlungswärme notwendig.

Die Wärmezufuhr in den Raum hat unterschiedliche Quellen, z. B. Menschen, Maschinen und Geräte, Lampen, Stoffströme, innere Umschließungsflächen, solare Zustrahlungen. Anhaltswerte für die betreffenden Quellstärken enthält z. B. die Richtlinie VDI 2078 „VDI-Kühllastregel" [A2-1].

Kälte wird im Raum durch Wärmesenken „freigesetzt". Die häufigsten Wärmesenken sind Raumumschließungsflächen mit Oberflächentemperaturen kleiner als die Lufttemperatur bzw. kleiner als andere, im Strahlungsaustausch stehende, Oberflächen. Alle vorstehenden Aussagen zu den Wärmezufuhren gelten analog zu den „Kältefreisetzungen".

A2.1.2.2
Druck

Jeder real vorkommende Raum weist ohne besondere Maßnahmen einen instationären Druck (Druckbelastung) auf. Dieser Druck ist abhängig vom momentanen Luftdruck in der Umgebung, von den momentanen Windgeschwindigkeiten im Gebäudeumfeld, von den momentanen Temperaturdifferenzen innen zu außen sowie von den baulichen Bedingungen.

Der thermische Auftrieb im Gebäude verursacht einen Auftriebsdruck. Dieser ist abhängig von der momentanen Temperaturdifferenz innen zu außen sowie von den Undichtigkeiten in der Gebäudehülle und den gebäudeinternen Strömungswiderständen.

Bei Wind entsteht ein Winddruck. Dieser ist abhängig von der momentanen Windgeschwindigkeit und Windrichtung im Gebäudeumfeld, von der geometrischen Form des Gebäudes, von der Lage des einzelnen Raumes im Gebäude sowie von den Undichtigkeiten in der Gebäudehülle und den gebäudeinternen Strömungswiderständen.

A2.1.2.3
Geschwindigkeit

In jedem realen Raum ist eine Luftströmung feststellbar. Diese Strömung ist ohne besondere Maßnahmen immer dreidimensional und instationär. Sie wirkt als Geschwindigkeitsbelastung. Das Strömungsfeld ist beschrieben durch die örtliche und zeitliche Verteilung der Strömungsrichtungen, -geschwindigkeiten und Turbulenzgrade.

Die Strömung entsteht infolge von thermischem Auftrieb über Wärmequellen und an Raumumschließungsflächen, durch Frei- und Wandstrahlen und durch Absaugungen (s. F2.1.1; F2.2.1; F4.1).

A2.1.2.4
Ladung

In jedem realen Raum ist eine elektrische Ladung feststellbar. Sie entsteht durch statische Ladungen von Materialoberflächen und durch den Ionengehalt der Raumluft. Sie wirkt als Ladungsbelastung.

A2.1.3
Stoffbelastungen

In jedem realen Raum ist eine spezielle stoffliche Zusammensetzung der Luft feststellbar. Sie entsteht aus der Freisetzung einer sehr großen Anzahl unterschiedlicher Stoffe aus unterschiedlichsten Quellen mit unterschiedlichen Freisetzungsformen in unterschiedlicher zeitlicher und räumlicher Anordnung der Quellen. Die freigesetzten Stoffe können in allen drei Aggregatzuständen anfallen.

Das Spektrum der Stoffe reicht von menschlichen Stoffwechselprodukten wie CO_2, Wasserdampf, Bioeffluenzien, Keimen und Haut- sowie sonstigen Partikeln über Freisetzungen von Partikeln, Dämpfen, Gasen, Aerosolen bei Fertigungsprozessen über Einträge von Stäuben, Pollen, Pilzsporen und Keimen bis zu Freisetzungen aus Oberflächen im Raum, z. B. in Form von Lösungsmitteln, die bei der Bearbeitung des betreffenden Materials verwendet wurden.

Bei den Freisetzungsformen ist zu unterscheiden zwischen gerichteten und diffusen Freisetzungen. Die Freisetzungen entstehen infolge von Druckunterschieden, wie z. B. bei Gasstrahlen aus Öffnungen, infolge von äußeren Kräften, wie. z. B. bei der Impulsübertragung an Partikel, welche an einer Schleifscheibe freigesetzt werden, durch Diffusion infolge von Konzentrationsunterschieden und infolge von konvektivem Stoffübergang, z. B. an einer Wasseroberfläche [A2-2].

Bei der Quellenanordnung im Raum ist zwischen einfach und mehrfach punktförmigen Quellen sowie flächigen Quellen zu unterscheiden [A2-2].

Ein Sonderfall der Stofffreisetzung im Raum ist die von Wasserdampf. Diese unterliegt prinzipiell den gleichen zuvor dargestellten Mechanismen. Sie wird zum Sonderfall, einmal weil sie die am häufigsten betrachtete, oft die einzige betrachtete Stofffreisetzung ist und zum Zweiten weil die Luft praktisch immer Wasserdampf enthält.

A2.1.4
Speichern von Raumbelastungen

Die Raumbelastungen durch Wärme, Kälte und Stoffe können zum Teil gespeichert werden. Das Speichern hat folgende Voraussetzungen
- eine stoffliche und/oder energetische Quelle
- eine geeignete Speichermasse
- eine für die Übertragung geeignete Oberfläche

A2 Raumbelastungen und Raumlasten

- einen Transportvorgang zwischen Quelle und Speicheroberfläche
- eine treibende Potentialdifferenz an der Oberfläche.

Speicherungen sind immer instationär infolge von instationären Raumbelastungen und/oder infolge von instationären Raumkonzentrationen. Bild A2.1-2 zeigt den prinzipiellen Vorgang. Von der Quellstärke wird ein Teil gespeichert, nur die Differenz wird zum aktuellen Zeitpunkt an die Raumluft übertragen. Dabei ist die treibende Potentialdifferenz an der Oberfläche des Speichers positiv, d. h. aus der Luft in die Speichermasse. Kehrt sich das Vorzeichen der Potenzialdifferenz um, kommt es zur Entspeicherung, d. h. dann wird an die Raumluft die Summe aus momentaner Quellstärke und Freisetzung aus dem Speicher übertragen.

Die Vorgänge bei der Speicherung und Entspeicherung sind bei stofflichen oder bei thermischen Raumbelastungen nicht grundsätzlich gleich.

Bei einer thermischen Raumbelastung ist zu unterscheiden zwischen einer Strahlungs- und einer konvektiven Belastung.

Bei strahlenden Quellen ist zu unterscheiden zwischen gerichtet strahlenden und zwischen diffus strahlenden Quellen, bzw. zwischen dem gerichteten und dem diffusen Anteil an der Gesamtstrahlungsleistung einer Quelle.

Bei einer diffus strahlenden Quelle wird in Abhängigkeit von den Temperaturdifferenzen zwischen der strahlenden Fläche der Quelle und den im Strahlungsaustausch stehenden Flächen im Raum, von den jeweiligen Einstrahlzahlen und den jeweiligen Emissionszahlen Energie übertragen. Bei einer gerichtet strahlenden Quelle ist die Strahlungsverteilung abhängig von der in Strahlungsrichtung entstehenden Flächenprojektion der strahlenden Fläche auf die empfangende Fläche. Die Luft im Raum kann als strahlungsdurchlässig betrachtet werden. An der Oberfläche der potentiell speichernden Flächen wird ein Teil der Energie reflektiert und ein Teil absorbiert. In Abhängigkeit von den Stoffwerten des speichernden Materials (Dichte, Leitfähigkeit, Wärmekapazität) entsteht bei der Absorption eine erhöhte Oberflächentemperatur. Die an der ersten bestrahlten Fläche reflektierte Energie wird in gleicher Weise an die anderen Flächen gestrahlt. Es kommt zur Mehrfachreflexion, mit dem Ergebnis, dass praktisch

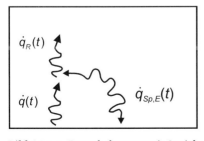

$\dot{q}$ - Quellstärke

R - Raum

Sp,E - Speicherung/Entspeicherung

Bild A2.1-2 Raumbelastung mit Speichervorgang

alle Strahlungsenergie verteilt, letztlich absorbiert wird. Übersteigt die einzelne Oberflächentemperatur die einer anderen im Strahlungsaustausch stehenden Fläche, so kommt es zur Entspeicherung durch Strahlung. Zu den Grundlagen des Strahlungswärmeaustausches wird auf Bd.1, Teil G1.2 verwiesen.

Bei einer konvektiven Quelle ist zu unterscheiden zwischen freier und erzwungener Konvektion. Je nach dem unterscheiden sich die Strömungscharakteristiken bei der konvektiven Freisetzung. Neben dieser quellenbedingten Strömung können im Raum weitere Strömungen aus Zu- und Abluftdurchlässen und infolge von Thermik an Wänden vorhanden sein. Zu den Teilströmungen und zur entstehenden Gesamtströmung sei z.B. auf die Arbeiten von Dittes [A2-3] und Walz [A2-4] verwiesen. Beeinflusst durch die Strömung im Raum und überlagert durch die oben dargestellten Strahlungsvorgänge entsteht im Raum eine inhomogene Temperaturverteilung. An Oberflächen von potentiellen Speichern entsteht bei positiver Temperaturdifferenz zur Oberfläche eine Wärmeübertragung in die Oberfläche. Diese Wärmeübertragung ist abhängig von der örtlichen Temperaturdifferenz zwischen der Luft und der Oberfläche und vom örtlichen Wärmeübergangskoeffizienten. Dieser wiederum ist abhängig vom örtlichen Geschwindigkeitsfeld. Dabei ist zu unterscheiden, ob die örtliche Strömung erzwungen oder frei, turbulent oder laminar ist. In Abhängigkeit von den Stoffwerten des speichernden Materials (Dichte, Leitfähigkeit, Wärmekapazität, Schmelzwärme) ist die entstehende Oberflächentemperatur unterschiedlich. Übersteigt beim Übertragungsvorgang die örtliche Oberflächentemperatur die örtliche Lufttemperatur kommt es zur Entspeicherung.

In den meisten Fällen kann die Speicherung von stofflichen Freisetzungen als analoger Vorgang zur konvektiven Freisetzung von Wärme betrachtet werden. Dieses gilt als gute Näherung, da im Anwendungsfall der Raumklimatechnik Luft-Stoff-Gemische als ideale Gase anzusehen sind. Als weitere Näherung werden in der Raumklimatechnik energetische Einflüsse im Zusammenhang mit der stofflichen Speicherung bzw. Entspeicherung, wie z.B. Sorptionswärme, vernachlässigt.

Ein Unterschied entsteht zum einen bei stofflichen Vorgängen, wenn zwischen Speicherung und Entspeicherung sehr lange Zeitdifferenzen liegen. Dabei kommt es vor, dass die Speicherung nicht ortsgleich oder nicht nutzungsgleich mit der Entspeicherung ist. Es werden dann Stoffe in Räumen oder bei Nutzungen freigesetzt, die unter völlig anderen Randbedingungen vorher gespeichert wurden, z.B. bei der Herstellung der Materialien.

Ein weiterer Unterschied zur konvektiven, energetischen Speicherung entsteht, wenn nach Absorption eines Stoffes im Zusammenhang mit dem Speichermaterial chemische Reaktionen entstehen. Dann ist der gespeicherte Stoff nicht mehr identisch mit dem anschließend emittierten Stoff.

Alle vorgenannten Einzelvorgänge beeinflussen sich untereinander. Der Gesamtzusammenhang ist extrem komplex. Mit heutigen numerischen Lösungen lassen sich die Verhältnisse nur in begrenzter Näherung lösen. Für viele praktisch angelegte einzelne klar definierte Fragen reichen diese Näherungen aber meist.

A2.2
Raumlasten

A2.2.1
Allgemein

Enthält ein Raum eine energetische und/oder stoffliche Belastung und wird ein Teil davon gespeichert bzw. entspeichert und wird weiter für die Belastung eine Konzentration gefordert, dann muss ein Teil der Belastung, nämlich die Last, aus dem Raum abgeführt werden [A2-5, A2-6]. Die Last ist damit eine Größe, die unabhängig von anlagentechnischen Komponenten und Systemen ist.

Die Forderung einer Konzentration setzt voraus, dass für den Raum eine Nutzendefinition vorliegt und dass aufbauend auf dieser eine Anforderung entwickelt wurde. Häufig ist diese Anforderung nicht eine singuläre Anforderung mit Bezug auf eine einzelne Belastung. Die Anforderung kann vielmehr sehr komplex sein, z. B. bis hin zur Anforderung einer Behaglichkeit.

Wird im einfachsten Fall ein Raum mit einer stationären Quelle im stationären Zustand bei für den Gesamtraum homogener Raumkonzentration und ausgeglichener Massenstrombilanz, s. Bild A2.2-1 betrachtet, dann beträgt der erforderliche Massenstrom:

$$\dot{m} = \frac{\dot{q}}{c_R - c_{ZU}} \qquad (A2.2\text{-}1)$$

mit $\dot{m}$ – Massenstrom   Indizes R – Raumluft
     c – Konzentration ZU – Zuluft
     $\dot{q}$ – Quellstärke

In diesem Fall entspricht die Last der Quellstärke:

$$\dot{q}_L = \dot{q} \qquad (A2.2\text{-}2)$$

mit $\dot{q}_L$ – Last
     $\dot{q}$ – Quellstärke

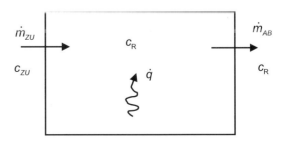

Bild A2.2-1 Raumbilanz, stationär

Bild A2.2-2 Raumbilanz, instationär

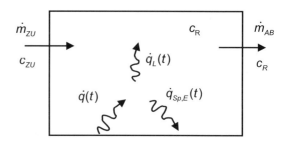

Instationäre Lasten ergeben sich für den Fall instationärer Quellstärken, instationärer Raumkonzentrationen und bei Speicher- und Entspeichervorgängen.
Bei instationärer Raumkonzentration und stationärem Massenstrom mit stationärer Zuluftkonzentration sowie stationärer Quellstärke beträgt die Last:

$$\dot{q}_L(t) = \dot{q} \cdot \frac{c_R(t) - c_{ZU}}{c_{R,min} - c_{ZU}} \qquad (A2.2\text{-}3)$$

mit $\dot{q}_L(t)$ – instationäre Last
$\dot{q}$ – Quellstärke
$c_{R,min}$ – minimale Raumkonzentration
c_{ZU} – Zuluftkonzentration
$c_R(t)$ – instationäre Raumkonzentration

Bei stationärer Raumkonzentration und instationärer Quellstärke ist die Last:

$$\dot{q}_L(t) = \dot{q}(t) \qquad (A2.2\text{-}4)$$

mit $\dot{q}_L(t)$ – instationäre Last
$\dot{q}(t)$ – instationäre Quellstärke

Dabei ist unterstellt, dass bei stationärem Massenstrom die instationäre Zuluftkonzentration nach der Raumkonzentration geregelt ist bzw. dass bei stationärer Zuluftkonzentration der Massenstrom entsprechend geregelt ist. Speichereffekte treten in diesen Fällen nicht auf.
Bild A2.2-2 zeigt den Fall mit Speichereffekten. Alle eingangs genannten Modellannahmen gelten weiterhin. Bei Speicherung beträgt die Last:

$$\dot{q}_L(t) = \dot{q}(t) - \dot{q}_{Sp}(t) \qquad (A2.2\text{-}5)$$

mit $\dot{q}_L(t)$ – instationäre Last
$\dot{q}(t)$ – instationäre Quellstärke
$\dot{q}_{Sp}(t)$ – instationärer, gespeicherter Teil der Quellstärke

A2 Raumbelastungen und Raumlasten

Bei Entspeicherung beträgt die Last:

$$\dot{q}_L(t) = \dot{q}(t) + \dot{q}_E(t) \qquad (A2.2\text{-}6)$$

mit $\dot{q}_L(t)$ – instationäre Last
$\dot{q}(t)$ – instationäre Quellstärke
$\dot{q}_E(t)$ – instationärer, entspeicherter Stoff- bzw. Energiestrom

Hat der betrachtete Raum keine Stoff- sondern nur eine Energieübertragung, s. Bild A2.2-3 dann gelten alle vorstehenden Betrachtungen analog.

Hat der Raum im Gegensatz zur vorstehenden Betrachtung eine inhomogene Raumkonzentration, dann kann für den Raum ein Sub-Volumen definiert werden, für das eine Raumkonzentration gefordert ist. Dieses ist die Anforderungszone. Für das restliche Volumen, die Restzone, wird keine Konzentration gefordert. Alle vorstehenden Betrachtungen zur Last gelten analog. Für die Quellstärke ist dann der in der Anforderungszone freigesetzte Teil zuzüglich eines ggfs. aus der Restzone rückströmenden Teiles anzusetzen. Bild A2.2-4 zeigt den Fall. Die Last ist im Raum ist:

$$\dot{q}_L(t) = \dot{q}_{L,AZ}(t) + \dot{q}_{L,RZ}(t) \qquad (A2.2\text{-}7)$$

mit $\dot{q}_L(t)$ – instationäre Last
$\dot{q}_{L,AZ}(t)$ – instationäre Teillast in der Anforderungszone
$\dot{q}_{L,RZ}(t)$ – instationäre Teillast in der Restzone

Bild A2.2-3 Energetische Raumbilanz, instationär

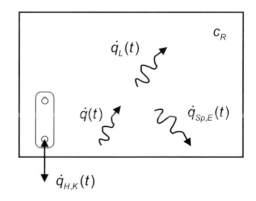

Bild A2.2-4 Raumbilanz, inhomogene Konzentration

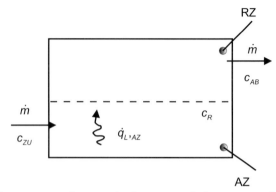

Die Teillast in der Anforderungszone kann mit dem Raumbelastungsgrad ermittelt werden:

$$\mu = \frac{\dot{q}_{L,AZ}(t)}{\dot{q}_L(t)} \quad \text{(A2.2-8)}$$

mit μ – Raumbelastungsgrad

In der Literatur sind für häufig betrachtete Fälle Raumbelastungsgrade veröffentlicht [A2-5, A2-6, A2-7].

Bei inhomogener Raumkonzentration, d. h. bei Forderung einer Konzentration nur in der Anforderungszone, ist der erforderliche Massenstrom verglichen mit dem bei homogener Raumkonzentration und ansonsten gleichen Bedingungen kleiner:

$$\frac{\dot{m}_{ih}}{\dot{m}_h} = \mu \quad \text{(A2.2-9)}$$

mit $\dot{m}_{ih}$ – Massenstrom, inhomogene Raumkonzentration
$\dot{m}_h$ – Massenstrom, homogene Raumkonzentration

Weist der Raum eine Senke auf, dann ist bei der Lastermittlung der Senkenstrom zu berücksichtigen. Bild A2.2-5 zeigt den Fall mit einer Stofferfassung. Deren Wirkung wird mit dem, das jeweilige System kennzeichnenden, Erfassungsgrad beschrieben:

$$\eta = \frac{\dot{q}_{ER}}{\dot{q}_Q} \quad \text{(A2.2-10)}$$

mit η – Erfassungsgrad
$\dot{q}_{ER}$ – erfasster Nenn-Stoffstrom
$\dot{q}_Q$ – Nenn-Stoffstrom vor der Erfassungseinrichtung

A2 Raumbelastungen und Raumlasten

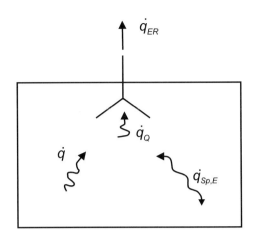

Bild A2.2-5 Raumbilanz mit Senkenstrom

Damit beträgt die Last:

$$\dot{q}_L(t) = \left[\dot{q}(t) + \dot{q}_{E,Sp}(t)\right] \cdot (1-\eta) \tag{A2.2-11}$$

mit $\dot{q}_L(t)$ – instationäre Last

$\dot{q}(t)$ – instationäre Quellstärke

$\dot{q}_{E,Sp}(t)$ – gespeicherter bzw. entspeicherter Strom

η – Erfassungsgrad

A2.2.2
Energielasten

A2.2.2.1
Heizlasten

Heizlasten entstehen durch Wärmesenken im Raum. Die häufigsten Wärmesenken werden durch Transmissions- und Lüftungswärmeverluste über die inneren Oberflächen des Raumes hervorgerufen. Daneben können weitere Wärmesenken, z. B. durch Stoffströme, entstehen.

Alle vorstehenden, allgemeinen Aussagen zu den Raumlasten gelten für Heizlasten. Für die Raumkonzentration ist die Raumtemperatur einzusetzen. Häufig wird dafür die operative Temperatur verwendet [A2-8]. Im Zweifelsfall ist immer eine differenzierte Betrachtung von Luft- und Strahlungstemperatur erforderlich, dann sind entsprechend differenzierte Heizlasten zu ermitteln [A2-9, A2-10, A2-11].

Häufig setzt sich die Last aus einer Teillast gedeckt über ein Heizsystem und eine Teillast gedeckt durch Fremdwärme zusammen. Als Fremdwärme werden dabei alle Wärmefreisetzungen zusammen gefasst, die nicht über das eigentliche Heizsystem freigesetzt werden, sondern z. B. durch Maschinen und Geräte, durch Beleuchtungen, durch Menschen, durch solare Wärmeeinträge. Dann wird als Heizlast nur der vom Heizsystem zu deckende Lastteil bezeichnet:

$$\dot{q}_{L,H}(t) = \dot{q}_L(t) - \dot{q}_{L,F}(t) \qquad (A2.2\text{-}12)$$

mit $\dot{q}_{L,H}(t)$ – instationäre Heizlast
$\dot{q}_L(t)$ – instationäre Last
$\dot{q}_{L,F}(t)$ – instationäre Fremdwärmelast

A2.2.2.2
Kühllasten

Kühllasten entstehen durch Wärmequellen im Raum. Die häufigsten Wärmequellen sind die durch Transmissions-, Strahlungs- und Lüftungswärmegewinne über die inneren Oberflächen des Raumes, durch Wärmefreisetzungen von Personen, Geräten, Maschinen, Beleuchtungen und Stoffströmen.

Alle vorstehenden, allgemeinen Aussagen zu den Raumlasten gelten für die Kühllasten. Die Kühllast ist die momentane Wärmelast, die aus dem Raum abzuführen ist, um die geforderte Raumtemperatur einzuhalten. Diese setzt sich zusammen aus der sensiblen und der latenten Kühllast. Dabei wird unter sensibler Kühllast die Teillast verstanden, die bei konstantem Wassergehalt eine Lufttemperaturveränderung bewirkt. Mit latenter Kühllast wird der Lastanteil bezeichnet, der auf eine Änderung des Wassergehaltes bei konstanter Temperatur zurückzuführen ist, s. Bild A2.2-6:

$$\dot{q}_{L,K}(t) = \dot{q}_{L,l}(t) + \dot{q}_{L,s}(t) \qquad (A2.2\text{-}13)$$

mit $\dot{q}_{L,K}(t)$ – instationäre Kühllast
$\dot{q}_{L,l}(t)$ – instationäre, latente Kühllast
$\dot{q}_{L,s}(t)$ – instationäre, sensible Kühllast

Die Kühllast setzt sich des Weiteren zusammen aus der konvektiven Kühllast und der Strahlungskühllast, je nach dem Teil der Last, resultierend aus den zwei Arten der Wärmeübertragung:

$$\dot{q}_{L,K}(t) = \dot{q}_{L,konv}(t) + \dot{q}_{L,Str}(t) \qquad (A2.2\text{-}14)$$

mit $\dot{q}_{L,K}(t)$ – instationäre Kühllast
$\dot{q}_{L,konv}(t)$ – instationäre, konvektive Kühllast
$\dot{q}_{L,Str}(t)$ – instationäre Strahlungskühllast

Für die Raumkonzentration ist die Raumtemperatur und die relative Feuchte oder der Wassergehalt einzusetzen. Häufig wird die operative Temperatur verwendet. Im Zweifelsfall ist eine differenzierte Betrachtung von Luft- und

A2 Raumbelastungen und Raumlasten

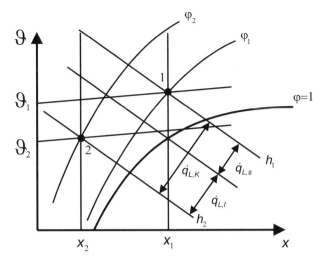

Bild A2.2-6 Sensible und latente Kühllast

Strahlungstemperatur erforderlich, dann sind diesbezüglich differenzierte Kühllasten zu ermitteln.

Es kommt selten vor, dass ein Teil der Kühllast über Fremdkälte gedeckt wird, analog zur Fremdwärme bei der Heizlast. Prinzipiell wird aber auch dabei nur die Teillast als Kühllast bezeichnet, die über ein Kühlsystem abgeführt wird.

A2.2.2.3
Drucklasten*

Drucklasten entstehen, wenn für den Raum Anforderungen an den Druck gestellt werden. Solche Anforderungen sind z. B. notwendig, wenn die Stoffübertragung über die Raumumschließungsflächen unterbunden, minimiert oder kontrolliert werden muss. Der Betrag und die Richtung einer solchen Stoffübertragung ist abhängig zum einen von der Richtung und dem Betrag der Druckdifferenz zwischen Raum und Umgebung sowie von den Undichtigkeiten. Die Frage stellt sich z. B. immer dann, wenn eine stoffliche Kontamination eines Raumes aus seiner Umgebung heraus oder eine Kontamination der Umgebung aus dem Raum heraus verhindert werden soll [A2-12, 2-13, A2-2].

Die Drucklast wird als zu- bzw. abzuführender Luftmassenstromstrom, je nachdem ob eine Über- oder Unterdruckhaltung erforderlich ist, ausgedrückt. In erster Näherung beträgt dieser:

$$\dot{m}_p = \rho \cdot \sum_j [K_j \cdot \Delta p^{n_j}] \tag{A2.2-15}$$

---

* Anmerkung des Herausgebers: Die Begriffe Druck- und Geschwindigkeitslasten werden hier neu eingeführt und es ist noch zu diskutieren, ob der Lastbegriff auch hier angebracht ist (s. a. Bd 1, S. 160)

mit $\dot{m}_p$ – Massenstrom zur Druckhaltung
ρ – Dichte
K_j – Konstante zur Beschreibung der j-ten Undichtigkeit, z. B. Fugenlänge mal Fugendurchlasskoeffizient
Δp_j – geforderte Druckdifferenz Innen-Außen an der j-ten Undichtigkeit
n_j – Exponent der j-ten Undichtigkeit

A2.2.2.4
Geschwindigkeitslasten*

Geschwindigkeitslasten entstehen, wenn für den Raum Anforderungen an die Luftgeschwindigkeit gestellt werden. Solche Anforderungen sind notwendig, wenn im Raum eine Verdrängungsströmung realisiert werden soll. Die dabei zu fordernde Luftgeschwindigkeit ist abhängig von den Freisetzungsgeschwindigkeiten von Wärme und Schadstoff [A2-2] (s. a. F2.2.1; F4.1).

Die Geschwindigkeitslast wird als zuzuführender Luftmassenstrom ausgedrückt. In erster Näherung beträgt dieser:

$$\dot{m}_w = \rho \cdot A \cdot w_R \qquad (A2.2\text{-}16)$$

mit $\dot{m}_w$ – Massenstrom für die Verdrängungsströmung
ρ – Dichte
A – Querschnittsfläche der Verdrängungsströmung
w_R – geforderte Geschwindigkeit der Verdrängungsströmung

A2.2.2.5
Ladungslasten

Ladungslasten entstehen, wenn für den Raum Anforderungen an die elektrische Ladung gestellt werden. Solche Anforderungen entstehen z. B. wenn für Produktionsprozesse Ladungszustände vermieden werden müssen oder wenn aus physiologischen Gründen Ladungszustände (Sauerstoffionenkonzentrationen) gefordert sind. Im Fall einer geforderten Ionenkonzentration ist die Ladungslast analog zur folgenden Stofflast zu betrachten.

A2.2.3
Stofflasten

A2.2.3.1
Feuchtelasten

Bei den Feuchtelasten ist zu unterscheiden zwischen den Be- und den Entfeuchtungslasten.

Entfeuchtungslasten entstehen durch Feuchtequellen im Raum. Die häufigsten Feuchtequellen sind die Wasserdampfabgabe von Menschen, von Pflanzen, an offenen Wasseroberflächen, aus Fertigungsprozessen sowie der Eintrag durch Infiltration.

Alle vorstehenden, allgemeinen Aussagen zu den Raumlasten gelten auch für die Entfeuchtungslasten. Die Entfeuchtungslast ist der momentane Feuchtestrom, der aus dem Raum abzuführen ist, um die geforderte Raumluftfeuchte einzuhalten.

Befeuchtungslasten entstehen durch Feuchtesenken im Raum. Die häufigste Feuchtesenke ist der Austrag durch Infiltration. Die Befeuchtungslast ist der momentane Feuchtestrom, der dem Raum zugeführt werden muss, um die geforderte Raumluftfeuchte einzuhalten.

A2.2.3.2
Schadstofflasten

Bei den Schadstofflasten ist zu unterscheiden zwischen den Be- und den Entstoffungslasten.

Entstoffungslasten entstehen durch Stoffquellen im Raum. Die Schadstofflast ist der momentane Schadstoffstrom, der aus dem Raum abgeführt werden muss, um eine geforderte Stoffkonzentration einzuhalten. Die Schadstoffe können fest – z. B. als Partikel –, flüssig – z. B. als Tröpfchen –, gasförmig und des Weiteren biologisch aktiv als Keim in der Luft vorhanden sein.

Die Schadstofflast ist die Untermenge der Stofflast, die im Hinblick auf die speziellen Nutzungsbedingungen des Raumes abgeführt werden muss, weil andernfalls eine, die Nutzung einschränkende, Stoffkonzentration entstehen würde. Nicht notwendigerweise führt jede stoffliche Freisetzung zu einer Schadstofflast.

Eine Stofflast wird zur Schadstofflast, wenn diese beim Menschen eine Gesundheitsgefährdung oder Befindlichkeitsstörung hervorruft, eine Brand- oder Explosionsgefahr zur Folge hat oder wenn diese Schäden an Produkten, Fertigungseinrichtungen oder Gebäuden verursacht. Dazu ist für den Raum eine Analyse der stofflichen Freisetzungen und eine Zuordnung von einzuhaltenden Konzentrationen unerlässlich.

Die häufigsten Schadstoffquellen sind Menschen, Bau- und Einrichtungsmaterialien sowie Fertigungsprozesse und Infiltrationen mit belasteter Außenluft.

Alle vorstehenden, allgemeinen Aussagen zu den Raumlasten gelten für die Schadstofflasten. Sie sind immer konvektiv. Bei ihrer Ermittlung sind Sedimentationsvorgänge, sowie Schluckungen aber auch Freisetzungen an Oberflächen zu berücksichtigen. Die Schadstofflasten werden immer auf den einzelnen Stoff bezogen ermittelt.

Einen Sonderfall der Schadstofflasten stellen die Geruchslasten dar. Bei diesen ist derzeit mangels ausreichender Erkenntnis der Bezug auf den Einzelstoff nicht möglich. Deshalb werden hier summarische Bewertungen angesetzt, s. Kap. N.

Prinzipiell sind auch Lasten vorstellbar, die durch Stoffsenken im Raum entstehen oder die durch die Forderung nach einer minimalen Konzentration entstehen, die ansonsten nicht gegeben wäre. Dann muss dem Raum ein Stoffstrom zugeführt werden. Dieser Stoffstrom ist dann eine Bestoffungslast.

Ein solcher Fall liegt z. B. vor, wenn in der Raumluft ein Stoff mit einer gewünschten Konzentration gefordert wird, der in der Außenluft nicht enthalten ist. Solche Forderungen werden z. B. zur Herstellung gewünschter Gerüche gefordert bis hin zur Herstellung von nicht wahrnehmbaren Beimischungen zur unbewussten Beeinflussung.

Luft ist ein Lebensmittel. Genauso wie Trinkwasser als Lebensmittel betrachtet wird, dem deshalb bewusste Beimischungen mit welcher Absicht auch immer verwehrt sind, ist Luft als Lebensmittel zu betrachten. Bewusste Beimischungen jeglicher Art sind deshalb abzulehnen. Dieses betrifft insbesondere die Beimischung solcher Stoffe und in solchen Konzentrationen, die nicht wahrnehmbar sind. Aus diesen Gründen wird nachfolgend grundsätzlich auf die Betrachtung von Bestoffungslasten verzichtet.

A2.2.4
Normlasten

Für häufig vorkommende Fragestellungen bei der Lastermittlung ist es hilfreich, die anzusetzende Belastung durch eine definierte, z. B. durch Norm festgelegte, Belastung zu ersetzen. Damit entfällt für diese Fälle die spezielle Ermittlung der Belastung. Des Weiteren führt dieses Vorgehen zu Lasten, die bei Variantenbetrachtungen bzw. bei Ermittlungen durch unterschiedliche Parteien, einfacher vergleichbar sind. Ergebnis einer solchen Lastermittlung ist die Normlast. Diese ist instationär.

Als Beispiel für ein normatives Verfahren zur Ermittlung einer instationären Normlast sei auf die Kühllastregel VDI 2078 [A2-1] verwiesen.

A2.2.5
Norm-Auslegungslasten

Durch eine Maximalauswahl kann aus der instationären Normlast deren Spitzenwert ermittelt werden. Dieses kann auch unter Anlegung von Betrachtungszeiträumen erfolgen. Der ermittelte Spitzenwert ist die Norm-Auslegungslast.

Als Beispiel für ein genormtes Verfahren zur Ermittlung einer Norm-Auslegungslast sei auf die EN 12831 [A2-14] verwiesen.

Literatur

[A2-1]   VDI 2078: Berechnung der Kühllast klimatisierter Räume (VDI-Kühllastregeln), Ausgabe Oktober 1994.
[A2-2]   Biegert, B.; Dittes, W.: Katalog technischer Maßnahme zur Luftreinhaltung; Konzeption, Auswahl und Auslegung von Einrichtungen. Schriftenreihe der Bundesanstalt für Arbeitsschutz und Arbeitsmedizin, Fb 834 Dortmund/Berlin 2001.
[A2-3]   Dittes, W.: Methoden zur Darstellung der Luftströmung in Fabrikhallen und Regeln für eine optimale Lüftung, Diss., Uni. Stuttgart. 2004.

Literatur

[A2-4] Walz, A.: Auslegung lufttechnischer Einrichtungen zur Stofferfassung, Diss., Uni. Stuttgart. 2003.
[A2-5] Esdorn, H.: Zur einheitlichen Darstellung von Lastgrößen für die Auslegung; raumlufttechnischer Anlagen. HLH 30 Nr. 10 1979.
[A2-6] Schmidt, M.: Lastdefinition für die Heiz- und Raumlufttechnik. HLH Bd. 53 Nr. 11 November 2002.
[A2-7] Bach, H. u. A.: Gezielte Belüftung der Arbeitsbereiche in Produktonshallen zum Abbau der Schadstoffbelastung. 2. Aufl. Hrsg.: Verein der Förderer der Forschung im Bereich Heizung, Lüftung, Klimatechnik e.V. (Hrsg,). Forschungsbericht HLK-1-92. September 1993.
[A2-8] DIN 1946 Teil 2: Raumlufttechnik, Gesundheitstechnische Anforderungen (VDI-Lüftungsregeln). Ausgabe Januar 1994.
[A2-9] Bach, H.: Über die Vergleichbarkeit von Heiz- und RLT-Systemen. HLH Bd. 47 Nr. 8 1996.
[A2-10] Bauer, M.: Methoden zur Berechnung und Bewertung des Energieaufwandes für die Nutzenübergabe bei Warmwasserheizanlagen. Diss., Uni. Stuttgart. 1999.
[A2-11] Stergiaropoulos, K.: Energieaufwand maschineller Wohnungslüftung in Kombination mit Heizsystemen. Diss., Uni. Stuttgart. 2006.
[A2-12] Schmidt, M.: Funktion und Berechnung von Luftschleusen. Forschungsberichte der Zeitschriften, Reihe 6, Nr. 99, VDI-Verlag Düsseldorf, 1982.
[A2-13] Esdorn, H.: Luftströmung und Druckhaltung in Krankhäusern. TU Berlin, Diss. 1981.
[A2-14] EN 12831: Heizungsanlagen in Gebäuden – Verfahren zur Berechnung der Norm – Heizlast. Ausgabe Juni 2006.

B Abfuhr von Raumlasten

MICHAEL SCHMIDT

B1
Allgemeine Grundlagen der Lastabfuhr

In A2 sind die Lasten den jeweiligen Freisetzungen, den Belastungen zugeordnet worden.

In einem weiteren Ordnungsschema können die Lasten nach ihrer Wirkung im Raum unterschieden werden.

Bestimmte Lasten rufen eine Konzentration in der Luft hervor. Stofflasten ergeben Stoffkonzentrationen in der Luft. Konvektive Wärme- und Kälteübertragungen ergeben energetische Konzentrationen (Enthalpien, Temperaturen). Alle diese Lasten bezeichnet man als konvektive Lasten.

Konvektive Lasten können nur konvektiv abgeführt werden. Dazu wird die Last an einen Luftstrom übertragen und damit die Konzentration der Raumluft durch Konzentrationssteigerung des Luftstroms begrenzt.

Strahlungswärmeübertragungen ergeben Strahlungsstärken im Raum. Daraus entstehende Lasten bezeichnet man als Strahlungslasten. Strahlungslasten können nur mittels Strahlung abgeführt werden. Dazu wird die Strahlungslast mittels einer Gegenstrahlung kompensiert und damit abgeführt.

Druckbelastungen können zu Drucklasten im Raum führen. Dabei entstehen unerwünschte Drucklagen bzw. Druckgefälle mit dem Ergebnis von gerichteten Stofftransporten. Drucklasten können nur durch Auflastungen von Gegendrücken kompensiert und damit abgeführt werden.

Geschwindigkeitsbelastungen können zu Geschwindigkeitslasten im Raum, führen. Dabei entstehen unerwünschte Geschwindigkeitsfelder mit der Folge von Behaglichkeitsbeeinträchtigungen oder Stofftransporten. Geschwindigkeitsfelder können nur durch Impulsminderung oder durch Auflastung von Gegenströmungen abgeführt werden.

Grundsätzlich ist festzustellen, dass jeder Lastform eine Form der Lastabfuhr zuzuordnen ist. Eine Lastabfuhr ist immer nur für die betreffende Last möglich. Eine Strahlungslast kann nicht konvektiv abgeführt werden. Eine konvektive Last kann nicht durch Strahlung abgeführt werden, usw. [B1-1, B1-2].

Die Möglichkeiten der Lastabfuhr haben weit reichende Konsequenzen bis zur Konzeption technischer Lösungen. Man kann jeder technischen Konzeption eindeutig deren mögliche Form der Lastabfuhr zuordnen.

B2
Lastabfuhr über Raumwärmeaustauscher

B2.1
Raumheizflächen

B2.1.1
Allgemein

Raumheizflächen führen Wärmlasten ab, d. h. sie führen dem Raum die momentane Wärmeleistung zu, die der Heizlast entspricht. Sie bewirken keinen Stoffaustausch über die Raumumschließungsflächen. Mit Raumheizflächen kann direkt nur die Raumtemperatur und dabei nur ein unterer Grenzwert der Raumtemperatur beeinflusst werden.

Man unterscheidet zwischen integrierten und freien Raumheizflächen (s. Bd. 3, D1.6). Bei den integrierten sind die Heizflächen in Raumumschließungsflächen, wie Boden, Wand, Decke, integriert. Die freien sind frei im Raum angeordnet und allseitig von Raumluft umströmt. Dazu gehören die Raumheizkörper und die Deckenstrahlplatten.

Raumheizflächen geben Wärme durch Konvektion und durch Strahlung ab. Dabei ist die Haupteinflussgröße die Übertemperatur zur Raumumgebung. Sind sie vorrangig vertikal angeordnet, dominiert die Konvektion. Bei überwiegend horizontaler Anordnung überwiegt die Strahlung. Über die Konvektion wird die Raumluft erwärmt. Über die Strahlung erwärmen sich die von den Heizflächen bestrahlten Oberflächen. Die Heizlast des Raumes wird demnach durch Konvektion und Strahlung abgeführt.

B2.1.2
Integrierte Heizflächen

B2.1.2.1
Allgemein

Bei integrierten Heizflächen wird unterschieden zwischen Decken-, Fußboden- und Wandheizungen, s. Bd. 3, D1.6.2. Sie stehen nur an ihrer Raumseite mit der Raumluft im Kontakt. Die Abfuhr von Heizlasten erfolgt durch Konvektion und Strahlung. Die Heizlasten sind um den Teil der Transmissionslast zu verringern, der an der Umschließungsfläche anfällt, in die sie integriert sind.

B2.1.2.2
Deckenheizungen

Die Heizfläche bildet den oberen Raumabschluss. Unter der Decke entsteht eine stabile thermische Luftschichtung, mit der Folge vernachlässigbarer Strömungsgeschwindigkeiten. Der konvektive Wärmeübergangskoeffizient ist demzufolge sehr klein:

$\alpha_k \leq 1\,W/m^2K$

Der Strahlungswärmeübergang ist abhängig von der Differenz der mittleren Deckentemperatur zur mittleren Oberflächentemperatur der übrigen Raumumschließungsflächen. Für übliche Ausführungen beträgt der Strahlungswärmeübergangskoeffizient:

$\alpha_s \approx 5,2\,W/m^2K$

B2.1.2.3
Fußbodenheizungen

Die Heizfläche bildet den unteren Raumabschluss. Über dem Boden besteht eine Horizontalströmung, die von Fallströmungen an kälteren Wänden, wie z. B. der Außenwand, angetrieben wird. Thermische Auftriebsströmungen über dem Boden sind praktisch vernachlässigbar. Der konvektive Wärmeübergangskoeffizient kann deshalb mit guter Näherung als Funktion der Temperaturdifferenz zwischen einer kälteren Wand und der Luft beschrieben werden:

$$\overline{\alpha}_K \approx 1,47 \cdot \left(\overline{\vartheta}_L - \overline{\vartheta}_W\right)^{1/3} \qquad (B2.1-1)$$

mit $\overline{\alpha}_K$ – mittlerer, konvektiver Wärmeübergangskoeffizient
 $\overline{\vartheta}_L$ – mittlere Lufttemperatur im Raum
 $\overline{\vartheta}_W$ – mittlere Temperatur einer kälteren Wand

Der Strahlungswärmeübergang ist, analog zur Deckenheizung, abhängig von der Temperaturdifferenz zwischen der mittleren Bodentemperatur und der mittleren Oberflächentemperatur der übrigen Raumumschließungsflächen. Wie bei der Deckenheizung beträgt der Strahlungswärmeübergangskoeffizient:

$\alpha_s \approx 5,2\,W/m^2K$

Die Wärmeabgabe einer Warmwasserfußbodenheizung wird abhängig von der mittleren Übertemperatur des Heizwassers dargestellt. Die Anordnung der Rohre im Boden und der Bodenaufbau sind deshalb von großer Bedeutung, s. Bd. 3, D1.6. Die zugehörigen Kennlinien werden in einem genormten Prüfverfahren festgestellt [B2-1]. Für sie gilt:

$$\dot{q}_{Fb} \sim \left(\overline{\vartheta}_H - \vartheta_i\right) \quad \text{(B2.1-2)}$$

mit $\dot{q}_{Fb}$ – Wärmeleistung der Fußbodenheizfläche

$\overline{\vartheta}_H$ – mittlere Heizwassertemperatur

ϑ_i – Raumtemperatur

B2.1.2.4
Wandheizungen

Die Heizfläche ist Teil einer Wand, s. Bd. 3, D1.6. An der Wand stellt sich eine freie konvektive Wandströmung ein.

Der konvektive Wärmeübergangskoeffizient kann mit ausreichender Näherung als Funktion der Temperaturdifferenz zwischen der Wand und der Luft beschrieben werden:

$$\overline{\alpha}_K = 1{,}69 \cdot \left(\overline{\vartheta}_W - \overline{\vartheta}_L\right)^{1/3} \quad \text{(B2.1-3)}$$

mit $\overline{\alpha}_K$ – mittlerer, konvektiver Wärmeübergangskoeffizient

$\overline{\vartheta}_L$ – mittlere Lufttemperatur

$\overline{\vartheta}_W$ – mittlere Temperatur der Wand

Wie bei den anderen integrierten Heizflächen ist der Strahlungswärmeübergangskoeffizient:

$$\alpha_S \approx 5{,}2 \; W/m^2 K$$

B2.1.3
Freie Raumheizflächen

B2.1.3.1
Deckenstrahlplatten

Deckenstrahlplatten werden unter der Decke in der Regel deutlich hoher Räume, d. h. deutlich höher als die Anforderungszone, frei aufgehängt. Sie wirken in der Anforderungszone allein durch Strahlung. Die von ihnen konvektiv abgegebene Wärme gelangt nur in die Restzone, es sein denn, dass sie durch maschinelle Lüftung auch in die Anforderungszone transportiert wird. Die Bauformen der Deckenstrahlplatten unterscheiden sich daher wärmetechnisch nur dadurch, wie viel konvektive Wärme sie abgeben. Der Anteil der konvektiven Wärmeabgabe differiert zwischen 15 und 40%, je nach dem, ob die Platte eben oder konvex ist und ob diese über seitliche Schürzen verfügt [B2-2].

Deckenstrahlplatten werden in der Regel, z. B. im Unterschied zu Heizkörpern, recht gleichmäßig über die Deckenfläche verteilt. Deshalb entfällt bei ihnen wie bei den integrierten Deckenheizungen die entsprechende Transmissionsheizlast.

B2.1.3.2
Raumheizkörper

Die vielfältigen Bauformen der Raumheizkörper können nach Gliederheizkörpern, Plattenheizkörpern und Konvektoren unterschieden werden, s. Bd. 3, D1.6.4. Das Verhältnis der Wärmeabgabe durch Konvektion und Strahlung wird stark von der Bauform bestimmt.

Die Strahlungswärmeabgabe ist abhängig von der Hüllfläche des Heizkörpers, ihrer Oberflächentemperatur und der mittleren Oberflächentemperatur im Raum. Die konvektive Wärmeabgabe ist abhängig von der örtlichen Temperaturdifferenz zwischen der Heizfläche und der Luft sowie von der Bauform.

Die Bauform beeinflusst maßgeblich die Luftströmung an der Heizfläche.

Beim Konvektor entsteht dominant eine thermisch angetriebene Schachtströmung. Die Luft aus dem Raum strömt unten in die Heizfläche ein und strömt erwärmt oben aus, s. Bild B2.1-1. Die aus dem Raum sichtbare Hüllfläche ist klein. Das hat eine überwiegend konvektive Wärmeabgabe zur Folge.

Beim Gliederheizkörper strömt die Luft aus dem Raum praktisch über die gesamte Ansichtsfläche der Heizfläche zu und auf der gesamten Höhe durch die Glieder, s. Bild B2.1-2. Die Wärme wird durch Konvektion und Strahlung abgegeben. Der Anteil der Strahlung an der gesamten Wärmeabgabe beträgt etwa 25%.

Beim Plattenheizkörper entsteht an der Frontseite eine freie Konvektionsströmung und an der Rückseite zwischen Heizfläche und Wand eine Schachtströmung, s. Bild B2.1-3. Die Wärme wird durch Konvektion und Strahlung abgegeben. Der Anteil der Strahlung an der gesamten Wärmeabgabe beträgt etwa 45%.

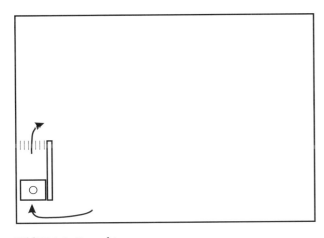

Bild B2.1-1 Konvektor

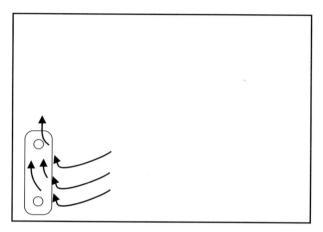

Bild B2.1-2 Gliederheizkörper

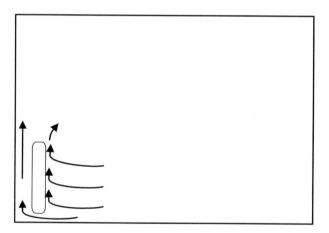

Bild B2.1-3 Plattenheizkörper

B2.2
Raumkühlflächen

B2.2.1
Allgemein

Raumkühlflächen führen Kühllasten ab, d. h. sie führen dem Raum die momentane Kühlleistung zu, die der Kühllast entspricht. Sie bewirken – abgesehen von in der Regel unerwünschter Kondensation – keinen Stoffaustausch über die Raumumschließungsflächen. Mit Raumkühlflächen kann direkt nur die Raumtemperatur und dabei nur ein oberer Grenzwert der Raumtemperatur beeinflusst werden.

Man unterscheidet zwischen integrierten und freien Raumkühlflächen. Bei den integrierten sind die Kühlflächen in Raumumschließungsflächen, wie Boden, Wand, Decke, integriert. Die freien sind frei im Raum angeordnet und allseitig von Raumluft umströmt. Dazu gehören die Raumkühlkörper und die Deckenkühlplatten, -segel und Kühlbalken.

Raumkühlflächen übertragen Wärme durch Konvektion und durch Strahlung. Dabei ist die Haupteinflussgröße die Untertemperatur zur Raumumgebung. Sind sie vorrangig vertikal angeordnet, dominiert die Konvektion. Bei überwiegend horizontaler Anordnung überwiegt die Strahlung. Über die Konvektion wird die Raumluft gekühlt. Über die Strahlung kühlen die von den Kühlflächen bestrahlten Oberflächen ab. Die Kühllast des Raumes wird demnach durch Konvektion und Strahlung abgeführt.

B2.2.2
Integrierte Kühlflächen

B2.2.2.1
Allgemein

Bei integrierten Kühlflächen wird unterschieden zwischen Decken-, Fußboden- und Wandkühlflächen (analog zur Systematik der integrierten Heizflächen). Sie stehen nur an ihrer Raumseite mit der Raumluft im Kontakt. Die Kühllasten sind um den Teil der Transmissionslast zu verringern, der an der Umschließungsfläche anfällt, in die sie integriert sind.

B2.2.2.2
Kühldecken

Die Kühlfläche bildet den oberen Raumabschluss. Die Last wird über die Unterseite der Decke durch Strahlung und Konvektion abgeführt. Beim Wärmeübergang treten im Unterschied zur ansonsten analog zu betrachtenden Fußbodenheizung zwei zusätzliche Strömungen auf, eine Thermikströmung über Wärmequellen und eine Wandströmung aus Zuluftdurchlässen [B2-3]. So entstehen an der Decke Bereiche unterschiedlichen Wärmeübergangs, nämlich zunächst ein Bereich einer Grundkonvektion und des Weiteren Bereiche mit erzwungener Konvektion einmal infolge einer Auftriebsströmung am warmen Fenster und zum anderen infolge einer Zuluftströmung. Die Wärmeübergangsverhältnisse hängen dabei sehr von den jeweiligen Bedingungen ab [B2-4].

B2.2.2.3
Kühlfußböden

Die Kühlfläche bildet den unteren Raumabschluss. Der Wärmeübergang bei Kühlfußböden ist analog dem bei Deckenheizungen zu betrachten. Über dem Boden entsteht eine stabile thermische Luftschichtung, mit der Folge vernachlässigbarer Strömungsgeschwindigkeiten. Der konvektive Wärmeübergangskoeffizient ist demzufolge sehr klein.

$\alpha_k \leq 1 \, W/m^2 K$

Der Strahlungswärmeübergang ist abhängig von der Temperaturdifferenz zwischen der mittleren Bodentemperatur und der mittleren Oberflächentemperatur der übrigen Raumumschließungsflächen. Für übliche Ausführungen beträgt der Strahlungswärmeübergangskoeffizient:

$\alpha_s \simeq 5{,}2 \, W/m^2 K$

B2.2.2.4
Kühlwände

Die Kühlfläche ist Teil einer Wand. An der Wand stellt sich eine freie, konvektive Wandströmung ein. Die Kühlwände sind analog zu den Wandheizungen zu betrachten.

Der konvektive Wärmeübergangskoeffizient kann mit ausreichender Näherung als Funktion der Temperaturdifferenz zwischen der Wand und der Luft beschrieben werden:

$$\bar{\alpha}_K = 1{,}69 \cdot \left(\bar{\vartheta}_W - \bar{\vartheta}_L\right)^{1/3} \qquad (B2.2\text{-}1)$$

mit $\bar{\alpha}_K$ – mittlerer, konvektiver Wärmeübergangskoeffizient

$\bar{\vartheta}_L$ – mittlere Lufttemperatur

$\bar{\vartheta}_W$ – mittlere Temperatur der Wand

Für übliche Ausführungen beträgt der Strahlungswärmeübergangskoeffizient:

$\alpha_s \simeq 5{,}2 \, W/m^2 K$

B2.2.3
Freie Kühlflächen

Freie Raumkühlflächen sind in ihrer Anordnung im Raum und in ihrer Bauform analog zu den freien Raumheizflächen zu betrachten.

Die Verwendung von Gliederkühlkörpern und von Plattenkühlkörpern ist in Deutschland ungewöhnlich. Hierfür sind zwei Gründe anzuführen. Eine Kondensation am Kühlkörper ist unerwünscht. Sie könnte ein hygienisches Problem darstellen. Sie würde des Weiteren eine Kondensatabfuhr erfordern. Bei Einhaltung einer Oberflächentemperatur, die eine Kondensation vermeidet, ist die treibende Temperaturdifferenz zum Kühlen klein. Das würde bei Kühlkörpern in der Größe üblicher Heizkörper nur geringe Kühlleistungen ermöglichen. In anderen Ländern, wie z. B. in Japan, werden dagegen solche Kühlkörper – auch mit Kondensation – eingesetzt [B2-5, B2-6].

Eine auch in Deutschland gebräuchliche Form der freien Raumkühlflächen sind Konvektoren. Diese werden dabei praktisch immer in beinahe raumhohen Schächten angeordnet. Das System wird in der Fachöffentlichkeit häufig als „Stille Kühlung" bezeichnet [B2-7]. Im Konvektorschacht entsteht eine freie, thermische Konvektionsströmung nach unten. Die Abfuhr der Kühllast erfolgt ausschließlich über Konvektion. Durch Regelung bzw. Steuerung der Kaltwassertemperatur wird in der Regel die Kondensation verhindert. Die erreichbaren thermischen Leistungen sind von der Bauform des Konvektors und den Schachtabmessungen sowie den Luftdurchlässen am Schacht abhängig. Die Leistungen sind experimentell zu ermitteln [B2-8].

Die in der Fachöffentlichkeit häufig als „offenen Kühldecken" bezeichneten Systeme gehören zu den freien Raumkühlflächen.

In einer Bauform wird über einer luftdurchlässigen Decke eine freie Raumkühlfläche, am häufigsten in Form eines Konvektors, angeordnet. Die Abfuhr der Kühllast erfolgt mittels Konvektion. Die Strahlungswirkung ist in der Regel durch die Verschattung der Kühlfläche vernachlässigbar. Es entsteht eine freie, thermische Konvektionsströmung von der Kühlfläche durch die Decke in den Raum. Die Leistungen hängen sehr stark von der jeweiligen Anordnung, der Unterdecke und den verwendeten Konvektoren ab. Sie sind experimentell zu ermitteln [B2-6, B2-7].

In einer weiteren Bauform werden unter der Decke in Form von Platten oder Segeln frei umströmte Kühlflächen aufgehängt. Die Abfuhr der Kühllast erfolgt mittels Strahlung und Konvektion. Die Leistungen hängen sehr stark von den jeweiligen Anordnungen und Abmessungen ab. Sie sind experimentell zu ermitteln [B2-4].

B3
Lastabfuhr über Raumstoffaustauscher

B3.1
Allgemein

Raumstoffaustauscher führen stoffliche Lasten aus Räumen ab, ohne einen Luftaustausch über die Systemgrenze des Raumes, das ist in der Regel die innere Umschließungsfläche. Über diese Systemgrenze werden nur Stoffströme anderer Stoffe als Luft transportiert.

Es ist zwischen Be- und Entstoffung zu unterscheiden, d. h. zwischen der Stoffzu- und der Stoffabfuhr.

B3.2
Raumbefeuchter

B3.2.1
Allgemein

Raumbefeuchter können als Umluftbefeuchter oder als direkte Raumbefeuchter ausgeführt werden.

Bei den Umluftbefeuchtern wird Luft aus dem Raum angesaugt, befeuchtet und wieder dem gleichen Raum zugeführt. Aus dem Luftvolumen des Raumes wird ein Teilmassenstrom entnommen und befeuchtet. Dieser feuchte Teilmassenstrom wird anschließend mit der Raumluft gemischt. Ein Luftaustausch und damit eine Lüftung erfolgt mit dem Raumbefeuchter nicht. Der befeuchtete Teilmassenstrom ist ein Umluftstrom, der den Raum nicht verlässt. Dem Raum wird ein Wassermassenstrom zugeführt.

Bei den direkten Raumbefeuchtern wird der Wassermassenstrom direkt mit der Raumluft vermischt.

Raumbefeuchter werden des Weiteren nach dem Prinzip der Stoffübertragung in Aerosolbefeuchter, Verdunstungsbefeuchter und Dampfbefeuchter unterschieden, s. a. G5.

B3.2.2
Aerosolbefeuchter[*]

Aerosolbefeuchter zerstäuben unter Einsatz mechanischer Energie Wasser zu kleinen, in der Luft schwebefähigen Wasserpartikeln. Der Durchmesser der Wasserpartikel beträgt

$d \leq 20\,\mu m$.

Zerstäubt wird mit Zweistoff-Düsen-Zerstäubern unter Einsatz von Druckluft, mit rotierenden Scheibenzerstäubern oder mit Ultraschall-Zerstäubern. Das Aerosol wird entweder direkt in die Raumluft gesprüht (direkte Bestoffung) oder mit einem maschinell geförderten Umluftstrom gemischt (indirekte Bestoffung), der dann anschließend mit der Raumluft gemischt wird.

Die Befeuchtung der Luft ist in der Regel adiabat, also ohne Wärmezu- oder -abfuhr, s. Bd. 1, F4.3.3.

B3.2.3
Verdunstungsbefeuchter[**]

Verdunstungsbefeuchter befeuchten die Raumluft durch Verdunstung an einer Wasseroberfläche. Diese Oberfläche wird in der Regel durch geeignete Materia-

---

[*] Sprühbefeuchter G5.2.2
[**] Rieselbefeuchter G5.2.3

lien wie Matten, Füllkörper o. ä. vergrößert. Diese werden mit Wasser berieselt, besprüht oder im Umlaufverfahren getaucht. Ein Umluftstrom wird maschinell über bzw. durch die Materialien gefördert (indirekte Bestoffung).

Verdunstungsbefeuchter mit direkter Bestoffung sind prinzipiell denkbar. Wegen der schlechten Stoffübergangskoeffizienten infolge kleiner Strömungsgeschwindigkeiten wären dafür aber große, in der Regel nicht praktikable, Wasserflächen erforderlich.

Die Befeuchtung der Luft ist in der Regel adiabat, s. Bd. 1, F4.3.3.

B3.2.4
Dampfbefeuchter

Dampfbefeuchter mischen Dampf mit der Raumluft (direkte Bestoffung). Der Dampfstrahl wird direkt in die Raumluft eingebracht. Bezüglich der Dampfbereitstellung ist zu unterscheiden zwischen Eigendampf-Befeuchtern und Druckdampf-Befeuchtern.

Die Befeuchtung ist isotherm, s. Bd. 1, F4.3.4.

B3.3
Raumentfeuchter

B3.3.1
Allgemein

Raumentfeuchter werden nach dem Prinzip der Entfeuchtung unterschieden in Kondensations- oder Sorptionsentfeuchter. Meist sind sie mit einem Ventilator ausgestattet und laufen im Umluftbetrieb (indirekte Entstoffung). Eine Lüftung des Raumes findet nicht statt.

B3.3.2
Kondensationsentfeuchter

B3.3.2.1
Raumkühlkörper

Werden Raumkühlkörper mit einer Oberflächentemperatur unter dem Taupunkt der Raumluft betrieben, kondensiert Wasser aus der Raumluft. Aus der Raumluft wird ein Wassermassenstrom abgeführt (direkte Entstoffung). Hierzu eignen sich nur Kühlkörper, die zur Reinigung gut zugänglich sind, die eine gerichtete Kondensatströmung an der Kühlfläche sicherstellen und die über einen Kondensatablauf verfügen.

B3.3.2.2
Umluftentfeuchter

In der Regel handelt es sich um kompakte Geräte mit Rippenrohr-Wärmeaustauschern und Ventilatoren. Die Wärmeaustauscher werden mit Oberflächentemperaturen unter dem Taupunkt der Raumluft betrieben. Aus dem Raum wird ein Umluftstrom entnommen und entfeuchtet (indirekte Entstoffung). Der entfeuchtete Umluftstrom wird wieder mit der Raumluft gemischt. Die Geräte benötigen eine Kondensatabfuhr.

B3.3.3
Sorptionsentfeuchter

Für eine kurzzeitige oder diskontinuierliche Entfeuchtung können Raum-Sorptionsentfeuchter eingesetzt werden. In der Regel handelt es sich um kompakte Geräte mit Sorptionsenfeuchtern und Ventilatoren. Aus dem Raum wird ein Umluftstrom entnommen und entfeuchtet (indirekte Entstoffung). Der entfeuchtete Umluftstrom wird wieder mit der Raumluft gemischt. Das Sorbens muss nach seiner Beladung ausgetauscht oder regeneriert werden.

B3.4
Raumentstoffer

B3.4.1
Allgemein

Raumentstoffer werden unterschieden in Umluftentstoffer und in Oberflächenentstoffer. Mit beiden wird ein Schadstoffmassenstrom aus der Raumluft abgeführt. Eine Lüftung des Raumes findet nicht statt.

B3.4.2
Umluftentstoffer

Aus dem Raum wird ein Umluftstrom entnommen und mit einem Ventilator durch einen schadstoffgeeigneten Abscheider gefördert. Der entstoffte Umluftstrom wird anschließend wieder mit der Raumluft gemischt (indirekte Entstoffung). Die häufigste Form des Umluftentstoffers ist der Raumentstauber, mit dem mittels Filtration eines Umluftstroms die Raumluft entstaubt wird.

B3.4.3
Oberflächenentstoffer

An praktisch jeder Oberfläche (Festkörper oder Flüssigkeit) zur Luft wird Stoff ausgetauscht und das in beiden Richtungen. Stoffe werden in die Luft freigesetzt aber auch aus dieser sorbiert. Werden sorbierende Oberflächen mit schadstoffbezogenen Sorptionseigenschaften in der Raumluft platziert, spricht man von Oberflächenentstoffern. Die Leistung der Oberflächenentstoffer hängt maßgeblich von den Stoffübergangskoeffizienten ab, die wiederum stark von der örtlichen Strömungsgeschwindigkeit abhängen, sowie von deren Fläche und der örtlichen Schadstoffkonzentration.

B3.5
Raumbestoffer

Mit Raumbestoffern wird der Raumluft ein Stoffmassenstrom zugeführt. Der bekannte und anerkannte Sonderfall der Bestoffung ist die Befeuchtung. Andere Bestoffungen können in drei Kategorien eingeteilt werden:
- Die Bestoffung hat das Ziel, die Wahrnehmung einer anderen „schädlichen" Bestoffung zu überdecken. Man „parfümiert" z. B., um einen „schädlichen" Geruch zu überdecken.
- Die Bestoffung hat das Ziel, bis in das Unterbewusstsein die Befindlichkeit von Menschen zu verändern, mit der Behauptung, dass die Befindlichkeitsveränderung „angenehm", „willkommen", „vorteilhaft" wäre. Man bestofft das neue Auto, so dass es lange „neu riecht", weil die Verbraucher den Geruch schätzen. Man bestofft das räumliche Umfeld einer Bäckerei, weil dann den Passanten „das Wasser im Munde zusammen läuft".
- Die Bestoffung hat das Ziel, vermeintliche Entstoffungen, die z. B. bei der Luftbehandlung entstanden sind, auszugleichen. Man ionisiert die Luft, um die Entladungen in metallischen Anlagenteilen zu kompensieren.

Alle Bestoffungen, die der Luft stoffliche Komponenten hinzufügen, die in der Außenluft nicht gegeben sind, müssen so lange abgelehnt werden, wie ihre absolute gesundheitliche Unbedenklichkeit nicht zweifelsfrei nachgewiesen ist. Alle Bestoffungen, deren Ergebnis, deren Wirkung sich der menschlichen Wahrnehmung entziehen sind abzulehnen.

Bestoffungen sind nur dann in Erwägung zu ziehen, wenn sie technisch bedingte vorherige Entstoffungen kompensieren, d. h. der Stoff (nur der) der vorher entstofft wurde kann wieder bestofft werden

B4
Lastabfuhr über Raumluftaustausch

B4.1
Allgemein

Mit einem Austausch von Raumluft können nur konvektive Lasten abgeführt werden, d. h. nur Lasten, die eine Konzentration in der Luft hervorrufen. Die Last wird auf einen Luftstrom übertragen. Dabei wird die Konzentration im

Luftstrom erhöht. Alle nicht-konvektiven Lasten können mittels Raumluftaustausch nicht abgeführt werden.

B4.2
Grundprinzipien der konvektiven Abfuhr von Raumlasten

B4.2.1
Verdünnen

Hat ein Raum eine beliebige Freisetzung und wird dieser Freisetzung eine geforderte Raumkonzentration als homogene Konzentration im Raum zugeordnet, dann ist eine Last aus dem Raum abzuführen. Dabei ist vorausgesetzt, dass die Wirkung von Erfassungseinrichtungen, wie z. B. Absaugungen, berücksichtigt ist. Als Freisetzung zählt nur die – außerhalb des Wirkbereiches einer ggfs. vorhandenen Erfassungseinrichtung – verbleibende Freisetzung. Zur Herstellung der geforderten Konzentration wird dem Raum ein Zuluftstrom zugeführt. Dessen Konzentration ist kleiner als die geforderte Raumkonzentration. Aus dem Raum wird ein Abluftstrom mit einer Abluftkonzentration abgeführt, s. Bild B4.2-1 (s. a. F1.2).

Für den einfachsten, stationären Fall besteht folgende Bilanz:

$$\dot{V}_{ZU} \cdot c_{ZU} + \dot{q}_L = \dot{V}_{AB} \cdot c_{AB} \tag{B4.2-1}$$

mit $\dot{V}$ – Volumenstrom Indizes ZU – Zuluft
    c – Konzentration AB – Abluft
    $\dot{q}_L$ – Last

Unter der Annahme

$$\dot{V}_{ZU} \equiv \dot{V}_{AB} = \dot{V}$$

beträgt der Volumenstrom zur Lastabfuhr:

$$\dot{V} = \frac{\dot{q}_L}{c_{AB} - c_{ZU}} \tag{B4.2-2}$$

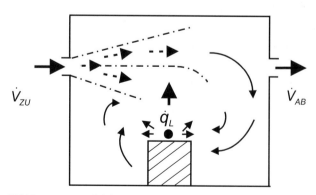

Bild B4.2-1 Lastabfuhrprinzip „Verdünnen"

B4.2.2
Zonieren

In den vorstehenden Betrachtungen wird unterstellt, dass die für die Ableitung der Last sowie für die Bemessung der Lastabfuhr zugrunde gelegte, geforderte Raumkonzentration homogen für den gesamten Raum gefordert wäre. Diese Forderung geht über die funktionsbedingten Anforderungen an die meisten praktisch vorkommenden Räume weit hinaus. Dabei ist es oft ausreichend ein Subvolumen des Raumvolumens zu definieren, in dem die Konzentrationsforderung gilt. Dieses Subvolumen ist die Anforderungszone. Im restlichen Subvolumen, der Restzone, wird keine Konzentrationsanforderung gestellt. Es wird eine inhomogene Konzentrationsverteilung im Raum angestrebt, mit deutlich unterschiedlichen Konzentrationen im Gesamtraum. Dieses Lastabfuhrprinzip nennt man Zonieren (Eingrenzen).

Bild B4.2-2 zeigt ein vereinfachtes Modell für einen solchen Raum. Dieser ist in zwei Subvolumina, hier horizontal geteilt, unterschieden. Nur im unteren Subvolumina, der Anforderungszone, gilt die Forderung nach der Raumkonzentration. Es wird des Weiteren angenommen, dass sich die Raumlast auf zwei Teillasten verteilt. Für den Volumenstrom zur Lastabfuhr ergibt sich dann:

$$\dot{V} = \frac{\dot{q}_{L,AZ}}{c_{R,AZ} - c_{ZU}} \qquad (B4.2\text{-}3)$$

mit $\dot{V}$ – Volumenstrom zur Lastabfuhr Indizes R – Raumluft
$\dot{q}_{L,AZ}$ – Teillast der Anforderungszone AZ – Anforderungszone
c – Konzentration ZU – Zuluft

Dabei ist unterstellt, dass die Konzentration in der Anforderungszone wiederum homogen ist.

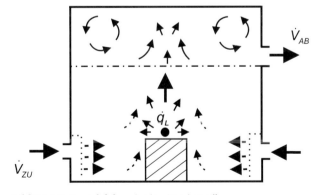

Bild B4.2-2 Lastabfuhrprinzip „Zonieren"

Unter der Annahme für die Raumlast

$$\dot{q}_L = \dot{q}_{L,AZ} + \dot{q}_{L,RZ} \qquad \text{(B4.2-4)}$$

mit $\dot{q}_L$ – Last
$\dot{q}_{L,AZ}$ – Teillast in der Anforderungszone
$\dot{q}_{L,RZ}$ – Teillast in der Restzone

kann das Verhältnis der Volumenströme bei Lastabfuhr nach dem Zonierungsprinzip (inhomogene Betrachtung in zwei in sich homogenen Subvolumina) zu dem bei Lastabfuhr nach dem Verdünnungsprinzip (homogene Betrachtung des gesamten Volumens) angegeben werden:

$$\frac{\dot{V}_I}{\dot{V}_H} = \frac{\dot{q}_{L,AZ}}{\dot{q}_{L,AZ} + \dot{q}_{L,RZ}} \qquad \text{(B4.2-5)}$$

mit $\dot{V}_I$ – Volumenstrom bei inhomogener Konzentrationsverteilung
$\dot{V}_H$ – Volumenstrom bei homogener Konzentrationsverteilung

B4.2.3
Verdrängen

Betrachtet wird ein Raum mit einer Geschwindigkeitslast nach A2.2.2.4. Es wird ein eindimensionales Geschwindigkeitsfeld hergestellt (s. a. F1.3). Dessen Geschwindigkeit der Grundbewegung ist größer aller Freisetzungsgeschwindigkeiten. Um des Weiteren keinen turbulenten Queraustausch zu verursachen, ist die

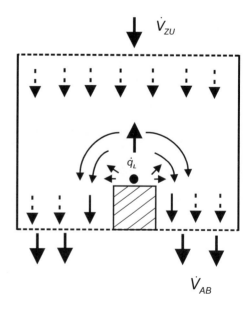

Bild B4.2-3 Lastabfuhrprinzip „Verdrängen"

Strömung im Idealfall laminar, s. F2.2.3.3, in realen Fällen turbulenzarm. Alle Freisetzungen werden in Strömungsrichtung verdrängt. Man spricht von einer Lastabfuhr nach dem Verdrängungsprinzip, s. Bild B4.2-3. Die Raumkonzentration entspricht der Zuluftkonzentration, außer dem Bereich im Nachlaufgebiet der Stoffquelle.

B4.3
Definitionen von Raumluftkonzentrationen

B4.3.1
Allgemein

Konvektive Freisetzungen in die Luft ergeben immer ein Gemisch, ein Luft-Stoff-Gemisch oder ein Luft-Energie-Gemisch. Die Zusammensetzung des Gemisches wird durch die Konzentration gekennzeichnet. Je nach Art der Belastung gibt es unterschiedliche Definitionen für die Konzentration.

B4.3.2
Energielasten

B4.3.2.1
Wärmelasten

Die thermische energetische Konzentration der Luft wird als Enthalpie bezeichnet. Für ungesättigte Luft beträgt diese:

$$h = c_{p,L} \cdot \vartheta + x \left(r_0 + c_{p,D} \cdot \vartheta \right) \tag{B4.3-1}$$

mit h – spezifische Enthalpie
$c_{p,L}$ – spezifische Wärmekapazität der Luft, bei konstantem Druck, im relevanten Temperaturintervall
$c_{p,D}$ – Spezifische Wärmekapazität von Wasserdampf bei konstantem Druck im relevanten Temperaturintervall
ϑ – Temperatur
x – Wassergehalt
r_0 – spezifische Verdampfungswärme des Wassers

Für übersättigte Luft beträgt diese:

$$h = c_{p,L} \cdot \vartheta + x_s \left(r_0 + c_{p,D} \cdot \vartheta \right) + \left(x - x_s \right) c_W \cdot \vartheta \tag{B4.3-2}$$

mit x_s – Sättigungs-Wassergehalt
c_W – spezifische Wärmekapazität von Wasser

B4.3.2.2
Sensible Heiz- und Kühllasten

Die spezifische Enthalpie der Luft kann in einen temperaturabhängigen und einen temperaturunabhängigen Term aufgeteilt werden. Unter Berücksichtigung der menschlichen Wahrnehmung wird der temperaturabhängige Term als „sensibel" bezeichnet und damit auch die betreffenden Lasten als sensible Heiz- bzw. Kühllasten. Die sensible spezifische Enthalpie beträgt für ungesättigte Luft

$$h_s = \vartheta \left(c_{p,L} + x \cdot c_{p,D} \right)$$ (B4.3-3)

und für übersättigte Luft

$$h_s = \vartheta \left(c_{p,L} + x_s \cdot c_{p,D} + x \cdot c_W - x_s \cdot c_W \right).$$ (B4.3-4)

B4.3.2.3
Latente Heiz- und Kühllasten

Da mit der menschlichen Sensorik in einem großen Intervall die Feuchte der Luft nicht wahrnehmbar ist, wird der temperaturunabhängige Term als „latent" bezeichnet und damit auch die betreffenden Lasten als latente Heiz- bzw. Kühllasten. Die latente spezifische Enthalpie beträgt für den ungesättigten Fall

$$h_l = x \cdot r_0$$ (B4.3-5)

und für den übersättigten Fall

$$h_l = x_s \cdot r_0.$$ (B4.3-6)

B4.3.2.4
Drucklasten

Die Konzentration bei einer Drucklast ist der statische Luftdruck im Raum bzw. die statische Luftdruckdifferenz zwischen Raum und relevanter Umgebung.

B4.3.2.5
Geschwindigkeitslasten

Die Konzentration bei einer Geschwindigkeitslast ist die Luftgeschwindigkeit im Raum, ausgedrückt durch den Betrag und die Richtung der Grundbewegung und durch den Turbulenzgrad.

B4.3.3
Stofflasten

B4.3.3.1
Be- und Entfeuchtungslasten

Die Konzentration bei einer Feuchtelast ist der Wassergehalt der Luft, d. h. die Wassermasse bezogen auf die Masse der trockenen Luft.

$$x = \frac{m_W}{m_L} \qquad (B4.3\text{-}7)$$

mit x – Wassergehalt
m_W – Wassermasse
m_L – Masse der trockenen Luft

Für ungesättigte Luft ist die Wassermasse dampfförmig. Dann beträgt der Wassergehalt:

$$x = \frac{m_D}{m_L} \qquad (B4.3\text{-}8)$$

$$x = \frac{p_D \cdot R_L}{p_L \cdot R_D} \qquad (B4.3\text{-}9)$$

mit m_D – Wasserdampfmasse
p_D – Partialdruck des Wasserdampfes
p_L – Partialdruck der Luft
R_D – Gaskonstante des Wasserdampfes
R_L – Gaskonstante der Luft

Für übersättigte Luft über dem Gefrierpunkt setzt sich die Wassermasse aus einem dampfförmigen Teil, dem Sättigungswassergehalt, und einem flüssigen Teil zusammen. Der Sättigungswassergehalt beträgt:

$$x_S = 0{,}622 \frac{p_{D,S}}{p - p_{D,S}} \qquad (B4.3\text{-}10)$$

mit x_S Sättigungswassergehalt in kg/kg
$p_{D,S}$ – Sättigungsdruck des Dampfes
p – Gesamtdruck der Luft

Für den Temperaturbereich in der Raumklimatechnik kann der Sättigungsdruck des Dampfes angenähert werden:

$$p_{D,S} = 6{,}1 + 489 \left(\frac{\vartheta}{100} \right)^{2{,}16} \qquad (B4.3\text{-}11)$$

mit ϑ – Temperatur in °C
$p_{D,S}$ – Sättigungsdruck des Wasserdampfes in mbar

Für übersättigte Luft unter dem Gefrierpunkt setzt sich die Wassermasse aus einem dampfförmigen Teil, dem Sättigungswassergehalt, und einem festen Teil zusammen.

B4.3.3.2
Schadstofflasten

Betrachtet seien zunächst biologisch inaktive Stoffe. Für diese werden je nach dem Aggregatzustand des freigesetzten Stoffes unterschiedliche Konzentrationsdefinitionen verwendet. Zu bevorzugen ist aber der Bezug auf die Masse der trockenen Luft wie bei der Feuchte.

Für alle Stoffe kann die Schadstoffmasse auf die Masse der trockenen Luft bezogen werden:

$$c_m = \frac{m_{Ss}}{m_L} \qquad (B4.3\text{-}12)$$

mit c_m – Konzentration, Masse auf Masse bezogen
m_{Ss} – Schadstoffmasse
m_L – Masse der trockenen Luft

Für alle Stoffe kann die Schadstoffmasse auch bezogen werden auf das Normvolumen des Gemisches:

$$c_{v,n} = \frac{m_{Ss}}{V_n} \qquad (B4.3\text{-}13)$$

mit $c_{v,n}$ – Konzentration, Masse auf Normvolumen bezogen
V_n – Normvolumen des Gemisches

Für alle Stoffe kann die Schadstoffmasse weiterhin bezogen werden auf das Volumen des Gemisches. Dabei ist aber die Abhängigkeit der Angabe von Druck und Temperatur zu beachten.

$$c_v = \frac{m_{Ss}}{V} \qquad (B4.3\text{-}14)$$

mit c_v – Konzentration, Masse auf Volumen bezogen
V – Volumen des Gemisches

Nur für Gase, bzw. näherungsweise auch für Aerosole bei geringen Aerosolkonzentrationen, kann das Schadstoffvolumen auf das Gemischvolumen bezogen werden.

$$c_p = \frac{V_{Ss}}{V} \qquad (B4.3\text{-}15)$$

mit c_p – Konzentration, Volumen auf Volumen bezogen
V_{Ss} – Schadstoffvolumen

Einen Sonderfall der Schadstofflasten stellen die Geruchslasten dar. Hier sind derzeit infolge der komplexen Gemische der Freisetzungen und mangels Erkenntnis der summarischen Wirkung die physikalischen Betrachtungen erst am Anfang, s. Kap. N.

Ein weiterer Sonderfall sind die biologisch aktiven Lasten. Hier reicht es nicht, eine momentane Konzentration festzustellen. Das wesentliche Gefahrenpotential ergibt sich bei diesen mit der zeitlichen Entwicklung und dem Infektionsrisiko. Vor diesem Hintergrund und unter Beachtung der verfügbaren Messtechnik werden hier weiterhin Konzentrationen in „koloniebildende Einheiten" bezogen auf das Volumen (KBE/m³) verwendet (s. a. Bd. 1, N2.4).

B4.4
Raumströmungsformen zur konvektiven Lastabfuhr

B4.4.1
Mischströmung

In B4.1 wird das Grundprinzip der konvektiven Lastabfuhr beschrieben. Dabei ergibt sich die Frage, welche Abhängigkeit zwischen der Raum- und der Abluftkonzentration besteht. Die Last ist über eine geforderte Raumkonzentration definiert. Eine Bilanz um den Raum berücksichtigt aber die Abluftkonzentration.

Wird für den in Bild B4.2-2 betrachteten Raum als weitere Annahme die der homogenen Mischung der Raumluft eingeführt, dann spricht man von „idealer Mischströmung" im Raum. Für die Abluftkonzentration ist dann festzustellen:

$$c_{AB} = c_R \qquad (B4.4\text{-}1)$$

mit c_{AB} – Abluftkonzentration
c_R – Raumkonzentration

Damit beträgt der Volumenstrom zur Lastabfuhr für den Fall der idealen Mischströmung:

$$\dot{V} = \frac{\dot{q}_L}{c_R - c_{ZU}} \tag{B4.4-2}$$

Der gleiche Ansatz einer homogenen Mischung gilt auch bei einer zonenweisen Betrachtung, d. h. Lastabfuhr nach dem Zonierungsprinzip. Dann wird für die Anforderungszone eine homogene Mischung angesetzt. Für die Abluftkonzentration gilt dann:

$$c_{AB} > c_{R,AZ} \tag{B4.4-3}$$

Der Volumenstrom zur Lastabfuhr beträgt dann:

$$\dot{V} = \frac{\dot{q}_{L,AZ}}{c_{R,AZ} - c_{ZU}} \tag{B4.4-4}$$

B4.4.2
Schichtströmung oder Quellluftströmung[1]

Eine Realisierung der Lastabfuhr nach dem Zonierungsprinzip ist die Schichtströmung [B4-1]. Dabei wird im Raum eine horizontale Schichtung der Raumluft hergestellt, s. Bild B4.4-1. In die untere Schicht, das ist in der Regel die Anforderungszone, wird Zuluft eingebracht. Die Zuluft hat eine gegenüber der Raumluft höhere Dichte, d. h. in der Regel eine niedrigere Temperatur. Des Weiteren wird

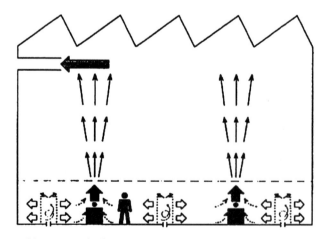

Bild B4.4-1 Schichtströmung

---

[1] Beide Bezeichnungen stehen für dieselbe Art der Strömung. Siehe auch F1.4, F 1.5.

die Zuluft impulsarm und turbulenzarm eingebracht. Damit wird eine Mischung der Zuluft mit der Raumluft infolge der Strömungseigenschaften der Zuluft verhindert bzw. in der Praxis minimiert. Die Zuluft bildet eine stabile Schicht über dem Boden. Sie umströmt dabei alle räumlichen Hindernisse und Versperrungen. An thermischen Quellen im Raum entstehen thermische Auftriebströmungen. Dieses führen örtlich die Lasten, resultierend aus den örtlichen Quellen, aus der Anforderungszone ab in die Restzone. In der Anforderungszone entspricht, abgesehen von den Bereichen der thermischen Auftriebsströmungen, im Mittelwert die Raumkonzentration der Zuluftkonzentration.

B4.4.3
Verdrängungsströmung

Betrachtet wird der idealisierte Fall einer Geschwindigkeitslast nach A2.2.2.4. Dazu wird ein eindimensionales Geschwindigkeitsfeld angestrebt, dessen Geschwindigkeit größer als alle Freisetzungsgeschwindigkeiten ist und das keinen Queraustausch gestattet (s. a. F2.2.3.3). Damit werden alle Freisetzungen in Strömungsrichtung verdrängt. Die Raumkonzentration entspricht der Zuluftkonzentration.

B4.4.4
Umsetzung der Lastabfuhr mit den Raumströmungsformen

Die Lastabfuhr nach dem Verdünnungsprinzip kann nur mit einer Mischströmung realisiert werden.
Die Lastabfuhr nach dem Zonierungsprinzip kann realisiert werden mit einer bereichsweisen Mischströmung, einer Schichtströmung oder einer Verdrängungsströmung.
Die Lastabfuhr nach dem Verdrängungsprinzip kann nur mit einer Verdrängungsströmung realisiert werden.

B4.4.5
Raumbelastungsgrad, Lüftungseffektivität

Bei der konvektiven Lastabfuhr ist die Abluftkonzentration in der Regel nicht gleich der Raumkonzentration. Dieses hat zum einen seine Ursache in der Unvollkommenheit der Mischströmung, die nicht zu einer homogenen Konzentrationsverteilung führt (s. z. B. Bild F2-24) und zum zweiten in der Absicht, eine inhomogene Raumkonzentration herzustellen. Der Aufwand, ausgedrückt in einem erforderlichen Zuluftvolumenstrom, zur Erreichung des Nutzens, ausgedrückt in einer Konzentration der Anforderungszone, kann mit einem Raumbelastungsgrad bzw. mit einer Lüftungseffektivität beschrieben werden.
Der Raumbelastungsgrad ist das Verhältnis der Last in der Anforderungszone zur Last im Raum, s. Bild B4.4-2.

Bild B4.4-2 Lastverteilung im Raum

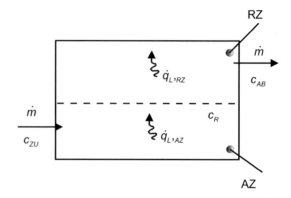

$$\mu = \frac{\dot{q}_{L,AZ}}{\dot{q}_{L,AZ} + \dot{q}_{L,RZ}} \tag{B4.4-5}$$

mit μ – Raumbelastungsgrad   Indizes AZ – Anforderungszone
     $\dot{q}_L$ – Last RZ – Restzone

Unter der Annahme einer Zuluftkonzentration Null, kann dafür auch das Verhältnis Konzentration in der Anforderungszone zu der in der Abluft geschrieben werden:

$$\mu = \frac{c_{AZ}}{c_{AB}} \tag{B4.4-6}$$

Damit ist ein Mittelwert des Raumbelastungsgrades über den Raum beschrieben. Der Raumbelastungsgrad ist prinzipiell eine ortsvariable Größe, die als solche bei örtlich differierenden Konzentrationen in der Anforderungszone oder bei besonderen Anforderungen an die räumliche Konstanz der Konzentration zu beachten ist.

Für die drei Lastabfuhrprinzipien kann der Raumbelastungsgrad angegeben werden:
- Verdrängen $\mu = 0$
- Zonieren $\mu < 1$
- Verdünnen $\mu = 1$

Als Lüftungseffektivität wird der Kehrwert des Belastungsgrades bezeichnet.

$$\varepsilon = \frac{1}{\mu} \tag{B4.4-7}$$

Es sind weitere Bewertungsgrößen für die Wirksamkeit der Raumlüftung bekannt.

Die älteste Bewertungsgröße ist der Luftwechsel. Dieser kann dahingehend interpretiert werden, wie oft in der Zeiteinheit die Luft im Raum ausgetauscht wird.

$$\beta = \frac{\dot{V}}{V_R} \tag{B4.4-8}$$

mit β – Luftwechsel
$\dot{V}$ – Luftvolumenstrom
V_R – Raumvolumen

Als Bewertungsgröße geeignet ist der Luftwechsel nur für den Fall der idealen Mischströmung. Er lässt keine Schlüsse auf die Homogenität bzw. Inhomogenität der Konzentration zu. Er erfasst den Raum nur als ganzes, nicht in der Aufteilung auf die Anforderungs- und Restzone.

Der Kehrwert des Luftwechsels wird als globale Zeitkonstante definiert (s. a. F3.1.)

$$\tau = \frac{1}{\beta} \tag{B4.4-9}$$

B5
Raumbilanzen

B5.1
Allgemein

Aus Raumbilanzen werden Größen wie Zuluftvolumenströme abgeleitet. Diese bilden dann die unverzichtbare Grundlage aller planerischen Überlegungen zur Raumklimatechnik. Diese sind erforderlich, um im konkreten Fall die Notwendigkeit von technischen Anlagen überhaupt zu beurteilen, um den Umfang einer anlagentechnischen Lösung festzulegen, um die Konzeption der Lösung zu erarbeiten und die Anlage und deren Komponenten zu dimensionieren.

Raumbilanzen sind für jede einzelne Last separat aufzustellen.

Die Raumbilanzen werden mit den Auslegungslasten, soweit vorhanden mit den Norm-Auslegungslasten, aufgestellt, d.h. zeitvariante Lasten werden mit deren maßgeblichen Maximalwerten angesetzt. Die Bilanzen sind eine stationäre Betrachtung. Die auf der Bilanz aufbauenden, eingangs genannten planerischen Fragen müssen die Auslegungsbedingungen berücksichtigen. Von den Auslegungsbedingungen abweichende Lasten sind bei der Konzeption, z.B. bei der Konzeption der Regelung und Steuerung, zusätzlich zu beachten.

B5.2
Energiebilanzen

B5.2.1
Wärmebilanzen

B5.2.1.1
Sensible Wärmelasten

B5.2.1.1.1
Konvektive Wärmelasten

Bild B5.2-1 zeigt einen Raum mit einer stationären konvektiven sensiblen Wärmelast. Der Raum kann mit oder ohne Raumluftaustausch bilanziert werden.

Bild B5.2-1 Stationäre, konvektive, sensible Wärmelast

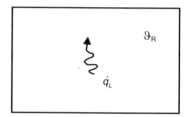

Bild B5.2-2 zeigt den Fall mit Raumluftaustausch. Eventuell vorhandene Erfassungseinrichtungen sind hier vernachlässigt, d. h. als Last ist die in den Raum freigesetzte Last angesetzt. Gefordert ist eine Raumtemperatur. Die Bilanz lautet:

$$\dot{V}_{ZU} \cdot \rho \cdot c_p \cdot \vartheta_{ZU} + \dot{q}_L = \dot{V}_{AB} \cdot \rho \cdot c_p \cdot \vartheta_{AB} \tag{B5.2-1}$$

mit $\dot{V}$ – Volumenstrom Indizes ZU – Zuluft
ρ – Dichte AB – Abluft
c_p – spez. Wärmekapazität
ϑ – Temperatur
$\dot{q}_L$ – Last

Bild B5.2-2 Stationäre, konvektive, sensible Wärmelast mit Raumluftaustausch

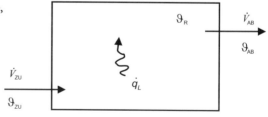

Je nach Lastabfuhrprinzip im Raum besteht ein Zusammenhang zwischen der Ablufttemperatur und der Temperatur in der Anforderungszone, z. B. ausgedrückt mit einem mittleren Raumbelastungsgrad.

$$\vartheta_{AB} = \frac{\vartheta_{AZ}}{\overline{\mu}} \qquad (B5.2\text{-}2)$$

mit $\overline{\mu}$ – Raumbelastungsgrad   Indizes AZ – Anforderungszone

Für alle Fälle ohne Drucklast und geringe Temperaturunterschiede gilt des Weiteren in guter Näherung:

$$\dot{V}_{ZU} \approx \dot{V}_{AB} \approx \dot{V} \qquad (B5.2\text{-}3)$$

Damit lautet die Bilanz:

$$\dot{V} \cdot \rho \cdot c_p \cdot \vartheta_{ZU} + \dot{q}_L = \dot{V} \cdot \rho \cdot c_p \cdot \frac{\vartheta_{AZ}}{\overline{\mu}} \qquad (B5.2\text{-}4)$$

Bild B5.2-3 zeigt den Fall ohne Raumluftaustausch, d. h. eine Lastabfuhr über Raumwärmeaustauscher, s. B2. Gefordert ist eine Raumtemperatur. Die Bilanz lautet:

$$\dot{q}_{RWT} = \dot{q}_L \qquad (B5.2\text{-}5)$$

mit $\dot{q}_{RWT}$ – thermische Leistung des Raumwärmeaustauschers

$\dot{q}_L$ – Last

Bild B5.2-3 Stationäre, konvektive, sensible Wärmelast ohne Stoffaustausch

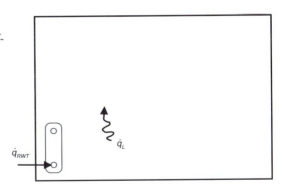

Alle vorstehenden Betrachtungen gelten sowohl für die Heiz- als auch für die Kühllast. Dabei ändert sich lediglich das Vorzeichen der Last.

B5.2.1.1.2
Strahlungswärmelasten

Bild B5.2-4 zeigt einen Raum mit einer stationären Strahlungslast. Bilanziert wird für eine Bezugsfläche, die unter Berücksichtigung der geforderten Nutzungsbedingungen planerisch in ihrer Größe und ihrer Lage im Raum festzulegen ist. Dieses kann z. B. in einem Extremfall ein Punkt in Raummitte sein oder z. B. ein Flächenelement in der Anforderungszonenbegrenzung. Die Bilanz lautet:

$$\dot{Q}_{Str,RWT} = \dot{Q}_{L,Str} \tag{B5.2-6}$$

mit $\dot{Q}_{Str,RWT}$ – Strahlungsleistung des Raumwärmeaustauschers

$\dot{Q}_{L,Str}$ – Strahlungslast

Für die Strahlungslast kann, für den hier betrachteten einfachsten Fall einer strahlenden Fläche, gesetzt werden:

$$\dot{Q}_{L,Str} = \varepsilon_{1,2} \cdot C_S \cdot A_1 \cdot \varphi_1 \cdot \left[\left(\frac{T_1}{100}\right)^4 - \left(\frac{T_2}{100}\right)^4\right] \tag{B5.2-7}$$

mit $\dot{Q}_{L,Str}$ – Strahlungslast

$\varepsilon_{1,2}$ – Austausch-Emissionsverhältnis der Flächen 1 und 2

A_1 – Fläche 1

φ_1 – Einstrahlzahl

T – Kelvin-Temperatur

Für die Strahlungsleistung des Raumwärmeaustauschers kann analog gesetzt werden:

$$\dot{Q}_{Str,RWT} = \varepsilon_{3,1} \cdot C_S \cdot A_1 \cdot \varphi_{1,3} \cdot \left[\left(\frac{T_3}{100}\right)^4 - \left(\frac{T_1}{100}\right)^4\right] \tag{B5.2-8}$$

mit $\dot{Q}_{Str,RWT}$ – Strahlungsleistung des Raumwärmeaustauschers

Bild B5.2-4 Stationäre Strahlungslast

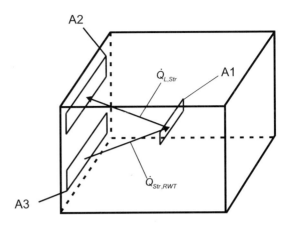

Bei der Bilanzierung ist unterstellt, dass ein Ausgleich der Strahlung erfolgt, d. h. die geforderte Temperatur des Flächenelementes wird hergestellt. Allgemeiner, d. h. mit einer beliebigen Flächenanzahl im Raum lautet die Bilanz:

$$\sum_j \dot{Q}_{Str,j} = 0 \qquad (B5.2-9)$$

mit $\dot{Q}_{Str,j}$ – Strahlungsleistung der j-ten Fläche bezogen auf das Flächenelement.

Bei dieser Bilanzierung sind alle Teilflächen im Halbraum vor der Ebene des Flächenelements zu berücksichtigen, s. Bild B5.2-5. Bei der Weiterverwendung eines solchen Bilanzierungsergebnisses ist die Halbraum-Strahlungstemperaturdifferenz zu beachten, s. Bd. 1, C2.6.

Bild B5.2-5 Strahlungsbilanz im Halbraum

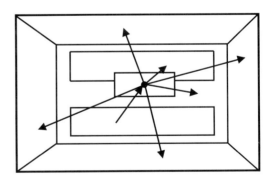

B5.2.1.2
Latente Wärmelasten

Bild B5.2-6 zeigt einen Raum mit einer stationären konvektiven latenten Wärmelast. Der Raum kann mit Raumstoffaustauschern, s. B3, oder mit Raumluftaustausch, s. B4, bilanziert werden.

Bild B5.2-6 Stationäre, konvektive, latente Wärmelast

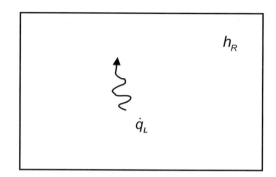

Bild B5.2-7 Stationäre, konvektive, latente Wärmelast mit Raumluftaustausch

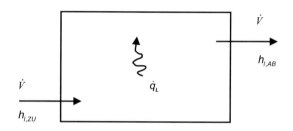

Bild B5.2-7 zeigt den Fall mit Raumluftaustausch. Die Bilanz lautet:

$$\dot{V} \cdot \rho_{ZU} \cdot h_{l,ZU} + \dot{q}_L = \dot{V} \cdot \rho_{AB} \cdot h_{l,AB} \qquad (B5.2\text{-}10)$$

mit $\dot{V}$ – Volumenstrom   Indizes ZU – Zuluft
ρ – Dichte AB – Abluft
h_l – spezifische latente Enthalpie
$\dot{q}_L$ – Last

Für die latente, konvektive Last gilt:

$$\dot{q}_L = \dot{m}_W \cdot r_0 \qquad (B5.2\text{-}11)$$

mit $\dot{m}_W$ – Wassermassenstrom
r_0 – spezifische Verdampfungswärme

Die spezifische latente Enthalpie beträgt:

$$h_l = x \cdot r_0 \qquad (B5.2\text{-}12)$$

mit x – Wassergehalt

B5 Raumbilanzen

Der Zusammenhang zwischen dem Abluftwassergehalt und dem in der Anforderungszone lautet mit einem mittleren Raumbelastungsgrad:

$$x_{AB} = \frac{x_{AZ}}{\overline{\mu}} \tag{B5.2-13}$$

mit $\overline{\mu}$ – Raumbelastungsgrad   Indizes AZ – Anforderungszone
AB – Abluft

Damit lautet die Bilanz:

$$\dot{V} \cdot \rho_{ZU} \cdot x_{ZU} \cdot r_0 + \dot{m}_W \cdot r_0 = \dot{V} \cdot \rho_{AB} \cdot \frac{x_{AZ}}{\overline{\mu}} \cdot r_0 \tag{B5.2-14}$$

Bild B5.2-8 zeigt den Fall mit Raumstoffaustausch, s. B3. Die Bilanz lautet:

$$\dot{m}_{RST} \cdot r_0 = \dot{q}_L \tag{B5.2-15}$$

mit $\dot{m}_{RST}$ – Wassermassenstrom des Stoffaustauschers

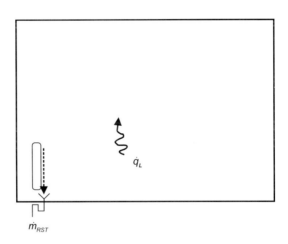

Bild B5.2-8 Stationäre, konvektive, latente Wärmelast mit Raumstoffaustausch

B5.2.2
Druckbilanzen

Bild B5.2-9 zeigt einen Raum mit Drucklast. Die Bilanz lautet:

$$\dot{V} = \sum_j \dot{V}_j \tag{B5.2-16}$$

mit $\dot{V}$ – je nach Über- oder Unterdruck Zu- oder Abluftstrom
$\dot{V}_j$ – Volumenstrom an der j-ten Undichtigkeit, Überströmöffnung o. ä.

Bild B5.2-9 Stationäre Drucklast

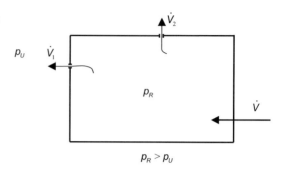

B5.2.3
Geschwindigkeitsbilanzen

Bild B5.2-10 zeigt einen Raum mit Geschwindigkeitslast. Seine Bilanz lautet:

$$\dot{V}_{ZU} = \dot{V}_{w} \qquad (B5.2-17)$$

mit $\dot{V}_{ZU}$ – Zuluftvolumenstrom
$\dot{V}_{w}$ – Volumenstrom der Verdrängungsströmung

Bild B5.2-10 Stationäre Geschwindigkeitslast

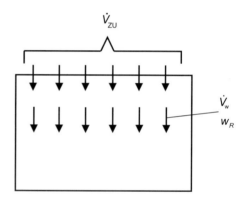

B5.3
Stoffbilanzen

B5.3.1
Feuchtebilanzen

Bild B5.3-1 zeigt einen Raum mit einer stationären Feuchtelast. Der Raum kann mit Raumstoffaustauscher, s. B3, oder mit Raumluftaustausch, s. B4, bilanziert werden.

Bild B5.3-1 Stationäre Feuchtelast

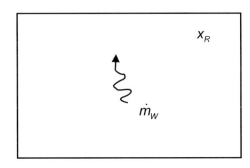

Bild B5.3-2 zeigt den Fall mit Raumluftaustausch. Die Bilanz lautet:

$$\dot{V} \cdot \rho_{ZU} \cdot x_{ZU} + \dot{m}_W = \dot{V} \cdot \rho_{AB} \cdot x_{AB} \tag{B5.3-1}$$

mit $\dot{V}$ – Volumenstrom Indizes ZU – Zuluft
ρ – Dichte AB – Abluft
x – Wassergehalt
$\dot{m}_W$ – Wassermassenstrom, Feuchtelast

Der Zusammenhang zwischen dem Abluftwassergehalt und dem in der Anforderungszone lautet mit einem mittleren Raumbelastungsgrad:

$$x_{AB} = \frac{x_{AZ}}{\bar{\mu}} \tag{B5.3-2}$$

mit $\bar{\mu}$ – Raumbelastungsgrad Indizes AZ – Anforderungszone

Damit lautet die Bilanz:

$$\dot{V} \cdot \rho_{ZU} \cdot x_{ZU} + \dot{m}_W = \dot{V} \cdot \rho_{AB} \cdot \frac{x_{AZ}}{\bar{\mu}} \tag{B5.3-3}$$

Bild B5.3-2 Stationäre Feuchtelast mit Raumluftaustausch

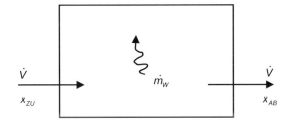

Bild B5.3-3 zeigt den Fall mit Raumstoffaustausch. Die Bilanz lautet:

$$\dot{m}_{RST} = \dot{m}_W \tag{B5.3-4}$$

mit $\dot{m}_{RST}$ – Wassermassenstrom des Stoffaustauschers

Bild B5.3-3 Stationäre Feuchtelast mit Raumstoffaustausch

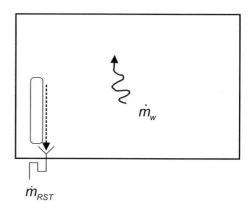

B5.3.2
Schadstoffbilanzen

Eine Schadstofflast im Raum kann mittels eines Raumstoffaustauschers oder durch Raumluftaustausch abgeführt werden.

Bild B5.3-4 zeigt den Fall mit Raumluftaustausch. Dessen Bilanz lautet:

$$\dot{V} \cdot c_{ZU} + \dot{q}_L = \dot{V} \cdot c_{AB} \tag{B5.3-5}$$

mit $\dot{V}$ – Volumenstrom Indizes ZU – Zuluft
$\quad\;\; c$ – Konzentration $\qquad\qquad\;\; AB$ – Abluft
$\quad\;\; \dot{q}_L$ – Schadstofflast

Dabei ist weiterhin unterstellt, dass der Zu- und Abluftstrom gleich sind. Mit Ansatz eines Raumbelastungsgrades ergibt sich daraus:

Bild B5.3-4 Stationäre Stofflast mit Raumluftaustausch

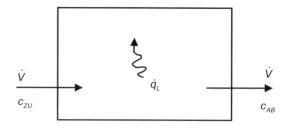

Bild B5.3-5 Stationäre Stofflast mit Raumstoffaustausch

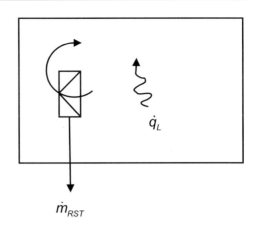

$$\dot{V} \cdot c_{ZU} + \dot{q}_L = \dot{V} \cdot \frac{c_{AZ}}{\overline{\mu}} \qquad (B5.3\text{-}6)$$

mit $\overline{\mu}$ – Raumbelastungsgrad Indizes AZ – Anforderungszone

Bild B5.3-5 zeigt den Fall mit einem Raumstoffaustauscher, dessen Bilanz lautet:

$$\dot{m}_{RST} = \dot{q}_L \qquad (B5.3\text{-}7)$$

mit $\dot{m}_{RST}$ – Schadstoffmassenstrom des Raumstoffaustauschers
   $\dot{q}_L$ – Schadstofflast

Literatur

[B1-1] Bach, H.; Bauer, M.; Treiber, M.: MEDUSA – Minimierung des Energiebedarfs von Gebäuden durch Simulation von Heizanlagen. Forschungsbericht HLK-3-98. Hrsg.: Verein der Förderer der Forschung im Bereich Heizung, Lüftung, Klimatechnik e.V., April 1998.
[B1-2] Stergiaropoulos, K.: Energieaufwand maschineller Wohnungslüftung in Kombination mit Heizsystemen. Diss., Uni. Stuttgart. 2006.
[B2-1] DIN EN 1264: Fußboden – Heizung, Systeme und Komponenten; Teil 2: Bestimmung der Wärmeleistung, Ausgabe November 1997.
[B2-2] Menge, K.: Einfluss des Strahlungsanteils auf den energetischen Aufwand von Deckenstrahlplatten. Diss., Uni. Stuttgart. 2003.
[B2-3] Beck, Ch.: Thermisches Verhalten von Kühldecken. Diss., Uni. Stuttgart. 2002.
[B2-4] DIN EN 14240: Lüftung von Gebäuden – Kühldecken; Prüfung und Bewertung. Ausgabe April 2004.
[B2-5] Roskamp, F.: Messungen an Raumkühlkörper ohne und mit Kondensation. Studienarbeit. LHR-IKE-7-D-292, Stuttgart, 1995.

[B2-6] Hirayama, Y.: Heat and Mass Transfer Regimes for Room Cooling and Dehumidification using Chilled Water Radiators. PhD-Thesis, Granfield University, Granfield, England,1998.
[B2-7] Mengede, B.: DKV-Tagung 1997; Diss. Uni. Essen GHS. 1997.
[B2-8] DIN EN 14518: Lüftung von Gebäuden – Kühlbalken; Prüfung und Bewertung von passiven Kühlbalken. Ausgabe August 2005.
[B4-1] Dittes, W.: Methoden zur Darstellung der Luftströmung in Fabrikhallen und Regeln für eine optimale Lüftung, Diss., Uni. Stuttgart. 2004.

C Raumlufttechnische Anlagen zur konvektiven Abfuhr von Raumlasten

Michael Schmidt

C1
Arbeitsbereiche der Lufttechnik

Die Lufttechnik hat zwei grundsätzlich verschiedene Arbeitsbereiche, zum einen die Raumlufttechnik und zum anderen die Prozesslufttechnik. Die Aufgabe der Raumlufttechnik ist die Lastabfuhr, die in Teil B beschrieben ist. Die Prozesslufttechnik hat hingegen die Aufgabe ein Arbeitsmedium zum Antrieb von Maschinen, Geräten u. ä. bereit zu stellen. Bild C1-1 zeigt eine entsprechende Struktur [C1-1]. Die Prozesslufttechnik ist nicht Gegenstand der nachfolgenden Betrachtungen.

Die Raumlufttechnik untergliedert sich in zwei Arbeitsbereiche, die „freie Lüftung" und die „maschinelle Lüftung". Unterscheidungskriterium ist der Antrieb der Luftströmung. Bei der maschinellen Lüftung erfolgt die Luftförderung mit einer Strömungsmaschine, bei der freien Lüftung hingegen ohne Strömungsmaschine durch Auftriebs- und/oder Windkräfte.

Bei der freien Lüftung wiederum unterscheidet man zwischen der Fugenlüftung, auch Infiltration genannt, und der Lüftung über Raumlufttechnische Einrichtungen, wie z. B. Lüftungsöffnungen, Schächte u. ä.. Unterscheidungskriterium ist hier, ob die Öffnung, die zur Lüftung führt, mit planerischer Absicht konzipiert und ausgeführt wird oder Ergebnis einer ungeplanten Undichtigkeit ist.

Bei der maschinellen Lüftung unterscheidet man zwischen Raumlufttechnischen Geräten und Raumlufttechnischen Anlagen.

Unter den Geräten werden, in der Regel steckerfertig verfügbare, Raumwärmeaustauscher und Raumstoffaustauscher zusammengefasst, soweit diese keine Verbindung zu einer weiteren Anlage, wie z. B. einer Abgasanlage, außer der Stromversorgung haben.

Unter den Raumlufttechnischen Anlagen werden alle Lüftungs-, Teilklima- und Klimaanlagen erfasst, s. E1.

Einen vermeintlichen Sonderfall stellen die Einrichtungen und Anlagen zum Rauch- und Wärmeabzug (kurz RWA) im Brandfall dar. Im Sinne der hier verwendeten Definitionen entstehen aus dem freigesetzten Rauch und der

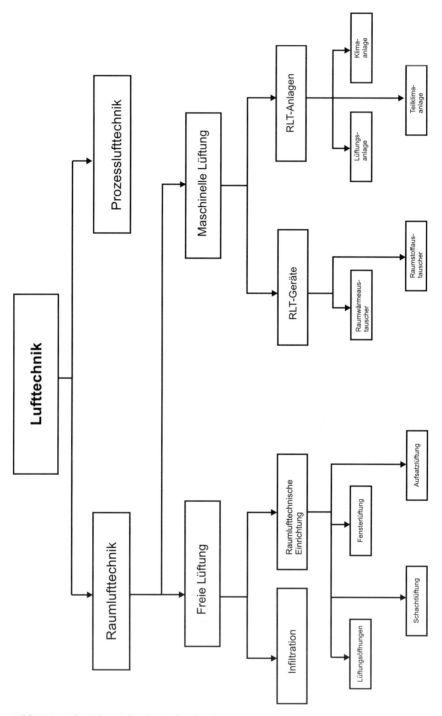

Bild C1-1 Arbeitsbereiche der Lufttechnik

Wärme Lasten. Diese Lasten werden wie andere Lasten konvektiv abgeführt. Die dafür vorgesehenen RWA-Öffnungen, -Klappen u. ä. sind Raumlufttechnische Einrichtungen der freien Lüftung. Die entsprechenden RWA-Anlagen sind Raumlufttechnische Anlagen der maschinellen Lüftung.

C2
Funktion Raumlufttechnischer Anlagen

Mit Raumlufttechnischen Anlagen (kurz RLT-Anlagen) wird nur der Zustand der Raumluft beeinflusst. Raumlufttechnische Anlagen wirken dem zu Folge ausschließlich konvektiv. Die beeinflussbaren Zustandsgrößen der Luft sind die Temperatur, der Druck und die Geschwindigkeit als energetische Größen sowie die Feuchte und der Schadstoffgehalt als stoffliche Größen. Die Funktion von RLT-Anlagen beschränkt sich damit auf das Heizen, Kühlen, Befeuchten, Entfeuchten, Druck aufprägen, Geschwindigkeit aufprägen und die stoffliche Reinigung (Filtration).

Eine in der Regel unbeabsichtigte Beeinflussung des Raumes durch die RLT-Anlage ist z. B. das von der Anlage ausgehende Geräusch.

Alle anderen Wahrnehmungen des Raumes, wie insbesondere Strahlungslasten, werden von RLT-Anlagen nicht erfasst.

C3
Prozesse Raumlufttechnischer Anlagen

C3.1
Thermodynamische Prozesse

C3.1.1
Heizen

Betrachtet wird eine Erwärmung ungesättigter, feuchter Luft. Vor der Erwärmung beträgt die Enthalpie:

$$h_1 = c_{p,L} \cdot \vartheta_1 + x_1 \cdot (r_0 + c_{p,D} \cdot \vartheta_1) \qquad (C3.1\text{-}1)$$

mit h – spezifische Enthalpie Indizes 1 – vor der Erwärmung
  c_p – spezifische Wärmekapazität L – Luft
  ϑ – Temperatur D – Wasserdampf
  r_0 – spezifische Verdampfungswärme
  x – Wassergehalt

Nach der Erwärmung ergibt sich:

$$h_2 = c_{p,L} \cdot \vartheta_2 + x_2 \cdot (r_0 + c_{p,D} \cdot \vartheta_2) \tag{C3.1-2}$$

mit 2 – nach der Erwärmung

Da keine Feuchteübertragung erfolgt gilt:

$$x_1 \equiv x_2 = x \tag{C3.1-3}$$

Die Enthalpiedifferenz beträgt:

$$\Delta h = (\vartheta_2 - \vartheta_1) \cdot (c_{p,L} + x \cdot c_{p,D}) \tag{C3.1-4}$$

mit $\vartheta_2 > \vartheta_1$ \hfill (C3.1-5)

Im h,x-Diagramm verläuft der Prozess auf einer Linie 1 – 2 konstanter Feuchte, s. Bild C3.1-1.

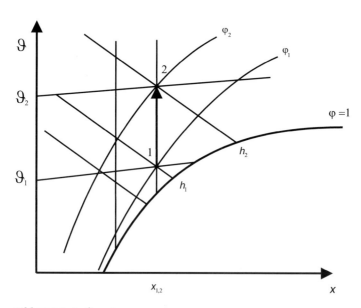

Bild C3.1-1 Lufterwärmung

C3 Prozesse Raumlufttechnischer Anlagen

Für die Erwärmung von übersättigter Luft auf einen weiterhin übersättigten Zustand gilt:

$$\Delta h = \left(c_{p,L} + x \cdot c_W\right) \cdot \left(\vartheta_2 - \vartheta_1\right) + x_{S,2} \cdot \left[\vartheta_2 \cdot \left(c_{p,D} - c_W\right) + r_0\right]$$
$$- x_{S,1} \cdot \left[\vartheta_1 \cdot \left(c_{p,D} - c_W\right) + r_0\right] \qquad (C3.1\text{-}6)$$

mit W – Wasser
 S – Sättigung

Dabei ist zu beachten, dass der Sättigungswassergehalt von der Temperatur abhängig ist.

Für die Erwärmung von übersättigter Luft auf einen ungesättigten Zustand gilt:

$$\Delta h = \left(\vartheta_2 - \vartheta_1\right) \cdot c_{p,L} + x \cdot \left(\vartheta_2 \cdot c_{p,D} - \vartheta_1 \cdot c_W + r_0\right)$$
$$- x_{S,1} \cdot \left[\vartheta_1 \cdot \left(c_{p,D} - c_W\right) + r_0\right] \qquad (C3.1\text{-}7)$$

C3.1.2
Kühlen

Betrachtet wird eine Kühlung ungesättigter, feuchter Luft. Vor der Kühlung beträgt die Enthalpie:

$$h_1 = c_{p,L} \cdot \vartheta_1 + x_1 \cdot \left(r_0 + c_{p,D} \cdot \vartheta_1\right) \qquad (C3.1\text{-}8)$$

mit h – spezifische Enthalpie
 c_p – spezifische Wärmekapazität
 ϑ – Temperatur
 r_0 – spezifische Verdampfungswärme
 x – Wassergehalt

Indizes 1 – vor der Kühlung
 L – Luft
 D – Wasserdampf

Nach der Kühlung ergibt sich:

$$h_2 = c_{p,L} \cdot \vartheta_2 + x_2 \cdot \left(r_0 + c_{p,D} \cdot \vartheta_2\right) \qquad (C3.1\text{-}9)$$

mit 2 – nach der Kühlung

Da keine Feuchteübertragung erfolgt gilt:

$$x_1 \equiv x_2 = x \qquad (C3.1\text{-}10)$$

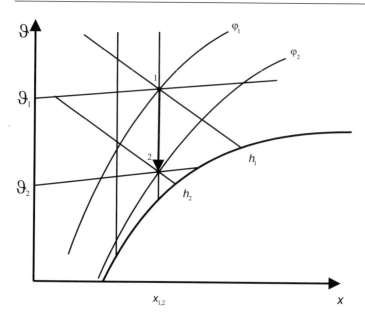

Bild C3.1-2 Luftkühlung

Die Enthalpiedifferenz beträgt:

$$\Delta h = (\vartheta_2 - \vartheta_1) \cdot (c_{p,L} + x \cdot c_{p,D}) \tag{C3.1-11}$$

mit $\vartheta_1 > \vartheta_2$ (C3.1-12)

Im h,x-Diagramm verläuft der Prozess auf einer Linie konstanter Feuchte, s. Bild C3.1-2.

Kühlvorgänge mit gesättigter Luft haben eine Ausscheidung von Wasser zur Folge. Dabei wird der Wassergehalt verändert. Die Luft wird auch getrocknet. Dazu wird auf C3.1.4 verwiesen.

C3.1.3
Befeuchten

Betrachtet wird eine Befeuchtung (s. G5) ungesättigter, feuchter Luft. Die Luft nach der Befeuchtung ist ungesättigt oder gesättigt, aber nicht übersättigt. Für die Feuchtedifferenz gilt:

$$x_2 - x_1 = \frac{\dot{m}_W}{\dot{m}_{L,1}} \tag{C3.1-13}$$

mit x – Wassergehalt Indizes 1 – vor der Befeuchtung
$\dot{m}$ – Massenstrom   2 – nach der Befeuchtung
                           W – Wasser
                           L – trockene Luft

C3 Prozesse Raumlufttechnischer Anlagen

Die Enthalpiedifferenz beträgt bei der Befeuchtung mit Wasser

$$h_2 - h_1 = \frac{\dot{m}_W \cdot h_W}{\dot{m}_{L,1}} \tag{C3.1-14}$$

mit h – spezifische Enthalpie

und bei der Befeuchtung mit Dampf

$$h_2 - h_1 = \frac{\dot{m}_D \cdot h_D}{\dot{m}_{L,1}} \tag{C3.1-15}$$

mit D – Dampf.

Die Richtung der Zustandsänderung im h,x-Diagramm entspricht der Enthalpie des Befeuchtungsmediums

$$\frac{\Delta h}{\Delta x} = h_W \tag{C3.1-16}$$

mit $\Delta h = h_2 - h_1$ \hfill (C3.1-17)

$\Delta x = x_2 - x_1$ \hfill (C3.1-18)

wenn mit Wasser befeuchtet wird, bzw.

$$\frac{\Delta h}{\Delta x} = h_D \tag{C3.1-19}$$

wenn mit Dampf befeuchtet wird.

Beide Richtungen können mit Hilfe des Randmaßstabs im h,x-Diagramm ermittelt werden, s. Bild C3.1-3.

Für viele praktische Anwendungen kann der Verlauf der Zustandsänderung angenähert werden.

Bei der Befeuchtung mit Dampf wird dabei folgende Näherung verwendet:
Die Richtung der Zustandsänderung ist in Gleichung C3.1-19 gegeben:

$$\frac{\Delta h}{\Delta x} = h_D$$

$$\frac{\Delta h}{\Delta x} = r_0 + c_{p,D} \cdot \vartheta \tag{C3.1-20}$$

Die Isotherme bei 0 °C hat im h,x-Diagramm die Steigung r_0. Für den Temperaturbereich der Raumlufttechnik kann festgestellt werden:

$$c_{p,D} \cdot \vartheta \ll r_0 \tag{C3.1-21}$$

Der Verlauf der Zustandsänderung kann demnach bei einer Dampfbefeuchtung mit einer Isothermen angenähert werden, s. Bild C3.1-4.

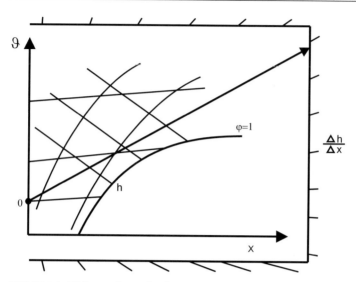

Bild C3.1-3 Richtung der Befeuchtung mit Hilfe des Randmaßstabs

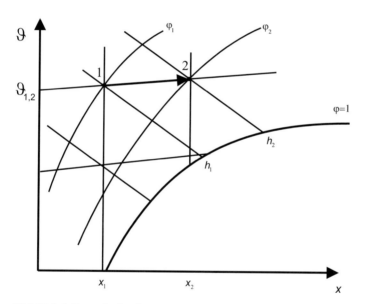

Bild C3.1-4 Dampfbefeuchtung

C3 Prozesse Raumlufttechnischer Anlagen 63

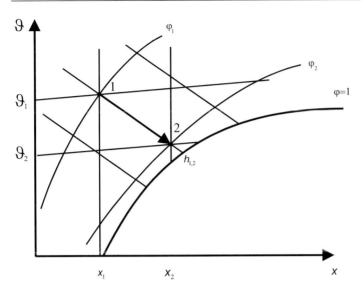

Bild C3.1-5 Wasserbefeuchtung

Bei der Befeuchtung mit Wasser wird folgende Näherung verwendet:
Die Enthalpiedifferenz bei der Befeuchtung beträgt:

$$\Delta h = \Delta x \cdot c_W \cdot \vartheta_W \tag{C3.1-22}$$

Für die Enthalpie vor der Befeuchtung gilt:

$$h_1 = c_{p,L} \cdot \vartheta_1 + x_1 \cdot \left(r_0 + c_{p,D} \cdot \vartheta_1 \right) \tag{C3.1-23}$$

Für den Temperaturbereich der Raumlufttechnik kann festgestellt werden:

$$\Delta x \cdot c_W \cdot \vartheta_W \ll c_{p,L} \cdot \vartheta_1 + x_1 \cdot \left(r_0 + c_{p,D} \cdot \vartheta_1 \right) \tag{C3.1-24}$$

Bei der Befeuchtung mit Wasser kann demnach der Verlauf der Zustandsänderung mit dem einer Isenthalpen angenähert werden. Der Vorgang wird dann als adiabat betrachtet, s. Bild C3.1-5.

C3.1.4
Entfeuchten (s. G6)

Betrachtet wird die Kühlung feuchter, ungesättigter Luft an einer kalten Oberfläche, an der Wasser kondensiert. Vor der Entfeuchtung hat die Luft folgende Enthalpie:

$$h_1 = c_{p,L} \cdot \vartheta_1 + x_1 \cdot \left(r_0 + c_{p,D} \cdot \vartheta_1 \right) \tag{C3.1-25}$$

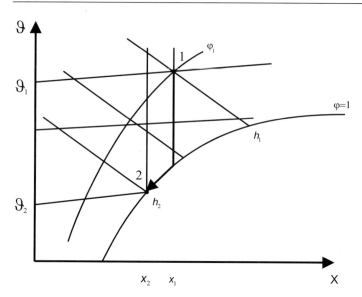

Bild C3.1-6 Idealisierte Kondensationsentfeuchtung

Der idealisierte Fall der Entfeuchtung ist in Bild C3.1-6 dargestellt. Die Luft wird bis zur Sättigungsgrenze abgekühlt und anschließend im Sättigungszustand weiter abgekühlt und entfeuchtet. Der Zustand nach der Entfeuchtung stellt sich durch die Oberflächentemperatur der kalten Fläche ein:

$$h_2 = c_{p,L} \cdot \vartheta_2 + x_{s,2} \cdot \left(r_0 + c_{p,D} \cdot \vartheta_2 \right) \tag{C3.1-26}$$

mit $x_{s,2}$ – Sättigungswassergehalt

Der Sättigungswassergehalt ist abhängig von der Temperatur der Oberfläche. Die Differenz des Wassergehaltes ergibt sich zu:

$$\Delta x = x_1 - x_{s,2} \tag{C3.1-27}$$

Die Enthalpiedifferenz beträgt:

$$\Delta h = c_{p,L} \cdot \left(\vartheta_1 - \vartheta_2 \right) + x_1 \cdot \left(r_0 + c_{p,D} \cdot \vartheta_1 \right) - x_{s,2} \cdot \left(r_0 + c_{p,D} \cdot \vartheta_2 \right) \tag{C3.1-28}$$

Bei der Entfeuchtung sinkt der Wassergehalt, die Temperatur und die Enthalpie, die relative Feuchte nimmt zu.

In der Praxis werden Wärmeübertrager für die Entfeuchtung eingesetzt. Diese haben ungleiche Oberflächentemperaturen z. B. infolge einer Berippung oder infolge einer Erwärmung des Kühlmediums. Dadurch entstehen Prozessverläufe in gekrümmten Bahnen auf eine mittlere Oberflächentemperatur oder auf eine Oberflächentemperatur auf der Luftaustrittsseite des Wärmetauschers, s. Bild C3.1-7.

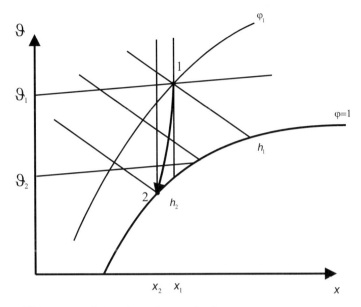

Bild C3.1-7 Reale Kondensationsentfeuchtung

Ein anderer Prozess zur Entfeuchtung ist die Adsorption an einer geeigneten Oberfläche, dem Adsorbens, z. B. Silikagel. Zu den Grundlagen der Sorption s. Bd. 1, G. Betrachtet wird ein Entfeuchtungsvorgang von feuchter, ungesättigter Luft. Der Luft wird Wasserdampf entzogen, der an der Adsorbens-oberfläche angelagert wird. Für einen Stoff ist der Wassermassenstrom dabei abhängig von der relativen Luftfeuchte, der Temperatur und den Massen. Der Zusammenhang wird in Sorptionsisothermen dargestellt, s. Bd. 1, G2. Bei der Sorption wird die Sorptionswärme freigesetzt. Diese setzt sich zusammen aus der Bindungsenthalpie und der Verdampfungsenthalpie und der Enthalpiedifferenz durch Abkühlung des Wasserdampfes auf seine Sättigungstemperatur. Für praktische Anwendungen in der Raumlufttechnik wird mit der Annahme angenähert, dass die Sorptionswärme den Luftstrom erwärmt. Bild C3.1-8 zeigt den Verlauf einer Sorptionsentfeuchtung. Der Wassergehalt, die relative Feuchte und die Enthalpie nehmen ab, die Temperatur steigt an.

Im Gegensatz zur Kühlungsentfeuchtung, die in einem kontinuierlichen Prozess betrieben werden kann, ist die Sorptionsentfeuchtung immer diskontinuierlich. Das Adsorbens muss durch Erwärmung wieder desorbiert werden. Zwischen der Adsorption und der Desorption treten Hysteresen auf.

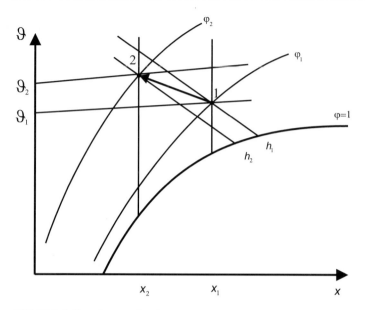

Bild C3.1-8 Sorptionsentfeuchtung

C3.1.5
Mischen

Betrachtet wird die Mischung zweier ungesättigter, feuchter Luftströme. Die Energiebilanz lautet:

$$\dot{m}_1 \cdot h_1 + \dot{m}_2 \cdot h_2 = (\dot{m}_1 + \dot{m}_2) \cdot h_{MI} \tag{C3.1-29}$$

mit $\dot{m}$ – Massenstrom, trockene Luft   Indizes 1,2 – vor der Mischung
    h – spezifische Enthalpie   MI – Mischung

Analog kann die Feuchte bilanziert werden:

$$\dot{m}_1 \cdot x_1 + \dot{m}_2 \cdot x_2 = (\dot{m}_1 + \dot{m}_2) \cdot x_{MI} \tag{C3.1-30}$$

mit x – Wassergehalt

Der Mischpunkt liegt auf einer Graden zwischen den Zustandspunkten der beiden Luftströme. Seine Lage ist durch das Massenstromverhältnis gegeben, s. Bild C3.1-9.

$$\frac{\dot{m}_1}{\dot{m}_2} = \frac{h_{MI} - h_2}{h_1 - h_{MI}} \tag{C3.1-31}$$

$$\frac{\dot{m}_1}{\dot{m}_2} = \frac{x_{MI} - x_2}{x_1 - x_{MI}} \tag{C3.1-32}$$

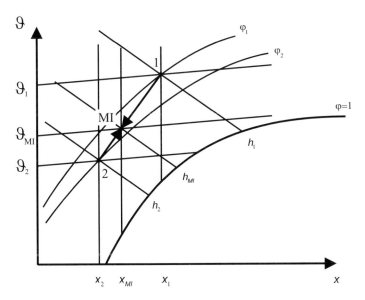

Bild C3.1-9 Mischung zweier Luftströme

C3.1.6
Druck aufprägen

Betrachtet wird die Aufprägung eines Druckes oder einer Druckdifferenz auf ein Volumen feuchter Luft:

$$p_2 = p_1 + \Delta p \tag{C3.1-33}$$

mit p – Druck
Δp – Druckdifferenz

Indizes 1,2 – vor. bzw. nach der Druckaufprägung

Bei konstanter Temperatur, konstantem Wassergehalt und konstanter Geschwindigkeit kann der energetische Zustand der Luft mit für die Raumlufttechnik guter Näherung allein durch den Druck gekennzeichnet werden.

C3.1.7
Geschwindigkeit aufprägen

Betrachtet wird die Aufprägung einer Geschwindigkeit oder einer Geschwindigkeitsdifferenz auf feuchte Luft:

$$w_2 = w_1 + \Delta w \tag{C3.1-34}$$

mit w – Geschwindigkeit
Δw – Geschwindigkeitsdifferenz

Indizes 1,2 – vor. bzw. nach der Geschwindigkeitsaufprägung

Bei konstanter Temperatur, konstantem Wassergehalt und konstantem Druck kann der energetische Zustand der Luft mit für die Raumlufttechnik guter Näherung allein durch die Geschwindigkeit gekennzeichnet werden.

C3.2
Mechanische Prozesse

C3.2.1
Luftförderung

Zur konvektiven Lastabfuhr ist im Raum ein definierter Volumenstrom notwendig. Dieser Luftstrom muss von einer geeigneten Ansaugstelle zum Raum gefördert werden. Die Luftförderung ist nicht mit einem Verteilvorgang zu verwechseln. Bei der Verteilung werden Energieströme verteilt, s. D2.4. Hier wird ein Stoffstrom gefördert.

Bild C3.2-1 Förderweg

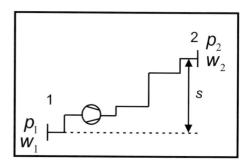

Bild C3.2-1 zeigt den allgemeinen Fall eines Förderweges. Zwischen dessen beiden Endpunkten kann folgende Druckbilanz aufgestellt werden:

$$p_1 + \frac{\rho}{2} \cdot w_1^2 + \Delta p_t = p_2 + \frac{\rho}{2} \cdot w_2^2 + \rho \cdot g \cdot s + \Delta p_A \qquad \text{(C3.2-1)}$$

mit p – Druck
ρ – Dichte
w – Geschwindigkeit
g – Erdbeschleunigung
s – Höhe
Δp_t – totale Druckerhöhung im Ventilator
Δp_A – Druckaufwand

Indizes 1,2 – Anfangs-, Endpunkt

Durch folgende Annahmen wird in der Raumlufttechnik eine ausreichende Näherung erzielt:

$$p_1 \approx p_2 \qquad \text{(C3.2-2)}$$

$$w_1 \approx w_2 \qquad \text{(C3.2-3)}$$

Die totale Druckerhöhung im Ventilator reduziert sich damit auf:

$$\Delta p_t = \rho \cdot g \cdot s + \Delta p_A \tag{C3.2-4}$$

Für die meisten Förderwege ist des Weiteren festzustellen:

$$\rho \cdot g \cdot s \ll \Delta p_A \tag{C3.2-5}$$

Damit erhält man als ausreichende Näherung:

$$\Delta p_t \cong \Delta p_A \tag{C3.2-6}$$

Ist der Förderweg bekannt und dimensioniert, dann kann der Druckaufwand berechnet werden:

$$\Delta p_A = \Delta p_{RR} + \Delta p_{EW} + \Delta p_{App} \tag{C3.2-7}$$

mit Δp – Druckaufwand Indizes RR – Rohrreibung
 EW – Einzelwiderstände
 App – Apparate

Für die Teilaufwände gilt:

$$\Delta p_{RR} = \sum_{n=1}^{m}(\lambda_n \cdot \frac{l_n}{d_n} \cdot \frac{\rho}{2} \cdot w_n^2) \tag{C3.2-8}$$

mit λ – Rohrreibungskoeffizient
 l – Länge
 d – Durchmesser
 ρ – Dichte
 w – Geschwindigkeit
 n – Laufindex der Teilstrecken
 m – Anzahl der Teilstrecken

$$\Delta p_{EW} = \sum_{i=1}^{j}(\varsigma_i \cdot \frac{\rho}{2} \cdot w_i^2) \tag{C3.2-9}$$

mit ς – Einzelwiderstandszahl
 i – Laufindex der Einzelwiderstände
 j – Anzahl der Einzelwiderstände

$$\Delta p_{App} = \sum_{k=1}^{o}(C_k \cdot \frac{\rho}{2} \cdot w_k^2) \tag{C3.2-10}$$

mit C – Apparatewiderstandszahl
 k – Laufindex der Apparate
 o – Anzahl der Apparate

Um die totale Druckerhöhung aufbringen zu können, muss dem Ventilator eine theoretische mechanische Leistung zugeführt werden (s. G1.1):

$$P_{th} = \dot{V} \cdot \Delta p_t \qquad (C3.2\text{-}11)$$

mit P_{th} – theoretische Antriebsleistung
$\dot{V}$ – Volumenstrom

Bei realen Ventilatoren und Antrieben sind Wirkungsgrade zu berücksichtigen, damit ergibt sich die reale Antriebsleistung:

$$P_r = \frac{\dot{V} \cdot \Delta p_t}{\eta_{LR} \cdot \eta_W \cdot \eta_M} \qquad (C3.2\text{-}12)$$

mit η_{LR} – Wirkungsgrad des Laufrades
η_W – Wirkungsgrad des Wellenantriebs
η_M – Wirkungsgrad des Motors

Unter Berücksichtigung der Annahmen in den Gleichungen C3.2-2 bis C3.2-3 ergibt sich aus der Förderung an den Bilanzgrenzen keine Druck-, keine Geschwindigkeits- und keine Lageerhöhung. Die zugeführte Energie muss demnach in thermische Energie umgewandelt sein. Welche Temperaturerhöhung dabei der geförderte Luftstrom erfährt, bzw. welche thermische Leistung an die Umgebung abgegeben wird, hängt davon ab, ob der Wellenantrieb und der Motor im Luftstrom liegen oder nicht. Der energetische Zustand der geförderten Luft durch die Förderung ändert sich wie folgt:

$$\Delta \vartheta = \frac{P_a}{\dot{V} \cdot \rho \cdot c_{p,L}} \qquad (C3.2\text{-}13)$$

mit $\Delta \vartheta$ – Temperaturdifferenz durch die Förderung
P_a – anzusetzende Antriebsleistung

C3.2.2
Luftreinigung

Betrachtet wird eine Entstoffung eines Luftstromes, s. Bild C3.2-2. Die auf einen Stoff bezogene Massenbilanz lautet:

$$\dot{V} \cdot \rho \cdot c_1 - \dot{m}_{Ss} = \dot{V} \cdot \rho \cdot c_2 \qquad (C3.2\text{-}14)$$

Bild C3.2-2 Entstoffung

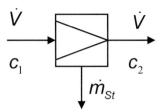

Damit ergibt sich für den Stoffmassenstrom:

$$\dot{m}_{Ss} = \dot{V} \cdot \rho \cdot (c_1 - c_2) \tag{C3.2-15}$$

mit $\dot{m}_{Ss}$ – abgeführter Schadstoffmassenstrom
$\dot{V}$ – Volumenstrom
ρ – Dichte
c – Konzentration

Indizes 1,2 – vor und nach der Entstoffung

Für die Anwendungsfälle in der Raumlufttechnik kann angesetzt werden, dass vor und hinter der Entstoffung gleiche Geschwindigkeit und gleiche geodätische Höhe gegeben sind:

$$w_1 \cong w_2 \tag{C3.2-16}$$

$$s_1 \cong s_2 \tag{C3.2-17}$$

mit w – Geschwindigkeit
s – geodätische Höhe

Energetisch unterscheidet sich der Luftzustand vor und hinter der Entstoffung demnach durch den Druckaufwand der Entstoffung:

$$\Delta p_{A,F} = p_1 - p_2 \tag{C3.2-18}$$

mit $\Delta p_{A,F}$ – Druckaufwand der Entstoffung
p – Druck

Bei allen realen Entstoffungen sind die, bei Anliegen eines Druckes vor dem Entstoffer, auftretenden Schadstoffmassenströme, Volumenströme und Druckaufwände instationär, weil vom Beladungszustand des Entstoffers abhängig.

Literatur

[C1-1] DIN 1946 Teil 1: Raumlufttechnik–Terminologie und graphische Symbole (VDI-Lüftungsregeln), Ausgabe Oktober 1988.

D Energetische Bewertung Raumlufttechnischer Anlagen

Michael Schmidt

D1
Optimierung Raumlufttechnischer Prozesse

D1.1
Allgemein

Die Optimierung einer technischen Anlage ist nur möglich, wenn einige Voraussetzungen gegeben sind.

Die von der Anlage zu erfüllende Aufgabe, d. h. der gewünschte Nutzen, muss eindeutig definiert sein.

Es muss eine anlagentechnische Lösung als Ausgangslösung der Optimierung bekannt sein.

Die Randbedingungen für die technische Anlage müssen eindeutig definiert sein.

Das Optimierungsziel muss definiert sein. Werden mehrere Optimierungsziele verfolgt, dann ist eine Wichtung der Ziele vorzunehmen.

Angewendet auf Raumlufttechnische Prozesse ist für die Optimierung festzustellen.

Der im Raum herzustellende Nutzen ist als Funktion der Zeit definiert. Diese Definition erfasst alle physikalischen Parameter im Raum, die von der Raumlufttechnik beeinflusst werden, alle Nutzungsbedingungen sowie weitergehende Anforderungen, Wünsche etc. (s. Bd. 3, A2). Die Nutzendefinition ist sinnvoller Weise in einem Pflichtenheft zusammengefasst.

Im Pflichtenheft sind des Weiteren alle Randbedingungen für den Einsatz der Anlage erfasst, d. h. die außenklimatischen Bedingungen, die verfügbaren Energieträger, die bau- und verordnungsrechtlichen sowie sonstige Zulassungsbedingungen u. ä.

Die Lasten sind als Funktion der Zeit definiert.

Eine Ausgangslösung ist in ihren Subsystemen Nutzenübergabe, Verteilung und Erzeugung dokumentiert. Die Erfüllung des genannten Pflichtenheftes ist belegt.

Die Optimierung kann z. B. mit dem Ziel einer Minimierung des jährlichen Energiebedarfs, einer Minimierung der jährlichen Energiekosten, einer Minimierung der Investitionskosten, einer Minimierung des Schadstoffausstoßes, einer Minimierung der Lebenszyklus-Gesamtkosten, einer Maximierung der Betriebssicherheit usw. erfolgen. Die Anzahl möglicher Optimierungsziele ist sehr groß. In der Praxis sind die am häufigsten verfolgten Ziele die nach minimalem Energiebedarf und nach minimalen Investitionskosten (s. a. Bd. 1, M).

Wegen der schnell an Aktualität verlierenden Betrachtungen der Investitionskosten werden diese hier nicht weiter verfolgt. Die nachfolgenden Betrachtungen beschränken sich auf Optimierungsansätze zur Minimierung des jährlichen Energiebedarfs.

D1.2
Energieeinsatz

D1.2.1
Wärmerückgewinnung

Die dem Prozess zuzuführende thermische Energie kann in ihrer Leistung und in ihrer Arbeit gesenkt werden, indem thermische Energie aus der Abluft (Abwärme) auf die Außenluft übertragen wird. Diesen Prozess nennt man Rückgewinnung (s. G4). Bild D1.2-1 zeigt die prinzipielle Prozessführung.

Betrachtet wird zunächst ein Prozess, bei dem ausschließlich Wärme rückgewonnen wird. Reale technische Lösungen für die Rückgewinner sind Rekuperatoren. Darunter werden alle Lösungen mit Wärmeaustauschern, auch solche mit Zwischenträgermedien, zusammengefasst. Zu den technischen Details sei auf G8 verwiesen.

Bild D1.2-2 zeigt den grundsätzlichen Prozessverlauf der Rückgewinnung im h,x-Diagramm für den Winterfall. Die Abluft wird im Rückgewinner abgekühlt:

$$\Delta h_{AB} = h_{AB,E} - h_{AB,A} \qquad (D1.2\text{-}1)$$

mit Δh_{AB} – Enthalpiedifferenz im Abluft- Fortluftstrom
h – Enthalpie

Indizes AB – Abluftstrom
AU – Außenluftstrom
E – Eintritt
A – Austritt

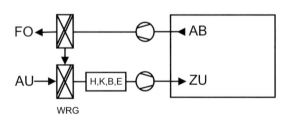

Bild D1.2-1 RLT-Anlage mit Wärmerückgewinnung

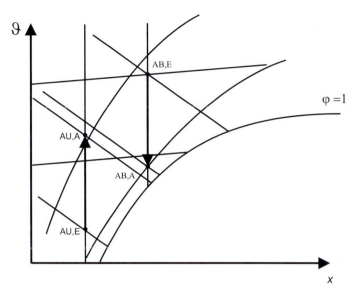

Bild D1.2-2 Wärmerückgewinnung, Winterfall

Die rückgewonnene Wärme wird auf die Außenluft übertragen:

$$\Delta h_{AU} = h_{AU,A} - h_{AU,E} \quad \text{(D1.2-2)}$$

mit Δh_{AU} – Enthalpiedifferenz im Außenluft-Zuluftstrom

Die Rückgewinnung wird mit der Rückwärmzahl energetisch bewertet:

$$\Phi_{AU} = \frac{h_{AU,A} - h_{AU,E}}{h_{AB,E} - h_{AU,E}} \quad \text{(D1.2-3)}$$

$$\Phi_{AB} = \frac{h_{AB,E} - h_{AB,A}}{h_{AB,E} - h_{AU,E}} \quad \text{(D1.2-4)}$$

mit Φ_{AU} – Rückwärmzahl auf der Außenluftseite
Φ_{AB} – Rückwärmzahl auf der Abluftseite

Dabei wird die Enthalpiedifferenz im jeweils betrachteten Luftstrom auf die maximale Enthalpiedifferenz am Rückgewinner bezogen. Für den hier betrachteten Fall der Rückgewinnung von Wärme kann die Rückwärmzahl auch mit den Lufttemperaturen gebildet werden:

$$\Phi_{AU} = \frac{\vartheta_{AU,A} - \vartheta_{AU,E}}{\vartheta_{AB,E} - \vartheta_{AU,E}} \quad \text{(D1.2-5)}$$

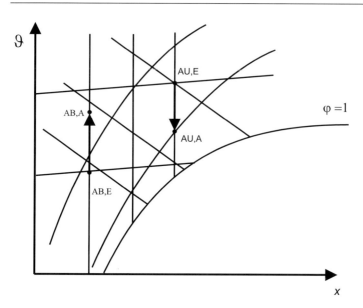

Bild D1.2-3 Kälterückgewinnung, Sommerfall

$$\Phi_{AB} = \frac{\vartheta_{AB,E} - \vartheta_{AU,E}}{\vartheta_{AB,E} - \vartheta_{AU,E}} \qquad (D1.2\text{-}6)$$

Bild D1.2-3 zeigt den Sommerfall. Für diesen gelten alle vorstehenden Aussagen analog. In den meisten Fällen wird auf einen Einsatz von Rückgewinnern im Sommerfall in Deutschland verzichtet, weil dabei die maximale Enthalpie- bzw. Temperaturdifferenz am Rückgewinner um ca. eine Größenordnung kleiner ist als im Winter.

Reale Rückgewinner haben Rückwärmzahlen von 0,4 ... 0,7. Wenn nicht durch Bauvorschriften energetische Qualitäten gefordert sind, erfolgt die Auswahl der Rückgewinner nach einer wirtschaftlichen Bewertung. Dabei wird der rückgewonnene Jahreswärmebedarf mit den Investitionskosten verglichen.

D1.2.2
Wärme- und Stoffrückgewinnung

Betrachtet wird ein Prozess, bei dem Wärme und Stoff, z. B. Feuchte, rückgewonnen wird.

Reale technische Lösungen für die Rückgewinner sind Regeneratoren. Darunter werden alle Lösungen mit dem Einsatz von Speichermedien, die be- und entladen werden, zusammengefasst. Zu den technischen Details sei auf G8 verwiesen.

Bild D1.2-4 zeigt den grundsätzlichen Prozessverlauf der Rückgewinnung im h,x-Diagramm für den Winterfall. Die Enthalpiedifferenzen und die daraus ab-

D1 Optimierung Raumlufttechnischer Prozesse

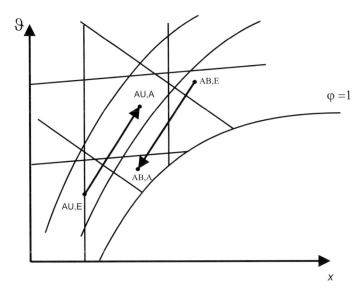

Bild D1.2-4 Wärme- und Feuchterückgewinnung

geleiteten energetischen Bewertungen sind identisch denen der ausschließlichen Wärmerückgewinner. Eine Bewertung anhand der Temperaturen ist nicht möglich. Neben der Wärme wird auch Feuchte rückgewonnen:

$$\Delta x_{AB} = x_{AB,E} - x_{AB,A} \tag{D1.2-7}$$

mit Δx_{AB} – Differenz des Wassergehaltes im Abluftstrom
x – Wassergehalt

Die rückgewonnene Feuchte wird auf die Außenluft übertragen:

$$\Delta x_{AU} = x_{AU,A} - x_{AU,E} \tag{D1.2-8}$$

mit Δx_{AU} – Differenz des Wassergehaltes im Außenluftstrom

Analog zur Rückwärmzahl wird eine Rückfeuchtzahl definiert:

$$\Psi_{AU} = \frac{x_{AU,A} - x_{AU,E}}{x_{AB,E} - x_{AU,E}} \tag{D1.2-9}$$

$$\Psi_{AB} = \frac{x_{AB,E} - x_{AB,A}}{x_{AB,E} - x_{AU,E}} \tag{D1.2-10}$$

mit Ψ_{AU} – Rückfeuchtzahl auf der Außenluftseite
Ψ_{AB} – Rückfeuchtzahl auf der Abluftseite

Reale Rückgewinner haben Rückwärmzahlen von 0,65 ... 0,8. und Rückfeuchtzahlen von 0,5 ... 0,75.

Zu beachten ist bei den Wärme- und Feuchterückgewinnern, dass keine stoffliche Trennung durch Trennflächen zwischen den beiden Luftströmen besteht. Neben dem erwünschten Rückgewinn an Feuchte kommt es auch zum Rückgewinn anderer Stoffe aus dem Abluftstrom in den Zuluftstrom. Dabei wird Luft übertragen und damit auch andere Inhaltsstoffe, wie z. B. Geruchsstoffe (s. Bild G4-20). Des Weiteren ist darauf zu achten, dass insbesondere auf feuchten Regeneratorflächen keine Reaktionen entstehen, die dann Emissionen nach sich ziehen können.

D1.2.3
Fremdwärmenutzung

Unter der Fremdwärmenutzung wird die Nutzung thermischer Energie verstanden, die als Abwärme aus einem anderen Prozess verfügbar ist. Dieses kann z. B. Abwärme aus Fertigungsprozessen u. ä. sein.

Für die Optimierung des raumlufttechnischen Prozesses spielt der Fremdwärmeeinsatz keine oder eine nur untergeordnete Rolle. Für die Konzeption einer optimalen Prozessführung, d. h. einer „energieminimalen" Behandlung eines Eintrittsluftzustandes in einen Austrittszustand (auch wenn beide Zustände Funktionen der Zeit sind), spielt der Gewinnungsprozess der eingesetzten Energie keine oder nur eine untergeordnete Rolle. Hier ist lediglich das verfügbare Temperaturniveau zu beachten. Ansonsten ist die Nutzung von Fremdwärme eine Frage der Energieversorgung und nicht des raumlufttechnischen Prozesses. Diese Feststellung wäre zu überdenken, wenn die Prozesse nicht wie üblich einer energetischen Bewertung sondern einer exergetischen Bewertung unterzogen würden.

D1.2.4
Förderenergie

Der Förderenergieaufwand berechnet sich zu:

$$P_a = \int_a \frac{\Delta p \cdot \dot{V}}{\eta} dt \qquad \text{(D1.2-11)}$$

bzw.

$$P_a = \frac{\Delta p \cdot \dot{V} \cdot z}{\eta} \qquad \text{(D1.2-12)}$$

mit P_a – Förderenergie für den Betrachtungszeitraum
Δp – Gesamtdruckdifferenz
$\dot{V}$ – Luftvolumenstrom
η – Wirkungsgrad

t – Zeit
a – Betrachtungszeitraum
z – Betriebsstunden

Bezüglich der potentiellen Optimierungsparameter „Volumenstrom" und „Betriebszeit" sei auf D1.3 und 1.4 verwiesen.

Für die Gesamtdruckdifferenz gilt:

$$\Delta p = C \cdot \frac{\rho}{2} \cdot w^2 \tag{D1.2-13}$$

mit C – Konstante
ρ – Dichte
w – Geschwindigkeit

Bei der Optimierung gilt es demnach die Geschwindigkeit zu minimieren. Bei gegebenem Volumenstrom ist hier ein Optimum zwischen der Geschwindigkeit und dem Kanalquerschnitt zu finden. Dabei ist zu bedenken, dass mit dem Kanalquerschnitt nicht nur Material- und Installationsaufwendungen der Raumlufttechnik entstehen. Die entstehenden baulichen Volumina in Schächten, Decken usw. sind zu beachten. Eine rein energetische Betrachtung führt hier nicht zum Ziel, da diese die triviale Lösung der Geschwindigkeit „Null" hätte. In der Praxis werden deshalb häufig Richt- oder Grenzwerte der Geschwindigkeit in Abhängigkeit vom jeweiligen Kanalabschnitt bzw. Maximalwerte der Druckdifferenz angesetzt [D1-1].

Der in Gleichung D1.2-11 und D1.2-12 angesetzte Wirkungsgrad ergibt sich wie folgt:

$$\eta = \eta_{LR} \cdot \eta_W \cdot \eta_M \tag{D1.2-14}$$

mit η_{LR} – Wirkungsgrad des Laufrades
η_W – Wirkungsgrad des Wellenantriebes
η_M – Wirkungsgrad des Motors

Bei der Optimierung ist unter Berücksichtigung des ggfs. veränderlichen Volumenstromes und der ggfs. veränderlichen Druckdifferenz ein Ventilator mit hohem Wirkungsgrad zu wählen.

D1.3
Stoffeinsatz

D1.3.1
Luft

Der Energieeinsatz in raumlufttechnischen Prozessen hängt vom Luftvolumenstrom ab.

$$Q_a = f(\dot{V}) \tag{D1.3-1}$$

$$P_a = f(\dot{V}^2) \tag{D1.3-2}$$

mit Q_a – Thermische Arbeit im Betrachtungszeitraum
P_a – Förderarbeit im Betrachtungszeitraum
$\dot{V}$ – Volumenstrom

Es ist Ziel der Optimierung den Volumenstrom zu minimieren. Der minimale Volumenstrom wird mit einer Maximalauswahl ermittelt. An dieser Auswahl werden all die Volumenströme beteiligt, die zur Abfuhr einzelner stofflicher konvektiver Lasten benötigt werden.

Die einzelnen Volumenströme betragen:

$$\dot{V}(t)_k = \frac{\dot{q}(t)_k}{c_{AB,k} - c_{ZU,k}} \tag{D1.3-3}$$

mit $\dot{V}(t)$ – Volumenstrom   Indizes k – Laufindex der stofflichen Last
$\dot{q}(t)$ – stoffliche Last AB – Abluft
c – Konzentration ZU – Zuluft

Da in aller Regel die Lasten instationär sind, sind auch die Volumenströme instationär. Diese können natürlich auch infolge instationärer Konzentrationen instationär sein. Der anzusetzende Volumenstrom ergibt sich dann aus einer Maximalauswahl zu jedem Zeitpunkt:

$$\dot{V}(t) = \max\{\dot{V}_k(t)\}_{k=1...m} \tag{D1.3-4}$$

mit $\dot{V}(t)$ – Volumenstrom zur Abfuhr aller stofflichen Lasten, k = 1 … m

Der Volumenstrom ist instationär. Dieser ist der minimale Volumenstrom.
Diese Vorgehensweise schließt die Verwendung von Luftströmen als Transportmedium für Energie aus. Bei gleicher thermischer Transportleistung ergibt sich im Vergleich zwischen Luft und Wasser ein Volumenstromverhältnis von ca. 3500 : 1!

D1.3.2
Wasser

D1.3.2.1
Befeuchtung

Eine Optimierung des Wassereinsatzes, d. h. Minimierung des Aufwandes des Wassermassenstromes, ist durch eine Feuchterückgewinnung möglich. Hierzu sei auf D1.2.2 verwiesen.

D1.3.2.2
Entfeuchtung

Eine Minimierung des Entfeuchtungsmassenstromes ist bei Kühlprozessen möglich, indem die Kühleroberflächentemperatur für die notwendige Kühlaufgabe maximiert wird, um eine ungewollte Entfeuchtung zu vermeiden. Dieses ist durch die Wahl einer Beimischregelung des Kühlers anstelle einer Drosselregelung realisierbar.

D1.4
Betriebszeiten

Der Energieeinsatz bei raumlufttechnischen Prozessen ist von der Betriebszeit abhängig:

$$Q_a = f(z) \qquad \text{(D1.4-1)}$$

$$P_a = f(z) \qquad \text{(D1.4-2)}$$

Die Betriebszeiten sind zu minimieren, d. h. sie sind der realen Nutzungszeit bzw. dem realen Lastverlauf anzupassen. Im Idealfall erfolgt diese Anpassung mit geeigneten Sensoren wie z. B. mit Präsenzmeldern oder Sensoren zur Konzentrationserfassung.

Da in vielen Fällen die stofflichen und die Lüftungslasten von der Nutzung abhängen, sind diese im Sinne einer Optimierung mit schaltbaren RLT-Anlagen abzufahren. Die thermischen Lasten bzw. ein Teil dieser ist nicht von der Nutzung abhängig. Diese sind dann über Heizanlagen abzufahren. Eine kombinierte Abfuhr beider Lasten über eine RLT-Anlage ist im Sinne der energetischen Optimierung abzulehnen, da dabei die Betriebszeitanpassung der RLT-Anlage verloren geht.

D1.5
Regelung und Steuerung

D1.5.1
Sollwerte und Istwerte

Eine wesentliche Grundlage bei der Konzeption, Planung und Realisierung von raumlufttechnischen Prozessen ist die Definition der notwendigen Sollwerte. Dieses müssen nutzungsbezogen definiert werden.

In Abhängigkeit von der zu realisierenden Nutzung sind zunächst die im Raum herzustellenden physikalischen Größen zu identifizieren.
- Temperatur
- Feuchte
- Luftqualität

- Konzentration
- Druck
- Geschwindigkeit

In einem zweiten Schritt sind diese zu konkretisieren:
- zeitlicher oder örtlicher Mittelwert
- zeitliche Konstanz
- örtliche Konstanz
- Punktwerte
- Bandbreiten
- Felder usw.

Im dritten Schritt sind die Größen mit konkreten Werten zu belegen.

Bei dieser Vorgehensweise spricht man von einer anforderungsorientierten Planung [D1-2]. Wesentliches Ziel ist es dabei alle nutzungsrelevanten Anforderungen zu erfüllen, aber nur diese und nicht mehr. Es werden nur die Parameter berücksichtigt, die für die Nutzung wirklich relevant sind und diese mit einer Konkretisierung und mit Sollwerten, die einen energetisch optimalen Prozess ermöglichen.

Bei der Realisierung der RLT-Anlagen ist sicherzustellen, dass geeignete Fühler an geeigneten Messorten eingesetzt werden (s. K2.2.1). Dieses bezieht sich auf den Fühlertyp, den Messbereich des Fühlers, auf dessen Messfehler, dessen Trägheit und dessen Anbringungsort. Es muss sichergestellt werden, dass wirklich der relevante Istwert erfasst wird. Häufige Fehler, abgesehen vom Einsatz völlig ungeeigneter Fühler, ist z. B. der Einsatz von Stabfühlern in Kanälen mit der Absicht einer mittelwertbildenden Messung über den Kanalquerschnitt, die Anordnung von Messblenden u. ä. in Rohr- oder Kanalabschnitten ohne Beachtung notwendiger An- und Nachlaufstrecken oder die Positionierung von Raumfühlern an Orten mit großem Störgrößeneinfluss oder an Orten ohne Nutzungsrelevanz.

D1.5.2
Regelung oder Steuerung

Beim Vergleich unterschiedlicher Regelungs- und Steuerstrategien ist es unabdingbar, von gleichen Bedingungen bei den physikalischen Parametern im Raum auszugehen. Es müssen die gleichen Sollwerte zugrunde gelegt werden und diese Sollwerte müssen erfüllt werden. Sind diese Bedingungen nicht gegeben, ist der Vergleich unzulässig, weil er ungleiche Nutzenbedingungen unterstellt. Ggfs. dabei erkennbare energetische Unterschiede können in ihrer Ursache nicht zugeordnet werden. Es ist nicht erkennbar, ob der Unterschied aus den unterschiedlichen Bedingungen im Raum resultiert oder ob er Ergebnis einer optimierten Regel- oder Steuerstrategie ist.

In der Regel werden nur mit Regelstrategien, bei denen der raumlufttechnische Prozess in Abhängigkeit des relevanten Sollwertes im Raum geregelt wird, energetisch optimale Ergebnisse erzielt. Entsprechende raumweise Regelungen werden in der Praxis häufig aus Gründen der dafür entstehenden Investitionskosten nicht ausgeführt. Die dann am häufigsten gewählte alternative Lösung sind gesteuerte raumlufttechnische Prozesse, bei denen ein geplanter Zuluftvolumenstrom mit einem geplanten Zuluftzustand ohne Rückkopplung aus dem Raum in diesen eingebracht wird. Diese Prozesse können mangels Rückkopplung nicht auf die wirklich anfallende Last reagieren. Dieses hat zur Folge, dass die Raumparameter unkontrolliert schwanken. Solche Schwankungen sind zumindest mit den planerischen Vorgaben abzugleichen.

Die gleiche Problematik ergibt sich, wenn aus einem raumlufttechnischen Prozess nicht nur ein Raum sondern mehrere Räume versorgt werden, ohne dass ein nachgeschalteter raumweiser Prozess vorgesehen wird. Dabei werden in der Praxis Räume mit der Behauptung zu Zonen zusammengefasst, dass diese gleiche Lastbedingungen haben. Auch hierbei entstehen bei den Raumparametern unkontrollierte Schwankungen, die auf ihre Zulässigkeit im Vergleich mit den geforderten Nutzenbedingungen geprüft werden müssen.

Alle diese Varianten gesteuerter raumlufttechnischer Prozesse sind Ergebnis einer Kostenoptimierung, nicht einer energetischen Optimierung.

D1.5.3
Regelstrategie

Die klassische Regelstrategie (s. a. K2.6) raumlufttechnischer Prozesse ist die so genannte Taupunktregelung. Bild D1.5-1 zeigt das Schema der Prozessführung. Bild D1.5-2 zeigt den Prozessverlauf im h,x-Diagramm. Die Feuchte wird über die Taupunkttemperatur definiert. Dieses führt bei allen Lufteintrittszuständen über der Taupunktenthalpie und unter der Taupunktfeuchte zu einem Gegeneinanderarbeiten der Kühlung und der Nacherwärmung.

Bild D1.5-3 zeigt eine diesbezüglich energetisch bessere, so genannte direkte Feuchteregelung, Bild D1.5-4 den zugehörigen Prozessverlauf.

Wenn die Nutzenanforderungen im Raum dieses gestatten, muss anstelle eines Sollwertpunktes ein Sollwertfeld definiert werden. Dabei ist es möglich, jedem beliebigen Lufteintrittszustand, der außerhalb des Feldes liegt, einen energetisch optimalen Punkt auf dem Feldrand zuzuordnen. Bild D1.5-5 zeigt den Prozessverlauf. Lufteintrittszustände innerhalb des Feldes bleiben unbehandelt. Je nach Feldgröße ergeben sich mit solchen Regelstrategien beachtliche energetische Optimierungspotentiale, die verglichen mit Regelungen auf Sollwertpunkte durchaus in der Größenordnung von 60% liegen können [D1-3].

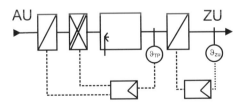

Bild D1.5-1 Prozessführung, Taupunktregelung

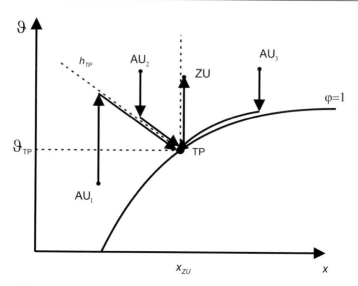

Bild D1.5-2 Prozessverlauf, Taupunktregelung

Bild D1.5-3 Prozessführung, direkte Feuchteregelung

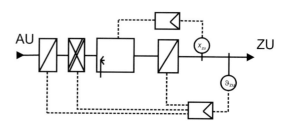

Je nach verwendetem Typ des Fühlers und des Reglers sowie dem Verhalten der Regelstrecke entstehen Regelabweichungen. Diese sind grundsätzlich in ihrer Zulässigkeit im Vergleich mit den geforderten Sollwerten zu prüfen. Diese führen bei Regelungen auf Sollwertpunkte letztlich zu Feldern. Bei Regelungen auf Sollwertfelder führen die Regelabweichungen zu mit unter drastischen Feldverkleinerungen, s. Bild D1.5-6. Dabei ist zu beachten, dass für die jeweils unteren Feldgrenzen keine Unterschreitung und für obere Feldgrenzen keine Überschreitung auftritt, ansonsten wäre das geforderte Sollwertfeld nicht erfüllt.

D1 Optimierung Raumlufttechnischer Prozesse

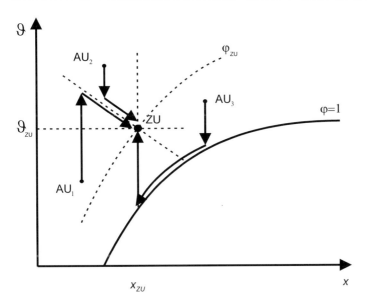

Bild D1.5-4 Prozessverlauf, direkte Feuchteregelung

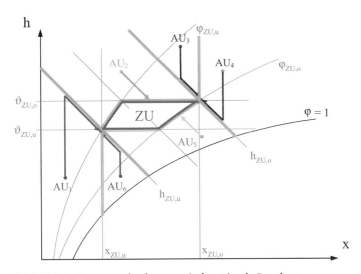

Bild D1.5-5 Prozessverlauf, energetisch optimale Regelung

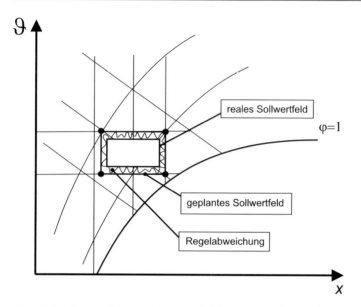

Bild D1.5-6 Sollwertfeldverkleinerung infolge von Regelabweichungen

D1.6
Anlagenbetrieb

Auch für raumlufttechnische Prozesse, die bezüglich ihres Energie- und Stoffeinsatzes, ihrer Regelung und Steuerung und ihrer Betriebszeiten energetisch optimal konzipiert, geplant und ausgeführt sind, ist in der Praxis häufig festzustellen, dass diese nicht im geplanten Zustand betrieben werden. Dieses ist vorrangig auf folgende Ursachen zurück zu führen.

- Die Anlagen befinden sich infolge ungenügender Inbetriebnahme nicht im geplanten Zustand.
- Die Anlagen befinden sich unerkannter Weise in einem defekten Zustand, weil einzelne Komponenten ausgefallen sind oder Fehlfunktionen haben.
- Die Anlagen wurden unerkannter Weise in ihren Regelparametern verstellt.
- Die der Planung zugrunde gelegten Nutzenbedingungen haben sich verändert ohne dass notwendige Anpassungen erfolgten.
- Die Anlagen werden nicht der notwendigen Wartung und Instandhaltung unterzogen.

Um einen einwandfreien Anlagenbetrieb sowohl im Hinblick auf den Energie- und Stoffeinsatz als auch die Funktionserfüllung zu ermöglichen, ist eine komplette Inbetriebnahme unerlässlich. Dieses setzt die Überprüfung aller Anlagenfunktionen unter allen prinzipiellen Betriebsbedingungen voraus. Des Weiteren ist eine hydraulische Einregulierung der kompletten Anlage unerlässlich. Die korrekte Parametrierung der Regel- und Steueranlage ist zu überprüfen. Momentane diesbezügliche technische Regeln [D1-4] sind nicht ausreichend. Derzeit wird an verbesserten Werkzeugen für die Inbetriebnahme gearbeitet [D1-5].

Defekte oder fehlfunktionierende Komponenten in den Anlagen werden im praktischen Anlagenbetrieb häufig nicht oder nur mit großer zeitlicher Verspätung bemerkt. Solange der Defekt keine signifikante, vom Nutzer bemerkbare, Abweichung des Ist- vom Sollwert zur Folge hat, bleibt er unerkannt. Der dadurch entstehende Mehraufwand beim Energie- und Stoffeinsatz kann sehr groß sein. Derzeit sind Werkzeuge in der Entwicklung, mit denen die Anlagen in ihrem Betrieb dahingehend kontinuierlich überwacht werden und mit denen bei detektierten Abweichungen eine Fehlerdiagnose erfolgt [D1-5].

In der Praxis wird ein großer Teil der RLT-Anlagen ohne oder von minder qualifiziertem Personal betrieben. Dieses ist häufig richtig und auch das eindeutige Ziel, um die Betriebskosten niedrig zu halten. Dabei entstehen aber häufig Verstellungen von Regelparametern, deren z.B. energetische Auswirkungen nicht übersehen werden.

Ein optimaler Betrieb raumlufttechnischer Prozesse ist nur möglich, wenn die Prozesse den geforderten, definierten Anforderungen angepasst werden. Ändern sich diese Anforderungen, dann ist als absolutes Minimum eine Überprüfung des gesamten Prozesses erforderlich. Ggfs. ist der Prozess den veränderten Bedingungen anzupassen. Dieses geschieht häufig im praktischen Betrieb der Anlagen nicht.

Ein optimaler Betrieb der Prozesse ist nur gewährleistet, wenn die Anlagen in einem einwandfreien funktionsfähigen Zustand erhalten werden. Dazu ist es unabdingbar die notwendigen Wartungs- und Instandhaltungsarbeiten, die in einem zu erstellenden Wartungs- und Instandhaltungsplan definiert sind, durchzuführen.

D2
Energie- und Stoffbedarf Raumlufttechnischer Anlagen

D2.1
Allgemein

Alle technischen Systeme werden betrieben, weil damit ein geforderter Nutzen erzielt werden soll. Dafür entsteht ein Aufwand, in der Regel ein Energie- und ein Stoffaufwand. Um den Aufwand erfassen zu können, ist es sinnvoll das System in geeignete Subsysteme zu gliedern und jedem Subsystem seinen Subaufwand zuzuweisen. Die Abgrenzung der Subsysteme untereinander erfolgt dabei in der Art, dass jedes Subsystem ein in sich geschlossenes System darstellt. Dann können die Subsysteme hintereinander geschaltet werden. Jedes Subsystem hat definierte Ein- und Ausgänge. Für jedes Subsystem können unterschiedliche technische Lösungen eingesetzt werden.

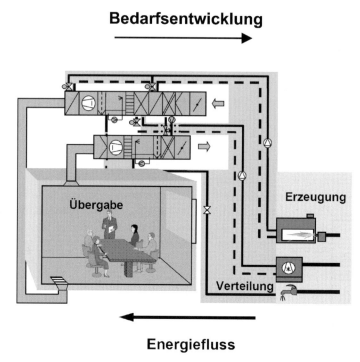

Bild D2.1-1 Subsysteme raumlufttechnischer Anlagen

Raumlufttechnische Anlagen sind Systeme der vorgenannten Art. Sie werden in die Subsysteme „Nutzenübergabe", „Verteilung" und „Erzeugung" gegliedert, s. Bild D2.1-1 [D2-1, D2-2].

Für das Gesamtsystem sind prinzipiell zwei Betrachtungsrichtungen möglich, zum Einen in Richtung des Energieflusses. Damit ergibt sich eine Betrachtungsreihenfolge von der „Erzeugung" über die „Verteilung" zur „Nutzenübergabe". Die zweite Betrachtungsrichtung richtet sich nach der Bedarfsentwicklung, also von der „Nutzenübergabe" über die „Verteilung" zur „Erzeugung". Der geforderte Nutzen ist die Grundlage aller nachfolgenden Überlegungen. Nur diese Betrachtungsrichtung führt zu korrekt konzipierten und dimensionierten Gesamtsystemen. Nur bei dieser Betrachtungsweise kann eine am Nutzen orientierte technische Lösung nachvollziehbar und reproduzierbar abgeleitet werden. Wird aufbauend auf diese Betrachtungsweise geplant, spricht man von „bedarfsorientierter Planung" [D1-3]. Nachfolgend wird deshalb nur die Betrachtung in Richtung der Bedarfsentwicklung weiter verfolgt.

Jedes der Subsysteme hat Bedarfswerte als Eingangsgrößen und Aufwandswerte als Ausgangsgrößen. Für das nachgeschaltete Subsystem sind die Aufwandswerte des davor liegenden Subsystems die Bedarfswerte, s. Bild D2.1-2.

Betrachtet wird zunächst der Raum mit seinem Nutzen. Der Raum ist gekennzeichnet durch seinen Entwurf, seine baukonstruktive und bauphysikali-

D2 Energie- und Stoffbedarf Raumlufttechnischer Anlagen

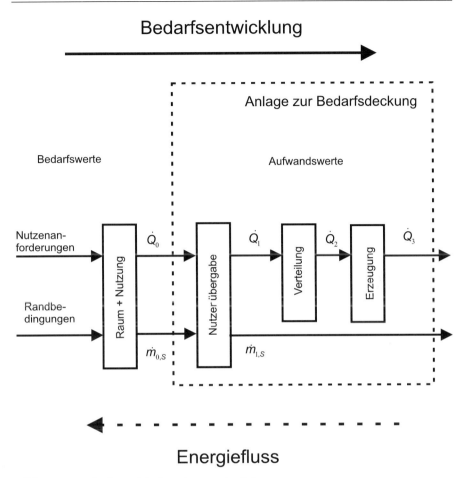

Bild D2.1-2 Bedarfs- und Aufwandswerte der Subsysteme

sche Ausführung sowie seinen Standort und seine Orientierung. Infolge der Nutzung und der bauphysikalischen Wirkung des Raumes hat der Raum energetische und stoffliche Lasten. Diese Lasten werden über einen Betrachtungszeitraum zu Werten des Referenzbedarfs integriert, s. Bild D2.1-3. In der Regel ergeben sich dabei ein energetischer Referenzbedarf für das Heizen und einer für das Kühlen sowie ein stofflicher Referenzbedarf für die Lüftung, zusätzlich können sich weitere stoffliche Referenzbedarfswerte ergeben. Die Referenzbedarfswerte kennzeichnen den Raum mit seiner Nutzung. Sie sind unabhängig von einer technischen Lösung für das Heizen, Kühlen und Lüften. Sie sind geeignet, um die entwurfliche und bauliche Lösung für den Raum zu beurteilen. Sie dienen als Referenzwerte für die Beurteilung der energetischen und stofflichen Aufwände die in den technischen Anlagen entstehen. Die Referenzwerte sind untere Grenzwerte für den Energie- und den Stoffbedarf.

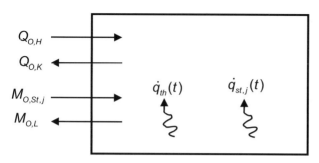

Bild D2.1-3 Referenzbedarf

Das erste Subsystem der Raumlufttechnischen Anlage ist das der „Nutzenübergabe", s. Bild D2.1-2. Mit diesem Subsystem werden die Energie- und Stoffströme an den Raum übergeben. Die Systemgrenze der Nutzenübergabe erfasst den Raum bis an die inneren Oberflächen des Luftraumes, das sind die inneren Umschließungsflächen und die Oberflächen der technischen Apparate bzw. ggfs. die Oberflächen stofflicher Trennflächen. Der Raum erstreckt sich dem zu Folge als Luftraum durch das Kanalnetz bis an die Oberflächen der technischen Apparate. Eingangsgrößen der Nutzenübergabe sind die Referenzbedarfe. Ausgangsgrößen der Nutzenübergabe sind die energetischen und stofflichen Aufwandswerte für die Nutzenübergabe. Diese sind immer größer als die Referenzwerte infolge denkbarer technischer Unvollkommenheiten. Die Verhältnisse von diesen Aufwandswerten zu den Referenzwerten bezeichnet man als Aufwandszahlen der Nutzenübergabe. Die Aufwandszahlen sind immer größer als eins.

$$e_{1,H} = \frac{Q_{1,H}}{Q_{0,H}} \qquad (D2.1\text{-}1)$$

$$e_{1,K} = \frac{Q_{1,K}}{Q_{0,K}} \qquad (D2.1\text{-}2)$$

$$e_{1,L} = \frac{M_{1,L}}{M_{0,L}} \qquad (D2.1\text{-}3)$$

$$e_{1,St,j} = \frac{M_{1,St,j}}{M_{0,St,j}} \qquad (D2.1\text{-}4)$$

mit e – Aufwandszahl
Q – Energiebedarf
M – Stoffbedarf

Indizes 1 – Nutzenübergabe
0 – Referenz
H – Heizen
K – Kühlen
L – Lüften
St – Be- bzw. Entstoffung
j – Laufindex des j-ten Stoffes

D2 Energie- und Stoffbedarf Raumlufttechnischer Anlagen

Mit dem zweiten Subsystem der „Verteilung" werden die Energieströme und die Stoffströme an die Nutzenübergabe übergeben, s. Bild D2.1-2. Die Systemgrenze sind die Oberflächen der technischen Apparate bzw. stofflichen Trennflächen der Nutzenübergabe einerseits und die Ausgänge der Apparate zur Energieerzeugung andererseits. Eingangsgrößen sind die Aufwandswerte der Nutzenübergabe, das sind die Bedarfswerte der Verteilung, Ausgangswerte sind die Aufwandswerte der Verteilung. Die Verhältnisse der Eingangs- zu den Ausgangsgrößen sind die Aufwandszahlen der Verteilung. Auch diese sind größer als Eins.

$$e_{2,H} = \frac{Q_{2,H}}{Q_{1,H}} \tag{D2.1-5}$$

$$e_{2,K} = \frac{Q_{2,K}}{Q_{1,K}} \tag{D2.1-6}$$

$$e_{2,St,j} = \frac{M_{2,St,j}}{M_{1,St,j}} \tag{D2.1-7}$$

mit e – Aufwandszahl
Q – Energiebedarf
M – Stoffbedarf

Indizes 1 – Nutzenübergabe
2 – Verteilung
H – Heizen
K – Kühlen
St – Be- bzw. Entstoffung
j – Laufindex des j-ten Stoffes

Mit dem dritten Subsystem der „Erzeugung" werden die Energieströme und die Stoffströme für die Verteilung bereitgestellt, s. Bild D2.1-2. Dabei handelt es sich um thermodynamische Wandlungs- oder Übertragungsprozesse. Die Systemgrenze sind die Ausgänge der Erzeugungsapparate einerseits und die Liefergrenzen für Endenergie und ggfs. den „Endstoff" andererseits. Eingangsgrößen sind die Aufwandswerte der Verteilung, das sind die Bedarfswerte der Erzeugung, Ausgangswerte sind die Aufwandswerte der Erzeugung. Die Verhältnisse der Eingangs- zu den Ausgangsgrößen sind die Aufwandszahlen der Erzeugung. Auch diese sind größer als Eins.

$$e_{3,H} = \frac{Q_{3,H}}{Q_{2,H}} \tag{D2.1-8}$$

$$e_{3,K} = \frac{Q_{3,K}}{Q_{2,K}} \tag{D2.1-9}$$

$$e_{3,St,j} = \frac{M_{3,St,j}}{M_{2,St,j}} \tag{D2.1-10}$$

mit e – Aufwandszahl
   Q – Energiebedarf
   M – Stoffbedarf

Indizes 2 – Verteilung
   3 – Erzeugung
   H – Heizen
   K – Kühlen
   St – Be- bzw. Entstoffung
   j – Laufindex des j-ten Stoffes

Die vorstehende Betrachtung in hintereinander geschalteten Subsystemen gestattet u. A. eine differenzierte energetische und stoffliche Beurteilung einer technischen Lösung. Eine Gesamtbeurteilung ist anhand einer Gesamt-Aufwandszahl möglich, die sich als Produkt der genannten einzelnen Aufwandszahlen ergibt.

$$e_H = e_{1,H} \cdot e_{2,H} \cdot e_{3,H} \tag{D2.1-11}$$

$$e_K = e_{1,K} \cdot e_{2,K} \cdot e_{3,K} \tag{D2.1-12}$$

$$e_L = e_{1,L} \tag{D2.1-13}$$

$$e_{St,j} = e_{1,St,j} \cdot e_{2,St,j} \cdot e_{3,St,j} \tag{D2.1-14}$$

D2.2
Referenzbedarf

Bild D2.1-3 zeigt skizziert den betrachteten Raum. Dieser weist energetische und stoffliche Lasten auf. Über einen Betrachtungszeitraum, das kann z. B. ein Jahr sein, ergeben sich folgende Referenzwerte für den Energiebedarf.

$$Q_{0,H} = \int_a \dot{q}(t)_{L,H} dt \tag{D2.2-1}$$

$$Q_{0,K} = \int_a \dot{q}(t)_{L,K} dt \tag{D2.2-2}$$

mit Q – Energiebedarf
   $\dot{q}(t)_L$ – Energielast
   t – Zeit
   a – Betrachtungszeitraum

Indizes 0 – Referenz
   H – Heizen
   K – Kühlen

Die Referenzwerte für den Stoffbedarf betragen.

$$M_{0,St,j} = \int_a \dot{m}(t)_{L,St,j} dt \qquad \text{(D2.2-3)}$$

mit M – Stoffbedarf Indizes St – Stoff
 $\dot{m}(t)_L$ – Stofflast j – Laufindex des j-ten Stoffes

Der Stoffbedarf für die Luft beträgt.

$$M_{0,L} = \int_a \dot{m}(t)_L dt \qquad \text{(D2.2-4)}$$

mit $M_{0,L}$ – Luftbedarf Indizes L – Luft
 $\dot{m}(t)_L$ – Luftmassenstrom

Der Luftmassenstrom ergibt sich in der Regel aus der Berücksichtigung von mehreren stofflichen Freisetzungen. Jede einzelne führt mit deren Quellstärke und deren maximaler Konzentration zu einem stoffbezogenen Luftmassenstrom. Unter der Annahme, dass sowohl die Luft als auch die Stoffe als ideale Gase betrachtet werden können und das zwischen den stofflichen Komponenten keine chemischen Reaktionen entstehen, sind die so ermittelten Luftmassenströme unabhängig voneinander, d. h. die Last eines einzelnen Stoffes wird von einer „parallelen" Last weiterer Stoffe nicht beeinflusst. Der Luftmassenstrom zur Abfuhr aller Lasten ergibt sich dann als obere Hüllkurve aller zu berücksichtigenden zeitabhängigen einzelnen Luftmassenströme.

$$\dot{m}(t)_{L,k} = \frac{\dot{q}(t)_k}{c(t)_{R,k} - c_{ZU,k}} \qquad \text{(D2.2-5)}$$

mit $\dot{m}(t)_{L,k}$ – Luftmassenstrom für die Abfuhr des k-ten Stoffes
 $\dot{q}(t)_k$ – Last des k-ten Stoffes
 $c(t)_{R,k}$ – geforderte Raumkonzentration des k-ten Stoffes
 $c_{ZU,k}$ – Zuluftkonzentration des k-ten Stoffes

$$\dot{m}(t)_L = Max_{1...k}\left[\vec{\dot{m}}(t)_{L,k}\right] \qquad \text{(D2.2-6)}$$

mit $\dot{m}(t)_L$ – Luftmassenstrom für die Abfuhr aller Stoffe

In Bild D2.2-1 ist der Zusammenhang veranschaulicht.

Bild D2.2-1 Luftmassenstrom für die Abfuhr mehrerer Lasten

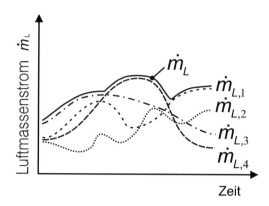

D2.3
Subsystem Nutzenübergabe

Es ist zu unterscheiden zwischen der Lastabfuhr mittels Raumwärmeaustauschern bzw. Raumstoffaustauschern und der Lastabfuhr mittels Raumluftaustausch.

Bild D2.3-1 zeigt den erstgenannten Fall. Dabei können Raumheiz- und Raumkühlflächen, Raumbefeuchter, Raumentfeuchter und Raumentstauber eingesetzt werden. Diese werden so betrieben, dass die unter 2.2 definierten Werte des Referenzbedarfs befriedigt werden. Dafür ergeben sich dann folgende Werte für den Aufwand der Nutzenübergabe.

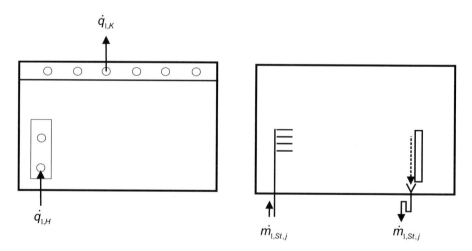

Bild D2.3-1 Systeme der Lastabfuhr mittels Raumwärme- bzw. Raumstoffaustauschern

$$Q_{1,H} = \int_a \dot{q}(t)_{1,H} dt \qquad \text{(D2.3-1)}$$

$$Q_{1,K} = \int_a \dot{q}(t)_{1,K} dt \qquad \text{(D2.3-2)}$$

$$M_{1,St,j} = \int_a \dot{m}(t)_{1,St,j} dt \qquad \text{(D2.3-3)}$$

mit Q – Energieaufwand Indizes 1 – Nutzenübergabe
 M – Stoffaufwand H – Heizen
 $\dot{q}(t)$ – energetische Leistung K – Kühlen
 $\dot{m}(t)$ – stoffliche Leistung St – Stoff
 t – Zeit j – Laufindex des j-ten Stoffes

Die Leistungen sind die in die Geräte eingespeisten Leistungen unter Berücksichtigung von deren Regelung, deren Trägheit und deren Wärme- und Stoffübertragungscharakteristik.

Bild D2.3-2 zeigt den Fall der Lastabfuhr mittels Raumluftaustausch. Das System wird weiter in drei Subsubsysteme untergliedert, in das der Luftführung, das des Lufttransportes und das der Luftbehandlung.

Für die Luftführung sind die zuvor definierten Referenzwerte die Eingangsgrößen. Die Aufwandswerte, d. h. die Ausgangsgrößen, werden mit dem Raumbelastungsgrad, der die Luftführung bewertet, ermittelt.

$$Q_H^* = Q_{0,H} \cdot \bar{\mu}_H \qquad \text{(D2.3-4)}$$

$$Q_K^* = Q_{0,K} \cdot \bar{\mu}_K \qquad \text{(D2.3-5)}$$

$$M_L^* = M_{0,L} \cdot \bar{\mu}_L \qquad \text{(D2.3-6)}$$

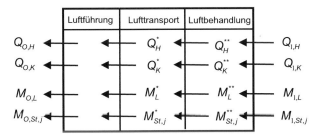

Bild D2.3-2 Subsystem Nutzenübergabe, Bedarf und Aufwand

$$M^*_{St,j} = M_{0,St,j} \cdot \bar{\mu}_{St,j} \qquad \text{(D2.3-7)}$$

mit Q – Energieaufwand
 M – Stoffaufwand
 $\bar{\mu}$ – Raumbelastungsgrad

Indizes H – Heizen
 K – Kühlen
 L – Luft
 St – Stoff
 0 – Referenz
 j – Laufindex des j-ten Stoffes
 $*$ – Luftführung

Die Raumbelastungsgrade sind für die unterschiedlichen Lasten nicht notwendigerweise gleich.

Für den Lufttransport entstehen Aufwände infolge von Luft- und Wärmedurchgängen über die Kanalwand. Eingangsgrößen sind die Energie- und Stoffaufwände der Luftführung, Ausgangsgrößen die Aufwände des Lufttransportes.

$$Q^{**}_H = Q^*_H - \int_a k \cdot A \cdot (\vartheta_U - \vartheta_L) dt, \qquad \text{(D2.3-8)}$$

$$Q^{**}_K = Q^*_K + \int_a k \cdot A \cdot (\vartheta_U - \vartheta_L) dt, \qquad \text{(D2.3-9)}$$

$$M^{**}_L = M^*_L \cdot (1 + f_L) \qquad \text{(D2.3-10)}$$

$$M^{**}_{St,j} = M^*_{St,j} \cdot (1 + f_{St,j}) \qquad \text{(D2.3-11)}$$

mit k – Wärmedurchgangskoeffizient der Kanalwand
 A – Fläche der Kanalwand
 ϑ_U – Umgebungstemperatur
 ϑ_L – Lufttemperatur
 f – bezogener Leckmassenstrom
 $**$ – Lufttransport

In der Luftbehandlung können Vor- und Nachwärmer, Kühler, Wärme- und Stoffrückgewinner, Ventilatoren, Be- und Entfeuchter, Schalldämpfer, Filter und ggfs. weitere Apparate eingesetzt werden. Diese werden so betrieben, dass die unter 2.2 definierten Werte des Referenzbedarfs befriedigt werden. Dafür ergeben sich dann folgende Werte für den Aufwand der Nutzenübergabe.

$$Q_{1,H} = \int_a \dot{q}(t)_{1,VE} dt + \int_a \dot{q}(t)_{1,NE} dt \qquad \text{(D2.3-12)}$$

$$Q_{1,K} = \int_a \dot{q}(t)_{1,K} dt \qquad \text{(D2.3-13)}$$

$$M_{1,L} = M^{**}_L \qquad \text{(D2.3-14)}$$

$$M_{1,St,j} = \int_a \dot{m}(t)_{1,St,j}\, dt \qquad \text{(D2.3-15)}$$

mit Q – Energieaufwand
     M – Stoffaufwand
     $\dot{q}(t)$ – energetische Leistung
     $\dot{m}(t)$ – stoffliche Leistung
     t – Zeit

Indizes 1 – Nutzenübergabe
     H – Heizen
     K – Kühlen
     St – Stoff
     L – Luft
     VE – Vorerwärmer
     NE – Nacherwärmer
     j – Laufindex des j-ten Stoffes

Die Leistungen sind die in die jeweiligen Apparate eingespeisten Leistungen unter Berücksichtigung von deren Regelung, deren Trägheit und deren Wärme- und Stoffübertragungscharakteristik.

Zusätzlich zu den vorgenannten energetischen und stofflichen Aufwänden entstehen abhängig von der gewählten technischen Lösung Aufwände für Antriebsenergien. Dabei sind die Antriebe von Reglern und Ventilen mit externer Energieversorgung, die Antriebe von Rückgewinnern und insbesondere die Antriebe von Ventilatoren zu erfassen.

$$Q_{1,A} = \sum_k \left(\int_a \dot{q}(t)_{1,A,k}\, dt \right) \qquad \text{(D2.3-16)}$$

mit Indizes A – Antrieb
               k – Laufindex

Beim Vergleich der Aufwände der Nutzenübergabe mit den Bedarfswerten der Luftbehandlung (Vergleich von z. B. $Q_{1,H}$ mit Q_H^{**}) ist zu beachten, dass die Bedarfswerte ggfs. durch mehrere Aufwände abgefahren werden. In der Regel wird z. B. ein Teil des Heizbedarfs durch den Heizaufwand abgefahren, zum Teil aber auch durch Antriebsaufwand des Ventilators. Des weiteren ist zu beachten, dass ggfs. z. B. Teile des Heizaufwands nicht zur Abfuhr des Heizbedarfs entstehen sondern zur Abfuhr des Entfeuchtungsbedarfs. Dem zu Folge zeigt nicht allein ein direkter Vergleich von vermeintlich zusammenhängenden Aufwands- und Bedarfswerten die richtige energetische Wertung.

D2.4
Subsystem Verteilung

Bild D2.4-1 zeigt das Subsystem. Eingangsgrößen sind die Bedarfswerte der Verteilung, diese sind identisch mit den Aufwandswerten der Nutzenübergabe. Betrachtet werden die Verteilsysteme für Energie, d. h. für Wärme zur Versorgung der Vor- und Nacherwärmer, für Kälte zur Versorgung der Kühler und für elektrischen Strom zur Versorgung der Antriebe. Des weiteren werden ggfs. Verteilsysteme für Stoffe erfasst, z. B. für Wasser für eine Befeuchtung bzw. für

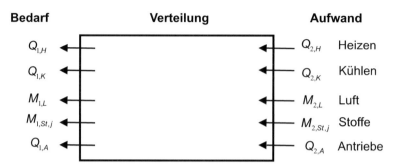

Bild D2.4-1 Subsystem Verteilung, Bedarf und Aufwand

eine Entfeuchtung. Im Subsystem Verteilung entstehen Aufwände infolge des Energietransportes und ggfs. des Stofftransportes über die Leitungswände und für die betreffenden Antriebe.

$$Q_{2,H} = Q_{1,H} - \int_a k_R \cdot l \cdot (\vartheta_U - \vartheta_M) dt \tag{D2.4-1}$$

$$Q_{2,K} = Q_{1,K} + \int_a k_R \cdot l \cdot (\vartheta_U - \vartheta_M) dt \tag{D2.4-2}$$

$$M_{2,St,j} = M_{1,St,j} \cdot (1 + f_{St,j}) \tag{D2.4-3}$$

$$Q_{2,A} = Q_{1,A} + \sum_k \left(\int_a \dot{q}(t)_{2,A,k} dt \right) \tag{D2.4-4}$$

mit Q – Energieaufwand
  M – Stoffaufwand
  $\dot{q}(t)$ – energetische Leistung
  ϑ – Temperatur
  k – Rohr-Wärmedurchgangs-koeffizient (längenbezogen)
  l – Länge
  f – Bezogener Leckmassenstrom
  t – Zeit

Indizes 1 – Nutzenübergabe
  2 – Verteilung
  H – Heizen
  K – Kühlen
  St – Stoff
  A – Antrieb
  U – Umgebung
  M – Medium
  R – Rohr
  j – Laufindex des j-ten Stoffes

D2.5
Subsystem Erzeugung

Bild D2.5-1 zeigt das Subsystem. Eingangsgrößen sind die Bedarfswerte der Erzeugung, diese sind identisch mit den Aufwandswerten der Verteilung. Betrachtet werden die Erzeugungssysteme für Energie, d. h. für Wärme, für Kälte und für elektrischen Strom. Des Weiteren werden ggfs. Erzeugungssysteme für

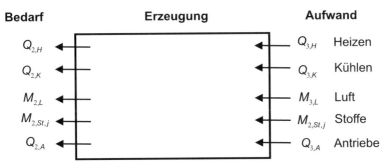

Bild D2.5-1 Subsystem Erzeugung, Bedarf und Aufwand

Stoffe erfasst, z. B. für Wasser für eine Befeuchtung. Im Subsystem Erzeugung entstehen Aufwände infolge von z. B. Wandlungs-, Oberflächen- und Betriebsbereitschaftsaufwänden.

$$Q_{3,H} = \frac{Q_{2,H}}{v_H} \qquad (D2.5-1)$$

$$Q_{3,K} = \frac{Q_{2,K}}{v_K} \qquad (D2.5-2)$$

$$Q_{3,A} = \frac{Q_{2,A}}{v_A} \qquad (D2.5-3)$$

$$M_{3,St,j} = \frac{M_{2,St,j}}{v_{St,j}} \qquad (D2.5-4)$$

mit Q – Energieaufwand
M – Stoffaufwand
v – Jahresnutzungsgrad

Indizes 2 – Verteilung
3 – Erzeugung
H – Heizen
K – Kühlen
St – Stoff
A – Antrieb
j – Laufindex des j-ten Stoffes

D2.6
Berechnung des Energie- und Stoffbedarfs

D2.6.1
Allgemein

Die Berechnung des Energie- und Stoffbedarfs bedingt die komplette Dokumentation der Anlage, des Gebäudes und seiner Nutzung sowie aller Anforderungen und Randbedingungen. Vom Beginn der Planung bis zum Betrieb nimmt infolge des Planungsfortschrittes die Dokumentation an Umfang zu. Die Detaillierung nimmt zu, die Freiheitsgrade in der technischen Lösung nehmen ab. Bei anforderungsorientierter Planung ist die gesamte Lösung in jedem Planungsschritt durch eine eineindeutige Menge von Planungsdaten komplett und konsistent beschrieben [D1-3]. Die Größe dieser Menge nimmt mit dem Planungsfortschritt zu. Jegliches Berechnungsverfahren muss demnach einem definierten Planungsschritt oder Planungszeitpunkt zugeordnet werden. Daraus ergeben sich dann die notwendigen Daten der Dokumentation, d. h. aber auch die verfügbaren Daten für die Berechnung. Über den Planungsablauf müssen deshalb unterschiedliche Berechnungsverfahren angesetzt werden. Diese unterscheiden sich durch ihre Eingangsdaten und infolge der unterschiedlichen Abbildungsqualitäten durch ihr Berechnungsergebnis, zumindest durch den Fehler, mit dem das Ergebnis behaftet ist.

Z. B. ist im Frühstadium einer Planung bekannt und nur das ist bekannt, dass eine Heizanlage mit einer bestimmten Auslegungsleistung vorhanden ist. Damit kann ein Heizbedarf berechnet werden. Dieser hat weil die meisten technischen Details der Lösung nicht bekannt sind, nur eine begrenzte Qualität d. h. einen relativ großen Fehler mit der Folge, dass später berechnete Bedarfswerte in einer relativ großen Bandbreite um diesen Wert liegen können.

Zu einem späteren Zeitpunkt ist die Lösung soweit konkretisiert, dass das System der Nutzenübergabe – der Typ und die Leistung der Raumheizflächen und deren Regelung –, das System der Verteilung – die Verteilstruktur und Rohrnetzdimensionen – und das System der Erzeugung – Kesseltyp, Kesselleistung, Kesselregelung – bekannt sind. Für alle diese Komponenten ist weiterhin das Fabrikat nicht bekannt. Des Weiteren sind infolge von Abbildungsgrenzen die geometrischen Abmessungen nur fehlerbehaftet bekannt. Damit kann ein Heizbedarf berechnet werden. Dessen Fehler ist kleiner als der erstgenannte Wert.

Für die real existierende Anlage sind alle baulichen und technischen Daten bekannt. Damit kann ein Heizbedarf berechnet werden. Dessen Fehler hängt im Extremfall nur noch von der Qualität des Berechnungsverfahrens ab. Infolge weiterhin in der Regel unbekannter realer Nutzung und infolge des zufälligen realen Wetterverlaufes weicht auch dieser Bedarfswert von durch Messung oder Zählung festgestellten Verbrauchswerten ab. Ein Vergleich von Bedarfs- mit Verbrauchswerten ist deshalb unzulässig.

In der Planungs- und Baupraxis werden in der Regel keine wiederholten Bedarfsberechnungen erstellt. Die eingeführten Planungsabläufe, wie z. B. die HOAI [D2-3], sehen eine Bedarfsberechnung nur zum Ende des Entwurfes, d. h. aufbauend auf eine Planungsqualität im Maßstab 1:100, vor. Bis auf Ausnahmen gehen deshalb die bekannten Berechnungsverfahren stillschweigend von dieser Annahme aus. Die nachfolgenden Darstellungen behandeln in diesem Sinne „Entwurfs-Bedarfsberechnungen".

Die Berechnung des Energie- und Stoffbedarfs erfolgt je nach gewünschter Zuordnung zu einem Subsystem durch Lösung der vorgenannten Gleichungen aus D2.2 bis 2.5.

D2 Energie- und Stoffbedarf Raumlufttechnischer Anlagen

D2.6.2
Numerische Simulationsverfahren

Die Definitionsgleichungen für den Energie- und Stoffbedarf wie sie in D2.2 bis 2.5 dargestellt sind, können in der Regel nicht geschlossen gelöst werden. Die besten Näherungen werden mit numerischen Verfahren erzielt. Werden solche Verfahren in definierten Zeitschritten über einen definierten Betrachtungszeitraum angewendet, spricht man von numerischer Simula-tion. Dabei werden z. B. in Stundenschritten über z. B. ein Betriebsjahr die Leistungen berechnet und zu Bedarfswerten addiert [D2-4, D2-5, D2-6].

Die numerischen Simulationsverfahren erfordern grundsätzlich immer eine Beschreibung von vier Teilmodellen, von einem Gebäudemodell, einem Anlagenmodell, einem Nutzungsmodell und einem Wettermodell [D2-1].

Im Gebäudemodell wird der Wärme- und Stoffhaushalt des Gebäudes abgebildet. Das Gebäude wird dazu in seinen Räumen bzw. in repräsentativen Räumen oder in so genannten Simulationszonen, d. h. Raumgruppen mit gleichem Verhalten, beschrieben. Die Räume bzw. Simulationszonen werden den realen Gegebenheiten angenähert miteinander thermisch und stofflich gekoppelt. Die Räume werden in ihrer Geometrie und in ihrem bauphysikalischen Aufbau erfasst. Für alle opaken Bauteile umfasst dieses die Schichtdicken sowie die Leitfähigkeiten und Dichten, für alle transparenten Bauteile deren Reflexion, Absorption und Transmission.

Abgebildet werden die Teilvorgänge Wärmedurchgang durch opake und transparente Bauteile unter Berücksichtigung der Wärmeleitung, -speicherung und -übergänge, Strahlungsdurchgang durch transparente Bauteile unter Berücksichtigung von Absorption und Reflexion, innere Strahlungsverteilung, Luftaustausch zwischen innen und außen sowie zwischen Räumen sowie die inneren Stoff- und Wärmebelastungen.

Berechnet werden in Zeitschritten die dem Raum zu- bzw. abzuführenden Wärme- und Stofflasten in Abhängigkeit von den äußeren Größen Lufttemperatur, Strahlung, Feuchte, Schadstoffkonzentrationen und den inneren Größen Lufttemperatur, Oberflächentemperaturen, Feuchte, Schadstoffkonzentrationen, thermische Belastung und stoffliche Belastungen. Bei der Modellierung werden in der Regel Vereinfachungen vorgenommen, einmal mit dem Ziel den Rechenaufwand im Hinblick auf das hier verfolgte Ziel zu minimieren und zum anderen um die Menge der Eingabedaten für die Rechnung klein zu halten. Die häufigsten, allgemein akzeptierten Modellannahmen sind folgende. Die äußere und die innere Luftströmung wird nicht abgebildet. Die Strömung wird über die Annahme mittlerer Strömungsgeschwindigkeiten in den Wärmeübergangskoeffizienten berücksichtigt. Druck- und Geschwindigkeitsbelastungen, die zu entsprechenden Lasten führen würden, werden nicht explizit beschrieben sondern ggfs. in den Luftmassenströmen implizit erfasst. Die Anzahl der im Raum unterschiedenen Teilflächen wird minimiert. Alle Teilflächen werden vereinfacht als planparallele Platten betrachtet. Die Stoff- und Wärmedurchgänge werden eindimensional modelliert. Die Oberflächentemperaturen der Teilflächen sind homogen. Alle Stoffwerte und alle Übergangskoeffizienten sind konstant. Die innere Lufttemperatur und die inneren Konzentrationen sind homogen verteilt. Die durch die transparenten Bauteile in den Raum eintretende kurzwellige Strahlung wird diffus entsprechend den Einstrahlzahlen verteilt. Es sind durchaus Gebäudemodelle bekannt, die die vorgenannten Vereinfachungen nicht machen. Diese werden in der Regel entwickelt, um andere Aufgaben zu lösen als die Berechnung des Energie- und Stoffbedarfs. Für die hier behandelte Fragestellung liefern Gebäudemodelle mit den genannten Annahmen sehr wohl befriedigende Ergebnisse.

Im Anlagenmodell wird der Zusammenhang zwischen den Lasten und den Energie- und Stoffaufwänden der Anlagen abgebildet. Dazu muss die Prozessführung und die Regelung und Steuerung sowie die Betriebsweise der Anlage bekannt sein. Die einzelnen Apparate werden in ihrer thermisch-energetischen sowie in ihrer stofflichen Funktion beschrieben und in ihrer Reihenfolge der Prozessführung unter Berücksichtigung der Regel- und Steuerstrategie miteinander verknüpft. In der hier zugrunde gelegten Entwurfsphase sind die einzelnen Apparate in ihrem grundsätzlichen Typ, in ihrer Maximalleistung sowie ggfs. in grundsätzlichen Größenordnungen spezieller Leistungsparameter wie z.B. Rückwärmzahlen bei Rückgewinnern, Befeuchtungswirkungsgraden bei Sprühbefeuchtern, Ventilatorwirkungsgraden usw. bekannt. Weitergehende Spezifikationen, die sich aus einer Fabrikatsfestlegung ergeben würden, liegen wegen der zu fordernden Fabrikatsneutralität nicht vor. Die Apparatebeschreibung beschränkt sich demzufolge auf die thermodynamische Grundfunktion bis zu einer Maximalleistung, oft sogar ohne eine solche Maximalbegrenzung. Für die Regelung und Steuerung sind neben der Strategie die einzelnen Sollwerte bekannt. Die Beschreibung der Regelung beschränkt sich demzufolge auf die Herstellung der Sollwerte. Das Zeitverhalten der Regelung sowie Regelabweichungen werden nicht abgebildet. Berechnet werden getrennt nach Energieträgern, nach Subsystemen und nach einzelnen Anlagen Stundenwerte des Energie- und Stoffaufwandes, die dann addiert werden.

Bei der Modellierung werden in der Regel weitere Vereinfachungen vorgenommen. Die Apparate und die Regelung werden statisch abgebildet. Innerhalb eines Zeitschrittes sind alle Leistungen konstant. Alle Apparateparameter sind konstant. Undichtigkeiten und Oberflächenverluste der Anlagen werden vernachlässigt. Die Prozessverläufe für die einzelnen Apparate werden idealisiert. Hinter jedem Apparat wird der Luftzustand als homogen angesetzt. Ein Einfluss der Fühlerposition ist nicht gegeben.

Es sind durchaus Anlagenmodelle bekannt, die die genannten Vereinfachungen nicht machen. Diese werden in der Regel entwickelt und eingesetzt, um andere Aufgaben als die Berechnung des Energie- und Stoffbedarfs zu lösen. Die hier diskutierte Berechnung des Energie- und Stoffbedarfs ist mit Modellen der beschriebenen Art befriedigend möglich.

Für die Wettermodelle werden in der Regel Datensammlungen, z.B. in Stundenschritten, von Wetterdaten über ein Jahr verwendet. Diese sind für Deutschland als so genannte Testreferenzjahre verfügbar [D2-7, D2-8, D2-9].

D2 Energie- und Stoffbedarf Raumlufttechnischer Anlagen

Für die Nutzungsmodelle sind im Zeitschritt des Verfahrens Modelle der nutzungsbedingten Wärme- und Stoffbelastungen sowie der nutzungsbedingten Sollwerte für Temperaturen und Konzentrationen aufzustellen und zu vereinbaren. Des Weiteren sind alle Anlagenlaufzeiten zu definieren.

In der Simulation werden die vier Modelle miteinander gekoppelt und im Zeitschritt numerisch berechnet. Für die Lösung der gekoppelten Systeme von Differentialgleichungen werden je nach Programm die bekannten unterschiedlichen numerischen Verfahren verwendet. Es sind diverse auch kommerzielle Simulationsprogramme bekannt und in der Literatur beschrieben [D2-10, D2-11, D2-12]. In der Richtlinie VDI 6020 sind Mindestanforderungen an entsprechende Simulationsprogramme definiert [D2-13].

D2.6.3
Näherungsverfahren

Die Probleme bei der Angabe von Näherungsverfahren sind vielfältig.

Zunächst ist die Anzahl der in der Praxis vorkommenden Fälle sehr groß. Dieses ist zum einen bedingt durch die große Anzahl der Nutzungsfälle mit den daraus folgenden unterschiedlichen thermischen und stofflichen inneren Belastungen, zum zweiten durch die Vielzahl der baulichen entwurflichen Lösungen mit den daraus folgenden äußeren Belastungen und Speicherkapazitäten und dann durch die fast unendliche Anzahl unterschiedlicher Prozessführungen gepaart mit Regel- und Steuerkonzepten. Das Näherungsverfahren soll alle vorkommenden Fälle abdecken.

Die Anforderungen in der Praxis gehen dann dahin, mit einem Näherungsverfahren eine im Anwendungsaufwand deutlich einfachere Lösung zu haben, als die mittels numerischer Simulation. Das Ergebnis der Berechnung soll aber eine Differenzierung unterschiedlicher technischer Lösungen gestatten.

In der Richtlinie VDI 2067 Blatt 21 [D2-14] ist ein solches Verfahren beschrieben [D2-2, D2-15]. Mit diesem Verfahren kann der Energie- und Stoffbedarf für das Subsystem der Nutzenübergabe von RLT-Anlagen berechnet werden. Damit sind die eingangs genannten Anforderungen erfüllt.

Das Verfahren wird nachfolgend am Beispiel einer Anlage mit konstantem Volumenstrom in seinen Grundzügen beschrieben.

Bild D1.5-3 zeigt das Schema der Prozessführung. Bild D2.6-1 zeigt das h,x-Diagramm mit den möglichen Prozessverläufen. Für den Raum wird ein Sollwertfeld definiert durch die Lufttemperatur und die absolute Feuchte angenommen. Jedem dieser Prozessverläufe kann im h,x-Diagramm eine h,x-Zone zugeordnet werden, s. Bild D2.6-2. Der Energieaufwand für den Vorwärmer in der h,x-Zone I beträgt:

$$Q_{1,H} = \dot{V} \cdot \rho \cdot \int_a (h_B - h_{AU}) dt, \forall h_{AU} \leq h_B \wedge x_{AU} \leq x_{g,u} \qquad (D2.6-1)$$

mit $Q_{1,H}$ – Energieaufwand des Vorwärmers

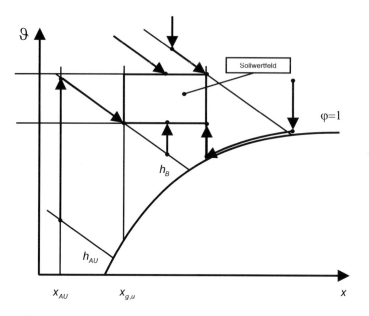

Bild D2.6-1 Mögliche Prozessverläufe zur Erreichung des Sollwertfeldes

$\dot{V}$ – Volumenstrom
ρ – Dichte
h_B – Befeuchtungsenthalpie
h_{AU} – Außenluftenthalpie
x_{AU} – Wassergehalt Außenluft
$x_{g,u}$ – unterer Grenzwert des Wassergehaltes

Der Stoffaufwand für den Befeuchter ergibt sich zu:

$$M_{1,W} = \dot{V} \cdot \rho \cdot \int_a (x_{g,u} - x_{AU}) dt, \forall h_{AU} \leq h_B \wedge x_{AU} \leq x_{g,u} \qquad \text{(D2.6-2)}$$

mit $M_{1,W}$ – Wasseraufwand des Befeuchters

Die Näherung für beide Aufwände lautet nun:

$$Q_{1,H} = \dot{V} \cdot \rho \cdot (h_B - \overline{h}_{AU}) \cdot z \qquad \text{(D2.6.3)}$$

mit $\overline{h}_{AU}$ – Enthalpie-Mittelwert aller Zustände in der Zone I
z – Stundenzahl der Zustände in der Zone I

$$M_{1,W} = \dot{V} \cdot \rho \cdot (x_{g,u} - \overline{x}_{AU}) \cdot z \qquad \text{(D2.6-4)}$$

mit $\overline{x}_{AU}$ – Mittelwert des Wassergehaltes aller Zustände in der Zone I

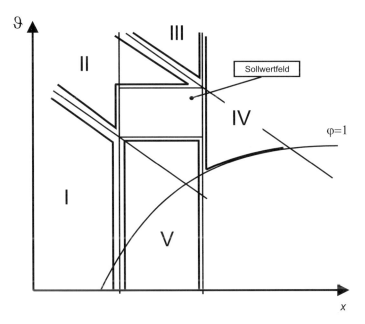

Bild D2.6-2 Einteilung in h,x-Zonen nach VDI 2067 Bl. 21

In gleicher Weise lassen sich die Aufwände der betreffenden Apparate für die weiteren h,x-Zonen berechnen. Das Verfahren ist für alle Prozessführungen anwendbar. Mittels einer einfachen Auswertung einer Wetterdatensammlung wie z. B. einem TRY [D2-9] lassen sich die Mittelwerte und Häufigkeiten ermitteln. Der Rest der Berechnung ist dann sogar von Hand möglich.

Literatur

[D1-1] DIN EN 13779: Lüftung von Nichtwohngebäuden – Allgemeine Grundlagen und Anforderungen an Lüftungs- und Klimaanlagen; (5/2005).
[D1-2] Haller, R.: Anforderungsorientierte Planung von Gebäuden mit heiz- und raumlufttechnischen Anlagen. Diss., Uni. Stuttgart. 2004.
[D1-3] Schmidt, M.; Häusler, P.: Energetische Aspekte der Regelung von RLT-Anlagen auf Sollwertfelder. XXII. Internationaler Kongress, Technische Gebäudeausrüstung. Berlin, Oktober 1988.
[D1-4] VDI 2079: Abnahmeprüfung an Raumlufttechnischen Anlagen. VDI-Verlag, Düsseldorf, März 1983.
[D1-5] Grob, R. F.: Überprüfung von Automatisierungsfunktionen heiz- und raumlufttechnischer Anlagen. Diss., Uni. Stuttgart 2003.
[D2-1] Bach, H.; Reichert, E.; Walz, A.: MERLAN – Methode zur Berechnung des Energiebedarfs von raumlufttechnischen Anlagen. Schlussbericht zum AiF-Forschungsvorhaben 11235 N, HLK-1-00, IKE Lehrstuhl für Heiz- und Raumlufttechnik, Uni. Stuttgart 2000.

[D2-2] Reichert, E.: Ein Verfahren zur Bestimmung des Energie- und Stoffaufwands zur Luftbehandelung bei Raumlufttechnischen Anlagen. Diss., Uni. Stuttgart 2000.
[D2-3] HOAI: Honorarordnung für Architekten und Ingenieure Fassung 2002.
[D2 4] Ast, H.; Bach, H.; Stephan, W.: Bewertung des Bedarfe von RLT-Anlagen, Forschungsbericht zu Annex 10, Stuttgart, 1988.
[D2-5] Jahn, A.: Methoden der energetischen Prozessbewertung raumtechnischer Anlagen und Grundlagen der Simulation, Diss. TU Berlin, 1978.
[D2-6] Stephan, W.: Energetische Beurteilung der Betriebsweise heiz- und raumtechnischer Anlagen durch rechnerische Betriebssimulation, Diss. Uni. Stuttgart, 1991.
[D2-7] Jahn, A.: Das Test-Referenzjahr, HLH Bd.28., Nummer 6, 1977.
[D2-8] Peter, R.; Hollan, E.; Blümel, K.; Kähler, M.; Jahn,A.: Entwicklung von Testreferenzjahren (TRY) für Klimaregionen der Bundesrepublik Deutschland, Forschungsbericht T 86-051, Bonn: Bundesministerium für Forschung und Technologie 1986.
[D2-9] DIN 4710: Statistiken meteorologischer Daten zur Berechnung des Energiebedarfs von heiz- und raumtechnischer Anlagen in Deutschland; Ausgabe Januar 2003.
[D2-10] TRNSYS: A Transient System Simulation Programm. Handbuch, Solar energy laboratory, University of Wisconsin, USA, 2000.
[D2-11] BLAST: Catalogue of Service, Softwares and Publications. BLAST Support Office, University of Illinois at Urbana-Champaign, Department of Mechanical and Industrail Engineering (February 1989).
[D2-12] DOE 2.1D Overview of the DOE-2Programm, 2.1D. Simulation Research Group, Lawrence Berkley Laboratory, LBL-19375, 1989.
[D2-13] VDI 6020: Anforderungen an Rechenverfahren zur Gebäude- und Anlagensimulation – Gebäudesimulation. Ausgabe Mai 2001.
[D2-14] VDI 2067 Blatt 21: Wirtschaftlichkeit gebäudetechnischer Anlagen, Energieaufwand der Nutzenübergabe, Raumlufttechnik Ausgabe Mai 2003.
[D2-15] Schmidt, M.: Energieaufwand der Nutzenübergabe – VDI-Berichte 1428, VDI-Tagung Nürnberg, Januar 1999.

E Klassifikation von Raumlufttechnischen Anlagen

Michael Schmidt

E1
Kurzbezeichnung nach Luftbehandlungsfunktionen und Luftarten

E1.1
Luftarten

In der Raumlufttechnik werden folgende Luftarten unterschieden, Bild E1.1-1 zeigt diese in einem Prinzipschema.

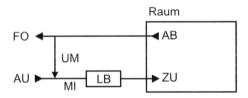

Bild E1.1-1 Bezeichnung der Luftarten

Außenluft (AU) ist die Luft, die vor der Ansaugstelle der RLT-Anlage, vor der Ansaugstelle eines Gerätes oder vor der Eintrittsöffnung in das Gebäude außen vorhanden ist. Außenluft hat demnach sowohl thermisch als auch stofflich die zufällige Beschaffenheit an dieser Stelle. Außenluft ist demzufolge nicht notwendigerweise schadstofffrei oder -arm. Sowohl der energetische als auch der stoffliche Zustand kann vom Zustand in der Gebäudeumgebung abweichen.

Fortluft (FO) ist die Luft, die aus der Ausblasstelle der RLT-Anlage, aus der Ausblasstelle eines Gerätes oder aus einer Austrittsöffnung aus dem Gebäude in die Umgebung transportiert wird.

Zuluft (ZU) ist die Luft, die über einen Zuluftdurchlass in einen Raum strömt. Sie hat die thermische und stoffliche Beschaffenheit, wie sie unmittelbar im Durchlass gegeben ist.

Abluft (AB) ist die Luft, die über einen Abluftdurchlass aus einem Raum strömt. Sie hat die thermische und stoffliche Beschaffenheit, wie sie unmittelbar im Durchlass gegeben ist.

Wird aus dem Abluft-/Fortluftkanal Luft abgezweigt, um diese mit einer anderen Luft, z. B. der Außenluft zu vermischen, so heißt diese **Umluft (UM)**. Die thermische und stoffliche Beschaffenheit der Umluft hängt zunächst von der Stelle im Prozess ab, an der sie entnommen wird. Als kennzeichnend für die Umluft gilt aber die thermische und stoffliche Beschaffenheit direkt vor der Mischung mit dem zweiten Luftstrom. Es kann weiter unterschieden werden zwischen **zentraler Umluft (ZUM)**, s. Bild E1.1-2, und **Raumumluft (RUM)**, s. Bild E1.1-3. Zentral ist die Umluft, wenn sie aus einer Mischung der Abluft aus mehreren Räumen entsteht. Bei der Raumumluft ist die Umluft eine ungemischte Abluft eines einzelnen Raumes. Sie wird des Weiteren nur für diesen Raum wieder verwendet. Bei Systemen mit Raumumluft wird die zentral behandelte Luft, die dem Raum zuströmt **Primärluft (PR)** genannt und die Raumumluft **Sekundärluft (SK)**.

Das Ergebnis einer Mischung von Umluft (UM) mit einem zweiten Luftstrom, in der Regel Außenluft (AU), heißt **Mischluft (MI)**. Sie hat die thermische und stoffliche Zusammensetzung, wie sie unmittelbar hinter der Mischung gegeben ist.

Zu den Luftarten und deren Bezeichnungen gibt es auch diverse normative Ansätze [E1-1, E1-2, E1-3].

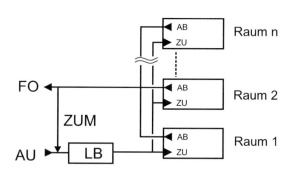

Bild E1.1-2 System mit zentraler Umluft

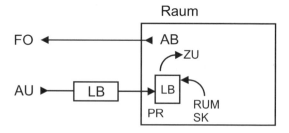

Bild E1.1-3 System mit Raumumluft

E1.2
Kurzbezeichnungen

Die Luftbehandlung in RLT-Anlagen kann in den folgenden thermodynamischen Grundfunktionen erfolgen:
- Heizen   H
- Kühlen   K
- Befeuchten B
- Entfeuchten E

In ihrer Kurzbezeichnung können Anlagen nach dem Vorhandensein dieser Funktionen gekennzeichnet werden.

Die Angabe einer Filterung ist in der Kurzbezeichnung erlässlich, weil in der Regel immer gefiltert wird.

Häufig wird die zusätzliche Angabe einer Wärmerückgewinnung erwogen. Auch dieses ist in der Kurzbezeichnung erlässlich, weil in Deutschland von wenigen Ausnahmen abgesehen alle Anlagen über Rückgewinner verfügen.

Wesentliches Kriterium für die Möglichkeiten der Funktionserfüllung und damit der Einsatzfähigkeit von Anlagen ist die Verwendung von Außenluft. Dieses wird deshalb in der Kurzbezeichnung angegeben.

Umluftanlagen, s. Bild E1.2-1, verfügen über eine der genannten thermodynamischen Grundfunktionen. Sie verwenden nur Umluft, keine Außenluft.

Lüftungsanlagen, s. Bild E1.2-2, verfügen über eine der genannten thermodynamischen Grundfunktionen. Sie verwenden Außenluft. Sie können Umluft verwenden.

Umluftteilklimaanlagen, s. Bild E1.2-1, verfügen über zwei oder drei der genannten thermodynamischen Grundfunktionen. Sie verwenden nur Umluft, keine Außenluft.

Teilklimaanlagen, s. Bild E1.2-2, verfügen über zwei oder drei der genannten thermodynamischen Grundfunktionen. Sie verwenden Außenluft. Sie können Umluft verwenden.

Umluftklimaanlagen, s. Bild E1.2-1, verfügen über alle vier genannten thermodynamischen Grundfunktionen. Sie verwenden nur Umluft, keine Außenluft.

Klimaanlagen, s. Bild E1.2-2, verfügen über alle vier genannten thermodynamischen Grundfunktionen. Sie verwenden Außenluft. Sie können Umluft verwenden.

Häufig werden in der Praxis die Bezeichnungen noch weiter verkürzt, indem die oben genannten Buchstaben verwendet werden. Dann wird z. B. eine Klimaanlage ohne Umluft als „Anlage HKBE-AU" bezeichnet oder eine Umluftteilklimaanlage als „Anlage HKB-UM".

Der eindeutigen Kennzeichnung der Anlagen kommt in der Planungs- und Baupraxis eine große Bedeutung zu. Mit den zuvor eingeführten Begriffen sind grundsätzliche Möglichkeiten – aber auch „Nicht-Möglichkeiten" – der Lastabfuhr verbunden. Eine Fehlbezeichnung führt hier direkt zu Missverständnissen darüber, was eine Anlage zu leisten imstande ist.

Bild E1.2-1 Umluftanlagen

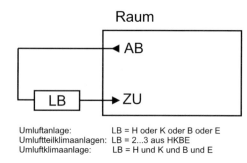

Umluftanlage: LB = H oder K oder B oder E
Umluftteilklimaanlagen: LB = 2...3 aus HKBE
Umluftklimaanlage: LB = H und K und B und E

Bild E1.2-2 Lüftungsanlagen, Klimaanlagen

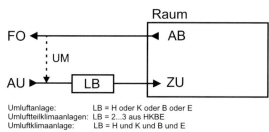

Umluftanlage: LB = H oder K oder B oder E
Umluftteilklimaanlagen: LB = 2...3 aus HKBE
Umluftklimaanlage: LB = H und K und B und E

E2
Systembezeichnungen nach verfahrenstechnischen Merkmalen

E2.1
Allgemein

Bild C1-1 zeigt ein Gliederungsschema der Lufttechnik. Die Prozesslufttechnik ist nicht Gegenstand dieser Betrachtungen. Für die Raumlufttechnik gibt es zwei grundsätzliche Lösungswege, zum einen die Raumlufttechnischen Anlagen und zum anderen die Freien Lüftungssysteme.

Freie Lüftungssysteme umfassen die Infiltration und die Fensterlüftung, die Schachtlüftungen und die Dachaufsatzlüftungen. Alle diese Systeme sind dadurch gekennzeichnet, dass der Lufttransport ohne den Einsatz von Strömungsmaschinen erfolgt. Der Lufttransport wird durch Druckdifferenzen infolge von Dichtedifferenzen, in der Regel infolge von Temperaturdifferenzen, und ggfs. infolge von Windanströmungen bewirkt. Da beide Bedingungen nicht immer, erst recht nicht immer gleich und demzufolge nicht gesichert vorliegen, kann mit den Systemen keine gesicherte Lüftung erfolgen. Diese Feststellung gilt umso mehr je dichter die Bauausführung ist.

Die nachfolgenden Betrachtungen beziehen sich auf Raumlufttechnische Anlagen. Mit einer Raumlufttechnischen Anlage wird eine „lufttechnische Anlage mit maschineller Luftförderung zur Erfüllung einer raumlufttechnischen Aufgabe" (Zitat aus DIN 1946 Blatt 1, 1988 [E1-3]) verstanden. Die raumlufttechnische Aufgabe ist die Lastabfuhr. Das Zitat stammt aus der mittlerweile zurück gezo-

E2 Systembezeichnungen nach verfahrenstechnischen Merkmalen

genen DIN 1946/1. Diese ist durch die europäische Norm EN 12792 [E1-1] ersetzt. Die gegebene Definition ist aber weiterhin zutreffend. Die Raumlufttechnischen Anlagen erfassen als Untermenge auch die raumlufttechnischen Geräte. Dabei handelt es sich um Kombinationen von Apparaten in Blockbauweise. Ein thermodynamischer oder ein verfahrenstechnischer Unterschied entsteht durch die Blockbauweise nicht.

Nachfolgend werden die RLT-Anlagen – in weiterer Detaillierung nach den Betrachtungen zur Luftart und denen zu den thermodynamischen Funktionen – nach verfahrenstechnischen Merkmalen klassifiziert [E1-3]. Eine Klassifikation nach Einsatzzwecken, wie z. B. Wohnungslüftungssysteme, ist nicht weiterführend, weil sich hieraus keine thermodynamischen oder verfahrenstechnischen Unterschiede ergeben. In gleicher Weise ist eine Klassifikation nach dem Betrag des Volumenstroms ungeeignet.

E2.2
Luftversorgung

Es wird unterschieden zwischen Zentralanlagensystemen und Einzelgerätesystemen.

Bei den **Zentralanlagensystemen** erfolgt die komplette Luftbehandlung oder ein Teil davon zentral. Die behandelte Luft wird dann aus der Zentrale über das Zuluftkanalnetz maschinell zu den zu versorgenden Räumen transportiert bzw. zu den nachgeschalteten dezentralen Nachbehandlungen. Der Vorteil der Zentralanlagensysteme ist die Unterbringung zumindest von wesentlichen Teilen der Luftbehandlung in Technikzentralen. Das erleichtert notwendige Wartungs- und Instandhaltungsarbeiten, vermeidet Arbeiten in Nutzbereichen, mindert das Geräuschrisiko in Nutzbereichen und erleichtert architekturverträgliche Anbringungen von Außenluftdurchlässen. Der Nachteil sind die Kanalnetze. Diese erfordern Platz in Schächten, Decken usw. und erhöhen die Förderdrücke und damit die Förderaufwände und -kosten.

Bei den **Einzelgerätesystemen** erfolgt die Luftbehandlung dezentral in Geräten im Raum oder in solchen die direkt dem Raum zugeordnet sind. Die behandelte Luft wird maschinell in die Räume transportiert. Der Vorteil der Einzelgerätesysteme ist die Ersparnis an Technik-, Schacht- und ähnlichen Flächen, die Vermeidung von Zuluftkanalnetzen und damit nennenswerte Förderaufwände. Nachteilig sind die dezentral ggfs. sogar im Nutzbereich zu wartenden Geräte. Die architekturverträgliche Positionierung der dezentralen, geräteweisen Außenluftdurchlässe in der Fassade kann problematisch sein.

E2.3
Luftart

In E1.1 sind die zu unterscheidenden Luftarten definiert. Die Systeme können nach den geförderten Luftarten klassifiziert werden. Dabei ist dann wie folgt zu unterscheiden.

Außenluftsysteme sind solche mit ausschließlicher maschineller Förderung von Außenluft.
Mischluftsysteme fördern maschinell Außen- und Umluft.
Umluftsysteme fördern ausschließlich Umluft.
Fortluftsysteme fördern nur Fortluft.
Durch entsprechende Kombinationen entstehen **Außenluft-/Fortluftsysteme** und **Mischluft-/Fortluftsysteme**.

E2.4
Umluftbehandlung

Nach der Zentralisierung der Umluftbehandlung und nach der Förderung der Umluft kann wie folgt unterschieden werden.

Zentral-Umluft-Systeme sind solche mit zentraler Umluftbehandlung für den gesamten Versorgungsbereich. Dabei wird aus der zentralen Abluft die Umluft abgezweigt und zentral der Außenluft beigemischt. Alle zu versorgenden Räume erhalten Mischluft mit gleichen Umluft-/Außenluftanteilen.

Zonen-Umluft-Systeme haben zonenweise separate Umluftbehandlungen. Die einzelnen Zonen erhalten Mischluft mit zonenweise unterschiedlichen Umluft-/Außenluftanteilen.

Raum-Umluft-Systeme haben eine raumweise separate Umluftbehandlung. Jeder Raum erhält über die Mischluft einen Umluftanteil aus der eigenen Abluft, nicht aus Ablüften anderer Räume. Bei den Raum-Umluft-Systemen kann des Weiteren nach der Umluftförderung unterschieden werden. Diese kann z. B. in Induktionsgeräten durch Induktion in die Außenluft erfolgen, dann spricht man von **Induktionssystemen**. Erfolgt sie durch raum- oder geräteweise Ventilatoren, wie z. B. in Ventilatorkonvektoren, spricht man von **Ventilatorsystemen**.

E2.5
Luftgeschwindigkeit in den Kanälen

Die Wahl der Luftgeschwindigkeit in den Verteil- und Sammelkanälen erfolgt im Ergebnis von Wirtschaftlichkeitsbetrachtungen bzw. im Ergebnis von Betrachtungen zur Limitierung des Förderaufwandes. Bei gleichem Volumenstrom stellt sich in einem Kanal mit kleinem Querschnitt eine hohe Luftgeschwindigkeit ein. Dieses hat den Vorteil geringen Platzbedarfes für den Kanal und geringen Materialeinsatzes. Dem steht als Nachteil eine große Druckdifferenz mit der Folge hohen Förderaufwandes entgegen.

Es wird unterschieden zwischen Systemen mit Luftgeschwindigkeiten in den Verteil- und Sammelkanälen von bis zu 10 m/s, so genannten **Niedergeschwindigkeits-Systemen**, und Systemen mit Luftgeschwindigkeiten von über 10 m/s, so genannten **Hochgeschwindigkeits-Systemen**.

E2 Systembezeichnungen nach verfahrenstechnischen Merkmalen

E2.6
Druckdifferenz an den Durchlässen

Je nach Typ des Durchlasses bzw. nach den am Durchlass zusätzlich angeordneten Endapparaten, wie z. B. Volumenstromreglern, Volumenstromstellern, Drosseln, Filtern, entstehen unterschiedliche Druckdifferenzen, d. h. es sind unterschiedliche Vordrücke im Kanal erforderlich. Nach dem Betrag dieser Druckdifferenzen unterscheidet man zwischen **Niederdruck-Systemen** bei Druckdifferenzen bis zu 100 Pa und **Hochdruck-Systemen** bei Druckdifferenzen von mehr als 100 Pa.

E2.7
Luftvolumenstrom an den Durchlässen

Die thermische Leistung im Zuluftstrom beträgt.

$$\dot{Q} = \dot{V} \cdot \rho \cdot c \cdot (\vartheta_{ZU} - \vartheta_{R}) \tag{E2.7-1}$$

mit $\dot{V}$ – Volumenstrom
  ρ – Dichte
  c – Wärmekapazität
  ϑ_{ZU} – Zulufttemperatur
  ϑ_{R} – Raumtemperatur

Für eine zeitlich veränderliche thermische Leistung gibt es zwei Lösungen.
Bei einem **Konstant-Volumenstrom-System** ist der Volumenstrom konstant und die Zulufttemperatur veränderlich.

$$\dot{Q}(t) = \dot{V} \cdot \rho \cdot c \cdot [\vartheta_{ZU}(t) - \vartheta_{R}] \tag{E2.7-2}$$

Bei einem **Variabel-Volumenstrom-System** ist der Volumenstrom veränderlich und die Zulufttemperatur konstant.

$$\dot{Q}(t) = \dot{V}(t) \cdot \rho \cdot c \cdot [\vartheta_{ZU} - \vartheta_{R}] \tag{E2.7-3}$$

E2.8
Transport thermischer Energie

Nach dem Transportmedium für thermische Energie bis zum Luftdurchlass wird wie folgt unterschieden.
Wird die thermische Energie bis an die Luftdurchlässe nur mit der Zuluft transportiert, spricht man von **Nur-Luft-Systemen**. Wird dabei die gesamte Zuluft in einem Kanal gefördert, d. h. die thermische Regelung erfolgt über die Zulufttemperatur oder den Zuluftvolumenstrom, dann heißen diese Systeme **Ein-Kanal-Systeme**. Wird die Zuluft in zwei Kanälen mit unterschiedlichen Luftzuständen, z. B. unterschiedlichen Temperaturen, bis vor den Durchlass

geführt, um direkt davor durch Mischung die benötigte Zuluftkondition herzustellen, dann heißen diese Systeme **Zwei-Kanal-Systeme**.

Wird die thermische Energie bis an die Luftdurchlässe sowohl mit der Zuluft als auch mit Wasser transportiert, spricht man von **Luft-Wasser-Systemen**. Dabei wird mit örtlichen raum- oder geräteweisen Kühlern und Erwärmern eine Nachwärmung bzw. Nachkühlung vorgenommen, um die benötigte Zuluftkondition herzustellen.

Nach den Verteilsystemen des Wassers wird zwischen Zwei-Leiter-, Drei-Leiter- und Vier-Leiter-Systemen unterschieden.

Bei den **Zwei-Leiter-Systemen** wird ein Verteilsystem mit Vor- und Rücklaufleitung (deshalb zwei Leiter) eingesetzt. Aus diesem wird ein örtlicher Wärmeübertrager versorgt. Je nach Heiz- oder Kühlerfordernis wird das Verteilsystem als Heiz- oder als Kühlsystem betrieben. Dazu wird zentral das gesamte System entsprechend umgeschaltet. Demzufolge kann der gesamte Versorgungsbereich nur komplett im Heiz- oder im Kühlmodus betrieben werden.

Bei den **Drei-Leiter-Systemen** werden eineinhalb Verteilsysteme mit zwei Vorlauf- und einer gemeinsamen Rücklaufleitung eingesetzt. Aus diesen werden örtlich ein Nachkühler und ein Nachwärmer versorgt. Je nach Heiz- oder Kühlerfordernis kann örtlich die erforderliche Zulufttemperatur hergestellt werden. Das System gestattet eine örtliche vollumfängliche thermische Regelung. Der energetische Nachteil des Systems ist die Mischung der zwei Rückläufe in einer Leitung.

Bei den **Vier-Leiter-Systemen** werden zwei Verteilsysteme, eines für die Heizung eines für die Kühlung, eingesetzt. Aus diesen werden örtlich ein Nachkühler und ein Nachwärmer versorgt. Je nach Heiz- oder Kühlerfordernis kann örtlich die erforderliche Zulufttemperatur hergestellt werden. Das System gestattet eine örtliche vollumfängliche thermische Regelung. Heiz- und Kühlwasser werden nicht gemischt.

Einen Sonderfall stellen die **Direkt-Energie-Systeme** dar. Bei diesen wird die komplette oder der überwiegende Teil der thermischen Energie direkt im Raum oder örtlich diesem zugeordnet durch Wandlung zur Verfügung gestellt. Der am häufigsten vorkommende Fall sind die Direkt-Luftheiz-Systeme, bei denen örtlich z. B. unter Einsatz eines Brennstoffes oder von elektrischem Strom, Wärme erzeugt wird. Analog gibt es Direkt-Luftkühl-Systeme.

E2.9
Zusammenfassung

Alle RLT-Anlagen können durch Verwendung der vorstehenden Klassifikationen eindeutig gekennzeichnet werden. Bei der in Bild E2.9-1 dargestellten Anlage handelt es sich um folgendes System.
- Klimaanlage
- System HKBE-AU
- Zentralanlagen-System
- Niedergeschwindigkeits-System

Bild E2.9-1 Klassifikations- beispiel

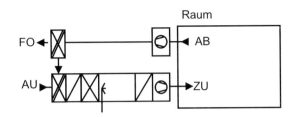

- Niederdruck-System
- Konstant-Volumenstrom-System
- Nur-Luft-System
- Ein-Kanal-System

Literatur

[E1-1] DIN EN 12792: Lüftung von Gebäuden – Symbole, Terminologie und graphische Symbole, Ausgabe Januar 2004.
[E1-2] DIN EN 13799: Lüftung von Nichtwohngebäuden – Allgemeine Grundlagen und Anforderungen an Lüftungs- und Klimaanlagen, (Entwurf) Ausgabe Januar 2004.
[E1-3] DIN 1946 Teil 1: Raumlufttechnik – Terminologie und graphische Symbole (VDI-Lüftungsregeln), Ausgabe Oktober 1988.

F Luftströmung in belüfteten Räumen

Klaus Fitzner

F1 Übersicht

F1.1 Einleitung

Generell werden zwei Formen der Raumströmung unterschieden (s. a. Bd. 1, J3.1 und Bd. 2 B4.4):
- Verdrängungsströmung,
- Mischströmung.

Beide stehen für idealisierte Strömungsbilder, die in wirklichen Räumen in dieser Form selten auftreten. Am häufigsten wird noch das Bild der Mischströmung erreicht, nämlich immer dann, wenn Luft mit verhältnismäßig großem Impuls als Luftstrahl in einen Raum eingebracht wird oder wenn im Raum durch größere Dichteunterschiede, etwa an Wärmequellen, stärkere Konvektionsströmungen entstehen. Auch bei der Verdrängungsströmung muss der Impuls der Strömung am Eintritt groß sein gegenüber anderen, besonders den thermischen Störungen. Der große Impuls bei der Verdrängungsströmung wird vor allem durch einen großen Massenstrom erreicht.

Häufig wird ein Unterschied gemacht zwischen maschineller und freier (natürlicher) Lüftung von Räumen. Aus der Sicht der Raumströmung existiert dieser Unterschied nicht, denn in beiden Fällen ist ein Druckunterschied zwischen Raum und Umgebung an Öffnungen die treibende Kraft der Strömung. Der eigentliche Unterschied zwischen maschineller und natürlicher Lüftung besteht in der Art der Luftdurchlässe. Bei der natürlichen Lüftung findet man als Luftdurchlässe häufig Türen, Fenster oder andere nicht allein als Luftdurchlässe konzipierte Öffnungen, die aus der Sicht der Lüftungstechnik nicht immer die beste denkbare Lösung darstellen. Außerdem hat die natürliche Lüftung zeitlich keinen konstanten Antrieb. Das ist wohl ihr größter Nachteil.

Anders bei der maschinellen Lüftung, bei der eine RLT-Anlage, mindestens ein Ventilator, für den erforderlichen Druckunterschied und die Luftbewegung

Bild F1-1 bis 1-3 Mischströmung

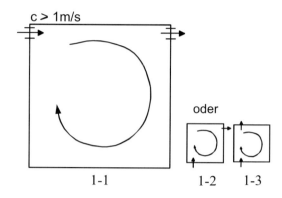

sorgt. Hier sind die Luftdurchlässe für die vorgesehene Luftströmung ausgelegt, und die treibenden Kräfte sind zeitlich konstant.

F1.2
Mischströmung

Bild F1-1 zeigt das Prinzip der Mischströmung. Ein Luftstrahl strömt an der Decke oder an irgend einer anderen Stelle mit so großer Geschwindigkeit in den Raum ein, dass er das gesamte Luftvolumen im Raum in Bewegung setzt und durchmischt. Die Geschwindigkeit liegt in der Größenordnung von 1 m/s und darüber. Temperaturen und Konzentrationen sind im ganzen Raum nahezu gleich, dabei sind die Luftgeschwindigkeiten verhältnismäßig groß. Sie müssen um so größer sein, je höher die thermischen Lasten im Raum sind, damit die Bedingung erfüllt ist, dass die dynamischen Kräfte groß sind gegenüber den thermischen.

Die Bilder F1-2 und F1-3 deuten beispielhaft an, dass auch bei anderen Lufteinbringungsorten Mischströmung entsteht. Die von einem Luftdurchlass versorgbare Raumtiefe liegt ungefähr beim 0,5- bis 2-fachen der Raumhöhe. Die Lage der Abluftöffnung hat nur untergeordnete Bedeutung.

Die Vorstellung der gleichmäßigen Verteilung von Temperatur und Konzentration stellt ein idealisiertes Bild der Mischströmung dar, die reale Mischströmung weicht davon mehr oder weniger ab.

F1.3
Verdrängungsströmung

Die prinzipiell andere Strömungsform, die Verdrängungsströmung, zeigt Bild F1-4. Die Luft tritt gleichmäßig über die Eintrittsfläche verteilt mit so großer Geschwindigkeit in den Raum ein, dass sie durch Störungen nicht daran gehindert wird, den Raum gleichmäßig zu durchströmen und ihn auf der gegenüber liegenden Seite zu verlassen. Thermische Kräfte oder andere Störungen müssen klein gegenüber den dynamischen Kräften der Zuluft sein. (Mit der in Bd. 1, Gl. J1-19 beschriebenen Ar-Zahl ausgedrückt bedeutet das, Ar klein gegen 1.) Die

Bild F1-4 bis F1-7
Verdrängungsströmung

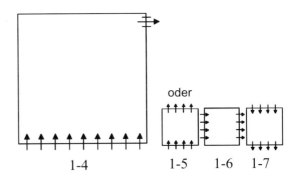

Austrittsfläche des Luftdurchlasses umfasst dabei häufig die gesamte Raumfläche. Die Luftbewegung hat im Bereich der Verdrängungsströmung überall die gleiche Richtung. Das unterscheidet die Verdrängungsströmung von der Mischströmung, bei der in mehreren Raumebenen entgegengesetzte Strömungsrichtungen auftreten.

Wie die Bilder F1-5 bis F1-7 andeuten, sind auch andere Strömungsrichtungen denkbar, also von oben nach unten oder horizontal von einer Seite zur anderen. Weil die thermischen Kräfte die häufigste Störgröße darstellen, kann die Luftgeschwindigkeit bei einer Verdrängungsströmung von unten nach oben niedriger sein als bei anderen Strömungsrichtungen.

F1.4
Quellluftströmung

Stellt man in eine Verdrängungsströmung von unten nach oben eine Wärmequelle, etwa eine Person, dann verändert sich das Strömungsbild vollkommen, und es entsteht „Quellluftströmung"[1], dargestellt in Bild F1-8. Die Raumströmung wird jetzt nicht mehr bestimmt durch die Art der Lufteinführung, sondern durch die Wärmequellen und den zugeführten Luftstrom.

Bild F1-8 bis F1-10
Quellluftströmung

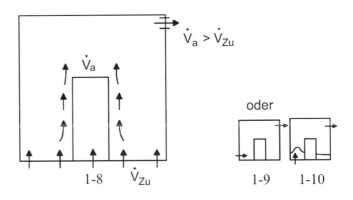

---

[1] Sie wird auch Schichtströmung genannt [2]. Siehe auch B 4.4.2.

Der Auftriebsvolumenstrom an einer Wärmequelle nimmt von unten nach oben zu. Wenn die Wärmequelle dadurch in irgendeiner Höhe mehr Luft nach oben fördert, als Zuluft in den Raum gelangt $\left(\dot{V}_a > \dot{V}_{zu}\right)$, entsteht die Quellluftströmung. In Bodennähe stellt sich noch annähernd eine Verdrängungsströmung bis zu einer bestimmten Schichthöhe ein. „Annähernd" eine Verdrängungsströmung, weil sie genau genommen eine Senkenströmung zur Wärmequelle hin ist. Oberhalb dieser Bodenschicht bildet sich eine Mischströmung aus, weil die Auftriebsströmung definitionsgemäß mehr Luft nach oben fördert, als in den Raum eintritt. So ergibt sich aus Kontinuitätsgründen an anderer Stelle, im Allgemeinen in Wandnähe, eine Abwärtsströmung. In großflächigen Räumen werden sich Abwärtsströmungen auch innerhalb des Raumes ergeben. Es werden sich Raumströmungen ergeben, die vergleichbar sind mit den Zellenstrukturen, wie sie bei freien Konvektionsströmungen (Bénard-Zellen) entstehen [F-1]. In Deckennähe wird die Aufwärtsbewegung durch Stau verzögert, und es müsste sich im Prinzip wieder eine Schicht Verdrängungsströmung, Senkenströmung zum Luftauslass, einstellen. In den Bildern F1-9 und F1-10 sind andere denkbare Orte der Lufteinbringung dargestellt. Die Luft muss immer oberhalb der Wärmequellen aus dem Raum austreten, wenn sich die beschriebene Raumströmung einstellen soll.

Wird die Luft nicht gleichmäßig verteilt über den Boden, sondern seitlich mit geringem Impuls eingebracht (Bild F1-9), so überlagert sich der Strömung an den Wärmequellen eine Querbewegung in der Bodenschicht bis zur gegenüberliegenden Wand. Dort wird sie umgelenkt und kehrt zurück. Dieser Vorgang kann sich mehrfach wiederholen, bis die Höhe erreicht wird, in der der Auftriebsvolumenstrom der Wärmequelle dem Zuluftstrom gleicht. Die sich so bildenden Schichten stellen Sonderfälle der Strömung dar. Es können weitere Strömungsschichten entstehen, wenn neben der strömungsbestimmenden Wärmequelle andere schwächere Wärmequellen im Raum existieren, die die aufwärts strömende Luft nur so schwach erwärmen, dass ihre Temperatur geringer als die darüber liegender Luftschichten ist. Schwache Wärmequellen führen zu Vertikalströmungen mit begrenzter Höhe, die sich dann horizontal im Raum ausbreiten und Schichten bilden. Deshalb wird die Quellluftströmung von einigen Autoren auch als Schichtlüftung bezeichnet, die genau identisch damit ist.

F1.5
Sonderfälle

Der Sonderfall in Bild F1-12 führt zur Quellluftströmung, wenn die genannten Bedingungen erfüllt sind und der Eintrittsimpuls klein genug ist. Dieses Strömungsbild tritt häufig bei Fensterlüftung auf.

Außer den Wärmequellen beeinflussen die Wärmeübergangsbedingungen an den Wänden die Strömung. Zunächst gilt das bisher Gesagte für adiabate Wände. Solange Wärme durch die Seitenwände oder die Decke eintritt, stabilisiert sich das Bild der Quellluftströmung. Nehmen jedoch die Seitenwände oder die Decke Wärme aus dem Raum auf, wie es etwa bei Deckenkühlung der Fall ist,

F1 Übersicht

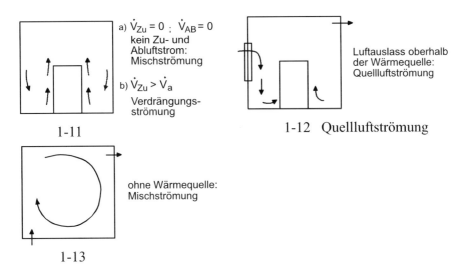

Bild F1-11 bis F1-13 Sonderfälle

dann stellt sich mehr oder weniger Mischströmung ein, sobald die Wärmeabgabe über die Wände mehr als ungefähr die Hälfte der Wärmeabgabe der Quelle erreicht. Die Strömungsvorgänge an den Wänden haben auch Einfluss auf die Höhe der Bodenschicht.

Die Bilder F1-11 und F1-13 zeigen, wie leicht die eine Strömungsform in die andere umschlägt. Bild F1-11 stellt eine Mischströmung dar, weil eine Zuluftschicht am Boden nicht vorhanden ist ($\dot{V}_{zu} = 0$). Dagegen kann die in Bild F1-12 dargestellte Strömung zu einer Quellluftströmung werden, wenn der Eintrittsimpuls klein genug ist. Bild F1-13 zeigt den gleichen Aufbau wie Bild F1-10, aber ohne Wärmequelle. Es entsteht Mischströmung. Wird keine Zuluft in den Raum eingebracht, entsteht bei der gleichen Wärmequellenanordnung eine Mischströmung (F1-11).

F1.6
Lokale Senken und Quellen

Eine weitere Modifizierung der Strömungsbilder tritt ein, wenn sich zusätzliche Luftquellen oder -senken im Raum befinden. Sie können dann sinnvoll sein, wenn lokal besondere Strömungsbilder erreicht werden sollen, etwa keimarme Zonen in Operationsräumen oder Absaugung von Verunreinigungen in der Nähe ihrer Entstehungsorte. Auf diese Weise ist es möglich, Kombinationen verschiedener Strömungsbilder in einem Raum zu erhalten.

F2
Erzwungene Raumströmung

F2.1
Mischströmung

F2.1.1
Allgemeines

Man unterscheidet auch bei Raumströmungen zwischen erzwungener und freier Strömung (s. Bd. 1, G1.4.6). Im Raum entsteht eine erzwungene Strömung nur durch dynamische Kräfte eines Luftstrahls, so dass unter dieses Kapitel die durch Luftdurchlässe erzeugten lokalen Strömungsbilder fallen. Das gilt für Misch- wie für Verdrängungsströmung. Freie Strömung entsteht durch freie Konvektion an Wärmequellen als Folge von Dichteunterschieden und Schwerkraft.

In Bd. 1, J3.2 und J3.3 wird auf die Gesetzmäßigkeiten der Luftstrahlen bereits ausführlich eingegangen. Mit den Strahlgesetzen lässt sich allerdings nur ein sehr begrenzter Bereich der praktisch vorkommenden Raumströmungen berechnen. Sie sind anwendbar, wenn die thermischen Lasten und damit die Dichteunterschiede im Raum klein sind (z. B. schwache Wärmequellen) oder keine Rolle spielen (z. B. im schwerelosen Raum von Weltraumstationen). Außerdem sind die Raumbegrenzungen zu beachten. Darauf wird in Abschn. F2.1.2.1 näher eingegangen.

Die Erklärung dafür ist einfach. Erzwungene Raumströmungen erfordern eine Dominanz der dynamischen Kräfte gegenüber den Auftriebskräften. In thermisch höher belasteten Räumen treten deutliche Temperaturunterschiede zwischen Luft und Boden auf (z. B. bis zu 10 K bei $\dot{q}_w = 100\,\text{W/m}^2$). Das bedeutet im genannten Falle Dichteunterschiede von 3% oder Auftriebsgeschwindigkeiten bei normalen Raumhöhen in der Größenordnung von 0,2 m/s. Erzwungene Raumströmungen mit Strahlen lassen sich nur mit größeren als den thermisch bedingten Geschwindigkeiten erreichen. Das führt aber sehr bald zu Zugbelästigungen bei den Personen im Raum, obwohl die Luftgeschwindigkeiten im Aufenthaltsbereich wesentlich kleiner als am Luftaustritt sind. Auf den Zusammenhang der Luftgeschwindigkeiten im Aufenthaltsbereich mit der Kühllastdichte $\dot{q}_w$, der auf die Grundfläche bezogenen Kühllast, die dabei eine entscheidende Rolle spielt, wird später noch näher eingegangen (s. Bild F2-2).

Zur Veranschaulichung dieses Zusammenhanges dienen auch die Ausführungen über anisotherme Freistrahlen in Bd. 1, J3.2.6. Für die Höhendifferenz Δz ist bei Betrachtung der Raumströmung die Höhendifferenz zwischen dem Ort der Lufteinbringung und der Wärmequelle anzunehmen. Darauf wird später ebenfalls näher eingegangen.

Während es sehr ausführliche Darstellung aller Strahlformen gibt, kann nur sehr viel weniger über die wirklich auftretenden Mischformen zwischen erzwungener und freier Raumströmung berichtet werden. Mischströmung als eine

F2 Erzwungene Raumströmung

Form der erzwungenen Strömung ist in der Vergangenheit so häufig angewendet worden, weil dabei wenigstens die Strömung in der Nähe der Durchlässe berechnet werden konnte.

Wenn die Luftgeschwindigkeiten nicht groß genug gegenüber denen der thermisch bedingten Auftriebsströmungen sind, führen sie nicht zu den vereinfachten idealisierten Strömungsformen im Raum. Weiterhin sind Raumströmungen von Wänden umgeben, die das Geschehen zusätzlich beeinflussen und das Strahlverhalten stören.

Der gesamte Anwendungsbereich, in dem Mischströmung bei Einhaltung der Behaglichkeitsgrenzen möglich ist, lässt sich darstellen in einem Feld, das gekennzeichnet wird durch den Luftvolumenstrom und die Kühlleistungsdichte $\dot{q}_w$, den auf die Bodenfläche bezogenen Wärmestrom. Dabei werden stationäre Bedingungen, also konstante Wärmeströme durch Strahlung und Konvektion angenommen. Falls die Lasten nicht konstant sind, darf nicht der zeitlich gemittelte, sondern muss der Maximalwert zugrundegelegt werden. Deshalb ist eine schwingende Regelung oder Regelung durch Ein- und Ausschalten bei hohen Lasten auf jeden Fall unerwünscht. Bild F2-1 [F-3] zeigt das empirisch ermittelte Feld, in welchem Mischströmung in belüfteten Räumen möglich ist. Die Grenze auf der rechten Seite ergibt sich aus Versuchsergebnissen.

Sie wird gegeben durch die zulässigen Luftgeschwindigkeiten im Aufenthaltsbereich für Versammlungsräume und Büros, also Räume in denen sich Personen mit niedrigem Aktivitätsgrad (1 met) und normaler Kleidung (0,8 clo) aufhalten. (Näheres darüber in Bd. 1, C2).

Die linke Grenze des eingezeichneten Bereiches ergibt sich aus der in Mitteleuropa erfahrungsgemäß angewendeten größten Temperaturdifferenz zwischen Raumluft und Zuluft. Diese mit 12 K angenommene Differenz kann aus strömungstechnischer Sicht auch größer sein, die Luftfeuchte ergibt im Allgemeinen die Begrenzung. Bei dem hier üblichen noch verhältnismäßig großen Luftaustausch würde sich eine unerwünscht niedrige Luftfeuchte einstellen. Das Diagramm zeigt, dass hohe Kühlleistungsdichte von 100 W/m² nur bei einem Zuluftvolumenstrom um 25 bis 30 m³/(h m²) mit Mischströmung möglich sind.

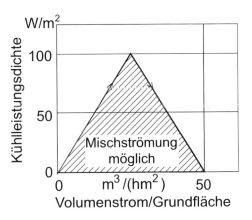

Bild F2-1 Empirisch ermittelter Anwendungsbereich der Mischströmung

Bild F2-2 Luftgeschwindigkeit abhängig von der Kühllastdichte [F-4]

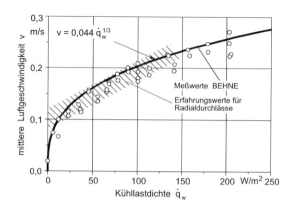

Wenn größere Luftvolumenströme nötig sind, kann das nur bei kleineren Kühllastdichten zugfrei verwirklicht werden (s. a. F4.1).

Beim Übergang von der Strömung eines Luftstrahles auf die Raumströmung muss noch auf eine weitere Besonderheit der Luftgeschwindigkeit hingewiesen werden. Bei Luftstrahlen bedeuten Geschwindigkeiten Transportgeschwindigkeiten, wie sie in Leitungen auftreten, s. Bd. 1, J1.4.2. Für Raumströmungen und für die thermische Behaglichkeit wichtig ist eine Luftbewegung, die aus rein praktischen Gründen mit richtungsunabhängigen Anemometern ermittelt wird, s. Bd. 1, C2.6. Dabei können die Turbulenzgrade nach Gleichung C2.3 so groß sein, dass sich die Transportgeschwindigkeit nicht von der turbulenten Bewegung unterscheiden lässt. Die gemessene mittlere Geschwindigkeit ist dann keine reine Transportgeschwindigkeit mehr.

Ein Grenzfall der Mischströmung stellt sich in einem Raum ohne Zuluft mit Wärmequellen ein, bei dem die Wärmeabgabe nur über die Raumwände erfolgt (Bild F1-11). Dieser Grenzfall ist von Bedeutung für die Ermittlung der Luftgeschwindigkeit in einer anisothermen Strömung. Bild F2-2 zeigt in einem Raum mit Deckenkühlung gemessene Luftgeschwindigkeiten in Abhängigkeit von der Kühllastdichte im Raum ohne Zuluft. Die Abhängigkeit lässt sich darstellen als

$$v = K \cdot \dot{q}_w^{1/3} \tag{F2-1}.$$

Darin ist $\dot{q}_w$ die thermische Last der Wärmequellen bezogen auf die Grundfläche des Raumes, wenn die Wärmequellen gleichmäßig im Raum verteilt sind. Bei ungleichmäßiger Verteilung muss eine kleinere charakteristische Bezugsfläche gesucht werden.

Wenn die Wärmequellen beispielsweise nur auf einem Viertel der Grundfläche untergebracht sind, ist die Kühllastdichte viermal so groß. Weil die Kühllastdichte nur mit der dritten Wurzel in das Geschwindigkeitsergebnis eingeht, wird ausreichende Genauigkeit mit geschätzten Flächen erreicht [F-5, 6]. Wie die Messwerte für die Luftgeschwindigkeit zeigen, ergibt sich eine gute Übereinstimmung mit der Rechnung für eine Archimedeszahl von 1, wenn für $\dot{q}_w$ die gesamte Wärmeabgabe der Quelle eingesetzt wird. Entsprechend errechnet sich für 3 m Raumhöhe die Konstante K in Gl. F2-1 zu K = 0,044². In Bild F2-2 sind auch Erfahrungswerte für Geschwindigkeiten in Räumen mit im Versuch optimierten Radialdurchlässen eingetragen. Sie liegen in der gleichen Größenordnung. Mit weniger gut optimierten Auslässen sind die Geschwindigkeiten größer, aber niemals kleiner.

Trotz dieser Einschränkungen für die Berechnung einer Raumströmung durch Anwendung der Strahlgesetze soll im folgenden auf Luftstrahlen näher eingegangen werden. Es lassen sich trotzdem zahlreiche Auslegungen und Näherungsrechnungen damit ausführen, vor allem, wenn man bedenkt, dass die Luftstrahlen nur in den seltensten Fällen in die eigentliche Aufenthaltszone eindringen sollen.

F2.1.2
Isotherme Luftstrahlen

F2.1.2.1
Isothermer Freistrahl

Die Gesetze der turbulenten Freistrahlen wurden in Bd. 1, J3 bereits beschrieben. So gibt Gleichung (J3-11b) die Strahlmittengeschwindigkeit in Abhängigkeit von der Entfernung vom Strahlaustritt für runde und ebene Freistrahlen an. Auf Bild J3-12a ist der Geschwindigkeitsverlauf dargestellt. Die dimensionslose Mittengeschwindigkeit bleibt in der Strahlmitte bis zur fiktiven Kernlänge konstant und verringert sich dann exponentiell mit der Entfernung. Der Exponent der Geschwindigkeitsabnahme hängt von der Strahlform ab. Es wird auch auf die Bedeutung der Mischzahl hingewiesen, die den Kehrwert der fiktiven Kernlänge darstellt. In Tabelle J3-2 (Bd. 1) werden Mischzahlen für verschiedene Strahlaustrittsöffnungen bei turbulenten Strömungen wiedergegeben.

Gegenüber den Angaben in Tabelle J3-2 in Bd. 1, die für ideale Zuströmbedingungen gelten, liegen die bei praktisch ausgeführten Anlagen auftretenden Mischzahlen am häufigsten bei Werten um m = 0,20. Das ist auf die Vorturbulenz zurückzuführen, die der Strömung in den Verteilkanälen zu den Auslässen aufgeprägt wird. Sie erhöht die Mischzahl und auch die Schallleistung, worauf auch in Kapitel L3.2 hingewiesen wird.

Huesmann [F-7], Johannis [F-13] und Schädlich [F-9] haben unter anderen den Einfluss der Reynoldszahl auf die Kernlänge x' des Freistrahles und Schädlich hat außerdem den Exponenten der Geschwindigkeitsabnahme ermittelt. In den Bildern F2-3 und 2-4 sind die Ergebnisse dargestellt. Man erkennt, dass die Kernlänge im laminaren Bereich – Re ≤ 2000 – Werte über 200 annehmen kann, wobei der Umschlag laminar-turbulent bei den scharfkantigen Öffnungen, die Huesmann und Johannis untersucht haben, schon bei Re > 600 abgeschlossen ist. Der

---

² $Ar = 1 = \Delta h g / (v^2 T)$; $\Delta t = \dot{q}_w / (\rho c_p v)$, ergibt $v^3 = \dot{q}_w h g / (\rho c_p T)$. Mit $\dot{q}_w = 100 \text{ W/m}^2$; h = 3 m; $\rho = 1{,}2 \text{ kg/m}^3$; $c_p = 1{,}0 \text{ kJ/(kgK)}$: $K = \left(h g / (\rho c_p T) \right)^{1/3} = (3 \cdot 9{,}81/(1{,}2 \cdot 10^{-3} \cdot 292))^{1/3} = 0{,}044$. Für $\dot{q}_w = 100 \text{ W/m}^2$: v = 0,20 m/s Last und Volumenstrom je m² Grundfläche

Bild F2-3 Bezogene Kernlänge als Funktion der Re-Zahl nach Huesmann [F-7], Johannis [F-13] und Schädlich [F-9]

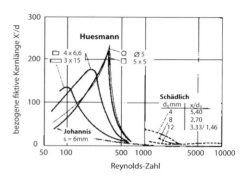

Bild F2-4 Exponent der Geschwindigkeitsabnahme nach Schädlich [F-9]

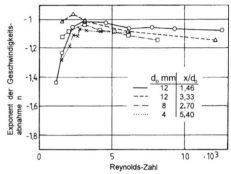

Exponent der Geschwindigkeitsabnahme ist im laminaren Bereich größer, wie Bild F2-4 zeigt.

Bild F2-5 gibt Messwerte der bezogenen Mittengeschwindigkeit u_m/u_o über dem bezogenen Abstand x/d bei Re = 1600 wieder. Mit kleiner werdendem Durchmesser d der Düsen tritt eine erhebliche Vergrößerung der Kernlänge und im Nahbereich des Auslasses ein verringerter Geschwindigkeitsabbau ein.

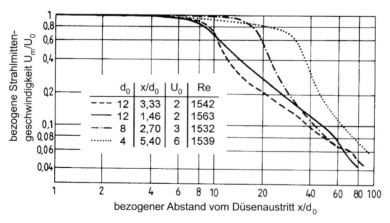

Bild F2-5 Strahlmittengeschwindigkeit bei Re = 1600 nach Schädlich [F-9]

F2 Erzwungene Raumströmung

Dies ist eine Erklärung für das Versagen mancher Luftdurchlässe mit vielen kleinen Austrittsöffnungen, worauf Johannis hingewiesen hat. Normale Luftdurchlässe sollten immer so ausgelegt werden, dass sie nicht im laminarturbulenten Übergangsbereich arbeiten.

1. Beispiel
Luftdurchlass für VVS-Anlage:
Bestimmung des Mindestvolumenstromes für einen Luftdurchlass in einer VVS-Anlage

Skizze zu Beispiel 1

Gegeben: Ein Schlitzdurchlass gemäß Skizze ist für einen Luftvolumenstrom von $\dot{V}_o = 40$ m³/h ausgelegt. Die Zulufttemperatur beträgt 15 °C.

Gesucht: Bis auf welchen Teil des Auslegungsvolumenstromes $\dot{V}_o$ kann die Strömung gedrosselt werden, ohne dass die Raumströmung negativ beeinflusst wird (durch Umschlag in die laminare Strömung am Auslass)?

Lösung: Bedingung aus Bild F2-3: $Re_{min} = vd_h / v > 700$
Bei 15 °C: $v = 0{,}146$ cm²/s (Bd. 1, Bild G2-3)
$a = b = 0{,}5$ cm; $d_h = 2ab / (a+b) = 2 \cdot 5 \cdot 5 / (5+5) = 5$ mm
Austrittsfläche $A = 0{,}5$ cm $\cdot$ 100 cm $\cdot$ 5 / 7 = 35,7 cm²
Austrittsvolumenstrom: $\dot{V}_o = 40$ m³/h = 40 / 3,6 = 11,1 l/s = 11.111 cm³/s
Austrittsgeschwindigkeit: $v = \dot{V}_o / A = 11.111 / 35{,}7 = 311$ cm/s
$Re_o = 0{,}5 \cdot 311 / 0{,}146 = 1065$; $Re_o / Re_{min} = 1065 / 700 = 1{,}5$
Der Volumenstrom kann maximal um den Faktor 1,5 reduziert werden.

Die Reynolds-Zahl lässt sich überschlägig für Luft leicht berechnen, wenn man alle Abmessungen in cm einsetzt. Der Kehrwert der kinematischen Zähigkeit beträgt dann ungefähr 7. Also $Re = 0{,}5$ cm $\cdot$ 311 cm/s $\cdot$ 7 s/cm² = 1088.

Darauf ist besonders bei Luftdurchlässen für variablen Volumenstrom zu achten. Aber auch, wenn Strömungsversuche mit verkleinerten Modellen durchgeführt werden, kann das Unterschreiten der kritischen Reynoldszahl zu Fehlinterpretationen führen. In Bd. 1, J3 werden verschiedene Durchlassformen wiedergegeben. Charakteristische Grenzfälle stellen die Düse, Bild J3-6a, und die Lochblende, Bild J3-7a, dar. Der Düsenform ist immer dann der Vorzug zu geben, wenn bei relativ großen Geschwindigkeiten geringe Schallleistung erwünscht ist.

Bild F2-6 Typische Abmessungen einer Zuluftdüse für Strahllüftung

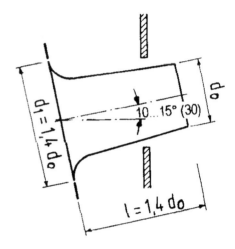

Eine charakteristische Düsenform zeigt Bild F2-6. Die Düse wird üblicherweise auf einem Kanal oder einem Druckkasten angebracht.

Der Eintrittsquerschnitt der Düse sollte mindestens doppelt so groß sein wie der Austrittsquerschnitt. Damit keine Strömungsablösungen in der Düse auftreten, dürfen innerhalb der Düse keine Querschnittserweiterungen vorkommen. Die Düsenkontur ist so zu konstruieren, dass die Strömung in der Düse möglichst gleichmäßig beschleunigt wird.

Stromab vom Düsenaustritt dürfen sich innerhalb eines Kegels von ungefähr 45° keine Strömungshindernisse befinden. Diese Bedingung erschwert die Konstruktion passender Wandverkleidungen, hinter denen die Düsen häufig angeordnet werden. Hindernisse im Strahl können die Schallleistung der Strömung bis zu 15 dB verstärken. Bei allen Auslässen, mit denen in großer Entfernung noch hohe Luftgeschwindigkeiten erreicht werden sollen, werden hohe Austrittsgeschwindigkeiten (1 bis 3 m/s) erforderlich. Die zulässigen Höchstgeschwindigkeiten ergeben sich dabei durch die akustischen Anforderungen. Die Schallleistung nimmt bei gleichem Volumenstrom mit der 5. Potenz der Luftgeschwindigkeit zu (Vergl. Gl.: L3-3). Der Druckverlust der Düsen kann gleichgesetzt werden mit dem dynamischen Druck am Düsenaustritt, wenn die Düsen strömungsgünstig gebaut sind.

Es gibt viele Luftdurchlässe, bei denen diese akustischen und strömungstechnischen Gesichtspunkte eher eine untergeordnete Rolle spielen. Bild G7-4 zeigt als Beispiel Lamellengitter. Sie bestehen im Prinzip aus einer Vielzahl von Strömungshindernissen. Man kann solche Durchlässe trotzdem erfolgreich einsetzen, wenn entsprechend kleine Luftgeschwindigkeiten im Austritt vorgegeben werden können.

Rechteckige Strahlen wandeln sich nach kurzer Lauflänge in runde Strahlen um. Die Berechnungsgrundlagen dafür sind schon in Bd. 1, Bild J3-12b angegeben.

Im Zusammenhang mit Freistrahlen wird häufig vom Induktions- und vom Mischungsverhältnis L_i (Bd. 1, J3.2.5) gesprochen. Mit dem Mischungsverhältnis ist der Volumenstrom in einem bestimmten Abstand vom Austritt bezogen auf

F2 Erzwungene Raumströmung

den Anfangsvolumenstrom gemeint. Das Induktionsverhältnis ist das Verhältnis des aus der Umgebung angesaugten Volumenstromes zum Anfangsvolumenstrom. In Bd. 1, Bild J3-14 ist der Verlauf des Mischungsverhältnisses über dem Strahlweg angegeben. Das Bild zeigt, dass es nur von der Strahlgeometrie und der Entfernung vom Austritt abhängig ist. Wenn der Durchlass aus vielen kleinen Öffnungen besteht, die Strahloberfläche also groß im Verhältnis zum Strahlquerschnitt ist, dann ist das Induktionsverhältnis, das oft auch nur als „Induktion" bezeichnet wird, hoch. Viele runde Strahlen haben dementsprechend bei gleicher Austrittsfläche eine höhere „Induktion" als langgestreckte rechteckige. Ein hohes Induktionsverhältnis muss aber nicht ein prinzipieller Vorteil für die Raumströmung sein, wie oft unberechtigt angenommen wird. Denn ein Durchlass mit größeren Austrittsöffnungen erzeugt Luftstrahlen, die in entsprechend größerer Entfernung genau so viel Luft bewegen wie ein „hochinduktiver" kleiner.

2. Beispiel
Geschwindigkeitsverlauf vor einer runden Austrittdüse im Freistrahl

Gegeben: Düsendurchmesser am Austritt $d_o = 150$ mm,
Austrittgeschwindigkeit $c_o = 3$ m/s
Lufttemperatur 15 °C; $v = 0,146$ cm^2/s (Bd. 1, Bild G2-3)

Gesucht: Geschwindigkeitsverlauf in Strahlmitte über dem Abstand vom Austritt

Lösung: $Re_o = 15 \cdot 300 / 0,146 = 30\,820$; die Strömung ist turbulent;
Es gilt also das in Bd. 1, Bild J3-12a dargestellte Verhalten.
Bis $x' = 5 \cdot 15$ cm $= 75$ cm bleibt die Geschwindigkeit konstant, also 3,0 m/s, danach halbiert sie sich je Abstandsverdoppelung, denn sie nimmt umgekehrt proportional zum Abstand ab.

Abstand m	0,75	1,5	3,0	6	12
Geschwindigkeit m/s	3,0	1,5	0,75	0,38	0,19

Die Gesetzmäßigkeiten für Freistrahlen lassen sich nur anwenden, wenn das Strahlverhalten in der Nähe eines Auslasses berechnet werden soll oder wenn der Strahl nur einen begrenzten kleinen Teil des Raumvolumens einnimmt. Entfernungen bis maximal zum Zweifachen des Abstandes zwischen Strahlachse und der nächsten parallelen Wand sollten nicht überschritten werden.

Bild F2-7 zeigt am Beispiel eines runden Freistrahles den theoretischen (gestrichelt) und den tatsächlichen Verlauf (durchgezogen) der Mittengeschwindigkeit in einem Raum. Die Freistrahlzone endet bei x_f. Danach wird die Geschwindigkeit durch den Einfluss der Raumwände abgebremst. Der Strahl wird deshalb in diesem Bereich auch nicht mehr als Freistrahl, sondern als *Raumstrahl* bezeichnet. Regenscheit [F-12] und Frings/Pfeifer [F-10] geben an, wie groß x_f in Abhängigkeit von der Raumgeometrie ist.

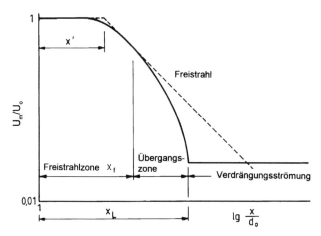

Bild F2-7 Geschwindigkeit auf der Achse eines Raumstrahles nach Frings/Pfeifer [F-10]

Ihre Messdaten lassen folgende Abschätzung für x_f zu:

$$\frac{x_f}{d_0} = 1{,}5 \left(\frac{A_1}{A_0}\right)^{0{,}5} \tag{F2-2}$$

mit d_0 – Austrittsdurchmesser der Düse
A_1 – gesamter Raumquerschnitt in der Austrittsebene
A_0 – Austrittsquerschnitt der Düse.

Weil d_0 ungefähr gleich der Wurzel aus A_0 ist, wird x_f eine Funktion der Raumhöhe und zwar $x_f \sim 1{,}5\,h$. Man kann also selbst in diesem einfachen Fall eines Freistrahles aus einer Öffnung in der Mitte einer Wand nur mit einer Eindringtiefe bis zu dem 1,5-fachen der Raumhöhe rechnen.

Frings/Pfeifer [F-10] geben eine empirisch ermittelte Näherungslösung für den Geschwindigkeitsverlauf des Raumstrahles an:

$$\frac{u}{u_0} = \frac{x_0}{x}\left(\frac{1-(x-x_f)}{(x_1-x_f)}\right) \tag{F2-3}$$

dabei ist x_1 ebenfalls von der Raumgeometrie abhängig:

$$x_1 = s\left(A_1^{0{,}5} - A_0^{0{,}5}\right), \tag{F2-4}$$

wobei nach Regenscheit [F-12] $s = 5$ bis 10 für verschiedene Raumgeometrien ist.

Über diese Entfernung hinaus lassen sich die Strahlgesetze wegen der Raumgeometrie nicht mehr anwenden. Außerdem bewirken thermische Einflüsse zusätzlich größere Abweichungen.

F2 Erzwungene Raumströmung

F2.1.2.2
Mehrfachstrahlen

Eine einzelne Düse kann in Räumen bei den üblichen Luftwechseln nicht angewendet werden. Häufig werden jedoch mehrere Düsen so kombiniert, dass sie Mehrfachstrahlen erzeugen. In Bd. 1, Bild J3.3 ist das charakteristische Geschwindigkeitsprofil vor Mehrfachdüsen wiedergegeben, das durch die Addition der Impulse der Einzelstrahlen entsteht. Bild F2-8 zeigt den Abbau der Mittengeschwindigkeit mit der Entfernung vom Durchlass. Die Einzelstrahlen breiten sich zunächst wie Freistrahlen aus mit der üblichen charakteristischen Kernlänge x' = x_o, vorausgesetzt, dass die Zuströmung der Luft von den Seiten nicht behindert wird. Im Abstand x_1 treffen benachbarte Strahlen aufeinander. Dieser Abstand ist kleiner als er aufgrund der Strahlausbreitung von Einzelstrahlen sein müsste. Huesmann und Johannis [F-13] haben für runde Einzelstrahlen aus scharfkantigen Löchern und für ebene Strahlen aus Schlitzen die Entfernung für das Zusammentreffen der Einzelstrahlen ermittelt. Für ebene Strahlen ergibt sich

$$x_1 = 1,2(t-s) \tag{F2-5}$$

und für runde Strahlen

$$x_1 = 1,8(t-d_0) \tag{F2-6}$$

mit t = Teilung
s = Schlitzbreite
d_o = Austrittsdurchmesser.

Da d_o oder s im allgemeinen klein gegenüber der Teilung t ist, eignet sich eine Näherungsformel besser, die sich nur auf die Teilung der Düsen bezieht [F-14]. Bild F2-8 gibt die Bezeichnungen für runde Mehrfachdüsen mit n Düsen wieder. Der Düsendurchmesser ist d_o, die Düsen haben in horizontaler und in vertikaler Richtung die Teilungen t_a oder t_b. In der Rechnung wird der größere Wert von t_a oder t_b t_g und der kleinere t_k genannt. Die Breite A des gesamten Mehrfachstrahlenauslasses ergibt sich aus der Zahl der Düsen in horizontaler Richtung n_a und der Teilung t_A und entsprechend in vertikaler Richtung B mit n_b und t_B:

$$A = n_a \cdot t_A \, ; \quad B = n_b \cdot t_B \, . \tag{F2-7}$$

Die bezogene Kernlänge kann bei der üblichen Turbulenz in praktisch ausgeführten Düsen mit $x_o/d_o = 5$ angenommen werden. Der Verlauf der mittleren Geschwindigkeit u_m im Strahlenbündel lässt sich abschnittsweise berechnen, wobei sich die auf Bild F2-8 dargestellten Abschnittslängen folgendermaßen ergeben:

$$x_0 = 5 \cdot d_0 \, ; \quad x_1 = 7,8 \cdot t_k \, ; \quad x_2 = 7,8 \cdot t_g \, ; \quad x_3 = 7,8 \cdot B \, ; \quad x_4 = 7,8 \cdot A \tag{F2-8}$$

mit $A \geq B$

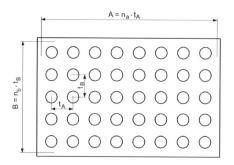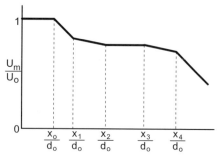

Bild F2-8 Geschwindigkeit in Mehrfachstrahlen

Nachdem das Strahlenbündel die Entfernung x_2 überschritten hat, verhält es sich ähnlich wie ein neuer Freistrahl mit der Kernlänge x_3 mit konstanter Geschwindigkeit zwischen x_2 und x_3.

Sobald das Ende des Kernstrahles erreicht ist, findet man den Geschwindigkeitsabbau der jeweiligen Strahlform, die sich gebildet hat. Bei quadratischen Anordnungen wäre das ein runder Freistrahl, bei rechteckigen Anordnungen der entsprechende ebene und später ebenfalls runde Strahl, vgl. Bd. 1, Bild J3-2. Theoretisch stimmt der sich am Ende bildende Freistrahl in etwas größerer Entfernung mit dem Strahl überein, der sich gebildet hätte, wenn statt des Düsenpaketes eine einzige Düse mit dem gleichen Volumenstrom und der gleichen Austrittsgeschwindigkeit verwendet worden wäre. Der Fall wird aber in Räumen wegen der Raumwände kaum möglich sein. Daran erkennt man den Vorteil der Strahlenbündel bei kleinen Sälen oder bei kleinen Abständen vom Düsenaustritt. Daraus folgt auch, dass nur in sehr großen Sälen wenige sehr große Düsen und in kleineren Räumen mehr kleine Düsen verwendet werden müssen.

Die Strahlmittengeschwindigkeit in den einzelnen Abschnitten lässt sich näherungsweise berechnen:

$$u_m/u_o = 1 \text{ für } 0 \leq x \leq x_o; \tag{F2-9a}$$

$$u_m/u_o = x_o/x \text{ für } x_o \leq x \leq x_1 \tag{F2-9b}$$

$$u_m/u_o = 0{,}8 \left((d\, x_o)/(t_k\, x)\right)^{1/2} \text{ für } x_1 \leq x \leq x_2; \tag{F2-9c}$$

$$u_m/u_o = 0{,}64\, d/(t_g t_k)^{1/2} \text{ für } x_2 \leq x \leq x_3; \tag{F2-9d}$$

$$u_m/u_o = 0{,}8 \left((d\, x_o\, n_b)/(t_a x_1)\right)^{1/2} \text{ für } x_3 \leq x \leq x_4; \tag{F2-9e}$$

$$u_m/u_o = (n_a n_b)^{1/2}\, x_o/x \text{ für } x \geq x_4 \tag{F2-9f}$$

Entsprechende Gleichungen lassen sich auch für parallele Schlitze oder andere beliebige Mehrfachdüsen berechnen, indem die Impulse der Einzelstrahlen addiert werden. Dabei sind die affinen Geschwindigkeitsprofile, wie in Bd. 1, Bild J3-11a,b dargestellt, zu berücksichtigen.

3. Beispiel
Luftgeschwindigkeit vor einem Strahlenbündel (Mehrfachstrahl)

Gegeben: Vier Düsen mit einem Durchmesser $d_o = 75$ mm, Düsenabstände $t_g = t_k = 300$ mm (Gl. F2-8). Austrittsgeschwindigkeit (wie in Beispiel 2) $c_o = 3,0$ m/s.

Lösung: Kernlänge $x_o = 5 \cdot d_o = 375$ mm (Gl. F2-8). Die Strahlen vereinigen sich bei $x_1 = x_2 = 7,8 \, t_k = 0,30$ m $\cdot$ 7,8 = 2,34 m, die Geschwindigkeit beträgt dort: $c_{1,2} = u_o \cdot x_o/x = 3,0$ m/s $\cdot 0,375/2,34 = 0,48$ m/s. Sie bleibt konstant bis $x_3 = 7,8$ B, B = 2 t = 0,6 m; $x_3 = 7,8 \cdot 0,6$ m = 4,68 m, dann nimmt die Geschwindigkeit wieder umgekehrt proportional zum Abstand ab, weil sich wieder ein runder Freistrahl gebildet hat.

Abstand m	0,375	2,34	4,68	9,46	18,9
Geschwindigkeit m/s	3,00	0,48	0,48	0,24	0,12

Ab einem Abstand x > 4,68 m ergibt sich der gleiche Geschwindigkeitsverlauf wie für eine Einzeldüse mit gleichem Gesamtquerschnitt.

Wenn die Mehrfachstrahlen über die Decke eines Raumes verteilt werden, ergibt sich eine spezielle Anwendungsform, die sogenannte „Lochdecke". Dabei kann sich eine Verdrängungsströmung ausbilden. Nach Johannis sind die Decken so auszulegen, dass eine turbulente Strömung in den Austrittsöffnungen eintritt. Zum Beispiel wird diese Forderung bei einer relativen freien Deckenfläche von ca. 1% und Düsendurchmessern von 5 mm bei 3 m hohen Räumen erst ungefähr bei einem 20-fachen Luftwechsel erreicht. (Bei diesem Beispiel beträgt die mittlere Luftgeschwindigkeit in der Öffnung 1,7 m/s, die Reynoldszahl also etwa 600. Bei kleineren scharfkantigen Öffnungen tritt der laminar-turbulente Umschlag schon bei kleineren Re-Zahlen als bei der ausgebildeten Rohrströmung ein; s. F2.1.2.1).

Bei kleineren Luftwechseln ist deshalb nur partielle Deckenbeaufschlagung möglich. Wenn das nicht beachtet wurde, hat es häufig Probleme mit zu hohen Luftgeschwindigkeiten im Aufenthaltsbereich unter Lochdecken gegeben. Heute werden Lochdecken nur noch selten verwendet. In Labor- und Reinräumen treten die hohen Luftwechsel manchmal auf. Lochdecken können dort vorteilhaft angewendet werden, wenn der hohe Turbulenzgrad (Definition s. Bd. 1, C2-3) der Strömung nicht unerwünscht ist.

Während Lochdecken nur mit turbulenten Mehrfachstrahlen das gewünschte Strömungsbild erzeugen, gibt es Mehrfachstrahlen, bei denen bewusst laminare Strömung verwendet wird. Dazu müssen mehrere Bedingungen erfüllt sein:
1. Reynolds-Zahl der Austrittsströmung kleiner 400.
2. Düsendurchmesser kleiner als Düsenlänge, bei Lochplatten also Lochdurchmesser kleiner als Plattenstärke.
3. Relativer freier Querschnitt (Summe der Austrittsfläche bezogen auf die Grundfläche des Mehrfachstrahles) größer 0,10.

Bild F2-9 Lochplattenverteiler   **Bild F2-10** Laminarisator

Solche Mehrfachstrahlen lassen sich mit entsprechend ausgebildeten Lochblechen ausführen. Sie werden für laminare Quellluftdurchlässe (s. Abschn. G7.2.2) aber auch für laminare Verdrängungsströmungen zum Beispiel in Reinräumen verwendet. Im Gegensatz zu turbulenten Mehrfachstrahlen, zeichnen sich die Strömungen durch niedrigen Turbulenzgrad und durch geringe Induktion im Strahlbereich aus. Dazu weitere Ausführungen in F2.2.3.4.

Einen Grenzfall von Durchlässen mit Mehrfachstrahlen stellen Gewebelaminarisatoren und Filtervliese dar. Erstere lassen sich mit engmaschigen Geweben in der Austrittsebene realisieren. Dazu werden monofile Gewebe mit Faserdurchmessern in der Größenordnung von 20 bis 30 µm und Teilungen von 40 bis 60 µm verwendet. Sie werden für vollflächige und partielle Verdrängungsströmungen eingesetzt (s. d.), vorteilhaft vor allem in Reinräumen und bei Operationsraumdecken. Filtervliese erzeugen ebenfalls laminare Mehrfachstrahlen, die je nach Vliesqualität mehr oder weniger gleichmäßige Strömungsprofile ausbilden.

Beim Vergleich von turbulenten Mehrfachstrahlen aus Lochplatten und Gewebelaminarisatoren zeigen letztere Vorteile, wenn es darum geht, möglichst wenig Luft und Verunreinigungen aus der Umgebung anzusaugen. Die Bilder F2-9 und F2-10 zeigen einen Vergleich der Strömungen unter einem Laminarisator und einer Lochplattenabdeckung, die eine turbulente Strömung erzeugt. Diese Strömungsform wird manchmal auch als „turbulenzarme Verdrängungsströmung" bezeichnet. Die Strömung wird in beiden Fällen mit einem Rauchröhrchen in 20 mm Abstand unter der Luftaustrittsebene sichtbar gemacht. Im Falle der Lochplatten tritt zwischen den einzelnen Luftstrahlen eine Rückströmung bis zur Austrittsebene auf, und gleichzeitig wird Rauch von der Seite angesaugt und breitet sich quer zur Strömungsrichtung aus. Erst, wenn der Rauch in einer 4-mal so großen Entfernung eingebracht wird, tritt die Rückströmung nicht mehr auf. Der unter dem Laminarisator eingebrachte Rauch wird dagegen immer nach unten abgeführt, und es gibt keine Rückströmung und keinen Queraustausch (Bild F2-10). Die laminare Strömung ist eindeutig vorteilhafter.

F2.1.2.3
Linearer Decken- oder Wandstrahl

Wandstrahlen bilden sich immer dann aus, wenn Strahlen nahe und parallel zu Wänden ausgeblasen werden. In Bd. 1, J3.3 werden die Gesetze dieser Strahlausbreitung beschrieben. Weil die Zuströmung von Umgebungsluft zwischen Wand und Strahl behindert wird, übt der von der freien Seite angesaugte Teilluftstrom eine Kraft auf den Strahl aus, die ihn zur Wand hin bewegt und schließlich zum Anlegen an die Wand zwingt. Regenscheit [F-15] gibt Messwerte über die Entfernung vom Durchlass an, bei der sich ein Strahl an eine zum Strahl parallele Wand anlegt. Je nach Strahlart und -breite im Verhältnis zur Raumbreite legt sich ein Wandstrahl in einer Entfernung von 1, 2 bis 5 Wandabständen an die Wand an. Dieser Effekt wurde von Coanda bei einer Zweiphasenströmung für eine Zerstäuberdüse genutzt und zum Patent angemeldet. Er wird deshalb zu Coandas[3] eigener Verwunderung auch als „Coanda-Effekt" bezeichnet.

Lineare Wandstrahlen treten bei der Lüftung von Räumen in den verschiedensten Formen auf. Am häufigsten werden sie von Luftdurchlässen im Brüstungsbereich (Induktionsgeräte, Ventilatorkonvektoren, s. Abschn. G7.2.1), an ganz verglasten Außenwänden (sog. „Fensterblasanlagen" Bild F2-11) und bei Deckenluftauslässen (Schlitzauslässen, s. auch Bild G7-8 bis G7-10) verwendet. Die Wandstrahlen erzeugen im Allgemeinen mehr oder weniger zweidimensio-

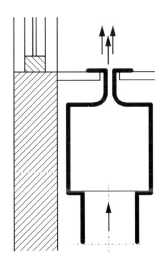

Bild F2-11 Fensterblasdurchlass („Fensterblasanlage")

---

[3] Persönliches Gespräch mit Coanda auf dem Kongress: „Coanda-Effekt und besondere Anwendungen der Aerohydrodynamik", Bukarest, Juni 1967

nale Tangentialströmungen im Raum, die immer Mischströmungen sind. Die Berechnung der Strahlgeschwindigkeiten ist nach den in Bd. 1, J3.3.1 angegebenen Gesetzen möglich. Es gelten jedoch ähnliche Einschränkungen, wie sie bereits für Freistrahlen genannt wurden. Sie gelten nur in der Nähe der Auslässe. Näherungsformeln für die Verzögerung der Geschwindigkeiten vor rechtwinkligen Umlenkungen hat Regenscheit [F-11] angegeben.

Wandstrahlen sollen über eine möglichst lange Lauflänge als Wandstrahlen erhalten bleiben und damit eine große Austauschfläche für Wärme- und Stoffströme außerhalb des Aufenthaltsbereichs bilden. Wandstrahlen erfordern möglichst ebene Wände, da Unebenheiten leicht zur Ablösung des Wandstrahles führen. Das ist besonders problematisch bei Wandstrahlen an Fassaden, die durch Fenstersprossen unterbrochen sind, an unebenen Decken oder an Decken, aus denen Strömungshindernisse, z. B. Leuchten, hervorragen. In gewissen Grenzen sind Wandstrahlen in der Lage, Hindernisse zu umströmen. Wenn die Strahldicke groß im Vergleich zur Höhe des Hindernisses ist, besteht die Möglichkeit, dass das Hindernis ohne Ablösung umströmt wird. Im Zweifelsfalle ist das durch Raumströmungsversuche zu ermitteln. Die Strahlablösung ist sowohl an Decken wie an Wänden unerwünscht, weil der abgelöste Strahl im Aufenthaltsbereich Zugerscheinungen hervorrufen kann.

Kalte Wandstrahlen bei anisothermer Strömung sind in dieser Beziehung am empfindlichsten. Darauf wird später eingegangen.

Trifft ein Wandstrahl auf eine Wand normal zu seiner Strömungsrichtung, so wird der Strahl umgelenkt und erreicht nach kurzer Lauflänge fast wieder die Geschwindigkeit, die er ohne die Umlenkung gehabt hätte. Danach erfolgt aber ein schnellerer Geschwindigkeitsabbau mit einem Exponenten von ungefähr -1. Treffen zwei Wandstrahlen gegeneinander, bildet sich ein ebener Freistrahl, der nach der Umlenkung nur eine um 1/3 reduzierte Geschwindigkeit erreicht und dann ebenfalls einen Exponenten der Geschwindigkeitsabnahme von -1 hat [F-16, 17].

F2.1.2.4
Radialer Freistrahl

Eine wichtige Form von Luftstrahlen im Raum mit Mischströmung stellen die radialen Freistrahlen dar, weil sie in der Lage sind, gegenüber thermischen Kräften verhältnismäßig stabile Raumströmungen zu erzeugen. Von allen Formen der Mischströmung sind die durch radiale Freistrahlen erzeugten diejenigen, mit denen sich die größte Kühllastdichte zugfrei einbringen lässt. (Dazu mehr in Abschn. F2.1.2). Sie lassen sich aber nur selten anbringen. Der Radialluftdurchlass muss, damit er einen Freistrahl erzeugen kann, den nötigen Abstand von der Decke haben. Er lässt sich nur in hohen Räumen anwenden – Raumhöhen von mehr als 5 bis 6 m sind erforderlich. Ein solcher Radialdurchlass muss ungefähr in halber Raumhöhe angeordnet werden und ist dadurch sehr auffällig. Durchlässe, die von der Decke, vom Boden oder von den Wänden mit Luft versorgt werden, können mit den Leuchten oder anderen Installationen im Raum kombiniert werden, so dass sich verschiedene Gestaltungsmöglichkeiten ergeben. Die Berechnung der Strahlgeschwindigkeit ist nach den in Bd. 1, J3.2.4 angegebenen Gesetzen möglich. Für die richtige Auslegung anisothermer radialer Freistrahlen hat es sich bewährt, die Geschwindigkeit im Strahl so auszulegen, dass an der Stelle, wo zwei benachbarte Strahlen zusammentreffen, ungefähr die doppelte Geschwindigkeit gewählt wird, die im Aufenthaltsbereich zulässig ist. Weiter ist aber die Beachtung bestimmter geometrischer Regeln wichtig, die sich aus Erfahrungen ergeben haben. Eine verhältnismäßig stabile Raumströmung entsteht, wenn ein Luftdurchlass eine Fläche versorgt, die dem Quadrat der Durchlasshöhe über dem Boden entspricht, und wenn die maximal zulässigen Volumenströme und Kühllasten (nach Bild F2-1) nicht überschritten werden. Auf die Grenzwerte wird später (F2.1.3.1) noch eingegangen.

Bild F2-12 zeigt einen Schnitt durch einen Durchlass, und Bild F2-13 gibt Hinweise für die richtige Anordnung im Raum. Die Entfernung von der Decke sollte dabei mindestens a/2 betragen, die versorgte Raumfläche beträgt ungefähr a^2.

Der Radialstrahl lässt sich am einfachsten durch einen Prallplattendurchlass in der gezeigten Form realisieren. Eine andere mögliche Form stellt ein Durchlass mit radial angeordneten Düsen dar, wie er als Spezialdurchlass für Fernsehstudios häufig angewendet wird. Oft werden auch Auslässe mit drallerzeugenden Einbauten versehen, um den Radialstrahl zu bilden. Die geringsten Schallleistungen sind bei solchen Konstruktionen zu erwarten, bei denen die Strömung im Durchlass beschleunigt wird und möglichst wenige Strömungshindernisse passieren muss. Deshalb schneiden Prallplatten- und Düsenluftdurchlass – in dieser Hinsicht am besten ab. Dabei ist die Wandkontur vor dem Austritt so zu gestalten, dass keine Strömungsablösungen auftreten (vgl. Bild F2-12).

Bild F2-12 Schnitt durch einen Radialdurchlass

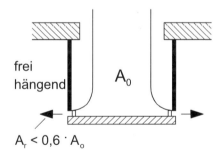

Bild F2-13 Räumliche Anordnung des Radialdurchlasses

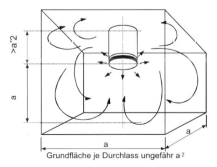

F2.1.2.5
Radialer Decken- oder Wandstrahl

Für den radialen Wandstrahl gilt Ähnliches wie für den radialen Freistrahl. Luftdurchlässe für radiale Wandstrahlen werden überwiegend an der Decke von Räumen angebracht. Wandstrahlen, die so an der Decke entstehen, werden dann auch als „Deckenstrahlen" bezeichnet. Im isothermen Fall unterscheiden sich die beiden nicht. Strömungstechnisch kann man sich den radialen Wandstrahl ungefähr wie einen halben radialen Freistrahl vorstellen, vgl. dazu Bild 1, J3-21 a, b. Es gelten deshalb ähnliche Geometriebedingungen wie für den radialen Freistrahl. Ein Durchlass kann dann die größte Kühlleistung in einen Raum einbringen, wenn er ungefähr eine Fläche versorgt, die dem Quadrat der Höhe des Auslasses über dem Boden entspricht [F-18]. Hohe Säle benötigen also weniger Durchlässe als niedrige Räume. Diese Regel hat sich als Erfahrung aus vielen Versuchen ergeben. Ein theoretischer Beweis liegt dafür noch nicht vor. Für den radialen Wandstrahl gelten ähnliche Einschränkungen wie für den ebenen Wandstrahl. Die Wände oder Decken, in denen sie angebracht sind, müssen möglichst eben sein. Hindernisse müssen außerhalb der Strömungsebene liegen und keinesfalls in die Strömung hineinragen. Bei räumlich gestalteten Decken müssen die Durchlässe deshalb am tiefsten Punkt angebracht werden, soweit von der Wand entfernt, dass sich die Strömung nicht durch den Coanda-Effekt an die unebenen Wandbereiche anlegen kann.

Ein gewisser Vorteil der Wandstrahldurchlässe ist, dass sie die Fläche in ihrer Nähe konvektiv kühlen oder, was seltener vorkommt, erwärmen. Dadurch kann ein Teil des Wärmeaustausches durch Strahlung erreicht werden.

Bild F2-14 zeigt einen Schnitt durch einen Prallplattendurchlass für Wandstrahlen. Bis auf den Abstand von der Decke unterscheidet er sich nicht von dem Freistrahldurchlass (Bild F2-12). Damit vor dem Austritt eine beschleunigte Strömung entsteht, sollte auch hier die Austrittsfläche ungefähr 60% oder weniger als die Zuströmfläche A_0 betragen. Prallplattendurchlässe sind in Lieferprogrammen relativ selten zu finden. Verschiedene Prinzipien von Radialdurchlässen sind in Bild G7-13 dargestellt. Für einige trifft zu, was auch schon über Lamellengitter gesagt wurde. Zahlreiche Einzelumlenkungen erzeugen Ablösegebiete und damit zusätzliche Geräusche. Verstellbare Durchlässe lassen sich mit den verschiedenen Konstruktionsprinzipien auch verwirklichen. Der Schnitt auf Bild F2-14 deutet an, dass der Durchlass nicht vollkommen deckenbündig eingebaut wird. Der Abstand sorgt dafür, dass die Strömung in der unmittelbaren Durchlassnähe zunächst einen Freistrahl bildet, der sich nicht sofort an die Deckenfläche anlegt. Dadurch wird die Ablagerung von Schmutz, der durch die aus dem Raum induzierte Strömung an die Decke gelangt, in der Umgebung des Durchlasses reduziert.

Es gibt rechteckige Luftdurchlässe, die nicht vergleichbar mit den oben beschriebenen Radialdurchlässen sind. Sie erzeugen in den üblichen Ausführungen vier einzelne Wandstrahlen. Äußerlich lässt sich einem Durchlass nicht ansehen, ob er Radialstrahlen oder ebene Wandstrahlen erzeugt. Es gibt sogar Sonderkonstruktionen, die als schlitzförmige Deckenstrahldurchlässe mit ent-

Bild F2-14 Radialdurchlass für Deckenstrahlen

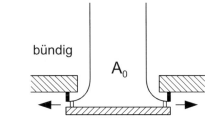

Bild F2-15 Anordnung des Radialdurchlasses

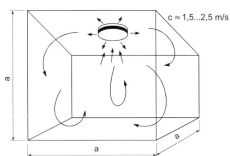

sprechenden Lenklamellen vor der Austrittsebene näherungsweise Radialstrahlen erzeugen. Solche Durchlässe liegen dem Anordnungsvorschlag in Bild F2-16 zugrunde. Bild G7-14 zeigt das Strömungsbild.

Bild F2-15 zeigt analog zu Bild F2-13 die aus Erfahrung günstigste geometrische Anordnung des Radialdurchlasses: Ein Durchlass versorgt eine Grundfläche, die ungefähr dem Quadrat der Raumhöhe entspricht.

4. Beispiel
Auslegung der Radialluftdurchlässe bei Mischlüftung

Gegeben: Ein Saal mit der Grundfläche 12 m · 18 m, Höhe 6 m Belegung 200 Personen, Volumenstrom je Person 30 m³/h.

Lösung: Gesamtvolumenstrom V = 200 · 30 = 6000 m³/h, 1 Radialluftdurchlass für 6 m · 6 m = 36 m² (Raumhöhe 6 m), der ganze Saal erhält deshalb 6 Durchlässe, Volumenstrom je Durchlass 1000 m³/h, Volumenstrom bezogen auf die Saalfläche 6000/(12 · 18) = 28 m³/(h m²) erfüllt die Bedingung von Bild F2-1, maximale Kühlleistungsdichte 100 W/m², für einen Durchlass 36 m² · 100 W/m² = 3600 W. Untertemperatur der Luft gegenüber der Raumluft von

$$\Delta\vartheta = \frac{\dot{Q}}{\dot{V}\rho c_p} = 3600 \text{ W}/(1000 \text{ m}^3/\text{h} \cdot 1{,}19 \text{ kg/m}^3 \cdot 1{,}007 \text{ kJ}/(\text{kg K})) \cdot 3{,}6 = 10{,}8 \text{ K.*}$$

---

[*]) Für ρc_p, dem Produkt aus Dichte und spezifischer Wärmekapazität der Luft (bei 20 °C ist die Dichte ρ = 1,19 kg/m³, die spezifische Wärmekapazität c_p = 1,007 kJ/(kg K) = 1007 Ws/(kg K) = 0,28 Wh/(kg K)), kann näherungsweise der Faktor 1/3 eingesetzt werden. Denn ρc_p = 0,28 · 1,19 = 0,333 Wh/(m³K).
Der Kehrwert ist 3 m³K/(Wh)), also $\Delta\vartheta = \frac{\dot{Q}}{\dot{V}\rho c_p}$ = 3600 W/(1000 m³/h) · 3 m³K/(Wh) = 10,8 K.

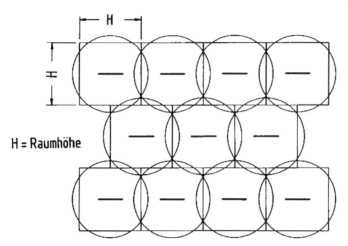

Bild F2-16 Optimale Verteilung von Radialluftdurchlässen

Die richtige Austrittsgeschwindigkeit aus dem Durchlass lässt sich näherungsweise mit den Strahlgesetzen ermitteln (Bd. 1, J3.2.4 und F2.1.2.4).

Das gilt natürlich auch für schlitzförmige Auslässe, wenn sie als Sonderausführung Radialströmungen erzeugen. Ein einfaches Verfahren, solche Auslässe im Raum richtig anzuordnen, ist auf Bild F2-16 angedeutet. Man zeichnet konzentrisch um die Mitte der Auslässe Kreise, deren Durchmesser ungefähr der Raumhöhe entsprechen. Wenn sich die Kreise berühren oder geringfügig überdecken, wie auf dem Bild dargestellt, erfüllen sie am besten die Anforderungen einer optimalen Raumströmung. Wie auf dem Bild zu erkennen, ist das am besten durch eine versetzte Anordnung zu erreichen. Natürlich sollten im Einzelfall immer die Auslegungsunterlagen der Hersteller herangezogen werden. Wenn ihre Auslegungen aber wesentlich von der hier beschriebenen Regel abweichen, sollten die Angaben kritisch betrachtet und möglichst in einem Raumströmungsversuch überprüft werden.

F2.1.3
Anisotherme Strahlen

F2.1.3.1
Anisotherme Freistrahlen

Die Gleichungen zur Berechnung der anisothermen Strahlen sind in Bd. 1, J3.2.6 angegeben. Im Nahbereich des Auslasses, oder wenn die Strahlen nur ein Teilvolumen eines Raumes einnehmen und genügend Abstand von den Wänden haben, sind Berechnungen nach den Gleichungen möglich, ähnlich wie das auch schon bei den isothermen Strahlen beschrieben wurde.

F2 Erzwungene Raumströmung

Bei anisothermen Strahlen entstehen unterschiedliche Strömungsbilder je nach Ort der Lufteinbringung. Dabei ist zwischen Boden, Decke und Wand zu unterscheiden. Bei Kaltluftstrahlen aus Boden- oder Warmluftstrahlen aus Deckendurchlässen lässt sich mit den Formeln aus Bd. 1, J3.2.6 die maximale Eindringhöhe oder -tiefe errechnen. Der Kaltluftstrahl vom Boden aus ist dabei insofern weniger kritisch, als bei zu geringer Eindringhöhe eine Quellluftströmung (s. F-3) entsteht, bei der die Luft mit Sicherheit in den Aufenthaltsbereich gelangt, und nur in Durchlassnähe können die Geschwindigkeiten eventuell über den Behaglichkeitsgrenzen liegen.

Es gibt verschiedene Bodenluftdurchlässe, die gekühlte Luft als anisotherme Strahlen vom Boden aus in den Raum einbringen. Das Bild G7-25 zeigt ein Beispiel eines Durchlasses für Volumenströme von etwa 30 bis 50 m³/h. Eine andere Durchlassart bläst die Luft etwas geneigt oder senkrecht nach oben in den Raum ein. Sie wird verwendet für Untertemperaturen von 4 K gegenüber der Luft im Aufenthaltsbereich. Die unmittelbare Umgebung des Auslasses darf kein dauernder Aufenthaltsbereich von Personen sein. Diese Durchlässe haben sich besonders bei Variabelvolumenstromanlagen in Büros bewährt. Das Strömungsbild bei kleinem Volumenstrom zeigt Bild G7-26. Voraussetzung für die richtige Anwendung in größeren Räumen ist die Verteilung der Auslässe auf die gesamte Raumfläche entsprechend der Lastverteilung. Anderenfalls entstehen unerwünschte Ausgleichströmungen.

Bei Warmluftstrahlen von der Decke gibt es jeweils nur einen einzigen richtigen Strahlimpuls (siehe auch Bd. 1, Bild J3-19). Ist er zu groß, dann ist die Eindringtiefe und auch die Luftgeschwindigkeit zu hoch, und es ist mit Zugerscheinungen im Aufenthaltsbereich zu rechnen. Wenn der Impuls zu klein ist, gelangt die warme Luft nicht in den Aufenthaltsbereich. Das ist besonders dann kritisch, wenn der Raum die Wärme hauptsächlich am Boden nach außen abgibt (Räume über unbeheizten Kellerräumen oder Tordurchfahrten). Damit auch bei variablen Lasten eine Lösungen möglich ist, werden Luftdurchlässe mit variablem Austrittsimpuls angeboten. Das kann durch verstellbare Austrittquerschnitte und damit variierte Austrittsgeschwindigkeiten oder durch verstellbare Leitschaufeln und dadurch geänderte Ausströmrichtung erreicht werden. Im Prinzip lassen sich mit solchen Durchlässen bestimmte Strömungsbilder einstellen, und zwar am besten, wenn die Durchlässe bei variabler Last auf konstante Archimedeszahl (Gl. J3-47a, b) geregelt werden. Damit ist gemeint, dass bei sich ändernder Temperaturdifferenz $\Delta\vartheta$ zwischen Raumluft und Zuluft der Volumenstrom der Zuluft so geändert wird, dass das Verhältnis der Temperaturdifferenz zum Quadrat der Geschwindigkeit am Austritt konstant bleibt: $\Delta\vartheta/u^2$ = const. Dabei bleibt das Strömungsbild im Raum unverändert, nur die Geschwindigkeiten ändern sich proportional zur Austrittsgeschwindigkeit. Wenn diese Strömung für die Maximallast richtig ausgelegt ist, funktioniert sie auch im Teillastfall. Es gibt allerdings eine große Zahl von Fehlermöglichkeiten bei dieser Art der Regelung. Nicht verstellbare Durchlässe sind deshalb möglichst vorziehen. Zum Kühlen und Heizen sollten am besten verschiedene Durchlässe verwendet werden.

Das oben genannte Beispiel – Transmission am Boden, Warmlufteinbringung an der Decke einer Halle – ist noch in anderer Hinsicht erwähnenswert. **Die Grundregel bei der Positionierung von Luftdurchlässen zum Heizen oder Kühlen muss sein, dass die Durchlässe dort angebracht werden, wo die Kühl- oder Heizlast anfällt.** (Das gilt im Übrigen auch für Heiz- und Kühlflächen). Transmission am Boden über unbeheizten Räumen lässt sich schlecht mit Luftstrahlen von oben ausgleichen.

Neben dem Warmluftstrahl von der Decke wird auf Bd. 1, Bild J3-18, auch der Kaltluftstrahl gezeigt. Bei ihm addieren sich, wie in Bd. 1, J3.2.6 ausgeführt, der Impuls der isothermen und der Abtriebsgeschwindigkeit. Die richtige Auslegung solcher Auslässe ist äußerst problematisch, und man sollte sie in Raumströmungsversuchen überprüfen.

Düsen, die Kaltluft von der Decke nach unten ausblasen, können nur in thermisch sehr schwach und weitgehend konstant belasteten Sälen verwendet werden. Die richtige Anordnung lässt sich zur Zeit nur experimentell ermitteln.

Von den Wänden in Sälen kann die Zuluft durch Strahlenbündel aus Mehrfachdüsen zugeführt werden. Die einzelnen Düsen sind, wie auf Bild F2-6 dargestellt, mit einem Winkel im Bereich von 10° bis 15°, in Ausnahmefällen auch bis 30° zur Horizontalen angestellt. Der Anstellwinkel ergibt sich aus der Austrittsgeschwindigkeit, der Untertemperatur, der Saalhöhe und der Entfernung bis zur Saalmitte. Durch die Düsenanstellung lässt sich die Abtriebsgeschwindigkeit der Strahlen kompensieren (Berechnung mit den Gleichungen für anisotherme Strahlen in Bd. 1, J3-48a).

Größere Düsen werden an einzelne Druckkästen mit geneigter Wand oder durch entsprechende Krümmer an das Kanalsystem angeschlossen. Kleinere Mehrfachdüsen werden auf abgestuften Düsenkästen angebracht. Die Düsenkästen werden üblicherweise so verkleidet, dass man nur noch die Düsenöffnungen sehen kann. Statt runder Düsen können auch beliebige andere Düsenquerschnitte für diese Mehrfachdüsen angewendet werden. Die Düsenauslegung erfolgt nach den Gleichungen für die isothermen Mehrfachstrahlen (F2.1.2.2). Für die Abmessungen von Räumen und für die Anbringung der Düsen lassen sich einige Erfahrungswerte als Mindestanforderungen angeben, die auf Bild F2-17 zusammengestellt sind. Neben den dort angegebenen geometrischen Bedingungen müssen die Düsen die Luft von zwei gegenüberliegenden Saalseiten so einbringen, dass die Projektionen der Strahlachsen auf den Saalboden parallel verlaufen. Die gegenüberliegenden Düsenreihen sollten gleichen Impuls einbringen. Die Kühllastdichte ist auf max. 80 W/m² begrenzt. Bei höheren Lasten sollte eher ein Temperaturanstieg etwa von 23 auf 25 °C der Luft und auch der Wände im Raum während einer Veranstaltung zugelassen werden, um die Kühlleistung der Luft zu reduzieren, indem der instationäre Fall zugelassen wird.

Die Düsen werden so ausgelegt, dass die in Saalmitte außerhalb des Aufenthaltsbereiches aufeinandertreffenden Strahlen höchstens die doppelte der im Aufenthaltbereich zulässigen Geschwindigkeiten haben. Bei richtiger Auslegung ergibt sich häufig ein instationäres Strömungsbild, bei dem zeitweise der Strahl

F2 Erzwungene Raumströmung

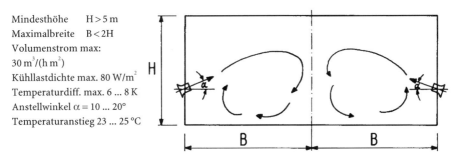

Mindesthöhe   H > 5 m
Maximalbreite B < 2H
Volumenstrom max:
30 m³/(h m²)
Kühllastdichte max. 80 W/m²
Temperaturdiff. max. 6 ... 8 K
Anstellwinkel α = 10 ... 20°
Temperaturanstieg 23 ... 25 °C

Bild F2-17 Raumgeometriebedingungen und Abmessungen für Düsenlüftung

von der einen Saalseite bis zur gegenüberliegenden Seite strömt und den Gegenstrahl nach oben oder unten lenkt und umgekehrt.

Die Temperatur der aus beiden Saalseiten austretenden Luft muss in engen Grenzen gleich sein (< ± 0,1 K). Für die richtige Auslegung thermisch hoch belasteter Säle ist viel Erfahrung nötig.

Statt Düsen werden an den Seitenwänden von Räumen häufig auch Lamellengitter als Luftdurchlässe verwendet. Sie gestatten aus akustischen Gründen keine großen Austrittsgeschwindigkeiten. Bei größerer Untertemperatur fallen Luftstrahlen aus solchen Durchlässen bei entsprechend kleinen Luftgeschwindigkeiten direkt hinter dem Durchlass nach unten. Das kann beabsichtigt und erwünscht sein, wenn diese Abwärtsbewegung der Luft nicht im Aufenthaltsbereich von Personen liegt. Es ist anzunehmen, dass bei der früheren Entwicklung der Lamellengitter gerade diese Strömungsform angestrebt wurde [F-19]. Garms zeigt eine solche Strömung aus einem seitlichen Luftauslass und nennt sie „Quelllüftung"! Diese Strömungsform ist nicht vollkommen identisch mit dem, was heute unter Quelllüftung verstanden wird, aber es kommt ihr sehr nahe.

Die Anwendung der Freistrahlgesetze ist für solche Durchlässe wegen der komplizierten Geometrie praktisch nicht möglich und eigentlich auch nicht angebracht. Sollen sie trotzdem angewendet werden, so besteht die Möglichkeit, für bestimmte Lamellenstellungen den Geschwindigkeitsabbau vor dem Durchlass durch Messungen zu ermitteln und eine fiktive Kernlänge und einen fiktiven Austrittsdurchmesser anzugeben, die dann die weitere Berechnung mit den bekannten Strahlgesetzen erlauben.

Es gibt noch eine große Zahl von Luftdurchlässen, die als „Schlitzauslässe" und als „Düsenschienen" bezeichnet werden. Es handelt sich dabei um reihenförmig angeordnete Freistrahlöffnungen mit runden oder rechteckigen Austrittsquerschnitten. Die Austrittsöffnungen haben Durchmesser oder Abmessungen von 5 bis 50 mm. Die Richtung der Öffnungen ist bei vielen Konstruktionen verstellbar, so dass sie die Luft senkrecht oder auch schräg nach unten ausblasen können. Sie sind bis zu mittleren Kühllastdichten von 40 bis 50 W/m² einsetzbar. Darüber wird in Abschn. G7.2.1.3 mehr berichtet.

F2.1.3.2
Anisotherme Decken- und Wandstrahlen

Wandstrahlen im Bereich der Fensterbrüstung

Wandstrahlen im Bereich der Fensterbrüstung kommen bei sog. „Fensterblasanlagen" (Bild F2-11) und bei Induktionsgeräten (Bild G7-11) oder bei Ventilatorkonvektoren vor.

Als „Fensterblasanlagen" werden Luftdurchlässe bezeichnet, die einen Wandstrahl oder Anlegestrahl (s. J3.3.1) parallel zu einer Fensterfläche im allgemeinen von unten nach oben ausblasen. Sie haben die Aufgabe, im Winter den Kaltluftabfall an Fenstern und Glasfassaden zu verhindern. Im Sommer tragen sie zur Kühlung der Glasfläche bei. Kaltluftabfall an Wänden und Fassaden kann zu erheblichen Volumenströmen anwachsen und zu Zugerscheinungen in Bodennähe führen. Bild F2-18 gibt den Massenstrom an, der je Meter Fassadenbreite an kalten Flächen mit verschiedenen Höhen und Oberflächentemperaturen nach unten strömt. Man erkennt, dass der Massenstrom ungefähr proportional zur Höhe der Wand anwächst, während der Einfluss der Untertemperatur geringer ist. Eine Halbierung der Temperaturdifferenz zwischen Wand und Raumluft reduziert den Kaltluftstromes nur um den Faktor 1,3; so dass auch noch Wände mit guter Wärmedämmung sehr viel Luft in Bewegung setzen können, wenn sie entsprechend hoch sind.

Die gemessenen Massenströme je Meter Fassade lassen sich näherungsweise durch die im Diagramm wiedergegebenen Geraden (logarithmischer Maßstab!) darstellen. Für sie gilt näherungsweise die Beziehung:

$$\dot{m} = (25\ldots30)\, z\, \Delta\vartheta^{1/3} \tag{F2-10}$$

mit $\dot{m}$ – auf die Wandbreite l bezogener Massenstrom in kg/(h·m)
  z – Höhe über dem Boden in m
  $\Delta\vartheta$ – Temperaturdifferenz Raum-Wand in K; $5 < \Delta\vartheta < 20$.
Bei L – Höhe der Wand in m; $1 < L < 10$.

Bild F2-18 Kaltluftabfall an einer Wand nach Kriegel [F-20]

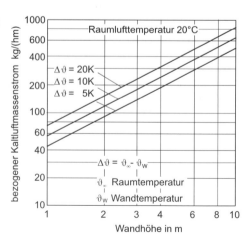

Skistad et al. [F-58] geben als charakteristische Daten für Konvektion an vertikalen Oberflächen folgende Zusammenhänge an:

	Laminarer Bereich	Turbulenter Bereich
Maximale Geschwindigkeit m/s	$v = 0{,}1 \cdot (\Delta\vartheta \cdot z)^{0,5}$	$v = 0{,}1 \cdot (\Delta\vartheta \cdot z)^{0,5}$
Grenzschichtdicke m	$\delta = 0{,}05 \cdot \Delta\vartheta^{-0,25} \cdot z^{0,25}$	$\delta = 0{,}11 \cdot \Delta\vartheta^{-0,1} \cdot z^{0,7}$
Volumenstrom l/(s m)	$\dot{V} = 2{,}87 \cdot \Delta\vartheta^{0,25} \cdot z^{0,75}$	$\dot{V} = 2{,}75 \cdot \Delta\vartheta^{0,4} \cdot z^{1,2}$

Wenn man die Einheiten umrechnet, ergeben sich kleinere Werte, die aber in der Größenordnung der Angaben von Bild F2-18 liegen, und zwar bei 50 bis 75%.

Fensterblasanlagen werden mit den isothermen Strahlgesetzen für Wandstrahlen (Bd. 1, Bild J3-12a) ausgelegt, und zwar so, dass an der Oberkante der Fassade noch eine Luftgeschwindigkeit von ca. 0,6 m/s besteht [F-20]. Dadurch ergibt sich eine verhältnismäßig hohe Austrittsgeschwindigkeit aus Fensterblasanlagen. Die Begrenzung für die Luftgeschwindigkeit wird häufig durch die zulässige Schallleistung gegeben. Typische Werte für Fensterblasanlagen in Brüstungshöhe bei einer Raumhöhe von 3 m sind: Austrittsgeschwindigkeit 6 m/s, Volumenstrom 30 m³/(hm), Schlitzbreite 1,5 mm. Düsenförmige Schlitze erzeugen auch hier die geringste Schalleistung. Bei größerer Fassadenhöhe wird der Volumenstrom entsprechend erhöht und die Austrittsgeschwindigkeit an die akustischen Anforderungen angepasst. Die Strömung bleibt im Raum auf den Fassadenbereich beschränkt, wenn die Endgeschwindigkeit des Wandstrahles den oben genannten Grenzwert nicht überschreitet und keine Raumlasten aus dem Rauminneren abgeführt werden.

Für die Kühllast ist zu beachten, dass die Transmission durch den verbesserten Wärmeübergangskoeffizienten auf der Innenseite der Scheibe größer wird als bei freier Konvektion. Dadurch wird die Oberflächentemperatur der Scheibe im Winter erhöht und im Sommer reduziert, was die thermische Behaglichkeit für Personen in Fensternähe verbessert, aber energetisch nachteilig ist.

Raumströmung mit Induktionsgeräten

Endgeräte von Induktionsanlagen werden als „Induktionsgeräte" bezeichnet. In Abschn. G7.2.1.4 werden solche Geräte näher beschrieben. Mit Induktionsgeräten für Mischluftströmung wird angestrebt, eine Raumströmung zu erzeugen, die im Kühlfall ungefähr 0,5 bis 1 Raumhöhen tief in den Raum eindringt. Die Geschwindigkeit im Bereich der Abwärtsströmung muss dabei im Behaglichkeitsbereich liegen. Bild G7-11 zeigt verschiedene Induktionsgeräte. Die Luft wird angetrieben durch Primärluft, die innerhalb des Gerätes aus Düsen ausgeblasen wird. Gemischt mit Sekundärluft, die über einen Wärmeaustauscher aus dem Raum angesaugt wird, tritt die Gesamtluft an der Brüstungsoberkante aus dem Gerät aus und bewegt sich parallel zur Fensterscheibe nach oben. Die Geräte erzeugen in den meisten Fällen eine Tangentialströmung im Raum, und die Eindringtiefe der primären Luftwalze ändert sich sehr stark mit der Kühlleistung des Gerätes.

Gerätekühl-leistung	Fenster-temperatur	Linie
W	°C	
0	t$_{Raum}$	......
900	t$_{Raum}$	- - - - -
900	t$_{Raum}$ + 10°C	————

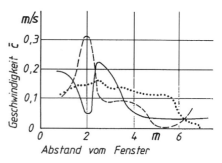

Bild F2-19 Geschwindigkeitsverteilung bei Tangentialströmung mit Induktionsgeräten [F-21]

Bild F2-19 zeigt die Luftgeschwindigkeiten in einer Raumachse für verschiedene Kühlleistungen des Gerätes. Neben der Kühlleistung des Gerätes hat die Oberflächentemperatur der Fensterscheibe einen großen Einfluss auf die Luftgeschwindigkeiten im Raum. Bei 900 W Geräteleistung, aber um 10 K erhöhter Fensterscheibentemperatur, ergibt sich eine deutlich kleinere Geschwindigkeit als bei der gleichen Geräteleistung und gleicher Temperatur von Luft und Scheibe.

Das Diagramm in Bild F2-20 zeigt die Mittelwerte der Geschwindigkeiten aus vielen untersuchten Raumströmungen in Abhängigkeit von der Geräteleistung, wenn ein Gerät ungefähr 10 m² Grundfläche versorgt. Die dargestellten Werte gelten für optimal eingestellte Gerätedaten. Man erkennt, dass bei isothermer Scheibe Kühlleistungen über 400 W nach heutiger Beurteilung zu Zugerscheinungen führen. Das Bild enthält weiterhin die Geschwindigkeiten bei Fensterscheibentemperaturen 10 K über der Lufttemperatur. Für die Raumströmung ist nicht die Kühlleistung des Gerätes maßgebend, sondern die Kühlleistung, die an der Decke in den Raum eintritt. Andererseits ist die Geschwindigkeit nahezu unabhängig von der Raumfläche, die ein Gerät versorgt. Weil diese Zusammenhänge beim Bau der ersten Induktionsanlagen nicht bekannt waren, gab

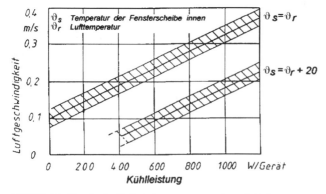

Bild F2-20 Geschwindigkeit in Räumen mit Induktionsgeräten abhängig von der Kühlleistung eines Gerätes (Tangentialströmung)

es viele solcher Anlagen, vor allem in Bürogebäuden mit großen Fenstern und ohne außen liegenden Sonnenschutz, in denen berechtigt über Zugerscheinungen geklagt wurde. Bei kleineren Kühllasten oder im Heizfall gibt es die Probleme nicht.

Ein Vergleich von Bild F2-20 und Bild F2-2 zeigt qualitativ eine ähnliche Abhängigkeit der Luftgeschwindigkeit von der Kühlleistung. Die auftretenden Geschwindigkeiten sind bei der Tangentialströmung allerdings höher als bei der Radialströmung.

Ebene Wandstrahlen an der Decke
Ebene Wandstrahlen an der Decke werden von sogenannten „Schlitzauslässen" erzeugt, die die Luft deckenbündig zu einer oder zu beiden Seiten ausblasen. Sie sind weitverbreitet anzutreffen und funktionieren zugfrei in Räumen normaler Höhe mit niedrigen Kühllastdichten. Bei richtiger Anordnung und Konstruktion lassen sich Kühllastdichten bis ungefähr 50 W/m^2 mit solchen möglichst beidseitig ausblasenden Schlitzauslässen in die Räume einbringen. Die Entfernung beidseitig ausblasender Schlitze voneinander sollte dabei etwa der Raumhöhe entsprechen. Das ergibt Volumenströme um 12 m^3/(hm^2) bei einer Temperaturdifferenz zwischen Ab- und Zuluft von 12 K, bei 3 m Raumhöhe, also knapp 40 m^3/(hm), bezogen auf die Durchlasslänge. Es entsteht eine tangentiale Mischströmung.

Man beobachtet bei Zulufteinführung mit ebenen Wandstrahlen, dass bei thermischen Lasten über 50 W/m^2 tangentiale Raumströmungen entstehen, die nicht von den Luftdurchlässen, sondern von der Thermik im Raum bestimmt werden. Die Strömung aus einzelnen Durchlässen kann dabei einfach in eine andere Richtung umgelenkt werden, Luftstrahlen aus mehreren parallel angeordneten Durchlässen legen sich zusammen und strömen dann mit erhöhter Geschwindigkeit an einigen Stellen im Raum nach unten. Wenn die genannten Grenzen von Kühllastdichte und Volumenstrom in der Auslegung überschritten werden, sollte die Funktion in Raumströmungsversuchen nachgewiesen werden. Bild F2-21 zeigt einen Vergleich der Möglichkeiten mit linearen und radialen Durchlässen, die aus Erfahrungswerten aus Versuchen stammen.

Es existieren die verschiedensten Durchlassformen, die aus durchgehenden Schlitzen, Walzen mit Öffnungen alternierend nach rechts und links, fest eingebauten Düsenelementen, abwechselnd zur einen und zur anderen Seite ausblasen. Die Bilder G7-8 bis G7-10 zeigen drei verschiedene häufig auftretende Formen.

Radiale Deckenstrahlen
Wie in Absatz F2.1.2.5 über Radialstrahlen schon ausgeführt wurde, sind von allen Strahlarten die Radialstrahlen am besten geeignet, verhältnismäßig große Kühlleistungen störungsfrei in Räume einzubringen, wobei sich die Regel bewährt hat, dass ein Durchlass jeweils eine Raumfläche, die dem Quadrat der Durchlasshöhe entspricht, versorgt. Eine Erklärung dafür ist die höhere Stabilität des ringförmigen Strömungsgebildes gegen Störungen durch Auftrieb im Raum und die größere Fläche, in der die Luft abwärts strömen kann. Bild F2-21

Bild F2-21 Anordnung und Anwendungsgrenzen von Linear- und Radialdurchlässen

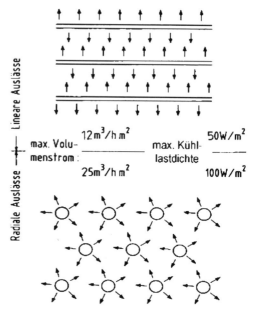

zeigt einen Vergleich einbringbarer Luftströme und Kühlleistungen für Schlitz- und Radialdurchlässe. Während mit den besten linearen Auslässen maximal etwa 12 m³/(hm²) störungsfrei in den Raum bei maximalen Kühllastdichten von 50 W/m² eingebracht werden können, liegen die Werte bei richtig angeordneten Radialdurchlässen bei ca. 25 m³/(hm²) und 80 bis 100 W/m². In Bild F2-20 sind die Luftgeschwindigkeiten für Induktionsgeräte in der Brüstung (Tangentialströmung) und in Bild F2-2 für Radialstrahlen angegeben. Man erkennt den prinzipiell günstigeren Verlauf für Radialstrahlen [F-22]. Ähnliche Ergebnisse lassen sich auch aus Angaben von Awbi [F-23] beim Vergleich verschiedener Luftdurchlassanordnungen für Luftgeschwindigkeiten von 0,20 m/s errechnen:

	Kühllastdichte W/m²	bezog. Volumenstrom m³/(hm²)
Ebener Deckenstrahl von der Raumseite	39	12
Tangentialströmung vom Fenster	64	18
Radialströmung von der Decke	100	25

Strömungsbild der Mischströmung

Die verschiedenen Arten von Luftstrahlen, die bis jetzt beschrieben wurden, erzeugen im Raum praktisch immer eine Mischströmung. Bild F2-22 zeigt das typische Bild der Strömung und der Verteilung von Verunreinigungen. In erster Näherung sind die Temperaturen und die Konzentrationen von Verunreinigungen im ganzen Raum gleich. Nur in unmittelbarer Nähe des Lufteintrittes sind

F2 Erzwungene Raumströmung 149

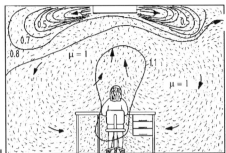

Linien gleicher Stoffbelastungsgrade μ

Bild F2-22 Strömungsbild der Mischströmung mit Deckenluftdurchlass

die Konzentrationen niedriger, und die Temperaturen liegen näher bei der Zulufttemperatur. In Bild F2-22 sind Raumbelastungsgrade der Verunreinigung eingetragen. Sie stellen die Konzentration der Verunreinigung bezogen auf die Abluftkonzentration dar. (Näheres darüber s. B4.4.5.)

In der Umgebung des Luftdurchlasses stellen sich die geringsten Konzentrationen ein, höhere Konzentrationen und Temperaturen findet man in der unmittelbaren Nähe von Wärme- und Verunreinigungsquellen.

Als charakteristisch kann man die in Bild F2-23 gezeigten vertikalen Profile für Geschwindigkeit, Temperatur und Konzentration von Verunreinigungen betrachten. Dort sind zum Vergleich die Profile für Misch- und Quellluftströmung dargestellt. Ein ungleichmäßiges Profil weist bei Mischlüftung nur die Geschwindigkeit auf. Die Geschwindigkeit außerhalb des Aufenthaltsbereiches wird möglichst hoch gehalten, damit die Strömung gegen thermische Störungen stabil ist. Höhere Kühllastdichten erfordern höhere Austrittsgeschwindigkeiten. Das hat zur Folge, dass das Geschwindigkeitsniveau im ganzen Raum, also auch im Aufenthaltsbereich, mit steigender Kühllast anwächst, wie in Bild F2-2 und F2-20 bereits dargestellt. Die Abhängigkeit der Luftgeschwindigkeit von der Kühllast in Bild F2-20 wurde in Raumströmungsversuchen mit walzenförmiger (tangentialer) Raumströmung gefunden [F-21]. Auf die Abhängigkeit der Luftgeschwindigkeiten von der Kühllast weist auch schon Nevins [24] hin. Die

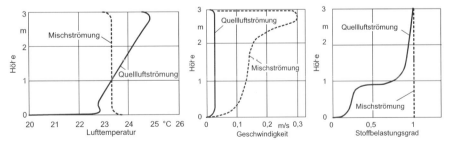

Bild F2-23 Vertikale Profile von Temperatur, Stoffbelastungsgrad und Geschwindigkeit für Misch- und Quellluftströmung

Abhängigkeit der Luftgeschwindigkeit von der Kühllast begrenzt die radiale Mischströmung auf einen Bereich wie in Bild F2-1 angegeben. Nur in Sonderfällen sollten die dort angegebenen Grenzen überschritten werden. Zu solchen Sonderfällen kann man Räume zählen, bei denen z.B. in Wandnähe größere Luftgeschwindigkeiten zugelassen werden können oder bei denen in Raumströmungsversuchen Durchlassanordnung und Raumgeometrie aufeinander abgestimmt wurden.

Die bei Mischlüftung idealisierend angenommene konstante Konzentrationsverteilung im Raum gilt natürlich nur näherungsweise. Bild F2-24 zeigt horizontale Konzentrationsverteilungen mit Mischströmung für verschiedene Höhen in einem Raum [F-25] über der Entfernung von der Verunreinigungsquelle. Man erkennt den starken Konzentrationsanstieg in Quellennähe und die Abnahme mit größerer Entfernung. Der Konzentrationsverlauf ist abhängig von der Art und der Verteilung der Mischluftdurchlässe im Raum. Auf Bild F2-24 nehmen die Konzentrationen mit der Entfernung mit einem Exponenten von −0,25 ab. In anderer Anordnung wurde für den gleichen Durchlass auch ein Exponent von −0,33 beobachtet. Hier handelt es sich um Durchlässe, die ein radiales Strömungsbild erzeugen. Bei linearen Durchlässen liegen die Exponenten bei −0,1. der Konzentrationsabbau ist also erheblich kleiner. Die mittlere Konzentration tritt bei Linear- und Radialdurchlässen ungefähr dort auf, wo die Entfernung von der Quelle der Raumhöhe gleicht, hier bei 3 m Entfernung. Auslässe, die eine geringe Konzentration in Quellennähe bewirken, führen zu einer geringen Konzentrationsabnahme mit der Entfernung. Es kann nur von Fall zu Fall entschieden werden, was in einem Raum angestrebt werden soll. Als Auswahlkriterium für Luftdurchlässe kann der horizontale Konzentrationsverlauf herangezogen werden. Für Großräume sind eher Luftdurchlässe mit größeren, für Einzelräume solche mit kleineren Exponenten vorzuziehen.

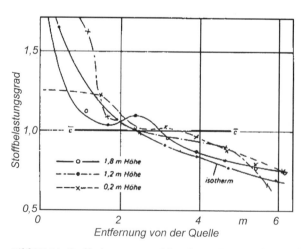

Bild F2-24 Stoffbelastungsgrad in einem Raum mit Mischströmung abhängig von der Entfernung von der Verunreinigungsquelle

F2.2
Verdrängungsströmung

F2.2.1
Vertikale Verdrängungsströmung

Vertikale Verdrängungsströmungen kommen im Bereich der Komfortklimatisierung nicht vor. Man trifft sie eher im industriellen Bereich an. Verdrängungsströmungen sind bei kleinen Volumenströmen nur bei isothermen Bedingungen stabil. Wärmequellen mit geringer Leistung, wie sie beispielsweise Personen darstellen, reichen schon aus, die Stabilität einer solchen Verdrängungsströmung zu gefährden. Bei einer vertikalen Verdrängungsströmung von unten entsteht, wie schon erwähnt, eine Quellluftströmung, wenn die Wärmequelle mehr Luft nach oben fördert als an Zuluft für die Wärmequelle in den Raum gelangt.

Für die vertikale Verdrängungsströmung von oben und von unten gibt Linke [F-26] Strömungsbilder in Abhängigkeit von einer charakteristischen Temperaturdifferenz und dem Massenstrom an (Bild F2-25). Die Verdrängungsströmung von unten schlägt in ein torusförmiges Strömungsbild, die Verdrängungsströmung von oben in eine Raumwalze um. Die von Linke angegebenen Temperaturdifferenzen zwischen einer mittleren Temperatur auf der Raumachse und der Zuluft gestatteten zunächst nicht die Berechnung der dazugehörenden Kühllast oder der Archimedeszahl (s. Bd. 1, Gl. J1-19).

Regenscheit [F-27] hat später Archimedeszahlen für die Stabilitätsgrenzen der Strömungsformen für die Versuche von Linke angegeben. Darin ist die Geschwindigkeit v die Luftgeschwindigkeit, die sich aus dem Volumenstrom der Luft bezogen auf die Grundfläche des Raumes ergibt. $\Delta\vartheta$ ist die Temperaturdifferenz zwischen der Raumluft und der Zuluft und L ist die Höhe des Raumes.

Eine stabile Verdrängungsströmung von oben existiert nach Regenscheit [F-27] bis zu einer Archimedeszahl < 46 (4–13). In Klammern Ergebnisse einer

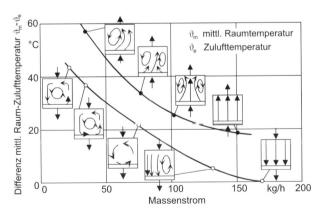

Bild F2-25 Strömungsbilder abhängig von Massenstrom und Temperaturdifferenz nach Linke [F-26]

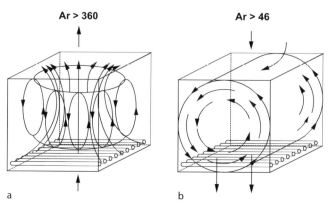

Bild F2-26 Typische Strömungsformen im Kubusraum nach Linke [F-26]

neueren Untersuchung [F-28] mit ähnlichem Aufbau. Bei größeren Archimedeszahlen schlägt die Strömung in eine Walzenströmung um, wie auf der Bild F2-26b dargestellt. Die Strömung von unten ist stabil bis zu einer Archimedeszahl < 360 (200–300) und geht dann in die torusförmige Strömungsform über. Sie ist auf Bild F2-26a dargestellt.

Mit diesen Stabilitätsgrenzen ergeben sich für einen 3 m hohen Raum die auf Bild F2-27 angegebenen Stabilitätsbereiche für den bezogenen Volumenstrom und die Kühllastdichte. Um eine stabile Verdrängungsströmung von unten bei einer Kühllastdichte von 10 W/m² zu erhalten, ist schon ein Volumenstrom von 50 m³/(hm²) erforderlich. Für 100 W/m² müsste der Volumenstrom auf 110 m³/(hm²) steigen. Die Werte liegen vollkommen außerhalb der üblichen Volumenströme für Büro- oder Versammlungsräume.

Beispiel:
1) Reinraum:

$$\frac{\dot{V}}{A} = 1{,}8 \cdot 10^3 \, m^3/(hm^2) ;$$

$$\dot{q}_w = 7 \cdot 10^4 \, W/m^2 .$$

2) Person in Quellluft:

$$\frac{\dot{V}}{A} = 100 \, m^3/(hm^2) ;$$

$$\dot{q}_w = 90 \, W/m^2 .$$

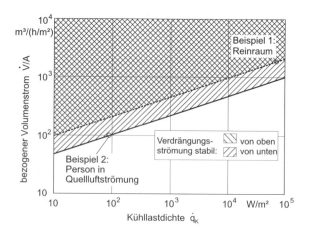

Bild F2-27 Bereiche der stabilen vertikalen Verdrängungsströmung

Obwohl die Strömung von oben instabiler ist als die von unten, wird sie in Industriehallen, vor allem in Reinräumen mit Volumenströmen bis 1800 m^3/(hm^2), angewendet. Bei einem so hohen Volumenstrom würde das Stabilitätskriterium erst bei 70 kW/m^2 verletzt. Bei den Versuchen von Linke war die Last gleichmäßig über die Bodenfläche verteilt. Man kann aber davon ausgehen, dass die lokale Kühllastdichte entscheidend ist. Wenn eine ungleichmäßige Verteilung existiert, muss die lokale Kühllastdichte verwendet werden. Als Beispiel für die Strömung von unten ist in Bild F2-27 die Quellluftströmung eingetragen. Wenn man sich als Wärmequelle eine Person mit einer Kühllastdichte von 100 W/m^2 vorstellt, dann würde die Verdrängungsströmung ungefähr bis zu einem Volumenstrom von 100 m^3/(hm^2) existieren.

Als Beispiel für die stabile Strömung von oben: bei der Reinraumströmung mit 1800 m^3/(hm^2) kann eine Heizplatte mit einer Leistung von 1 kW und einer auf ihre Fläche bezogenen Leistungsdichte von 70 kW/m^2 noch keine Auftriebstörung erzeugen, wenn die Geschwindigkeit 0,45 m/s beträgt, wie Bild F2-39 links zeigt.

Die angegebenen Stabilitätskriterien können selbstverständlich nur als ungefähre Werte angenommen werden und sind deshalb hauptsächlich für Abschätzungen nützlich. Zusätzlichen Einfluss auf die Stabilität haben die Temperaturbedingungen an den Wänden, die infolge der Strahlung beispielsweise bei adiabater Wand anders als bei isothermer Wand sind. Das erklärt vermutlich auch die Unterschiede in den Ergebnissen von Linke und den Angaben in Klammern.

F2.2.2
Horizontale Verdrängungsströmung

Ähnliche Stabilitätsuntersuchungen wie für die vertikale Verdrängungsströmung liegen für die horizontale Verdrängungsströmung nicht vor. Die horizontale Verdrängungsströmung wird durch thermische Lasten in jedem Falle sehr stark gestört, so dass man sie eigentlich nur für isotherme oder nahezu isotherme Fälle anwenden sollte. Sie wird angewendet für kleinere Tischarbeitsplätze, bei denen das zu schützende Produkt zwischen Durchlass und der Verunreinigungs- und Störstelle liegt. Es hat auch Versuche gegeben, in Operationsräumen horizontale Verdrängungsströmungen zu verwenden, bei denen eine ganze Wand des Operationsraumes als Verdrängungsluftdurchlass ausgebildet wurde. Diese Anwendungen haben sich aber nicht durchgesetzt, weil sie zusätzliche Anforderungen an die Aufstellung des OP-Teams stellten und vermutlich auch weniger effektiv waren.

Eine spezielle Variante stellen sogenannte Schrägschirme dar, bei denen eine partielle Verdrängungsströmung von der Oberseite einer Seitenwand eines Operationsraumes schräg nach unten zum OP-Tisch eingeblasen wird. Vom Standpunkt der Stabilität der Strömung und der zu vermeidenden Kontamination sind diese Durchlässe für ihre Aufgabe aber nicht geeignet.

F2.2.3
Anwendung in der Reinraumtechnik

F2.2.3.1
Verhalten kleiner Teile

In der Reinraumtechnik [F-92] mit sehr hohen Anforderungen (besser oder gleich Klasse 4 nach Bild F2-30) werden häufig so teure Produkte verarbeitet, dass der hohe Aufwand einer Verdrängungsströmung gerechtfertigt ist. Zur Erklärung wird zunächst auf die Besonderheiten der Reinräume eingegangen.

Reinräume sind Räume, in denen der Aerosolgehalt der Luft extrem niedrig gehalten wird. Näheres über Aerosole (s. Bd. 1, N2.2). Die Besonderheiten der Reinräume lassen sich am besten verstehen, wenn man einige Grundregeln der Aerosolphysik betrachtet. Die Besonderheiten erwachsen aus den unvorstellbar kleinen Abmessungen der Aerosole. Hierzu zunächst eine einfache Rechnung zur Veranschaulichung: Ein Kubikmillimeter eines Stoffes mit der Dichte 1 g/cm^3 wiegt ein Milligramm. Zerteilt man diesen Kubikmillimeter in Teile mit der Abmessung 1 Mikrometer, so erhält man 10^9 – eine Milliarde – Teile, von denen jedes 10^{-6} Mikrogramm wiegt. Bild N2-1 in Bd. 1 veranschaulicht die Abmessungen von Aerosolen.

Wenn Gegenstände in unserer täglichen Erfahrungswelt stören, werden sie entfernt. Das ist in der Mikrowelt nicht so leicht möglich, weil sich die Partikel schwer finden lassen. Dazu ein Beispiel: Ein Partikel mit der Abmessung 0,3 µm auf einem Wafer mit einem Durchmesser von 150 mm wäre nach Vergrößerung um den Faktor 10^6 mit einem Ball von 0,3 m Durchmesser auf einer Fläche mit dem Durchmesser 150 km vergleichbar. Man kann sich leicht ausmalen, wie schwer es ist und wie lange es dauert, selbst mit den besten technischen Hilfsmitteln diesen Ball zu finden.

Gegenstände mit Abmessungen von Millimetern, Zentimetern oder Metern fallen nach unten, wenn sie nicht festgehalten werden. In der Mikrowelt ist das anders. Die Oberfläche der Mikrometerpartikel ist, bezogen auf ihr Volumen, tausendmal größer als das der Millimeterpartikel. Entsprechend größer werden auch die Wirkungen aller Oberflächenkräfte im Verhältnis zu den Volumenkräften. So werden die Reibungskräfte tausendmal wirksamer als die Massenkräfte. Ein Ergebnis ist, dass sich Mikrometerteile in Luft wie in einem zähen Brei bewegen, sie bewegen sich mit der Luft und sedimentieren fast gar nicht. Man sagt, wenn das auch nicht ganz richtig ist, dass sie schweben, und nennt sie Schwebstoffe. Die Sedimentationsgeschwindigkeit v_p eines Mikrometerteiles ist kleiner als 0,1 mm/s. Gl. N2-1 in Bd. 1 gestattet, die Sedimentationsgeschwindigkeiten in Abhängigkeit von der Partikelgröße zu berechnen. Aus der geringeren Sedimentationsgeschwindigkeiten der kleineren Partikel erklärt sich, weshalb in der Luft mehr kleine als große Partikel schweben.

Bild F2-28 zeigt noch einige weitere Besonderheiten kleiner Teile. In Wandnähe werden sie von Oberflächen-Kräften angezogen. Am Beispiel eines 0,6 µm-Partikels [F-29] sind diese Kräfte in Abhängigkeit vom Wandabstand berechnet

Bild F2-28 Kräfte, die auf Partikel mit verschiedenen Durchmessern wirken

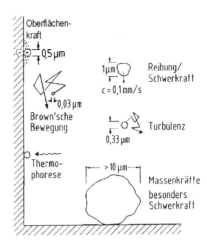

und mit dem Gewicht des Partikels verglichen worden. Die Oberflächen-Kraft beträgt in unmittelbarer Wandnähe ein Vielfaches der Schwerkraft. Ein Grund, weshalb solche Teilchen nur schwer von einer Oberfläche entfernt werden können, selbst wenn man sie „entdeckt" hätte. Mit weiter abnehmender Abmessung der Partikel kommen weitere Kräfte ins Spiel, die auf die Turbulenz der Strömung, die Brown'sche Bewegung oder auf thermische Strahlung (Thermophorese) zurückzuführen sind. Auf Einzelheiten zur Wirkung weiterer Kräfte wie Thermophorese, elektrostatische Aufladung sei auf die Fachliteratur verwiesen (u. A. Suter [F-30], Hinds [F-31], Gail [F-92]).

Die im Verhältnis zu den Massenkräften großen Reibungskräfte, die auch auf Mikrometerteilchen wirken, erklären, weshalb die Teile fast trägheitslos jeder Strömungsbewegung folgen, ein Grund, weshalb man Strömungen mit Rauch gut sichtbar machen kann. Das gelingt umso besser, je geordneter die Strömung verläuft, also besonders gut bei der laminaren Strömung.

Schwebstoffe sind in der Fertigung von Mikrochips schädlich, weil die Strukturen von Mikrochips im Bereich von Mikrometern liegen und Partikel in dieser Größenordnung entweder Kurzschlüsse zwischen Leiterbahnen erzeugen oder den Aufbau der Mikrostrukturen behindern können.

Es gibt noch andere Gebiete, wo speziell lebende Schwebstoffe (Mikroorganismen) sehr unerwünscht sind und ihre Ausbreitung verhindert werden muss: Überall, wo Sterilität gefordert wird, besonders also in Operationsräumen und Fertigungshallen für das Abfüllen und Verpacken steriler Medikamente oder Geräte und auch verderblicher Lebensmittel und dort, wo vom Produkt keine Mikroorganismen auf den Menschen übertragen werden dürfen. Mikroorganismen haben ebenfalls Abmessungen im Mikrometerbereich (vgl. Bd. 1, Bild N2-1 und Abschn. N2.4 in Bd. 1).

Die besten Hochleistungs-Schwebstofffilter (englisch „Ulpa-Filter") haben statistisch gesehen je nach Filterstufe (s. Bd. 1, Tab. N7-3) einen Anfangsdurchlassgrad von $5 \cdot 10^{-6}$ bis $5 \cdot 10^{-8}$. Wenn Luft durch solche Schwebstofffilter geleitet wird, ist sie praktisch partikel- und keimfrei. In den Reinräumen selbst befinden sich aber Partikelquellen, hauptsächlich Personen, Maschinen und Materialien. Aufgabe der Lüftungstechnik im Reinraum ist es deshalb, die Partikel, die von diesen Quellen ausgehen, daran zu hindern, an die partikelempfindlichen Stellen zu gelangen. Dafür ist die Verdrängungsströmung besonders gut geeignet. Es kann sich dabei um den Schutz des Produktes, aber auch um den Schutz der Personen vor dem Produkt handeln.

F2.2.3.2
Reinraumklassen

Als Kriterium für die Qualität eines Reinraumes wurden „Reinraumklassen" eingeführt. Bei ihrer Definition ist man davon ausgegangen, dass die Zahl der Partikel im Luftvolumen der wesentliche Qualitätsmaßstab ist. Man hätte besser die auf einem Produkt sedimentierten Partikel als Maßstab eingeführt. Aber häufig werden Grenzwerte nach den Möglichkeiten der vorhandenen Messtechnik festgelegt, und mit Partikelzählern kann man ganz gut die Anzahl von Partikeln in einem abgesaugten Teilvolumenstrom ermitteln, und zwar genau in dem ursprünglich sehr wichtigen Durchmesserbereich der Partikel von 0,1 bis 10 Mikrometern. Heute lassen sich mit Kondensationskernzählern auch noch viel kleinere Partikel zählen.

Die erste Norm für Reinräume wurde in USA mit dem Federal Standard 209 gemacht, Bild F2-29 gibt Version D wieder. Die Kurven geben Summenhäufigkeiten verschiedener Partikelkonzentrationen je Volumeneinheit als Klassengrenzen an von Partikeln, die kleiner oder gleich dem Durchmesser auf der Ordinate sind. Die Steigung der Grenzkurven ergibt sich aus Erfahrungswerten für die Korngrößenverteilung von Schwebstoffen.

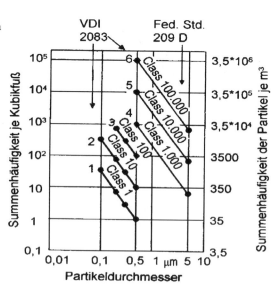

Bild F2-29 Reinraumklassen nach Fed. Stand. 209 D und VDI 2083

F2 Erzwungene Raumströmung

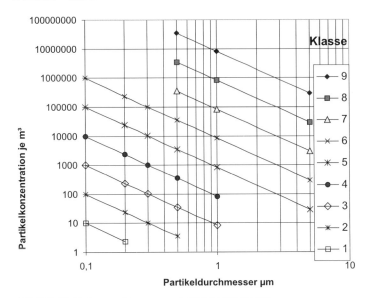

Bild F2-30 Reinraumklassen nach ISO 14644 [F-32]

Die Reinraumklassen werden benannt nach der Konzentration der Partikel, die kleiner oder gleich 0,5 Mikrometer sind, in einem Kubikfuß Luft unter Normbedingungen.

Der Durchmesser ist ein äquivalenter Durchmesser, den ein Lichtstrahlpartikelzähler ermittelt, der mit kugelförmigen monodispersen Aerosolen kalibriert wurde. Die Einzelheiten der Messtechnik sollen hier nicht näher erläutert werden, sie sind eingehend in der ISO-Norm beschrieben [F-32] beschrieben.

Der Federal Standard 209 D nahm die Anzahl der Partikel je cfm (Kubikfuß) als Klassenbezeichnung. Der Federal Standard 209 E wurde auf metrische Einheiten umgeschrieben. Es wird die Anzahl der Partikel in einem Kubikmeter gemessen und für die Klassenbezeichnung wird nicht die Anzahl der Partikel, sondern der Logarithmus der Partikelzahl verwendet, wie das zuvor auch schon von anderen Vorschriften, etwa der Richtlinie VDI 2083 gemacht wurde. In Bild F2-29 sind die verschiedenen Grenzkurven wiedergegeben. Die Steigungen der Grenzkurven unterscheiden sich geringfügig. Alle nationalen Standards werden jetzt durch die neue ISO-Norm EN ISO 14644 [F-32] ersetzt. Danach sind die Reinraumklassen nach folgender Formel festgelegt:

$$C_n = 10N \cdot \left(\frac{0{,}1}{D}\right)^{2{,}08} \tag{F2-11}$$

mit C_n – größte erlaubte Konzentration von Partikeln mit einer Abmessung gleich oder größer als die gegebene Partikelabmessung, Partikel je m^3

N – Klassennummer nicht größer als 9; Zwischenklassen bis zu einer Unterteilung von 0,1

D – Partikelabmessung in µm

Bild F2-30 „Reinraumklassen" zeigt die entsprechenden Grenzkurven.

Bei der ISO-Norm wird der Logarithmus der Konzentration der Partikel größer oder gleich 0,1 µm als Klassenbezeichnung verwendet.

Für die pharmazeutische und die Nahrungsmittelindustrie ist nicht die Konzentration der Partikel, sondern die der lebenden Mikroorganismen maßgebend. Deshalb gibt es eine weitere Richtlinie zu beachten, GMP, Good Manufacturing Practices [F-33]. Die folgende Tabelle F2-1 gibt eine Zuordnung der Klassen wieder:

Tabelle F2-1 Zuordnung von Reinraumklassen nach ISO zum GMP-Standard

GMP-Klasse	Reinraumkriterium Maximale Partikelkonzentration				Mikroorganismen mit Luftsammlern
	Partikel/m^3 > 0,5 µm		Partikel/m^3 > 5 µm		KBE/m^3
	at rest	in operation	at rest	in operation	
A	3.500	3.500	0	0	<1
B	–	350.000	0	2.000	10
C	350.000	3.500.000	2.000	20.000	100
D	3.500.000	keine Angb.	20.000	keine Angabe	200

Dort werden 4 Klassen A bis D unterschieden und die Partikelkonzentration wird unterschieden danach, ob im Raum eine Aktivität (in operation) oder keine Aktivität (at rest) stattfindet, weitere Details siehe [F-92].

Die Unterscheidungen zwischen Betrieb (in operation) und Ruhe (at rest) deuten darauf hin, dass nicht eine laminare Verdrängungsströmung vorausgesetzt wird; denn bei laminarer Strömung darf sich durch den Betrieb nichts ändern.

F2.2.3.3
Laminare und turbulente Verdrängungsströmung

Die Reinraumströmung hat so zu erfolgen, dass Partikelbewegungen von Quellen schädlicher Partikel zu Produkten oder Personen möglichst unterbunden werden. Partikelquelle kann der Mensch oder das Produkt sein. Bei giftigen Produkten ist der Mensch vor Aerosolen der Produkte, im OP vor Keimen des OP-Personals zu schützen. Das wird mit Verdrängungsströmungen seit langem erfolgreich gemacht. Im folgenden soll gezeigt werden, was dabei zu beachten ist.

Die besten Erfolge können mit einer geordneten Verdrängungsströmung erzielt werden, also am besten mit einer laminaren Verdrängungsströmung. Den Erfindern der ersten Reinräume muss diese Idee vorgeschwebt haben, denn es wird bei den ersten Reinräumen häufig von laminarer Verdrängungsströmung gesprochen, später meist nur noch von „unidirectional flow", also Strömung in einer Richtung, was nach unserem Verständnis eine Verdrängungsströmung ist, die aber nicht laminar sein muss. Dabei wird häufig auch etwas verwirrend von

F2 Erzwungene Raumströmung

quasi laminarer Strömung gesprochen. Ebenso wird die nicht vollkommen laminare Strömung auch als „turbulenzarme" Strömung bezeichnet. Die Erklärung für die Sprachverwirrung mag darin bestehen, dass es verhältnismäßig schwierig ist, eine wirklich laminare Strömung zu realisieren.

Laminare Strömung soll so verstanden werden wie bei den Versuchen von Reynolds vor über 100 Jahren. Immer, wenn eine Strömung durch einen langen Rauchfaden sichtbar gemacht werden kann, weil er sich nicht durch Turbulenz auflöst, liegt eine laminare Strömung vor, unabhängig davon, ob die Strömung nach den Stabilitätskriterien stabil ist oder nicht. Es ist allerdings nicht leicht, die Laminarität nachzuweisen; denn wenn man mit einem Rauchröhrchen Rauch in die Strömung einbringt, muss die Reynolds-Zahl der Röhrchenumströmung kleiner als 40 sein, weil sonst bereits die Störungen durch das Rauchröhrchen Turbulenz erzeugen. Der Durchmesser des Rauchröhrchens muss deshalb kleiner als 1 mm sein.

Zwei andere Methoden haben sich besser bewährt, qualitativ die Laminarität nachzuweisen. Man kann entweder gegen die Strömung mit Rauchröhrchen Rauchringe ausblasen. Wenn die Ringe mit der Strömung schwimmen, ohne zu zerfallen, liegt eine laminare Strömung vor. Oder man kann eine Methode anwenden, die Leder [F-34] entwickelt hat. Er verdampft Wachs oder eine andere Substanz auf einem beheizten sehr dünnen Draht. Die Substanz kondensiert sofort wieder in der Strömung und macht die Stromfäden so sichtbar. Das hierzu aufgenommene Bild F2-31 zeigt, dass es möglich ist, in einem 3 m hohen Raum die Strömung von der Decke bis zum Boden laminar zu halten, obwohl die Reynolds-Zahl, mit der Raumhöhe als Länge gebildet, ungefähr 10^6 beträgt. Das steht nicht im Widerspruch dazu, dass eine Kanalströmung bei einer Reynolds-Zahl von 2300 turbulent wird; denn hier im Reinraum fehlt die erforderliche

Bild F2-31 Laminare Verdrängungsströmung von oben nach unten in einem 3 m hohen Reinraum mit Rauch sichtbar gemacht

Einlauflänge der Kanalströmung. Wenn man den Reinraum zwischen den Wänden als einen Kanal betrachtet, dann ist der Raum nicht hoch genug, um den laminar-turbulenten Umschlag zu erreichen.

Voraussetzung ist allerdings ein Laminarisator in der Strömung am Eintritt in den Raum, der aus einem engmaschigen monofilen Gewebe bestehen kann. Und es dürfen sich stromab vom Laminarisator keine Störstellen befinden. Die Rahmen der Laminarisatoren selbst dürfen keine Störungen verursachen. Das lässt sich erreichen, indem Rahmen mit schmalem Austrittsquerschnitt verwendet werden. Mit der Maschenweite des Laminarisatorgewebes gerechnet liegt die Reynolds-Zahl unter 1, und es ist einleuchtend, dass die Strömung laminar ist. Auf dem dargestellten Bild F2-31 ist rechts eine leichte Störung zu erkennen, die vom Laminarisatorrahmen verursacht wird.

Im Folgenden werden einige Phänomene der turbulenten und der laminaren Verdrängungsströmung detaillierter dargestellt [F-35]. Um den Unterschied zwischen einer turbulenten, häufig bei kleinen Turbulenzgraden auch als „quasilaminar" oder „turbulenzarm" bezeichneten, und einer laminaren Strömung zu verdeutlichen, wird auf Bild F2-32 ein Foto der Strömung unter zwei benachbarten Auslässen gezeigt, ebenfalls mit der Heizdrahtmethode sichtbar gemacht. Links durchströmt die Luft oberhalb des Bildausschnittes einen Laminarisator, rechts ein Lochblech mit einem freien Querschnitt von etwa 40% und einem Lochdurchmesser von 4 mm, wie es häufig als Abdeckung von Verdrängungsluftdurchlässen verwendet wird. Die Strömung in den einzelnen Öffnungen des Lochbleches liegt im Übergangsbereich von der laminaren zur turbulenten Strömung. Der Turbulenzgrad der Strömung rechts beträgt ungefähr 5%, links weniger als 1%. Man erkennt deutlich, wie durch die Turbulenz ein Austausch von Partikeln quer zur Hauptströmungsrichtung erfolgt.

Es liegen empirische Aussagen über den Queraustausch in Abhängigkeit vom Turbulenzgrad vor [F-36]. In der Mitte einer Verdrängungsströmung, oder Grundströmung mit konstanter Geschwindigkeit über den ganzen Querschnitt, wurde ein dünner Partikelstrahl dicht über einem Laminarisator eingebracht, und die Profile der Partikelkonzentration wurden in verschiedenen Abständen stromab vom Einbringungsort bei verschiedenen Turbulenzgraden der Strömung

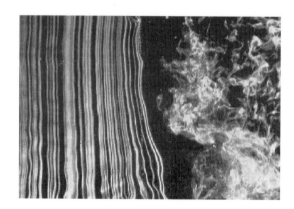

Bild F2-32 Strömung von oben nach unten unter einem Laminarisator (*links*) und einem Lochblech (*rechts*)

F2 Erzwungene Raumströmung

gemessen. Die Turbulenz wurde durch unterschiedliche Turbulenzgitter 180 mm hinter dem Laminarisator erzeugt. Es ergeben sich ähnlich wie für Geschwindigkeiten von Freistrahlen in ruhender Luft normalverteilte Profile der Partikelkonzentrationen $c(y)$, wie auf Bild F2-33 für einen Abstand x von 380 mm vom Laminarisator dargestellt.

Mit steigendem Turbulenzgrad verringert sich die Konzentration c_m in der Partikelstrahlmitte und die Profilbreite bzw. die Standardabweichung s des Profils nimmt zu. Das Profil der Partikelkonzentration $c(y)$ lässt sich darstellen:

$$c(y) = \frac{2P}{u\pi s^2} e^{-2\frac{y^2}{s^2}} \qquad (F2\text{-}12)$$

mit y – Koordinate quer zur Strömungsrichtung mm
 $c(y)$ – Partikelkonzentration
 P – Quellstärke der Partikelquelle P/s
 u – Geschwindigkeit der Grundströmung m/s
 $s = 2\,\sigma$ – Standardabweichung des Profils mm.

Zwischen der Konzentration in Strahlmitte c_m und der Quellstärke P sowie der Geschwindigkeit der Grundströmung besteht folgender Zusammenhang:

$$c_m = \frac{2P}{u\pi s^2} \qquad (F2\text{-}12)$$

Die Standardabweichung des Profils nimmt mit der Entfernung x von der Partikelquelle und mit dem Turbulenzgrad zu. Das Ergebnis ist in Bild F2-34

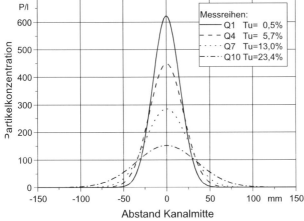

Bild F2-33 Partikelverteilungen einer Verdrängungsströmung mit unterschiedlichen Turbulenzgraden nach Scheer [F-36]

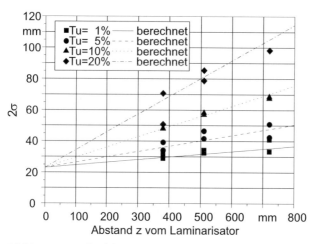

Bild F2-34 Standardabweichung des Partikelkonzentrationsprofils

dargestellt. Der Zusammenhang lässt sich ausdrücken durch folgende Gleichung:

$$s = k_1 + x \frac{Tu}{k_2} \qquad (F2\text{-}13)$$

Die anwachsende Standardabweichung kann man auch als eine Zunahme der Querausbreitung interpretieren. Die Querausbreitung nimmt also mit der Turbulenz und der Entfernung zu. Diese Ergebnisse dürften auch für andere Anwendungsfälle wie Ausbreitung von Dampf hinter einem Dampfbefeuchter von Interesse sein.

k_1 und k_2 in Gl. F2-13 sind experimentell ermittelte Konstanten, die von den Abmessungen des Versuchsaufbaus abhängen. Scheer fand $k_1 = 23$ mm und $k_2 = 175$.

Noch entscheidender wirkt sich die turbulente Bewegung bei Strömungen auf den Partikeltransport in Wandnähe aus, wie die Fotos Bild F2-35 qualitativ zeigen. In beiden Fällen wird Rauch im gleichen Abstand von einer Wand in die Strömung oberhalb des Bildausschnittes eingebracht. Die Luft strömt von oben nach unten parallel zur Wand. Auf der rechten Abbildung mit der laminaren Strömung erkennt man, dass sich der Rauch parallel zur Wand bewegt, ohne sie zu berühren. Auf der linken Abbildung mit der turbulenten Strömung berührt der Rauch durch den turbulenten Austausch immer wieder die Wand.

Wenn die Wand ein empfindliches Produkt wäre, würde es in der turbulenten Strömung reichlich kontaminiert. Dieser Effekt erklärt auch die Schmutzfahnen an den Wänden ganz normaler Räume oberhalb der Halterungen von Heizkörpern oder anderen Wärmequellen an der Wand oder auf Tragflächen von Flugzeugen hinter den Spoilern.

Aber auch im umgekehrten Fall, wenn die Wand eine Partikelquelle wäre, hätte die turbulente Strömung Nachteile, weil mehr Partikel aufgewirbelt und

Bild F2-35 Rauchfaden in Wandnähe,
links in turbulenter,
rechts in laminarer Strömung

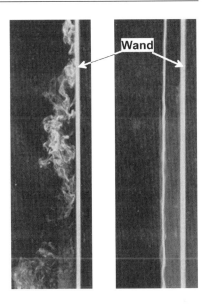

– insbesondere quer zur Strömung – fortbewegt würden. Das ist besonders wichtig bei der Umströmung von Personen im Reinraum. Bild F2-36 zeigt die laminare Umströmung einer Person von oben mit einer Geschwindigkeit von 0,40 m/s. Vor der Person wurde die Partikelverteilung im Abstand von der Oberfläche in laminarer und in turbulenzarmer Strömung in Tischhöhe gemessen [F-35]. In der turbulenten Strömung ist die Schicht gleicher Partikelkonzentration ca. 10-mal dicker als bei der laminaren Strömung oder in gleicher Entfernung von 3 bis 10 cm ist die Konzentration in der turbulenten Strömung ungefähr 10-mal so groß. Empfindliche Produkte in Personennähe werden also 10-mal so stark kontaminiert.

Bild F2-36 Umströmung einer Person
in laminarer Verdrängungsströmung

Störungen der Verdrängungsströmung
Eine häufig vorkommende Störung der Strömung stellen Konstruktionsprofile im Luftstrom dar. Entweder sind es Filterrahmen, Leuchten oder gar, wenn die Schwebstofffilter ohne Abdeckung verwendet werden, die Falten der Schwebstofffilter selbst. Stromab von den Störungen bilden sich Nachlaufgebiete, s. z. B. Bild F2-37. In diese Nachlaufgebiete gelangen besonders gut Partikel von Quellen, die gleichzeitig Wärme abgeben. Infolge des Auftriebs bewegen sie sich im Nachlaufgebiet nach oben und finden dann gute Möglichkeiten, sich über große Entfernungen im Raum quer zur Strömung auszubreiten. Messungen mit einer Partikelquelle im Nachlaufgebiet eines horizontalen Profils haben ergeben, dass die Konzentration etwa bis zum Abstand der fünffachen Profilbreite von der Quelle proportional zur Entfernung abnimmt. Die Partikelkonzentration nimmt bei größerem Abstand von der Partikelquelle noch stärker ab, in der Entfernung der 10-fachen Hindernisbreite ist die Partikelkonzentration ungefähr auf ein Zehntel und bei der 100-fachen Entfernung ungefähr auf ein Tausendstel der Anfangskonzentration zurückgegangen. Wegen der großen Partikelzahl, die von Partikelquellen abgegeben wird, schaffen trotz der starken Konzentrationsabnahme immer noch viele Partikel eine „erfolgreiche" Querbewegung im Raum.

Bild F2-37 zeigt die Umströmung eines Profils von oben mit gleicher Geschwindigkeit in laminarer und turbulenter Strömung. Der Vergleich zeigt zwei Effekte: In der laminaren Strömung werden die Stromfäden schon in größerem Abstand vom Hindernis umgelenkt, und sie gelangen nicht an die Oberfläche des Hindernisses. Das Nachlaufgebiet ist größer, aber partikelfrei. Das Nachlaufgebiet der turbulenten Strömung ist kleiner, aber stark kontaminiert. Die Bilder zeigen deutliche Vorteile der laminaren Strömung. Bei der turbulenten Strömung ist das Staugebiet schmaler. Durch die turbulente Strömung gelangen

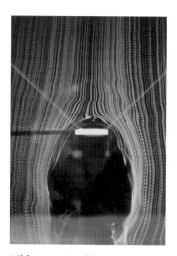 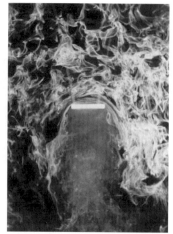

Bild F2-37 Profilumströmung in laminarer (*links*) und turbulenter (turbulenzarmer) Strömung (*rechts*)

F2 Erzwungene Raumströmung

viele Partikel in unmittelbare Wandnähe, was hohe Kontamination der Oberfläche bedeutet, falls die Strömung Partikel enthält. Das wird durch verschiedene Messungen der Sedimentationsgeschwindigkeit von Partikeln in Staupunktströmung und Strömungen parallel zu einer Wand nachgewiesen.

Immer wenn sich Ablöse- und Nachlaufgebiete der Strömung bilden können, ist zu unterscheiden, ob sich Partikelquellen innerhalb oder außerhalb des Ablösegebietes befinden. Das größere Nachlaufgebiet in der laminaren Strömung ist vorteilhaft, wenn keine Partikelquellen im Nachlaufgebiet liegen, es ist aber von Nachteil bei Partikelquellen im Nachlaufgebiet.

Sedimentation als Funktion des Turbulenzgrades

Es gibt einige Messungen, die den Turbulenzeinfluss auf die Sedimentation belegen. Wegen der unterschiedlichen Versuchbedingungen lässt sich nur für den jeweiligen Fall eine Aussage machen und noch keine allgemein gültige Rechenregel angeben. Tendenziell wird durch steigenden Turbulenzgrad die Sedimentation vergrößert, wie Bild F2-37 vermuten lässt.

Es gibt verständlicherweise unterschiedliche Ergebnisse für vertikale und horizontale Staupunktströmungen, weil bei der vertikalen Staupunktströmung von oben auf eine horizontale Fläche die Schwerkraft einen zusätzliche Anteil liefert. Das Gleiche gilt bei Strömungen parallel zu einer Wand. Auf einer vertikalen Wand sedimentieren weniger Partikel als auf einer horizontalen Fläche unter einer Strömung.

Im Staupunkt einer horizontalen Strömung auf eine vertikale Fläche wurden bei verschiedenen Turbulenzgraden der Strömung [F-37] die in Bild F2-38 gezeigten Messergebnisse gefunden, bei einer Anströmgeschwindigkeit von 1 m/s und Turbulenzgraden von 2 und 22%. Bei dem höheren Turbulenzgrad ist die Sedimentation ungefähr 10 mal so groß wie bei dem geringen Turbulenzgrad. Die Sedimentationsgeschwindigkeit ist proportional zur Sedimentation.

In eine ähnliche Richtung hatten auch schon frühere Messungen an OP-Decken gewiesen (s. Abschn. F2.2.3.4).

Bild F2-38 Sedimentationsgeschwindigkeit von Partikeln in einer Staupunktströmung bei verschiedenen Turbulenzgraden nach Schneider et al. [F-37]

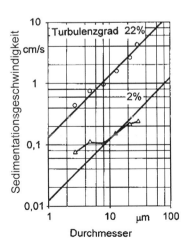

Bild F2-39 Verdrängungsströmung von oben nach unten über einer Wärmequelle bei verschiedenen Geschwindigkeiten

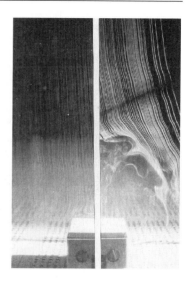

Messungen in einer vertikalen Strömung parallel zu senkrecht aufgestellten Wafern und Messungen in einer senkrechten Staupunktströmung von oben auf einen waagerecht gelagerten Wafer von Fischbacher [F-38] ergaben in beiden Fällen bei einer Erhöhung des Turbulenzgrades von 1 auf 10% eine Zunahme der Sedimentation um etwa 40%. Wobei in der Staupunktströmung auf die horizontale Fläche ungefähr 10 mal mehr Partikel sedimentierten als an dem senkrecht aufgestellten Wafer.

Scheer [F-36] hat die Sedimentation von Keimen in einer Staupunktströmung auf horizontale Petrischalen untersucht. Ein Anstieg des Turbulenzgrades von 1% auf 20% erhöht die Sedimentation ungefähr auf das Doppelte. Darauf wird später beim Abschnitt über OP-Decken noch näher eingegangen (F2.2.3.4).

Neben den Störungen durch Hindernisse spielen Wärmequellen eine große Rolle. Bild F2-39 zeigt die laminare Strömung von oben über einer Heizplatte mit einer Leistung von 1 kW bei zwei verschiedenen Geschwindigkeiten. Der linke Bildausschnitt zeigt eine linke und der rechte eine rechte Seite der Staupunktströmung. Bei einer Luftgeschwindigkeit von 45 cm/s (linke Bildhälfte) ist keine Störung zu beobachten, während sie bei 33 cm/s (rechte Bildhälfte) schon schädliche Ausmaße erreicht. Hier wird qualitativ bestätigt, was anfangs über die Stabilität der Verdrängungsströmung gesagt wurde.

Die relativ hohe Geschwindigkeit von 45 cm/s, die in Reinräumen für hohe Anforderungen angewendet wird, ist gegen thermische Störungen dieser Größenordnung stabil. Bei einer Geschwindigkeit der Verdrängungsströmung von 33 cm/s ist schon eine deutliche Störung durch den Auftrieb zu erkennen.

Einfluss der Abluftöffnungen auf die Verdrängungsströmung

Großflächige Verdrängungsströmungen, wie sie in Reinräumen vorkommen, werden auch von der Abluftöffnung beeinflusst. Deshalb werden in Reinräumen mit Verdrängungsströmung von oben großflächige perforierte Doppelböden

F2 Erzwungene Raumströmung 167

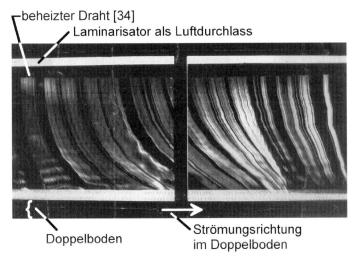

Bild F2-40 Verdrängungsströmung in einem Reinraum

zum Absaugen verwendet (s. 5.3.5 in [F-92]). Ein solcher Doppelboden allein reicht aber nicht aus, um eine vertikale Raumdurchströmung sicherzustellen. Die Absauggeschwindigkeit muss über die gesamte Fläche des Doppelbodens gleich groß sein. Bild F2-40 zeigt die übliche Durchströmung eines Reinraumes, bei dem das nicht der Fall ist. Der Hohlraum unter dem Doppelboden dient als Absaugkanal. Die Raumbreite und damit die Länge des Absaugkanals ist im vorliegenden Falle 11,5 mal größer als die lichte Höhe des Doppelbodens bzw. des Absaugkanals, eine häufig vorkommende Abmessung. Der relative freie Querschnitt des Lochbleches beträgt 14%, die Druckdifferenz am Doppelboden 34 Pa. Besonders in Raummitte weicht die Strömungsrichtung fast mit einem Winkel von 45° von der gewünschten vertikalen Strömungsrichtung ab.

Die Verteilung der von einem Abluftkanal abgesaugten Luft längs des Kanals wurde von Haerter [F-40] berechnet. Auf Bild F2-41 ist der Verlauf für 5 verschiedene Fälle dargestellt.

Die dimensionslose Kanallänge ξ ist die Entfernung vom Kanalanfang bezogen auf die gesamte Kanallänge, die Verteilungszahl σ_a stellt den örtlich abgesaugten Teilvolumenstrom bezogen auf den mittleren Volumenstrom dar. Der Parameter A_a stellt das Verhältnis der gesamten gleichwertigen Eintrittsfläche in den Abluftkanal bezogen auf den Kanalquerschnitt am Ende dar. Die gleichwertige Fläche ist das Produkt aus der freien Fläche und dem Einschnürungsfaktor, s. auch Bd. 1, J2.3.5. $A_a = 1$ bedeutet, dass die Summe aller gleichwertigen Eintrittsöffnungen in den Kanal genau so groß ist wie der Kanalquerschnitt am Ende. Die durchgezogenen Linien zeigen die drei Fälle $A_a = 1$; 0,5; 0,25 für senkrechten Eintritt der abgesaugten Luft. Mit abnehmendem Eintrittquerschnitt wird die Verteilung der abgesaugten Luft gleichmäßiger. Bei einem Flächenverhältnis von $A_a = 0,25$ stellt sich eine fast gleichmäßige Verteilung ein. Der Nachteil bei dieser Art der Vergleichmäßigung ist, dass der Druckverlust an der

Bild F2-41 Verteilung des Volumenstromes längs eines Abluftkanals

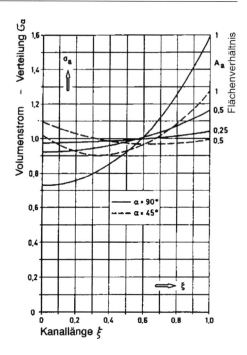

Eintrittsöffnung um den Faktor $(1/0,25)^2 = 16$ gegenüber $A = 1$ steigt. Bild F2-41 zeigt auch eine andere Methode der Vergleichmäßigung auf: Einblasen der Luft unter einem möglichst flachen Winkel. Die gestrichelten Kurven geben die Verteilungen für einen Eintrittswinkel von $\alpha = 45°$ für ein Flächenverhältnis von $A_a = 1,0$ und $0,5$ wieder.

Zurück zur Raumströmung auf Bild F2-40. Der Grund für die Strömungsablenkung ist die ungleichmäßige Absaugung des Abluftvolumenstromes am Boden. Für den Fall, dass die gesamte Einströmfläche des Doppelbodens gleich dem Querschnitt des Absaugkanals ist ($A_a = 1$) – das ist ungefähr der im Beispiel gezeigte Fall – werden am Kanalanfang, also dem vom Absaugventilator ferneren Kanalteil, etwa 70%, am Kanalende ungefähr 160% des mittleren Volumenstromes abgesaugt, wie auf Bild F2-41 zu erkennen. Da die Zuströmung von der Decke des Raumes gleichmäßig verteilt erfolgt, wird die Strömung im Raum auf der von der Absaugung entfernten Seite verzögert. Die einzelnen Stromröhren werden dort bei der Raumdurchströmung von oben nach unten breiter. Weil sich die Stromröhrenbreiten addieren, wird die Ablenkung der Stromlinien von links nach rechts immer größer. Erst etwa ab der Raummitte wird der abgesaugte Volumenstrom größer als der Mittelwert, und die Stromröhren verengen sich wieder, so dass am Raumende der Gesamtvolumenstrom ausgeglichen ist und die Strömung wieder wandparallel erfolgt [F-39]. Eine Vergleichmäßigung der Absaugung lässt sich durch Reduzierung des Flächenverhältnisses A_a erreichen, also entweder durch Verkleinern des Überströmquerschnittes der Luft in den Absaugkanal oder durch Vergrößern der Absaugkanalhöhe. Das verkleinerte Flächenverhältnis führt zu großem Druckanstieg und damit zu erhöhten Be-

Bild F2-42 Doppelboden mit „Treibdüsen"

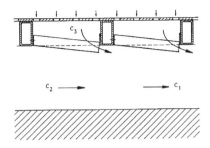

triebskosten, die größere Kanalhöhe erhöht die Baukosten. Hier wird eine bessere Lösung gezeigt, ursprünglich von Haerter für Tunnelentlüftung vorgeschlagen [F-40], die sich durch sogenannte „Treibdüsen" erreichen lässt.

Die Luft strömt unter einem möglichst flachen Winkel in den Kanal ein. Bild F2-42 zeigt, wie solche Treibdüsen aussehen können. Die Treibdüsen führen durch ihren Eintrittsimpuls der Strömung im Absaugkanal ungefähr so viel Energie zu, wie durch Reibung im Kanal verloren geht. Dadurch bleibt der statische Unterdruck und damit auch die Einströmgeschwindigkeit im Kanal ungefähr konstant. Der Strömungswiderstand aus der Kombination der Öffnung im Doppelboden und der Düse einzeln betrachtet ist größer als der einer einfachen Öffnung. Trotzdem ist der Gesamtwiderstand des Kanals mit Düsen kleiner als der ohne, weil die Zuströmung gleichmäßig verteilt über die Kanallänge erfolgt. Auf diese Weise lässt sich bei Abluftleitungen auch einfach eine gleichmäßige Verteilung der Abluftvolumenströme erreichen (s. dazu negative Verlustbeiwerte Bd. 1, Bild J2-29b und G7.3.1).

Dies ist ein interessantes und seltenes Beispiel, bei dem durch erhöhten Einzelwiderstand der Gesamtwiderstand einer Anlage kleiner wird!

Bild F2-43 zeigt das Strömungsbild bei gleichen Raumabmessungen und gleichem Druckverlust des Doppelbodens wie bei dem in Bild F2-40 dargestellten

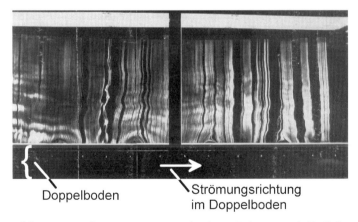

Bild F2-43 Verdrängungsströmung in einem Reinraum mit Treibdüsen im Doppelboden zur Vergleichmäßigung der Absaugung mit gleichem Druckverlust wie auf Bild F2-40

Fall. Die größte Winkelabweichung beträgt hier in Raummitte etwa 7°. Um eine ähnlich kleine Abweichung nur durch Drosselung zu erreichen, müsste etwa die dreifache Druckdifferenz am Doppelboden aufgebracht werden.

Die bisherigen Ausführungen gelten im wesentlichen für Verdrängungsströmungen, die den gesamten Raum vollflächig ausfüllen. Das ist nicht immer erforderlich. Im Folgenden werden Lösungen mit nur teilweise beaufschlagten Reinraumdecken behandelt.

F2.2.3.4
Partiell beaufschlagte Reinraumdecken

Aus wirtschaftlichen Gründen werden Reinräume nicht immer mit einer vollflächig beaufschlagten Reinraumdecke hergestellt. Bekannte Lösungen dieser Art stellen die „Reinen Bänke" dar und Insellösungen, wie sie bei Abfüllstationen in der Lebensmittelindustrie oder als Zuluftdecken in Operationsräumen verwendet werden. Streng genommen ergeben partiell beaufschlagte Reinraumdecken nur in ihrem Kern eine Verdrängungsströmung, denn sie induzieren immer Luft und Partikel aus ihrer Umgebung. Durch entsprechende Konstruktion muss versucht werden, diese Ansaugung so gering wie möglich zu halten.

Reine Bänke

Als „Reine Bänke" werden Verdrängungsluftdurchlässe bezeichnet, die sich längs einer Raumwand in niedriger Höhe über Arbeitstischen oder dem „Reinraumequipment" erstrecken. Unter dem Durchlass soll in dem „Reinfeld" eine sehr hohe Reinraumklasse verwirklicht werden, die im umgebenden Raum, dem Graubereich, nicht erforderlich ist. Die Austrittsgeschwindigkeit richtet sich nach den Wärmequellen unter dem Durchlass. Sie liegt zwischen 0,15 und 0,5 m/s.

Damit möglichst keine verunreinigte Luft aus dem Graubereich in das Reinfeld gelangt, kommt es hier besonders darauf an, dass keine Nachlaufgebiete durch Rahmen oder andere Strömungshindernisse unter der Ebene des Laminarisators gebildet werden, die Verbindung zum Graubereich haben. Abdeckungen aus üblichen Lochblechen mit Lochdurchmessern über 3 mm oder aus Gittern sind aus diesem Grunde ungeeignet. Die Bilder F2-9, F2-10 veranschaulichen die Unterschiede.

Operationsraumdecken

In Operationsräumen mit „sehr hohen Anforderungen" nach [F-45] an die Keimarmut der Luft werden häufig auch partielle Verdrängungsströmungen verwendet. Sie werden erzeugt von Operationsraumdecken, die sich über dem OP-Tisch befinden. Das sind Verdrängungsluftdurchlässe mit einer Breite von 1,2 bis 3,2 m und einer Länge von 2 bis 3,2 m. Die Austrittsgeschwindigkeiten liegen zwischen 0,15 und 0,25 m/s, also niedriger als bei der Reinraumanwendung, die Temperaturdifferenzen zwischen Ab- und Zuluft je nach Kühllast und Luftstrom bei ungefähr 0,3 bis 3 K. Die Differenz von 3 K ergibt sich z. B. bei einer Kühllast von 3 kW im Raum und einem Luftvolumenstrom von 3000 m^3/h (vgl. F2, Beispiel 4).

F2 Erzwungene Raumströmung

Die Anforderungen an die Keim- bzw. Partikelfreiheit sind bei Operationsräumen für viele Disziplinen deutlich geringer als in Reinräumen mit sehr hohen Anforderungen. Sie variieren aber in einer sehr großen Bandbreite, vor allem im internationalen Vergleich. Seit 1998 werden wieder Überlegungen angestellt, ob die Anforderungen nicht erhöht werden sollten. Wegen der Zunahme antibiotikaresistenter Keime kann das erforderlich werden. So schlägt Seipp [F-41] vor, im Schutzbereich eine Keimreduktion gegenüber der Umgebung um den Faktor 10^8 vorzuschreiben, was mit Laminar-OP-Decken durchaus realisierbar ist.

Zu den Ländern mit relativ hohen Anforderungen zählt die Schweiz. In der dort geltenden Richtlinie [F-42] werden Werte für die Reduktion der Partikelkonzentration im Arbeitsbereich von Operationsräumen mit hohen Anforderungen angegeben. Inzwischen gibt es eine neue Richtlinie [F-43], die vom VDI als Richtlinie VDI 2167 [F-44] weitgehend übernommen wurde. Beide werden zur Zeit zu einer neuen Ausgabe von DIN 1946/4 zusammengeführt. Sie laufen darauf hinaus, dass eine Keimreduktion von 10^{-3} bis 10^{-5} zwischen der Grauzone außen und dem Schutzbereich innen gefordert werden.

In der zur Zeit (Juli 2007) noch gültigen deutschen DIN 1946/4 [F-45] wurden die Anforderungen nicht über Keimkonzentrationen definiert, sondern über Kontaminationsgrade (s. Abschn. B3.3.3). Die Norm geht von zwei Anforderungsstufen bei Mischströmung (Kontaminationsgrad 1,0) aus. Die „hohe Anforderung an die Keimarmut" wird dabei mit einem Volumenstrom von 2400 m³/h und die „sehr hohe" Forderung mit 3600 m³/h erreicht. Wenn die Kontaminationsgrade niedriger als 1 sind, darf der Volumenstrom so weit reduziert werden, dass das Produkt aus Volumenstrom und Kontaminationsgrad konstant bleibt. Die sich so ergebenden Grenzkurven sind in Bild F2-45 als $\varepsilon_s = 1$ und $\varepsilon_s = 2/3$ eingezeichnet. In DIN 4799 [F-81] wird ein Prüfverfahren vorgegeben, wie man den Kontaminationsgrad bestimmen kann, wenn eine Verdrängungsströmung verwendet wird. Die DIN 1946/4 [F-45] wie schon erwähnt wird zur Zeit überarbeitet. Sie nimmt Abschied vom linearen Kontaminationsgrad und geht im Prinzip davon aus, dass der Kontaminationsgrad so niedrig sein soll, dass man besser den negativen Logarithmus des Kontaminationsgrades zur Kennzeichnung verwendet. Hinter den Testmethoden steht der Wunsch, den Wert 3 bis 5 zu erreichen, also bis 10 000-fach niedrigere Werte als bisher.

Die möglichen Luftdurchlässe, mit denen man das früher vorgeschriebene Ziel erreichen kann, sind auf Bild F2-44 im Prinzip dargestellt [F-47]. Sie erzeugen entweder turbulente oder laminare Verdrängungsströmungen. Die linke Skizze steht für turbulente Luftdurchlässe (s. dazu F2.1.2.2), die mit einem Mischluftdurchlass eine Verdrängungsströmung erzeugen.

Es kann sich dabei im einfachsten Fall um eine Lochdecke, aber auch um eine Düsen- oder Filterdecke handeln. Bei Filterdecken ohne Abdeckung unter dem Filter ist die Strömung nach Austritt aus dem Filter nicht mehr laminar, obwohl die Durchströmung des Filtermaterials selbst laminar verläuft. Die Filterfalten stören die Strömung. Diese Mischluftdecken saugen durch Induktion viel Umgebungsluft an. Dadurch erhöht sich die Temperatur der Strömung dicht hinter der Durchlassebene, aber auch der Kontaminationsgrad.

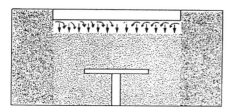 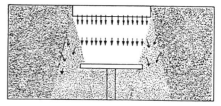

| Turbulente Strömung | Laminare Strömung |

Bild F2-44 Mögliche OP-Decken für Verdrängungsströmung

Die durch Personen im Raum verunreinigte Umgebungsluft kontaminiert dabei die Zuluft. Man erreicht am Operationstisch im besten Falle Kontaminationsgrade um 0,5 (Bild F2-45, Decke 1). Das ist kaum besser als eine Mischströmung im ganzen Raum [F-49] ohne spezielle OP-Decke, aber durchaus noch zu verbessern. Eine laminare Verdrängungsströmung (Decken 2 bis 8 in Bild F2-45) kann niedrigere Kontaminationsgrade erreichen. Auf Bild F2-45 sind gemessene Kontaminationsgrade für verschiedene Deckensysteme wiedergegeben [F-49]. Die Messwerte bestätigen die großen Unterschiede. Man erkennt bei den verschiedenen Deckenarten auch den starken Einfluss der Kühllast. Das ist darauf zurückzuführen, dass die partiell beaufschlagte Verdrängungsströmung im Prinzip einen anisothermen Freistrahl darstellt. Mit steigender Untertemperatur wird die Luftbewegung zunehmend beschleunigt und der Strahlquerschnitt dadurch eingeschnürt. Allerdings ist die Einschnürung geringer als theoretisch bei einem Freistrahl zu erwarten, denn durch den Raum, noch mehr aber durch den OP-Tisch, entsteht ein Stau, der die Strömung wieder verzögert.

Aus den Messwerten, wie sie auf Bild F2-45 dargestellt sind, ließ sich entsprechend DIN 4799 der für die Decke erforderliche Mindestluftvolumenstrom ermitteln. ε_s stellt einen bezogenen Volumenstrom dar. Der Schnittpunkt der

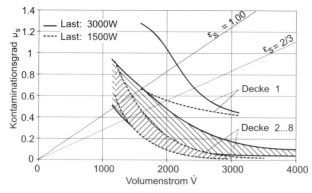

Bild F2-45 Gemessene Kontaminationsgrade unter OP-Decken (Beispiele). Der Kontaminationsgrad μ_s stellt einen lokalen Stoffbelastungsgrad dar [F-49]

Messkurve mit $\varepsilon_s = 1,0$ ergibt den Mindestvolumenstrom für Anforderung I, der mit $\varepsilon_s = 2/3$ den für Anforderung II.

OP-Decken müssen immer mit geringen Untertemperaturen betrieben werden, denn die Luft würde den OP-Tisch sonst nicht erreichen. OPs können deshalb mit der Luft aus OP-Decken nicht beheizt werden. Wenn zu irgendeiner Zeit Wärmebedarf besteht, muss eine separate Heizung vorgesehen werden.

Es gibt noch einen weiteren erwähnenswerten Punkt, auf den im Zusammenhang mit OP-Decken hinzuweisen ist: Der Kontaminationsgrad der Luft im Schutzbereich allein gibt noch keine Auskunft, wie viele Keime beim Patienten sedimentieren. Wie schon erwähnt, ist in einer turbulenten Mischströmung die Sedimentation von Keimen größer als in einer laminaren. Koller [F-50] hat bei Vergleichsmessungen festgestellt, dass die Sedimentation in der turbulenten Strömung um eine Zehnerpotenz größer als in der laminaren ist.

Scheer [F-36] hat experimentell die Sedimentation von Mikroorganismen (micrococcus luteus) in einer Staupunktströmung über einer horizontalen Fläche bei unterschiedlichen Turbulenzgraden untersucht. Die Sedimentation nimmt unabhängig von der Geschwindigkeit proportional zum Turbulenzgrad zu und erreicht bei einem Turbulenzgrad von 20% ungefähr den doppelten Wert der laminaren Strömung.

Bild F2-46 zeigt die mit Rauch sichtbar gemachte laminare Strömung über einem OP-Tisch.

Mit laminarer Strömung unter OP-Decken lassen sich sehr große Reduzierungen der Kontaminationsgrade erreichen, wie Messungen von Seipp zeigen. Kontaminationsgrad-Reduzierungen von 10^6 bis 10^8 wurden lokal gemessen und

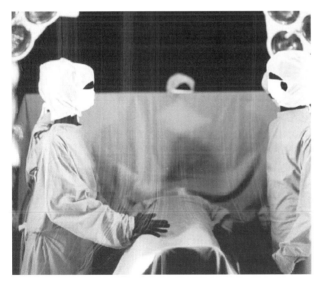

Bild F2-46 Strömung von oben nach unten unter einer laminaren OP-Decke, durch Rauch von einem beheizten Draht oberhalb der Bildebene sichtbar gemacht

lassen sich bei entsprechender Vergrößerung des Deckenfeldes im gesamten Schutzbereich erreichen. Die laminare Verdrängungsströmung ist außerdem stabiler gegen Störungen, die durch geöffnete Türen oder Personenbewegungen entstehen [F-51].

Der Trend geht zur Zeit, wie die neuen schweizerischen und deutschen Richtlinien zeigen, zu größeren Decken mit niedrigeren Kontaminationsgraden, was die gesamte Organisation des OP-Bereiches vereinfacht. Die endgültige Abstimmung der Richtlinien ist im Augenblick noch nicht erfolgt, so dass darüber noch keine Details angegeben werden können. Eine guten Überblick über die Fragen zur OP-Belüftung gibt eine Literaturübersicht von Kappstein [F-82].

F3
Quellluftströmung

F3.1
Beurteilungsmethoden

Zur Beurteilung besonders der Quellluftströmung (s. auch B4.4.2) werden nicht nur Temperatur und Luftgeschwindigkeit, sondern auch die Konzentration von Verunreinigungen in der Luft herangezogen. Die örtliche Konzentration wird als Raumbelastungsgrad oder nur als Belastungsgrad μ dargestellt.

In Abschn. B4.4.5 wird der Raumbelastungsgrad μ behandelt, der in Abschn. F häufig auftritt unter den Bezeichnungen:
- Kontaminationsgrad (bei OP-Decken),
- Stoffbelastungsgrad,
- Belastungsgrad.

$$\mu = \frac{c_{AZ}}{c_{AB}} \qquad (F3\text{-}01)$$

Indizes AZ – Anforderungszone
$\qquad AB$ – Abluft

Als Lüftungseffektivität wird der Kehrwert des Belastungsgrades bezeichnet.

$$\varepsilon = \frac{1}{\mu} \qquad (F3\text{-}02)$$

Es sind weitere Bewertungsgrößen für die Wirksamkeit der Raumlüftung bekannt.

F3 Quellluftströmung

Die älteste Bewertungsgröße ist der Luftwechsel. Dieser kann dahingehend interpretiert werden, wie oft die Luft im Raum in der Zeiteinheit ausgetauscht wird.

$$\beta = \frac{\dot{V}}{V_R} \tag{F3-03}$$

mit β – Luftwechsel
$\dot{V}$ – Luftvolumenstrom
V_R – Raumvolumen.

Der Kehrwert des Luftwechsels wird als nominale Zeitkonstante definiert.

$$\tau = \frac{1}{\beta} \tag{F3-04}$$

International hat sich der Kehrwert des Raumbelastungsgrades durchgesetzt. Er wird als Lüftungseffektivität oder auch Lüftungswirksamkeit ε bezeichnet und ist ein Bewertungsmaßstab für den Stoffaustausch [F-86, 87, 88]. Er macht allen, die in Belastungsgraden zu denken gelernt haben, Umstellungsschwierigkeiten. Denn eine Skala von 0 bis 1 ist besser vorstellbar als eine von 1 bis ∞. Trotzdem sollten wir uns in Zukunft darauf umstellen, wenngleich das in diesem Buch noch nicht gemacht wurde.

Nach [F-88] wird die örtliche Lüftungseffektivität bezeichnet als

$$\varepsilon_p^c = \frac{c_{ab}}{c_p} = \frac{1}{\mu} \tag{F3-05}$$

c_{ab} – Konzentration der Abluft
c_p – Konzentration der Luft an einem bestimmten Punkt P im Raum.

Eine Übersicht [F-88] zeigt die verschiedenen Methoden an, die zur Bestimmung der Lüftungseffektivität angewendet werden können.

Die lokale Lüftungseffektivität lässt sich experimentell mit einer Spurengasmessung ermitteln, indem eine konstante Verunreinigungsquelle an einem bestimmten Ort angebracht wird und die Konzentration am Punkt P und die Konzentration der Abluft gemessen und der Quotient nach Gl. F3-05 berechnet wird.

Durch Mittelung der ortsabhängigen (lokalen) Lüftungseffektivität ε_p^c über bestimmte Raumbereiche, wie den Anforderungsbereich, die Aufenthaltszone oder die Atemzone lassen sich weitere für den Spezialfall anwendbare Lüftungswirksamkeiten definieren.

Die gemittelte Lüftungseffektivität wird nur als Lüftungswirksamkeit ε^c bezeichnet

$$\varepsilon^c = \frac{c_{ab}}{\overline{c}} = \frac{1}{\overline{\mu}} \tag{F3-06}$$

Die Lüftungseffektivität ist abhängig vom Ort und der Art der Verunreinigungsquelle, speziell davon, wie die Verunreinigungsquelle mit einer Wärmequelle kombiniert ist. Deshalb sind hier weitere Definitionen der Lüftungswirksamkeit möglich. Sie sollte im Einzelfall passend zu der eigentlichen Aufgabenstellung festgelegt werden, wie das bei den Versuchen zur Quelllüftung bei der Messung des Kontaminationsgrades überwiegend gemacht wurde.

Zur Beurteilung der Strömung im Raum, die unabhängig von der Kombination der Verunreinigungsquelle mit der Wärmequelle ist, gibt es einen weiteren Maßstab: den Luftaustauschwirkungsgrad.

Er wird ermittelt durch eine instationäre Spurengasmessung. Eine Spurengas- oder Partikelquelle wird konstant bis zu einem bestimmten Zeitpunkt in der Zuluft betrieben, bis eine konstante Konzentration der Abluft c_o eingetreten ist. Dann wird die Kontaminationsquelle abgeschaltet (Abklingverfahren oder Step-Down-Methode). Der Konzentrationsverlauf der Abluft wird gemessen, integriert und auf die Anfangskonzentration c_o bezogen. Man erhält eine Zeit τ_p, die als das Alter der Luft bezeichnet wird.

$$\tau_p = \int_0^\infty \frac{c_a(t)}{c_o} dt \qquad (F3\text{-}07)$$

Zur Beurteilung wird ein Quotient aus der so genannten nominalen Zeitkonstanten τ_n des Raumes und dem örtlichen Alter τ_p gebildet. Dabei ist die nominale Zeitkonstante τ_n die Zeit, die sich bei einer Kolbenströmung ergäbe und ist der Kehrwert des Luftwechsels (s. o.).

Der Luftaustauschwirkungsgrad ε^a ist damit

$$\varepsilon^a = \frac{\tau_n}{\tau_p}. \qquad (F3\text{-}08)$$

Misst man nicht die Konzentration der Abluft, sondern die Konzentration an einem bestimmten Punkt, so ergibt sich das örtliche Alter der Luft τ_p an diesem Punkt

$$\tau_p = \int_0^\infty \frac{c_p(t)}{c_o} dt \qquad (F3\text{-}09)$$

und entsprechend der sogenannte örtliche oder der lokale Luftaustauschwirkungsgrad

$$\varepsilon^a_p = \frac{\tau_n}{\tau_p}. \qquad (F3\text{-}10)$$

Statt des Abklingverfahrens kann selbstverständlich auch das Anfahrverfahren (Step-Up-Methode) analog angewendet werden.

F3.2
Strömungsbild

Wie in Kapitel F1.4 beschrieben, entsteht das Strömungsbild der Quellluftströmung immer dann, wenn sich in einer Verdrängungsströmung von unten Wärmequellen befinden, die durch thermischen Auftrieb mehr Luft nach oben fördern als Zuluft in den Raum gelangt, oder allgemeiner ausgedrückt, wenn die Stabilitätskriterien für Verdrängungsströmung nach F2.2.1 nicht erfüllt sind.

Bild F3-1 zeigt eine Skizze des Strömungsbildes. Die Punkte in der Skizze sollen qualitativ die Verteilung der Verunreinigungen durch die Person im Raum andeuten. Gleichzeitig sind beispielhaft Linien gleichen Stoffbelastungsgrades μ eingezeichnet. Ein Vergleich mit dem entsprechenden Bild F2-22 für die Mischströmung zeigt die charakteristischen Unterschiede.

Die Zuluft wird je nach Raumgröße von einer oder von mehreren Seiten in Bodennähe oder auch gleichmäßig über den Boden verteilt in den Raum eingeführt. Die Zuluftauslässe sind möglichst bodennah und großflächig, damit die Luftgeschwindigkeit schon am Austritt unter den thermisch behaglichen Grenzwerten liegt. Je nach Konstruktion der Austrittsebene strömt die Luft laminar oder turbulent aus dem Durchlass. Beide Durchlassarten unterscheiden sich in der Induktion von Umgebungsluft und im Turbulenzgrad der Strömung am Auslass. Je nach Aufgabenstellung kann die eine oder andere Art besser geeignet sein.

Die Luft verteilt sich gleichmäßig am Boden. Sie strömt entweder zum Fuße der Wärmequellen oder bis zu einer Wand und wird dann zurückgelenkt. Die so hin und her strömende Zuluftschicht am Boden erreicht irgendwann eine Höhe, in der die Wärmequellen so viel Luft nach oben fördern, wie Zuluft in den Raum gelangt. Die mit Rauch sichtbar gemachte Strömung auf Bild F3-2 veranschaulicht diese Strömung. Die Luft tritt durch einen Wanddurchlass in Bodennähe links in den Raum ein. Der Durchlass hat nur eine geringe Höhe. Deshalb kann

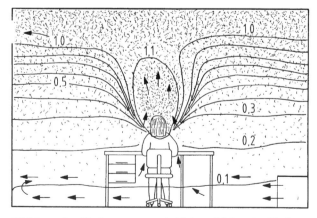

Bild F3-1 Quellluftströmung mit Linien gleichen Stoffbelastungsgrades μ

Bild F3-2 Quellluftströmung mit Rauch sichtbar gemacht

man keine Erhöhung der Strömungsgeschwindigkeit nach Austritt der Luft aus dem Durchlass beobachten, wie das bei höheren Auslässen aufgrund der Untertemperatur der Zuluft gegenüber der Raumluft auftritt. Sobald die Strömung den Fuß der Wärmequelle erreicht, wird ein Teilluftstrom nach oben gefördert, und zwar mit deutlich größerer Geschwindigkeit als die Ausbreitungsgeschwindigkeit am Boden. Die Luft, die durch die Person nach oben gefördert wird, ist durch deren Emissionen wie Atemluft, Körperausdünstungen, Tabakrauch bei Rauchern verunreinigt. Die Rauchansammlung im Deckenbereich verdeutlicht die erhöhte Konzentration von Verunreinigungen. Mit fortschreitender Zeit wird die Konzentration im Deckenbereich größer, weil das Foto nur bei instationärer Raucheinbringung möglich war. Man beobachtet außerdem rechts von der Raummitte Abwärtsbewegungen und die Entstehung der Mischschicht.

Aus Kontinuitätsgründen muss der Anteil der Luft, der von Wärmequellen zuviel nach oben gefördert wird, wieder nach unten strömen. In Deckennähe wird die Aufwärtsbewegung durch Stau verzögert, so dass sich hier wieder eine mehr oder weniger dicke Schicht Verdrängungsströmung einstellt. Die Abluftöffnung befindet sich in Deckennähe, am besten etwas unterhalb der Decke, weil dort die höchste Lufttemperatur auftritt; denn die deckennahe Schicht erwärmt die Decke konvektiv und kühlt sich dadurch ab.

Das Foto auf Bild F3-3 zeigt die Strömung an einer Person in einem Büroraum. Die Luft tritt hier aus einem Durchlass links in der Fensterbrüstung in Bodennähe in den Raum ein. Sie durchströmt den Raum. Die Zuluftschicht erreicht hier etwa eine Höhe von 70 cm, sie endet dicht unterhalb der Tischplatte. Die Tischplatte selbst, die gegenüber der umgebenden Luft eine etwas höhere Temperatur hat, weil sie Strahlung absorbiert, erzeugt eine weitere schwache Luftströmung oberhalb des Tisches. Die Luft strömt horizontal zu einer Tischkante, steigt dort nach oben auf, erreicht dabei schnell die Luftschicht gleicher Temperatur und breitet sich von da ab in einer horizontalen Schicht im Raum aus, um irgendwann von der stärkeren Auftriebsströmung der Person angesaugt

Bild F3-3 Quellluftströmung in einem Büroraum

und nach oben gefördert zu werden. Diese Schichtbildung, die bei Schichtspeichern (s. auch Bd. 3, D3.5.4.2) in der Heizungstechnik angestrebt wird, hat auch zu der Bezeichnung Schichtströmung für die Quellluftströmung beigetragen.

Theoretische Grundlagen zur Berechnung dieser erst seit Mitte der 80er Jahre in der Raumlufttechnik wieder bewusst angewendeten Strömungsform wurden in den vergangenen Jahren an vielen Forschungsstätten erarbeitet. Die inzwischen bekannten Zusammenhänge werden in den folgenden Kapiteln besprochen.

F3.3
Auftrieb an einer Wärmequelle

Zur Erklärung der beschriebenen Strömungsbilder soll mit der Auftriebsströmung an der Wärmequelle begonnen werden. Die Strömungsform wurde früher schon für größere Wärmequellen in Fabrikhallen von Baturin [F-52] beschrieben. Eine Zusammenstellung der Messergebnisse verschiedener Autoren gibt Nauck [F-53]. Mierzwinski und Popiolek haben ermittelt, wie groß der Auftriebsvolumenstrom über einer sitzenden Person ist [F-55, 56]. Die Gleichungen für Wärmequellen ganz unterschiedlicher Größenordnung und Geometrie stimmen in guter Näherung überein. Der Auftriebsvolumenstrom $\dot{V}_z$ ergibt sich nach Nielsen und Kofoed [F-56, 57] zu:

$$\dot{V}_z = 5 \cdot 10^{-3} \dot{Q}^{1/3} (z + z_0)^{5/3} \qquad (F3\text{-}1)$$

mit $\dot{V}_z$ – in m³/s, Volumenstrom
$\dot{Q}$ – in W, konvektive Wärmeabgabe der Wärmequelle
z – in m, Höhe über dem Boden
z_0 – in m, virtueller Ursprung der Wärmequelle, der bei einer punktförmigen Quelle null ist.

Das wird ausführlich dargestellt von Skistad et al. [F-58].

Bild F3-4 Von einer sitzenden Person nach oben geförderter Volumenstrom bei unterschiedlichen Temperaturanstiegen im Raum

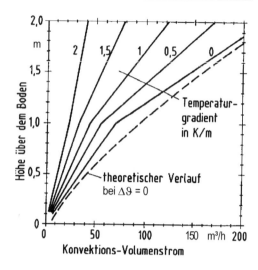

In Bild F3-4 ist der von einer Person durch Auftrieb nach oben geförderte Volumenstrom über der Höhe aufgetragen, wie er sich aufgrund der Gleichung (F3-1) und Messungen [F-59] ergibt. Die größten Werte treten auf, wenn die Lufttemperatur im Raum überall gleich groß ist. Es ist aber das Kennzeichen der Quellluftströmung, dass die Temperatur, abhängig von Kühllast und Luftaustausch, mit der Raumhöhe ansteigt. Ein Temperaturanstieg führt zu einer Reduzierung des Auftriebsvolumenstromes trotz konstanter Leistung der Wärmequelle. Die im Diagramm angegebenen Werte stellen nur die Größenordnung der Auftriebsströmung dar. Weitere Messungen in drei ähnlichen Versuchsräumen ergaben eine Bandbreite der Auftriebsvolumenströme von ±30% [F-60]. Die Unterschiede lassen sich durch den Einfluss der Raumwände erklären, aber auch durch die unterschiedlichen Geometrien der Wärmequellen, wie Kriegel gezeigt hat [F-61]. Im Vergleich mit numerisch ermittelten Ergebnissen, betragen die Abweichungen zwischen Rechnung und Messung noch 10%. Kriegel [F-90] hat für den Einfluss des Temperaturgradienten G_t auf den Auftriebsvolumenstrom $\dot{V}_z$ folgenden Zusammenhang ermittelt:

$$\dot{V}_z = 8{,}57 \cdot \dot{Q}_{konv}^{\frac{3}{4}} \cdot G_t^{-\frac{5}{8}} \cdot m_1 \tag{F3-2a}$$

mit $m_1 = 0{,}004 + 0{,}039 z_1 + 0{,}38 z_1^2 - 0{,}062 z_1^3$, (F3-2b)

$$z_1 = 2{,}86 (z + z_{virt}) \frac{G_t^{3/8}}{\dot{Q}_{konv}^{1/4}}, \tag{F3-2c}$$

$$z_{virt} = 4{,}18 (R + \delta_{1,t}) \tag{F3-2d}$$

mit der Grenzschichtdicke $\delta_{1,t}$ am oberen Rand der Wärmequelle und dem Radius R der Wärmequelle.

Der Wärmeübergang an den Raumwänden hat einen großen Einfluss auf die Ergebnisse, denn an den Raumwänden treten Auf- oder Abtriebsströmungen auf, wenn sie andere Temperaturen als die umgebende Luft haben. Dabei werden schon bei geringen Temperaturunterschieden große Volumenströme bewegt. Bild F2-18 zeigt Messwerte solcher Luftströme für verschiedene Temperaturdifferenzen und Wandhöhen. Die Abtriebsvolumenströme nehmen wie die Auftriebsvolumenströme nach Gl. F3-1 mit der dritten Wurzel aus der konvektiven Wärmeabgabe auch ungefähr mit der dritten Wurzel aus der Temperaturdifferenz zu. Ein Achtel der Temperaturdifferenz hat demnach eine Halbierung des Volumenstromes zur Folge. Das bedeutet, dass selbst bei Temperaturdifferenzen unter 1 K bei den verhältnismäßig großen Wandflächen z. B. in Büroräumen noch große Volumenströme bewegt werden.

Weil der Auftriebsvolumenstrom nach Gleichung (F3-1) proportional zur dritten Wurzel aus dem Wärmestrom ist, muss auch die Anströmung der Wärmequelle einen Einfluss auf den Volumenstrom haben. Das lässt sich folgendermaßen veranschaulichen [F-62]: Eine Wärmequelle in einer Raumecke muss ähnlich viel Luft fördern wie ein Viertel von vier gleichen zusammengestellten Wärmequellen. Vierfacher Wärmestrom bedeutet aber nur ca. 60% größeren Volumenstrom. Die Wärmequelle in der Ecke bewegt also nur $1,6/4 = 0,4$ des Volumenstromes einer frei stehenden Wärmequelle. Entsprechend fördert die Wärmequelle vor einer Wand ca. 60% einer frei stehenden Wärmequelle.

Die Knicke in den Volumenstromverläufen in Bild F3-4 ergeben sich durch die abschnittsweise Linearisierung der Messwerte.

F3.4
Temperatur-, Konzentrations- und Geschwindigkeitsverteilungen im Raum

Im Vergleich mit der Mischströmung gibt es charakteristische Unterschiede in den vertikalen Profilen von Temperatur, Konzentration und Geschwindigkeit. In Bild F2-23 sind typische Profile für Misch- und Verdrängungsströmung gegenübergestellt. Wie oben schon beschrieben, sind bei der Mischströmung die Temperaturen und Konzentrationen von Verunreinigungen verhältnismäßig gleichmäßig im Raum verteilt. Bei der Quellluftströmung steigt die Lufttemperatur im Raum von unten nach oben an, mit der Einschränkung, dass die bodennahe Luftschicht etwas wärmer ist als die Luft unmittelbar darüber. Das erklärt sich dadurch, dass der Fußboden die bodennah strömende Luftschicht durch Konvektion erwärmt. Die Übertemperatur des Bodens entsteht durch Strahlung, die hauptsächlich von der Decke kommt.

Die Luft hat die höchste Temperatur in einigem Abstand unter der Decke; denn sie kühlt in Deckennähe ab, weil sie konvektiv Wärme an die Decke abgibt, die bei gut isolierter Decke (adiabat) wieder an Wände und Fußboden abgestrahlt wird.

Für die thermische Behaglichkeit im Raum ist es wichtig, dass die Raumtemperatur in Bodennähe nicht wesentlich unter 20 °C liegt und der Anstieg der Temperatur von unten nach oben 2 bis 3 K/m nicht überschreitet. Dann liegt die

Temperatur im Kopfbereich einer Person nicht über 25 °C. Der so begrenzte Temperaturanstieg wird nicht als unbehaglich empfunden (Bd. 1, C2.6).

Die Konzentration von Verunreinigungen kann ganz unterschiedliche Verläufe annehmen, je nachdem wie die Quellen der Verunreinigungen und der Wärme verteilt sind.

Dazu hat Krühne [F-63] ein Gedankenmodell entwickelt. Die Wärmeabgabe erfolgt durch Strahlung und Konvektion über die gesamte Oberfläche einer Wärmequelle und bei dem in Aufenthaltsräumen auftretenden Temperaturniveau ungefähr zu gleichen Teilen. Die Stoffabgabe kann aber nur durch Konvektion erfolgen. Das kann über die ganze Fläche der Quelle verteilt oder an einem Punkt geschehen. Ähnliche Profile für Temperatur und Konzentration wären nur möglich, wenn die Arten der Wärme- und Stoffabgabe übereinstimmten, was prinzipiell nicht möglich ist. In Bild F3-5 sind verschiedene denkbare Fälle dargestellt:

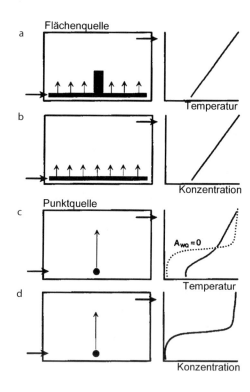

Bild F3-5 Modelle für die Stoff- und Wärmeabgabe und die entstehenden Verteilungen von Temperatur und Konzentration

Die Skizzen a und b zeigen Quellen, die Wärme und Stoff über ihre Oberfläche konvektiv abgeben, wobei die Stoffquelle über den Boden verteilt sein soll. Das entspricht ungefähr auch der Verteilung der Wärmeabgabe; denn der Boden wird durch Strahlung erwärmt. Dann entsteht das dargestellte nahezu lineare Temperatur- und Konzentrationsprofil mit einem Anfangswert am Boden, der höher ist als der der Zuluft.

Die Skizze c zeigt den Temperaturverlauf, der sich bei hohem konvektiven Anteil dadurch einstellt, dass abgeschirmte Quellen und verspiegelte Wände benutzt werden (sehr kleiner Wärmeaustausch durch Strahlung, $A_{WQ} = 0$).

Skizze d soll eine punktförmige Stoffquelle sein. Sie erzeugt ein S-förmiges Konzentrationsprofil, wie in d dargestellt und wie man es bei Quelllüftung vorfinden kann.

Ein entsprechendes Temperaturprofil ist nicht möglich, weil es die punktförmige Wärmequelle ohne Strahlung nicht gibt. Durch Reduzierung des Strahlungsanteiles nähert sich das Profil aber dem s-förmigen Verlauf, wie das Profil in Skizze c (durchgezogene Linie) andeuten soll.

Häufig gibt eine Wärmequelle über ihre ganze Oberfläche gleichmäßig verteilt gleichzeitig Wärme und Verunreinigungen ab. Das gilt zum Beispiel für Personen und die meisten Maschinen. Solche „Simultanquellen" führen zu einem s-förmigen Konzentrationsanstieg von unten nach oben. Die bodennahe Schicht weist dabei eine sehr niedrige Konzentration auf. An der Obergrenze der Zuluftschicht ist ein verhältnismäßig starker Anstieg der Konzentration etwa bis auf die Konzentration der Abluft anzutreffen. Vergleicht man die Konzentrationsverteilung bei Misch- und Quellluftströmung, so ist klar, dass die Konzentration der Abluft aus Bilanzgründen in beiden Fällen gleich sein muss, wenn alle Verunreinigungen und die gesamte Luft durch die gleichen Abluftöffnungen entweichen. Weil bei der Quellluftströmung ein Konzentrationsanstieg von unten nach oben vorliegt, kann man folgern, dass bei gleichem Zuluftstrom die Luftqualität im Aufenthaltsbereich immer besser sein muss als bei der Mischströmung. Bis auf wenige Ausnahmefälle trifft das zu. Solche Ausnahmen können durch schwache Warmequellen mit Verunreinigung entstehen. Der lineare Konzentrationsanstieg bei gleichmäßiger Verunreinigungsquelle am Boden belegt, dass selbst in diesem ungünstigen Fall ein Vorteil gegenüber der Mischströmung existiert. Er ist darauf zurückzuführen, dass der Boden durch Strahlung erwärmt wird und dadurch wieder Stoff- und Wärmeübergang gekoppelt sind.

Alles, was über die Konzentrationsprofile gesagt wurde, gilt für gasförmige Verunreinigungen und auch für alle Aerosole, deren Abmessungen sehr klein sind. Aus Bd. 1, N2.2 entnimmt man, dass Partikel kleiner als 1 μm eine Sinkgeschwindigkeit von weniger als 0,1 mm/s haben. Sie werden daher praktisch immer wie Gase mit der Raumströmung transportiert.

Eine weitere interessante Frage ist, ob eine Person, die sich mit ihrem Kopf in der Höhe y_e oberhalb der Zuluftschichthöhe y_{st} befindet, doch noch Luft besserer Qualität mit der Konzentration c_e einatmet, als sie der Konzentration in Kopfhöhe c_p entspricht. c_i ist die Konzentration am Boden. Es zeigt sich, dass durch die Auftriebsströmung bodennahe Schichten mit geringerer Konzentration angesaugt werden und die angesaugte Luft ungefähr die mittlere Konzentration der Luft zwischen Boden und Kopf hat (Bild F3-6) [F-64, 65]. Das macht sich noch bemerkbar ab Zuluftschichthöhen von 0,3 m [F-63]. Wenn sich die Personen im Raum bewegen, fällt dieser Vorteil nur unwesentlich geringer aus. Darauf wird in [F-66, 67] hingewiesen.

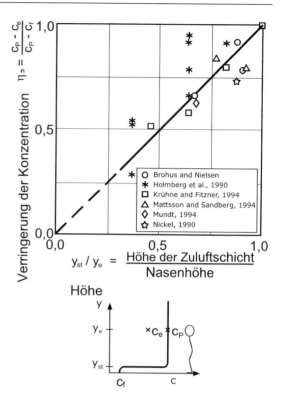

Bild F3-6 Verbesserung der eingeatmeten Luft als Funktion der Frischluftschichthöhe y_{st} und der Nasenhöhe y_e nach Brohus, Nielsen [F-68]

Die Luftgeschwindigkeiten können bei Quellluftströmung so niedrig gehalten werden (< 0,15 m/s), dass sie im Gegensatz zur Mischlüftung im Hinblick auf Zugerscheinungen nahezu unbedeutend sind, wenn die Austrittsflächen groß genug ausgelegt werden. Die größten Luftgeschwindigkeiten treten direkt oder in geringer Entfernung vor dem Durchlass auf. Die Durchlasshöhe selbst ist begrenzt. Vor höheren Durchlässen fällt die Luft nach unten und wird dabei beschleunigt. Das kann zu Zugerscheinungen führen. Darauf wird später (F3.6) noch näher eingegangen.

Neben den vertikalen Konzentrationsprofilen sind die horizontalen Profile von Bedeutung, denn sie machen eine Aussage darüber, wie stark sich eine Verunreinigung z. B. durch einen Raucher an einem entfernteren Ort im Raum auswirkt. Hier erreicht die Quellluftströmung ebenfalls bessere Werte als die Mischlüftung. Bild F3-7 zeigt beispielsweise horizontale Verteilungen des örtlichen Stoffbelastungsgrades µ für einen Raum, im einen Fall mit zwei, im anderen mit acht Personen belegt.

Man sieht, dass die Konzentration der Verunreinigungen, die von einer Quelle ausgeht, mit der Entfernung sehr schnell abnimmt, bei zwei Personen im Raum schneller als bei acht. Die Exponenten der Konzentrationsabnahme liegen für Quelllüftung bei −0,4 (8 Personen) und −1,2 (2 Personen). Bei 0,7 m Abstand liegt für beide Fälle der mittlere Stoffbelastungsgrad bei 0,33.

F3 Quellluftströmung

Bild F3-7 Horizontale Verteilung des Stoffbelastungs- oder Kontaminationsgrades μ über der Entfernung von der Verunreinigungsquelle nach [F-69]

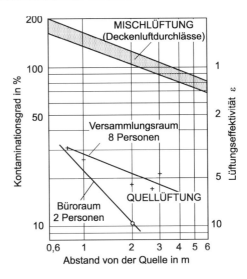

Zum Vergleich sind angenähert Werte der Mischlüftung aus Bild F2-24 eingetragen. Die Konzentrationsabnahme hat bei der Quellluftströmung beim Beispiel mit acht Personen ungefähr den gleichen Exponenten von −0,4. Die Absolutwerte sind aber beim Radialdeckendurchlass 5-mal größer als bei der Quellluftströmung. Zum Vergleich sollen auch noch die Werte für Bodenluftdurchlässe (G7.2.2.2, Bild G7-25) angegeben werden. Der Exponent der Konzentrationsabnahme beträgt −0,7. Ein Kontaminationsgrad von 1,0 wird in 1,0 m Entfernung bei einer Messhöhe von 1,2 m erreicht. Die Querausbreitung liegt also zwischen den Werten der Misch- und der Quelllüftung. Bei linearen Durchlässen ist der Exponent kleiner (siehe Beispiel).

Beispiel:
In einem größeren Büroraum sitzt ein Nichtraucher in 6 m Entfernung von einem Raucher.
Wie ist der Stoffbelastungsgrad μ bei Quelllüftung, bei Bodenluftdurchlässen und bei Mischlüftung (Radial- und Lineardurchlässe)?

$$\mu = \left(\frac{x}{x_1}\right)^c \qquad (F3\text{-}3)$$

	Exponent c	Abstand x_1 in m, bei dem $\mu_1 = 1{,}0$ ist	Stoffbelastungsgrad μ μ_6 bei Abstand $x_6 = 6{,}0$ m
Quelllüftung:			
Wanddurchlässe	−0,4	0,06	0,15
Bodenluftdurchlässe	−0,7	1,0	0,28
Mischlüftung:			
Radialluftdurchlass	−0,25	3,0	0,84
Linearluftdurchlass	−0,1	3,0	0,93

Der Abstand x_1, bei dem $\mu_1 = 1{,}0$ ist, und die Exponenten c stammen aus Versuchswerten [F-8, 25]. Das Ergebnis steht in der letzten Spalte.

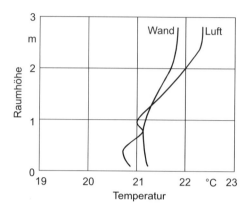

Bild F3-8 Vertikale Temperaturverteilung der Wand und der Luft bei Quellluftströmung

Horizontale Temperaturänderungen sind nur in sehr geringem Maße möglich, weil sie sofort durch Luftbewegungen ausgeglichen werden.

Vergleicht man die vertikalen Temperaturprofile der Luft und der Wände bei Quellluftströmung (Bild F3-8), dann beobachtet man einen charakteristischen Unterschied, auf den u. A. Sandberg und auch Krühne hingewiesen haben. Der Temperaturanstieg in der Luft ist ungefähr doppelt so groß wie der an der Wand, so dass die Luft oben wärmer und unten kälter als die Wand ist. Der Schnittpunkt der Profile liegt in der Höhe der Zuluftschicht. Dadurch kommt eine Abwärtsbewegung der Luft oben an der Wand und eine Aufwärtsbewegung unten zustande. Bei der Auswahl eines Ortes für einen Messfühler für die Temperatur sollte das berücksichtigt werden.

Die Temperaturverläufe sehen prinzipiell anders aus bei einer Kombination der Quellluftströmung mit Deckenkühlung, wie auf Bild F3-9 dargestellt. Die Lufttemperatur ist über der Höhe dabei nahezu konstant, während die Wandtemperatur niedriger ist und von unten nach oben abnimmt. Das führt zu einer

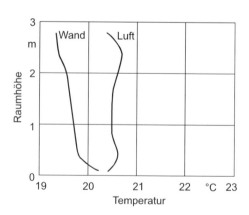

Bild F3-9 Vertikale Temperaturverteilung der Wand und der Luft bei Quellluftströmung mit Deckenkühlung

F3 Quellluftströmung

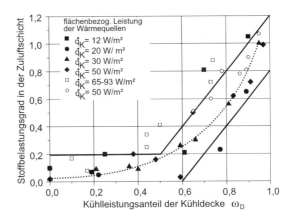

Bild F3-10 Stoffbelastungsgrad μ_D bei Quellluftströmung mit Deckenkühlung abhängig vom Kühlleistungsanteil ω_D der Decke nach Krühne [F-63]

Abwärtsströmung über die gesamte Wandhöhe, und es entsteht schließlich eine Mischströmung, wenn der Kühlleistungsanteil der Decke größer wird als der der Luft. Die Luftqualität wird entsprechend schlechter, während der größere thermische Komfort im Raum wegen der kälteren Wandflächen erhalten bleibt.

Bild F3-10 zeigt den Stoffbelastungsgrad der Zuluftschicht in einem Raum mit Quellluftströmung und Deckenkühlung abhängig vom Anteil der Deckenkühlung ω_D an der Gesamtkühlleistung. Wenn dieser Anteil größer als 0,5 ist, nähert sich der Stoffbelastungsgrad μ_D dem der Mischlüftung. Man sollte deshalb, wenn es möglich ist, etwa 50% der Kühlleistung durch die Luft abdecken. Es sollte die Leistung der Kühldecke und nicht die der Luft geregelt werden, damit nur bei hoher Kühlleistungsanforderung der hohe Kontaminationsgrad eintritt.

F3.5
Rechenmodelle für die Temperaturprofile

Erste Abschätzungen aus experimentellen Untersuchungen für die Temperaturverteilung gibt Skistad [F-70] an. Er hat das vertikale Profil vereinfacht und linearisiert, wie in Bild F3-11 dargestellt.

Bild F3-11 Linearisiertes Temperaturprofil nach Skistad [F-70]
Indizes: e – Zuluft
 b – Boden
 d – Decke
 a – Abluft

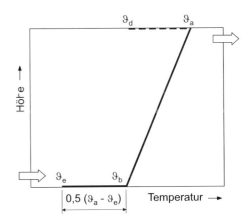

Bild F3-12 Erwärmung der Zuluft am Boden nach Mundt [F-71]

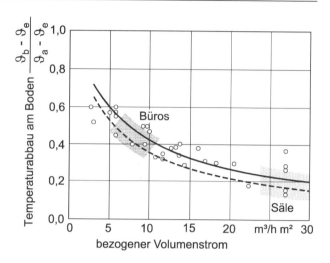

Gleichzeitig erkennt man eine Temperaturerhöhung der Luft auf dem Wege vom Durchlass längs des Bodens. In Bild F3-11 ist diese Temperaturerhöhung genauso groß wie der Temperaturanstieg vom Boden bis zur Decke. Bei adiabater Decke und ähnlichen Strahlungseigenschaften von Boden und Decke hat die Temperaturdifferenz der Luft in Deckennähe und der Decke einen ähnlichen Wert zwischen dem Boden und der bodennahen Luftschicht.

Dieser Temperaturanstieg ist abhängig vom Zuluftstrom, bezogen auf die Bodenfläche. Er liegt bei 50 bis 70% für sehr kleine Zuluftströme, wie sie etwa in Büroräumen vorkommen. Bei größeren Zuluftströmen (30 m³/(hm²)) liegt die Erwärmung am Boden bei ungefähr 20%. Das ist eine Erklärung, weshalb seitliche Luftdurchlässe auch bei größeren Versammlungsräumen möglich sind. Bei dicht belegten Versammlungsräumen sind 50 m³/(hm²) keine Seltenheit. In Bild F3-12 ist der Temperaturanstieg der Zuluft am Boden nach Mundt [F-71] dargestellt. Vergleichsrechnungen von Krühne ergeben den gleichen Verlauf für einen konvektiven Wärmeübergangskoeffizienten zwischen Boden und Luftströmung von 5 W/(m²K) durchgezogene Linie und 3 W/(m²K) gestrichelte Linie. Sie geben eine gute Bestätigung der Werte von Bild F3-12.

Beispiel:

Ein Büroraum, 2,8 m hoch, 2,5facher Luftwechsel (7 m³/h) bei einer Kühllast von 25 W/m². Welche Temperaturen stellen sich am Boden und in 1,4 m Höhe ein? Die Temperaturdifferenz zwischen Abluft und Zuluft beträgt:

$$\Delta \vartheta = \frac{\dot{Q}}{\dot{V}\rho c_p} = 25 \text{ W} \cdot 3 \text{ m}^3\text{K/Wh}/(7 \text{ m}^3/\text{h}) = 10{,}7 \text{ K.}^*$$

Der Faktor für den Temperaturabbau am Boden beträgt nach Bild F3-11 0,5. Die Erwärmung der Luft am Boden beträgt also $0{,}5 \cdot 10{,}7 = 5{,}4$ K.

---

*) Zu den Einheiten: siehe Fußnote zum Beispiel 4 in Abschn. F2.1.2.5.

Bild F3-13 Verbessertes Temperaturprofil
Indizes: e – Zuluft
 b – Boden: 0,1 in 0,1 m Höhe
  ref in 1,1 m Höhe
 a – Abluft
 d – Decke

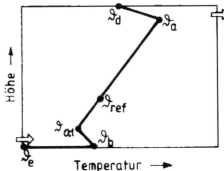

Bei einer Zulufttemperatur von 15 °C beträgt die Temperatur am Boden 20,4 °C, der Anstieg der Temperatur bis zu einer Höhe von 1,4 m beträgt 5,4 · 1,4 / 2,8 = 2,7 K. Damit beträgt die Temperatur in 1,4 m Höhe 20,4 + 2,7 = 23,1 °C.
Die Ablufttemperatur beträgt 15 + 10,7 = 25,7 °C.

Das vereinfachte Modell von Skistadt (Bild F3 11) wurde weiter ausgebaut von Li [F-72] und Krühne [F-63]. Bild F3-13 zeigt den Temperaturverlauf nach diesem Modell, bei dem die Bilanzgleichungen der Wärmeströme am Boden und an der Decke einbezogen wurden. Dieses Modell liefert gute Übereinstimmung zwischen gerechneten und gemessenen Temperaturprofilen, sogar bei Berücksichtigung von Deckenkühlung.

Zur Aufstellung des Modells sind folgende Annahmen zu treffen:
- Der Zuluftstrahl breitet sich nur durch Schwerkraft angetrieben im Raum aus.
- Zwischen der Zuluft- und der darüber liegenden Luftschicht findet kein nennenswerter Energieaustausch statt.
- Bei Einsatz von Deckenkühlung kommt es zu einer erhöhten Durchmischung im Raum. Die Strahlungsbilanz zwischen Kühldecke und den übrigen Raumflächen bestimmt die Temperaturverteilung.
- Zur Berechnung der Kühldeckenleistung wird die Raumlufttemperatur in 1,1 m Höhe verwendet.

Das Modell versagt allerdings, wenn die Wärmequellen am Boden des Raumes konzentriert sind. Dann ist der Temperaturanstieg schon bei kleinen Höhen sehr groß und das vertikale Temperaturprofil lässt sich nicht mehr linearisieren. Die Abweichung vom linearen Profil lässt sich näherungsweise darstellen über eine Korrektur H* in folgender Form (s. Bild F3-14):

$$\vartheta_{ref} - \vartheta_{0,1} = H^* \left(\vartheta_a - \vartheta_{0,1} \right) \tag{F3-4}$$

Unter der Voraussetzung, dass der konvektive Anteil der Wärmequellen $\dot{q}_k$ 40 bis 60% ausmacht und maximal 60% der Gesamtlast am Boden angebracht ist, ergibt sich der Faktor H* aus Experimenten von Krühne zu:

$$H^* = 0{,}01\, \dot{q}_k + 0{,}4 \tag{F3-5}$$

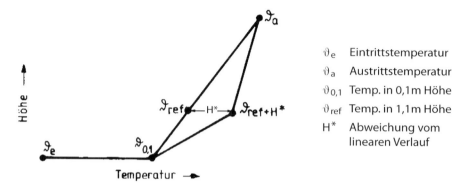

Bild F3-14 Abweichung vom linearen Temperaturprofil bei überwiegender Last am Boden nach Krühne [F-63]

F3.6
Beschleunigung vor dem Luftdurchlass

Bei den Luftdurchlässen lassen sich im Prinzip zwei Fälle unterscheiden:
1. Boden- oder flache Seitenwanddurchlässe (z. B. Bild G7-25, G7-27)
2. Hohe Seitenwanddurchlässe (z. B. Bild G7-27)

Flache Seitenwand- und zahlreiche Bodenluftdurchlässe bringen die Luft in einer niedrigen Höhe und einer geringen Temperaturdifferenz gegenüber der umgebenden Luft ein. Dadurch findet praktisch keine Beschleunigung der Strömung statt, und die Luftgeschwindigkeit in der Austrittsebene stellt bereits den höchsten Wert dar, der durch entsprechende Wahl der Austrittsflächen auf den behaglich zulässigen Wert eingestellt werden kann.

Je kleiner aber die für den Durchlass zur Verfügung stehende Breite ist, umso schwieriger ist diese Aufgabe zu lösen. Bei Sälen steigt die Schwierigkeit mit der Saalgröße, wenn die Luft nicht durch den Boden eingebracht werden kann. Um die möglichen Durchlasshöhen zu ermitteln, muss die Archimedeszahl der Strömung (Gl. F3-7) ermittelt und die Beschleunigung der Strömung vor dem Durchlass ermittelt werden. Bild F3-15 zeigt experimentell ermittelte Daten von Guntermann [F-75]. Es ist der Verstärkungsfaktor K aufgetragen über $\sqrt{Ar}$, der Wurzel aus der Archimedeszahl nach Gl. F3-7.

Vor dem Durchlass tritt eine Beschleunigung der Strömung bis zu einer Geschwindigkeit v_{max} ein, die in größerer Entfernung wieder abnimmt. Bezieht man den Maximalwert der Geschwindigkeit auf die Austrittsgeschwindigkeit, so ergibt sich der Verstärkungsfaktor K für die Geschwindigkeit, der abhängig ist von der Archimedeszahl Ar (Bild F3-15):

$$K = \frac{v_{max}}{v_0} \qquad \text{(F3-6)}$$

F3 Quellluftströmung

Bild F3-15
Verstärkungs-Faktor
$K = v_{max}/v_0$ der Geschwindigkeit vor einem Luftdurchlass

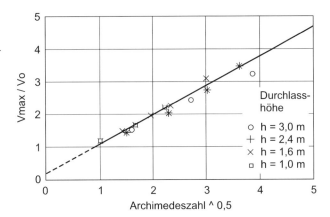

$$Ar = \frac{g \cdot h \cdot \Delta\vartheta}{T \cdot v_o^2} \tag{F3-7}$$

mit h – Höhe des Durchlasses
$\Delta\vartheta$ – Differenz der Temperaturen Oberkante Luftdurchlass – Zuluft
T – absolute Lufttemperatur im Aufenthaltsbereich
v_o – Luftgeschwindigkeit am Durchlass.

Bild F3-16 zeigt die Archimedeszahl abhängig von der Temperaturdifferenz mit der Durchlasshöhe als Parameter für eine Austrittsgeschwindigkeit von 0,20 m/s. Bei einer Durchlasshöhe von 0,2 m wird eine Archimedeszahl von 1 erst bei eine Temperaturdifferenz von 6 K erreicht. Dabei tritt noch keine Beschleunigung der Geschwindigkeit ein. Das zeigt, dass am einfachsten flache Durchlässe verwendet werden sollten. Bei größeren Versammlungsräumen lässt sich das natürlich nicht immer machen. Dann kann die Maximalgeschwindigkeit ermittelt werden, indem nach Bild F3-12 zunächst die Erwärmung der Luft am Boden und der Temperaturanstieg im Raum ermittelt werden. Damit lässt sich die Differenz der Zuluft zur Temperatur in der Höhe der Durchlassoberkante

Bild F3-16 Archimedeszahl abhängig von der Temperaturdifferenz

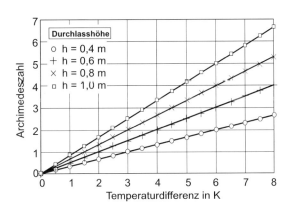

und damit der Verstärkungsfaktor ermitteln. Im Zweifelsfalle sollten hier aber immer noch Raumströmungsversuche durchgeführt werden.

Es gibt nicht nur großflächige ebene Luftdurchlässe. In Abschn. G7.2.2.3 werden Ausführungsformen von Quellluftdurchlässen genauer beschrieben. Es spielt eine wesentliche Rolle, ob die Strömung über die gesamte Breite einer Wand in den Raum strömt oder abschnittsweise. Bei abschnittsweisen Durchlässen kann die Luft normal oder parallel zur Wand oder radial austreten. Für jede Anordnung ergibt sich ein bestimmtes Optimum.

Nach Nielsen [F-74] ergeben sich verschiedene Verstärkungsfaktoren K_e für ebene Strömung eines breiten oder K_r für die radiale Strömung eines schmalen Durchlasses. K_e lässt sich wie oben darstellen als

$$K_e = \frac{v_{max}}{v_o} \tag{F3-8}$$

und K_r

$$K_r = \frac{v_{max} \cdot x}{v_o \cdot h} \tag{F3-9}$$

mit x Abstand vom Durchlass und h Höhe des Durchlasses.

Bild F3-17 zeigt experimentell ermittelte Werte. Für den ebenen Fall zeigt sich eine gute Übereinstimmung mit Bild F3-15. Die größte Zahl der von Nielsen angegebenen Versuchsergebnisse liegt zwischen der oberen und unteren Kurve. Nielsen weist darauf hin, dass dieser Zusammenhang für viele, aber nicht für alle Durchlässe gilt. Die wesentlichen Unterschiede, die noch zu klären sind, rühren daher, dass je nach Struktur der Austrittsebene unterschiedlich viel Luft induziert wird. Einzelstrahlen und Laminarisator bilden die möglichen Grenzwerte. Die im Bild dargestellten Zusammenhänge gelten eher für laminare Austrittsebenen. Man kann in guter Näherung annehmen: $K \approx K_e$ (untere Kurve in Bild F3-17). Es gibt auch Werte, die weit höher sind, und zwar dann, wenn die

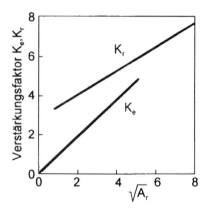

Bild F3-17 Verstärkungsfaktor der Geschwindigkeit vor einem Luftdurchlass nach Nielsen [F-74]

Luft nicht radial, sondern normal zur Austrittsebene in den Raum eintritt. Vor allem bei kleinen Ar-Zahlen sind dann Verstärkungsfaktoren bis zu 16 möglich. Das wird ausführlich in [F-58] behandelt.

F3.7
Fensterlüftung

Während in Räumen mit RLT-Anlagen die gewünschten Grenzen der thermischen Behaglichkeit eingehalten werden können, wenn die Anlagen nach dem bekannten Stand der Kenntnis geplant und gebaut werden, ist das bei freier Lüftung nicht immer möglich. Im Sommer kann das Problem bestehen, dass der Luftaustausch durch das geöffnete Fenster zu klein ist. Darauf soll hier nicht näher eingegangen werden. Im Winter ist durch die Temperaturdifferenz zwischen innen und außen ein Luftaustausch bereits bei spaltförmiger Fensteröffnung ausreichend. Dabei stellt sich eine Strömung ein, die der Quellluftströmung sehr nahe kommt.

Untersuchungen von Zeidler [F-75] ergaben, dass bei thermischen Lasten bis 30 W/m² bei Raumtiefen von etwa 5 m Luftgeschwindigkeiten über 15 cm/s nicht überschritten werden und deshalb nicht zu Zugerscheinungen führen, so lange die Außentemperaturen über 8 °C liegen.

Bild F3-18 zeigt Versuchs-Ergebnisse. Bei 2 Stellungen eines Kippfensters (2 und 5°) wurde die Außentemperatur und die thermische Last im Raum variiert. Bei konstanten Bedingungen wurden die Luftgeschwindigkeiten in 1,3 m Entfernung vom Fenster gemessen. An dem Bild erkennt man, dass eine noch geringere Öffnung des Kippfensters ($\beta \approx 1°$) den Anwendungsbereich zu niedrigeren Außentemperaturen erweitert hätte. Die Kippfensteröffnungen sollten deshalb stufenlos, fein und fest einstellbar sein.

Sobald die Außentemperaturen 8 °C unterschreiten, ist bei dem hier gezeigten Fenster eine ausreichende Dauerlüftung durch Fensterspalte nicht mehr möglich,

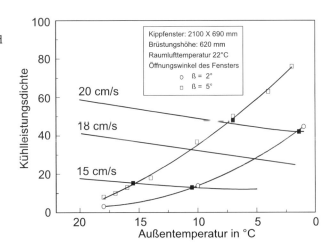

Bild F3-18
Luftgeschwindigkeit und Lufttemperaturen abhängig von der Kühlleistungsdichte und der Außentemperatur

weil die Temperaturen am Boden dann außerhalb des Behaglichkeitsbereiches liegen. Durch zusätzliches Heizen und Anheben der Lufttemperatur im Raum oder größeren Abstand vom Fenster lässt sich die Grenze weiter nach unten verschieben. Dabei muss allerdings ein höherer Temperaturanstieg im Aufenthaltsbereich in Kauf genommen werden. Bei Außentemperaturen unter ca. 2 °C funktioniert vermutlich nur noch „Stoßlüftung" in Kombination mit einer Spaltlüftung, wie sie sich bei undichten Fenstern früher häufig von selbst einstellte. Die Stoßlüftung hat die bekannte unbequeme Nebenwirkungen, dass es beim Lüften unbehaglich kalt im Raum wird. Die Folge davon ist, dass schlechte Luftqualität im Raum vorgezogen wird. Nur in diesem Fall ist die Stoßlüftung aber energetisch wesentlich günstiger. Das müsste im Detail noch näher untersucht werden. Weiterführende Messungen von Wildeboer [F-83] bestätigen, dass die Fensterlüftung mit Kippfenstern schon eine günstige Lösung darstellt. Bei spaltförmigen Öffnungen in Deckennähe für die Fortluft und in Brüstungshöhe für die Zuluft ergeben sich ähnliche Werte wie für Kippfenster. Wenn der Zuluftspalt weiter nach oben verlegt wird, ist Fensterlüftung bei noch niedrigeren Temperaturen möglich, allerdings nähert sich die Strömung dann der Mischströmung.

Im Sommer ergeben sich ähnliche Grenzen der freien Lüftung durch die zulässigen Raumtemperaturen. Solange die Außentemperatur kleiner ist als die Innenraumtemperatur, gelten die in Bild F3-18 dargestellten Grenzen. Sobald sie größer sind, lässt sich bei geringer Fensteröffnung der Speichereffekt der Gebäude in Kombination mit Nachtkühlung bedingt nutzen, behagliche Temperaturen einzuhalten. Die Grenzen der gesamten thermischen Lasten im Raum liegen dabei erfahrungsgemäß auch bei etwa 30 W/m^2 während der etwa achtstündigen Betriebszeit von Bürogebäuden [F-89].

F3.8
Deckenkühlung mit Quelllüftung

Immer, wenn die Kühlleistung der Quellluftströmung nicht ausreicht, weil zu geringe Volumenströme zur Verfügung stehen, lässt sich die Quelllüftung gut mit einer Kühldecke kombinieren. Bleiben dann die Vorteile der Quelllüftung, die vor allem in der niedrigen Luftgeschwindigkeit und den geringen Kontaminationsgraden im Aufenthaltsbereich bestehen, erhalten? Die Temperaturverläufe auf Bild F3-9 deuten schon darauf hin, dass die Deckenkühlung einen großen Einfluss auf die Temperaturverteilung im Raum und an den Wänden hat. Während die gleichmäßige Temperaturverteilung im Raum als Vorteil zu betrachten ist, hat die niedrigere Wandtemperatur auch Nachteile. Sie führt nämlich dazu, dass an der Wand von oben bis unten eine Abwärtsströmung einsetzt, die mit der Kühlleistungsdichte der Decke anwächst. Auf Bild F3-10 lässt sich die Auswirkung erkennen. Sobald die Kühlleistung der Decke mehr als die Hälfte der Gesamtkühlleistung ausmacht, beginnt der Stoffbelastungsgrad anzuwachsen. Das bedeutet, dass die Luftqualität im Aufenthaltsbereich schlechter wird und sich schließlich den Werten der Mischströmung nähert, wenn die gesamte Kühlleistung von der Decke eingebracht wird.

Die Luftgeschwindigkeiten bleiben unproblematisch, solange die Kühlleistungsdichte unter 80 W/m² bleibt. Denn obwohl die Luftgeschwindigkeiten, wie in Bild F2-2 gezeigt, mit der Kühlleistungsdichte zunehmen und im Bereich von 80 W/m² schon kritische Werte annehmen, sind noch keine Probleme zu erwarten, weil Personen in einer solchen Strömung bis zu dem angegebenen Grenzwert die Abwärtsströmung durch ihre eigene Auftriebströmung ablenken. Andererseits lässt sich daran zeigen, dass es wenig angebracht ist, höhere Kühlleistungsdichten als 80 W/m² mit der Kühldecke anzustreben, weil dann unbehagliche Luftgeschwindigkeiten zu erwarten sind. Damit sind auch die Vorteile der hohen erzielbaren Kühlleistungsdichten der offenen Kühldecken in Frage gestellt, wenn sie sich über Personen befinden. Ähnliche Grenzen gibt es für die so genannten Kühlbalken, die im Prinzip streifenförmige Kühldecken sind. Pro m Kühlbalkenlänge sollten sie keine Kühlleistungen über 100 W/m in den Raum einbringen, wie sich aus Messergebnissen in [F-84] ableiten lässt. Höhere Leistungen sind möglich, wenn sich die Kühlbalken nicht über der Aufenthaltszone befinden. Kühlbalken werden detailliert beschrieben in [F-91].

F4
Unterschiede bei Misch- und Quellluftströmung

F4.1
Anwendungsbereiche von Verdrängungs-, Misch- und Quelllüftung

Bei jeder Auslegung einer Klimaanlagen besteht anfangs die Frage nach dem richtigen Klima-System, einschließlich der Frage, ob es überhaupt erforderlich ist. Sie wird leider häufig falsch beantwortet, weil viele irrationale Argumente in die Beurteilung eingehen.

Nach dem Studium der vorangegangenen Kapitel muss die Wahl leicht fallen. Als Ausgangsgrößen jeder Überlegung müssen bekannt sein:
1. Volumenstrom je Quadratmeter in m³/(h·m²) und
2. Kühlleistungsdichte je Quadratmeter in W/m².

Bevor diese beiden Größen nicht bekannt sind, kann man kein Klimasystem auswählen. Deshalb muss bekannt sein, was gebaut werden soll und wie die Gebäudenutzung aussieht.

Der Volumenstrom je Fläche ergibt sich meist aus der Zahl der Personen in den geplanten Räumen, die flächenbezogene Last aus der Kühllast. In Erweiterung von Bild F2-1 und F2-2, das auch für Kühldecken gilt, und F2-27 lässt sich ein Anwendungsbereich für Misch- und Verdrängungslüftung von oben angeben. Bild F4-1 gibt die Anwendungsbereiche für den Fall der Strömung von oben wieder.

Der Bereich für Mischlüftung wird durch zwei Grenzen gegeben. Die linke Grenze entsteht, wenn die Temperaturdifferenz zwischen Ab- und Zuluft 12 K

Bild F4-1 Anwendungsbereich für Strömung von oben (Misch- und Verdrängungslüftung)

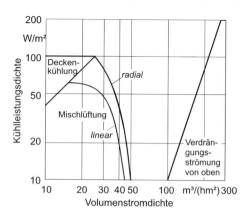

nicht überschreiten soll. Die rechte Grenze ergibt sich, wenn die Luftgeschwindigkeiten im Bereich der Behaglichkeit liegen sollen.

Dabei wird noch zwischen radialen und linearen Luftdurchlässen unterschieden, wie im Abschnitt über radiale Deckenstrahlen schon erläutert wurde. Die linke Grenze lässt sich überschreiten bis zu einer maximalen Kühlleistungsdichte von 100 W/m², wenn zur Kühlung mit Luft Deckenkühlung addiert wird. Die rechte Grenze lässt sich nicht überschreiten, wenn Zug vermieden werden soll. Erst bei sehr viel größeren Volumenströmen, die praktisch nur in Reinräumen angewendet werden, entsteht wieder eine stabile Verdrängungsströmung, bei der große Kühlleistungsdichten und Volumenströme möglich sind. Außerhalb des Diagramms rechts bei Volumenströmen bis zu 1800 m³/h/m² liegt der Bereich der Verdrängungsströmung in Reinräumen.

Bild F4-2 zeigt den Anwendungsbereich der Quelllüftung. Bei kleinen Volumenströmen kann der Kühlleistung der Luft eine Kühldeckenleistung bis zu 100 W/m² überlagert werden. Wobei allerdings keine reine Quellluftströmung entsteht, wenn die Deckenkühlung mehr als 50% der Last deckt. Andererseits kann gerade bei sehr kleinen Volumenströmen eine größere Temperaturdiffe-

Bild F4-2 Anwendungsbereich für Strömung von unten Verdrängungs- und Quellluftströmung

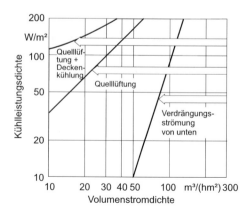

renz zwischen Zu- und Abluft gewählt werden, als in dem Diagramm angenommen wurde, weil der Temperaturabbau direkt hinter dem Lufteintritt bis zu 80% der Gesamttemperaturdifferenz ausmachen kann (Bild F3-12). Die Kurve lässt sich extrapolieren.

Die Kühlleistung lässt sich mit steigendem Volumenstrom fast beliebig steigern. Die Raumströmung verwandelt sich bei hohen Volumenströmen automatisch in eine Verdrängungsströmung, dann nämlich wenn die Frischluftschichthöhe höher ist als die Wärmequellen. Im eingezeichneten Beispiel wird von einer Temperaturdifferenz zwischen Ab- und Zuluft von 9 K ausgegangen. Bei kleinen spezifischen Volumenströmen kann sie auch höher sein. Das ist im Diagramm noch nicht berücksichtigt.

Es gibt eine Grenze für die von einer Seite einzubringende Kühlleistung. Mit Hilfe des Verstärkungsfaktors auf Bild F3-15 lässt sich die zulässige Höhe eines Durchlasses ermitteln. Wenn schon dicht vorm Luftdurchlass (ca. 1,3 m Abstand) thermische Behaglichkeit gewünscht wird, ist die Leistung für einen durchlaufenden Durchlass auf etwa 200 W/m begrenzt. Das gilt auch ungefähr für Fensterlüftung.

Fast unbegrenzt ist die Kühlleistung, wenn beliebige Volumenströme zur Verfügung stehen und die Luft großflächig aus dem Boden eingebracht werden kann (s. Bild G7-22). Es gibt bei steigendem Volumenstrom einen fließenden Übergang zur Verdrängungsströmung. Die Kombination mit Kühldecken erlaubt im linken Diagrammbereich hohe Kühlleistungsdichte auch bei geringen Volumenströmen. Man kann die zulässige Deckenkühlung hier vermutlich zur Luftkühlung addieren. Es gibt darüber allerdings noch keine experimentellen Erfahrungen.

In Kapitel A2.1.2.3 führt Schmidt den neuen Begriff „Geschwindigkeitsbelastung" ein. Wie hier gezeigt wird, ist die Geschwindigkeit eine Funktion der thermischen Last, die man nur begrenzen kann durch entsprechende Lastreduzierung. In Kapitel F2.2.2.4 spricht Schmidt von einer „Geschwindigkeitslast", die sich ergibt bei der Dimensionierung von Verdrängungsströmungen (s. F2.2.1). Hier muss in Zukunft weiter differenziert werden oder eventuell auch die Ausdehnung des Lastbegriffes hinterfragt werden, s. a. Fußnote zu A2.2.3.

F4.2
Unterschiede zwischen Quell- und Mischlüftung beim Stoff- und Wärmeübergang an der Oberfläche einer Person

In verschiedenen Untersuchungen, unter anderem in [F-76], zur Frage der empfundenen Luftfeuchtigkeit in Räumen zeigt sich, dass die Luft in Räumen mit Fensterlüftung nicht so trocken empfunden wird wie in klimatisierten Räumen, in denen die Feuchtigkeit speziell im Winter nachweislich höher ist.

Das lässt sich erklären mit der unterschiedlichen Umströmung des Körpers in der einen und der anderen Strömungsform und dem Einfluss der thermischen Lasten. Dazu muss zur Erklärung gesagt werden, dass sich bei Fensterlüftung im Winter im Allgemeinen eine Quellluftströmung einstellt, während die meisten

Bild F4-3 Bezogene Feuchtigkeitsabgabe gemittelt über die Körperoberfläche über der thermischen Last

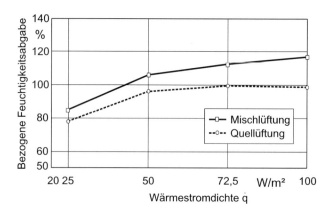

älteren klimatisierten Gebäude mit Mischlüftung arbeiten. In der Quellluftströmung bewegt sich eine nahezu ungestörte Grenzschicht am Körper nach oben.

Sie wird allerdings auch bei der Quelllüftung zunehmend gestört, wenn die thermischen Lasten im Raum zunehmen. Bei der Mischlüftung wird die Strömung aber viel stärker gestört. Eine experimentelle Voruntersuchung [F-77, 78] zu diesem Thema ergab, dass in beiden Strömungsformen die Feuchtigkeitsabgabe mit der thermischen Last im Raum zunimmt. Auf Bild F4-3 ist die mittlere Feuchtigkeitsabgabe für den ganzen Körper für unterschiedliche thermische Lasten bezogen auf die Fläche des Raumes und beide Strömungsformen bezogen auf den Wert bei Quelllüftung bei 72,5 W/m^2 dargestellt.

Eine Erhöhung der Kühllast von 25 auf 100 W/m^2 erhöht bei Quelllüftung die Stoffabgabe um etwa 25%. Die Stoffabgabe ist außerdem bei der Mischlüftung 10 bis 20% höher. Es spielt also nicht nur die Strömungsform, sondern die thermische Last eine große Rolle.

Raumlufttechnischen Anlagen werden immer angewendet, wenn die thermischen Lasten im Raum hoch sind. Auch das Temperaturniveau und damit die Dampfdruckdifferenz ist dabei höher. Das erklärt schon die Unterschiede bei der Feuchtigkeit in Räumen mit Fensterlüftung und mit raumlufttechnischen Anlagen.

Noch offensichtlicher werden die Unterschiede, wenn man den örtlichen Stoffübergangskoeffizienten am Kopf einer Person betrachtet.

Um den lokalen Stoffübergangskoeffizienten genauer zu ermitteln, wurde er am Auge einer stehenden Personenattrappe in beiden Strömungsformen bei variierten Lasten untersucht [F-79].

Bild F4-4 zeigt die Zunahme des lokalen Stoffübergangskoeffizienten am Kopf einer Person bei steigender Last für beide Strömungsformen bezogen auf den Anfangswert bei Quelllüftung bei einer thermischen Last von 35 W/m^2. Es ergibt sich ein noch größerer Einfluss der thermischen Last.

Man erkennt, dass besonders bei Mischlüftung ein extremer Anstieg der Feuchteabgabe mit steigender Last eintritt. Eine Verdoppelung der Kühlleistungsdichte führt bei Mischlüftung zu mehr als einer Verfünffachung der Ver-

Bild F4-4 Lokaler Stoffübergangskoeffizient am Kopf über der thermischen Last für Misch- und Quellluftströmung

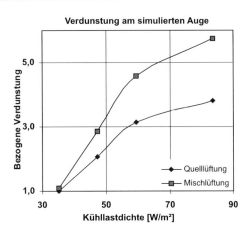

dunstung. Allerdings nimmt die Feuchteabgabe bei Personen nicht so zu wie bei der hier untersuchten Wasserdampfabgabe an einer Personenattrappe.

Nur der Stoffübergangskoeffizient steigt im gezeigten Ausmaß. Denn der Mensch versucht durch Regelung, die Feuchtigkeitsabgabe konstant zu halten. Beide Effekte führen dann aber zu verstärkter Austrocknung der Haut.

An den Augen wird die Feuchtigkeitsabgabe zusätzlich begrenzt, nicht durch Regelung, sondern durch eine Schutzschicht. Die wässrige Tränenschicht des Auges wird durch eine sehr dünne Lipidschicht gegen Verdunstung geschützt. Es muss noch näher untersucht werden, wieweit die Lipidschicht die Auswirkung des erhöhten Stoffübergangskoeffizienten mindert und ob der höhere Stoffübergangskoeffizient dennoch eine Erklärung für die erhöhten Klagen über zu trockene Luft in klimatisierten Räumen ist. Aus Untersuchungen von Wyon [F-80] ist ein Zusammenhang zwischen Austrocknung der Augen und variierter Luftgeschwindigkeit in einem anderen Geschwindigkeitsbereich bekannt, der darauf schließen lässt, dass die Lipidschicht die Austrocknung nicht verhindert, sondern nur reduziert.

Wenn man bedenkt, dass die Stoffabgabe ein Produkt aus Stoffübergangskoeffizienten und Dampfdruckdifferenz ist, dann lässt sich der Anstieg des Stoffübergangskoeffizienten bei erhöhter thermischer Last nicht durch noch so hohe relative Feuchte im Raum kompensieren. Die Folgerung ist, dass Mischlüftung nicht nur wegen der Zugerscheinungen in der Kühllastdichte begrenzt ist, sondern auch wegen der Austrocknung der Haut.

Es ist auch zu vermuten, dass sich Verunreinigungen in der Luft in Mischströmung unangenehmer auswirken, weil sie durch den besseren Austausch die Körperoberfläche leichter erreichen.

So wird Zigarettenrauch in der Luft besser die Augenoberfläche erreichen, wenn der Stoffübergangskoeffizient groß ist, und neben der stärkeren Austrocknung der Augenoberfläche eine zusätzliche unangenehme Reizung entstehen. In einer sehr ausführlichen Literaturrecherche [F-85] wird der Aspekt der thermischen Last im Raum leider nicht erwähnt, weil es zu wenige Untersuchungen gibt, die diesen Einfluss berücksichtigen.

Literatur

[F-1] Prandtl, L.: Führer durch die Strömungslehre, 4. Auflage, Seite 393, Verlag Friedr. Vieweg & Sohn, Braunschweig 1956
[F-2] Fitzner, K.: Quellüftung – Schichtströmung, HLH Bd. 44 (1993) Heft 3, S. 190/191
[F-3] Fitzner, K.: Ausgeführte Anlagen mit Quellüftung, KI Klima Kälte Heizung19 (1991) Nr. 3, S. 88/94
[F-4] Behne, M.: Temperatur-, Geschwindigkeits- und Konzentrationsprofile in Räumen mit Deckenkühlung. Diss. TU Berlin 1995
[F-5] Fitzner, K.: Luftführung in klimatisierten Sälen, KI 3/86 Teil 4.1
[F-6] Fitzner, K.: Air velocities in spaces air-conditioned by cooled ceilings or mixed flow as a function of the cooling capacity, Roomvent '96, 1996
[F-7] Huesmann, K.: Eigenschaften turbulenter Strahlenbündel, CIT 38. Jahrg. 1966, Heft 3, S. 293–297
[F-8] Fitzner, K.: Displacement Ventilation and Cooled Ceilings, ... Proc. Indoor Air 1996, Nagoya
[F-9] Schädlich, S.: Der Einfluß verschiedener Luftdurchlaßgeometrien auf das Freistrahlverhalten, Diss. Uni-GHS Essen 1993
[F-10] Frings, P.; Pfeifer, J.: Einfluß der Raumbegrenzungsflächen auf die Geschwindigkeitsabnahme im Luftstrahl, HLH 32 (1981) Heft 2
[F-11] Regenscheit, B.: Elemente zur Berechnung einer Raumströmung, XX Kongress für Heizung, Lüftung, Klimatechnik, April 1974 Düsseldorf, Klepzig Verlag Düsseldorf
[F-12] Regenscheit, B.: Strahlgesetze und Raumströmung, Klima-Kälte-Technik 6/1975 und Regenscheit, B.: Strahlgesetze, KI Extra 12, Müller Verlag, 1981
[F-13] Johannis, G.: Eigenschaften der Raumlüftung durch perforierte Decken am Beispiel einer Schlitzdecke, Diss. RWTH Aachen 1967
[F-14] Schwarz, W.: Auslegung von Düsenstrahlbündeln, KI 11/1995, S. 518–521
[F-15] Regenscheit, B.: Der Einfluß von Raumwänden auf die Strahlgesetze der Lufttechnik, KI 1/74, S. 49–56; desgl.: Elemente zur Berechnung einer Raumströmung, XX Kongreß für Heizung, Lüftung, Klimatechnik, 1974 in Düsseldorf, Klepzig Verlag
[F-16] Conrad, O.: Untersuchung über das Verhalten zweier gegeneinander strömenden Wandstrahlen, GI 93, Heft 10
[F-17] Streblow, R.; B. Müller; K. Hagstöm: Interaktion zweier gegeneinander strömender Strahlen, HLH 10/2003 Sonderteil Klima/Kälte
[F-18] Fitzner, K.: Luftführung in klimatisierten Sälen, KI 3/1986, S. 93–98
[F-19] Garms, M.: Handbuch der Heizungs- und Lüftungstechnik, Bd. 2: Lufttechnische Anlagen, Fachbuchverlag Leipzig, 1954
[F-20] Kriegel, B.: Fallströmungen vor Abkühlungsflächen in Gebäuden und mögliche Schutzmaßnahmen, Diss. TU Berlin 1973
[F-21] Fitzner, K.: Luftströmungen in Räumen mittlerer Höhe bei verschiedenen Arten von Luftauslässen, GI Heft 12 (1976), S. 293–322
[F-22] Fitzner, K.; Laux, H.: Induktionsgeräte für den Deckeneinbau, HLH 27 (1976) Heft 10
[F-23] Awbi, H. B.: Ventilation of Buildings, F & FN Spon, 1991, P. 201
[F-24] Nevins, R. G.: Air Diffusion Dynamics, Business Publishing Company, Birmingham, Mich. 1974
[F-25] Fitzner, K.: Schadstoffausbreitung in belüfteten Räumen bei verschiedenen Arten der Luftführung, HLH 32(1981), Nr. 8

Literatur

[F-26] Linke, W.: Lüftung von oben nach unten oder umgekehrt? GI 83. Jahrg. 1962, Heft 5, S. 121–152

[F-27] Regenscheit, B.: Die Archimedeszahl, GI Heft 6, 91. Jahrgang 1970, S. 173–177

[F-28] Wildeboer, J., M. Grübbel, I. Gores, K. Fitzner: Thermische Anwendungsgrenzen der Verdrängungsströmung, HLH BD. 53 Nr. 4, April 2002

[F-29] Fujii, S.; I. Hayakawa; K. Kazuo: Studies on Design Theory of Laminar Flow Clean Room – Particle Deposition to the Surface, 7th International Symposium on Contamination Control, Milan Sept. 1986

[F-30] Suter, P.: Strömungstechnik in Reinräumen, Swiss Chem 9 (1978), Nr. 9

[F-31] Hinds, W. C.: Aerosol Technology, John Wiley & Sons, 1982

[F-32] EN ISO 14644: Cleanrooms and Associated Controlled Environments, part 1–8 (1999–2002)

[F-33] EC GMP Guide to Good Manufacturing Practice, Revised Annex 1: Manufacture of sterile medicinal products, 2003

[F-34] Leder, A.: Abgelöste Strömungen, Physikalische Grundlagen, Braunschweig, Vieweg 1992

[F-35] Fitzner, K.: Laminare Strömung in Reinen Räumen, Reinraumtechnik 1. Jahrg. 1988, Heft 5/6, S. 26–34, Verl. Vieweg & Sohn

[F-36] Scheer, F.: Einfluß der Turbulenz einer Verdrängungsströmung in Operationsräumen auf Transport und Sedimentation von Mikroorganismen, Dissertation TU Berlin (D83) 1998

[F-37] Schneider, T.; M. Bohgard, A. Gundmundson: Deposition of Particles onto Skin and Eyes. Role of Air-Currents and Electric Fields, Proc. Indoor Air '93 Helsinki, Vol. 4, p. 61–66

[F-38] Fischbacher, J.: Planungsstrategien zur strömungstechnischen Optimierung von Reinraumfertigungsgeräten. Dissertation TU München 1991

[F-39] Fitzner, K.: Gleichmäßige Luftabsaugung aus großflächigen Reinräumen mit Treibdüsen, VDI-Bericht 783, 1989.

[F-40] Haerter, A.: Theoretische und experimentelle Untersuchungen über die Lüftungsanlagen von Straßentunneln. Diss. 1961, Mitteilung aus dem Inst. für Aerodynamik, ETH Zürich, Nr. 29

[F-41] Seipp, H-M., A. Schroth, H. Besch.: Operative Reinraumtechnik, HYGIENE, 23. Jahrg. (1998) Heft 12, S. 526–546

[F-42] Richtlinien 99-3 Heizungs-, Lüftungs- und Klimaanlagen in Spitalbauten, Schweizerischer Verein von Wärme- und Klimaingenieuren, SWKI 2/2002

[F-43] SWKI 99-3 2003: Heizungs-, Lüftungs- und Klimaanlagen in Spitalbauten.

[F-44] VDI 2167 Blatt 1: Technische Gebäudeausrüstung von Krankenhäusern – Heizungs- und Raumlufttechnik, (04/2006)

[F-45] DIN 1946/4 (1989): Raumlufttechnische Anlagen in Krankenhäusern

[F-46] DIN 1946/4 Entwurf(6/2007)Raumlufttechnik Teil 4: Raumlufttechnische Anlagen in Krankenhäusern. Die Neufassung erscheint voraussichtlich 2008

[F-47] Fitzner, K.: Zuluftdecken für Operationsräume, HLH 41 (1990) Nr. 4, S. 319–332

[F-48] Esdorn, H., Nouri, Z.: Vergleichsuntersuchungen über Luftführungssysteme mit Mischströmung in Operationsräumen, HLH 28 (1977), Nr. 12

[F-49] Behne, M.: DKV Jahrestagung Band IV 1991

[F-50] Koller, W.: Hygienische Aspekte verschiedener Systeme zur OP-Feld-Belüftung, GI 109 (1988), Heft 5

[F-51] Seipp, H-M., U. Barth, M. Nau: Einflußgrößen sowie Materialien und Methoden zur Bewertung von RLT-Anlagen (RLTA) in Operationsräumen, Beck-Eikmann: Hygiene in Krankenhaus und Praxis, II-3.8

[F-52] Baturin, W. W.: Lüftungsanlagen für Industriebauten, VEB Verlag Technik 1953

[F-53] Nauck, H.: Grundlagen für die Beurteilung der Lüftung in wärmeintensiven Betrieben, Luft- und Klimatechnik 1981/3

[F-54] Mierzwinski, S.: Air Motion and Temperature Distribution above a Human Body in Result of Natural Convection, Royal Institute of Technology, Stockholm Nr. 45 (1980)

[F-55] Popiolek, K. Z.: Problems of Testing and Mathematical Modelling of Plumes above Human Body and other Extensive Heat Sources, Tekniska Högskolan Stockholm, H4, Serien-Nr. 54

[F-56] Nielsen, P. V.: Indoor Environmental Technology, DKV-Tagung München 1980

[F-57] Kofoed, P.; P. V. Nielsen: Thermal Plumes in Ventilated Rooms. 3. Seminar on „Application of Fluid Mechanics in Environmental Protection 88", Silesian University, Gliwice

[F-58] Skistad, H., E. Mundt, P. V. Nielsen, K. Hagström, J. Railio: Displacement Ventilation, REHVA guide Book 1 (2002)

[F-59] Fitzner, K.: Förderprofil einer Wärmequelle bei verschiedenen Temperaturgradienten und der Einfluß auf die Raumströmung bei Quellüftung„ KI Klima Kälte Heizung Heft 10/1989, 17. Jahrg. S.476–481

[F-60] Mundt, E.: Convection Flows above Common Heat Sources in Rooms with Displacement Ventilation, Proceedings Roomvent '90, Oslo 1990

[F-61] Kriegel, M. Einfluss des Temperaturgradienten auf den Auftriebsvolumenstrom über einer Wärmequelle; HLH – Lüftung/Klima, Heizung/Sanitär, Gebäudetechnik, Springer VDI Verlag, Band 55, 2004

[F-62] Kofoed, P.: Thermal Plumes in Ventilated Rooms, Ph. D. Thesis University of Aalborg, Denmark 1991

[F-63] Krühne, H.: Experimentelle und theoretische Untersuchungen zur Quelluftströmung, Dissertation TU Berlin 1995

[F-64] Holmberg, H. B., L. Eliason, K. Folkesson, O. Strindehag: Inhalation-zone Air Quality by Displacement Ventilation, Roomvent '90', Oslo 1990

[F-65] Fitzner, K.: Der doppelte Vorteil der Quellüftung im Hinblick auf die Qualität eingeatmeter Luft, GI 112 (1991), Heft 6, S. 290–292

[F-66] Bach, H. et al: Gezielte Belüftung der Arbeitsbereiche in Produktionshallen zum Abbau der Schadstoffbelastung, HLK 1 -92, Verein der Förderer der Forschung im Bereich HLK, Stuttgart

[F-67] Sandberg, M.; M. Mattsson: The Effect of moving Heat Sources upon the Stratification in Rooms Ventilated by Displacement Ventilation, Roomvent 1992, Vol. 3, Krakow.

[F-68] Brohus, H.; Nielsen P. V. (1996): Personal Exposure in Displacement Ventilated Rooms, Indoor Air, Intern. Journal of Indoor Air Quality and Climate, Vol. 6, S. 157–167

[F-69] Fitzner, K.: Impulsarme Luftzufuhr durch Quellüftung, HLH 39 (1988) H. 4,

[F-70] Skistad, H.: Deplacerande Ventilation (Displacement Ventilation), VVS-Tekniska Föreningen, Stockholm, Schweden, Handboksserien H 1 (in Schwedisch)

[F-71] Mundt, E.: The Performance of Displacement Systems – Experimental and Theoretical Studies, Ph. D. Thesis, Bulletin no 38, Building Services Engineering, KTH, Stockhom

[F-72] Li, Y.; M. Sandberg, L. Fuchs: Vertical Temperature Profiles in Rooms Ventilated by Displacement: Full-Scale Measurement and Nodal Modelling. Indoor Air, 2, p. 225–243 (1992), Munksgaard, Copenhagen

[F-73] Guntermann, K.; U. Plitt: Grenzparameter der Quellüftung, DKV Jahrestagung, 1994 Bonn

[F-74] Nielsen, P. V.: Velocity Distribution in a Room with Displacement Ventilation and Low-level Diffusers, IEA, Energy Conservation in Buildings and Community Systems, Annex 20: Air Flow Pattern within Buildings, Febr. 1994

Nielsen, P. V.: Luftströmung und Luftverteilung in Räumen, in Novotny, S.; Feustel, H. E.: Lüftungs- und klimatechnische Gebäudeausrüstung, Bauverlag GmbH, Wiesbaden 1996

[F-75] Zeidler, O.: Grenzen der thermischen Behaglichkeit bei Fensterlüftung in Bürogebäuden, Dissertation TU Berlin, D 83, 2000

[F-76] Kröling, P.: Gesundheits- und Befindensstörungen in klimatisierten Gebäuden. Vergleichende Untersuchungen zum „building illness" Syndrom. BMFT-Projekt 01, VD 132, Verlag Zuckerschwerdt, München 1985

[F-77] Zeidler, O., K. Kriegel, K. Fitzner; Unterschiede der Feuchteabgabe einer Person in Quell- und Mischlüftung, HLH (Heizung Lüftung/Klima Haustechnik), Bd 50 1999

[F-78] Fitzner, K., O. Zeidler, K. Kriegel: Influence of Air Flow Patterns in a Room on Evaporation and Humidity Distribution around a Heated Wet Cylinder, INDOOR AIR '99

[F-79] Fitzner, K., I. Gores, M. Reske: Impact of air flow pattern and thermal load in a room on the heat and mass transfer coefficient across a person, especially on the evaporation of water from the eyes, Clima 2000, Napoli, 2001

[F-80]   Wyon, N. M., D. P. Wyon: Measurement of acute response to draft in the eye, Acta Ophtalmol, Copenh. 64, S. 221–225
[F-81]   DIN 4799 (1990): Luftführungssysteme für OP-Räume, Prüfung
[F-82]   Kappstein, I.: Literaturübersicht über die Bedeutung der Luft als Erregerreservoir für postoperative Infektionen im OP-Gebiet, www.klinikheute.de, Institut für Medizinische Mikrobiologie, Immunologie und Hygiene, Technische Universität München
[F-83]   Wildeboer, J.; K. Fitzner; D. Müller: Einsatzgrenzen der Fensterlüftung, HLH5/2006, 6/2006
[F-84]   Fredriksson J.; Sandberg M.; Moshfegh B.Experimental investigation of the velocity field and airflow pattern generated by cooling ceiling beams, Building and Environment, Volume 36, Number 7, August 2001, pp. 891–899(9), Elsevier Science
[F-85]   Wolkoff, P.; J. K. Nöjgaard, C. Franck; P. Skov: The modern office environment dessicates the eyes? – Review article – Indoor Air 2006, 16 258–265
[F-86]   Skaaret, E., H.-M. Mathisen: Ventilation efficiency, a guide to efficeint ventilation, ASHRAE Transactions 1983
[F-87]   Fitzner, K.: Bewertung des Luft- und Stoffaustausches in belüfteten Räumen, KI 12/1990, S. 530–535
[F-88]   Mundt, E., H.-M. Mathisen, P. V. Nielsen, A. Moser: „Ventilation effectiveness", REHVA 2004
[F-89]   Fitzner, K.: Abschnitt 4 in Blum, H.-J. (Herausg.): Doppelfassaden, Verlag Ernst & Sohn, 2001
[F-90]   Kriegel, M.: Experimentelle Untersuchung und numerische Simulation eines Quellluftsystems, Diss. TU Berlin D83, 2005. Tenea Verlag Ltd.
[F-91]   Virta, M. (ed.); D. Butler, J. Gräslund, J. Hogeling, E. L. Kristiansen, M. Relinikainen, G. Svenson: Chilled Beam Application. Guidebook No5, Rehva, 2004
[F-92]   Gail, L.; Hortig, H.-P.: Reinraumtechnik, 2. Aufl. 2004; Springer Verlag

G Bauelemente raumlufttechnischer Anlagen

G1 Tibor Rákóczy, G1–G7 Klaus Fitzner

G1
Ventilatoren

G1.1
Einführung

Bei der Strömung der Luft durch Luftleitungen und Komponenten der Raumlufttechnischen Anlage und durch das Gebäude entstehen Reibungsverluste und Druckunterschiede (Widerstände), die durch Ventilatoren kompensiert werden (C3.2.1; Band 1, Gl. J2-6a, b). Für einen gegebenen Volumenstrom werden die Widerstände berechnet. Addiert ergeben sie den Gesamtdruckverlust der Anlage, der vom Ventilator aufzubringen ist.

Ganz allgemein betrachtet sind Ventilatoren Strömungsmaschinen für gasförmige Medien, hauptsächlich für Luft, die ähnlich wie Pumpen für flüssige Medien mechanische Energie in Strömungsenergie umwandeln. Sie erzeugen Drücke bis zu 30 000 Pa. Strömungsmaschinen für höhere Drücke werden als Gebläse bezeichnet. Im Klimabereich werden selten Drücke über 3000 Pa verwendet, so dass man die Luft als inkompressibel betrachten kann.

Die aerodynamische Leistung eines Ventilators P ergibt sich aus dem Produkt des geförderten Luftvolumenstroms $\dot{V}$ und der Total- oder Gesamtdruckerhöhung Δp_t Gl. (G1-1) analog zur Elektrotechnik, bei der die Leistung das Produkt aus Strom und Spannung ist:

$$P = \dot{V} \cdot \Delta p_t \tag{G1-1}$$

mit $\dot{V}$ – Luftvolumenstrom m³/s,
Δp_t – Gesamtdruckerhöhung Pa,
P – Leistung W,

Die Gesamtdruckerhöhung ist die Differenz der Total- oder der Gesamtdrücke zwischen Austritt p_{t2} und Eintritt p_{t1} des Ventilators

$$\Delta p_t = p_{t2} - p_{t1} \tag{G1-2}$$

Der Gesamtdruck p_t in der Eintritts- und Austrittsöffnung ergibt sich mit der Bernoullischen Druckgleichung, Bd 1. Gl. (J1-34b):

$$p_1 + p_s + p_d = p_t \tag{G1-3}$$

$p_1 = \rho \cdot g \cdot z$ ist der Lagedruck, der beim Ventilator wegen der geringen Dichte ρ und der geringen Höhendifferenz z zwischen Ein- und Austritt fast immer vernachlässigbar ist, p_s ist der statische und p_d der dynamische Druck $p_d = (\rho/2) \cdot v^2$. Die mittlere Geschwindigkeit v ergibt sich aus der betrachteten Fläche A und dem Volumenstrom $\dot{V}$, $v = \dot{V}/A$. Die Dichteänderung vor und hinter dem Ventilator wird üblicherweise vernachlässigt, obwohl der Einfluss bei 1000 Pa Druckdifferenz immerhin 1% ausmacht.

Der Wirkungsgrad des Ventilators η_L ist das Verhältnis der aerodynamischen Leistung $\dot{V} \cdot \Delta p_t$ zur Antriebsleistung an der Ventilatorwelle P_L ohne Lagerverluste.

Mit dem Ventilatorwirkungsgrad η_L ergibt sich die Antriebsleistung des Ventilatorlaufrades, die Wellenleistung, nach Gl. (G1-4), wie folgt:

$$P_L = \frac{\dot{V} \cdot \Delta p_t}{\eta_L} \tag{G1-4}$$

Bei Beurteilung und Auswahl eines Ventilators wird nicht die Ventilatorleistung an der Welle (P_L), sondern die Antriebsleistung des Motors P_M zugrundegelegt, wobei in vielen Fällen auch noch der Wirkungsgrad des Antriebs einschließlich der Lager oder eines Getriebes (s. Bild G1-47) zu berücksichtigen ist.

Die erforderliche Motorleistung P_M wird durch Berücksichtigung des Motorwirkungsgrades η_M und – wenn sich der Ventilator nicht auf der Motorwelle befindet – zusätzlich des Antriebswirkungsgrades η_W berechnet, s. Gl. (G1-5).

$$P_M = \frac{\dot{V} \cdot \Delta p_t}{\eta_L \cdot \eta_M \cdot \eta_W} \tag{G1-5}$$

Die Indizes bedeuten: L für Laufrad, M für Motor und W für Welle.

Der Ventilator besteht aus einem umlaufenden mit Schaufeln besetzten Laufrad, das in vielen Fällen von einem Gehäuse umschlossen wird, das auch die Wellenlager trägt. Die Luft wird in Leitungen zu- und abgeführt, die an der Saugseite, an der Druckseite oder beidseitig angeschlossen sind. Bei nur druckseitigem Anschluss spricht man von frei ansaugenden, bei nur saugseitigem Anschluss von frei ausblasenden Ventilatoren.

Die Druckerhöhung des Volumenstromes wird durch Beschleunigung des Luftstromes bei der Durchströmung der Schaufelkanäle des drehenden Laufrades erreicht. Ein Teil der hohen Luftgeschwindigkeit wird mit Hilfe von Leitvorrichtungen und Diffusoren durch Verzögerung in statischen Druck umgesetzt.

G1.2
Bauarten

Ventilatoren werden nach der Abströmung der Luft vom Ventilator unterschieden. Ventilatoren, bei denen der Luftstrom das Laufrad in *radialer* Richtung verlässt, nennt man *Radialventilatoren*. Beim Laufrad mit *axialer* Abströmung handelt es sich um *Axialventilatoren*.

Im Bereich der Raumlufttechnik werden *Radial-, Axial-, Halbaxial- und Querstromventilatoren* eingesetzt.

Halbaxialventilatoren stellen eine Sonderform dar. Bei ihnen erfolgt der Luftaustritt in einem Winkel zwischen der radialen und der axialen Richtung und die Luft wird am Gehäuseaustritt in axiale Richtung umgelenkt. Sie sind für den Einbau in Rohrleitungen geeignet. Bei Querstromgebläsen tritt die Luft radial am Außenumfang nach innen ein und verlässt das Laufrad wieder radial.

Bild G1-1 zeigt Gehäuse und Laufrad eines Radialventilators. Ein Axialventilator ist im Prinzip auf Bild G1-28 abgebildet.

G1.3
Radialventilatoren

G1.3.1
Bauform und Geschwindigkeitsdreiecke

Bild G1-1 zeigt den prinzipiellen Aufbau eines Radialventilators. Links ist ein Schnitt durch die Antriebswelle dargestellt. Die Luft strömt axial von links durch die Einströmdüse in das Laufrad ein und wird dort in radialer Richtung umgelenkt. Dabei hat der im Detail A gezeigte Übergang von der fest stehenden Düse zum rotierenden Laufrad eine große Bedeutung, worauf später noch

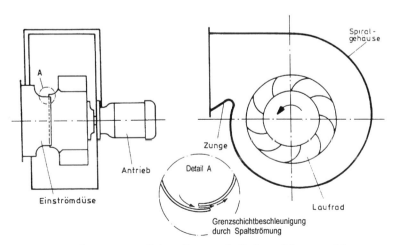

Bild G1-1 Aufbau eines Radialventilators mit direktem Motorantrieb

eingegangen wird (G1.3.5). Die Luft durchströmt das Laufrad in radialer Richtung und verlässt es am äußeren Umfang, der auf dem Schnitt links gut zu sehen ist. Die Vorderseite des Laufrades ist durch die Deckscheibe nach außen abgedichtet. Sie enthält die Einströmöffnung. Bei einigen Sonderkonstruktionen, den offenen Laufrädern, kann diese Deckscheibe auch fehlen. Die andere Seite des Laufrades wird durch die Rückscheibe abgedichtet. An ihr und an der Deckscheibe sind die Schaufeln befestigt. Sie werden im allgemeinen aus gebogenen einfachen Blechen gebildet. Diese Beschaufelung wird als Skelettschaufel bezeichnet sind. In Sonderfällen werden auch aus Blechen profilierte Schaufel verwendet (Profilschaufeln). Das Laufrad befindet sich in einem spiralförmigen Gehäuse, das als Diffusor wirkt und die Luft zur rechteckigen Austrittsöffnung hin lenkt. Der dichteste Abstand zwischen Gehäuse und Laufradumfang entsteht an der Zunge. Aus akustischen Gründen darf er nicht zu klein sein, er darf aber auch nicht zu groß sein, weil sonst die Ventilatorleistung sinkt. Bei einem Abstand zwischen Zunge und Laufrad von ca. 25% des Laufraddurchmessers wird nach Leidel [G1-14] minimale Schallerzeugung erreicht (s. auch Bild L2-4).

Das Detail A auf Bild G1-1 zeigt, wie die Ansaugöffnung des Laufrades mit dem Druckraum im Gehäuse verbunden ist. Es ist dort absichtlich ein schmaler Spalt vorgesehen in der Größenordnung von 1% des Laufraddurchmessers, durch den Luft mit hohem Druck und entsprechend hoher Geschwindigkeit an der Innenseite des Laufrades eintritt und die verzögerte Grenzschicht der Strömung beschleunigt, um eine Ablösung der Strömung zu vermeiden (s. G1.3.5).

Der im Bild dargestellte Ventilator wird direkt von einem Motor auf der gleichen Welle angetrieben. Das ist bei einem einseitig saugenden Ventilator leicht möglich, der hier dargestellt ist. In der Raumlufttechnik werden häufiger doppelseitig saugende Radialventilatoren verwendet. Die beiden unterschiedlichen Laufradarten zeigt Bild G1-2. Im Fall des doppelseitig saugenden Radialventila-

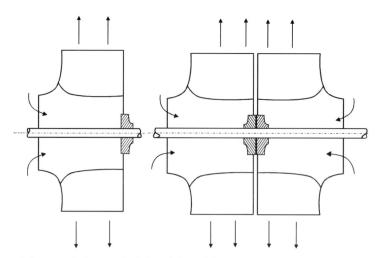

Bild G1-2 Einflutiges (*links*) und doppelflutiges (*rechts*) Laufrad eines Radialventilators

G1 Ventilatoren

Bild G1-3 Doppelflutiger Radialventilator mit Antriebsmotor und Riementrieb

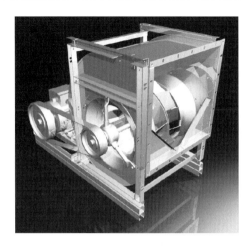

tors werden zwei spiegelverkehrt hergestellte Laufräder auf einer Welle befestigt. Dabei kann aus räumlichen Gründen der Antriebmotor im allgemeinen nicht auf der gleichen Welle angebracht werden und der Antrieb erfolgt dann mit einem Riemenantrieb.

Bild G1-3 zeigt einen solchen doppelflutigen Radialventilator mit Riementrieb. Es handelt sich in diesem Fall um einen Flachriemen. Häufig werden auch Keilriemen verwendet, die im Wirkungsgrad der Energieübertragung allerdings schlechter sind. Darauf wird später eingegangen (s. Bild G1-47). Der Riementrieb darf aus strömungstechnischen Gründen die Eintrittsöffnung nicht zu stark versperren, was deshalb schwierig ist, weil er selbst aus Sicherheitsgründen verkleidet sein muss. Auf Bild G1-3 fehlt dieser Riemenschutz. Er darf fehlen, wenn der Ventilator im Betrieb nicht zugänglich ist. Die Eintrittsöffnung selbst muss auch geschützt werden, damit niemand das rotierende Laufrad berühren oder damit keine Kleidung angesaugt werden kann.

In letzter Zeit werden immer häufiger auch Ventilatoren ohne Gehäuse, sogenannte frei laufende Ventilatoren, eingesetzt (Bild G1-4). Die Wirkungsgradeinbuße beim Fortfall des Gehäuses kann bei beengten Platzverhältnissen ausgeglichen werden durch geringeren Platzbedarf, der es gestattet, die Anschlussleitungen größer zu dimensionieren, so dass die Verluste dort geringer werden. Bei Geräten, bei denen die äußeren Abmessungen begrenzt sind, kann für das gesamte Gerät bei entsprechender Optimierung der Einbauten ein gleich hoher Wirkungsgrad erreicht werden. Der Hauptvorteil des frei laufenden Ventilators ist aber die bessere Zugänglichkeit des Laufrades zum Säubern.

Auf den Abbildungen G1-1 bis G1-4 sind Radialventilatoren mit rückwärts gekrümmten Schaufeln abgebildet, die auch am häufigsten angewendet werden. Radialventilatoren werden nach dem Schaufelwinkel am Laufradaustritt in *radial endende*, *vorwärts* oder *rückwärts gekrümmte* unterteilt. Auf Bild G1-5 a sind rückwärts gekrümmte, auf Bild G1-5 b vorwärts gekrümmte Laufschaufeln eines Radiallaufrades dargestellt. Der Schaufeleintrittswinkel wird im allgemeinen auf

Bild G1-4 Frei laufender Radialventilator mit direktem Antrieb

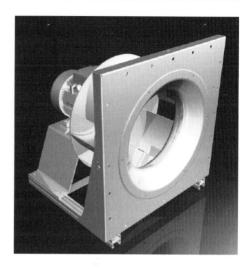

Bild G1-5a Geschwindigkeitsdreiecke an rückwärts gekrümmten Laufschaufeln eines Radiallaufrades

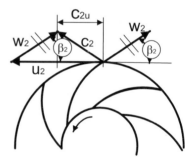

Bild G1-5b Geschwindigkeitsdreiecke an vorwärts gekrümmten Laufschaufeln eines Radiallaufrades

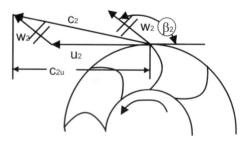

drallfreien Eintritt ausgelegt und ist dann für alle Arten gleich. Der Austrittswinkel hat einen großen Einfluss auf das Verhalten des Ventilators.

Am Beispiel des Radialventilators soll das unterschiedliche Verhalten mit Hilfe von Geschwindigkeitsdreiecken erklärt werden. Die Geschwindigkeitsdreiecke gelten gleichermaßen für Radial- und Axialventilatoren. Die Darstellung der Schaufelgitter ist nur unterschiedlich. Bei den Radialventilatoren wird eine Ebene normal zur Achse und bei Axialventilatoren ein Zylinder um die Ventilatorachse abgebildet.

G1 Ventilatoren

In Bild G1-5 a und b sind zwei Arten der Radialventilatorlaufräder mit den Geschwindigkeitsdreiecken skizziert. Das Laufrad dreht sich in Pfeilrichtung. Der innere Radius stellt die zylinderförmige Eintrittsebene, der äußere Radius r_2 die Austrittsebene dar.

Die Geschwindigkeitsdreiecke werden von drei Geschwindigkeiten gebildet:
- Der Umfangsgeschwindigkeit u,
- der Relativgeschwindigkeit w und
- der Absolutgeschwindigkeit c.

Die Umfangsgeschwindigkeit u ergibt sich aus dem Radius und der Laufraddrehzahl. Die Relativgeschwindigkeit ist die Geschwindigkeit im Laufrad in Koordinaten, die mit dem Laufrad rotieren. Dabei wird näherungsweise angenommen, dass die Strömung im ganzen Schaufelkanal wie die Schaufelkontur verläuft, man sagt auch, dieser hypothetische Ventilator habe eine unendliche Schaufelzahl. Die Absolutgeschwindigkeit ergibt sich als Vektorsumme aus den beiden anderen. Es ist die Geschwindigkeit, die ein Beobachter außerhalb des Laufrades wahrnimmt.

Bei drallfreiem Eintritt sind die Geschwindigkeitsdreiecke am Eintritt in das Laufrad für alle drei Fälle gleich. Die Absolutgeschwindigkeit tritt radial ein. Mit der Umfangsgeschwindigkeit u_1 beim Radius r_1 ergibt sich die Relativgeschwindigkeit w_1 und ihre Richtung und damit der Schaufeleintrittswinkel β_1.

Bei den Austrittsdreiecken zeigen sich charakteristische Unterschiede. Bei radial endenden Schaufeln ist die Umfangskomponente der Absolutgeschwindigkeit c_{2u} gleich der Umfangsgeschwindigkeit. Die Umfangskomponente ist der Anteil der Absolutgeschwindigkeit in tangentialer Richtung. Diese Ventilatoren werden in der Raumlufttechnik kaum verwendet. Man findet sie häufig bei Ventilatoren für pneumatischen Transport. Sie neigen am wenigsten zum Verstopfen durch transportiertes Material.

Bei den vorwärts gekrümmten Schaufeln (Bild G1-5b) werden die größten Absolutgeschwindigkeiten erreicht, die Umfangskomponente c_{2u} ist größer als die Umfangsgeschwindigkeit. Diese Laufräder haben den größten Leistungsumsatz. Bei den rückwärts gekrümmten Schaufeln (Bild G1-5a) sind die Absolutgeschwindigkeiten und auch die Umfangskomponente c_{2u} am Austritt am kleinsten im Vergleich mit den beiden anderen Schaufelformen. Dadurch ist, wie später an den Formeln zu erkennen ist, der Energieumsatz bei dieser Schaufelform am kleinsten, aber die Verluste sind auch am kleinsten, weil die Umwandlung des geringeren dynamischen in statischen Druck weniger Verluste verursacht. Das Wirkungsgradoptimum der rückwärts gekrümmten Schaufeln ist deshalb am höchsten. Im Grenzfall des drallfreien Austritts würde aber keine Energie umgesetzt. Frei laufende Räder müssen so ausgebildet werden, dass der Drall möglichst klein, aber nicht null ist.

Die Geschwindigkeitsdreiecke vereinfachen das in Wirklichkeit dreidimensionale Geschehen im Ventilator erheblich, und man kann nicht annehmen, dass es exakt wiedergeben wird. Aber die Dreiecke stellen eine gute Näherung dar und verbessern das Verständnis des Ventilatorverhaltens.

So kann man erkennen, dass die Geschwindigkeit im Laufrad nur von der Geometrie, vor allem dem Austrittswinkel, und der Ventilatordrehzahl abhängig ist. Die Dichte des geförderten Mediums hat keinen Einfluss. Der geförderte Volumenstrom ist deshalb auch nicht von der Dichte abhängig. Würde der Ventilator mit Wasser statt mit Luft durchströmt, würde er versuchen, den gleichen Volumenstrom zu fördern. Allerdings müsste sein Antrieb entsprechend ausgelegt werden und auch die Stabilität des Laufrades erhöht werden!

Den Versuch mit Wasser wird kaum jemand machen wollen. Aber es gibt auch Dichteänderung bei Klimaanlagen, die nicht zu vernachlässigen sind. Im Winter ist die Dichte der angesaugten Außenluft größer. Der Luftvolumenstrom bleibt gleich, also nimmt der Massenstrom zu, die Drücke steigen. Bei jahreszeitlichen Temperaturänderungen von 30 K ändert sich der Massenstrom um 10%. Noch wichtiger ist das bei Ventilatoren, die bei sehr unterschiedlichen Temperaturen arbeiten, z. B. Entrauchungsventilatoren. Sie fördern den gleichen Volumenstrom bei Raumtemperaturen wie im Brandfalle. Wegen der geringeren Dichte erzeugen sie dann kleinere Drücke und nehmen geringere Antriebsleistung auf. Die Antriebsmotoren müssen trotzdem auf die hohe Leistung bei Raumtemperatur ausgelegt werden, damit sie den Probelauf bei Raumtemperatur überstehen, es sei denn, man einigt sich mit dem Auftraggeber, die Leistung im gedrosselten Zustand zu kontrollieren.

G1.3.2
Drücke

Die theoretische Gesamtdruckerhöhung lässt sich nach der Druckgleichung (G1-6) mit den Geschwindigkeitsdreiecken berechnen.

$$\Delta p_{th} = \frac{\rho}{2}\left[\left(u_2^2 - u_1^2\right) + \left(w_1^2 - w_2^2\right) + \left(c_2^2 - c_1^2\right)\right] \tag{G1-6}$$

mit $\rho/2\,(u_2^2 - u_1^2)$ – Druckerhöhung durch die Zentrifugalkraft[1],
$\rho/2\,(w_1^2 - w_2^2)$ – Druckerhöhung durch Strömungsverzögerung und
$\rho/2\,(c_2^2 - c_1^2)$ – Erhöhung der kinetischen Energie.
u – Umfangsgeschwindigkeit des Laufrades
w – relative Luftgeschwindigkeit
c – absolute Luftgeschwindigkeit

Für Axialventilatoren gilt die Gleichung ebenfalls, es entfällt aber der Term mit der Umfangsgeschwindigkeit, da sie bei der Axialmaschine am Ein- und Austritt gleich groß ist.

Die theoretische Totaldruckerhöhung lässt sich auch aus der Eulerschen Grundgleichung herleiten, Gl. G1-6 wird auch als der II. Hauptsatz der Turbi-

---

[1] Schreck [16] weist daraufhin, dass diese Interpretation bedenklich oder mindestens irreführend ist und empfiehlt die beiden Ausdrücke mit der Umfangs- und der Relativgeschwindigkeit zusammen als Erhöhung zu betrachten

nentheorie bezeichnet [G1-16]. Als der erste Hauptsatz der Turbinentheorie wird folgende Gleichung bezeichnet:

$$\Delta p_{th} = \rho \left(u_2 \cdot c_{u2} - u_1 \cdot c_{u1} \right) \tag{G1-7}$$

Das Produkt aus der Umfangsgeschwindigkeit u und der Umfangskomponente der Absolutgeschwindigkeit c_u ist also ein Maß für die Druckerhöhung, und speziell für drallfreien Eintritt, $c_{u1} = 0$, ergibt sich der einfache Ausdruck:

$$\Delta p_{th} = \rho \cdot u_2 \cdot c_{u2} \tag{G1-8}$$

Aus der Gleichung (G1-8) geht hervor, dass die theoretische Totaldruckerhöhung des Ventilators bei gleicher Umfangsgeschwindigkeit u_2 bei vorwärtsgekrümmten Schaufeln am größten und bei rückwärtsgekrümmten am kleinsten ist. Das wird in Bild G1-6 dargestellt. Das Bild zeigt in dimensionsloser Darstellung (s. G1.3.4), wie sich die theoretische Druckerhöhung über dem Volumenstrom als Folge des Austrittswinkels ergibt. Das Bild zeigt die theoretische Druck-Volumenstromkennlinie für Ventilatoren mit unterschiedlicher Beschaufelung. Rückwärts gekrümmte Schaufeln führen zu einer fallenden Kennlinie, radial endende zu einer konstanten und vorwärts gekrümmte zu einer ansteigenden Kennlinie. Diese ansteigende Kennlinie im Druck führt bei den vorwärts gekrümmten Schaufeln auch zu einer stark ansteigenden Leistungskennlinie, da die Leistung das Produkt aus Volumenstrom und Gesamtdruckerhöhung ist, und erklärt, weshalb man Ventilatoren mit vorwärts gekrümmten Schaufeln nicht ohne angeschlossene Leitungen laufen lassen darf, wenn der Antriebs-

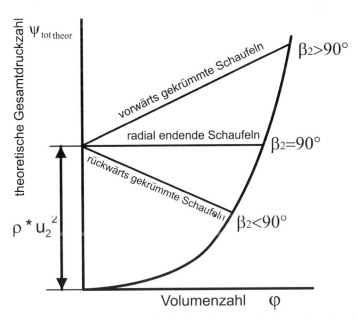

Bild G1-6 Theoretische Druckerhöhung bei verschiedenen Austrittswinkeln

motor nicht durchbrennen soll. Diese theoretische Druckerhöhung weicht, wie später noch erläutert wird, von der wirklichen Kennlinie stark ab; denn sie berücksichtigt nicht, dass die Schaufelform nur für einen bestimmten Volumenstrom, den angenommenen drallfreien Eintritt und das dargestellte Geschwindigkeitsdreieck gilt.

G1.3.3
Reaktionsgrad

Das Verhältnis von statischer Druckerhöhung Δp_{st} und theoretischer Totaldruckerhöhung Δp_{th} heißt Reaktionsgrad r, Gl. (G1-9). Bild G1-7 zeigt den Reaktionsgrad über dem Verhältnis der Umfangskomponente der Absolutgeschwindigkeit und der Umfangsgeschwindigkeit. Hohe Reaktionsgrade werden mit rückwärts gekrümmten Schaufeln erreicht. Radial endende und vorwärtsgekrümmte Schaufeln erzielen entsprechend niedrigere Reaktionsgrade.

$$r = \frac{\Delta p_{st}}{\Delta p_{th}} \tag{G1-9}$$

Hohe Reaktionsgrade bedeuten, dass der Energieumsatz weitgehend im Laufrad erfolgt und die Diffusorwirkung des Ventilatorgehäuses an Bedeutung verliert. Die Sonderform eines Radialventilators ohne Gehäuse sollte deshalb vorzugsweise rückwärts gekrümmte Schaufeln haben. Ein Reaktionsgrad von 1,0 ist andererseits nicht anzustreben, weil dann die Leistung des Laufrades gegen null geht, wie Gl. (G1-7) oder wie auch Bild G1-7 veranschaulicht. Die Gesamtdruckzahl, die im nächsten Absatz erläutert wird, geht bei Reaktionsgrad 1 gegen null.

Bild G1-7 Reaktionsgrad und Druck

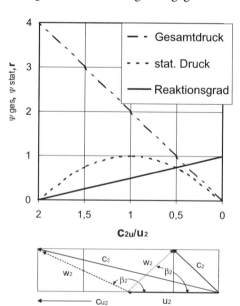

G1.3.4
Dimensionslose Kennzahlen

Gleichnung(G1-7) lässt erkennen, dass die theoretische Druckerhöhung proportional zur Umfangsgeschwindigkeit und zur Umfangskomponente der Absolutgeschwindigkeit wächst. Da beide proportional zur Drehzahl und proportional zum Durchmesser sind, steigt die theoretische Druckerhöhung mit dem Quadrat der Drehzahl oder mit dem Quadrat des Durchmessers. Auf Bild G1-7 ist das für zwei verschiedene Austrittswinkel dargestellt.

Bei geometrischer Ähnlichkeit von Laufrädern sind die Geschwindigkeitsdreiecke ähnlich. Dann lassen sich die charakteristischen Eigenschaften von Ventilatoren unabhängig von der Abmessung dimensionslos darstellen. Die Ähnlichkeit der Strömung setzt allerdings einen ähnlichen Reynolds-Zahl-Bereich, wobei eine Änderung der Reynoldszahl um den Faktor 10 zu vernachlässigen ist, und inkompressible Strömung voraus. Beide Vorraussetzungen sind bei den in der Klimatechnik verwendeten Ventilatoren erfüllt. Für die Darstellung geometrisch ähnlicher Ventilatoren werden deshalb häufig *dimensionslose Kennzahlen* eingeführt. Als Bezugsgröße für die Geschwindigkeit wird die Umfangsgeschwindigkeit am Laufradaustritt u_2 gewählt. Der dynamische Druck dieser Geschwindigkeit ist ein geeigneter Bezugswert für den Druck. Der Bezugsvolumenstrom wird gebildet mit der Umfangsgeschwindigkeit des Laufrades außen und der Fläche aus dem Laufraddurchmesser. Es werden in der Literatur auch andere Bezugslängen vorgeschlagen, wie der Eintrittsdurchmesser oder der mittlere Durchmesser oder andere Bezugsflächen, wie die Wurzel aus der durchströmten Fläche, die in bestimmten Fällen auch berechtigt sein können, worauf unter anderen Eck [G1-8] und Schreck [G1-16] hinweisen. Darauf sollte man achten, wenn man dimensionslose Kennzahlen vergleicht. Beim Umrechnen auf geometrisch ähnliche Ventilatoren ist es gleichgültig, welche Bezugsgrößen verwendet werden, wenn allerdings verschiedene Ventilatorfamilien verglichen werden, haben die Bezugsgrößen eine größere Bedeutung und müssen dann entsprechend gewählt werden.

Die theoretische Druckzahl ψ_{th} und die totale *Druckzahl* ψ_t des Ventilators sind nach Gleichung (G1-10):

$$\psi_{th} = \frac{\Delta p_{th}}{\frac{\rho}{2} u_2^2} \quad und \quad \psi_t = \frac{\Delta p_t}{\frac{\rho}{2} u_2^2} \tag{G1-10}$$

Die theoretischen Druckzahlen für den Gesamtdruck ψ_{ges} und für den statischen Druck ψ_{stat} sind in Bild G1-7 über dem Schaufelwinkel aufgetragen. Die Druckzahl für den Gesamtdruck ψ_{ges} erreicht die höchsten Werte beim Ventilator mit vorwärts gekrümmten Schaufeln, der auch als Trommelläufer bezeichnet wird. Das Verhältnis von ψ_{stat} zu ψ_{ges} sollte andererseits möglichst groß sein. Das wird am besten mit rückwärts gekrümmten Schaufeln erreicht.

Als dimensionslose Zahl für den Volumenstrom wird die *Volumenzahl* oder auch *Lieferzahl* φ verwendet. Die *Volumenzahl* φ ist das Verhältnis des Luftvolumenstromes $\dot{V}$ zum Volumenstrom aus der Umfangsgeschwindigkeit außen und der Laufradfläche, die sich mit dem Außendurchmesser ergibt (G1-11). Diese Bezugsfläche wird beim Radialventilator gar nicht durchströmt, sondern nur beim ebenfalls hypothetischen Axialventilator ohne Nabe.

$$\varphi = \frac{\dot{V}}{u_2 \frac{d_2^2 \pi}{4}} = \frac{c_{d_2}}{u_2} \qquad \text{(G1-11)}$$

c_{d_2} ist die Geschwindigkeit, die sich aus dem Luftvolumenstrom und der hypothetischen Fläche aus dem Außendurchmesser des Laufrades ergibt, wie das beim Axialventilator ohne Nabe vorstellbar ist.

Die *Drosselzahl*

$$\tau = \frac{\varphi^2}{\psi} \qquad \text{(G1-12)}$$

ist eine Kennzahl für den Betriebspunkt einer Anlage.

Die *Durchmesserzahl* δ besagt, wie viel mal der Laufraddurchmesser d_2 größer ist als der Durchmesser eines Vergleichslaufrades d_{2x} mit $\varphi = 1$ und $\psi = 1$.

$$\delta = \frac{d_2}{d_{2x}} = \frac{\psi^{1/4}}{\varphi^{1/2}} \qquad \text{(G1-13)}$$

Die Durchmesserzahl ist groß bei relativ großem Druck, kleinem Volumenstrom und großem Durchmesser. Sie ist klein bei relativ kleinem Druck, großem Volumenstrom und kleinem Durchmesser.

Die *Schnelllaufzahl* σ oder *spezifische Drehzahl* (G1.1-15) besagt, wie viel mal die Laufraddrehzahl größer ist als die Drehzahl n_x eines Vergleichsrades mit $\varphi = 1$ und $\psi = 1$.

$$\sigma = \frac{n}{n_x} = \frac{\varphi^{1/2}}{\psi^{3/4}} \qquad \text{(G1-15)}$$

Die spezifische Drehzahl ist groß bei großem Volumenstrom, kleiner Druckdifferenz und großer Drehzahl. Sie ist klein bei relativ kleinem Volumenstrom, großer Druckdifferenz und kleiner Drehzahl. Cordier stellte die Durchmesserzahl, die Umfangsgeschwindigkeit und den besten Wirkungsgrad im Betriebspunkt von Radial- und Axialventilatoren über der spezifischen Drehzahl dar und konnte zeigen, dass im mittleren Bereich die höchsten Wirkungsgrade erzielt werden (Bild G1-8). Für eine gegebene Aufgabenstellung mit Druckdifferenz und Volumenstrom als Vorgabe lässt sich mit dieser Kennzahl der günstigste Ventilatortyp ermitteln. Man wählt nach der σ-δ-Kurve die entsprechende Bauart und erreicht einen optimalen Wirkungsgrad, richtige Schaufelauslegung vorausgesetzt. Weicht die Bauart von derjenigen ab, die für diesen σ-Wert am

G1 Ventilatoren

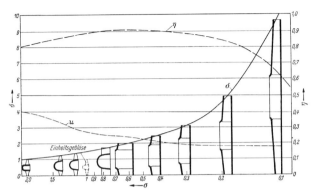

Bild G1-8 Wirkungsgrad als Funktion von Bauart und spezifischer Drehzahl (*Bild aus Eck [G1-8]: Ventilatoren Bild 8*)

günstigsten ist, lässt sich kein hoher Wirkungsgrad erreichen, auch wenn das Laufrad sonst noch so gut konstruiert wird. Für spezielle Axialventilatoren gilt das allerdings heute nicht mehr uneingeschränkt. Man erkennt, dass die besten Wirkungsgrade im Bereich der mittleren spezifischen Drehzahl auftreten, in dem Bereich, wo Radial- und Axialventilatoren ineinander übergehen. Hier liegt auch der Hauptanwendungsbereich in der Klimatechnik.

Ventilatorhersteller verwenden die spezifische Drehzahl oft als Typenbezeichnung, indem sie die spezifische Drehzahl im Wirkungsgradoptimum verwenden. So lässt die Bezeichnung Ra54 auf eine spezifische Drehzahl von $\sigma = 0{,}54$ schließen.

Nach Einführung der Durchmesser- und Schnellaufzahlen lassen sich die Volumen- und Druckzahlen auch wie folgt darstellen:

$$\varphi = \frac{1}{\sigma \cdot \delta^3}\,;\ \psi = \frac{1}{\sigma^2 \cdot \delta^2} \tag{G1-16}$$

Für die Antriebsleistung wird eine *Leistungszahl* λ definiert, Gleichung (G1-17).

$$\lambda = \frac{\varphi \ast \psi}{\eta} \tag{G1-17}$$

Die dimensionslosen Kennlinien ermöglichen es, eine ganze Ventilatorfamilie mit ähnlicher Geometrie darzustellen, nachdem die Ventilatordaten nur mit einem Ventilator mittlerer Größe experimentell ermittelt wurden. Das versagt nur, wenn die Größenunterschiede zu groß sind. Dann ist die Bedingung des ähnlichen Reynolds-Zahl-Bereiches nicht mehr einzuhalten, oder die geometrische Ähnlichkeit wird wegen der unterschiedlichen Materialstärken verletzt. Im Bereich der Klimatechnik sind diese Begrenzungen aber kaum gegeben.

Es muss beachtet werden, dass es weitere Einschränkungen der Ähnlichkeit gibt, wenn z. B. die Versperrungen der Strömung bei kleineren Ventilatoren durch Riemenschutz, Lager und größere relative Materialstärke verhältnismäßig groß werden. Auch die Reibungsverluste in den Lagern und Antrieben sind nicht ähnlich, so dass bei der Übertragung der dimensionslosen Kennlinien auf den gesamten Ventilatorbereich Korrekturen erforderlich sind.

G1.3.5
Kennlinien

Dimensionslose Kennlinien

Als dimensionslose Kennlinien lassen sich die Druckzahl, der Wirkungsgrad und die Leistungszahl als Funktion der Lieferzahl darstellen. Sie sind unabhängig von Dichte, Drehzahl und Durchmesser. Für jeden Ventilatortyp werden die Kennlinien für eine mittlere Abmessung in einem üblichen Drehzahlbereich durch Versuche ermittelt. Bild G1-9 zeigt ein Beispiel für einen Radialventilator. Der Wirkungsgrad zeigt nur im mittleren Bereich ausreichend große Werte. Bei kleinem und hohem Volumenstrom geht er gegen null. Der Ventilator sollte nur im Bereich mit hohem Wirkungsgrad betrieben werden.

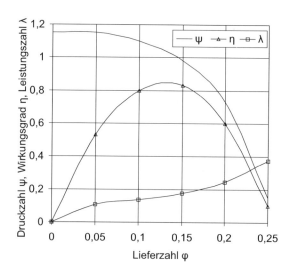

Bild G1-9 Dimensionslose Kennlinien eines Radialventilators

Vergleich mit der theoretischen Kennlinie

Vergleicht man die Druckzahl dieser Kennlinie mit der theoretischen auf Bild G1-6, so stellt man wenig quantitative Übereinstimmung fest. Bild G1-6 zeigt die *theoretische Kennlinie* ohne Berücksichtigung von Verlusten und endlicher Schaufelzahl nach Gleichung (G1-18):

$$\psi_{th\infty} = 2 - \frac{\varphi}{2} \frac{1}{\frac{\tan\beta_2 \cdot b_2}{d_2}} \tag{G1-18}$$

G1 Ventilatoren

Danach sind die Kennlinien $\psi_{th\,\infty} = f(\varphi)$ Geraden. Der Einfluss der Schaufelwinkel β_2 ist auf Bild G1-6 zu erkennen. Der Einfluss des Breitenverhältnisses des Laufrades b_2/d_2 lässt sich aus Gl. (G1-18) leicht abschätzen. Mit kleiner werdendem Schaufelwinkel β_2 und mit kleiner werdendem Breitenverhältnis fällt die Kennlinie über der Lieferzahl steiler ab.

Die wirkliche Kennlinie eines Ventilators, z.B. Bild G1-9, weicht davon aus verschiedenen Gründen ab. Die bisher dargestellte theoretische Druckzahl $\psi_{th\infty}$ gilt für unendliche Schaufelzahl, stoßfreien Eintritt und zweidimensionale Strömung, was in Wirklichkeit nicht möglich ist. Das soll mit Bild G1-10 erläutert werden. Die Kurve 1 stellt die theoretische Druckzahl $\psi_{th\,\infty}$ für unendlich viele Schaufeln eines Ventilators mit rückwärts gekrümmten Schaufeln dar. Sie kann nicht realisiert werden. Sobald die endliche Schaufelzahl berücksichtigt wird, ergibt sich die Kurve 2 im gleichen Bild. Der Verlauf berücksichtigt, dass die Stromlinien im Schaufelkanal nicht wie die Schaufelkontur verlaufen können. Der Druck nimmt mit steigendem Volumenstrom ab. Sodann treten im Unterschied zur theoretischen Kennlinie Reibungsverluste auf, die quadratisch mit dem Volumenstrom zunehmen. Nach Abzug von Kennlinie 2 ergibt sich die Kurve 3.

Die Bedingungen, für die das Geschwindigkeitsdreieck erstellt wurde, gelten nur im mittleren Bereich der Volumenzahl, streng genommen nur für einen Punkt der Kennlinie. Für den Rest der Kennlinie liegen andere Bedingungen vor. Die Ein- und Austrittwinkel stimmen nicht mehr und es gibt Stoßverluste. Sie wirken sich am geringsten bei kleinen und am stärksten bei großen Durchmesserverhältnissen aus. Das Durchmesserverhältnis ist der Quotient aus Eintritts- und Austrittsdurchmesser. Entsprechend ergeben sich die Kurven 4 bis 6 in Bild G1-10.

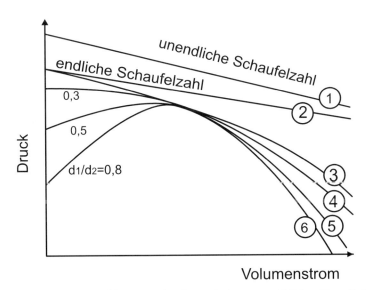

Bild G1-10 Entwicklung von der theoretischen zur wirklichen Kennlinie

Die *Stoßverluste* $\Delta p''$ treten beim Abweichen des Ist-Volumenstroms $\dot{V}_x$ vom Auslegungs-Luftvolumenstrom $\dot{V}$ auf. Diese sind nach Gl.(G1-19) näherungsweise zu berechnen nach Eck [G1-8]:

$$\Delta p'' = \mu \frac{\rho}{2} u_2^2 \cdot \left(\frac{d_1}{d_2}\right)^2 \cdot \left[\frac{\dot{V}_x}{\dot{V}} - 1\right]^2 \text{ bzw. } = \mu \frac{1}{\psi} \Delta p \cdot \left[\frac{\dot{V}_x}{\dot{V}} - 1\right]^2 \quad \text{(G1-19a,b)}$$

μ ist ein Korrekturfaktor, der nach Hansen in Eck lautet: $\mu = 0{,}3 + 0{,}6 \cdot \beta/90$.

Die Kennlinie fällt bei gleichen Schaufelwinkeln und bei gleicher Schaufelzahl um so steiler ab, je größer die Stoßverluste sind. Bei Verwendung von Spiralgehäusen sind dies fast nur die Stoßverluste im Laufrad, die in Gleichung (G1-19) dargestellt sind. Sie hängen bei sonst gleichen Verhältnissen sehr stark von d_1/d_2 ab.

Bei starker Drosselung, wenn also der Volumenstrom viel kleiner als der Auslegungsvolumenstrom ist, reißt die Strömung im Schaufelkanal ab. Die Strömung legt sich an eine Seite des Schaufelkanals an. Die Kennlinie kann in diesem Fall die Form nach Bild G1-14 annehmen. Das Bild zeigt die Druck-Volumenstrom- und die Wirkungsgrad-Kennlinien für verschiedene Drehzahlen. Im Bereich links von der „Pumpgrenze" lässt sich die Kennlinie oft gar nicht messen. Hier ist die Strömung nicht stabil. Durch das Zusammenwirken der einzelnen Schaufelkanäle kann alternierendes Abreißen der Strömung in benachbarten Kanälen auftreten, häufig als eine rotierende Ablösung (englisch: rotating stall). Die Instabilitäten können starke Schwingungen im Betrieb bei gedrosseltem Luftvolumenstrom erzeugen. Das ist besonders dann der Fall, wenn Ventilatoren parallel geschaltet werden, wenn die angeschlossene Anlage ein schwingungsfähiges System darstellt oder wenn die Anlagenkennlinie nicht wirklich eine einzige Kennlinie, sondern ein Kennlinienbereich ist. Das tritt ein, wenn der Ventilator in große Kammern fördert oder wenn die Luftleitungen aus instabilen Kanälen mit ausbeulbaren Wänden bestehen, auch wenn Volumenstromregler in der Anlage schwingen können. In diesem Fall ergibt sich im Prinzip ein Bereich instationärer Anlagenkennlinien und kein eindeutiger stationärer Schnittpunkt mit einer Ventilatorkennlinie. Dieser Betriebszustand wird auch als: „Pumpen" bezeichnet. Stabilitätskriterien für dieses Verhalten wurden von Carolus [G1-5] beschrieben.

Durch konstruktive Maßnahmen lässt sich der Bereich, in dem das Abreißen der Strömung auftritt, reduzieren. Besonders bei den Ventilatoren mit kleinem Durchmesserverhältnis spielt ein konstruktives Detail eine große Rolle, das auf Bild G1-1 im Detail A dargestellt ist. Es ist die Ausbildung der *Einlaufdüse*. Sie wurde bei der Entwicklung der sogenannten Hochleistungsventilatoren, das sind Ventilatoren mit rückwärts gekrümmten Schaufeln, in der Zeit zwischen 1950 und 1965 eingeführt (Eck [G1-8], Hönmann [G1-11], Schreck [G1-16]). Dabei wird der Spalt zwischen Einlauf und Deckscheibe des Ventilators nicht abgedichtet, sondern so ausbildet, dass die Spaltströmung die zur Ablösung neigende Grenzschicht am Eintritt in das Laufrad beschleunigt und so die Ablösung in einem weiten Bereich verhindert. Der Spalt selbst sollte düsenförmig ausgeführt werden, wie das u. a. von Eck [G1-8] und Siepert [G1-21] dargestellt wird, damit im Spalt selbst keine Ablösung eintritt. Die Spaltströmung bezieht ihre Energie aus der Druckdifferenz zwischen Saug- und Druckseite des Ventilators. Strömungstechniker können sich über diese Lösung begeistern. So schreibt Schreck [G1-16]: „Die Grenzschichtbeschleunigung durch die Spaltströmung am Ventilator, die schon früher angewendet wurde, ist einer der seltenen Fälle in der Technik, dass es gelingt, aus einem notwendigen Übel, nämlich dem Spaltverlust, zum Nutzen des Ganzen, Gewinn zu ziehen." In den Prospekten der Ventilatorhersteller wird der Bereich der Kennlinie, in dem Strömungsablösungen auftreten, im allgemeinen gar nicht angegeben, womit gesagt wird, dass man den Ventilator hier nicht betreiben sollte. Besonders bei Anlagen, die in den Endgeräten mit Volumenstromreglern arbeiten, die einen konstanten Vordruck verlangen, kann der Ventilator beim Reduzieren des Volumenstromes in dieses Gebiet gelangen. In diesem Fall ist die Anlagenkennlinie keine Parabel durch den Nullpunkt. Darauf wird später noch näher eingegangen (siehe G1.3.6.2, Bild G1-18a). Es muss auch beachtet werden, dass die Ablösungen in den Ventilatoren nicht in den Frequenzbereich der Reglerschwingungen gelangen dürfen.

Bild G1-11 zeigt im Vergleich verschiedene typische Kennlinien von Ventilatoren unterschiedlicher Bauarten nach Eck [G1-8]. Die Druckzahl ψ ist aufgetragen über dem Volumenstrom bezogen auf den Volumenstrom beim Wirkungsgradoptimum, was im allgemeinen der Auslegungsvolumenstrom ist. Die Ventilatoren 1 bis 4 sind Radialventilatoren. Der Ventilator 1 hat ein großes Durchmesserverhältnis und vorwärts gekrümmte Schaufeln. Er stellt den Sonderfall des sogenannten Trommelläufers dar. Diese Ventilatoren wurden in der Klimatechnik häufig verwendet. Sie decken einen Volumenstrombereich mit großem Volumenstrom und geringen Drücken ab und haben in diesem Bereich, obwohl ihr Wirkungsgrad im Prinzip schlechter als der des Ventilators mit

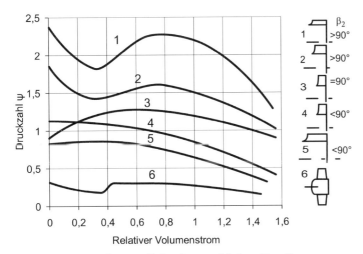

Bild G1-11 Typische Kennlinien für verschiedene Ventilatoren

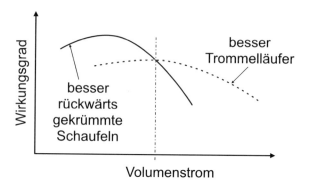

Bild G1-12 Wirkungsgradvergleich zwischen Radialventilatoren gleicher Abmessung mit vorwärts und rückwärts gekrümmten Schaufeln

rückwärts gekrümmten Schaufeln ist, den besseren Wirkungsgrad. Das lässt sich in dieser Darstellung als dimensionslose Druckzahl über dem Volumenstromverhältnis nicht erkennen. Die Trommelläufer arbeiten wegen der geringeren Laufradstabilität mit kleineren Drehzahlen als die Ventilatoren mit rückwärts gekrümmten Schaufeln. Sie haben bei gleichen Abmessungen bei niedrigen Drücken und hohen Volumenströmen höhere Wirkungsgrade als Ventilatoren mit rückwärts gekrümmten Schaufeln. Bild G1-12 zeigt dieses Verhalten qualitativ. Links von der strichpunktierten Linie ist der Ventilator mit den rückwärts gekrümmten Schaufeln besser, rechts davon der Trommelläufer. Allerdings erreicht der Trommelläufer, wie das Bild auch verdeutlicht, in seinem Bestpunkt nicht den Wirkungsgrad des Ventilators mit rückwärts gekrümmten Schaufeln. Wenn für den gleichen Volumenstrombereich der Ventilator mit rückwärts gekrümmten Schaufeln und dem hohen Wirkungsgrad eingesetzt werden soll, muss er entsprechend größer ausgeführt werden. Das setzt entsprechend große Gerätequerschnitte voraus. Die Leistungsaufnahme der Ventilatoren ist hier nicht dargestellt. Bei den Ventilatoren 1 bis 3 und geringfügig auch bei 4 nimmt die Leistungsaufnahme mit dem Volumenstrom zu. Die Ventilatoren 1 bis 3 dürfen deshalb nicht ungedrosselt betrieben werden und die Antriebsmotoren sollten eine gewisse Leistungsreserve haben.

Immer wenn stabile Kennlinien vom Hersteller angegeben werden, kann man davon ausgehen, dass ein einzelner Ventilator in einer Anlage auf dieser Kennlinie betrieben werden kann. Alle auf Bild G1-11 gezeigten Kennlinien bis auf die Kennlinie 4 haben die Eigenschaft, dass im Volumenstrombereich unterhalb des Wirkungsgradoptimums ein Druckbereich liegt, der niedriger ist als im Auslegungspunkt. Beim Parallellauf von Ventilatoren kann das zu Schwierigkeiten mit Schwingungen führen. Darauf wurde oben schon hingewiesen und wird später im Zusammenhang mit der Regelung nochmals näher eingegangen.

Dimensionsbehaftete Kennlinien

In der praktischen Anwendung wird selten mit den dimensionslosen Kennlinien gearbeitet. Als Ventilatorkennlinien werden der Gesamtdruck, der Wirkungsgrad und manchmal auch die Leistungsaufnahme und die Schall-Leistung über dem Volumenstrom mit der Drehzahl, dem Durchmesser oder der Baugröße als Parameter aufgetragen.

Eine umfangreiche Darstellung einer Ventilatorfamilie mit verschiedenen Drehzahlen wird möglich in einem einzigen Diagramm. Die Affinitätsgesetze ermöglichen diese Erleichterung bei der Darstellung der Kennlinien. Das wird in den Herstellerkatalogen für Ventilatoren häufig genutzt. In einem Druckvolumenstromdiagramm mit logarithmischer Teilung der Achsen lässt sich eine ganze Ventilatorfamilie durch entsprechende Verschiebung der Kennlinie für verschiedene Ventilatorgrößen und Drehzahlen leicht darstellen. Bild G1-13 zeigt im Prinzip eine solche Darstellung im Druckbereich von 10 bis 10 000 Pa und im Volumenstrombereich von 0,1 bis 10 m³/s. Die Darstellung von 4 Ventilatorgrößen (Durchmesser $d = 250$ bis 2000 mm) mit Drehzahlen von 50 bis 12 000 min^{-1} wird davon abgedeckt. Es sind nur Kennlinienbereiche dargestellt, in denen der Wirkungsgrad größer als 75% ist. Durch solche oder ähnliche Kennfelder lassen sich die Daten leicht darstellen und die geeigneten Ventilatoren für eine gegebene Anwendung schnell ermitteln. Die Beispiele im oberen Druckbereich sind aus Festigkeitsgründen möglicherweise nicht ausführbar, in diesem Bild geht es nur um die Darstellung.

Die dimensionslosen Kennlinien gelten nur für strenge geometrische Ähnlichkeit. Vergleicht man verschiedene Größen einer Ventilatorbaureihe, so zeigt sich, dass die geometrische Ähnlichkeit über einen größeren Bereich aus konstruktiven Gründen nicht genau einzuhalten ist. Das erklärt, weshalb kleinere Bau-

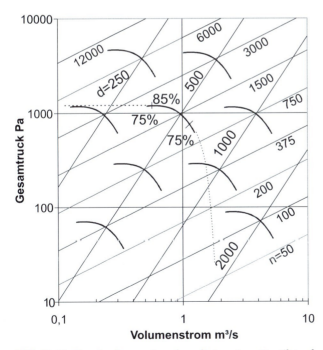

Bild G1-13 Druckvolumenstromkennlinien einer Ventilatorfamilie

Tabelle G1-1 Mindest-Ventilator-Wirkungsgrad im Optimum [G1-18]

Wellenleistung in kW	von	0	0,5	1	3	10	20	50	100
	bis	0,5	1,0	3	10	20	50	100	–
$\eta_{Minimum}$ %		76	78	79	80	81	82	83	84

größen schlechtere Werte erreichen als größere. Das spiegelt sich wider in einer Anforderungsliste für Mindestgesamtwirkungsgrade von Ventilatoren abhängig von der Leistung, die in Dänemark herausgegeben wurde (Spareventilator) [G1-18]. Tabelle G1-1 gibt die Werte wieder. Die Anforderung gilt für Axial- und Radialventilatoren. Man erkennt, dass der Trommelläufer die Anforderung überhaupt nicht erfüllt. Für frei laufende Räder wird für den Leistungsbereich bis 3 kW eine Ausnahme gemacht und nur ein Wirkungsgrad von 65% gefordert.

Affinitätsgesetze

Aus den Proportionalitätsbeziehungen für ähnliche Ventilatoren lassen sich die Affinitätsgesetze ableiten.

$$\dot{V} \sim n \cdot d_2^3 \,;\; \frac{\Delta p}{\rho} \sim n^2 \cdot d_2^2 \,;\; N \sim \rho \cdot n^3 \cdot d_2^5 \qquad \text{(G1-20)}$$

Die wichtigsten sind:

Abhängigkeit von der Dichte ρ:

1. der Volumenstrom $\dot{V}$ ist unabhängig von der Dichte ρ
2. der Druck Δp ist proportional zur Dichte ρ
3. die Leistung N ist proportional zur Dichte ρ

Abhängigkeit von der Drehzahl n:

1. der Volumenstrom $\dot{V}$ ist proportional zur Drehzahl n
2. der Druck Δp ist proportional zum Quadrat der Drehzahl n
3. die Leistung N wächst mit der dritten Potenz der Drehzahl n

Abhängigkeit vom Durchmesser d:

1. der Volumenstrom $\dot{V}$ wächst mit der dritten Potenz des Durchmessers d
2. der Druck Δp wächst mit dem Quadrat des Durchmessers d
3. die Leistung N wächst mit der fünften Potenz des Durchmessers d

In Tabelle G1-2 sind die Exponenten zusammengefasst.

Tabelle G1-2 Exponenten der Affinität

	Dichte	Drehzahl	Durchmesser
Volumenstrom	0	1	3
Druck	1	2	2
Leistung	1	3	5

Als Beispiel soll ein häufig vorkommender Fall betrachtet werden. Der Volumenstrom in einer neu errichteten Anlage erreicht nur 80% des Sollwertes. Die Drehzahl des Ventilators müsste um 25% erhöht werden, um den Sollvolumenstrom zu erreichen. Durch Änderung der Riemenscheiben kann die Drehzahl leicht angepasst werden. Bei der Erhöhung der Ventilatordrehzahl soll auch noch nicht die aus Festigkeitsgründen maximal zulässige Geschwindigkeitsgrenze überschritten werden. Dann benötigt der Antriebsmotor eine Leistung, die um $1{,}25^3 = 1{,}95$ größer ist. Das bedeutet in vielen Fällen Austausch des Antriebsmotors und häufig auch der Elektroversorgung.

Die Affinität schlägt sich auch nieder in den Kennlinien einer Ventilatorfamilie in doppellogarithmischer Auftragung (Bild G1-13).

G1.3.6
Betrieb von Ventilatoren

G1.3.6.1
Auslegung

Raumlufttechnische Anlagen haben, wenn sie von Luft durchströmt werden, einen Strömungswiderstand oder Druckverlust (siehe Band 1, J2.2.4), der von der Luftgeschwindigkeit abhängig ist. Die meisten Widerstände einer Anlage entstehen in *turbulent* durchströmten Komponenten. Deshalb nimmt der Widerstand quadratisch mit dem Volumenstrom zu. Die Anlagenkennlinie als Druckwiderstand über dem Volumenstrom lässt sich für diesen häufigen Fall als eine Parabel durch den Nullpunkt darstellen (Kurve 1 in Bild G1-18a). Trägt man die Druck-Volumenstromkennlinie des Ventilators und die Anlagenkennlinie in ein Diagramm ein, so stellt der Schnittpunkt der beiden Kennlinien den Betriebspunkt des Ventilators in der Anlage dar. In den Bildern G1-14 bis G1-16 sind verschiedene solcher Fälle dargestellt. Bild G1-14 zeigt die Druck-Volumenstrom-Kennlinien für vier verschiedene konstante Drehzahlen eines Ventilators. Sie haben ein ausgeprägtes Minimum im Bereich kleiner Volumenströme. Diese Kennlinien sind charakteristisch für Ventilatoren mit vorwärts gekrümmten Schaufeln. Schraffiert wird ein Anwendungsbereich vorgeschlagen. In der Mitte verläuft eine quadratische Anlagenkennlinie. Für eine mittlere Drehzahl n_2 ist der Schnittpunkt mit der Ventilatorkennlinie als Betriebspunkt eingezeichnet. Bei einer anderen Drehzahl ergibt sich der Betriebspunkt im entsprechenden Schnittpunkt. Bei einer quadratischen Anlagenkennlinie bleibt der Betriebspunkt $\psi(\varphi)$ erhalten. An der unteren Grenze des Kennlinienbereichs ist der Gesamtdruck gleich dem dynamischen Druck am Ventilatoraustritt. Darunter steht kein statischer Druck für eine angeschlossene Anlage mehr zur Verfügung. Auf dieser Linie arbeitet ein Ventilator ohne angeschlossene Anlage. Nur mit einem Diffusor oder mit einem zusätzlichen Ventilator könnten noch Werte unter dieser Linie erreicht werden. Die untere Grenze auf Bild G1-14 wird auch als „Schluckgrenze" bezeichnet. Die linke Grenze (punktierte Linie) des Bereichs ist keine wirkliche Grenze. Ein Ventilator kann in Ausnahmefällen auch links von dieser Grenze betrieben

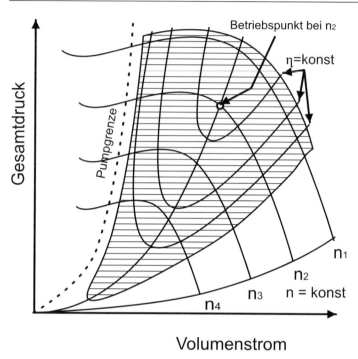

Bild G1-14 Druck-Volumenstrom-Kennlinien für vier verschiedene konstante Drehzahlen

werden. Aber wie schon erwähnt, kann es bei Parallellauf und auch immer, wenn die Anlage selbst keine stabile Kennlinie hat, zum Pumpen kommen.

Die Betriebspunkte von Ventilatoren sollen deshalb am besten rechts vom Druckmaximum liegen. In der Nähe des Druckmaximums werden auch die höchsten Wirkungsgrade erzielt. Die linke Grenze des Anwendungsbereichs wird besonders deutlich bei der auf Bild G1-14 dargestellten Ventilatorkennlinie. Die punktierte Linie stellt die sogenannte „Pumpgrenze" dar. Mit der oberen Begrenzung durch die angegebene Kennlinie mit der höchsten zulässigen Drehzahl des Ventilators, die aus Festigkeitsgründen nicht überschritten werden darf, ergibt sich mit der Schluckgrenze und der Pumpgrenze das schraffierte dreieckige Feld, in dem der Ventilator betrieben werden kann. Wie im nächsten Abschnitt näher erläutert wird, kann sich je nach Anlagenart, speziell bei Ventilatoren mit variabler Drehzahl, der Fall ergeben, dass dieser stabile Bereich des Kennfeldes im Betrieb verlassen wird, und es zu Störungen des Betriebs kommt.

G1.3.6.2
Regelung

Raumlufttechnische Anlagen haben selten konstante Leistung zu erbringen. Entsprechend gibt es viele Anlagen, die mit variablem Volumenstrom arbeiten.

G1 Ventilatoren

Dann müssen die Volumenströme möglichst stufenlos geregelt werden können. Das kann auf verschiedene Arten geschehen:
- Drosselregelung,
- Beipassregelung,
- Drallregelung,
- Drehzahlregelung.

Die einfachste und früher häufig angewendete Regelungsart ist die Drosselregelung. Wenn durch Klappen oder Volumenstromregler in der Anlage Volumenströme gedrosselt werden, entsteht eine neue Anlagenkennlinie. Der Betriebspunkt wandert längs der Ventilatorkennlinie im Druckvolumenstromdiagramm nach links. Ventilatoren mit einer steilen Kennlinie nehmen dann trotz kleineren Volumenstromes nicht unbedingt weniger Leistung auf, weil der Druck im gleichen Maße zunehmen kann, wie der Volumenstrom kleiner wird. Da die Leistung das Produkt aus Druck und Volumenstrom ist, bleibt die Leistungsaufnahme dann konstant. Drosselregelung ist also energetisch sehr ungünstig bei Ventilatoren mit steil abfallender Kennlinie, günstiger bei Ventilatoren mit flacher Kennlinie oder einer Kennlinie, bei der der Druck mit abnehmendem Volumenstrom fällt, z. B. Kurve 1 in Bild G1-11 im relativen Volumenstrombereich 0,4 bis 0,8, also vor allem bei Ventilatoren mit vorwärts gekrümmten Schaufeln. Zusätzlich muss noch das Verhalten der Anlage berücksichtigt werden. Wenn der Druckverlust der Anlage einen großen Anteil ausmacht, ist die Drosselregelung ebenfalls sehr ungünstig, weil dieser Anteil quadratisch mit dem Volumenstrom abnimmt und durch zusätzliche Drosselung kompensiert werden muss.

Energetisch ähnlich ungünstig ist die Beipassregelung, bei der eine Verbindung zwischen Druck- und Saugseite des Ventilators mit Drosselklappe hergestellt wird (siehe obere rechte Skizze auf Bild G1-15). Dabei strömt Luft von der Druckseite des Ventilators zur Saugseite, der Volumenstrom durch den Ventilator wird erhöht und der Betriebspunkt wandert nach rechts auf der Kennlinie. Die Regelung ist eher bei steilen Kennlinienverläufen von Vorteil, weil der Druck schneller abfällt als der Volumenstrom ansteigt. Wie das für die Beipassregelung ungünstige Beispiel in Tabelle G1-3 zeigt, darf dabei aber der Wirkungsgrad in diesem Bereich nicht zu stark abfallen. Beipass- und Drosselregelung sind einfach und preiswert zu realisieren, aber energetisch nicht sehr günstig.

Das in Bild G1-15 gezeigte Beispiel ist in Zahlen in Tabelle G1-3 wiedergegeben.

Bild G1-15 zeigt die Kennlinie von Bild G1-9 und darin eingezeichnet den zusätzlichen Betriebspunkt 2 einer Anlage, die im Nennlastfall im Betriebspunkt 1 betrieben wird. Die Tabelle G1-3 zeigt dazu Zahlenwerte. In den beiden ersten Zeilen die Daten der eigentlichen Betriebspunkte 1 und 2. Bei Drehzahlregelung würde direkt der Betriebspunkt 2 erreicht und der Wirkungsgrad bliebe näherungsweise erhalten. Bei Drosselung würde der Ventilator eine kleinere Lieferzahl $\varphi_2 = 0,12$, eine etwas größere Druckzahl $\psi_2 = 1,18$ und einen Wirkungsgrad η_D für $\varphi_2 = 0,12$ erreichen.

Bild G1-15 Drossel- und Beipassregelung

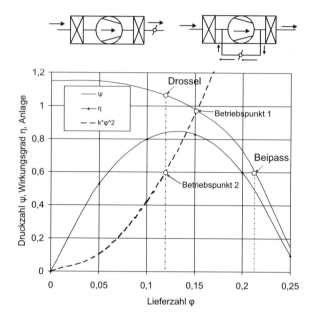

Der Wirkungsgrad η_D steigt in diesem Beispiel sogar geringfügig. Um den Wirkungsgrad bei Drosselung η_{2D} und beim Beipass η_{2B} für den Betriebspunkt 2 zu ermitteln, muss er mit dem Betriebspunkt 2 bei Drehzahlreglung verglichen werden. Dazu ist folgende Rechnung durchzuführen:

$$\eta_{2D,B} = \frac{\varphi_2 \cdot \psi_2}{\varphi_{2D,B} \cdot \psi_{2D,B}} \cdot \eta_{D,B} \qquad (G1\text{-}21)$$

mit Index $_D$ für Drosselung oder
    Index $_B$ für Beipass

Das Beispiel zeigt, dass in diesem Fall trotz der fallenden Druckkennlinie die Beipassregelung wesentlich schlechter abschneidet. Die letzte Spalte in Tabelle G1-3 gibt die endgültigen Wirkungsgrade an.

Aus energetischer Sicht ist die Drallregelung etwas besser. Dabei wird durch Drallschaufeln am Ventilatoreintritt ein Drall erzeugt. Durch „Mitdrall", Drall

Tabelle G1-3 Wirkungsgrade bei Drossel- und Beipassregelung aus dem Beispiel in Bild G1-15 (Rechenbeispiel)

Betriebspunkt	φ	ψ	η_{Kennl}	η
1	$\varphi_1 = 0{,}15$	$\psi_1 = 0{,}98$	$\eta_1 = 0{,}82$	$\eta_1 = 0{,}82$
2 (Drehzahlregelung)	$\varphi_2 = 0{,}12$	$\psi_2 = 0{,}60$	$\eta = 0{,}82$	$\eta_2 = 0{,}82$
2 Drosselregelung D	$\varphi_{2D} = 0{,}12$	$\psi_{2D} = 1{,}18$	$\eta_D = 0{,}83$	$\eta_{2D} = 0{,}42$
2 Beipassregelung B	$\varphi_{2B} = 0{,}22$	$\psi_{2B} = 0{,}60$	$\eta_B = 0{,}50$	$\eta_{2B} = 0{,}28$

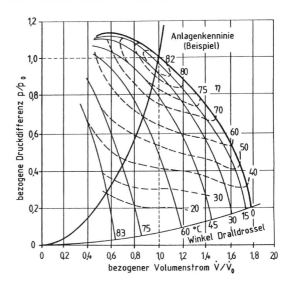

Bild G1-16 Kennlinienfeld eines Radialventilators mit Drallregler

in Richtung der Laufradbewegung, wird der Leistungsumsatz reduziert ohne wesentliche Reduzierung des Wirkungsgrades, solange die Volumenstromreduzierung klein ist. Bild G1-16 zeigt ein Kennlinienfeld eines Radialventilators mit Drallregler.

Im Bild wird eine quadratische Anlagenkennlinie gezeigt, die durch das Wirkungsgradoptimum verläuft. Der Winkel der Drallschaufeln ist ein Parameter des Kennlinienfeldes. Die Linien gleichen Wirkungsgrades sind ebenfalls als Parameter mit eingezeichnet. Bei einer Reduktion des Volumenstromes auf 80% und quadratischer Anlagenkennlinie sinkt der Ventilatorwirkungsgrad von 82 auf 49%, bei konstantem Druck allerdings nur auf 78%.

Drallregler stellen im Vergleich mit dem ganzen Ventilator eine verhältnismäßig aufwendige Konstruktion dar und sind entsprechend teuer. Sie werden gelegentlich trotzdem gern angewendet, weil wie bei der Drossel- und Beipassregelung die Ventilatordrehzahl konstant bleiben kann und deshalb keine schwingungstechnischen Probleme zu erwarten sind. Ein weiterer Vorteil der Drallregelung besteht darin, dass der stabile Arbeitsbereich verhältnismäßig groß ist und keine elektromagnetischen Störungen durch elektronische Regler entstehen.

Drossel- und Dralldrosselregelung wurde häufig kombiniert mit zwei Motordrehzahlen mit Motoren mit zwei Polzahlen, zum Beispiel 4 und 6, also einer Drehzahlreduzierung auf 66%. Eine Halbierung der Drehzahl wäre ein zu großer Sprung.

Bild G1-17 zeigt qualitativ den Verlauf der relativen Leistungsaufnahme des Ventilators über dem relativen Volumenstrom für die verschiedenen Arten der Regelung. Jede Regelung hat zusätzliche Verluste, entweder durch die zusätzlichen Strömungsverluste oder die elektrischen Verluste des Antriebs und der Regelung. Letztere kommen in diesem Diagramm nicht zum Ausdruck. Sie werden in Abschn. G1.7.2 behandelt. Die als „ideal" bezeichnete Kennlinie

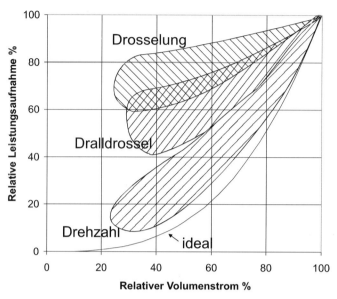

Bild G1-17 Leistungsaufnahme für verschiedene Arten der Regelung

entspricht dem Verlauf der idealen Strömungsmaschine, bei der die Durchströmung ähnlich bliebe.

Der Verlauf ist für jede Ventilatorkennlinie, jeden Antrieb und jede Anlagenkennlinie etwas anders, und deshalb macht das Bild nur eine qualitative Aussage. So gilt für die Drosselregelung von Radialventilatoren mehr der obere Bereich des eingezeichneten Feldes, wenn die Kennlinie im Bereich der Drosselung flach verläuft oder sogar mit steigender Lieferzahl ansteigt, was vor allem für Trommelläufer mit vorwärts gekrümmten Schaufeln gilt.

Bei den Dralldrosseln ist die Wirkung stark von der Konstruktion des Drallapparates und den Schaufeleigenschaften abhängig. Und auch bei Drehzahlregelung gibt es unterschiedliche Qualitäten. Am Beispiel einiger Fabrikate hat Jagemar [G1-12] detaillierte Leistungskurven angegeben.

Als idealer Verlauf ist die Leistung proportional zur dritten Potenz des Volumenstromes eingetragen, wie es sich aus den Ähnlichkeitsgesetzen ergibt. Die Drosselregelung hat von 100 bis 60% des Volumenstroms eine abnehmende Leistungsaufnahme. Es tritt allerdings eine erhebliche Wirkungsgradabnahme ein, wie man aus dem Vergleich mit der Kurve „ideal" erkennen kann.

Die energetisch beste Lösung stellt die Drehzahlregelung dar und es gibt heute preiswerte drehzahlregelbare Elektromotoren (s. Tabelle G1-16). Zwischen Drossel- und Drehzahlregelung liegt die Dralldrosselregelung.

Um eine optimale Regelungsart für Ventilatoren festlegen zu können, muss die erwartete Häufigkeit der Teillasten der Anlage geschätzt werden. Obwohl Drehzahlregelung energetisch als die günstigste Regelung gilt, kann sie, wenn der häufigste Teillastbetrieb nicht niedriger als bei etwa 80% des Nennvolumen-

Tabelle G1-4 Volumenstrombereiche für verschiedene Regelungsarten

Regelungsarten	möglicher Bereich	empfohlener Bereich	Leistungsbereich
Bereich:	von–bis %	von–bis %	von–bis kW
Drossel	100–70	100–90	1–5
Beipass	100–0	100–70	1–10
Drall	100–50	100–60	5–50
Drehzahl (siehe auch G1. 7.2)			
Frequenzumformer	100–15	100–20	0,1–95
EC-Motor	100–15	100–20	0,01–6
Asynchronmotor Spannungsregelung	100–15	100–20	0,1–100

stroms liegt, wegen der höheren Investitionskosten nicht immer empfohlen werden. In diesem Fall kann Drosselregelung oder ein Drallregler günstiger sein. Das ist im Einzelfall zu überprüfen.

Tabelle G1-4 nennt bevorzugte Regelungsarten für Ventilatoren in RLT-Anlagen als Funktion des auszuregelnden Volumenstrombereichs und der Leistung.

Ein weiteres wesentliches Auswahlkriterium für die Regelungsart ist die Kennlinie des Anlagensystems in Kombination mit dem auszuregelnden Bereich. Im vorangegangenen Text wurde schon erwähnt, dass es verschiedene Kennlinien der Anlagen gibt. Man kann im Prinzip fünf Fälle für den Druck in Abhängigkeit vom Volumenstrom unterscheiden (Tabelle G1-5):

Tabelle G1-5 Verschiedene Betriebsarten von RLT-Anlagen

	Zusammenhang Druck-Volumenstrom		Verlauf
1	Druck ~ Volumenstrom²	$\Delta p \sim \dot{V}^2$	Parabel durch $p = 0$
2	Druck ~ p_k + Volumenstrom²	$\Delta p \sim \dot{V}_k + \dot{V}^2$	Parabel durch $p = p_k$
3	Druck konstant	$\Delta p =$ konst.	Konstante durch $p = p_k$
4	Volumenstrom konstant	$\dot{V} =$ konst.	Konstante durch $\dot{V} = \dot{V}_k$
5	Druck ~ Volumenstrom	$\Delta p \sim \dot{V}$	Gerade durch $p = 0$ mit konstanter Steigung

Die ersten vier Fälle sind in den Abbildungen G1-18a, b skizziert. Das schraffierte Feld soll den stabilen Arbeitsbereich des Ventilators zwischen der Schluck-, der Pump- und der Drehzahlgrenze (s. Bild G1-14) darstellen. Am häufigsten werden in der Klimatechnik die Betriebsarten 1 und 2 wie in Bild G1-18a angetroffen. Man erkennt auf Bild G1-18a, dass die Anlagenart 1 mit Drehzahlvaria-

Bild G1-18 Verschiedene Anlagenkennlinien und stabiler Arbeitsbereich des Ventilators

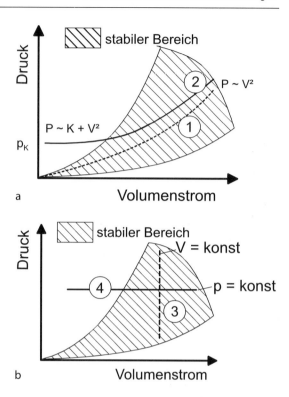

tion im stabilen Bereich verläuft und deshalb unproblematisch ist. Die Anlagenart 2 läuft aus dem stabilen Kennfeld hinaus, und darf nur auf einem Teil der beabsichtigen Kennlinie betrieben werden.

Wenn der konstante Druckanteil im Verhältnis zum Gesamtdruck hoch ist, tritt dieser Fall eher ein. Die Anlagenkennlinie ist nicht mehr eine Parabel durch den Nullpunkt, sondern durch den konstant zu haltenden Druck p_k. Die Bandbreite der Drehzahlregelung lässt sich dann nicht voll ausschöpfen, weil der Ventilator bei kleinem Volumenstrom in das Pumpgebiet gerät. Wenn der Betriebspunkt für die Nennlast weiter rechts vom Optimum ausgelegt wird, lässt sich der regelbare Bereich vergrößern.

Falls Druckkonstanthaltung im Leitungsnetz oder in einer Druckkammer, also einem Teil der Gesamtanlage, vorgesehen ist, liegt der Fall 4 aus Bild G1-18b vor. Auch hier ist ein stabiler Betrieb nur bis zu einem Grenzvolumenstrom möglich. Konstanter Volumenstrom, Fall 3, wird häufig gefordert, wenn sich Anlagenwiderstände während des Betriebes ändern, z. B. durch Filterverschmutzung.

Bei Dralldrosseln kann der stabile Arbeitsbereich (das schraffierte Feld) größer sein. Das ist im Einzelfall zu prüfen. Es sind selbstverständlich beliebige Kombinationen der fünf Kennlinien denkbar.

G1 Ventilatoren

G1.3.6.3
Schaltungen

G1.3.6.3.1
Parallelschaltung

Wenn mindesten zwei Ventilatoren parallel geschaltet auf ein Luftleitungssystem arbeiten, spricht man von Parallelbetrieb. Sie müssen auf der Saug- oder der Druckseite oder auf beiden Seiten verbunden sein.

Die resultierende Kennlinie von parallel geschalteten Ventilatoren ergibt sich aus der Addition der Luftvolumenströme bei gleichen Drücken. Die resultierende Kennlinie von zwei gleichen Ventilatoren zeigt die Bild G1-19 für den einfachen Fall, dass die Kennlinien mit dem Volumenstrom stetig fallen, z.B. Kennlinie 4 aus Bild G1-11. Bei Zusammenschaltung von Ventilatoren müssen die Ventilatorkennlinien und die Netzkennlinien gemeinsam betrachtet werden. Beim Parallellauf addieren sich zwar die Volumenströme. Das bedeutet aber nicht, das sich der Volumenstrom in der Anlage verdoppelt, denn der Anlagenquerschnitt ändert sich ja nicht und die Drosselkennlinie der Anlage bleibt erhalten. So würde für den eingezeichneten Fall in Bild G1-19 der relative Volumenstrom nur von 0,74 auf 0,96, also nur um 30% ansteigen.

Anlagenkennlinien werden fast immer nur als Kennlinien angegeben. Immer wenn die Anlage druckspeichernde Elemente enthält, wie große Kammern, ausbeulende Kanalwände oder Regler mit Federn oder Gewichten, ist nicht eine Kennlinie, sondern ein Kennlinienbereich vorhanden. In dem Fall müssen beim Parallellauf weitere Stabilitätskriterien beachtet werden.

Bei Ventilatorkennlinien, die nicht nur stetig fallend sind, sondern die ein Maximum haben, muss bei Parallellauf darauf geachtet werden, dass es im Betriebspunkt nicht vier Schnittpunkte bei konstantem Druck geben darf. In

Bild G1-19 Kennlinie bei Parallellauf zweier gleicher Ventilatoren mit fallender Kennlinie

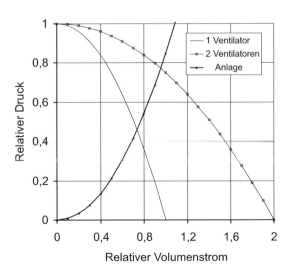

Bild G1-20 Kennlinie bei Parallellauf zweier Ventilatoren mit Druckmaximum

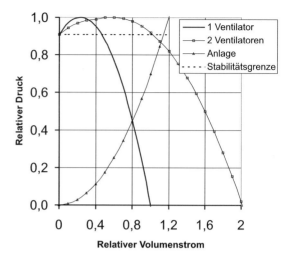

Bild G1-21 Parallelschaltung unterschiedlicher Ventilatoren, bei der ein Ventilator ein Druckminimum aufweist

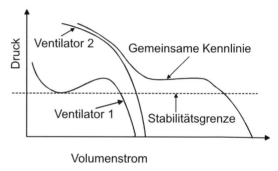

Bild G1-20 wird ein solcher Fall für den Parallellauf zweier Ventilatoren gezeigt. Der Parallellauf ist nur unterhalb der eingezeichneten Stabilitätsgrenze möglich, die durch das Minimum der Druckvolumenstrom-Kennlinie, hier beim Volumenstrom null, gegeben ist.

Bei Ventilatoren mit unterschiedlichen Kennlinien addieren sich die Volumenströme genau so wie bei Ventilatoren mit gleicher Kennlinie. Die Stabilitätsgrenze liegt dann beim Druckminimum des Ventilators mit dem kleineren Druck. Auf Bild G1-21 ist ein solcher Fall skizziert.

Bei Parallelschaltung von Ventilatoren mit unterschiedlicher Kennlinie muss selbst bei stetig fallender Druckkennlinie beachtet werden, dass der schwächere Ventilator nicht überströmt wird. Bild G1-22 skizziert den Fall. Wenn der Betriebspunkt des Druckes über dem Druck des kleineren Ventilators beim Volumenstrom null liegt, tritt im kleineren Ventilator Rückströmung auf. Dafür ist er normalerweise nicht vorgesehen und eine Kennlinie wird vom Hersteller für diesen Bereich selten angegeben. Bis zur Anwendungsgrenze auf Bild G1-22 können die Ventilatoren ohne Rückströmung betrieben werden. Natürlich ist dieses Beispiel eher hypothetisch, denn so unterschiedliche Ventilatoren sollte man nicht parallel laufen lassen.

G1 Ventilatoren 235

Bild G1-22 Parallelschaltung unterschiedlicher Ventilatoren mit fallenden Kennlinien

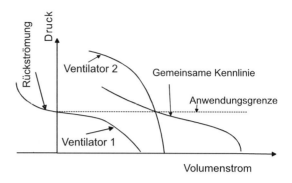

Ventilatoren mit nicht stetig fallender Kennlinie lassen sich durch Zusammenschalten mit Strömungswiderständen, wie z. B. Wärmetauschern, leicht zu einer Einheit mit stetig fallender Kennlinie zusammenlegen. Die Geräteeinheit hat als gemeinsame Kennlinie den Gesamtdruck des Ventilators minus den Druckverlust durch den Widerstand. In Bild G1-23 ist das skizziert. Aus der Kennlinie des Ventilators (durchgezogene Kennlinie) wird die stetig fallende, punktierte Kennlinie. Die Einheit aus Ventilator und Widerstand kann mit ähnlichen Einheiten parallel geschaltet werden.

Bei der Regelung der parallel laufenden Ventilatoren gibt es zwei Möglichkeiten:

A. *Serien-* oder *Einzelregelung.* Einer von mehreren parallel laufenden Ventilatoren übernimmt die Aufgabe der stufenlosen Volumenstromregelung, die anderen laufen im Volllastbetrieb weiter. Bei weiterer Reduktion des Luftvolumenstromes wird ein Ventilator aus der Gruppe der Volllastventilatoren ausgeschaltet und der „Regelventilator" folgt weiterhin den Anforderungen und stellt

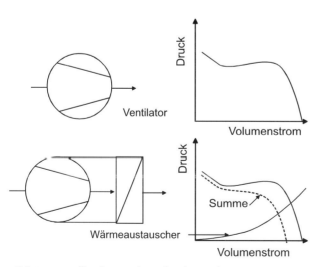

Bild G1-23 Fallende Kennlinie durch Kombination von Ventilator und Widerstand

sich selbsttätig auf den geforderten Luftvolumenstrom ein. An der Grenze des Zu- oder Abschaltens muss eine Hysterese vorgesehen werden, damit die Regelung im Übergangsbereich nicht pendelt.

B. Parallel- bzw. *Gruppenregelung*. Alle Ventilatoreinheiten arbeiten im stufenlos geregelten Betrieb und fördern jeweils annähernd im Gleichlauf den gewünschten Teilluftvolumenstrom.

Die Serienregelung hat den Vorteil, dass sie preiswerter ist, weil nur ein Ventilatorantrieb stufenlos regelbar sein muss. In diesem Fall müssen die nicht betriebenen Ventilatoren mit einer Klappe geschlossen werden. Dabei werden häufig sehr komplizierte Klappenschaltungen verwendet, die den Preisvorteil wieder wett machen können. Größere Jalousieklappen lassen sich nämlich unter Druck oft nicht verstellen. Eine weit verbreitete Lösung ist deshalb, nacheinander beim Umschalten alle Ventilatoren abzuschalten, die Klappen wunschgemäß einzustellen und dann die Ventilatoren wieder einzuschalten. Diese komplizierte Methode ist nicht erforderlich, wenn selbsttätige Rückschlagklappen verwendet werden.

Für die Leistungsaufnahme gilt auch hier Gleichung G1-1, wenn für den Volumenstrom der Gesamtvolumenstrom aller Ventilatoren und die Gesamtdruckerhöhung Δp_t eingesetzt wird. Bei Beachtung von Gleichung G1-4 erkennt man, dass der Gesamtwirkungsgrad der beiden Regelungsarten unterschiedlich sein kann. Bei quadratischer Anlagenkennlinie und Gruppenregelung der Drehzahl bleiben alle Ventilatoren im Bereich ihres Wirkungsgradoptimums, wenn sie für den Sollvolumenstrom richtig ausgelegt wurden. Bei Einzelregelung ist zu unterscheiden, ob die Gesamtdruckdifferenz konstant bleibt. Dann bleiben die Ventilatoren mit Solldrehzahl im Wirkungsgradoptimum und der geregelte kommt in Bereiche niedrigeren Wirkungsgrades. Bei veränderlichem Druck ist es umgekehrt. Da bleibt nur der geregelte Ventilator im Wirkungsgradoptimum, während die konstant laufenden in niedrigere Wirkungsgradbereiche gelangen. Das sollte von Fall zu Fall geprüft werden.

G1.3.6.3.2
Serienschaltung

Bei Serienschaltung werden Ventilatoren hintereinander geschaltet. Die resultierende Ventilatorkennlinie lässt sich durch Addition der Drücke bei gleichem Luftvolumenstrom nach Bild G1-24 ermitteln. Hier sind zwei Ventilatoren mit etwas unterschiedlicher Kennlinie hintereinander geschaltet. Der Betrieb in Serienschaltung muss auch, wie bei Parallelschaltung, mit der zugehörigen Netzkennlinie gemeinsam betrachtet werden. Die Eigenschaften und Betriebsverhältnisse der Serienschaltung können aus Bild G1-24 bei konstanter Netzkennlinie entnommen werden. Während bei Parallelschaltung beide Ventilatoren im gleichen Druckbereich arbeiten müssen, aber unterschiedlich groß sein können, müssen bei Serienschaltung die Volumenströme ähnliche Größenordnung haben. Der kleinere Ventilator gibt den größten Volumenstrom vor, oberhalb seiner Schluckgrenze arbeitet er als Strömungswiderstand. Im Beispiel auf

Bild G1-24 Kennlinie bei Serienschaltung

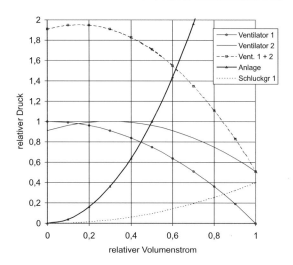

Bild G1-24 liegt für den Ventilator 1 die Grenze beim relativen Volumenstrom von 0,8. Die Instabilität von Kennlinien im kleinen Volumenstrombereich ist bei Serienschaltung unkritisch, wenn eine stabile Anlagenkennlinie vorliegt.

G1.3.7
Einbau von Ventilatoren

Die Ventilatorkennlinien werden durch Prototypmessungen unter Prüfstandsbedingungen im Labor im ermittelt. Ein wichtiger Punkt ist dabei eine drallfreie Einströmung und ein gleichmäßiges Geschwindigkeitsprofil bei der Ansaugung und häufig freie Abströmung in einen längeren Kanal. Die Prüfstandsmessergebnisse werden nach der Ähnlichkeitstheorie auf eine Serie von Ventilatoren umgerechnet. Zwischen den Messergebnissen und den Daten des Serienproduktes sind Abweichungen zu erwarten, wenn der Ventilator nicht unter Betriebsbedingungen eingebaut wird, die den Prüfbedingungen entsprechen. Damit optimale Ansaugbedingungen für das Laufrad erreicht werden, ist freie Ansaugung aus geräumigen Saugkammern und eine drallfreie Anströmung nötig. Die Wirklichkeit weicht häufig davon ab. Die Luftströmung in einer Kammer vor der Eintrittsöffnung in einen Radialventilator verhält sich ähnlich wie die von Wasser vor der Abflussöffnung in einer Badewanne. Bei der geringsten Asymmetrie in der Zuströmung entsteht durch den Drall der bekannte „Badewannenwirbel". Das ist bei der Zuströmung zum Ventilator äußerst unerwünscht, wie man theoretisch auch an Gl. (G1-7) erkennen kann, c_{u1} ist dann nicht mehr null.

Das gilt für den Ventilator allein. Für Ventilatoren in Geräten werden die Hersteller die Einflüsse der Strömung im Gerät mitmessen und in den Gerätekennlinien berücksichtigen. Für den Fall, dass solche Untersuchungen nicht durchgeführt werden können, gibt es einige wohlgemeinte Ratschläge, die

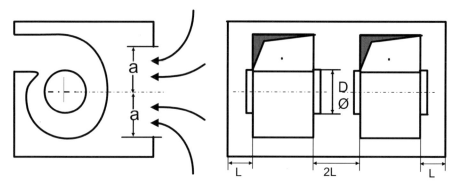

Bild G1-25 Anordnung zweier Ventilatoren in einem Gerätegehäuse

beachtet werden sollten. Bild G1-25 zeigt einen solchen Vorschlag. Dort sind zwei Ventilatoren in einem Gerätegehäuse untergebracht. Um Drall am Ventilatoreintritt zu vermeiden, soll die Eintrittsöffnung in das Gerätegehäuse symmetrisch zur Mittellinie der Eintrittsöffnung des Ventilators liegen, wobei symmetrische Zuströmung vor dem Gerät angenommen wird. Dabei ist aber auch die Art des Einströmgitters oder einer eventuell vorhandenen Klappe zu berücksichtigen.

Die Abstände zwischen der Einlauföffnung und der davor liegenden Wand L sollen möglichst gleich oder größer sein als der Durchmesser der Einlaufdüse innen: $L \geq D$. Tabelle G1-6 gibt die Widerstandsbeiwerte an für zu geringe Abstände. Das sind nur grobe Anhaltswerte, denn auch die Versperrungen durch den Motor und andere Einbauten im Gerät können stören.

Beim direkten saugseitigen Anschluss muss ebenfalls dafür gesorgt werden, dass der angesaugte Luftstrom nicht mit „Drall" zum Laufrad strömt. Krümmer sollten einen möglichst großen Abstand L vom Eintritt und einen großen Krümmungsradius haben oder mit Lenkschaufeln versehen sein, wenn der Abstand zum Ventilator zu klein ist. Die Leistungsminderung lässt sich als zusätzlicher Druckverlust darstellen.

Falls sich Krümmer vor der Eintrittsöffnung eines Ventilators befinden, sind die Abstände bis zum Ventilator und die Krümmungsradien möglichst groß zu wählen und in ungünstigen Fällen Lenkbleche im Krümmer anzubringen. Für

Tabelle G1-6 Widerstandsbeiwerte für kurze Wandabstände vor dem Ventilator

Abstand L	Widerstandsbeiwert ζ
0,75 D	0,25
0,50 D	0,4
0,40 D	0,6
0,30 D	0,8

Tabelle G1-7 Widerstandsbeiwerte ζ für Bögen vor einem Ventilator

Radius R/D	Kanallänge L als Vielfaches von D		
	0	2 D	5 D
0	3	2	1
0,75	1,4	0,8	0,4
1,0	1,2	0,7	0,35
2,0	1,0	0,6	0,35
3,0	0,7	0,4	0,25

kleinere Abstände werden zusätzliche Widerstandsbeiwerte bezogen auf den dynamischen Druck im Ventilatoreintritt von Lexis [G1-15] angegeben.

Ein Beispiel soll im folgenden wiedergegeben werden für einen Bogen mit rundem Querschnitt für verschiedene Krümmungsradien R/D (R ist der Radius der Mittellinie und D der Durchmesser des Bogens) und verschieden lange gerade Zwischenstücke zwischen Bogen und Ventilator mit Durchmesser D und der Länge L/D (Tabelle G1-7):

Der Widerstand wird mit dem dynamischen Druck am Ventilatoreintritt ermittelt.

Bei doppelflutigen Ventilatoren erfolgt der Antrieb im allgemeinen über einen Riementrieb. Dabei sollte die Riemenscheibe und der Riemenschutz die Eintrittsöffnung nicht zu stark versperren. Es gibt auch Hinweise, welche zusätzlichen Widerstände dadurch zu erwarten sind. In Tabelle G1-8 sind Widerstandbeiwerte ζ_{SK} für verschiedene Abstände a zwischen der Riemenscheibe und dem Ventilatorgehäuse abhängig vom Durchmesser der Riemenscheibe d_r und der Ventilatoreintrittsöffnung d_s angegeben.

Der Einlaufverlust in den Ventilator, welcher durch zu engen Einbau des Riemenantriebes am Ansaugstutzen zustande kommt, kann mit ζ_{SK} berücksichtigt werden (s. Tabelle G1-8).

Tabelle G1-8 Widerstandbeiwerte ζ_{SK} für verschiedene Abstände a der Riemenscheibe vom Ventilatorgehäuse

d_r / d_s	Relativer Abstand a/d_s (s. Bild G1-26)		
	1	0,5	0
0,5	0	0	0.05
0,75	0	0,05	0,25
1,0	0	0,15	0,5
1,25	0,05	0,35	3
1,5	0,12	0,65	∞

Bild G1-26 Versperrung durch
die Riemenscheibe

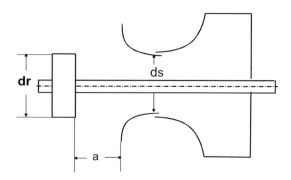

Beim Austritt der Luft aus dem Ventilator wird üblicherweise mit einem angeschlossenen geraden Kanal gerechnet. Wie auf Bild G1-27a qualitativ dargestellt, ist das Geschwindigkeitsprofil am Austritt aus dem Ventilator ungleichmäßig. Der dynamische Druck ist höher als der dynamische Druck, der sich aus der mittleren Geschwindigkeit am Austritt rechnerisch (häufig für die Anschlussfläche A_2) ergibt und der in den Herstellerangaben verwendet wird. Mit dem Wert kann nur gerechnet werden, wenn der angeschlossene Kanal für eine ausreichende Vergleichmäßigung des Geschwindigkeitsprofils sorgt. Dazu ist eine „effektive" Mindestlänge von ungefähr 3 Leitungsdurchmessern erforderlich (Gl. G1-24).

Bei freiem Austritt, also ohne angeschlossenen Kanal, ist ein Widerstandsbeiwert von mindestens $\zeta = 1$ zu berücksichtigen, der in den Ventilatorkennlinien als dynamischer Druck des Ventilators angegeben wird. Es ist besser, die Ventilatorkennlinien ($\Delta p_t = f(V)$) vom Hersteller mit den einbaubedingten dynamischen Drücken zu berücksichtigen für: *freien Ausblas, Leitungsanschluss*

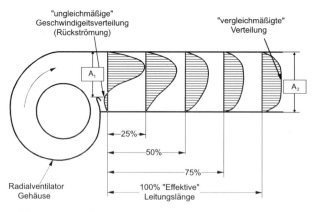

Bild G1-27a Verbesserung des Strömungsprofils durch angeschlossenen Kanal

Tabelle G1-9 Widerstandsbeiwerte ζ_L für Kanalanschlüsse am Ventilatoraustritt mit Querschnittssprung

Flächenverhältnis A_1/A_2	Relative Kanallänge L/L_{100} *)			
	0,125	0,25	0,50	1,00
0,4	1,0	0,4	0,2	**)$\zeta_{L\,normal}$
0,5	1,0	0,4	0,2	**)
0,6	0,7	0,35	0,15	**)
0,7	0,4	0,15	**)	**)
0,8	0,25	0,1	**)	**)
0,9	0,15	**)	**)	**)
1,0	**)$\zeta_{L\,normal}$	**)	**)	**)

*) die Bezugsleitungslänge oder „effektive Leitungslänge" L_{100} hinter dem Ventilatorstutzen nach Gleichung (G1-24), bei der keine zusätzlichen Verlust auftreten:
**) In diesem Bereich soll der effektive Widerstandsbeiwert der geraden Leitung- $\zeta_{Lnormal} = \lambda \cdot L / d_{äq}$ berechnet und berücksichtigt werden.

(längenabhängig), *Diffusoranschluss* mit und ohne Luftleitung, *Kurzdiffusor*- und *Leitungsanschluss mit Bögen*. Wenn solche Angaben nicht vorliegen, lassen sich die Widerstandsbeiwerte für geraden Leitungsanschluss ζ_L (s. Tabelle G1-9) und für Leitungsanschluss mit Bögen ζ_{LB} in Abhängigkeit vom Flächenverhältnis des effektiven und konstruktiven Austrittsstutzens: A_1/A_2 und von den Leitungslängen L, sowie von der Anordnung des Bogens nach A, B, C und D aus der Bild G1-27b und der Tabelle G1-10 entnehmen. Anschlüsse, die möglichst zu vermeiden sind, kann man aus der Bild G1-27b auch entnehmen, z.B. Position C.

$$L_{100} = 2,5 \cdot \sqrt{\frac{4 \cdot A_2}{\pi}} \qquad (G1\text{-}24)$$

A_1 ist der effektive, durch den Luftstrom voll ausgefüllte Austrittsquerschnitt und A_2 der konstruktive Anschlussquerschnitt des Ventilators (der sogenannte Druckstutzen; s. Bild G1-27a). Der effektive, durch den Luftstrom ausgefüllte Austrittsquerschnitt A_1 kann in Abhängigkeit von der Bauart entweder geschätzt oder mit Hilfe von Herstellerangabe erfahren werden.

Verbindliche Aussagen über Kurzdiffusoren lassen sich nur im Experiment mit dem Ventilator gewinnen, weil das Geschwindigkeitsprofil am Ventilatoraustritt sehr unterschiedlich sein kann und auch noch lastabhängig ist. Die Hinweise in Band 1, J2.4.2 können aber als Anregung dienen.

In der Literatur werden manchmal auch sogenannte Multidiffusoren vorgeschlagen, die sehr plausibel erscheinen, weil sie geringe Öffnungswinkel ermöglichen. Vor ihrer Anwendung ist zu warnen, denn sie stellen ein sehr instabiles schwingungsfähiges Gebilde bei Teillast dar.

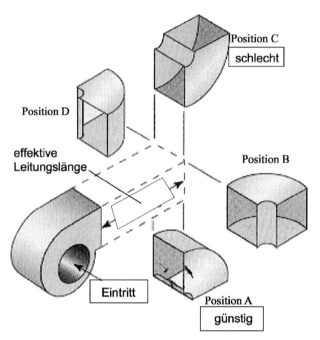

Bild G1-27b Anordnung von Bögen hinter Ventilatoren

Häufig besteht nicht nur der Wunsch nach Druckrückgewinn, sondern auch nach Vergleichmäßigung der Strömung über den gesamten Gerätequerschnitt, um nachgeschaltete Komponenten wie Filter und Schalldämpfer vor Beschädigung zu schützen. Hierfür haben sich verschiedene Anordnungen von Prallplatten bewährt, die aber auch an den Ventilator und den Gerätequerschnitt experimentell angepasst werden müssen.

Krümmer direkt hinter Ventilatoren sollten möglichst vermieden werden. Durch die richtige Wahl der Ventilatorstellung ist das meist möglich. Wenn sie nicht vermeidbar sind, gibt Tabelle G1-10 Anhaltswerte für die zusätzlichen Widerstände als Vielfaches des dynamischen Druckes am Ventilatoraustritt für Ventilatoraustritte mit Querschnittssprung. Auf Bild G1-27b sind die Stellungen A bis D dargestellt. Die Anordnung C, Umlenkung der Strömung eines an der Oberseite horizontal ausblasenden Ventilators senkrecht nach oben, ergibt den größten Widerstand. Das ist ähnlich wie bei der Hintereinanderschaltung zweier Krümmer in jeweils entgegengesetzter Umlenkrichtung. Die manchmal anzutreffende Anordnung mit 2·C ist gar nicht angegeben! Und sie sollte auch unbedingt vermieden werden.

Verzweigungen direkt hinter dem Ventilatoraustritt sollten ebenfalls vermieden werden.

G1 Ventilatoren

Tabelle G1-10 Widerstandsbeiwerte für Krümmer hinter Radialventilatoren abhängig von der Umlenkrichtung (Bild G1-27b) und dem Flächenverhältnis

A_1/A_2	Position des Bogens	Relative Kanallänge: L/L_{100}			
		0,0	0,125	0,25	0,50
0,6	A	1,6	1,4	1,0	0,4
	B	2,0	1,6	1,2	0,6
	C	2,8	2,3	1,8	0,8
	D	2,5	2,0	1,4	0,7
0,8	A	0,8	0,7	0,5	0,25
	B	1,2	1,0	0,7	0,35
	C	1,6	1,4	1,0	0,4
	D	1,4	1,2	0,8	0,35
0,9	A	0,7	0,6	0,4	0,2
	B	1,0	0,8	0,6	0,3
	C	1,2	1,0	0,7	0,35
	D	1,0	0,8	0,6	0,3
1,0	A	1,0	0,8	0,6	0,3
	B	0,7	0,6	0,4	0,2
	C	1,0	0,8	0,6	0,3
	D	1,0	0,8	0,6	0,3

G1.4
Axialventilatoren

G1.4.1
Bauform

Axialventilatoren werden von der Luft axial angeströmt und axial wieder verlassen. Der einfachste Fall eines Axialventilators ist ein frei laufendes Laufrad. Es dient nur zur Luftbewegung in Räumen und erzeugt nur dynamischen Druck und hat deshalb auch keine Kennlinie, es arbeitet an der Schluckgrenze. Das Laufrad, aus Nabe und Schaufeln bestehend, ist als bewegliches Schaufelgitter anzusehen. Der angesaugte Luftstrom wird wie eine Senkenströmung zum Laufrad hin beschleunigt, durchströmt das Laufgitter und verlässt den Ventilator in axialer Richtung.

Der auf Bild G1-28 skizzierte Axialventilator erzeugt nicht nur dynamischen, sondern auch statischen Druck. Der Druckverlauf ist auf Bild G1-29 skizziert.

Die Luft wird durch eine Einlaufdüse angesaugt, die in ein rohrförmiges Gehäuse des Ventilators übergeht. Hinter dem Ventilatorlaufrad erweitert sich das Rohr als Diffusor. In der Rohrachse befindet sich auf einer Welle die Nabe des Ventilatorlaufrades und darauf befinden sich die Laufschaufeln. Eine Kalotte

Bild G1-28 Axialventilator

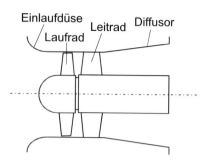

vor der Laufradnabe sorgt in der Kanalmitte für eine gleichmäßig beschleunigte Strömung bis zum Laufradeintritt. Der Luftstrom wird hinter dem Laufgitter verzögert, was sich in einer Druckumsetzung äußert. Er ist allerdings noch drallbehaftet. Deshalb ist es besser, den Drall zusätzlich durch ein nachgeschaltetes Leitrad in statischen Druck umzuwandeln, wie es auf Bild G1-28 dargestellt ist. Dazu befinden sich im allgemeinen hinter dem Laufrad fest stehende Leitschaufeln. Die Leitschaufeln hinter dem Laufrad werden als Nachleitrad bezeichnet, obwohl sie fest montiert sind und kein Rad bilden. Der Drall kann ebenfalls durch Vorleiträder, in seltenen Sonderfällen auch mit Vor- und Nachleiträdern oder durch ein zweites in entgegengesetzter Richtung laufendes Laufrad entfernt werden. Die Nabe endet in einem Nabendiffusor, einer konischen Abnahme des Nabenquerschnittes. Innerhalb der Nabe wird häufig der Antriebsmotor untergebracht.

Je nach den vorhandenen Bauteilen unterscheidet man *Axialventilatoren:*
- ohne Leitrad,
- mit Vor- oder Nachleitrad,
- mit Vor- und Nachleitrad und
- gegenläufige Axialventilatoren.

Die Geschwindigkeitsdreiecke lassen sich ähnlich wie bei Radialventilatoren zur Erklärung der Ventilatoreigenschaften verwenden. Sie sind für die vier Fälle in den Abbildungen G1-30a bis d für das Laufrad dargestellt. Dabei wird ein Zylinderschnitt der Leit- und Laufschaufeln des Axialventilators als „Schaufelgitter" in eine Ebene abgewickelt. Die Laufschaufeln selbst können zylindrisch oder verwunden sein. Für zylindrische Schaufeln ergibt sich für jeden Radius ein anderes Geschwindigkeitsdreieck, weil die Umfangsgeschwindigkeit

Bild G1-29 Druckverlauf am Axialventilator

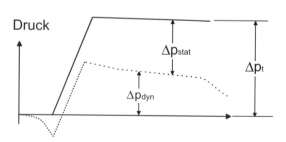

G1 Ventilatoren

mit dem Radius zunimmt. Wenn die Schaufeln so verwunden werden, dass der Ein- und Austrittswinkel für jeden Radius gleich ist, ergibt sich nur ein Geschwindigkeitsdreieck.

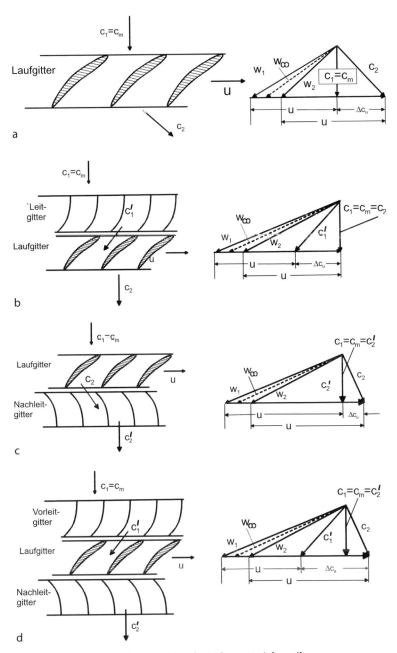

Bild G1-30a bis d Geschwindigkeitsdreiecke an Axialventilatoren

Der einfachste Fall eines Ventilators ist in Bild G1-30 a als Laufrad ohne Leitrad dargestellt. Die Zuströmung wird als drallfrei mit der Geschwindigkeit c_1 unterstellt. Die Relativgeschwindigkeit ist am Eintritt w_1 und am Austritt w_2. Am Austritt bleibt in c_2 eine Drallkomponenten übrig, die einen schlechteren Wirkungsgrad zur Folge hat, als die folgenden Lösungen mit Leitrad.

Bild G1-30b zeigt, wie durch das Vorleitrad zunächst ein Vordrall in c_1' (die Geschwindigkeiten am Leitradaustritt sind durch „ ' " markiert) und dadurch ein drallfreier Austritt c_2 aus dem Laufrad entsteht. Bild G1-30c zeigt den entsprechenden Fall mit Nachleitrad. c_2' ist drallfrei. Das Vorleitrad verursacht höhere Geschwindigkeiten und damit höhere Reibungsverluste. Deshalb wird es seltener angewendet.

Die Schaufeln des Laufrades können als Skelettschaufeln oder als profilierte Schaufeln ausgebildet sein. Häufiger sind profilierte Schaufeln anzutreffen, weil sich verwundene Profile als Gussstücke leicht profilieren lassen. Eine weitere Besonderheit gegenüber den Radialventilatoren ist, dass sich mit verdrehbaren Schaufeln die Leistung regeln lässt. Es gibt dabei zwei Ausführungen: im Stillstand verstellbare und im Lauf verstellbare Schaufeln.

Die gezeichneten Geschwindigkeitsdreiecke beziehen sich auf den jeweiligen Durchmesser des Laufrades. Bei der Strömung durch Skelettschaufeln kann β_1 nur auf einem Radius richtig sein. Um überall den richtigen Schaufelwinkel zu erhalten, sind die Schaufeln zu verwinden, wobei die Winkel an der Nabe größer als am äußeren Schaufelende sind.

Als eine Sonderform der Axialventilatoren ohne Leitrad wurden in letzter Zeit Ventilatoren mit so genannten Sichelschaufeln entwickelt. Es sind Ventilatoren kleiner und mittlerer Größe, die einfach sind und geringes Geräusch erzeugen. Sie werden in Sonderfällen und in Kühltürmen und zur Kühlung kleiner elektrischer Geräte eingesetzt.

G1.4.2
Drücke

Die Druckerhöhung erfolgt teils durch Änderung der absoluten Geschwindigkeit von c_1 auf c_2, teils durch Verzögerung der Relativgeschwindigkeit w_1 auf w_2. Die theoretische Totaldruckerhöhung (Gesamtdruckdifferenz) lässt sich ähnlich wie für Radialventilatoren nach Gl. G1-6 etwas vereinfacht, weil $u_1 = u_2$, nach Gleichung G1-25 berechnen:

$$\Delta p_{th} = \frac{\rho}{2} \cdot \left[\left(w_1^2 - w_2^2 \right) + \left(c_2^2 - c_1^2 \right) \right] \tag{G1-25}$$

mit w – relative Geschwindigkeit Indizes 1 – Eintritt
c – absolute Geschwindigkeit 2 – Austritt
$\rho/2\,(w_1^2 - w_2^2)$ – statische und
$\rho/2\,(c_2^2 - c_1^2)$ – dynamische Druckerhöhung.

Die Gl. G1-25 kann auch als Eulersche Turbinengleichung wie folgt dargestellt werden:

$$\Delta p_{th} = \rho \cdot u_2 \cdot (c_{2u} - c_{1u}) = \rho \cdot u_2 \cdot \Delta c_u \tag{G1-26}$$

Aus der Skizze des Druckverlaufs im Axialventilator in Bild G1-29 ist zu erkennen, wie sich sowohl im Nachleitrad als auch im Diffusor der statische Druck erhöht.

Die in der Abbildung angegebene Gesamtdruckdifferenz Δp_t am Laufradaustritt ist am größten und fällt durch Verluste im Leitapparat und Diffusor etwas ab, weil die Umwandlung von dynamischem in statischen Druck verlustbehaftet ist.

Um eine wirksamere Druckumsetzung der Drallkomponente zu erzielen, kann anstelle fest stehender Leitschaufeln ein zweites Laufrad angeordnet werden. Das zweite Laufrad bewegt sich dabei entgegengesetzt zum ersten Laufrad. Bei richtiger Bemessung von Schaufelzahl, Anstellwinkel und Umfangsgeschwindigkeit des zweiten Laufrades kann der durch das erste Laufrad erzeugte Drall durch das zweite Laufrad mit relativ geringen Verlusten in Druck umgesetzt werden. Die zwei in entgegengesetzter Richtung bewegten Laufräder sind die wesentlichen Bauelemente eines gegenläufigen Axialventilators. Die Totaldruckerhöhung des gegenläufigen Ventilators ist aus der Gl. 1-27 zu entnehmen.

$$\Delta p_{thG} = 2 \cdot \rho \cdot u_2 \cdot c_u \tag{G1-27}$$

Hierbei wird angenommen: $c_u = -c_{u1} = c_{u2}$.

G1.4.3
Dimensionslose Kennzahlen.

Die dimensionslosen Kennzahlen beziehen sich auf die Umfangsgeschwindigkeit am Außendurchmesser des Laufrades. So kann wie bei Radialventilatoren die *Druckzahl* ψ_t des Axialventilators aus der Totaldruckerhöhung und aus der Umfangsgeschwindigkeit des äußeren Laufraddurchmessers u_2 wie folgt berechnet werden:

$$\psi_t = \frac{\Delta p_t}{\frac{1}{2}\rho u_2^2} \tag{G1-28}$$

Für die Lieferzahl wird üblicherweise als Bezugsfläche wie beim Radialventilator die Fläche aus dem Außendurchmesser berechnet.

$$\varphi = \frac{\dot V}{A_2 \cdot u_2} = \frac{\dot V}{u_2 \cdot \frac{\pi}{4} \cdot d_2^2} \tag{G1-29}$$

Man findet aber auch ältere Definitionen, bei denen der Ringquerschnitt als Bezugsfläche verwendet wird:

$$\varphi = \frac{\dot{V}}{A_{Ring} \cdot u_2} = \frac{c_m}{u_2}. \tag{G1-30}$$

Dabei ist die Fläche

$$A_{Ring} = \frac{\pi}{4}\left(d_2^2 - d_1^2\right)$$

der Ringquerschnitt des Ventilators. Beim Arbeiten mit den dimensionslosen Kenngrößen ist stets darauf zu achten, welche Bezugsgrößen verwendet wurden.

Das Verhältnis des Naben- zum Außendurchmesser eines Axialventilators wird als das Nabenverhältnis $v = d_1/d_2$ bezeichnet (hier bedeuten: Index 1: am Schaufelfuß, Index 2: am äußeren Schaufelende). Das Nabenverhältnis hat einen direkten Einfluss auf die Totaldruckerhöhung des Ventilators. Höhere Drücke und bessere Wirkungsgrade können bei größeren Nabenverhältnissen erreicht werden. Einen Zusammenhang zwischen dem Nabenverhältnis und der Druckzahl zeigt die Gl. (G1-31) nach Eck [G1-8]:

$$v = \frac{d_1}{d_2} \approx \sqrt{0,8 \cdot \psi_t} \tag{G1-31}$$

Die Form der Einlaufdüse und der Eintrittshaube der Nabe hat einen großen Einfluss auf die Einströmung in das Laufrad. Um ein Abreißen der Strömung am Ventilatoreintritt zu vermeiden, hat es sich bewährt, entsprechend große Radien der Einlaufdüse und eine parabelförmige Kontur der Nabenhaube zu verwenden, wie in Bild G1-31 skizziert. Auf Bild G1-31 oben haben die Konturen der Einlaufdüse und der Kalotte einen kleinen Radius. Anders auf Bild G1-31 unten. Dort

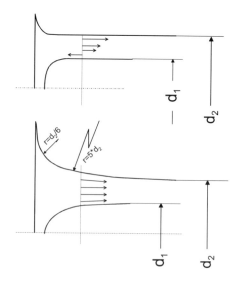

Bild G1-31 Konturen der Einlaufdüse beim Axialventilator

setzt sich der Krümmungsradius der Kontur zusammen aus anfangs $r = d_2/6$ und anschließend $r = 5d_2$. Hierdurch können gute Wirkungsgrade bei größeren Nabenverhältnissen und höheren Totaldruckdifferenzen erzielt werden.

G1.4.4
Kennlinien

Vergleicht man die Kennlinien von Axialventilatoren mit denen von Radialventilatoren mit rückwärts gekrümmten Schaufeln, so unterscheiden sie sich hauptsächlich durch einen steileren Verlauf und häufig durch einen größeren Bereich abreißender Strömung. Das Abreißen der Strömung und damit das „Pumpen" tritt bei Axialventilatoren beim Drosseln des Luftvolumenstromes deutlich früher als bei Radialventilatoren ein. Der Punkt des optimalen Wirkungsgrades liegt dichter am Abreißgebiet. Das Abreißgebiet weist außerdem häufig eine deutliche *Hysterese* auf. Bei zunehmendem Volumenstrom bleibt die abreißende Strömung zunächst erhalten, es verschiebt sich der Abreißpunkt auf der Ventilatorkennlinie zu größerem Volumenstrom über den Punkt hinaus, bei dem das Abreißen bei fallendem Volumenstrom eintritt. In Bild G1-32 wird ein typisches Hysteresefeld eines Axialventilators dargestellt.

Bild G1-32 Hysteresefeld in der Kennlinie eines Axialventilators

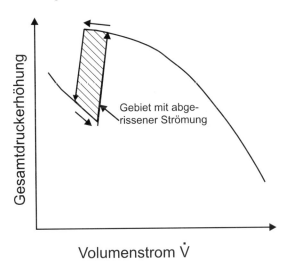

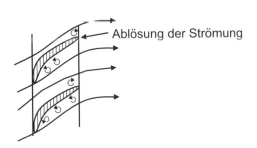

Das in Bild G1-32 unten gezeigte Strömungsbild kann das Geschehen zum Teil erklären. Im Abreißgebiet stellt sich im Laufrad eine starke radiale Strömung ein, die durch Wirbel vor und hinter dem Laufrad dazu führt, dass an der Schaufelspitze vor dem Laufrad und am Schaufelfuß hinter dem Laufrad eine Rückströmung eintritt (s. [G1-8]).

Falls die Anlagenkennlinie mehrere Schnittpunkte mit der Ventilatorkennlinie in diesem Bereich hat, tritt ein periodischer Wechsel der Betriebspunkte, das sogenannte *Pumpen*, ein, ähnlich wie das bei den Radialventilatoren schon beschrieben wurde. Um stabilere Kennlinien zu erhalten, wurden bei Axialventilatoren verschiedene konstruktive Maßnahmen entwickelt. Dazu zählen Stabilisierungsringe und auch Ringkammern am Ventilatoreintritt (s. Bild G1-33).

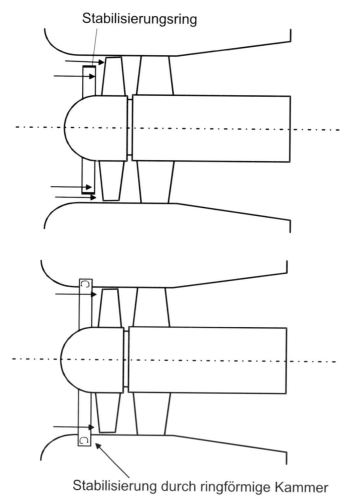

Bild G1-33 Leitring (*Bild oben*) und Ringkammer (*Bild unten*) am Ventilatoreintritt zur Stabilisierung der Kennlinie

G1 Ventilatoren

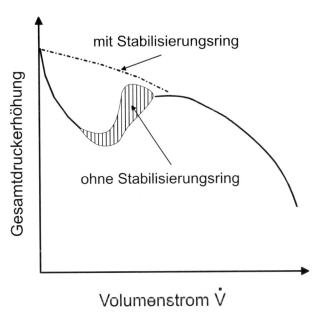

Bild G1-34 Kennlinie mit und ohne Stabilisierung

Damit kann eine Rückströmung im Ventilatoreintritt bei Teillastbetrieb unterbunden und das Abreißen unterdrückt werden, wie es auf Bild G1-34 angedeutet ist. Teilweise werden Sensoren für die Überwachung des Betriebes und den Beginn des Abreißens zur Hilfe genommen, um das Abreißen zu verhindern in dem der Ventilator in den stabilen Bereich gebracht wird.

G1.4.5
Betrieb von Ventilatoren

G1.4.5.1
Auslegung

Der Axialventilator gestattet, nur einen relativ kleinen Betriebsbereich seiner sehr steilen Kennlinie anzuwenden. Daher ist eine genauere Berechnung der Anlagenkennlinie und eine sorgfältige Auswahl des Axialventilators wichtig. Das schmalere Kennfeld eines Axialventilators lässt bei größeren Abweichungen kaum Betriebspunktkorrekturen mit Hilfe von Drehzahländerung zu. Größere Korrekturen können bei Axialventilatoren oft durch Änderung des Schaufelwinkels oder des Nabenverhältnisses erreicht werden, was ein neues Laufrad erforderlich macht. Die Steilheit der Kennlinie hat den Vorteil, dass bei Widerstandsänderungen im Luftleitungsnetz der RLT-Anlage nur eine geringe Luftvolumenstromänderung erfolgt.

Die Affinitätsgesetze Gl. G1-20 gelten bei Axialventilatoren wie bei Radialventilatoren.

Axialventilatoren sind bezüglich der Einbauverhältnisse empfindlicher als Radialventilatoren und ihr Einbau ist deshalb sorgfältig zu planen. Die Zuströmung zum Ventilator und die Abströmung dürfen nicht behindert sein. Es darf vor allem kein Eintrittsdrall durch unsymmetrische Anströmung entstehen.

G1.4.5.2
Regelung

Bei Axialventilatoren ist Drosselregelung nicht angebracht, weil die Ventilator-Kennlinie zu steil ist. Die Regelungsart kann zur geringfügigen Betriebspunktkorrektur, z. B. als Filterwiderstandkompensation, angewendet werden. Für Axialventilatoren gibt es eine weitere Art der Regelung, die Schaufelverstellung. Die folgenden Regelungsarten werden im Bereich der Raumlufttechnik angewendet:

Tabelle G1-11 Axialventilatorregelung

Regelungsarten	Regelbereich	empfohlener Bereich	Leistungsbereich	Bemerkungen
Bereich:	von–bis %	von–bis %	von–bis kW	
Drall	100–70	100–90	2–5	nur bedingt zu empfehlen
Laufschaufel	100–20	100–30	10–120	
Drehzahl				
Asynchronmotor *Frequenzumformer*	100–20	100–30	0,1–100	
EC-Motor	100–15	100–20	0,01–4 (6)	
Asynchronmotor *Spannungsregelung*	100–15	100–20	0,1–100	

Die Angaben können nur als grobe Richtwerte angesehen werden. So gibt es für große Leistungen kaum eine Obergrenze beim Asynchronmotor und beim EC-Motor kann auch die untere Grenze tiefer liegen. Niedrige Drehzahlen beim Asynchronmotor machen Fremdbelüftung zur Kühlung erforderlich. Darauf soll hier aber nicht näher eingegangen werden

Die *Drehzahlregelung* ist in erster Linie bei Anlagen mit quadratischer Kennlinie ($\Delta p_t \sim \dot{V}^2$) vorteilhaft. Das trifft für fast alle Abluftanlagen zu. Bei Aufgaben mit Druckkonstantregelung kann die Drehzahlregelung nur bedingt zum Einsatz kommen, weil der nutzbare Regelbereich des Ventilators zu schmal ist. Hier gilt im Prinzip, was schon zu den Radialventilatoren gesagt wurde und in Bild G1-18a qualitativ dargestellt wurde, mit dem Unterschied, dass der nutzbare Bereich hier schmaler ist.

Die Drehzahlregelung wird heute überwiegend mit Asynchronmotoren durchgeführt, entweder durch Änderung der Spannung und des Schlupfes oder mit Frequenzumrichtern. Bei Leistungen bis etwa 6 kW setzen sich in der letzten Zeit auch sogenannte EC-Motoren (elektronisch kommutierende Motoren) durch, weil sie die höchsten Wirkungsgrade erreichen. Einen Vergleich zeigt Bild G1-51.

Bei der Verstellung der Laufschaufeln ist der ausregelbare Bereich viel breiter als beim Ventilator mit fest stehenden Schaufeln. Das ist vorteilhaft, wenn die Anlagenkennlinie einen hohen konstanten Druckanteil vorsieht. Bei Reduktion des Volumenstromes schließen die Laufschaufeln den Laufgitterquerschnitt. Wegen der steileren Anströmung des Schaufelprofils begradigen sich die Kennlinien und das Pumpen wird quasi eliminiert. Die Druckkonstanthaltung kann auch bei niedrigen Volumenströmen erzielt werden. Die Bilder G1-35, G1-36 zeigen qualitativ die Arbeitsbereiche bei Drehzahl- und Laufschaufelregelung im Vergleich. Der stabile Bereich ist bei der Schaufelverstellung viel größer (Bild G1-36). Wegen der teureren Konstruktion werden diese Ventilatoren mehr im höheren Leistungsbereich eingesetzt.

Bei der Drallregelung, bei der verstellbare Schaufeln im Vorleitrad den Drall verändern, ergibt sich auch ein vergrößerter Arbeitsbereich, aber der Bereich

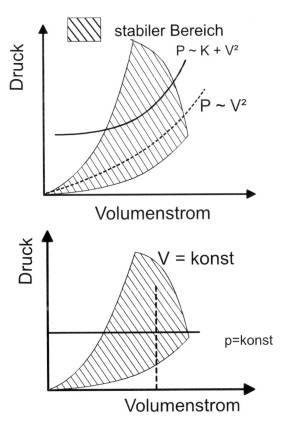

Bild G1-35 Stabiler Regelbereich bei feststehenden Schaufeln

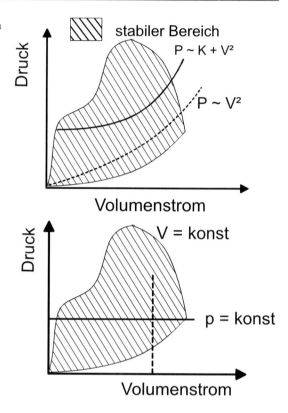

Bild G1-36 Stabiler Regelbereich bei verstellbaren Schaufeln

hohen Wirkungsgrades bleibt klein und deshalb ist diese Lösung selten anzutreffen, obwohl die Schaufelverstellung konstruktiv einfacher machbar ist, weil sie im feststehenden Teil des Ventilators untergebracht ist. Ein Nachteil der Drall- und Laufschaufelregelung gegenüber der Drehzahlregelung ist der nahezu konstant hohe Schallleistungspegel des Ventilators im Teillastbetrieb. Während bei Ventilatoren mit Drehzahlregelung der Teillastbetriebspunkt durch Anpassung der Drehzahl erreicht wird und die Schallleistung mit der fünften Potenz der Drehzahl abnimmt (s. Gl. L2-4), bleibt die Drehzahl bei den anderen Regelungsarten (Drall und Laufschaufel) nahezu konstant. In der Raumlufttechnik werden oft Anlagen mit variablen Volumenströmen und Abschaltbarkeit von Teilen der Anlage gebaut. Diese Anlagen bedingen aus energetischen Gründen regelbare Ventilatoren. In den meisten Fällen ist die Aufgabe die Druckkonstanthaltung im Leitungssystem oder in der Druckkammer. Ein optimaler Betrieb von einem Ventilator kann dann erwartet werden, wenn der häufigste Teillast- und der Volllastbetrieb der Anlage einigermaßen wirklichkeitsnah vorausberechnet wurde. Falls aus Unkenntnis oder aus Vorsicht ein zu großer Ventilator ausgewählt wurde, kann kein stabiler Betrieb von Ventilator und Anlage und auch kein wirtschaftlicher Betrieb erwartet werden.

G1 Ventilatoren

Die stufenlose Regelung bei gegenläufigen Ventilatoren kann durch Drehzahl- oder Laufschaufelregelung erfolgen. Vorzugsweise wird bei gegenläufigen Axialventilatoren nur das erste Laufrad stufenlos geregelt.

G1.4.5.3
Schaltung

G1.4.5.3.1
Parallelschaltung

Die Kennlinie für Parallelbetrieb wird durch Addition der Volumenströme der einzelnen Ventilatoren jeweils bei gleichem Druck gebildet, wie das für Radialventilatoren schon erklärt wurde (siehe Abbildungen G1-19 bis G1-22). Das Bild G1-37 zeigt, dass dann auch der instabile Pumpbereich beim doppelten Volumenstrom liegt, wenn zwei gleiche Axialventilatoren parallel arbeiten. Die Drosselkennlinie der Anlage darf selbstverständlich nicht durch diesen Bereich verlaufen. Auf diesem Bild lässt sich unschwer das vergrößerte Hysteresefeld von zwei parallelgeschalteten Axialventilatoren erkennen. Das Hysteresefeld auf der Bild G1-37 zeigt bei der als „unzulässig" bezeichneten Anlagenkennlinie drei mögliche Betriebspunkte als Schnittpunkte mit den Kennlinien. Das bedeutet eine Instabilität, die sich durch das Wechseln vom einen zum anderen der möglichen Betriebspunkte äußert mit den entsprechenden Druck- und Volumenstromschwankungen. Durch die Hysterese können sich im ungünstigen Fall sogar fünf Betriebspunkte ergeben.

Es kommen häufig sogenannte gemischte Parallelschaltungen vor. In diesem Fall werden mehrere Ventilatoren, auch mit unterschiedlichen Kennlinien, zu einer Saug- oder Druckkammer zugeordnet und fördern die Luft in oder aus

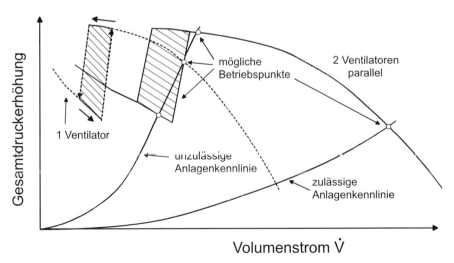

Bild G1-37 Anlagenkennlinie bei Parallelbetrieb mit unzulässigen Betriebspunkten

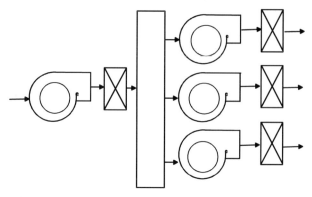

Bild G1-38 Serienschaltung, keine Parallelschaltung

einem zu jedem Ventilator getrennt zugeordneten Leitungssystem. In dem Fall handelt es sich aber nicht um Parallelschaltung, weil die parallel aufgestellten Ventilatoren verschiedene Anlagen versorgen. Der auf Bild G1-38 dargestellte Fall stellt keine Parallel- sondern eine Serienschaltung dar.

G1.4.5.3.2
Serienschaltung

Die Kennlinien für Serienschaltung von Axialventilatoren ergeben sich wie bei Radialventilatoren durch Addition der Drücke beim gleichen Volumenstrom. Bild G1-39 zeigt einen solchen Fall. Es können zu einem Anlagensystem kaum

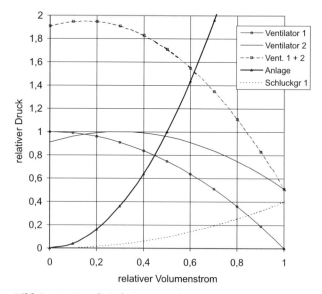

Bild G1-39 Kennlinie bei Serienschaltung

mehr als drei Ventilatoren zugeordnet werden. Es müssen sich alle Betriebspunkte des Einzel- und Serienlaufes auf dem stabilen Ast der Ventilatorkennlinie befinden, um einen stabiler Betrieb ohne Pumpen in Serienschaltung erzielen zu können. Wie Bild G1-39 auch veranschaulicht, bedeutet das Hintereinanderschalten und die Addition der Drücke nicht, dass in einer Anlage der neue Betriebspunkt beim doppelten Druck liegt, denn der Betriebspunkt liegt beim Schnittpunkt der neuen Druckkennlinie mit der Drossellinie der Anlage. Der Wirkungsgrad ergibt sich ungefähr aus dem Mittelwert der jeweiligen Ventilatorbetriebspunkte.

G1.4.6
Einbau von Ventilatoren

Beim Einbau von Axialventilatoren müssen mehr noch als bei Radialventilatoren die räumlichen Bedingungen, vor allem saugseitig vom Ventilator, beachtet werden. Axialventilatoren sind sehr empfindlich gegen Vordrall. Er kann die Kennlinie wesentlich verändern. Gleichmäßige Einströmung der angesaugten

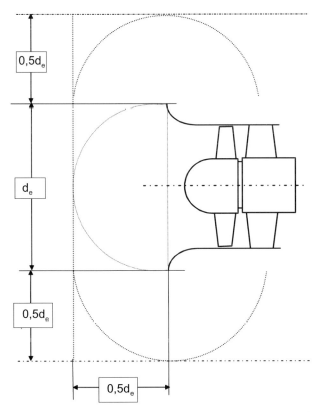

Bild G1-40 Mindestabstände von Hindernissen im Ansaugbereich eines frei ansaugenden Radialventilators

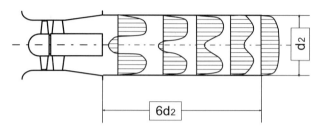

Bild G1-41 Strömungsprofile hinter einem Axialventilator

Luft über die Eintrittsfläche ist eine Voraussetzung für die Gültigkeit der Kennlinie. Bild G1-40 gibt Mindestabstände im Ansaugbereich eines frei ansaugenden Radialventilators an. Der Außendurchmesser d_e der Einströmdüse kann als Bezugsgröße für die Mindestabstände von Wänden sein. Vor der Ansaugung beträgt der Mindestabstand 0,5 d_e. Ebenso muss seitlich rings um die Ansaugdüse ein Abstand von mindestens 0,5 d_e vorhanden sein.

Der dynamische Druck am Ventilatoraustritt ist verhältnismäßig groß und muss durch eine entsprechend lange Rohrleitung oder einen Diffusor möglichst gut in statischen Druck umgewandelt werden. Bild G1-41 veranschaulicht qualitativ, wie sich das Profil in der angeschlossenen Luftleitung vergleichmäßigt.

Bei Axialventilatoren ohne Leitrad und ohne nachgeschaltete Leitungen ist der Austrittsverlust höher als der dynamische Druck des Ventilators ($\zeta_A \geq 1{,}2$). Diese Ventilatoren kommen im Anlagenbau aber kaum vor. Sie werden häufig als Wandventilatoren verwendet.

Bei Axialventilatoren mit Leitschaufeln und Gehäuse, die etwa dem Außendurchmesser d_2 des Ventilators entsprechen, ergeben sich bei verschieden langen Leitungsanschlüssen L die in der letzten Zeile in Tabelle G1-12a angegebenen Widerstandsbeiwerte ζ_A am Ventilatoraustritt. Die Widerstandsbeiwerte beziehen sich auf den rechnerischen dynamischen Druck des Ventilators gebildet mit der Austrittsgeschwindigkeit c_2. Für die Leitungslänge L werden in Abhängigkeit von der Luftaustrittsgeschwindigkeit c_2 in Tabelle G1-12b Vielfache des Ventilatordurchmessers d_2 vorgeschlagen. Der relative Verlust ist zwar unabhängig von der Geschwindigkeit, aber bei größerem dynamischen Druck ist der zusätzliche Aufwand eher gerechtfertigt. Der häufige Fall des Ventilators ohne nachgeschaltete Rohrleitung verursacht einen Verlust von 40% des dynamischen Druckes am Ventilatoraustritt, wie Tabelle G1-12a angibt. Dabei sind diese Angaben nicht als universell gültig zu betrachten, sondern nur als Anhaltswerte. Ein ausgeglichenes Strömungsprofil wird erst nach etwa 6 d_2 erreicht (Bild G1-41).

Tabelle G1-12a Widerstandsbeiwerte bei kurzen Kanalanschlüssen ζ_A

Relative Leitungslänge L/d_2	0	0,13	0,25	0,50	1,00
Flügelrad	1,2	–	–	–	–
mit Leitschaufeln	0,4	0,26	0,18	0,1	0,05

Tabelle G1-12b Vorschlag für die Länge L als Vielfaches von d_2

Austrittsgeschwindigkeit c_2 m/s	12	17	22	27
Leitungslänge L/d_2	2,5	3,5	4,5	5,5

Ventilatoren mit hohem dynamischen Druckanteil $p_{dyn} > 100$ Pa im Betriebspunkt sollten zweckmäßigerweise mit Diffusoren versehen werden, um einen Druckrückgewinn zu erzielen und dadurch Energiekosten einzusparen. Bei größerem Nabendurchmesser empfiehlt sich auch der Einbau eines Nabendiffusors. Obwohl dieses Bauteil ein Hindernis bei Inspektions- und Wartungsarbeiten im Bereich des Antriebes darstellt.

Ventilatoren, die Luft in eine Kammer fördern, sollen wenigstens einen Teil des dynamischen Druckes durch einen Diffusor mit Rohranschluss, einen Kurzdiffusor oder Luftverteiler, welcher gleichzeitig als Absperrorgan ausgebildet werden kann, zurückgewinnen. Diffusoren sind vor allem bei hohen dynamischen Drücken sehr sorgfältig auszulegen. Am besten werden Diffusoren verwendet, die der Hersteller an den Ventilator angepasst hat. Es gibt viele Empfehlungen in der Literatur, wie man das Problem der fehlenden Diffusorlänge lösen kann. Speziell vor sogenannten Multidiffusoren sei gewarnt, weil sie zu pendelndem Abreißen neigen. Die Ablösung springt dabei von einem zum anderen Teildiffusor.

G1.5
Querstromventilatoren

G1.5.1
Bauform

Ein sehr spezieller Ventilator, der eher einem Radialventilator ähnelt, aber im bisherigen Schema nicht eingeordnet werden kann, ist der Querstromventilator. Es ist ein Ventilator von leichter Bauart, der vor allem wegen seines geräuscharmen Laufs und seiner einfachen Bauweise oft in Nutzernähe, z. B. in Klimakonvektoren hinter Brüstungsverkleidungen, eingesetzt wird. Die Bild G1-42 zeigt die Durchströmung des Laufrades in einem Schnitt dargestellt. Das Laufrad ist zylinderförmig gestaltet und trägt eine große Anzahl von vorwärts gekrümmten Schaufeln, ähnlich wie ein Trommelläufer. Das Laufrad ist aber viel breiter. Die Besonderheit der Strömung ist, dass sie von außen radial in das Laufrad eintritt und es wieder radial nach außen verlässt, es also zweimal durchströmt. Durch den radialen Ein- und Austritt lassen sich verhältnismäßig breite Laufräder bauen, die einen entsprechend breiten Luftstrahl erzeugen, was speziell bei Klimakonvektoren, aber auch bei Luftschleieranlagen oft erwünscht ist. Auf die Theorie wird bei Eck [G1-8] detailliert eingegangen. Die Ventilatoren erreichen hohe Druckzahlen und Wirkungsgrade ähnlich wie Trommelläufer bis ungefähr 55%.

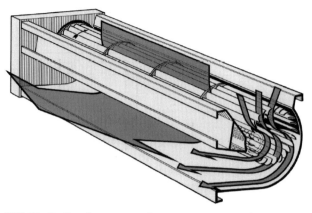

Bild G1-42 Durchströmung eines Querstromventilators

Bild G1-43 Querstromventilator mit Antriebsmotor

Bei den dimensionslosen Kennlinien wird anders als bei den Radial- und Axialventilatoren nicht die Querschnittsfläche des Laufrades in Axialrichtung, sondern die in radialer Richtung, also das Produkt aus Außendurchmesser und Laufradbreite verwendet.

Bild G1-43 zeigt einen Querstromventilator mit Antriebsmotor.

G1.6
Anschluss des Ventilators an das Kanalsystem

Häufig gibt es Probleme, bei der Betrachtung der statischen und dynamischen Drücke bei einem Ventilator, wenn er in verschiedenen Einbausituationen vorkommt. Die Probleme treten nicht auf, wenn die Gesamtdruckdifferenz betrachtet wird, die ein Ventilator erzeugt. Zur Erklärung soll hier nur ein Fall der vier denkbaren Fälle dargestellt werden. Je nach Einbausituation gibt es 4 verschiedene Fälle:

G1 Ventilatoren

Einbausituation	Anlage	
	saugseitig	druckseitig
1	Kammer	Kammer
2	Kanal	Kammer
3	Kanal	Kanal
4	Kammer	Kanal

Bei RLT-Anlagen treten am häufigsten die Fälle 1, 2 und 4 auf. Das ist damit zu erklären, dass die meisten Anlagen aus einem Luftverteilsystem und einem Klimagerät bestehen. Innerhalb des Klimagerätes saugt der Ventilator die Luft häufig aus einer Kammer an und bläst sie in eine Kammer aus (Fall 1).

Der Zusammenhang der statischen, dynamischen und totalen Druckverläufe im Ventilator-Leitungs-System bei verschiedenen Ventilatoreinbausituationen wird ausführlich bei Eck [G1-8] oder Lexis [G1-15] erklärt. Hier soll auf Bild G1-44 nur der Fall 3 stellvertretend für alle gezeigt werden.

Der Außenluftkanal saugt über eine Einlaufdüse die Luft an. Dabei entstehen anders als bei den meisten Ansauggittern fast keine Verluste. Die Luft wird aber von der Geschwindigkeit null weit entfernt vom Einlass auf die Luftgeschwindigkeit in der Leitung beschleunigt. Dabei wird statischer Druck in dynamischen umgewandelt. Der Gesamtdruck p_{tot} als Differenz gegenüber der Umgebung ist am Kanalanfang null. Er nimmt langsam in Strömungsrichtung ab, weil in der Leitung Reibungsverluste auftreten. Etwa in Rohrmitte ist symbolisch für einen Strömungswiderstand eine Klappe dargestellt. Sie drosselt die Strömung, was sich in einem Gesamtdruckabfall äußert. Der statische Druck p_{stat1} in der Leitung verläuft unter dem Gesamtdruck. Der Gesamtdruck ist um den dynamischen Druck p_{dyn1} kleiner. An einer Wandbohrung am Kanal wird der statische Druck gegenüber der Umgebung gemessen. Der exakte Verlauf des dynamischen Druckes in der Klappe ist hier nicht dargestellt. Er ist unter-

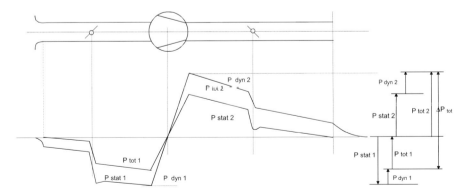

Bild G1-44 Druckverlauf bei saug- und druckseitig angeschlossenem Ventilator

schiedlich in den verschiedenen Strömungsquerschnitten. Bis zum Ventilator nimmt der Gesamtdruck weiter ab durch die Reibungsverluste in der Leitung.

Beim Eintritt in den Ventilator findet keine Beschleunigung mehr statt, weil hier angenommen wird, dass der Leitungsquerschnitt gleich groß ist wie die Ansaugöffnung des Ventilators. Im Ventilator steigt der Gesamtdruck um Δp_{tot} und p_{tot2} liegt am Austritt um p_{dyn2} über dem statischen Druck, den man an einer Wandbohrung messen würde. Statischer und dynamischer Druck haben jetzt das gleiche Vorzeichen. Der Ventilator bläst die Luft in eine Luftleitung, die den gleichen Querschnitt hat wie der Ventilatoraustritt. Dadurch geht der dynamische Druck hier nicht verloren. Die Drossel führt wieder zu einem Gesamtdruckabfall. Am Ende der Leitung ist der statische Druck p_{stat2} null, der Gesamtdruck besteht nur noch aus dem dynamischen Druck p_{dyn2} der Strömung, der mit dem Geschwindigkeitsabbau des Freistrahles, wenn er aus dem Rohr ausgetreten ist, verloren geht. Die Gesamtdruckerhöhung Δp_{tot} des Ventilators ist die Differenz aus dem Gesamtdruck hinter und vor dem Ventilator, wobei letzterer negativ ist. Würde der Ventilator frei ansaugen, ergäbe sich ähnlich wie beim Leitungsanfang eine Beschleunigung, bei der sich nur der statische Druck, nicht der Gesamtdruck ändert. Würde der Ventilator frei ausblasen, dann würde der dynamische Druck wie hier am Leitungsende verloren gehen.

Um die Gesamtdruckerhöhung eines Ventilators zu bestimmen, muss der dynamische Druck am Ventilatoraustrittsstutzen festgestellt und zu der statischen Gesamtdruckdifferenz zugerechnet werden. Wenn die dynamischen Drücke am Ein- und Austritt des Ventilators gleich sind, ist die Gesamtdruckerhöhung auch gleich groß wie die Differenz der statischen Drücke. Die Angaben in den Kennlinien von Ventilatoren bedeuten immer Gesamtdruck, wenn nicht ausdrücklich vom statischen Druck gesprochen wird.

G1.7
Auswahl von Ventilatoren und Antrieben

Als eine Methode der Auswahl von geeigneten Ventilatoren können die dimensionslosen Kennzahlen dienen. Die geeigneten Ventilatortypen und -baugrößen können abhängig von Durchmesser- und spezifischer Drehzahl im Cordier-Diagramm (siehe Abb. G1-8) ausgewählt werden. So wird beim Entwurf ganzer Ventilatorprogramme vorgegangen.

Anders ist das beim Entwurf von RLT-Anlagen und der Auswahl einzelner Ventilatoren. Hier werden die vom Hersteller erstellten Diagramme verwendet, die neben Volumenstrom, Druck, Wirkungsgrad und Schallleistung alle erforderlichen Daten, vor allem auch die Abmessungen und die Preise enthalten.

Unter den gegebenen Bedingungen ist der Ventilator mit dem günstigsten Preis-Leistungsverhältnis zu suchen. Und hier besteht bereits ein Dilemma. Denn es gibt verschiedene Standpunkte für das Preisleistungsverhältnis. Ein

Investor betrachtet im wesentlichen nur die Investitionskosten. Ein Nutzer betrachtet auch die Betriebskosten. Zu empfehlen ist eine Kalkulation, bei der die Investition und die Kosten während des gesamten Lebenslaufs einer Anlage betrachtet werden. Mindestens sollten die Summe aus Investitions- und die Betriebskosten über eine bestimmte Zeit, etwa 8 oder 12 Jahre optimiert werden. Da die Betriebskosten, die ein Ventilator im Laufe seiner gesamten Betriebszeit verursacht, das Vielfache seines Preises betragen können, ist der teuere Ventilator häufig der wirtschaftlichere. Mehr zum Thema Wirtschaftlichkeit ist in Band 1, M zu finden.

Ein gutes Preisleistungsverhältnis setzt einerseits einen hohen Wirkungsgrad, andererseits eine einfache Konstruktion voraus, die möglichst wenig Raum in Anspruch nimmt. Ein typisches Beispiel waren Optimierungsbemühungen, die von der Oberpostdirektion in den 80er Jahren in Deutschland ausgeschrieben wurden. Es wurde für eine Auswahl kompletter Klimageräte mit relativ geringen Außenabmessungen die Aufgabe vorgegeben, die Investitions- und Betriebskosten für ein festgelegtes Zeitprogramm für eine Dauer von 8 Jahren zu minimieren. Es lagen fest: der Volumenstrom, die äußere Gesamtdruckerhöhung, die kalorischen Leistungen. Unter den Bedingungen der vorgegebenen Abmessungen ergab sich der frei laufende Ventilator als eine sehr günstige Lösung, obwohl sein Wirkungsgrad schlechter ist als der eines Radialventilators mit Gehäuse. Weil er weniger Volumen einnahm, konnten andere Strömungsquerschnitte vergrößert werden, und die Leistungsaufnahme des Gesamtgerätes verringerte sich. Für größere relative Abmessungen wäre das Ergebnis anders ausgefallen. Das wird bestätigt von Anschütz [G1-2], wonach frei laufende Räder unter begrenzten Einbaubedingungen gleichwertig oder besser als Ventilatoren mit Gehäuse sein können, unter normalen Bedingungen sind sie im Wirkungsgrad schlechter. Man sieht daran, dass der Ventilator nicht allein betrachtet werden darf. Bei allen Angaben ist außerdem auf die Genauigkeitsklasse der Angaben zu achten, wie die folgende Tabelle G1-13 verdeutlicht. Bei Genauigkeitsklasse 1 kann die maximale Abweichung des angegebenen vom richtigen Wert 8%, bei Genauigkeitsklasse 3 schon 40% betragen!

Tabelle G1-13 Toleranzen in Abhängigkeit von der Genauigkeitsklasse

Genauigkeitsklasse nach DIN 24 166	1	2	3
Volumenstrom $\dot{V}$	±2,5%	±5%	±10%
Totaldruckerhöhung Δp_t	±2,5%	±5%	±10%
Wellenleistung P_w	±3%	±8%	±16%
Wirkungsgrad	−2%	−5%	−
Schallwerte L_w, $\bar{L}_p$	+3 dB	+4 dB	+6 dB
Maximale Abweichung $\dot{V} \cdot \Delta p_t / P_w$	8%	19%	40%

G1.7.1
Spezifische Ventilatorleistung

Gleichung G1-4 gibt eine Möglichkeit, nicht nur den Ventilator, sondern die gesamte Anlage zu beurteilen. Wenn man annimmt, dass der Volumenstrom, den eine Anlage erfordert, festliegt, was durchaus auch das Ergebnis einer Optimierung sein sollte, dann kann man die aufzubringende elektrische Leistung auf den geförderten Volumenstrom beziehen und es ergibt sich die spezifische Leistung P_{SFP} [2]

$$P_{sfp} = \frac{P_L}{\dot{V}} = \frac{\Delta p_t}{\eta_L} = \text{SFP} \tag{G1-37}$$

Die spezifische Leistung P_{SFP} enthält im Zähler die Gesamtdruckdifferenz Δp_t als ein Maß für die Qualität der Anlage, wobei ein geringerer Druckverlust die bessere Anlage kennzeichnet. Eine gut dimensionierte Anlage erfordert eine kleine Druckdifferenz. Im Nenner steht der Wirkungsgrad η_g als ein Maß für die Qualität des Ventilators mit seiner kompletten Antriebstechnik. Das heißt er beinhaltet den Wirkungsgrad von Ventilator, Motor, Leistungsübertragung durch Riemen, Getriebe oder direkten Anschluss, Frequenz- oder Spannungswandler.

$$\eta_g = \eta_V \cdot \eta_M \cdot \eta_A \cdot \eta_T \cdot \eta_F \tag{G1-38}$$

Indizes:
mit V – Ventilator
$\quad M$ – Motor
$\quad A$ – Antrieb
$\quad T$ – Transformator
$\quad F$ – Frequenzumrichter
$\quad \eta_g$ – sollte möglichst nahe bei 1 liegen.

Diese Idee der Beurteilung ist inzwischen in das Normenwerk eingezogen, z. B in DIN EN 13779. Es werden Klassen für die spezifische Leistung SFP einer Anlage vorgegeben. Vereinfachend wird für die Gesamtanlage ein gemeinsamer Wert für Zu- und Abluft gebildet:

$$SFP = 2 \cdot \frac{P_{ZUL} + P_{ABL}}{\dot{V}_{ZUL} + \dot{V}_{ABL}} \quad \text{in W/(m}^3\text{/s)} \tag{G1-39}$$

mit SFP $\quad$ – spezifische Ventilatorleistung
$\quad P_{ZUL}, P_{ABL}$ – aufgenommene elektrische Motorleistung der Ventilatoren für den Zu- und Abluftvolumenstrom
$\quad \dot{V}_{ZUL}$ $\quad$ – Zuluftvolumenstrom
$\quad \dot{V}_{ABL}$ $\quad$ – Abluftvolumenstrom

---

[2] SFP heißt specific fan power

Tabelle G1-14 Kategorien für die spezifische Ventilatorleistung

Kategorie von SFP	SFP in W/(m³/s)
1	< 1000
2	1000 bis 1500
3	1500 bis 2500
4	2500 bis 4000
5	> 4000

Die Vereinfachung setzt allerdings voraus, dass Zu- und Abluftvolumenstrom ungefähr gleich groß sind. DIN EN 13779 gibt Kategorien für SFP an, die in Tabelle G1-14 wiedergegeben werden.

Bei Anlagen mit weiteren zusätzlichen Ventilatoren im Verteilsystem werden alle Ventilatoren einbezogen.

Bei Anlagen mit variablem Volumenstrom sollte die spezifische Leistung über ein Betriebsjahr gemittelt werden.

Welche Kategorie sinnvollerweise gewählt werden sollte, hangt damit auch von der Betriebsstundenzahl der Anlage ab. Für Anlagen mit wenigen Betriebsstunden kann eine schlechtere Kategorie wirtschaftlicher sein als eine gute.

Nach Jagemar [G1-12] sollte die spezifische Ventilatorleistung SFPI für jeden Ventilator mit Antrieb individuell ermittelt werden. Wenn $SFPI > 1000$ ist, empfiehlt er, den Ventilator mit Antrieb zu verbessern.

G1.7.2
Ventilatorantriebe

In den vorangegangenen Abschnitten wurde weitgehend nur auf die Wirkungsgrade der verschiedenen Ventilatoren eingegangen. Wenn die spezifische Leistung betrachtet wird, muss auch auf die Wirkungsgrade der Antriebe eingegangen werden.

Wie in Abschn. G2.1 beschrieben, ergibt sich der Gesamtwirkungsgrad aus dem Produkt der Einzelwirkungsgrade des gesamten Leistungsflusses. Er setzt sich aus den folgenden 2 bis 5 Stufen bei ungeregelten und geregelten Antrieben zusammen:

Stufe	
1	Ventilator
2	Motor
3	Drehzahl: ungeregelt / geregelt
4	Drehzahlregelung: Frequenz / Spannung / EC
5	Riemenart: Flach- / Keilriemen

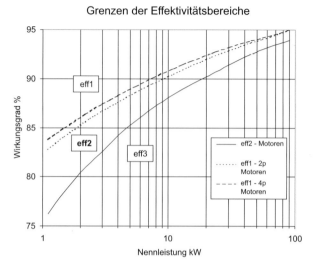

Bild G1-45 Grenzen der Effizienzklassen nach [G1-9]

Zunächst gibt es je nach Motorart eine Abhängigkeit des Wirkungsgrades von der Nennleistung der Motoren. In Abstimmung mit der Europäischen Kommission hat die Vereinigung C.E.M.E.P. (European association of manufacturers and the European regulating body) [G1-9] 1999 eine Klassifizierung der Wirkungsgrade von Niederspannungsdrehstrommotoren in 3 Klassen vorgenommen, um die Qualität eines Motors schnell erkennbar zu machen. Bild G1-45 zeigt die Grenzen der Klassen. Alle Motoren unterhalb der unteren Grenzlinien gehören der Klasse eff3 an, alle oberhalb der oberen der Klasse eff1. Dabei gibt es für die obere Grenze eine Kurve für 4-polige und eine für 2-polige Motoren.

Ähnlich wie bei Ventilatoren variieren die Wirkungsgrade der Motoren auch im Teillastbereich. Es ist schwierig, darüber genaue allgemeingültige Angaben zu finden. Sie sind im Einzelfall beim Hersteller anzufragen. Der Verlauf lässt sich aber mindestens qualitativ aus Bild G1-46 ablesen, der dort für zwei Motor-

Bild G1-46 Teillastverhalten eines Asynchronmotors (4-polig, eff 2)

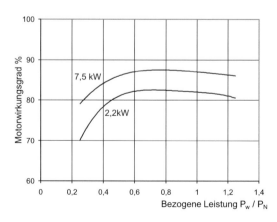

leistungen beispielhaft für 4-polige Asynchronmotoren der Effizienzklasse eff2 angegeben ist.

Die Motoren sind üblicherweise so ausgelegt, dass sie bei 70 bis 80% der Nennleistung die höchsten Werte erreichen, weil von entsprechender Überdimensionierung ausgegangen wird. Ab 50% der Nennleistung sinken die Wirkungsgrade stark ab. Unter 25% der Nennleistung verlaufen sie fast linear zum Nullpunkt. Es soll nur kurz erwähnt werden, dass sich auch der Leistungsfaktor cos φ im Teillastbereich stark ändert, was zusätzlich zu berücksichtigen ist.

Die meisten Radialventilatoren werden mit Riementrieben angetrieben. Das hat räumliche Gründe und den Vorteil einer leichteren späteren Leistungsanpassung. Dazu wurden bisher am häufigsten Keilriemen verwendet, die aber vor allem im kleinen Leistungsbereich niedrige Wirkungsgrade haben (Anschütz

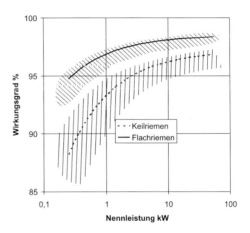

Bild G1-47 Wirkungsgrade als Funktion der Nennleistung für Keilriemen und Flachriemen

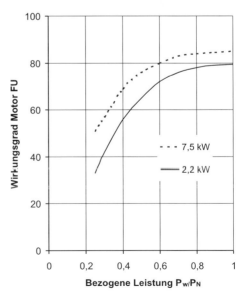

Bild G1-48 Wirkungsgrade im Teillastbereich für zwei Motorleistungen bei Regelung mit Frequenzumrichter (Motoren eff2) nach Anschütz [G1-3]

Bild G1-49 Ventilator mit Außenläufer Asynchronmotor

[G1-3], Jagemar [G1-12]). Bild G1-47 zeigt den Wirkungsgradverlauf als Funktion der Nennleistung für Keilriemen und Flachriemen. Man kann auch hier nur die Tendenz entnehmen. Der Hauptgrund für die Unterschiede ist die zu leistende Verformungsarbeit, die bei den höheren Keilriemen größer als bei Flachriemen ist. Es spielen aber noch weitere Einflüsse eine Rolle, wie Riemenspannung, Drehzahl, Qualität der Ausrichtung und Ähnliches.

Bild G1-50 Außenläufermotor mit Kommutierungselektronik (EC-Motor)

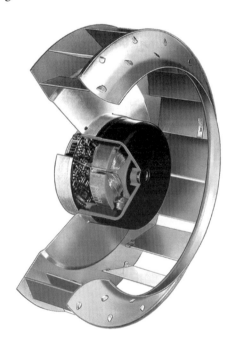

G1 Ventilatoren

Auch bei Frequenzumrichtern gibt es eine Abhängigkeit des Wirkungsgrads von der Last. Beispielhaft zeigt Bild G1-48 nach Anschütz [G1-3] für zwei Motorenleistungen mit Motoren der Klasse eff2 den Wirkungsgradverlauf für die Kombination Motor-Frequenzumrichter.

Asynchronmotoren werden auch als sogenannte Außenläufermotoren direkt in die Ventilatorlaufräder integriert (s. Bild G1-49).

Eine andere Entwicklung stellen die elektronisch kommutierten Motoren, die so genannten EC-Motoren, dar. Bei ihnen enthält der Rotor keine Leiter wie bei Asynchronmotoren, sondern Permanentmagnete. Ströme in der Statorwicklung erzeugen mit dem Permanentmagnetenfeld ein Drehmoment am Rotor. Mit Hilfe einer Kommutierungselektronik wird der Strom so eingestellt, dass die gewünschte Drehzahl erzielt wird. Im Leistungsbereich bis ca. 4 (6) kW erreichen diese Antriebe zur Zeit die besten Wirkungsgrade.

Bild G1-51 [G1-3] zeigt Wirkungsgrade zum Vergleich für einen Außenläufermotor mit Frequenzregelung (mittlere Kurve), für den EC-Motor in einem Laufrad (obere Kurve) und für den spannungsgeregelten Asynchronmotor (untere Kurve). Bei großen Leistungen werden mit frequenzgeregelten (FU) direktgetriebenen Ventilatoren gute Wirkungsgrade erreicht.

Die frei laufenden Ventilatoren schneiden vor allem bei höheren Leistungen erheblich schlechter ab. In Tabelle G1-15 ist noch einmal ein Vergleich verschiedener Ventilatoren und Antriebe dargestellt [G1-3]. Die fett gedruckten Zahlen stellen die Ergebnisse für die einzelnen Kombinationen dar.

Dabei wird ausgegangen von den sogenannten statischen Wirkungsgraden, die man bei Vergleichen bevorzugt einsetzen sollte, weil der dynamische Druck bei frei ausblasenden Ventilatoren häufig nicht zurückgewonnen werden kann.

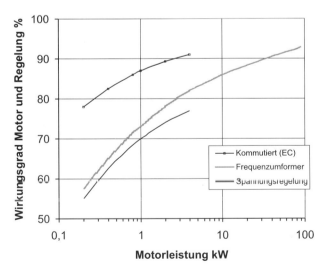

Bild G1-51 Wirkungsgrade von EC-Motoren und Asynchronmotor mit Drehzahl- und Spannungsregelung [G1-3]

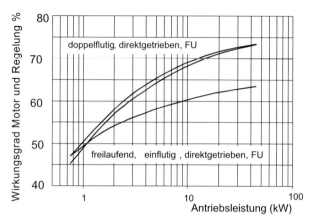

Bild G1-52 Wirkungsgrade frei laufender und doppelflutiger Radialventilatoren

Es wird ein Ventilator mit rückwärtsgekrümmten Schaufeln mit Gehäuse, ohne Gehäuse, direkt getrieben und mit Riementrieb angesetzt. Die Daten für die Wirkungsgrade können aus den Diagrammen G1-47 bis 48 entnommen werden. Es wurde ein Motor mit einer Leistung von 2 kW der Effizienzklasse eff2 (Diagramm auf Bild G1-45) angenommen. In ähnlicher Weise lassen sich die Wirkungsgrade für andere Leistungen und Antriebskombinationen abschätzen.

Die Vergleiche wurden für den Bestpunkt durchgeführt. Im Teillastbereich sind die Werte niedriger (Bild G1-53). Man erkennt, dass der direkt getriebene Ventilator mit Gehäuse am besten abschneidet. Es zeigt sich auch, dass die Wirkungsgrade leider noch dichter bei 50 als bei 100% liegen.

In Abhängigkeit von der Betriebsart und der jährlichen Laufzeit des Ventilators müssen weitere charakteristische Eigenschaften, wie Schallleistung, Regelfähigkeit, geometrische Abmessungen Berücksichtigung finden. Die Baugröße des Ventilators sowie die Einbaubedingungen, die saug- und druckseitigen Anschlüsse haben außerdem einen wesentlichen Einfluss auf das Auswahlergebnis.

Tabelle G1-15 Gesamtwirkungsgrade in % von Ventilatoren mit Motor und Antrieb

		Ventilator		
		mit Gehäuse		ohne Gehäuse
		Riementrieb	direkter Antrieb	
Ventilator (statisch)	76		76	70
* Motor eff2	81		62	57
*Frequenzumformer	97	60	**60**	55
*Keilriemen	95	57	–	–
*Flachriemen	97	58	–	–

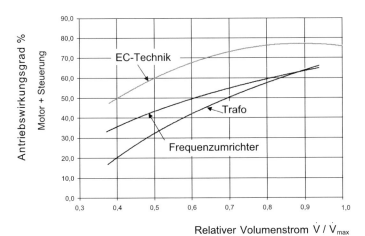

Bild G1-53 Antriebswirkungsgrade für Motor und Steuerung im Teillastbereich

Albig [G1-1] gibt Vergleiche der Wirkungsgrade und der Investitionskosten bezogen auf den Asynchronmotor mit extern angebrachtem Frequenzumrichter für verschiedene Kombinationen von Motoren und Regelungsarten an.

Wie man in Tabelle G1-16 erkennt, spielen mehrere Faktoren eine Rolle. Die Motorqualität, sowohl beim Asynchronmotor wie beim EC-Motor, ob die Regelung im Antrieb integriert ist oder nicht und ob einzelne oder mehrere Ventilatoren parallel betrieben werden sollen. Bei geringer Laufzeit der Anlage wird der spannungsgeregelte Asynchronmotor empfohlen, bei Laufzeiten von mehr als 8000 h im Jahr wird EC-Technik bei Leistungen bis 3 kW vorgeschlagen und bei größeren Leistung Asynchronmotor mit Frequenzumwandler. Zu dem Thema gibt es eine VDI-Richtlinie VDI 6014 [G1-19].

Tabelle G1-16 Vergleiche der Wirkungsgrade und Kosten

Kombination	Wirkungsgrad in %	Kosten in % bezogen auf Zeile 2	
		Einzelventilator	4 parallele Ventilatoren
Spannungsgesteuerter eff2 Asynchronmotor	75–77	75	60
Asynchronmotor eff2 mit FU extern	80–85	100	100
Asynchronmotor eff2 mit FU integriert		90	120
Asynchronmotor eff1 mit FU extern	85–86	110	110
EC-Motor mit Hartferrit-Magneten, Controller integriert	88–90	100	130
EC-Motor mit Neodym-Eisen-Bor-Magneten, Regler integriert	90–92	110	140

Literatur

[G1-1] Albig, J.: Verschiedene Verfahren der Drehzahlveränderung von Ventilatoren mit einer Betrachtung möglicher Anwendungsfälle, VDI-Bericht 1922 (2006)
[G1-2] Anschütz, J.; St. Härtel: Ventilatoreinsatz in Geräten – mit oder ohne Spiralgehäuse HLH 8/96
[G1-3] Anschütz, J.: Antriebskonzepte und Systemwirkungsgrade von Radialventilatoren, Vortrag Gesundheitstechnische Gesellschaft Berlin am 27.4.2006, GG-Nachrichten Mai 2006, 57 Jahrg. Nr. 5 und VDI-Berichte 1922 (2006)
[G1-4] Bommes, L. et al: Ventilatoren, Vulkan Verlag (2002)
[G1-5] Carolus, Th.; K. O. Felsch: Der Einfluß des dynamischen Verhaltens der Gebläsekennlinie auf Pumpgrenze und Pumpstärke einer Lufttechnischen Anlage VDI-Berichte Nr. 487, (1983)
[G1-6] DIN EN 13779: „Allgemeine Grundlagen und Anforderungen an Lüftungs- und Klimaanlagen" Beuth Verlag (2005/05)
[G1-7] Carolus, Th.: Ventilatoren, Teubner (2003)
[G1-8] Eck, Bruno: Ventilatoren, Springer-Verlag Berlin, Heidelberg, New York (1972, 2002)
[G1-9] Europäische Datenbank für Energieeffiziente Motoren: EuroDEEM
[G1-10] Hönmann, Winfried.: Zum Problem der optimalen Laufradbreite bei Radialventilatoren, HLH 1961 Seite 162
[G1-11] Hönmann, Winfried.: Untersuchung der Grenzschichtablösung im Saugraum eines Radialventilators, Dissertation TU Berlin (1961)
[G1-12] Jagemar, L.: Kapitel 8 in, in Nilsson P. E. (ed.) Achieving the Desired Indoor Climate, Studentlitteratur, Nayarana Press, Denmark 2003 (1996)
[G1-13] Jung, U.: Ventilatoren-Fibel, Turbo-Lufttechnik GmbH, Promotor-Verlag Karlsruhe (1999)
[G1-14] Leidel, Wolfgang.: Einfluß von Zungenabstand und Zungenradius auf Kennlinie und Geräusch eines Radialventilators, Deutsche Versuchsanstalt für Luft- und Raumfahrt, März 1969, DLR FB 69-16
[G1-15] Lexis, Josef: Ventilatoren in der Praxis, Gentner Verlag Stuttgart, (1983)
[G1-16] Schreck, Carlwalter: Grundlagen der hydrodynamischen Maschinen, Habilitationsschrift TU Berlin D 83 (1961)
[G1-17] Schlender, F.; Klingenberg, G.: Ventilatoren im Einsatz, Anwendung in Geräten und Anlagen, Springer, Berlin (1996)
[G1-18] Spareventilator http://www.spareventilator.dk/ventilator_radial.asp (2006)
[G1-19] VDI 6014: Energieeinsparung durch Einsatz drehzahlveränderbarer Antriebe der Technischen Gebäudeausrüstung.
[G1-20] DIN 24 166: Ventilatoren, Technische Lieferbedingungen, Beuth Verlag (1989/01)
[G1-21] Siepert, H.: Optimaler Radeinlauf von Radialventilatoren, HLH Bd. 53, Nr. 5 S. 36–38 (2002)

G2
Lufterwärmer [3]

G2.1
Einleitung

Dieses Kapitel wendet sich wie das ganze Buch an den ausführenden Ingenieur, der üblicherweise den Wärmeaustauscher nicht von Grund auf selbst neu berechnet. Deshalb sollen hier nur die Zusammenhänge soweit dargestellt werden, wie sie für die Anwendung von Auslegungsunterlagen nötig sind.

In Band 1 G1.4.13 wird der Wärmedurchgang durch feste Wände mit Gl. G1-137 beschrieben. Sie gilt für den Wärmestrom $\dot{Q}$ durch die Rohrwand eines Wärmeaustauschers, wenn der örtliche Temperaturabstand zwischen den Stoffströmen $\Delta\vartheta$ durch einen mittleren im gesamten Wärmeaustauscher wirkenden $\Delta\vartheta_m$ ersetzt wird:

$$\dot{Q} = k \cdot A \cdot \Delta\vartheta_m \tag{G2-1}$$

mit k – Wärmedurchgangskoeffizient (Näheres s. Kap. G2.2)
  A – Wärmeaustauschfläche (Näheres s. Kap. G2.2)
  $k \cdot A$ – Wärmeleistungsvermögen (früher spezifische Wärmeleistung)

Die Gleichung kann umgeformt werden zu:

$$\Delta\vartheta_m = \frac{1}{k \cdot A} \cdot \dot{Q} \tag{G2-2}$$

und ist damit dem Ohm'schen Gesetz $U = R \cdot I$ analog. Der Kehrwert des Wärmeleistungsvermögens $1/kA$ ist als flächenbezogener Wärmedurchgangswiderstand aufzufassen; er ist die Summe der einzelnen (flächenbezogenen) Wärmeübergangs- und Wärmeleitwiderstände:

$$\frac{1}{k \cdot A} = \frac{1}{\alpha_1 \cdot A_1} + \frac{1}{\alpha_2 \cdot A_2} + \sum_j \frac{s_j}{\lambda_j \cdot A_m} \tag{G2-3}$$

mit $1/\alpha_1 A_1$ – flächenbezogener Wärmeübergangswiderstand auf der warmen Seite,
  $1/\alpha_2 A_2$ – flächenbezogener Wärmeübergangswiderstand auf der kalten Seite,
  $\Sigma s_j/(\lambda_j A_m)$ – Summe der auf eine mittlere Fläche A_m bezogenen Wärmeleitwiderstände,
  $\alpha_{1/2}$ – Wärmeübergangskoeffizienten
  λ_j – Wärmeleitkoeffizient der Wandschicht j

---

[3] Ich danke Prof. Heinz Bach für Anregungen und seinen Beitrag zu diesem Abschnitt.

Man kann zeigen, dass eine Änderung beim jeweils größten Widerstand den größten Effekt auf den Wärmedurchgangswiderstand hat. Die größten Unterschiede können die den Stoffströmen zugewandten Seiten aufweisen. So liegen die Wärmeübergangskoeffizienten α bei Wasser, kondensierendem Dampf und anderen ähnlichen Fluiden bei 3000 W/(m^{2}K) und darüber, bei Luft im Bereich von 30 bis 70 W/(m^{2}K). Es lohnt sich daher, auf der Luftseite die Wärmeaustauschfläche gegenüber der auf der Wasserseite zu vergrößern, zum Beispiel durch Rippen.

Aus einem Größenvergleich der Widerstände ist eine Einteilung der Wärmeaustauscherarten abzuleiten:

- Bei Luft/Wasser-Wärmetauschern ist $\dfrac{1}{\alpha_1 \cdot A_1} \gg \dfrac{1}{\alpha_2 \cdot A_2}$ oder umgekehrt und $\dfrac{1}{\alpha_2 \cdot A_2} > \sum_j \dfrac{s_j}{\lambda_j \cdot A_m}$. In diese Gruppe gehören Lufterwärmer (siehe unten) und Luftkühler (s. Kap. G3). Sie sind generell auf der Luftseite berippt (Plattenwärmetauscher können gegenüber Rippenrohren im Strömungsverhalten Vorteile gegenüber Rippenrohrbündeln aufweisen [G2-1], fanden aber bisher keine Einführung).

- Bei Luft/Luft-Wärmetauschern ist $\dfrac{1}{\alpha_1 \cdot A_1} \approx \dfrac{1}{\alpha_2 \cdot A_2}$ und $\dfrac{1}{\alpha_2 \cdot A_2} \gg \sum_j \dfrac{s_j}{\lambda_j \cdot A_m}$. Diese Bedingungen gelten für Wärmerückgewinner (s. Kap. G4). Beide Seiten sind gleich ausgeführt, meist unberippt.

- Bei Wasser/Wasser-Wärmetauschern ist ebenfalls $\dfrac{1}{\alpha_1 \cdot A_1} \approx \dfrac{1}{\alpha_2 \cdot A_2}$ aber $\dfrac{1}{\alpha_1 \cdot A_1} \approx \sum_j \dfrac{s_j}{\lambda_j \cdot A_m}$. Bei ihnen ist auf beiden Seiten der flächenbezogene Wärmeübergangswiderstand klein, etwa so wie der Wärmeleitwiderstand. Im Unterschied zu den beiden erstgenannten Arten lohnt es sich hier, gut wärmeleitendes Rohrmaterial (z. B. Kupfer) zu verwenden. Wasser/Wasser-Wärmeaustauscher werden in Band 3, Abschn. 3.2.2 ausführlich behandelt.

Thema dieses Kapitels sind Lufterwärmer in RLT-Anlagen. Eine Prinzipskizze des Aufbaus zeigt Bild G2-1. Im Unterschied zu den vielfältigen Wärmeaustauschern z. B. in der Verfahrenstechnik sind sie für nur eine Stoffpaarung und einen sehr engen Temperaturbereich (s. Kap. G2.4) konzipiert. Die Gestaltung und Dimensionierung der Lufterwärmer muss daher nicht so allgemein angelegt sein, wie es beispielsweise der VDI-Wärmeatlas [G2-2] in seiner überaus detaillierten Darstellung der Theorie vorgibt.

G2 Lufterwärmer

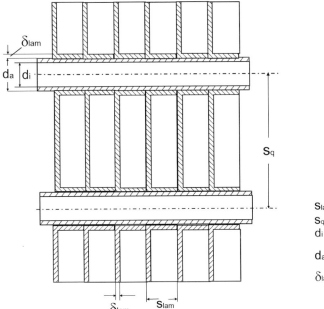

S_{lam} Lamellenteilung
S_q Rohrabstand
d_i Rohrdurchmesser innen
d_a Rohrdurchmesser außen
δ_{lam} Lamellendicke

Bild G2-1 Prinzipskizze der Rohre und Lamellen

G2.2
Wärmeleistungsvermögen k·A

Das Wärmeleistungsvermögen, also das Produkt aus Wärmedurchgangskoeffizient k und Wärmeaustauschfläche A, ist der durch Gestaltung und Dimensionierung des Wärmeaustauschers beeinflussbare Term in der Gleichung G2-1. Die Fläche A ist bei einer bestimmten Wärmeaustauschergröße grundsätzlich frei wählbar – sie kann z. B. bei Rippenrohren für die Innen- oder Außenseite der Rohre gelten, aber auch die Gesamtoberfläche der Rippen darstellen. Der Wärmedurchgangskoeffizient k gilt für die jeweils gewählte Fläche.

Bei den generell aus Rippenrohren zusammengesetzten Lufterwärmern (Bauformen siehe unten) wird immer die Gesamtaußenoberfläche, also hier A_2, als Wärmeaustauschfläche A verwendet. Die komplexen Vorgänge des Wärmeübergangs an den Rippen und der Wärmeleitung in ihnen wird nach einem Vorschlag von *E. Schmidt* [G2-3] durch einen sogenannten fiktiven oder scheinbaren Wärmedurchgangskoeffizienten $\alpha = \alpha_2$ zusammengefasst. Bei dem hierzu eingeführten (und von Th.E. Schmidt [G2-4] weiterentwickelten) physikalischen Modell ist zunächst zwischen dem jeweils gleich verteilten Wärmeübergang an der Rippe (Index R) und am – zwischen den Rippen freigelassenen – Grundkörper, dem Rohr, (Index G) zu unterscheiden. Wenn die mittlere Temperatur der

Rippe ϑ_R ist und in ihrer Umgebung die Lufttemperatur ϑ_2 herrscht, nimmt sie den Wärmestrom

$$\dot{Q}_R = \alpha_R \cdot A_R \cdot (\vartheta_2 - \vartheta_R) \tag{G2-4}$$

auf. Der Wärmestrom zum Grundkörper ist:

$$\dot{Q}_G = \alpha_G \cdot A_G \cdot (\vartheta_2 - \vartheta_G) \tag{G2-5}$$

Für den Wärmeübergang an der berippten Seite gilt insgesamt:

$$\dot{Q} = \dot{Q}_R + \dot{Q}_G = \alpha \cdot A \cdot (\vartheta_2 - \vartheta_G) \tag{G2-6}$$

mit $A = A_R + A_G$. Aus dieser Gleichung folgt:

$$\alpha = \alpha_R \cdot \left[\frac{A_R}{A} \cdot \frac{\vartheta_2 - \vartheta_R}{\vartheta_2 - \vartheta_G} + \frac{\alpha_G}{\alpha_R} \cdot \frac{A_G}{A} \right] \tag{G2-7}$$

Da $A_G \ll A_R < A$ und somit $A_G/A \ll 1$, entsteht nur ein vernachlässigbarer Fehler, wenn $\alpha_G \approx \alpha_R$ gesetzt wird. Das Verhältnis der Temperaturabstände im Klammerausdruck der Gleichung (G2-7) wird als Rippenwirkungsgrad η_R definiert:

$$\eta_R = \frac{\vartheta_2 - \vartheta_R}{\vartheta_2 - \vartheta_G} \tag{G2-8}$$

Damit erhält Gleichung (G2-7) die Form:

$$\alpha \approx \alpha_R \cdot \left[\frac{A_R}{A} \cdot \eta_R + \frac{A - A_R}{A} \right] \text{ oder}$$

$$\alpha_2 = \alpha \approx \alpha_R \cdot \left[1 - (1 - \eta_R) \cdot \frac{A_R}{A} \right] \tag{G2-9}$$

Für den Rippenwirkungsgrad leitete *E. Schmidt* her:

$$\eta_R = \frac{\tanh X}{X} = \frac{1}{X} \cdot \frac{e^X - e^{-X}}{e^X + e^{-X}} \tag{G2-10}$$

Die Größe X ist von einer gewichteten Rippenhöhe h (je nach Rippenform), dem Wärmeübergangskoeffizienten an der Rippe α_R, dem Wärmeleitkoeffizienten λ_R und der Rippendicke δ abhängig:

$$X = h \cdot \sqrt{\frac{2\alpha_R}{\lambda_R \cdot \delta}} \tag{G2-11}$$

G2 Lufterwärmer

Meistens sind Lufterwärmer nicht aus einzelnen Rippenrohren mit z. B. kreisrunden Rippen hergestellt, sondern bestehen aus Lamellenpaketen mit in ihnen steckenden Rohren (Bild G2-1).

Der Wärmedurchgang (Wärmeübergang auf der Außenseite, Wärmeleitung durch den Grundkörper, also die Rohrwand, und Wärmeübergang auf der Innenseite) kann am einfachsten wie bei Gleichung G2-3 als Summe von Widerständen dargestellt werden:

$$\frac{1}{k \cdot A} = \frac{1}{\alpha_1 \cdot A_1} + \frac{1}{\alpha_2 \cdot A} + \frac{\delta_G}{\lambda_G \cdot A_m} \tag{G2-12}$$

Für die Berechnung der Wärmeübergangskoeffizienten auf der Luft- und Wasserseite werden im VDI-Wärmeatlas [G2-2] die nötigen Berechnungsgrundlagen dargestellt. Allerdings gilt für Lufterwärmer, dass die Wärmeübergangskoeffizienten üblicherweise in Versuchsreihen experimentell ermittelt werden, weil die zahlreichen geometrischen Einflüsse verschiedener Konstruktionen theoretisch nicht genau genug erfassbar sind.

Die Bandbreite der Abweichungen in den Messwerten sieben verschiedener Autoren nach [G2-5] gibt Bild G2-2 wieder. Es zeigt den Wärmeübergangskoeffizienten über der Anströmgeschwindigkeit.

Wenn keine Messwerte vorliegen und auch, wenn Messwerte extrapoliert werden sollen, sind die Angaben in [G2-6] zu verwenden.

Allerdings hat es sich als zweckmäßig erwiesen, direkt das meist aus Messungen abgeleitete Wärmeleistungsvermögen $k \cdot A$ eines vollständigen Lufterwärmerelementes in Abhängigkeit vom Luftstrom darzustellen. Ein solches Element besteht z. B. aus einem Lamellenpaket und Rohren mit bestimmter Länge und Breite. Das Produkt $k \cdot A$ ist aus miteinander durch die Gesamtkonstruktion gekoppelten Größen gebildet. Der Wärmedurchgangskoeffizient k ist im Wesentlichen von der Anströmgeschwindigkeit der Luft abhängig, ganz untergeordnet nur von der Wassergeschwindigkeit in den Rohren. In Bild G2-3 ist als Beispiel das auf die Anströmfläche bezogene Wärmeleistungsvermögen eines ein- und zweireihigen Rippenrohrelementes über dem ebenfalls auf die Anströmfläche A_0 bezogenen Luftstrom aufgetragen. Dieser ist genau genommen der Luftmassenstrom $\dot{m}_2/A_0$ in kg/(sm²) oder der (nur für die Lufttemperatur von 20 °C gültige) Luftvolumenstrom $\dot{V}_2/A_0$ in m³/(hm²). Wegen des Zusammenhanges $\dot{W}_2 = \dot{m}_2 \cdot c = \dot{m}_2 \cdot 1{,}007 \, \text{kJ}/(\text{K} \cdot \text{kg})$ kann der Zahlenwert für den zweckmäßiger verwendbaren flächenbezogenen Wärmekapazitätsstrom $\dot{W}_2/A_0$ beim Massenstrom $\dot{m}_2/A_0$ abgelesen werden. Diese Darstellung wird dem Zusammenhang mit einer (echten) Anströmgeschwindigkeit vorgezogen, weil bei der Massenstromdarstellung der Temperatureinfluss deutlich geringer ist als im anderen (gewohnten) Fall. Der flache Kurvenverlauf ist mit der stark laminarisierten Strömung in den engen Lamellenspalten zu erklären. (Die im Versuch gemessenen Werte von $k \cdot A$ lassen sich als Potenzfunktionen darstellen; die Potenzzahlen liegen zwischen 0,25 und 0,35.)

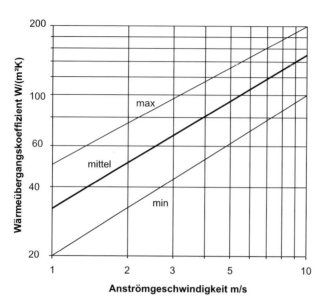

Bild G2-2 Wärmeübergangskoeffizienten über der Anströmgeschwindigkeit nach Angaben verschiedener Autoren [G2-5]

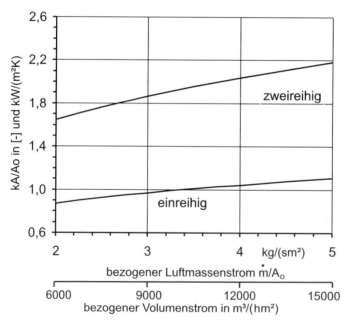

Bild G2-3 Wärmeleistungsvermögen kA über dem Luftstrom (alle Größen sind auf die Anströmfläche bezogen; Beispiel)

G2.3
Bauformen der Lufterwärmer

Generell sind die berippten Rohre quer zum Luftstrom fluchtend oder versetzt meist als Rippenrohrpakete mit fester Rohrteilung angeordnet (s. Bild G2-1). Zu variieren sind Rohrlänge und Paketbreite.

Die Lamellen oder Rippen bestehen aus Aluminium, seltener auch aus Kupfer, Edelstahl oder verzinktem Stahl. Die Lamellenstärke δ_{lam} reicht von 0,10 bis 0,5 mm, die Lamellenabstände s_{lam} von 1,5 bis 5 mm. Die Lamellen sind zur Stabilisierung gewellt oder zickzackförmig gekantet oder andersartig verformt und zwar so, dass bei möglichst geringem Druckverlust ein möglichst guter Wärmeübergang entsteht. Wegen der kleinen Lamellenabstände liegt die Strömung im laminar-turbulenten Übergangsbereich, und deshalb lohnt sich der Einbau vieler aerodynamischer Störungen. Bild G2-4 zeigt einen Ausschnitt eines Fotos von Lamellenpaketen aus verschiedenen Materialien. von oben nach unten: mit Epoxidharz beschichtete Al-Lamellen, Edelstahl-, Kupfer- und Aluminium-Lamellen nach dem Stanzen. Man erkennt auf den Bildern die Löcher für die Kupferrohre. Die Öffnungen werden ausgestanzt und ausgehalst, wobei die Halslänge gleichzeitig den Lamellenabstand vorgibt. Die Ein- und Austrittskanten der Lamellen sind gewellt.

Nach dem Aufbringen der Lamellen auf die Kupferrohre werden die Rohre mechanisch durch einen Dorn oder hydraulisch durch Innendruck so aufgeweitet, dass die Lamellenhälse fest anliegen und gute Wärmeleitung sichergestellt ist. Auf der Wasserseite werden hinter- und übereinander liegende Rohre verwendet, die aus Kupfer, seltener auch aus Stahl, bestehen. Stahl wird angewendet in Bereichen, die raueren Betrieb erwarten lassen, bei Anlagen auf Schiffen, im Bergbau oder im Industriebereich. Dort sind auch die Lamellen oder Rippen

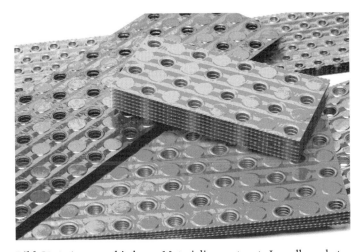

Bild G2-4 Aus verschiedenen Materialien gestanzte Lamellenpakete

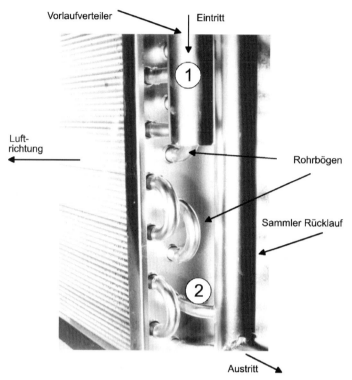

Bild G2-5 Ausschnitt aus einem Lamellenpaket mit Rohrverbindungen und Rahmen

aus Stahl. Zwei aufeinander folgende Rohrreihen werden im Allgemeinen versetzt angeordnet. Die Rohre sind innen in den meisten Fällen glatt, in Sonderfällen, in denen mit laminarer Strömung zu rechnen ist, werden auch auf der Wasserseite Strömungsstörungen eingebaut. Die Lamellenpakete werden außen von einem Metallrahmen umgeben, wie auf Bild G2-5 zu erkennen ist. Auf der Außenseite werden die Rohre durch Rohrbögen so verbunden oder an einen Verteiler im Vorlauf und Sammler im Rücklauf so angeschlossen, dass sich parallele Wasserwege im Bereich des gewünschten Strömungswiderstandes ergeben. Zwei Rohre mit einem Bogen werden manchmal auch als sogenannte Haarnadel vorgefertigt verwendet. Die Rohre verlaufen wegen der Entleerungsmöglichkeit horizontal, die Lamellen vertikal. Parallele Wasserwege müssen möglichst gleich lang sein, damit sie gleichen Strömungswiderstand haben. Bei mehreren in Strömungsrichtung hintereinander liegenden Rohrlagen entsteht eine Kreuzgegenstromschaltung, die im nächsten Absatz erläutert wird. Die Rohre sind so miteinander verbunden, dass sich die Wasserwege selbsttätig entleeren können, wenn Belüftungs- und Entleerungsöffnung geöffnet werden. Bei Wärmeaustauschern mit sehr langen Rohren werden keine Rohrbögen verwendet, weil der Druckabfall in einem langen Rohr schon groß genug ist. Die Rohre können dabei etwas durchhängen. Die Entleerung erfordert dann möglicherweise eine leichte Neigung beim Einbau, oder bei einer Entleerung muss mit Druckluft nachgeholfen werden. Diese Anmerkungen werden hier gemacht, weil der erste Winter während der Anlageninstallation nicht selten zu Frostschäden führt.

Bild G2-5 zeigt einen Ausschnitt eines Kupfer-Aluminium-Wärmeaustauschers von der Rückseite gesehen. Der Wärmeaustauscher hat mehrere übereinander liegende parallele (hier nicht sichtbar)und zwei hintereinander liegende versetzt angeordnete Wasserwege. Oben (1) ist das Ende des Verteilers zu erkennen. Er ist wie der Sammler aus Stahl gefertigt. Bei (1) befindet sich die Verbindung des Vorlaufs zu einer der beiden unteren Rohrreihen. Das erste Rohr liegt auf der Austrittsseite des Wärmeaustauschers. Insgesamt durchströmt das hier eintretende Wasser sechs Rohre. Der Wasserweg führt durch drei Rohrbögen auf der anderen nicht sichtbaren Seite des Wärmeaustauschers und durch die zwei auf dem Bild bezeichneten Bögen. Der obere Bogen wird durch den Vorlaufverteiler teilweise verdeckt. Unten (2) mündet der Wasserweg in den Sammler ein. Die Rohre bestehen aus Kupfer. Links ist ein Teil des Aluminiumlammellenpaketes zu sehen. Man sieht auch einen Teil des umgekanteten Rahmens aus verzinktem Stahl, der den Wärmeaustauscher zusammenhält. Verteiler und Sammler sind so zu dimensionieren, dass sich das Heizmedium möglichst gleichmäßig auf die einzelnen Wasserwege verteilt. Manchmal gibt es Schwierigkeiten bei den genannten Vorgaben, durch alle Öffnungen die entsprechend miteinander verbundenen Rohre zu leiten. Dann werden Blindrohre verwendet. Das muss bedacht werden, wenn Temperaturfühler hinter dem Wärmeaustauscher eine repräsentative Temperatur ermitteln sollen. Der Hersteller sollte darauf hinweisen.

In Sonderfällen werden die Aluminiumlamellen kunststoffbeschichtet oder die Kupferlammellen verzinnt hergestellt, wenn mit stark korrosiver Luft gerechnet wird.

Es gibt andere Konstruktionen, bei denen beidseitig nur Verteiler und Sammler an mehrere parallele Rohre angeschlossen werden. Wegen dieser Einlagigkeit kann eine etwas ungleichmäßigere Temperaturverteilung über den Wärmetauscherquerschnitt entstehen, weil ein reiner Kreuzstromwärmeaustauscher (s. Kap. G2.4) gebildet wird. Die Möglichkeit, gewünschte Druckverluste auf der Heizseite einzustellen, ist dabei enger begrenzt. Bei solchen Wärmeaustauschern können die Rohre aber auch vertikal angeordnet werden, und sie sind dann zudem besser auch für Dampf als Heizmedium geeignet.

G2.4
Temperaturen

Wie bereits erwähnt, sind Lufterwärmer in RLT-Anlagen für einen schmalen Temperaturbereich konzipiert, der in den letzten Jahrzehnten im Zuge der Energiesparbemühungen noch weiter eingegrenzt wurde:
- zunächst von unten für den Vorerwärmer, dem heute generell ein Wärmerückgewinner vorgeschaltet ist; seine niedrigste Lufteintrittstemperatur ϑ_{21} liegt heute daher über 10 °C (Ausnahmen können im Anfahrbetrieb auftreten),

- die Luftaustrittstemperatur ϑ_{22} darf, um eine Überfeuchtung der Luft z. B in einem nachfolgenden Wäscher zu vermeiden, 30 °C nicht wesentlich überschreiten.
- Die Lufteintrittstemperatur ϑ_{21} am Nacherwärmer nach dem Wäscher liegt ebenfalls nur knapp über 10 °C und die Austrittstemperatur ϑ_{22} bei höchstens 30 °C, da heute nur in Ausnahmefällen die Zuluft zum Heizen verwendet wird. (Bei Dampfbefeuchtung wäre bei dem hierzu ausreichenden einzigen Lufterwärmer gleichfalls $\vartheta_{22} \approx 30$ °C.)

Nach alledem wird unter üblichen Bedingungen die Luft lediglich um 20 K erwärmt und das Wasser zur Vermeidung eines allzu starken Kreuzstromeinflusses (siehe unten) um höchstens 5 K abgekühlt.

Die Verläufe der Temperaturen ϑ_1 und ϑ_2 auf den beiden Stoffstromseiten entlang der Übertragungsfläche und der daraus ableitbare mittlere wirksame Temperaturabstand $\Delta\vartheta_m$ für den gesamten Lufterwärmer sind je nach Führung der Stoffströme unterschiedlich. Die Grundstromführungen sind Gleich-, Gegen- und Kreuzstrom. Von den denkbaren Kombinationen ist bei Luft-erwärmern (mit einer 20 K deutlich überschreitenden Lufterwärmung) lediglich Kreuzgegenstrom realisiert.

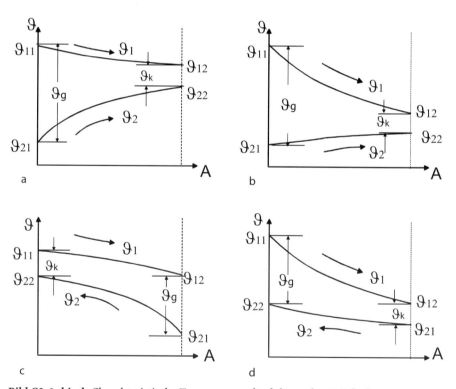

Bild G2-6a bis d Charakteristische Temperaturverläufe längs der Heizfläche

G2 Lufterwärmer

Die Formeln für die Temperaturverläufe im Gleich- und Gegenströmer sind in Band 3 D3.2.2.3 angegeben und hergeleitet (Gl. D3.2-25, -26 und 31). Vier Beispiele zeigt Bild G2-6. Den mittleren wirksamen Temperaturabstand $\Delta\vartheta_m$ liefert ein Integralmittelwert der Temperaturabstandskurve (Bd. 3 D3.2.2.3) als sogenannten logarithmisch gemittelten Temperaturabstand (Gl. D3.2-30). Er lautet in einer für Gleich- und Gegenstrom einheitlichen Formel:

$$\Delta\vartheta_m \equiv \Delta\vartheta_{lg} = \frac{\Delta\vartheta_g - \Delta\vartheta_k}{\ln\dfrac{\Delta\vartheta_g}{\Delta\vartheta_k}} \quad (G2\text{-}13)$$

$\Delta\vartheta_g$ und $\Delta\vartheta_k$ sind die größte und kleinste Temperaturdifferenz zwischen den beiden Stoffströmen (Bild G2-6).

Rein qualitativ ist zu erkennen (Bild G2-6a, b), dass beim Gleichströmer die Austrittstemperatur des kälteren Stoffstroms immer unter der des wärmeren bleibt, nicht so beim Gegenströmer (Bild G2-6c, d). Aus Gleichung G2-13 ist herzuleiten, dass der mittlere wirksame Temperaturabstand $\Delta\vartheta_m$ jeweils bei gleichen Ein- und Austrittstemperaturen – solange $\vartheta_{12} > \vartheta_{22}$ – beim Gegenströmer immer am größten ist. Er wird deshalb weit überwiegend angewandt.

Bei Kreuzstrom kommt zur Veränderung der Temperaturen in Strömungsrichtung noch eine quer zur Strömung hinzu. Damit bilden sich Temperaturfelder, wie es Bild G2-7 zeigt.

Je nach Ausmaß der Abkühlung des Heizwassers wird die Luft unterschiedlich erwärmt und es entstehen hinter dem Lufterwärmer unerwünschte Temperatursträhnen, die in dem nachfolgenden Wäscher, den weiteren Wärmeaustauschern und dem Luftkanal weitgehend erhalten bleiben. Man vermeidet daher, dass sich das Heizwasser um mehr als 5 K abkühlt. Dies gilt unabhängig davon, ob mit einer Rippenrohrlage reiner Kreuzstrom oder mit zwei Lagen Kreuzgegenstrom hergestellt wird. Bei der unter 5 K gehaltenen Spreizung ist in diesen

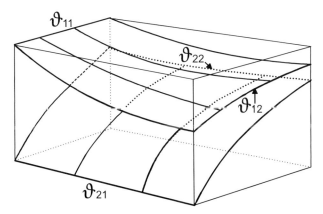

Bild G2-7 Temperaturfelder im Kreuzstromwärmetauscher

Fällen der mittlere wirksame Temperaturabstand $\Delta\vartheta_m$ genügend genau mit Gleichung G2-13 zu berechnen.

Die Unterschiede zwischen den Ein- und Austrittstemperaturen der Stoffströme sind maßgeblich für den Wärmetransport, den Abtransport auf der Heizseite:

$$\dot{Q}_1 = \dot{m}_1 \cdot c_1 \cdot (\vartheta_{11} - \vartheta_{12}) \tag{G2-14a}$$

und den Abtransport auf der Luftseite:

$$\dot{Q}_2 = \dot{m}_2 \cdot c_2 \cdot (\vartheta_{22} - \vartheta_{21}) \tag{G2-14b}$$

mit $\dot{m}_1$ – Stoffstrom auf der warmen Seite,
$\dot{m}_2$ – Stoffstrom auf der kalten Seite,
c – spezifische Wärmekapazität

Erster Index für den Stoffstrom, zweiter für Eintritt 1 und Austritt 2 (international so festgelegt).

Das Produkt $\dot{m} \cdot c = \dot{W}$ wird als Wärmekapazitätsstrom (früher auch „Wasserwert") des Stoffstroms bezeichnet.

Aus G2-14a und 14b folgt, da nach außen nahezu keine Verluste auftreten, mit $\dot{Q}_1 = \dot{Q}_2 = \dot{Q}$:

$$\frac{(\vartheta_{11} - \vartheta_{12})}{(\vartheta_{22} - \vartheta_{21})} = \frac{\dot{W}_2}{\dot{W}_1} \tag{G2-15}$$

Die Temperaturunterschiede in den Stoffströmen verhalten sich umgekehrt wie die Wärmekapazitätsströme. Ihr Verhältnis bestimmt bei Gegenstrom die Form der Temperaturverläufe (s. Bild G2-6): Bei $\dot{W}_1 = \dot{W}_2$ sind es parallele Geraden, bei $\dot{W}_1 < \dot{W}_2$ hängen die Temperaturkurven nach unten durch und bei $\dot{W}_1 > \dot{W}_2$ sind sie nach oben gewölbt, wobei die Kurve mit dem größeren Wärmekapazitätsstrom flacher verläuft als die des anderen. Der letztgenannte Fall mit $\dot{W}_1 > \dot{W}_2$ gilt beim Lufterwärmer in RLT-Anlagen, dort ist fast immer $\dot{W}_1/\dot{W}_2 \geq 4$. Obwohl dadurch bei ihm auch die größten und kleinsten Endtemperaturabstände $\Delta\vartheta_g$ und $\Delta\vartheta_k$ recht unterschiedlich sind, kann die vom Praktiker für den mittleren wirksamen Temperaturabstand $\Delta\vartheta_m$ gern verwendete arithmetische Mittelung doch als genügend genau angesehen werden; dies zeigt ein Vergleich des arithmetischen Mittels

$$\Delta\vartheta_m = \frac{\Delta\vartheta_g + \Delta\vartheta_k}{2} = \Delta\vartheta_g \cdot \frac{1 + \Delta\vartheta_k/\Delta\vartheta_g}{2} \tag{G2-16}$$

mit dem logarithmischen

$$\Delta\vartheta_{lg} = \Delta\vartheta_g \frac{1 - \Delta\vartheta_k/\Delta\vartheta_g}{\ln(\Delta\vartheta_g/\Delta\vartheta_k)} \tag{G2-17}$$

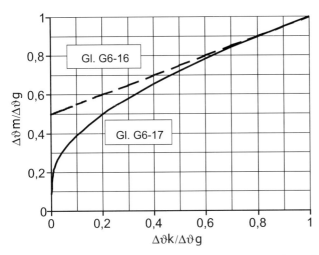

Bild G2-8 Vergleich der arithmetischen mit der logarithmischen Temperaturdifferenz in Abhängigkeit von $\Delta\vartheta_k/\Delta\vartheta_g$

Der Vergleich ist in Bild G2-8 graphisch wiedergegeben. Das Verhältnis $\Delta\vartheta_k/\Delta\vartheta_g$ liegt meist über 0,6.

G2.5
Thermisches Betriebsverhalten

Mit der Wärmeübertragungsgleichung G2-1 und den Wärmetransportgleichungen G2-14a und b werden Wärmeaustauscher nur für bestimmte Stoffströme und Temperaturen beschrieben. Der Wärmeaustauscher selbst ist durch seine bei ihm eingerichtete Stromführung, sein von seiner Größe und den Stoffströmen abhängiges Wärmeleistungsvermögen $k \cdot A$ und durch die sich aus der Stromführung und den Temperaturen ergebende mittlere Temperaturdifferenz $\Delta\vartheta_m$ definiert. Im Betriebsfall treten in aller Regel veränderte Stoffströme und Eintrittstemperaturen auf. Welche Austrittstemperaturen sind nun zu erwarten?

Bošnjaković [G2-7] hat den allgemeinen Zusammenhang der in den Gln. G2-1, G2-14a und G2--14b auftretenden Größen mathematisch mit einer sogenannten Betriebscharakteristik Φ dargestellt. Sie ist definiert als ein Verhältnis von kennzeichnenden Temperaturdifferenzen. Die Bezugsgröße ist immer der maximale Temperaturabstand ($\vartheta_{11} - \vartheta_{21}$) und die Nenngröße im Zähler der jeweils interessierende Temperaturunterschied, also beim Lufterwärmer die Lufterwärmung ($\vartheta_{22} - \vartheta_{21}$). Man nennt daher nach einem Vorschlag in der Richtlinie VDI 2076 [G2-6] diese besondere Betriebscharakteristik die „Aufwärmzahl" Φ_2:

$$\Phi_2 = \frac{\vartheta_{22} - \vartheta_{21}}{\vartheta_{11} - \vartheta_{21}} \tag{G2-18}$$

Der allgemeine Zusammenhang der Aufwärmzahl mit dem Wärmeleistungsvermögen $k\,A$ und den Wärmekapazitätsströmen $\dot{W}_1$ und $\dot{W}_2$ lautet gemäß Bošnjaković [G2-7]:

$$\Phi_2 = \frac{\vartheta_{22} - \vartheta_{21}}{\vartheta_{11} - \vartheta_{21}} = \frac{1 - e^{-x}}{\dfrac{\dot{W}_2}{\dot{W}_1} - e^{-x}} \tag{G2-19}$$

mit der Abkürzung x

$$x = \frac{k \cdot A}{\dot{W}_2} \cdot \left(\frac{\dot{W}_2}{\dot{W}_1} - 1\right) = \kappa_2 \cdot \left(\frac{\dot{W}_2}{\dot{W}_1} - 1\right) \tag{G2-20}$$

$\kappa_2 = \dfrac{k \cdot A}{\dot{W}_2}$ Wärmeaustauscherkennzahl κ (Kappa); der Index 2 weist auf den Bezug mit dem Wärmekapazitätsstrom $\dot{W}_2$ hin.

Bei der für Lufterwärmer weniger interessierenden Abkühlzahl Φ_1 ist die Nenngröße im Zähler die Abkühlung des Heizwassers ($\vartheta_{11} - \vartheta_{12}$). Sie lässt sich mit dem Verhältnis der Wärmekapazitätsströme aus Φ_2 berechnen:

$$\Phi_1 = \frac{\vartheta_{11} - \vartheta_{12}}{\vartheta_{11} - \vartheta_{21}} = \Phi_2 \cdot \frac{\dot{W}_2}{\dot{W}_1} \tag{G2-21}$$

Die Verhältnisse der Wärmekapazitätsströme $\dot{W}_2/\dot{W}_1$ liegen bei Lufterwärmern üblicherweise zwischen 0,15 und 0,25, die Wärmeaustauscherkennzahlen κ_2 um 0,5 herum. Dies ist mit einer, höchstens zwei Rippenrohrlagen herzustellen. Bei mehr als 4 Rohrlagen oder sehr kleinen Temperaturabständen kann κ_2 auch über 1 steigen. Für diese Bedingungen ist die Funktion $\Phi_2(\kappa_2, \dot{W}_2/\dot{W}_1)$ in Bild G2-9 wiedergegeben.

In jüngster Zeit werden zunehmend RLT-Anlagen ohne Be- und Entfeuchtung gebaut. Diese Anlagen besitzen demnach keinen Luftbefeuchter oder Dampfbefeuchter, aber einen Luftkühler für den Sommerbetrieb, der im Winter auch als Lufterwärmer benutzt werden kann. Luftkühler bestehen mindestens aus vier Rippenrohrlagen und besitzen daher Wärmeaustauscherkennzahlen von etwa $\kappa_2 \approx 2$. Die für sie erforderlichen mittleren wirksamen Temperaturdifferenzen betragen ungefähr nur ein Viertel der Abstände bei üblichen Lufterwärmern. Die wasserseitigen Spreizungen sind etwa dieselben wie bei üblichen Lufterwärmern, also auch die Verhältnisse der Wärmekapazitätsströme $\dot{W}_2/\dot{W}_1$. Die Aufwärmzahlen erreichen gemäß Gleichung G2-19 bei den als Lufterwärmer genutzten Kühlern Werte von über 0,8.

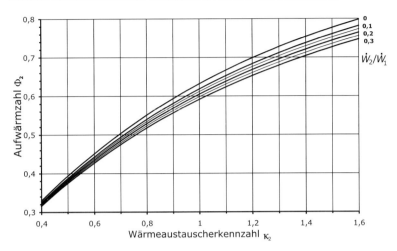

Bild G2-9 Die Aufwärmzahl Φ_2 über der Wärmeaustauscherkennzahl κ_2 mit dem Verhältnis der Wärmekapazitätsströme $\dot{W}_2/\dot{W}_1$ als Parameter

G2.6
Auslegung

Lufterwärmer werden in einer seit Jahrzehnten geübten gleichen Weise ausgelegt. Neu ist lediglich der Einsatz des Computers mit vom Lufterwärmer-Lieferanten beigestellten Rechenprogramm – für den Anlagenbauer eine „Black Box". Selbstverständlich ändert sich nichts an der Hauptvorgabe, einen bestimmten Luftstrom mit einer bestimmten Eintrittstemperatur auf eine bestimmte Austrittstemperatur zu erwärmen. Nicht selbstverständlich ist allerdings, auf der Heizseite, also meist beim Wasser, sich die Eintrittstemperatur und eine für das Verteilsystem günstige große Spreizung (z. B. 20 K) vorzugeben. Die Notwendigkeit, die vom Wärmeerzeuger gelieferte Vorlauftemperatur als Eintrittstemperatur zu übernehmen und die Leistung des Lufterwärmers mit einer Drosselregelung dem Bedarf anzupassen, ist entfallen. Eine Misch- oder Einspritzregelung mit dem Einsatz von dem Lufterwärmer zugeordneten Umwälzpumpen ist heute Stand der Technik und hat mehrere Vorteile: Eine regelbare Umwälzpumpe ist im Preis und in der Zuverlässigkeit einer automatischen Drosselarmatur vergleichbar, beim elektrischen Energieaufwand aber deutlich günstiger. Die mit ihr herstellbaren kleinen Spreizungen gewährleisten eine gleichmäßige Temperaturverteilung im Luftkanal, die Nachteile des Kreuzstroms – auch in rechnerischer Hinsicht – werden vermieden. Bevor demnach ein Lufterwärmer ausgelegt wird, ist zu klären, wie er geregelt wird und in das Verteilsystem eingebunden ist. Empfohlen werden die in Bild G2-10 a gezeigte Schaltung mit einer geregelten Pumpe; Schaltung b ist energetisch vorteilhaft, weil mit der zweiten Pumpe die Mischarmatur zu ersetzen ist. Je nach Leistungsbedarf des Lufterwärmers ist bei der Schaltung a die über den Mischer geregelte Eintrittstemperatur ϑ_{11} kleiner als die Vorlauftemperatur ϑ_V im Verteilsystem; die regelbare Pumpe P1 sorgt für eine

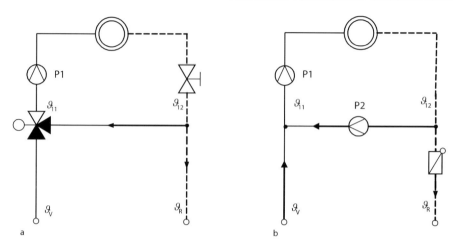

Bild G2-10 Beimischschaltung **a** mit Mischarmatur und Einspritzschaltung **b** mit einer zweiten regelbaren Pumpe

minimale Spreizung $\vartheta_{11} - \vartheta_{12}$. Bei der Schaltung b übernimmt die Pumpe P2 es, von ϑ_V auf die Eintrittstemperatur ϑ_{11} herunterzuregeln. In beiden Schaltungen holt sich die Pumpe P1 aus dem Verteilsystem den für den Lufterwärmer erforderlichen Wasserstrom; sie hat dabei alle Widerstände in der Verteilung zu überwinden – Drosselarmaturen zum Zweck der Verteilung und eine zentrale Umwälzpumpe erübrigen sich: hieraus resultiert eine erhebliche Einsparung beim elektrischen Energieaufwand der Verteilung.

Diese Art der Regelung kann noch nicht für alle Anlagen empfohlen werden. Ihre Anwendung befindet sich im Entwicklungsstadium und sollte bei bekanntem Aufbau des Verteilungssystems mit dem Pumpenhersteller abgestimmt werden. Der Beipass muss in bestimmten Fällen geschlossen werden können [G2-10].

Ein Lufterwärmer in RLT-Anlagen wird nach diesen Vorüberlegungen ausgelegt für:
- einen bestimmten Luftstrom $\dot{m}_2$ mit dem zugehörigen Wärmekapazitätsstrom $\dot{W}_2$,
- der Eintrittstemperatur der Luft ϑ_{21},
- der Austrittstemperatur der Luft ϑ_{22} und
- der aus diesen drei Vorgaben abgeleiteten Wärmeleistung $\dot{Q} = \dot{W}_2 \cdot (\vartheta_{22} - \vartheta_{21})$, ferner
- den Randbedingungen, dass auf der Heizseite ϑ_{11} kleiner sein muss als die vom Wärmeerzeuger lieferbare Vorlauftemperatur ϑ_V (z. B. bei einem Niedertemperaturkessel unter 70 °C) und am Austritt gegebenenfalls eine Temperatur $\vartheta_{12} = \vartheta_R$, die mit Rücksicht auf das Verteilsystem und den Wärmeerzeuger ausreichend tief ist. Weiterhin sind meistens die Abmessungen des Luftkanals oder des Gerätes, wohinein der Erwärmer eingesetzt werden soll, sowie die Werte für den maximalen Druckabfall auf der Luft- und Wasserseite vorgegeben.

G2 Lufterwärmer

Für die Auslegung genügt es, die Leistungsdaten eines einzigen Wärmetauschertyps, wie es z. B. das Diagramm in Bild G2-3 wiedergibt, zu verwenden; eine Iteration zum Aussuchen zwischen verschiedenen Rippenrohrtypen erübrigt sich. Wie vorzugehen ist, zeigt folgende Beispielberechnung:

- Der Luftstrom sei ungefähr $\dot{V}_2 \approx 4800\,\text{m}^3/\text{h}$ und genau $\dot{m}_2 = 1{,}6\,\text{kg/s}$,
- damit ist der Wärmekapazitätsstrom $\dot{W}_2 = 1{,}61\,\text{kW/K}$,
- die Luft soll von $\vartheta_{21} = 12\,°\text{C}$ auf $\vartheta_{22} = 28\,°\text{C}$ erwärmt werden,
- die Wärmeleistung ist daher $\dot{Q} = \dot{W}_2 \cdot (\vartheta_{22} - \vartheta_{21}) = 1{,}61\,\text{kW/K} \cdot 16\,\text{K} = 26{,}76\,\text{kW}$.
- Auf der Wasserseite darf die Eintrittstemperatur nicht über 70 °C liegen und es soll die Spreizung $\sigma_1 = 4\,\text{K}$ betragen; damit ist der Wärmekapazitätsstrom $\dot{W}_1 = (1{,}61 \cdot 4)\,\text{kW/K} = 6{,}44\,\text{kW/K}$ und der Wasserstrom
$$\dot{m}_1 = \frac{6{,}44\,\text{kW/W}}{4{,}18\,\text{kJ/(kgK)}} = 1{,}54\,\text{kg/s} = 5546\,\text{kg/h} \cdot$$
- Der Anströmquerschnitt $A_0 = 0{,}75\,\text{m} \cdot 0{,}9\,\text{m} = 0{,}675\,\text{m}^2$.
- Aus Bild G2-3 ist das flächenbezogene Wärmeleistungsvermögen kA/A_0 des ausgesuchten Wärmetauschertyps (Rippenteilung 2,5 mm, Rohrteilung 30 mm, Rohrdurchmesser 12 mm) über dem bezogenen Luftstrom $\dot{m}_2/A_0 = 2{,}37\,\text{kg/(s m}^2)$ mit $kA/A_0 = 0{,}91\,\text{kW/(Km}^2)$ abzulesen; das Wärmeleistungsvermögen ist $kA = 0{,}614\,\text{kW/K}$.
- Aus Gleichung G2-1 folgt $\dot{Q}/kA = \Delta\vartheta_m = 26{,}76\,\text{kW}/0{,}614\,\text{kW/K} = 42\,\text{K}$.
- Aus diesem mittleren Temperaturabstand sind die beiden Differenzen $\Delta\vartheta_g$ und $\Delta\vartheta_k$ gemäß Bild G2-6c zu errechnen und in einem nachfolgenden Schritt die Wasserein- und -austrittstemperatur $\vartheta_{11} = \vartheta_{22} + \Delta\vartheta_k$ sowie $\vartheta_{12} = \vartheta_{21} + \Delta\vartheta_g$:

$$\Delta\vartheta_m \equiv \Delta\vartheta_{lg} = \frac{\Delta\vartheta_g - \Delta\vartheta_k}{\ln\dfrac{\Delta\vartheta_g}{\Delta\vartheta_k}} \qquad \text{(Gl. G2-13)}$$

Es gilt $\Delta\vartheta_g = \vartheta_{12} - \vartheta_{21}$ und $\Delta\vartheta_k = \vartheta_{11} - \vartheta_{22}$, demnach $\Delta\vartheta_g - \Delta\vartheta_k = (\vartheta_{12} - \vartheta_{11}) + (\vartheta_{22} - \vartheta_{21}) = -\sigma_1 + \sigma_2$ mit den beiden Spreizungen σ_1 auf der Wasserseite und σ_2 auf der Luftseite. Gleichung G2-13 kann umgeschrieben werden zu

$\ln\dfrac{\Delta\vartheta_g}{\Delta\vartheta_k} = \dfrac{\sigma_2 - \sigma_1}{\Delta\vartheta_m}$, oder mit $\Delta\vartheta_g = \sigma_2 - \sigma_1 + \Delta\vartheta_k$ ist zu erhalten

$$\frac{\sigma_2 - \sigma_1}{\Delta\vartheta_k} = e^{\frac{\sigma_2-\sigma_1}{\Delta\vartheta_m}} - 1 \quad \text{oder} \quad \Delta\vartheta_k = \frac{\sigma_2 - \sigma_1}{e^{\frac{\sigma_2-\sigma_1}{\Delta\vartheta_m}} - 1} \qquad \text{G2-22}$$

- Mit $\sigma_2 = 16\,\text{K}$ und $\sigma_1 = 4\,\text{K}$ aus den Vorgaben sowie $\Delta\vartheta_m = 42\,\text{K}$ aus der Rechnung ist mit Gleichung G2-22 zu erhalten:

$$\Delta\vartheta_k = \frac{(16-4)\,\text{K}}{e^{\frac{12}{42}} - 1} = \frac{12\,\text{K}}{0{,}3307} = 36{,}3\,\text{K} \quad \text{und} \quad \Delta\vartheta_g = 12\,\text{K} + 36{,}3\,\text{K} = 48{,}3\,\text{K}.$$

Die Wassereintrittstemperatur ist nun $\vartheta_{11} = 28\,°\text{C} + 36,3\,\text{K} = 64,3\,°\text{C}$ und die Austrittstemperatur $\vartheta_{12} = \vartheta_R = 60,3\,°\text{C}$. Würde als zusätzliche Randbedingung eine maximale Rücklauftemperatur von z. B. 40 °C vorgeschrieben sein, müsste der Lufterwärmer auf 2 Rohrreihen erweitert werden, das Wärmeleistungsvermögen stiege etwa auf das 1,9fache und der mittleren Temperaturabstand reduziert sich auf 22 K. Mit einer etwas größeren Spreizung wäre die Grenzvorgabe einzuhalten (die größere Spreizung ist zu vertreten, da bei 2 Rohrreihen Kreuzgegenstrom herzustellen ist).

In der obigen Zwischenrechnung wird für den mittleren Temperaturabstand die logarithmische Temperaturdifferenz eingesetzt; hier wäre das arithmetische Mittel nach Gleichung G2-16 genau genug gewesen.

Die von Bošnjaković [G2-7] vorgeschlagene Methode mit einer Betriebscharakteristik ermöglicht ein einfacheres Vorgehen bei der Auslegung:
- Gegeben sind $\dot{W}_2 = 1,61\,\text{kW/K}$ und $\dot{W}_2/\dot{W}_1 = 0,25$;
- wie oben ist das Wärmeleistungsvermögen im Diagramm abzulesen: $kA = 0,614\,\text{kW/K}$;
- die Wärmeaustauscherkennzahl ist demnach $\kappa_2 = 0,3814$.
- Mit den Gleichungen G2-19 und -20 oder aus dem Diagramm in Bild G2-9 ist die Aufwärmzahl $\Phi_2 = 0,306$ zu erhalten.
- Über die Lufterwärmung von 16 K kommt man zum maximalen Temperaturabstand $\vartheta_{11} - \vartheta_{21} = 16\,\text{K}/0,306 = 52,3\,\text{K}$ und damit zur Wassereintrittstemperatur $\vartheta_{11} = 12\,°\text{C} + 52,3\,\text{K} = 64,3\,°\text{C}$.

Im Anschluss an die thermische Auslegung ist zu prüfen, ob wasser- und luftseitig die Grenzwerte für den Druckabfall eingehalten sind. Mit der hier gewählten mäßigen Luftanströmgeschwindigkeit von knapp 2 m/s bleibt der Druckabfall im Rahmen des Üblichen. Werden die 25 Rohre für den Wasserdurchfluss parallel geschaltet, übersteigt der Druckabfall nicht 1000 Pa.

G2.7
Betriebsverhalten und Regelung

Die Betriebspunkte des Erwärmers für den Teillastfall lassen sich anhand der Betriebscharakteristik ermitteln. Teillast kann mit einer Drossel- oder Mischregelung (s. Bild G2-10) hergestellt werden. Die häufig anzutreffende Drosselregelung ist etwas billiger, aber thermisch und energetisch ungünstiger als die Mischregelung. Bei Vorwärmern hinter Mischkammern ist auf Einfriergefahr zu achten und daher auch aus Sicherheitsgründen Mischregelung anzuwenden. Bezüglich der wasserseitigen Einbindung in das Warmwassernetz und der Regelung wird auf Kapitel K2.3.1 verwiesen.

Literatur

[G2-1] Bach, H. et al.: Plattenwärmetauscher in raumlufttechnischen Anlagen – Entwicklung strömungsoptimierter Luftkühler, Lufterhitzer und Klimageräte. AIF-Forsch.7196; Uni Stuttgart, IKE 7-12, ISSN 0173-6892 (1989)
[G2-2] VDI Wärmeatlas, Arb. Blätter Ca 8-9: Berechnung von Wärmeübertragern. Düsseldorf, VDI-Verlag, 7. Aufl. (1994)
[G2-3] Schmidt, E.: Die Wärmeübertragung durch Rippen. Z.VDI 70 885–889 u. 947–951 (1926)
[G2-4] Schmidt,Th. E.: Die Wärmeleistung von berippten Oberflächen. Karlsruhe: C.F. Müller-Verlag (1950)
[G2-5] Verweyen, N., M. Zeller: Wärmetechnische Untersuchungen von Feuchtkühlern, FLT-Bericht 3/1/70/89, Forschungsvereinigung
[G2-6] VDI-Wärmeatlas, Arbeitsblätter Mb 1–4: Wärmeübertragung an berippten Oberflächen, Auflage (1994)
[G2-7] Bošnjaković, F., M. Viličić, B. Slipčević: Einheitliche Berechnung von Rekuperatoren. VDI Forschungsheft 432. Düsseldorf (1951)
[G2-8] VDI 2076: Leistungsnachweis für Wärmeaustauscher mit 2 Massenströmen (1996)
[G2-9] DIN 1304-1: Formelzeichen; Allgemeine Formelzeichen „1994-03"
[G2-10] Biel, S.: Ventile, persönliche Mitteilung vom 16.11.06

G3
Luftkühler

G3.1
Allgemeines

Luftkühler unterscheiden sich äußerlich kaum von Erwärmern. Sie bestehen ebenfalls aus Kupferrohrbündeln mit Aluminiumlamellen oder den anderen bei Erwärmern schon beschriebenen Werkstoffen. Alle für Erwärmer angegebenen physikalischen Gesetze bleiben mit geändertem Vorzeichen erhalten. Die Abmessungen der Kühler sind bei gleicher Leistung wesentlich größer, weil die zur Verfügung stehende Temperaturdifferenz bei Verwendung von Wasser als Kühlmedium durch den Gefrierpunkt begrenzt und kleiner als bei Erwärmern ist. Aber auch bei anderen Kühlmedien bleibt die Temperaturdifferenz begrenzt, weil das anfallende Kondensat auf der Luftseite gefriert.

Solange an keiner Stelle der Kühleroberflächen die Taupunkttemperatur unterschritten wird, gibt es keinen Unterschied zwischen Erwärmer und Kühler.

Der wesentliche Unterschied zwischen Erwärmern und Kühlern ergibt sich dadurch, dass bei Unterschreitung des Taupunktes der Luft an der Kühleroberfläche Kondensation auftritt. Die Kondensationswärme ist zusätzlich abzuführen. Mehr darüber in Abschn. G6.3. Wenn an Stelle von Kühlwasser verdampfendes Kältemittel zum Kühlen verwendet wird, bezeichnet man den Kühler als

Direktverdampfer. Er kann bei feuchter Luft nur bis zur Vereisung auf der Luftseite eingesetzt werden.

Die Auslegung von Kühlern wird erschwert durch das anfallende Kondensat. Weil dazu mehr in Abschn. G6.3 gesagt wird, soll hier nur auf die trockene Kühlung eingegangen werden.

Der Druckverlust auf dem Luftwege lässt sich schon im trockenen Zustand nicht allgemeingültig berechnen, sondern muss durch Messungen ermittelt werden.

G3.2
Direktverdampfer

G3.2.1
Einleitung

Direktverdampfer unterscheiden sich von Wasserkühlern dadurch, dass verdampfendes Kältemittel in den Rohren des Verdampfers für die Kühlung sorgt. Vor dem Verdampfer wird das flüssige unter Druck stehende Kältemittel in einem Expansionsventil so stark gedrosselt, dass es bei Zufuhr von Wärme verdampft (s. J5.1.7 und J7.2). Das bedeutet, dass sich in den horizontalen Rohren zunächst flüssiges Kältemittel befindet, das bis zum Austritt aus dem Verdampfer vollkommen verdampft sein muss. Die Verdampfung und der Wärmeübergang vom Kältemittel an die Rohrwand findet in einer Zweiphasenströmung statt. Man spricht dabei von trockener Verdampfung, obwohl das Kältemittel zwischen Ein- und Austritt in zwei Aggregatszuständen vorliegt. Das Expansionsventil wird so eingestellt, dass am Austritt überhitztes Kältemittel vorliegt. Im Unterschied zur trockenen Verdampfung ist auch eine sogenannte Überflutungsregelung möglich, bei der im Teillastbereich Kältemittel im Verdampfer angestaut wird. Dieser Betrieb wird aber kaum angewendet.

Dem Expansionsventil ist ein Kältemittelverteiler für die parallelen Kältemittelwege nachgeschaltet, der sich im allgemeinen aus einer Verteilkammer mit nachgeschalteten Kapillaren gleicher Länge zusammensetzt. Dabei ist die gleichmäßige Kältemittelverteilung und eine möglichst gleichmäßige Temperaturverteilung besonders wichtig, wenn die Luftfeuchtigkeit auf der Luftseite zu Eisbildung führen kann. Wenn Eis- oder Reifbildung nicht auszuschließen sind, müssen Abtauschaltungen vorgesehen werden.

Gleichmäßige Temperaturverteilung und große Austauscherfläche ist anzustreben, wenn die Luft eigentlich nur gekühlt und nicht entfeuchtet werden soll. Die Kühleroberflächentemperatur sollte nicht unter dem gewünschten Taupunkt der Luft liegen. Zur Beurteilung der Leistung, speziell bei Raumgeräten, sollte man nur die sensible Kühlleistung heranziehen und nicht die Gesamtleistung, wie es in den Herstellerangaben häufig geschieht.

G3.2.2
Wärmeaustauschgrad

Die Berechnung der Verdampfer gestaltet sich auf der Luftseite verhältnismäßig einfach, weil die Temperaturdifferenz zwischen Kältemittelein- und -austritt klein ist. Wie schon in Abschn. G2.2 beschrieben, nähert sich die Betriebscharakteristik für diesen Fall dem Verlauf von $\dot{W}_1/\dot{W}_2 = 0$. Der Unterschied zwischen Gleich- und Gegenstromschaltung verschwindet dann, und es gilt Gl. G3-1.
Dann nimmt Gl. G2-19 die vereinfachte Form an:

$$\Phi_{gl1} = 1 - e^{-\frac{k \cdot A}{\dot{W}_1}} \qquad (G3\text{-}1)$$

Φ ist dann unabhängig von der Stromführung.

Für die trockene Verdampfung muss allerdings zusätzlich Wärmeaustauscherfläche berücksichtigt werden. Weitere Einzelheiten auf der Kältemittelseite werden in Abschn. J5.2.2 und J7.2.1 beschrieben.

G3.2.3
Wärmedurchgangskoeffizienten

Auf der Luftseite gelten bei Kühlung ohne Wasserausscheidung die gleichen Gesetze wie beim Erwärmer (s. G2.3). Auf den Wärmeübergang auf der Kältemittelseite wird in Band 1 in Abschn. G1.4.11, und in J5.2.2 und J7.2.2 eingegangen. Näherungsgleichungen werden im VDI-Wärmeatlas [G2-2] angegeben.

G3.2.4
Auslegung

Die Leistung des Verdampfers steigt mit sinkender Verdampfungstemperatur und fallendem Druck. Dabei sinkt aber auch die Kompressorleistung der Kältemaschine. Größere Austauscheroberfläche führt also zu höherer Verdampfungstemperatur, größerer Leistungszahl der Kältemaschine und geringerer Antriebsleistung (s. J7).

G3.2.5
Betriebsverhalten und Regelung

Direktverdampfer werden selten eingesetzt, weil die Regelung des Kältemittelkreislaufes schwieriger zu beherrschen ist als die eines Wasserkreislaufes (s. J6.2). Die Regelung erfolgt durch das Expansionsventil (s. J7.2.1; J7.3.2). Ein Fühler mit Gas- oder Flüssigkeitsfüllung wird an der Saugleitung stromab vom Verdampfer angebracht. Auf diese Weise wird die Überhitzungstemperatur am Verdampferausgang geregelt.

G3.3
Wasserkühler

Hier soll wie oben erwähnt nur über Wasserkühler mit trockener Kühlung geschrieben werden. Sie unterscheiden sich nicht von den Erwärmern, und es gilt das unter G2 Gesagte. Wasserkühler mit Entfeuchtung werden in Abschn. G6 behandelt.

G4
Wärmerückgewinnungssysteme

G4.1
Übersicht

Zur Wärmerückgewinnung (WRG) in RLT-Anlagen gehören alle Maßnahmen zur Wiedernutzung der thermischen Energie der Fortluft (s. auch D1.2.2). Die Beimischung von Umluft zur Außenluft, die auch der Energieeinsparung dient, fällt nicht unter den Begriff WRG. Systeme, die nur zur Rückgewinnung sensibler Wärme konzipiert sind, werden im folgenden als „Sensibel-Wärmerückgewinnungssysteme" (S-WRG) bezeichnet, solche, die auch zur Rückgewinnung latenter Wärme konzipiert sind, als „Sensibel- und Latent-Wärmerückgewinnungssysteme" (S + L-WRG), WRG-Systeme, die ohne Zuführung zusätzlicher thermischer Energien (z. B. über Wärmepumpen) oder Stoffe (z. B. über Fortluftbefeuchter) arbeiten, werden nachfolgend als „Wärmerückgewinner" (WRG) bezeichnet.

Zur Rückgewinnung einzig latenter Wärme konzipierte WRG-Systeme sind Wärme- und Stoffaustauscher, die Feuchtigkeit in Dampfform von der Fortluft in die Außenluft übertragen.

Die Wärmerückgewinner reduzieren den Heiz- und Kühlenergieverbrauch. Andererseits treten zusätzliche Druckverluste auf der Luft- oder Wasserseite auf. Wärmerückgewinner können bei entsprechender Systemauslegung die zu installierende Leistung der Heiz-, Kühl- und Befeuchtungsaggregate einer Raumlufttechnischen Anlage reduzieren. Dabei ist aber zu beachten, dass im Anfahrbetrieb häufig noch keine Rückwärme zur Verfügung steht.

Den prinzipiellen Aufbau eines Systems mit Wärmerückgewinnung zeigt Bild G4-1 [G4-1]. Ventilatoren fördern Luft in die Räume und aus den Räumen eines Gebäudes heraus. Die Entropie der Fortluft wird vom Eintritt in den Wärmerückgewinner mit dem Zustand h_{11} auf den Zustand h_{12} beim Austritt abgesenkt. Dabei wird durch Wärmeaustausch ein Teil der Abwärme auf die Außenluft übertragen, die mit dem Zustand h_{21} ein- und h_{22} austritt. Die ausgetauschte Wärme wird als Rückwärme bezeichnet, wenn sie von dem einen auf den anderen Luftstrom durch eine Oberfläche übertragen wird. Wärmeenergie, die konvektiv zum Beispiel mit Umluft von der Abluft auf die Zuluft über-

G4 Wärmerückgewinnungssysteme

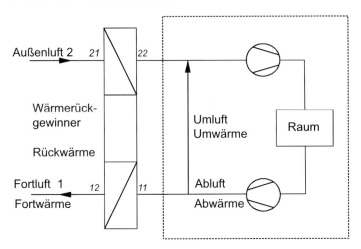

Bild G4-1 Aufbau eines Systems mit Wärmerückgewinnung [G4-1]

tragen wird, fällt nicht unter den Begriff der Wärmerückgewinnung. Sie wird zur Abgrenzung auch als Umwärme bezeichnet. Falls Feuchte übertragen wird, hat sie entsprechend die Bezeichnung Rückfeuchte.

Für alle Wärmerückgewinner werden in VDI 2071 einheitliche Kenngrößen festgelegt:

Φ – Rückwärmzahl, Wärmeaustauschgrad 1. Index – 1 Fortluftstrom
Ψ – Rückfeuchtzahl   – 2 Außenluftstrom
                                                              2. Index – 1 Eintritt
                                                                              – 2 Austritt

Die Wärmerückgewinner werden in vier Kategorien eingeteilt, die sinngemäß in der folgenden Tabelle wiedergegeben werden.

Man kann entsprechend aus thermodynamischer Sicht vier Arten von Wärmerückgewinnern unterscheiden:
1. Luft/Luft-Wärmeaustauscher (Rekuperatoren) (Trennflächen),
2. Kreislaufverbundene Wärmeaustauscher (Regenerator mit flüssigem oder gasförmigem Wärmeträger),
3. Rotationswärmeaustauscher (Kontaktflächenregenerator),
4. Kältemittelkreislauf mit Wärmepumpe (Wärmeaustausch unter Exergieerhöhung).

Die Tabelle G4-1 gibt eine Übersicht über die verschiedenen Wärmerückgewinner, die in VDI 2071 [G4-1] noch differenzierter gegeben wird.

Tabelle G4-1 Arten von Wärmerückgewinnern

Kategorie	System, Kennzeichen	Wirkungsweise	Konstruktion
I	Trennflächen Luft/Luft-Wärmeaustauscher (Rekuperator)	Wärmeaustausch über Trennflächen Kein Stoffaustausch, Kondensation und Vereisung möglich, Ausnahme dampfdurchlässige Membran als Trennfl.	Trennflächen als Platten oder Rohre. Außen- und Fortluftstrom nur durch Trennfläche getrennt
II	Kreislaufverbund (Regenerator)	Wärmeaustausch über Trennflächen und zusätzlichen Wärmeträger Wasser, Kältemittel oder Dampf	Wärmerückgewinner setzt sich aus 2 Rekuperatoren zusammen. Bei Zwangsumlauf können beide räumlich voneinander getrennt sein.
III	Kontaktflächen Regenerator mit fester rotierender Speichermasse	Wärmeenergie wird zwischengespeichert.	Wärmeträger: Speichermasse aus keramischen, mineralischen oder metallischem Material, auch Papier oder Kunststoff, rotorförmig angeordnet. Luftströme räumlich beieinander.
	mit flüssigem umlaufenden Wärmeträger		Beide Austauscher nach dem Prinzip des Sprühdüsenbefeuchters.
IV	Wärmepumpe	Wärmeaustauscher als Verdampfer und Verflüssiger	Kompressions- oder Absorptionswärmepumpe

In Luft/Luft-Wärmeaustauschern (Rekuperatoren) sind die beiden Luftströme durch eine Wand getrennt, durch die die Wärme übertragen wird. Es wird kein weiteres Übertragungsmedium verwendet. Die Luftströme werden dabei möglichst im Kreuzstrom oder im Kreuzgegenstrom geleitet. Die häufigste Form der Rekuperatoren sind Plattenwärmeaustauscher. Es kann aber auch ein Luftstrom durch Rohre geführt werden. Es wird kein Stoff übertragen mit Ausnahme der Rekuperatoren, die dampfdurchlässige Membranen als Trennflächen verwenden.

Der Begriff Rekuperator wird bei VDI [G4-1] verwendet, wie ihn z. B. Bošnjaković 1951 schon verwendet hat. Er ist aber in der Klimatechnik nicht geläufig und ist in diesem Zusammenhang auch vielleicht irreführend. Recuperare heißt im Lateinischen wiedergewinnen und träfe in so weit auch auf den Regenerator zu. Im Brockhaus [G4-12] wird der Begriff Rekuperator beschrieben „als

G4 Wärmerückgewinnungssysteme

kontinuierlich arbeitender Wärmeaustauscher aus zwei parallellaufenden, stofflich getrennten Systemen von möglichst dünnwandigen Kanälen, Rohren oder Lamellen...". Als Regenerator werden in der Verfahrenstechnik [G4-4] Regeneratorpaare verstanden, die abwechselnd für eine bestimmte Zeit vom kalten und warmen Fluid durchströmt werden. Dabei spielt die Speicherung eine Rolle und die Wärme wird mit zeitlicher Verzögerung von dem einen auf den anderen Strom übertragen. Das gilt im Prinzip auch bei rotierenden Wärmeübertragern und im nächsten Schritt auch bei Kreislaufverbundsystemen, wenn man die Flüssigkeit im System als umlaufenden Speicher betrachtet, obwohl die Wärmeübertragung von Luft an Wasser und umgekehrt in Rekuperatoren stattfindet. Wärmerückgewinner, die aus zwei „Rekuperatoren" in einem Kreislaufverbund bestehen und mit einem zwischengeschalteten festen, flüssigen oder dampfförmigen Wärmeübertragungsmedium arbeiten, werden deshalb bei VDI als auch Regeneratoren bezeichnet.

Das wird aber nicht überall so gesehen, z. B. [G4-4, G4-5].

Kreislaufverbundene Systeme bestehen aus je einem Wärmeaustauscher in beiden Luftströmen, die am häufigsten durch einen Wasserkreislauf mit Pumpe miteinander verbunden sind. Das Übertragungsmedium ist Wasser mit Frostschutzmittel (Sole). Die Pumpe kann auch entfallen, wenn die Schwerkraft genutzt werden kann. Die Kreislaufverbundsysteme bieten den Vorteil, dass die Wärmeaustauscher nicht unmittelbar nebeneinander liegen müssen. Sie eignen sich deshalb besonders zur Nachrüstung von Wärmerückgewinnern in bestehende Anlagen, bei denen die Leitungen für Fort- und Außenluft nicht dicht genug beieinander liegen. Es können auch mehrere Wärmeaustauscher aus verschiedenen Anlagen in einem Kreislauf miteinander verbunden werden. Die kreislaufverbundenen Wärmerückgewinner haben den weiteren Vorteil, dass zwischen den Luftströmen kein Austausch stattfinden kann, also keine Fortluft in die Zuluft gelangen kann.

Einen Sonderfall der kreislaufverbundenen Wärmerückgewinner stellen Wärmerohre dar, bei denen Kältemittel als Übertragungsmedium verwendet werden. Bei ihnen verdampft das Kältemittel auf der warmen Seite und kondensiert auf der anderen Seite eines Rohres. Als Antrieb werden Schwerkraft oder Kapillarkraft genutzt. Es wird kein Stoff übertragen. Beide Wärmetauscher müssen dabei aber dicht nebeneinander liegen.

Die Systeme mit rotierender Speichermasse sind so aufgebaut, dass ein zylindrischer, langsam rotierender Speicherkörper in der einen Hälfte von der Außen- und in der anderen Hälfte von der Fortluft im Gegenstrom durchströmt wird. Der Speicherkörper besteht aus wellenförmiger Metall- (Aluminium- oder Stahl-) oder Kunstharzfolie oder aus Keramikstrukturen. Die Oberfläche ist bei den sorptionsfähigen Systemen im allgemeinen mit einem hygroskopischen Material beschichtet. Er kann aber auch aus sorptionsfähigem Material bestehen. Bei dieser Anordnung ist erwünschter (Feuchtigkeit) und unerwünschter Stoffausausch möglich. Geruchsstoffe können von rotierenden Speichermassen unabhängig von den sorptiven Eigenschaften in bemerkenswertem Umfang übertragen werden.

G4.2
Rekuperative Systeme

G4.2.1
Bauformen

Die einfachste Form eines rekuperativen Systems stellt der Plattenwärmeaustauscher dar. Die beiden Luftströme werden durch Platten getrennt, möglichst im Kreuzstrom, aneinander vorbei geführt. Die Platten bestehen aus Aluminium, verzinktem Blech, Glas oder Kunststoff. Sie sind glatt oder verformt. Die Verformung wird zur Verbesserung des Wärmeüberganges und als Abstandshalter zwischen den Platten verwendet. Die Abdichtung zwischen den Platten stellt ein wichtiges konstruktives Kriterium dar. Leckage vom Fortluft- zum Außenluftstrom ist vor allem zu vermeiden, wenn der Fortluftstrom Geruchsstoffe enthält. Auch ist die Zugänglichkeit zum Reinigen wichtig, besonders, wenn mit Kondensation gerechnet werden muss. Es gibt spezielle Konstruktionen mit automatischer Reinigungseinrichtung. Ausbaubare Wärmetauscher, die in Spülmaschinen gereinigt werden können, werden ebenfalls angeboten. Bild G4-2 zeigt den prinzipiellen Aufbau eines Plattenwärmeaustauschers. Bei ihnen ist je nach Konstruktion darauf zu achten, dass die Druckdifferenzen zwischen beiden Luftströmen nicht zu groß werden. Sie können zu erhöhtem Druckverlust im Kanal mit dem geringeren Druck, aber auch zu Beschädigungen führen.

Plattenwärmeaustauscher werden in den unterschiedlichsten Konfigurationen angeboten. Viele sind modular aufgebaut und können durch entsprechende Anordnung fast alle Anforderungen an Betriebscharakteristik, Druckverlust und Durchströmung erfüllen. Die Abdichtung zwischen den Platten erfolgt durch entsprechende Faltung der Trennflächen und zusätzlich durch Kleben, Schweißen, Löten oder andere Verfahren.

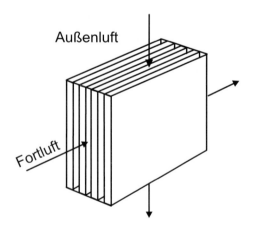

Bild G4-2 Plattenwärmeaustauscher

Bild G4-3 Glattrohrwärmeaustauscher

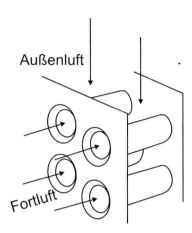

Anstelle der Platten werden auch Rohre verwendet, wenn größere Druckdifferenzen zwischen den Luftströmen zu erwarten sind. Das Prinzip zeigt Bild G4-3.

Die Rückwärmzahl eines Plattenwärmeaustauschers kann 0,5 bis 0,7 betragen. Durch Hintereinanderschalten von zwei Modulen lässt sie sich auf 0,6 bis 0,8 erhöhen.

Eine spezielle Kombination eines Plattenwärmeaustauschers mit einem Kühler kann zweckmäßig sein, wenn feuchte, warme Luft entfeuchtet und nacherwärmt werden soll. Umluftkühlgeräte mit Nachwärmung in Schwimmbädern sind ein bevorzugtes Anwendungsgebiet. Bild G4-4 zeigt den Aufbau und Bild G4-5 die Zustandänderung im h-x-Diagramm. Dabei durchströmt die Luft zweckmäßig zuerst den einen Weg des Plattenwärmetauschers (1–2) und wird dabei vorgekühlt und geringfügig entfeuchtet. Anschließend folgt ein Kühler, der weiter kühlt und stark entfeuchtet (2–3). Darauf wird die Luft durch den zweiten Weg des Plattenwärmetauschers zurückgeleitet und nacherwärmt (3–4).

Wenn die Außenluft gekühlt werden soll und die Fortluft geringe relative Feuchte hat, lässt sich der Plattenwärmeaustauscher auch zur indirekten Verdunstungskühlung verwenden. Dabei wird Wasser in der Fortluft versprüht. Diese Anwendung ist vor allem in heißen, trockenen Klimazonen anzutreffen.

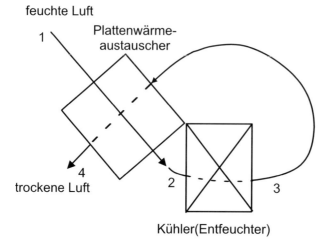

Bild G4-4 Kombination eines Plattenwärmetauschers mit einem Kühler zum Entfeuchten und Nachwärmen

Bild G4-5 Zustandsänderung in der Kombination nach Bild G4-4

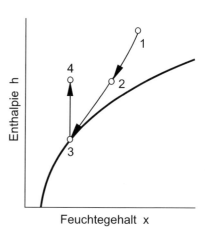

G4.2.2
Auslegung

Mit den Ein- und Austrittstemperaturen der beiden Luftströme lässt sich der Wärmeaustauschgrad Φ ähnlich wie bei Wärmetauschern (G2-18) definieren. Die Berechnung wird wie in Abschn. G2 für die Luftseite angegeben, ausgeführt.

G4 Wärmerückgewinnungssysteme

Es gilt:

$$\Phi = (\vartheta_{12} - \vartheta_{11}) / (\vartheta_{12} - \vartheta_{22}) \tag{G4-1}$$

mit ϑ – Temperatur der Luft
1. Index – 1 Fortluftstrom
   – 2 Außenluftstrom
2. Index – 1 Eintritt
   – 2 Austritt

Die Indizes für Außen- und Fortluftstrom lassen sich vertauschen. Entsprechend ergibt sich die Wärmeaustauschgrad Φ_1 für den Fortluftstrom oder Φ_2 für den Außenluftstrom:

$$\Phi_1 = (\vartheta_{11} - \vartheta_{12}) / (\vartheta_{11} - \vartheta_{21}) \tag{G4-2}$$

und

$$\Phi_2 = (\vartheta_{22} - \vartheta_{21}) / (\vartheta_{11} - \vartheta_{21}) \tag{G4-3}$$

Der Wärmeaustauschgrad wird bei Wärmerückgewinner auch als die Rückwärmzahl für den Außenluftstrom oder als die Abkühlzahl für den Fortluftstrom bezeichnet.

Für gleichen Wärmekapazitätsstrom ist

$$\Phi_1 = \Phi_2$$

Der Verlauf im h-x-Diagramm ist dafür auf Bild G4-6 dargestellt.

Bild G4-6 Zustandsänderung der Luft im Wärmerückgewinner ohne Kondensation

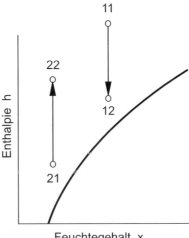

Bild G4-7 Zustandsänderung der Luft im Wärmerückgewinner mit Kondensation

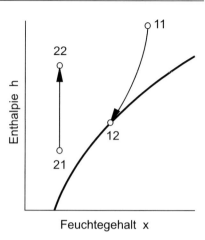

Auf der Fortluftseite kann im Winter Kondensation und Eisbildung auftreten. Eisbildung sollte durch Vorheizen der Außenluft oder Beipassregelung verhindert werden, weil der Wärmeaustauscher durch Eis blockiert oder zerstört werden kann. Die Zustandsänderung mit Kondensation auf der Fortluftseite zeigt Bild G4-7 im h-x-Diagramm.

In den Wärmeaustauschgrad, hier auch Rückwärmzahl, sind im Falle von Kondensation die Enthalpiedifferenzen anstelle der Temperaturdifferenzen einzusetzen.

$$\Phi_1 = (h_{11} - h_{12}) / (h_{11} - h_{21}) \tag{G4-4a}$$

mit h – Enthalpie

Die Rückfeuchtzahl Ψ ist das Verhältnis der Differenzen der absoluten Feuchten.

$$\Psi_1 = (x_{11} - x_{12}) / (x_{11} - x_{21}) \tag{G4-4b}$$

G4.2.3
Betriebsverhalten und Regelung

Der einfachste Fall stellt sich ein, wenn die Abluft- gleich der Zulufttemperatur im Raum ist, sich also keine Wärmequellen im Raum befinden. Dann ist bei jeder Außentemperatur das Verhältnis der zurückgewonnenen zur zugeführten Wärmemenge gleich groß und gleich der Rückwärmzahl. Bild G4-8 zeigt den jährlichen Wärmerückgewinn für diesen Fall in einem Summenhäufigkeitsdiagramm der Außenlufttemperaturen für eine Raumluft- und Zulufttemperatur von 24 °C. Näheres zur Häufigkeitsverteilung der Temperaturen ist in Band 1, B3.3.3 angegeben. Das schraffierte Feld gibt die zurückgewonnene Wärmemenge Q_r für das ganze Jahr an für einen Wärmerückgewinner mit einer Rückwärmzahl

G4 Wärmerückgewinnungssysteme

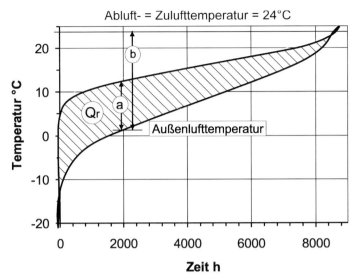

Bild G4-8 Jährlicher Wärmerückgewinn bei gleicher Zu- und Ablufttemperatur

von 0,5 wieder. Diese Rückwärmzahl drückt sich im Diagramm im Verhältnis a/b aus. Eine höhere Rückwärmzahl würde in diesem Fall auch einen entsprechend höheren Rückgewinn bedeuten.

Wenn die Zulufttemperatur wegen der thermischen Lasten im Raum wie bei Klimaanlagen kleiner als die Ablufttemperatur ist, gibt es Jahreszeiten, in denen die Wärmerückgewinnung reduziert werden muss. Im Beispiel auf Bild G4-9

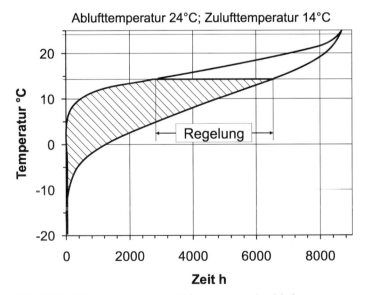

Bild G4-9 Wärmerückgewinn bei kleinerer Zu- als Ablufttemperatur

wird eine Zulufttemperatur von 14 °C bei einer Ablufttemperatur von 24 °C dargestellt. Oberhalb dieser Austrittstemperatur muss der Wärmerückgewinner geregelt werden.

Eine Regelung des Plattenwärmeaustauschers ist aufwendig, sie wird im allgemeinen durch Beipassregelung ausgeführt.

Man erkennt an diesem Beispiel, dass die zurückgewonnene Wärmemenge von der Außentemperatur, der Zulufttemperatur und der Rückwärmzahl abhängig ist. Die zurückgewonnene Wärmemenge ist nicht mehr proportional zur Rückwärmzahl. Es wird auch deutlich, dass eine viel bessere Rückwärmzahl in diesem Falle keine wesentliche Steigerung der rückgewonnenen Wärmemenge mehr ergibt. Für verschiedene europäische Klimazonen hat Abel in [G4-5] für eine Rückwärmzahl von 0,5 den Prozentsatz der zurückgewonnenen zur erforderlichen Wärmemenge berechnet. Es ergeben sich folgende Werte für eine Zulufttemperatur von 16 °C:

Tabelle G4-2 Zurückgewonnene zur erforderlichen Wärmemenge für $\Phi = 0,5$

Ort	Prozentsatz der zurückgewonnenen Wärmemenge
Amsterdam	78%
Madrid	88%
Stockholm	74%

Wenn mit Kondensation zu rechnen ist, muss ein entsprechender Wasserablauf mit Rückschlagsiphon vorgesehen werden.

Vereisung auf der Fortluftseite bei sehr niedrigen Außentemperaturen ist durch entsprechende Vorwärmung der Luft zu verhindern. Bei allen Wärmerückgewinnern ist auch zu beachten, dass im Anfahrbetrieb einer Anlage häufig noch keine inneren Lasten zur Verfügung stehen und deshalb eine Vorwärmung der Luft erforderlich werden kann.

G4.3
Regenerative Systeme

G4.3.1
Kreislaufverbundene Systeme mit Pumpenkreislauf

G4.3.1.1
Auslegung

Kreislaufverbundene Systeme bestehen, wie in G4.1 schon erwähnt, aus zwei Wasser-Luft-Wärmeaustauschern. Der eine befindet sich in der Außenluft, der andere in der Fortluft. Die Wärmeaustauscher werden im allgemeinen aus Lamellenrohrsystemen gebildet, wie in Abschn. G2 beschrieben. Beide Wärmeaustauscher werden durch ein Rohrsystem mit Pumpe und üblicherweise mit Beipass

G4 Wärmerückgewinnungssysteme

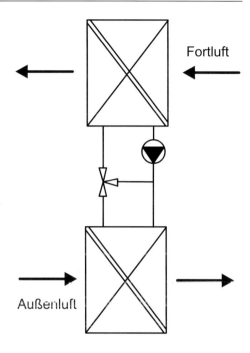

Bild G4-10 Prinzipieller Aufbau eines Kreislaufverbundsystems mit Beipass im Wasserkreislauf [G4-6] als Wärmerückgewinner

zur Regelung verbunden. Der Kreislauf wird mit Wasser als Übertragungsmedium betrieben, das mit Frostschutzmitteln versetzt wird, wenn ein Betrieb unter dem Gefrierpunkt nicht ausgeschlossen werden kann. Bild G4-10 zeigt den prinzipiellen Aufbau mit Bypass im Wasserkreislauf [G4-6].

Die Auslegung der einzelnen Wärmeaustauscher erfolgt nach den in G2 angegebenen Gleichungen. Die Wärmeaustauscher haben beim Kreislaufverbundsystem verhältnismäßig große Wärmeaustauscherkennzahlen $k \cdot A / \dot{W}$. Dadurch lassen sich Schaltungen gut realisieren, die dem Gegenströmer nahekommen. Es kann deshalb in guter Näherung mit den entsprechenden Gleichungen aus Abschn. G2 gerechnet werden. Im Kreislauf sind dann die Einzeldaten zusammenzufügen.

Für den Kreislaufverbund kann man mit den Bezeichnungen aus Bild G4-11 folgende Gleichungen aufstellen [G4-6]:

$$\Phi_{11} = \frac{\vartheta_{11} - \vartheta_{12}}{\vartheta_{11} - \vartheta_{K1}} \quad \Phi_{22} = \frac{\vartheta_{22} - \vartheta_{21}}{\vartheta_{Kr1} - \vartheta_{21}} \tag{G4-5}$$

$$\Phi_{1ges} = \frac{\vartheta_{11} - \vartheta_{12}}{\vartheta_{11} - \vartheta_{21}} \quad \Phi_{2ges} = \frac{\vartheta_{22} - \vartheta_{21}}{\vartheta_{11} - \vartheta_{21}} \tag{G4-6}$$

Bild G4-11 Bezeichnung der verwendeten thermodynamischen Größen des kreislaufverbundenen Wärmerückgewinners

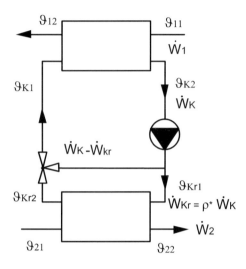

Das Verhältnis der Kapazitätsströme im Wasserkreislauf ρ ist

$$\rho = \frac{\dot{W}_{Kr}}{\dot{W}_K} \tag{G4-7}$$

Die gesuchte Temperaturdifferenz des Zuluftstromes ergibt sich aus Gl. G4-6b mit

$$\dot{Q} = \dot{W}_2(\vartheta_{22} - \vartheta_{21}) = \dot{W}_2 \cdot \Phi_{22}(\vartheta_{Kr1} - \vartheta_{21}) \tag{G4-8}$$

$$\dot{Q} = \dot{W}_1(\vartheta_{11} - \vartheta_{12}) = \dot{W}_1 \cdot \Phi_{11}(\vartheta_{11} - \vartheta_{K1}) \tag{G4-9}$$

$$\Phi_{2ges} = \frac{\dot{Q}}{\dot{W}_2}\left(\frac{\dot{Q}}{\dot{W}_1\Phi_{11}} + \vartheta_{K1} + \frac{\dot{Q}}{\dot{W}_2\Phi_{22}} - \vartheta_{Kr1}\right)^{-1} \tag{G4-10}$$

mit

$$\dot{Q} = \dot{W}_K(\vartheta_{K2} - \vartheta_{K1}) \text{ und } \vartheta_{K2} = \vartheta_{Kr1})$$

$$\Phi_{2ges} = \frac{\dot{Q}}{\dot{W}_2}\left(\frac{\dot{Q}}{\dot{W}_1\Phi_{11}} + \frac{\dot{Q}}{\dot{W}_2\Phi_{22}} - \frac{\dot{Q}}{\dot{W}_K}\right)^{-1}$$

mit

$$\frac{\dot{W}_2}{\dot{W}_K} = \frac{\dot{W}_2}{\dot{W}_{Kr}}\frac{\dot{W}_{Kr}}{\dot{W}_K} = \rho\frac{\dot{W}_2}{\dot{W}_{Kr}} \tag{G4-11}$$

$$\Phi_{2ges} = \left(\frac{1}{\dfrac{\dot{W}_1}{\dot{W}_2}\Phi_{11}} + \frac{1}{\Phi_{22}} - \rho\frac{\dot{W}_2}{\dot{W}_{Kr}} \right)^{-1} \tag{G4-12}$$

Gleichung 4-12 gilt für ein Kreislaufverbundsystem, wie auf Bild G4-11 dargestellt, allgemein, unabhängig von der Stromführung der Einzelwärmeaustauscher, denn sie ist ja in den Rückwärmzahlen der Einzelwärmeaustauscher enthalten.

Für den Sonderfall, dass alle Wärmekapazitätsströme gleich sind, also $\dot{W}_1 = \dot{W}_2 = \dot{W}_{Kr} = \dot{W}_K$, und außerdem gleiche Rückwärmzahlen der Einzelwärmeaustauscher $\Phi_{11} = \Phi_{22} = \Phi$ vorliegen, ergibt sich für die Gesamtrückwärmzahl

$$\Phi_{2ges} = \left(\frac{1}{\Phi} + \frac{1}{\Phi} - 1 \right)^{-1} = \frac{\Phi}{2-\Phi} \tag{G4-13}$$

Der Verlauf ist in Bild G4-12 dargestellt.

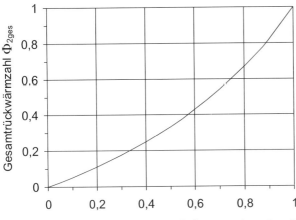

Bild G4-12 Rückwärmzahl des Kreislaufverbundsystems bei gleicher Rückwärmzahl der Einzelwärmeaustauscher und gleichen Wärmekapazitätsströmen

G4.3.1.2
Betriebsverhalten und Regelung

Die kreislaufverbundenen Wärmerückgewinner lassen sich entweder durch variablen Flüssigkeitsstrom (variable Pumpendrehzahl) oder besser durch einen Beipass (s. auch Bild G2-10) im Flüssigkeitskreislauf regeln. Die Pumpe wird dabei zweckmäßigerweise im Fortluftwärmeaustauscherkreislauf angebracht, weil dann im Fortluftwärmeaustauscher, in dem auch Kondensation oder Vereisung möglich ist, durch eine gleichmäßigere Temperaturverteilung nicht schon vorzeitig lokale Kondensation oder Eisbildung auftritt.

In dem Bereich, in dem Eisbildung möglich ist, wird die Leistung durch die Regelung so begrenzt, dass sich kein Eis bilden kann. Das geschieht durch Reduzierung des Flüssigkeitsstromes im Kreislauf des Außenluftwärmeaustauschers. Bei steigender Außenlufttemperatur wird die Leistung so begrenzt, dass die gewünschte Zulufttemperatur nicht überschritten wird. Wenn im Sommer die Fortluft kälter als die Außenluft ist, kann die Außenluft mit der Fortluft gekühlt, also die Richtung der Wärmerückgewinnung umgekehrt werden. Das kann durch adiabates Befeuchten der Fortluft vor dem Wärmerückgewinner verbessert werden.

G4.3.1.3
Bauformen

Das ganze System besteht aus mindestens je einem Wärmeaustauscher in der Fort- und in der Außenluft. Der Wasserkreislauf beinhaltet neben der Pumpe ein Ausdehnungsgefäß und ein Dreiwegeventil für den Beipass, wenn vorhanden.

Die Wärmeaustauscher können in größerer Entfernung voneinander angebracht werden, Zu- und Abluftanlage können also räumlich voneinander getrennt sein. Eine Kontamination der Zuluft durch die Fortluft ist nicht möglich.

G4.3.2
Systeme mit Wärmerohren

G4.3.2.1
Bauformen

Die Systeme mit Wärmerohren gehören im Prinzip zu den kreislaufverbundenen Systemen, das Funktionsprinzip erfordert jedoch eine räumliche Zusammenführung von Außen- und Fortluft. Bild G4-13 zeigt den Aufbau eines Wärmerohres. In jedem einzelnen Wärmerohr spielt sich der Kreislauf ab. Der Wärmeaustausch findet über Trennflächen mit Hilfe eines Wärmeträgers mit Phasenwechsel statt. Das ganze System setzt sich aus einzelnen Wärmerohren zusammen, die nicht miteinander verbunden sind. Es sind geschlossene Rohre, die mit einer niedrig siedenden Flüssigkeit (Kältemittel) je nach verwendetem Stoff im allgemeinen bei niedrigem Innendruck gefüllt sind. Flüssigkeit und Innendruck sind so aufeinander abzustimmen, dass die Flüssigkeit im Temperaturbereich der Fortluft verdampft und im Temperaturbereich der Außenluft kondensiert.

Das Wärmerohr befindet sich etwa je zur Hälfte im Fortluft- und im Außenluftkanal. In der einen Hälfte des Wärmerohres verdampft die Flüssigkeit, strömt gasförmig zur anderen Hälfte und kondensiert dort. Das Kondensat bewegt sich entweder durch Schwerkraft oder durch Kapillarkräfte von der einen

G4 Wärmerückgewinnungssysteme

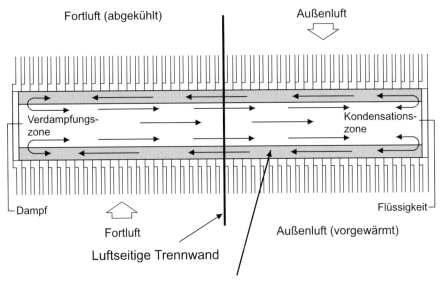

Bild G4-13 Aufbau eines Wärmerohres

Seite zur anderen. Die Schwerkraft allein reicht aus, wenn die Rohre senkrecht angeordnet sind. Der kältere Luftstrom (Außenluft) muss sich dann oben, der wärmere unten befinden. Der Wärmeaustausch kann bei der senkrechten Anordnung nur in einer Richtung stattfinden.

Bei horizontaler Anordnung kann die Kondensatströmung durch Kapillarkräfte allein erreicht oder unterstützt werden. Dazu wird poröses Material auf der Rohrinnenseite aufgebracht. Bei horizontaler Anordnung lässt sich durch unterschiedliche Neigung des Wärmerohres der Kondensatrückfluss behindern oder begünstigen und dadurch die Leistung regeln. Trotz geringerer möglicher Leistungsdichte wird diese Anordnung wegen der Regelbarkeit häufig bevorzugt.

Zur Verbesserung des Wärmeüberganges von der Luft zum Wärmerohr ist das Rohr außen mit Lamellen aus Aluminium oder anderen Metallen bestückt. Die Rohre bestehen im allgemeinen aus Kupfer oder Aluminium, es können aber auch andere Metalle verwendet werden. Das gilt vor allem, wenn andere Temperaturbereiche vorliegen. Aluminiumlamellen werden häufig gegen Korrosion mit einer dünnen Kunststoffschicht beschichtet, die den Wärmedurchgang nicht merkbar beeinflusst.

Beide Luftströme strömen in entgegengesetzter Richtung dicht aneinander vorbei. Jedes Wärmerohr durchdringt die Trennwand zwischen den beiden Luftströmen. Hier ist gute Abdichtung erforderlich, wenn Querkontamination vermieden werden soll. Bei hohen Dichtigkeitsanforderungen wird die Wand auch als Doppelwand ausgeführt und der Zwischenraum belüftet.

Die Wärmerohre sind in folgenden Abmessungen anzutreffen: Breite 0,5 bis 2 m, Höhe 0,5 bis 6 m, Tiefe 6 bis 10 Rohrreihen, was 0,3 bis 0,5 m entspricht. Platzbedarf und Gewicht der Geräte sind verhältnismäßig gering, besonders bei den Geräten ohne Kippregelung.

G4.3.2.2
Betriebsverhalten und Regelung

Bei senkrecht angeordneten Wärmerohren und solchen mit kapillarer Kondensatrückleitung ist nur luftseitige Regelung durch einen Beipass üblich. Bei horizontalen Rohren wird das ganze Wärmeaustauscherpaket durch einen Stellmotor so gekippt, dass sich unterschiedliche Neigungswinkel einstellen. Bild G4-14 zeigt eine solche Anordnung. Mit dem Winkel verändert sich die übertragene Leistung.

Bei dieser Anordnung kann je nach Neigung des Apparates die Wärme in beiden Richtungen strömen. Um die Schwenkbarkeit zu ermöglichen, werden die Luftleitungen mit flexiblen Stutzen allseitig an den Wärmerückgewinner angeschlossen. Der Wärmerückgewinner selbst hat keine bewegten Teile und ist deshalb wartungsfreundlich. Dieser Vorteil wird bei der horizontalen Anordnung durch die flexiblen Stutzen und den Stellmotor wieder etwas gemindert. Insbesondere ist Leckage bei defekten Stutzen möglich.

Die Auswahl des geeigneten Wärmeträgers ist vor allem für das Langzeitverhalten wichtig, da er während der Anwendungszeit nicht ausgetauscht werden soll. Er sollte eine hohe Verdampfungsenthalpie, große Oberflächenspannung und geringe Viskosität im flüssigen Zustand haben und möglichst nicht altern. Thermische Stabilität im angewendeten Temperaturbereich ist wichtig, damit nicht unkondensierbare Bestandteile entstehen.

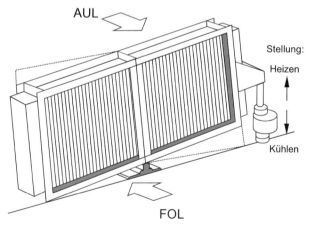

Bild G4-14 Wärmerückgewinner mit horizontalen Wärmerohren und Kippantrieb zur Regelung

G4.3.2.3
Auslegung

Die Auslegung ohne Messdaten eines Gerätes ist kaum möglich, falls man nicht näherungsweise von isothermer Wärmeübertragung innerhalb des Rohres ausgeht. Davon kann man ausgehen, wenn nicht der Rohrdurchmesser und die Rohrlänge die Austauschströmung von Kondensat und Dampf behindern. Die Auslegung ist dann mit den oben genannten Gleichungen für Rekuperatoren möglich. Die Wärmeübertragung durch Wärmerohre ist außerordentlich gut. Vergleicht man die Wärmeübertragung durch das Wärmerohr mit der Wärmeleitung eines Kupferstabes gleicher Länge, dann ist sie bis zu 1000 mal besser als durch Kupfer [G4-7].

Das prinzipielle Verhalten zeigen die in Bild G4-15 dargestellten Angaben [G4-8]. Es ist die Rückwärmzahl für verschiedene Geschwindigkeiten im Gesamtquerschnitt über der Anzahl der Rohrreihen angegeben. Die Leistung eines Wärmerohres nimmt ungefähr mit dem Rohrquerschnitt zu. Die Leitung ist unabhängig von der Rohrlänge mit Ausnahme sehr kurzer Rohre.

6 bis 10 hintereinander liegende Rohrreihen sind übliche Anwendungsfälle.

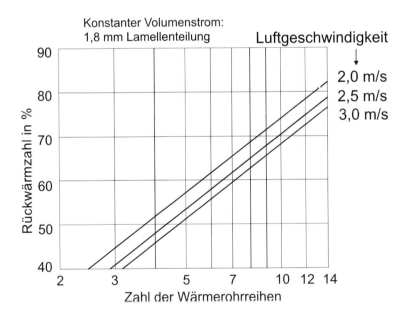

Bild G4-15 Rückwärmzahlen von Wärmerohren (Beispiel aus [G4-8])

G4.3.3
Thermosiphons

Ein kreislaufverbundenes System, das man als eine Zwischenstufe zwischen den kreislaufverbundenen Systemen mit Wasserkreislauf und den Wärmerohren ansehen kann, sind die Thermosiphonsysteme. Den prinzipiellen Aufbau zeigt Bild G4-16. Ein Thermosiphon besteht aus zwei Wärmeaustauschern die mit einem Rohrsystem im Kreislauf verbunden sind. Der eine Wärmeaustauscher dient als Verdampfer in der Fortluft, der andere als Kondensator in der Außenluft. Die obere Verbindungsleitung wird vom verdampften Wärmeträger durchströmt und muss entsprechend größer dimensioniert werden als die untere Verbindungsleitung, durch die das Kondensat strömt. Der Wärmeträger wird durch Schwerkraft bewegt. Wenn beide Wärmetauscher auf gleicher Höhe angeordnet sind (Bild G4-16a), kann der Wärmeaustausch in beiden Richtungen stattfinden. Wenn ein Wärmetauscher tiefer als der andere liegt (Bild G4-16b), findet der Wärmeaustausch nur vom tiefer liegenden zum höher liegenden Wärmeaustauscher statt, also nur in einer Richtung, ähnlich wie beim senkrecht angeordneten Wärmerohr. Als Übertragungsmedium wird im allgemeinen Kältemittel verwendet. Auch hier gilt die Bedingung, dass der Druck im System und der Wärmeträger so aufeinander abgestimmt sein müssen, dass bei der Temperatur der Fortluft der Wärmeträger verdampft und bei der Temperatur der Außenluft kondensiert.

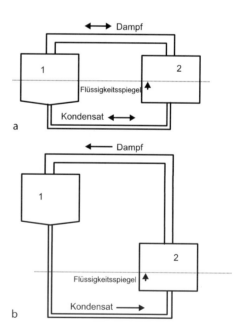

Bild G4-16 Prinzipieller Aufbau von Thermosiphons, **a** in beiden Richtungen, **b** in einer Richtung wirksam

Das System hat die Vorteile des Kreislaufverbundsystems mit Wasserkreislauf. Die Wärmeaustauscher müssen nicht in unmittelbarer Nachbarschaft liegen. Kontamination von einem Luftkanal zum anderen ist nicht möglich. Weiterhin wird kein maschineller Antrieb benötigt. Die Rückwärmzahl steigt mit der Temperaturdifferenz zwischen den Luftströmen und mit der Luftgeschwindigkeit, mit der die Wärmeaustauscher beaufschlagt werden. Thermosiphonsysteme sind in RLT-Anlagen in Deutschland verhältnismäßig selten anzutreffen.

G4.3.4
Systeme mit rotierender nicht sorptionsfähiger Speichermasse

G4.3.4.1
Bauformen

Systeme mit rotierender Speichermasse bestehen aus zylindrischen Körpern, die aus gewellten Metall- oder Kunststofffolien aufgewickelt sein können. Die Durchströmung erfolgt dabei gerichtet durch dreieckige, halbrunde oder ähnlich geformte Kanäle mit charakteristischen Durchmessern im Bereich von 1,5 bis 3 mm und Längen normalerweise um 200 mm. Es gibt auch Rotoren aus geknittertem Material oder zufällig verteilten Fasern oder Gestricken, bei denen keine definierten Strömungskanäle gebildet werden. Die Rotormaterialien haben Oberflächen bezogen auf das Rotorvolumen von 300 bis 3000 m^2/m^3.

Bild G4-17 zeigt ein Schnittbild eines Rotationswärmerückgewinners. Der Rotor ist, im allgemeinen mit horizontaler Achse, drehbar in einem Gehäuse untergebracht. Unten rechts im Schnittbild ist der Antriebsmotor mit Riementrieb für die Drehbewegung zu erkennen. Die obere Hälfte des Rotors (oberer Ausschnitt) wird von der Fort- und die andere Hälfte von der Außenluft im Gegenstrom durchströmt. Der Rotationskörper dreht sich im dargestellten Fall entgegen dem Uhrzeigersinn mit Drehzahlen im Bereich von 5 bis 15 U/min und wird dabei abwechselnd in der Fortluft erwärmt und in der Außenluft abgekühlt. Im Ausschnitt in der Mitte links ist oberhalb der Zuluftströmung eine Spülzone zu erkennen. In diesem Segment des Rotors wird ein Teil der Außenluft zurück in die Fortluft gespült, um eine Übertragung von Fortluft in die Zuluft durch Mitrotation zu verhindern. Das setzt einen Überdruck im Zuluftkanal und die richtige Drehrichtung voraus.

Der Rotor ist auf beiden Seiten durch eine rundum laufende Dichtung gegenüber dem Gehäuse, in dem er sich befindet, abgedichtet. Auf Bild G4-17 kann man diese Dichtung, die mit Federn angedrückt wird, auf der rechten Rotorseite erkennen. Am waagrechten Steg in der Mitte befindet sich beidseitig ebenfalls eine Dichtung, um das Überströmen zwischen den Luftleitungen zu verhindern. Querkontamination durch Spalt- und Mitrotationsluft ist konstruktionsbedingt nicht zu vermeiden und sie ist größer als bei den anderen Wärmerückgewinnern. Das lässt sich durch richtige Anordnung der Ventilatoren und richtige Geräteauslegung minimieren. Man muss dabei berücksichtigen, dass sich durch

Bild G4-17 Rotationswärmerückgewinner

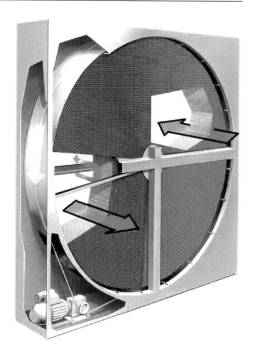

unterschiedliche Betriebzustände der Anlage (z. B. bei Variabelvolumenstromanlagen oder bei unterschiedlicher Filterverschmutzung) veränderte Druckverteilungen einstellen können.

Die Speichermasse des Rotors dient als Wärmeübertragungsmedium. Es handelt sich deshalb um ein kontinuierlich arbeitendes regeneratives System.

Die Rotoren werden in Durchmessern von 0,5 bis 5 m gefertigt. Die Rotortiefe beträgt normalerweise ungefähr 0,2 m. Größere Rotoren werden nur mit horizontaler Achse eingebaut, um die mechanische Belastung zu reduzieren und Verformungen zu vermeiden.

Die Geometrie dieses Wärmerückgewinners ist für den Anschluss der anschließenden Geräteteile verhältnismäßig ungünstig, da die beiden Gehäusehälften an die Geräte anzuschließen sind.

G4.3.4.2
Betriebsverhalten und Regelung

Die erwähnte Leckage wirkt sich auf den Wärmeaustauschgrad besonders bei kleinen Luftvolumenströmen merkbar aus. Bild G4-18 zeigt [G4-1] den prinzipiellen Verlauf verschiedener Rückwärmzahlen Φ in Abhängigkeit vom Luftvolumenstrom. Die theoretische Rückwärmzahl Φ_{th} ist am höchsten bei kleinem Volumenstrom und nimmt mit dem Volumenstrom ab. Die effektive Rückwärmzahl Φ_e fällt bei zu kleinen Volumenströmen dagegen stark ab. Durch Mitrotation kann ein Teilstrom übertragen werden und es ergibt sich die Kennlinie

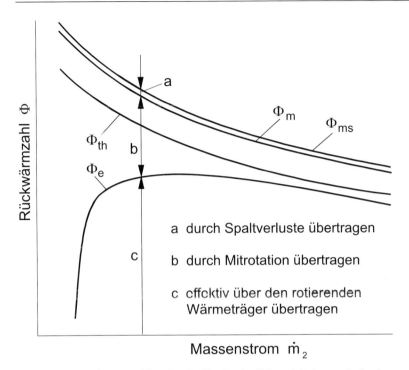

Bild G4-18 Rückwärmzahlen Φ_{th}, Φ_{e}, Φ_{m}, Φ_{ms} in Abhängigkeit vom Luftvolumenstrom bei Wärmerückgewinnern mit rotierender Speichermasse

Φ_m, die über der theoretischen liegen kann, wenn warme Fortluft in die Zuluft gelangt. An den Dichtungen treten Spaltverluste auf, die ebenfalls zu einer scheinbaren Verbesserung führen können. Das sollte durch Überdruck der Außenluft gegenüber der Fortluft verhindert werden. Die Kennlinie Φ_{ms} ist die Kennlinie, die im Betriebsfall gemessen würde.

In Anwendungsfällen, bei denen auch Umluft verwendet werden darf, ist die Leckage ohne Bedeutung. In kritischeren Fällen, in denen Querkontamination vermieden werden muss, wie in Operationsräumen von Krankenhäusern, in bestimmten Laboratorien ist von der Anwendung abzuraten.

Die Regelung erfolgt durch einen Luftbeipass oder Variation der Drehzahl. Bild G4-19 zeigt beispielhaft die Abhängigkeit der Rückwärmzahl von der Drehzahl für einen bestimmten Volumenstrom.

Die Wärmerückgewinner mit rotierender nicht sorptiver Speichermasse bestehen häufig aus Metall mit glatter Oberfläche. Deshalb können sie im Prinzip keine Feuchtigkeit vom einen zum anderen Luftstrom übertragen, ausgenommen bei Kondensation auf der Fortluftseite. Es gibt Anwendungsfälle, in denen Feuchteübertragung nicht erwünscht ist (s. J2.5), dann muss auch Kondensation vermieden werden, anderenfalls sollte sie zur Feuchteübertragung durchaus genutzt werden. Eisbildung sollte beim Betrieb des Wärmerückgewinners auf

Bild G4-19 Beispiel für die Abhängigkeit der Rückwärmzahl von der Drehzahl

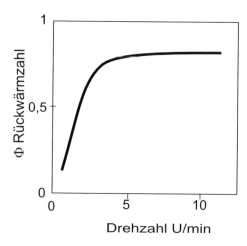

jeden Fall vermieden werden, weil das Gerät dafür im Normalfall nicht konzipiert ist.

Da die Luftkanäle im Rotor verhältnismäßig eng sind, ist die Verschmutzungsgefahr groß und eine Reinigung nur bedingt möglich. Deshalb sollten die Rotoren möglichst nicht mit verschmutzter Luft beaufschlagt werden. Filterung vor dem Wärmerückgewinner ist angebracht. Verschmutzung kann ebenfalls zu Feuchteübertragung beitragen und ist in Fällen, wo Feuchteübertragung unerwünscht ist, auf jeden Fall zu verhindern.

Ein Nachteil der großen Regeneratoroberfläche ist, dass sie Spuren von Geruchsverunreinigungen von der Fortluft an die Außenluft überträgt. Messungen von Pejtersen [G4-9] (Bild G4-20) gaben erstmals einen Hinweis, dass auch Wärmerückgewinner ohne sorptionsfähige Speichermassen die Empfundene Qualität der Zuluft hinter dem Wärmerückgewinner fast auf Werte der Fortluft vor dem Rückgewinner anheben. Bild G8-20 zeigt für zwei Drehzahlen die Diffe-

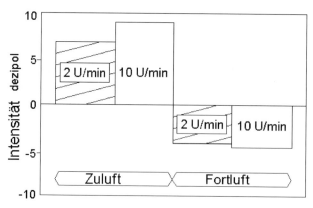

Bild G4-20 Differenz der Empfundenen Luftqualität (Geruchsintensität) vor und nach einem Rotationswärmerückgewinner [G4-9]

G4 Wärmerückgewinnungssysteme

renzen der Geruchsintensität vor und nach dem Rotationswärmerückgewinner auf der Fortluft- und der Zuluftseite. Durch eine weitere Untersuchung [G4-10] zeigte sich, dass vor allem Stoffe mit hohem Siedepunkt (> 150 °C) wie Hexanol, Butanol und Phenol Rückübertragungszahlen bis 26% erreichen können. Als Rückübertragungszahl ist die Differenz der Masse des untersuchten Stoffes nach und vor dem Wärmerückgewinner im Zuluftstrom bezogen auf die Differenz im Fortluftstrom zu verstehen. Die Stoffe mit dem hohen Siedepunkt sind gleichzeitig auch diejenigen, für die die Geruchsschwelle der menschlichen Nase sehr niedrig ist, die also gut wahrgenommen werden.

Bei richtiger Konstruktion der Spülzone und richtiger Dimensionierung der RLT-Anlage ist die Übertragung unter 4% und deshalb im allgemeinen vernachlässigbar [G4-11].

G4.3.4.3
Auslegung

Die Auslegung hat nach Herstellerunterlagen zu erfolgen. Die Anlagendrücke sind so zu konzipieren, dass möglichst geringe Spaltverluste eintreten. Es ist andererseits eine Mindestdruckdifferenz erforderlich, damit die Spülzone wirksam wird. Die Größe der Spülzone wird bei einigen Herstellern an die Druckdifferenz angepasst.

Druckverluste treten auf der Fort- und der Zuluftseite auf. Sie sollten sich im Bereich 80 bis 130 Pa bewegen. Die Anströmgeschwindigkeiten liegen dabei zwischen 2,5 und 3,5 m/s.

G4.3.5
Systeme mit rotierender sorptionsfähiger Speichermasse

Wenn eine Befeuchtung der Zuluft vorgesehen ist, lässt sich bei gleicher Konstruktion des Wärmerückgewinners, aber geänderten Rotoreigenschaften, eine erhebliche Verbesserung des Rückgewinns durch Enthalpieaustausch erreichen. Es wird dann nicht nur sensible sondern auch latente Wärme übertragen.

Nach Beck [G4-15] ist zu unterscheiden zwischen Rotoren, bei denen durch chemische Behandlung eine (grobe) Kapillarstruktur auf einer Aluminiumoberfläche aufgebracht ist und die etwas irreführend als „Enthalpierotoren" bezeichnet werden. Ihre Absorptionswirkung ist gering und beträgt nach [G4-15] nur 5 maximal 20% bei Sommerbedingungen und wirkt bei Winterbedingungen hauptsächlich durch Kondensation. Dennoch soll nach [G4-15] zur Zeit der größte Umsatz mit diesen Geräten gemacht werden.

Die Oberfläche des Rotormaterials kann auch durch Beschichtung hygroskopisch gemacht worden sein. Als Sorptionsmaterial werden u. a. Lithiumchlorid oder Silicagel verwendet. Bei Lithiumchlorid ist darauf zu achten, dass keine Kondensation auf dem Material auftritt, weil es wasserlöslich ist und so die Sorptionseigenschaften des Rotors zerstört werden können. Silikagel als Sorptionsmaterial hat dieses Problem nicht. Dennoch gilt, dass Kondensation vermieden werden sollte, weil das Kondensat den Strömungswiderstand erhöht und auch unkontrolliert in das Gehäuse des Wärmerückgewinners gelangen kann.

Ein wesentlicher Nachteil der Wärmerückgewinner mit Rotoren besteht, wie schon erwähnt darin, dass ihre sehr große Regeneratoroberfläche Luftverunreinigungen durch Sorption und Desorption überträgt. Die Untersuchung [G4-9] ergibt, dass die Geruchsstoffübertragung unabhängig von den Sorptionseigenschaften für Wasserdampf ist, also auch bei Rotoren ohne sorptionsfähige Speichermasse auftritt.

Die Untersuchung wurde bei Drehzahlen von 2 und 10 U/min bei drei Volumenströmen gemacht. Es zeigte sich, dass die Luftqualität der Fortluft beim Durchströmen besser wird, sie verbessert sich aber weniger als sich die Außenluftqualität verschlechtert. Das hängt mit der Nichtlinearität der Geruchswahrnehmung zusammen [G4-14]. Die Verunreinigung nimmt geringfügig mit der Drehzahl und dem Volumenstrom zu. Die Verschlechterung der Empfundenen Luftqualität auf der Zuluftseite liegt zwischen 3 und 9 dezipol. Bild G4-20 gibt ein Beispiel der Ergebnisse als Stärke der Verunreinigung in olf wieder. Die Verunreinigung in olf liegt in einem Bereich von 50 bis 130. Dadurch werden die Vorteile der guten Rückwärmzahlen, die diese Wärmerückgewinner haben, relativiert im Vergleich mit anderen Wärmerückgewinnern, die keinen Stoffaustausch zulassen.

Die Rückfeuchtzahlen in Abhängigkeit von der Rotordrehzahl unterscheiden sich von den Rückwärmzahlen (Bild G4-19), sie haben aber qualitativ einen ähnlichen Verlauf.

Durch eine Kombination von Wärmerückgewinnern mit und ohne sorptive Eigenschaften mit Befeuchtern lässt sich Luft kühlen. Das Verfahren wird näher in Abschn. J2.5 behandelt.

G4.3.6
Rückfeuchtzahl

Die Rückfeuchtzahl (Gl. G4-4b) ist nur in Sonderfällen gleich der Rückwärmzahl. Sie hängt von den Eigenschaften der Sorptionsbeschichtung ab. Wie in Band 1, G2.5.1 ausgeführt, besteht zwischen der Feuchte der Luft und der Feuchte in einem porigen Stoff ein Zusammenhang, hinreichende Zeit für das Erreichen eines Gleichgewichtszustandes vorausgesetzt, der durch die Sorptionsisothermen beschrieben wird. Die Sorptionsisothermen lassen sich in einem x-u-Diagramm darstellen, wo die Beladung u als Funktion der absoluten Feuchte x mit der Temperatur als Parameter dargestellt ist (Bild G4-22).

G4 Wärmerückgewinnungssysteme 319

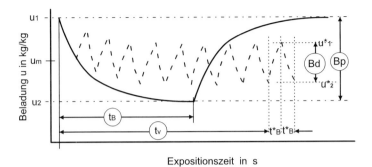

Bild G4-21 Rotorbeladung beim Gleichgewichtszustand und bei Betrieb

Bild G4-21 zeigt den prinzipiellen Verlauf der Beladung u, wenn ein Sorptionsmaterial mit der Anfangsbeladung im Gleichgewichtszustand u_1 von einem Luftstrom mit höherer Temperatur beaufschlagt wird. Die Beladung nimmt ab, bis sie nach der Zeit t_B den neuen Gleichgewichtszustand u_2 erreicht hat. Die Differenz der Beladungszustände wird als Beladungspotential Bp bezeichnet. Es kann aus den Sorptionsisothermen des Stoffes ermittelt werden. Nach Abschalten des wärmeren Luftstromes stellt sich nach entsprechender Zeit wieder der alte Zustand u_1 ein. Die Beladungszeit ist von der Luftgeschwindigkeit abhängig. Beim Rotationswärmerückgewinner wird das Sorptionsmaterial abwechselnd den beiden Bedingungen ausgesetzt. Die Beladungszeit t^*_B ergibt sich aus der Drehzahl des Rotors und beträgt die Hälfte einer Rotorumdrehung. Die Zeit reicht im allgemeinen nicht aus, um die Gleichgewichtszustände u_1 und u_2 zu erreichen. Es stellen sich die neuen Beladungszustände u^*_1 und u^*_2 ein und die Beladungsdifferenz Bd die bei jedem Umlauf durchlaufen wird. Das Verhältnis wird in [G4-13] als Nutzungsfaktor f_B bezeichnet:

$$f_B = Bd/Bp \tag{G4-14}$$

Aus einer Massenbilanz berechnet [G4-13] die ausgetauschte Wassermenge W je Luftstrom bei einem Rotordurchmesser D, der Luftdichte ρ_L und den absoluten Feuchten am Eintritt und Austritt x_1 und x_2:

$$W = \frac{D^2 \cdot \pi}{4 \cdot 2} v_L \cdot \rho_L \cdot (x_2 - x_1) \tag{G4-15}$$

Bezogen auf den sorptionsaktiven Rotorkörper mit der Rotortiefe l in Luftrichtung, dem Rotorfüllungsgrad σ, der Dichte des Rotorwerkstoffes ρ_R, und einem aktiven Sorptionsstoffanteil f_{SG} ergibt sich:

$$W = \frac{D^2 \cdot \pi}{4} \cdot l \cdot \sigma \cdot \rho_R \cdot f_{SG} \cdot n \cdot f_B \cdot (u_2 - u_1) \tag{G4-16}$$

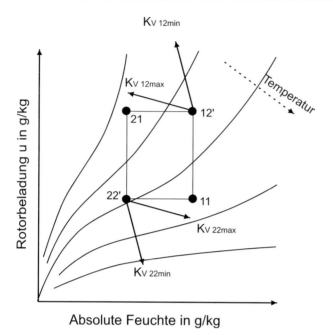

Bild G4-22 Rotorbeladung in Abhängigkeit von der Feuchte

Aus den beiden Gleichungen lässt sich ein Kapazitätsverhältnis K_V ableiten. Es ist das Verhältnis der Feuchte- und der Beladungsdifferenz.

$$K_V = \frac{x_1 - x_2}{u_2 - u_1} = 2 \cdot l \cdot \sigma \cdot \frac{\rho_R}{\rho_L} \cdot \frac{f_{SG} \cdot n \cdot f_B}{v_L} \tag{G4-17}$$

Im Bild G4-22 ist qualitativ ein x-u-Diagramm für Aluminiumoxid dargestellt. Darin lässt sich das Kapazitätsverhältnis K_V für die beiden Stoffströme darstellen. Je nach der Rotordrehzahl kann sich ein Wert zwischen K_{vmax} und K_{vmin} einstellen. Der Ursprung von K_{v12} und K_{v22} liegt dabei in den Schnittpunkten 12' und 22' den Schnittpunkten von x_{11} und u_{21} und x_{21} und u_{11}.

Man erkennt, dass für die Berechnung neben dem h-x- auch dass u-x-Diagramm für das jeweilige Sorptionsmaterial zu berücksichtigen ist und demzufolge Rückwärm- und Rückfeuchtzahl nur im Ausnahmefall gleiche Werte haben können. Für die weitere Berechnung sei auf [G4-13] verwiesen.

G4.3.7
Systeme mit flüssigen sorptionsfähigen Speichermedien

Neben den erwähnten Systemen mit festen Speichermassen sind auch solche mit flüssigen Speichermassen möglich. Dabei wird eine hygroskopische Flüssigkeit nacheinander in Sprühdüsenbefeuchtern in der Fort- und in der Außenluft versprüht und wieder gesammelt und mit Pumpen umgewälzt. Diese Systeme werden in Deutschland in RLT-Anlagen kaum angewendet, wohl deshalb, weil zu viele Bedenken bestehen, dass die Luft trotz zusätzlicher Filterung nicht im wünschenswerten Maße frei von Aerosolen ist. Ebenfalls ist ungeklärt, wie viele Geruchsstoffe übertragen werden.

G4.4
Wirtschaftlichkeitsvergleiche

Wärmerückgewinnungsanlagen ermöglichen eine Reduzierung des Energieverbrauches für Heizung und Kühlung. Sie tragen zur Verkleinerung der Befeuchtungs-, Heiz- und Kühlaggregate bei. Sie verursachen andererseits zusätzliche Investitions- und Betriebskosten, da sie zusätzliche Strömungswiderstände in der Anlage verursachen und zusätzlichen Antrieb benötigen. Deshalb müssen in jedem Fall die Einsparungen und die Mehraufwendungen gegenübergestellt werden. Zur einheitlichen Berechnung existiert eine VDI-Richtlinie [G4-2]. Dort wird bereits darauf hingewiesen, dass die Entscheidung, ob Wärmerückgewinnung vorgesehen wird und welche Art des Wärmerückgewinners am zweckmäßigsten ist, am besten von einer Wirtschaftlichkeitsberechnung abhängig gemacht werden sollte. Der Wärmerückgewinner mit der besten Rückwärmzahl muss nicht unbedingt der geeignetste Rückgewinner sein.

Für den Wirtschaftlichkeitsvergleich müssen zunächst alle Mehr- und Minderkosten ermittelt werden, die durch das vorgesehene System zusätzlich anfallen. Es werden dazu die jährlichen Kosten für Kapital, Unterhaltung, Bedienung und Wartung und Energie zusammengestellt.

Dagegen steht der nutzbare Gewinn an Rückwärme, der in Abhängigkeit von den Klimadaten, dem Bedarf und der vorgesehenen RLT-Anlage zu ermitteln ist. Bei der RLT-Anlage hat es einen wesentlichen Einfluss, ob und wie befeuchtet und geregelt wird. In der VDI-Richtlinie wird unter anderem ein graphisches Näherungsverfahren angegeben, um unter bestimmten stationären Randbedingungen einfach die „Jahres-Rückwärme" zu ermitteln. Die Jahres-Rückwärme wird in Abhängigkeit von den Eigenschaften des Wärmerückgewinners, den Abluftbedingungen und der Rückwärmgrenze bezogen auf den Einheitsmassenstrom in Diagrammen wiedergegeben.

Auf den Bildern, deren Nummern in der folgenden Tabelle zusammengefasst sind, werden die unterschiedlichen Prozessverläufe ohne und mit Befeuchtung und für Dampf- und Wasserbefeuchter zur Erklärung dargestellt. Die Fortluft wird durch den Wärmerückgewinner von Punkt 11 auf 12 abgekühlt und entfeuchtet, die Außenluft von Punkt 21 nach 22 erwärmt. Ein weiterer Erwärmer bringt dann die zusätzlich erforderliche Enthalpiedifferenz Δh auf, die erforderlich ist, um beim Wasserbefeuchter den Zustand h_{fin} und beim Dampfbefeuchter ϑ_{fin} zu erreichen. Bei der Wasserbefeuchtung kann eine weitere Nacherwärmung bis zum Zuluftzustand erforderlich sein.

	Ohne Befeuchtung		Wasserbefeuchtung	Dampfbefeuchtung
	Ohne Kondensation	Mit Kondensation		
Trennflächen-Wärmerückgewinner	G4-6	G4-7	G4-23	G4-24
Kontaktflächen-Wärmerückgewinner		G4-25	G4-26	G4-27

Bei den Trennflächenwärmerückgewinnern kann wie bei den Kontaktflächenwärmerückgewinnern auf der Fortluftseite Kondensation auftreten, es wird aber kein Wasser auf die Zuluftseite übertragen.

Bild G4-23 Zustandsänderung bei adiabater Befeuchtung

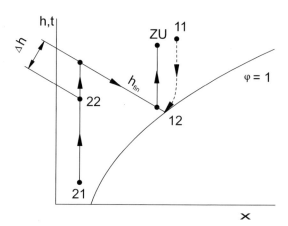

Bild G4-24 Zustandsänderung bei Dampfbefeuchtung

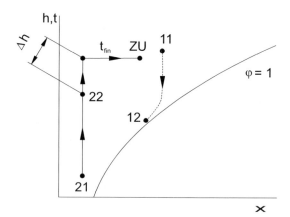

G4 Wärmerückgewinnungssysteme

Bei den Kontaktflächenwärmerückgewinnern, das sind vor allem die rotierenden Wärmerückgewinner mit sorptionsfähiger Speichermasse, tritt eine Erwärmung und Befeuchtung der Zuluft auf, und es muss gegebenenfalls je nach Zulufttemperatur und Rückwärmzahl noch nachgewärmt werden, Bild G4-25. Anschließend wird die Luft befeuchtet. Die anschließende Befeuchtung führt zu einem Temperaturabfall bei der Wasserbefeuchtung, die je nach gewünschter Zulufttemperatur durch Nachwärmung zu erhöhen ist. Beim Dampfbefeuchter wird im Vorwärmer auf die Temperatur ϑ_{fin} erwärmt.

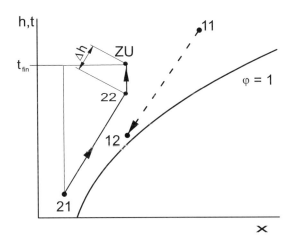

Bild G4-25 Zustandsverlauf beim Kontaktflächenwärmerückgewinner

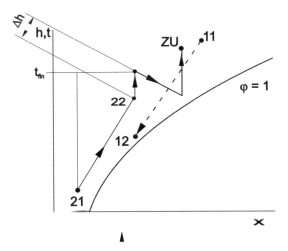

Bild G4-26 Kontaktflächen-Wärmerückgewinner mit Wasserbefeuchtung

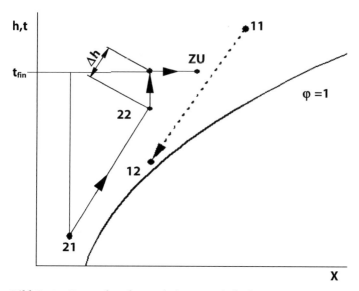

Bild G4-27 Zustandsänderung beim Kontaktflächen-Wärmerückgewinner mit Dampfbefeuchtung

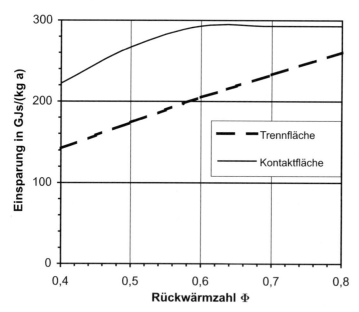

Bild G4-28 Wärmerückgewinn eines Kontakt- und eines Trennflächen-Wärmerückgewinners in Abhängigkeit von der Rückwärmzahl

Im Beispiel auf Bild G4-28 aus [G4-2] ist der jährliche Wärmerückgewinn aufgetragen über der Rückwärmzahl. Die Werte gelten für ganzjährigen und ganztägigen Betrieb. Es wird angenommen, dass die Rückwärmzahl und die Rückfeuchtzahl gleich sind. Es wird auf eine maximale Enthalpie der Zuluft hinter dem Wärmerückgewinner von 32 kJ/kg geregelt. Und es wird die Klimazone 1 nach DIN 4710 angenommen.

Die Beurteilung sollte aber nicht nur anhand dieser Diagramme, sondern mit der vorgeschlagenen Gesamtrechnung gemacht werden, bei der am besten je eine Anlage mit und ohne Wärmerückgewinnung berechnet und verglichen werden.

Literatur

[G4-1] Verein Deutscher Ingenieure: VDI Richtlinie 2071: Wärmerückgewinnung in Raumlufttechnischen Anlagen, (12/1997)
[G4-2] VDI-Richtlinie 2071, Bl. 2 (3.83) WRG in RLT-Anlagen; Wirtschaftlichkeitsberechnung
[G4-3] Bošnjaković, F., M. Viličić, D. Slipčević: Einheitliche Berechnung von Rekuperatoren. VDI Forschungsheft 432. Düsseldorf (1951)
[G4-4] Grassmann, P.: Physikalische Grundlagen der Verfahrenstechnik, Verlag Sauerländer AG, Aarau (Schweiz), (1970)
[G4-5] Abel, E. Kapitel 7, in Nilsson P. E. (ed.) Achieving the Desired Indoor Climate, Studentlitteratur, Nayarana Press, Denmark (2003)
[G4-6] Glück, B.: Rekuperative, kreislaufverbundene Wärmerückgewinnung, HLH. 46 (1995) Nr. 12 und „Vergleichsprozesse in der Klimatechnik", C. F. Müller Verlag (1998)
[G4-7] Ruch, M. A.: Heat pipe exchangers as energy recovery devices. ASHRAE Transactions 82 (1):1008–1014 (1976)
[G4-8] ASHRAE Handbook: HVAC Systems and Equipment, Ch. 44.12 (2004)
[G4-9] Pejtersen, J.: Sensory Air Pollution Caused by Rotary Heat Exchangers, Indoor Air 96', Nagoya, Vol 3, p. 459
[G4-10] Roulet, C.-A., M.-C. Pibiri, and R. Knutti. Measurement of VOC Transfer in Rotating Heat Exchangers. in Healthy Buildings. Helsinki (2000)
[G4-11] Fitzner, K.; B. Müller; J. Lußky; V. Küchen: AIRLESS, Contract JOR3-CT97-0171, Final Report Task 2, January 1, 1998 to March 31, (2000)
[G4-12] Brockhaus Enzyklopädie, 19. Auflage, 18. Band 1992 F.A. Brockhaus, Mannheim
[G4-13] Dreher, E.: Feuchteaustausch rotierender Wärmerückgewinner, KI 1/1996, S. 23–27
[G4-14] Fitzner, K.: Perceived Air Quality: Should we use a linear or a non-linear scale for the relation between odour intensity and concentration? Congress Roomvent Stockholm (1998)
[G4-15] Beck, E.: Feuchteübertragung von Rotoren, HLH Bd. 57 (8/2006) S. 23–26

G5
Befeuchter

G5.1
Übersicht

Es lassen sich zwei Arten von Befeuchtern unterscheiden, die Wasser- und die Dampfbefeuchter. Bei den einen wird Wasser versprüht und verdunstet. Die Verdampfungsenthalpie wird dabei der Luft entzogen, so dass sich die Luft beim Befeuchten abkühlt. Weil von außen keine Energie zugeführt wird, spricht man deshalb oft auch von „adiabater Befeuchtung". Bei den Dampfbefeuchtern wird die Verdampfungsenthalpie durch Erhitzen und Verdampfen des Wassers vor Eintritt in den Befeuchter zugeführt, so dass die Luft je nach Überhitzung des Dampfes beim Befeuchten sogar geringfügig erwärmt werden kann. Weiteres zur Theorie s. Band 1, F4.

G5.2
Wasserbefeuchter

G5.2.1
Übersicht

Wasserbefeuchter kann man danach unterscheiden, wie das Wasser in den Luftstrom eingebracht wird. Am häufigsten findet man die Sprühbefeuchter, auch Aerosolbefeuchter genannt, die Wasser aus Düsen im Luftstrom versprühen. Je nach Düsenart und Wasserdruck entsteht ein dichter Wasserregen mit großer Tropfenoberfläche, an der das Wasser verdunstet (s. auch B3.2.2). Dabei muss ein Vielfaches der verdunstenden Wassermenge versprüht werden, so dass diese Befeuchter im Umlauf (Umlaufwasser) betrieben werden, um Wasser zu sparen. Nur bei Anlagen mit geringen Anforderungen an den Befeuchtungsgrad sind auch Durchlauf-Sprühbefeuchter, üblicherweise mit vorgeheiztem Wasser, einsetzbar. Mit vorgeheiztem Wasser lässt sich der Befeuchtungsgrad verbessern. Das wird aber aus hygienischen Gründen heute nicht mehr angewendet.

Andere Sprühbefeuchter nutzen Schleuderscheiben oder rotierende Bürsten zum Versprühen des Wassers. Sie arbeiten ebenfalls mit Wasserumlauf. Bei einem weiteren Verfahren wird das Wasser durch Ultraschall zerstäubt. Dabei entstehen so feine Wassertropfen, dass fast das gesamte versprühte Wasser verdunstet, sodass kein Umlauf des Wassers erforderlich ist.

Bei den Rieselbefeuchtern wird Wasser über Füllkörper oder Filterfliese verrieselt und dort verdunstet, sie arbeiten je nach Düsenart mit oder ohne Wasserumlauf.

G5.2.2
Sprühbefeuchter

G5.2.2.1
Aufbau und Bauformen

Der Umlauf-Sprühbefeuchter, häufig auch als „Wäscher" oder „Wascher" bezeichnet, verbindet mehrere Funktionen in einfacher Weise miteinander. Er ist zugleich Befeuchter, Kühler und Wäscher, in Sonderfällen auch Entfeuchter oder Erhitzer. Die Funktion des „Wäschers" können streng genommen alle Wasserbefeuchter erfüllen, die mit einem Wasserüberschuss arbeiten, also mehr Wasser versprühen als sie verdunsten. Die Funktion des „Wäschers" wird heute, soweit es um die Beseitigung von Aerosolen aus der Luft geht, weitgehend von hierfür wesentlich wirksameren Filtern übernommen, zumal der Wäscher selbst auch ein Aerosolgenerator ist. Der Wäscher kann einen großen Beitrag leisten beim Auswaschen von allen Gasen, die sich gut in Wasser lösen. So ist er sehr wirksam beim Auswaschen von SO_2 und NH_3, die fast vollkommen aus der Luft entfernt werden.

Die kombinierten Funktionen Befeuchten und Kühlen sind beim Wasserbefeuchter so vorteilhaft, dass er häufig eingesetzt wird. Durch diese Möglichkeit lassen sich im Gegensatz zu Dampfbefeuchtern bei unserem Außenklima zu bestimmten Jahreszeiten Energie und Kosten für die Kühlung einsparen. Das gilt noch mehr für heiße aber trockene Klimate. In der amerikanischen Literatur wird der Sprühbefeuchter deshalb beispielsweise im Kapitel „Evaporative Air-Cooling Equipment" (Spray-type Air Washer) geführt und nicht im Kapitel „Humidifier" [G5-1].

Am häufigsten wird der horizontale Sprühbefeuchter angewendet, der aus einer Kammer mit einer Wassersammelwanne an der Unterseite besteht. Bild G5-1 zeigt einen solchen Sprühbefeuchter mit abnehmbarer Seitenwand (links) im geöffneten Zustand und mit geschlossener Seitenwand (rechts). Die Luft tritt von der rechten Seite des Sprühbefeuchters durch einen sogenannten Gleichrichter in den Befeuchter ein. Auf Bild G5-1b ist dieser Gleichrichter teilweise nach außen gezogen, um die Herausnehmbarkeit zum Säubern zu demonstrieren.

Der Gleichrichter soll das Strömungsprofil der eintretenden Luft vergleichmäßigen und das Rücksprühen von Wasser gegen den Luftstrom in stromauf liegende Anlagenteile verhindern. Die Gefahr des Rücksprühens besteht bei Gegenstrombefeuchtern, aber auch bei Gleichstromsprühbefeuchtern infolge von ungleichmäßigen Strömungsprofilen und Rückströmgebieten.

Bild G5-1 Sprühbefeuchter mit Gleichrichter, Düsenstock und Tropfenabscheider, **a** mit Seitenwand und Einstiegsöffnung, **b** mit abgenommener Seitenwand

Auf dem Luftwege folgen dann ein oder mehrere Düsenstöcke. Aus den Düsen wird Wasser gegen oder in Luftrichtung versprüht (Gleich- oder Gegenstromsprühbefeuchter). Bild G5-2 und Bild M3-1 zeigen den prinzipiellen Aufbau.

Zum Versprühen des Wassers werden am häufigsten Hohlkegeldüsen verwendet, mit Durchmessern der Austrittsöffnungen zwischen 1,5 und 8 mm. Das nicht verdunstete Wasser fällt in die Sammelwanne zurück, wird von einer Pumpe angesaugt und erneut durch die Düsen versprüht (linker Wasserkreislauf auf Bild G5-2). Daher stammt die Bezeichnung Umlaufsprühbefeuchter. Die versprühte Wassermasse liegt normalerweise in der Größenordnung von 30 bis 80% der durchgesetzten Luftmasse. Nur etwa 1% des versprühten Wassers verdunstet.

Bild G5-2 zeigt die außerdem erforderlichen Wasseranschlüsse in ihren möglichen Anordnungen auf. Der Wasserkreislauf für das Umlaufwasser kann eine Desinfektionsanlage enthalten z. B. mit UV-Strahlung. Ein Überlauf begrenzt

G5 Befeuchter

Wasseranschlüsse

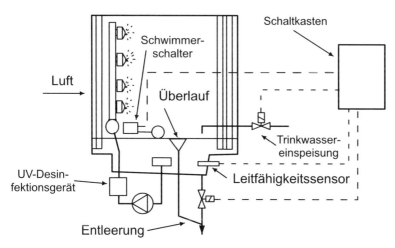

Bild G5-2 Prinzipieller Aufbau des Gleichstromsprühbefeuchters mit Wasseranschlüssen (s. auch Bild M3-1)

den Wasserstand nach oben. Ein Niveaufühler, häufig auch ein Schwimmerventil, gibt eine Meldung, wenn der Wasserstand zu niedrig ist und öffnet das Ventil zur Nachspeisung von Wasser mit Trinkwasserqualität. Ein Leitfähigkeitssensor ermöglicht die Entscheidung, wann Wasser nachzuspeisen ist, weil die Salzkonzentration im Umlaufwasser zu hoch ist. Ein weiteres Magnetventil mit Ablauf an der tiefsten Stelle der Wasserwanne ermöglicht die Entleerung. Der Schaltkasten enthält die erforderlichen Schaltprogramme.

Weil ständig Wasser verdunstet, steigt die Salzkonzentration des Umlaufwassers. Deshalb muss mehr Wasser nachgespeist werden, als verdunstet. Der Vorgang wird als Abschlämmen, Absalzen oder Abflutung (M3.2.2) bezeichnet.

Nach einem Abstand von ca. 400 bis 1000 mm folgt dem Düsenstock ein Tropfenabscheider, um das nicht verdunstete Wasser möglichst vollständig aus der Luft zu entfernen. Auf Bild G5-1b ist dieser Tropfenabscheider in seiner Halterung nach außen gezogen dargestellt. Im Tropfenabscheider wird die Strömungsrichtung mehrfach umgelenkt (s. auch Bild G5-9). Tropfen oberhalb eines Grenztropfendurchmessers werden dabei durch Trägheitskräfte (Trägheitstropfenabscheider) abgeschieden. Der Grenztropfendurchmesser hängt von der Tropfenabscheiderkonstruktion und der Luftgeschwindigkeit ab. Er liegt häufig im Bereich von 20 bis 50 µm.

Das Verdunsten des Wassers und die Abscheidung von Aerosolen aus der Luft lassen den Salzgehalt des Umlaufwassers anwachsen. Um bestimmte Grenzwerte der Konzentration im Wasser nicht zu überschreiten, muss dauernd Frischwasser nachgespeist werden.

Sprühbefeuchter mit Verdunstungseinheit
Neben der beschriebenen Form des Sprühbefeuchters gibt es eine Vielzahl anderer Sprühbefeuchterkonstruktionen. Häufig werden an Stelle des Tropfenabscheiders Matten oder Rieselkörper eingebaut, die direkt besprüht werden. Dadurch wird die Verdunstungsoberfläche vergrößert. Die Düsen können dann kleiner sein, und bei kleinerem Wasserstrom werden bessere Befeuchtungsgrade erreicht.

Das Massenverhältnis von Wasser und Luft wird als Wasser-Luft-Zahl bezeichnet. Es kann bei dieser Konstruktion bis auf 0,01 reduziert werden, so dass auf ein Zurückpumpen des versprühten Wassers verzichtet und nur Frischwasser verwendet werden kann. Das ermöglicht eine einfachere Befeuchterkonstruktion, weil Umwälzpumpe und Sammelwanne entfallen. Weil der Befeuchter praktisch immer ein Bestandteil eines Klimagerätes ist, entsteht dadurch ein Vorteil für die Gerätekonstruktion. Der Gerätequerschnitt bleibt auch im Bereich des Befeuchters erhalten, und das Fundament des gesamten Gerätes vereinfacht sich. Hygienisch besteht ein Vorteil darin, dass weniger Aerosole den Befeuchter verlassen, wenn die Rieselkörper entsprechend dicht sind. Im Teillastbereich kann allerdings die Ansammlung von Luftverunreinigungen und Mikroorganismen auf dem Rieselkörper Geruchsprobleme verursachen. Auf die hygienischen Fragen wird später noch detaillierter eingegangen (s. auch Bild I3-5).

Die Düsen für den geringen Wasserdurchsatz bei hohem Druck sind so klein, dass das Wasser gefiltert und häufig auch entsalzt werden muss (s. auch M3.2.3). Dadurch können Korrosionsprobleme an den Gerätewänden entstehen, weil das entsalzte Wasser sehr aggressiv ist.

G5.2.2.2
Auslegung des Sprühbefeuchters (s. auch C3.1.3)

Wenn, wie üblich, das im Befeuchter versprühte Wasser nicht vorher gekühlt oder erwärmt wird, stellt sich die Zustandsänderung der Luft als Teilstück einer verlängerten Nebelisothermen dar (s. auch Band 1, Bild G2-22), die in guter Näherung in diesem Bereich einer Isenthalpen entspricht. Geringe Abweichungen davon treten auf durch die Zufuhr von Pumpenenergie und Wärme durch die Befeuchterwände. Bild G5-3 zeigt die Temperatur ϑ_1 bei der Feuchte x_1 am Eintritt und ϑ_2 und entsprechend x_2 am Befeuchteraustritt. Die Verlängerung der Nebelisotherme schneidet die Sättigungslinie bei der Kühlgrenz- oder Feuchtkugeltemperatur ϑ_f und Feuchte x_f (s. dazu auch Band 1, B Seite 53).

Eine für einen bestimmten Betriebszustand des Befeuchters charakteristische Größe ist der Befeuchtungsgrad η_B. Er ist mit den Temperaturen oder Feuchten aus Bild G5-3 wie folgt definiert:
a) bei adiabater Befeuchtung:

$$\eta_B = \eta_{B,ad} = \frac{\vartheta_1 - \vartheta_2}{\vartheta_1 - \vartheta_f} = \frac{x_1 - x_2}{x_1 - x_f} \tag{G5-1}$$

Bild G5-3 Zustandsänderung der Luft im Sprühbefeuchter

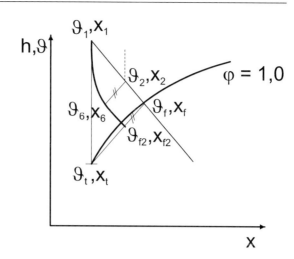

b) bei nicht adiabater Befeuchtung gilt näherungsweise:

$$\eta_{B,\dot{q}} = 1 - \frac{\vartheta_6 - \vartheta_{f2}}{\vartheta_1 - \vartheta_f} = 1 - \frac{x_6 - x_{f2}}{x_1 - x_f} \tag{G5-2}$$

Die Feuchtkugeltemperatur ϑ_{f2} ist eine Hilfsgröße.

mit ϑ_1 – Lufteintrittstemperatur
ϑ_2 – Luftaustrittstemperatur
ϑ_f – Feuchtkugeltemperatur
ϑ_6 – Luftaustrittstemperatur beim nicht adiabaten Befeuchter
ϑ_{f2} – Hilfstemperatur auf Verbindungslinie $\vartheta_1 - \vartheta_f$
ϑ_t – Taupunkttemperatur am Lufteintritt

Für die experimentelle Ermittlung des Befeuchtungsgrades muss der zweite Teil der Gleichung G5-1 herangezogen werden, denn die Temperatur der trockenen Luft lässt sich am Befeuchteraustritt nicht genau messen. Das stellt auch Schwierigkeiten bei der Regelung dar. Die mit einem Thermometer gemessene Temperatur wird im allgemeinen in der Nähe der Kühlgrenztemperatur ϑ_f liegen, weil die Luft auch hinter dem Tropfenabscheider nicht frei von feinsten Wassertröpfchen ist, die sich am Thermometer niederschlagen und verdunsten.

In Bild G5-4 wird die Abhängigkeit des Befeuchtungsgrades von der Wasser-Luft-Zahl für Gleich- und Gegenstrom für den in Sprühbefeuchtern üblichen Geschwindigkeitsbereich der Luft zwischen 2,5 und 3,5 m/s, eine bestimmte Düsenart, einen bestimmten Düsendruck und eine Befeuchterlänge gezeigt. Der Kurvenverlauf ergibt sich aus mehreren Einzelkurven, denn um den gesamten aufgezeigten Bereich überstreichen zu können, muss die Düsenzahl variiert werden, weil jede Düse nur in einem begrenzten Druckbereich die gewünschte

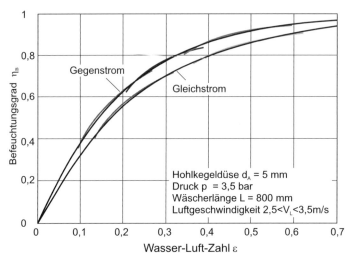

Bild G5-4 Beispiel für den Befeuchtungsgrad als Funktion der Wasser-Luft-Zahl für einen Luftgeschwindigkeitsbereich von 2,5 bis 3,5 m/s für eine übliche Sprühbefeuchterkonstruktion nach [G5-6]

Sprühwirkung hat. Für jede Düsenzahl ergibt sich ein Kurventeilstück, das eine stärkere Krümmung als die Gesamtkurve hat.

Für einen gegebenen Sprühdüsenbefeuchter bei konstantem Luftdurchsatz ist der Befeuchtungsgrad η_B deshalb in Grenzen eine Funktion vom Düsendruck, was in diesem Bereich eine Regelung des Befeuchtungsgrades ermöglicht und häufig auch zur Befeuchterregelung genutzt wird (s. auch K2.6.2). Wenn der auf diese Weise regelbare Bereich zu klein ist, können zur Erweiterung des Regelbereiches einzelne Düsenstöcke zu- oder abgeschaltet werden.

Entscheidenden Einfluss auf den Befeuchtungsgrad hat das Tropfenspektrum des versprühten Wassers. In einem Abstand von 225 mm vom Austritt wurden die Tropfenspektren für häufig in Sprühdüsenbefeuchtern verwendete Düsen ermittelt [G5-3]. Die Häufigkeitsverteilung der Tropfendurchmesser lässt sich am besten durch eine logarithmische Normalverteilung annähern, die sich darstellen lässt durch den Mittelwert und die Standardabweichung. Das ist eine Normalverteilung bei der die x-Achse logarithmisch aufgetragen ist. Die Ergebnisse werden dabei in k Klassen aufgeteilt.

Die mittleren logarithmischen Durchmesser der Tropfen ergeben sich nach folgender Gleichung [G5-16]:

$$\log M = \sum_{i=1}^{k} n_i \cdot \frac{\log D}{N} \qquad \text{(G5-3)}$$

mit M – mittlerer Durchmesser
  D – Tropfendurchmesser

Die logarithmische Standardabweichung beträgt:

$$\log S = \sqrt{\sum_{i=1}^{k} \frac{\log(D/M)^2 \cdot N_i}{N-1}} \qquad (G5\text{-}4)$$

Sie liegen im Bereich 100 bis 130 µm bei Düsendrücken zwischen 5 und 2 bar mit einer log. Standardabweichung um 1,8 [G5-3]. Aufbauend auf der Berechnung der Flugbahnen der Tropfen im Sprühbefeuchter hat Wittorf [G5-4] die Befeuchtungsgrade in Abhängigkeit von Tropfendurchmesser und Befeuchterlänge berechnet. Auf Bild G5-5 sind die Ergebnisse wiedergegeben.

Man erkennt vor allem bei mittleren Befeuchterlängen sehr deutlich den großen Einfluss des Tropfendurchmessers. Dabei entspricht bei dem hier verwendeten Düsentyp, der auf Bild G5-6 oben abgebildet ist, ein Düsendruck von 5 bar einem mittleren log. Durchmesser von 100 µm und ein Düsendruck von 2 bis 3 bar einem von 130 µm. Die logarithmische Standardabweichung des Tropfenspektrum liegt bei diesen Düsen etwa bei 1,9.

Die Tropfen müssen einerseits möglichst klein sein, um eine große Oberfläche zu erzielen, andererseits ist ein Mindestdurchmesser notwendig, damit die Tropfen wenigstens für eine kurze Zeit eine Relativbewegung gegenüber der Luft ausführen und so den gesamten von der Luft durchströmten Querschnitt des Befeuchters erreichen [G5-4]. In der Phase der Relativbewegung wird wegen des guten Stoffübergangskoeffizienten auch der größte Stoffaustausch ermöglicht. Das Tropfenspektrum wird im wesentlichen von der Düsenform, vom Austrittsdurchmesser und vom Zerstäubungsdruck beeinflusst. Am häufigsten werden sogenannte Hohlkegeldüsen verwendet, deren Sprühbild einem Hohlkegel entspricht. Die Austrittsöffnung befindet sich in einer kleinen zylindrischen Kammer, in die das Wasser tangential eintritt. Dadurch wird dem austretenden Wasserstrahl ein Drall aufgeprägt, der die Hohlkegelströmung erzeugt (s. Bild G5-6).

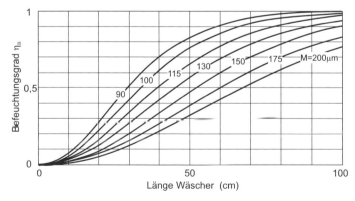

Bild G5-5 Befeuchtungsgrad des Sprühbefeuchters abhängig vom mittleren logarithmischen Tropfendurchmesser nach Biermanns [G5-3]

Bild G5-6 Beispiele für Hohlkegeldüsen [G5-11]

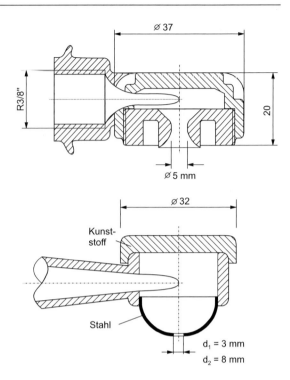

Der Befeuchtungsgrad eines Sprühdüsenbefeuchters lässt sich wegen der zahlreichen Einflussgrößen nicht genau berechnen. Er wird deshalb für eine bestimmte Düsenart, Befeuchterlänge, Düsendruck und Anordnung in Abhängigkeit von der Wasser-Luft-Zahl experimentell ermittelt. Dabei ergibt sich in guter Näherung eine Funktion

$$\eta_{B,ad} = 1 - e^{-K \cdot \varepsilon} \tag{G5-5}$$

mit der Wasser-Luft-Zahl ε:

$$\varepsilon = \frac{\dot{m}_w}{\dot{m}_L} \tag{G5-6}$$

mit $\dot{m}_w$ – Wassermassenstrom
$\dot{m}_L$ – Luftmassenstrom
$\eta_{B,ad}$ – Befeuchtungsgrad
K – Konstante

Für Wasser-Luft-Zahlen $\varepsilon > 0{,}2$ ergibt sich K als Konstante. Sie liegt im Bereich von 2 bis 6. Sie ist die eigentliche Kenngröße für die jeweilige Sprühbefeuchterkonstruktion. Bei $\varepsilon < 0{,}2$ bleibt K nicht konstant und wird größer, weil die Tropfenoberfläche in die Größenordnung der benetzten Oberfläche des Befeuchtergehäuses kommt und diese zusätzliche Verdunstungsfläche bei der Betrachtung nicht mehr vernachlässigt werden darf [G5-5].

Bild G5-7 zeigt Messwerte für den Befeuchtungsgrad eines Sprühbefeuchters in Abhängigkeit vom Düsendruck mit der Wasser-Luft-Zahl als Parameter. Eine Änderung der Düsenzahl bedeutet Änderung der Wasser-Luft-Zahl. Man erkennt, dass eine Änderung des Befeuchtungsgrades durch Zu- oder Abschalten von Düsen bei konstantem Düsendruck möglich ist. Bild G5-7 enthält außerdem eine Kurve für konstante Düsenfläche, die bei einem Düsendruck von 4 bar einer Wasser-Luft-Zahl von 0,6 ist entspricht. Durch Änderung des Düsendruckes bei konstanter Zahl der Düsen tritt eine noch deutlichere Abnahme des Befeuchtungsgrades ein. Der Befeuchtungsgrad liegt beim Düsendruck von 4 bar bei 97% und sinkt bis 39% bei einem Düsendruck von 0,5 bar. Dabei ist die Wasser-Luft-Zahl ungefähr auf 0,2 abgesunken. Bei der Düsendruckänderung lässt sich eine stufenlose Regelung ermöglichen. Die Wasser-Luft-Zahl ändert sich dabei proportional zur Wurzel aus der Druckänderung. Wenn sehr große Regelbereiche erforderlich sind, wird eine Kombination beider Verfahren angewendet. Ein großer Vorteil von Sprühbefeuchtern ist ihre gute Regelbarkeit, die allerdings nur bei wenigen RLT-Anlagen unbedingt erforderlich ist.

Wie Bild G5-4 zeigt, lassen sich im Gegenstromverfahren etwas höhere Befeuchtungsgrade als im Gleichstromverfahren erzielen. Gegenstrombefeuchtung ist aber empfindlicher auf ungleichmäßige Geschwindigkeitsprofile der zuströmenden Luft, es besteht eine etwas höhere Gefahr, dass Wasser in stromaufliegende Geräteteile gelangt. Aber auch ein Gleichstrombefeuchter erfordert ein

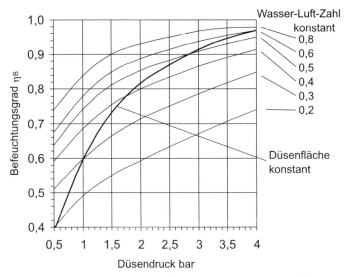

Bild G5-7 Messwerte für den Befeuchtungsgrad eines Sprühbefeuchters in Abhängigkeit vom Düsendruck mit der Wasser-Luft-Zahl als Parameter und für eine konstante Düsenfläche (dicke Linie) mit einer Wasser-Luft-Zahl von 0,6 bei 4 bar

möglichst gleichmäßiges Geschwindigkeitsprofil am Eintritt, weil der Gleichrichter allein nicht in der Lage ist, ein sehr ungleichmäßiges Zuströmprofil zu vergleichmäßigen. Das Gleiche gilt für das Temperaturprofil. Deshalb sollten unmittelbar vor dem Befeuchter keine Umlenkungen oder Querschnittsversperrungen liegen. Am Befeuchteraustritt sind Temperatur- und Feuchtigkeitsverteilung dann trotzdem nicht gleichmäßig. Wegen der größeren Tropfendichte ist die Befeuchtung unten besser.

Eine gleichmäßige Geschwindigkeitsverteilung am Befeuchtereintritt lässt sich am sichersten mit einer Ventilatoranordnung stromab vom Befeuchter erreichen. Im Falle einer Undichtigkeit wird bei saugseitigem Befeuchter außerdem Wasseraustritt vermieden.

Die Anbringung des Befeuchters auf der Druckseite kann aber angebracht sein, wenn die Lufterwärmung durch den Ventilator vor dem Befeuchter eintreten soll, weil möglichst hohe relative Feuchten und niedrige Lufttemperaturen am Austritt des Gerätes oder der Kombination aus Befeuchter und Ventilator gewünscht werden. Das gesamte Befeuchtergehäuse muss dann aber wasserdicht sein.

Die Auslegung des Befeuchters erfolgt, indem die erforderliche Austrittsenthalpie h_2 ermittelt wird. Sie sollte so groß wie möglich gewählt werden, denn dann liegt die Austrittstemperatur weiter von der Sättigungslinie entfernt, und der Befeuchtungsgrad kann kleiner sein und der Befeuchter weniger aufwendig. Mit der niedrigsten erwarteten Eintrittsfeuchte x_1 lässt sich mit der Austrittsenthalpie h_2 die Eintrittstemperatur ϑ_1 bestimmen, auf die die Luft vor Eintritt in den Befeuchter erwärmt werden muss. Nach Gleichung G5-1 lässt sich dann der erforderliche Befeuchtungsgrad berechnen. Aus einem Diagramm wie Bild G5-4 lässt sich mit dem bekannten Luftstrom die zu versprühende Wassermasse ermitteln. Mit den Düsenkennlinien (Druck/Volumenstrom) der Hersteller lässt sich die Düsenanzahl und die Konstruktion des Düsenstockes festlegen. Mit den Druckverlusten des Düsenstockes und des gesamten Wasserkreislaufes kann dann die Befeuchterpumpe ausgelegt werden.

Beispiel für die Auslegung eines Sprühbefeuchters
Bild G5-8 gibt das Beispiel in einem h-x-Diagramm wieder.

Gegebener Wassergehalt der Luft vor dem Befeuchter: $x_1 = 1$ g/kg, gewünschte relative Feuchte im Raum φ_R bei einer Raumtemperatur von $\vartheta_R = 24\,°C$:
$\varphi_R = 40\%$,
gewünschte Zulufttemperatur $\vartheta_2 = 20\,°C$
$\Rightarrow$ erforderlicher Wassergehalt der Luft $x_2 = 7{,}5$ g/kg
$\Rightarrow$ Zuluftenthalpie $h_2 = 39$ kJ/kg trockene Luft
$\Rightarrow$ Lufttemperatur beim Eintritt in den Befeuchter $\vartheta_1 = 36\,°C$
$\Rightarrow$ erforderlicher Befeuchtungsgrad $\eta_B = 0{,}72$, gewählt $\eta_B = 0{,}75$.

Es wird ein Gleichstromsprühbefeuchter mit den Daten nach Bild G5-4 gewählt. Der Düsendruck soll 2,8 bar betragen. Damit ergibt sich die Wasser-Luft-Zahl zu $\varepsilon = 0{,}3$. Die Luftgeschwindigkeit im Befeuchter soll 2,5 m/s betragen, die Dichte der Luft $\rho_1 = 1{,}13$ kg/m³, der Luftmassenstrom $\dot{m}_1$ beträgt also

$\dot{m}_1 = 1{,}13 \cdot 2{,}5 = 2{,}84\,\mathrm{m^3/s/m^2}$. Damit ergibt sich der Wassermassenstrom $\dot{m}_w$ zu $\dot{m}_w = 2{,}84 \cdot 0{,}3 = 0{,}85\,\mathrm{kg/s/m^2}$. Nach Katalogangabe des Herstellers soll die gewählte Düse bei einem Druck von 3 bar einen Durchsatz von 0,13 l/s haben. Bei 2,8 bar beträgt er $0{,}13\,(2{,}8/3)^{0{,}5} = 1{,}26\,\mathrm{l/s}$. Damit ergibt sich die erforderliche Düsenzahl n je m² Befeuchterquerschnitt zu $n = 0{,}85 / 0{,}126 = 6{,}7$; gewählt 7 Düsen/m². Die Düsen sind an einem Düsenstock so anzubringen, dass der Befeuchterquerschnitt gleichmäßig mit einer Bevorzugung des oberen Bereiches beaufschlagt wird. Der Düsenstock ist zu entwerfen und sein Druckverlust zu berechnen, wie für andere Wasserverteilsysteme. Die Summe aus Düsendruck und Druckverlust im Verteilsystem ergibt den erforderlichen Pumpendruck.

Tropfenabscheider und Absalzung

Wie oben schon erwähnt, arbeiten Tropfenabscheider am häufigsten nach dem Trägheitsprinzip (s. auch Band 1, N4.2). Durch mehrfache Umlenkung der Strömung werden die Wassertropfen an die Wand der Abscheider gelenkt und abgeschieden. Bild G5-9 zeigt typische Tropfenabscheiderformen.

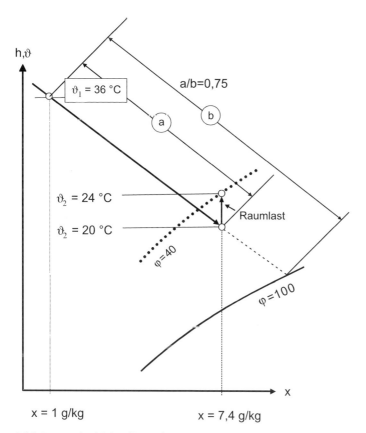

Bild G5-8 Beispiel für die Auslegung eines Sprühbefeuchters

Die einzelnen Abscheiderelemente müssen parallel und mit gleichem Abstand montiert sein. Die Tropfenabscheider müssen außerdem an die Gehäusedecke und die Seitenwände dicht anschließen. Unten stehen sie im Wasser der Sammelwanne.

Bei Inbetriebnahme eines Befeuchters schlagen Trägheitstropfenabscheider zunächst etwas durch, weil saubere Metall- und Kunstoffoberflächen nicht benetzbar (hydrophob) sind. Es bilden sich Tropfen auf der Oberfläche, die von der Strömung mitgerissen und nicht abgeschieden werden. Das ändert sich, sobald sich bei verzinkten Abscheidern eine dünne Oxidschicht an der Oberfläche gebildet hat oder bei Kunststoff- oder nicht oxidierenden Oberflächen eine dünne Kalkschicht entstanden ist.

Je nach Wasserqualität ist diese Schicht nach 10 bis 100 Betriebsstunden gebildet. Besser geeignet wären hydrophilierte Oberflächen. Nach Bildung einer benetzbaren Tropfenabscheideroberfläche tritt hinter dem Tropfenabscheider kein sichtbarer Feuchtigkeitsniederschlag auf. Tropfenabscheider nach dem Trägheitsprinzip sind aber trotzdem nicht absolut dicht für Tropfendurchschlag. Für jeden Abscheider gibt es einen bestimmten Grenztropfendurchmesser, bis zu dem kleinere Tropfen den Abscheider passieren. Sie verdunsten nach kurzer Flugzeit, jedoch mit einer Einschränkung: Salzgehalt des Wassers und relative Feuchte hinter dem Befeuchter dürfen nicht zu hoch sein. Die Zeit, in der die Tropfen verdunsten, hängt von der Dampfdruckdifferenz zwischen Tropfen und umgebender Luft ab. Durch den Salzgehalt wird der Dampfdruck des Tropfens erniedrigt, und bei hoher relativer Feuchtigkeit der Luft am Befeuchteraustritt sinkt die zur Verfügung stehende Dampfdruckdifferenz. Nach Messungen an einem Versuchsbefeuchter stellte sich die in Bild G5-10 dargestellte Grenzkurve heraus [G5-6]. Je größer die relative Feuchte hinter dem Befeuchter sein soll, um so geringer muss die Salzkonzentration des Befeuchterwassers sein, wobei als Maß zur Kennzeichnung der Salzkonzentration üblicherweise die elektrische Leitfähigkeit des Wassers verwendet wird. Es ist nach heutiger Erfahrung zu empfehlen, Befeuchter so abzuschlämmen, am besten automatisch, dass ein Leitwert des Umlaufwassers von 1000 µS/cm nicht überschritten wird. Durch weitere Verringerung des Grenztropfendurchmesser ließe sich diese Grenze zu höheren Konzentrationen verschieben. Das führt aber zu größerem Druckverlust am Tropfenabscheider und die Konzentration wird auch hygienisch bedenklich.

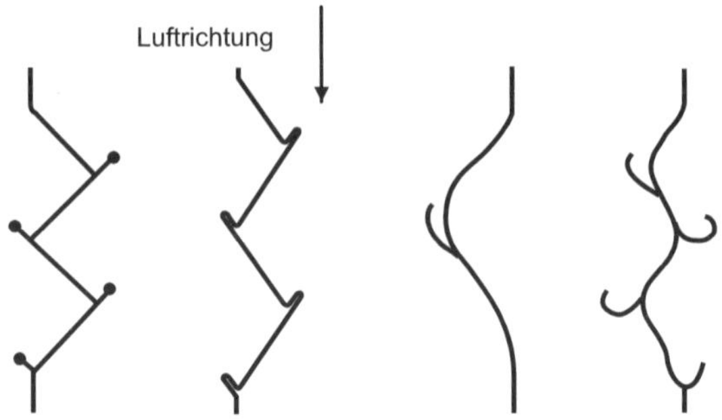

Bild G5-9 Verschiedene Formen von Tropfenabscheidern

Bild G5-10 Zulässige Leitfähigkeit des Sprühbefeuchterwassers, um Durchschlagen der Tropfenabscheider zu vermeiden [G5-6] (s. auch M3.1)

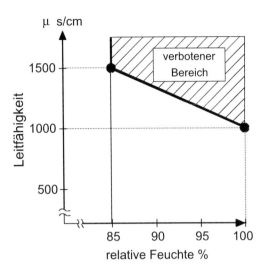

Mit der Festlegung der Grenzkonzentration des Befeuchterwassers lässt sich auch die nachzuspeisende Frischwassermenge ermitteln und regeln (s. auch J8.4).

Der Salzgehalt des Befeuchterwassers lässt sich nicht durch Enthärten senken, denn durch Austausch der Ca- und Mg-Ionen gegen Na-Ionen, wird der Salzgehalt nicht reduziert. Bei Frischwasser mit hohem Salzgehalt ist eine vorherige Teilentsalzung zu empfehlen. Vollentsalztes Wasser sollte wegen der Korrosionsprobleme nur in den Fällen verwendet werden, wo aerosolfreie Zuluft gefordert wird.

Befeuchterwasser und Keimgehalt

Keime gelangen auf dem Wasser- oder Luftwege in den Befeuchter und können sich im Befeuchterwasser vermehren (s. auch M3.2). Das hat zeitweise zum Rückgang der Sprühdüsenbefeuchteranwendung besonders im Krankenhausbereich geführt. Die mögliche Keimvermehrung im Befeuchter muss jedoch kein Hindernis für die Anwendung der Sprühbefeuchtung sein. Es gibt verschiedene Möglichkeiten, die Keimzahlen in Grenzen zu halten:
1. Ausreichende Frischwasserzufuhr (Abschlämmung, Absalzung)
2. UV-Tauchlampen im Befeuchterwasserkreislauf
3. Entleerung bei längerem Stillstand kontrolliert durch die Wassertemperatur.
4. Anwendung von Bakteriziden

Das Wasser sollte nur mit Bakteriziden behandelt werden, die keine im Wasser löslichen Rückstände bilden [G5-7]. Wasserstoffperoxid zählt dazu, wenn es keine Zusätze enthält. Jeder Zusatz von Chemikalien, die Salze bilden, führt zu entsprechenden Aerosolen in der Zuluft, die nur durch Schwebstofffilter vollkommen abgeschieden werden können. Die toxische Langzeitwirkung der verschiedenen Bakterizide ist bisher noch weitgehend unbekannt, und außerdem können sich nach einiger Betriebszeit Keimstämme bilden, die gegen die Bakterizide resistent sind. Die UV-Bestrahlung des Wassers hat diese Nachteile nicht gezeigt [G5-8]. Am besten haben sich UV-Tauchlampen direkt im Sprühwasserkreislauf bewährt. Die Wirksamkeit der UV-Strahlung muss dabei durch einen Sensor kontrolliert werden. Ein weiteres neuerdings vorgeschlagenes Desinfektionsverfahren arbeitet mit elektrolytischer Dissoziation des Wassers und verspricht erfolgreich zu sein [G5-9].

Hygienische Risiken sind durch sorgfältige Wartung der Befeuchter und der ganzen RLT-Anlage zu beherrschen (s. I4.1). Darüber hinaus sollte eine weitere Barriere in keiner Klimaanlage fehlen, die auch aus anderen Gründen erforderlich ist: Eine weitere Filterstufe (F 7 bis F 8) am Ausgang des Gerätes oder der RLT-Anlage, wodurch restliche Partikel und Keime aus der Außenluft und aus dem Befeuchter sowie aus der Anlage (z. B. Keilriemenabrieb) weitgehend abgeschieden werden.

Eine Möglichkeit, die Keimzahlen allein durch ausreichende Frischwasserzufuhr so niedrig zu halten, dass Krankenhausanforderungen erfüllt werden könnten, wird in [G5-10] beschrieben. Es wird gezeigt, dass die Luft hinter dem Sprühbefeuchter einen kleineren Keimgehalt haben kann als davor. Der Sprühbefeuchter hat den wesentlichen Vorteil, dass die Wassertemperatur im Bereich von 14 bis 16 °C liegt. In diesem Temperaturbereich ist die Generationsdauer, in der sich die Keimzahl verdoppelt, wie am Beispiel von Escherichia Coli gezeigt wird, mit ca. 2 Stunden verhältnismäßig hoch, so dass 0,5 bis einfacher stündlicher Wasserwechsel in der Wassersammelwanne Keimzahlen unter 1000 KBE/ml (KBE = koloniebildende Einheiten) sicherstellt. Geringer Wasserinhalt des gesamten Systems ist deshalb im Hinblick auf Keimgehalt und Wasserverbrauch vorteilhaft. Auch die Gefahr, dass sich Legionellen (s. Bd. 1 C3, L3) stark vermehren, ist bei der normalen Betriebstemperatur des Wasserbefeuchters klein. Bei Stillstand der Befeuchter, also während der Jahreszeit, in der nicht befeuchtet wird, und auch außerhalb der Betriebszeiten ist dafür zu sorgen, dass sich die Keimzahl im Wasser nicht vermehren kann. Deshalb ist bei längerem Stillstand, also immer, wenn die Temperatur des Befeuchterwannenwassers auf Umgebungstemperatur ansteigt, die ganze Befeuchterwanne vollkommen zu entleeren.

Nach einer Vereinbarung des Bundesgesundheitsamtes und der Forschungsvereinigung für Luft- und Trocknungstechnik wurde vorgeschlagen, die Befeuchterwanne zu entleeren, sobald die Wassertemperatur 20 °C überschreitet. Dabei ist sicherzustellen, dass der Befeuchter vollkommen entleert und getrocknet wird. Die Ablauföffnung muss an der tiefsten Stelle liegen! Ein häufig beobachteter Fehler, bei dem Frostschutzschaltungen der Erhitzer in RLT-Anlagen außerhalb der Betriebszeit zu unerwünschter Wassererwärmung führen, kann so nicht auftreten. Zur Erklärung: Vorwärmer in RLT-Anlagen befinden sich in der Nähe der Befeuchter. Bei Stillstand der Anlage im Winter besteht die Gefahr, dass abgeschaltete Vorwärmer einfrieren. Deshalb werden sie mit Warmwasser beaufschlagt, um das Einfrieren zu vermeiden. Sie können dabei das Befeuchterwasser in der Sammelwanne unzulässig stark erwärmen und Bakterienwachstum begünstigen, wenn das Wasser nicht abgelassen wird.

Mit Rücksicht auf die Wachstumsbedingungen von Mirkoorganismen in nachgeschalteten Anlagenteilen, vor allem Filtern, sollte die Befeuchtung ohnehin nicht höher als erforderlich sein. 80 bis 90% relative Feuchte sollten in nachgeschalteten Geräteteilen möglichst nicht länger als einige Stunden auftreten. Nachwärmer hinter Befeuchtern sind anzuraten, damit zu hohe relative Feuchten im Kanalsystem vermieden werden können. Wenn die Luftzustände im Raum so hohe Werte erfordern, muss über entsprechende Keimwachtum behindernde Maßnahmen nachgedacht werden.

G5.2.2.3
Betriebsverhalten und Regelung (s. auch K2.6.2)

Die Hauptaufgabe des Befeuchters besteht bei Klimaanlagen in der Luftbefeuchtung und zwar überwiegend in der Form der adiabaten Befeuchtung. Der Sprühdüsenbefeuchter kann jedoch auch als Heiz- oder Kühlbefeuchter verwendet werden. Dazu muss entsprechend gekühltes oder erwärmtes Wasser mit größerer Wasser-Luft-Zahl und größeren Tropfendurchmessern als beim adiabaten Befeuchten versprüht werden, weil der Wärmeübergangsmechanismus noch aufrecht erhalten bleiben muss, wenn die Luft schon gesättigt ist. Auf die Besonderheiten, die dabei zu beachten sind, soll hier nicht näher eingegangen werden, da diese Anwendung verhältnismäßig selten ist, Auslegungshinweise werden bei Masuch [G5-11] und Wittorf [G5-4] gegeben. Vom Betrieb mit warmem Wasser und damit vom Heizwäscher ist aus den oben genannten hygienischen Gründen in jedem Falle abzuraten.

Die adiabate Befeuchtung hat vor allem in der Übergangszeit den Vorteil, dass mit der Befeuchtung eine Kühlung der Luft eintritt und auf diese Weise Kühlenergie eingespart werden kann. Eine Vergleichsrechnung der Betriebskosten verschiedener Klimaanlagentypen [G5-12] ergibt ziemlich unabhängig vom System bei Wasserbefeuchtung 20 bis 30% geringere Energieverbrauswerte als bei Dampfbefeuchtung. Dabei wurden so unterschiedliche Systeme wie Induktions- und Zweikanalanlagen ohne und mit verschiedenen Wärmerückgewinnern verglichen.

Für die Regelung der Feuchte bestehen im Prinzip zwei Möglichkeiten:
1. Verändern der Nebelisotherme (~Isenthalpe) durch entsprechende Vorwärmung der Luft,
2. Verändern des Befeuchtungsgrades.
3. Ein- und Ausschalten, Takten

Bild G5-11 zeigt drei Betriebszustände unterschiedlicher Vor- und Nacherwärmung bei gleichem Befeuchtungsgrad $\eta_B = 0{,}80$, gleicher thermischer Last im Raum $\Delta \vartheta_R = 7\,\mathrm{K}$; Raumtemperatur $\vartheta_R = 22\,°\mathrm{C}$

Wie auf Bild G5-11 und an den Werten der Tabelle zu erkennen ist, führt eine Erhöhung der Eintrittsenthalpie durch Vorwärmung der Luft bei gleichem Befeuchtungsgrad zu höherer Befeuchtung. Der Effekt kann zum Regeln genutzt

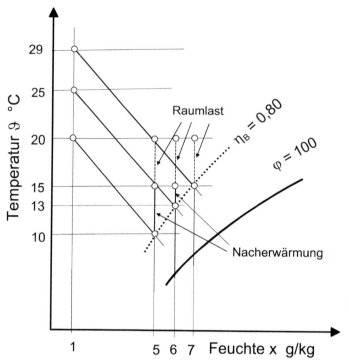

Bild G5-11 Regelung der Feuchtigkeit durch Variation der Eintrittsenthalpie bei konstantem Befeuchtungsgrad

Eintrittstemperatur ϑ_1 °C	Austrittstemperatur ϑ_2 °C	Austrittsfeuchte x_2 g/kg	Nacherwärmung °C	Relative Feuchte im Raum %
29	15	7,0	0	41
24	13	6,0	2	37
20	10	5,0	5	30

werden. Er gibt aber auch einen Hinweis für die Auslegung, auf den weiter unten näher eingegangen wird.

Die eingebrachte Eintrittsenthalpie lässt sich bei Sprühbefeuchterbetrieb durch Messung der Austrittstemperatur mit einem Thermometer ermitteln, weil das Messergebnis ungefähr der Kühlgrenztemperatur entspricht. Das Messergebnis stellt nicht den am Austritt erreichten Zustand dar, sondern es wird durch die Wassertröpfchen in der Luft bewirkt. Der höchste Wert ist erreicht, wenn keine Nachwärmung der Luft erforderlich ist. Regelungen, die mit dieser Eingangsgröße arbeiten, werden üblicherweise unpräzise als „Taupunktregelung" bezeichnet. Da wegen des unbekannten Befeuchtungsgrades des Befeuchters die Feuchte nicht genau bestimmt werden kann, sollte der „Taupunktregler" eine Sollwertverschiebung erhalten, die mit einem Feuchtefühler in einem stromab liegenden Raum bewirkt wird oder, je nach Aufgabenstellung, auch in der Zu- oder Abluft des Raumes. Mit dieser relativ einfachen Regelung lassen sich die meisten Aufgaben lösen. So lässt sich eine stufenlose Regelung in einem verhältnismäßig großen Bereich durchführen. Häufig reicht aber auch eine Zweipunktregelung durch Ein- und Ausschalten des Befeuchters.

Wenn genauere Regelung oder eine größere Bandbreite der Regelung erforderlich ist oder sich wie bei Variabel-Volumen-Stromanlagen die Wasser-Luft-Zahl ändert, kann es erforderlich sein, den Befeuchtungsgrad des Befeuchters selbst zu regeln. Das kann geschehen durch Ändern des Düsendruckes durch Drosselung des Wasserkreislaufs, variable Drehzahl der Pumpe oder, wenn das nicht ausreicht, zusätzlich durch Ändern der beaufschlagten Düsenzahl.

Bei der Befeuchtung können je nach Anwendungsfall unterschiedliche Aufgaben bestehen. Am häufigsten ist der Fall, dass eine RLT-Anlage mehrere Räume versorgt, z. B. Bürogebäude, in denen die Feuchte innerhalb einer bestimmten Bandbreite einzuhalten ist. Der Feuchtegehalt der Luft soll z. B. größer als 8 und kleiner als 11 g Wasser/kg Luft sein. Die Feuchte darf zeitlich zwischen diesen Werten variieren. Es ist also nur ein Bereich der relativen und absoluten Feuchte vorgegeben. Wenn mehrere Räume an eine Anlage angeschlossen sind, lässt sich die relative Feuchte ohnehin nicht in allen Räumen auf dem gleichen Wert halten. Sehr hohe Anforderungen an die Regelung werden z. B. in Museen gestellt. Ein- und Ausschalten kann zu permanenten Schwankungen der relativen Feuchte führen, was für den Erhalt von Ausstellungsgegenständen nicht förderlich ist [G5-17].

Für die Auslegung des Sprühbefeuchters ist die maximal erforderliche Befeuchtung im Laufe eines Betriebsjahres maßgebend. Ein Beispiel ist in Bild G5-11 dargestellt. Die Luft muss in vorgeschalteten Erwärmerstufen (Wärmerückgewinner, Vorerwärmer, Mischeinrichtung) auf eine bestimmte Enthalpie vorgewärmt werden. Die Enthalpie ist so zu wählen, dass möglichst keine Nacherwärmung erforderlich ist, weil dann ein kleinerer Befeuchtungsgrad und damit ein weniger aufwendiger Befeuchter ausreicht. Wenn die Enthalpie der Luft ohne Vorwärmung hoch genug ist, ist die Feuchtigkeit ausreichend und der Befeuchter ist abzuschalten.

Aufwendiger wird die Regelung, wenn eine bestimmte relative Feuchte und eine bestimmte Temperatur einzuhalten sind, weil nicht nur Vor- und Nachwärmer, sondern auch der Kühler mit in die Regelung einbezogen werden muss und Überschneidungen der Regelbereiche denkbar sind. In diesem Falle ist es ebenfalls angebracht, die Kühlung bis zum Erreichen der gewünschten Isenthalpe vorzunehmen, und zwar möglichst auch so, dass Nachwärmung nicht erforderlich ist.

G5.2.3
Rieselbefeuchter

G5.2.3.1
Bauformen

Wird das Wasser nicht nur durch Düsen versprüht, sondern über Füllkörper oder andere Rieselflächen verrieselt, spricht man von Rieselbefeuchtern, in Abschn. B3.2.3 auch von „Verdunstungsbefeuchter". Bild G5-9 zeigt den prinzipiellen Aufbau. Der Strömunsquerschnitt wird durch senkrecht stehende Füllkörperpakete oder parallel zur Strömung aufgestellte Platten ausgefüllt und von der Luft horizontal durchströmt. Der Füllkörper oder Rieselkörper kann aus verschiedensten Materialien und Formen bestehen, wie gewellten Aluminiumblechen, Kunststoffflächen, oder aus „Raschigringen" aus Keramik, Glas oder Kunststoff. Die Form muss das gleichzeitige Durchströmen des Wassers von oben nach unten und der Luft horizontal gestatten und muss dabei eine möglichst große Wasseroberberfläche erzeugen.

Bild G5-12 zeigt Skizzen möglicher Anordnungen. Bild G5-12a zeigt eine Lösung, bei der das Wasser durch Düsen versprüht und auf das Füllkörperpaket gesprüht wird. Auf Bild G5-12a befinden sich Wasserverteilsysteme auf den Oberseiten der Füllkörper, die das Wasser drucklos möglichst gleichmäßig über die Füllkörperoberfläche verteilen. Das Wasser strömt durch Schwerkraft angetrieben von oben nach unten über die Rieselfläche.

Es wird etwa 10 mal so viel Wasser verrieselt wie verdunstet wird, dadurch wird der Füllkörper auch von Ablagerungen freigespült. Das Wasser wird mit einer kleinen Pumpe vom Sammelbehälter unten in den Verteiler oben zurück-

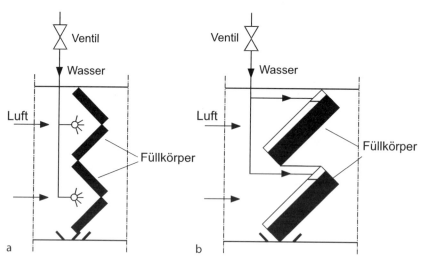

Bild G5-12 Prinzipieller Aufbau von Rieselbefeuchtern a) Wasseraufgabe durch Sprühdüsen; b) Wasseraufgabe drucklos über Rinnen

gefördert. Die Pumpenleistung ist geringer als beim Sprühbefeuchter. Frischwasserzufuhr und Abschlämmung sind ebenfalls erforderlich. Die Baulänge der Berieselungsbefeuchter ist kürzer als die von Sprühbefeuchtern.

Zwischen den Befeuchtern, die das Wasser überwiegend mit den Füllkörpern verdunsten (Typ b) und denen, die zusätzlich mit Düsen arbeiten, gibt es viele Zwischenformen bis hin zum reinen Sprühdüsenbefeuchter, bei denen die Füllkörper nur noch zur Nachverdunstung und als Tropfenabscheider dienen. Sie können dabei mit kleineren Düsen und höheren Düsendrücken und mit geringerer Wasser-Luft-Zahl arbeiten. Häufig werden sie dann auch ohne Umlaufwasser betrieben.

G5.2.3.2
Auslegung

Der Befeuchtungsvorgang ist vergleichbar mit dem beim Sprühdüsenbefeuchter. Die Angabe des Befeuchtungsgrades über der Luftgeschwindigkeit gestattet die Auslegung.

G5.2.3.3
Betriebsverhalten und Regelung

Die Befeuchtung lässt sich nur bedingt stufenlos durch die Wasserzufuhr ändern. Es bleibt als Regelmöglichkeit die Verschiebung der Nebelisotherme durch entsprechend geregelte Eintrittstemperatur wie beim Sprühbefeuchter. Bei geringeren Anforderungen ist Regelung durch Ein- und Ausschalten möglich. Dabei ist im Hinblick auf Kalk- und andere Ablagerungen zu beachten, dass bei mittelhartem oder hartem Wasser (Karbonathärte > 2 mval/l; 5,6 dH) bei diesem Befeuchtertyp Enthärtung durch Ionenaustausch erforderlich ist, um eine Verkrustung der Verdunstungseinheit im Teillastbereich zu verhindern. Die Enthärtung soll bewirken, dass die Ablagerungen wasserlöslich bleiben (s. auch M3.2).

Außerdem muss eine Keimbildung auf dem Rieselkörper verhindert werden, um auch Geruchsbildung zu unterdrücken. Hierzu wird zweckmäßigerweise eines der oben beschriebenen Verfahren verwendet, bei denen die Desinfektion durch freien Sauerstoff eintritt (Wasserstoffperoxid oder Dissoziation). Es werden auch Silberionen zur Desinfektion eingesetzt [G5-15].

G5.3
Dampfbefeuchter

G5.3.1
Bauformen

Bei der Dampfbefeuchtung wird Dampf außerhalb des Klimagerätes erzeugt und in den Luftstrom durch spezielle Verteilsysteme eingebracht. Sie bestehen aus horizontalen oder vertikalen Verteilrohren mit zahlreichen Einzelöffnungen, um längs des Verteilrohres bereits eine möglichst gleichmäßige Verteilung zu erreichen.

Bild G5-13 zeigt solche Verteilrohre. Die Dampfverteilrohre befinden sich im Luftstrom und werden von ihm abgekühlt. Deshalb tritt im Dampfverteilrohr Kondensation auf. Dabei wird die Luft häufig unerwünscht erwärmt. Es gibt unterschiedliche Konstruktionen, die verhindern, dass das im Verteilsystem entstandene Kondensat in die Luft gelangt. Ein einfaches Verfahren besteht bei horizontalen Rohren darin, die Rohre mit Gefälle zu verlegen, damit das Kondensat möglichst in Strömungsrichtung abfließen kann. Die Austrittsöffnungen des Dampfes müssen sich dann auf der Oberseite befinden. Eine andere Konstruktion sieht ein konzentrisches Doppelrohr vor (Bild G5-13a). Schnitt A soll verdeutlichen, dass das Kondensat nur im Zwischenraum zwischen den konzentrischen Rohren auftritt. Dabei wird das Außenrohr durch den Dampf so beheizt, dass im Innenrohr keine Kondensation auftreten kann. Eine andere Lösung wurde für ein vertikales Verteilrohr gefunden: die Dampfaustrittsöffnungen haben im Verteilrohr einen Kragen, der den Dampf ausströmen lässt, aber nicht das im Innenrohr abfließende Kondensat. Schnitt B skizziert den Vorgang (Bild G5-13b).

Dampferzeuger gibt es in verschiedenen Konstruktionen, auf die hier nicht in allen Details eingegangen werden soll. Größere Anlagen besitzen Dampfkessel,

Bild G5-13 Dampferteilrohr in a) waagrechter und b) senkrechter Anordnung

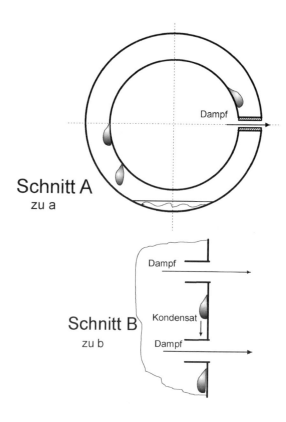

die mit Brennstoffen beheizt werden. Es sollte kein Dampf aus Heizsystemen oder Maschinenkreisläufen verwendet werden, denn der Dampf muss frei von Gerüchen und Zusätzen sein (s. auch M3.3). Er darf keinesfalls Hydrazin enthalten, das krebserregend ist. Aktivkohlefiltration wird nicht als genügend sicher für die Ausscheidung von Hydrazin aus dem Dampf angesehen. Wenn Dampf aus Heizsystemen zur Verfügung steht, kann der Befeuchterdampf durch Dampfumformer erzeugt werden. In kleineren Anlagen wird der Dampf häufig elektrisch erzeugt. Dabei wird als beheizter Widerstand das Wasser selbst benutzt. Die Spannung zwischen zwei Elektroden im Dampferzeuger wird so geregelt, dass die gewünschte Verdampferleistung aufgebracht wird. Die Geräte setzen einigermaßen konstante Leitfähigkeit des zugeführten Wassers voraus. Die Geräte schlämmen automatisch ab, bevor eine vorgegebene Grenze der Leitfähigkeit überschritten wird, bei der Kalk verstärkt ausfallen würde. Die Standzeit der Behälter mit Wegwerfelektroden ist trotzdem begrenzt.

Weitergehende Ausführungen zur Qualität des verwendeten Wassers und Dampfes werden in Kapitel M3.3 gegeben. Die Regelung wird in Kap. K2.6.3 behandelt.

G5.3.2
Auslegung

Die Zustandsänderung der Luft im h,x-Diagramm erfolgt längs einer Linie, deren Steigung dh/dx der Enthalpie h_D des Dampfes entspricht (Randmaßstab, vgl. Band 1, F4.3.4; Bild C3.1-1). Die Lufttemperatur steigt durch die Dampfzufuhr im allgemeinen nur geringfügig an, je nachdem wieweit die Dampftemperatur ϑ_D über der Lufttemperatur ϑ_L liegt.

$$\Delta h = c_{pd} (\vartheta_D - \vartheta_L) \tag{G5-5}$$

mit c_{pd} spezifische Wärmekapazität des Dampfes (4,22 kJ/kg K).

Bild G5-14 zeigt die Zustandsänderung bei der Dampfbefeuchtung im h,x-Diagramm.

Der Dampf wird in beheizten Dampfkesseln mit entsprechendem Überdruck oder in kleineren elektrisch beheizten drucklosen Kesseln erzeugt. Bei Dampf mit Überdruck lässt sich die Dampfzufuhr durch ein Regelventil so einstellen, dass die gewünschte Feuchte am Austritt des Befeuchters eintritt. Kleinere elektrisch beheizte drucklose Kessel werden mit der elektrischen Leistung so geregelt, dass die erforderliche Dampfmenge direkt erzeugt wird.

In RLT-Geräten folgen verschiedene Luftbehandlungsstufen dicht aufeinander. Deshalb ist es wichtig, dass der Dampf auf einer kurzen Strecke hinter dem Einbringort gleichmäßig verteilt wird. In einer turbulenten Strömung vergleichsmäßigen sich die Profile von Konzentrationen erfahrungsgemäß in einer Entfernung von etwa 6 charakteristischen Teilungen. Der Abstand der Dampfverteilrohre ist eine solche charakteristische Teilung. Diese Erfahrung kann hier angewendet werden. Wenn der Dampf durch entsprechend viele

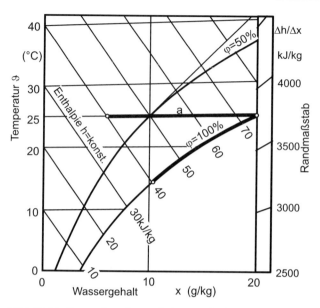

Bild G5-14 Zustandsänderung bei Dampfbefeuchtung mit gesättigtem Dampf (a)

Einzelöffnungen über die Länge der Dampfverteilrohre schon einigermaßen gleichmäßig verteilt ist und das Konzentrationsprofil des Dampfes in einer Entfernung von z. B. 2,0 m nach den Dampfverteilrohren einigermaßen ausgeglichen sein soll, sind Dampfverteilrohre in einem Abstand von etwa 2,0/6 = 0,33 m über den Strömungsquerschnitt zu verteilen.

Da die erforderliche Vergleichmäßigung auch von der Befeuchtungsleistung und von der Empfindlichkeit der nachgeschalteten Komponente abhängt, können im Einzelfall auch Teilungen angebracht sein, die davon geringfügig abweichen. Einige Beispiele werden von Hofmann [G5-13] angegeben.

Nach Untersuchungen von Scheer [G5-14] über die Partikelquerausbreitung stromab von einer punktförmigen Quelle in gleichmäßiger Strömung nimmt die Konzentration umgekehrt proportional zur Entfernung und mit steigendem Turbulenzgrad ab. Als Turbulenzgrad wird die relative Standardabweichung der Geschwindigkeitsschwankung gemessen mit einem richtungsunabhängigen Anemometer verstanden (vgl. Band 1, C2-3). Die Konzentrationsänderung erfolgt danach analog zur Abnahme der Mittengeschwindigkeit in einem Freistrahl, mit dem Unterschied, dass neben der Entfernung auch der Turbulenzgrad einen Einfluss hat. Ähnlich wie bei der Geschwindigkeitsverteilung im Freistrahl folgt das Konzentrationsprofil quer zur Strömungsrichtung einer Normalverteilung. Die erforderliche Mischungsweglänge lässt sich ermitteln, wenn der Turbulenzgrad der Strömung im Gerät bekannt ist. Häufig werden die Dampfstrahlen nicht aus gleichmäßig über den Querschnitt verteilten Öffnungen ausgebracht, sondern aus Verteilrohren mit Einzelöffnungen, die einen geringeren Abstand als die Verteilrohre haben. Dann lassen sich ähnliche Gleichungen für die Konzentrationsabnahme herleiten wie für Strahlenbündel (vgl. F2.1.2.2). Verteilrohre sollten in Bereichen möglichst turbulenter Strömung eingebaut werden, wenn die Befeuchterstrecke kurz sein soll. Relativ geringe Turbulenzgrade liegen hinter Filtern und Erwärmern vor, hohe dagegen hinter Schalldämpfern, Ventilatoren, Mischklappen usw.

Da Kondensation im Bereich der Dampfeinbringung nicht immer vermeidbar ist, muss hier mindestens der Geräteboden wasserdicht sein und mit einem Wasserablauf mit Siphon und Rückströmverhinderer versehen sein. Die Dampfleitungen müssen mit dem richtigen Gefälle und den erforderlichen Kondensatableitungen versehen sein [G5-18]. Der Bereich hinter dem Befeuchter muss für Kontrolle und Wartung zugänglich sein.

G5.3.3
Betriebsverhalten und Regelung

Die Feuchte in der Luft ist so weit entfernt vom Befeuchter zu messen, dass eine repräsentative Messstelle vorliegt. Die Dampfzufuhr wird bei einem Kessel mit Überdruck durch ein Ventil oder bei drucklosem elektrisch beheizten Kesseln durch Regelung der Stromzufuhr auf den erforderlichen Wert eingestellt. Gegenüber den Wasserbefeuchtern besteht die Möglichkeit, dass bei falscher Regelung Übersättigung der Luft eintritt, die in stromab liegenden Anlagenteilen zu Kondensation führen kann. Das ist aus hygienischen Gründen auf jeden Fall zu vermeiden.

Literatur

[G5-1] ASHRAE-Handbook, Vol. HVAC Systems and Equipment, Chapt. 19, American Society of Heating, Refrigerating and Air-Conditioning Engineers, Inc., Atlanta, GA 30329 (1996)

[G5-2] Amonn, W.: Das Betrtiebsverhalten eines nichtadiabaten Gleichstrom-Sprühdüsenluftwäschers, Verlag Josef Stippak, Aachen, „D 82" (Diss. TH Aachen) (1977)

[G5-3] Biermanns, M. B. G., H. J. Th. Medenblick: Optimierung von Luftbefeuchtungskammern mit Hochleistungswascherdüsen Hannover Messe, Sonderdruck Fa. Lechler, Fellbach (1978)

[G5-4] Wittorf, H.: Wärme- und Stoffaustausch im Luftwäscher – Möglichkeiten der Berechnung, Kältetechnik-Klimatisierung 22. Jahrg. Heft 5, S. 153–161 (1970)

[G5-5] Hoffmann, H.-J., Ulbricht, R.: Untersuchungen am adiabaten Luftwäscher, KI 11/73, S. 39–42

[G5-6] Fitzner, K.: Sprühbefeuchter, KI 11/84, S. 467–471

[G5-7] Roßkamp, E.: VDI-Tagung: Reinhaltung der Luft, Mannheim (1994)

[G5-8] Scharmann, R.: UV-Desinfektion von Klimawasser und Kühlkreisläufen, DKV-Tagungsbericht, 20. Jahrgang, Nürnberg, Teil IV, (1993)

[G5-9] Kreysig, D.: Wirkung und Leistungsgrenzen der elektrolytischen Desinfektion als Verfahren der gebäudeinternen Desinfektion von Trinkwasser und Trinkwasserinstallationen, Technik im Krankenhaus, Hannover 1999, S. 232–237

[G5-10] Koch, R.: Untersuchungen zum Einsatz von Sprühbefeuchtereinheiten in Krankenhausklimaanlagen, Luft- und Kältetechnik (1984/1)

[G5-11] Masuch, J.: Luftfeuchteveränderungen in der Düsenkammer. Lufttechnische Informationen, H. 22, 23 LTG, Stuttgart (1978/1979)

[G5-12] Steinbach, W.: Programmsystem zur Berechnung des Energieverbrauchs von Klimaanlagen, Heizung-Lüftung-Klimatechnik 28, Nr. 6 und 7. (1977)
[G5-13] Hofmann, W. M.: Befeuchtungsstrecken nach Dampfbefeuchtern, HLH 27 S. 17–18 (1976)
[G5-14] Scheer, F.: Ausbreitung und Sedimentation von Aerosolen abhängig vom Turbulenzgrad der Strömung. Diss. TU Berlin (1998)
[G5-15] Hüster, R.: Hygienische Luftbefeuchtung – ein Kampf gegen den Biofilm, TAB (12/2005)
[G5-16] Nieuwkamp, W. Ch.: Messen der Tropfengröße mit Hochgeschwindigkeitsphotographie, Lechler GmbH, (ca. 1983)
[G5-17] Hilbert, S. G. : Sammlungsgut in Sicherheit, Gebr. Mann Verlag, Berlin (2002)
[G5-18] Schartmann, H.: Luftbefeuchtungstechnik, TAB 10/83, S. 825–830

G6
Entfeuchter

G6.1
Übersicht

Für die Luftentfeuchtung werden zwei unterschiedliche Verfahren angewendet:
1. Kühlung unter die Sättigunggrenze und Kondensation,
2. Sorption durch Adsorber oder Sorptionsmassen (Absober).

Die thermodynamischen Grundlagen für beide Prozesse werden in Band 1, G2.5–G2.7 behandelt (s. auch C3.1.4).

Die Entfeuchtung durch Kondensation findet an der gekühlten Oberfläche von Kühlern oder der Wasseroberfläche vor allem der Tropfen in Wasserbefeuchtern (G5.2) statt. Die Entfeuchtung durch Oberflächenkondensation in Kühlern wird heute in Klimaanlagen für den Komfortbereich am häufigsten angewendet, wohl deshalb, weil ein Kühler ohnehin erforderlich ist und nur eine geringe Entfeuchtung bis zu einer Feuchte von etwa 10 g/kg erwünscht ist. Außerdem ist der apparative Aufwand klein und die Regelung einfach (s. auch K2.3.2)

Sorptionsverfahren werden häufig bei industriellen Anlagen angewendet, bei denen die Trocknung im Vordergrund steht und sehr niedrige Werte der Feuchte erreicht werden sollen. Auch für die Trocknung kalter Luft werden Sorptionverfahren bevorzugt. Dazu zählen Lager und Produktionsstätten für hygroskopische oder korrodierende Stoffe. Wenn Feuchten unter 5 g/kg erreicht werden sollen, besteht bei Oberflächenkühlern die Gefahr der Vereisung und das Verfahren wird dadurch aufwendiger. Wenn der Taupunkt der austretenden Luft tiefer als −15 °C liegen soll, sind die Betriebskosten für adsorptive Entfeuchtung niedriger als mit Kondensation bzw. Sublimation. Deshalb werden in diesem Bereich überwiegend Sorptionsentfeuchter eingesetzt.

Ein weiteres Anwendungsgebiet bieten neuerdings RLT-Anlagen, die ohne Kältemaschinen kühlen, bekannt unter der Bezeichnung „Desiccant Cooling" (s. auch J2.5). Die sorptive Entfeuchtung stellt dabei einen Teil des Prozesses dar (s. Bild J2-4).

G6 Entfeuchter

Bei den Sorptionentfeuchtern ist eine Regenerierung des Adsorbers erforderlich. Das Be- und Entladen des Adsorbers lässt sich im Prinzip nur diskontinuierlich durchführen, indem abwechselnd der zu trocknende und der zu regenerierende Luftstrom über den Adsorber geleitet wird. Durch die Einführung eines rotierenden Sorptionsrades, das sich durch beide Luftsströme bewegt, ist ein quasi kontinuierliches Verfahren möglich. Ähnlich sind kontinuierliche Verfahren mit flüssigem Absorber (Sorbents) zu verwirklichen, bei denen eine wasserabsorbierende Flüssigkeit, z. B. eine Lithiumchloridlösung, im feuchten Luftstrom versprüht oder verrieselt und anschließend in einem Regenerierluftstrom getrocknet wird. Bei dem direkten Kontakt des versprühten Absorbers mit der Luft besteht die Gefahr, dass Aerosole des Sorbents von der Luft aufgenommen werden. Es muss sichergestellt werden, dass das nicht eintritt.

G6.2
Kondensationsentfeuchter

G6.2.1
Bauformen

Die Bauformen von Kondensationsentfeuchtern unterscheiden sich nur unwesentlich von normalen Luftkühlern. Darüber wird im Abschn. G2; G3 berichtet. Dabei wird am häufigsten mit Wasser, seltener mit Sole gekühlt. Wird als Kühlmedium verdampfendes Kältemittel verwendet, so spricht man von einem Direktverdampfer (s. auch J5.2.2). Die trockenen Luftkühler werden in Absatz G3 beschrieben.

Wasserkühler bieten regelungstechnische Vorteile gegenüber Direktverdampfern und werden deshalb bevorzugt angewendet.

Der Unterschied der Kondensationsentfeuchter gegenüber trockenen Luftwärmetauschern besteht in der Berücksichtigung des Kondensates. Die Lamellenabstände werden nicht kleiner als 2,5 mm gemacht, damit das Kondensat abfließen kann. Die senkrechten Lamellen sollten nicht unterbrochen oder beschädigt sein, damit keine Abreißkanten für Tropfen entstehen. Die Luftgeschwindigkeit wird ebenfalls so begrenzt, dass Tropfenflug am Kühleraustritt vermieden wird. Anderenfalls sind Tropfenauffangvorrichtungen oder Tropfenabscheider hinter dem Kühler erforderlich. Wobei letztere wegen des zusätzlichen Druckverlustes vermieden werden sollten. Wasser, das in stromab liegende Geräteteile gelangt, führt zur Nachverdunstung und verringert die Entfeuchtung und ist hygienisch bedenklich. Unter dem Entfeuchter befindet sich eine Kondensatsammelwanne. Das Kondensat muss am Boden des Kühlers gesammelt und abgeleitet werden. Dabei muss die Kondensatsammelwanne so konstruiert sein, dass sie nicht mit hoher Luftgeschwindigkeit, die sich aufgrund der Druckdifferenz am Entfeuchter einstellt, durchströmt wird und das Wasser aus der Wanne reißt, und sie muss Gefälle zum Ablauf haben, der an der tiefsten Stelle liegen muss.

Der Ablauf sollte über einen Siphon mit Rückströmverhinderer entleert werden. Die Gerätewände müssen im Bereich des Kondensationsentfeuchters wasserdicht sein.

Der Druckverlust auf dem Luftwege muss durch Messungen ermittelt werden. Das geschieht zunächst im trockenen Zustand. Bei Kondensatanfall erhöht er sich. Die Erhöhung ist abhängig von der Benetzbarkeit der Lamellen, der Luftgeschwindigkeit und dem Lamellenabstand. Ein Vergrößerungsfaktor, der das Verhältnis des Druckverlustes bei nassem und trockenem Kühler darstellt, wird von [G6-7; G4-8] angegeben. Er nimmt von 1 bei Geschwindigkeit null zu bis 2,8 bzw. 2,2 bei 500 bzw. 300 Lamellen je Meter Rohrlänge und fällt dann wieder ab bis zu 1,5 bei einer Luftgeschwindigkeit von 5 m/s. Der Druckverlust des trockenen Kühlers ist mit diesem Vergrößerungsfaktor zu multiplizieren.

G6.2.2
Siphon

Der Kühler befindet sich in einem RLT-Gerät oder einer Luftleitung. Zwischen dem Innen- und dem Außenraum besteht ein Druckunterschied. Zum Entfernen des Kondensats ist deshalb eine Pumpe oder ein Siphon erforderlich. Im Prinzip reicht ein einfacher Siphon, um den Abfluss des Kondensats bei Über- und Unterdruck aus dem Gerät zu ermöglichen. Entsprechend der möglichen anstehenden Druckdifferenz muss die Länge der Schenkel des Siphons ausgeführt werden. Die maximale Druckdifferenz kann dem Druck des Ventilators entsprechen, wenn das Gerät beim Anfahren gegen verschlossene Klappen arbeitet.

Ein einfacher Siphon arbeitet nur wunschgemäß, wenn er mit einer Wasservorlage gefüllt ist. Das kann durch regelmäßige Wartung sichergestellt werden. Wenn allerdings ein Siphon ausgetrocknet in Betrieb genommen wird, füllt er sich auch bei beginnendem Kondensatanfall nicht selbsttätig, weil er leergesaugt wird [G6-1]. Deshalb sollten nur Siphons mit Rückströmverhinderer verwendet werden. Die können auch mit kürzerer Schenkellänge arbeiten. Außerdem ist es wichtig, dass der Siphon einen freien Auslauf hat und nicht fest an eine Abwasserleitung angeschlossen wird. Bei festem Anschluss an eine Leitung besteht die Gefahr, dass Wasser aus anderen an die gleiche Leitung angeschlossenen Wasserwannen angesaugt wird.

G6.2.3
Auslegung von Kühlern

Eine Schwierigkeit bei der Auslegung besonders bei Wasserkühlern besteht darin, dass Kondensation nur in Ausnahmefällen auf der ganzen Kühleroberfläche auftritt und auch dort kein geschlossener Kondensatfilm vorliegt.

Zur Berechnung des Kühlers werden deshalb unterschiedliche Verfahren angewendet [G6-2]: die in Luftrichtung rohrreihenweise Berechnung oder die Unterteilung des Kühlers in einen trockenen und einen nassen Teil. Dabei wird der trockene Teil mit rein sensibler Wärmeübertragung und der nasse mit gleichzei-

G6 Entfeuchter

tiger Wasserdampfkondensation berechnet. Das letztere Verfahren basiert auf dem amerikanischen ARI-Standard 410-81 [G6-6] und ist einfacher zu handhaben als die Berechnung der Rohrreihen nacheinander. Für die Berechnung werden folgende Vorrausetzungen als erfüllt angenommen:

1. Die Lewis-Zahl (siehe Bd 1, S. 356) ist eins.
2. Der Wärmeübergangskoeffizient für den sensiblen luftseitigen Wärmestrom, der „trockene" Wärmeübergangskoeffizient α_{tr}, wird durch das Kondensat nicht verändert. Das Kondensat bewirkt Effekte der Verbesserung und Minderung des Wärmeübergangskoeffizienten, die sich gegenseitig aufheben und nur Unterschiede in der Größenordnung der Mess- und Rechengenauigkeit verursachen.
3. Basis der Berechnung ist der trockene Wärmeübergangskoeffizient, der durch Messung eines Prototyps ermittelt wird. Obwohl er längs der Rippen und der Rohrreihen nicht konstant ist, wird ein Mittelwert angenommen.
4. Als treibendes Potential wird das logarithmische Mittel der Temperaturdifferenz (Gl. G2-13) benutzt. Es hat sich bei der hier vorliegenden Kreuz- und Kreuzgegenstromschaltung als zulässig erwiesen.

Der weitere Rechengang wird in [G6-2] genauer beschrieben.

Bei konstanter Oberflächentemperatur, z.B. beim Direktverdampfer, ergibt sich unter diesen Voraussetzungen eine Zustandsänderung im h,x-Diagramm:

$$dh/dx = (h - h_{so}) / (x - x_{so}) \qquad \text{(G6-1)}$$

(Verlauf von E nach A in Bild G6-1). Wegen der ungleichmäßigen Temperaturverteilung auf der Kühleroberfläche hat die Zustandsänderung einen gekrümmten Verlauf (E nach B in Bild G6-1).

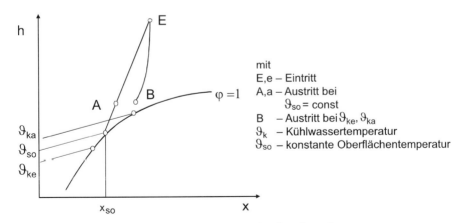

Bild G6-1 Zustandsverlauf im Kondensationsentfeuchter [G6-2]

G6.2.4
Betriebsverhalten und Regelung

Durch die Festlegung der Luft- und Wasserdurchströmung lässt sich in gewissen Grenzen das Verhältnis der latenten zur sensiblen Kühlleistung, speziell im Teillastbereich, beeinflussen. Um große Entfeuchtung zu erzielen, sollte ungleichmäßige Temperaturverteilung angestrebt werden, also gerade das Gegenteil von dem, was beim Kühlen sonst gilt. Deshalb ist der Kühler im Kreuzgegenstrom mit Vorlauf unten zu betreiben, und die Wassereintrittstemperatur sollte möglichst niedrig sein. Für den Teillastbereich sollte deshalb Drosselregelung durchgeführt werden (s. auch K2.3.2). Dabei ist allerdings im Einzelfall zu prüfen, ob gerade im Teillastbereich wirklich große Entfeuchtung gewünscht wird. Direktverdampfer werden davon abweichend in Kreuzgleichstromschaltung geschaltet, damit eine ausreichende Kältemittelüberhitzung eintritt.

Direktverdampfer bieten sich von Fall zu Fall auch für Trocknung bis zu Taupunkttemperaturen dicht über dem Gefrierpunkt an, weil auf der Kältemittelseite Temperaturen unter dem Gefrierpunkt ohne weiteres möglich sind. Dabei ist darauf zu achten, dass bei parallelen Kältemittelwegen durch den Kühler das Kältemittel gleichmäßig auf die einzelnen Kältemittelwege verteilt wird. Es darf zum Beispiel kein Krümmer in der Kältemittelleitung direkt vor dem Verteiler angebracht sein. Die parallelen Leitung müssen gleiche Strömungswiderstände haben.

Bei Klimaanlagen muss im Allgemeinen gleichzeitig entfeuchtet und gekühlt werden. Da der angestrebte Endzustand für Feuchte und Temperatur bei variablen Lasten durch Kühlung allein nicht immer erreicht werden kann, wird zuerst die angestrebte Entfeuchtung realisiert und dann durch Nachwärmen die gewünschte Temperatur erzeugt. Bei Geräten, die mit einer Kältemaschine kühlen, kann dazu die am Verflüssiger anfallende Wärme genutzt werden.

G6.3
Sorptionsentfeuchter

G6.3.1
Systeme mit fester Sorptionsmasse

G6.3.1.1
Diskontinuierliche Systeme

Diskontinuierlich arbeitende Systeme bestehen aus zwei Behältern, die mit hygroskopischen Stoffen gefüllt sind (Bild G6-2). Dazu gehören Kieselgel, Handelsname Silicagel, das zu 90% aus SiO_2 besteht, und die synthetischen Zeolithe, Alkali- und Erdalkalialuminiumsilikate. Sorptionsisothermen für verschiedene Adsorbentien zum Trocknen zeigt Bild G6-3. Die zu trocknende Luft durchströmt einen der Behälter so lange, bis entsprechend der Sorptionsisotherme (siehe Bd. 1, G2.5.2) die gewünschte Trocknung bei Erreichen der Durchbruchsgrenze nicht mehr erreicht wird. Durch Umschaltklappen wird die Luft dann über den anderen Behälter geleitet, und der gesättigte Adsorber wird gleichzeitig mit heißer Luft im Bereich von 150 bis 200 °C beaufschlagt, bis er hinreichend regeneriert ist.

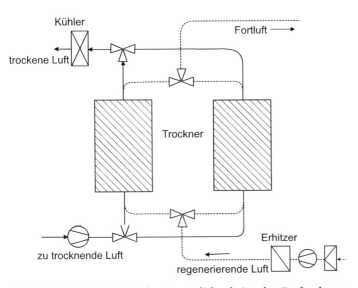

Bild G6-2 Schaltbild des diskontinuierlich arbeitenden Entfeuchters

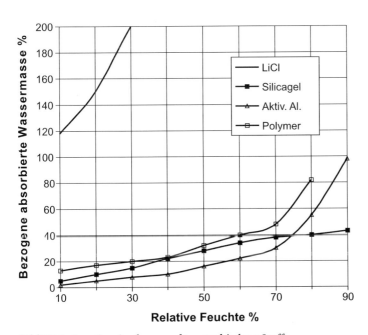

Bild G6-3 Sorptionsisothermen für verschiedene Stoffe

Die Luft erwärmt sich beim Durchströmen des Adsorbers, weil die Adsorptionswärme, Summe aus Kondensations- und Bindungswärme, freigesetzt wird. Die Zustandsänderung bei der Sorption verläuft deshalb im h,x-Diagramm steiler als eine Isenthalpe, beim Entfeuchten tritt ein erheblicher Temperaturanstieg der Luft auf. Weiterhin tritt eine Erwärmung dadurch auf, dass die Speichermasse beim Regenerieren erwärmt werden muss und dabei als Wärmespeicher wirkt. Im Schaltbild auf Bild G6-2 ist deshalb hinter dem Trockner ein Kühler vorgesehen.

In Klimaanlagen für den Komfortbereich werden diese Anlagen kaum angewendet. Im industriellen Bereich, vor allem dort, wo Abwärme zur Verfügung steht, ist die Anwendung denkbar.

G6.3.1.2
Kontinuierliche Systeme

Ein kontinuierliches Verfahren arbeitet mit einem rotierenden Sorptionskörper. Er besteht aus einem Grundkörper aus Aluminium, Keramik, Zellulose oder anderem Material mit einer Vielzahl axialer Kapillaren, durch die die Luft strömt. Die Oberflächen der Kapillaren sind mit Silikagel, Lithiumchlorid oder anderen hygroskopischen Stoffen beschichtet [G6-3]. Der Rotationskörper wird in einem Kreissegment von der feuchten Luft und in einem anderen Kreissegment von der regenerierenden Luft in entgegengesetzter Richtung durchströmt. Beide Teilströme werden durch Dichtungen voneinander getrennt.

Die Temperatur der getrockneten Luft ist am Austritt höher als am Eintritt. Sie entsteht [G6-3]

1. aus der Verdampfungswärme, die die isenthalpe Zustandänderung bewirkt und den größten Anteil ausmacht,
2. aus der Sorptionswärme, die von der Beladung der Speichermasse abhängt, und
3. der „Schleppwärme" (regenerativer Anteil und Leckage), die von der Regenerationstemperatur, der Wärmekapazität, der Drehzahl und der Speichermasse, sowie den Leckagen abhängt.

In [G6-3] werden als Beispiel zwei Messergebnisse am Rotor mit Lithiumchlorid angegeben:

Eintritt		Austritt					Gesamt-enthalpie/ latente Wärme
Temperatur °C	Feuchte g/kg	Temperatur °C	Isenthalpe °C	Temperatur		Feuchte g/kg	
22	6,0	35	29			3,5	1,9
36	16,0	51,5	48			11,3	1,20

Die Luftgeschwindigkeit bezogen auf den angeschlossenen Kanalquerschnitt liegt im Bereich 1–4 m/s, die Volumenströme je nach Gerätequerschnitt 0,25 bis 17 m³/s, dabei werden 8 bis 500 kg/h Wasser entzogen. Der Druckverlust bei der Durchströmung des Rotors beträgt 200 bis 800 Pa.

Maßgebend für die Auslegung und das Trocknungspotential sind die Sorptionsisothermen (Bild G6-3)(siehe auch Bd. 1, G2-15 bis 19). Wegen der begrenzten Verweilzeit lassen sich allerdings nur 40 bis 60% der Gleichgewichtsbeladung umsetzen. Auf das Thema wird im Zusammenhang mit Kühlung nach dem DEC-Verfahren weiter in Abschn. J2.5 eingegangen. Der Prozess 1 2 in Bild J2-4 stellt den Vorgang der Trocknung im h-x-Diagramm dar.

Wichtig für den Prozess ist, dass die Temperatur für die Regeneration des Adsorbers möglichst niedrig ist, damit z. B. Abluft mit niedrigem Temperaturniveau zur Regeneration verwendet werden kann. Besonderes Interesse besteht darin, solar erwärmte Luft zur Regeneration zu verwenden.

G6.3.2
Systeme mit flüssiger Sorptionsmasse

Entfeuchtungsverfahren mit flüssiger Sorptionsmasse, flüssigem Sorbens oder Absorber, sind in der Klimatechnik nicht sehr verbreitet. Die Entfeuchtung mit flüssigen Absorbern kann man sich gut veranschaulichen mit der Wirkung von Wasserluftbefeuchtern [G6-4] (s. G5). Wenn feuchte Luft durch einen Befeuchter strömt, dann nähert sich ihr Taupunkt der Temperatur des eingebrachten

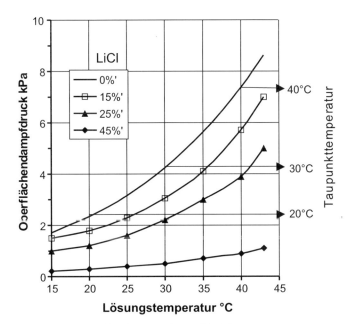

Bild G6-4 Dampfdruck von Lithiumchlorid-Wasser-Lösungen

Wassers. Wenn er höher liegt, wird die Luft entfeuchtet, wenn er tiefer liegt, wird sie befeuchtet. Ähnlich hat bei einem Entfeuchter mit flüssigem Sorbens die Flüssigkeit einen tieferen Dampfdruck oder tieferen Taupunkt als die Luft bei gleicher Temperatur und entfeuchtet die Luft so.

Der Dampfdruck eines flüssigen Sorbens ist proportional zu seiner Temperatur und umgekehrt proportional zu seiner Konzentration. Bild G6-4 veranschaulicht den Einfluss der zunehmenden Konzentration auf den Dampfdruck an der Oberfläche. Auf dem Bild ist der Dampfdruck von Lösungen unterschiedlicher Konzentration von Lithiumchlorid in Wasser bei verschiedenen Temperaturen dargestellt. Wenn die Konzentration zunimmt, nimmt der Dampfdruck ab. Diese Druckdifferenz gestattet der Lösung, dem Sorbens, Wasser aufzunehmen, wenn der Dampfdruck der Luft größer als der des Sorbens ist. Anders betrachtet legt ein Sorbens mit einer bestimmten Konzentration in einem psychrometrischen Diagramm eine Linie gleicher relativer Feuchte in der Luft über der Lösung fest. Die obere Linie (0%) für Wasser ist die Dampfdruckkurve für Wasser. Damit lässt sich auch ein Taupunktsmaßstab der jeweiligen Lösung konstruieren, der mit dem Maßstab links angegeben und am Beispiel von 20, 30, 40 °C im Diagramm dargestellt wird.

Eine Lösung von 25% Lithiumchlorid hat bei 21 °C einen Dampfdruck von 1,25 kPa, wenn sie auf 38 °C erwärmt wird, ist ihr Dampfdruck mehr als doppelt so groß. Oder mit dem Taupunkt des Wassers ist die Lösung bei 21 °C im Gleichgewicht mit Luft mit einem Taupunkt von 10,5 °C, bei 38 °C mit einem Taupunkt der Luft von 26 °C. Je wärmer das Sorbens, um so geringer die Wasseraufnahme.

Die Eigenschaften des Sorbens können festgelegt werden durch seine Temperatur und seine Konzentration. Die Temperatur lässt sich regeln durch Heizen oder Kühlen. Die Konzentration lässt sich regeln, indem das Sorbens erwärmt und die Feuchtigkeit ausgetrieben wird.

Übliche Sorbentien haben die Eigenschaft, eine große Wassermenge aufnehmen zu können. Jedes Lithiumchloridmolekül kann im trockenen Zustand noch zwei Wassermoleküle binden. Wenn das Sorbens im Gleichgewicht mit Luft ist,

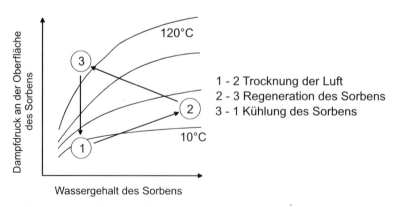

Bild G6-5 Verlauf des Trocknungsprozesses im Diagramm mit Sorptionsisothermen

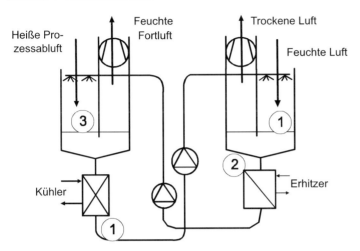

Bild G6-6 Ablauf des Prozesses von Bild G6-5

die eine relative Feuchte von 90% hat, sind fast 26 Wassermoleküle an jedes LiCl-Molekül gebunden. In der Praxis wird der Gleichgewichtszustand wegen der endlichen Oberfläche des Sorbens nicht erreicht. Deshalb müssen die Absorber so gebaut werden, dass das Sorbens eine möglichst große Oberfläche erhält. Sie wird wie beim Wasserluftbefeuchter durch Versprühen oder Verrieseln über Füllkörper erreicht.

In einer anderen Art der Darstellung wird der Dampfdruck der Isothermen (Sorptionsisothermen) über dem Feuchtegehalt des Absorbers aufgetragen. In dieser Darstellung lässt sich der Prozessablauf darstellen und die Auslegung erläutern. Den qualitativen Verlauf zeigt Bild G6-5.

Der Prozess könnte ablaufen wie in Bild G6-6 dargestellt.

G6.3.3
Auslegung

Ausgangspunkt der Auslegung sind auch hier die Sorptionsisothermen. Das Sorbens wird im Zustand 1 (Bild G6-5 und G6-6) versprüht oder verrieselt und erreicht durch Feuchtigkeitsaufnahme den Punkt 2. Das beladene Sorbens wird anschließend durch Erwärmung mit heißer Prozessabluft regeneriert und erreicht dabei den Punkt 3. Durch Kühlen des regenerierten Sorbens wird dann wieder der Zustand beim Punkt 1 erreicht.

G6.3.4
Betriebsverhalten und Regelung

Ein Ziel bei der Entwicklung der Sorptionstrockner im Klimabereich ist es, mit möglichst geringen Temperaturen für die Regeneration auszukommen, damit beispielsweise mit Solarkollektoren oder Fernheizung die Absorber regeneriert werden können, weil nicht überall Abluft aus anderen Prozessen mit 150 °C bis 200 °C zur Verfügung steht. Durch Auswahl der richtigen Sorptionsmassen, aber auch durch Variation der Konzentrationen lässt sich ein verhältnismäßig großer Temperaturbereich erreichen.

Die Regelung des Sorptionstrockners lässt sich ähnlich wie beim Wäscher mit dem Düsendruck und dem Volumenstrom des umgepumpten Sorbens vornehmen, oder mit dem Temperaturniveau des Kühlers oder der Regenerationsluft.

Sprühdüsentfeuchter haben nicht das Problem der Einfriergefahr. Sie können Luft bei Temperaturen unter dem Gefrierpunkt trocknen.

G6.3.5
Bauformen

Ein bekanntes Sorptionverfahren mit flüssigem Absorbens ist das Kathabar-Verfahren [G6-5], das im Bereich der Klimatechnik in Deutschland kaum angewendet wird. Die Luft durchströmt bei dem Verfahren einen Lithiumchlorid-Wäscher. Dabei wird die Kühlung durch Kaltwasserkühler direkt in der Entfeuchtungs-Sprühkammer durchgeführt. Die Regeneration des Sorbens wird auch direkt durch Erhitzung in der zweiten Sprühkammer durch Dampferhitzer vorgenommen.

Es gibt andere Konstruktionen, bei denen statt der Sprühkammern Rieselkörper eingebaut werden. Dadurch kann die Aerosolbildung besser verhindert werden kann. Bei allen Geräten, die Stoffe mit dem Luftstrom in Kontakt bringen, sollte sichergestellt sein, dass keine Aerosole in den Luftstrom für die Gebäudebelüftung gelangen.

Sprühdüsenentfeuchter sind geeignet, als Teilprozess eines Kühlverfahrens angewendet zu werden, bei dem die Fortluft entfeuchtet wird.

Literatur

[G6-1] Fitzner, K.: Siphons, KI Klima Kälte Heizung, Heft 2, S. 49–50 (1983)
[G6-2] Zeller, M.: Be- und Entfeuchtung von Luft, VDI-Wärmeatlas, Mk 8 (1994)
[G6-3] Franzke, U.: Sorptionsgenerator-Hauptbaustein des SGK-Klimasystems, KI Luft- und Kältetechnik (12/1999)
[G6-4] ASHRAE Handbook 2005 Fundamentals Chapter 22, und HVAC-Systems and Equipment, Chapter 22 (2004), American Society of Heating, Refrigerating and Air-Conditioning Engineers, Atlanta, GA 30329
[G6-5] Recknagel-Sprenger-Schramek: Taschenbuch Heizungs- und Klimatechnik, Oldenbourg Verlag 07/08, S. 1122
[G6-6] ARI-Standard 410-81 Standard for forced circulation air-cooling and air-heating coils. Air-Conditioning and Refrigeration Institute, Arlington- Virginia, (1981)
[G6-7] Uhlig, H.: Untersuchungen zum Betriebsverhalten hochberippter Lamellenrippenrohr-Kühler in der Klimatechnik, Diss. Aachen (1977)
[G6-8] Hufschmidt, W.: Die Eigenschaften von Rippenrohrkühlern im Arbeitsbereich der Klimaanlagen, Diss. Aachen (1960)
[G6-9] VDI-Wärmeatlas, Arbeitsblätter Hbb: Strömungssieden gesättigter Flüssigkeiten, 7. Auflage (1994)

G7 Luftdurchlässe

G7.1 Wetterschutzgitter

G7.1.1 *Bauformen*

Wetterschutzgitter sind im wahrsten Sinne des Wortes Luftdurchlässe. Sie schließen eine Luftein- oder Austrittsöffnung in der Wand eines Gebäudes oder eines Lüftungsgerätes nach außen so ab, dass nur Luft ein- oder ausströmen kann, Regenwasser und Kleintiere, wie Vögel oder Mäuse aber möglichst draußen bleiben. Wetterschutzgitter sollen auch einen Einblick verwehren und bestehen im Allgemeinen aus horizontalen Lamellen in einem Rahmen. Sie werden am häufigsten in senkrechten Außenwänden von Gebäuden oder von außen stehenden RLT-Geräten eingebaut.

Bild G7-1 zeigt eine Skizze eines üblichen Gitters. Das skizzierte Gitter wird in einen Einbaurahmen eingesetzt. Der Querschnitt zeigt, dass die Lamellen aus abgewinkelten Profilen bestehen, um ihre Steifigkeit zu erhöhen und um beim Einströmen von Außenluft durch die Umlenkung der Strömung größere Wassertropfen abzuscheiden. Die Funktion, Regenwasser außen zu halten, erfüllen viele Außenluftgitter im Betriebsfall allerdings nur bedingt, weil die horizontalen Lamellen dafür ungeeignet sind. Das zunächst abgeschiedene Wasser sammelt sich an der Unterkante der Lamellen (s. Bild I3-2) und wird dann beim Abtropfen von den Lamellen vom Luftstrom mit nach innen gerissen. Besser sind zum Wasserabscheiden senkrechte Lamellen oder richtige Tropfenabscheider geeignet. In Zukunft werden Wetterschutzgitter auf diese Funktion in Prüfständen verglichen und bewertet werden.

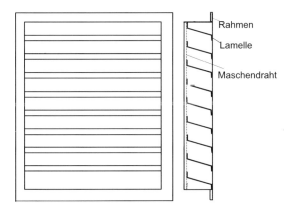

Bild G7-1 Wetterschutzgitter

Die Versperrung des freien Strömungsquerschnittes durch die Lamellen sollte möglichst klein sein, damit Druckverluste und Schallleistung der Strömung gering bleiben.

Eine bewährte Möglichkeit, Regenwasser abzuhalten, besteht darin, die Gitter nicht senkrecht einzubauen, sondern die Gitteroberkante soweit nach unten zu neigen, dass Schlagregen das Gitter möglichst gar nicht erreicht, wie auf Bild G7-2 skizziert.

Weil Außenluftgitter selten vollkommen regenwasserdicht sind, sollten die Kammern oder Luftleitungen stromab vom Durchlass einen Wasserablauf mit Siphonabschluss und Rückströmbehinderung und eine zugängliche Reinigungsöffnung haben. Damit Kleintiere ferngehalten werden, sind die Durchlässe zusätzlich mit Maschendraht zu versehen.

Horizontale von oben ansaugende Gitter sind als Wetterschutzgitter ungeeignet, wenn sich Vögel darauf niederlassen können. Sie werden dann durch die Vögel verschmutzt und stellen in vielen Fällen auch eine Vogelfalle dar.

Weitergehende Anforderungen an Wetterschutzgitter können darin bestehen, dass die Gitter Schnee abhalten oder dass sie nicht vereisen. Das wird gefordert, wenn der Betrieb der RLT-Anlage zu keiner Zeit unterbrochen werden darf – häufig erforderlich bei Kraftwerken in Flussnähe, wo unterkühlter Wasserdampf in der Außenluft auf den Lamellen der Wetterschutzgitter sublimieren kann. Dazu wurden spezielle elektrisch oder mit Heißluft beheizte Hohlprofilgitter entwickelt.

G7.1.2
Auslegung

Für Wetterschutzgitter geben Hersteller Widerstandsbeiwerte und Schallleistungspegel an, die bei der Auslegung berücksichtigt werden sollten. Bei den

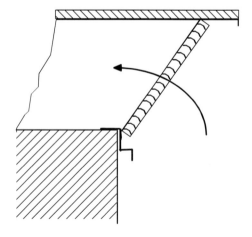

Bild G7-2 Zum Schutz gegen Regen ist die Oberkante des Wetterschutzgitters nach außen geneigt

G7 Luftdurchlässe

konstruktionsbedingt hohen Widerstandwerten ergeben sich unerwünscht hohe Druckverluste und Strömungsgeräusche (siehe N3-3), wenn nicht sehr große Flächen zur Verfügung stehen.

Die Lage eines Wetterschutzgitters am Gebäude, das gilt besonders für Außenluftgitter, hat große Bedeutung für die Qualität der angesaugten Luft. Das Gitter sollte möglichst weit entfernt sein von Verunreinigungsquellen, wie Fortluftdurchlässen [G7-1], offenen Kühltürmen, stark befahrenen Straßen, Parkplätzen, dem Erdboden oder Bäumen. Außerdem sollte auch auf die häufigste Anströmrichtung durch den Wind geachtet werden. Die Luvseite des Gebäudes ist besser als die Leeseite geeignet, die Südseite eines Gebäudes kann ungeeignet sein wegen der Erwärmung und der Auftriebsströmung und der Erwärmung an der Fassade an heißen Tagen. Im Zweifelsfall sind Strömungsuntersuchungen für die Ermittlung der günstigsten Ansaugstelle durchzuführen. Fortluft- und Außenluftgitter sollten ausreichenden Abstand voneinander haben und nicht gemeinsam im gleichen Nachlaufgebiet irgendeines Gebäudeteiles liegen. Je nach Art der Fortluft sollte die Kontamination der angesaugten Außenluft durch die Fortluft kleiner sein als 10^{-2} bis 10^{-4}.

Generell sind Wetterschutzgitter für die Fortluft weniger geeignet, weil sie es nicht erlauben, die Fortluft als Freistrahl mit großem Impuls möglichst weit vom Gebäude weg und aus der Gebäudegrenzschicht hinauszublasen.

Günstig für die Qualität der Ansaugung sind Ansaugöffnungen, die mit der Luftleitung und vorgesetzter Einlaufdüse möglichst weit aus der Gebäudegrenzschicht [G7-2] hinausragen (z. B. Centre Pompidou); denn am Gebäude bewegt sich wegen der konvektiven Wärmeabgabe praktisch immer eine erwärmte und verschmutzte Grenzschicht von unten nach oben. Das Bild G7-3 zeigt eine vertikale und eine nach unten geneigte Einlaufdüse.

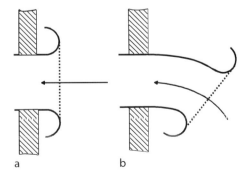

Bild G7-3a, b Wetterschutzgitter mit Ansaugöffnung möglichst außerhalb der Gebäudegrenzschicht

G7.2
Zuluftdurchlässe

G7.2.1
Zuluftdurchlässe für Mischströmung

G7.2.1.1
Bauformen

Zuluftdurchlässe befinden sich in den Wänden von Räumen oder in Zuluftleitungen im Raum, bei verzweigten Leitungen an den Leitungsenden. Dabei sind sie häufig gleichzeitig in den Wänden oder Decken eines Raumes angebracht. Im Zusammenhang mit der Raumströmung werden Hinweise zu den Luftdurchlässen (Abschn. F1 bis 3) gegeben. Die konstruktive Vielfalt ist außerordentlich groß. Ein großer Teil der Durchlässe wird serienmäßig hergestellt und kann nach Katalog bestellt werden. Von den Herstellern werden Auslegungsunterlagen bereitgestellt, die aber nur eine grobe Orientierung ermöglichen können, da für die Auslegung nicht der Luftdurchlass allein, sondern sehr wesentlich der Einbauort, die Geometrie der Umgebung und die thermischen Lasten im Raum maßgebend sind. Alle diese Einflüsse können in allgemein gültigen Katalogen kaum berücksichtigt werden. Die meisten Aufgaben der Lufteinbringung können mit serienmäßig hergestellten Durchlässen gelöst werden, in besonderen Fällen (z.B. Kombination mit Leuchten oder bei speziellen architektonischen Vorgaben) können Sonderentwicklungen zweckmäßiger und besser sein.

Zuluftdurchlässe können unterschieden werden nach folgenden Kriterien:
- Art des erzeugten Raumströmungsbildes,
- Ort der Anbringung im Raum (Wand, Boden, Decke, frei im Raum),
- Kombination mit Regeleinrichtungen und Wärmetauschern (Induktionsgeräte, Ventilatorkonvektoren, Entspannungsgeräte für Ein- und Zweikanalanlagen),
- Kombination mit Leuchten, Möbeln, Gestühl.

Im folgenden sollen die verschiedenen Durchlassarten im wesentlichen nach dem ersten Kriterium unterschieden werden. Da Mischströmungen durch einen ausreichend großen Impuls der Zuluft erzeugt werden, lassen sich die meisten Durchlässe nach den Strahlgesetzen ordnen (vgl. Abschn. F1). Sie erzeugen:
- Freistrahlen: rund, eben, radial,
- Wandstrahlen: eben, radial.

Durch ebene Wand- und Freistrahlen entstehen im Raum zweidimensionale Raumströmungen (Tangentialströmungen), die bis zu Kühlleistungsdichten von $50\,W/m^2$ und bezogenen Volumenströmen bis zu $30\,m^3/hm^2$ bei richtiger Auslegung unproblematisch sind. Radiale Strahlen bilden strömungstechnisch stabilere rotationssymmetrische Raumströmungen, die bis zu Kühlleistungsdichten von $100\,W/m^2$ einsetzbar sind.

G7 Luftdurchlässe

G7.2.1.2
Gitterdurchlässe (Luftgitter)

Lüftungsgitter sind einfache und häufig angewendete Luftdurchlässe. Sie werden aus unterschiedlichsten Materialien hergestellt, wie Stahlblech, Aluminiumprofilen, Kunststofflamellen u. dgl. Je nach Einbauort müssen sie unterschiedliche Festigkeitskriterien erfüllen. Gitter für den Einbau in Fußböden müssen begehbar sein, enthalten dafür aber selten Einbauten für die Luftstrahllenkung. Gitter für den Einbau in Turnhallen müssen ballwurfsicher sein. Die Gitter bestehen aus einem Rahmen und ein oder zwei Lagen paralleler Lamellen, die fest stehen oder verdrehbar sind. Durch Verstellung der Lamellen lässt sich die Luftaustrittsrichtung vertikal oder horizontal und auch die Spreizung des Strahles in Grenzen verstellen. Die Verstellung erfolgt mit Hand oder Motoren. Motorverstellung kann sinnvoll sein, wenn zeitweise warme oder kalte Luft so in den Raum eingebracht werden soll, dass sie den Aufenthaltsbereich einerseits erreicht, andererseits aber keine Zugerscheinungen verursacht. Die Verstellung

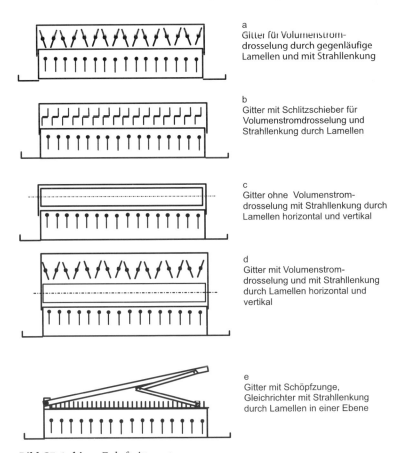

a
Gitter für Volumenstromdrosselung durch gegenläufige Lamellen und mit Strahllenkung

b
Gitter mit Schlitzschieber für Volumenstromdrosselung und Strahllenkung durch Lamellen

c
Gitter ohne Volumenstromdrosselung mit Strahllenkung durch Lamellen horizontal und vertikal

d
Gitter mit Volumenstromdrosselung und mit Strahllenkung durch Lamellen horizontal und vertikal

e
Gitter mit Schöpfzunge, Gleichrichter mit Strahllenkung durch Lamellen in einer Ebene

Bild G7-4a bis e Zuluftgitterarten

kann abhängig von der Raum- oder der Zulufttemperatur, oder besser von der Lufttemperaturdifferenz, erfolgen. Verstellbare Durchlässe sind nur zu empfehlen, wenn die richtige Verstellung und störungsfreier Langzeitbetrieb sichergestellt sind. Bei akustisch hohen Anforderungen im Raum können die Geräusche der Verstelleinrichtungen stören.

Die Gitter werden entweder am Ende von Luftleitungen oder in die Wände der Leitungen eingesetzt. In vielen Fällen befinden sich die Gitter gleichzeitig in den Raumwänden und am Ende einer Luftleitung. Dazu werden die Gitter mit Klemmfedern oder Schraubverbindungen in Mauerrahmen in den Wänden befestigt, wobei diese Rahmen mit Mauerpratzen in den Wänden eingebaut sein können. Hier sind jeweils Abstimmungen mit dem Architekten erforderlich. Die Luftleitungen sollten dabei möglichst bis zum Durchlass geführt werden und mit Steckverbindungen am Einbaurahmen oder einem Gehäuse anschließen, damit keine unkontrollierbaren Luftleitungsbereiche entstehen. Falls Leitungen aus bauseitigen Druckräumen bestehen, sind die Bedingungen und Verantwortlichkeiten für den hygienisch einwandfreien Betrieb festzulegen. Sie müssen abriebfest und zum Reinigen zugänglich sein.

Auf Bild G7-4 sind einige Möglichkeiten der Gitterdurchlässe dargestellt.

Wenn Gitter direkt in Luftleitungen installiert werden, können zusätzliche Einstellungen zur Einstellung des Austrittsvolumenstromes hilfreich sein

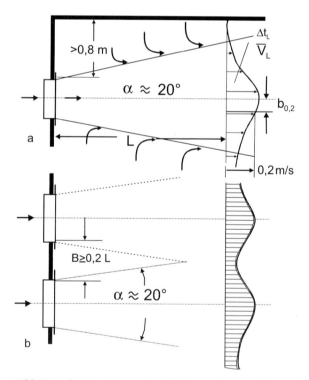

Bild G7-5a, b Anordnung eines Lüftungsgitters nach Angaben eines Herstellers

G7 Luftdurchlässe

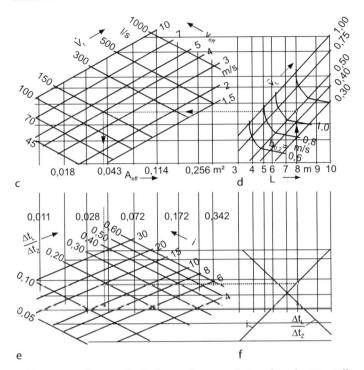

Bild G7-6 Auslegung des Lüftungsgitters nach Angaben des Herstellers

(Bild G7-4e). Gitter für Mischlüftung werden üblicherweise in senkrechten Wänden oberhalb der Aufenthaltszone installiert. Je nach Entfernung zum Nachbardurchlass und zur nächsten Wand oder Decke erzeugen sie Freistrahlen oder Wandstrahlen.

Die Gitter in Bild G7-4 sind prinzipiell auch als Abluftgitter geeignet. Weil bei Abluftgittern Lenkbleche keine Wirkung haben, wären am ehesten die unter a und b gezeigten Gitterarten mit einfachen Drosseleinrichtungen zu verwenden. Mehr dazu in Absatz G7.3.

Die Auslegung der Zuluftgitter basiert häufig auf den Strahlgesetzen, und dafür gelten die Einschränkungen, die dazu in Abschn. F1 schon erwähnt wurden.

Die Bilder G7-5 und G7-6 geben Ausschnitte aus Auslegungsunterlagen eines Herstellers für verschiedene Einbausituationen wieder. Es werden Angaben über die Luftgeschwindigkeiten in verschiedenen Entfernungen gemacht. Auf Bild G7-5 wird zunächst der Deckeneinfluss behandelt. Danach hat die Decke keinen Einfluss, wenn sie mehr als 0,8 m von der Oberkante des Durchlasses entfernt ist. Außerdem müssen nebeneinander angebrachte Gitter einen Mindestabstand von 0,2 mal Gitterlänge haben. Die Diagramme c bis f auf Bild G7-6 gelten für den Fall ohne Deckeneinfluss. In der folgenden Tabelle werden die Daten für das eingezeichnete Beispiel zusammengestellt. Die gegebenen Daten sind fett gedruckt, die anderen ergeben sich aus dem Diagramm.

Daten für das Beispiel auf Bild G7-6				Teil
Gesamtvolumenstrom	$\dot{V}_t$	150	l/s	c
Entfernung vom Gitter in Strömungsrichtung	L	8	m	d
mittlere Luftgeschwindigkeit in der Entfernung L	$\bar{v}_l$	0,5	m/s	d
Abstand von der Strahlmitte, bei der die Luftgeschwindigkeit 0,2 m/s beträgt	$b_{0,2}$	1,15	m	d
Induktionsverhältnis = Sekundär-/ Zuluftvolumenstrom	i	15	-	e
effektive Durchtrittsgeschwindigkeit	Δt_z	4,0	m/s	c
effektive Luftdurchtrittsfläche	A_{eff}	0,041	m²	c
Temperaturdifferenz Raum-, Zuluft	Δt_z	4,0	K	
Temperaturverhältnis	$\Delta t_l/\Delta t_z$	0,13	-	e
Temperaturdifferenz Raum-, Luftstrahl in der Entfernung L	Δt_l	0,52	K	
effektive Luftdurchtrittsfläche des ausgewählten Gitters	A_{effg}	0,043		
Abmessungen des ausgewählten Gitters L · H		0,625 · 0,125	m²	

Die effektive Luftdurchtrittsfläche wird für die verschiedenen Gitterarten als Funktion der Abmessungen und der Konstruktion vom Hersteller für die verschiedenen Durchlassgrößen tabellarisch angegeben (fehlt hier). Daraus wird das Gitter mit A_{eff} = 0,043 m² ausgewählt.

Die Ergebnisse stimmen gut mit den Strahlgesetzen überein.

Man erkennt an diesem Beispiel die Kompliziertheit der Auslegung, wobei, um das Verfahren einigermaßen handhabbar zu machen, bereits zahlreiche Vereinfachungen eingeflossen sind. In kritischen Fällen müssen die Daten immer noch im Versuch ermittelt werden. Bei Beispielen wie hier, wo es nicht auf die Einhaltung thermischer Behaglichkeitsbedingungen ankommt – $\bar{v}_l = 0,5$ m/s – leisten die Auslegungsdiagramme gute Dienste.

Aus dem englisch-amerikanischen Anwendungsbereich [G7-3] stammen einige Charakterisierungen, die auch in die europäische Normung einfließen. Sie basieren auch auf den Strahlgesetzen und gestatten eine Grobauslegung der Durchlässe. Sie sollen deshalb im folgenden kurz beschrieben werden. Angegeben werden drei Parameter, die für die einzelnen Durchlassgrößen experimentell ermittelt werden (Bild G7-7).

Zur Beurteilung wird eine Hüllfläche gleicher Luftgeschwindigkeit, eine Isotache, im Strahl ermittelt. Dabei wird für die Anwendung im Komfortbereich als Luftgeschwindigkeit häufig 0,15 m/s gewählt. Für andere Anwendungen werden auch höhere Geschwindigkeiten wie 0,25 oder 0,5 m/s verwendet. Die Wurfweite ist die größte Entfernung zwischen der Austrittsöffnung und dieser Hüllfläche in Strömungsrichtung. Die Strahlbreite ist die größte horizontale Breite dieser Hüllfläche quer zur Strömungsrichtung, und als Gefälle oder Steigung wird der der Abstand des höchsten oder tiefsten Punktes der Hüllfläche bei Über- oder Untertemperatur von der Durchlassmitte bezeichnet.

Bild G7-7 Bezeichnungen zur Beschreibung von Raumluftstrahlen

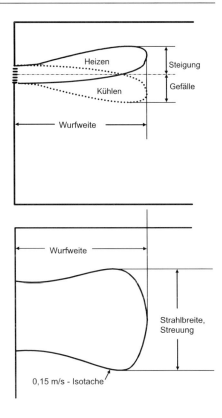

Für jede Abmessung und jede Austrittsgeschwindigkeit ergibt sich so ein Wertepaar, außerdem für jede Austrittsgeschwindigkeit und jede Temperaturdifferenz. Sie werden in entsprechenden Auslegungsdiagrammen zusammengestellt. Die Linien gleicher Geschwindigkeit werden in Diagrammen als Isotachen (neuerdings aus dem Englischen kommend auch falsch als Isovel) bezeichnet.

Bei Wandgittern und in Ausnahmefällen auch bei Deckengittern kann die Austrittsgeschwindigkeit so niedrig ausgelegt werden, dass die Luft im Kühlfall aufgrund der hohen Archimedeszahl der Strömung sofort an der Wand nach unten strömt. Wenn dieser Abströmbereich nicht zum Aufenthaltsbereich zählt, ist kaum mit Zugerscheinungen zu rechnen. Hier sind die Auslegungskriterien der Wandstrahlen und der Quellluftströmung anzuwenden.

G7.2.1.3
Schlitzdurchlässe

Eine überwiegend in Decken eingebaute Durchlassart sind Schlitzdurchlässe. Die Bilder G7-8 bis G7-10 zeigen einige Ausführungsformen. Die Durchlässe bestehen aus Lenkblechen, verstellbaren Klappen (G7-9), feststehenden oder schwenkbaren Düsen in Walzenform (G7-8, G7-10) in einem Rahmen. Die Rah men werden häufig aus speziellen Strangpressprofilen gebildet. Es entstehen am Austritt Einzelstrahlen, die sich je nach Konstruktion und Einstellung der Austrittselemente ausbilden. So entstehen entweder ein- oder beidseitig vom Durchlass Wandstrahlen entlang der Decke (Stellung b) oder schräg nach unten gerichtete Freistrahlen (Stellung a). Ihr Einsatz ist, wie im Abschn. F2 beschrieben, leistungsmäßig begrenzt. Für Kühlleistungsdichten bis zu 50 W/m^2 sind die Durchlässe anwendbar, darüber haben die Strahlen kaum noch Einfluss auf die Raumströmung. Auch die Verstellbarkeit der Einzelstrahlen kann dann nicht mehr viel nützen.

Oberhalb der dargestellten Austrittsöffnungen befinden sich Luftverteilkästen, die an die Luftleitungen angeschlossen werden.

Wenn die Durchlässe für variablen Volumenstrom verwendet werden sollen, ist besonders zu beachten, dass die Strömung turbulent bleiben muss und nicht ins laminar-turbulente Übergangsgebiet geraten sollte. Bei runden Öffnungen liegt die Grenze bei Re > 2300, bei rechteckigen bei Re > 1000 (siehe F2.1.2.1).

Die Auslegung sollte nach den Angaben des Herstellers erfolgen. Die Durchlässe müssen entsprechend den thermischen Lasten, d. h. im allgemeinen

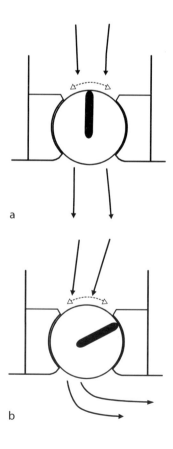

Bild G7-8a, b Schlitzdurchlass mit verstellbaren Walzen

gleichmäßig und nicht nach architektonischen Gesichtspunkten über die Decke verteilt werden. Der Abstand der Schlitzreihen sollte ungefähr der Raumhöhe entsprechen.

Bild G7-9 Schlitzdurchlass mit verstellbaren Klappen

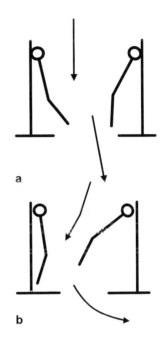

Bild G7-10 Schlitzauslass mit verstellbaren Düsen oder Walzen

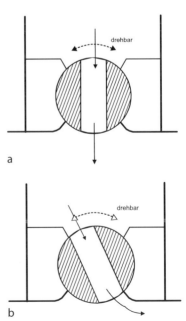

G7.2.1.4
Durchlässe in Wandnähe für Tangentialströmung im Raum

Nach oben ausblasende Luftdurchlässe an Wänden, vor allem an Außenwänden im Brüstungsbereich und in Bodennähe (z. B. bei vollverglasten Fassaden), erzeugen eine Tangentialströmung im Raum. Klassische Anwendungsfälle sind *Fensterblasanlagen* (s. Abschn. F2.1.2.3), Ventilatorkonvektoren und Induktionsgeräte (F2.1.3.2). Es entsteht zunächst ein Wandstrahl an der Wand, z. B. an der Fensterwand. Während Fensterblasanlagen im allgemeinen so ausgelegt werden, dass der anisotherme Wandstrahl im Winter den Kaltluftabfall kompensiert, aber nicht tief in den Raum eindringt, werden Induktionsgeräte so ausgelegt, dass sie bei größter Kühlleistung ungefähr eine primäre Luftwalze erzeugen, die eine Eindringtiefe in den Raum von etwa einer halben bis zu einer Raumhöhe hat.

Wie im Zusammenhang mit der Raumströmung schon erwähnt, sollte die Kühlleistungsdichte bei dieser Strömung nicht größer als 50 W/m^2 oder die Kühlleistung nicht größer als 500 W je Gerät sein (siehe auch Abschn. F2.1.3.2).

Bild G7-11 zeigt einige Durchlass- oder besser Gerätearten. Induktionsgeräte enthalten außer einem Primärluftauslass Wärmeaustauscher und Regeleinrichtungen. Primärluftdüsen saugen Sekundärluft über Wärmetauscher aus dem Raum an und kühlen oder erwärmen sie. Die Primärluftdüsen haben Durchmesser im Bereich von 2 bis 20 mm. Sie bilden zunächst kleine einzelne Freistrahlen, die aus der Umgebung Luft ansaugen (s. Abschn. F2.1.2.2). Wie am Beispiel in Bild G7-11 gezeigt, wird die Primärluft zusammen mit der angesaugten Sekundärluft in einen Ausblasstutzen (1) oberhalb der Düsen geblasen. Dieser Stutzen wirkt wie ein Diffusor, wobei er das Strömungsprofil vergleichmäßigt. Die richtige Abstimmung der Düsenströmung und der Schachtabmessung führt zu einem Unterdruck im Gerät, der genutzt wird, die Sekundärluft über den Wärmetauscher und die Strömungswiderstände in der Brüstungsverkleidung zu bewegen. Eine charakteristische Größe für die Geräte ist das Verhältnis des Sekundärluft- zum Primärluftvolumenstromes. Es wird als Induktionsverhältnis bezeichnet. Je größer das Induktionsverhältnis ist, um so größer ist die Leistung der Wärmetauscher und der Impuls der in den Raum eintretenden Luft. Der Impuls und der Gesamtluftvolumenstrom müssen in einer bestimmten Relation zur Wandfläche stehen, die von dem Gerät beaufschlagt wird. Wenn der Impuls zu niedrig ist, ist die Eindringtiefe der Primärluftwalze in den Raum zu klein, wenn er zu groß ist, sind Zugerscheinungen nicht zu vermeiden (siehe auch F2.1.3.2).

Der Primärluftstrom ist bei den meisten Gerätearten konstant, geregelt wird die Leistung der Wärmeaustauscher (2). Dabei wird die Luft entweder durch Klappen über Erhitzer (3), Kühler (4) oder Beipass (7) gelenkt, oder ein Wärmeaustauscher mit getrennten Wasserwegen zum Heizen und Kühlen (3); (4) wird mit Ventilen geregelt. Früher wurden auch Wärmeaustauscher mit nur einem Wasserweg verwendet. Je nachdem, ob auch das Wassernetz für Warm- und Kaltwasserversorgung gemeinsam verwendet wurde, entstanden die Zweileitersysteme (Change over systems). Sie waren begrenzt in der Bandbreite der regelbaren Leistung, problematisch vor allem, wenn benachbarte Räume sehr unter-

G7 Luftdurchlässe

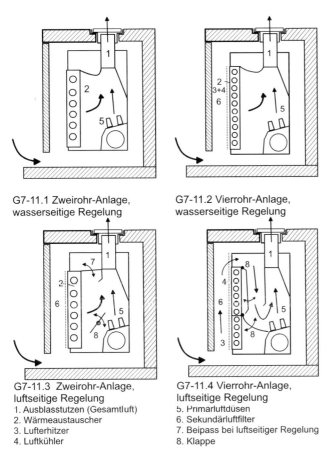

G7-11.1 Zweirohr-Anlage, wasserseitige Regelung
G7-11.2 Vierrohr-Anlage, wasserseitige Regelung
G7-11.3 Zweirohr-Anlage, luftseitige Regelung
G7-11.4 Vierrohr-Anlage, luftseitige Regelung

1. Ausblasstutzen (Gesamtluft)
2. Wärmeaustauscher
3. Lufterhitzer
4. Luftkühler
5. Primärluftdüsen
6. Sekundärluftfilter
7. Beipass bei luftseitiger Regelung
8. Klappe

Bild G7-11 Induktionsgeräte (für Tangentialströmung)

schiedliche Anforderungen hatten. Sie wurden mit Handventilen geregelt, was sich für den normalen Benutzer als zu anspruchsvoll erwiesen hat.

Die Temperaturen von Primärluft und Wasservorlauf werden vor allem in der Übergangszeit außentemperaturabhängig so gesteuert, dass in verschiedenen Räumen in gewissen Grenzen gleichzeitig geheizt oder gekühlt werden kann. Das lässt sich dadurch erreichen, dass der Wasserkreislauf auf Heizung und die Primärluft auf Kühlung vorgeregelt wird oder umgekehrt.

In der Handhabung viel besser sind die Vierleitergeräte, die getrennte Wasserwege für Kalt- und Warmwasser haben. Die Temperaturen der Primärluft, des Kalt- und des Warmwassers werden dabei ebenfalls außentemperaturabhängig gesteuert, falls die äußeren Kühllasten den größeren Anteil ausmachen. Dadurch lassen sich die thermischen Verluste der Geräte reduzieren. Für Geräte in einem Raum ist es besonders wichtig, dass sie alle ungefähr die gleiche Leistung einbringen, weil anderenfalls mit Ausgleichsströmungen und entsprechenden Zugerscheinungen zu rechnen ist. Der Gleichlauf der Regelventile oder der

Regelklappen ist deshalb besonders wichtig. Um vor allen Dingen zu verhindern, dass verschiedene Geräte im gleichen Raum gleichzeitig heizen und kühlen, haben die Stellantriebe einen sogenannten Sequenzabstand. Das ist eine neutrale Zone in der Mitte des Regelbereiches zwischen Heizen und Kühlen. Außerdem sollten Endgeräte aus hygienischen Gründen so ausgelegt werden, dass beim normalen Betriebsfall am Kühler kein Wasser kondensiert.

Zwischenzeitlich wurden auch Induktionsgeräte ohne Wärmetauscher entwickelt. Weil sie nur mit Luft arbeiten und deshalb nur eine geringe Kühlleistung in den Raum einbringen können, haben sie sich im Hinblick auf die Luftgeschwindigkeiten im Aufenthaltsbereich gut bewährt. Zur Regelung muss bei diesen Geräten der Primärvolumenstrom variabel sein.

Heute werden Induktionsgeräte, die eine Tangentialströmung im Raum erzeugen, nur noch selten verwendet. Bessere Ergebnisse werden mit den schon erwähnten Deckeninduktions (siehe G7.2.1.6) oder mit Quellluftinduktionsgeräten (siehe G7.2.2.3) erreicht. Die Vorteile der Wasser-Luft-Systeme können so mit den Vorteilen anderer Raumströmungsformen kombiniert werden.

G7.2.1.5
Düsenluftdurchlässe

Düsenluftdurchlässe wurden schon im Abschn. F2, F2.1.3.1 ausführlich behandelt. Sie werden in größeren und vor allem in hohen Sälen verwendet, in denen Luftzufuhr von unten nicht möglich ist. Die Düsen werden häufig für den speziellen Fall entwickelt. Bild G7-12 zeigt die Skizze einer serienmäßig hergestellten Düse, die in ihrer Ausblasrichtung verstellbar ist. Bei thermischen Lasten bis zu 80 W/m^2 sind solche Düsensysteme anwendbar. Außer den in Abschn. F genannten gibt es noch keine allgemein anwendbaren Auslegungsregeln. In unsicheren Fällen sind deshalb nach wie vor Raumströmungsversuche zur richtigen Auslegung angebracht.

Bei verstellbaren Düsen ist zu unterscheiden zwischen einer Verstellbarkeit mit Motorantrieb und einer Verstellbarkeit mit Hand zum Nachregulieren. Die

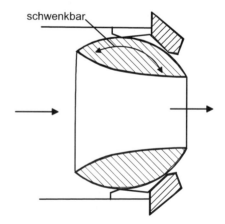

Bild G7-12 Verstellbarer Düsenluftdurchlass mit Kugelgelenk

Verstellung mit einem Stellmotor ist nur in sehr seltenen Fällen angebracht, z. B. in großen Fertigungshallen, in denen mit der Luft sowohl gekühlt wie geheizt werden soll. Motorverstellung kann zu störenden Geräuschen führen und ist deshalb besonders in Auditorien nicht zu empfehlen. Die Verstellbarkeit zum Nachregulieren sollte auch nur in Ausnahmefällen angewendet werden. Sie verführt zu der Hoffnung, dass man eine falsch ausgelegte Anlage nachträglich noch in Ordnung bringen kann, bei nicht richtig dimensionierter Austrittgeschwindigkeit ist das aber kaum möglich.

G7.2.1.6
Radial- und Dralldurchlässe

Radial- und Dralldurchlässe werden hier gemeinsam behandelt, weil sie sich aus strömungstechnischer Sicht nur geringfügig unterscheiden. Sie werden am häufigsten in der Decke, seltener in den Wänden oder Fußböden von Räumen installiert. Die Strömung tritt bei beiden Durchlassarten nahezu radial aus dem Auslass aus und bildet je nach Entfernung zur Decke einen radialen Freistrahl oder Wandstrahl. Die radiale Strömung wird entweder durch eine Prallplatte, durch radiale oder axiale Umlenkschaufeln oder einen Drallmechanismus, durch Lenkschaufeln oder Ausströmung aus einer exzentrischen Vorkammer erreicht. Im Nahbereich des Durchlasses besteht bei Radial- und Drallströmung ein geringer Unterschied. Die Drallströmung hat eine Umfangskomponente, sodass die Strömungsrichtung geringfügig von der rein radialen Richtung abweicht. Der Drall sorgt dafür, dass sich der Strahl radial ausbildet, ohne dass Prallplatten oder radiale Umlenkprofile erforderlich sind. Für die Auslegung können beide Strahlarten gleich behandelt werden.

Radialdurchlässe erzeugen im Raum eine verhältnismäßig stabile ungefähr torusförmige Raumströmung (Bild F2-12 bis F2-15). Mit ihnen lassen sich Kühlleistungsdichten bis zu 100 W/m^2 zugfrei erreichen. Richtige Anordnung ist dabei wichtig. Ein Durchlass sollte eine Fläche versorgen, die dem Quadrat seiner Höhe über dem Boden entspricht (s. Abschn. F2.). Also bei hohen Räumen wenige, bei flachen Räumen viele Durchlässe. Wenn die Auslegung nach den Strahlgesetzen höhere Kühlleistungen ergeben sollte, sind die Ergebnisse in Frage zu stellen.

Typische Arten von Drall- oder Radialdurchlässen zeigt Bild G7-13.

Die Bilder G7-13a bis e zeigen einige der Möglichkeiten Drall- oder radialstrahlen zu erzeugen:
a) Drall durch exzentrische Einströmung (Strömung)
b) axiale Lenkschaufeln
c) radiale Lenkschaufeln
d) Drallplatte
e) radiale Schlitze

Ein Radialdurchlass lässt sich auch mit einem Deckeninduktionsgerät kombinieren. Von der Strömung her unterscheidet er sich nicht von einem Nurluftaus-

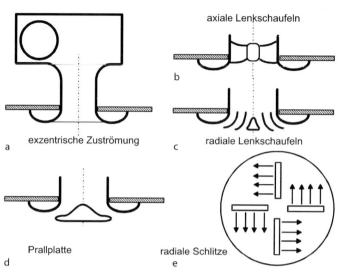

Bild G7-13 Drall- und Radialdurchlässe (Drall, Prallplatte, Lenkbleche, Düsen)

lass mit gleichem Austrittsgitter, verbindet aber die Vorzüge der Radialluftdurchlässe mit den Systemvorteilen von Induktionsgeräten. Deckeninduktionsgeräte werden wie alle Radialdurchlässe nur selten zum Heizen verwendet, weil sich von der Decke aus nur geringe Heizleistungen in den Raum einbringen lassen.

Deshalb besitzt das Gerät nur einen Wärmeaustauscher zum Kühlen, der mit einem Ventil im Wasserkreislauf geregelt wird.

Bild G7-14 Strömungsbild unter einem schlitzförmigen Radialdurchlass an einem Deckeninduktionsgerät

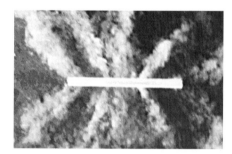

Bild G7-15 Deckeninduktionsgerät mit schlitzförmigem Radialdurchlass

G7.2.1.7
Luftdurchlässe für lokale Mischströmung

Es gibt eine Gruppe von Luftdurchlässen, die nicht eindeutig unter die bisher genannten Arten fallen. Sie erzeugen eine Mischströmung, wenn man den Nahbereich betrachtet, und Quellluftströmung, wenn die Abluft oben abgesaugt wird und man den ganzen Raum betrachtet. Dazu zählen Luftdurchlässe im Gestühl von Theatern und Versammlungsräumen, aber auch Luftdurchlässe an Schreibtischen. In größeren Räumen werden bei Anwendung dieser Durchlässe ähnlich wie bei Quellluftströmung lokale Verunreinigungen nicht im ganzen Raum verteilt. Die Durchlässe werden manchmal auch mit verstellbaren Austrittsöffnungen hergestellt, wodurch sich lokal Strömungsrichtung und Geschwindigkeit in Grenzen verstellen lassen. Dadurch lassen sich lokal „unterschiedlich empfundene Temperaturen" erreichen, obwohl es nicht möglich ist, unterschiedliche Lufttemperaturen in benachbarten Bereichen einzustellen, denn sie würden sofort Ausgleichsströmungen hervorrufen, die unter Umständen sogar zu Zugerscheinungen führen können. Erhöhte lokale Luftgeschwindigkeit vergrößert den örtlichen Wärmeübergang, die Luft wird dadurch kälter empfunden (s. auch Bd. 1 Gl. G2-18).

Je nach der Verteilung der Verunreinigungsquellen können dabei lokale Konzentrationsunterschiede im Raum auftreten, die Luftqualität ist an Orten geringerer Verunreinigungsquellen besser als im Durchschnitt des Raumes.

Bild G7-16 zeigt einen Luftdurchlass (Pultdurchlass), der als Induktionsauslass in der Rückenlehne des Gestühles für einen Versammlungsraum untergebracht ist. Im Beinbereich der Person wird Sekundärluft angesaugt, und die Gesamtluft wird an der Oberkante der Rückenlehne schräg [G7-4; G7-5] nach

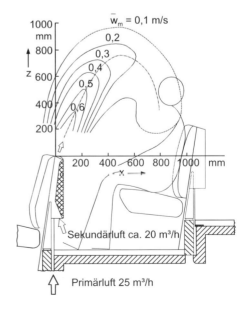

Bild G7-16 Induktionsdurchlass in der Stuhllehne

oben ausgeblasen. Hier entsteht eine ausgeprägte Mischströmung im Bereich der einzelnen Stühle. Diese Auslässe haben vor allem in Hörsälen weite Verbreitung gefunden. Der Aufwand für einen solchen Auslass ist aber verhältnismäßig groß. Durch die Induktion kannn mit tieferen Primälufttemperaturen gearbeitet werden, als wenn die Zuluft ohne Beimischung von Raumluft innerhalb des Induktionsschachtes in den Raum eingebracht würde.

Als ein typischer Luftdurchlass zur lokalen Klimabeeinflussung am Schreibtisch soll der Klimadrant-Luftdurchlass erwähnt werden (Bild G7-17). Es handelt sich um einen in Richtung und Strahlspreizung verstellbaren Durchlass auf einem Schreibtisch. Der Durchmesser des Kugelkopfes beträgt 180 mm.

Bild G7-18 gibt die Geschwindigkeiten in 1m Abstand vor dem Durchlass wieder.

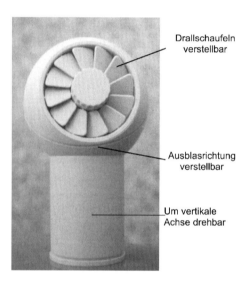

Bild G7-17 Schreibtisch-Luftdurchlass

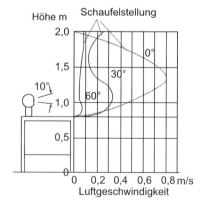

Bild G7-18 Luftgeschwindigkeitsprofile in 1 m Abstand vor dem Schreibtisch-Luftdurchlass bei verschiedenen Einstellungen des Drallmechanismus [G7-6]

G7 Luftdurchlässe

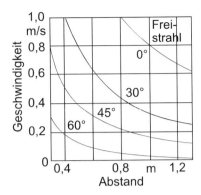

Bild G7-19 Luftgeschwindigkeit vor einem „Klimadrant"-Luftdurchlass bei unterschiedlichen Abständen vom Durchlass [G7-6]

Die Geschwindigkeiten bei verschiedenen Stellungen des Drallmechanismus und verschiedenen Dralleinstellungen zeigt Bild G7-19. Wie die Bilder der Luftgeschwindigkeiten zeigen, lässt sich ein weiter Bereich der Geschwindigkeiten einstellen. Der Durchlass ermöglicht, in gewissen Grenzen individuelles lokales Klima durch unterschiedliche Luftgeschwindigkeiten einzustellen.

Temperaturen und Stoffbelastungen unterscheiden sich infolge der Mischströmung nur unwesentlich von den Umgebungswerten, wie am Beispiel des Stoffbelastungsgrades auf Bild G7-20 zu erkennen ist [G7-7]. Dabei handelt es

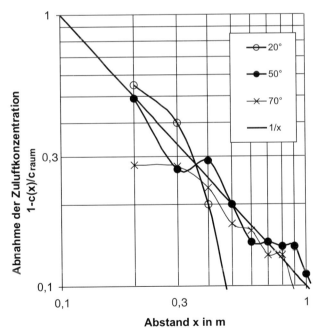

Bild G7-20 Abnahme der Zuluftkonzentration vor einem Klimadrant-Luftdurchlass $(1 - C_{strahl}/ C_{raum})$

sich um das Konzentrationsverhältnis $1 - C_{strahl}/C_{raum}$, mit der Konzentration im Strahl C_{strahl} und der Konzentration C_{raum} im Raum, wobei die Konzentration am Eintritt mit null angenommen wird. Man kann den Verlauf als die Abnahme der Zuluftkonzentration interpretieren. Man erkennt auf Bild G7-20, dass die Konzentration proportional mit der Entfernung abnimmt. In einer Entfernung von 1m beträgt sie nur noch 10%.

Bild G7-21 zeigt links einen Durchlass, der direkt in den Stuhlfuß integriert ist. Das Bild zeigt den Fuß und eine Steckhülse, die im Boden eingegossen wird. Der Stuhlfuß hat einzelne Schlitzbrücken-Öffnungen, die rund um den zylindrischen Fuß ein Strahlenbündel bilden. Die Einzelstrahlen saugen aus der Umgebung Luft an. Je nachdem wie viel thermische Last im wesentlichen durch Strahlung in diesen Raumbereich gelangt, tritt ein geringer Temperaturanstieg ein. Die Eintrittstemperatur der Luft sollte etwa bei 20 °C liegen. Durchlässe dieser Art müssen an den jeweiligen Stuhl angepasst werden, denn schon die Kontur der Sitzunterseite kann das Strömungsbild verändern. Innerhalb der Durchlässe befinden sich häufig speziell gestaltete Lenk- und Drosselelemente, die für die gewünschte Luftverteilung und die Ausströmrichtung sorgen. Bei der Auslegung sind die Herstellerangaben und Ergebnisse von Raumströmungsversuchen heranzuziehen. Häufig werden möglichst große Volumenströme je Durchlass angestrebt, damit die Zahl der Anschlüsse reduziert werden kann. Es gibt Durchlässe, die bis zu drei Sitzplätze versorgen können. Bild G7-21 rechts zeigt einen Durchlass im Fuß mit Stuhl. Der Fuß besteht aus einem perforierten Rohr mit eingebautem Luftverteiler.

In letzter Zeit werden auch reine Quellluftdurchlässe (s. G7.2.2.3) angewendet, die die Luft durch Laminarisatoren (z. B. Filzteppich) austreten lassen und verhältnismäßig wenig Raumluft induzieren.

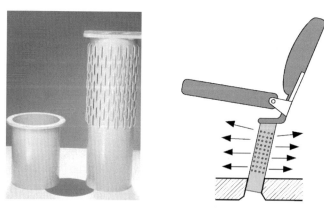

Bild G7-21 Verschiedene Luftdurchlässe im Stuhlfuß, links mit Schlitzbrückenblech, rechts gelochter Stuhlfuß [G7-8]

G7.2.2
Zuluftdurchlässe für Quellluftströmung

G7.2.2.1
Luftdurchströmter Doppelboden

Die sicherste, aber auch aufwendigste Art, eine Quellluftströmung in einem Raum zu verwirklichen, besteht in der Anwendung eines großflächigen perforierten Doppelbodens als Luftdurchlass. Dabei dient der Raum unter dem Doppelboden als Druckraum, der für die Verteilung der Luft benutzt wird. Gleichmäßige Volumenstromverteilung wird erzielt, indem der Strömungswiderstand der Luftverteilung unter dem Doppelboden kleiner gehalten wird als der Widerstand beim Austritt in den Raum. Als Doppelboden werden überwiegend perforierte Metallplatten aber sogar auch Parkettböden mit entsprechender Stützkonstruktion gewählt, wie auf Bild G7-22 dargestellt. Im Komfortbereich wird der perforierte Boden mit einem luftdurchlässigen Teppich belegt oder beklebt. Es gibt zahlreiche luftdurchlässige Teppicharten, die einen geeigneten Strömungswiderstand für den vorgesehenen Volumenstrom haben. Der Widerstand ändert sich ungefähr proportional zur Strömungsgeschwindigkeit. Bild G7-23 gibt Druckverluste für drei verschiedene Teppiche wieder. Der eingezeichnete obere und untere Druck soll den empfohlenen Anwendungsbereich des Druckes abgrenzen. Eine brauchbare Näherung der Messergebnisse stellt die folgende Gleichung dar:

$$\Delta p \sim \dot{V}^{(1{,}33 \pm 0{,}07)} \tag{G7-1}$$

Wenn das Teppichgewicht bezogen auf die Fläche viel größer ist als der Druckverlust, was allerdings selten vorkommt, kann er lose aufliegen.
Je nach Strömungsverlusten unter dem Doppelboden sollte der Druckverlust zwischen 10 und 50 Pa liegen. Bei zu geringen Druckunterschieden leidet die gleichmäßige Luftverteilung, bei größeren entstehen unnötige Betriebskosten, und Leckagen können zu Schwierigkeiten führen, weil sich Strahlen mit höherer Luftgeschwindigkeit im Aufenthaltsbereich bilden können. Es ist darauf zu achten, dass der Druckraum möglichst dicht ist. Die Strömungswiderstände der Teppiche sind von der Webart, aber auch von der Produktion abhängig. Vor der Verwendung eines Teppichs muss sein Widerstand in Abhängigkeit vom Volumenstrom gemessen werden. Der perforierte Doppelboden eignet sich besonders dann als Durchlass, wenn sehr große Luftströme in einen Raum einzubringen sind, also vor allem für Versammlungsräume. Die Austrittsgeschwindigkeiten sind trotzdem so klein, dass durch die Strömung praktisch kein Schmutz vom Teppich gelöst und aufgewirbelt wird. Bei einem Volumenstrom von 100 $m^3/(h\,m^2)$ und einem relativen freien Querschnitt der Perforation von 30% liegt die Geschwindigkeit unter 0,10 m/s. Die Kräfte der Strömung auf abgelagerte Partikel sind viel geringer als die, die beim Begehen des Bodens auftreten. Entsprechend den Erläuterungen in F3.3 ist der Stoffbelastungsgrad im Aufenthaltsbereich geringer als bei Mischlüftung.

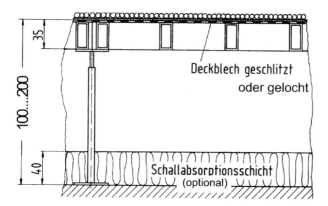

Bild G7-22 Perforierter Doppelboden mit Teppich als Luftdurchlass

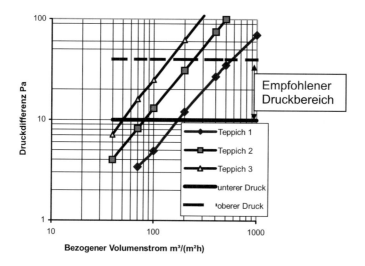

Bild G7-23 Druckverlust am Doppelboden mit 3 verschiedenen Teppichen

Bild F4-2 zeigt die Kühlleistungsdichte über der Volumenstromdichte für die Quelllüftung. Mit dem Doppelboden sind fast beliebige Kühlleistungen einzubringen. Je nach Raumhöhe und Verteilung der Wärmequellen sind Temperaturdifferenzen zwischen 6 K und 12 K zwischen Abluft aus dem Raum und Zuluft im Doppelboden möglich, womit bei einem Zuluftstrom von 100 m3/h nahezu 330 W/m2 in den Raum einzubringen sind. Dabei tritt bei entsprechend hoher thermischer Last bereits beim Durchströmen des Doppelbodens und des Teppichs eine Temperaturerhöhung von 30 bis 40% der Gesamttemperaturdifferenz ein.

Bei der Verwendung von Doppelböden als Druckraum ist darauf zu achten, dass der Druckraum abriebfest, sauber und reinigungsfähig sein muss und möglichst keine Geruchsstoffe an die Strömung abgeben darf.

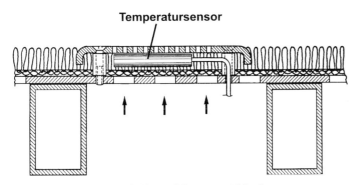

Bild G7-24 Temperaturfühler auf dem Teppichboden

Die Zulufttemperatur wird bei hohen thermischen Lasten zweckmäßigerweise an der Teppichoberfläche gemessen und auf einem Wert um 20 °C konstant gehalten, also im Prinzip wird die Raumlufttemperatur gesteuert und nicht geregelt. Dafür wurden spezielle Temperaturfühler (Bild G7-24) entwickelt [G7-9]. Die Art der Lufteinbringung eignet sich wie bei fast allen Quellluftdurchlässen sehr gut für Variabel-Volumenstrom-Anlagen. Dabei wird am besten zusätzlich die Ablufttemperatur für die Regelung des Volumenstromes erfasst.

Der Fühler sollte im luftdurchströmten Bereich der Bodenplatte liegen.

G7.2.2.2
Bodenluftdurchlässe

Wenn ein Doppelboden vorhanden, aber kein luftdurchlässiger Teppichbelag möglich und die Kühllast nicht zu groß ist, sind auch Einzelluftdurchlässe im Doppelboden anwendbar. Auch hier lassen sich im Prinzip zwei Durchlassarten unterscheiden: Wand- und Freistrahldurchlässe.

Beim Wandstrahldurchlass blasen Öffnungen flache Wandstrahlen parallel zum Boden aus, am häufigsten in Form von Radialstrahlen. Sie können auch durch Dralleinrichtungen in der Austrittsebene erzeugt werden.

Bild G7-25 zeigt einen Freistrahldurchlass. Während ein Radialdurchlass praktisch immer eine Quellluftströmung erzeugt, hängt das beim Freistrahldurchlass von der Archimedeszahl der Strömung ab. Bei entsprechend geringer Geschwindigkeit am Austritt ($Ar \approx 1$) entsteht das Strömungsbild der Quelllüftung, wie auf Bild G7-26 gezeigt.

Da der Austrittsquerschnitt bei diesen Durchlässen begrenzt ist, eignen sich die Bodendurchlässe nur für den mittleren Leistungsbereich (ca. 100 W/Durchlass). Ein spezieller Bodendurchlass mit 8 einzelnen radialen Wandstrahlen, die sich flach an den Boden anlegen, wird in [G7-4] beschrieben. Der Durchlass wurde erfolgreich in einem Konzertsaal verwendet.

Bei der Verwendung von Doppelböden als Druckraum sind einige Besonderheiten zu beachten. In Außenzonen darf der Druckraum im Winter bei Still-

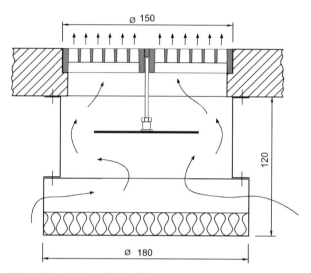

Bild G7-25 Freistrahldurchlass

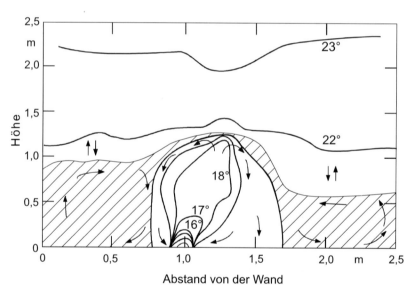

Bild G7-26 Strömungsrichtung und Temperaturverteilung über dem Bodenluft-Durchlass von Bild G7-25 bei geringer Luftgeschwindigkeit; $\dot{V} = 25 \text{m}^3/\text{h}$; $t_{zul} = 14\,°C$

stand der Anlage nicht zu stark auskühlen und es dürfen natürlich auch keine Heizungsrohre ohne Wärmedämmung die Luft im Druckraum erwärmen.

Die Bodenluftdurchlässe werden zum Einbau in den Doppelboden ohne und auch mit Einzelanschluss verwendet. Einzelanschluss kann erforderlich werden in den Außenzonen von Gebäuden, bei Einzelräumen und Einzelraumregelung, oder wenn der Doppelboden zu stark und unregelmäßig durch andere Gewerke belegt ist. Bei geringen Volumenströmen empfehlen sich ebenfalls Einzelanschlüsse, weil anderenfalls die Abdichtung des Doppelbodens sehr aufwendig ist. Bodenluftdurchlässe ohne Einzelanschluss sind aber häufig auch schon erfolgreich in größeren Bürogebäuden mit Einzelräumen in einem gemeinsamen Druckboden verwendet worden. Diese Anordnung setzt ähnlichen zeitlichen Lastverlauf in den parallel betriebenen Räumen voraus. Unterschiedliche Lasten lassen sich durch Entfernen oder Hinzufügen von Durchlässen anpassen. Für die Anwendung in Großraumbüros wurden auch spezielle Bodenluftdurchlässe für Druckraumanschluss mit kombinierter Volumenstromregeliereinrichtung entwickelt. Bei Parallelbetrieb der Durchlässe ist Variabel-Volumenstrombetrieb unproblematisch, man sollte sie jedoch nicht mit Zuluft unterschiedlicher Temperaturen versorgen (Zweikanalanlagen), weil sonst unerwünschte Ausgleichsströmungen auftreten können.

G7.2.2.3
Ebene Wanddurchlässe

Ebene Wanddurchlässe sind die häufigste Ausführungsform von Quellluftdurchlässen. Sie sind geeignet für Räume mit mittleren Kühllasten (ca. 200 bis 400 W/m Quellluftdurchlasslänge bei 0,1 bis 0,2 m Höhe). Bild G7-27 zeigt eine Ausführungsform, bei der der Durchlass an der Fensterseite unterhalb von Heizkörpern angebracht ist. Die Heizkörperanschlüsse sind nicht durch den Durchlass, sondern nur durch ein Verkleidungsblech geführt. Eine Anbringung an der Innenwand des Raumes kann in bestimmten Fällen zweckmäßiger sein (kürzere Luftverteilkanäle, allerdings eventuell Abstimmung mit den Möbeln erforderlich). Die flache Ausführung eines Auslasses sollte einer höheren Ausführung wie auf Bild G7-28 vorgezogen werden. Die Erklärung dafür wurde in Bild F3-14 mit dem Verstärkungsfaktor der Geschwindigkeit in Abhängigkeit

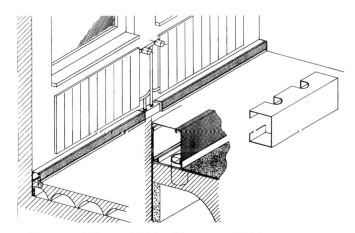

Bild G7-27 Flache Quellluftdurchlässe unter Heizkörpern

von der Archimedeszahl gegeben. Durchlasshöhen bis zu 0,8 m sind möglich. Wenig induzierende Durchlässe sind im allgemeinen vorzuziehen. Wenn die Austrittsgeschwindigkeit niedrig ist (kleiner 0,2 m/s) und die Zulufttemperatur angemessen hoch (ca. 20 °C), treten Zugerscheinungen nicht auf. Mit dieser Geschwindigkeit und der genannten Durchlasshöhe ist die Kühlleistung solcher Durchlässe begrenzt auf etwa 300 W/m Fassadenlänge.

Bild G7-27 zeigt eine spezielle Ausführung des Doppelbodens, der hier als Druckraum benutzt wird. Im Normalfall sind mit Luftleitungen angeschlossene Durchlässe vorzuziehen. Wenn alle besonderen Anforderungen an die Bauausführung und die Auslegung des Doppelbodens (Speicherwirkung) berücksichtigt werden, kann er eine gute Lösung sein.

Man findet auch Anwendungen mit höheren Austrittsgeschwindigkeiten, tieferen Eintrittstemperaturen und höheren Austrittsöffnungen. Dann muss aber ein Mindestabstand der Personen vom Durchlass sichergestellt sein. Von solchen Lösungen ist im allgemeinen abzuraten, weil diese Mindestabstände bei der späteren Raumnutzung nicht immer beachtet werden. Bild G7-28 skizziert einen solchen Durchlass.

Zu den ebenen Wanddurchlässen gehören auch Durchlässe in den Stufen von Versammlungsräumen. Beispiele dafür gibt es in großer Zahl. Bild G7-29 zeigt den großen Saal des Bundestages in Bonn. Die Luft tritt aus den Stufen aus.

Eine Sonderform der ebenen Quellluftdurchlässe stellen Quellluft-Induktionsgeräte (Bild G7-30) und Quellluft-Ventilatorkonvektoren (Bild G7-31) dar. Sie saugen Raumluft in Brüstungshöhe an, sorgen im unteren Raumbereich für einen erhöhten Luftaustausch, während der obere Raumbereich nur von der Primärluft und Auftriebsströmungen von Wärmequellen durchströmt wird. Diese Geräte haben sich vor allem für die Nachrüstung in Gebäuden mit klassischen nach oben ausblasenden Induktionsgeräten (Tangentialströmung) bewährt [G7-11].

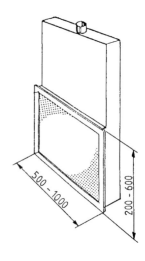

Bild G7-28 Quellluftdurchlass für Wandeinbau

Bild G7-29 Zuluftdurchlass in den Stufen

Bild G7-30 Quellluft-Induktionsgerät

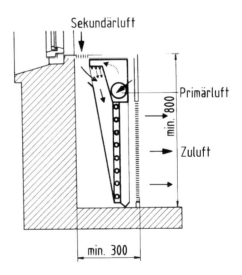

In der Kühlleistungsdichte ist die Raumströmung auf etwa 60 W/m² Grundfläche begrenzt, wenn die Wärmequellen sich wenigstens zur Hälfte unterhalb der Brüstungshöhe befinden. Bei überwiegend höher liegenden Wärmequellen kühlt der untere Bereich aus und der vertikale Temperaturanstieg wird zu groß. Dieser Fall stellt aber eine seltene Ausnahme dar (z. B. bei innen liegendem Sonnenschutz bei hohen äußeren und geringen inneren Lasten).

Abluftabsaugung an der Decke ist in jedem Fall erforderlich. Bei größerer Kühlleistungsdichte ist der Temperaturanstieg im Aufenthaltsbereich zu groß [G7-10]. Diese Geräte gibt es mit und ohne Wärmetauscher, so dass sie entweder in Nurluft- oder in Luft-Wassersystemen eingesetzt werden können.

Bild G7-31 Quellluft-Ventilator-konvektor

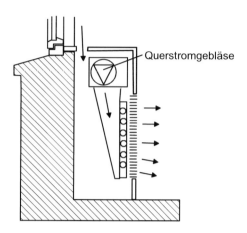

Die Ventilatorkonvektoren werden bevorzugt angewendet, wenn die Geräte nicht permanent im Einsatz sind, z. B. in Hotelzimmern, oder zur Spitzenlastkühlung.

G7.2.2.4
Radiale Quelluftdurchlässe

Bild G7-32 zeigt einen Zylinder- und einen Viertelzylinderdurchlass, für Säulen im Raum oder als Durchlass in Raumecken. Mit den in Kapitel F3 angegebenen Verstärkungsfaktoren (Bild F3-15; F3-17) lassen sich die Auslässe näherungsweise auslegen. Vor radialen Durchlässen nimmt die Luftgeschwindigkeit naturgemäß schneller ab als vor ebenen. Durchlässe dieser Art werden auch mit größeren Bauhöhen angeboten. Bei ihnen ist ein größerer Abstand bis zu den ersten Personen einzuhalten, wenn Behaglichkeitsbedingungen zu erfüllen sind.

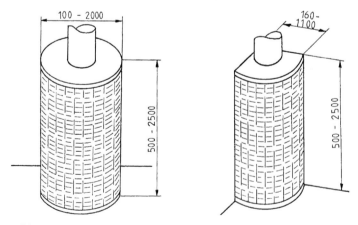

Bild G7-32 Zylinder- und viertelzylinderförmiger Quellluftdurchlass

G7.2.3
Auswahl von Raumgeräten und Luftdurchlässen entsprechend der Kühlleistungsdichte

Bei der Auswahl von Luftdurchlässen und bei der Systemauswahl spielen sehr viele Gesichtspunkte eine Rolle. Neben Anlage- und Betriebskosten, Nach- und Umrüstbarkeit sowie Sicherstellung der thermischen Behaglichkeit, ist die erforderliche Kühlleistungsdichte in den höchst belasteten Räumen ein wesentlicher Parameter.

Auf Bild G7-33 wird für Misch- und Quellluftströmung ein Überblick gegeben, bei welcher Kühlleistungsdichte welches Raumgerät bevorzugt angewendet werden sollte.

Bei geringer Kühlleistungsdichten bis etwa 30 W/m^2 stellen Nur-Luft-Anlagen die preiswerteste Lösung dar und sollten hier bevorzugt angewendet werden. Fast alle Arten von Luftdurchlässen können hier verwendet werden. Quellluftdurchlässe bieten den Vorteil geringer Stoffbelastungsgrade im Aufenthaltsbereich.

Im Bereich der Kühlleistungsdichten zwischen 30 und 60 W/m^2 sind Luft-Wasser-Anlagen im Hinblick auf die Betriebskosten und auch auf die Investitionskosten bereits eine Alternative zu den Nur-Luftanlagen, wenn das Bauvolumen in die Berechnung einbezogen wird, also bei Neubauten oder Sanierungen. Luftdurchlässe für Mischlüftung mit Tangentialströmung und auch Quellluftdurchlässe in Wänden können in diesem Bereich schon die Grenze ihrer Anwendbarkeit erreichen.

Im Bereich 60 bis 100 W/m^2 haben Luft-Wasser-Anlagen eindeutig Vorteile für Räume mit geringem erforderlichen Luftaustausch, z. B. für Büroräume (mit

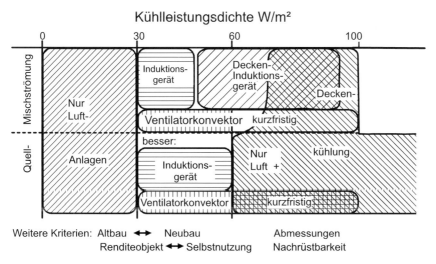

Bild G7-33 Anwendungsbereiche von Luftdurchlässen und Raumgeräten für Misch- und Quelllüftung

Luftwechseln bis 3 h–1). Hier bieten sich besonders Deckeninduktionsgeräte mit Radialluftdurchlässen oder bei hohen Komfortansprüchen Deckenkühlung in Kombination mit Quellluftdurchlässen an. Für Räume mit großem Luftwechsel, dazu zählen vor allem Versammlungsräume, sind Quellluftsysteme nur mit Luft geeigneter, wenn die erforderliche Flächen für die Durchlässe zur Verfügung stehen.

Bei Kühlleistungsdichten über 100 W/m^2 sind die üblichen Mischströmungen nicht mehr zugfrei anwendbar.

Einen Sonderfall stellen Ventilatorkonvektoren dar. Sie eignen sich besonders, wenn aufgrund der Betriebsweise – und bei Verzicht auf Komfortanforderungen für Dauerbetrieb – zeitweise sehr hohe Leistungen gefordert werden. Als Beispiel seien RLT-Anlagen für Hotelzimmer genannt, bei denen häufig erst bei Belegung der Räume Zuluftversorgung und Raumkühlung eingeschaltet werden. Hier werden für die Kühlung vielfach separat schalt- und regelbare Ventilatorkonvektoren mit zentraler Kalt- und Warmwasserversorgung eingesetzt.

Weitere Kriterien sind selbstverständlich zu berücksichtigen. Im Altbau gelten andere räumliche Bedingungen als im Neubau, Abmessungen und Nachrüstbarkeit können entscheidend sein. Renditeobjekte bevorzugen gute Nachrüstbarkeit, weil in der Bauphase die Gebäudenutzung oft nicht in allen Einzelheiten festgelegt ist.

G7.2.4
Luftdurchlässe für Verdrängungsströmung

Hier lassen sich im Prinzip zwei Durchlassarten unterscheiden:
- turbulente
- laminare.

Bei den turbulenten Durchlässen treten turbulente Einzelstrahlen aus der Austrittsfläche aus. Unter diese Auslassart fallen z. B. Lochdecken. Dabei liegt die Reynolds-Zahl der Strömung in der Einzelöffnung über 2000. Die Einzelstrahlen legen sich nach kurzer Lauflänge zu einem Gesamtstrahl zusammen.

Bei den laminaren Durchlässen bilden feinmaschige Gewebe oder Lochbleche mit sehr kleinen Löchern (Re < 100) die Austrittsebene. Dabei müssen die Lochdurchmesser kleiner als die Blechstärke sein. Häufig werden Strömungen, die diese Bedingungen nicht erfüllen, als „turbulenzarme" Strömungen bezeichnet. Sie haben Turbulenzgrade zwischen 2 und 10% und sind zu den turbulenten Strömungen zu rechnen. Die Gewebedurchlässe und Lochbleche mit sehr kleinen Löchern setzen gut gefilterte Luft als Schutz gegen Verstopfung voraus.

Durchlässe für Verdrängungsströmungen sind vor allem dadurch gekennzeichnet, dass sie großflächig ganze Wände oder Decken einnehmen. Die Stabilität der Strömung steigt mit zunehmendem Luftwechsel, wie in F2.2.1 erläutert wurde. Im Bereich mittelgroßer Luftwechsel, also etwa 20 bis 50 h^{-1}, eignen sich eher Lochdecken mit turbulenter Strömung (siehe F2.1.2.2), Luftwechsel von 50 bis 600 h^{-1} lassen sich am besten mit laminaren Auslässen verwirklichen.

Immer, wenn die Verdrängungsströmungen Reinraumfunktionen erfüllen sollen, sind laminare Strömungen vorzuziehen, weil bei ihnen die Querkontamination und die Ablagerung von Partikeln an Wänden geringer sind (siehe auch F2.2.3.4).

G7.3
Abluftdurchlässe

G7.3.1
Abluftdurchlässe in Wänden oder Abluftleitungen

Zunächst ein paar grundsätzliche Feststellungen:
1. In allen baulich dichten Räumen sind Abluft- und Zuluftdurchlässe erforderlich. Zu- und Abluftvolumenstrom müssen annähernd gleich groß sein. Häufig sind benachbarte Räume im lufttechnischen Sinne nicht luftdicht, z. B. Büroräume mit einem gemeinsamen Deckenhohlraum oder Räume mit üblichen, nicht besonders dicht schließenden Türen, was bei Räumen mit geringen akustischen Anforderungen anzutreffen ist.
2. Der Einfluss von Art und Anordnung der Abluftöffnungen auf das Raumströmungsbild ist bei Mischströmung gering, bei Quellluft- und Verdrängungsströmung dagegen groß. Eine Zuluftöffnung erzeugt einen Freistrahl, der in Strahlmitte noch die gleiche Geschwindigkeit hat, wenn er sich schon fünf Austrittsdurchmesser von der Öffnung entfernt hat (vgl. Band 1, J3.2.1). Eine Abluftöffnung saugt die Luft als eine Senkenströmung von allen Seiten gleichmäßig an (Senkenströmung s. Bild G7-44). Die Zuströmgeschwindigkeit nimmt deshalb mit dem Quadrat der Entfernung von der Öffnung ab, in der Entfernung von fünf Durchmessern beträgt sie nur noch 4% der Geschwindigkeit der Eintrittsöffnung. Deshalb kann die Anzahl der Abluftdurchlässe in größeren Räumen mit Misch- oder Quellluftströmung kleiner sein als die Zahl der Zuluftdurchlässe, was später noch an einem Beispiel gezeigt wird, und die Form der Abluftdurchlässe kann fast beliebig gestaltet werden.
3. Bei Quellluftströmung muss der Abluftdurchlass oberhalb der Wärmequellen im Raum liegen. Bei Mischströmung ist das nicht erforderlich.

Zahl der Zu- und Abluftöffnungen

Am Beispiel auf Bild G7-34 soll gezeigt werden, dass die Zahl der Abluftöffnungen je nach Raumhöhe viel kleiner sein kann als die der Zuluftöffnungen [G7-12]. Die Zahl der Zuluftöffnungen bei Mischlüftung ergibt sich nach einer praxisbewährten empirischen Regel (siehe F2.1.2.5), nach der man einen Raum gedanklich in gleichgroße Würfel aufteilt und jedem Würfel einen Radialluftdurchlass zuordnet. Für bis zu 9 dieser Würfel reicht ein Abluftdurchlass.

Nimmt man beispielsweise einen Raum von 14 m Länge und 10,5 m Breite an (Bild G7-34), dann ergibt sich für verschiedene Raumhöhen die in Tabelle G7-1 angegebene Anzahl von Durchlässen. In großflächigen Räumen mit niedriger Höhe kann die Zahl der Abluftöffnungen 5 bis 10 mal kleiner sein als die Zahl

Beispiel: Grundfläche 10,5 m x 14 m

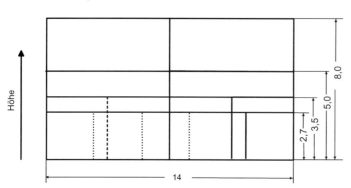

Bild G7-34 Aufteilung eines Raumes in gleich große Würfel zur Ermittlung der Zahl der Zuluftdurchlässe (Darstellung eines Raumquerschnitts)

Tabelle G7-1 Zu- und Abluftöffnungen für eine Grundfläche von 10,5 · 14 m bei verschiedenen Raumhöhen (Beispiel)

Raumhöhe [m]	Anzahl der Würfel	empfohlene Anzahl der Zuluftdurchlässe	minimale Anzahl der Abluftdurchlässe
2,7	5 · 4	20	4
3,5	4 · 3	12	2
5	2 · 3	6	1 – 2
8	1 · 2	2	1

der Zuluftdurchlässe. Erste Überlegung beim Auslegen von Abluftsystemen sollte also sein, wie weit man die Zahl der Abluftöffnungen und damit das Abluftsystem reduzieren kann.

Auch bei Mischströmung ordnet man die Abluftdurchlässe üblicherweise im Deckenbereich an, obwohl ihr Ort wenig Einfluss auf die Raumströmung hat. Das ist vorteilhaft, wenn dadurch Wärme, die im Deckenbereich zum Beispiel durch Leuchten freigesetzt wird, zum Teil direkt abgesaugt werden kann. Im Deckenbereich wird außerdem weniger Grobstaub angesaugt als im unteren Raumbereich.

Während also für Anzahl und Form der Abluftdurchlässe kaum besondere Regeln zu beachten sind, empfiehlt es sich, ihre Anschlüsse an die Abluftleitungen anders zu gestalten als das bei der Zuluft der Fall ist. Dazu muss die Abluftleitung selbst mit in Betracht gezogen werden.

Unterschiede zwischen Abluft- und Zuluftleitungen

Bild G7-35 zeigt oben die Skizze eines Zuluft- und unten eines Abluftkanales. Die Strömung verläuft in beiden Kanälen von rechts nach links.

Bild G7-35 Verteilung der Zu- und Abluft längs eines Kanales konstanten Querschnitts mit vielen Öffnungen[4]

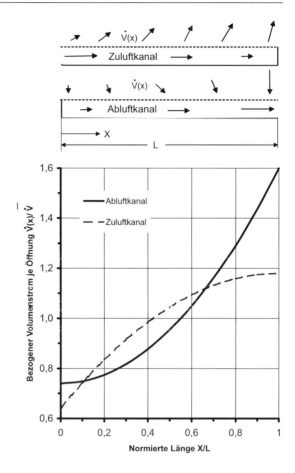

Die Kanäle haben über die Länge gleichmäßig verteilt einfache düsenförmige Öffnungen für das Aus- oder Einströmen der Luft. Die gesamte durchströmte Öffnungsfläche ist genau so groß wie der Kanalquerschnitt. Der entscheidende Unterschied der beiden Strömungen besteht darin, dass beim Zuluftkanal der Volumenstrom und die Luftgeschwindigkeit in Strömungsrichtung abnehmen, während sie beim Abluftkanal anwachsen. Entsprechend fällt der dynamische Druck beim Zuluftkanal und steigt beim Abluftkanal in Strömungsrichtung. Dadurch steigt infolge der Zu- bzw. Abnahme des statischen Druckes der Volumenstrom der Zu- und Abluftöffnungen längs des Kanals an, beim Abluftkanal am Ende aber viel stärker als beim Zuluftkanal. Beim Zuluftkanal gibt es einen Anstieg, weil die Abnahme des dynamischen Druckes in Strömungsrichtung einen statischen Druckrückgewinn zur Folge hat. Man könnte den Anstieg sogar

---

[4] Haerter, A.: Theoretische und experimentelle Untersuchungen über die Lüftungsanlagen von Straßentunneln, Dissertation 1961, Mitteilung aus dem Institut für Aerodynamik, ETH Zürich Nr. 29

reduzieren, indem man den Kanal enger ausführte und die Reibungsverluste so stark erhöhte, dass der statische Druckrückgewinn dadurch kompensiert würde.

Häufig wird versucht, eine gleichmäßige Verteilung zu erreichen, indem die Öffnungen in Strömungsrichtung immer kleiner dimensioniert oder die Querschnitte gedrosselt werden. Das kostet viele Drosselklappen, auf der Baustelle für die Einregulierung viel Zeit und höhere Betriebskosten. Ab einer bestimmten Anzahl von Öffnungen funktioniert dieses Verfahren nicht mehr, weil die beim Drosseln umgesetzte Energie Strömungsgeräusche erzeugt. Doppelter Druckverlust durch Drosselung bedeutet um 8 dB stärkeres Geräusch! Deshalb werden häufig komplizierte Abluftkanalsysteme entworfen, z. B. verzweigte Systeme mit gleichen Widerständen auf allen Luftwegen. Solche Lösungen sind teuer, sowohl bei den Investitions- wie den Betriebskosten.

Impulsgewinn durch flache Zuströmwinkel

Abluftkanäle lassen sich vereinfachen und verbessern, indem der Impuls der Zuströmung genutzt wird, die Druckverluste längs des Abluftkanals zu kompensieren. Die Theorie dazu ist in [G7-15] ausführlich beschrieben (siehe auch Band 1, Gl. J2-40 a). Bild G7-36 zeigt das charakteristische Bild der Volumenstromverteilung an vier verschiedenen Abluftkanälen mit konstantem Querschnitt.

Variiert wird bei den Beispielen der Einströmwinkel von 90° auf 45° und das Flächenverhältnis von 1 auf 0,5 und zusätzlich 0,25 für die senkrechte Zuströmung. Als Flächenverhältnis A_a wird die Summe der Flächen aller Eintrittsöffnungen bezogen auf den Querschnitt des Kanals verwendet. Als Eintrittsöffnung

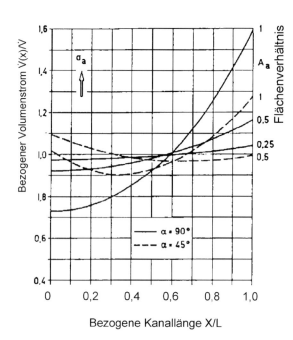

Bild G7-36 Verteilung der Teilvolumenströme eines Abluftkanales für senkrechte und schräge Einströmung nach Haerter [G7-17]

A_a	Flächenverhältnis der gesamten Öffnung zum Kanalquerschnitt
α	Eintrittswinkel der Strömung
x	Koordinate in Strömungsrichtung
L	Kanallänge (s. auch Bild G7-35)
σ_a	abgesaugter Teilvolumenstrom
$\dot{V}(x)/\dot{V}$	bezogen auf den gemittelten Teilvolumenstrom $\dot{V}$

wird der gleichwertige Düsenquerschnitt betrachtet, der die Einschnürung der Strömung berücksichtigt (s. Bd. 1, I2.3.5). Man erkennt am Verlauf der Verteilungen den erwähnten Effekt, dass durch Verringerung des Flächenverhältnisses um den Faktor 2 eine gute Vergleichmäßigung erzielt wird, natürlich mit dem Nebeneffekt, dass Druckverlust und Geräusch entsprechend ansteigen. Durch Zuströmung unter einem Winkel von 45° wird die Gleichmäßigkeit bei einem Flächenverhältnis von 1 fast genauso gut wie bei rechtwinkliger Zuströmung und einem Flächenverhältnis von 0,5. Eine recht gute Verteilung wird erzielt, wenn man den Öffnungsquerschnitt auf ein Flächenverhältnis A_a zwischen 1 und 0,5 legt. Eine Verbesserung ist aber auch durch einen noch flacheren Zuströmwinkel zu erzielen.

Bekannte Ausführungsformen
Bild G7-37 zeigt 2 bekannte Ausführungsformen für Schrägeinströmung in Abluftkanäle. Das obere Bild zeigt eine Lösung, bei der ein Formstück oder ein schräger Eintrittsstutzen verwendet wird. Bild G7-37 unten zeigt eine „Treibdüse" [G7-14]. Sie kann in den Kanalstutzen eingesetzt werden. Beide Lösungen sind geeignet, wenn weiterführende Leitungen an den Abluftkanal anzuschließen sind. Es gibt auch bekannte Lösungen für die freie Zuströmung, wie Bild G7-38 zeigt. Hier handelt es sich um dickwandige Kanäle, bei denen die Einströmdüse in die Kanalwand eingebaut ist. Die Düsen lassen sich zusätzlich verbessern durch Reguliereinrichtungen, wie sie auf dem Bild dargestellt sind. Bei richtiger Dimensionierung (z.B. $\alpha = 45°$, $A_a = 0,5$ nach Bild G7-36) und, wenn keine Volumenstromänderungen nötig sind, können die Verstelleinrichtungen entfallen.

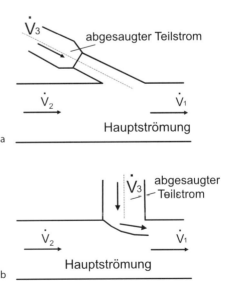

Bild G7-37 Formstück oder Treibdüse für schräge Zuströmung

Bild G7-38 Verstellbare Abluftdüsen nach Kempf [G7-15]

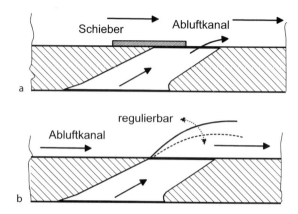

Abluftkanäle ohne Verzweigungsleitungen in vereinfachter Ausführung

Abluftkanäle mit Eintrittsöffnungen auf dem Kanal, also ohne Kanalanschlüsse zu den Abluftöffnungen, lassen sich erheblich vereinfachen, wenn es sich dabei um längere Kanäle mit Querschnittssprüngen und Übergangsstücken handelt. Die Querschnittserweiterungen können als Eintrittsöffnung gestaltet werden, wie das auf Bild G7-39 dargestellt ist. Dabei stellte sich ein Flächenverhältnis $A_a \approx 1$ ein, wenn keine Einschnürung der Strömungen eintritt. Höhere Eintrittsgeschwindigkeit und kleineres Flächenverhältnis lässt sich durch entsprechende Verengungen der Düse erreichen. Für eine qualitative Abschätzung der erforderlichen Verengung kannn Bild G7-36 herangezogen werden. Die Verwendung der Querschnittssprünge als Öffnungen hat den Vorteil, dass die Eintrittsgitter und die Übergangsstücke entfallen. Man verbindet z. B. das größere Kanalstück

Bild G7-39 Querschnittserweiterung als Abluftöffnung

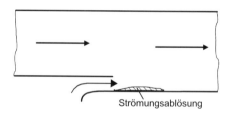

Bild G7-40 Formstück mit Querschnittserweiterung und Abluftöffnung

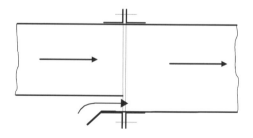

G7 Luftdurchlässe

mit umlaufendem Flansch mit dem kleineren Kanalstück mit dreiseitigem Flansch und verlängert die Seite ohne Flansch durch eine U-förmige Zunge, die bei Schrägstellung gleichzeitig noch einen Diffusor am Ende des engeren Kanals bilden kann, um den Impulsaustausch zu verbessern (Bild G7-41).

Der Querschnittssprung kann auf einer oder auf mehreren Kanalseiten erfolgen (Bild G7-42) und er kann an runden (rechts) wie an rechteckigen (links) Kanälen vorgenommen werden.

Um gleichartiges Aussehen der Zu- und Abluftdurchlässe zu erreichen, werden häufig Zuluft- auch als Abluftdurchlässe verwendet. Das ist prinzipiell möglich. Düsenförmige Zuluftdurchlässe sind rückwärts durchströmt akustisch allerdings ungünstiger. Die Strahllenkmechanismen der Zuluftöffnung können bei Verwendung als Abluftöffnung entfallen.

Wenn abgehängte Decken vorliegen, bieten sich Schattenfugen als Abluftdurchlässe zum Überströmen in den Deckenhohlraum an. In diesem Fall können die oben beschriebenen Abluftkanäle mit Treibdüsen zur Absaugung aus dem Deckenhohlraum verwendet werden.

Vollflächige Verdrängungsströmungen erfordern Abluftdurchlässe auf der Wand gegenüber dem Zulufteintritt. Die Luft muss genauso gleichmäßig verteilt absaugt werden, wie sie in den Raum eintritt (s. Bild F2-43). Bei partiellen Verdrängungsströmungen wird im allgemeinen im Bereich der Mischströmung abgesaugt. In Operationsräumen wird vorgeschrieben, dass die Hälfte der Öffnungen in Bodennähe, die andere Hälfte in Deckennähe liegen muss. Die Berechtigung dieser Forderung sollte gelegentlich überprüft werden.

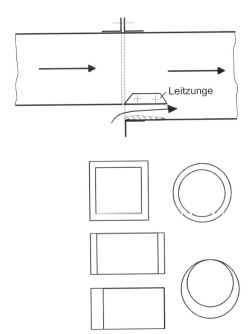

Bild G7-41 Querschnittssprung und Leitzunge

Bild G7-42 Lage der Öffnungen am rechteckigen und runden Kanal

G7.3.2
Abluftöffnungen zur Absaugung von Verunreinigungen im Raum

Wenn sich die Quellen größerer Luftverunreinigungen an bestimmten Stellen im Raum befinden, empfiehlt sich eine Luftabsaugung in unmittelbarer Nähe der Quellen. Das gilt zum Beispiel für Küchenherde, Schweißarbeitsplätze, Schleifmaschinen, Sägen, Abfüllstationen von staubenden Stoffen vor allem im industriellen Fertigungsbereich. Was sich bei der Anordnung von Abluftöffnungen als Vorteil erweist, dass nämlich die Luft von allen Seiten gleichmäßig angesaugt wird, ist für die gezielte Erfassung von Verunreinigungen ein Nachteil, weil die Erfassungsgeschwindigkeit mit der Entfernung von der Absaugöffnung rasch abnimmt. Einen Überblick über zahlreiche Absaugeinrichtungen wird in [G7-18; G7-19; G7-20] gegeben.

Im Allgemeinen erweist es sich als zweckmäßig, nicht irgendwelche Hauben zur Erfassung zu verwenden, sondern einfache Düsen mit Flanschen [G7-21] (Bild G7-47). Bild G7-43 zeigt die Geschwindigkeitsverteilung vor Ansaugöffnungen.

Das Bild zeigt Linien gleicher relativer Geschwindigkeit. Die Isotachen stellen den Prozentsatz der Geschwindigkeit c im Abstand x/d bezogen auf die gerechnete mittlere Geschwindigkeit c_o im Eintrittsquerschnitt der Saugöffnung dar, links für ein frei im Raum endendes Rohr, in der Mitte für ein Rohr mit Flansch und rechts für eine rechteckige Öffnung $h \cdot l$ mit einem Längen- zu Höhenverhältnis von $L = l/h = 10$ oder mehr. Die Geschwindigkeit nimmt mit dem Abstand von der Öffnung sehr schnell ab. Das ist auf Bild G7-44 noch besser zu erkennen. Dort ist die bezogene Geschwindigkeit c/c_o für ein frei ansaugendes Rohr und für eine Potentialströmung mit punktförmiger Senke frei im Raum und in einer Wand wiedergeben. Die Gleichungen dafür ergeben sich unmittelbar mit der Kontinuitätsgleichung. Auf einer Kugeloberfläche mit dem Radius x

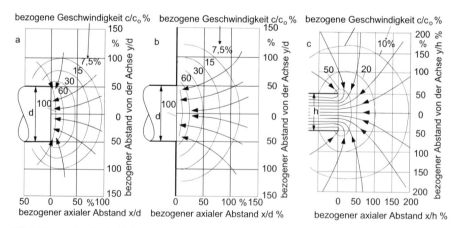

Bild G7-43 Geschwindigkeitsverteilung vor Ansaugöffnungen, von links nach rechts: **a** frei stehendes Rohr, **b** Rohr mit Flansch, **c** rechteckiger Kanal mit einem Seiten – zu Höhenverhältnis von 10.

Bild G7-44 Luftgeschwindigkeit vor einem frei endenden Absaugrohr und bei einer Potentialströmung vor einer Senke im Raum und in einer Wand

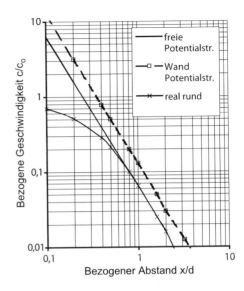

strömt der Volumenstrom $c \cdot 4 \cdot \pi \cdot x^2$ radial zur Kugelmitte. Er soll mit der Geschwindigkeit c_o in eine Rohröffnung mit dem Durchmesser d strömen. Der Volumenstrom ist $c_o \cdot \pi \cdot d^2/4$. Weil beide Volumenströme gleich groß sind, ergibt sich

$$\frac{c}{c_o} = \frac{1}{16}\left(\frac{x}{d}\right)^{-2} \qquad (G7\text{-}2)$$

Für die Senke in der Wand ist der Raum halb, die Geschwindigkeit also doppelt so groß. Man erkennt, dass bei einem Abstand von mehr als 0,6 d kein nennenswerter Unterschied in der Geschwindigkeit vor der Punktsenke und dem Rohr besteht. Messergebnisse vor runden und rechteckigen Absaugöffnungen, die Baturin bezogen auf den hydraulischen Durchmesser der Öffnungen wiedergibt, liegen für einen Abstand von mehr als 0,5 d alle zwischen den beiden im Bild G7-44 dargestellten Kurven.

Für einige charakteristische Ansaugöffnungen werden die Gesetzmäßigkeiten der Geschwindigkeitsverteilung bei Aubi [G7-20] angegeben.

1. für schlitzförmige frei endende Absaugöffnungen mit einem Breiten- zu Längenverhältnis größer als 10:

$$\frac{c_x}{c_o} = \frac{1}{1 + 4\sqrt{\left(\dfrac{x}{h}\right)^3}} \qquad (G7\text{-}3)$$

mit c_x – Geschwindigkeit im Abstand x
c_o – Geschwindigkeit in der Absaugöffnung
x – Abstand von der Öffnung
h – Schlitzhöhe

Ein Flansch verbessert die Ansaugwirkung, wie ein Vergleich der Diagramme a und b auf Bild G7-43 zeigt.

Wenn der Absaugschlitz in einer Wand endet oder seitliche Flansche hat, ist die Geschwindigkeit c_x mit 1,33 zu multiplizieren.

2. Für einen Absaugschlitz mit einem Breiten- zu Längenverhältnis $L < 10$ und einer Eintrittsfläche A wird folgender Geschwindigkeitsverlauf angegeben:

$$\frac{c_x}{c_o} = \frac{1}{1 + \dfrac{10x^2 \sqrt{\dfrac{L}{h}}}{A}} \quad \text{(G7-4a)}$$

Mit Flanschen oder in einer Wand erhöht sich die Geschwindigkeit c_x wieder um den Faktor 1,33. Wenn sich die Absaugöffnung in einer Raumkante befindet, ergibt sich folgender Verlauf:

$$\frac{c_x}{c_o} = \frac{2}{1 + \dfrac{10x^2 \sqrt{\dfrac{L}{h}}}{A}} \quad \text{(G7-4b)}$$

Weitere Verbesserungen ergeben sich bei einem düsenförmigen Übergang vom Flansch zum Anschlussrohr [G7-25]. Bild G7-47 zeigt die Strömung unter einer solchen Absaugvorrichtung. Darauf wird später eingegangen.

Weitere Verbesserungen der Erfassungswirkung sind zu ereichen, wenn die Absaugöffnung in einem Flansch mit einem Radialzuluftdurchlass kombiniert wird. Bild G7-45 zeigt einen solchen Durchlass. Er zeigt eine Abluftöffnung mit einem Durchmesser d, die umgeben ist von einem Flansch, dessen äußerer Rand als Radialdüse ausgebildet ist. Mit der Abluftöffnung wird der Volumenstrom $\dot{V}_a$ abgesaugt und durch die Radialdüse der Volumenstrom $\dot{V}_z$ eingebracht. Durch die induzierte Strömung dieses Radialstrahls wird um den Ansaugbereich eine torusförmige Strömung gebildet. Die auf dem Bild skizzierte Grenzstromlinie bildet die Grenze zum Ansaugbereich. Der Ansaugbereich erstreckt sich über eine größere Entfernung von der Absaugöffnung wenn man ihn mit einer solchen Absaugöffnung wie auf Bild G7-43 vergleicht. Die Wirkung dieser Durchlässe lässt sich optimieren durch die richtige Wahl der Abmessung des Radialschlitzes und des Impulse der beiden Teilstrahlen.

Dieser kombinierte Auslass wird als „Reeinforced Exhaust System" (REEXS) bezeichnet [G7-23].

Der Exponent der Geschwindigkeitsabnahme hängt dabei von der Einbausituation des REEXS [G7-24] und dem Impulsverhältnis des ausgeblasenen zum abgesaugten Volumenstrom ab, wie auf Bild G7-46 dargestellt. Dabei ist das Impulsverhältnis I:

$$I = \frac{c_z \cdot \dot{V}_z}{c_0 \cdot \dot{V}_a} \tag{G7-5}$$

mit c_z Zuluftgeschwindigkeit, $\dot{V}_z$ Zuluftvolumenstrom, c_o Absauggeschwindigkeit und $\dot{V}_a$ Absaugvolumenstrom. Die Geschwindigkeit vor der Abluftöffnung hat mit dem Exponenten aus Bild G7-46 den Verlauf:

$$\frac{c_m}{c_o} = K \left(\frac{x}{d} \right)^{-n} \tag{G7-6}$$

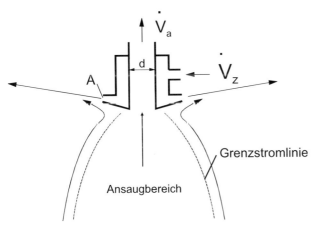

Bild G7-45 Kombinierter Zu- und Abluftdurchlass [G7-24]

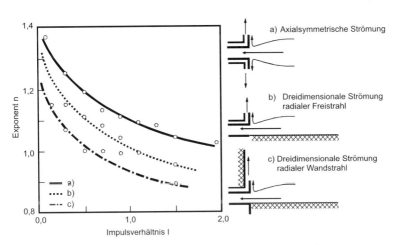

Bild G7-46 Exponent des Geschwindigkeitsverlaufs vor kombiniertem Zu- und Abluftdurchlass

Ein Nachteil besteht darin, dass die Strömung nicht durch Hindernisse gestört werden darf. Mit dieser Düse lässt sich im Nahbereich eine wesentliche Verbesserung der Absaugung erreichen.

Vor allem bei Absaugaufgaben im industriellen Bereich sind die Verunreinigungsquellen häufig mit Wärmequellen kombiniert. Dabei entsteht über der Quelle ein Auftriebsvolumenstrom wie bei einer Quelllüftung, wenn es keine Querströmungen im Raum gibt. Diese Verunreinigungsquellen werden durch Absaugeinrichtungen über den Verunreinigungsquellen abgesaugt.

Vor allem bei Absaugaufgaben im industriellen Bereich sind die Verunreinigungsquellen häufig mit Wärmequellen kombiniert. Dabei entsteht über der Quelle ein Auftriebsvolumenstrom wie bei einer Quelllüftung, wenn es keine Querströmungen im Raum gibt. Diese Verunreinigungsquellen werden durch Absaugeinrichtungen über den Verunreinigungsquellen abgesaugt.

Auf Bild G7-47 ist eine Verunreinigungsquelle und eine Absaugvorrichtung für drei Fälle skizziert. Über der Quelle bildet sich nach den Gesetzen der Quellluftströmung (s. F3-2) ein Aufriebsvolumenstrom $\dot{V}(z)$. Die gesamte verunreinigte Luft wird theoretisch erfasst, wenn der Volumenstrom in der Höhe h über der Quelle $\dot{V}(h)$ gleich groß ist wie $\dot{V}_a$. Den Fall stellt Bild G7-47 (Mitte) dar. Wenn der Abluftvolumenstrom kleiner ist, tritt der rechts skizzierte Fall ein, in der Praxis wird der links skizzierte Fall ausgeführt, bei dem Der Abluftvolumenstrom um den Faktor s größer ist als der Auftriebsvolumenstrom in der Höhe h.

$$\dot{V}_a = s \cdot \dot{V}(h) \tag{G7-7}$$

Bei Quellen mit größerer horizontaler Fläche wird in die Gleichung für den Auftriebsvolumenstrom (F3-1) für $z_o = 1{,}7 \cdot d_{hydr}$ eingesetzt nach Detzer [G7-25]

$$\dot{V}_z = 5 \cdot 10^{-3} \dot{Q}^{\frac{1}{3}} \cdot (z + z_0)^{\frac{5}{3}} \tag{G7-8}$$

mit $\dot{V}_z$ in m³/s, Volumenstrom, $\dot{Q}$ in W, konvektive Wärmeabgabe.

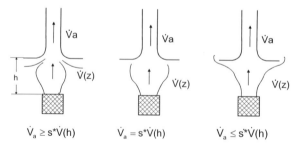

Bild G7-47 Erfassung der Verunreinigung bei unterschiedlichen Absaugvolumenströmen

Auf Bild G7-48 sind verschiedene Formen von Absaugvorrichtungen skizziert und dazu sind die Zuschlagsfaktoren s angegeben, die zu wählen sind, um die gewünschte Absaugung zu erzielen. Der Faktor ist für die Absaugvorrich-

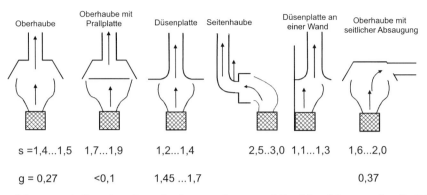

Bild G7-48 Einfluss der Absaughaubenanordnung und Zuschlagsfaktoren s für die Erfassung und Gütefaktoren g

tung mit Düsenplatte (dritte von links) am kleinsten, die klassische Absaughaube (erste von links) schneidet schlechter ab. Weiteren Einfluss hat die Größe der Düsenplatte. El Banna [G7-26] gibt Gütegrade von Absaugvorrichtungen an, die das verdeutlichen. Als Gütegrad g für rotationssymmetrische Absaugströmung wird die Fläche unter der 5%-Isotache ermittelt und auf die Fläche der 5%-Isotache der Ansaugung mit einem Rohr (s. Bild G7-43, links) bezogen. Die Gütegrade g, die sich so ergeben sind auf Bild G7-48 unter den jeweiligen Absaugvorrichtungen angegeben. Bei der Düsenplatte liegen die Werte bei Durchmesserverhältnissen der Düsenplatte zum Absaugrohr von 3; 4 und 5 bei 1,45; 1,59 und 1,70.

Einen nicht unerheblichen Einfluss haben Querströmungen im Raum. Ihr Einfluss lässt sich abschätzen mit Hilfsdiagrammen [G7-27]. Für weitere Details sei hier auf die VDI-Richtlinie verwiesen [G7-16].

Literatur

[G7-1] DIN EN 13779 „Lüftung von Nichtwohngebäuden – Allgemeine Grundlagen und Anforderungen an Lüftungs- und Klimaanlagen". ersetzt ab Mai 2005 die DIN 1946 Teil 2
[G7-2] Reske, M.; Müller, D.: Temperaturverteilung in der Fassadengrenzschicht, DKV Jahrestagung, AA IV, 2007 Hannover
[G7-3] Air distribution and diffusion, ISO 3258: – Vacabulary, 1976; ISO 5219: – Laboratory aerodynamic testing and rating of aitr terminal devices, 1984
[G7-4] Köthnig, G., M. Völkel: Zur Luftführung in großen Kultursälen, Luft- und Kältetechnik 1984/4
[G7-5] Sodec, F.: Luftführung in Versammlungsräumen, HLH, Bd. 37, 7/86, S. 342/6
[G7-6] Fitzner, K.: Klimadrantsystem, DKV Jahresbericht 1978 Hamburg
[G7-7] Fitzner, K.: Schadstoffausbreitung in belüfteten Räumen bei verschiedenen Arten der Luftfüh[G7-rung. HLH 32 (1981) Nr. 8
[G7-8] Schmidt, D., R. Wille: GI 1960. S. 193/6
[G7-9] Fitzner, K.: Zuluft durch den Teppichboden, KI 1–2/2005 S. 35–38

[G7-10] Guntermann, Klaus, Uwe Plitt:: Einsatzmöglichkeiten und Grenzen von Quelluft-Endgeräten. HLH 45 Jahrg. 1994, Nr. 7. S. 337–340
[G7-11] Fitzner, Klaus: Anlagenerneuerung mit Quelluft-Induktionsgeräten; Erfahrung bei der Sanierung eines Verwaltungsgebäudes, HLH Heizung Lüftung/Klima Haustechnik, Heft 7, 1994.
[G7-12] Fitzner, K.: Energetisch günstige Abluft-Kanäle und -Öffnungen, HLH 47 (1996), Nr. 10, S. 52–56
[G7-13] Haerter, A.: Theoretische und experimentelle Untersuchungen über die Lüftungsanlagen von Straßentunneln, Dissertation 1961, Mitteilung aus dem Institut für Aerodynamik, ETH Zürich Nr. 29
[G7-14] Fitzner, K.: Abluftkanäle mit Düsen, KI 7–8/75
[G7-15] Kempf, J.: Untersuchungen an einem Abluftsystem. Schweizerische Bauzeitung (1964), H. 13
[G7-16] VDI 2262, Blatt 4, Luftbeschaffenheit am Arbeitsplatz – Minderung der Exposition durch luftfremde Stoffe – Erfassen luftfremder Stoffe, 2004
[G7-17] Dittes, Walter; Dieter Göttling, Hannes Wolf: Bilanz der Maßnahmen zur Arbeitsplatzreinhaltung -Schadstofferfassungseinrichtungen in der Fertigungstechnik, Abschlußbericht Projekt 958 Bundesanstalt für Arbeitsschutz, 1985
[G7-18] Bach, Heinz; Walter Dittes; Madjid Madjidi; Wolfgang Scholer: Gezielte Belüftung der Arbeitsbereiche in Produktionshallen zum Abbau der Schadstoffbelastung, Forschungsbericht HLK-1-92, ISSN:0943-013 X, Verein der Förderer der Forschung im Bereich Heizung-Lüftung-Klimatechnik Stuttgart e. V.
[G7-19] Baturin, W. W.: Lüftungsanlagen für Industriebauten, VEB Verlag Technik 1953
[G7-20] Awbi, Hazim. B.: Ventilation of Buildings, E & FN Spon, Chapman & Hall, London
[G7-21] Detzer, R.: Absaughauben, DKV Jahresbericht
[G7-22] VDI-Berichte 1854: Lufterfassungseinrichtungen am Arbeitsplatz, VDI-Verlag Düsseldorf 2004
[G7-23] Pedersen L. G., P. V. Nielsen: Exhaust System reeinforced by Jet Flow, Ventilation '91, Cincinnati,Ohio
[G7-24] Hyldgard, C. E.: Aerodynamic Control of Exhaust, Room Vent 87, Stockholm 1987
[G7-25] Detzer, R.: Verbesserung der Luftqualität durch Luftzuführung, VDI-Berichte Nr. 1854, 2004
[G7-26] El Banna, S.: VDI 2262, Blatt 4: Erfassen luftfremder Stoffe, Erfassung bei der Extrusion, VDI-Berichte 1854, 2004
[G7-27] Lenkhäuser, F.: VDI 2262, Blatt 4 – Erfassen luftfremder Stoffe, Auslegungsverfahren und Bauarten von Erfassungseinrichtungen, VDI Berichte 1854, 2004

H Dezentrale RLT-Anlagen

Thomas Sefker

H1
Systembeschreibung

Dezentrale RLT-Anlagen (häufig auch als „Dezentrale Fassadenlüftungssysteme" bezeichnet) sind im Fassadenbereich angeordnet oder weisen eine direkte lufttechnische Anbindung an die Fassade auf.

Der Transport der Zu- und der ggf. vorhandenen Abluft erfolgt durch die Fassade. Von einfachen, schallgedämmten Überströmöffnungen bis zu komplexen Zu- und Abluftsystemen mit Ventilatoren, Volumenstromreglern, Wärmerückgewinnungssystemen (WRG), Luft-Wasser-Wärmeübertragern zum Heizen und Kühlen sowie der Anbindung an eine zentrale Gebäudeleittechnik sind eine Vielzahl funktional unterschiedlicher Geräte und Systeme realisierbar.

Dezentrale RLT-Anlagen können mit einer zentralen RLT-Anlage kombiniert werden. Dabei wird üblicherweise die Zuluft vom dezentralen Zuluftgerät durch die Fassade angesaugt, gefiltert und thermisch aufbereitet, während die Abluft im Gebäudeinneren über eine zentrale Abluftanlage abgesaugt wird. Eine Wärmerückgewinnung kann z. B. durch ein Kreislaufverbundsystem realisiert werden.

H2
Bauformen dezentraler Lüftungsgeräte

Die Einteilung der Geräte in verschiedene Bauarten erfolgt nach ihrer Funktion in Zuluftgeräte, Abluftgeräte, kombinierte Zu- und Abluftgeräte sowie Umluftgeräte. Zuluftgeräte können zur Steigerung der Kühlleistung zusätzlich mit einem Umluftanteil betrieben werden. Je nach Einbauort unterscheidet man darüber hinaus in Brüstungs-, Unterflur-, Unterdecken- und Wandgeräte (Bilder H2-1 bis 7).

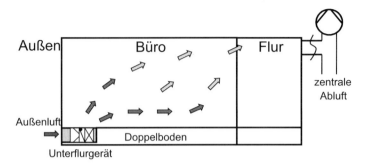

Bild H2-1 Dezentrale Zuluftversorgung durch Unterflur- oder Brüstungsgeräte ohne Ventilator – Zentrale Abluftabsaugung

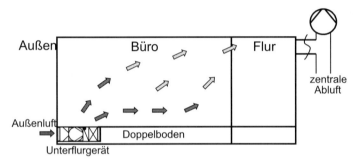

Bild H2-2 Dezentrale Zuluftversorgung durch Unterflur- oder Brüstungsgeräte mit Ventilator – Zentrale Abluftabsaugung in den Fluren

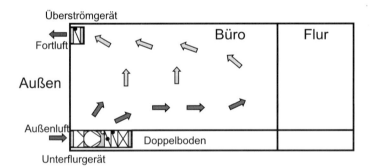

Bild H2-3 Dezentrale Zuluftversorgung durch Unterflur- oder Brüstungsgeräte mit Ventilator – dezentrale Abluftüberströmung oberhalb der Fenster

H2 Bauformen dezentraler Lüftungsgeräte

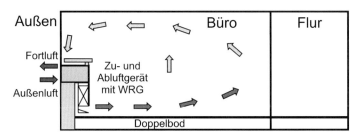

Bild H2-4 Dezentrale Zuluftversorgung und Abluftabtransport mittels Unterflur- oder Brüstungsgeräten mit zwei Ventilatoren

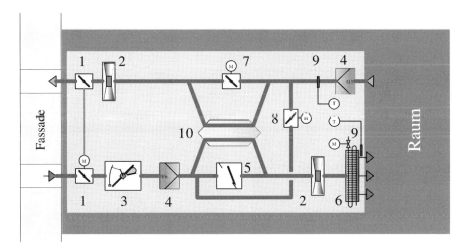

1 Fassadenklappe mit Federrücklaufmotor
3 Außenluftbegrenzer
5 Bypassklappe
7 Bypassklappe Wärmerückgewinnung
9 Temperaturfühler

2 Ventilator
4 Luftfilter
6 Luft/Wasser Wärmeaustauscher
8 Bypassklappe Umluft
10 Wärmerückgewinner

Bild H2-5 Schema eines Zu- und Abluftgerätes mit Umluftbeimischung

Bild H2-6 Zu- und Abluftgerät mit Umluftbeimischung

a Zuluftbrüstungsgerät
  (Schnitt durch die Brüstung)

b Zu- und Abluftbrüstungsgerät
  (Schnitt durch die Brüstung)

c Zu- und Abluftbrüstungsgerät mit
  integriertem Wärmetauscher

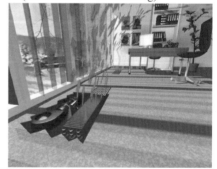

d Zuluftunterflurgerät mit integriertem
  Wärmetauscher

Bild H2-7 Beispiele dezentraler Lüftungsgeräte

H3
Anforderungen an dezentrale Lüftungsgeräte

Detaillierte Angaben zu Anforderungen an dezentrale Lüftungsgeräte findet man in dem VDMA Einheitsblatt 24390 [H-1] und in der VDI Richtlinie 6035 [H-2]. Die im Folgenden behandelten Anforderungen stellen nur einen Teil der in den oben aufgeführten Richtlinien behandelten Geräteanforderungen dar.

H3.1
Akustische Anforderungen

In Räumen werden Schalldruckpegel von ca. 35 dB(A) gefordert. Das bedeutet bei einer im allgemeinen üblichen Raumdämpfung von 7 dB, dass die Geräte einen Schallleistungspegel von 42 dB(A) nicht überschreiten dürfen (Geräuschaddition mehrerer Geräte sind dabei nicht berücksichtigt). Betrachtet man die Platzverhältnisse für Unterflur- und Brüstungsgeräte, in die Ventilatoren, WRG, Bypassklappen, Volumenstromregler, Filter, Rückschlagklappen, Absperrklappen und Wärmeübertrager mit Regelventilen integriert werden müssen, so werden die hohe Anforderung an die kompakten Geräte deutlich. Anders als bei zentralen Anlagen ist der Einbau von Schalldämpfern zwischen Zentralgerät und Luftdurchlass nicht möglich. Die geforderten Schallleistungspegel müssen durch Auswahl geeigneter Ventilatoren, eine geschickte Luftführung mit möglichst wenig Druckverlust und schalldämpfende Auskleidungen erreicht werden.

Weiterhin müssen die Geräte über ein ausreichendes Schalldämmmaß verfügen, um den störenden Einfluss von Außengeräuschen zu minimieren. Für den Nachweis dieser Eigenschaften wird auf die DIN EN ISO 20140-10 [H-3] (s. a. L2.2.2.3 und L3) verwiesen.

H3.2
Kondensatbildung

Im Sommer kann in Abhängigkeit von der Wasservorlauftemperatur im Kühler des Gerätes Wasser aus der Luft ausgeschieden werden, im Winter fällt das Kondensat auf der Abluftseite des WRG-Systems an. Daher müssen beide Wärmeübertrager mit Kondensatwannen und Kondensatleitungen ausgestattet sein.

H3.3
Wärmerückgewinnung

Ob eine Wärmerückgewinnung sinnvoll ist, kann nicht pauschal beantwortet werden, sondern muss für den jeweiligen Anwendungsfall kritisch geprüft werden (s. a. G4). Dabei sind die durch das WRG-System bedingten zusätzlichen Investitionskosten, die erhöhte Leistungsaufnahme der Ventilatorantriebe sowie die damit verbundene erhöhte Geräuschentwicklung der Ventilatoren zu berücksichtigen. Entscheidet man sich für den Einsatz einer WRG, so erfordern verschiedene Gründe die Möglichkeit des Umgehens (Bypass) des Wärmerückgewinnungs-Wärmeaustauschers.

Das WRG-System muss trotz luftdichtem Einbau (zur Verhinderung eines Kurzschlusses zwischen Zu- und Abluft) leicht herausnehmbar sein, um bei der Wartung eine ggf. erforderliche Reinigung des WRG-Systems und der Kondensatwanne durchführen zu können.

H3.3.1
Bypass für das WRG-System aus energetischen Gründen

Der Einsatz eines WRG-Systems ist im Sommer bei hohen und im Winter bei niedrigen Außentemperaturen sinnvoll.

Aufgrund der guten Wärmedämmung und hoher innerer Lasten benötigen Bürogebäude in der Übergangszeit vorwiegend Kühlung, so dass es wenig Sinn macht, die kühle Außenluft im WRG-System aufzuwärmen, um sie anschließend wieder kühlen zu müssen. Daher wird dringend empfohlen, die Geräte mit einer motorisch betriebenen Bypassklappe zur Umgehung des WRG-Systems auszustatten. Diese sollte eine Außen- und Raumlufttemperatur geführte Steuerung aufweisen, um eine energieoptimierte Betriebsweise zu gewährleisten.

H3.3.2
Bypass des WRG-Systems zum Schutz vor Vereisung

Je nach Art der Luftführung (Gleich-, Gegen oder Kreuzstrom) und in Abhängigkeit des Wärmerückgewinnungsgrades sowie des Wassergehaltes der Raumluft ist bei Außentemperaturen unter −5 °C eine Vereisung des WRG-Systems möglich. Dadurch steigt der Druckverlust auf der Abluftseite des Gerätes, dies führt bei ungeregelten Motoren zu einer Verringerung des Abluftvolumenstroms und bei geregelten Motoren zu einer erhöhten Leistungsaufnahme.

Abhilfe bieten folgende Möglichkeiten:

1. Selbsttätige Bypassklappe
   Realisierbar z. B. durch eine federbelastete Klappe, die bei steigendem Unterdruck aufgrund der einsetzenden Vereisung selbsttätig öffnet (vgl. Bild H3-8).

   Nachteilig ist, dass eine selbsttätige Klappe den Druckverlust durch die Vereisung benötigt. Sie muss daher auf der Abluftseite eingebaut werden. Die warme Raumabluft wird umgeleitet, die kalte Außenluft strömt weiterhin durch den Wärmeaustauscher und verhindert somit ein automatisches Abtauen.
2. Motorische Bypassklappensteuerung, temperaturgeführte Klappensteuerung.
   Für diese Variante spricht der energetische Vorteil in der Übergangszeit wie in 3.3.1 beschrieben.

H3 Anforderungen an dezentrale Lüftungsgeräte

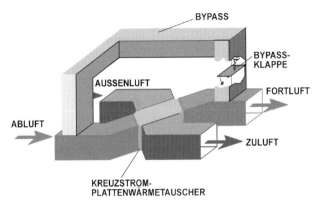

Bild H3-8 Bypass des WRG-Systems

H3.4
Hygiene

Für dezentrale RLT-Anlagen gelten die gleichen hygienischen Grundprinzipien wie für zentrale RLT-Anlagen. In der VDI 6022 [I-2] wird „Die Sicherung einer hygienisch einwandfreien Innenraumluftqualität durch fachgerechte Planung, Geräteausführung, Betriebsweise und Instandhaltung" gefordert.

Die hygienischen Anforderungen an zentrale und dezentrale RLT-Anlagen müssen wegen einiger grundlegender Unterschiede jedoch differenziert bewertet werden.

Der Umluftstrom dezentraler RLT-Geräte wird, wie z. B. auch bei Induktionsgeräten oder Ventilatorkonvektoren, immer in den Raum zurückgeführt, aus dem er entnommen wird. Er kann daher anders als zentrale Umluftströme die Raumluftqualität prinzipiell nicht verschlechtern. Gemäß DIN EN 13799 wird diese Umluftart als Sekundärluft bezeichnet. Sekundärluft unterliegt nicht den strengen Anforderungen an die Filterung wie die Umluft zentraler RLT-Anlagen.

Die thermodynamischen Luftbehandlungsfunktionen Be- und Entfeuchten sind mit einem erhöhten Investitions-, Wartungs- und Instandhaltungsaufwand verbunden. Werden diese Luftbehandlungsfunktionen dennoch vorgesehen, ist auf die hygienisch einwandfreie Planung und Ausführung des Befeuchters sowie der Kondensatwanne des Entfeuchters mit sicherer Kondensatableitung besonders zu achten. Die Befeuchtung mittels Dampfbefeuchter mit Kondensatrückführung erfüllt die Hygieneanforderungen sicher besser als Sprüh- oder Ultraschallbefeuchter.

H3.5
Sekundärluftbetrieb

Dezentrale Geräte sollten die Möglichkeit eines Sekundärluftbetriebs aufweisen. Wird das Gebäude in der Nacht und am Wochenende nicht genutzt, ist ein

Temperaturhaltebetrieb mit Sekundärluft energetisch und wirtschaftlich sinnvoll.

Ein gewisser Sekundärluftanteil kann aber auch während der Nutzungszeit des Gebäudes sinnvoll sein, wenn gleichzeitig der Mindestaußenluftanteil sichergestellt ist.

Wird aufgrund hoher Kühl- oder Heizlasten mehr Zuluft als der Mindestaußenluftstrom benötigt, ist es ist energetisch nicht sinnvoll den Außenluftstrom zu erhöhen, denn die zum Anheben bzw. Absenken der Außenluft- auf die Raumlufttemperatur benötigte Energie ist für die Heiz- oder Kühlaufgabe verloren. Für den Mindestaußenluftanteil ist sie dagegen erforderlich und sinnvoll. Aus energetischen und wirtschaftlichen Gründen sollten daher die Geräte so konstruiert sein, dass der Sekundärluftstrom ohne Änderung des Außenluftstroms an die jeweiligen Erfordernisse angepasst werden kann.

H3.6
Windeinfluss

Druckdifferenzen zwischen dem Gebäudeinneren und der Umgebung entstehen durch Temperaturunterschiede und Windeinflüsse, wobei die durch Wind erzeugten Druckdifferenzen bei höheren Gebäuden dominieren.

Da die Windgeschwindigkeit höhenabhängig ist, resultieren daraus unterschiedliche Druckverhältnisse in den verschiedenen Geschossen eines Gebäudes. Eine Windgeschwindigkeit von ca. 10 m/s (Windstärke 5, frische Brise) erzeugt auf der Luv- und Leeseite eine Druckdifferenz von 30 bis 40 Pa gegenüber dem Gebäudeinneren. Dadurch wird der Zuluftventilator auf der Luvseite „angeschoben" und der Zuluftvolumenstrom nimmt gegenüber dem bei Windstille zu (vgl. Bild H3-9).

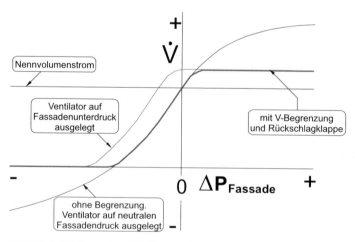

Bild H3-9 Einfluss der Windlast auf ein Zuluftgerät mit und ohne Volumenstrombegrenzer

Der Abluftventilator hingegen muss gegen den Winddruck fördern und der Volumenstrom nimmt ab. Die Ventilatorkennlinie bestimmt dabei die Größe der Änderung.

Es entstehen innerhalb des Gebäudes Querströmungen von der Luv- zur Leeseite. Auf der Luvseite ist der Zuluftvolumenstrom größer als der Auslegungsvolumenstrom, was unter Umständen zu Zugerscheinungen führen kann. Auf der Leeseite steigt der Abluftvolumenstrom und der Zuluftvolumentrom sinkt, so dass aus dieser Wind- und Drucksituation eine Minderversorgung der Räume mit Außenluft resultieren kann.

Ist ein Raum dicht, erfolgt ein Druckausgleich zur Außenfassade. Zu- und Abluftventilator fördern den Auslegungsvolumenstrom, die Druckdifferenz verschiebt sich an die Grenzfläche zwischen Raum und angrenzende Gebäudeteile.

Ab ca. 50 Pa Differenzdruck wird das Öffnen von Türen deutlich erschwert; Räume sollten daher nicht luftdicht zu den Flurbereichen ausgeführt werden.

H3.6.1
Kompensation von Windeinflüssen

Der Einfluss des Winddruckes auf den geförderten Luftvolumenstrom kann zum Beispiel durch drehzahlgeregelte Ventilatoren oder durch selbsttätige Volumenstrombegrenzer kompensiert werden.

Selbsttätige Volumenbegrenzer ohne Hilfsenergie zeichnen sich dadurch aus, dass sie selbst bei hohem Überdruck auf der Fassade den Zuluftvolumenstrom konstant halten. Soll allerdings der Zuluftvolumenstrom auf der Lee-Seite konstant gehalten werden, so muss der Zuluftventilator auf einen höheren Differenzdruck ausgelegt werden. Der Begrenzer hält den Volumenstrom konstant auf dem Auslegungswert selbst dann, wenn der Unterdruck abnimmt oder sich bei Änderung der Windrichtung ein Überdruck einstellt.

Zu beachten gilt hier, dass der Ventilator bei Windstille mit höheren Drehzahlen als erforderlich arbeitet und der Begrenzer den zusätzlichen Druckverlust aufbringt (vgl. Bild H3-9). Das führt natürlich zu höheren Schallleistungspegeln und größerer Leistungsaufnahmen der Motoren.

Eine Rückschlagklappe verhindert eine Umkehr der Strömungsrichtung.

Moderne Ventilatoren mit EC Antrieben zeichnen sich einerseits durch bessere Wirkungsgrade gegenüber AC Motor getriebene Ventilatoren aus (s. a. G1.7.2) und bieten darüber hinaus über eine integrierte Software die Möglichkeit der automatischen Drehzahländerung in Abhängigkeit des Winddruckes. So können Druckschwankungen von ca. ±100 Pa automatisch direkt vom Motor kompensiert werden. Erst bei höheren Über- oder Unterdrücken kommt es zu einer Veränderung des geförderten Luftvolumenstromes (vgl. Bild H3-10). Auf der Zuluftseite kann ein erhöhter Überdruck zusätzlich durch einen selbsttätigen Volumenstrombegrenzer kompensiert werden. Hierbei ist jedoch zu beachten, dass der Volumenstrom bei dem der Begrenzer wirksam wird, mit einem ausreichenden Abstand oberhalb des Nennvolumenstroms des Ventilators eingestellt werden muss, da sonst die Systeme gegeneinander arbeiten. (Der Volumenstrombegrenzer drosselt und der Ventilator erhöht die Drehzahl).

Bei sehr großen Windgeschwindigkeiten (Sturm) sollten die Geräte abgeschaltet werden oder zur Aufrechterhaltung der Kühl- oder Heizfunktion im reinen Sekundärluftbetrieb arbeiten.

Im ausgeschalteten Zustand müssen die Ansaug- und Ausblasöffnungen der Geräte verschlossen werden, um einen unkontrollierten Luftaustausch und damit z. B. eine ungewollte Nachtauskühlung zu verhindern. Dies wird z. B. durch einen Federrücklaufmotor realisiert, der eine Absperrklappe beim Einschalten des Gerätes öffnet und sie im stromlosen Zustand durch Federkraft schließt.

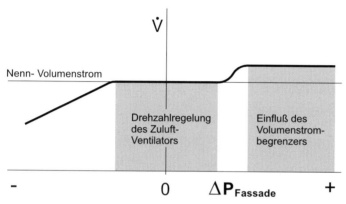

Bild H3-10 Einfluss der Windlast auf ein Zuluftgerät mit EC Antrieb, Drehzahlregelung und Volumenstrombegrenzer

H4
Luftführung im Raum

Prinzipiell sind mit Fassadengeräten Mischluft- und Quellluftsysteme realisierbar. Berücksichtigt man jedoch die mit dezentralen Geräten erzielbaren Kühllasten von bis zu 50 W pro m^2 Fußbodenfläche, so bieten sich wegen des besseren Teillastverhaltens Quellluftsysteme an.

Mischluftsysteme mit einer Anordnung der Luftdurchlässe an der Fassade erzeugen tangentiale Raumluftströmungen. Aufgrund der niedrigen Volumenströme und den daraus resultierenden kleinen Austrittsgeschwindigkeiten sind solche Luftführungen nicht für größerer Raumtiefen geeignet, da die kalte Zuluft auf Grund der Dichteunterschiede zur Raumluft bereits nach relativ kurzem Strömungsweg von der Decke ablöst und in den Aufenthaltsbereich hinabfällt. Dies gilt für Geräte mit mehreren Ventilatorstufen insbesondere bei kleinen Zuluftvolumenströmen.

Bei kombinierten Zu- und Abluftgeräten muss im Heizbetrieb ein Lüftungskurzschluss weitestgehend vermieden werden. Daher sollte man bei Brüstungsgeräten die Abluft möglichst in Fensternähe mit einer verdeckten Luftführung unterhalb der Fensterbank und nicht im Bereich der vorderen Geräteverkleidung absaugen, da sonst die am Gerät aufsteigende warme Zuluft teilweise wieder angesaugt wird (Bild H4-11).

Die Geräte sollten die Möglichkeit zur statischen Heizung durch freie Konvektion, d. h. ohne Ventilatorunterstützung bieten. Idealerweise sind die Geräte mit einer sogenannten Thermikweiche ausgestattet, die im Ventilatorbetrieb den Spalt unter der Fensterbank oder im oberen Bereich der Verkleidung verschließt, diesen bei ausgeschaltetem Ventilator freigibt und so eine Heizung über den Konvektorschacht ermöglicht (Bild H4-11).

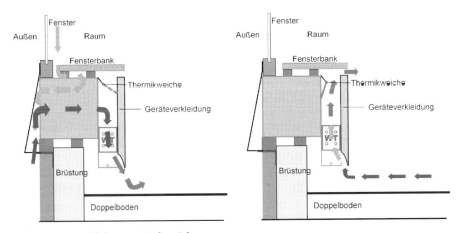

Bild H4-11 Lüftführung Heizbetrieb

H5
Brand- und Rauchschutz

In Hochhäusern darf gemäß der Hochhausrichtlinie in einigen Bundesländern nur nichtbrennbares Material (A-Material) zur thermischen und akustischen Auskleidung in luftführenden Systemen verwendet werden. Durch eine zentrale Brandfrüherkennung oder durch Rauchmelder in der Ansaugstrecke werden die Geräte abgeschaltet; durch das automatische Schließen der Absperrklappen wird die Rauchübertragung von außen oder aus dem Fassadenzwischenraum verhindert.

H6
Wartung

Dezentrale Lüftungsgeräte müssen wartungsfreundlich aufgebaut sein, denn zu jedem kombinierten Zu-/Abluftgerät gehören zwei Filter, die regelmäßig gewechselt werden müssen. Da in Hochhäusern eine Vielzahl von Geräten eingebaut wird, sollte der Filterwechsel schnell und möglichst ohne Werkzeug durchzuführen sein. Ebenso müssen die Wärmeübertrager und deren Kondensatwannen leicht zugänglich sein, um die Reinigung zu erleichtern.

Wartungs- und Inspektionsintervalle sind der VDI 6022 zu entnehmen [I-2].

H7
Systemvorteile und -nachteile

Die dezentralen Systeme bieten gegenüber zentralen Lüftungs- und Klimaanlagen folgende *Vorteile*:
- Reduzierung des Bauvolumens (Lüftungszentralen und Luftkanäle entfallen),
- Reduzierung der Geschosshöhe (Luftkanäle in der Zwischendecke entfallen),
- Kurze Luftwege zum Gerät – einfache Reinigung verglichen mit den langen Luftkanälen von Zentralanlagen,
- Variabilität bei Nutzungsänderung (Leergehäuse zur Aufnahme weiterer Geräte sowie Wechselboxen zum Austausch von Außenluft- und Umluftgeräten),
- große Redundanz, da beim Ausfall einzelner Geräte das Gesamtsystem nicht ausfällt,
- eine Kombination mit öffenbaren Fenstern ist einfach realisierbar, da eine Geräteabschaltung direkt über Fensterkontakte möglich ist,
- eine große Akzeptanz beim Nutzer, da er „sein" Raumklima selbst bestimmen kann,
- eine einfache individuelle Betriebskostenabrechnung und
- eine ideale Anpassung an die Teilnutzung von Gebäuden, da nur die genutzten Räume belüftet werden.

Dem stehen im Vergleich zu zentralen Systemen folgende *Nachteile* gegenüber:
- die große Anzahl von im Gebäude verteilten Kleinventilatoren, Filtern, Wärmeübertragern und Wärmerückgewinnungssystemen,
- Wartungsarbeiten direkt in den Nutzerräumen,
- die für dezentrale Lüftungsgeräte notwendigen Fassadenöffnungen müssen gegen das Eindringen von Wasser und Insekten geschützt werden und gleichzeitig eine möglichst druckverlustarme Luftansaugung gewährleisten,

- eine kontrollierte Be- und Entfeuchtung zur Regelung der Raumluftfeuchte ist nur mit extrem hohem Aufwand möglich,
- unflexibler Ansaugort für die Zu- und Abluft (Außenluftqualität; Maßnahmen gegen direkten Lüftungskurzschluss; erhöhte Außenlufttemperatur an besonnten Fassaden [H-4]).

H8
Anwendungsgebiete und Einsatzgrenzen

Bei der Planung dezentraler Anlagen ist es wichtig, schon im Vorfeld Informationen bezüglich des Fassadenaufbaus und der Windverhältnisse auch in Wechselwirkung mit umliegenden Gebäuden zu berücksichtigen. Die Außenluftqualität im Bereich der Ansaugöffnungen muss ebenfalls in die Planung einfließen, denn im Gegensatz zu zentralen Systemen kann man hier den Ansaugort für die Außenluft nicht frei wählen.

Dezentrale Lüftungssysteme eignen sich z. B. für den Einsatz in Einzelbüros, Wohngebäuden, Patientenzimmern in Krankenhäusern, kleineren Besprechungsräumen, Arztpraxen und Hotelzimmern.

Nicht geeignet sind diese Systeme für den Betrieb in OP-Räumen, Sportstätten, großen Besprechungsräumen mit hohem Außenluftbedarf und in innen liegenden Räumen.

Der Einsatz der dezentralen Technik ist nur bei außen liegenden Räumen möglich. Eine maximale Raumtiefe von 6 m sollte nicht überschritten werden. Mit dem System sind spezifische Kühllasten bis ca. 50 W/m^2 bzw. 300 W/(m Fassade) und ein 6-facher Luftwechsel problemlos zu realisieren. Bei höheren Kühllasten empfiehlt sich eine unterstützende Kühlung zum Beispiel durch Kühldecken oder Kühlkonvektoren. Jedoch ist zu beachten, dass die Raumluftfeuchte mit diesen Geräten nicht ohne weiteres kontrollierbar ist, so dass eine Taupunktüberwachung der Luft und eine Abschaltung der Kühldecke bei Taupunktunterschreitungen zwingend erforderlich sind.

H9
Schlussfolgerungen

Dezentrale Lüftungssysteme sind eine sinnvolle Erweiterung der Möglichkeiten zur Be- und Entlüftung von Gebäuden. Bei der Planung sind die Einsatzgrenzen dieser Systeme zu berücksichtigen. Eine Vollklimatisierung ist mit dezentralen Systemen nur mit extrem hohem Aufwand möglich (kontrollierte Be- und Entfeuchtung).

Die Systeme bieten dem Nutzer die Möglichkeit der individuellen Einflussnahme auf „sein" Raumklima und haben weitere Vorteile gegenüber zentralen

Systemen, wie eine hohen Variabilität bei Nutzungsänderungen und den geringen Platzbedarf der Geräte. Bei Sanierungen sind dezentrale Lüftungssysteme häufig die einzige Möglichkeit, eine mechanische Be- und Entlüftung zu realisieren.

Literatur

[H-1]   VDMA-Einheitsblatt 24390: Dezentrale Lüftungsgeräte, 2007/3
[H-2]   VDI 6035 E: Dezentrale Fassadenlüftungssysteme, 2008-5
[H-3]   DIN EN ISO 20140-10: Messung der Luftschalldämpfung kleiner Bauteile in Prüfständen, 1992-09
[H-4]   Reske, M.; Müller, D.: Temperaturverteilung in der Gebäudegrenzschicht, DKV-Jahrestagung Hannover 2007, AA IV

I Hygiene in Raumlufttechnischen Anlagen

ULRICH FINKE

I1
Einleitung

Die Forderung nach ausreichend gesundheitlich zuträglicher Atemluft in Aufenthaltsräumen ist seit langem bekannt. Sie wird bereits in der Verordnung über Arbeitsstätten (Ausgabe 1975) beschrieben und ist Bestandteil der aktuellen Arbeitsstättenverordnung [I-1] (s. a. Bd. 1; C). Sie kann durch den Einsatz von Raumlufttechnischen Anlagen erfüllt werden, da mit RLT-Anlagen neben thermodynamischen Luftbehandlungsfunktionen auch die Außenluft gefiltert und die Luft im Raum ausgetauscht wird. Es werden Stoffe aus der Außenluft entfernt und Stoffe, die im Raum entstehen, durch die Lüftung abgeführt. Diese Maßnahmen führen zu einer wetterunabhängigen Verbesserung der Luftqualität unter Einhaltung der Behaglichkeitsanforderungen im Unterschied zu frei belüfteten Räumen.

Es kann dennoch vorkommen, dass die Raumluftqualität in maschinell belüfteten Räumen schlechter ist als in frei belüfteten Räumen. Ursache dafür sind meist Planungs- und Ausführungsmängel sowie die mangelhafte Durchführung von Wartungsarbeiten an Raumlufttechnischen Anlagen. Um diese Mängel zu reduzieren, wurde im Jahr 1998 erstmals die Richtlinie VDI 6022 [I-2] herausgegeben, die sich speziell mit dem Thema Hygiene in Raumlufttechnischen Anlagen beschäftigt. Ziel ist es, durch Vorgabe von Anforderungen an alle mit Planung, Fertigung, Ausführung, Wartung und Betrieb von RLT-Anlagen beschäftigten Personen die Qualität der RLT-Anlagen über den gesamten Lebenszyklus sicherzustellen und damit die Luftqualität im Raum zum Wohle der Nutzer zu verbessern. Mittlerweile wurde die Richtlinie überarbeitet [I-2]. Dabei wurden viele Erfahrungen aus der Praxis berücksichtigt.

I2
Hygieneanforderungen an Raumlufttechnische Anlagen

Der Mensch hält sich über 90% der Lebenszeit im Innenraum auf. Deshalb muss die Luft im Aufenthaltsraum bestimmten Anforderungen entsprechen. Sie muss als „Lebensmittel" betrachtet werden.

Als hauptsächliche Aufenthaltsräume kommen die Wohnung und der Arbeitsplatz in Frage. Während für die Wohnung der Mensch selbst verantwortlich ist, wird die Verantwortung für den Arbeitsplatz auf den Arbeitgeber übertragen. Der Verantwortung muss der Arbeitgeber sowohl in frei als auch in maschinell belüfteten Räumen nachkommen. Den Rahmen dafür liefern das Arbeitsschutzgesetz [I-3] und dessen Verordnungen und Richtlinien. Gemäß Arbeitsschutzgesetz ist der Arbeitgeber verpflichtet, die erforderlichen Maßnahmen des Arbeitsschutzes unter Berücksichtigung der Umstände zu treffen, die die Sicherheit und Gesundheit der Beschäftigten bei der Arbeit beeinflussen (§ 3). Nach § 4 Arbeitsschutzgesetz hat der Arbeitgeber bei den Maßnahmen des Arbeitsschutzes den Stand der Technik, der Arbeitsmedizin und der Hygiene zu berücksichtigen. Die Verantwortung für die Einhaltung der Bedingungen liegt eindeutig beim Arbeitgeber. Er kann der Verantwortung selbst gerecht werden oder sie durch einen entsprechenden Vertrag speziell für den Betrieb der RLT-Anlage auf einen Betreiber delegieren. Gemäß § 5 der Arbeitsstättenverordnung in Verbindung mit der Arbeitsstättenrichtlinie ist der Betreiber einer Anlage verpflichtet, in den Arbeitsräumen gesundheitlich zuträgliche Atemluft zur Verfügung zu stellen. Dazu sind regelmäßige Wartungs- und Reinigungsarbeiten an den Raumlufttechnischen Anlagen durchzuführen. Die Hygieneanforderungen sind zu beachten. Alle Maßnahmen und Arbeiten an den RLT-Anlagen sind in den Unterlagen zur Anlage zu dokumentieren. Bei Streitigkeiten kann eine solche Unterlage in Form eines Betriebsbuches dazu dienen, Nachweise über durchgeführte Arbeiten zu erbringen. Die Hygieneanforderungen an die Raumlufttechnischen Anlagen dienen dem Ziel, den Nutzern der Aufenthaltsräume eine gesundheitlich zuträgliche Atemluft zur Verfügung zu stellen. Neben den hygienischen Forderungen sind in den Räumen die Anforderungen an die Behaglichkeit [I-4, 5] einzuhalten (s. a. Bd 1, C).

Die hygienischen Anforderungen gelten für alle neu geplanten und errichteten Anlagen sowie für Anlagen im Bestand. Bei Raumlufttechnischen Anlagen gibt es einen Bestandsschutz, wenn sie vor dem Jahr 1998 errichtet wurden und mittels einer Hygieneinspektion nachgewiesen wurde, dass keine Gefahren für Personen bei der Nutzung der Anlage entstehen. Sollten Hygienemängel vorhanden sein, gilt der Bestandsschutz nicht. Die Hygienemängel müssen beseitigt werden. Dafür kann ein Stufenplan erstellt werden, in dem den Mängeln Prioritäten zugeordnet werden und diese entsprechend der Reihenfolge abgearbeitet werden. Hohe Priorität haben z. B. Instandsetzungsmaßnahmen, die mit der Filterung der Luft, der Befeuchtung der Luft und der sicheren Kondensatabscheidung zu tun haben.

I3
Planung, Ausführung und Betrieb

Schwerpunkte in den Bereichen Planung, Ausführung und Betrieb sind die hygienerelevanten Komponenten [I-6]. Bei diesen Komponenten ist entweder Feuchtigkeit vorhanden oder Feuchtigkeit bzw. Kondensat ist mit der Ablagerung von Partikeln verbunden. Die Anforderungen an die Anlagen und deren Komponenten werden in [I-2, 4, 5] beschrieben und müssen umgesetzt werden. Die folgende Auswahl von Komponenten beschreibt einige Schwerpunkte aus hygienischer Sicht.

I3.1
Ansaugung von Außenluft

Die über die Außenluftansaugung angesaugte Luft soll möglichst sauber, trocken und im Sommer kühl sein. Ein Kurzschluss zwischen Außenluftansaugung und Fortluftöffnung muss durch die Positionierung der Öffnungen verhindert werden. Ein Verfahren, um Anhaltswerte in Bezug auf einzuhaltende Abstände zwischen den beiden Öffnungen zu erhalten, wird in [I-4] beschrieben. In Einzelfällen reichen solche Verfahren nicht aus, um dauerhaft den Kurzschluss zu vermeiden. Dann muss mittels Strömungssimulation unter Berücksichtigung der örtlichen Bedingungen, der Umströmung des Gebäudes und der Wetterbedingungen (Wind und Windrichtung) nach der besten Anordnung der Öffnungen gesucht werden. Bild I3-1 zeigt die Bildung von Schwaden an einem Rückkühlwerk.

In allen Dachbereichen muss besonders auf die Anordnung der Außenluftansaugöffnung geachtet werden. Wie hier am Beispiel des Rückkühlwerkes gezeigt, dürfen die Schwaden nicht von der RLT-Anlage angesaugt (s. M1.1) und in die Aufenthaltsbereiche gefördert werden. In Rückkühlwerken sind die Lebensbedingungen für Keime (Legionellen) besonders günstig, so dass sie als Quelle für Legienelleninfektionen in Frage kommen. Die Außenluftansaugung muss regelmäßig geprüft werden. Dabei muss besonders berücksichtigt werden, ob es neue Emissionsquellen in der näheren Umgebung gibt.

Ein weiterer Punkt ist Feuchtigkeit im Bereich der Ansaugung von Außenluft. Sie tritt auf, wenn die Außenluft mit zu hoher Luftgeschwindigkeit angesaugt

Bild I3-1 Schwadenbildung am Rückkühlwerk

Bild I3-2 Tropfenbildung an waagerechten Lamellen des Wetterschutzgitters

wird oder sich an den Lammellen des Wetterschutzgitters Tropfen bilden, die beim Ablösen in den Ansaugkanal gesaugt werden. Die Ansauggeschwindigkeit im Bereich der Lamellen darf den Wert von 2,5 m/s nicht überschreiten, da sonst der Regen direkt angesaugt wird (s. Abschn. G7-1). Bei höheren Ansauggeschwindigkeiten (bis 3,5 m/s) sind zusätzliche Tropfenabscheider vorzusehen. Wird die zulässige Luftgeschwindigkeit in der Ansaugung eingehalten, kann trotzdem Wasser angesaugt werden. Diese Möglichkeit zeigt Bild I3-2. Dort wird das Abtropfen des Regens an den Lamellen eines Wetterschutzgitters dargestellt. An der Vorderkante der Lamelle bilden sich Wassertropfen, die beim Abtropfen angesaugt werden.

Diese Tropfen gelangen trotz der niedrigen Ansauggeschwindigkeit in das Kanalsystem. Im Außenluftkanal kann sich Korrosion bilden und weiterführend können die Filter der ersten Filterstufen durchnässen. Mikrobiologisches Wachstum kann die Folge sein. Ein Ablaufen der an der Lamelle gebildeten Tropfen durch leichtes Schrägstellen der Lamelle, abweichend von der horizontalen Ausrichtung, könnte Abhilfe schaffen.

I3.2
Luftfilter

Luftfilter (s. a. Bd. 1, N) müssen über die gesamte Standzeit trocken bleiben, um die Funktion des Filters sicherzustellen und mikrobielles Wachstum zu vermeiden. Trocken heißt, dass die relative Feuchtigkeit am Luftfilter nicht über 80% steigt. Die maximale Standzeit für Filter beträgt ein Jahr in der ersten Filterstufe und zwei Jahre in der zweiten Filterstufe. Unabhängig von der Standzeit muss das Filter auch nach Erreichen der Enddruckdifferenz gewechselt werden. Leckagen durch defekte Filter, Bypässe durch fehlende Abdichtungen der Filter zum Gehäu-

I3 Planung, Ausführung und Betrieb

se oder durch eingeklemmte Filtertaschen sind genauso zu vermeiden wie ein Überschreiten der Standzeit oder der falsche Einbau der Filtertaschen. Ein Filter, dessen Standzeit weit überschritten wurde, zeigt Bild I3-3. Das Filter der 1. Filterstufe hatte eine Standzeit von ungefähr 20 Monaten. Die Ablagerungen zeigen eine starke Beladung des Filters. Die Korrosion am Filterrahmen lässt auf eine mehrfache Durchfeuchtung des Filters schließen. Die Ursache für die Durchfeuchtung des Filters liegt in einer zu hohen Ansauggeschwindigkeit der Außenluft.

Filtertaschen sollen generell senkrecht im Lüftungsgerät stehen. Dann ist eine ordnungsgemäße Durchströmung und eine gleichmäßige Beladung der Taschen sichergestellt. Falsch eingebaute Filtertaschen zeigt Bild I3-4 in der unteren Filterreihe.

Bild I3-3 Durchfeuchtetes Filter nach zu langer Betriebszeit

Bild I3-4 Falsch eingebaute Taschenfilter

Gerade im Bodenbereich werden die Filtertaschen oft falsch eingebaut. Die Taschen liegen auf dem Boden, können sich nicht richtig entfalten und sie scheuern sich an scharfen Kanten auf. So können Leckagen entstehen. Das ist häufig bei Filtern der Fall, deren Maße vom quadratischen Standardmaß abweichen. Die Ursache für den falschen Einbau liegt meist beim falschen Bestellen der Filter.

I3.3
Befeuchter

Schwerpunkt bei den Befeuchtern ist die Qualität des verwendeten Wassers und die Konstruktion des Wasserablaufs (s. Bd. 1, L; Abschn. G6.2.2 und M3).

Für eine ausreichende Wasserqualität zu sorgen, ist Aufgabe des Planers. Ausgehend von der Analyse des zur Verfügung stehenden Wassers muss er notwendige Maßnahmen der Wasseraufbereitung prüfen und ggf. vorsehen, um einen ordnungsgemäßen Betrieb des Befeuchters sicherzustellen. Eine Auswahl von Maßnahmen (Osmose, Enthärtung, UV-Wasserbehandlung oder Verwendung von Wasserstoffperoxid) wird im Kapitel M3.1 dargestellt. Eine Überwachung der Leitfähigkeit des Umlaufwassers eines Befeuchters ist sinnvoll, um das Durchschlagen des Befeuchters zu vermeiden. Die Leitfähigkeit des Umlaufwassers muss auf 1.000 µS/cm [I-7] (s. a. Bild G5-8) begrenzt werden. Die Leitfähigkeitsmesseinrichtung muss regelmäßig auf Funktion geprüft werden.

An Befeuchtern sind in festgelegten Abständen Hygienekontrollen durchzuführen. Dafür wird als Orientierung die Gesamtkeimzahl bestimmt. Weitere Ausführungen zu diesem Thema erfolgen im Absatz Hygienekontrollen. Werden alle Forderungen an das Umlaufwasser eingehalten, können die in Bild I3-5 dargestellten, bereits nach kurzer Betriebszeit aufgetretenen, starken Ablagerungen an einem Kontaktbefeuchter verhindert werden.

Bild I3-5 Ablagerungen am Kontaktbefeuchter

I3 Planung, Ausführung und Betrieb

Von großer Bedeutung sind der Ablauf des Befeuchters und das Gefälle der Befeuchterwanne. Die Wanne und der Ablauf müssen so konstruiert sein, dass ein rückstandfreies Ablaufen des Umlaufwassers ermöglicht wird. Dazu muss der Ablauf an der tiefsten Stelle liegen. Schweißnähte oder Wulste, die das rückstandsfreie Ablaufen des Wassers verhindern, müssen vermieden werden. Ob das Wasser nach Aufstellen des Befeuchters ordnungsgemäß abläuft, kann einfach geprüft werden, wenn bei Stillstand der Anlage Wasser in die Befeuchterwanne gefüllt und das Ablaufen des Wassers kontrolliert wird. Dabei werden pro m^2 Wannenfläche ca. 5 l Wasser verwendet. Das Gefälle und der Ablauf sind in Ordnung, wenn nach 10 Minuten 95% des Wassers abgelaufen sind [I-8].

Die Befeuchtungsstrecke und der Tropfenabscheider nach dem Befeuchter müssen sicherstellen, dass keine Kondensation oder Ablagerung von Wasser in nachgeschalteten Komponenten oder im Kanal auftritt.

I3.4
Schalldämpfer

Schalldämpfer (s. a. L4.8.1) in Anlagen müssen zugänglich sein und dürfen keine Defekte in der Kaschierung aufweisen. Bei Schalldämpfern in Zentralgeräten ist der Zugang meist problemlos möglich. Defekte in der Kaschierung dürfen nach dem Einbau nicht vorhanden sein. Auch dürfen die Schalldämpferkulissen nicht bei Wartungs- und Reinigungsarbeiten beschädigt werden. Bei neuen Schalldämpfern muss deshalb ein Glasseidengewebe verwendet werden, das mechanisch stabil und auch zu reinigen ist.

Die Schalldämpfer, besonders die Außenluftschalldämpfer, dürfen nicht durchfeuchtet sein. Bei großflächiger Beschädigung und Durchfeuchtung sind die Schalldämpfer auszutauschen. Die Ursache der Durchfeuchtung muss abgestellt werden.

Bild I3-6 Defekter und durchfeuchteter Schalldämpfer

Bei älteren Schalldämpfern werden im Rahmen von Hygieneinspektionen häufig defekte Oberflächen und Feuchteschäden festgestellt, wie beispielhaft Bild I3-6 zeigt. Neben dem Austausch ist in einem solchen Fall der Ursachensuche besondere Aufmerksamkeit zu schenken.

I3.5
Wärmeübertrager, speziell Kühler

Die Wärmeübertrager (s. G2; G3) sind so anzuordnen, dass ein Zugang von beiden Seiten möglich ist. Dabei ist zu beachten, dass seitlich vor der Anlage soviel Platz zur Verfügung steht, dass die Register ausgetauscht werden können. Unter hygienischen Gesichtspunkten ist besonders der Luftkühler von Interesse, da dort Kondensat anfällt (s. Abschn. G6.2). Das Kondensat muss in eine Kondensatwanne abgeleitet werden, die mit allseitigem Gefälle zum Ablauf ausgestattet ist. Die Ablaufleitung für das Kondensat darf kein Kontergefälle aufweisen. Auch muss die Wanne so konstruiert sein, dass die Strömung kein Wasser in das folgende Geräteteil fördern kann (s. a. G6.2.2). Diese beiden Grundsätze sind in Bild I3-7 nicht eingehalten. Dort wird die Weiterleitung des in der Kondensatwanne stehenden Kondensats in die weiteren Anlagenteile bei demontiertem Tropfenabscheider gezeigt.

Nach dem Kühler muss gegebenenfalls auch ein Tropfenabscheider angeordnet sein. Zur sicheren Abscheidung der Tropfen darf die Durchströmgeschwindigkeit nicht über 3,5 m/s liegen.

In die Ablaufleitung des Kondensats ist ein Siphon einzusetzen (s. a. G6.2.2), möglichst ein selbstfüllender und rückschlagsicherer Siphon. Das Kondensat muss aus dem Siphon frei in das Abwassernetz auslaufen, also nicht fest damit verbunden sein. Das freie Auslaufen ist von besonderer Bedeutung, da bei

Bild I3-7 Stehendes Kondensat in der Kondensatwanne des Luftkühlers mit Austrag des Kondensats

trocknem Siphon anderenfalls Gerüche oder Abwasser aus den Abwasserleitungen angesaugt werden können.

I3.6
Gerätegehäuse

Innenoberflächen von Gerätegehäusen müssen glatt und einfach zu reinigen sein. Sie sollten auch desinfektionsmittelbeständig sein, da Desinfektion bei Keimbelastung erforderlich sein kann. Die Desinfektion ist jedoch nicht der erste Schritt nach einer festgestellten mikrobiologischen Belastung. Vor einer Desinfektion sollte immer mittels gründlicher Reinigung und Trockenfahren der Anlage versucht werden, die Keimbelastung zu reduzieren. Erst wenn diese Maßnahme nicht erfolgreich ist, sollte eine Desinfektion in Abstimmung mit dem Hygieniker durchgeführt werden. Einfach zu reinigen ist eine Innenoberfläche, wenn keine Stege, Profile oder Kanten die Arbeit behindern.

Bild I3-8 zeigt ein für viele Bestandsanlagen typisches, einschaliges Gehäuse in dem der Ventilator angeordnet ist, mit defekter Kaschierung der Mineralwolledämmung. Dieser Fall ist zu beanstanden.

Zur Wärmedämmung wurden Mineralfasermatten verwendet, die mit Glasfliesgewebe kaschiert wurden. Im Laufe der Betriebszeit der Anlage und in Abhängigkeit von weiteren Einflüssen (z. B. Feuchtigkeit) löst sich die Kaschierung und die Mineralfasern liegen frei und können über das Luftleitungssystem in den Aufenthaltsbereich gelangen. Die Freisetzung von Mineralfasern muss unterbunden werden. Es kann eine zusätzliche Verblechung mit Abdichtung der Kanten vorgenommen werden. Bei neueren Anlagen tritt dieser Fall in der Regel nicht auf, da sie über ein zweischaliges Gehäuse verfügen.

Bild I3-8 Unzulässige, offen liegende Mineralfasern im Ventilatorgehäuse

I4
Überwachung der Hygieneanforderungen

Zur Überwachung der Hygieneanforderungen sind Hygienekontrollen und Hygieneinspektionen vorgesehen. Die Ergebnisse aller Untersuchungen und Tätigkeiten an den Anlagen sind zu dokumentieren. Zusätzlich empfiehlt sich bereits im Vorfeld der Ausführung eine Prüfung der Planung einer Raumlufttechnischen Anlage in Bezug auf Einhaltung der hygienischen Anforderungen. So können hygienische Probleme in Raumlufttechnischen Anlagen weitgehend vermieden werden.

Die Überwachung der Hygieneanforderungen bei Gebäuden mit einer Vielzahl von gleichen Raumlufttechnischen Geräten ist sehr umfangreich. Bei mehr als 20 gleichen Geräten sind deshalb die Kontrollen stichprobenartig durchzuführen. Dabei ist auf eine repräsentative Stichprobenauswahl zu achten.

I4.1
Hygienekontrolle

Hygienekontrollen werden von besonders geschultem Fachpersonal (Schulung B nach VDI 6022 Blatt 1 [I-2]), in der Regel dem Wartungspersonal, durchgeführt. Bei den regelmäßigen Kontrollen sollen hygienische Problembereiche rechtzeitig erkannt und beseitigt werden. Die Intervalle der Kontrollen sind von der Hygienerelevanz der jeweiligen Komponente anhängig und liegen zwischen 14-tägig und halbjährlich. Sie werden durch Wartungspläne festgelegt, die der Gebäudebetreiber erstellt. Durchgeführt werden Sichtprüfungen der Komponenten und die orientierende Keimzahlbestimmung im Umlaufwasser von Luftbefeuchtern. Personen, die orientierende Keimzahlbestimmung durchführen dürfen, müssen eine erfolgreiche Hygieneschulung der Kategorie B nach VDI 6022 nachweisen können.

I4.2
Hygieneinspektion

Es wird in die Hygieneinspektion im Rahmen einer Abnahme (Erstinspektion) und die wiederkehrende Inspektion (Hygieneinspektion) unterschieden.

Die Erstinspektion beinhaltet zusätzlich zu den Aufgaben der Hygieneinspektion die Prüfung der Anlage auf Übereinstimmung mit den Hygieneanforderungen.

Die Hygieneinspektion wird bei Anlagen mit Befeuchtungseinrichtung alle zwei Jahre durchgeführt und bei Anlagen ohne Befeuchtungseinrichtung alle drei Jahre. Die Untersuchung ist von besonders geschultem Personal (Schulung A nach VDI 6022 [I-2]) durchzuführen. Bei kritischen mikrobiologischen Befunden ist ein Hygieniker hinzuzuziehen. Um die Objektivität sicherzustellen und Interessenskonflikte zu vermeiden, sollten Hygieneinspektionen nur von

Personen durchgeführt werden, die unabhängig sind und selbst keine Wartung durchführen.

Im Rahmen der Hygieneinspektion ist eine Sichtprüfung der Komponenten der Raumlufttechnischen Anlage durchzuführen. Anzeichen für Hygieneprobleme können Ablagerungen, Beläge, Korrosion, Feuchtigkeit im Gerät und Beschädigungen sein. Mikrobiologische Untersuchungen (Gesamtkeimzahl und Legionellenkonzentration) sind im Umlaufwasser von Luftbefeuchtern und Rückkühlwerken durchzuführen. Während die Legionellenkonzentration im Umlaufwasser von Luftbefeuchtern in der Regel weniger kritisch ist, können in Rückkühlwerken erhöhte Konzentrationen auftreten und in die Umgebung freigesetzt werden. Zu beachten ist die mögliche Freisetzung besonders bei in der Nähe liegenden Außenluftansaugöffnungen Raumlufttechnischer Anlagen, öffenbaren Fenstern und Aufenthaltsbereichen von Personen im Freien.

Es sind weiterhin Oberflächenuntersuchungen mit RODAC-Platten an hygienisch relevanten Komponenten durchzuführen. Das trifft besonders auf Luftfilter, Wärmeaustauscher (Luftkühler), Befeuchter und Schalldämpfer zu. Die Messpunkte müssen so gewählt werden, dass eine Gefährdung ausgeschlossen werden kann. Die Messpunkte können von einer Hygieneinspektion zur nächsten je nach vorliegendem Befund anders gewählt werden. Eine Markierung der Messpunkte wird als nicht notwendig erachtet.

Eine Leitfähigkeitsmessung im Umlaufwasser von Luftbefeuchtern ist empfehlenswert. Die so erhaltenen Aussagen geben Ausschluss darüber, ob ein Befeuchter durchschlagen kann oder ob ein sicherer Betrieb möglich ist. Das Risiko des Durchschlagens des Befeuchters steigt bei Leitfähigkeiten über 1.000 µS/cm (s. Bild G5-8).

Die Ergebnisse einer Hygieneinspektion müssen dokumentiert und aufbewahrt werden. Vorgeschlagene Maßnahmen zur Beseitigung hygienischer Problempunkte sind ebenfalls Bestandteil der Dokumentation und müssen je nach festgelegter Dringlichkeit umgesetzt werden.

I5
Hygienische Messverfahren

I5.1
Staubflächendichtebestimmung

Um die Sauberkeit von Luftleitungen zu beschreiben, wurde früher der Begriff „besenrein" verwendet. Eine quantitative Aussage zur Sauberkeit in Luftleitungen wird mit den Verfahren zur Staubflächendichtebestimmung möglich. Die Verfahren werden im Wesentlichen bei Streitfällen eingesetzt, um zu klären, ob die Grenzwerte eingehalten werden. Im Regelfall ist eine visuelle Prüfung ausreichend, um einzuschätzen, ob eine Luftleitung sauber ist [I-12].

In [I-9] wird der Begriff „besenrein" einer Staubflächendichte von $5\,g/m^2$ gleichgesetzt, die mit dem besten der untersuchten Staubmessverfahren ermittelt werden konnte. Beispiele für eine Staubflächendichte zeigen die Bildern I5-9, 10 und 11. Es werden verschiedene Staubflächendichten von $1\,g/m^2$ bis $20\,g/m^2$ dargestellt. Während die Oberfläche bei $1\,g/m^2$ noch sauber erscheint, sind bei den anderen dargestellten Staubflächendichten deutliche Verschmutzungen erkennbar. Diese Verschmutzungen müssen aus den Zuluft führenden Bauteilen durch Reinigung entfernt werden.

Ausgehend von diesem als hohem Standard definierten Wert wurden unterschiedliche Staubmessverfahren untersucht, um die Ergebnisse der Verfahren untereinander vergleichbar zu machen. Dazu wurde die Abheberate definiert, die aussagt, wieviel Prozent des auf der Oberfläche vorhandenen Staubes mit Hilfe des Messverfahrens von der Oberfläche gelöst und auf dem Probenahmesystem

Bild I5-9 Staubflächendichte $1\,g/m^2$

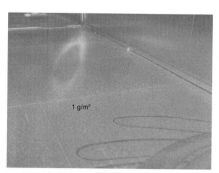

Bild I5-10 Staubflächendichte $10\,g/m^2$

Bild I5-11 Staubflächendichte $20\,g/m^2$

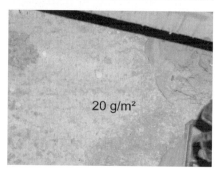

I5 Hygienische Messverfahren

Tabelle I5-1 Messverfahren zur Staubdichtebestimmung [I-9]

Verfahren	Bemerkung	Abhebe-rate	Staubflächendichte in g/m²		
			Niedriger Standard	Mittlerer Standard	Hoher Standard
Vlies-Rotationsverfahren	Mit Lösungsmittel	1,0	20,0	10,0	5,0
Saugverfahren	Mit Spachtel	0,9	18,0	9,0	4,5
Wischverfahren	Mit Lösungsmittel	0,8	16,0	8,0	4,0
Wischverfahren	Ohne Lösungsmittel	0,5	10,0	5,0	2,5
Tape-Verfahren	–	0,35	7,0	3,5	1,8
Saugverfahren	Mit Bürste	0,15	3,0	1,5	0,8

abgeschieden wird. Staubmessverfahren, ihre Abheberaten und deren Richtwerte bezogen auf die ausgewählte Kategorie werden in Tabelle I5-1 dargestellt.

Die Staubmessverfahren unterscheiden sich nur in der Probenahme. Nach der Probenahme wird die mit der Probe aufgenommene Staubmenge gewogen. Es wird eine Differenzmessung durchgeführt, die das Gewicht der Probe vor und nach der Messung vergleicht. An die Waage und an die Probenkonditionierung werden hohe Anforderungen gestellt. So muss die Probe auf die gleichen Temperatur- und Feuchtebedingungen wie bei der Erstmessung konditioniert werden. Bei Verwendung von Lösemitteln müssen diese nach der Beprobung rückstandsfrei verdunsten.

I5.1.1
Messverfahren

I5.1.1.1
Vlies-Rotationsverfahren

Bei diesem Verfahren wird ein vorher konditioniertes und gewogenes Vlies durch einen Stempel auf die Kanaloberfläche gedrückt. Durch eine festgelegte Anzahl von rotierenden Bewegungen des Stempels und bei festgelegtem Anpressdruck wird die Probenahme unter immer gleichen Bedingungen durchgeführt. Bei dem Verfahren wird Lösungsmittel verwendet. Mit diesem Probenahmeverfahren wird die höchste Abheberate (100%) erreicht.

I5.1.1.2
Saugverfahren

Von einer definierten Fläche (100 cm²) wird der auf der Oberfläche befindliche Staub abgesaugt und mit einem Filter abgeschieden. Zur Festlegung der Fläche im Kanal wird ein Magnetrahmen verwendet. Zur Verbesserung der Abheberate können Bürsten oder Spachtel verwendet werden. Die Abheberate liegt je nach verwendetem Hilfsmittel zwischen 15% und 90%.

I5.1.1.3
Wischverfahren

Die zu beprobende Fläche wird mit einem Magnetrahmen von der Größe 100 cm^2 festgelegt. Die Probenahme wird in Bild I5-12 dargestellt.

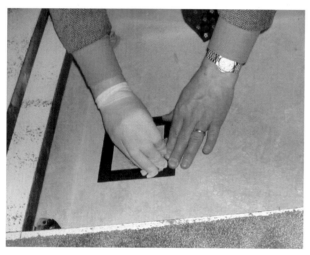

Bild I5-12 Staubflächendichtebestimmung mit dem Wischverfahren

Die Fläche wird mit einem Lappen ausgewischt. Es wird eine Abheberate von 50% erzielt. Zur Verbesserung der Abheberate kann ein Lösungsmittel eingesetzt werden. Dann wird ein Wert von 80% erreicht.

I5.1.1.4
Tapeverfahren

Das Tapeverfahren nutzt die definierte Fläche des Klebebandes, das auf die Oberfläche gedrückt wird. Der Staub bleibt am Klebeband haften (Abheberate 35%). Die Gewichtszunahme kann ermittelt werden. Bei starken Verschmutzungen muss bei diesem Verfahren beachtet werden, dass nur die obere Schicht Staub aufgenommen wird.

I5.1.2
Kriterien für die Probenahme

Die Probenahmesysteme eignen sich für die Beprobung von rechteckigen Luftleitungen. In der Regel sind Luftleitungen gleichmäßig verschmutzt, wenn ein Abstand zu Einbauten von mindestens fünf mal dem Durchmesser der Luftleitung vorausgesetzt wird. Bei horizontalen Luftleitungen ist die untere Fläche am stärksten verschmutzt und sie wird beprobt. Bei gleichmäßiger Verschmutzung ist ein Messpunkt ausreichend. Sollte eine ungleichmäßige Verteilung vorliegen, wird empfohlen, 3 Messpunkte auf der unteren Seite auszuwählen, deren Ergebnis arithmetisch gemittelt wird. Sofern sich grobe Verunreinigungen auf der zu beprobenden Fläche befinden, kann die Messung abgebrochen werden, da das Ergebnis immer eine Grenzwertüberschreitung sein wird.

Die Probenahme kann auf glatten, metallischen oder nicht metallischen Oberflächen (Promat oder Beton im Doppelboden) durchgeführt werden. Bewährt hat sich das Verfahren bei der Überprüfung der Sauberkeit von Doppelböden und zum Nachweis der ordnungsgemäßen Reinigung einer Luftleitung.

I5.1.3
Bewertung

Ergebnis der Untersuchung ist eine auf einen Quadratmeter bezogene Staubmenge. Je nach verwendetem Verfahren sind die in der Tabelle I5-1 angegebenen Grenzwerte einzuhalten. Welche der Klassen einzuhalten ist, muss vertraglich festgelegt werden. Die VDI 6022 gibt nur die Einteilung mit zwei Klassen (mittlerer und niedriger Standard) an. Die hohen Anforderungen gemäß Tabelle I5-1 werden in VDI 6022 nicht übernommen. Nach VDI 6022 muss mindestens der niedrige Standard auf der Kanaloberfläche eingehalten werden. Wird der niedrige Standard nicht erreicht, so muss eine Reinigung durchgeführt werden, in deren Ergebnis mindestens der mittlere Standard erreicht wird. Bei neu errichteten Gebäuden sollte mindestens der mittlere Standard vereinbart werden.

Dem Auftraggeber bleibt es jedoch überlassen, in Abhängigkeit von seinen Ansprüchen den hohen Standard zu vereinbaren, der dem ursprünglichen Begriff „besenrein" entspricht. Erst mit dem hohen Standard wird die mögliche Verschmutzung der innen liegenden luftführenden Oberfläche auf ein „normales" Maß reduziert.

I5.2
Messverfahren für die Untersuchung von Wasser

I5.2.1
Orientierende Keimzahlbestimmung

Nach VDI 6022 sind bei Hygienekontrollen orientierende Keimzahlbestimmungen im Umlaufwasser von Luftbefeuchtern und Kühltürmen durchzuführen. Mit der Untersuchung soll ein Überblick über die Belastung des Umlaufwassers mit Mikroorganismen gewonnen werden. Sie ersetzt keine labormäßige Bestimmung der Gesamtkeimzahl.

Die orientierenden Keimzahlbestimmungen können durch geschulte Personen (Kategorie B nach VDI 6022 [I-2]) durchgeführt werden. Zur Beprobung eignen sich Eintauchnährböden, so genannte Dip Slides, auf deren Träger in der Regel zwei Nährböden aufgebracht sind. Ein Nährboden dient der Bestimmung der Bakterienkonzentration. Mit dem zweiten Nährboden wird die Konzentration von Schimmelpilzen und Hefen bestimmt. Die Untersuchung ist einfach durchzuführen und schließt neben der Beprobung die Bebrütung, die Auswertung und die ordnungsgemäße Entsorgung ein. Zur Beprobung wird der Eintauchnährboden aus der Schutzhülse genommen und kurz in das Umlaufwasser getaucht. Überschüssiges Wasser tropft ab bzw. wird abgestreift. Anschließend wird der Eintauchnährboden in der Schutzhülse verpackt. Die Bebrütung erfolgt bei 30 °C über einen Zeitraum von 4 Tagen, wobei der Nährboden für die Gesamtkeimzahl bereits nach 2 Tagen ausgewertet wird. Die Richtwerte für die Gesamtkeimzahl (KBE-koloniebildende Einheiten) des Umlaufwassers von Befeuchtern und Kühltürmen sind in Tabelle I5-2 angegeben.

Um die Auswertung der Nährböden entsprechend der Richtwerte zu vereinfachen, werden durch die Hersteller Hilfsmittel zur Verfügung gestellt [I-10]. Die Bilder I5-13 und 14 zeigen die Auswerteschemata der Nährböden für Bakte-

Tabelle I5-2 Richtwerte der Gesamtkeimzahl für das Umlaufwasser

	Umlaufwasser in Luftbefeuchtern	Umlaufwasser in Rückkühlern
Gesamtkoloniezahl	< 1.000 KBE/ml	< 10.000 KBE/ml

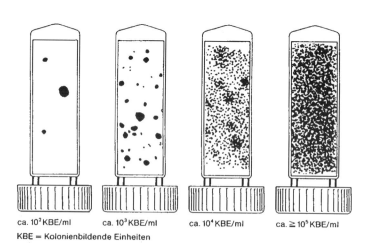

ca. 10^2 KBE/ml   ca. 10^3 KBE/ml   ca. 10^4 KBE/ml   ca. $\geq 10^5$ KBE/ml
KBE = Kolonienbildende Einheiten

Bild I5-13 Auswerteschema für Bakterienkonzentrationen, [I-10]

I5 Hygienische Messverfahren

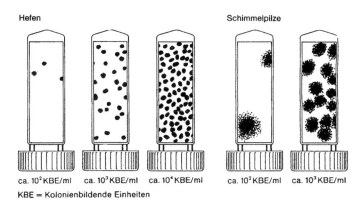

Bild I5-14 Auswerteschema für Hefen und Pilze, [I-10]

rien und für Hefen und Schimmelpilze. Abschließend sind die Proben ordnungsgemäß zu entsorgen, z. B. durch Autoklavieren.

Werden die Richtwerte überschritten, ist Handlungsbedarf geboten. Die beprobten Wannen müssen entleert, gereinigt und trocken gefahren werden. Unter Trockenfahren wird der Betrieb des Ventilators in der Anlage eventuell im Zusammenwirken mit dem Erhitzer verstanden. Ziel des Trockenfahrens ist die vollständige Trocknung der Wanne des Befeuchters. Erst danach kann die Wäscherwanne wieder befüllt werden.

I5.2.2
Untersuchung der Gesamtkeimzahl und der Legionellenkonzentration

Die Untersuchung der Gesamtkeimzahl und der Legionellenkonzentration erfolgt innerhalb der alle 2 Jahre durchzuführenden Hygieneinspektion. Da diese Untersuchungen durch Labore durchgeführt werden, werden sie hier nicht weiter beschrieben. Die Grenzwerte für die Legionellenkonzentration im Umlaufwasser von Befeuchtern und Rückkühlwerken zeigt Tabelle I5-3.

Tabelle I5-3 Grenzwerte der Legionellenkonzentration

	Umlaufwasser in Luftbefeuchtern	Wasser in Rückkühlwerken
Konzentration Legionella spp.	< 100 KBE/100 ml	< 1.000 KBE/100 ml

I5.3
Oberflächenuntersuchung

Oberflächenuntersuchungen mittels RODAC-Platten sind ein Mittel, um den Zustand von Komponenten einer Raumlufttechnischen Anlage zu beurteilen.

Eine RODAC-Platte ist eine kreisrunde Platte, auf der ein Nährboden aufgebracht ist. Die Art des Nährbodens ist abhängig von den zu untersuchenden Keimen. Die Bilder I5-15 und 16 zeigen eine neue und eine benutzte und bebrütete RODAC-Platte.

Von besonderem Interesse sind die Oberflächen, auf denen Staub und Feuchtigkeit vorhanden sind. Dies trifft z. B. auf die Oberfläche von Luftfiltern, Kondensatwannen von Kühlern, Schalldämpfern und den Boden im Nachlaufgebiet von Dampfbefeuchtern zu. Die Untersuchung ist nicht reproduzierbar, da deren Ergebnis vom Zustand der zu beprobenden Fläche und von den Umweltbedingungen abhängt. Die Durchführung der Oberflächenuntersuchung bedarf einer Schulung in der Probenahme. Die Bebrütung, Auswertung und Entsorgung erfolgt im Labor.

Es werden die in Tabelle I5-4 genannten Erfahrungswerte vorgeschlagen [I-11].

In der Tabelle I5-4 wird die Bewertung des Ergebnisses sowie die durchzuführende Maßnahme angegeben. Die Bewertung „unzureichend" hat einen sofortigen Handlungsbedarf zur Folge. Ebenfalls müssen bei jedem unzureichenden Ergebnis die Ursachen ermittelt und abgestellt werden.

Bild I5-15 Neue RODAC-Platte

Bild I5-16 Bebrütete RODAC-Platte (Schimmelpilze)

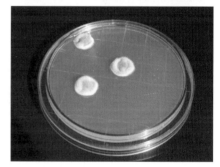

Tabelle I5-4 Erfahrungswerte bei Oberflächenuntersuchungen

Keimkonzentration in KBE/RODAC-Platte	Bewertung	Durchzuführende Maßnahme
≤ 25	Gut bis sehr gut	Keine
> 25 bis 100	Grenzwertig	Gründlich reinigen bzw. auswechseln
> 100	unzureichend	Dringend gründlich reinigen bzw. auswechseln

I5.4 Luftkeimmessung

Eine Möglichkeit der Bewertung des Eintrags vom Mikroorganismen durch eine Raumlufttechnische Anlage bietet eine Luftkeimmessung. Bei der Luftkeimmessung wird das Keimspektrum der Zuluft, gemessen am Luftdurchlass, mit dem der ungestörten Außenluft verglichen. Bei einer Zunahme der Keimzahl kann auf eine mikrobiologische Quelle in der Raumlufttechnischen Anlage geschlossen werden.

Zur Luftkeimmessung wird ein Luftkeimsammelmessgerät verwendet, das einen definierten Volumenstrom ansaugt. Die Partikel werden durch ein Sieb gesaugt, hinter dem sich ein Nährboden befindet. Auf dem Nährboden werden die Partikel abgelagert. Anschließend erfolgt die Bebrütung und Auswertung der Probe. Mit einer Luftkeimmessung können auch mikrobiologische Quellen im Raum aufgedeckt werden.

I6 Zusammenfassung

Allen Arbeitsplätzen muss gesundheitlich zuträgliche Luft zugeführt werden. Um diese Forderung zu überwachen und einzuhalten, sind für maschinell belüftete Räume und somit für deren Raumlufttechnische Anlagen hygienische Anforderungen festgelegt worden. Damit soll die Qualität der dem Raum zugeführten Atemluft sichergestellt werden.

Es werden typische, hygienische Schwachstellen bei Planung und Betrieb von Raumlufttechnischen Anlagen aufgezeigt. Die Beschreibung der Schwachstellen ist nicht vollständig. Sie betrifft im Wesentlichen nur die hygienerelevanten Komponenten. Solche möglichen Schwachstellen müssen bei den regelmäßig durchzuführenden Kontrollen und Inspektionen festgestellt werden. Dazu müssen die Ursachen erkannt und abgestellt werden. Für diese Tätigkeiten soll Personal eingesetzt werden, das entsprechend den Angaben der VDI 6022 [I-2] geschult wurde.

Für die durchzuführenden Kontrollen und Inspektionen stehen neue Untersuchungsverfahren zur Verfügung. Die vorgestellten mikrobiologischen Messverfahren liefern einen Überblick über den Hygienezustand der Anlage. Aus den Messergebnissen können Maßnahmen für den Betrieb der Anlage abgeleitet werden. Weiterhin werden die Verfahren zur Staubflächendichtebestimmung beschrieben, mit denen sich einfach die Sauberkeit von Luftleitungen und Doppelböden nachweisen lässt.

Werden alle hygienebezogenen Maßnahmen umgesetzt, kann das Ziel der gesundheitlich zuträglichen Atemluft im Aufenthaltsraum erreicht werden. Der Zustand der raumlufttechnischen Anlagen verbessert sich und auch die Akzeptanz der Raumlufttechnischen Anlagen durch den Nutzer (s. a. O8).

Literatur

[I-1] Arbeitsstättenverordnung: BGBl I, Nr. 44, 2004, 12. August 2004
[I-2] VDI 6022 Blatt 1 Hygiene-Anforderungen an Raumlufttechnische Anlagen. Düsseldorf. (04/2006)
[I-3] Arbeitsschutzgesetz (ArbSchG) vom 7.8.1996 (letzte Änderung Art. 18 vom 16.12.1997)
[I-4] DIN EN 13779 Lüftung von Nichtwohngebäuden – Allgemeine Grundlagen und Anforderungen an Lüftungs- und Klimaanlagen. (05/2005)
[I-5] Finke, U. Neue Behaglichkeitskriterien für mechanisch belüftete Gebäude – Änderungen der DIN EN 13779 im Vergleich zur DIN 1946 Teil 2. gi-Gesundheitsingenieur, Oldenbourg Industrieverlag, München, 127. Jahrgang 2006, Heft 4, S 195–198, (2006)
[I-6] Finke, U. Verantwortung des Planers bei der Konzeption einer RLT-Anlage. VDI-Bericht 1877, VDI-Verlag, Düsseldorf (2005)
[I-7] Fitzner, K. Sprühbefeuchter. Ki Kälte – Klima – Heizung, 11/84, C.F. Müller Verlag
[I-8] VDI 3803 Raumlufttechnische Anlagen. Bauliche und technische Anforderungen. Düsseldorf. (10/2002)
[I-9] Müller, B., Fitzner, K. Wartung von Raumlufttechnischen Anlagen. AIRLESS. Heizung Lüftung Haustechnik, VDI Verlag, Düsseldorf, (9/2000)
[I-10] Heipha Keimtester – Keimindikatoren für Flüssigkeiten, Bedienungsanleitung, Heipha Dr. Müller GmbH
[I-11] VDI 6022 Blatt 2 Entwurf Hygiene-Anforderungen an Raumlufttechnische Anlagen. Messverfahren und Untersuchungen bei Hygienekontrollen und Hygieneinspektionen. (04/2006)
[I-12] Fitzner, K.; Finke, U.: Saubere Luftleitungen, HLH 11/2006, S 30–33

J Kälteversorgung

Anton Reinhart

J1
Einleitung

Die Kälteversorgung raumlufttechnischer Anlagen hat die Aufgabe, Luft zu kühlen und zu entfeuchten.

Im Fall „nur kühlen" darf im Luftkühler an keiner Stelle die Taupunkttemperatur unterschritten werden, um Kondensation von Wasser zu vermeiden.

Im Fall „entfeuchten" wird im allgemeinen eine Taupunkttemperatur von 8 bis 12 °C angestrebt, in besonderen Fällen 5 °C oder sogar noch tiefer, neben sensibler ist auch latente Wärme abzuführen (s. a. D1.3.2).

Die erforderlich niedrige Temperatur kann in einem Luftkühler erreicht werden:
- durch verdampfendes Kältemittel im Luftkühler bei einem Druck, welcher der angestrebten Temperatur entspricht:
- Im Fall „nur kühlen" ist die Taupunkttemperatur zu beachten, andernfalls fällt Wasser aus und die Luft wird ungewollt getrocknet.
- Im Fall „entfeuchten" ist die 0 °C-Temperatur zu beachten. Sinkt die Verdampfungstemperatur unter 0 °C, bereift der Kühler selbst dann, wenn die Lufttemperatur am Kühleraustritt über dem Gefrierpunkt bleibt. Bereifende Kühler müssen periodisch abgetaut werden, weil der Luftstrom durch den höheren Strömungswiderstand verringert wird, der Leistungsbedarf steigt und eine Temperaturkonstanz nicht einzuhalten ist.
- Zum Beispiel kompensiert der Verdichter eine zu knapp bemessene Kühlfläche durch Absenken des Saugdruckes, ungewollt kann dann der Luftkühler unter die 0 °C-Grenze kommen.
- durch Kaltwasser, dessen Vorlauftemperatur der Aufgabe „nur kühlen" oder „entfeuchten" angepasst ist. Im Fall „entfeuchten" ist eine Vorlauftemperatur von 5 bis 8 °C üblich, sind noch tiefere Temperaturen zu erreichen, wird dem Wasser ein Gefrierschutzmittel (Glykol, Salz) zugemischt.
- durch direkten Kontakt der abzukühlenden Luft mit kaltem Wasser, welches wiederum im Verdampfer der Kälteanlage die aufgenommene Wärme abgibt.

In allen Fällen nimmt eine Kälteanlage die Wärme bei tiefer Temperatur auf und gibt sie bei höherer Temperatur an die Umgebung ab.

Bei einer Störung der Anlage kann Kältemittel austreten und je nach Wärmeübertragungssystem in den Luftstrom gelangen. In der maßgebenden Norm EN 378 „Kälteanlagen und Wärmepumpen" sind in Teil 1 die Aufstellungsbereiche der Kälteanlagen (3 Kategorien), die Kältemittel (6 Kategorien) und die Wärmeübertragungssysteme (6 Kategorien), klassifiziert. Je nach Gefährdungsmöglichkeit gelten Einschränkungen, welche bei der Planung zu beachten sind.

In ihrem Einsatz eingeschränkt sind Luftkühler mit direkter Kühlung der Luft – auf einer Seite des Wärmeübertragers strömt verdampfendes Kältemittel. Gleichbehandelt wird die indirekt offene Kühlung – kaltes Wasser durchströmt einen Verdampfer und kommt dann in direkten Kontakt mit der Luft. Diese Einschränkungen gelten besonders für giftige oder brennbare Kältemittel, aber teilweise auch für Systeme mit ungiftigen und nicht brennbaren Kältemitteln.

Indirekte Systeme – zwischen Kältemittel und abzukühlender Luft strömt ein Kälteträger im geschlossenen Kreislauf – sind weitgehend frei in ihrer Anwendung.

J1.1
Luftkühlung ohne Feuchteentzug

Ist Luft nur zu kühlen ohne den Wassergehalt zu verändern, verläuft die Zustandsänderung im h,x-Diagramm auf einer senkrechten Linie, in Bild J1-1 von 1 nach 2 (s. a. C3.1.4). Die Kühlflächentemperatur darf nicht unter der Taupunkttemperatur 4 liegen. Die Temperaturdifferenz der Luft zur Kühleroberfläche ist damit beschränkt. Mit einer niedrigeren Oberflächentemperatur könnte die einzubauende Kühlerfläche kleiner werden, dann aber verbunden mit der Gefahr einer Taupunktunterschreitung, einem Entfeuchten der Luft und einer deutlich größeren, abzuführenden Wärmemenge.

Bild J1-1 Luftkühlung ohne Taupunktunterschreitung 1-2, Taupunkttemperatur 4 mit Taupunktunterschreitung 1-3-5

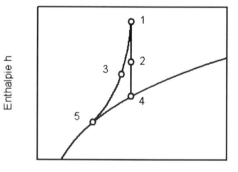

Eine häufige Anwendung dieses Kühlprinzips stellen Kühldecken dar.

Kühldecken sind flache, in die Decke integrierte Wärmeübertrager. Sie nehmen fühlbare Wärme aus dem Raum durch freie Konvektion auf. In Räumen mit hoher Wärmelast, z. B. durch Bürogeräte ergänzen Kühldecken die Luftkonditionierung.

Die Kühldecken werden als offene und geschlossene Konstruktionen ausgeführt. Bei offenen Kühldecken beaufschlagt die Raumluft Vorder- und Rückseite der Flächen und erhöht damit die spezifische Leistung. Geschlossene Kühldecken werden nicht hinterlüftet, nur die dem Raum zugewandte Seite ist wirksam, Strahlungsanteil bis 65%.

Die Temperatur der Kühldecke muss immer genügend Abstand zur Taupunkttemperatur der Raumluft haben, um Kondensatbildung sicher zu vermeiden, mindestens 2 ... 4 K Abstand zur Wasservorlauftemperatur sind einzuhalten. Die Temperaturdifferenz Raumluft zur mittleren Wassertemperatur der Kühldecke sollte etwa 10 K betragen, die Temperaturspreizung des Wassers im Kühlnetz 2 ... 3 K.

Die parallel arbeitende Luftkonditionierung stellt die hygienisch erforderlichen Luftvolumenströme sicher und begrenzt die Raumluftfeuchte auf ein vorgegebenes Maß.

J1.2
Luftkühlung mit Entfeuchten

Soll Luft entfeuchtet werden, ist die Kühleroberfläche unter der Taupunkttemperatur zu halten, bei RLT-Anlagen geschieht dies im Oberflächenkühler mit Wasser von 4 bis 8 °C, den Verlauf des Luftzustandes zeigt Bild J1-1 (s. a. G6). An der kalten Oberfläche kondensiert Wasser aus der Luft 1 aus, anschließend vermischt sich die kalte, trockenere Luft wieder mit der übrigen Luft. Auf diese Weise wird die Luft entfeuchtet, obwohl nicht die gesamte Luftmenge bis zur Taupunkttemperatur 5 abgekühlt wurde. Die Entfeuchtung verläuft im h,x-Diagramm längs einer gekrümmten Linie 1–3. Bei einer sehr großen Kühlerfläche nähert sich die Luft dem Zustand am Punkt 5.

Bei sehr großer Temperaturdifferenz (30 K und mehr) entstehen kalte Luftsträhnen, die mit der wärmeren und feuchteren Luft vermischt Nebel entstehen lassen. Da die sehr kleinen Tröpfchen schwierig vom Luftstrom abzutrennen sind, sollte diese Verfahrensweise vermieden werden. Als Wärmeübertragersysteme sind wie bei 1.1 direkte oder indirekt geschlossene Systeme möglich.

Ein Sonderfall ist die Kaltraumkühlung. In Lagerräumen für Lebensmittel werden im allgemeinen hohe Luftfeuchten eingestellt (relative Feuchte 85 bis 95%), um ein Austrocknen des Lagergutes zu verhindern. Die Oberfläche der Luftkühler ist der kälteste Bereich im Lager. Schon bei einer geringen Temperaturdifferenz ergibt sich auch eine Partialdruckdifferenz des Wasserdampfes in Richtung des Luftkühlers. Wasserdampf kondensiert oder gefriert an den Kühlflächen und trocknet die Luft aus. Der Effekt nimmt bei höheren Lagertemperaturen zu. Um das Austrocknen des Lagergutes zu verhindern, wird die Luft befeuchtet.

Nassluftkühler: beim direkten Kontakt der Luft mit kaltem Wasser kommt zum Wärmeübergang ein Stoffübergang hinzu. Das Massenverhältnis Wasser/Luft beeinflusst den erreichbaren Endzustand der Luft.

Ein geringes Verhältnis, etwa 0,2, bewirkt eine Abkühlung der Luft mit geringer Entfeuchtung, mit zunehmendem Verhältnis nähert sich der Luftzustand der Wassertemperatur als Taupunkttemperatur.

Das kalte Wasser wird im Verdampfer der Kälteanlage gekühlt, es ergibt sich ein indirekt offenes System, die Auflagen sind dieselben wie beim direkten System.

J2
Kühlung ohne Kältemaschinen

Im einfachsten Fall steht genügend kaltes Wasser in ausreichender Menge auch im Sommer zur Verfügung. Dann kann auf künstliche Kühlung verzichtet werden.

J2.1
Kühlung mit Wasser

Die Temperaturdifferenz zwischen der Raumluft und dem Kühlmedium Wasser beträgt 10 bis 15 K. Damit ist die Verwendung von Wasser aus natürlichen Quellen und auch durch Verdunsten gekühltes Wasser eingeschränkt. Die nachfolgende Aufstellung zeigt die Möglichkeiten und Grenzen natürlicher Kühlquellen:

Kältequelle	Temperatur Kältequelle	Lufttemperatur	Luftentfeuchtung erreichbar
	°C	°C	
Grundwasser	10 ÷ 15	18 ÷ 25	nein
Oberflächenwasser	5 ÷ 20	15 ÷ 30	jahreszeitlich
Kühlturmwasser	10 ÷ 27	20 ÷ 35	jahreszeitlich
Kaltwasser (Kälteanlage)	5 ÷ 7	15 ÷ 20	ja
Sole (Kälteanlage)	−5 ÷ +3	5 ÷ 10	ja
Kältemittel	−10 ÷ +7	0 ÷ 15	ja

J2.2
Kühlung mit Oberflächenwasser

Leitungs (Trink-)wasser ist wegen der hohen Wasserkosten und der in der Regel entgegenstehenden wasserrechtlichen Vorschriften aus dieser Betrachtung auszuschließen.

Grundwasser oder Tiefenwasser aus Seen kann zur Kühlung der Raumluft verwendet werden. Mit Wasser von 12 bis 18 °C kann Luft vorgekühlt werden. Ist die Luft aber auch zu entfeuchten, muss das Wasser 4 bis 8 °C kalt sein.

Bei der Nutzung von Brunnenwasser müssen folgende Fragen geklärt sein:
- Qualität des Wassers: Proben sollten über ein ganzes Jahr verteilt genommen und analysiert werden, neben korrodierenden Bestandteilen können auch Bakterien und ihre Ausscheidungen zu Korrosionen führen.
- Schwebstoffe: Art und Ausmaß vorhandener Feststoffe ist zu messen, um geeignete Filter auslegen zu können.
- Kapazität: Die mögliche Fördermenge bei kontinuierlicher Entnahme ist über längere Zeit zu messen. Der vorzusehende Schluckbrunnen muss ein ausreichendes Aufnahmevermögen aufweisen und im Grundwasser stromabwärts liegen, um Kurzschluss zu vermeiden.

J2.3
Kühlwasser aus Rückkühlwerken

Nach dem Prinzip der Verdunstungskühlung kann Wasser bis nahe zur Kühlgrenztemperatur der Umgebungsluft abgekühlt werden (siehe Bd. 1, F4.3.3). Anschließend oder auch parallel kann dieses Wasser zur Vorkühlung der Zuluft verwendet werden. Im Sommer mit dem größten Kühlbedarf ist die Temperatur aus Rückkühlwerken mit 20 bis 28 °C zu hoch und kann die Luftkühlung nur unterstützen, Entfeuchten ist nicht möglich.

J2.4
Kühlung durch Verdunstung

Der Kühleffekt verdunstenden Wassers kann direkt in der Abluft genutzt werden, Bild J2-1. Die warme Fortluft 1 wird durch Einspritzen von Wasser befeuchtet 2, 3, 4 und kühlt sich dadurch ab, in zwei hintereinandergeschalteten Kreuzstrom-Wärmeübertragern nimmt sie von der zuströmenden Außenluft Wärme auf [J-1, 2]. In Bild J2-2 sind die Zustandsänderungen der beiden Luftströme im h,x-Diagramm dargestellt. Bei sehr feuchter Fortluft wäre der Verdunstungseffekt gering, die Außenluft könnte dann nicht mehr ausreichend abgekühlt werden.

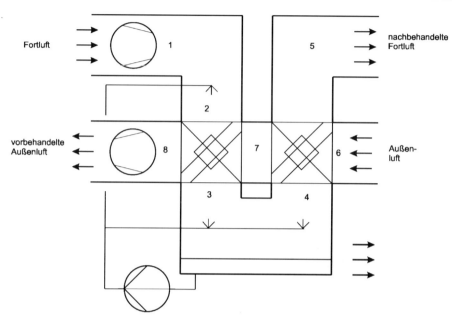

Bild J2-1 Luftkühlung durch Verdunstung und Wärmeaustausch

Bild J2-2 Luftkühlung durch Verdunstung im h,X-Diagramm gemäß Bild J2-1, 8-1: Zustandsverlauf der Luft im Raum

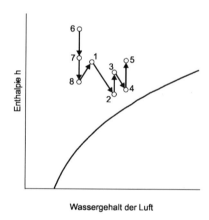

Das Wasser ist aufzubereiten und zu überwachen, um ein Verschmutzen der Wärmeübertragerflächen zu vermeiden.

J2.5
Das DEC-Verfahren

Ein direktes Kühlverfahren der Raumluft nutzt die Fähigkeit eines Feststoffes, Wasserdampf aufzunehmen (Adsorption) und beim Aufheizen wieder abzugeben

(Desorption). DEC steht für Desiccative and Evaporative Cooling und besagt, dass Luft
- durch Trocknen (desiccate) aufnahmefähig und
- durch Verdunsten eingesprühten Wassers (evaporate) gekühlt wird.

Mit dem Erwärmen des Adsorbens steigt der Dampfdruck des angelagerten Wassers, bis schließlich in umgekehrter Richtung ein Stoffstrom vom Adsorbens zur Luft einsetzt.

Als Adsorbens zur Trocknung der Außenluft sind Kieselgele (z. B. Silicagel), Chloridsalze (z. B. Lithiumchlorid), Zellulose oder Molekularsiebe (z. B. Zeolith) oder auch Gemische dieser Stoffe geeignet.

Sie werden auf ein Trägermaterial aufgebracht. Das Trägermaterial kann eine Matrix aus abwechselnd glatten und gewellten Folien sein. Es entsteht eine Vielzahl gerader und schmaler Kanäle mit geringem Strömungswiderstand. Im langsam rotierenden Adsorberrad wird die Matrix abwechselnd durch die zu trocknende Luft und durch die regenerierende Warmluft durchströmt. Bild J2-3 zeigt die Schaltung einer DEC-Anlage mit einem rotierenden Sorptionstrockner und einem rotierenden Regenerator-Kühler. Die Funktion der Adsorbentien wird durch Staub gestört. Der Einbau und die laufende Pflege eines Filters ist daher unerlässlich.

In Bild J2-4 ist die Funktionsweise im h,x-Diagramm mit korrespondierenden Nummern dargestellt.

Warme Außenluft 1 wird im Filter entstaubt, durchströmt das Adsorberrad WFRG und wird dabei getrocknet 1–2, wobei sich die Luft durch die freiwerdende Adsorptionswärme des Wasserdampfes erwärmt. Im nachfolgenden Regenerator WRG wird diese Luft abgekühlt 2–3. Durch Befeuchten 3–4 wird die Luft auf den gewünschten Zuluftzustand 4 gebracht. Ein gut regelbarer Befeuchter ist Voraussetzung.

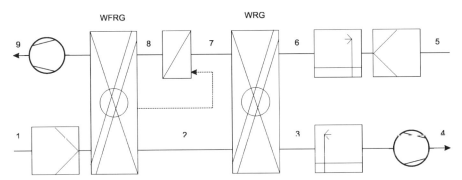

Bild J2-3 DEC-Verfahren: Luftkühlung durch Verdunstung und Regeneration des wasserdampfbeladenen Feststoffes
WFRG = Wärme- und Feuchterückgewinner, Sorptionstrockner
WRG = Luftkühler, Wärmerückgewinner für sensible Wärme, Austausch über Kontakt mit rotierenden Speichermassen

Bild J2-4 DEC-Verfahren: Zustandsverlauf der Luft im h,x-Diagramm

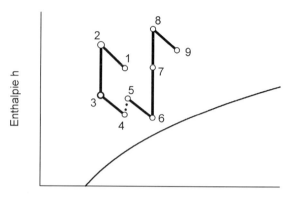

Im Gegenstrom wird Abluft des Zustandes 5 durch Befeuchten gekühlt 5–6 und nimmt nachfolgend im Regenerator WRG Wärme der Zuluft auf 6–7. Im Erhitzer 7–8 wird die Abluft so weit erwärmt, dass sie im Absorberrad 8–9 Wasser aus dem Adsorbens austreiben kann und als Fortluft 9 in die Umgebung abströmt.

Bei den Prozessschritten 2–3 und 6–7 darf keine Feuchtigkeit übertragen werden.

Bei dem hier beschriebenen Verfahren sind die Massenströme der Zuluft und der Regenerierluft gleich.

Der Aufwand des Verfahrens besteht aus der Wärmezufuhr 7–8 und dem Wasserverbrauch der beiden Befeuchter 3–4 und 5–6.

Das Wärmeverhältnis ist dann

$$\varepsilon = \frac{h_1 - h_5}{h_7 - h_8} \tag{J2-1}$$

Erreicht werden ε-Werte von 0,4 bis 0,7.

Die regenerierte, heiße Matrix wird im adsorbierenden Teil des Rades durch die Außenluft zuerst gekühlt und erst dann aufnahmefähig. Diese Wärme belastet die Energiebilanz des Verfahrens, als Verbesserung kann ein Nebenstrom der Außenluft durch die Matrix geführt werden, um diese abzukühlen. Dieser Nebenstrom wird mit dem Hauptstrom vor dem Erhitzer zusammengeführt und dient zur Regeneration der Matrix. Diese Möglichkeit ist in Bild J2-3 gestrichelt eingezeichnet.

Die Entfeuchtungsleistung ist bei Kieselgel 3 bis 8 g Wasser/kg trockene Luft, korrespondierende Regenerationstemperaturen sind 60 bis 130 °C. Die Bindungsenthalpie ist im interessierenden Bereich 350 bis 480 kJ/kg und ist zur latenten Wärme des Wassers zu addieren.

Für das System Wasser-Silicagel sind in Bild J2-5 die Linien gleicher Beladung, die Isosteren dick, und überlagert die Linien gleicher relativer Feuchte p_i/p_{i0} der Luft dünn eingezeichnet.

Bild J2-5 Gleichgewichtslinien des Systems Silicagel-Wasserdampf (dicke Linien) und Luft-Wasserdampf (dünne Linien)

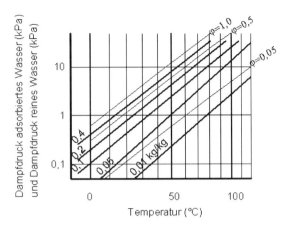

So lange der Luftzustand oberhalb der Beladungslinie verbleibt, wird Wasserdampf zum Adsorbens wandern, bis sich schließlich dieses sättigt und mit der ankommenden Luft im Gleichgewicht steht. In einem durchströmten Feststoffbett stellt sich also ein Bereich bereits gesättigten, eine Übergangszone und ein Bereich noch aufnahmefähigen Materials ein. Erreicht die Übergangszone den Bereich des Luftaustritts, kann das Adsorbens kein Wasser mehr aufnehmen, der „Durchbruchzustand" ist erreicht. In Adsorptionsanlagen bricht man den Entfeuchtungsprozess vor Erreichen des Sättigungszustandes ab und regeneriert das Adsorbens. Beim Regenerieren ist die Zustandslinie der wasseraufnehmenden Luft unter die Beladungslinie des Adsorbens zu bringen. Dies kann mit entsprechend trockener Luft erreicht werden oder einfacher, durch Aufheizen des Adsorbens', der Dampfdruck des angelagerten Wassers steigt an und es stellt sich ein Dampftransport vom Feststoff zur Luft ein.

Andere Systeme arbeiten mit körnigen Adsorbentien, die in einer Schüttung vorliegen und von der zu trocknenden Luft durchströmt werden. In zwei parallelgeschalteten Behältern kann jeweils der eine trocknen, während der andere regeneriert wird.

Ähnliche Verfahren arbeiten mit flüssigen, wasseraufnehmenden Salzlösungen. Die aus der Außenluft aufgenommene Feuchte verdünnt die Salzlösung, sie muss ebenfalls durch Wärmezufuhr regeneriert werden. Hierbei besteht die Gefahr, dass Aerosole der Salzlösung in die Zuluft gelangen, was zu vermeiden ist.

J3
Übersicht der Kälteverfahren

Zur Kälteversorgung in RLT-Anlagen werden überwiegend zwei Verfahren verwendet

- der Kaltdampf-Kompressionsprozeß für direkte und indirekte Systeme, sowie
- der Absorptionsprozeß mit Wasser-Lithiumbromid, dieser bevorzugt in Kombination mit billiger Abwärme,

Einige andere Verfahren werden in Nischen eingesetzt und sind in Bild J3-1 mit aufgeführt.

Die Verbrauchszahlen kW Antriebsleistung pro kW Kälteleistung der einzelnen Verfahren begründen diese Bevorzugung. In Tabelle J3-1 sind typische Werte zusammengetragen. Als Antriebsleistung wurde nur der Antrieb der Verdichter bzw. die Heizwärme des Austreibers verwendet, der Energiebedarf der Hilfsaggregate, wie Pumpen und Ventilatoren, blieb unberücksichtigt.

Der Vergleich der Verbrauchszahlen innerhalb dieser Tabelle ist zu relativieren, da die elektrische Antriebsenergie in Kompressionsanlagen höherwertig ist als zum Beispiel die Heizenergie von Warmwasser oder Dampf in Absorptionsanlagen.

Bei der Projektierung sollte die erforderliche Kälteleistung möglichst genau und ohne Sicherheitszuschläge ermittelt werden. Eine überdimensionierte Anlage kostet mehr, der Teillastbetrieb ist energetisch ungünstig und häufige Ein-/Ausschaltvorgänge führen zu erhöhtem Verschleiß. Die Aufteilung der Kälteleistung auf mehrere Kältesätze kann zu energetisch günstigen Schaltungen genutzt werden. Der Kältesatz mit den niedrigsten Energiekosten übernimmt zum Beispiel die Grundlast, während für die Spitzenlast eine gut zu regelnde Maschine gewählt wird. Ein anderes Prinzip kann sein, mehrere, gleich große Maschinen vorzusehen und die Betriebszeit durch Sequenzumkehr auszugleichen.

Die Kaltwassernetze haben Vorlauftemperaturen von 5 bis 8 °C und Rücklauftemperaturen von 10 bis 16 °C, überwiegend sind die Vor- und Rücklauftemperaturen 6 auf 12 °C.

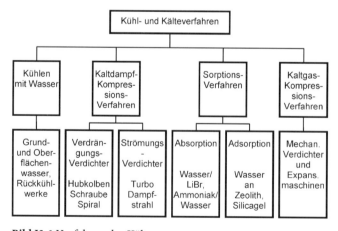

Bild J3-1 Verfahren der Kälteerzeugung

J3 Übersicht der Kälteverfahren

Tabelle J3-1 Antriebsenergie und Verbrauchszahlen von Kälteverfahren

Verfahren	Antriebs-energie	Kühlmedium	Verbrauchszahl kW Antriebsleist. pro kW Kälteleistung	Bemerkungen
Kaltdampf-Kompression	elektrischer Strom	Wasser	0,19 ÷ 0,29	Spannweite durch unterschiedliche Kältemittel und Verdichterbauarten
		Luft	0,24 ÷ 0,50	
Kaltdampf-Kompression Dampfstrahlaggregat	Dampf 2 ÷ 5 bar	Wasser	2,4 ÷ 3,3	die grosse Menge Treibdampf erfordert auch grosse Menge Kühlwasser
Kaltgas-Kompression	elektrischer Strom	Luft	2,5 ÷ 5,0	Wirkungsgrad der Kompressions- und Expansionsmaschinen und die Temperaturdifferenz im internen Wärmeübertrager führen zu hohen Verbrauchszahlen
Absorption Wasser-LiBr 1-stufig	Warmwasser oder Dampf 2 ÷ 3 bar	Wasser	1,4 ÷ 1,5	„single effect": einstufige Eindampfung der LiBr-Wasser-Lösung
Absorption Wasser-LiBr 2-stufig	Dampf 6 ÷ 9 bar	Wasser	0,7 ÷ 0,8	„double effect": Eindampfung in zwei Stufen nutzt entstehenden Dampf der ersten Stufe zur Beheizung der zweiten Stufe

Die Erzeugung ausreichend niedriger Temperaturen erfordert einen Energieaufwand, der beim reversibel arbeitenden Carnot-Prozess (Bd. 1, F1.5.3) aus der Leistungszahl

$$\varepsilon_c = \varepsilon_{KMrev} = T_o^* / (T_U - T_o^*) = \dot{Q}_0 / P_e$$

abgeleitet werden kann

$$P_t = \dot{Q}_0 (T_U - T_o^*) / T_o^* \, (kW) \tag{J3-1}$$

Die erforderliche Antriebsleistung einer Kältemaschine steigt proportional zur Kälteleistung $\dot{Q}_0$ und proportional zum Temperaturhub $T_u - T_o^*$ und steigt mit sinkender Temperatur T_o^* des kalten Raumes.

In einer Kältemaschine erwärmt sich im Verflüssiger das Kühlturmwasser von 20 bis 28 °C auf 25 bis 35 °C, beim geschlossenen Kühlturmkreislauf sind die Wassertemperaturen um 6 bis 10 K höher. Bei luftgekühlten Verflüssigern ist die Trockentemperatur der Umgebungsluft bestimmend, sie ist im Sommer 20 bis 30 °C, kurzzeitig bis 35 °C. Im Verflüssiger erwärmt sich die Luft um 5 bis 10 K, die Temperaturdifferenz zum wärmeabgebenden Kältemittel ist 10 bis 15 K, die Verflüssigungstemperatur erreicht dabei 55 bis 60 °C.

Mit diesen Temperaturen sind die Eckpunkte der Kälteverfahren festgelegt.

Zur Berechnung der Carnot-Leistungszahl ist auf der kalten Seite der Mittelwert aus den Ein- und Austrittstemperaturen des Kaltwassers einzusetzen, diese Mitteltemperatur wird mit einem * gekennzeichnet. Bei geringen Temperaturspreizungen ist das arithmetische Mittel genügend genau.

Im Carnot-Prozess gilt die Lufttemperatur als die Temperatur der Wärmesenke. Die Umgebungsluft wird als unendlich großes Reservoir betrachtet, dessen Temperatur unverändert bleibt. Die Erwärmung der Luft im Verflüssiger und die erforderliche Temperaturdifferenz vom wärmeabgebenden Prozess zur Umgebungsluft gehen somit zu Lasten des Wärmeübertragers und verschlechtern den Prozess erheblich.

Beim wassergekühlten Verflüssiger ist die Kühlgrenztemperatur der Luft als theoretisch erreichbare Temperatur des Carnot-Prozesses zu betrachten. Das Kühlwasser würde nur infinitesimal erwärmt und im ideal-theoretischen Kühlturm auf Kühlgrenztemperatur gehalten. Die Temperaturspreizung des Kühlwassers und die Temperaturdifferenz zum wärmeabgebenden Prozess gehen zu Lasten des Wärmeübertragers.

Das Verhältnis der Leistungszahl des realen Prozesses zur Leistungszahl des idealisierten Vergleichsprozesses wird als Gütegrad bezeichnet (Bd. 1, F1.4), wobei der Vergleichsprozess zu benennen ist, denn nicht immer wird der Carnot-Prozess als Vergleichsprozess verwendet.

J3.1
Kaltdampf-Kompressionsverfahren

Der Kompressions-Kältekreislauf ist in Bd. 1, F2.3 erläutert. Die isotherme Kompression und Entspannung im Carnot-Prozess wird durch die isotherm/ isobare Verdampfung und Verflüssigung eines Kältemittels ersetzt, Bild J3-2a. Die isentrope Verdichtung und Entspannung im Zweiphasengebiet ist mit Maschinen nicht zu verwirklichen, in Kältemaschinen wird deshalb der Dampf im überhitzten Gebiet „trocken" verdichtet, Bild J3-2b. Man nimmt in Kauf, dass die Verdichtungsendtemperatur, Punkt 2, über der Verflüssigungstemperatur liegt und durch Abweichungen vom isentropen Verdichtungsvorgang noch weiter ansteigt, Punkt 2'. Die arbeitabgebende Entspannung wird durch eine Drosselentspannung ersetzt. Dieser trockene Vergleichsprozess weist damit bereits Nichtumkehrbarkeiten auf.

Bild J3-2a Carnot-Prozess als idealtheoretisches Kälteverfahren

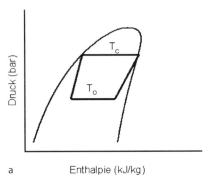

Bild J3-2b Trockener Prozess als nichtidealer Vergleichs-Prozess von Kompressionsverfahren

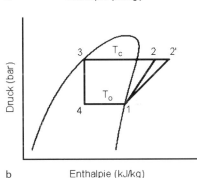

Die Leistungszahl dieses Prozesses ist gemäss Gleichung F2-1 in Bd. 1 definiert mit

$$\varepsilon_{KM} = \frac{h_1 - h_4}{h_2 - h_1}$$

wobei hier $h_2 - h_1$ die Enthalpiedifferenz der Verdichtung in der realen Maschine ist.

Der Kältetechniker definiert mit den Bezugstemperaturen der Verdampfung und Verflüssigung das innere Verhalten der Kälteanlage durch die Leistungszahl ε_{inn}

$$\varepsilon_{inn} = \frac{T_o}{T_c - T_o} \qquad (J3\text{-}2)$$

Das Verhältnis der tatsächlichen zur theoretischen Leistungszahl wird als Gütegrad des inneren Kälteprozesses bezeichnet

$$\eta_{KMinn} = \frac{\varepsilon_{KM}}{\varepsilon_{inn}} = \frac{h_1 - h_4}{h_2 - h_1} \frac{T_c - T_o}{T_o} \qquad (J3\text{-}3)$$

Diese Betrachtung wird zur Auslegung des Kältekreislaufes und für die Verdichterauswahl verwendet.

In diesem Gütegrad sind die Irreversibilitäten durch endlich große Temperaturdifferenzen beim Wärmeübergang nicht berücksichtigt. Die Verdampfungstemperatur des Kältemittels ist immer tiefer als das abzukühlende Medium und ebenso ist die Verflüssigungstemperatur immer höher als die Temperatur des Kühlmediums.

Diese beiden Verlustquellen sind bei der Projektierung einer Kälteanlage durch die Wahl der Temperaturen des Kälteträgers und des Kühlmediums zu beeinflussen. Die Temperaturspreizungen des Kaltwassers und des Kühlwassers und der jeweilige Abstand zur Verdampfungs- bzw. Verflüssigungstemperatur werden nach wirtschaftlichen Überlegungen gewählt. Bei gegebener Kälteleistung ist eine kleine Temperaturspreizung durch einen großen Volumenstrom zu kompensieren mit entsprechender Dimensionierung der Pumpe und der Rohrleitungen.

Andererseits ermöglicht eine kleine Temperaturspreizung und eine kleine Temperaturdifferenz zum verdampfenden Kältemittel ein Anheben der Verdampfungstemperatur, entsprechend im Verflüssiger ein Senken der Kondensationstemperatur. Beide Maßnahmen verringern den Energieaufwand zum Betrieb des Verdichters, allerdings sind dazu die Wärmeübertragungsflächen größer zu dimensionieren und größere Pumpenleistungen zu berücksichtigen.

Der Gütegrad η_c realer Kaltdampfanlagen erreicht 35 bis 45%, bezogen auf die Carnot-Leistungszahl.

$$\eta_c = \frac{\varepsilon_{KM}}{\varepsilon_c} \tag{J3-4}$$

Beispiel: Kaltwassernetz 6/12 °C, Verdampfungstemperatur 3 °C, Kühlturmwasser 26/32 °C, Kühlgrenztemperatur 21 °C, Verflüssigungstemperatur 35 °C

Nach Angaben eines Verdichterherstellers ist bei der genannten Verdampfungs- und Verflüssigungstemperatur die Kälteleistung $Q_o = 659\,kW$ mit einer Antriebsleistung von $P_e = 121,5\,kW$.

Mitteltemperatur der Wärmequelle $T_o^* = 273,15 + (6 + 12)/2 = 282,15\,K$,
Kühlgrenztemperatur der Wärmesenke $T_u = 273,15 + 21 = 294,15\,K$,
daraus

$\varepsilon_{Carnot} = 282,15 / (294,15 - 282,15) = 23,5$

Bezieht man den Carnot-Prozess auf die mittlere Kühlwassertemperatur aus 26 und 32 °C, so wird

$T_u^* = 273,15 + 29 = 302,15$

daraus

$\varepsilon_{Carnot}^* = 282,15 / (302,15 - 282,15) = 14,1$

Die Leistungszahl des inneren Kälteprozesses (berücksichtigt keine Irreversibilitäten der Wärmeübertrager) ist

$\varepsilon_{inn} = (273,15 + 3) / (35 - 3) = 8,63$

J3 Übersicht der Kälteverfahren

Die gemessene Leistungszahl nach Herstellerangaben

$\varepsilon_{KM} = Q_o / P_e = 659 / 121{,}5 = 5{,}42$

Gütegrad, bezogen auf den inneren Kälteprozess (Wärmeübertrager werden nicht berücksichtigt)

$\eta_{KMinn} = 5{,}42 / 8{,}63 = 0{,}63$

Gütegrad, bezogen auf den reversiblen Carnot-Kälteprozess mit Kühlwasser als Wärmesenke

$\eta_c^* = 5{,}42 / 14{,}1 = 0{,}38$

Gütegrad, bezogen auf den reversiblen Carnot-Kälteprozess, mit der Kühlgrenztemperatur als Temperatur der Wärmesenke

$\eta_c = 5{,}42 / 23{,}5 = 0{,}23$

In den Wärmeübertragern stecken erhebliche Anteile der gesamten Irreversibilitäten. Dennoch sind die Möglichkeiten zur Verbesserung eher bescheiden. Dazu soll die Abkühlung des Kaltwassers im Verdampfer betrachtet werden. Das Wasser gibt die Wärmemenge $\dot{Q}_o$ an das Kältemittel ab und kühlt sich dabei um die Temperaturspreizung $\Delta\vartheta_K$ ab:

$$\Delta\vartheta_K = \dot{Q}_o / \dot{m}_K c_K = \dot{Q}_o / (\dot{V}_K \rho_K c_K) \tag{J3-5}$$

Thermodynamisch günstig wäre es, den Temperaturverlauf des Wassers an die praktisch waagrechte Temperaturlinie des verdampfenden Kältemittels anzunähern, Bild J3-3. Im Extrem müsste die Temperaturlinie des Kaltwassers ebenfalls waagrecht verlaufen. Die Temperaturdifferenz Wasser zu Kältemittel wäre dann durchgehend klein, die Verdampfungstemperatur T_o könnte angehoben werden, die thermodynamischen Verluste des Wärmeübertragers würden entsprechend geringer sein.

Bei gegebener Kälteleistung kann dies durch Erhöhen des Wasservolumenstromes $\dot{V}_K$ erreicht werden. Mit dem Volumenstrom $\dot{V}_K \to \infty$ geht die Temperaturspreizung $\Delta\vartheta_K \to 0$. In Bild J3-4 ist der qualitative Verlauf des Energieaufwandes für den Betrieb des Verdichters und der (Kaltwasser-)Pumpe dargestellt.

Bild J3-3 Temperaturspreizung des Kälteträgers und die zugehörige Verdampfungstemperatur

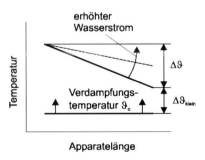

Bild J3-4 Antriebsleistung von Verdichter und Pumpe bei variabler Temperaturspreizung des Wassers

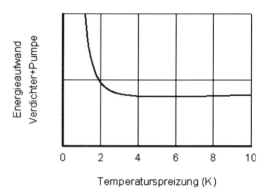

Geringer Energieaufwand für Pumpe und Kältemittelverdichter ist im Bereich $\Delta\vartheta_K = 3 \ldots 7$ K.

Der flache Verlauf im rechten Ast der Kurve darf nicht zu falschen Schlüssen führen. Die Temperaturspreizung des Kaltwassers ist begrenzt. Eine größere Temperaturspreizung erfordert eine tiefere Verdampfungstemperatur, diese wiederum ist durch die Einfriergefahr begrenzt. Bei tieferer Verdampfungstemperatur sinkt die Förderleistung des Verdichters. Um die gegebene Kälteleistung einzuhalten, müsste ein größerer Verdichter gewählt wird.

Im Bereich −5 ... +10 °C sinkt die Kälteleistung der Verdichter um 3 ... 4% pro Grad tieferer Verdampfungstemperatur. Diese Minderung ergibt sich im wesentlichen aus den Stoffeigenschaften der Kältemittel und zu einem geringeren Teil aus maschinentechnischen Eigenheiten der Verdichter.

Eine größere Temperaturspreizung ermöglicht dagegen mit den kleineren Wassermengen kleiner dimensionierte Rohrleitungen. Ist Luft zu entfeuchten, hat die Rücklauftemperatur einen oberen Grenzwert. Neben den thermodynamischen sind also immer auch die wirtschaftlichen und die verfahrenstechnischen Überlegungen einzubeziehen.

Für den Kühlwasserkreislauf der Verflüssigerseite wird eine ähnlich verlaufende Kurve wie in Bild J3-4 gefunden. Durch eine größere Temperaturspreizung des Kühlwassers wird die Verflüssigungstemperatur erhöht. Im Bereich 30 ... 40 °C steigt die erforderliche Antriebsleistung des Verdichters um 2 ... 4% pro Grad, gleichzeitig sinkt die Kälteleistung des Verdichters um 0,5 ... 1,5% pro Grad höherer Verflüssigungstemperatur.

Die Festlegung der Kaltwassertemperatur und der Kühlwasser(luft)temperatur hat weitreichende Folgen auf die Investitions- und Betriebskosten der Kälteanlage. Im nachfolgenden Diagramm J3-5 sind Kennlinien eines Kältemittelverdichters dargestellt. Im oberen Bereich ist die Kälteleistung (kW), bezogen auf den geometrischen Volumenstrom (m^3/h) abzulesen, im unteren Bereich ist die zugehörig erforderliche Antriebsleistung des Verdichters abzulesen.

Bei festgehaltener Verdampfungstemperatur − gleichbedeutend konstanter Kaltwassertemperatur − steigt die Antriebsleistung, entsprechend die Betriebskosten der Anlage mit steigender Verflüssigungstemperatur, gleichzeitig sinkt die Kälteleistung. Das erforderliche Fördervolumen des Verdichters müsste

J3 Übersicht der Kälteverfahren

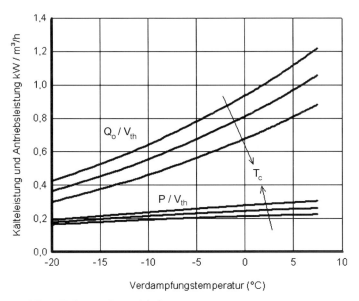

Bild J3-5 Kälte- und Antriebsleistungen eines Verdrängungsverdichters, bezogen auf die geometrische Förderleistung, Parameter die Verflüssigungstemperatur T_c

entsprechend größer sein. Eine niedrigere Verflüssigungstemperatur hätte den umgekehrten, vorteilhaften Effekt.

Bei festgehaltener Verflüssigungstemperatur – gleichbedeutend konstanter Kühlmediumstemperatur – sinkt die Kälteleistung des Verdichters mit tieferer Verdampfungstemperatur. Bei geforderter Kälteleistung müsste dann ein Verdichter mit größerem Förderstrom verwendet werden, die Investitionskosten wären entsprechend höher. Eine höhere Kaltwassertemperatur würde einen Verdichter mit geringerem Förderstrom zulassen

Die Wahl des Kühlmediums, Wasser oder Luft, beeinflusst also Größe und Betriebskosten der Kälteanlage. Ebenso die Festlegung der Kaltwassertemperatur. Verschmutzte wärmeübertragende Flächen (Kalk oder andere Ablagerungen) verschlechtern den Wärmeübergang und wirken sich durch höhere Verflüssigungstemperaturen entsprechend negativ aus: geringere Kälteleistung, höhere Antriebsleistung.

Das Diagramm gilt mit den Zahlenwerten nur für einen ganz bestimmten Verdichter mit dem zugehörigen Kältemittel. Qualitativ verlaufen die Kennlinien bei volumetrisch fördernden Maschinen mit den dafür geeigneten Kältemitteln ähnlich (aber nicht gleich!).

Prinzipiell gilt: bei der Projektierung einer Anlage wird mit der Kälteleistung und den Temperatur-Eckwerten die Größe und der Leistungsbedarf einer Kälteanlage weitgehend festgelegt.

Die Kälteaggregate raumlufttechnischer Anlagen werden praktisch immer als werksmontierte Einheiten eingesetzt. Die Herstell- und Montagekosten können dadurch niedrig gehalten werden.

Bei der Projektierung der Kälteanlage sind folgende Entscheidungen zu treffen:

Sicherheit	muss für Personen und Umwelt jederzeit erfüllt sein. In der Norm EN 378 sind Vorgaben über Aufstellungsbereiche der Kälteanlagen mit Art des Kältemittels und der Füllmenge festgelegt. Der Hersteller der Kälteanlage hat die Maschinenrichtlinie (Masch RL 98/37/EG 1998) und die Druckgeräterichtlinie (Druckgeräte RL 97/23/EG 1997) einzuhalten und sollte eine exemplarische Gefahrenanalyse nach EN 1050 vorliegen haben. Druckbehälter werden vor der ersten Inbetriebnahme von einer unabhängigen Prüforganisation abgenommen, periodische Inspektionen sind vorzusehen.
Zuverlässigkeit	und Verfügbarkeit der Kälteerzeugung kann erhöht werden durch Installation mehrerer Kälteerzeuger, z. B. Aufteilung der Leistungen nach erwarteten Lastprofilen (Grundlast und Wechsellast). Schalthäufigkeit durch Speicher reduzieren, Einsatzgrenzen genau planen, da ein zu viel kostspielig und ein zu wenig ausfallträchtig ist.
Investitionskosten	Kälteleistung und Temperatureckwerte der Anlage bestimmen Größe und damit Kosten der Anlage, von der Größe der Anlage ist der Platzbedarf, sowie weitere Kosten zur Einbringung und Montage abzuleiten. Häufig wird die installierte Kälteleistung auf mehrere Kältemaschinen verteilt. Die Teillast kann durch kleinere Einheiten besser erbracht werden, bei Ausfall und Reparaturen steht zumindest eine Restkapazität zur Verfügung.
Betriebskosten	Energiekosten aus erforderlicher Antriebsleistung und Jahresbetriebsstunden der Verdichter, Pumpen und Ventilatoren bei Voll- und Teillast, Einbezug eines Kältespeichers, Betriebsmittel (Schmierstoffe, Wasserzusatzstoffe, Kältemittel), Instandhaltung.
Regelbarkeit	Die seriengefertigten Aggregate weisen häufig Stufensprünge der Leistung auf, die installierte Kälteleistung der Anlage stimmt nur annähernd mit der errechneten Soll-Leistung überein. Zudem sind im Betrieb Anpassungen an Lastwechsel erforderlich. Eine möglichst stufenlos wirkende Leistungsregelung bis zu 10% der Nominalleistung ist oft gefordert und mit den Möglichkeiten der Verdichter-Leistungsregelung zu verknüpfen.
Betrieb	erwartet werden übersichtliche Bedienung, Fehleranzeige, bei größeren Anlagen Integration in die zentrale Leit-Technik, Fernüberwachung und Ferndiagnose, hohe Verfügbarkeit in Anlagen mit empfindlichen Bereichen, gute Zugänglichkeit (Montagefläche für Instandsetzungsarbeiten!)

J3.2
Kaltgasverfahren

Im Kaltgasverfahren wird das Arbeitsmittel, zum Beispiel Luft, verdichtet und arbeitsleistend expandiert, (s. a. Bd. 1, F2.3.3). Das Arbeitsmedium erfährt keine Phasenänderung, zur Erzeugung von Kälteleistung kann nur die fühlbare Wärme des Gases genutzt werden. Daraus ergeben sich unrealistisch große Maschinen. Ferner sind die in der Praxis erreichbaren Leistungszahlen dieses Verfahrens gegenüber denjenigen des Kaltdampfverfahrens deutlich niedriger, s. Tabelle J3-1.

Luft von Umgebungszustand wird komprimiert, in einem Wärmeübertrager durch Umgebungsluft zurückgekühlt. Diese vorgekühlte Druckluft wird nun von kalter Abluft aus dem Kühlraum weiter gekühlt und dann in der Expansionsmaschine auf Umgebungsdruck entspannt. Dabei wird die gewünschte Vorlauftemperatur erreicht. Im Kühlraum nimmt die Luft Wärme auf. Die austretende Luft ist kälter als die komprimierte, vorgekühlte Luft und kann zur weiteren Vorkühlung dienen. Im Kühlraum kann die entspannte, kalte Luft über Wärmeübertrager indirekt die Kühlraumluft kühlen, besser ist es, die kalte Luft direkt einzublasen um Verluste durch einen weiteren Wärmeübertrager zu vermeiden.

Das Druckverhältnis ist von der tiefsten zu erreichenden Temperatur und der gewünschten Temperaturdifferenz im Kühlraum abhängig. Wenn von Druckverlusten abgesehen wird, ist das Druckverhältnis bei der Kompression und Expansion gleich.

Das Kaltgasverfahren leidet an mehreren Schwachpunkten, die zu überwinden schwierig ist: Die Gütegrade der beiden Maschinen sollten jeweils bei 90% oder höher sein, die Temperaturdifferenzen im Rückkühler der komprimierten Luft und im Zwischenkühler sollten möglichst unter 15 K, besser unter 10 K sein, und dies bei einem Gas/Gas-Wärmeübertrager. Weiterhin sind für den Wärmetransport beträchtliche Luftmengen zu bewegen, schon bei einer Kühlleistung von 10 kW und einer Erwärmung im Kühlraum um 6 K sind über 4500 m^3/h Luft zu verdichten und zu entspannen.

Erst unterhalb −60 bis −80 °C kommen die Vorteile des Kaltgasverfahrens zur Geltung, nämlich niedriger Druck und geringes Druckverhältnis des Arbeitsmittels.

Das Kaltgasverfahren wird bei der Klimatisierung in Flugzeugen praktisch angewendet. Dort wird heiße Druckluft aus dem Gasturbinenverdichter abgezweigt, vorgekühlt und in einer Expansionsturbine entspannt und zur Luftkonditionierung der Kabine verwendet.

J3.3
Sorptionsverfahren

Zwei Verfahren sind möglich:
Absorption: Kältemitteldampf kann in einem geeigneten, flüssigen Stoff aufgenommen und gelöst werden. Bei höherer Temperatur ist das Aufnahmever-

mögen geringer, durch Wärmezufuhr kann der Dampf wieder „ausgetrieben" werden. In Bd. 1, F2.5 ist das Verfahrensprinzip beschrieben. Klassische Paarungen sind Ammoniak/Wasser mit Wasser als Lösemittel und Ammoniak als Kältemittel, sowie wässrige Lithiumbromid-Lösungen mit der Salzlösung als Lösemittel und Wasser als Kältemittel.

Adsorption: Wasserdampf kann auch an der Oberfläche geeigneter Feststoffe angelagert werden. Bei höherer Temperatur ist die Bindung geringer, durch Erwärmen kann der Dampf wieder freigesetzt werden, der Adsorberfeststoff wird regeneriert. Geeignet sind Stoffe mit hoher Porosität, sie bieten für Wasserdampf eine große innere adsorbierende Fläche (mehrere 500 bis 1200 m^2 pro Gramm Feststoff), wie Kieselgel und Zeolith.

J3.3.1
Das Absorptionsverfahren mit Wasser-Lithiumbromid

Bei der Stoffpaarung Ammoniak/Wasser verdampft im Austreiber mit dem Ammoniak auch ein kleiner Anteil Wasser, das entstandene Ammoniak-Wasser-Gemisch muss rektifiziert werden, andernfalls würde sich im Verdampfer allmählich Wasser anreichern und die Verdampfungstemperatur anheben.

Ende der 40-er Jahre wurde erstmals eine Lösung des Salzes Lithiumbromid mit Wasser als Kältemittel technisch verwendet. Im Austreiber entsteht reiner Wasserdampf, weil das Salz keinen spürbaren Dampfdruck hat. In Kaltwassererzeugern von RLT-Anlagen wird dieses Gemisch heute fast ausschließlich verwendet, wobei wegen gewisser Betriebsprobleme immer wieder neue Gemische untersucht und vorgeschlagen werden.

Das Verhältnis von Nutz(Kälte-)Leistung zu Antriebs(Heiz-)Leistung ist bei Absorptionsanlagen das Wärmeverhältnis $\xi = Q_0 / Q_H$ und entspricht der Kälteleistungszahl der Kompressions-Kälteanlagen, ein direkter Vergleich ist aber nicht sinnvoll, da bei letzteren hochwertige elektrische Energie eingesetzt wird.

Das Kühlwasser in Absorptionsanlagen hat die im Verdampfer und die im Austreiber eingebrachte Wärme an die Umgebung abzuführen, der Kühlwasserbedarf ist damit immer größer als bei Kompressionsanlagen.

Das Absorptionsverfahren mit Wasser-Lithiumbromid nutzt Wärmeenergie von niedrigem Temperaturniveau, zum Beispiel Dampf von 1,2 bar oder Heißwasser von 80 bis 120 °C bei einstufigen und Dampf von 6 bis 8 bar bei zweistufigen Anlagen. Auch heißes Abgas oder direkt verfeuertes Erdgas wird in Absorptionsanlagen verwendet. Eine Kombination mit einem Kraft-Wärme-Verbund oder einer Dampfkesselanlage der Eigenstromversorgung ist besonders günstig.

Bei zweistufigen Anlagen wird die wässrige Lösung in zwei Schritten eingedampft. In der Hochtemperaturstufe wird Wasserdampf mit einer genügend hohen Temperatur erzeugt, um in der Niedertemperaturstufe als Heizmittel zu dienen. Die verdünnte Salzlösung aus dem Absorber wird in der Niedertemperaturstufe auf eine mittlere Konzentration eingedampft und dann getrennt. Ein Teil der Lösung fließt zur Hochtemperaturstufe und wird dort aufkonzentriert und anschließend wieder mit dem Rest aus der Niedertemperaturstufe vereinigt

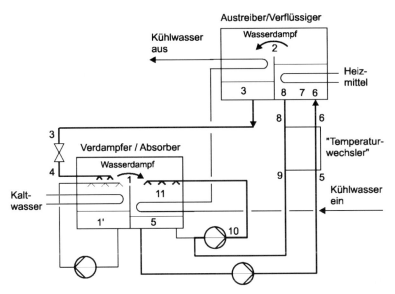

Bild J3-6 Schaltbild einer Absorptions-Kälteanlage mit Wasser-Lithiumbromid

und zum Absorber geleitet. Das ausgedampfte Wasser aus beiden Stufen wird im Kondensator zusammengeführt und zum Verdampfer geleitet. Die Heizleistung wird dadurch zwei mal bei unterschiedlichen Temperaturen genutzt und führt zu erheblichen Einsparungen, die von außen zugeführte Energie muss aber bei höherem Temperaturniveau geliefert werden.

In Bild J3-6 ist das Schema einer einfachen, einstufigen Anlage und in Bild J3-7 das Gleichgewichtsdiagramm der H_2O-LiBr-Lösung mit den korrespondierenden Eckpunkten des Verfahrens dargestellt. Im Gleichgewichtsdiagramm wird der Siededruck über der Lösungstemperatur aufgetragen, Parameter sind Linien gleicher Zusammensetzung, die Isosteren. In Bild J3-7 ist anstelle des Dampfdruckes dessen korrespondierende Temperatur eingezeichnet. So kann der Prozess mit den charakteristischen Temperaturen und Zusammensetzungen verfolgt werden, siehe auch Bd. 1, F2-9 und F2-10.

Im Verdampfer wird Kältemittel, Wasser bei einem Druck von 7 bis 9 mbar, über ein Rohrbündel versprüht, es entzieht beim Verdampfen dem Kaltwasser in den Rohren Wärme, Zustandspunkte 4 und 1. Die Rezirkulationspumpe sorgt für eine Berieselung und vollständige Benetzung der Rohroberfläche. Bei dem niedrigen Druck entsteht ein sehr großes Dampfvolumen, die Strömungsquerschnitte sind entsprechend groß gestaltet. Im Zustandsdiagramm J3-7 ist dampfförmiger und flüssiger Zustand nicht zu unterscheiden, die Zustandspunkte 4,1 und 2,3 fallen je zu einem Punkt zusammen.

Einige Besonderheiten der Wasser-Lithiumbromid-Lösung sind zu beachten, um einen sicheren und wirtschaftlichen Betrieb zu gewährleisten. Besonders zu

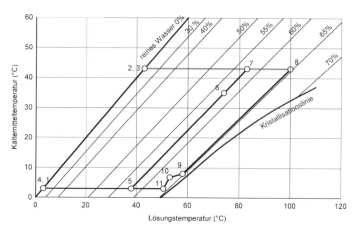

Bild J3-7 Gleichgewichtsdiagramm des Systems – Wasser Lithiumbromid, eingezeichnet ist der Kälteprozess Bild J3-6 mit den entsprechenden Zustandspunkten

beachten ist die Kristallisationslinie, unterhalb der aus der Lösung Salz auskristallisiert und Rohrleitungen blockiert.

Im Absorberteil des Apparates wird regenerierte, „arme" Lithiumbromidlösung 9 mit Absorberlösung 5 vermischt zum Zustand 10. Diese Salzlösung wird entspannt und über ein gekühltes Rohrbündel versprüht, Zustandspunkt 11, und nimmt dabei den Wasserdampf aus dem Verdampferteil auf. Bei der Absorption des Dampfes in die Salzlösung wird Kondensationswärme und Lösungswärme frei. Das Rohrbündel wird mit Kühlturmwasser gekühlt und hält damit den Verdampfungsdruck konstant. Ohne Kühlung würden Temperatur und Druck der Salzlösung rasch ansteigen, der Absorptionsvorgang käme zum Erliegen.

Mit kälterem Kühlwasser würde die Absorption bei tieferer Temperatur ablaufen. Damit könnte der Verdampfungsdruck so weit absinken, dass das Kältemittel Wasser an den Verdampferrohren einfriert, der Zustandspunkt 1 sinkt unter die 0 °C-Grenze. Gleichzeitig kann die Salzlösung, Zustand 10 und 11, so stark abkühlen, dass die Kristallisationsgrenze unterschritten wird. Diese Vorgänge können in Bild J3-7 verfolgt werden. Im Normalfall verhindert eine Regelung dieses Ereignis. Wenn man allerdings die rasche Temperaturabsenkung beim Zuschalten von Kühlturmleistung betrachtet, ist diese Gefahr des Einfrierens oder Kristallisierens durchaus zu beachten.

Nach der Wasseraufnahme verlässt die Lösung 5 als „reiche" Lösung den Absorber und nimmt von der entgegenkommenden warmen Lösung 8 Wärme auf, kühlt diese auf Zustand 9 ab und erwärmt sich dabei auf 6. Im Austreiber muss die Lösung 6 auf Siedetemperatur 7 erhitzt werden, durch weitere Wärmezufuhr wird die Lösung aufkonzentriert, wobei das ausgedampfte Wasser im Verflüssiger kondensiert wird und dem Verdampfer zufließt. Die Bezeichnungen arm x_a

und reich x_r beziehen sich auf den Gehalt an Kältemittel (hier Wasser). Aus den Massen- und Wärmebilanzen folgt

$$\dot{Q}_o = \dot{m}_o (h_1 - h_4) \tag{J3-6}$$

$$\dot{Q}_o = \dot{m}_r \frac{x_r - x_a}{x_o - x_a}(h_1 - h_4) \tag{J3-7}$$

Die Leistungsregelung erfolgt durch Anpassen der Heizleistung Q_{AU}.

$$\dot{Q}_{AU} = \dot{m}_o(h_2 - h_8) + \dot{m}_r(h_8 - h_6) = \dot{m}_r \frac{x_r - x_a}{x_o - x_a}(h_2 - h_8) + \dot{m}_r(h_8 - h_6) \tag{J3-8}$$

Als energiesparende Maßnahme wird der Massenstrom $\dot{m}_r$ reduziert, damit verringert sich die Heizleistung zur Erwärmung der Lösung von 6 auf 7.

Dabei ist darauf zu achten, dass der Punkt 8 nicht zu weit nach rechts zu wasserarmer Konzentration verschoben wird, beim Abkühlen im Temperaturwechsler könnte sonst Kristallisation einsetzen. Prinzipiell verbessert ein reduzierter Massenstrom m_r die Leistungsbilanz bei Teillast, ähnlich wie bei den Kompressionskälteanlagen eine niedrigere Verflüssigungstemperatur die erforderliche Antriebsleistung zusätzlich reduziert.

Eindringende Luft im Verdampferteil führt zu höherem Gesamtdruck. In der Folge kann die Verdampfungstemperatur nicht mehr gehalten werden. Der Regler der Kaltwassertemperatur veranlasst vermehrte Wärmezufuhr im Austreiber, hier würde nun die Konzentration zu weit nach rechts verschoben, die automatisch reagierende Hilfsregelung verhindert dies durch Verdünnen der Lösung. In der Folge wird der Energieaufwand erhöht ohne dass dies zu mehr Kälteleistung führt. Eine regelmäßige Überwachung des Zustandes der Anlage ist ratsam, auch dann, wenn eine automatisch arbeitende Entlüftungseinrichtung eingebaut ist.

Beim Hochfahren zieht der Austreiber die 1,5 bis 1,7-fache Heizleistung ab, ein schwaches Versorgungsnetz kann dabei zusammenbrechen. Ein leistungsfähiges Versorgungsnetz wiederum kann dazu führen, dass der Zustandspunkt 4 weiter nach rechts verschoben wird, weil zunächst die Kaltwassertemperatur noch nicht erreicht ist und zusätzliche Austreiberleistung verlangt. Um Kristallisieren zu verhindern, wird nun die Regelung ein Verdünnen der LiBr-Lösung einleiten. Heiznetz, Anfahrprozedur und Verfügbarkeit der Kälteleistung sind vernünftig aufeinander abzustimmen.

Beim Abstellen der Anlage ist zu beachten, dass sich die Lösung am Zustandspunkt 5 auf Umgebungstemperatur abkühlt und auskristallisiert. Deshalb wird ein Verdünnungszyklus vorgesehen. Bei tiefen Stillstandstemperaturen sind besondere Maßnahmen vorzusehen.

J3.3.2
Adsorptionsverfahren mit Wasser-Kieselgel

Beim Adsorptionsverfahren nimmt ein geeigneter Feststoff Kältemitteldampf auf und gibt ihn bei Wärmezufuhr wieder ab. Technisch verwendet wird Kieselgel („Silicagel") mit Wasser als Kältemittel. Im Unterschied zum DEC-Verfahren ist hier die Gasphase reiner Wasserdampf. Das Verfahrensprinzip ist aber das selbe, trockenes Kieselgel nimmt Wasserdampf bis zur Sättigung auf und gibt ihn bei Erwärmung wieder ab. Um aus diesen diskontinuierlichen Abläufen eine quasi-stetig arbeitende Kältemaschine zu machen, werden zwei parallel arbeitende Behälter mit Kieselgelfüllung alternierend mit einem Verdampfer und einem Verflüssiger verbunden. Das Kieselgel ist als Schicht auf Rohre aufgebracht.

Beim Zyklus Kälteerzeugung strömt Wasser vom Verflüssiger zum Verdampfer, wird über das Rohrbündel versprüht und verdampft. Der entstehende Dampf wird vom adsorbierenden Kieselgel angesaugt. Kühlwasser in den Rohren des Adsorbers führt die frei werdende Kondensationswärme ab. Die Kühlwassertemperatur entspricht einem gewöhnlichen Kühlturmbetrieb.

Noch vor der Sättigung des Feststoffes wird auf Desorbieren umgeschaltet. Die Verbindung zum Verdampfer wird geschlossen. Durch die Rohre strömt nun Heizmedium und erhöht den Dampfdruck des angelagerten Wassers so weit, bis dieses verdampft und nun zum angeschlossenen Verflüssiger strömt und dort kondensiert. Das verflüssigte Kältemittel Wasser wird zurück zur Berieselung des Verdampfers geführt.

Der zweite Kieselgelbehälter arbeitet jeweils im anderen Zyklus, also desorbierend verbunden mit dem Verflüssiger, während der erste Behälter mit dem Verdampfer verbunden adsorbierend arbeitet.

Die Zykluszeiten sind 6 bis 10 Minuten, die Anlage arbeitet unter Vakuum entsprechend dem Dampfdruck des Kältemittels Wasser. Bedarfsweise muss eine Entlüftungseinrichtung periodisch eingedrungene Luft absaugen.

Beim Umschalten eines Zyklus muss zuerst die ganze Masse der Rohre und Kieselgelfüllung gekühlt beziehungsweise aufgeheizt werden, bis der eigentliche Arbeitstakt beginnen kann. Daraus erklärt sich der relativ hohe Bedarf an Kühlwasser und an Heizleistung, wobei schon Warmwasser ab 55 °C verwendbar ist.

J4
Der Kälteträgerkreislauf

Luftkühler von RLT-Anlagen werden entweder direkt oder indirekt gekühlt:
 Direkt durch verdampfendes Kältemittel, z. B. in Fenster- bzw. Raumklimageräten. Bei verzweigten Anlagen mit vielen Kühlstellen steigt die Kältemittel-Füllmenge und die Möglichkeit von Kältemittelverlust durch Undichten.

Indirekt durch ein Kälteübertragungsmedium, das zwischen Verdampfer der Kälteanlage und den Luftkühlern der RLT-Anlage zirkuliert. Thermodynamisch ist das Verfahren mit Kälteträgern ungünstiger als das direkte, weil das zwischengeschaltete Medium die Temperaturdifferenz von Luft zum Kältemittel erhöht. Die Verteilung, Regelung und das Puffern werden aber wesentlich erleichtert. In der zentralen Kälteanlage können ein oder mehrere werksmontierte und erprobte Wasserkühlsätze verwendet werden. Indirekte Systeme werden bei größeren und bei verzweigten Anlagen verwendet.

Eine durchgehend gleichbleibende Kühllast kommt in RLT-Anlagen praktisch nicht vor. Immer ist die Leistung der Kälteerzeuger der veränderlichen Kühllast der Verbraucher anzupassen. Die Kühllast kann langsam steigen oder sinken, sie kann sich aber auch durch Zu- oder Wegschalten von Verbrauchergruppen abrupt ändern.

Die Leistung der Kälteerzeuger kann je nach Bauart stetig oder nur stufenweise angepasst werden, der Mengenstrom des Kälteträgers durch den Verdampfer des Kälteerzeugers darf sich aber nur wenig ändern, um Funktionsstörungen sicher zu vermeiden.

Als Kälteübertragungsmedium, kurz Kälteträger, wird in RLT-Anlagen vorwiegend Wasser verwendet. Aus den Bedingungen, sicher über dem Gefrierpunkt des Wassers zu bleiben, zur Entfeuchtung die Taupunktstemperatur zu erreichen und einen wirtschaftlichen Betrieb der Kälteanlage zu gewährleisten, ergibt sich eine Vorlauftemperatur des Wassers von 6 ... 7 °C und eine Rücklauftemperatur von 12 ... 18 °C.

Können im Kreislauf auch Temperaturen unter dem Gefrierpunkt des Wassers auftreten, wird Sole (Zusatz von Glykol oder von Salzen zum Wasser) als Kälteträger eingesetzt.

J4.1
Kreislaufschaltungen der Kälteträger

Das Rohrleitungssystem zur Verknüpfung der Kälteerzeuger mit den Verbrauchern wird als 1- oder 2-Kreissystem gestaltet.

J4.1.1
Das 1-Kreis-System

Die Kaltwasserpumpe fördert den Kälteträger durch den Kälteerzeuger und Verbraucher gleichzeitig, Bild J4-1. Die Abstufung und der Regelbereich der Kältemaschine muss den gesamten Leistungsbedarf der Verbraucher abdecken. Die kleinste Kühllast des Verbrauchers muss etwas größer sein, als die kleinste einstellbare Leistung der Kältemaschine. Die Leistungsregelung der Kältemaschine muss stufenlos oder zumindest feinstufig sein, der Kältebedarf sollte sich nur langsam ändern.

Die Regelung eines Luftkühlers mit Durchgangsventilen wie in Bild J4-1a ist nicht zulässig, da der Volumenstrom über die Kältemaschine gedrosselt wird.

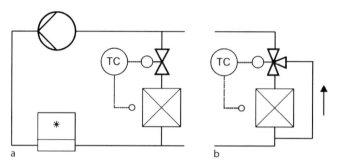

Bild J4-1 Kreis-System des Kaltwassers
a) Kälteverbraucher mit Mengenregelung des Kaltwassers
b) Kälteverbraucher mit gleichbleibender Kreislauf-Wassermenge

Die Temperatursensoren erkennen einen Lastwechsel nur bei gleichbleibendem Massenstrom richtig. Ändert sich dieser, wird die Regelung instabil. Die Lastanpassung der Verbraucher erfolgt besser durch eine Bypass-Schaltung, so ist ein konstanter Volumen- und damit Massenstrom einzuhalten. Bei mehreren Kühlstellen ist das Abschalten einzelner Verbraucher nicht zulässig.

Eine bessere Lösung der 1-Kreis-Schaltung ermöglicht das Dreiwegeventil mit komplementären Ventildurchlässen, Bild J4-1b, der Kälteträgerstrom bleibt gleich. Am Kältemittelverdampfer wird damit ein gleichbleibender Durchfluss eingehalten.

Dem Vorteil des einfachen Aufbaus und der niedrigen Investitionskosten des 1-Kreis-Systems steht die beschränkte Regelbarkeit gegenüber.

J4.1.2
Das 2-Kreis-System

Bei 2-Kreis-Systemen haben die Kältemaschinen und die Verbraucher jeweils eigene Pumpen, Bild J4-2. Mit der Ausgleichsleitung AB werden die beiden Kreisläufe hydraulisch entkoppelt. Auch beim Zu- oder Wegschalten einzelner Verbraucher ergibt sich eine gleichbleibende Durchströmung der Kälteanlage(n).

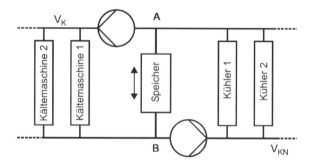

Bild J4-2 Kreis-System des Kaltwassers

Bei sinkender Last, Verbraucher werden weggeschaltet, nimmt der Volumenstrom $\dot{V}_{KN}$ ab, in der Ausgleichsleitung strömt Wasser in Richtung A, bis die sinkende Rücklauftemperatur ein Zurückschalten der Kälteerzeuger auslöst. Bei mehreren, parallelgeschalteten Kälteerzeugern reagiert die Regelung mit Wegschalten von Kälteleistung in einer der Kältemaschinen oder durch Wegschalten einer ganzen Einheit. Mit dem Wegschalten einer Kältemaschine nimmt der Volumenstrom $\dot{V}_K$ ab, bis in der Ausgleichsleitung AB Ausgleich oder Strömung in Richtung B erfolgt, Bild J4-2.

Die Sequenz der zu- und wegschaltenden Maschinen oder einzelner Verdichter wird so gesteuert, dass eine möglichst gleichmäßige Betriebsdauer der einzelnen Komponenten erreicht wird.

Ein oder mehrere Speicher können in die Ausgleichsleitung einbezogen werden. Der Speicher sollte die Minimallast während 20 Minuten decken und damit die Schalthäufigkeit der regelnden Kältemaschine mindern. Speicher glätten zudem den Temperaturgang in der Rücklaufleitung und verstetigen die Regelung der Kältemaschine(n).

In Bild J4-3 sind einige Schaltungen von Verbrauchern dargestellt, die mit der 2-Kreis-Schaltung möglich sind:
a) Verbraucher durch ein/aus zu- oder wegschalten
b) den Volumenstrom am Verbraucher drosseln
c) durch Beimischen den Wasserstrom durch den Verbraucher konstant halten und damit beim Entfeuchten den Luftkühler auch in Teillast gleichmäßig belasten
d) nicht zulässig ist bei Schichtspeichern die Bypass-Schaltung, denn mit ihr würde kalter Strom in der Rücklaufleitung die Schichtung stören

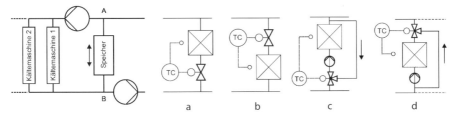

Bild J4-3 Regelungsmöglichkeiten beim 2-Kreis-System
a) ein/aus
b) Drosselung der Kaltwassermenge
c) Kühlstelle mit gleichbleibendem Kaltwasserstrom
d) Bypass-Schaltung, variabler Kaltwasserstrom an der Kühlstelle, bei Schichtspeicher im Wassernetz nicht zulässig

J4.2
Speicher im Kälteträgersystem

Mit der Installation eines Speichers können unterschiedliche Ziele verfolgt werden:
- schnelle Lastwechsel der Verbraucher und ebenso Leistungssprünge beim Zu- oder Wegschalten von Kälteerzeugern sollen gedämpft werden, um die Regelung stabil zu halten (Kurzzeit-Speicher),
- die Kälteleistung einer bestehenden Kälteanlage soll vergrößert werden, ohne die Kälteerzeugungsanlagen, die elektrischen Versorgungsanlagen und die Rückkühlwerke zu erweitern (Langzeit-Speicher) und
- die Kälteversorgung soll bei Stromausfall für einige Stunden gesichert werden
- die elektrische Lastspitze und damit der zu zahlende Leistungspreis soll gesenkt werden (Langzeit-Speicher).

J4.2.1
Kurzzeit-Speicher

Kurzzeit-Speicher erfüllen die Aufgabe eines kurzzeitigen Leistungsausgleiches zwischen Erzeuger und Verbraucher.

Ein Speicher ist nicht erforderlich, wenn
- die Leistung der Kältemaschine(n) stufenlos oder feinstufig geregelt werden kann und
- die Minimallast der Verbraucher größer als die kleinste Leistungsstufe der Kältemaschine ist,
- Lastwechsel langsam erfolgen,

dies gilt für 1- und 2-Kreis-Schaltungen.

Kurzzeit-Speicher sind erforderlich, wenn beim 2-Kreis-System mit mehreren Kältemaschinen der Kältebedarf stark schwankt und/oder Perioden mit geringer Last (nachts, Wochenende) vorkommen. Der Speicher glättet Unterschiede zwischen Bedarf und Kälteerzeugung, verringert die Schalthäufigkeit ein/aus der Kälteverdichter und überbrückt die Wiedereinschaltsperre der Antriebsmotoren.

Möglich sind
- geschlossene Speicher als Schichtspeicher,
- offene Speicher mit Warm- und Kaltwasserbereich.

Geschlossene Speicher als Schichtspeicher
Schichtspeicher sind Volumenspeicher, sie halten die volle Temperaturdifferenz für die Kältemaschinen aufrecht, günstig sind schlanke Behälter, sie sind auszulegen
- nach der Wiedereinschaltsperre der Motoren, kleine Motoren $\tau_{min} = 0{,}25\,h$, große $\tau_{min} = 0{,}5\,h$ und
- nach dem Volumenstrom $\dot{V}_K$ der größten Kältemaschine.

Das erforderliche Speichervolumen wird mit verdoppeltem τ_{min} berechnet, als Richtwert ist

$$V_{Sp} = 0{,}5 \cdot \dot{V}_K \cdot \tau_{min} \, f \qquad (J4\text{-}1)$$

der Korrekturfaktor f berücksichtigt Schlankheitsgrad und Temperaturspreizung, es ist f = 2,5 ... 3,5.

Offene Speicher

Im Speicher sind mindestens zwei Abteile eingebaut
- ein warmes Abteil, es nimmt den Kaltwasser-Rücklauf der Verbraucher auf, und ergibt vermischt den Zulauf der Kältemaschinen,
- ein kaltes Abteil als Sammler des Kaltwassers aus den Kältemaschinen für den Kaltwasser-Vorlauf der Verbraucher.

Als Regelungskonzept kann konstante oder schwankende Kaltwasser-Vorlauftemperatur vorgegeben werden:
- Konstante Kaltwasser-Vorlauftemperatur,
  erfordert stufenlose oder feinstufige Regelung der Kältemaschinen, im warmen Abteil treten bei Lastschwankungen entsprechende Temperaturschwankungen auf,
- Schwankende Kaltwasser-Vorlauftemperatur,
  wenn Kälteleistungsstufen nur grob schaltbar sind, z.B. Kältemaschinen ein/aus oder Leistungsregelung 100/50%, ergeben sich im Kaltwasservorlauf zu den Verbrauchern variable Temperaturen, gedämpft durch das Kaltwasserabteil.

Bei den beschriebenen Regelungskonzepten können aus dem warmen Abteil große Temperaturschwankungen im Zulauf zu den Kältemaschinen entstehen. Die Kältemaschine kann aber die Kaltwassertemperatur nur dann halten, wenn die Zulauftemperatur kleiner oder gleich der Auslegungstemperatur ist. Die Zulauftemperatur kann über ein 3-Weg-Ventil vor der Erzeugerpumpe durch Zumischen von kaltem Vorlauf begrenzt werden, Bild J4-4.

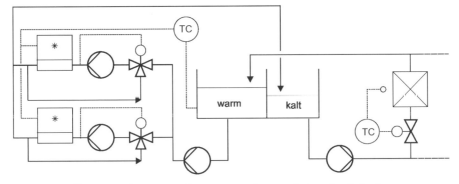

Bild J4-4 Offener Speicher mit zwei Kammern, Konstanthalten der Zulauftemperatur zu den Kältemaschinen durch Beimischregelung

J4.2.2
Langzeit-Speicher

Kälteleistungsspitzen können über größere Zeitabstände (Tag/Nacht) durch
- Speichern sensibler Wärme im Flüssigkeitsspeicher oder
- Speichern latenter Wärme im Eisspeicher

ausgeglichen werden.

Bei kleineren Speicherleistungen werden Flüssigkeitsspeicher (Schichtspeicher) vorgesehen, Speicherkapazität ist

$$q = \rho \cdot c \cdot \Delta \vartheta = \frac{1000 \cdot 4{,}18 \cdot 1}{3600} = 1{,}16 \, (kWh/m^3 K) \tag{J4-2}$$

bei größeren Leistungen kann mit Eis sensible und latente Wärme gespeichert werden, Speicherkapazität ist theoretisch (nur Eis)

$$q = \rho \cdot \Delta h_{if} = \frac{916 \cdot 332}{3600} = 84{,}5 \, (kWh/m^3) \tag{J4-3}$$

praktisch erreichbare Werte 40 ... 60 (kWh/m³).

Die Speicherung latenter Wärme kann genutzt werden, um
- den elektrischen Anschlusswert zu senken durch eine niedrigere elektrische Lastspitze, während des höchsten Tagesbedarfes wird der Eisspeicher entleert,
- billigeren Nachtstrom zum Speichern von Kälteleistung zu nutzen, zu rechnen ist die tiefere Verdampfungstemperatur in der Kälteanlage und die gleichzeitig niedrigere Kühlwassertemperatur aus dem Rückkühlwerk,
- eine kleinere Kälteanlage zu installieren mit gleichzeitig längerer Laufzeit der Kältemaschinen, die während der Nacht gespeicherte Kälteleistung wird am Tag abgebaut, die Spitzenlast kann dabei nur teilweise verringert werden,
- Notfallversorgung bei Stromausfall für besonders sensible Bereiche (OP, EDV) als „Notkälte" zu gewährleisten.

J4.3
Schaltung und Regelung der Kälteerzeuger

Die Leistung Kältemaschinen kann durch die Vor- oder Rücklauftemperatur geregelt werden.

Die Regelung durch die Vorlauftemperatur ist naheliegend, birgt aber erhebliche Gefahren für die Kältemaschinen. Die Regelung der Vorlauftemperatur sollte nur bei zwingenden Gründen gefordert werden. Das Schalten einer Leistungsstufe bewirkt unmittelbar eine Veränderung der Kälteträgertemperatur am Austritt der Kältemaschine. Das Regelsignal nimmt die Leistungsänderung zurück, so dass ein rasches Schalten der Leistungsstufen erfolgt. Der Betrieb ist instabil. Schaltet in diesem Leistungsbereich ein Verdichter ein/aus, ist dessen

J4 Der Kälteträgerkreislauf

Versagen absehbar. Im Betrieb einer Kälteanlage ist die maximal zulässige Schalthäufigkeit der Antriebsmotoren zu beachten, daraus ergibt sich eine erzwungene Wartezeit bis zum Wiedereinschalten. Die Kälteanlage muss aber auch eine Mindestlaufdauer haben. Andernfalls gerät der Ölhaushalt des Verdichters außer Kontrolle, häufig mit der Folge eines Verdichterschadens. Der Regelanspruch der Vorlauftemperatur kann also nicht verwirklicht werden, auch ein Speicher bietet dafür keine Abhilfe.

Die Regelung der Rücklauftemperatur ist zu bevorzugen, mit ihr wird ein stabiler Betrieb erreicht. Der gesamte durchströmte Kreislauf wirkt als dämpfender Speicher, bis die veränderte Kälteträgertemperatur wieder zum Kälteerzeuger zurückkehrt. Temperaturschwankungen von ±0,5 K sind bereits als klein zu betrachten, Schwankungen von ±1 ... 1,5 K sind im allgemeinen nicht störend und vom Kälteerzeuger leichter zu verwirklichen.

Mit der Regelung der Rücklauftemperatur steigt bei Teillast die Verdampfungstemperatur, die Kälteleistung nimmt dadurch zu, vor allem aber nimmt die Antriebsleistung ab. Bis zu einer Teillast von ca. 30% wird so ein energetisch günstiger Betrieb erreicht.

Der Volumenstrom $\dot{V}_K$ des Kältemaschinenkreises ist auf den Volumenstrom des Verbraucherkreises $\dot{V}_{KN}$ so abzustimmen, dass bei Volllast

$\dot{V}_K = \dot{V}_{KN} + 0/20\%$ mit Austrittsregelung (Vorlauftemperatur), Bild J4-5a,

$\dot{V}_K = \dot{V}_{KN} + 0/10\%$ mit Eintrittsregelung (Rücklauftemperatur), Bild J4-5b,

eingehalten wird. Die Mengentoleranz bei Eintrittsregelung ist enger gefasst, weil die Austrittstemperatur nicht direkt gesteuert wird und Schwankungen eher zu Störungen führen können.

Mit der variablen Wassermenge auf der Verbraucherseite ist ein konstanter Mengenstrom durch die Verdampfer nicht mehr sicher einzuhalten. Da beim Abschalten einzelner Kälteerzeuger ein Rücklauf-Wasserstrom durch den nichtaktiven Verdampfer zum Vorlauf gelangen kann, wird die Vorlauftemperatur verfälscht. Bei großen Anlagen erhält jede der Kältemaschinen eine eigene Zirkulationspumpe mit Rückschlagklappe und gewährleistet damit die Beaufschlagung der Verdampfer mit der vorgegebenen Wassermenge.

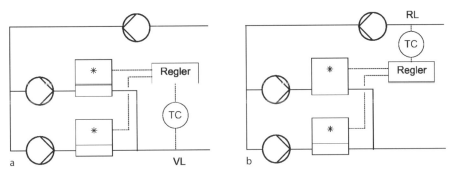

Bild J4-5 Regelung der Kältemaschinen a) durch Vorlauftemperatur b) durch Rücklauftemperatur

Hohe Rücklauftemperatur

Können in der Rücklaufleitung betriebsbedingt erhöhte Wassertemperaturen auftreten, kann dies zu Störungen in der Kältemaschine führen. Die Kältemaschine ist nicht in der Lage, die vorgegebene Austrittstemperatur zu halten. Als Folge steigt die Verdampfungstemperatur, mit ihr die Kälte- und Antriebsleistung bis zum Ansprechen des Überlastschutzes des Motors. Dieser Störfall kann vermieden werden durch eine Begrenzungsregelung nach Bild J4-4, es wird so lange kaltes Wasser rezirkuliert, bis die Zulauftemperatur zum Verdampfer wieder den Auslegungswert erreicht.

Bei einer andauernd großen Spreizung der Kaltwassertemperatur, 10 K oder mehr, können die Kältemaschinen hintereinandergeschaltet werden, Bild J4-6. Der Druckverlust beider Verdampfer zusammen muss mit den Pumpen abgestimmt werden. Die Verrohrung soll ermöglichen, wahlweise eine Kältemaschine allein zu betreiben. Das Kühlwasser für die Verflüssiger ist im Gegenstrom zum Kaltwasserstrom durch die Verdampfer zu führen, die Maschine mit dem wärmeren Kaltwasser erhält das wärmere Kühlwasser. Die Schaltung ist energetisch günstig, bei Teillast sollen beide Maschinen heruntergeregelt werden, bis eine Maschine allein den Bedarf decken kann.

Temperaturfühler im Schichtspeicher erlauben das Ein- und Ausschalten von bis zu 4 Kältemaschinen. Die übereinander angeordneten Temperaturfühler, Bild J4-7, steuern nacheinander die Kältemaschinen an. Mit dem Absinken oder Ansteigen der Übergangszone gibt der aktivierte Schalter TS ein Signal an den übergeordneten Regler, der die Kältemaschine startet oder abschaltet, die weitere Leistungsregelung wird dann vom Fühler der Rücklauftemperatur RL aus gesteuert. Als Frostschutzüberwachung sind die beiden Temperaturfühler TC1 und TC2 am Ausgang der Kältemaschinen vorhanden. Mit ihnen kann eine weitere Verfeinerung der Regelung erfolgen, bei steigender Verbraucherlast wird jener Wasserkühlsatz hochgeregelt, welcher die höhere Austrittstemperatur anzeigt. Die Zuschaltung eines weiteren Wasserkühlsatzes erfolgt bereits vor dem Erreichen der 100%-Leistung der aktiven Kältemaschine.

Bei abnehmender Last werden die Leistungsstufen in umgekehrter Reihenfolge zurückgeschaltet.

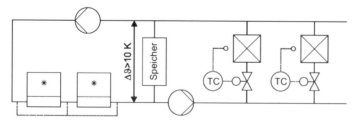

Bild J4-6 Serienschaltung der Kältemaschinen bei großer Temperaturspreizung

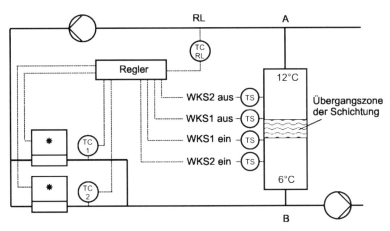

Bild J4-7 Schichtspeicher mit Temperaturfühler und Rücklauftemperaturfühler zur Regelung der Kältemaschinen

Durch Sequenzumkehr sorgt der übergeordnete Regler auch für annähernd gleiche Laufzeiten der Kältemaschinen.

J4.4
Kälteträger

Der Wärmetransport in den Rohrleitungen und in den Wärmeübertragern sollte mit möglichst geringem Aufwand geschehen. Das umzuwälzende Volumen wird aus der Kühllast der Verbraucher und der gewählten Temperaturspreizung bestimmt

$$\dot{V}_K = \dot{Q}_0 / (\rho_K c_K \Delta \vartheta_K) \tag{J4-4}$$

und wird kleiner, je größer das Produkt der Stoffwerte $\rho_K c_K$ ist, bei Wasser ist dieser Wert vorteilhaft hoch.

J4.4.1
Wasser als Kälteträger

Wasser erfüllt die erwünschten Eigenschaften der Kälteträger ideal: es ist nicht giftig, nicht brennbar, es hat bei Betriebsbedingungen einen geringen Dampfdruck, die Wärmeleitfähigkeit ist hoch und ergibt zusammen mit seiner niedrigen Viskosität einen guten Wärmeübergang.

Es sind einige Regeln einzuhalten, um einen dauerhaft befriedigenden Betrieb zu sichern: Luftsäcke vermeiden, also Entlüftungen an den höchsten Punkten vorsehen; bei Stillstand das System gefüllt halten, um Korrosion zu vermeiden; eine minimale Wasserhärte einhalten, die Hydrogencarbonate puffern kleinere

Verschiebungen zur sauren und auch basischen Seite und wirken damit korrosionshemmend, also kein vollentsalztes Wasser verwenden (s. a. M2)!

Anstelle der reinen Flüssigkeit kann auch ein pumpbares Gemisch aus Eis und Wasser verwendet werden. Am Ort des Kältebedarfes steht dann die Schmelzwärme des Eises und die fühlbare Wärme zur Verfügung. Besondere Ausführung der Rohrleitungen für den Eisbrei beachten!

J4.4.2
Sole als Kälteträger

Bei Kälteträgertemperaturen unter 3 bis 4 °C arbeitet der Verdampfer mit Temperaturen unter 0 °C, es besteht Einfriergefahr. Dem Wasser wird deshalb ein Gefrierschutz zugemischt oder es werden organische Stoffe als Kälteträger verwendet. Der Gefrierpunkt des Kälteträgers sollte sicherheitshalber mindestens 5 K unter der tiefsten Temperatur im System, also unter der Verdampfungstemperatur, liegen. Solche Gemische bilden einen, manchmal auch mehrere eutektische Punkte. An diesem Punkt ist die tiefste Temperatur der Flüssigkeit im Gleichgewicht mit dem kristallisierten Wasser erreicht. Dieser eutektische Punkt sollte nur als Leitgröße, auf keinen Fall als Betriebszustand betrachtet werden: der eutektische Punkt ist selten exakt bekannt, geringe Abweichungen der Gemischanteile können große Abweichungen der Gefrierpunkte bedeuten.

Verbreitet sind Ethylen- und Propylenglykole in wässriger Lösung. Durch den erforderlichen Glykolanteil weisen diese Lösungen eine erhöhte Viskosität auf. Die Pumpleistung steigt durch den höheren Druckabfall in den Wärmeübertragern und Rohrleitungen, zudem verschlechtert sich der Wärmeübergang in den Apparaten. Dies erfordert 40 bis 70% mehr Wärmetauscherfläche und ergibt einen bis zu zweifachen Druckverlust.

Beim Kontakt mit Luft entstehen aus Glykolen durch Oxydation organische Säuren. Die Sole ist deshalb im geschlossenen Kreislauf zu führen, zu inhibieren und jährlich auf Säurebestandteile zu kontrollieren. Ansonsten sind Glykole werkstofffreundlich, das weniger viskose Ethylenglykol wird bevorzugt, nur in Lebensmittelbetrieben wird das ungiftige, aber viskosere Propylenglykol verwendet.

Günstige Werte der spezifischen Wärmekapazität, Viskosität und Wärmeleitfähigkeit haben auch wässrige Lösungen organischer und anorganischer Salze (Kaliumacetat, Kaliumformiat und auch zusammengesetzte Mischungen dieser beiden Salze einerseits, Calcium- und Magnesiumchloride andererseits). Die Salzlösungen müssen im geschlossenen Kreislauf geführt, gut inhibiert und periodisch kontrolliert werden, um die Korrosion sicher zu unterbinden. Die Wahl des Werkstoffes und der Inhibitoren muss sehr sorgfältig erfolgen. Längere Zeit stillgesetzte Abschnitte müssen periodisch durchströmt werden, um die Inhibitoren aufzufrischen und um Ablagerungen zu vermeiden.

Als Kälteträger können auch Gemische aus Eiskristallen und einer Wasser-Ethanollösung verwendet werden. Gewöhnlich wird dann nur in einem begrenzten Temperaturbereich unter 0 °C das Eis teilweise geschmolzen. Die besonderen

Fließeigenschaften sind mit der Anlage gut abzustimmen, denn bei längerem Stillstand wachsen die Eiskristalle zusammen („vergletschern") und sind dann nicht mehr pumpbar. Als Speichermedium ist dieses Gemisch deshalb ungeeignet.

J5
Flüssigkeitskühlsätze

J5.1
Konzeption

Die Komponenten Verdampfer – Verdichter – Verflüssiger – Entspannungsventil sind sorgfältig aufeinander abzustimmen, um einen befriedigenden Betrieb zu erreichen.

Die wesentlichen Einflussgrößen und ihre Bedeutung zum Betriebsverhalten der Kältemaschine werden im folgenden diskutiert.

Die Analyse zeigt den Arbeitsbereich und die Einsatzgrenzen bestimmter Bauarten und liefert gleichzeitig Hinweise auf Fehlerursachen bei einer Minderleistung der Anlage, bei unzureichender Leistungsanpassung oder ähnlichem.

J5.1.1
Definition

Wasserkühlsätze oder allgemeiner Flüssigkeitskühlsätze sind weitgehend vorgefertigte Kälteanlagen, die das kalte Wasser zur Versorgung der RLT-Anlagen bereitstellen.

J5.1.2
Anforderungen/Aufgaben/Vorgaben

Kosten, Platzbedarf und Regelbarkeit werden beeinflusst durch:
1. Wahl des Kühlmediums: Wasser, Luft oder kombiniert Luft/Wasser.
2. Lastanforderungen der RLT-Anlage: mit/ohne Dauerlast, Teillast und Anforderungen bei Teillast, Zusatz- und Spitzenlast, Geschwindigkeit der Laständerungen, Genauigkeit der einzuhaltenden Kaltwassertemperaturen,
3. Verfügbare Primärenergie: Strom, Dampf, Warmwasser, Gas
4. Verfügbarkeit und Betreuungsaufwand der Kälteanlage(n)

J5.1.3
Übersicht

Die meisten Flüssigkeitskühlsätze arbeiten nach dem Kaltdampf-Kompressionsprinzip, Verdichter nach dem Verdrängerprinzip herrschen dabei vor, Strömungsmaschinen werden bei großen Leistungen bevorzugt, dringen aber auch in das Gebiet mittlerer Leistungen vor.

In den Unterlagen der Hersteller werden die Aggregate nach aufsteigender Kälteleistung aufgeführt, angegeben sind die Ein- und Austrittstemperaturen des Kaltwassers, ebenso die Temperatur des Kühlwassereintritts, bei luftgekühlten Aggregaten entsprechend die Lufteintrittstemperatur. Die zugrunde liegenden Verdampfungs- und Verflüssigungstemperaturen sind damit nicht bekannt.

Die Verdichterhersteller andererseits benennen die Förderleistung ihrer Maschinen in Form der Kälteleistung bei variabler Verdampfungs- und Verflüssigungstemperatur, mit angegeben wird die eingerechnete Unterkühlung des Kondensates und gegebenenfalls die Überhitzung des Dampfes.

Die richtige Auslegung und das Zusammenspiel der drei Komponenten Verdichter-Verdampfer-Verflüssiger entscheidet über das befriedigende Funktionieren der Kälteanlage.

J5.1.4
Kühlmedium und Verflüssiger

Die Wahl des Kühlmediums bestimmt Bauart, Aufstellungsort und Energiebedarf der Kältemaschine:
- der wassergekühlte Kältesatz: die gesamte Kälteanlage ist in einem kompakten Aggregat enthalten, anzuschließen sind Kälteträger-, Kühlwasser- und Energieversorgung (Strom, Gas, Dampf oder Warmwasser). Erwärmung des Wassers 5 bis 7 K, Wassergekühlte Verflüssiger sind im allgemeinen gekoppelt mit einem Rückkühlwerk. Das Wasser kann theoretisch bis zur Kühlgrenztemperatur der Umgebungsluft rückgekühlt werden, praktisch wird 3 bis 5 K über der Kühlgrenztemperatur erreicht. Wegen des offenen Prozesses können Luftschadstoffe in den Wasserkreislauf gelangen. Das Kühlmedium kann in einem geschlossenen Kreislauf geführt werden, anstelle von Wasser ist eine gefriersichere Sole einzusetzen. Theoretisch kann die Sole bis zur Umgebungslufttemperatur abgekühlt werden. Der luftgekühlte Solekühler kann im Sommer mit Wasser eines Sekundärkreislaufes besprüht werden, um die Abkühlung wieder an die Kühlgrenztemperatur heranzuführen.
- der luftgekühlte Kältesatz: auch hier ist die gesamte Kälteanlage in einem kompakten Aggregat zusammengefasst, anzuschließen sind Kälteträger- und elektrische Leitungen, Aufstellung meist im Freien, Lufterwärmung 5 bis 10 K, Temperaturdifferenz der Verflüssigungstemperatur zur Lufteintrittstemperatur 10 bis 15 K, entsprechend hoch stellt sich die Verflüssigungstemperatur ein, der Energiebedarf ist damit deutlich höher als beim wassergekühlten Verflüssiger, Kälteleistungen bis ca. 1500 kW.
- die „Split-Bauweise": die Verdampfer-Verdichter-Einheit wird im Gebäude aufgestellt, der luftgekühlte Verflüssiger getrennt davon im Freien, die beiden Baueinheiten sind ebenfalls anschlussfertig, am Einsatzort sind die Kältemittelleitungen zum Verflüssiger zu verlegen, Leistungen bis ca. 1800 kW.

J5 Flüssigkeitskühlsätze

- der Verflüssigersatz: der luftgekühlte Verflüssiger bildet zusammen mit dem Verdichter eine Baueinheit, das verflüssigte Kältemittel strömt zu den einzelnen Verdampfereinheiten, bei diesem „Direktverdampfungssystem" sind die Einschränkungen der Kältemittel, die zulässige Füllmenge und Einsatzort zu beachten.

Sorgfältig zu planen ist vor allem
- die unbehinderte Luftströmung und
- der Schallschutz.

J5.1.5
Verdichter

Der Verdichter fördert und verdichtet das Kältemittel und bestimmt damit die erreichbare Kälteleistung der Anlage. Die Leistungsbereiche der Kältemaschinen sind daher mit den verwendeten Verdichtern verknüpft
- (Hub) Kolbenverdichter unter 1 kW bis 1600 kW
- Spiral-Verdichter 90 bis 280 kW (auch als Scrollverdichter bezeichnet)
- Schraubenverdichter 100 bis 3500 kW
- Turbo(Radial)Verdichter 500 bis 6000 kW

J5.1.6
Leistungsregelung

Die Anpassung der Kälteleistung an den Lastbedarf der RLT-Anlage geschieht in Schritten:
- Bei mehreren Kältemaschinen wird eine davon heruntergeregelt, bis der Schaltpunkt erreicht ist. Ab diesem Punkt wird die Leistung einer zweiten Kältemaschine zurückgenommen. Erst dann wird die erste Kältemaschine ganz abgeschaltet. Damit soll vermieden werden, dass bei Lastschwankungen eine Kältemaschine am Schaltpunkt häufig ein- und ausschaltet. Ein großer Flüssigkeitsinhalt der hydraulischen Anlage dämpft die Schalthäufigkeit.
- Bei mehreren Verdichtern in einer Kältemaschine wird die Leistung durch Reduzieren der Leistung einzelner Verdichter gesteuert, wobei der Schaltpunkt wie bei den Kältemaschinen durch Herunterregeln zweier Verdichter verzögert wird.
- Der Saugstrom im Verdichter wird durch mechanische Mittel an der Maschine selbst oder durch anlagentechnische Maßnahmen verändert. Die Methoden der Verdichterregelung werden in den jeweiligen Abschnitten erläutert.

Die Auswirkungen der Regelungsmethoden zeigen sich in einer Darstellung der erforderlichen Antriebsleistung abhängig von der Kälteleistung. Ursache und Wirkung sind klar zu unterscheiden, um richtige Schlüsse zu ziehen. Ein Vermindern des Kältemittelstromes bei gleichbleibenden Verdampfer- und Verflüssigerflächen verändert den Wärmeübergang in diesen Apparaten mit der

Folge gleitender Verdampfungs- und Verflüssigungstemperaturen. Fällt der sinkende Kältebedarf mit sinkender Verflüssigungstemperatur zusammen, zum Beispiel nachts mit niedrigerer Umgebungstemperatur, ergeben sich günstigere Verhältnisse bezüglich Kälte- und Antriebsleistung.

Bild J5-1a zeigt das Schema einer einfachen Kälteanlage mit einem Verdichter.

Am Auslegungspunkt sei die Kälte- und die erforderliche Antriebsleistung jeweils 100%. Es sei eine gleichbleibende Verdampfungs- und Verflüssigungstemperatur angenommen.

Wird der Förderstrom reduziert, geht die Kälteleistung um die stillgelegte Förderleistung zurück, wegen der beinahe gleichbleibenden mechanischen Verlustleistung wird die Antriebsleistung bei Teillast anteilig höher, Verlauf der Linie a im Bild J5-2. Die 45°-Linie entspricht der gleichproportionalen Abnahme der Kälte- und Antriebsleistung.

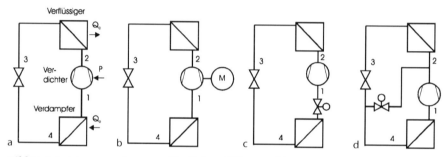

Bild J5-1 Leistungsregelung von Verdichter-Kältemaschinen
a) durch mechanische Mittel in der Maschine selbst
b) durch Drehzahländerung
c) durch Drosselung des Saugstromes
d) durch Heißgas-Beipass

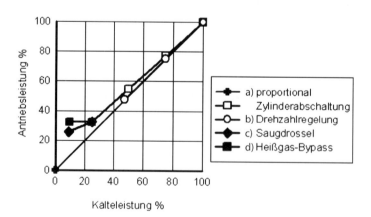

Bild J5-2 Antriebs- und Kälteleistung von Verdichter-Kältemaschinen bei Regelungsmethoden nach Bild J5-1a, b, c, d

Eine der maschinentechnischen Maßnahmen ist die Leistungsregelung durch Drehzahlreduktion, Linie b in Bild J5-2. Bei Hubkolbenverdichtern endet sie im allgemeinen bei 50% der Nominalleistung, Kälte- und Antriebsleistung gehen beinahe gleich-proportional zurück.

Anlagentechnische Maßnahmen der Leistungsreduktion eines einzelnen Verdichters bis 10% sind entweder Saugstromdrosselung oder Heißgas-Bypass, beides mit schlechterem Energiehaushalt.

Bei der Saugstromdrosselung ist zwischen Verdampfer (4) und Verdichter (1) ein Regelventil eingebaut, Bild J5-1c. Die Drosselung des Saugstromes bewirkt eine Druckabsenkung am Verdichtereintritt, mit der geringeren Gasdichte sinkt der Massenstrom und entsprechend die Kälteleistung. Die anteilige Antriebsleistung steigt wegen des höheren Druckverhältnisses, Linie c in Bild J5-2. Mit der Saugstromdrosselung steigt das Druckverhältnis und mit ihm einhergehend die Temperatur des Druckgases, die zulässige Grenze bei 140 bis 150 °C ist zu beachten. Diese Methode wird bei Leistungen < 100 kW angewendet.

Bei der Heißgas-Bypass-Regelung wird ein Teilstrom des Druckgases vor dem Verflüssiger abgezweigt, in einem Ventil auf Verdampferdruck entspannt und mit dem verflüssigten Kältemittel vor dem Verdampfer zusammengeführt, Bild J5-1d. Der nicht verflüssigte Teilstrom reduziert die Kälteleistung, wobei im Verdichter die Fördermenge und entsprechend die Verdichtungsarbeit gleich bleiben. Im Diagramm Bild J5-2d verläuft die Kennlinie der Heißgas-Bypass-Regelung waagrecht, die Antriebsleistung bleibt gleich, die Kälteleistung nimmt ab. Diese Methode wird bei kleinen Leistungen, gelegentlich aber auch bei sehr großen Turbo-Anlagen angewendet, weil dort die Einsatzgrenzen eines zu geringen Volumenstromes verschoben werden können.

J5.1.7
Verdampfer

Zwei prinzipiell unterschiedliche Verfahren sind in Gebrauch,
- Trockenexpansionsverdampfer mit vollständiger Verdampfung im Rohr,
- Überflutetes Rohrbündel mit Verdampfung an der Außenseite des Rohres.

Kältesätze mit Leistungen bis 500 kW werden praktisch immer mit Trockenexpansionsverdampfern ausgerüstet, die obere Grenze ist bei ca. 1500 kW. Das Kältemittel verdampft im Rohr vollständig und wird zusätzlich um 5 bis 10 K überhitzt. Die Verdampfungstemperatur dieser Apparate ist deshalb tiefer als bei den überfluteten Verdampfern, üblich um 2 bis 5 K.

Die Füllmenge dieser Apparate ist mit 20 bis 40 g/kW Kälteleistung sehr klein.

Bei Teillast ist auf eine ausreichende Mindestgeschwindigkeit zu achten. Um dies sicher zu stellen, werden Verdampfer mit Kälteleistungen über 150 kW in zwei oder mehr völlig getrennte Bereiche des Apparates geteilt.

Wegen der zusätzlich zu überwindenden Druckdifferenz werden Trockenexpansionsverdampfer nur mit Verdrängungsverdichtern kombiniert.

Im überfluteten Verdampfer taucht das Rohrbündel in flüssiges Kältemittel, der Kälteträger strömt durch die horizontalen Rohre, geringer Druckabfall des Kältemittels, bei Halogenkältemitteln Cu-Rohre, eine spezielle Rohroberflächenstruktur ergibt sehr guten Wärmeübergang, dadurch kann die Verdampfungstemperatur nahe an die Wasseraustrittstemperatur gebracht werden, üblich 0,5 bis 1,5 K.

Diese Verdampfer bieten den Vorteil eines Puffervermögens des flüssigen Kältemittels, allerdings mit dem Nachteil einer großen Füllmenge, 0,5 bis 1,5 kg Kältemittel/kW Kälteleistung.

Bei diesen Rohren ist der Gesamt-Wärmedurchgangskoeffizient k durch den wasserseitigen Wärmeübergang und durch eine eventuell vorhandene Verschmutzung stark beeinflusst, deshalb sollte die vorgegebene Wassermenge nicht verringert werden.

Überflutete Verdampfer werden mit Verdrängungsverdichter oder Strömungsverdichter kombiniert

Wasserkühler sind mit einer Frostschutzüberwachung und einem Strömungswächter auszurüsten, um Einfrieren zu vermeiden.

Kältemittel:
- Chlorfreie Reinstoffe und Gemische, seltener Ammoniak oder Wasser.
- R134a als Niederdruck-Kältemittel für Kälteanlagen mit luftgekühlten Verflüssigern, für den gleichen Einsatz das Gemisch R407C an der Grenze der Drucklage.
- Die Kältemittel R404A, R507 und besonders R410A erfordern wassergekühlte Verflüssiger bzw. luftgekühlte Verflüssiger mit zusätzlicher Wasserverdunstung.

J5.2
Flüssigkeitskühlsätze mit Hubkolbenverdichter

1 bis 8 Verdichter in einer Einheit, offene, halbhermetische und vollhermetische Bauarten, Kälteleistung eines Aggregates unter 1 kW bis 1600 kW.

Die Leistungsregelung erfolgt in Stufen durch Abschalten von Zylindern bis 25 oder 33% der Nominalleistung, je nach Zylinderzahl. Diese Leistungsanpassung ist nicht stetig, schwankt der Kältebedarf an einem Schaltpunkt, kann es zum häufigen Zu- und Abschalten eines Verdichters oder der Zylinder kommen.

Bleibt bei dieser Art der Leistungsregelung die Verdampfungs- und Verflüssigungstemperatur konstant, entsteht eine Kurve analog Bild J5-2a.

Mit Drehzahlregelung, sind 50%, bei neuen Verdichterkonstruktionen auch 40% der Nominalleistung erreichbar. Die abnehmende Ölversorgung und Schmierfilmbildung im Verdichter ergibt die Grenze der Drehzahlreduktion.

Bezieht man die Kälteleistung eines Verdichters gemäß Bild J3-5 auf die Leistung bei einem ausgewählten Betriebspunkt, entsteht ein Kennfeld, dessen Kurvenscharen nun die Leistung in Prozenten darstellen, Bild J5-3. Als Bezugspunkt wurde die Leistung bei Verdampfung +5 °C und Verflüssigung +35 °C gewählt. Es wird vorausgesetzt, dass an jedem Punkt einer Kurve die gesamte abzufüh-

Bild J5-3 Leistungs-Kennfeld eines Verdrängungsverdichters

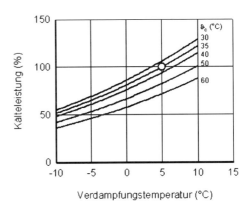

rende Wärme bei der angegebenen Verflüssigungstemperatur auch tatsächlich abgeführt wird. Für den hier interessierenden Bereich der Verdampfungstemperatur zwischen −10 und +10 °C weichen die Leistungskurven unterschiedlicher Kolbenverdichter wenig voneinander ab.

Nun ist zu untersuchen, wie die Verdichterkennlinie mit der Betriebscharakteristik eines Verdampfers übereinstimmt oder auch nicht.

J5.2.1
Flüssigkeitskühlsatz mit überflutetem Verdampfer.

Zur Diskussion des Betriebsverhaltens sei ein überfluteter Verdampfer gewählt, dessen Übertragerleistung bei der Verdampfungstemperatur +5 °C genau mit der Leistung des Verdichters übereinstimmt. Es werden Hochleistungsrohre mit sehr gutem Wärmeübergang wasser- und kältemittelseitig verwendet. Die Durchflussmenge kalten Wassers bleibe unverändert, die Kaltwasser-Temperaturspreizung sei 6 K (12 auf 6 °C) am Auslegungspunkt. Mit niedrigerer oder höherer Verdampfungstemperatur ändert sich die Übertragerleistung des Verdampfers und mit dieser die Temperaturspreizung des Kaltwassers.

Zwei Fälle sind zu unterscheiden:

a) Die Kaltwasser-Austrittstemperatur ϑ_{K2} sei konstant 6 °C, die Eintrittstemperatur ϑ_{K1} von 12 °C ausgehend aber variabel, entsprechend der jeweiligen Kälteleistung und zugehörigen Temperaturspreizung

$$\vartheta_{K1} = \vartheta_{K2} + \frac{\dot{Q}_o}{\dot{m}_K c_K} \tag{J5-1}$$

Die Definitionsgleichung des Wärmetransportes lautet

$$\dot{Q}_o = k \cdot A \cdot \Delta\vartheta_{\ln} = k \cdot A \frac{(\vartheta_{K1} - \vartheta_o) - (\vartheta_{K2} - \vartheta_o)}{\ln\left[(\vartheta_{K1} - \vartheta_o)/(\vartheta_{K2} - \vartheta_o)\right]} \tag{J5-2}$$

durch Kombination beider Gleichungen wird

$$\dot{Q}_o = \dot{m}_K c_K (\vartheta_{K2} - \vartheta_o) \left[\exp\left(\frac{k \cdot A}{\dot{m}_K c_K} \right) - 1 \right]. \quad (J5\text{-}3)$$

es entsteht die Verdampferkennlinie B_o in Bild J5-4. Sie verläuft sehr steil, im Grenzfall wird $\vartheta_{K1} = \vartheta_{K2} = \vartheta_o$ ($= 6\,°C$) und die Übertragerleistung $Q \to 0$. Man beachte den veränderten Maßstab der Temperaturachse.

Ergänzend sind die Kennlinien von Verdampfern eingezeichnet, deren Fläche 30% „zu groß", Linie B_{+30}) bzw. 30% „zu klein", Linie B_{-30}) sind, wobei der wasserseitige Wämeübergangskoeffizient gleich bleiben soll.

Die Kennlinie „Fläche zu groß" bringt nur eine geringfügige Erhöhung der Verdampfungstemperatur, die Temperaturdifferenz $\vartheta_{K2} - \vartheta_o$ ist bereits sehr klein, so dass die zusätzliche Fläche wenig zu einer Erhöhung der Übertragerleistung beitragen kann.

Die Kennlinie „Fläche zu klein" weicht deutlicher von der ursprünglichen Kennlinie ab. Der Schnittpunkt mit der Verdichterkennlinie liegt bei tieferer Verdampfungstemperatur, die Anlage würde weniger Kälteleistung erbringen, bei niedrigerer Temperatur verdampfen und durch das größere Druckverhältnis einen höheren Leistungsbedarf haben.

Die Leistungskurve des Verdichters ist die mit 100% gekennzeichnete Linie, die Teillastlinien 75, 50 und 25% gelten für gleiche Verflüssigungstemperatur.

b) Die Kaltwassereintrittstemperatur ϑ_{K1} sei konstant 12 °C, die Austrittstemperatur ϑ_{K2} von 6 °C ausgehend aber variabel, entsprechend der jeweiligen Kälteleistung und zugehörigen Temperaturspreizung

$$\vartheta_{K2} = \vartheta_{K1} - \frac{\dot{Q}_o}{\dot{m}_K c_K} \quad (J5\text{-}4)$$

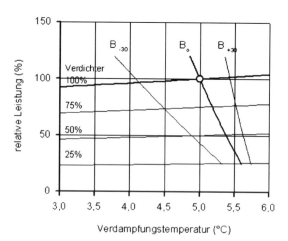

Bild J5-4 Leistungskurve eines Verdichters mit Teillastlinien, überlagert mit Verdampferkennlinien „genau passend", „zu klein" und „zu groß". Die Kaltwasser-Austrittstemperatur wird im Beispiel als konstant angenommen.

J5 Flüssigkeitskühlsätze

Bild J5-5 Beispiel von Verdampferkennlinien mit Wassereintrittstemperatur ϑ_{K1} variabel bei Wasseraustrittstemperatur ϑ_{K2} konstant und umgekehrt ϑ_{K1} konstant und ϑ_{K2} variabel

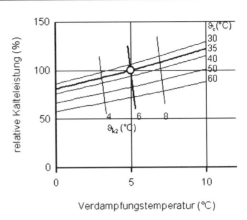

Die Steigung der Kurven kann aus den beiden Bestimmungsgleichungen der Wärmeübertrager abgeleitet werden. Aus

$$\dot{Q} = k \cdot A \cdot \Delta\vartheta_{\ln}$$
$$\dot{Q} = \dot{m}_K c_K (\vartheta_{K1} - \vartheta_{K2})$$

wird

$$\frac{dQ}{d\vartheta_o} = \dot{m}_K c_K \left(1 - e^{\frac{kA}{\dot{m}_K c_K}}\right) \tag{J5-5}$$

in dieser Gleichung kommt das Gewicht des Wärmedurchgangskoeffizienten k zum Ausdruck: je kleiner der k-Wert, um so flacher verläuft die Kennlinie des Verdampfers. Die hypothetischen Grenzwerte zeigen dies deutlicher:

bei $k \to 0$ geht die gedachte Gerade in eine Waagrechte über,
bei $k \to \infty$ in eine Senkrechte.

Ein schlechterer k-Wert kann verursacht sein durch weniger effiziente Rohre, durch verschmutzte Flächen, durch einen verringerten wasserseitigen Wärmeübergang, zum Beispiel durch geringere Wassergeschwindigkeit!
In einer engen Bandbreite der Verdampfungstemperatur ϑ_o (±1 K) kann der Wärmedurchgangskoeffizient k als konstant gelten und der Kurvenverlauf als gerade verlaufend betrachtet werden. Bei der Analyse und Interpretation von Messergebnissen kann dies verwendet werden. In ausgeführten Anlagen sind aber selten genügend viele und kalibrierte Messeinrichtungen vorhanden, auch sind die Betriebsbedingungen selten lange genug konstant, um die erforderlichen Messdaten für genaue Energiebilanzen zu ermitteln. Besonders schwierig sind Messungen an luftbeaufschlagten Wärmeübertragern. Die Beurteilung eines Wärmeübertragers oder des ganzen Flüssigkeitskühlsatzes ist deshalb meist mit einer erheblichen Unsicherheits-Bandbreite verbunden.
Ein erweitertes Kennfeld des oben verwendeten Verdampfers zeigt Bild J5-6. Die Kaltwasser-Austrittstemperaturen als Parameter (4, 6 und 8 °C) ergeben

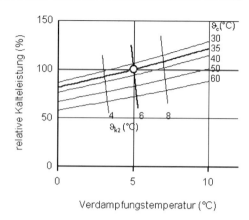

Bild J5-6 Verdichterkennlinien bei unterschiedlichen Verflüssigungstemperaturen (flach verlaufende Kurvenschar) im Verbund mit einem Verdampfer mit drei angenommenen Wasseraustrittstemperaturen ϑ_{K2}

steile, nahezu parallel verlaufende Verdampfer-Kennlinien, sie schneiden die Verdichter-Kennlinien am jeweils möglichen Betriebspunkt der Anlage. Die Verdampfer-Kennlinien verlaufen flacher, wenn als Kälteträger Sole eingesetzt wird oder ein größerer Verschmutzungszuschlag anzunehmen wäre oder wenn anstelle des Hochleistungsrohres ein einfaches Rippenrohr eingebaut wäre!

Der Verdichter kann die Förderleistung nur dann erbringen, wenn der Gegendruck, also der Verflüssigungsdruck, auf der vorgegebenen Höhe eingehalten wird. Am Auslegungspunkt muss die Fläche des Verflüssigers so groß sein, dass die Wärme bei der gewählten Verflüssigungstemperatur abgegeben werden kann.

J5.2.2
Flüssigkeitskühlsätze mit variabler Temperatur des Kühlmediums

Der Verdichter liefert mit dem verdichteten Gas eine Wärmemenge, die im Verflüssiger an das Kühlwasser (oder an die Kühlluft) abzugeben ist. Die Temperatur dieses Kühlwassers schwankt mit dem Tagesgang und beeinflusst damit die Verflüssigungstemperatur.

Mit sinkender Verflüssigungstemperatur – gleichbedeutend niedrigerem Gegendruck – nimmt die erforderliche Antriebsleistung ab, gleichzeitig steigt die Förderleistung des Verdichters, insgesamt nimmt die abzuführende Wärmemenge zu, Kurvenschar A in Bild J5-7. Die Wärmelast ist auf die Kälteleistung bei 5 °C Verdampfung und 35 °C Verflüssigung bezogen.

Mit variabler Kühlwassertemperatur ergeben sich für einen ausgewählten Verflüssiger (gleiche Fläche, gleichbleibende Wassermenge) die Arbeitslinien Kurvenschar B. Angegeben sind jeweils die Eintrittstemperaturen des Kühlwassers. Im betrachteten Bereich verlaufen die Linien praktisch linear. Im Extremfall fallen bei $Q_c \to 0$ Verflüssigungs- und Kühlwasser-Eintrittstemperatur zusammen: $\vartheta_c \to \vartheta_{W1}$.

Bild J5-7 Wärmeleistung des Verdichters, die im Verflüssiger abzuführen ist, Kurvenschar A, und die Leistung eines Verflüssigers bei variabler Kühlwassereintrittstemperatur ϑ_{W1}, Kurvenschar B

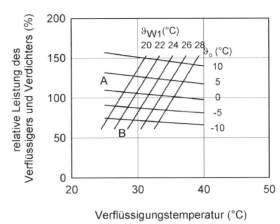

Bild J5-8 Wärmeleistung eines Verdichters (Kurvenschar A von Bild 5-7) und Leistung eines Verflüssigers bei genau passender Auslegung und für die Fälle „Fläche um 25% vergrößert" (+25%) und „Fläche um 25% verkleinert" (−25%)

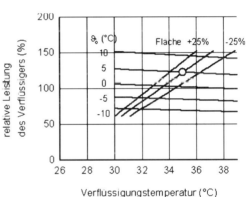

Bild J5-8 zeigt die Auswirkung einer Vergrößerung/Verkleinerung der Wärmeübertragerfläche eines Verflüssigers um jeweils 25%. Bei einer größeren Fläche (+25%) wird bei sonst gleich bleibenden Bedingungen die übertragbare Leistung etwas größer, die erforderliche Verflüssigungstemperatur fällt spürbar und wirkt sich in einer verringerten Antriebsleistung aus.

Alternativ könnte bei gleich bleibender Verflüssigungstemperatur, hier 35 °C, die übertragbare Leistung spürbar größer sein, sofern der Verdampfer die größere Leistung liefert.

Häufig fällt ein verminderter Kältebedarf mit sinkender Temperatur des Kühlmediums Luft oder Wasser aus dem Kühlturm zusammen. Mit der verringerten Flächenbelastung der Verflüssiger sinkt die Verflüssigungstemperatur, das kleinere Druckverhältnis ergibt einen wirtschaftlich verbesserten Betrieb.

Das Teillastverhalten einer Kälteanlage wird häufig in der Art wie Bild J5-2 dargestellt, wo die Kälte- und Antriebsleistung auf den jeweiligen Auslegungspunkt bezogen sind.

Betrachtet man den Verdichter allein und nimmt gleichbleibende Verdampfungs- und Verflüssigungstemperatur an, ergibt sich die Kennlinie a in Bild J5-9.

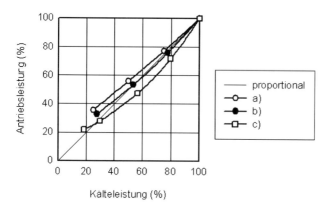

Bild J5-9 Prozentuale Antriebsleistung bei verringerter Kälteleistung, ausgehend von 100%:
a) gleich bleibende Verflüssigungstemperatur, geringere Wärmestromdichte
b) sinkende Verflüssigungstemperatur durch geringere Wärmestromdichte
c) sinkende Kühlwassertemperatur bei gleichzeitig sinkender Kälteleistung

Die geringer belastete Verflüssigerfläche lässt die Verflüssigungstemperatur sinken, dadurch steigt die Förderleistung des Verdichters, die Kälteleistung nimmt anteilig zu, gleichzeitig verringert sich die erforderliche Antriebsleistung, Kennlinie b. Erst bei einer Teillast unter 30% wirkt sich verstärkt der gleichbleibende Leistungsanteil für Reibung und Schmierölförderung aus, die Kennlinie wird flacher.

Sinkt gleichzeitig die Temperatur des Kühlwassers, wird der Effekt verstärkt und ergibt den Verlauf der Kennlinie c in Bild J5-9. Diese Verschiebung würde sich noch mehr akzentuieren, wenn auch die Verdampfungstemperatur wie in Bild J5-5 ansteigen würde.

Noch deutlicher ist das Teillastverhalten mit der Leistungszahl darzustellen. Bezieht man die Teillastwerte auf die Leistungszahl bei Volllast, ergeben sich die Kurven in Bild J5-10:
a) Die Kühlwassertemperatur bleibt gleich, die Verflüssigungstemperatur sinkt etwas durch die geringere Flächenbelastung und verbessert das Teillastverhalten, bis die gleich bleibende Verlustleistung für Reibung und Ölförderung anteilig dominiert.
b) Mit sinkender Kühlwassertemperatur verstärkt sich der Effekt, aber auch hier sinkt bei Teillast unter 30% die Leistungszahl.
c) Augenfällig wird die schlechtere Leistungsbilanz bei der Drosselung des Saugstromes.
d) Die Rückführung eines Teils des verdichteten Gases („Heißgas-Bypass") ist energetisch ungünstig, aber einfach und billig und besonders zum Regeln eines geringen Leistungsanteils anwendbar.

J5 Flüssigkeitskühlsätze

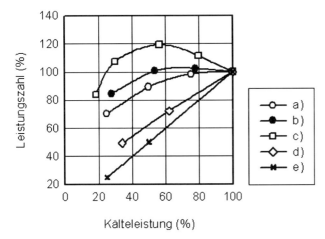

Bild J5-10 Kälteleistungszahlen bei einem Betrieb wie in Bild 5-9a, b und c und zusätzlich d mit Saugdrossel zur Teillastregelung, e mit Heißgas-Beipass zur Teillastregelung

J5.2.3
Flüssigkeitskühlsätze mit Hubkolbenverdichter mit Trockenexpansionsverdampfer

Bei diesen Apparaten ist der Druckabfall des verdampfenden Kältemittels im allgemeinen so bedeutend, dass die Verdampfungstemperatur nicht mehr als konstant bleibend betrachtet werden kann. Entlang des Strömungsweges sinkt der Druck und damit die Verdampfungstemperatur.

Die starke und laufend beschleunigte Konvektionsströmung des Kältemittels ergibt einen sehr guten Wärmeübergang. Bei Teillast geht der Massenstrom zurück, als Folge verringert sich der Wärmeübergangskoeffizient, im Grenzfall kann das eingeschleppte Öl nicht mehr sicher transportiert werden.

Bild J5-11 zeigt das Leistungskennfeld eines Verdrängungsverdichters mit einem Trockenexpansionsverdampfer.

Bild J5-11 Voll- und Teillastlinien eines Verdrängungsverdichters überlagert mit den Kennlinien eines Trockenexpansionsverdampfers bei wahlweise festgehaltener
– Kaltwassereintrittstemperatur ϑ_{K1}
– Kaltwasseraustrittstemperatur ϑ_{K2}

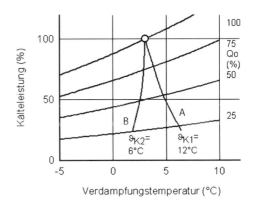

Als Bezugstemperatur der Kälteleistung 100% ist hier 3 °C angenommen. Bei dieser Kälteleistung schneiden sich die Verdichter- und die Verdampfer-Kennlinien. Bei sinkender Kühllast sinkt auch die Rücklauftemperatur des Kälteträgers. Je nach Regelungsverfahren der Kältemaschine ergibt sich eine der beiden Verdampfer-Kennlinien.

Wird die Zulauftemperatur ϑ_{K1} zur Kältemaschine konstant gehalten und gleichzeitig die Kälteleistung reduziert, steigt die Austrittstemperatur ϑ_{K2} des Wassers. Im Verdampfer erhöht sich dadurch die treibende Temperaturdifferenz gemäß der Gleichung

$$Q_o = k \, A \, \Delta\vartheta_K \tag{J1-1}$$

Der kältemittelseitige Wärmeübergang wird durch die kleinere Massenstromdichte geringer und verschlechtert den Wärmedurchgangskoeffizienten k, insgesamt aber überwiegt die größer werdende Temperaturdifferenz, was der Verdichter mit dem Anstieg der Saugtemperatur ϑ_o kompensiert. Ergebnis ist schließlich die Kennlinie A. Die Leistungszahl dieser Kältemaschine steigt.

Wird dagegen die Wasseraustrittstemperatur ϑ_{K2} konstant gehalten und sinkt mit geringerer Last die Zulauftemperatur ϑ_{K1}, wird die treibende Temperaturdifferenz kleiner, als Reaktion senkt der Verdichter die Saugtemperatur ϑ_o. Ergebnis ist die Verdampfer-Kennlinie B.

Gelegentlich wird das natürliche Kältemittel Ammoniak verwendet, wegen seiner thermodynamischen Besonderheit werden wassergekühlte Verflüssiger bevorzugt. Neuerdings werden auch Kohlenwasserstoffe (Propan, Propylen, Butan …) eingesetzt, im Maschinenraum sind dann entsprechende Sicherheitsvorkehrungen zu treffen.

J5.3
Flüssigkeitskühlsätze mit Spiral-Verdichtern

Bis 6 Verdichter in einer Einheit, Kälteleistung eines Aggregates bis etwa 280 kW.

Spiral-Verdichter, häufig auch Scroll-Verdichter bezeichnet, haben keine interne Regelung der Fördermenge, eine Leistungsanpassung ist nur durch Ein/Ausschalten der Verdichter und die Feinregelung durch Drehzahländerung, Saugdrosselung oder Heißgas-Bypass möglich.

Die Maschinen sind für die Anwendungen der Raumlufttechnik konzipiert. Die Verdichter werden mit Trockenexpansionsverdampfern kombiniert, ansonsten gelten alle bei den Hubkolbenverdichtern diskutierten Überlegungen des Leistungs-Kennfeldes.

J5.4
Flüssigkeitskühlsätze mit Schraubenverdichter

1 bis 4 Verdichter in einer Einheit, Kälteleistung eines Aggregates bis 3500 kW.

Bei Schraubenverdichtern geschieht die Regelung des Förderstromes durch Ein/Ausschalten des Verdichters und zusätzlich stufenlos durch Verstellen eines

Schiebers bis 10% der Nominalleistung, wobei unter 25% die Verlustleistung durch Ölförderung und Reibung stark ansteigt.

Die Anpassung der Förderleistung verändert auch das Verdichtungsverhältnis. Bei niedriger Teillast kann dann die Maschine das richtige Druckverhältnis nicht mehr einstellen, die Verlustleistung nimmt zu. Unter den Verdrängungsverdichtern verfügen die Schraubenverdichter über die beste, nämlich stufenlose Leistungsanpassung, die interne Ölkühlung des Verdichtungsraumes lässt hohe Druckverhältnisse zu. Bei luftgekühlten Kältesätzen oder bei Ammoniak als Kältemittel können mit diesen Verdichtern alle Anforderungen von RLT-Anlagen erfüllt werden.

Die Verdichter können mit allen Verdampferbauarten kombiniert werden, ansonsten gelten alle bei den Hubkolbenverdichtern diskutierten Überlegungen des Leistungs-Kennfeldes.

J5.5
Flüssigkeitskühlsätze mit Turboverdichter

1 bis 4 Verdichter in einer Einheit, offene und halbhermetische Maschinen, Kälteleistung eines Aggregates 500 kW bis 6 MW.

Bei Turboverdichtern erfolgt die Leistungsregelung stufenlos durch Verstellen der Vordrall-Leitschaufeln oder durch Drehzahlregelung, bei einigen Bauarten auch durch Anpassen des Diffusors.

Die Verdichter werden fast immer mit überfluteten Verdampfern kombiniert, gelegentlich mit Rieselfilmverdampfern.

Zur Absicherung gegen „Pumpen" legt man einen Pumpgrenzabstand fest, z. B. eine Druckdifferenz entsprechend 1 bis 3 K. Die Betriebszustände sollten zuverlässig unter oder höchstens auf dieser Linie liegen. Abweichungen von der ursprünglichen Auslegung können zu erhöhtem Verflüssigungsdruck und damit zu instabilen Vorgängen im Verdichter führen. Der willkürlich festgelegte Pumpgrenzabstand dient also einem sicheren Betrieb und sollte in die Anlagenregelung einbezogen werden.

Das führt zur unabdingbaren Forderung, dass die Verflüssigungstemperatur nicht über einen vorgegebenen Wert ansteigen darf. Solche Zustände entstehen im Verflüssiger durch
a) zunehmende Verschmutzung der Wasser- oder Luftseite
b) verminderten Wasserstrom (oder Kühlluftstrom)
c) Luft im Kältemittel
d) bei hoher Lufttemperatur mit luftgekühlten Verflüssigern.

Im Kennfeld des Strömungsverdichters ist dessen maximaler Wirkungsgrad nahe der Grenze des erreichbaren Gegendruckes und der maximal möglichen Fördermenge. Den Auslegungspunkt A der Maschine legt man möglichst nahe dem Bestpunkt, so dass die Betriebskennlinie im Bereich eines hohen Wirkungsgrades verläuft.

Bild J5-12 Kennlinienfeld eines Turboverdichters mit zwei Betriebskennlinien der Kältemaschine A-B-C-D bei unveränderter Kühlwassertemperatur
A-B'-C'-D' bei sinkender Kühlwassertemperatur mit sinkender Kältelast
Kennzeichnung VD: Linie konstanten Winkels der Vordrallschaufeln
Kennzeichnung η: Linie konstanten Wirkungsgrades der Verdichtung

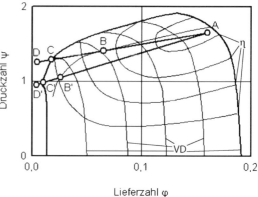

Das Betriebsverhalten des Verflüssigers bestimmt dann den Verlauf der Anlagenkennlinie, Bild J5-12. Bei reduzierter Last und gleich bleibender Kühlwassertemperatur sinkt die Verflüssigungstemperatur langsam, entsprechend die erforderliche Druckdifferenz, es entsteht eine Anlagenkennlinie A–D. Bei B wird der Pumpgrenzabstand erreicht und löst einen Regelungseingriff aus, bei C schließlich beginnt das Pumpen des Verdichters. Der eingezeichnete Punkte D kann von diesem Verdichter nicht erreicht werden. Der instabile Betrieb bei C kann durch Heißgas-Bypass überbrückt werden, der Förderstrom und die Antriebsleistung bleiben dann gleich, während die Kälteleistung abnimmt.

Sinkt mit reduzierter Last auch die Kühlwassertemperatur (oder Kühllufttemperatur), verläuft diese Kennlinie steiler nach unten, A–D' mit den entsprechenden Schnittpunkten am Pumpgrenzabstand B' und der Pumpgrenze C'.

Im Kennfeld sind die Muschelkurven gleichen Wirkungsgrades der Verdichtung eingezeichnet, ausgehend von einem Maximum bei 84 bis 87%. Es ist zu erkennen, wie bei einer günstigen Festlegung der Nominalleistung die Betriebskennlinie in einen Bereich hoher Wirkungsgrade gelegt werden kann.

Die Verdampfungstemperatur steigt bei Minderlast nur geringfügig, wenn die Kaltwasser-Austrittstemperatur konstant gehalten werden soll.

Arbeitet die Anlage mit Wärmerückgewinnung, bleibt die Wasseraustrittstemperatur und die Verflüssigungstemperatur auch bei Teillast annähernd konstant, die Betriebskennlinie verläuft dann beinahe horizontal (nicht eingezeichnet). Bei Teillast würde dann sehr schnell der Pumpgrenzabstand als Sicherheitsgrenze erreicht, also deutlich früher, als bei der reinen Kältemaschine mit sinkender Kondensationstemperatur.

Die Turboverdichter-Anlagen arbeiten bis etwa 40% der Nominalleistung im Bereich eines hohen Wirkungsgrades und weisen deshalb ein gutes Teillastverhalten auf. Erst bei noch geringerer Last fällt auch der Verdichterwirkungsgrad deutlich ab.

Dieser Leistungsaufwand, aufgetragen über der Kälteleistung bei Teillast, bezogen auf den Auslegungspunkt maximaler Leistung, ergibt einen Verlauf gemäß Bild J5-13. Mit konstanter Verdampfungs- und Verflüssigungstemperatur ver-

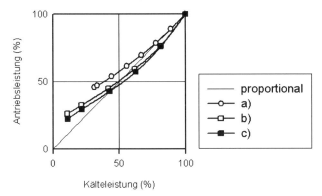

Bild J5-13 Teillast-Kälteleistungszahlen eines Turboverdichters bei
a) gleich bleibender,
b) geringfügig fallender,
c) stärker fallender Verflüssigungstemperatur

läuft die Verdichterkennlinie wie bei den Verdrängungsverdichtern, Kurve a. Im Verbund mit der Anlage sinkt bei Teillast die Verflüssigungstemperatur, entsprechend wird der Leistungsaufwand bei Teillast günstiger, auch bei konstant bleibender Kühlwasser-Eintrittstemperatur, Kurve b, und erwartungsgemäß noch besser, wenn bei Teillast auch die Kühlwassertemperatur sinkt, Kurve c.

Eine Besonderheit sind Turbo-Kältesätze mit Wasser als Kältemittel. Aus dem abzukühlenden Kaltwasser wird direkt Dampf abgesaugt, in zwei Stufen verdichtet und verflüssigt. Wegen des niedrigen absoluten Druckes (ca. 600 Pa) und der sehr kleinen Dampfdichte müssen die Verbindungsleitungen mit großem Querschnitt ausgeführt sein. Die Verdampfungskammer, Verdichter und Verflüssiger werden deshalb in einem gemeinsamen zylindrischen Behälter untergebracht. Das Kaltwasser kann bis auf 6 °C abgekühlt werden, die Leistungsanpassung erfolgt durch Drehzahlregelung.

J5.6
Wasserkühlanlagen mit Dampfstrahlverdichtern

Eine weitere Besonderheit sind Wasserkühlanlagen mit Dampfstrahlverdichtern, ebenfalls Strömungs„maschinen", ihre Funktion ist in Bd. 1, F2.4 beschrieben. Dampfstrahlverdichter saugen den Wasserdampf direkt aus dem abzukühlenden Kaltwasserstrom ab. Es ist eine 2-stufige Verdichtung zum Erreichen des Verflüssigungsdruckes erforderlich, anschließend 2 bis 3 weitere Stufen als Vakuumpumpe. Das Verhältnis Treibdampf zu angesaugtem Dampf ist 2,2 bis 3 kg/kg, gerechnet mit Treibdampf von 1 bis 8 bar, der Kühlwasserbedarf ist das drei- bis vierfache einer normalen Kompressions-Kältemaschine. Das einfache und sehr betriebssichere Verfahren ist für kurze Jahresnutzungsraten der Kälteanlagen geeignet, wenn billiger Niederdruckdampf verfügbar ist, es erfordert aber ein deutlich größeres Rückkühlwerk. Die Strahlverdichter weisen ein starres Betriebsverhalten auf, Teillast wird durch mehrere, parallelgeschaltete Stufen erreicht. Wegen des hohen Treibdampf- und Kühlwasserverbrauches werden sie in Klimaanlagen nur in Sonderfällen eingesetzt.

J5.7
Absorptionskältesätze

Werksmontierte Einheiten mit Kälteleistungen von 140 bis 6000 kW werden angeboten, einzelne Kleingeräte ab 50 kW. Die größeren Aggregate sind schwer und voluminös, Transport und Einbringung sind deshalb genau zu prüfen. Ein- und Zweikesselbauarten werden angeboten, im Verfahrensablauf unterscheiden sie sich nicht.

Die Kaltwassertemperatur ist wegen des Gefrierpunktes des Kältemittels Wasser auf 6 bis 7 °C beschränkt, die spezifischen Verbrauchszahlen einer Absorptions-Kälteanlage werden durch das Wärmeverhältnis ζ ausgedrückt

$$\zeta = \frac{\text{Wärmeaufnahme im Verdampfer}}{\text{Wärmezufuhr im Austreiber}}$$

1-stufige Anlagen
    Heizmedium Sattdampf 1 bis 2 bar oder
    Warmwasser 80 bis 120 °C
    $Q_o / Q_H = 0{,}66$ bis $0{,}71$ (kW/kW),
    Kühlwasser 0,25 bis 0,35 m³/h / kW Kälte,
2-stufige Anlagen
    Heizmedium Sattdampf 7 bis 8 bar
    oder mit Erdgas oder Heizöl direktbefeuerte Austreiber.
    $Q_o / Q_H = 1{,}1$ bis $1{,}4$ (kW/kW),
    Kühlwasser 0,25 bis 0,35 m³/h / kW Kälte

Die Leistungsregelung erfolgt stufenlos durch Anpassen der Wärmezufuhr im Austreiber. Als Ergebnis fällt der Leistungsbedarf etwas überproportional bis ungefähr 30% der Kälteleistung, Kurve a in Bild J5-14. Für den Energiehaushalt interessant ist die gleichzeitige Reduktion der umlaufenden Lithiumbromidlösung durch Drosseln oder durch eine drehzahlgeregelte Lösungspumpe, Kurve b.

Bei Niederdruckdampf ist darauf zu achten, dass nach der Drosselung das Kondensat noch ausreichend Druck hat, um in den Speisewasserkreislauf einzuströmen.

Bei Heißwasser sollte der Mengenstrom im Austreiber durch eine Internpumpe konstant gehalten werden. Darf für ein Fernwärmenetz die vorgegebene Temperaturspreizung nicht unterschritten werden, ist zusätzlich eine Drosselschaltung vorzusehen.

Korrosion und Kristallisation im Kreislauf der Lithiumbromidlösung kann zu schwerwiegenden Betriebsproblemen führen. Durch periodische Kontrollen

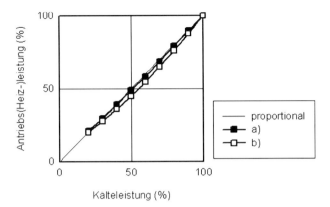

Bild J5-14 Teillast -Kälteleistungszahlen einer LiBr-Absorptionsanlage bei
a) Leistungsregelung durch Anpassen der Wärmezufuhr im Austreiber
b) Reduktion der Heizleistung und gleichzeitiger Reduktion der umlaufenden Lithiumbromidlösung

und durch eine ausgefeilte Regelungstechnik sollen diese Störungen vermieden werden.

J5.8
Adsorptionskühlsätze

Die handelsüblichen Geräte arbeiten mit Kieselgel („Silicagel") als Adsorptionsmittel und Wasser als Kältemittel. Die Anlagen arbeiten bei einem Verdampfungsdruck von 7 bis 8 mbar.
- Kälteleistung 50 bis 520 kW
- Heizmedium Warmwasser von 55 bis 100 °C
- Wärmeverhältnis $\zeta = Q_o / Q_H = 0{,}54$ bis $0{,}7$
- Kühlwasser 0,42 bis 0,62 m^3/h / kW Kälte

Zu beachten sind die sehr hohen Transport- und Betriebsgewichte bei der Einbringung und Aufstellung der Geräte.

J6
Arbeitsstoffe

Der Arbeitsstoff Kältemittel transportiert in Kälteanlagen die Wärme. Es muss thermodynamischen, chemischen, physiologischen und Umwelt-Anforderungen genügen.

Der Arbeitsstoff Kältemaschinenöl hat die Aufgaben Schmieren, Kühlen, Dichten zu erfüllen und wird dabei ungewöhnlichen Belastungen ausgesetzt.

J6.1
Kältemittel

Das Kältemittel durchläuft beim Kaltdampf-Kompressionsverfahren flüssige und gasförmige Zustände. Es muss im gewünschten Temperaturbereich ein geeignetes Dampfdruckverhalten aufweisen. Kältemittel werden von ihrer Verwendungsabsicht im geschlossenen Kreislauf gehalten. Bei Havarien kann es unbeabsichtigt in die Atmosphäre gelangen. Deshalb stehen neben den thermodynamischen und chemischen Wunscheigenschaften auch solche des physiologischen und umweltbezogenen Verhaltens.

Das ideale Kältemittel sollte folgende Eigenschaften aufweisen:
1. Umweltbezogen neutral (keine Ozonschichtgefährdung, geringer Treibhauseffekt),
2. thermodynamisch günstiges Verhalten, also mäßiger Druck bei der Verflüssigung, Überdruck bei der Verdampfung, geringer spezifischer Energiebedarf, hoher spezifischer Wärmetransport bei großen Anlagen, bei kleinen Anlagen kann aber das Gegenteil wünschbar sein,
3. hoher Wärmeübergangskoeffizient,
4. stabil, nicht reaktiv mit den Werkstoffen des Kreislaufes, verträglich mit den Schmierstoffen,
5. ungiftig,
6. nicht brennbar,
7. kostengünstig und möglichst weltweit verfügbar.

Dabei gibt es unabdingbare Forderungen und solche, die nur mit Kompromissen einzuhalten sind, weil das ideale Kältemittel teilweise sich widersprechende Forderungen stellt.

Die erste Forderung ist das indifferente Verhalten gegenüber dem Ozon der Stratosphäre. Chlor- und bromhaltige Stoffe treten in der Stratosphäre in Wechselwirkung mit dem Ozon, die Intensität dieser Wirkung wird mit dem Begriff des Ozon-Abbau-Potentials ODP (= Ozone Depletion Potential) gemessen.

Die chlor- und bromhaltigen Kältemittel sind deshalb durch eine weltweit gültige Regelung verboten oder nur mehr zeitlich begrenzt verwendbar. Gewisse Erleichterungen gelten noch für Entwicklungsländer bis 2010.

Die neuen Kältemittel sind stets chlor- und bromfrei, es sind fluorierte Kohlenwasserstoffe als reines Produkt oder Gemische aus mehreren solcher Stoffe, ihr Sammelbegriff ist HFKW (fluorierte Kohlenwasserstoffe).

Daneben werden auch die natürlichen Stoffe Wasser, Ammoniak, CO_2, Propan, Propylen und Butan verwendet oder erprobt.

Die Bezeichnungen der Kältemittel sind in der Norm DIN 8962 [J-6] zusammengestellt.

In Tabelle J6-1 (s. a. Bd. 1, Tabelle F1-1) wird ein Überblick über die wichtigsten Eigenschaften von heute gebräuchlichen synthetischen (HFKW) und natürlichen Kältemitteln gegeben. Zum Vergleich wird noch das früher vorwiegend verwendete Kältemittel R22 aufgeführt, in Neuanlagen darf es nicht mehr ver-

J6 Arbeitsstoffe

Tabelle J6-1 Eigenschaften der wichtigsten Kältemittel

		H-FCKW		H-FKW				Anorgan.		Organ.
ASHRAE-Nummer		R22	R134a	R404A	R407C	R410A	R507	R717	R718	R290
Chemische Formel		$CHClF_2$	$C_2H_2F_4$					NH_3	H_2O	C_3H_8
Bei Gemischen Anteile in Massen-%				44 R125 4 R134a 52 R143a	23 R32 25 R125 52 R134a	50 R32 50 R125	50 R125 50 R143a			
Molmasse	Kg/kmol	86,5	102	97,6	86,2	72,6	98,9	17	18	44,1
Normalsiedepunkt (103,25 bar)	°C	-40,7	-26,1	-46,6	-43,8	-51,6	-47,1	-33,4	+100	-42,1
Druck bei 0°C (p_o)	kPa	497	293	604	461	797	630	430	0,61	474
Kritischer Druck	kPa	4990	4067	3730	4615	4705	3718	11300	22210	4261
Kritische Temperatur	°C	96	101	72	86	70	71	132	374	97
Verflüssig.temperatur bei 26 bar	°C	63	79	55	57	43	55	60	225	70
Temperaturgleit	K	0	0	0,5	6,1	0,1	0	0	0	0
Druck bei 40°C	kPa	15,33	1016	1833	1745	2418	1873	1555	7,4	1369
Volumetr. Kälteleistung (0/35°C)	kJ/m³	3444	2150	3493	3247	5014	3566	3798	11,4	2922
GWP (auf CO_2 bezogen, 100 a)	-	1900	1300	4540	1980	2340	4600	0	-	20
MAK-Wert	ppm	500	1000	1000	1000	1000	1000	25	-	2500

wendet werden. Bei der Auswahl eines Kältemittels werden folgende Argumente zu berücksichtigen sein:

Thermodynamische Eigenschaften
Die thermodynamischen Eigenschaften der Kältemittel wirken sich direkt auf die Gestaltung und den Energiehaushalt der Verdichter aus.
- Der Verdampfungsdruck sollte über Umgebungsdruck sein, um Eindringen von Luft und Feuchte in das System zu vermeiden, kennzeichnend ist der Normalsiedepunkt,
- der Verflüssigungsdruck sollte unter 25 bar sein, die genormten Komponenten von Kälteanlagen sind für diesen maximalen Druck ausgelegt, Komponenten für das Hochdruck-Kältemittel CO_2 gehen über diese Grenze hinaus.
- Der Verflüssigungsdruck sollte nicht zu nahe am kritischen Punkt liegen, weil sonst die verfügbare Verdampfungsenthalpie klein wird, die Grenze ist bei 0,5 ... 0,7 p_{krit}. Aus dem p,h-Diagramm, Bild J3-2, ist zu entnehmen, wie die relativ flach verlaufende linke Grenzkurve (Flüssigkeitslinie) mit höherem Druck den Endpunkt der Verflüssigung verschiebt und die verbleibende Verdampfungsenthalpie immer kleiner wird.
- Die verfügbare Verdampfungsenthalpie $h_1 - h_4$ und die Dampfdichte ρ_1 am Verdichtereingang bestimmen die Größe der Maschine. Das Produkt $(h_1 - h_4)\rho_1$ wird volumetrische Kälteleistung genannt, es ist die pro Volumeneinheit transportierte Wärmemenge. Je größer das Produkt beider Zahlen, um so kleiner kann der Verdichter sein, denn das erforderliche Saugvolumen des Verdichters ist

$$\dot{V}_{Saug} = \dot{Q}_o / (h_1 - h_4)\rho_1 \tag{J6-1}$$

- Flach verlaufende Isentropen ergeben hohe Druckgastemperaturen, hohe Druckgastemperaturen können zum Zersetzen des Schmiermittels führen.
- Einige der neuen Kältemittel sind Gemische (R407A, B, C), deren Temperatur sich beim Verdampfen und Verflüssigen verändert, obwohl der Druck jeweils konstant bleibt. Dies erlaubt bei kleinen Anlagen eine Anpassung der Kältemitteltemperatur an die Lufttemperatur und damit theoretisch eine thermodynamische Verbesserung. Allerdings werden gleichzeitig Diffusionsvorgänge im Kältemittel wirksam, die zu schlechteren Wärmeübergangskoeffizienten führen. In Anlagen mit überfluteten Verdampfern sind diese Kältemittel nicht geeignet. Die ebenfalls häufig verwendeten Gemische R404A und R410A weisen dem gegenüber eine nur sehr geringe Temperaturänderung beim Phasenwechsel auf und können in ihrem Verhalten wie reine Stoffe betrachtet werden.

Chemische Eigenschaften
- Erwünscht ist eine hohe Stabilität der Kältemittel im Kreislauf, an heißen Stellen des Verdichters darf keine Zersetzung erfolgen, in freier Atmosphäre sollten sie aber rasch abgebaut oder gebunden werden.

- Sie sollten indifferent gegenüber den metallischen Werkstoffen, den Dichtungen und eventuellen Isolierlacken im Kreislauf sein und sie sollten
- nicht brennbar sein, keine explosionsfähigen Gemische bilden, da sonst ein erhöhter Sicherheitsaufwand erforderlich wird.

Physiologische Eigenschaften und Umwelteinfluss
- Ungiftig oder eine gute Warnwirkung wie Ammoniak,
- Möglichst geringer Einfluss auf den Wärmehaushalt der Erde.

Die mittlere Oberflächentemperatur der Erde stellt sich als Gleichgewicht aus Eigenwärme, Ein- und Abstrahlung dar (s. Bd. 1, B1.3). Bei einer ungehinderten Abstrahlung wäre die mittlere Oberflächentemperatur der Erde $-18\,°C$. Durch die Absorptionswirkung der natürlichen Bestandteile Wasser, Wasserdampf, CO_2 und anderer in der Gashülle stellt sich ein Gleichgewicht bei $+15\,°C$ ein. Charakteristisch für dieses natürliche Gleichgewicht ist ein Wellenlängenbereich der Infrarotstrahlung, in dem keine Absorption stattfindet. Viele der neuen Kältemittel sind gerade in diesem Strahlungsfenster besonders wirksam und haben deshalb ein relativ großes Treibhauspotential, weil zusätzlich Wärmestrahlung zurückgehalten wird, die bisher frei in den Weltraum abstrahlte. Mit langer Halbwertzeit in der Atmosphäre wirken diese Stoffe über viele Jahre. Ihr Treibhauseffekt wird deshalb auf einen Zeithorizont von 100 Jahren berechnet und auf die Wirksamkeit von CO_2 bezogen, CO_2 hat damit den GWP-Wert = 1. (GWP = Greenhouse Warming Potential). Die zunehmend verschärften Auflagen zur Dichtheit von Kälteanlagen sollen verhindern, das diese treibhauswirksamen Stoffe in die Atmosphäre gelangen. Zum Treibhauseffekt sind bis jetzt keine Grenzwerte festgelegt.

Eine strengere Betrachtung bezieht nicht nur den direkten Effekt eines in die Atmosphäre gelangten Kältemittels ein, sondern auch den indirekten Effekt durch den Energieverbrauch einer Kälteanlage, welcher über die Jahresbilanz errechnet wird. Dieses Berechnungsverfahren ist in der Norm DIN EN 378 Teil 1 [J-7] ausführlich behandelt.

Verfügbarkeit
- Der Anteil der HFKW am gesamten Treibhauseffekt ist im Vergleich zu CO_2 bescheiden, dennoch sind in einzelnen europäischen Ländern bereits Verbotsregelungen für die Zukunft in Kraft oder geplant.
- Die Herstellkosten der HFKW sind, verglichen mit Ammoniak oder CO_2, hoch. Geringe Füllmengen der HFKW-Anlagen werden angestrebt.

J6.2
Kältemaschinenöl

Die Aufgaben des Schmiermittels im Kompressionskreislauf sind Schmieren und Kühlen der Gleitflächen, bei Verdrängermaschinen zusätzlich Abdichten des Verdichtungsraumes und Lärmdämpfung.

Eine Besonderheit der Schmiermittel in Kältemittelverdichtern ist die gegenseitige Löslichkeit mit Kältemittel. Kältemittel im Öl verringert die Viskosität, so bleibt es im kalten Verdampfer fließfähig. An den Schmierstellen darf ein minimal erforderlicher Grenzwert nicht unterschritten werden. Grenzwert bei ca. 10 cSt (10 cSt = 10 mm^2/s = 10 · 10^{-6} m^2/s). Bei längerem Stillstand eines Verdichters kondensiert Kältemittel in das Öl und verdünnt es. Vor dem Start muss deshalb durch Vorheizen (bis 24 h) der Kältemittelgehalt verringert werden.

Lösliche Öle werden bei richtiger Auslegung vom Sauggas zum Verdichter zurückgebracht, die Wärmeübertragerflächen werden ständig gewaschen, der Wärmeübergang wird nur wenig beeinflusst.

Etwas anders sind die Verhältnisse bei nichtlöslichen Ölen, als Beispiel kann Ammoniak mit Mineralöl gelten. Im Verflüssiger wirkt sich das mitgeschleppte Öl wenig aus, die Temperatur ist hoch genug, um die Fließfähigkeit zu erhalten, dennoch ist der Ölfilm wie eine Verschmutzung der wärmeübertragenden Flächen zu betrachten. Bei den tiefen Temperaturen im Expansionsventil und noch mehr im Verdampfer kann das Öl einzelne Tropfen bilden und schließlich verklumpen und ganze Leitungs- und Apparateteile blockieren.

Das Schmiermittel muss extremen Beanspruchungen standhalten, im Druckraum können Temperaturen bis über 150 °C auftreten, dabei darf noch keine nennenswerte Zersetzung eintreten.

Der Zustand des Öles ist ein gutes Indiz für den Zustand der ganzen Kälteanlage, bei Überhitzung im Kreislauf oder Versäuerung durch Hydrolyse ändert sich die Farbe und die Säurezahl des Öles.

Bei den neuen, fluorierten Kohlenwasserstoffen (H-FKW) werden Poliolester als Schmiermittel eingesetzt. Poliolester sind hygroskopisch, übersteigt der Wassergehalt vorgegebene Grenzwerte kann die Veresterungsreaktion rückwärts laufen, es bildet sich eine organische Säure verbunden mit einem korrosiven Angriff auf Werkstoffe im Kreislauf:

mehrwertiger Alkohol + Carbonsäure < = > Poliolester + Wasser.

Beim Umrüsten alter Anlagen auf die neuen, chlorfreien Kältemittel muss Esteröl vorgesehen werden. Reste des vorherigen (Mineral-)Öles sind in den neuen Kältemitteln nicht löslich und können den Betrieb durch Verklumpen und durch einen isolierenden Film an den Wärmeübertragerflächen empfindlich stören. Eine Reinigung des Kreislaufes und/oder Spülen mit mehrmals erneuertem Esteröl reicht in den meisten Fällen.

In Kältemitteln nichtlösliche Öle werden dann eingesetzt, wenn diese Öle im Verdampfer keine Störungen verursachen, sie werden mit entsprechenden Fördereinrichtungen zum Verdichter zurücktransportiert.

J6.3
Absorptionsgemische

Die Wasser-Lithiumbromid-Lösung hat sich trotz des Nachteils einer möglichen Kristallisation in allen Absorberkühlsätzen durchgesetzt. Der umlaufenden Salzlösung wird Octylalkohol beigemischt, um die Benetzungseigenschaften zu verbessern.

Korrosion entsteht als Folge eindringenden Luftsauerstoffes. Entstehendes Kupferoxid ist in wässrigem Lithiumbromid löslich. Die Dichtheit der Anlage ist deshalb wichtig (Nachweis des Herstellers) und die unvermeidbar in das System eindringende Luft ist periodisch abzusaugen. Auch die Werkstoffwahl trägt zur Verfügbarkeit bei. Inhibitoren werden der Lithiumbromidlösung nach Bedarf zugesetzt, im allgemeinen Lithiumchromat, -hydroxid, -molybdat oder -nitrat.

J7
Komponenten des Kühl-/Kältekreislaufes

J7.1
Verdichter

Drei Bauarten sind in Gebrauch:

Offene Bauarten: Antriebswelle mit rotierender Dichtung, die Motorabwärme wird an die Umgebung abgeführt, die Dichtung ist ein empfindliches und Verschleiß unterworfenes Bauelement. Die Schmierung und Kühlung können bei übermäßigem Kältemittelgehalt gestört sein.

Halbhermetische Bauarten: Verdichter und Antriebsmotor in einem gemeinsamen Gehäuse, die Motorwicklung wird vom Kältemittelgas umspült, die Motorabwärme geht großenteils an das Kältemittelgas über. Das Gehäuse ist mit statischen Dichtungen ausgerüstet.

Vollhermetische Bauarten: Verdichter und Antriebsmotor wie bei der halbhermetischen Bauart in einem gemeinsamen Gehäuse, hier jedoch verlötet oder verschweißt, also nicht zugänglich, daher auch die Bezeichnung „Kapsel", auch hier geht die Motorwärme großenteils an das Kältemittelgas über.

Kälteverdichter arbeiten nach zwei Verdichtungsprinzipien:
Verdränger: Der Gasraum wird verkleinert, bis der angestrebte Druck erreicht ist.
Strömung: Dem Gas wird eine hohe Strömungsgeschwindigkeit aufgeprägt, die kinetische Energie wird anschließend durch Verzögerung in Druck umgewandelt.

Die Beziehung zwischen Förderstrom und Kälteleistung lautet

$$\dot{Q}_o = \dot{m}_{KM}(h_1 - h_4) = \dot{V}_{real}\rho_1(h_1 - h_4) \tag{J7-1}$$

ρ_1 Gasdichte im Saugzustand,
$(h_1 - h_4)$ nutzbare Enthalpiedifferenz im Verdampfer.

Die volumetrische Kälteleistung q_v wird aus den thermodynamischen Eigenschaften des Gases ermittelt und ergibt bei den gewählten Betriebsbedingungen den erforderlichen Förderstrom

$$q_v = \rho_1(h_1 - h_4) \quad (J/m^3 = J/s/m^3/s) \tag{J7-2}$$

Der effektive Volumenstrom des Verdichters $\dot{V}_{real}$ ist proportional dem theoretischen Volumenstrom der Maschine, mit dem Liefergrad λ werden die Abweichungen vom Idealverhalten berücksichtigt:

$$\dot{V}_{real} = \dot{V}_{theor} \lambda \tag{J7-3}$$

$$\dot{Q}_o = \dot{V}_{theor} \lambda \rho_1 (h_1 - h_4) \tag{J7-4}$$

für den Massenstrom erhält man daraus

$$\dot{m}_{KM} = \rho_1 \dot{V}_{theor} \lambda \tag{J7-5}$$

Der Liefergrad sinkt nahezu linear mit zunehmendem Druckverhältnis.

Bei der Änderung des Saugdruckes (durch Ändern der Saugtemperatur) wirkt sich die Änderung der Dichte ρ_1 am stärksten aus. Mit steigender Verdampfungstemperatur, gleichbedeutend mit steigendem Saugdruck, nimmt damit die Kälteleistung zu.

Wenn bei Teillast der Volumenstrom des Verdichters reduziert wird, dadurch aber die Verdampfungstemperatur steigt, wird die Kälteleistung höher sein, als sie dem verändertem Volumenstrom entspricht.

Die erforderliche Antriebsleistung wird auf die isentrope Verdichterleistung bezogen

$$P_{is} = \dot{m}_{KM}(h_2 - h_1) \,. \tag{J7-6}$$

Die isentrope Verdichtungsarbeit $(h_2 - h_1)$ kann im log p,h -Diagramm abgelesen oder einfacher mit einem Berechnungsprogramm nach [J-1] ermittelt werden. Die reale Antriebsleistung des Verdichtungsvorganges ist mit dem Gütegrad η_i zu ermitteln

$$P_i = P_{is} / \eta_i \tag{J7-7}$$

Gütegrade der Verdrängungsverdichter sind den Bildern J7-1, 7-3 und 7-5 zu entnehmen.

Weiter zu berücksichtigen sind die Verlustleistungen in der Maschine (Reibung, Ölpumpe), ausgedrückt durch einen mechanischen Wirkungsgrad. Die Leistung an der Welle ist damit

$$P_e = P_{is} / (\eta_i \eta_m) \tag{J7-8}$$

Für die Klemmenleistung schließlich ist der Wirkungsgrad des Elektromotors einzuführen

$$P_{Klemme} = P_{is} / (\eta_i \eta_m \eta_{el}) \tag{J7-9}$$

Güte- und Liefergrad sind wesentlich abhängig vom Druckverhältnis, in geringerem Maße vom Kältemittel und dem Verdichtungsdruck.

In der Steuerung der Anlage ist die für alle Elektromotoren einzuhaltende Wiedereinschaltsperre zu beachten, sie verhindert eine unzulässige Überhitzung der Wicklung. Bei Motorleistungen über 400 kW sind 2 Starts pro Stunde zulässig, bei 300 kW 2–3 Starts/h zunehmend bis 7 Starts/h bei 35 kW, genaue Angaben beim Motorhersteller einholen!

Anlagen mit Trockenexpansionsverdampfern sollen eine Mindestlaufzeit des Verdichters einhalten, um genügend Öl aus der Anlage zurück zum Verdichter zu transportieren.

Nach längerem Stillstand ist das Öl des Verdichters vorzuheizen, um übermäßig gelöstes Kältemittel auszudampfen und schmierfähiges Öl zu erhalten.

J7.1.1
Kolbenverdichter

Förderleistung 0,5 bis 1600 m³/h, max. Druckverhältnis 8 bis 12.

Das Sauggas umspült und kühlt die Zylinder. Teillastregelung durch Öffnen der Verbindung Saug- und Druckseite einzelner Zylinder. Der verbleibende Gasstrom muss die Reibleistung aller Zylinder abführen, daraus wird der Einsatzbereich eingeengt. Bei hohen Druckverhältnissen in Anlagen mit luftgekühlten Verflüssigern ergeben sich spürbare Einschränkungen.

Zum entlasteten Start des Verdichters werden alle Zylinder kurzgeschlossen.

Das Schmieröl im Kurbelgehäuse wird im Stillstand auf 20 bis 40 °C gehalten, um eine unerwünschte Verdünnung durch kondensierendes Kältemittel zu verhindern, nach längerem Stillstand ist Vorheizen erforderlich („Kurbelwannenheizung").

Anhaltswerte des Liefergrades λ und des Gütegrades $\eta_i\, \eta_m$ in Bild J7-1 und L7-2. Kältemittelverdichter in RLT-Anlagen arbeiten bei Druckverhältnissen von 3 bis 4, bei luftgekühlten Verflüssigern bis 5,5, vorwiegend also im Bereich des flachen Maximums des Gütegrades. Definitionsgemäß fällt der Gütegrad bei der Leistung 0 ebenfalls auf 0. Der Liefergrad fällt im interessierenden Bereich linear.

Bild J7-1 Gütegrad von Hubkolbenverdichtern

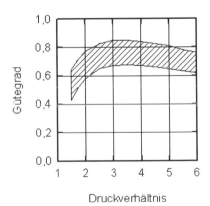

Bild J7-2 Liefergrad von Hubkolbenverdichtern

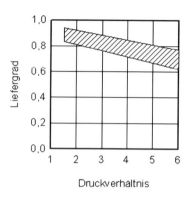

Zum Vergleich von Verdichterangaben können die beiden Bilder dienen, der Streubereich ausgeführter Maschinen ist noch größer und es ist bei der Planung zu beachten, dass auch die Norm DIN 8976 [J-8] und 8977 Abweichungen bis 7,5% zulässt.

Der mechanische Wirkungsgrad ist mit $\eta_m = 0{,}8$ bis $0{,}92$ anzunehmen.

J7.1.2
Spiralverdichter

Förderleistung 5 bis 50 m³/h
Die Verdichtung entsteht durch kreisende (nicht drehende) Bewegung einer Spirale um eine zweite, stehende, dabei wird die sichelförmige Gastasche verkleinert bis die Öffnung zur Druckseite erreicht ist und das komprimierte Gas ausgeschoben wird. Wichtiges Konstruktionselement ist das Öl, das für ausreichende Abdichtung der Berührlinien zu sorgen hat. Bei Stillstand erfolgt Druckausgleich durch Rückströmen des Gases.

Mit dem fest eingebauten Volumenverhältnis arbeitet der Verdichter beim zugeordneten Druckverhältnis gut, mit größerem oder kleinerem Druckverhältnis (z. B. bei variabler Kühllufttemperatur) fällt der Gütegrad des Verdichters ab,

Bild J7-3 Gütegrad von Spiral (Scroll)-Verdichtern

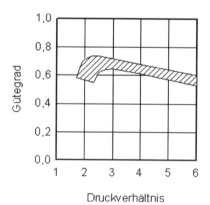

Bild J7-4 Liefergrad von Spiral (Scroll)-Verdichtern

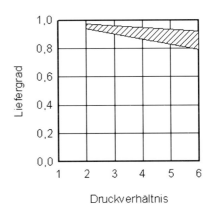

Bild J7-3, der Liefergrad dieser Maschinen ist hoch, solange das Druckverhältnis mäßig und die Dichtwirkung des Öles ausreichend ist, J7-4.

J7.1.3
Schraubenverdichter

Förderleistung 40 bis 10000 m³/h, max. Druckverhältnis 20
Verdichtung durch Kämmen zweier parallel laufender schraubenförmiger Rotoren. Eine wendelförmige Zahnlücke wird auf der ganzen Länge des Rotors mit Sauggas gefüllt und durch Eingriff der komplementär geformten zweiten Schraube verkleinert, bis die Öffnung zur Druckseite erreicht ist und das komprimierte Gas ausgeschoben wird. Wichtiges Konstruktionselement ist das Öl, welches die Berührlinien abdichtet und einen großen Teil der Verdichtungswärme aufnimmt (Ölkühler erforderlich!). Das eingebaute Volumenverhältnis entspricht einem Druckverhältnis des geförderten Gases. Weicht das eingebaute Druckverhältnis von den Betriebsbedingungen ab, entsteht Überkompression (Austrittskante öffnet zu spät) oder Unterkompression (Austrittskante öffnet zu früh, hier strömt Gas aus dem Druckraum in die Zahnlücke und wird bei der weiteren Drehung zusammen mit dem vorkomprimierten Gas ausgeschoben. Über- und Unterkompression erfordern mehr Antriebsenergie.

Teillastregelung durch Öffnen der Zahnlücke zum Saugraum durch verschiebbaren Keil. Ein Teil des eingesperrten Gases wird vor dem Verdichtungsvorgang wieder ausgeschoben. Dabei wird gleichzeitig das eingebaute Volumenverhältnis verkleinert.

Größere Maschinen sind mit einem zweiten verstellbaren Keil ausgerüstet, der die Austrittskante verschiebt. Damit kann bei Volllast das Druckverhältnis verkleinert und dem Betriebszustand angepasst werden. Bei Teillast verkleinert aber der Teillastschieber bereits das Volumenverhältnis, so dass hier der Freiheitsgrad eingeschränkt wird.

Anhaltswerte des Liefergrades λ und des Gütegrades $\eta_i \eta_m$ in Bild J7-5 und J7-6

Bild J7-5 Gütegrad von Schraubenverdichtern

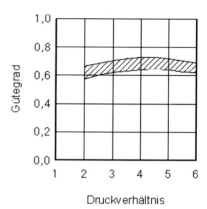

Bild J7-6 Liefergrad von Schraubenverdichtern

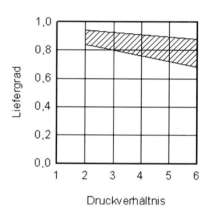

J7.1.4
Turboverdichter

Turboverdichter beschleunigen das angesaugte Gas auf hohe Geschwindigkeit und setzen die so gewonnene kinetische Energie teilweise schon im Laufrad, teilweise im nachgeschalteten Diffusor in Druck um. In Kälteanlagen werden immer Radiallaufräder verwendet, weil mit ihnen im Vergleich zu den Axialrädern höhere Druckverhältnisse zu erzeugen sind.

Die Geometrie des Laufrades, die Drehzahl, Stufenzahl und das Kältemittel bestimmen im wesentlichen den erreichbaren Saugvolumenstrom und das Druckverhältnis. Bei einer einmal festgelegten Geometrie kann der Hersteller noch Laufradbreite und Außendurchmesser an besondere Anlagenbedingungen anpassen. Wegen der vielen Variablen werden Verdichterkennlinien nur für Einzelfälle publiziert.

Der tatsächliche Saugvolumenstrom $\dot{V}_{KM}$ wird auf die Kreisfläche des Laufrades und dessen Umfangsgeschwindigkeit u_2 bezogen, in der dimensionslosen

J7 Komponenten des Kühl-/Kältekreislaufes

Lieferzahl φ sind alle Einflüsse der Konstruktion und des Kältemittels enthalten (s. a. G1.3.4):

$$\varphi = \frac{\dot{V}_{KM}}{\frac{\pi}{4}d_2^2 u_2} \tag{J7-10}$$

oder umgestellt

$$\dot{V}_{KM} = \varphi \frac{\pi}{4}d_2^2 u_2 \tag{J7-11}$$

Index 2 bezieht sich auf den Außendurchmesser d_2 des Rades. Der Saugvolumenstrom und mit ihm die Kälteleistung sind proportional der Umfangsgeschwindigkeit u_2.

Die erzeugte Druckdifferenz ist proportional dem Quadrat der Strömungsgeschwindigkeit, mit der dimensionslosen Druckziffer werden Abweichungen vom theoretisch erreichbaren Wert zusammengefasst

$$\psi = \frac{\Delta p}{\frac{1}{2}u_2^2} \tag{J7-12}$$

oder umgestellt

$$\Delta p = \psi \frac{1}{2}u_2^2 \tag{J7-13}$$

Die dimensionslosen Kennzahlen φ und ψ werden auch ohne die Zahlenwerte π/4 bzw. 1/2 verwendet, bei Vergleichen ist die Definition zu beachten.

Der aufgebaute Druck ist der Dichte und damit der Molmasse des Gases proportional. Mit schweren Molekülen ist die erforderliche Druckdifferenz leichter zu erreichen, deshalb sind mit leichten Molekülen (Wasser, Ammoniak) mehrere Verdichtungsstufen erforderlich.

Die erforderliche Antriebsleitung leitet man aus der Energiebilanz ab, die Wellenleistung ist

$$P_e = \dot{V}_{KM} \rho \frac{(h_2 - h_1)_{is}}{\eta_{is}} + P_{mech} \tag{J7-14}$$

mit dem Leistungsaufwand P_{mech} für Reibung, Ölpumpe und Getriebe.

Die Enthalpiedifferenz der isentropen Verdichtung ist der Druckdifferenz proportional, häufig wird deshalb im Verdichterkennfeld die Enthalpiedifferenz $(h_2 - h_1)_{is}$ anstelle des Druckes über dem Volumenstrom aufgetragen.

Die Leistungsregelung erfolgt mit verstellbaren Leitschaufeln, die dem zuströmenden Gas einen Vordrall VD aufprägen und so bei geringerem Fördervolumen zu einer verminderten Leistungsaufnahme führen. Bei recht gutem Teillastwirkungsgrad kann die Kälteleistung bis etwa 25%, bei einigen Konstruktionen bis 10% der Nennleistung reduziert werden, Bild J7-7a.

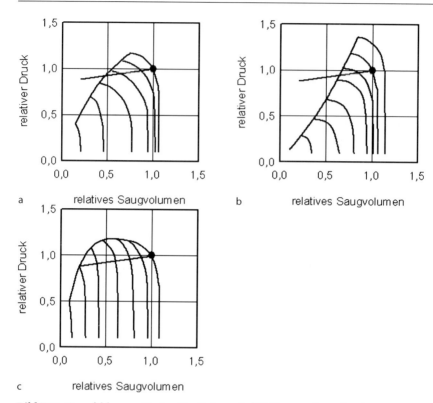

Bild J7-7 Kennfelder von Turbo-Verdichtern bei Teillastregelung durch
a) Vordrallverstellung VD, b) Drehzahländerung n und c) Diffusorverstellung DB

Eine zweite Methode der Leistungsregelung ist die Änderung der Drehzahl n. Das Fördervolumen geht direkt proportional mit der Drehzahl zurück, gleichzeitig geht aber der aufgebaute Druck quadratisch mit der Drehzahl zurück. Das Betriebskennfeld ist enger, Teillastbetrieb ist über einen größeren Bereich nur bei gleichzeitig sinkender Temperatur des Kühlmediums möglich, Bild J7-7b.

Eine weitere Möglichkeit der Leistungsregelung ist mit einem verstellbaren Diffusor möglich, entweder durch Verkleinern der Diffusorkanalbreite DB oder durch Verstellen von eingebauten Schaufeln, Bild J7-7c. Das jeweilige Betriebskennfeld des Verdichters wird bei den jeweiligen Maßnahmen zunehmend eingeengt.

Übersteigt der Gegendruck das Fördervermögen des Turboverdichters, kommt der Gasstrom kurzzeitig zum Stehen, Gas strömt aus dem Druckraum zurück in das Laufrad, bis dieses wieder Druck aufzubauen vermag. Dieser Strom und Gegenstrom alterniert in kurzen Abständen und bringt die Maschine in heftige Vibration, der Turboverdichter „pumpt". Eine ähnliche Erscheinung tritt auf, wenn der Saugstrom zu stark gedrosselt wird. Bei der Auslegung des Verdichters sollen die Einsatzgrenzen so gelegt werden, dass auch bei Teillast ein sicherer Abstand von der Pumpgrenze eingehalten wird.

J7 Komponenten des Kühl-/Kältekreislaufes

Mit der dimensionslosen Druckzahl ψ über der dimensionslosen Lieferzahl φ entsteht ein Diagramm ähnlich Bild J7-7. Die Charakteristik der Kurven bleibt erhalten, wenn Δn über $\dot{V}$ aufgetragen wird oder das gesamte Kennfeld als relative Leistung, bezogen auf den Punkt maximaler Leistung dargestellt wird. Das grob gesehen trapezförmige Kennfeld wird nach rechts durch den maximal möglichen Saugvolumenstrom („Schluckgrenze") und nach links durch den minimal erforderlichen Förderstrom, nach oben durch die maximal erzeugbare Druckdifferenz („Pumpgrenze") begrenzt.

J7.2
Verdampfer

Im Abschn. 3.1 wird dargelegt, dass sich große Temperaturdifferenzen im Verdampfer negativ auf die Leistungszahl der Anlage auswirken. Es wird deshalb angestrebt, die Verdampfungstemperatur so nahe als möglich an die Temperatur des abzukühlenden Wassers heranzuführen. Für den Wärmeübergang gilt allgemein aus Bd. 1 die Gl. G1-137 oder G2-1

$$\dot{Q} = k \cdot A \cdot \Delta\vartheta$$

danach muss k·A maximiert werden, gleichzeitig sollen die Kosten der Wärmeübertragerfläche A klein sein, dies bedeutet schließlich, dass der Wärmedurchgangskoeffizient k zu maximieren ist.

Erreicht wird dies mit hoher Strömungsgeschwindigkeit auf der Wasserseite und möglichst gutem Wärmeübergang auf der Kältemittelseite.

Die Verdampfung von Flüssigkeiten ist in Bd. 1, G1.4.11 erläutert, die Verdampfung beginnt im Bereich konvektiven Siedens und leitet dann über zum Blasensieden und schließlich zum Filmsieden. Kältemittelverdampfer arbeiten nur in den ersten zwei Bereichen, es soll ja eine geringe Temperaturdifferenz verwirklicht werden. Der Wärmeübergangskoeffizient der Verdampfung wird als abhängig von der Wärmestromdichte dargestellt

$$\alpha \sim q^n \tag{J7-15}$$

Da die Wärmestromdichte definiert ist als $q = \alpha \cdot \Delta\vartheta$ kann dies in die Darstellung $\alpha = f(\Delta\vartheta)$ überführt werden, es ist dann

$$\alpha \sim \Delta\vartheta^{n/(1-n)}. \tag{J7-16}$$

Unterscheidungsmerkmal der Verdampfer ist die Kältemittelbeaufschlagung.

Verdampfung im Rohr oder Plattenkanal: das Kältemittel wird vollständig verdampft und etwas überhitzt, daher die Bezeichnung Trockenexpansionsverdampfung, der entstehende Dampf treibt das 2-Phasengemisch an, so dass mehrere Strömungsformen durchlaufen werden, im allgemeinen mit hohen Strömungsgeschwindigkeiten.

Verdampfung an der Rohraußenseite: das Rohrbündel taucht in flüssiges Kältemittel, Verdampfung durch Blasensieden mit einem kleinen Anteil eines konvektiven Wärmeübergangs.

Bild J7-8 Wärmeübergangs-
koeffizienten bei der
Kältemittel-Verdampfung,
Bereich A: konvektives Sieden
Bereich B: Blasensieden

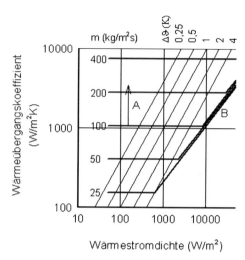

In Bild J7-8 werden die wesentlichen Verdampfungsformen, konvektives Sieden und Blasensieden vereinfacht dargestellt.

In das Diagramm sind die Linien konstanter Temperaturdifferenz Wand-Flüssigkeit eingezeichnet.

J7.2.1
Trockenexpansionsverdampfer

Bei der Verdampfung in den Rohren beschleunigt das zunehmende Dampfvolumen die Strömung und ergibt hohe Wärmeübergangskoeffizienten. Maßgebend ist die Massenstromdichte $\dot{m}_{KM}$ (kg/m²s) im Bereich des konvektiven Siedens, für Glattrohre gilt vereinfacht

$$\alpha_{Vkonvektiv} = K \frac{\dot{m}_{KM}^{1,4}}{d_i^{0,5}} \varphi(x^*) \qquad (J7\text{-}17)$$

Mit der Funktion $\varphi(x^*)$ soll angedeutet werden, dass der Wärmeübergang auch vom Dampfanteil, also örtlich variabel, abhängt. Der Wärmeübergangskoeffizient steigt ausgehend von freier Konvektion zu hohen Werten und ergibt in der Darstellung $\alpha = f(q)$ horizontale Linien, in Bild J7-8 ist eine Schar solcher Linien von 10 bis 400 kg/m²s, Bereich A.

Bei Teillast fällt mit der geringeren Massenstromdichte der Wärmeübergangskoeffizient überproportional, so dass bei knappen Temperaturdifferenzen der Apparat schlechter arbeitet. An Stelle der früher üblichen Glattrohre werden jetzt innenberippte Rohre verwendet, die Mikroturbulenz verbessert den Wärmeübergang. Bei sauberem Wasser als Kälteträger können auch die Rohraußenseiten berippt sein. Auslegungsprogramme werden von den Herstellern bereitgestellt, ohne die Berechnungsgleichungen offen zu legen.

J7 Komponenten des Kühl-/Kältekreislaufes

Bei geringerer Massenstromdichte überwiegt das Blasensieden, im Diagramm J7-8 als Bereich B gekennzeichnet. Hier ist wieder für Glattrohre die Wärmestromdichte $\dot{q}_o$ die maßgebende Größe

$$\alpha_{VBlasensieden} = B \frac{\dot{q}_o^{0,7} \dot{m}_{KM}^{0,1}}{d_i^{0,5}} \tag{J7-18}$$

Die Massenstromdichte hat hier nur einen geringen Einfluss. K und B sind temperatur- und stoffabhängige Parameter. Die Exponenten in den beiden Gleichungen sind etwas hoch, insgesamt wird die Tendenz der Abhängigkeiten gut wiedergegeben. Auch der Exponent des Rohrinnendurchmessers d_i ist etwas hoch, Messungen ergeben 0,3 bis 0,5.

Die hohe Geschwindigkeit des Dampfes ergibt auch einen erhöhten Druckabfall, mit der Folge, dass am Verdampferaustritt das Kältemittel einen deutlich tieferen Druck aufweist, der Verdichter hat von einem tieferen Druckniveau aus zu verdichten. Gleichzeitig bewirkt der Druckabfall eine Temperaturabsenkung, die sich in der treibenden Temperaturdifferenz spürbar auswirkt.

Zudem entstehen Strömungsformen des 2-Phasen-Gemisches mit lokal extrem unterschiedlichem Wärmeübergang. Zur genaueren Auslegung wird deshalb der Wärmeübergang und Druckabfall schrittweise mit zunehmendem Dampfanteil iterativ berechnet, [J-2]. Eine ausführliche Diskussion der Berechnungsgleichungen findet sich in [J-3].

Das unvermeidlich vom Verdichter kommende Öl wird in diesen Apparaten durch das Kältemittel mitgetragen und zum Verdichter zurücktransportiert, Bedingung ist nur, dass das Kältemittel-Öl-Gemisch zumindest teilweise ineinander löslich ist. Obwohl der Verdampfer auch bei größeren Ölmengen noch funktioniert, fällt seine Leistung ab, wenn die vom Verdichter kommende Ölkonzentration über 1% ansteigt.

Einen beträchtlichen Anteil der Apparatefläche beansprucht die Überhitzung des Gases.

Das Expansionsventil soll gerade so viel Flüssigkeit in den Verdampfer einspeisen, dass das Kältemittel vollständig verdampft und um 5 bis 10 K überhitzt wird. Diese Überhitzung dient als Steuersignal für das Expansionsventil. Geringer werdende Überhitzung bedeutet zu viel Kältemittel, größer werdende Überhitzung dagegen zu wenig Kältemittel, entsprechend schließt oder öffnet das Ventil und sorgt für eine gleichmäßige und ausreichende Belastung der Verdampferfläche, Bild J7-9a und b zeigen das Arbeitsprinzip Trockenverdampfung eines Luft- bzw. Flüssigkeitskühlers.

Bei Luftkühlern wird der Kältemittelstrom nach dem Expansionsventil auf mehrere parallele Stränge verteilt. Es ist sehr darauf zu achten, dass alle Stränge gleichen Druckabfall und gleiche Flüssigkeitsbeaufschlagung haben, denn ein schlecht arbeitender Strang steuert das Ventil und damit die Leistung des ganzen Apparates. Auch eine ungleichmäßige Luftbeaufschlagung führt zu schlecht arbeitenden Rohrsträngen mit Minderleistung, in Bild J7-9a ist nur ein Strang der Kältemittelleitungen gezeichnet. Der Luftstrom 5 muss quer zum Wärmeübertrager gleichmäßig verteilt sein.

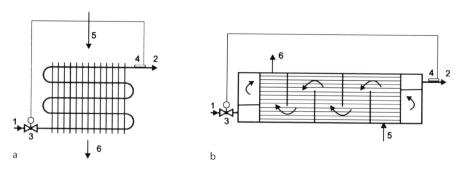

Bild J7-9 Schema eines trockenen Verdampfers mit dem Regelventil
a) Luftkühler
b) Flüssigkeitskühler
1 Kältemitteleintritt, 2 Kältemittelaustritt, 3 Regel- und Entspannungsventil, 4 Temperaturfühler für das Regelventil, 5 Luft(Wasser)eintritt, 6 Luft(Wasser)austritt

Bei Flüssigkeitskühlern wird der Wasserstrom durch Umlenkbleche quer zu den Rohren geführt um durch eine hohe Strömungsgeschwindigkeit einen guten Wärmeübergang zu erreichen, Bild J7-9b. Auch der Kältemittelstrom wird durch mehrere Umlenkungen geführt, um mit der dadurch erreichten hohen Massenstromdichte einen guten Wärmeübergang sicherzustellen, die Grenze wird mit dem zunehmenden Druckverlust gesetzt.

Die geringe Füllmenge und hohe Durchflussgeschwindigkeit führen zu einer sehr kurzen Ansprechzeit des Systems Ventil-Verdampfer-Messfühler.

J7.2.2
Überflutete Verdampfer

Das abzukühlende Wasser fließt durch die Rohre, das Kältemittel verdampft im Mantelraum an der Außenseite der Rohre. Die Füllung wird so eingestellt, dass im Betrieb mit den entstehenden Blasen gerade alle Rohre in flüssiges Kältemittel tauchen, „überflutet" werden, Bild J7-10a. Bei Teillast mit dem geringeren Dampfanteil sinkt die Füllhöhe, so dass nur mehr ein Teil der Fläche benetzt und aktiv bleibt. Ein Abscheider über dem Rohrbündel verhindert das Mitreißen von Tropfen, die den Verdichter schädigen und die Leistung der Anlage mindern.

Die Wärmeübergangskoeffizienten organischer Stoffe sind deutlich kleiner als die des strömenden Wassers. Zur Verbesserung des Gesamtwärmedurchganges wurde bisher die Außenseite der Rohre durch Rippen vergrößert. Neu werden die Rohr mit Oberflächenstrukturen versehen, welche künstliche Blasenkeimstellen bilden und schon bei einer kleinen Temperaturdifferenz zum günstigen Blasensieden führen, die Linie „B" des Bildes J7-8 wird nach links verschoben. Vereinfacht gilt für den Wärmeübergangskoeffizienten im Blasensiedebereich

$$\alpha_{Blasensieden} = C_{Blas} \dot{q}_o^n \qquad (J7\text{-}19)$$

Die Parameter C_{Blasen} und n werden experimentell ermittelt. Für die GEWA-B* Rohre gelten für Wärmestromdichten $5000 < q_o < 40000 \, W/m^2$ im Temperaturbereich der Wasserkühler.

Kältemittel	C_{Blasen}	n
R134a	165	0,487
R404A	134	0,461
R410A	1084	0,317
R507	186	0,449

Die Kennlinien dieser Rohre verlaufen flacher als diejenigen der Glattrohre mit deren Exponenten 0,7. Die stoff- und Rohrstruktur-abhängigen Faktoren C_{Blasen} sind aber deutlich größer und ergeben mit dem gewöhnlich ebenfalls sehr guten wasserseitigen Wärmeübergang insgesamt äußerst gute Wärmedurchgangskoeffizienten.

Bei der Auslegung muss die unbekannte Wärmestromdichte $\dot{q}_o$ angenommen und durch Iterieren gefunden werden. Es lassen sich hohe Wärmestromdichten (kleine Flächen!) bei dennoch sehr kleinen Temperaturdifferenzen verwirkli-

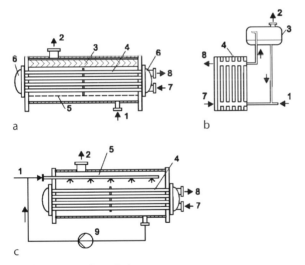

Bild J7-10 Verdampferbauarten
a) überfluteter Verdampfer, b) Umlaufverdampfer mit Abscheider und c) Rieselfilmverdampfer
1 Kältemitteleintritt, 2 Kältemittelaustritt, 3 Tropfenabscheider, 4 Rohrbündel, 5 Kältemittelverteilung, 6 Wasserkammer, 7,8 Wasserein- und -austritt, 9 Kältmittel-Umwälzpumpe

---

* Hochleistungsverdampferrohr mit speziell behandelter Oberfläche.

chen. Solche Apparate sind aber extrem empfindlich auf Verschmutzung. Schon geringe Ablagerungen auf der Wasserseite verringern die Leistungsfähigkeit erheblich, ein geschlossener und gepflegter Kaltwasserkreis sichert das System vor Leistungsminderung.

Kann Öl in den Kältemittelkreislauf gelangen, sammelt es sich im Verdampfer und verschlechtert allmählich den kältemittelseitigen Wärmeübergang. Die Anlagen haben Einrichtungen, um dieses Öl periodisch zum Verdichter zurückzuführen.

J7.2.3
Umwälzverdampfer

Das Arbeitsprinzip ist eine durch aufsteigende Blasen angeregte Strömung, Dampf und Flüssigkeit werden in einem Abscheider getrennt, unverdampftes Kältemittel mit frischem Kältemittel gemischt und zum Verdampfereingang geleitet, Bild J7-10b. Vor allem Plattenapparate mit ihrem geringem Flüssigkeitsinhalt sind für diese Schaltung geeignet.

J7.2.4
Rieselfilmverdampfer

Über ein Rohrbündel wird Kältemittel versprüht und bildet einen Film. Eine Pumpe rezirkuliert das 3- bis 8-fache der verdampften Menge, um auch die unteren Rohre sicher zu benetzen. Vorteilhaft ist die sehr kleine Füllmenge und der vernachlässigbare Druckabfall, nachteilig die erforderliche Umwälzpumpe, welche siedende Flüssigkeit fördern muss, Bild J7-10c.

Eingesetzt werden sie vor allem in Absorptionskälteanlagen, denn es ist zu bedenken, dass eine Wassersäule von 10 cm als statischer Druck die Siedetemperatur um 12 K erhöht.

J7.3
Verflüssiger

Nach dem Kühlverfahren unterscheidet man wassergekühlte, luftgekühlte und Verdunstungs-Verflüssiger.

J7.3.1
Wassergekühlte Verflüssiger

Das Kältemittel kondensiert an den Rohren im Mantelraum des Apparates. Für Hochleistungsrohre mit speziell strukturierter Oberfläche gilt im allgemeinen der Ansatz

$$\alpha_{Kondens} = C_{Kond} / \dot{q}^n_{Kond} \tag{J7-20}$$

Die Parameter C_{Kond} und n werden experimentell ermittelt, für GEWA-C Rohre gelten für Wärmestromdichten $10000 < q_{Kond} < 40000$ W/m² im Temperaturbereich der Wasserkühler:

Kältemittel	C_{Kond}	n
R134a	98200	0,1408
R404A	88400	0,1408
R410A	92300	0,1408
R507	108000	0,1408

Bei Glattrohren und einfachen Rippenrohren gilt ein ähnlicher Ansatz mit weit kleineren Werten von C_{Kond}. Zur Berechnung ist zunächst die erreichbare Wärmestromdichte $\dot{q}$ zu schätzen und dann durch Iteration die Lösung anzunähern.

Eine geringere Belastung der wärmeübertragenden Fläche ergibt einen verbesserten Wärmeübergang. Kondensatoren sollten deshalb eher großzügig dimensioniert werden.

Die Verflüssigungstemperatur liegt 2–3 K über der Wasseraustrittstemperatur. Mit besonders strukturierten Oberflächen kann diese Temperaturdifferenz auf 0,6 bis 1 K reduziert werden.

Bei Teillast sinkt die Verflüssigungstemperatur durch die geringere Temperaturspreizung des Kühlwassers. Mit der gleichzeitig sinkenden Wärmestromdichte erhöht sich der kältemittelseitige Wärmeübergang. Dieser Wärmeübergang ist ohnehin hoch, die geringere Temperaturspreizung des Kühlmediums wirkt sich stärker auf die Absenkung der Verflüssigungstemperatur aus. Die Leistungszahl der Anlage bei Teillast hängt also wesentlich von der Leistung des Verflüssigers ab.

Für hohen Wärmeübergang ausgelegte Apparate sind empfindlich auf Verschmutzung, zum Beispiel durch eine Salzausfällung des Kühlturmwassers. Die zusätzlich erforderliche Temperaturdifferenz $\Delta\vartheta_{zusätzl}$ ist proportional zur Zunahme der Verschmutzung ff (m²K/W)

$$\Delta\vartheta_{zusätzl} = q \, ff. \tag{J7-21}$$

Diese zusätzliche Temperaturdifferenz erhöht die Verflüssigungstemperatur und damit die Antriebsleistung und verringert gleichzeitig die Kälteleistung. Die Rohrinnenfläche kann mit periodisch oder kontinuierlich arbeitenden Reinigungssystemen während des Betriebes sauber gehalten werden.

Dringt Luft in den Kältemittelkreis ein, beansprucht diese einen Teil des Gesamtdruckes. Der anteilige Kältemitteldruck sinkt, so dass bei gleichbleibender Kühlwassertemperatur die Wärmeübertragungsleistung des Apparates sinkt. Die Wirkung ist wie diejenige einer Schmutzschicht, ein Indiz ist das Abweichen der Verflüssigungstemperatur vom Verflüssigungsdruck des reinen Dampfes.

J7.3.2
Luftgekühlte Verflüssiger

Der Hauptwiderstand des Wärmedurchganges liegt auf der Luftseite, Rippen oder Lamellen kompensieren einen Teil des Ungleichgewichtes.

Eine Besonderheit entsteht bei diesen Kondensatoren im Winterbetrieb. Fällt durch tiefe Außentemperatur der Kondensationsdruck zu tief ab, würde am Expansionsventil nicht mehr genügend Druckdifferenz zur Verfügung stehen. Abhilfe wird durch Luftmengenregelung oder durch partielles Stilllegen von Kondensatorfläche geschaffen. Eine andere Besonderheit entsteht bei tiefen Außentemperaturen, wenn bei Stillstand Kältemittel aus dem Verdampfer in den Kondensator abwandert. Diese Verdampfung kann ausreichen, das in den Rohren stehende Wasser einzufrieren. Dieser Zustand kann auch bei solegekühlten Kondensatoren eintreten. Trennventile, das Entleeren der Rohrleitungen oder andere Sicherheitsvorkehrungen sind vorzusehen.

Die Verflüssigungstemperatur liegt 15–20 K über der Lufteintrittstemperatur.

Bei der Entscheidung, luft- oder wassergekühlte Kondensation, ist zu berücksichtigen, dass der Leistungsbedarf des Verdichters um 2–3% pro Grad höherer Kondensationstemperatur steigt. Freie Zu- und Abströmung der Luft ist unbedingt zu gewährleisten.

J7.3.3
Verdunstungsverflüssiger

Eine Kombination der luft- und wassergekühlten Verflüssiger ergibt den Verdunstungsverflüssiger. Das Kältemittel wird in wasserberieselten Rohren (Kupfer-, verzinkte Stahl- oder Edelstahlrohre) verflüssigt und gleichzeitig Luft durch den Apparat gesaugt, um das Wasser durch den Verdunstungseffekt zu kühlen und die Wärme an die Umgebung abzuführen. Die Kühlgrenztemperatur der Luft ist bestimmend für die Rückkühlung des Wassers und damit für die Verflüssigungstemperatur. Die Kühlleistung ist durch die Rohrbündelgröße in den Apparaten beschränkt. Die Kältemittelfüllmenge ist erheblich. Die Kosten der HFKW begrenzen die Leistung solcher Einheiten auf 500 bis 800 kW, wogegen bei billigen Kältemitteln wie Ammoniak solche Apparate zu großen Leistungen parallelgeschaltet werden.

Sonderkonstruktionen von luftgekühlten Verflüssigern bieten die Möglichkeit, bei hohen Lufttemperaturen die Rohre mit entsalztem Wasser zu berieseln und damit die Kühlgrenztemperatur der vorbeiströmenden Luft zu nutzen. Das Wasser muss vollentsalzt sein, um den Aufbau einer Schmutzschicht auf den Rohren und Lamellen zu vermeiden.

J8
Wasser-Rückkühlwerke (Kühltürme)

J8.1
Grundlagen

Im direkten Kontakt mit Luft kann warmes Wasser durch Verdunsten abgekühlt werden. Der Partialdruck des Wasserdampfes an der warmen Wasseroberfläche ist höher als der Partialdruck im Luftstrom und hat einen Wasserdampfstrom in Richtung des Druckgefälles zur Folge. Die Partialdruckdifferenz zwischen dem warmen Wasser und dem Wasserdampf der Luft ist die treibende Kraft des Prozesses. Die theoretisch erreichbare Temperatur des Wassers ist die Kühlgrenztemperatur der Luft. Die Trockentemperatur der Luft kann höher oder tiefer als das abzukühlende Wasser sein, sie nähert sich der Wassertemperatur und erreicht theoretisch mit dem Wasser die Kühlgrenztemperatur.

Die Temperaturspreizung des Wassers wird als Kühlzonenbreite (im allgemeinen 5 bis 7 K), die Temperaturdifferenz Kaltwasser zu Kühlgrenztemperatur als Kühlgrenzabstand (3 bis 5 K) bezeichnet.

Das Wasser wird über Füllkörper versprüht und fließt als dünner Film nach unten, die Luft im Gegen- oder Querstrom nimmt das verdunstete Wasser auf. Die Abkühlung geschieht in einem gekoppelten Wärme- und Stoffaustausch.

Die Berechnung der erforderlichen Kontaktfläche erfolgt nach der Merkel'schen Hauptgleichung der Kühlturmtechnik, hergeleitet aus Energie- und Massenbilanzen, mit vereinfachenden Annahmen gilt für den Gegenstrom:

$$\int_{\vartheta_{W1}}^{\vartheta_{W2}} \frac{c_W \cdot d\vartheta_W}{h_L'' - h_L} = \int_0^A \frac{\beta \cdot dA}{\dot{M}_W} \tag{J8-1}$$

Ausführlich und unter Einbezug des Querstroms wird die Berechnung in [J-4] und [J-5] beschrieben.

Das linke Integral definiert den Aufwand, Wasser bei den gegebenen Umgebungsbedingungen auf die gewünschte Temperatur abzukühlen, ausgedrückt als Zahl der erforderlichen Stoffaustauschstufen, auch Merkel-Zahl Me genannt. Sie hängt vom Zustand der Umgebungsluft, der Luft- und Wassermenge, der geforderten Kühlzonenbreite und dem Kühlgrenzabstand ab. Bei zunehmender Luftmenge strebt das Integral einem endlichen Grenzwert zu, bei einer minimalen Luftmenge dagegen gegen ∞. Thermodynamisch ist dieses Integral nicht ganz korrekt, weil als treibende Kraft eine Enthalpiedifferenz verwendet wird: h_L'' ist die Enthalpie der gesättigten Luft an der lokalen Wasseroberfläche, h_L die Enthalpie im Kern der vorbeiströmenden Luft. Enthalpie ist eine zusammengesetzte Größe und keine Potentialgröße. Dennoch ist eine wichtige Erkenntnis aus dieser Enthalpiedifferenz abzuleiten: durch Rezirkulieren feuchter Luft wird h_L größer und damit die Größe des Integrals. Als Folge ist entweder die Austauschfläche zu vergrößern oder die Wasserabkühlung wird geringer.

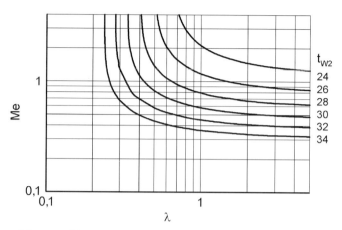

Bild J8-1 Zahl der erforderlichen Austauschstufen (Merkel-Zahl Me) als Funktion der Luftzahl λ bei einer Kühlgrenztemperatur 21 °C, einer Wasserabkühlung um 6 K (Kühlzonenbreite) und der Kaltwasseraustrittstemperatur t_{w2} als Parameter

In Bild J8-1 sind Merkel-Zahlen Me bei einem Druck von 101300 Pa, einer Kühlgrenztemperatur von 21 °C, einer Kühlzonenbreite von 6 K mit variablen Kühlgrenzabständen von 3 bis 11 K gezeichnet. Die anzusetzende Kühlgrenztemperatur ist genau abzuwägen, weil sie im Sommer zu Zeiten des größten Kühlbedarfes am höchsten ist und wesentlich die Leistung eines Rückkühlwerkes bestimmt.

Das rechte Integral der Gleichung stellt die in einem bestimmten Kühlturm erreichbare Stufenzahl dar. Sie wird Kühlturmcharakteristik K_v genannt. Mit dem Stoffübergangskoeffizienten β geht analog wie bei Wärmeübergangsberechnungen die Reynolds-Zahl Re und anstelle der dort verwendeten Prandtl-Zahl hier die Schmidt-Zahl Sc (Sc = ν/D, D = Diffusionskoeffizient)

$$\beta \sim Re^m Sc^n \tag{J8-2}$$

in die Berechnung ein. Dieser Ansatz wird für wissenschaftliche Untersuchungen genutzt, bei denen eine eindeutige Luft- und Wassermessung möglich ist. Für den Hersteller eines Füllkörpers ist es einfacher, das gesamte Integral als von der Luftmenge abhängige Variable zu betrachten. Es gilt

$$K_v = \int_0^A \frac{\beta \cdot dA}{\dot{M}_W} = K_0 \left(\frac{\dot{M}_L}{\dot{M}_W}\right)^n = K_0 \lambda^n \tag{J8-3}$$

Die empirisch gefundenen Beziehungen dürfen nicht über den vom Hersteller genannten Bereich hinaus extrapoliert werden.

Das Verhältnis der trockenen Luft zur Wassermenge ist als die Luftzahl λ definiert

$$\lambda = \frac{\dot{M}_L}{\dot{M}_W} \tag{J8-4}$$

J8 Wasser-Rückkühlwerke (Kühltürme)

Der Stoffübergang steigt mit der Strömungsgeschwindigkeit der Luft, üblich sind 2,5 bis 3,5 m/s. Die Grenze wird erreicht, wenn der Wasserablauf durch den Rückstau behindert wird. Die Wassermenge, bezogen auf den freien Querschnitt, ist zwischen 5 und 35 m^3/m^{2}h.

Am Schnittpunkt der Me- und K_v-Zahlen ist der aktuelle Betriebspunkt eines Füllkörpers, in Bild J8-2 ist für einen Kühlgrenzabstand von 5 K der Verlauf der Merkel-Zahl gezeichnet, ebenso die Charakteristik eines Füllkörpers der Höhe 600 mm. Am Schnittpunkt ergibt sich die erforderliche Luftzahl. Die Leistungsangaben von Kühlturmherstellern beziehen sich auf diese Schnittpunkte.

Die wirkliche Leistung eines mit diesem Füllkörper ausgerüsteten Kühlturmes ist damit aber noch nicht beschrieben, weil eine ungleichmäßige Luft- und Wasserverteilung, eine unvollständige Benetzung des Füllkörpers und anderes das Ergebnis beeinflussen.

Bild J8-2 Ermittlung der erforderlichen Luftzahl bei gegebenen Bedingungen aus der Zahl der erforderlichen Austauschstufen Me (fallende Kurve) und der Zahl der im Kühlturm vorhandenen Austauschstufen K_v (steigende Kurve)

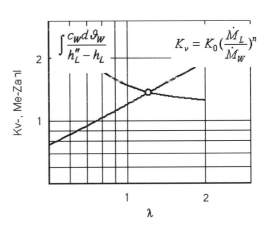

Zum Beispiel ist bei ungebrauchten Kunststoff-Füllkörpern die Benetzung infolge des Abperleffektes unvollständig. Im Integral K_v ist die Austauschfläche dA bzw. A mangels anderer Berechnungsmöglichkeiten als vollständig benetzt angenommen.

Die Abnahmemessung einer Kühlturmanlage muss häufig bei Umgebungsbedingungen erfolgen, welche von den ursprünglich definierten Werten abweichen. Die Abnahme kann dann nach der Norm DIN EN 13741 [J-9] erfolgen. Der Hersteller muss dazu die Leistungen in einem Kennfeld von Variablen angeben:

$$t_{W1} = f(t_F, t_{W2}, t_{W1} - t_{W2}) \tag{J8-5}$$

t_{W1}, t_{W2} Warmwasserein- und -austrittstemperatur
t_F Kühlgrenztemperatur der Umgebungsluft

Weitere Korrekturfunktionen für abweichende Wassermassenströme und abweichende Ventilatorantriebsleistungen sind mitzuteilen.

Nachträgliche Änderungen der Ausstattung eines Kühlturms kann die Luftmenge und andere Parameter verändern und die Leistung erheblich beeinflussen.

Wird beispielsweise die Füllkörperpackung erhöht, um eine niedrigere Wasseraustrittstemperatur zu erreichen, nimmt die Luftmenge durch den zusätzlichen Druckverlust ab. Dadurch vergrößert sich die erforderliche Merkel-Zahl und verkleinert sich die erreichbare Kühlturmcharakteristik, die Leistung geht zurück. Ähnlich wirkt sich der Einbau von Schalldämpfkulissen aus, der zusätzliche Druckabfall verändert die Betriebsbedingungen, der Ventilator ist dann den neuen Gegebenheiten anzupassen.

Der Betrieb eines Rückkühlwerkes erfordert Aufstellung im Freien (Kaltwasserkreislauf im Winter sichern!) oder bei Aufstellung im Gebäude große Luftkanäle, Rezirkulation der feuchten Abluft zur Zuluft des Rückkühlwerkes unbedingt verhindern!

J8.2
Bauformen

Unterschieden werden Konstruktionen nach
- Anordnung des Ventilators im Abluft- oder Zuluftstrom als saug- und druckbelüftete,
- Stromführung von Wasser und Luft als Gegen- und Kreuzstrom,
- direktem Kontakt des Wassers mit Luft als offene und bei Zwischenschaltung einer wärmeübertragenden Fläche als geschlossene Kühltürme.

Bild J8-3a zeigt einen saugbelüfteten, offenen Gegenstromkühlturm mit Axialventilator, 8-3b einen offenen Querstromkühlturm und 8-3c einen druckbelüfteten Kühlturm mit Radialventilator.

Verbreitet ist der offene, saugbelüftete Gegenstromkühlturm, beregnete Fläche der vorgefertigten Apparate bis 100 m^2.

Druckbelüftete Gegenstromkühltürme werden mit Radialventilatoren ausgerüstet, beregnete Fläche bis 12 m^2, größere Flächen durch Aneinanderreihen.

Kreuzstromkühltürme sind besonders geräuscharm, das Wassergeräusch der Verteildüsen und der im Becken auftreffenden Tropfen fällt weg, durchweg saugbelüftet.

Im offenen Kühlturm wird das Wasser durch Schadstoffe der Luft verunreinigt. Abhilfe schafft ein zwischen Kühlturmkreis und Kondensatorkühlkreis eingeschalteter Wärmeübertrager, bevorzugt ein Plattenapparat mit geringer Temperaturdifferenz.

Der Wärmeübertrager kann aber auch als Rohrbündel direkt in den Kühlturm eingebaut werden. Das Rohrbündel wird durch Sekundärwasser besprüht, wodurch auch in dieser Schaltung eine Annäherung an die Kühlgrenztemperatur erreicht wird und im Winter trockener Betrieb möglich ist.

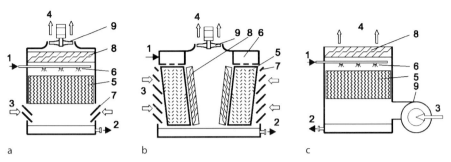

Bild J8-3 Bauarten von Kühltürmen
a) saugbelüftet, offen, Gegenstrom, b) saugbelüftet, offen, Querstrom und c) druckbelüftet, offen, Gegenstrom
1 Warmwassereintritt, 2 Kaltwasseraustritt, 3 Lufteintritt, Luftaustritt, 5 Wasserverteilung, 6 Füllkörper (Einbauten), 7 Jalousien, 8 Tropfenabscheider, 9 Ventilator

J8.3
Lärm und Lärmschutz

Im wesentlichen treten zwei Lärmquellen in Erscheinung, Wasserrauschen aus den Verteildüsen und der auftreffenden Tropfen im Sammelbecken, beides hochfrequente Geräusche, welche gut zu dämpfen sind, und Motor, Getriebe und Ventilator mit niederfrequenten und schwieriger zu dämpfenden Geräuschen. Bei hohen Ansprüchen sind die zu treffenden Primär- und Sekundärmaßnahmen sehr teuer und können die Anschaffungskosten der Kühlturmanlage erreichen oder sogar übersteigen.

Polumschaltbare Motoren sind eine bevorzugte Primärmaßnahme, weil sie im besonders kritischen Nachtbetrieb eine wirksame Reduktion der Geräuschentwicklung ermöglichen.

J8.4
Wasseraufbereitung und Wasserabschlämmung

Das verdunstende Wasser führt im Kreislauf zu einer Anreicherung der gelösten Salze, die Grenze ist mit der Ausfällung im Verflüssiger erreicht (s. a. M1.3). Der Salzgehalt muss durch fortlaufende oder periodische Entnahme von Kreislaufwasser auf einem zuträglichen Niveau gehalten werden. Diese Abschlämmung genannte Entnahme beträgt 0,3 bis 0,6% der umgewälzten Wassermenge und entzieht dem Kreislauf die sich anreichernden Salze. Dieses Abschlämmwasser m_A, die Wasserverluste durch Verdunsten m_V und durch Tropfenaustrag m_S sind fortlaufend durch Zusatzwasser m_{ZW} auszugleichen. Aus einer Massenbilanz folgt

$$\dot{m}_A = \frac{\dot{m}_V}{E-1} - \dot{m}_S \tag{J8-6}$$

mit der Eindickung

$$E = \frac{x_{Kreislauf}}{x_{Zusatz}} \qquad (J8\text{-}7)$$

Die Verdunstungsverluste sind angenähert

$$\dot{m}_V = \dot{m}_W \frac{c_W(\vartheta_{W2} - \vartheta_{W1})}{\Delta h_{Vo}} \approx \dot{m}_W \frac{(\vartheta_{W2} - \vartheta_{W1})}{600}, \qquad (J8\text{-}8)$$

in der Regel 1 ... 2% des umlaufenden Wassers.

Die Spritzverluste durch Tropfenaustrag sind unter 0,1% des umlaufenden Wassers, die Eindickung E sollte bei 3 ... 4 eingestellt werden. Ein höherer Wert führt zu Verschmutzungsproblemen im Verflüssiger, ein niedrigerer Wert erfordert mehr aufbereitetes Wasser.

J9
Gesetze, Normen, Vorschriften

Der Planer und Betreiber einer Kälteanlage sollte bei Planungsbeginn die Gewerbeaufsicht konsultieren, um die zu erwartenden Auflagen berücksichtigen zu können.

Bei der Planung und Aufstellung einer Kälteanlage sind folgende Gesetze und Normen zu beachten:

- EN 292 „Sicherheit von Maschinen, Grundbegriffe, allgemeine Gestaltungsleitsätze"
- Geräte- und Produktsicherheitsgesetz (GPSG) mit Druckgeräterichtlinie, AD-2000; EN 378 „Kälteanlagen und Wärmepumpen, Sicherheitstechnische und umweltrelevante Anforderungen" [J-7]; EN 13313 zur Sachkunde der Personen beim Projektieren, Errichten und Betreiben von Kälteanlagen; Betriebssicherheitsverordnung (BetrSichV) über Sicherheit, Gefährdung durch Arbeitsmittel, Prüfungen, Schadens- und Unfallbehandlung
- Unfallverhütung BGV A1 und BGR 500 Kap. 2.35 (früher UVV20 und BGV D4) zum Betreiben einer Kälteanlage
- EN 60204 „Sicherheit von Maschinen, Elektrische Ausrüstung von Maschinen" über Belange des elektrischen Teils der Anlage
- Wasserhaushaltsgesetz WHG § 19 g–l zum Schutz der Gewässer (es gilt der Besorgnisgrundsatz)

Vor Inbetriebnahme einer Anlage prüft ein Sachkundiger eines Fachbetriebes die Konformität mit der EN 378. Der Einbau und die Absicherung der abnahmepflichtigen Druckbehälter müssen von einem unabhängigen Sachverständigen kontrolliert und abgenommen werden.

Mit dem CE-Zeichen sichert der Lieferant die Konformität mit der Maschinenschutzrichtlinie der EU zu, die oben beschriebenen Abnahmen sind aber immer durchzuführen.

Literatur

[J-1] Berechnungsprogramm des ILK (Institut für Luft- und Kältetechnik, Dresden) verwendet die thermodynamischen Grundlagen des NIST (National Institute of Standards and Technology, Boulder, Colorado)
[J-2] VDI Wärmeatlas Abschn. Hbb
[J-3] R.Plank: Handbuch der Kältetechnik, Band VI B
[J-4] VDI Wärmeatlas Abschn. Mi
[J-5] F.Bosnjakovic: Technische Thermodynamik II
[J-6] DIN 8962: Kältemittel: Begriffe, Kurzzeichen
[J-7] DIN EN 378: Kälteanlagen und Warmepumpen, sicherheitstechnische und umweltrelevante Anforderungen, Teil 1: Grundlegende Anforderungen, ... 2000/9
[J-8] DIN 8976: Leistungsprüfung von Verdichter-Kältemaschinen, 1972/2
[J-9] SN DIN 13741: Wärmetechnische Abnahmeprüfung an zwangsbelüfteten standardisierten Nasskühltürmen, 2004/3

K Regelung, Steuerung von Raumlufttechnischen Anlagen

SIEGFRIED BAUMGARTH, GEORG-PETER SCHERNUS

K1
Automation in der Raumlufttechnik

K1.1
Feldebene, Automatisierungsebene, Leitebene

Bei kommerziell genutzten Gebäuden entfällt ein großer Teil der Baukosten auf die technische Ausrüstung. Nicht nur Beleuchtung und Heizung, sondern auch Lüftungs- und Klimatechnik, Beschattung und Sicherheitsüberwachung usw. gehören zum Bereich der technischen Gebäudeausrüstung und zum technischen Gebäudemanagement. Der energieoptimierte Betrieb solcher hochkomplexen Anlagen ist überhaupt nur möglich, wenn sie automatisch betrieben und überwacht werden.

Erst mit dem Einzug der Digitaltechnik und der Mikroprozessoren war es mit vertretbarem Aufwand möglich, die Regelung und Steuerung der Einzelanlagen dezentral zu verwirklichen. Durch die Kopplung und Vernetzung der Einzelsysteme über einen Datenbus (siehe K1.3) wurde auch die zentrale Überwachung und Optimierung der Betriebsweisen der Anlagen realisierbar [K-1].

Es werden drei Ebenen [K-2; K-3] der Automatisierung unterschieden (Bild K1-1):

- die Feldebene,
- die Automatisierungsebene und
- die Leitebene.

Die Aufgaben der einzelnen Ebenen sind unterschiedlich.

Die Feldebene beschäftigt sich mit der Erfassung und der Ausgabe von Informationen in den einzelnen Anlagen. Hierzu gehören als sog. Feldgeräte die Sensoren und Aktuatoren. Die Informationen aus der Anlage werden mit Hilfe der Sensoren in die Automationsstation eingelesen. Die Ausgabe von Informationen an die Anlage erfolgt über die Aktuatoren. Wenn die Aktuatoren und Sensoren digitalisierte Werte abgeben bzw. aufnehmen können, spricht man von intelligenten Feldgeräten.

Bild K1-1 Die drei Ebenen der Automatisierung

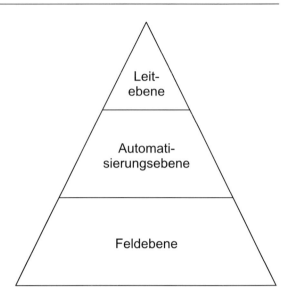

Zu den Sensoren gehören sowohl Messfühler, die stetige Signale erfassen (z. B. Temperatur- und Feuchtefühler), wie auch Wächter und Schalter, die einen Binärwert abgeben (z. B. Frostwächter, Quittiertaster usw.).

Auch bei den Aktuatoren unterscheidet man stetige und schaltende Geräte. Zu den stetig ansteuerbaren Aktuatoren gehören beispielsweise die Ventil- und Klappenantriebe und die stetig ansteuerbaren Frequenzumrichter. Binäre Aktuatoren sind z. B. Auf-Zu-Magnetventile, Relais und Schütze.

In der Automatisierungsebene befinden sich die Automationsstationen (DDC-Geräte = **d**irect **d**igital **c**ontrol). Über diese Geräte werden die einzelnen Anlagen geregelt und gesteuert. Neben den Regelungs- und Steuerungsprogrammen werden hier aber auch Optimierungen durchgeführt, auf die im Abschn. K2 näher eingegangen wird.

Da in einem Gebäude viele Automationsstationen vorhanden sein können, ist dieser Ebene die Leitebene mit Rechner, Drucker, Bildschirm etc. übergeordnet. Hier laufen die wichtigsten Daten aus der Automatisierungsebene zusammen. Die Aufgabe der Leitebene besteht nicht nur in der Anzeige von aktuellen Daten möglichst in Anlagenschaltbildern und in der Aufzeichnung von Funktionsverläufen, sondern auch in der zusammengefassten Meldung von Alarmen und der Erstellung einer historischen Datenbank. Je nach System können auch die Programme der einzelnen Automationsstationen im Leitrechner abgespeichert und bei Bedarf neu eingeladen werden. Auch kann hier eine nutzungsabhängige Inspektionsüberwachung der Anlagen ermöglicht werden. Eine entscheidende Aufgabe ist jedoch, die abgespeicherten Daten wie Energieverbräuche, Kosten etc. am Jahresende auszuwerten und ggf. auch nach vorgegebenen Gesichtspunkten zu bewerten. Diese Aufgaben sind Bestandteil des technischen Gebäudemanagements. Ist auch noch der Verwaltungsbereich wie Gebäudereinigung etc. integriert, so spricht man von Facility Management.

K1.2
Globale Struktur: Kopplung von Systemen

In einem Gebäude, das mit vielen technischen Anlagen ausgestattet ist, werden zur Regelung und Steuerung sehr viele Automationsstationen benötigt, insbesondere, wenn die Anlagen im Gebäude entfernt voneinander angeordnet sind. Die gemeinsame Überwachung auf einem zentralen Leitrechner und auch die Nutzung von Informationspunkten der einen Station in einer anderen Station setzen voraus, dass die Automationsstationen miteinander kommunizieren, d.h. Informationen austauschen können. Wenn dies ohne einen übergeordneten Kopplungsrechner (Bild K1-2) möglich ist, spricht man von einer Peer-to-Peer-Kommunikation (Bild K1-3) [K-4].

Dies ist jedoch im allgemeinen nicht möglich, wenn man zwei DDC-Stationen von verschiedenen Herstellern miteinander koppeln will. Damit sich die Automationsstationen verschiedener Fabrikate miteinander verständigen können, ist die Einigung auf ein gemeinsames Datenformat eine grundsätzliche Voraussetzung. Die Darstellung der Informationen, das Datenformat etc. ist jedoch bei jedem Hersteller von Automationssystemen für die Heiz- und Raumlufttechnik anders aufgebaut, so dass dies nur über eine Umsetzung der Informationen auf eine genormte Datenübertragung möglich wäre. Mehrere Ansätze sind gemacht worden. Dazu zählen z.B. der FND (= firmenneutrale Datenübertragung), der PROFI-Bus (= process field bus), BACnet (building automation and control network) usw. Auch auf europäischer Ebene ist hier noch keine generelle Einigung auf ein einziges Bussystem erreicht worden.

Da jedoch in großen Liegenschaften eine Verbindung zwischen Automationsstationen unterschiedlicher Hersteller erforderlich ist, werden häufig Insellösungen (IZ) mit zwischengeschalteten Rechnern, mit Schnittstellenadaptern (SSA), sog. Gateways eingesetzt (Bild K1-4). Die Kopplung unterschiedlicher Automationssysteme ist einerseits wegen der Sonderentwicklungen mit hohen Kosten im Gegensatz zu genormten Lösungen verbunden. Andererseits führt eine solche Kopplung über Schnittstellen immer zu einer Reduzierung der Funktionen und Möglichkeiten der Einzelsysteme. So kann z.B. die Übertragungsgeschwindigkeit reduziert werden. Es können auch Probleme beim Eingriff in das jeweilige System dadurch auftreten, dass bestimmte Aufgaben nicht in jeder Automationsstation mit gleicher Priorität behandelt werden. Das System mit den geringsten Möglichkeiten bzw. den kleinsten Bearbeitungsgeschwindigkeiten ist dann u.U. für das Gesamtsystem maßgeblich. Optimale Lösungen ergeben sich erst, wenn man sich auf ein genormtes Bussystem einigt. Einen Weg in diese Richtung zeigen der Europäische Installationsbus EIB, das aus den USA kommende Bussystem LON (local operating network) und das international genormte Bussystem BACnet auf [K-5].

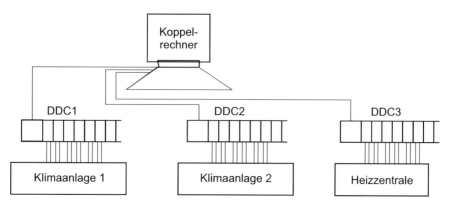

Bild K1-2 Verbindung von DDC-Systemen über einen Koppelrechner

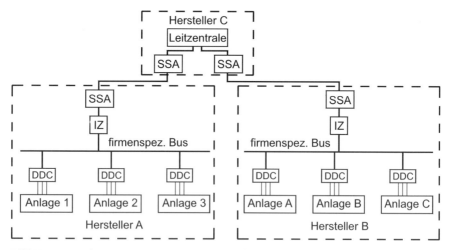

Bild K1-3 Direkte Verbindung von DDC-Systemen (Peer-to-Peer)

Bild K1-4 Kopplung von DDC-Systemen verschiedener Hersteller mit Inselzentrale IZ über einen Schnittstellenadapter SSA und z. B. die firmenneutrale Datenübertragung FND oder den PROFI-Bus oder den BACnet

K1.3
Zentrale – dezentrale Verarbeitung von Daten

In den Anfängen der DDC-Technik wurde die Intelligenz möglichst in einen Zentralrechner (Prozessrechner) verlegt. Das führte bei Großanlagen dazu, dass sehr viele Daten über den Bus geführt wurden, so dass u. U. die Übertragungsgeschwindigkeit nicht mehr ausreichte. Insbesondere schnelle Regelstrecken, wie z. B. Druckregelstrecken bei RLT-Anlagen, konnten nicht mehr stabilisiert werden, Alarme wurden zu spät verarbeitet usw. Mit zunehmender Kostensenkung bei der Mikroprozessortechnik war es möglich, immer mehr Intelligenz in die unteren Ebenen zu verlagern (Bild K1-5). Wenn z. B. der Messfühler mit einem Analog/Digitalwandler ausgestattet ist, so kann er digitalisierte Werte abgeben (intelligenter Fühler). Wenn gleichzeitig auch ein Prozessor mit Speicherplatz integriert ist, so kann dieser Fühler bereits als digitaler Regler wie z. B. in der Einzelraumregelung arbeiten. Werden bei einem Raumtemperaturregler auch noch die Informationen eines Anwesenheitssensors oder eines Fensterkontaktes mit verarbeitet, so ist die Intelligenz bis in den Messfühler herunter verlagert.

Der Leitrechner kann sich dann auf die Bearbeitung übergeordneter Strategien beschränken, so dass auch der Datenverkehr auf dem Bus wesentlich geringer wird. Zu den zentralen Aufgaben gehört z. B. die Energieoptimierung einer Anlage oder einer ganzen Liegenschaft. [K-6]

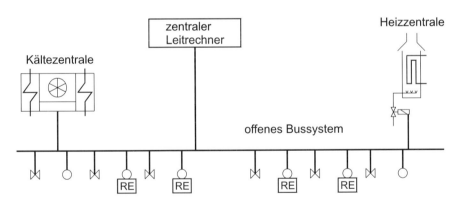

Bild K1-5 Verknüpfung von Energiezentralen wie Kälte/Heizung mit intelligenten Aktuatoren und Sensoren (einschließlich Reglern) über ein offenes Bussystem zum zentralen Leitsystem

K2
Regelung von Raumlufttechnischen Anlagen

K2.1
Übersicht

Die wichtigsten zu regelnden Größen in RLT-Anlagen (Raumlufttechnische Anlagen) sind

- Temperatur
- Feuchte
- Volumenstrom
- Druck.

Die RLT-Anlagen [K-7] werden nach der Zahl der thermodynamischen Luftbehandlungen (Heizen, Kühlen, Be- und Entfeuchten) unterschieden (s. a. E). Eine Lüftungsanlage ist definiert als Anlage mit keiner oder einer thermodynamischen Luftbehandlungsfunktion. Eine Teilklimaanlage ist eine RLT-Anlage mit zwei oder drei thermodynamischen Luftbehandlungsfunktionen. Von einer Klimaanlage spricht man, wenn alle vier Luftbehandlungsfunktionen vorhanden sind. Energierückgewinnung ist über Wärme- oder Enthalpierückgewinner möglich (s. a. D1.2.1; D1.2.2). Des weiteren lässt sich mit einer Veränderung des Luftvolumenstroms (Variabel-Volumenstrom-Anlage, VV-Anlage (E2.7)) Energie bei Betrieb einer Anlage einsparen. Auf entsprechende Regelungsstrategien wird in den folgenden Abschnitten besonders eingegangen.

In der Tabelle K2-1 sind die in diesem Kapitel verwendeten zeichnerischen Symbole zusammengestellt, die nicht in der DIN 19226 [K-8] aufgeführt sind. Die Symbole nach DIN 1946, Teil 1 sind im Arbeitsblatt 2–I enthalten.

K2.2
Sensoren und Aktuatoren

Um eine Anlage regeln zu können, sind Sensoren erforderlich, die den Anlagen-Istzustand erfassen, und Aktuatoren, welche in die Anlage eingreifen können, um diese auf den Sollzustand zu bringen.

K2.2.1
Sensoren

Es wird in der Sensortechnik zwischen aktiven und passiven Sensoren unterschieden. Während die aktiven Sensoren direkt ein verarbeitbares Signal abgeben, wie z. B. die Thermospannung beim Thermoelement, muss bei einem passiven Sensor eine Hilfsenergie zur Verfügung stehen, um die Messwertänderung zu erfassen.

K2 Regelung von Raumlufttechnischen Anlagen

Tabelle K2-1 Zusammenstellung der im Kapitel K2 verwendeten zeichnerischen Symbole

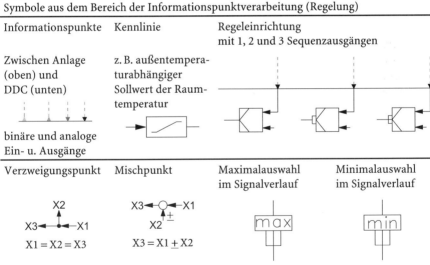

Wächter	Frequenzumrichter	druckbelasteter Verteiler	druckentlasteter Verteiler
im Kanal			
statt der Temperatur auch rel. Feuchte oder Druck p	für drehzahlgeregelte Pumpen oder Ventilatoren		
Reparaturschalter	3-Wege-Ventil stetig ansteuerbar A und B Regeltore	3-Wege-Ventil schaltend ansteuerbar A und B Regeltore	

Symbole aus dem Bereich der Informationspunktverarbeitung (Regelung)

Informationspunkte	Kennlinie	Regeleinrichtung mit 1, 2 und 3 Sequenzausgängen	
Zwischen Anlage (oben) und DDC (unten) binäre und analoge Ein- u. Ausgänge	z. B. außentemperaturabhängiger Sollwert der Raumtemperatur		
Verzweigungspunkt $X1 = X2 = X3$	Mischpunkt $X3 = X1 \pm X2$	Maximalauswahl im Signalverlauf	Minimalauswahl im Signalverlauf

Bei RLT-Anlagen werden hauptsächlich passive Sensoren eingesetzt. Die wesentlichen Messgrößen, die auch für die Regelung von Anlagen benötigt werden, sind die Temperatur, die Feuchte, der Volumenstrom und der Druck. Auch die Messung der Luftqualität kann in bestimmten Anlagen wichtig sein. Wenn mit Digitaltechnik gearbeitet wird, müssen sämtliche Messwerte als elektrisches Signal vorliegen.

Zur Temperaturmessung werden Platinwiderstandsfühler Pt100 oder Pt1000 als genormte Messfühler eingesetzt [K-9]. Diese Messfühler haben bei einer Temperatur von 0 °C einen Widerstand von 100 Ω bzw. 1000 Ω. Sie ändern ihren Widerstand um 0,391 Ω/K bzw. 3,91 Ω/K und zeigen ein sehr gutes lineares Verhalten im Temperaturbereich, der für RLT-Anlagen relevant ist. Der temperaturabhängige Widerstand wird bei linearer Approximation durch die folgende Gleichung beschrieben:

$$R = R_0(1 + \alpha \vartheta) \tag{K2-1}$$

mit R = Widerstand bei der Temperatur ϑ,
R_0 = Widerstand bei der Temperatur 0 °C,
α = linearer Temperaturkoeffizient, für Platin = 0,00391 K^{-1}.

Erst bei 100 °C beträgt der Messfehler durch Nichtlinearität der Kennlinie ca. 1%. Es sollte jedoch möglichst der Pt1000-Fühler eingesetzt werden, da der Pt100-Fühler zu geringe Widerstandsänderungen aufweist, so dass die Zuleitungswiderstände bei einer Zweileiterschaltung (Bild K2-1) zu Fehlmessungen führen können, wenn hier keine Vierleiterschaltung gewählt wird (Bild K2-2).

Neben den Platin-Widerstandsfühlern werden auch firmenspezifische Fühler wie Ni1000 etc. eingesetzt [K-10]. Der Nickelfühler Ni1000 hat bei 0 °C einen Widerstand von 1000 Ω. Er ist aber stärker nichtlinear in seiner Temperaturabhängigkeit. Zur Umrechnung der Temperatur auf den zugehörigen Widerstandswert muss hier eine quadratische Abhängigkeit angesetzt werden:

$$R = R_0(1 + \alpha \vartheta + \beta \vartheta^2) \tag{K2-2}$$

mit R = Widerstand bei der Temperatur ϑ,
R_0 = Widerstand bei der Temperatur 0 °C,
α = linearer Temperaturkoeffizient für Nickel = 0,00494 K^{-1},
β = quadratischer Temperaturkoeffizient für Nickel = 6,09 $10^{-6} K^{-2}$.

Weiterhin werden häufig auch NTC-Fühler (**n**egative **t**emperature **c**oefficient) eingesetzt. Im Gegensatz zu den Metallwiderständen nimmt hier der Widerstand

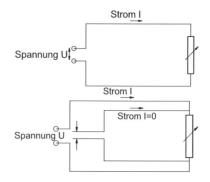

Bild K2-1 Widerstandstemperaturfühler mit Zweileiterschaltung

Bild K2-2 Widerstandstemperaturfühler mit Vierleiterschaltung

Bild K2-3 Temperaturabhängigkeit von NTC- und Metall-Widerstandsfühlern (s. a. Bd 1, K3.1)

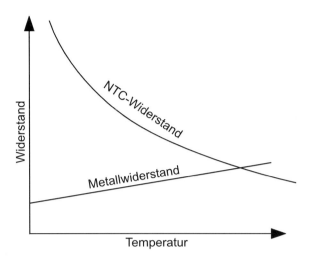

mit steigender Temperatur ab (Bild K2-3). Diese Fühler haben zwar eine große Widerstandsänderung pro K, da es sich aber um Halbleitermesselemente handelt, können sie über längere Zeiten gesehen ihren Grundwert durch Alterung ändern.

Für RLT-Anlagen ist der Frostwächter von großer Wichtigkeit. Bei Unterschreiten einer einstellbaren minimalen Temperatur gibt er ein Schaltsignal ab, mit dessen Hilfe die Gesamtanlage außer Betrieb genommen werden muss, gleichzeitig aber der Vorerwärmer 100% in Betrieb geht. Im Gegensatz zum Widerstandsmessfühler wird hier die temperaturabhängige Änderung des Dampfdrucks als Messgröße verwendet. Ein mit einer niedrig siedenden Flüssigkeit teilgefülltes Kapillarrohr wird mäanderförmig über den gesamten Strömungsquerschnitt z. B. hinter einem Lufterwärmer gespannt. Hier wird kein Temperaturmittelwert erfasst, wie es bei einem Widerstandsfühler der Fall ist, sondern der Dampfdruck über der Flüssigkeit richtet sich nach dem kältesten Punkt des Kapillarrohres. Der Wächter muss, wenn er angesprochen hat, erst wieder entriegelt werden.

Die Erfassung der relativen Feuchte φ kann über eine Messung der Längenänderung von Haaren oder Kunststoffbändern durch Übertragung auf ein Potentiometer entsprechend Bild K2-4 erfolgen. Am Potentiometer kann eine zur relativen Feuchte proportionale Spannung abgegriffen werden. Ein Verfahren mit höherer Genauigkeit erfasst die Veränderung des Dielektrikums zwischen zwei Kondensatorplatten über eine Kapazitätsmessung. Die absolute Feuchte wird bei Verwendung der DDC-Technik aus einer Temperaturmessung und einer relativen Feuchtemessung berechnet.

Das früher verwendete Verfahren der absoluten Feuchtemessung mit Hilfe des LiCl-Fühlers wird fast nicht mehr eingesetzt. Es beruht auf dem Prinzip der Wasseraufnahme durch das hygroskopische Lithiumchlorid und wieder Verdampfens durch Beheizen des mit LiCl getränkten Messfühlers. Je mehr Feuchte

Bild K2-4 Prinzip einer relativen Feuchtemessung mit Haar- oder Kunststoffband und Übertragung auf ein Potentiometer

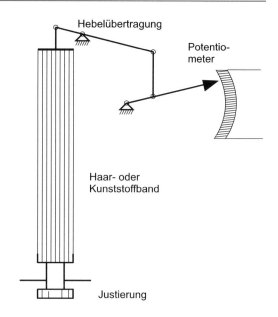

in der Luft enthalten ist, desto mehr Wasser kann absorbiert und damit auch wieder verdampft werden. Die sich einstellende Temperatur des Fühlerelementes kann in absoluten Feuchteeinheiten (g Wasser/kg Luft) kalibriert werden. Da dieser Messfühler aber auch bei abgeschalteter Anlage unter Spannung stehen muss, da sonst das LiCl so viel Wasser aufnimmt, dass es abtropft, ist bei jedem Stromausfall eine neue Kalibrierung des Fühlers erforderlich. Durch den Einsatz des Rechners ist dieses Verfahren heute entbehrlich und nur noch selten anzutreffen.

Die Druckmessung mit einem elektrischen Ausgangssignal erfolgt z. B. über eine Kapazitätsmessung, bei der die Abstände zweier Kondensatorplatten durch den zu messenden Druck verändert werden. Die Druckmessung mit Hilfe eines Piezzo-Kristalls wird erst bei der Erfassung höherer Drücke eingesetzt.

Die Messung des Volumenstroms kann über eine Differenzdruckmessung an einer Messblende [K-11] oder mit Hilfe des thermischen Verfahrens erfolgen. Beim thermischen Verfahren wird ein Widerstand in dem zu messenden Luftstrom beheizt. Je nach Strömungsgeschwindigkeit wird mehr oder weniger Wärme abgeführt, so dass die Temperatur des Widerstandes ein Maß für die Strömungsgeschwindigkeit ist. Der Volumenstrom in Flüssigkeiten kann über Flügelradzähler oder bei Gasen über Balgenzähler erfolgen. Ein weiteres Verfahren zur Durchflussmessung von Flüssigkeiten nutzt die Ablenkung von Elektronen im Magnetfeld einer bewegten Flüssigkeit aus (magnetisch-induktive Durchflussmessung MID).

Die Regelung von RLT-Anlagen kann auch die Qualität der Raumluft und damit das Wohlbefinden des Menschen mit einbeziehen. Maßgeblichen Einfluss auf diese Qualität hat nicht das geringfügige Absinken des Sauerstoffanteils,

Bild K2-5 Prinzip eines Infrarot-CO_2-Sensors

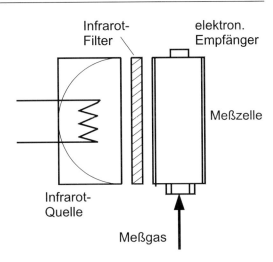

sondern der Anstieg des CO_2-Gehaltes in der Raumluft. CO_2-Sensoren bieten den großen Vorteil, dass sie sich kalibrieren lassen. Es besteht deshalb auch die Möglichkeit, definierte Sollwerte vorzugeben. Der Messbereich liegt zwischen etwa 330 ppm bei „guter" und 1400 ppm bei „verbrauchter" Luft. Die Messgenauigkeit liegt bei 10% (s. a. Bd. 1, C3.2).

Ein CO_2-Messverfahren arbeitet nach dem Infrarotprinzip unter Ausnutzung der entsprechenden Absorptionsbänder. Bild K2-5 zeigt das Prinzip eines photoakustischen CO_2-Sensors. Über ein Infrarot-Filter wird nur eine Strahlung bestimmter Wellenlänge durchgelassen, die CO_2-Moleküle zu Schwingungen anregt. Diese Schwingungen werden in einer photoakustischen Zelle erfasst und als Messgröße für den CO_2-Gehalt in der Luft ausgegeben.

Bei den Mischgassensoren werden oxidierbare Gase an ein beheiztes Halbleitermaterial gebunden und verändern dessen Leitfähigkeit (s. N7.3.1). Wegen der variierenden Empfindlichkeiten gegenüber verschiedenen Gasen und Dämpfen ist eine Kalibrierung jedoch nur bedingt möglich.

K2.2.2
Aktuatoren

Die Aktuatoren (Stellglieder) greifen über den Stellbefehl Y des Reglers in die Anlage ein, um bei auftretender Störung den Sollwert wieder zu erreichen. Da die Temperaturveränderung in einer RLT-Anlage überwiegend durch eine Veränderung des zum Wärmeübertrager zugeführten Wassermassenstromes erfolgt, ist das Ventil mit seinem Antrieb das wichtigste Stellglied. Die Ventile werden in RLT-Anlagen hauptsächlich elektrisch oder pneumatisch verstellt. Neben dem Ventil ist der Klappenantrieb wichtig (s. Bd. 1, K5.2).

Die pneumatischen Ventilantriebe (s. Bd. 1, Bild K6-17) arbeiten mit einem aus dem Regler kommenden Einheitssignal 0,2 bis 1 bar. Wenn jedoch derselbe

Bild K2-6 Sequenzansteuerung Heizen/Kühlen bei Verwendung eines pneumatischen Reglers, Y = Reglerstellausgang in bar

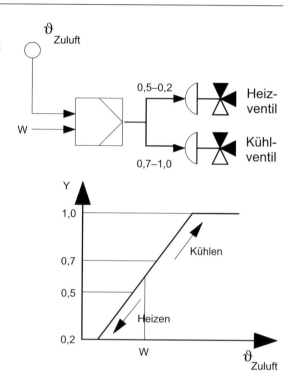

Regler zwei Wärmeübertrager (z. B. Lufterwärmer und Luftkühler) in Sequenz ansteuern soll, so muss das Einheitssignal aufgesplittet werden. Wie Bild K2-6 zeigt, wird das Stellsignal Y des Reglers auf beide Ventile gelegt, die jedoch unterschiedliche Arbeitsbereiche haben. Während das Kühlventil im Bereich von 0,7 bis 1,0 bar arbeitet und bei 0,7 bar geschlossen ist, öffnet das Heizventil erst bei 0,5 bar und hat bei 0,2 bar ganz geöffnet.

Bei elektrischen Ventilantrieben wird die Sequenzansteuerung auf verschiedene Weise gelöst. Wenn es sich um einen Regler mit Dreipunkt-Ausgang (wärmer/stop/kälter) handelt, so werden motorische Stellantriebe eingesetzt, die über Endlagenschalter z. B. das Signal „kälter" vom Erwärmerventil an das Kühlventil weiterleiten, wenn der Erwärmer geschlossen hat und umgekehrt. Häufig werden aber Ventile mit einem Einheitssignal 0 bis 10 V als Ansteuerung verwendet. Hier liegt dann entweder im Antrieb ein Positionierer vor, an dem eingestellt werden kann, welcher Bereich des Eingangssignals für die Ventilöffnung genutzt werden soll (z. B. 7 bis 10 V). Oder (überwiegend) es wird im Regler eine Aufteilung des Stellsignals vorgenommen, so dass jedes Ventil einen separaten Anschluss an den Regler erhält (Bild K2-7). Das letztere Verfahren ist in der DDC-Technik üblich, insbesondere wenn noch mehr als zwei Sequenzen benötigt werden. Als Ventilantriebe werden entweder elektromagnetische bzw. elektrothermische Antriebe oder Motore mit Stellungsrückmeldung (0–10 V) verwendet.

K2 Regelung von Raumlufttechnischen Anlagen

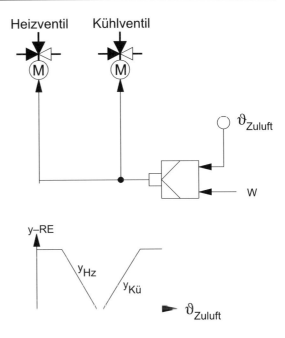

Bild K2-7 Sequenzansteuerung von stetigen Antrieben mit 0–10 V (elektromagn., elektrotherm., motorisch mit Stellungsrückmeldung)

Die Drehzahländerung von Motoren für Pumpen und Ventilatoren erfolgt entweder über eine Phasenanschnittssteuerung oder über einen Frequenzumrichter. Im ersteren Fall wird die Phase der Wechselspannung je nach Ansteuerung erst später eingeschaltet. Die Ansteuerung erfolgt über ein Einheitssignal 0 bis 10 V. Im Frequenzumrichter wird die Frequenz der Wechselspannung (ausgehend von 50 oder 60 Hz) verändert und damit die Drehzahl verstellt. Auch hier erfolgt die Ansteuerung über ein Einheitssignal von 0 bis 10 V oder 0 bis 20 mA.

K2.3
Hydraulische Schaltungen

Bevor auf die Regelungsstrategien eingegangen wird, müssen die hydraulischen Schaltungen für RLT-Anlagen und deren Auswirkung auf die Luftzustandsänderung diskutiert werden [K-12].

K2.3.1
Lufterwärmer

Bei einem Lufterwärmer (s. G2) in einer RLT-Anlage muss unterschieden werden zwischen dem ersten und den weiteren Lufterwärmern einer Anlage. Der erste Lufterwärmer sollte grundsätzlich hydraulisch im Gleichstrom (Lufteintritt und Wassereintritt auf derselben Seite) betrieben werden (Bild K2-8A), um die Einfriergefahr zu mindern. Nachgeschaltete Lufterwärmer in der Anlage, wie

Bild K2-8 Lufterwärmer im Gleich- (A) und im Gegenstrom (B)

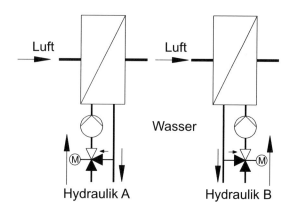

auch Luftkühler, sollten dagegen hydraulisch im Gegenstrom (Bild K2-8B) betrieben werden, um eine bessere Wärmeübertragung zu erhalten. Unbeeinflusst hiervon sind die Kreuzstromwärmeübertrager.

Statt des 3-Wege-Beimischventils kann auch im Rücklauf ein 3-Wege-Verteilventil verwendet werden. Welches Ventil verwendet werden darf, hängt von der Konstruktion ab. Ein Erwärmer sollte grundsätzlich temperaturgeregelt gefahren werden, d. h. im Erwärmerkreis muss konstanter Massenstrom fließen. Die noch häufig verwendete mengengeregelte hydraulische Schaltung hat zwei Nachteile:

1. Durch die mögliche hohe Temperaturspreizung zwischen Vor- und Rücklauf des Wassers bei starker Drosselung kann es zur Luftschichtung im Kanal kommen, d. h. im Kanalquerschnitt kann ein hoher Temperaturgradient auftreten. Dies ist jedoch abhängig von der Konstruktion des Lufterwärmers (s. Kap. G2.10; G6 und G7).

2. Bei geringen Ventilöffnungen (starke Drosselung) ist auch die Strömungsgeschwindigkeit im Wasserkreis des Erwärmers gering. Das wirkt sich auf die Stabilität des Regelkreises sehr negativ aus, da die Totzeit, die von der Strömungsgeschwindigkeit abhängt, größer wird. Das kann zur Folge haben, dass der Regelkreis im Teillastbereich instabil werden kann, bzw. der Regler muss mit sehr ungünstigen Parametern betrieben werden. Auch ein möglicher Umschlag von turbulenter in laminare Strömung kann Ursache von Instabilitäten sein.

Positiv ist dagegen das Einsparen einer zusätzlichen Pumpe. Damit würden die Investitionskosten verringert, und es gäbe keine dezentrale Wartung von Pumpen. In diesem Fall würde sich jedoch der Einsatz einer regelbaren Strahlpumpe empfehlen, die anstelle des 3-Wege-Ventils eingesetzt wird (s. Bd 3, D2.3.4.1). Über eine Verstellung der Düsennadel wird mehr oder weniger Rücklaufwasser nach dem Injektionsprinzip in den Strahl zugemischt.

Eine Energiezufuhr über den Erwärmer bewirkt im h,x-Diagramm eine senkrechte Zustandsänderung auf einer Linie $x = $ const., da die absolute Feuchte

K2 Regelung von Raumlufttechnischen Anlagen

Bild K2-9 Zustandsänderung im Lufterwärmer, A = Ein- und B = Austrittszustand

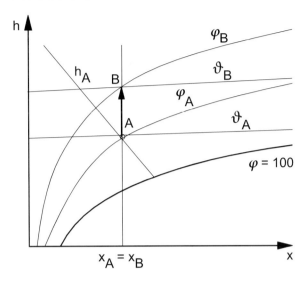

nicht verändert wird. Bild K2-9 zeigt den entsprechenden Verlauf vom Lufteintrittszustand A zum Luftaustrittszustand B.

K2.3.2
Luftkühler, Entfeuchter

Bei der Hydraulik des Luftkühlers ist zu unterscheiden, ob dieser nur zur Kühlung der Luft oder auch zum Entfeuchten eingesetzt werden soll. Während bei der reinen Luftkühlung eine wasserseitige Temperaturregelung (Bild K2-10A) gewählt werden muss, sollte im Entfeuchtungsfall immer hydraulisch eine Mengenregelung (Bild K2-10B, wobei die Pumpe i. A. in der Zentrale sitzt) verwendet werden (s. Abschn. G7.1). Entscheidend für die Entfeuchtung der Luft ist die Unterschreitung der Taupunkttemperatur an der Oberfläche der Lamellen des Luftkühlers. Liegt diese Temperatur oberhalb der Taupunkttemperatur, so wird die Luft nur gekühlt und nicht entfeuchtet. Auf die Direktverdampfung im Luftkühler ist im Abschn. G10.2.2 ausführlich eingegangen.

Bei der Mengenregelung tritt das Kaltwasser schon bei geringer Ventilöffnung mit der Vorlauftemperatur von z. B. 6 °C in den Luftkühler (Entfeuchter) ein. Dadurch wird von Anfang an die Taupunkttemperatur unterschritten, und Wasser wird auskondensiert. Bei der Beimischregelung hingegen wird bei geringer Ventilöffnung nur wenig Kaltwasser dem Rücklaufwasser aus dem Luftkühler beigemischt, so dass die Wassereintrittstemperatur ϑ_{We} zunächst über dem Taupunkt liegt. Erst bei großer Ventilöffnung würde im Fall der Temperaturregelung die Wassertemperatur so weit abgesenkt, dass auch eine Feuchteausscheidung beginnt, wenn am Wassereintritt die Taupunkttemperatur ϑ_{TP} unterschritten wird.

Bild K2-10 Luftkühler mit Temperaturregelung (A) und mit Mengenregelung (B, als Entfeuchter)

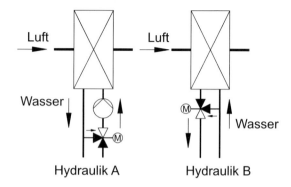

Bild K2-11 Verlauf der Luftzustände im beimischgeregelten Luftkühler, A = Ein- und B = Austrittszustand; (s. a. C3.1-2; C3.1-4)

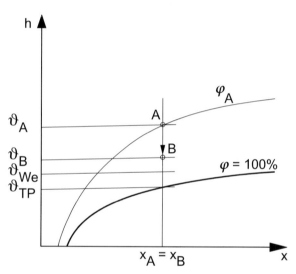

Bild K2-11 zeigt den Verlauf des Luftzustandes nach Durchlaufen eines temperaturgeregelten Luftkühlers. Die mit dem Zustandspunkt A eintretende Luft wird ohne Entfeuchtung von ϑ_A nach ϑ_B (Austrittszustand) abgekühlt. Die absolute Feuchte bleibt konstant ($x_A = x_B$).

Im Gegensatz dazu wird im mengengeregelten Luftkühler (Bild K2-12) schon bei geringer Ventilöffnung Feuchte ausgeschieden, wenn die Wassereintrittstemperatur (Vorlauftemperatur) unter dem Taupunkt liegt.

Die unterschiedlichen hydraulischen Schaltungen (mengen- oder temperaturgeregelt) beeinflussen in starkem Maße die Jahresbetriebskosten. Dies kann je nach Betriebszuständen zwischen 5% und 10% der Kühlkosten ergeben. Bei mengengeregelten Kühlern sollte eine Drehzahlregelung der Pumpe vorgesehen werden, um auch hier Betriebskosten und Antriebsenergie einzusparen. Die optimale Hydraulik muss sehr sorgfältig in Abhängigkeit von den Investitionskosten, der Kälteanlage und den Jahresbetriebskosten geplant werden.

K2 Regelung von Raumlufttechnischen Anlagen

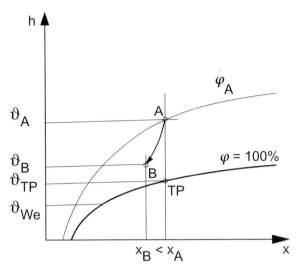

Bild K2-12 Verlauf der Luftzustände im mengengeregelten Luftkühler, A = Ein- und B = Austrittszustand

K2.3.3
Ventilauslegung

Eine Veränderung der Leistung eines Lufterwärmers oder Luftkühlers erfolgt über die Regelung der zugeführten Warm- oder Kaltwassermenge. Dies geschieht entsprechend Bild K2-8 bzw. K2-10 durch eine Änderung der Stellung des 3-Wege-Ventils. Damit diese Ventilverstellung zu einer möglichst linearen Änderung der Regelgröße, z. B. der Zulufttemperatur führt, muss das Ventil sehr sorgfältig ausgelegt werden.

Eine Ventilkennlinie gibt die Abhängigkeit des Volumenstroms von der Ventilöffnung bei konstanter Druckdifferenz am Ventil an. Da sich jedoch der Druckverlust in den Anschlussleitungen mit abnehmendem Volumenstrom stark vermindert, bedeutet dies, dass sich der Druckabfall über dem Ventil immer mehr erhöht, je weiter das Ventil geschlossen wird. Wenn jedoch der Druck über einem teilweise geöffneten Ventil erhöht wird, so vergrößert sich auch der Volumenstrom. Man spricht von der Ventilentartung bzw. *Ventilautorität* a_v. Diese ist definiert als Verhältnis vom Druckabfall Δp_{V100} am geöffneten Ventil zum Druckabfall Δp_0 am geschlossenen Ventil (s. Bd. 1, Bild 5-3a, b):

$$a_v = \frac{\Delta p_{V100}}{\Delta p_0} \tag{K2-3}$$

Ein Ventil mit *linearer Kennlinie* zeigt einen linearen Zusammenhang zwischen Ventilöffnung und Volumenstrom. Für $a_v = 1$ ergibt sich die Grundkennlinie, d. h. linearer Zusammenhang zwischen Volumenstrom und Hub zwischen

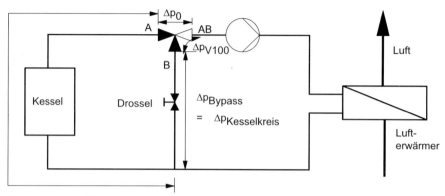

Bild K2-13 Ableitung der Ventilautorität a_v beim 3-Wege-Ventil

Vor- und Rücklauf mit der Druckdifferenz Δp_0. Je kleiner a_v wird, desto stärker wird die Nichtlinearität der Kennlinie. Bild K5-4a in Band 1 zeigt das Kennlinienfeld zwischen Volumenstrom, Ventilhub und dem Parameter Ventilautorität a_v. Daraus ist ersichtlich, dass eine Anlage praktisch nicht mehr zu regeln ist, wenn die Ventilautorität $a_v < 0{,}1$ ist, weil sich der Volumenstrom in den letzten 50% des Ventilhubes nur noch unwesentlich ändert.

Im 3-Wege-Ventil ist Δp_{V100} der Druckabfall über dem Ventil, wenn Tor A – AB geöffnet ist (Bild K2-13). Wenn Tor A – AB geschlossen ist (B – AB geöffnet), so liegt der Druckabfall Δp_0 vor. Um im Verbraucherkreis konstanten Massenstrom bei allen Ventilstellungen zu erhalten, muss der Druckabfall über den Bypass so abgeglichen werden, dass er gleich dem im Kesselkreis ist. Da bei geschlossenem Tor A – AB kein Volumenstrom über den Kesselkreis fließen würde, ist der Druckabfall Δp_0 gleich dem Druckabfall über Tor B – AB (Δp_{V100}) plus dem Druckabfall über den Bypass (= Druckabfall über den Kesselkreis bzw. allgemein gleich dem Druckabfall über den volumenvariablen Kreis $\Delta p_{vol.var.Kreis}$).

$$\Delta p_0 = \Delta p_{V100} + \Delta p_{vol.var.Kreis} \tag{K2-4}$$

Damit ergibt sich für das 3-Wege-Ventil

$$a_v = \frac{\Delta p_{V100}}{\Delta p_{V100} + \Delta p_{vol.var.Kreis}} \tag{K2-5}$$

Da ein Wärmeübertrager auch keinen linearen Zusammenhang zwischen dem Wassermassenstrom und der übertragenen Wärme liefert (Betriebskennlinien), addieren sich die Nichtlinearitäten sogar noch. Am Beispiel eines Kreuzstromwärmeübertragers sind die berechneten Werte für gerundete Aufwärmzahl Φ_0 in Tabelle K2-2 zusammengestellt (s. a. G2.5; Gl. G2-19):

K2 Regelung von Raumlufttechnischen Anlagen

Tabelle K2-2 Übertragene bezogene Leistung für einen Kreuzstromwärmeübertrager:

Φ_0	μ_2	$\dfrac{\dot{Q}}{\dot{Q}_0}$
0,20	0,2	0,68
	0,4	0,86
	0,6	0,93
	0,8	0,97
0,40	0,2	0,47
	0,4	0,73
	0,6	0,87
	0,8	0,95
0,60	0,2	0,33
	0,4	0,61
	0,6	0,79
	0,8	0,92
0,80	0,2	0,25
	0,4	0,49
	0,6	0,71
	0,8	0,87

$$\Phi_0 = \left(\frac{\vartheta_{We} - \vartheta_{Wa}}{\vartheta_{We} - \vartheta_{Le}} \right)_0 \tag{K2-6}$$

mit ϑ_{We} = Wassereintrittstemperatur,
ϑ_{Wa} = Wasseraustrittstemperatur,
ϑ_{Le} = Lufteintrittstemperatur.

$$\mu_2 = \frac{\dot{m}_2}{\dot{m}_{20}} \tag{K2-7}$$

mit $\dot{m}_2$ = Wassermassenstrom abhängig von der Ventilstellung,
$\dot{m}_{20}$ = Auslegungswassermassenstrom.

$\dfrac{\dot{Q}}{\dot{Q}_0}$ = übertragene Leistung

Im Bild K2-14 ist eine Ventilkennlinie mit einer Autorität von $a_v = 0,1$ mit einer Wärmeübertragerkennlinie mit $\Phi_0 = 0,6$ im Vierquadrantenverfahren zusammengesetzt zu einer Regelstreckenkennlinie $\vartheta = f(\text{Ventilhub } H/H_0)$. Dabei ist davon ausgegangen, dass die Temperaturänderung der Luft gleich der Leistungsänderung gesetzt ist.

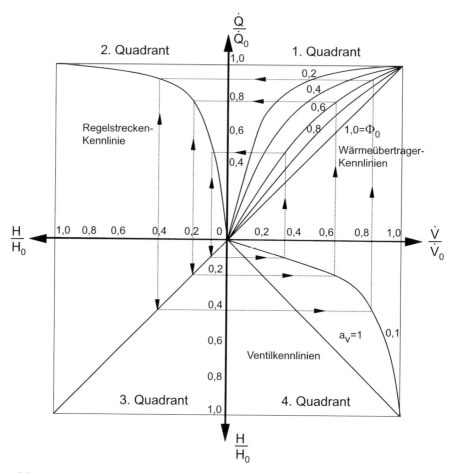

Bild K2-14 Ermittlung der Regelstreckenkennlinie nach dem Vierquadranten-Verfahren bei Einsatz eines Ventils mit linearer Kennlinie und einer Ventilautorität von $a_v = 0{,}1$

Ausgehend vom Ventilhub $H/H_0 = 0{,}1$ bzw. 0,2 und 0,4 wird im 3. Quadranten über die Ventilkennlinie mit $a_v = 0{,}1$ der jeweilige Massenstrom ermittelt. Senkrecht nach oben wird im 1. Quadranten die zum Massenstrom bei einem Wärmeaustauschgrad von z. B. $\Phi_0 = 0{,}6$ gehörige Leistung bzw. Temperaturerhöhung bestimmt. Mit diesem Wert ergibt sich im 2. Quadranten zusammen mit dem Ventilhub die Regelstreckenkennlinie. Die so ermittelte Kennlinie ist sehr stark nichtlinear, so dass keine gute Regelbarkeit möglich ist.

Um ein günstigeres Regelverhalten zu erreichen, sollte in diesem Fall ein Ventil mit einer gleichprozentigen Kennlinie eingesetzt werden (s. Bild K5-4b, Bd. 1). Bild K2-15 zeigt die Konstruktion für den Fall eines Wärmeaustauschgrades von $\Phi_0 = 0{,}6$ in Kombination mit einem gleichprozentigen Ventil der Ventilautorität von $a_v = 0{,}3$. Damit ergibt sich für die Regelstreckenkennlinie

K2 Regelung von Raumlufttechnischen Anlagen

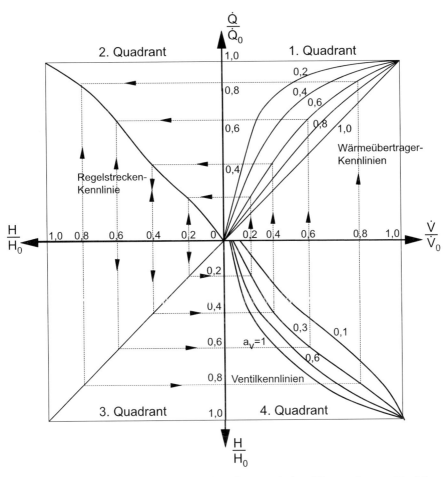

Bild K2-15 Ermittlung der Regelstreckenkennlinie nach dem Vierquadranten-Verfahren bei Einsatz eines Ventils mit gleichprozentiger Kennlinie und einer Ventilautorität von $a_v = 0{,}3$

$\vartheta = f(H/H_0)$ eine fast lineare Abhängigkeit, wie sie von der Regelung gefordert wird.

Wie die Konstruktionen von Bild K2-14 zeigt, führt ein Ventil mit linearer Kennlinie und einer Ventilautorität $a_v < 0{,}5$ in Verbindung mit einem Wärmeübertrager mit einem Wärmeaustauschgrad $\Phi_0 < 0{,}8$ zu einer sehr stark nichtlinearen Regelstreckenkennlinie. In Verbindung mit einem Regler bedeutet dies, dass die Regelstrecke bei großer Last (Ventilöffnung > 50%) stabil sein kann, bei geringer Last jedoch instabil werden kann. Das wird verhindert, wenn ein Ventil mit gleichprozentiger Kennlinie eingesetzt wird. Wie Bild K2-15 zeigt, darf hier die Ventilautorität ca. 0,3 betragen, ohne dass es zur starken Nichtlinearität der Regelstreckenkennlinie kommt. Liegt die Ventilautorität jedoch bei $a_v > 0{,}8$, so muss ein Linearventil ausgewählt werden, wenn die Aufwärmzahl des Wärmeübertragers $\Phi_0 > 0{,}8$ ist. Mit einem Ventil mit gleichprozentiger Kennlinie wäre die ermittelte Regelstreckenkennlinie sonst auch zu stark nichtlinear, diesmal jedoch zu anderen Seite durchgebogen.

Es ist zu überprüfen, ob der Wärmeübertrager an einem druckentlasteten Verteiler („hydraulische Weiche" (s. a. J4.3; Bd. 3, J3.2), praktisch ein Kurzschluss auf der Versorgungsseite) oder an einem druckbelasteten Verteiler angeschlossen ist (siehe Bilder K2-16 und K2-17). Das folgende Beispiel soll dies verdeutlichen.

Beispiel: Ventilauslegung für einen Lufterwärmer

Ein Lufterwärmer mit 63 kW thermischer Leistung sei einmal an einem druckbelasteten Verteiler (Bild K2-16) und einmal an einem druckentlasteten Verteiler (K2-17) angeschlossen. Die jeweiligen Druckabfälle sind in den Bildern eingetragen. In beiden Fällen ist das Ventil auszulegen. Es soll mit der spez. Wärmekapazität von Wasser $c_p = 4{,}2$ kJ/kgK und der Dichte $\rho = 1000$ kg/m³ gerechnet werden. Als Temperaturdifferenz wird $\Delta\vartheta_W = 20$ K angesetzt. Die zur Verfügung stehenden Ventile sind in der Tabelle K2-3 zusammengestellt.

Wählt man im Fall A ein gleichprozentiges Ventil mit einer Ventilautorität $a_V = 0{,}5$, so wäre die Ventilkennlinie nach Bild K5-4b in Bd. 1 noch leicht nach unten durchgebogen, so dass sie zusammen mit der leicht nach oben durchgebogenen Kennlinie des Wärmeübertragers eine angenähert lineare Regelstreckenkennlinie ergeben würde.

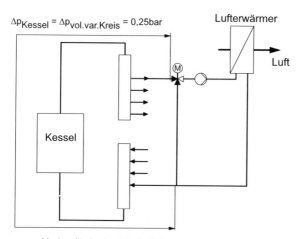

Bild K2-16 Auslegung eines 3-Wege-Ventils bei Anschluss an einen druckbelasteten Verteiler (Hydraulik A)

Tabelle K2-3 Ventilreihe mit Nenndurchmesser DN von 15 bis 100 mm

k_{VS} m³/h	1,6	2,5	4	6,3	10	16	25	40	63	100	150
DN mm	15 red.	15 red.	15	20	25	32	40	50	65	80	100

Beim 3-Wege-Ventil gilt für die Ventilautorität

$$a_V = \frac{\Delta p_{V100}}{\Delta p_{V100} + \Delta p_{vol.var.Kreis}}$$

Für $a_V = 0,5$ erhält man

$$\Delta p_{V100} = \Delta p_{vol.var.Kreis}$$

Nach Gleichung K5-2 Bd. 1 berechnet sich der k_{VS}-Wert zu

$$k_{V3} = \dot{V} \cdot \sqrt{\frac{1\,bar}{\Delta p_{V100}}} \qquad (K2\text{-}8)$$

unter der Veraussetzung konstanter Dichte.

Für das Beispiel errechnet sich

$$\dot{V} = \frac{\dot{Q}}{c_p \cdot \Delta\vartheta \cdot \rho} = \frac{63\,kW \cdot kg \cdot K \cdot m^3}{4,2 \cdot 20 \cdot 1000\,kWs \cdot K \cdot kg} = 0,75 \cdot 10^{-3}\,\frac{m^3}{s} = 2,7\,\frac{m^3}{h}$$

Im Falle des Bildes K2-16 ist $\Delta p_{V100} = \Delta p_{vol.var.Kreis} = 0,25\,bar$, so dass sich als k_{VS}-Wert errechnet

$$k_{VS} = 2,7 \cdot \sqrt{\frac{1\,bar}{0,25\,bar}}\,\frac{m^3}{h} = 5,4\,\frac{m^3}{h}.$$

Es gibt jedoch nur Ventile mit k_{VS}-Werten einer bestimmten Serie, wie sie z. B. in Tabelle K2-3 zusammengestellt sind. Wählt man das nächst größere Ventil aus (DN 20 mit $k_{VS} = 6,3\,m^3/h$), so berechnet sich der erforderliche Druckabfall Δp_{V100} zu

$$\Delta p_{100} = \left(\frac{\dot{V}}{k_{VS}}\right)^2 \cdot 1\,bar = \left(\frac{2,7}{6,3}\right)^2 \cdot 1\,bar = 0,18\,bar.$$

Das ergibt eine Ventilautorität von

$$a_V = \frac{\Delta p_{100}}{\Delta p_{100} + \Delta p_{vol.var.Kr.}} = \frac{0,18}{0,18 + 0,25} = 0,42.$$

Dies ist für ein Ventil mit gleichprozentiger Kennlinie ein sinnvoller Wert.

Steht jedoch nur ein Ventil mit linearer Kennlinie zur Verfügung, so muss das nächst kleinere Ventil ausgewählt werden, d. h. DN 15 mit $k_{VS} = 4,0 \, m^3/h$. Damit ergibt sich ein erforderlicher Druckabfall von $\Delta p_{100} = 0,46 \, bar$, was zu einer Ventilautorität von $a_V = 0,65$ führt. Damit wäre die für ein Ventil mit linearer Kennlinie erforderliche Forderung von $a_V > 0,5$ erfüllt.

Im zweiten Fall sei der Lufterwärmer an einen druckentlasteten Verteiler angeschlossen (Bild K2-17). Das 3-Wege-Regelventil soll in etwa 1 m Abstand vom Verteiler angeschlossen sein. Der Druckabfall für den volumenvariablen Kreis wird in diesem Fall mit $2 \times 2 \, mbar$ angesetzt (siehe Bild K2-17). Zwischen Ein- und Austritt am Verteiler liegt praktisch keine Druckdifferenz vor. Setzt man hier $\Delta p_{V100} = \Delta p_{vol.var.Kreis} = 0,004 \, bar$ ein, so ergäbe sich ein k_{VS}-Wert von

$$k_{VS} = 2,7 \cdot \sqrt{\frac{1 \, bar}{0,004 \, bar}} \, \frac{m^3}{h} = 42,7 \, \frac{m^3}{h}$$

Nach der Tabelle K2-3 würde ein Ventil mit einem k_{VS}-Wert von $40 \, m^3/h$ ausgewählt werden, das einen Nenndurchmesser von $DN = 50 \, mm$ besitzt. Berechnet man den Rohrdurchmesser für den Volumenstrom von

$$\dot{V} = 0,75 \cdot 10^{-3} \, \frac{m^3}{s}$$

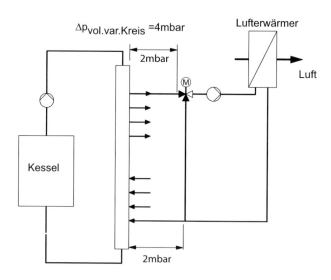

Hydraulik B: druckentlasteter Verteiler

Bild K2-17 Auslegung eines 3-Wege-Ventils bei Anschluss an einen druckentlasteten Verteiler (Hydraulik B)

bei einer Strömungsgeschwindigkeit von v = 1 m/s, so ergibt sich ein Rohrdurchmesser von

d = 30,9 mm.

Ausgewählt wird hier das Ventil DN 32 mit einem k_{vs}-Wert von 16 m³/h. Um durch dieses Ventil den geforderten Volumenstrom von 2,7 m³/h im geöffneten Zustand zu erhalten, ist ein Druckabfall von

$$\Delta p_{V100} = \left(\frac{\dot{V}}{k_{VS}}\right)^2 \cdot 1\,bar = \left(\frac{2,7}{16}\right)^2 \cdot 1\,bar = 28,5\,mbar$$

notwendig. Berechnet man damit die Ventilautorität, so ergibt sich

$$a_V = \frac{\Delta p_{V100}}{\Delta p_{V100} + \Delta p_{vol.var.Kreis}} = \frac{28,5}{28,5 + 4} = 0,88$$

Damit liegt die Ventilautorität sehr nahe an 1, so dass in diesem Fall besser ein Ventil mit linearer Grundkennlinie ausgewählt wird, wenn die Kennlinie des Wärmeübertragers nicht zu stark durchgebogen ist.

Im zweiten speziellen Fall (Regelventil sehr dicht am druckentlasteten Verteiler und hydraulisch ein temperaturgeregelter Lufterwärmer!) kann das Ventil nach dem Rohrleitungsdurchmesser ausgelegt werden. Liegt jedoch ein mengengeregelter Luftkühler vor, so wäre der volumenvariable Kreis über den Luftkühler zu berücksichtigen, und das Ventil dürfte nicht nach Rohrleitungsdurchmesser ausgelegt werden, auch nicht wenn dieses dicht am druckentlasteten Verteiler säße.

K2.4
Informationspunkte

Mit Einzug der Mikroprozessortechnik in den Bereich der Gebäudeautomation und damit in die Regelung und Steuerung von RLT-Anlagen wurden teilweise komplexe Programme für die Automatisierung von Anlagen verwendet. Die Funktionalität dieser Programme war jedoch nicht immer klar erkennbar. Daher wurde für die Ausschreibung und Erstellung der Strategien von RLT-Anlagen und den gesamten Bereich der Gebäudeautomation eine Richtlinie [K-13] erarbeitet, die als Grundlage für die technische Gebäudeautomation gilt.

Die Funktion der Regelung und Steuerung einer Anlage ist mit der genauen Beschreibung der sog. „Informationspunkte" festgelegt. Dieses sind quasi die Verbindungspunkte zwischen der Anlage und der Automatisierungsstation (DDC-System). Sie entsprechen in der Anlage i. A. der Klemmleiste im Schaltschrank, an der auf der einen Seite die Geräte angeschlossen sind und auf der anderen Seite die Ein- und Ausgänge der Automatisierungsstation. Die Aussagen „Ein- und Ausgänge" beziehen sich dabei immer auf die Automatisierungsseite.

Zu den Informationspunkten zählen die analogen Eingänge (Messwerte), die analogen Ausgänge (Stellgrößen), die binären Eingänge (Schalter, Wächter), die binären Ausgänge (Schalten von Pumpen etc.) und die Zählwerteingänge (z. B. Impulse eines Volumenstromzählers). Jeder Informationspunkt wird nach VDI 3814 in einer „Informationsliste" mit 50 Spalten festgelegt. Bei Messwerten muss z. B. angekreuzt werden, ob der Messwert mit Grenzen und Alarmen ausgestattet sein soll, ob der Wert auf der Leitwarte angezeigt werden soll, ob er in die „historische Datenbank" (diese ermöglicht die nachträgliche zeitabhängige Darstellung des Messwertes) aufgenommen werden soll, ob der Wert zum Regeln benutzt werden soll, wenn ja für einen P-, PI- oder PID-Regler etc.

Als Beispiel wird in Tabelle K2-4 die Informationsliste nach VDI 3814 [K-13] für eine Lüftungsanlage entsprechend Bild K2-18 wiedergegeben.

Mit diesen allgemeinen Voraussetzungen können nun die Regelungsstrategien für RLT-Anlagen diskutiert werden, in denen nur die Temperatur oder für RLT-Anlagen, in denen die Temperatur und die Feuchte geregelt werden sollen.

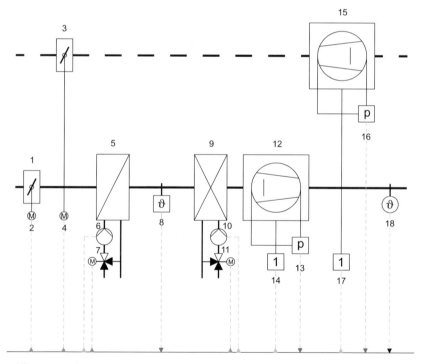

Bild K2-18 Informationspunkte einer Lüftungsanlage

K2 Regelung von Raumlufttechnischen Anlagen

Tabelle K2-4 Informationspunktliste nach VDI 3814

Informations-Schwerpunkt: Handbuch, Bd.1
Gewerk: 1
Anlage: Kap.10.1 Grundlagen Reglg

lfd. Nr.	Benennung	Binäre Ausgabe Schalten/Stellen 1)	Analoge Ausgabe Stellen	Binäre Eingabe Melden	Binäre Eingabe Zählen	Analoge Eingabe Messen 2)	Ausgabe Schalten	Ausgabe Stellen/Sollwert	Eingabe Melden	Eingabe Zählwert	Eingabe Meßwert	Grenzwert fest	Grenzwert gleitend	Betriebsstundenerfassung	Ereigniszählung	Befehlsausführkontrolle	Meldungsbearbeitung 4)	Anlagensteuerung	Motorsteuerung	Umschaltung 5)	Folgesteuerung	Sicherheits-/Frostschutzsteuerung	P Regelung	PI/PID Regelung	Sollwertführung/-kennlinie	Stellausgabe stetig	Stellausgabe 2-Punkt 6)	Stellausgabe Pulsweitenmodulation	Begrenzung Sollwert/Stellgröße	Parameterumschaltung	h,x geführte Strategie	Arithmetische Berechnung 7)	Ereignisabhängiges Schalten	Zeitabhängiges Schalten	Gleitendes Ein-/Ausschalten	Zykl. Schalten	Nachkühlbetrieb	Gebäudetemperaturbegrenzung	Energierückgewinnung	Netzersatzbetrieb	Netzwiederkehrprogramm	Höchstlastbegrenzung	Torzeitabhängiges Schalten	Kommunikat. Ein-/Ausgabefunktion	Kommunikation Block-/Datei 8)	Ereignis Langzeitspeicherung	Historisierung in Datenbank	Grafik/Anlagenbild	Dynamische Einbindung	Ereignis-Anweisungstext	Nachricht an externe Stelle	Bemerkung
1	1 – stet.Antrieb	1																						1																												
2	2 – Mi–Antr.m.1Mot		1																	1				1																			2	2			2	1			
3	3 – PD–Wächter Zuluft			2					1																																		1	1			1	2	1		
4	4 – 3–Wege.konst1					1																			1																		2	2			2	1			
5	5 – Pumpe.Gleichstrom	1		1					1			2				1	1		1																								4	4	1	1	4	4	2		
6	Frostwächt. – Zul.Temp.Wö			1					1								1					1											1										2	2			2	2			
7	6 – 3–Wege.konst2					1																			1								1										4	4	1	1	4	4	2		
8	7 – Pumpe.Gegenstr	1		2					2								1		1																								4	4	1	1	4	4	1		
9	8 – einstufig	1		2					2								1		1																								4	4	1	1	4	4	1		
10	9 – Rep.Schalter	1																																																		
11	10 – PD–Wö.ZuVent			1					1																																		4	4	1	1	4	4	1		
12	11 – einstufig	1		2					2								1		1																								4	4	1	1	4	4	1		
13	12 – Rep.Schalter	1																																																		
14	13 – PD–Wö.–AbVent			1					1																																		4	4	1	1	4	4	1		
15	Zul.Temp. – Zul.Temp.					1																																						3	3			3	3			
16	Raumtemp. – Raumtemp.					1																																						3	3			3	3			
	Summe	4	4	14		6						4		4		4	4		4	1		1			4	2							4				2						36	36	4	4	36				

K2.5
Regelung der Temperatur von RLT-Anlagen

K2.5.1
Übersicht

Die Temperatur in einem Raum kann über die zugeführte Luft verändert werden, indem die Zulufttemperatur oder die Luftmenge verändert wird. In diesem Abschnitt werden beispielhaft übliche Regelungsstrategien für unterschiedliche Anforderungen einzeln diskutiert und zum Schluss eine Anlage mit einer weitgehenden Verknüpfung der behandelten Einzelstrategien dargestellt.

K2.5.2
Raum-Zulufttemperatur-Kaskadenregelung:

Bild K2-19 zeigt die Regelungsstrategie einer Raumtemperaturregelung mit Zulufttemperaturregelung in Kaskade für eine Teilklimaanlage Typ HK–AU. Die Ventilatoren sind 1-stufig, d. h. die Anlage läuft mit konstantem Volumenstrom. Der Raumtemperaturregler schiebt den Sollwert des Zulufttemperaturreglers je nach Heiz- oder Kühllast im Raum. Die Kaskadenregelung ergibt ein wesentlich besseres Regelverhalten gegenüber einer Raumtemperaturregelung ohne zusätzliche Zulufttemperaturregelung, bei der der Raumtemperaturregler direkt auf den Kühler und Erwärmer einwirkt. Eine Veränderung der Zulufttemperatur bei auftretender Störung wird vom Zulufttemperaturregler sofort erfasst und ausgeregelt. Sie muss sich nicht erst auf die Raumtemperatur auswirken, wie es ohne Kaskadenregelung der Fall wäre.

Abhängig vom Versorgungsbereich (Büros, Industriehallen, o. ä.) der RLT-Anlage und vom Luftauslass im Raum, darf die Temperaturdifferenz $\Delta\vartheta$ zwischen Raum- und Zulufttemperatur einen Maximalwert nicht überschreiten. Der Ausgang des Reglers RE1 in Bild 2-19 muss zwischen ϑ_{ZUmin} und ϑ_{ZUmax} begrenzt werden. Der Zulufttemperaturregler RE2 greift in Sequenz auf Erhitzer und Kühler ein. Dargestellt wird das Sequenzbild, als ob es sich um einen P-Regler handeln würde. In der Anlage wird jedoch immer ein PI-Regler ohne bleibende Regelabweichung eingesetzt. Aus der Kennlinie des PI-Reglers könnte man jedoch die Sequenzen nicht erkennen.

Des weiteren ist in diesem Beispiel die sog. Sommeranhebung der Raumtemperatur mit verarbeitet. Nach DIN1946 [K-14], Teil 2 sollte im Sommer der Sollwert der Raumtemperatur mit steigender Außentemperatur angehoben werden (Bild K2-20), z. B. ab $\vartheta_{AU} = 22\,°C$ bis $32\,°C$ von $W_{\vartheta_{RA}} = 22\,°C$ auf $W_{\vartheta_{RA}} = 26\,°C$. Damit muss dann aber auch die Minimalbegrenzung der Zulufttemperatur um den korrespondierenden Wert angehoben werden. Dies ist mit in die Regelungsstrategie von Bild K2-19 eingetragen (der sich durch die Außentemperatur ergebende Sollwert minus 22 °C wird dem aus dem Führungsregler kommenden Sollwert hinzuaddiert).

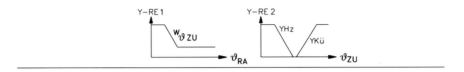

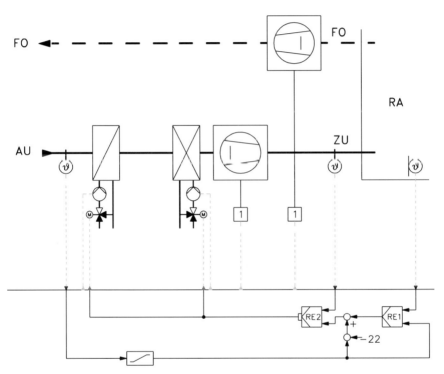

Bild K2-19 Raumtemperaturregelung mit Zulufttemperaturregelung in Kaskade für eine Teilklimaanlage Typ HK-AU mit Anhebung des Sollwertes der Raumtemperatur im Sommer (s. K2.3.1 und K2.3.2)

Bild K2-20 Anhebung des Sollwertes der Raumtemperatur $W_{\vartheta_{RA}}$ bei einer Außentemperatur von $\vartheta_{AU} > 22°C$

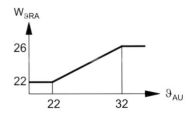

K2.5.3
Raum-Zulufttemperatur-Kaskadenregelung mit Umluftbeimischung:

Im Bild K2-21 ist die Anlage von Bild K2-19 um eine Umluftbeimischung erweitert worden (Typ HK-MI). Bevor der Lufterwärmer geöffnet wird, steuert der Zulufttemperaturregler zunächst die Umluftklappen an und erniedrigt den Außenluftanteil. Dadurch kann viel Energie eingespart werden. In der Regel muss jedoch aus Gründen der Behaglichkeit oder maximal zulässiger Schadstoffkonzentration ein Mindestaußenluftanteil gehalten werden (s. Bd. 1, C3).

Im Regler RE2 von Bild K2-21 wird das Stellsignal Y2 jetzt auf drei Sequenzen entsprechend dem Diagramm im oberen Teil des Bildes aufgeteilt. Wenn gekühlt werden muss, wird mit 100% Außenluft gefahren und der Kühler entsprechend der geforderten Kühlleistung verstellt. Mit abnehmender Außentemperatur schließt zunächst der Kühler. Dann wird die Umluftklappe angesteuert. Wenn der Maximalwert erreicht ist und die Außentemperatur weiter fällt, öffnet der Erwärmer entsprechend Diagramm für RE2.

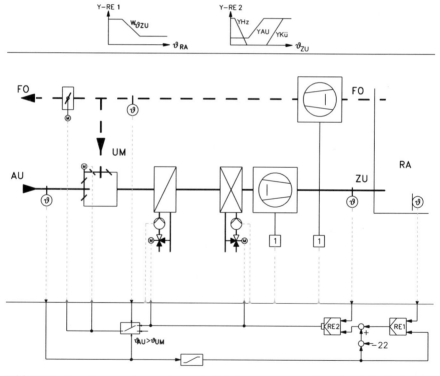

Bild K2-21 Raumtemperaturregelung mit Zulufttemperaturregelung in Kaskade für eine Teilklimaanlage Typ HK–MI mit Umluftbeimischung und Anhebung des Sollwertes der Raumtemperatur im Sommer (s. K2.3.1 und K2.3.2) sowie Umschaltung im Sommer auf max. Umluft

Wenn die Außentemperatur größer als die Umlufttemperatur ist, wird hier die Kühlung der Umluft genutzt, d.h. im Bereich $\vartheta_{AU} > \vartheta_{UM}$, wird entsprechend der gezeichneten Regelungsstrategie auf maximale Umluft umgeschaltet. Da im Falle der geschlossenen Umluftklappe in dem Kanal keine Strömung vorliegt, sollte die Abluft als Messgröße dienen, da hier immer eine Strömung vorhanden ist und der Temperaturwert auch gleich dem der Umlufttemperatur ist. Der im Bild K2-21 mit eingezeichnete Umschalter schaltet bei $\vartheta_{AU} > \vartheta_{UM}$ das Ausgangssignal vom Regler RE2 ab und den am Umschalter einzustellenden minimalen Außenluftanteil ein.

K2.5.4
Temperaturregelung einer VVS-Anlage

Eine VVS-Anlage ist eine RLT-Anlage mit variablem Volumenstrom. Da die Transportkosten der Luft in einer RLT-Anlage ca. 30 bis 50% der Jahresbetriebskosten betragen, ist die VVS-Anlage darauf abgestellt, die jeweils benötigte Heiz- oder Kühlenergie dem Raum mit möglichst wenig Luft zuzuführen. In der Regel wird diese Regelung der thermischen Leistung über den Luftstrom nur bei Raumkühlung angewendet. Für die sensible thermische Leistung gilt mit den Bezeichnungen gemäß Beilage zu Band 1

$$\dot{Q}_L = c_{pL} \cdot \dot{m}_L \cdot \Delta \vartheta \tag{K2-6}$$

Zunächst wird die Temperaturdifferenz $\Delta\vartheta$ zwischen Raumluft und Zuluft bis zum Maximum verändert, bevor man den Volumenstrom erhöht, um mehr Heiz- oder Kühlenergie in den Raum zu transportieren. Eine stetige Veränderung des Volumenstroms wird mit Hilfe eines vorgeschalteten Frequenzumrichters erreicht. Dieser verändert die Frequenz des Wechselstroms (Drehstroms) und darüber die Drehzahl des Ventilators. Angesteuert wird der Frequenzumrichter durch ein 0 bis 10 V-Signal, das aus einem Regler kommt.

Ausgelegt wird eine RLT-Anlage nach der höchsten Kühl- oder Heizlast, die jedoch nur an wenigen Tagen im Jahr benötigt wird. Bei einstufigen Ventilatoren wird damit in der übrigen Zeit viel zu viel Luft transportiert, so dass die Betriebskosten unnötig hoch sind. Da der Volumenstrom eines Ventilators oder einer Pumpe mit der dritten Potenz in die Leistung eingeht (d.h. eine Halbierung des Volumenstroms führt zur Reduzierung der Leistung auf 1/8), ist es wichtig, die Anlage so lange wie möglich mit minimalem Volumenstrom zu betreiben. Voraussetzung ist jedoch, dass die Luftdurchlässe in den Räumen auch regelbar sind, damit auch bei geringerem Zuluftvolumenstrom eine raumerfüllende Strömung gewährleistet ist.

Bild K2-22 zeigt die Regelungsstrategie für ein Großraumbüro. Wenn es sich um ein Gebäude mit vielen Büroräumen handelt, die über temperaturgeregelte Volumenstromregler verfügen, dann wird der Volumenstrom vom sich ändernden Druck im Kanalnetz geregelt. Im vorliegenden Fall eines einzelnen Großraumbüros ist der Raumtemperaturregler RE1 verantwortlich für die Volumenstrom-

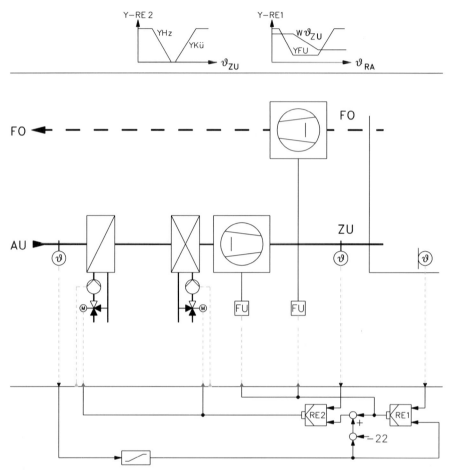

Bild K2-22 Temperaturregelung einer VVS-Anlage Typ HK-AU mit Heizen und Kühlen für ein Großraumbüro, Kaskadenregelung und Sommeranhebung (s. K2.3.1 und K2.3.2)

änderung direkt an den Ventilatoren. Er verstellt bei geringer Lastanforderung zunächst den Sollwert der Zulufttemperatur bei minimaler Drehzahl der Ventilatoren. Wenn der minimale bzw. maximale Sollwert der Zulufttemperatur erreicht ist, wird bei weiterer Lastanforderung die Drehzahl der Ventilatoren über die Ansteuerung der Frequenzumrichter erhöht. Das zugehörige Sequenzbild vom Regler RE1 ist mit in Bild K2-22 enthalten.

Bei einer außentemperaturabhängigen Erhöhung des Sollwertes der Raumtemperatur muss, wie auch in Bild K2-21 dargestellt und erläutert, die minimale Zulufttemperatur entsprechend angehoben werden. Dies ist in Bild K2-22 mit aufgenommen.

K2.6
Regelung einer Klimaanlage

K2.6.1
Übersicht

Mit Klimaanlagen kann die Temperatur und die Feuchte geregelt werden. In diesem Kapitel sollen Anlagen diskutiert werden, die über einen mengengeregelten Wasserkühler entfeuchten und über einen Sprühbefeuchter oder über einen Dampfbefeuchter die Luft befeuchten. Dabei wird der Aufbau der Klimaanlage durch die erforderlichen Zustandsänderungen der Luft, um vom Außenluftzustand zum Zuluftzustand zu gelangen, im h,x-Diagramm festgeschrieben. Die Regelungsstrategien können nur an einigen Anlagen beispielhaft aufgezeigt werden. Mehrzonenanlagen, Zweikanalanlagen, Anlagen mit Induktionsgeräten etc. werden im 3. Band unter dem Abschnitt der Einzelraumregelung behandelt.

K2.6.2
Klimaanlage mit Umlaufsprühbefeuchter

Luft wird in einem adiabatischen Sprühbefeuchter („Luftwascher") befeuchtet (ohne Änderung der Enthalpie der Luft). Damit ändert sich der Luftzustand beim Durchlaufen des Befeuchters auf einer Linie h = const. Durch Änderung der Drehzahl der Wascherpumpe kann der Befeuchtungsgrad in gewissem Rahmen (Tropfenspektrum) variiert werden. Wird die geforderte Feuchte am Wascheraustritt nicht erreicht, da die eintretende Luft zu kalt ist, so muss entsprechend über einen Vorerhitzer vorgewärmt werden. Ist die Zulufttemperatur zu hoch, so muss gekühlt werden. Dabei kann es vorkommen, dass durch das Kühlen auch Feuchtigkeit ausgeschieden wird, so dass evtl. wieder befeuchtet werden muss. Damit ist die Reihenfolge der Klimaaggregate festgelegt: Vorerwärmer, Kühler, geregelter Sprühbefeuchter, Nacherwärmer.

Bild K2-23 zeigt eine Anlage mit Zulufttemperatur- und Zuluftfeuchteregelung. Im Zuluftkanal darf nicht die relative Feuchte als Regelgröße dienen, sondern die absolute Feuchte muss herangezogen werden. Würde die rel. Zuluftfeuchte auf einen festen Wert geregelt werden, so würde die Raumfeuchte starken Schwankungen unterliegen. Da die Zulufttemperatur je nach Heiz- oder Kühlbedarf ständig geändert wird, würde bei Regelung der relativen Feuchte auch der Feuchtegehalt der Zuluft ständig variieren. Ein Raum ohne Feuchtelasten muss immer mit konstanter absoluter Zuluftfeuchte gefahren werden, um die rel. Feuchte im Raum konstant zu halten. In einem DDC-System kann die absolute Feuchte (Wassergehalt) aus rel. Feuchte und Temperatur errechnet werden (siehe Bild K2-23).

Der Zuluftfeuchteregler RE2 in Bild K2-23 wirkt in Sequenz zum Entfeuchten auf den Kühler und zum Befeuchten zunächst auf den Frequenzumrichter der Befeuchterpumpe und dann auf den Vorerwärmer. Der Zulufttemperaturregler

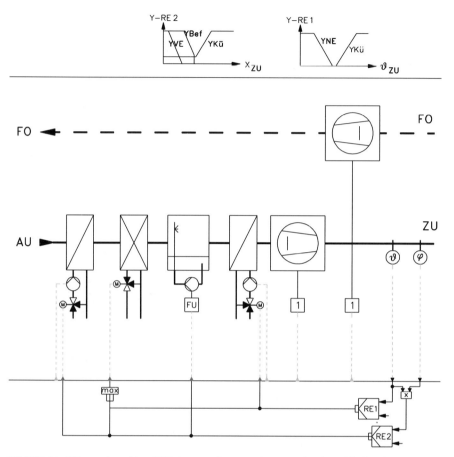

Bild K2-23 Klimaanlage Typ HKBE-AU mit geregeltem Umlaufsprühbefeuchter, Zulufttemperatur- und Zuluftfeuchteregelung (s. K2.3.1 und K2.3.2)

RE1 wirkt in Sequenz auf den Nacherwärmer und auf den Kühler. Durch eine Maximalauswahl zwischen den Kühlsignalen des Temperatur- und des Feuchtereglers wird erreicht, dass derjenige Regler, der mehr Kühlung fordert, das Kühlersignal liefert. Wird durch den Feuchteregler zu weit gekühlt, so muss der Nacherwärmer entsprechend über den Temperaturregler angesprochen werden.

Bild K2-24 zeigt einige Verläufe der Luftbehandlung nach der Regelungsstrategie von Bild K2-23 für verschiedene Außenluftzustände. Ausgehend vom Außenluftzustand AU1 wird die Luft im Luftvorerwärmer bis zur Befeuchterenthalpielinie h_{Bef} vorgewärmt, dann befeuchtet und durch den Temperaturregler im Luftnacherwärmer auf den Zuluftzustand ZU nacherwärmt. Bevor der Vorerwärmer öffnet, muss die Befeuchterpumpe erst mit maximaler Drehzahl arbeiten (siehe Sequenzbild von Regler RE2 in Bild K2-23). Liegt der Außenluftzustand AU2 vor, so wird der Befeuchtungsgrad vom Feuchteregler durch Ab-

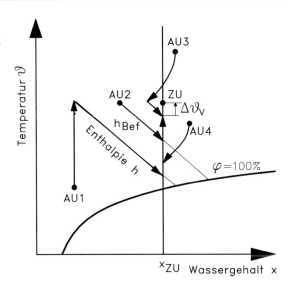

Bild K2-24 Verlauf der Luftzustände für eine Temperatur- und Feuchteregelung entsprechend Bild K2-23 im h,x-Diagramm

senken der Pumpendrehzahl so weit reduziert, bis die Zuluftfeuchte x_{ZU} erreicht ist. Dann wirkt wieder der Temperaturregler auf den Nacherwärmer. Die Außenluft mit Zustandspunkt AU4 wird entfeuchtet durch den Kühler bis zur Zuluftfeuchte x_{ZU} und dann nacherwärmt. Im Fall des Außenluftzustands AU3 würde der Feuchteregler nur bis zur x_{ZU}-Linie entfeuchten. Da die Temperatur dann aber noch zu hoch ist, wird durch die Maximalauswahl der Kühler vom Temperaturregler noch weiter geöffnet. Da dann die Zuluft zu trocken wäre, muss wieder befeuchtet werden, um zum Zuluftzustandspunkt ZU zu kommen. In dem Diagramm von Bild K2-24 enden die Pfeile jeweils unterhalb des Zuluftzustandspunktes, da der Ventilator noch eine zusätzliche Temperaturerhöhung $\Delta\vartheta_V$ bis zum Zuluftzustandspunkt ZU erbringt.

Da die Messung der rel. Feuchte nur mit ca. +3% Genauigkeit erfolgt und der Mensch auch nicht exakte Feuchte empfinden kann, sollte die Feuchteregelung in Aufenthaltsräumen, Büros etc. nur dann aktiviert werden, wenn ein vorzugebender Feuchtebereich über- oder unterschritten wird. Dies gilt nicht für Museen oder bestimmte Industrieräume, wenn eine exakte rel. Feuchte gefordert wird. Betrachtet man die Raumfeuchteregelung (direkt oder auch mit Zuluftfeuchteregelung in Kaskade, so könnte für Aufenthaltsräume die rel. Raumfeuchteregelung z. B. erst außerhalb einer neutralen Zone von z. B. 45% bis 55% aktiviert werden. Dadurch werden die Gesamtjahresbetriebkosten der Klimaanlage bei Sprühbefeuchterbetrieb gegenüber einer Feuchteregelung auf exakt 50% um ca. 10% gesenkt. Wird die neutrale Feuchtezone auf 40% bis 60% erweitert, so können sogar fast 25% der gesamten Jahrebetriebskosten eingespart werden. Im Bild K2-25 ist diese Strategie für die Zuluftfeuchteregelung gegenüber Bild K2-23 geändert. Die neutrale Zone wird erreicht, indem zwei Regler für die Feuchteregelung eingesetzt werden, einer (RE 2) mit dem Sollwert x_{min}, der auf die Befeuchterpumpe und in Sequenz auf den Luftvorerwärmer wirkt, und ein Regler (RE 3),

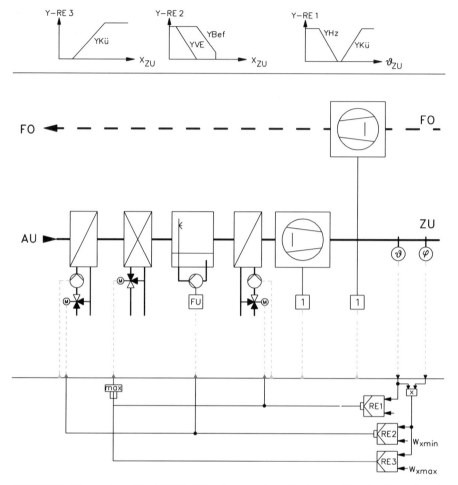

Bild K2-25 Klimaanlage Typ HKBE-AU mit geregeltem Umlaufsprühbefeuchter, Zulufttemperatur- und absoluter Zuluftfeuchteregelung, Feuchteregelung mit neutraler Zone (s. K2.3.1 und K2.3.2)

der auf den Kühler zum Entfeuchten wirkt. So können auch beide Regler als PI-Regler betrieben werden, der keine bleibende Regelabweichung besitzt (Bd. 1, K6.2.3).

K2.6.3
Klimaanlage mit Dampfbefeuchter

Bild K2-26 zeigt die Regelungsstrategie einer Klimaanlage mit Dampfbefeuchtung. Es werden die Zulufttemperatur und die absolute Zuluftfeuchte geregelt. Aus energetischen Gründen wird unter der Voraussetzung einer Klimaanlage,

K2 Regelung von Raumlufttechnischen Anlagen

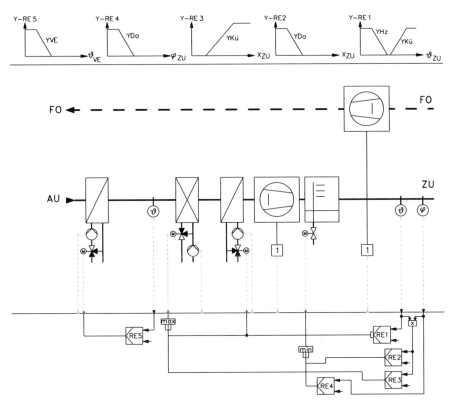

Bild K2-26 Klimaanlage vom Typ HKBE-AU mit Dampfbefeuchtung, Zulufttemperatur- und Zuluftfeuchteregelung, Feuchteregelung mit neutraler Zone (s. K2.3.1 und K2.3.2)

die für Aufenthaltsräume ausgelegt ist, auch hier für die Feuchteregelung eine neutrale Zone eingesetzt.

Die Erwärmung ist aus Gründen des Frostschutzes für den Kühler auf Vor- und Nacherwärmer verteilt. Die Vorerwärmung wird durch den Regler RE5 so eingestellt, dass die Lufttemperatur nach dem Vorerwärmer z. B. 10 °C bis 12 °C konstant ist. Damit es in dem Zuluftkanal nicht zu einer Feuchteausscheidung kommen kann, wenn der Dampfbefeuchter z. B. zu weit öffnen würde, wird das Signal des rel. Feuchtefühlers in einen Regler (RE4) gegeben. Dieser Regler erhält einen Sollwert von z. B. 90% und wirkt als stetig arbeitender Maximalbegrenzer für den Befeuchter.

Im Bild K2-27 sind die Zustandsänderungen für einige Außenluftzustände im Falle der Klimaanlage nach Bild K2-26 dargestellt. Ausgehend vom Außenluftzustandspunkt AU1 wird zunächst vom Vorerwärmer um $\Delta\vartheta_{VW}$ auf z. B. 10 °C (Regler RE5) und anschließend vom Nacherwärmer um $\Delta\vartheta_{NW}$ (Zulufttemperaturregler RE1) auf die geforderte Zulufttemperatur erwärmt. Der Dampfbefeuchter wird vom Regler RE2 so angesteuert, dass die geforderte Mindestzuluftfeuchte erreicht wird. Die fehlende Temperaturerhöhung bis zum Zuluftpunkt ZU wird

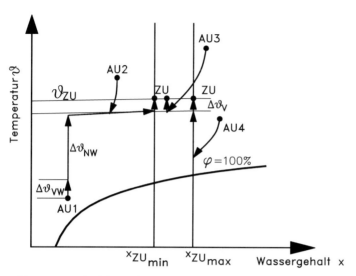

Bild K2-27 Verlauf der Luftzustände für eine Temperatur- und Feuchteregelung entsprechend Bild K2-26 im h,x-Diagramm

durch den Ventilator geliefert. Liegt ein Außenluftzustand AU2 vor, so wird entsprechend dem Signal des Temperaturreglers RE1 gekühlt und über den Dampfbefeuchter (RE2) auf die minimale Zuluftfeuchte befeuchtet. Im Fall AU3 kühlt der Temperaturregler RE1 bis auf Zulufttemperatur (abzüglich der Temperaturerhöhung durch den Ventilator). Dabei ergibt sich eine Zuluftfeuchte unterhalb der maximalen Zuluftfeuchte. Im Fall AU4 wird der Kühler vom Entfeuchtungsregler (RE3) angesprochen. Da die Temperatur dann zu niedrig ist, muss durch den Nachwärmer (Temperaturregler RE1) nachgewärmt werden.

K2.6.4
Klimaanlage mit h,x-geführter Mischklappenregelung

In einer Klimaanlage mit Dampfbefeuchtung kann die Umluftklappe nicht einfach vom Temperatur- oder Feuchteregler angesteuert werden. Es muss entschieden werden, ob es günstiger ist, mehr Umluft beizumischen, um die Temperatur oder die Feuchte zu verändern. Dabei kann der Fall eintreten, dass eine höhere Temperatur durch mehr Umluft gewünscht ist. Gleichzeitig könnte damit auch die Feuchte ansteigen, was evtl. nicht erwünscht ist. Daher müssen Entscheidungskriterien gefunden werden, ob eine Erhöhung des Umluftvolumenstroms energetisch oder von den Kosten her günstiger ist.

Die Entscheidungskriterien sind recht umfangreich. Es gibt eine Reihe von firmenspezifischen Lösungsansätzen, die oft von unterschiedlichen Voraussetzungen ausgehen. Im folgenden Abschnitt soll beispielhaft für den Fall einer Klimaanlage mit Dampfbefeuchtung und geregelter Umluftbeimischung ein Lösungsweg aufgezeigt werden. Dabei wird von einer absoluten Zuluftfeuchtere-

K2 Regelung von Raumlufttechnischen Anlagen

gelung auf Festwert (keine neutrale Feuchtezone) ausgegangen. Im Raum mögen keine Feuchtelasten anfallen, so dass die absolute Zuluftfeuchte gleich der absoluten Raum- und damit der absoluten Umluftfeuchte ist. Die folgenden Betrachtungen werden wesentlich komplexer, wenn Feuchtelasten vorliegen oder mit einer neutralen Feuchtezone geregelt wird. Es soll nur beispielhaft die Strategie für den relativ einfachen Fall vorgestellt werden.

Bild K2-28 zeigt eine Klimaanlage mit Dampfbefeuchtung und Umluftbeimischung. Der Vorerwärmer wird durch den Regler RE4 auf konstante Temperatur, z.B. 10 bis 12 °C geregelt. Dieser Regelkreis arbeitet unabhängig von dem Zulufttemperaturregelkreis RE1. Der Regler RE1 wirkt in Sequenz auf den Kühler, die Mischklappen und auf den Nacherwärmer. Die Feuchteregelung erfolgt über den absoluten Zuluftfeuchteregler RE2. Dieser arbeitet in Sequenz auf den Dampfbefeuchter, die Mischklappen und den Kühler (als Entfeuchter). Welches der beiden Stellsignale die Mischklappen ansteuert, muss in der folgenden Betrachtung entschieden werden. In die Regelungsstrategie des Bildes K2-28 ist ein weiterer Regelkreis mit RE3 eingezeichnet, der verhindert, dass im Kanal eine zu hohe relative Feuchte auftritt. Der Regler begrenzt die relative Zuluftfeuchte φ_{ZU} auf einen Sollwert von z.B. 90%. Sein Ausgangssignal wirkt in Minimalauswahl zum Stellsignal des absoluten Zuluftfeuchtereglers auf den Dampfbefeuchter. Wenn der Regler RE2 zu viel Feuchte anfordert, würde die rel. Feuchte über 90%

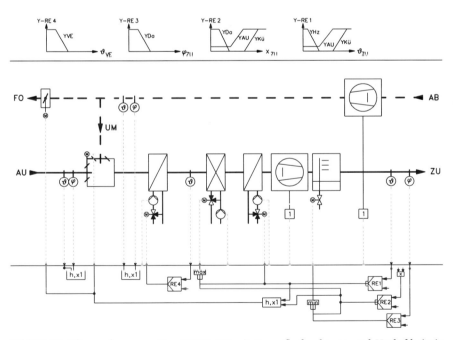

Bild K2-28 Klimaanlage vom Typ HKBE-MI mit Dampfbefeuchtung und Umluftbeimischung, Zulufttemperatur- und Zuluftfeuchteregelung, h,x-geführte Mischklappenregelung

ansteigen und damit der Regler RE3 das Dampfbefeuchterventil entsprechend schließen.

Um eine energetisch optimale Ansteuerung der Mischluftklappen zu erreichen, sind zusätzliche programmierte Eingriffe in das Regelsystem erforderlich, die nachfolgend beschrieben werden.

Bild K2-29 zeigt ein hx-Diagramm mit zwei möglichen Zustandsverläufen von einem angenommenen Außenluftzustand AU zu einem gewünschten Zuluftzustand ZU. Der eine Verlauf geht ohne Umluftbeimischung von AU über den – ohne Kondensation arbeitenden – Kühler zum Punkt K_{AU} und über den Dampfbefeuchter nach ZU. Der andere Verlauf führt mit Umluftbeimischung zunächst auf den Mischpunkt MI und von dort über den Kühler auf K_{MI} und über den Dampfbefeuchter[1] auf ZU. Man sieht, dass der Zustandsverlauf mit Umluftbeimischung um die Enthalpiedifferenz $h_{KMI} - h_{KAU}$ energetisch günstiger ist als der ohne Umluft. Dieser Zusammenhang ist jedoch nicht allgemein gültig, sondern hängt von der Lage der Punkte AU und ZU zueinander ab.

Dieses wird deutlich, wenn man einen Außenluftzustand annimmt, der mit dem Zuluftzustand identisch ist. Hier ist der Prozessverlauf ohne Umluft der energetisch günstigere. Es muss also eine oder mehrere Grenzlinien im hx-Diagramm geben, die Bereiche voneinander trennen, in denen der Betrieb mit bzw. ohne Umluft energetisch günstiger ist.

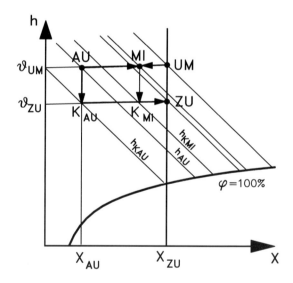

Bild K2-29 Zustandsänderung einer Außenluft AU ohne Umluftbeimischung und mit Umluftbeimischung

---

[1] Entsprechend Bild K2-28 ist hier Dampfbefeuchtung angenommen. Für Sprühbefeuchtung gelten analoge Überlegungen mit dem gleichen Ergebnis. Lediglich einige Regelungsfunktionen ergeben sich anders.

K2 Regelung von Raumlufttechnischen Anlagen

Für den **Kühlbetrieb ohne Kondensation** und **ohne Feuchtequellen im Raum** ($x_{UM} = x_{ZU}$) ergibt sich als Grenzlinie eine „Trenngerade" mit der Steigung $\Delta h/\Delta x = 5352$ kJ/kg, die in den Bildern K2-30 und K2-31 eingetragen ist.

Sie lässt sich mit folgender Überlegung nachweisen:

Zu einem angenommenen Zuluftzustand ZU werden ein Außenluftzustand AU und ein Umluftzustand UM so festgelegt, dass sie auf einer Geraden mit der obigen Steigung liegen. Zur Vereinfachung des Nachweises werden AU und UM außerdem so gewählt, dass AU und ZU auf der Prozessverlaufslinie eines Dampfbefeuchters liegen ($\Delta h/\Delta x = h_D$). Da von Punkten auf der Trenngeraden zwischen AU und UM definitionsgemäß der Punkt ZU jeweils mit dem gleichen

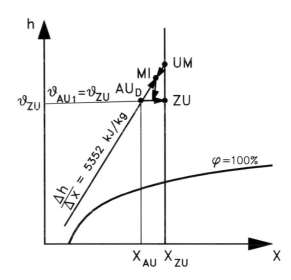

Bild K2-30 Zustandsänderung einer Außenluft AU_D, deren Zustandspunkt auf einer Linie $\Delta h/\Delta x = 5352$ kJ/kg liegt ohne und mit Umluftbeimischung (MI)

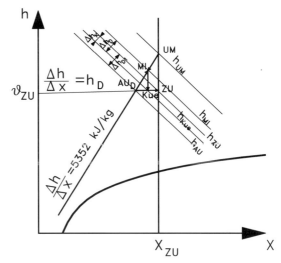

Bild K2-31 Enthalpielinien zur Ableitung der Linie $\Delta h/\Delta x = 5352$ kJ/kg

Energieaufwand erreicht werden muss, gilt dieses auch für die Punkte AU und UM selbst. Daraus folgt:

$$h_{UM} - h_{ZU} = h_{ZU} - h_{AU} = h_D(x_{ZU} - x_{AU}) \tag{K2-9}$$

$$h_{ZU} - h_{AU} = h_D(x_{ZU} - x_{AU}) \tag{K2-10}$$

$$h_{UM} - h_{ZU} = h_D(x_{ZU} - x_{AU}) \tag{K2-11}$$

Mit
h_D spezifische Enthalpie des zugeführten Dampfes.

Durch Addition erhält man:

$$h_{UM} - h_{AU} = 2h_D(x_{ZU} - x_{AU}) \tag{K2-12}$$

$$\left(\frac{\Delta h}{\Delta x}\right)_{AU/UM} = \frac{h_{UM} - h_{AU}}{x_{ZU} - x_{AU}} = 2 \cdot h_D \tag{K2-13}$$

Für Sattdampf von 100 °C: $h_D = h'' = 2676$ kJ/kg

Damit gilt für die Trenngerade

$$(\Delta h/\Delta x) = 5352 \text{ kJ/kg} \tag{K2-14}$$

Da die Trenngerade durch UM für alle auf dieser Linie liegenden Punkte AU auch eine Mischgerade darstellt, kann für diese Punkte AU durch Mischung von Außenluft und Umluft immer ein Mischpunkt MI erreicht werden, der auf oder zwischen den Punkten AU_D und UM liegt. Soweit das Mischungsverhältnis nicht durch einen Mindest-Außenluftanteil (z. B. mit Rücksicht auf die Raumluftqualität) begrenzt ist, lässt sich also von jedem Punkt AU auf der Trenngeraden der Zuluftpunkt ZU durch Kühlung und Befeuchtung mit dem gleichen Energieaufwand erreichen.

Insgesamt lässt sich damit das hx-Diagramm gemäß Bild K2-32 in drei Felder einteilen, die sich durch die Trenngerade und durch die Linie h_{UM} = const. ergeben.

Im **Feld 1** (unterhalb der Trenngeraden) erhält man den energetisch optimalen Außenluftanteil ω_{opt}[2] durch Regelung des Mischklappensystems auf die Prozesslinie des Dampfbefeuchters, die praktisch der Zuluftisotherme entspricht. Liegt AU dabei zwischen der Prozesslinie und UM, ergibt sich $\omega_{opt} = 1$. Unterhalb der Prozesslinie wird $\omega_{opt} < 1$. Ein Mindestaußenluftanteil ω_{min} kann die Umluftbeimischung begrenzen. Dabei gilt:

$$\omega_{min} = \frac{\vartheta_{UM} - \vartheta_{MI}}{\vartheta_{UM} - \vartheta_{AU}} \tag{K2-15}$$

---

[2] Außenluftanteil $\omega = \dfrac{\dot{m}_{AU}}{\dot{m}_{AU} + \dot{m}_{UM}}$; mit $\dot{m}$ Luftmassenstrom

Bild K2-32 Feldeinteilung im h,x-Diagramm für die h,x-geführte Mischklappenregelung einer Klimaanlage mit Dampfbefeuchtung, h_{UM} = Enthalpielinie der Umluft, Zustandspunkt der Umluft (UM) und der Zuluft (ZU)

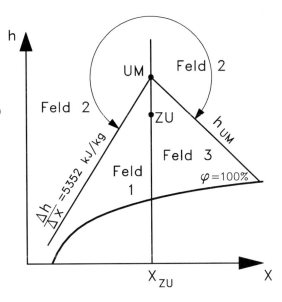

Daraus:

$$\vartheta_{MI} = \vartheta_{UM} - \omega_{min}(\vartheta_{UM} - \vartheta_{AU}) \qquad \text{(K2-16)}$$

Dadurch können eine Nachheizung auf die Dampfbefeuchtungslinie und eine stärkere Befeuchtung erforderlich werden. ϑ_{MI} muss demnach gemessen und in die Regelungsstrategie einbezogen werden.

Das **Feld 2** beschreibt den Bereich, in dem generell der minimale Außenluftanteil der energetisch optimale ist. Es umfasst alle Außenluftzustände oberhalb der Trenngeraden und, wie man leicht einsieht, die zwischen der Trenngeraden und der Linie h_{UM} = const.

Im **Feld 3,** in dem der optimale Außenluftanteil wesentlich von dem nicht eindeutig vorherzubestimmenden Entfeuchtungsverlauf abhängt, ist in der Regel der minimale Außenluftanteil energetisch optimal, so dass die Regelungsstrategie zweckmäßig hierauf abgestellt wird. Im Gegensatz zu Feld 1 und 2 ist im Feld 3 keine einheitliche Strategie ohne unvertretbar hohen Aufwand möglich.

Regelungsstrategie bei Kühlbetrieb:
Im Feld 1 wird das Sequenzsignal vom Temperaturregler RE1 für die Mischklappenansteuerung freigegeben. Der Mindest-Außenluftanteil wird über eine Begrenzung der Außenluftklappe erreicht. Im Feld 2 wird mit maximal zulässiger Umluft gefahren und im Feld 3 auch mit maximal zulässiger Umluft. Die Entscheidung, wo sich der Außenluftzustandspunkt befindet, erfolgt über vergleichende Abfragen für den Fall $\vartheta_{ZU} < \vartheta_{UM}$:

Feld 1: $\quad x_{AU} < x_{ZU}\quad$ und $\quad\dfrac{\Delta h}{\Delta x} = \dfrac{h_{AU}-h_{UM}}{x_{AU}-x_{UM}} \leq 5352$ kJ/kg

Feld 2: $\quad x_{AU} < x_{ZU}\quad$ und $\quad\dfrac{\Delta h}{\Delta x} = \dfrac{h_{AU}-h_{UM}}{x_{AU}-x_{UM}} \geq 5352$ kJ/kg

$\qquad$ und $\quad x_{AU} > x_{ZU}\quad$ und $\quad h_{AU} > h_{UM}$
Feld 3: $\qquad x_{AU} > x_{ZU}\quad$ und $\quad h_{AU} < h_{UM}$

Voraussetzung für die oben definierte Steigung der Trenngeraden und damit auch für die dargestellten Feldabgrenzungen ist, dass die Heiz- und die Kühlenergie gleich bewertet werden. Real werden diese Energien jedoch i. d. R. unterschiedlich zu bewerten sein.

Bezeichnet man das Verhältnis von Heiz- zu Kühlenergie mit n, so gilt für die Steigung der Trenngeraden:

$$(\Delta h/\Delta x)_n = h_D (1+n) \qquad\qquad\text{(K2-17)}$$

Beispiel:
Gegeben: Auf Primärenergie bezogen sei n = 3 (z. B. elektrisch erzeugter Befeuchterdampf, elektrisch angetriebene Kompressionskältemaschine)
Gesucht: Steigung der Trenngeraden?

Ergebnis: $\left(\dfrac{\Delta h}{\Delta x}\right)_{n=3} = 2676 \cdot (1+3) = 10704$ kJ/kg

Anstelle einer energetischen Bewertung kann nach der gleichen Methode eine Kostenbewertung vorgenommen werden.

Für den **Heizbetrieb** (wie vor ohne Feuchtequellen im Raum) ergeben sich zur Festlegung einer energieoptimalen Regelstrategie die Felder 1 bis 3 gemäß Bild K2-33.

Für den Bereich $x_{AU} < x_{UM}$ erhält man als Trenngerade nach Gl. K2-13 mit $h_D = 0$ eine Gerade mit der Steigung:

$$\dfrac{\Delta h}{\Delta x} = 0 \qquad\qquad\text{(K2-18)}$$

Dieses ist die Gleichung einer Isenthalpe, d. h. für die Trenngerade durch UM eine Linie h_{UM} = const.

Feld 1: Unterhalb der Trenngeraden ist der minimale Außenluftanteil ω_{min} energetisch optimal.

Darüber gilt bei Regelung auf ϑ_{ZU} (**Feld 2**)

$\omega_{min} < \omega_{opt} < 1$

Bild K2-33 Feldeinteilung für eine energetisch optimale Ansteuerung der Mischluftklappen einer Klimaanlage mit Dampfbefeuchtung im Heizfall

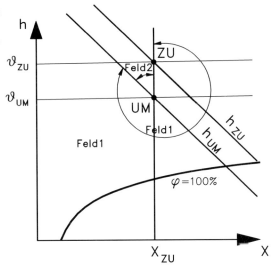

Für $\vartheta_{AU} < \vartheta_{ZU}$ ergibt sich im Feld 2:

$\omega_{opt} = 1$

Für $x_{AU} > x_{UM}$ ist der optimale Außenluftanteil wie im Kühlbetrieb nicht eindeutig bestimmbar, so dass in diesem Bereich die Regelung auf den minimalen Außenluftanteil ω_{min} ausgerichtet wird und damit dem Feld 1 zugeordnet wird.

Sind Feuchtelasten auszuregeln, so ergeben sich wesentlich mehr Felder im h,x-Diagramm, auf die hier aber nicht weiter eingegangen werden soll.

K2.6.5
Klimaanlage mit Enthalpierückgewinnung

Die Enthalpierückgewinnung (s. G8.3.5) erfolgt über ein Rad mit sorptionsfähiger, luftdurchgängiger Speichermasse, das durch den Abluft- und den Zuluftkanal läuft und dabei sowohl Wärme als auch Feuchte (sensible und latente Wärme) überträgt. Im Zustandsverlauf verhält sich die regenerative Enthalpierückgewinnung praktisch so wie eine Mischklappenregelung, jedoch mit begrenztem Übertragungsgrad. Aus diesem Grunde ist die regelungstechnische Einbindung in der gleichen Art wie die Mischklappenregelung zu behandeln. Bild K2-34 zeigt die Strategie einer Klimaanlage mit Dampfbefeuchtung und Enthalpierückgewinnung.

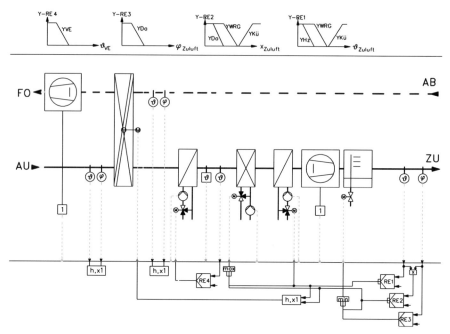

Bild K2-34 Klimaanlage Typ HKBE-AU mit Dampfbefeuchtung und Enthalpierückgewinnung, Zulufttemperatur- und Zuluftfeuchteregelung, h,x-geführte Regelung der Enthalpierückgewinnung

K3
Steuerungstechnik

K3.1
Übersicht

Unter dem Begriff „Steuerung" versteht man einen Vorgang, bei dem eine oder mehrere Eingangsgrößen die Ausgangsgröße beeinflussen. Kennzeichen des Steuerns ist der offene Wirkungsablauf („Steuerkette"), d. h., es ist keine Rückwirkung des Ausgangs auf die Eingangsgrößen vorhanden. Ein bekanntes Beispiel hierfür ist die Steuerung des Vorlauftemperatursollwertes einer Heizungsanlage durch die Außentemperatur.

Besondere Bedeutung in der Automatisierungstechnik haben Steuerungen mit binären (schaltenden, zweiwertigen) Signalen. Das hat dazu geführt, dass der Begriff „Steuerung" häufig als Synonym für schaltende Vorgänge und Funktionen in Automatisierungseinrichtungen verwendet wird. Auch bei binären Funktionen ist aber häufig eine *Rückwirkung* auf die Eingangsgröße vorhanden, z. B. beim Ansprechen eines Temperaturwächters, der die Energiezufuhr sperrt.

Dennoch ist es in der Gebäudeautomation üblich, derartige Funktionen nicht der Regelungstechnik (s. a. Bd. 1, S. 554) sondern der Steuerungstechnik zuzuordnen.

K3.2
Konventionelle (kontaktbehaftete) Steuerungstechnik

K3.2.1
Darstellung und heutige Bedeutung

In der konventionellen Steuerungstechnik werden die funktionalen Steuerungsverknüpfungen durch parallel- und in Reihe geschaltete Kontakte von Schaltern, Schützen und Relais verwirklicht. Ein typisches und allgemein bekanntes Beispiel ist die Steuerung eines Antriebsmotors mittels Tastschalter und Schütz. Die grafische Darstellung erfolgt im sog. **Stromlaufplan** (Bild K3-1). Die Betriebsmittel werden in Stromlaufplänen durch eine Kombination von Buchstaben und Zahlen (fortlaufende Nummerierung) gekennzeichnet. Die Betriebsmittelkennbuchstaben sind genormt (Tabelle K3-1) [K-15].

Der Übersichtlichkeit halber werden Stromlaufplane unterteilt in
- Hauptstromkreise (mit den zu steuernden Energieverbrauchern) und
- Hilfsstromkreise (mit dem Steuerstromkreis als wichtigstem Hilfsstromkreis, der die realisierten Steuerungsverknüpfungen darstellt).

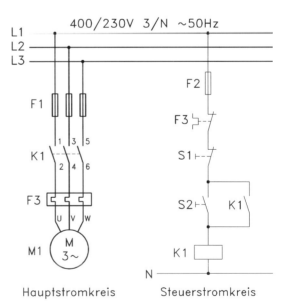

Bild K3-1 Stromlaufplan. Beispiel: Selbsthalteschaltung für eine Antriebssteuerung

Tabelle K3-1 Kennbuchstaben für Betriebsmittel nach DIN 40719, Teil 2

Kennbuchstabe	Art des Betriebsmittels	Beispiele
A	Baugruppen	Betriebsmittelkombinationen, Einsätze
B	Umsetzer von nichtelektrischen auf elektrische Größen und umgekehrt	Messumformer, Winkelgeber, Feuchtesensor, Lautsprecher
C	Kondensatoren	Kompensations-, Entstör- und Anlaufkondensatoren
D	Binäre Elemente, Verzögerungselemente, Speicher	Verknüpfungsglieder, bi- und monostabile Elemente, Register
E	Verschiedenes	Beleuchtungen Heizgeräte, sonstige Einrichtungen
F	Schutzeinrichtungen	Sicherungen, Schutzrelais, Auslöser, Sperren
G	Generatoren, Stromversorgungen	Generatoren, Batterien, Stromrichtergeräte
H	Meldeeinrichtungen	Leuchtmelder, Hupen, Sirenen
K	Relais, Schütze	Hilfs- und Hauptschütze, Zeitrelais, Blinkrelais
L	Induktivitäten	Drosselspulen, Zündspulen
M	Motoren	Wechselstrom-, Drehstrom- und Gleichstrommotoren
N	Analoge Elemente	Verstärker, Regler
P	Messgeräte, Prüfeinrichtungen	Strommesser, Spannungsmesser, Leistungsmesser, Uhren, Zähler
Q	Starkstrom-Schaltgeräte	Leistungsschalter, Hauptschalter, Motorschalter
R	Widerstände	Vorwiderstände, Stellwiderstände, NTC/PTC-Widerst.
S	Schalter, Wähler	Steuer-, Wahl-, Endschalter, Tastschalter
T	Transformatoren	Leistungs-, Zünd- und Steuertransformatoren, Strom- und Spannungswandler
U	Umsetzer von elektrischen in andere elektrische Größen, Modulatoren	Frequenzumrichter, Umsetzer, Optokoppler
V	Röhren, Halbleiter	Elektronenröhren, Dioden, Transistoren, Thyristoren
W	Übertragungswege	Leitungen, Kabel, Sammelschienen
X	Klemmen, Steckvorrichtungen	Klemmleisten, Stecker, Steckdosen, Messbuchsen
Y	Elektrisch betätigte mechanische Einrichtungen	Magnetventile, Magnetkupplungen, Stellantriebe, Türöffner
Z	Abschluss, Filter, Begrenzer	Kabelnachbildungen, aktive Filter, Kristallfilter

K3 Steuerungstechnik

Die Verdrahtung umfangreicher Steuerungsfunktionen in konventioneller Schütz- und Relaistechnik ist sehr zeitaufwendig und erfordert viel Platz im Schaltschrank. Hinzu kommt, dass nachträgliche Änderungen im Steuerungsablauf wegen der damit verbundenen Umverdrahtung mühevoll und teuer sind. Aus diesem Grund werden größere Steuerungsaufgaben heute fast ausschließlich mit Hilfe von mikroprozessorbasierten programmierbaren Automationssystemen (SPS/DDC) gelöst (vgl. K3.4.).

Dennoch gibt es Bereiche, in denen die konventionelle Technik ihre Bedeutung behalten hat:

1. Zum Schalten der Leistungsverbraucher des Hauptstromkreises werden in der Regel elektromechanische Drehstrom-Leistungsschütze eingesetzt. Elektronische Halbleiterschütze[3] haben demgegenüber u. a. folgende Vorteile:
   - Kein Kontaktverschleiß, lange Lebensdauer,
   - geräuschloses Schalten,
   - geringe benötigte Steuerleistung,
   - keine elektromagnetischen Störungen anderer Geräte.

   Ihr Einsatz blieb aber bisher in der Gebäudeautomation auf Sonderfälle beschränkt, vor allem wegen des höheren Preises und der fehlenden Hilfs- bzw. Rückmeldekontakte.

2. Bei Ausfall der programmierbaren Automationsstation sollten die wichtigsten Betriebsmittel oder Anlagenteile noch von Hand bedienbar sein. Diese sog. „Notbedienebene" wird in der Regel mit konventionellen Schaltelementen aufgebaut.

3. Mit der Begründung höherer Betriebssicherheit werden mitunter wichtige Steuerungsfunktionen wie z. B. Motorschutz oder Frostschutz konventionell realisiert.

4. Neben den in den Automationsgeräten programmierten Verriegelungen verschiedener Ausgänge sind bei kritischen Fällen zusätzliche hardwaremäßige Verriegelungen über Schützkontakte vorgeschrieben [K-16].

5. Für bestimmte Teilfunktionen, z. B. Stern-Dreieck-Anlauf, gibt es serienmäßig gefertigte, fertig verdrahtete Schütz/Relais-Kombinationen. Anstatt den Stern-Dreieck-Anlauf mit allen erforderlichen Zeit- und Verriegelungsfunktionen zu programmieren und die Schütze einzeln an das Automatisierungsgerät anzuschließen, ist es oft preisgünstiger, auf die konventionelle Gerätekombination zurückzugreifen.

---

[3] Bei Halbleiterschützen verwendet man an Stelle von mechanischen Kontakten Thyristoren oder Triacs zum Schalten des Verbrauchers.

K3.2.2
Hauptstromkreise

K3.2.2.1
Übersicht

Neben dem einfachen in Bild K3-1 dargestellten Hauptstromkreis zum Ein- und Ausschalten eines Motors werden fünf weitere wichtige Stromkreise dargestellt.

K3.2.2.2
Drehrichtungsumsteuerung (Wendeschaltung)

Um die Drehrichtung eines Drehstrommotors zu ändern, müssen zwei Phasen in Bild K3-2 miteinander vertauscht werden. Schütz K1 verbindet die Leiter L1, L2, L3 mit den Motorklemmen in der Reihenfolge U, V, W (Rechtslauf). K2 verbindet die Leiter L1, L2, L3 mit den Motorklemmen in der vertauschten Reihenfolge V, U, W (Linkslauf). Gleichzeitiges Anziehen beider Schütze führt zum Kurzschluss. Die sorgfältige gegenseitige Verriegelung beider Schütze ist deshalb unbedingt erforderlich.

Bild K3-2 Drehrichtungsumsteuerung (Hauptstromkreis)

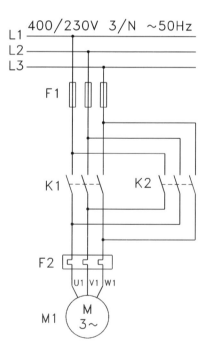

K3.2.2.3
Stern-Dreieck-Anlauf

Gegenüber direktem Anlauf in Dreieckschaltung verringert sich der Anlaufstrom bei Sternschaltung auf 1/3. Stern-Dreieck-Umschaltung ist das am weitesten verbreitete Anlassverfahren für Kurzschlussläufermotoren (Bilder K3-3 und K3-4). Die notwendige stromlose Umschaltpause zur Vermeidung eines Kurzschlusses kann bei Antrieben mit geringer Schwungmasse (z. B. Kälteverdichtern) zu problematischen hohen Umschaltstromspitzen („Umschalt-Rush") führen.

Anmerkung: In zunehmendem Maße werden auch elektronische Anlassgeräte eingesetzt. Bis vor kurzem waren diese Verfahren aus Kostengründen nicht konkurrenzfähig, was sich aber inzwischen geändert hat. Diese Geräte arbeiten in der Regel nach dem Phasenanschnitt-Prinzip. Sie bieten folgende Vorteile:
- ein sanftes, rampenförmiges Hochfahren der Spannung, dadurch Motor- und Triebwerksschonung und geringe Netzstörungen,
- frei einstellbarer Startwert (10 ... 40%) der Netzspannung, deshalb problemlose Anpassung des Startmomentes an die jeweilige Arbeitsmaschine,
- keine Umschaltstromspitzen,

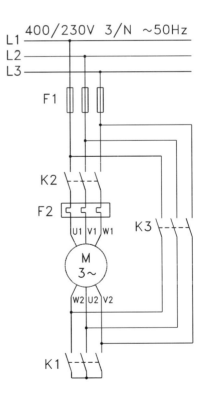

Bild K3-3 Stern-Dreieck-Anlauf (Hauptstromkreis)

Bild K3-4 Motorwicklungen
bei Stern- und Dreieckschaltung

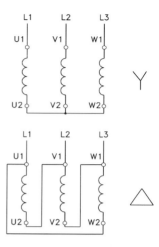

- einstellbare Strombegrenzung und Wiedereinschaltsperre mit Zeitglied,
- geringer zusätzlicher Schaltungsaufwand (nur ein Schütz),
- Wartungs- und Verschleißfreiheit.

K3.2.2.4
Drehzahlumschaltung eines D-Motors mit getrennten Wicklungssystemen

Die stufige Drehzahlumschaltung bei Drehstromkurzschlussläufermotoren beruht auf einer Umschaltung der Polpaarzahl. Für die Drehfelddrehzahl n_d gilt:

$$n_d = \frac{f}{p}$$

mit f – Netzfrequenz,
  p – Polpaarzahl.

Üblich sind Motoren mit zwei oder drei getrennten Wicklungen für zwei bzw. drei Drehzahlen. Als Beispiel zeigen die Bilder K3-5 und K3-6 den Hauptstromkreis und die Motorwicklungen für einen Motor mit zwei Drehzahlen.

Die Polpaarzahlen der beiden getrennten Wicklungen lassen sich bei der Fertigung frei wählen, z. B. p = 3 und p = 1.

Das entspräche den Drehfelddrehzahlen n_{1d} = 1000 1/min und n_{2d} = 3000 1/min. Die tatsächlichen Drehzahlen sind um den Schlupf geringer:

$$n = n_d \cdot (1-s)$$

mit s – Schlupf (Bemessungsschlupf $s_r \approx 0{,}02 \ldots 0{,}10$)

Bild K3-5 Drehzahlumschaltung bei zwei getrennten Wicklungen (Hauptstromkreis)

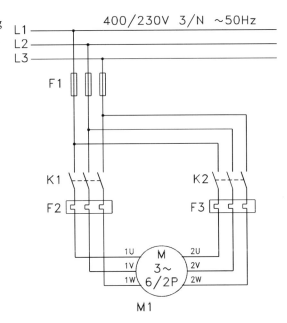

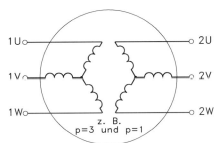

Bild K3-6 Zwei getrennte Motorwicklungen mit unterschiedlichen Polpaarzahlen

K3.2.2.5
Drehzahlumschaltung eines D-Motors mit Dahlander-Wicklung

Bei dem Dahlander-Motor wird *eine* polumschaltbare Wicklung verwendet. Der Herstellungsaufwand ist geringer als bei 2 Wicklungen. Allerdings lassen sich nur Drehzahlen im Verhältnis 2:1 realisieren. Das bedeutet, dass z. B. Drehfelddrehzahlen 3000 1/min und 1500 1/min oder 1500 1/min und 750 1/min möglich sind (Bild K3-7).

Es sind die beiden Schaltungsarten Δ/YY (Dreieck/Doppelstern) und Y/YY (Stern/Doppelstern) üblich (Bild K3-8).

Mit einer getrennten und einer Dahlanderwicklung lassen sich 3 Drehzahlstufen, mit zwei Dahlanderwicklungen 4 Drehzahlstufen realisieren. Mehr als 4 Stufen sind unüblich, es empfiehlt sich, gegebenenfalls eine stetige Drehzahlsteuerung mittels Frequenzumrichter zu verwenden.

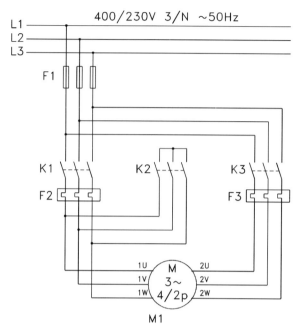

Bild K3-7 Drehzahlumschaltung bei Dahlanderwicklung

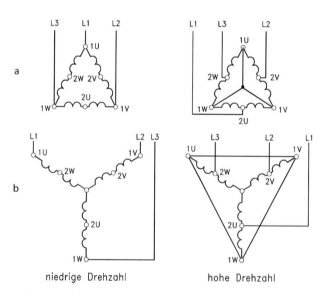

Bild K3-8 Dahlander-Wicklung: a) Δ/YY-Schaltung b) Y/YY-Schaltung

K3.2.3
Wichtige Hilfsstromkreise

K3.2.3.1
Kontaktverriegelung

Wie die vorhergehenden Bilder zeigen, dürfen bei manchen Schaltungen bestimmte Schütze nicht zugleich anziehen, da das zu Kurzschlüssen führen würde. Die im Automationssystem programmierte gegenseitige Verriegelung reicht allein nicht aus. Infolge eines Schützdefektes (verschweißte Kontakte) oder allein aufgrund der mechanischen Trägheit kann es beim Umschalten zu kurzzeitigen Überlappungen kommen, das heißt, das ausgeschaltete Schütz ist noch nicht abgefallen, während das eingeschaltete Schütz bereits die Kontakte betätigt hat. Bild K3-9 zeigt zwei Beispiele für zusätzliche Verriegelungen über Schützkontakte.

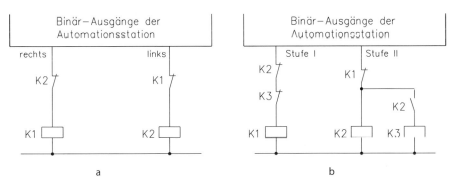

Bild K3-9 Verriegelungen über Schützkontakte a) Wendesteuerung b) Drehzahlumschaltung (Dahlander)

K3.2.3.2
Handbedienung und lokale Vorrangbedienung (LVB)

Unter *Handbedienung* versteht man die Einwirkung auf die betriebstechnische Anlage (BTA) unter Mitwirkung der Automationsstation. Die Handeingriffe sind in der Anwendungssoftware in der betreffenden Betriebsart vorgesehen und werden von der Automationsstation als Befehle an die Feldebene weitergegeben (s. Bild K1-1). Fällt die (zentrale) Automationsstation aus, so ist auch keine Handbedienung mehr möglich. Die Handbedienung als Leiteingriff durch den Menschen ist keiner speziellen Ebene zugeordnet [K-17].

Die *lokale Vorrangbedienung (LVB)* wurde früher Notbedienung genannt. Durch entsprechende Sicherheitsnormen wurde der Begriff „NOT" für Eingriffe reserviert, die zur Abwendung von Gefahr für Leib und Leben dienen (vgl. „NOT-AUS"). Das trifft für den Bedarf in der Gebäudeautomation aber nicht zu.

Die *lokale Vorrangbedieneinrichtung* soll hingegen den Betrieb der BTA unabhängig von der Zentraleinheit der Automationseinrichtung in eingeschränktem Umfang sicherstellen, z. B. bei Ausfall der Automationsstation oder beim Einrichtbetrieb der versorgungstechnischen Anlage [K-18].

Sicherheitsfunktionen der Anlage dürfen durch die LVB nicht eingeschränkt werden. Ferner muss der Zugriff gegen nicht autorisierten Gebrauch gesichert sein (Schloss, Schlüsselschalter). Die LVB ist nur mit größter Vorsicht und Umsicht zu benutzen, da u. U. Zeitverzögerungen und Verriegelungen, die im Automationssystem realisiert sind, entfallen bzw. umgangen werden können.

Beispiele für kritische Funktionsabläufe:
- Bei Stern-Dreieck-Anlauf: Direkteinschaltung in Dreieck,
- bei mehrstufigem Antrieb: Direkteinschaltung der höchsten Stufe,
- Fortfall der „Austrudelzeit" beim Herunterschalten.

Die lokale Vorrangbedieneinrichtung ist meistens durch direkt wirkende konventionelle Bedienelemente wie z. B. Steuerschalter realisiert. Inzwischen werden jedoch auch auf einem Bus basierende lokale Vorrangbedienungen für den „Notbetrieb" angeboten.

Ist der direkte Eingriff aktiviert (z. B. Stellung „Hand"), so sollte dies der Automationsstation über einen Meldekontakt mitgeteilt werden. Damit wird vermieden, dass das Automationssystem wegen falscher oder nicht erfolgter Rückmeldung eine Störung signalisiert.

Häufig wird die Koppelrelais-Schnittstelle (Potential- und Gewerketrennung) mit einer lokalen Vorrangbedieneinrichtung kombiniert (anwendungsneutrale Seriengeräte). Bild K3-10 zeigt die Innenschaltung eines derartigen Koppelmoduls für den einfachsten Fall.

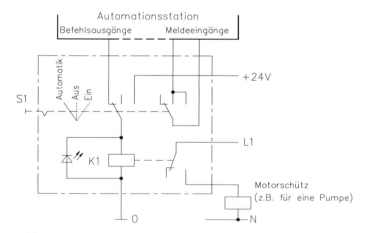

Bild K3-10 Koppelrelais mit kombinierter lokaler Vorrangbedieneinrichtung für ein Motorschütz

Die LVB kann verschieden aufwendig realisiert sein. Im Extremfall befindet sich eine nahezu vollständige zweite konventionelle Steuerung im Hintergrund.

K3.2.3.3
Wächter und Begrenzer

Bei Grenzschaltern unterscheidet man Wächter und Begrenzer.

Wächter öffnen bei einer oberen Grenze und schließen den gleichen Stromkreis bei einer unteren Grenze oder umgekehrt. Damit ist im Prinzip auch eine Zweipunktregelung möglich.

Begrenzer öffnen oder schließen bei einer Grenze. Sie besitzen eine mechanische Sperre und müssen von Hand zurückgestellt werden. Diese Entriegelung ist von außen zugänglich.

Für sicherheitsrelevante Überwachungsaufgaben sind sog. *Sicherheitsbegrenzer* (z. B. Sicherheitstemperaturbegrenzer STB, Sicherheitsdruckbegrenzer SDB usw.) einzusetzen. Bei ihnen darf die Rückstellung nur unter Zuhilfenahme eines Werkzeuges (z. B. Abschrauben der Abdeckkappe) möglich sein. Die Rückstellung ist nur durch einen „Fachkundigen" gestattet. Deshalb ist oft eine zusätzliche Plombierung zu finden.

Als Schaltglieder sind meistens ein Wechsler oder ein Öffner und ein Schließer vorhanden. Die Schaltglieder müssen „sprungbetätigt" sein, um eine schleichende Kontaktgabe zu vermeiden und damit den Verschleiß durch Kontaktabbrand möglichst gering zuhalten.

Wichtige und sicherheitsrelevante Abschaltfunktionen werden häufig hardwaremäßig realisiert. Die Funktionen sind dann auch bei lokalem Vorrangbetrieb („Notbetrieb" ohne Leit- oder Automationsstation) gewährleistet. Dabei wird der Öffner des Wächters in der Regel zum direkten Abschalten verwendet, während der Schließer als Meldekontakt für das Automationssystem dient (Bild K3-11).

Neben der Motorschutzfunktion werden auch die wichtigsten Frostschutzfunktionen in einer RLT-Anlage DDC-unabhängig, d. h. konventionell, aufgebaut. Bild K3-12 zeigt den Stromlaufplan einer einfachen Frostschutzschaltung.

Nach Inbetriebnahme der Anlage schließt der Schließer K2T des ansprechverzögerten Zeitrelais K2T[4] verzögert. Über den Öffner des Frostwächters F1 erhält K1 Strom. Der Öffner K1 vor dem Schütz K3 öffnet sofort, so dass das Schütz K3 nach dem verzögerten Schließen von K2T stromlos bleibt.

Spricht der Frostwächter F1 an, so wird das Schütz K1 stromlos und fällt ab. Damit schließt der Öffner K1 wieder. K3 zieht an und hält sich über den Schließer von K3 selbst. Über weitere (nicht dargestellte) Schaltglieder von K3 werden die Ventilatoren ausgeschaltet, die Außenluftklappen geschlossen, die Erwärmerpumpe eingeschaltet und das Erwärmerventil geöffnet. Gleichzeitig meldet

---

[4] Zeitrelais können ansprech- oder rückfallverzögert sein. Ansprechverzögerte Zeitrelais erhalten als Zusatzkennzeichnung ein Rechteck mit einem Kreuz am Relaissymbol.

Bild K3-11 Unmittelbare Ausschaltung des Motorschützes über den Öffner des Motorschutzrelais

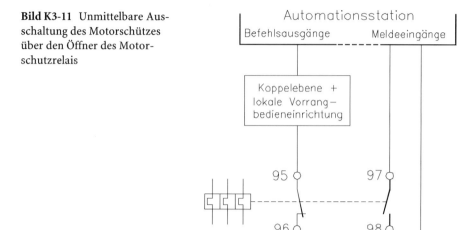

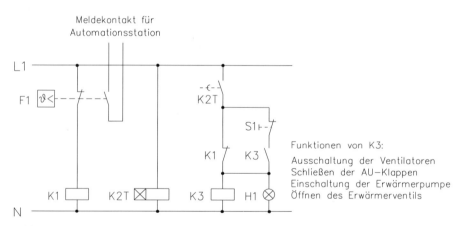

Bild K3-12 Stromlaufplan für eine konventionelle Frostschutzschaltung

die Lampe H1 den Störfall vor Ort am Schaltschrank. Über den Schließer des Frostwächters F1 wird die Störung an die Automationsstation gemeldet.

Das Schütz K3 wird auch dann aktiviert, wenn die Zuleitung zum Frostwächter in Folge eines sonstigen Defektes unterbrochen wird. Die Schaltung ist somit „drahtbruchsicher". Das Zeitrelais K2T verhindert eine Fehlmeldung im Augenblick der Inbetriebnahme. Über den Tastschalter S1 wird die Störung nach Behebung der Ursache quittiert.

K3.3
Programmierbare Steuerungstechnik

K3.3.1
Übersicht

Zur allgemeinen Beschreibung von Steuerungsfunktionen eignet sich der konventionelle Stromlaufplan schlecht, da die Darstellungsweise speziell auf die kontaktbehaftete Schütztechnik zugeschnitten ist.

Technologisch neutral, anschaulich und übersichtlich ist die Darstellung im **Funktionsblockdiagramm** (früher „Funktionsplan"). Die einzelnen Funktionsblocksymbole sind inzwischen international genormt [K-19]. Viele Symbole entsprechen den bekannten Darstellungen der elektronischen Digitaltechnik [K-20].

K3.3.2
Verknüpfungsfunktionen

Alle denkbaren logischen Verknüpfungsfunktionen lassen sich aus den drei Grundverknüpfungen UND, ODER und NICHT zusammensetzen.

UND
Der Ausgang führt nur dann 1-Signal, wenn alle Eingänge 1-Signal haben.

An Stelle der Bezeichnungen „1-Signal" und „0-Signal" sind auch die Begriffe „true" und „false" gebräuchlich.

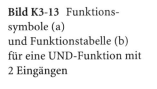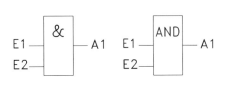

Bild K3-13 Funktionssymbole (a) und Funktionstabelle (b) für eine UND-Funktion mit 2 Eingängen

ODER
Der Ausgang führt dann 1-Signal, wenn mindestens ein Eingang 1-Signal hat.

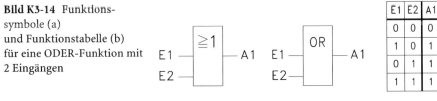

Bild K3-14 Funktionssymbole (a) und Funktionstabelle (b) für eine ODER-Funktion mit 2 Eingängen

NICHT

Das Eingangssignal wird invertiert.

Das Invertierungszeichen (kleiner Kreis bzw. dicker Punkt) darf auch losgelöst vom NICHT-Glied zur Invertierung von Ein- und Ausgängen anderer Funktionsbausteine verwendet werden.

Bild K3-15 NICHT-Funktion   E1 —[1]o— A1   E1 —[NOT]— A1 = $\overline{E1}$

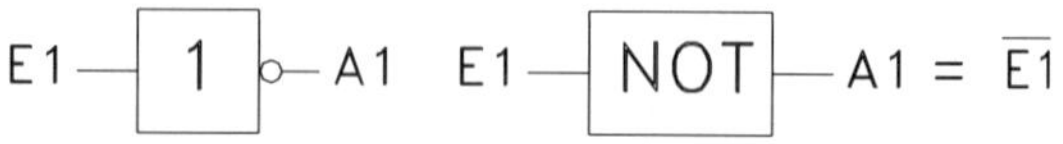

Beispiel: Ventilator-Steuerung für eine Absauganlage

In einer Fertigungsstätte befindet sich über jedem der drei Arbeitsplätze eine Absaugung. Die Absaugungen werden mit zwei getrennt schaltbaren Ventilatoren betrieben. Ist eine oder sind zwei Absaugungen in Betrieb, so genügt ein Ventilator (Ventilator 1). Wird die dritte Absaugung dazugeschaltet, so muss auch der zweite Ventilator (Ventilator 2) in Betrieb gehen. Die Absaugungen werden über motorische Absperrklappen (nicht mit dargestellt) mit den Rastschaltern[5] S1, S2 und S3 zu- bzw. abgeschaltet, die Ventilatormotoren M1 und M2 werden über die Schütze K1 und K2 geschaltet.

Lösung:

Ventilator 1 muss laufen, wenn mindestens 1 Absaugung eingeschaltet ist (Absaugung 1 oder Absaugung 2 oder Absaugung 3):

1 ODER-Verknüpfung mit 3 Eingängen.

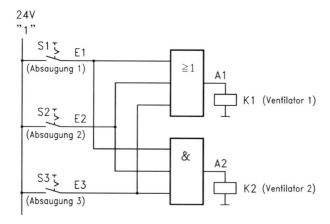

Bild K3-16 Funktionsblockdiagramm für eine Absauganlage

---

[5] Man unterscheidet Rastschalter und Tastschalter. Rastschalter besitzen keine Rückstellkraft, d. h., nach Wegnahme der Betätigungskraft verbleiben die Schaltglieder in der jeweiligen Schaltstellung. Tastschalter sind Schalter mit Rückstellkraft (Feder). Nach Fortfall der Betätigungskraft kehren die Schaltglieder in die Ausgangsstellung zurück.

Ventilator 2 muss laufen, wenn alle Absaugungen in Betrieb sind (Absaugung 1 und Absaugung 2 und Absaugung 3):
1 **UND-Verknüpfung** mit 3 Eingängen.

Von den abgeleiteten Verknüpfungen werden die folgenden drei häufig verwendet:

NAND
Die NAND-Verknüpfung besteht aus einer UND-Verknüpfung mit nachgeschalteter Invertierung. Die Bezeichnung resultiert aus der Zusammenziehung der englischen Wörter **N**ot und **AND**.

Mit Hilfe einer NAND-Verknüpfung kann man beispielsweise eine Hupe aktivieren, wenn einer von mehreren Wächterkontakten öffnet („Sammelmeldung"). Solange alle Kontakte geschlossen sind (1-Signale an den Eingängen des NAND-Gliedes), ertönt die Hupe **nicht**.

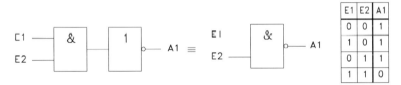

Bild K3-17 NAND-Funktion

NOR
NOR-Funktion wird eine ausgangsseitig invertierte ODER-Funktion genannt. Die Bezeichnung resultiert aus der Zusammenziehung der englischen Wörter **N**ot und **OR**.

Doppelpumpen sind häufig so gesteuert, dass bei Ausfall einer Pumpe (Ansprechen des Motorschutzrelais) automatisch die zweite Pumpe als Reservepumpe anläuft. Die NOR-Verknüpfung kann beispielsweise dazu dienen, einen besonderen Alarm zu aktivieren, wenn beide Pumpen gestört sind, d. h., sowohl der Öffner des einen als auch der Öffner des anderen Motorschutzrelais betätigt wurden (beide Eingänge des NOR-Gliedes führen 0-Signal).

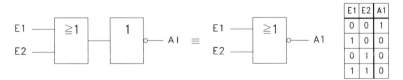

Bild K3-18 NOR-Funktion

XOR

Bei der Antivalenzverknüpfung (Exklusiv-ODER, XOR) nimmt der Ausgang nur dann den Wert 1 an, wenn die beiden Eingangssignale ungleich sind. Die Bezeichnung resultiert aus der Zusammenziehung der englischen Wörter eXclusive und OR.

Führen E1 und E2 (Bild 3-19) gleiche Signale (beide 1-Signal oder beide 0-Signal), so ist weder die obere noch die untere UND-Bedingung erfüllt, da jeweils an einem der beiden Eingänge in Folge der Invertierung ein 0-Signal liegt. Damit erscheint auch am Ausgang (A1) des nachfolgenden ODER-Gliedes ein 0-Signal. Sind hingegen E1 und E2 unterschiedlich, ist stets eine der beiden UND-Bedingungen erfüllt. Somit ist auch die nachfolgende ODER-Bedingung erfüllt, und der Ausgang A1 führt 1-Signal.

Antivalenzverknüpfungen haben besondere Bedeutung bei der Verarbeitung von Rückmeldungen:

Wird beispielsweise von der Automationsstation ein Schaltbefehl an ein Schütz ausgegeben und es erfolgt innerhalb einer festgelegten Zeit keine Rückmeldung, so liegt eine Störung vor. Eine Störung ist jedoch auch dann anzuzeigen, wenn eine Rückmeldung vorhanden ist, ohne dass zuvor ein Schaltbefehl an die Anlage geschickt wurde (z. B. bei „klebendem" Schütz).

Beim Lesen oder Interpretieren von Funktionsblockdiagrammen ist zu beachten, dass nach entsprechenden Negationen an den Ein- und Ausgängen UND- durch ODER-Verknüpfungen ersetzt werden können und umgekehrt (Regel von De Morgan). Es gelten die Entsprechungen nach Bild K3-20.

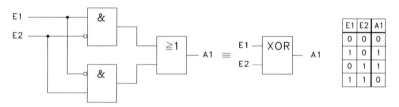

Bild K3-19 Antivalenzverknüpfung XOR

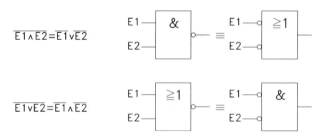

Bild K3-20 Regel von De Morgan

K3 Steuerungstechnik

K3.3.3
Binäre Speicherfunktionen

Bei den bisher besprochenen Steuerschaltungen waren die Ausgangsgrößen allein vom Momentanzustand der Eingangsgrößen abhängig. Das heißt, der Ausgang kehrt in den Anfangszustand zurück, sobald die Eingangsgrößen wieder die ursprünglichen Werte annehmen.

In der Praxis sind jedoch Befehle und Signale häufig impulsförmig (z. B. Tasterbetätigung für das Einschalten eines Antriebs). In solchen Fällen ist die Umwandlung des Impulssignals in ein Dauersignal nötig. Hierzu muss die Schaltung Speichereigenschaften, d. h., ein „Gedächtnis" besitzen. Derartige Schaltungen mit Signalspeicherung sind aus der konventionellen Schütztechnik als Selbsthalteschaltungen bekannt. Man unterscheidet dort Schaltungen, bei denen der Einschaltbefehl dominiert und solche, bei denen der Ausschaltbefehl dominiert (Bild K3-21).

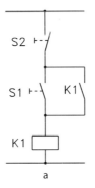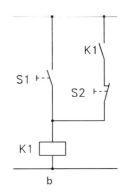

Bild K3-21 Schütz-Selbsthalteschaltungen
a) Ausschaltbefehl hat Vorrang
b) Einschaltbefehl hat Vorrang

RS-Speicher

In der allgemeinen Steuerungstechnik spricht man von RS-Speichern, deren Eingänge durch die Buchstaben S (setzen) und R (rücksetzen) gekennzeichnet sind.

Wird an den Setz-Eingang (S) 1-Signal gelegt, so nimmt der Ausgang den Wert 1 an. Dieser Zustand bleibt auch dann erhalten, wenn das Eingangssignal wieder zu 0 wird. Erst ein 1-Signal am Rücksetz-Eingang (R) setzt den Ausgang zurück auf 0. Führen beide Eingänge (S und R) gleichzeitig 1-Signal, so hat der mit „1" gekennzeichnete Eingang Vorrang.

Bild K3-22 RS-Speicher
(links: vorrangiges Rücksetzen, rechts: vorrangiges Setzen)

Während beim Schalten von Antrieben aus Sicherheitsgründen der Rücksetzbefehl (Ausschaltbefehl) Vorrang haben muss, soll bei der Speicherung von Störungsmeldungen der Setzbefehl dominieren (d.h. eine Störungsmeldung hat Vorrang vor einem Quittierbefehl).

Beispiel: Erzwingung eines Vorranges
Stehen bei einem DDC-System nur Speicher mit vorrangigem Rücksetzen zur Verfügung, so muss zur Speicherung einer Störungsmeldung (z.B. Frostmeldung durch einen Frost*wächter*) dem Setzeingang der Vorrang mit Hilfe einer UND-Verknüpfung aufgezwungen werden (Bild K3-23). Der Taster S1 dient zum Quittieren (Rückstellen) der gespeicherten Störungsmeldung. So lange die Frostmeldung ansteht (E1 = 0), kann das Quittiersignal (E2 = 1) den RS-Speicher nicht zurücksetzen.

Bei manchen Anwendungen soll das *zuerst* eintreffende Signal Vorrang haben. Diese Forderung ist mit *zwei* vorgeschalteten UND-Funktionen entsprechend Bild K3-24 zu verwirklichen.

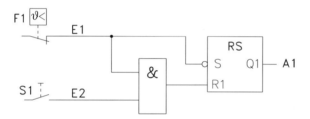

Bild K3-23 Erzwungener Vorrang des Setz-Einganges bei einem RS-Speicher

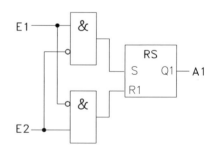

Bild K3-24 Erzwungener Vorrang des zuerst eintreffenden Signals bei einem RS-Speicher

K3.3.4
Vergleicher

Der **Vergleicher**, auch Komparator oder Schwellwertschalter genannt, stellt ein Bindeglied zwischen analoger und binärer Signalverarbeitung dar.

Vergleicher mit Hysterese

Der Vergleicher (VGL) verfügt über 2 analoge Eingänge und einen binären Ausgang.

Ist der am Eingang X liegende Wert gleich oder größer als der am Eingang XV liegende Vergleichswert, liefert der Ausgang ein 1-Signal. Die einstellbare Hysterese H bewirkt, dass der Ausgang erst dann auf 0-Signal zurückschaltet, wenn der Eingangswert X den Einschaltschwellwert XV um den Betrag H unterschreitet. Im Prinzip ist die Funktion vom Zweipunktregler her bekannt. Der Vergleicher wird u. a. zur bedarfsabhängigen Einschaltung einer Pumpe eingesetzt. Die Pumpe wird z. B. abgeschaltet, wenn das Ventil des von ihr versorgten Wärmeübertragers geschlossen ist.

Bild K3-25 Vergleicher mit Hysterese

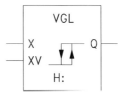

K3.3.5
Zeitfunktionen

Ansprechverzögerung

Bei der IEC-konformen Darstellung werden zur Kennzeichnung die Buchstaben „T" für Zeit (Time) und „ON" für **Ein**schaltverzögerung verwendet. Der Eingang PT (Preset Time) dient zur Eingabe des Zeitwertes t_1.

Eine Ansprech- oder Einschaltverzögerung kann beispielsweise eingesetzt werden, um bei Inbetriebnahme einer Anlage den Abluftventilator zur Anlaufstromentlastung eine einstellbare Zeit t_1 verzögert gegenüber dem Zuluftventilator einzuschalten.

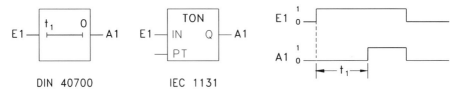

Bild K3-26 Ansprechverzögerung

Rückfallverzögerung

Bei der IEC-konformen Darstellung werden zur Kennzeichnung die Buchstaben „T" für Zeit (Time) und „OF" für **Aus**schaltverzögerung verwendet. Der Eingang PT (Preset Time) dient zur Eingabe des Zeitwertes t_2.

Die Rückfall- oder Ausschaltverzögerung kann dazu dienen, bei Außerbetriebnahme einer Klimaanlage die Ventilatoren um eine Zeit t_2 nachlaufen zu lassen. Dadurch kann z. B. eine Kondensation von Restdampf des Dampfbefeuchters im Kanal vermieden werden.

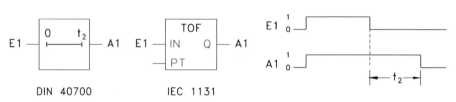

Bild K3-27 Rückfallverzögerung

Kurzzeiteinschaltung

Bei der IEC-konformen Darstellung werden zur Kennzeichnung die Buchstaben „T" für Zeit (Time) und „P" für Puls verwendet. Der Eingang PT (Preset Time) dient zur Eingabe des Zeitwertes t_i.

Die Kurzzeiteinschaltung oder Impulsfunktion wandelt ein Dauersignal oder ein kurzzeitig anliegendes Signal E1 in einen Impuls A1 vorgegebener Länge (t_i) um. Die Funktion kann u. A. zur Vorgabe einer definierten Laufzeit eines Aggregates dienen, z. B. die Vorspülzeit eines Vorerwärmers bestimmen.

Bild K3-28 Kurzzeiteinschaltung (Impuls)

K3.4
Programmierung von binären Steuerungsfunktionen

K3.4.1
Übersicht

Bei der Benennung von Automationssystemen stößt man häufig auf die Begriffe „Speicherprogrammierbare Steuerung (SPS)" und „DDC-System". Heute kann diese Unterscheidung im wesentlichen geschichtsbedingt angesehen werden: SPS-Systeme wurden ursprünglich als Ersatz für die umfangreichen kontaktbehafteten „verbindungsprogrammierten" Steuerungen in konventionellen Schaltschränken entwickelt (binäre Signalverarbeitung), während die sog. DDC-Systeme nach Erfindung des Mikroprozessors aus den Prozessrechnern entstanden sind (Analogwertverarbeitung). Inzwischen können sowohl SPS- als auch DDC-Systeme steuern **und** regeln, d. h. binäre Signale logisch verknüpfen und mathematische Operationen mit Analogwerten durchführen. Deshalb kann heute kaum mehr eine scharfe Grenze zwischen beiden Systemarten gezogen werden. SPS-Systeme arbeiten sehr schnell und werden überwiegend in der industriellen Prozesstechnik eingesetzt, während „DDC-Geräte" häufig auf die Gebäudeautomation zugeschnitten sind und in erster Linie dort eingesetzt werden.

1994 ist eine internationale Norm [K-21] in Kraft getreten und wurde als deutsche Norm [K-19] übernommen. Die bis dahin gültige deutsche Norm [K-22] wurde damit abgelöst.

Nach DIN IEC 61131-3 können fünf unterschiedliche Programmiersprachen verwendet werden: **Anweisungsliste** (AWL), **Funktionsbausteinsprache** (FBS), **Kontaktplan** (KOP), **Strukturierter Text** (ST) und **Ablaufsprache** (AS). Da Normen nur den Charakter von Richtlinien haben, jedoch keine bindenden Vorschriften darstellen, sind von den SPS-Herstellern bisher nur mehr oder weniger umfangreiche Teile der DIN IEC 61131-3 übernommen worden. Die Portierbarkeit (Austauschbarkeit) von Anwenderprogrammen unterschiedlicher SPS-Fabrikate ist bisher nicht gegeben.

Während bei den SPS-Herstellern also Fortschritte bei der Vereinheitlichung der Programmierverfahren festzustellen sind, ist bei den Herstellern von DDC-Geräten für die Gebäudeautomation eher das Gegenteil zu beobachten. Es besteht offensichtlich das Bedürfnis, sich möglichst weitgehend vom Wettbewerber abzugrenzen.

Die Programmiersprachen nach DIN IEC 61131-3 lassen sich grob in zwei Gruppen einteilen: Während „Anweisungsliste" und „Strukturierter Text" den textorientierten Sprachen (Programmdarstellung mittels *geschriebener* alphanumerischer Zeichen) zuzuordnen sind, gehören „Funktionsbausteinsprache", „Kontaktplan" und „Ablaufsprache" zu den graphischen Verfahren (Programmdarstellung mittels *gezeichneter* Bilder). Eine Sonderstellung nimmt die Programmierung über Funktionstabellen ein.

Im folgenden werden die gebräuchlichsten Programmierverfahren kurz erläutert.

K3.4.2
Anweisungsliste

Die „klassische" Art der Programmierung einer speicherprogrammierbaren Steuerung ist die Eingabe einer **Anweisungsliste** (AWL) über die alphanumerische Tastatur eines Programmiergerätes oder eines PCs. Die Anweisungsliste besteht aus einer Aneinanderreihung von einzelnen Anweisungen, die nacheinander im Automationssystem abgearbeitet werden.

Nach DIN IEC 61131-3 besteht eine Anweisung im einfachsten Fall aus den Teilen *Operator* und *Operand*. Der Operator beschreibt die auszuführende

Funktion (z. B. UND-Verknüpfung bilden). Der Operand beschreibt, womit etwas zu tun ist (z. B. mit welchem Eingang oder Ausgang).

Operatoren sind beispielsweise nach IEC folgendermaßen zu bezeichnen:[6]
1) LD   für Laden eines Operandenwertes 0 bzw. 1 in das Arbeitsregister,
2) AND (U)   für UND-Verknüpfung bilden,
3) OR (O)   für ODER-Verknüpfung bilden,
4) N   (N)   für Negation,
5) ST (=)   für Zuweisung des Zustandes „1" für einen Merker oder Ausgang,
6) S   (S)   für Setzen eines RS-Speichers,
7) R   (R)   für Rücksetzen eines RS-Speichers.

Für Operanden (physikalische Ein- und Ausgänge, gerätebezogen) kann z. B. gelten:
8) %IX 2.4   (E 2.4)   für Eingang (Input) Nr. 2.4,
9) %QX 1.3 (A 1.3)   für Ausgang (Output) Nr. 1.3,
10)   %MX 9.5   (M 9.5) für Merker Nr. 9.5.[7]

Bild K3-29 zeigt beispielhaft, wie sich die Anweisungsliste einer UND-Verknüpfung erstellen lässt[8].

Ähnlich wie logische Verknüpfungsglieder werden auch RS-Speicher programmiert. Dabei hat die zuletzt programmierte Anweisung bei gleichzeitig anliegendem Setz- und Rücksetzsignal Vorrang, da das Ergebnis erst am Ende eines Abarbeitungszyklus an die RLT-Anlage ausgegeben wird (Bild K3-30).

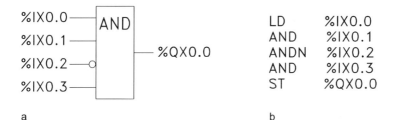

a   b

Bild K3-29 Funktionsblocksymbol (a) und zugehörige Anweisungsliste (b) für eine UND-Verknüpfung mit 3 nicht invertierten und einem invertierten Eingang

---

[6] In Klammern sind die Operatorbezeichnungen für eine weit verbreitete am Deutschen orientierte Programmiersprache angegeben.
[7] Merker dienen zum Speichern von Zwischenergebnissen bei komplexen zusammengesetzten Verknüpfungen.
[8] Bei vielen Automationsgeräten sind die Eingänge, Ausgänge und Merker oktal oder hexadezimal strukturiert. Für die folgenden Programmdarstellungen wurde deshalb die in solchen Fällen übliche zweigeteilte, durch einen Punkt getrennte Schreibweise für die Operandennummerierung verwendet. Die Nummerierung geschieht dann beispielsweise in folgender Reihenfolge: 0.0 ... 0.7, 1.0 ... 1.7, 2.0 ... 2.7 usw. (oktal).

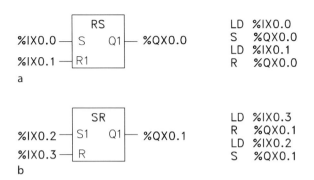

Bild K3-30 Anweisungslisten für RS-Speicher mit a) vorrangigem Rücksetzen, b) vorrangigem Setzen

An Stelle der „absoluten" (gerätebezogenen) Operandenbezeichnungen (z. B. %IX0.1 oder %QX0.2) können auch prozessbezogene sog. „Bezeichner" bzw. Variablennamen verwendet werden (z. B. statt „%IX0.1" → „FROST_WAE" oder statt „%QX0.2" → „VE_PUMPE"). Die Zuordnung der Bezeichner zu den Hardware-Adressen erfolgt im sog. „Deklarationsteil" des Programms (z. B. in tabellarischer Form).

K3.4.3
Strukturierter Text

Bei der Programmiersprache „Strukturierter Text (ST)" handelt es sich um eine PASCAL-ähnliche Sprache. Sie weist somit alle Merkmale von höheren Programmiersprachen für PCs auf. Wegen des sehr mächtigen Vorrates an Befehlen zur Programmsteuerung eignet sich die ST-Sprache besonders für sehr komplexe Automatisierungsaufgaben, bei denen die Umsetzung von Algorithmen und Formeln sowie die Datenverwaltung im Vordergrund stehen.

An Hochsprachen orientierte Programmiersprachen werden bzw. wurden seit vielen Jahren bei einzelnen DDC-Geräten eingesetzt. Wegen der unanschaulichen Darstellung der Funktionsabläufe und der hohen Anforderungen an den Programmierer werden die textorientierten Sprachen zunehmend durch graphische und damit anschaulichere und leichter handhabbare Verfahren ersetzt.

K3.4.4
Funktionsbausteinsprache

Bei der Funktionsbausteinsprache wird das **Funktionsblockdiagramm (FBD)** (vgl. K3.3.1.) auf dem PC-Bildschirm „gezeichnet". Dazu werden die benötigten Funktionsblöcke aus einem Menü bzw. einer Liste ausgewählt und auf dem Bildschirm an beliebiger Stelle mittels Maus platziert. Anschließend werden die Verbindungslinien gezogen. Anders als bei der Anweisungsliste, bei der die Ab-

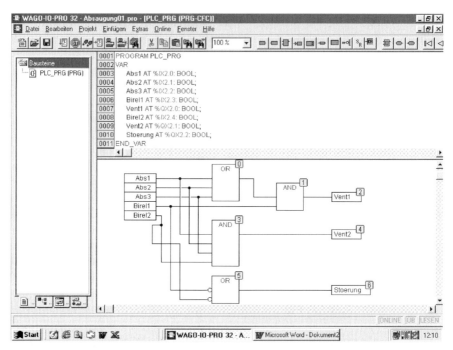

Bild K3-31 Funktionsblockdiagramm mit zugehöriger Variablendeklaration für die Steuerung zweier Ventilatoren in Abhängigkeit von dem Bedarf (Beispiel der Darstellung bei einem Industriefabrikat)

arbeitungsreihenfolge durch die Anweisungsreihenfolge festgelegt ist, muss hier u. U. in den Blöcken die Reihenfolge eingetragen werden. Ist das nachträglich nicht möglich, muss schon beim Erstellen des Bildes die Abarbeitungsreihenfolge beachtet werden. Anschließend wird das Bild durch den Rechner in eine Anweisungsliste oder ein Maschinenprogramm konvertiert und kann in das Automationsgerät geladen werden.

Bild K3-31 zeigt als Beispiel die Variablendeklaration und die Programmdarstellung für die Ventilatorsteuerung einer einfachen Absaugeinrichtung (vgl. K3.3.2) mit Störungsanzeige für die Ventilatoren.

K3.4.5
Kontaktplan (KOP)

Neben dem Funktionsblockdiagramm wird insbesondere bei „SPS" auch der **Kontaktplan** häufig verwendet. Er hat große Ähnlichkeit mit dem herkömmlichen Stromlaufplan, jedoch sind die einzelnen „Strompfade" waagerecht angeordnet. Die Symbole sind aus Standard-ASCII-Zeichen zusammensetzbar. Seinen Ursprung hat der Kontaktplan in den USA, wo auch normale Stromlaufpläne in dieser Art gezeichnet werden.

K3 Steuerungstechnik

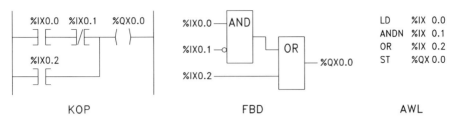

Bild K3-32 Gegenüberstellung von Kontaktplan (KOP), Funktionsblockdiagramm (FBD) und Anweisungsliste (AWL)

Beim Kontaktplan werden hauptsächlich fünf typische Symbole verwendet:
- --] [-- Abfrage, ob am betreffenden Eingang 1-Signal liegt
- --]/[-- Abfrage, ob am betreffenden Eingang 0-Signal liegt
- --( )-- Zuweisung eines Verknüpfungsergebnisses an einen Ausgang oder Merker
- --(S)-- Setzen eines Ausgangs oder Merkers
- --(R)--Rücksetzen eines Ausgangs oder Merkers

Für eine UND-Verknüpfung werden die „Kontaktsymbole" in Reihe geschaltet, für eine ODER-Verknüpfung parallel. Das Kontaktsymbol für eine Zuweisung, einen Setz- oder Rücksetzbefehl (runde Klammern) schließt einen „Strompfad" ab und wird rechts an das Ende desselben gezeichnet. Die Kontaktsymbole werden mit Operandenadressen versehen.

Zu beachten ist, dass die Kontaktsymbole nicht mit tatsächlich vorhandenen Öffner- und Schließerkontakten an den Eingängen des Automationssystems verwechselt werden dürfen. Durch eine falsche Interpretation der Symbolik werden insbesondere bei Umsetzungen vorhandener Stromlaufpläne in Kontaktpläne leicht Fehler gemacht!

K3.4.6
Tabellarische Programmierung

Die tabellarischen Programmierverfahren nehmen eine Zwischenstellung zwischen den textorientierten und den graphischen Verfahren ein. Diese Programmierart ist nicht in DIN IEC 61131 vorgesehen, wird aber von einigen DDC-Geräteherstellern für ihre Systeme verwendet.

Der Programmdarstellung in Tabellenform liegt die **Funktions- bzw. Wahrheitstabelle** für logische Verknüpfungen zu Grunde (vgl. Bilder M3-13 und M3-14). Es werden aber nur die Variablenkombinationen betrachtet, die zum Verknüpfungsergebnis „1" führen, d. h., es wird nur gefragt, welche Eingangssignalkombinationen zum Schalten des betreffenden Ausganges führt. Nicht relevante Variablen werden in der Tabelle z. B. durch einen Strich gekennzeichnet.

Um Eingangsvariable auch in beschreibender Textform (z. B. „FROSTWAECHTER") angeben zu können, ist die Funktionstabelle gegenüber der sonst üblichen Form um 90° gedreht, so dass sich beispielsweise folgende Darstellungsmöglichkeiten ergeben:

Bild K3-33 UND-Verknüpfung

Ausgang A1 = 1, wenn	
Eingang E1	1
Eingang E2	1
Eingang E3	1

Bild K3-34 ODER-Verknüpfung

Ausgang A2 = 1, wenn			
Eingang E1	1	–	–
Eingang E2	–	1	–
Eingang E3	–	–	1

Bild K3-35 Antivalenz-Verknüpfung (XOR-Verknüpfung)

Ausgang A3 = 1, wenn		
Eingang E1	1	0
Eingang E2	0	1

Die Spalten selbst geben also untereinander stehend die UND-Bedingungen an, während die nebeneinander liegenden Spalten miteinander ODER-verknüpft sind.

Die Selbsthalte- bzw. RS-Speicherfunktion lässt sich durch Wiederholen der Ausgangszeile als Eingangszeile darstellen:

Bild K3-36 Speicherfunktion
a) mit vorrangigem Setzen
b) mit vorrangigem Rücksetzen,
E1 = Setzsignal, E2 = Rücksetzsignal

Ausgang A1 = 1, wenn		
Eingang E1	1	–
Eingang E2	–	0
Ausgang A1	–	1

a)

Ausgang A1 = 1, wenn		
Eingang E1	1	–
Eingang E2	0	0
Ausgang A1	–	1

b)

K3.5
Funktionen und Funktionsbausteine für RLT-Anlagen

K3.5.1
Übersicht

Es ist sehr mühevoll und zeitaufwendig, die Steuerungen für große und komplexe Anlagen aus den im Kap. K3.3 besprochenen Grundbausteinen heraus zu entwerfen. So unterschiedlich auch die einzelnen RLT-Anlagen sein mögen, so ist doch festzustellen, dass bestimmte mehr oder weniger komplexe Steuerungsfunktionen immer wiederkehren. Um das Steuerungsprogramm für ein Gebäudeautomationssystem heute zeitsparend und damit wirtschaftlich erstellen zu können, muss außer den einfachen Grundfunktionen eine *Bibliothek* aus anwendungsspezifischen Funktionsbausteinen zur Verfügung stehen. Die Hersteller von Automationsgeräten erfüllen diese Forderung inzwischen sehr weitgehend. In der Handhabung bestehen allerdings von System zu System große Unterschiede.

Das Zusammenfügen von vorgefertigten Funktionsbausteinen zu einer Gesamtschaltung heißt nach DIN V 32734 *„Konfigurieren"*. Man spricht hier also nicht mehr von Programmieren.

Beim Entwurf von Funktionsbausteinen wird man einerseits bestrebt sein, möglichst viele Funktionen in einem Block zu vereinigen. Das führt jedoch zu unübersichtlichen und schwer durchschaubaren Bausteinen mit sehr vielen Ein- und Ausgängen. Der Vorteil liegt andererseits darin, dass die Steuerung für eine vollständige Anlage u. U. aus nur wenigen Bausteinen zusammengesetzt sein kann. Bausteine, die nur wenige, aber leicht durchschaubare Funktionen beinhalten, sind leichter zu handhaben. Dafür müssen jedoch mehr Einzelelemente zu einer Anlage zusammengefügt werden.

Im folgenden werden einige häufig benötigte Funktionsbausteine beispielhaft besprochen, um das Prinzip der modernen Steuerungskonfiguration zu verdeutlichen.

K3.5.2
Speicherung von Störungsmeldungen

Um eine Anlage oder ein Aggregat nach einer Störabschaltung nicht versehentlich oder leichtfertig wieder in Betrieb nehmen zu können, sollte die Störungsmeldung mit Hilfe einer RS-Funktion gespeichert werden (RS-Speicher mit vorrangigem Setzen). Solange der Speicher nicht über ein willkürliches Quittiersignal (z. B. einen Quittiertaster) nach Beseitigung der Störungsursache zurückgesetzt wird, ist eine Wiedereinschaltung durch Verriegelung verhindert. Der Quittiertaster darf nicht leichtfertig betätigt werden! Um bei missbräuchlichem Blockieren des Quittiertasters ein Dauer-1-Signal am Rücksetzeingang zu verhindern, kann vor dem Rücksetzeingang zusätzlich eine Impulsfunktion eingefügt werden (Bild K3-37).

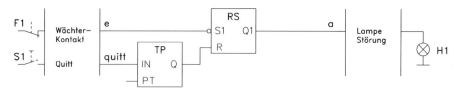

Bild K3-37 Speicherung eines Wächtersignals

Bild K3-38 Funktionsbaustein
zur Störungsspeicherung

Der Baustein nach Bild K3-38 beinhaltet die im Bild K3-37 dargestellten Funktionen.

K3.5.3
Sammelstörmeldung mit Hupe

Eine Sammelstörmeldung hat vorrangig die Aufgabe, den Anlagenbetreiber auf das Vorhandensein *irgendeiner* Störung aufmerksam zu machen bzw. ihn zu

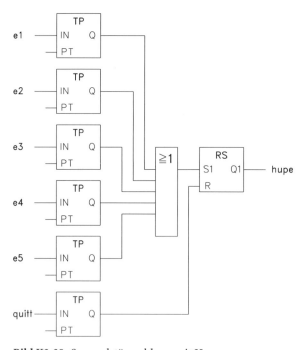

Bild K3-39 Sammelstörmeldung mit Hupe

Bild K3-40 Baustein zur Sammelstörmeldung

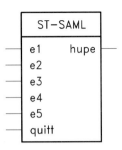

rufen. Das geschieht üblicherweise mit einer Hupe bzw. einem Summer. Die Hupe soll sich ausschalten lassen, ohne dass gleichzeitig die Störung quittiert wird. Nach behobener Störungsursache und ordnungsgemäßer Quittierung muss die Hupe zur Meldung des nächsten Störfalles *automatisch* wieder bereit sein. Ein einfaches Schaltungsbeispiel für 5 Einzelstörungen zeigt Bild K3-39. Bild K3-40 zeigt die Darstellung als Funktionsbaustein.

K3.5.4
Pumpensteuerung für Wärmeübertrager

Die allgemeinen Forderungen an eine Pumpen-Steuerschaltung sind:
- Gewährleistung der sofortigen Abschaltung bei Motorstörung,
- Blockierschutz durch periodische kurzzeitige Zwangseinschaltung.

Pumpen für Wärmeübertrager (Kühler, Erwärmer) sollten außerdem bedarfsabhängig geschaltet werden, um Energie zu sparen. Das bedeutet, dass eine Pumpe nur dann eingeschaltet wird, wenn das zugehörige Regelventil geöffnet ist.

Bild K3-41 stellt den Funktionsablauf im Einzelnen dar.

Die Pumpe wird bedarfsabhängig eingeschaltet, wenn sie freigegeben ist (e = 1) **und** das Ventil zu öffnen beginnt (y-re ≥ 5%). Unterschreitet die Ventilstellgröße einen Minimalwert (z. B. y-re ≤ 2% ≙ H = 3%), so wird die Pumpe wieder ausgeschaltet. Zur Vermeidung eines zu häufigen Schaltens bei schwankenden Stellwerten ist eine Ausschaltverzögerung T3 vorzusehen.

Über den Eingang „ein" ist eine bedarfsunabhängige Zwangseinschaltung möglich (z. B. für den Vorerwärmer bei Frostgefahr).

Wird die Pumpe ausgeschaltet (a = 0), so wird der Zeitablauf der Einschaltverzögerung T1 aktiviert. Nach z. B. 72 Stunden wird die nachgeschaltete Kurzzeiteinschaltung T2 gestartet und schaltet die Pumpe für z. B. 5 min ein. Gleichzeitig wird die Einschaltverzögerung T1 wieder zurückgesetzt. Wird eine Pumpenstörung gemeldet, so wird das Einschalten der Pumpe über den Sperreingang eines UND-Gliedes verhindert.

Diese Aktivierung des internen Blockierschutzes ist nicht in jedem Fall vorteilhaft, da der Einschaltzeitpunkt dem Zufall überlassen bleibt. Ist die Pumpe zum Einschaltzeitpunkt blockiert, so wird eine Alarmmeldung u. U. nachts abgesetzt, wenn kein Wartungspersonal verfügbar ist und erst gerufen werden muss.

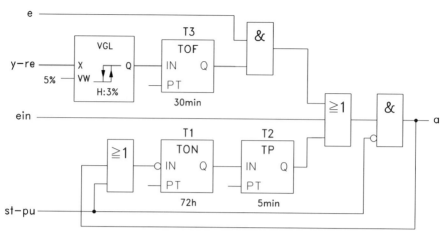

Eingänge e: Freigabe der Pumpe
y-re: Stellgröße des Ventils (Bedarf)
ein: Zwangseinschaltung
st-pu: Motorstörung
Ausgang a: Pumpe EIN

Bild K3-41 Bedarfsabhängige Pumpensteuerung mit Blockierschutz-Automatik und Störungsverriegelung

Wird die Pumpe hingegen periodisch zeitplangesteuert (z. B. täglich um 12 Uhr) kurz eingeschaltet, so bleibt die interne Blockierschutz-Automatik wirkungslos und der geschilderte Fall kann nicht eintreten. Der interne Blockierschutz stellt dann eine zusätzliche Sicherheit bei Ausbleiben des zeitplangesteuerten Einschaltsignals dar.

Den entsprechenden Funktionsbaustein zeigt Bild K3-42.

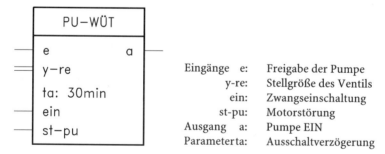

Eingänge e: Freigabe der Pumpe
y-re: Stellgröße des Ventils
ein: Zwangseinschaltung
st-pu: Motorstörung
Ausgang a: Pumpe EIN
Parameter ta: Ausschaltverzögerung

Bild K3-42 Baustein zur Pumpensteuerung für Wärmeüberträger

K3.5.5
Filterüberwachung

Ein Differenzdruckwächter meldet bei verschmutztem Filter das Überschreiten eines kritischen Druckabfalls. Das Wächtersignal wird gespeichert, und der Anlagenbetreiber zur Filterwartung aufgefordert. Um Fehlauslösungen durch kurzzeitige Druckschwankungen zu vermeiden, ist eine Ansprechverzögerung sinnvoll (Bilder K3-43 und K3-44).

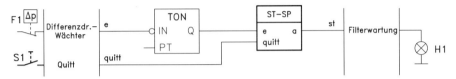

Bild K3-43 Funktion einer Filterüberwachung

Bild K3-44 Funktionsbaustein zur Filterüberwachung

K3.5.6
Keilriemen- und Strömungsüberwachung

Bei Ventilatoren mit Keilriemenantrieb stellen die Keilriemen einen mechanischen Schwachpunkt dar. Ihre Funktion sollte daher überwacht werden. Dies geschieht üblicherweise mit Differenzdruckwächtern. Bei RLT-Anlagen sollten sowohl der Zuluft- als auch der Abluftventilator mit einem solchen Wächter ausgerüstet werden. Ist der Ventilator eingeschaltet **und** liegt am Druck- und Sauganschluss des Ventilators kein oder verkehrter Differenzdruck an **oder** ist der Ventilator ausgeschaltet **und** es wird dennoch ein Differenzruck festgestellt (Antivalenzverknüpfung) (vgl. auch Bild K3-19), so wird eine Störung gemeldet. Zusätzlich ist zu berücksichtigen, dass der Ventilator nach dem Einschalten eine gewisse Hochlaufzeit benötigt, bis sich der Betriebsdifferenzdruck aufgebaut hat. Deshalb ist eine sog. Anlaufüberbrückung, d.h. Ansprechverzögerung für die Störauslösung vorzusehen (Bilder K3-45 und K3-46). Da es sich bei Keilriemenriss um eine gravierende Störung handelt, wird die gesamte Anlage ausgeschaltet.

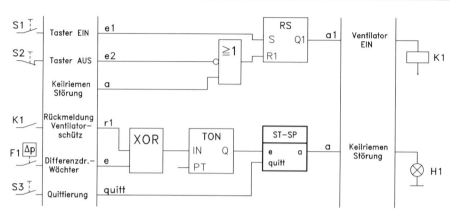

Bild K3-45 Ventilatorsteuerung mit Keilriemenüberwachung mittels Differenzdruckwächter

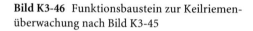

Bild K3-46 Funktionsbaustein zur Keilriemenüberwachung nach Bild K3-45

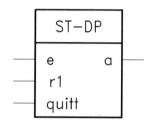

Bei frei ausblasenden Ventilatoren (z. B. bei Tunnel-Axialventilatoren) baut sich kein nennenswerter Differenzdruck auf. Anstelle von Differenzdruckwächtern müssen deshalb **Strömungswächter** eingesetzt werden. Ferner ist bei Elektro-Lufterwärmern eine Strömungsüberwachung unbedingt erforderlich, wobei im Störungsfall das Erwärmerschütz aus Sicherheitsgründen (Brandgefahr) unmittelbar abgeschaltet wird (s. a. K3.2.3.3). Die Steuerungslogik ist bei Strömungswächtern prinzipiell gleich wie bei Differenzdruckwächtern.

Bei drehzahlgeregelten Ventilatoren kann der Differenzdruck Δp bei niedrigen Drehzahlen n so klein sein, dass es zu einem Fehlalarm kommt ($\Delta p \sim n^2$). In solchen Fällen ist eine Rotationsüberwachung der Ventilatorwelle anstelle der Δp-Überwachung sinnvoll. Bei bereits bestehenden Anlagen kann die nachträgliche Montage des Sensors aus räumlichen Gründen schwierig sein.

Zunehmend wird ein indirektes Verfahren zur Keilriemenüberwachung eingesetzt, bei dem der Leistungsfaktor cos φ des Motors ausgewertet wird. Bild 5-20 zeigt, dass der Blindstrom bei einem Drehstromkurzschlussläufermotor kaum lastabhängig ist, während der Wirkanteil des Stroms proportional mit sinkender Belastung fällt. Damit nimmt auch der Leistungsfaktor stark mit der Belastung ab, in dem dargestellten Beispiel von ca. 0,85 bei Volllast bis auf ca. 0,2 bei Leerlauf. Reißt der Keilriemen, so liefert ein elektronischer Phasenwin-

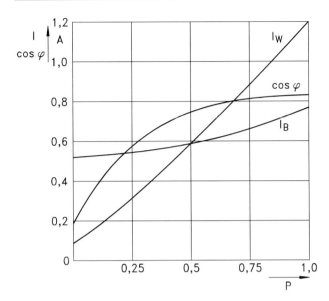

Bild K3-47 Blindstrom I_B, Wirkstrom I_W und Leistungsfaktor $\cos \varphi$ in Abhängigkeit von der normierten Motorbelastung P

kelwächter („Belastungswächter") ein entsprechendes Signal an das Steuerungssystem.

Die Phasenwinkelüberwachung eignet sich auch bei drehzahlgeregelten Ventilatoren. Für VVS-Anlagen mit Dralldrosselregelung ist das Verfahren nicht geeignet, da der Ventilatormotor bei geringem Förderstrom (starker Vordrall durch die Leitschaufeln) nahezu im Leerlauf betrieben wird. Der Leistungsfaktor sinkt dabei u. U. so stark ab, dass es zu einem Fehlalarm kommt.

Ein wesentlicher Vorteil der Phasenwinkelüberwachung gegenüber der Δp- und Rotationsüberwachung besteht darin, dass kein Wächter am Kanal vor Ort installiert werden muss, die Überwachung geschieht vom Schaltschrank aus.

K3.5.7
Frostüberwachung und Frostschutzroutine

Bei Außenlufttemperaturen unter 0 °C besteht für den ersten Erwärmer Einfriergefahr mit oft sehr teuren Schäden. Deshalb ist bei RLT-Anlagen eine Frostüberwachung erforderlich.

In vielen Fällen wird nur ein luftseitiger Frostschutz realisiert. Der Frostwächter besitzt ein mit nahe 0 °C kondensierendem Dampf gefülltes etwa 6 m langes Kapillarrohr, das möglichst gleichmäßig über die zu überwachende Wärmeübertrageroberfläche auszubreiten ist. Maßgebend für den Schaltvorgang des Wächters ist wegen der Dampffüllung die kälteste Stelle der Fühlerkapillare (also keine Mittelwertbildung!).

Bei Lufterhitzern mit mehreren Elementen oder einer Oberfläche $> 2\,m^2$ sind 2 oder mehr Frostwächter zu verwenden. Wichtig ist, dass besonders die kritische Stelle in der Nähe des Rücklaufanschlusses überwacht wird.

Bei Auslösung des Frostalarms (z. B. bei einer Lufttemperatur $< 5\,°C$) müssen folgende Funktionen ablaufen:
1. Ausschaltung der Ventilatoren
2. Schließen der Außenluftklappen
3. Einschalten der Vorerhitzerpumpe
4. Volle Öffnung des Vorerhitzerventils oder eines diesem Zweck dienenden kleinen Bypassventils.

Der Frostschutz muss auch bei ausgeschalteter Anlage gewährleistet sein (Schutz gegen Auftriebsströmung).

Wasserseitig wird einer Einfriergefahr durch Temperaturregelung anstelle von Massenstromregelung (s. K2.3.1) vorgebeugt. Wird ein Wasserrücklauftemperaturfühler eingebaut, so kann die Rücklauftemperatur zusätzlich in die Frostalarmfunktion einbezogen werden.

Wird die ausgekühlte Anlage in Betrieb genommen, so sollten im Winter die Außenluftklappen erst geöffnet und die Ventilatoren erst eingeschaltet werden, wenn das warme Wasser den Erwärmer erreicht hat und der Erwärmer warm ist. Eine Anfahr- und Frostschutzstrategie für eine Geräteanordnung nach Bild K3-48 zeigt das Funktionsblockdiagramm nach Bild K3-49.

Zur Ansteuerung der Erwärmerpumpe wird der besprochene Pumpen-Funktionsbaustein PU-WÜT verwendet.

Als Kriterium für die erforderliche Dauer der Vorspülung dient die Wasserrücklauftemperatur. Liegt diese Temperatur z. B. unter $30\,°C$, so arbeitet der Regler mit einem Sollwert von etwa $40\,°C$ und das Ventil wird voll geöffnet. Hat die Rücklauftemperatur z. B. $30\,°C$ erreicht, so wird die Vorspülung abgebrochen, indem der Sollwert auf z. B. $10\,°C$ umgeschaltet und die übrige Anlage (Außenluftklappen, Ventilatoren usw.) über eine UND-Verknüpfung freigegeben wird. Die Stellsignale von Luft- und Wassertemperaturregelungen wirken über eine Maximalauswahl auf das Vorwärmerventil.

Im Sommer ist u. U. kein Warmwasser vorhanden ($\vartheta_{Wasser} < 30\,°C$). Damit die Anlage dennoch in Betrieb gehen kann, wird die Vorspülung bei Außentemperaturen z. B. $> 10\,°C$ gesperrt. Die Freigabe der Anlage erfolgt sofort.

Spricht der luftseitige Frostwächter an oder sinkt die Rücklauftemperatur unter $5\,°C$, so wird Frostalarm ausgelöst und gespeichert (Funktionsbaustein ST-SP). Die Anlage wird abgeschaltet und das Vorwärmerventil auf 100% geöffnet (Maximalauswahl). Der Alarmzustand ist nur über das Quittiersignal zu beenden.

K3 Steuerungstechnik 601

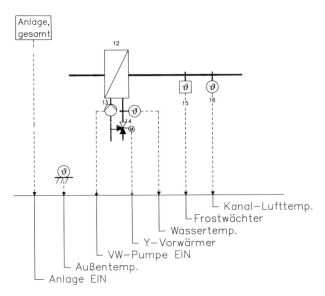

Bild K3-48 Vorwärmer mit luft- und wasserseitiger Frostüberwachung

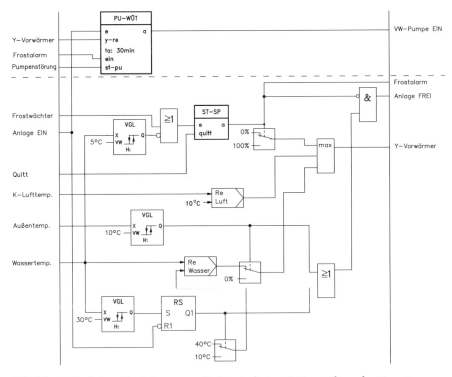

Bild K3-49 Funktionsblockdiagramm für Frostschutz mit Vorspülung des Vorwärmers

Bild K3-50 Funktionsbaustein zum luft- und wasserseitigen Frostschutz

Die beschriebenen Frostschutzfunktionen können in einem komplexen Funktionsbaustein FROSTSCHUTZ zusammengefasst werden (Bild K3-50).

Steht kein wasserseitiger Fühler zur Verfügung, so muss die Vorspülung zeitgesteuert erfolgen. Bei einer festen Spülzeit besteht jedoch die Gefahr, dass die Lufttemperatur im Kanal so weit ansteigt, dass das Kühlerventil öffnet und womöglich die Kältemaschine unnötigerweise anspringt. Um das zu vermeiden, sollte der Kühlregelkreis während der Anfahrroutine gesperrt sein.

Literatur

[K-1] Knabe, G.: Gebäudeautomation, Verlag für Bauwesen, Berlin München 1992

[K-2] DIN 19226, Leittechnik, Regelungstechnik und Steuerungstechnik, allgemeine Grundbegriffe, Febr. 1994

[K-3] VDI 3814, Blatt 1, Gebäudeleittechnik (GLT). Strukturen, Begriffe, Funktionen, Juni 1990 und VDI 3814, Blatt 2, Mai 1999, Blatt 3, Juni 1997, Blatt 4, Juni 1986 und Blatt 5, Januar 2000

[K-4] Arbeitskreis der Dozenten für Regelungstechnik: Digitale Regelung und Steuerung in der Versorgungstechnik (DDC-GA), Springer Verlag, Berlin, 1995, 3. Auflage 2004.

[K-5] Hans R. Kranz: BACnet Gebäudeautomation 1.4, CCI Promotor Verlag, Karlsruhe 2005

[K-6] Die Bussysteme entwickeln sich sehr schnell weiter. Daher ist es anzumerken, dass sich die Aussagen auf den technischen Stand von Ende der 90er Jahre beziehen

[K-7] DIN 1946, Raumlufttechnik. Terminologie und graphische Symbole, Teil 1, Okt. 1988, Teil 1 bis 7, ersetzt durch DIN EN 12792, 2004

[K-8] DIN 19226, Teil 1 bis 4, Leittechnik, Regelungs- und Steuerungstechnik, Febr. 1994.

[K-9] DIN IEC 751, DIN EN 60751, Industrielle Platin-Widerstandsthermometer und Platin Messwiderstände. Dez. 1990

[K-10] DIN 43760, Elektrische Temperaturaufnehmer, Grundwerte für Nickel-Messwiderstände für Widerstandsthermometer. Berlin: Beuth, Sept. 1987

[K-11] DIN 1952, Durchflussmessung mit Blenden, Düsen und Venturi-Rohren in voll durchströmten Rohren mit Kreisquerschnitt. (VDI-Durchflussmessregeln), Juli 1982; jetzt: ISO 5167: Duchflussmessung von Fluiden … 2004/1

[K-12] Baumgarth, S., Hörner, B., Reeker, J.: Handbuch der Klimatechnik, Bd. 1, Hüthig, Heidelberg, 1999, 4. Auflage 2000

[K-13] VDI 3814, Blatt2, Gebäudeautomation (GA), Schnittstellen in Planung und Ausführung, Okt. 1995, jetzt: VDI 3814, Blatt 1–6, Gebäudeautomation (GA), 2003–2007

[K-14] DIN 1946, Teil 2, Raumlufttechnik, Gesundheitstechnische Anforderungen (VDI-Lüftungsregeln), Jan. 1994, abgelöst durch DIN EN 13779: Lüftung von Nicht-Wohngebäuden, 5/2005
[K-15] DIN 40719, Teil 2: Schaltungsunterlagen, Kennzeichnung von elektrischen Betriebsmitteln, Juni 1978
[K-16] VDE 0113-1/EN 60204-1: Elektrische Ausrüstung von Maschinen, Nov. 1998; überarbeitet 2007-06
[K-17] DIN 19222; Leittechnik, Begriffe, März 1985; überarbeitet DIN V 19222; 2001-09
[K-18] VDI 3814, Blatt 1: Gebäudeautomation (GA) – Systemgrundlagen, Mai 2005
[K-19] DIN EN 61131, Teil 3: Speicherprogrammierbare Steuerungen; Programmiersprachen, Aug. 1994; jetzt EN 61131, 2003/3
[K-20] DIN 40 700, Teil 14: Schaltzeichen, Digitale Informationsverarbeitung, Juli 1976; ersetzt durch IEC 60617
[K-21] IEC 61131-3; Programmable controllers, Part 3: Programming languages, Nov. 1993
[K-22] DIN 19239; Speicherprogrammierte Steuerungen, Programmierung, Mai 1983

L Schall- und Schwingungsdämpfung in raumlufttechnischen Anlagen

Manfred Heckl, Michael Möser

L1 Einleitung

In Anlagen der Raumlufttechnik werden auch Geräusche erzeugt und weitergeleitet (s. a. Bd 1, D). Es handelt sich dabei meist um Luftschall; aber auch in Form von Körperschall und Flüssigkeitsschall kann Schall entstehen und übertragen werden. Die mechanischen Energien, die dabei als Wellen weitergeleitet werden, sind zwar im Vergleich zu den Strömungsenergien verschwindend klein, aber da das menschliche Gehör extrem empfindlich ist, reichen schon erstaunlich kleine akustische Energien aus, um Störungen und Belästigungen hervorzurufen. Aus diesem Grunde hat die Vermeidung oder Reduzierung akustischer Beeinträchtigungen einen nicht unerheblichen Einfluss auf die Dimensionierung von RLT-Anlagen (z. B. der Kanalquerschnitte). Eventuell sind auch ziemlich hohe Investitions- und Betriebskosten für Maßnahmen zur Lärm- und Schwingungsminderung erforderlich.

Einen Überblick über die verschiedenen prinzipiellen Möglichkeiten des Schall- und Schwingungsschutzes und einige schlagwortartige Anwendungsbeispiele enthält Tabelle L1-1.

Die einzelnen Schritte bei der schalltechnischen Planung von Heiz- und raumlufttechnischen Anlagen sind:

a) Festlegung der Anforderungen, z.B. nach der VDI Richtlinie 2081 [L-1], oder nach der Norm [L-2]. Bei Fahrzeugen empfiehlt es sich nach VDI 2574 [L-3] und bei Schiffen nach der UVV-Lärm [L-4] vorzugehen. In manchen Fällen wird unabhängig von Normen und Richtlinien vom Auftraggeber in Zusammenarbeit mit dem Planer ein Grenzwert vertraglich vereinbart. Dabei geht es darum, dass durch heiz- und raumlufttechnische Anlagen das bereits vorhandene oder unvermeidliche Störgeräusch mit Sicherheit nicht erhöht wird. Die Anforderungen werden meist in Form von dB(A)-Werten (s. Bd 1, D10) angegeben. In verschiedenen Ländern werden Festlegungen auch in Form von Grenzkurven (meist als NR-Kurven) gemacht. Siehe Bild L1-1.

b) Berechnung der Schallemission der einzelnen Schallquellen (Ventilatoren, Kompressoren, Umlenkungen, Luftauslässe, etc.); normalerweise geschieht das in Form der erzeugten Schallleistung.

c) Ermittlung der zu erwartenden Geräusche, wenn keine Schallschutzmaßnahmen getroffen werden.
d) Für den – häufigen – Fall, dass beim Schritt c) Überschreitungen festgestellt werden, sind Schallschutzmaßnahmen erforderlich. Dabei sollten nicht nur Sekundärmaßnahmen wie Schalldämpfer, Kapseln und elastische Lagerungen ins Auge gefasst werden; es sollte auch überprüft werden, ob durch Wahl eines anderen Aggregatetyps, durch andere Einbau- und Betriebsbedingungen, durch andere Leitungsführung und -dimensionierung etc., die Schallpegel verringert werden können.

Eine sehr wichtige Aufgabe des schalltechnischen Planers besteht darin, alle Schallquellen und alle Übertragungswege zu berücksichtigen, damit nicht der unerfreuliche Fall eintritt, dass eine Anlage mit großem Aufwand schalltechnisch behandelt wird, dass aber dieser Aufwand nicht zur Wirkung kommt, weil Schall auf einem unerwarteten und manchmal überraschenden Weg übertragen wird. Dieses Phänomen tritt besonders dann auf, wenn hohe Anforderungen eingehalten werden müssen (z. B. Rundfunkstudios).

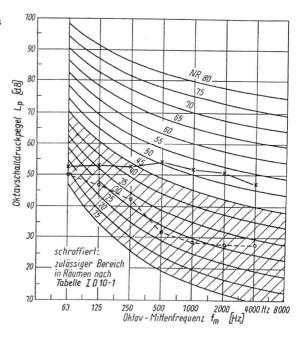

Bild L1-1 Noise rating curves (NR-Kurven)

x——x Nach Tabelle L 6-1a berechnete Werte für Raum I . NR-Wert=53; entspricht 58 dB(A)

•----• Nach Tabelle L 6-1b berechnete Werte für Raum II . NR-Werte=34; entspricht 39 dB(A)

Tabelle L1-1 Prinzipielle Möglichkeiten des primären und sekundären Schallschutzes

Primärer Schallschutz

Verzicht	Verminderung der Schallentstehung	Planungsmaßnahmen	Evtl. Gegenschallquellen
auf oder Reduzierung von technischen Anlagen.	an der Quelle; z. B. anderes Antriebsprinzip, kleinere Geschwindigkeiten.	d. h. Berücksichtigung schalltechnischer Belange bei der Maschinenaufstellung und der Leitungsführung; großer Abstand Schallquelle, Schallempfänger, Ausnutzen vorhandener Hindernisse.	zur Vermeidung von Rückkopplungsphänomenen, die zu Brumm-, Heul-, Quietsch- oder Pfeifgeräuschen führen.

Sekundärer Schallschutz

Dämmung	Dämpfung	Kombinationsmaßnahmen	Gegenschall
Bei Luftschall durch Ein- oder Mehrfachwände, durch Querschnittssprünge in Kanälen, bei Körperschall durch elastische Zwischenlagen, Ecken, Verzweigungen, Zusatzmassen.	Bei Luftschall durch schallabsorbierende Auskleidung in Räumen und Kanälen; bei Körperschall durch Entdröhnung, Mehrschichtplatten, Sandschüttungen, etc.	Dämmung und Dämpfung in Schalldämpfern oder bei ausgekleideten Kapseln; stark gedämpfte Kompensatoren in Rohrleitungen, etc.	Schallreflexion in Kanälen; Schallschluckung durch mehrere Gegenquellen; Beeinflussung des Strahlungswiderstandes, Verwendung von aktiv gesteuerten Federelementen bei der Maschinenaufstellung.

L2
Schallquellen

L2.1
Vorbemerkung

Bei RLT-Anlagen entstehen relativ starke Geräusche in Ventilatoren, Kompressoren, Motoren, Getrieben, etc. Daneben gibt es noch die nicht unerhebliche Geräuschentwicklung während der Strömung in den Leitungen sowie an Auslässen. Bild L2-1 zeigt schematisch die verschiedenen, schalltechnisch relevanten Teile einer RLT-Anlage.

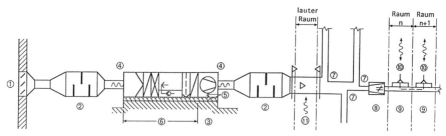

Bild L2-1 Schalltechnische Probleme bei RLT-Anlagen: 1) Ansaugöffnung (Schallaustritt ins Freie); 2) Schalldämpfer; 3) Ventilator; 4) Körperschallisolation der Rohrleitung; 5) Körperschallisolation des Ventilators und Antriebsmotors; 6) Bauelemente zur Luftaufbereitung (Filter, Vorwärmer, Kühler, Befeuchter, Tropfenabscheider); 7) Strömungsrauschen an Umlenkungen, Querschnittsänderungen und Verzweigungen; 8) Strömungsrauschen an Drosseln; 9) Strömungsrauschen; 10) Schallübertragung von Raum zu Raum über Lüftungsleitungen (Telephonieeffekt); 11) Schallübertragung aus einem lauten Raum in das Leitungssystem; 12) außen aufgestellte Komponenten (s. J8.3)

L2.2
Ventilatoren

L2.2.1
Entstehungsmechanismen für Luftschall

Die Geräusche von Ventilatoren bestehen aus tonalen Anteilen – also solchen mit hervorgehobenen Einzelfrequenzen – und einem breitbandigen Rauschen. (siehe Bild L2-2). Bei akustisch guten Ventilatoren sind die tonalen Anteile, die

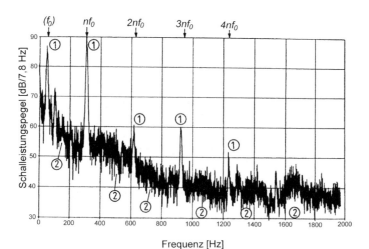

Bild L2-2 Schallleistung eines Radialventilators mit sechs (n) rückwärts gekrümmten Schaufeln; Drehzahl: 3150 U/min; $f_0 = 52{,}5$ Hz. Nach |5|; gemessen mit einem Schmalbandfilter von 7,8 Hz Bandbreite. ① Drehklang, ② Breitbandgeräusch

auch als Drehklang bezeichnet werden, in einer Frequenzanalyse zwar nachweisbar, aber ihre auf wenige Frequenzen konzentrierte Schallenergie sollte so klein sein, dass der den ganzen Frequenzbereich umfassende dB(A)-Wert fast ausschließlich vom Breitbandrauschen bestimmt ist.

L2.2.1.1
Drehklang

Der Drehklang ist letztlich durch die Periodizität der gleichmäßigen Drehung der Ventilatorschaufeln bedingt. Bei gleichmäßiger Verteilung von n Schaufeln auf dem Laufradumfang und bei einer Drehzahl von f_0 Hz (f_0 = Laufraddrehzahl pro Minute/60) besteht der Drehklang aus einem Grundton bei nf_0 und aus Obertönen bei $2nf_0$, $3nf_0$, $4nf_0$ ... (Bild L2-2). Eventuell findet man auch noch die Frequenzen f_0, $2f_0$, $3f_0$ ... Das ist dann auf ungleichmäßige Schaufeln oder auf Unwuchten zurückzuführen.

Bei Radialventilatoren mit rückwärts gekrümmten Schaufeln (Prinzip s. Bild L2-3 und G1-1) entsteht der Drehklang fast ausschließlich dadurch, dass immer dann, wenn ein Blatt des Laufrades die Zunge passiert, an dieser Stelle etwas höhere Drücke auftreten. Diese zeitlichen Schwankungen des Drucks stellen kleine akustische Quellen (Dipolquellen) dar, die zu einer Schallleistung führen, die etwa mit der fünften bis sechsten Potenz der Umfangsgeschwindigkeit ansteigt. Messbeispiele, die den Einfluss des Zungenabstandes auf die Schallabstrahlung belegen, zeigt Bild L2-4. Beim Bau von Ventilatoren sollte man also bestrebt sein, den Abstand zwischen Laufrad und Zunge möglichst groß zu machen und eventuell dafür zu sorgen, dass Zungenkante und Schaufelkante nicht parallel sind.

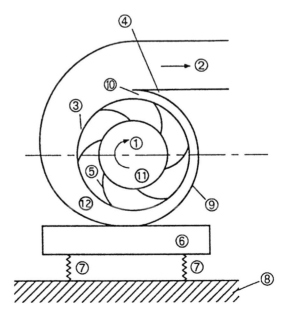

Bild L2-3 Prinzip eines Radialventilators mit rückwärts gekrümmten Schaufeln;
1) Lufteintritt; 2) Luftaustritt in Kanal; 3) Laufrad; 4) Zunge; 5) Laufradschaufeln, 6) Aufstellrahmen; 7) Elastische Lagerung; 8) Fundament; 9) Ventilatorgehäuse (Spiralgehäuse); 10) Drehklangentstehung an der Zunge; 11) Drehklangentstehung und Breitbandlärm an der Anströmung; 12) Breitbandlärm durch Wirbelablösung

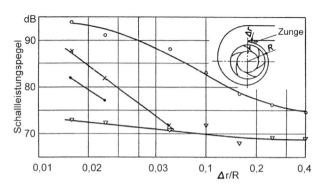

- ○ Grundton (Schaufelfrequenz)
- × 1. Oberton
- • 2. Oberton
- ▽ Rauschen 180-1120 Hz

Bild L2-4 Einfluss des Zungenabstandes auf verschiedene Anteile des Ventilatorgeräusches; gemessen bei der optimalen Lieferzahl (nach [L-5])

Für den Drehklang von Axialventilatoren (Prinzip s. Bild L2-5) sind zwei Entstehungsmechanismen möglich:

- Die an den Laufschaufeln wirkenden Luftkräfte sind einer beschleunigten Bewegung unterworfen, weil sie sich auf einer Kreisbahn bewegen. Sie strahlen also ähnlich wie ein „freifahrender" Propeller eines Flugzeuges Schall ab. Dieser Anteil an der Geräuschentstehung ist allerdings sehr gering, besonders wenn sich das Laufrad in einem längeren Rohr befindet, also „ummantelt" ist.
- Durch Leitschaufeln oder ähnliche Einbauten, die sich in der Strömung befinden, sowie durch eine zeitlich konstante, aber räumlich ungleichmäßige Strömung hinter Umlenkungen, Krümmern, Querschnittswechseln etc., wird ein Strömungsverlauf erzeugt, der zwar zeitlich konstant ist, der aber längs eines Umfangs Unterschiede (z. B. die sog. Nachlaufdellen) aufweist. Das führt dazu, dass die Laufräder mit schwankender Geschwindigkeit und Richtung angeströmt werden und somit zeitlich schwankende Schub- und Widerstandskräfte erzeugen. Nach dem Prinzip actio = reactio führen diese Schwankungen zu zeitlich veränderlichen Kräften, die auf die Luft wirken und als sog. Dipolquellen die Ursache von Schall sind. Einzelheiten zu diesem Geräuschentstehungsmechanismus siehe [L-6, 7].

Normalerweise ist bei Axialventilatoren der Drehklang stärker ausgeprägt als bei Radialventilatoren; außerdem liegt er häufig bei einigen Hundert Hertz, also in einem Gebiet, in dem das menschliche Ohr schon ziemlich empfindlich ist. Für die Praxis gilt daher die Regel: „Axialventilatoren heulen, Radialventilatoren brummen".

L2 Schallquellen 611

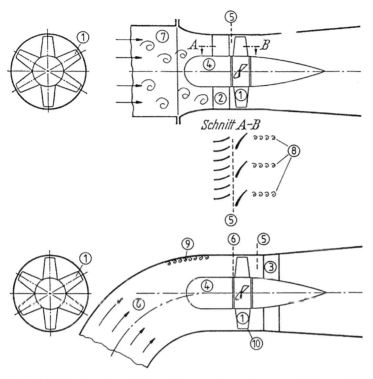

Bild L2-5 Prinzip eines Axialventilators; oben: mit vorgeschaltetem Leitapparat; unten: ohne Leitapparat, aber ungleichmäßige Anströmung wegen Krümmer; 1) Rotor, Laufrad, 2) Stator, Leitrad; 3) Streben; 4) Antriebsmotor; 5) Drehklangentstehung durch Stator-Rotor Wechselwirkung; 6) Drehklangentstehung durch ungleichmäßige, aber zeitlich konstante Anströmung; 7) Breitbandgeräusch durch verwirbelte Anströmung; 8) Breitbandgeräusch durch Wirbelablösung an Kanten, etc.; 9) Breitbandgeräusch durch einlaufende turbulente Grenzschicht; 10) Blattspitzenlärm (siehe Bild II N2-10)

L2.2.1.2
Breitbandgeräusch

Neben dem Drehklang werden in Ventilatoren vor allem breitbandige Geräusche erzeugt. Sie sind statistischer Natur und erstrecken sich, wie die Kurve in Bild L2-2 zeigt, über den ganzen Frequenzbereich. Bei schalltechnisch guten Ventilatoren bestimmen die Breitbandgeräusche sowohl den unbewerteten Pegel als auch den A-bewerteten Schallpegel. Die Ursachen für das Breitbandgeräusch sind (Bild L2-5):
- Wirbelablösung an umströmten Bauteilen.
  Die Wirbelablösung im Nachlauf eines Bauteils erfolgt zwar mit einer von der Strömungsgeschwindigkeit und einer typischen Dicke abhängenden Frequenz, der sog. Strouhalfrequenz, da aber innerhalb eines Ventilators die Strömungs-

geschwindigkeiten und Dicken sehr unterschiedlich sind, entsteht doch ein breitbandiges Geräusch.
- Zeitlich ungleichmäßige Anströmung.
Die ungleichmäßige (verwirbelte) Anströmung eines Bauteils – insbesondere eines Laufrades – erzeugt kleine Wechselkräfte, die Schall verursachen. Bis zu einem gewissen Grade spielen auch turbulente Grenzschichten bei der Schallentstehung eine Rolle, doch meistens sind die Wirbelablösung und die ungleichmäßige Laufradanströmung von größerer Bedeutung.
- Abreißen der Strömung (s. a. G1.4).
Dieses Phänomen, das bei richtig ausgelegten Ventilatoren nicht auftreten sollte, erzeugt ein Breitbandgeräusch, bei dem besonders die tiefen Frequenzen vertreten sind.
- Blattspitzenlärm (tip clearance noise).
Bei mehreren Geräuschuntersuchungen wurde festgestellt, dass bei Axialventilatoren ein Geräuschanteil auftritt, der mit größer werdendem Abstand zwischen Blattspitzen und Kanalwand ansteigt. Die Einzelheiten dieses Schallentstehungsmechanismus sind noch nicht vollständig geklärt. Siehe auch [L-8, 9].

Da die Strömungswechselkräfte etwa mit dem Quadrat der Strömungsgeschwindigkeit ansteigen und da die Schallleistung mit der Plötzlichkeit (also der Zeitableitung) zunimmt, steigt auch beim Breitbandlärm die Schallleistung etwa mit der fünften bis sechsten Potenz der Umfangsgeschwindigkeit [L-10, 11].

L2.2.1.3
Radialventilatoren mit vorwärts gekrümmten Schaufeln und Querstromventilatoren

Für Radialventilatoren mit vorwärts gekrümmten Schaufeln und für Querstromventilatoren (s. a. Bild G1-42) liegen bei weitem nicht so umfangreiche Untersuchungen vor wie für Radialventilatoren mit rückwärts gekrümmten Schaufeln und für Axialventilatoren. Es wird daher in Bild L2-6 nur das Prinzip eines Querstromventilators dargestellt und eine Auflistung der wesentlichen Geräuschentstehungsmechanismen angegeben. Bei Radialventilatoren mit vorwärts gekrümm-

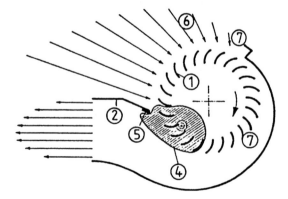

Bild L2-6 Schallentstehung beim Querstromventilator;
1) Laufrad (Gebläsewalze) mit vorwärts gekrümmten Schaufeln; 2) Wirbel-bildner; 3) Antrieb; 4) Wirbelgebiet; 5) Schallentstehung an Zunge bzw. Wirbelbildner;
6) Schallentstehung durch ungleichmäßige (verwirbelte) Anströmung; 7) Schallentstehung durch Wirbelablösung

ten Schaufeln, den sog. Trommelläufern, entsteht der Schall ähnlich wie bei den bereits besprochenen Radialventilatoren mit rückwärts gekrümmten Schaufeln; allerdings ist die Gefahr, dass die Strömung abreißt, größer.

L2.2.2
Messverfahren

L2.2.2.1
Messgrößen

Zur Charakterisierung der Schallemission von Ventilatoren wird fast ausschließlich der Schallleistungspegel (s. Bd 1; D2.1) benutzt. Je nachdem welche Frequenzfilter verwendet werden, erhält man folgende Messgrößen:

unbewerteter Gesamtschallleistungspegel $L_W = 10 \log (P/P_0)$

A-bewerteter Gesamtschallleistungspegel $L_{WA} = 10 \log (P_A/P_0)$

unbewerteter Oktavschallleistungspegel $L_{WOkt} = 10 \log (P_{Okt}/P_0)$

A-bewerteter Oktavschallleistungspegel $L_{WAOkt} = 10 \log (P_{AOkt}/P_0)$.

Dabei sind P, P_A, P_{Okt}, P_{AOkt} die entsprechenden Schallleistungen und P_0 der Bezugswert von 10^{-12} W. Die unbewerteten und die A-bewerteten Pegel unterscheiden sich nur durch die A-Bewertung (wie in Gl. (L6-2)). Die Oktavschallpegel haben den Vorteil, dass sie auch eine Information über die Frequenzverteilung des Schalls liefern. Für die Auslegung von Schalldämpfern etc. ist dies eine wichtige Information.

Die Verwendung der Schallleistung als die die Schallemission charakterisierende Messgröße hat sich in der Praxis allgemein durchgesetzt und im großen und ganzen auch bewährt. Es muss aber erwähnt werden, dass Ventilatoren einen kleinen akustischen Innenwiderstand (Quellimpedanz) aufweisen. Das hat zur Folge, dass die Schallemission von der Anpassung des Ventilators an das Kanalsystem etwas beeinflusst wird [L-12, 13]. In Extremfällen können dadurch Unterschiede von bis zu 12 dB verursacht werden. In den meisten Fällen ist jedoch der Anpassungseinfluss wesentlich kleiner, weil er teils pegelerhöhend, teils pegelverringernd wirkt und sich daher zumindest beim Breitbandgeräusch herausmittelt.

L2.2.2.2
Kanalverfahren

Am häufigsten wird das sog. Kanalverfahren nach DIN 45635 Teil 9 [L-14] zur Bestimmung der Schallemission von Ventilatoren – und auch von anderen Bauelementen der Raumlufttechnik – verwendet. Das Prinzip ist Bild L2-7 dargestellt. Der Vorteil ist, dass keine großen Messräume erforderlich sind; ein gewisser

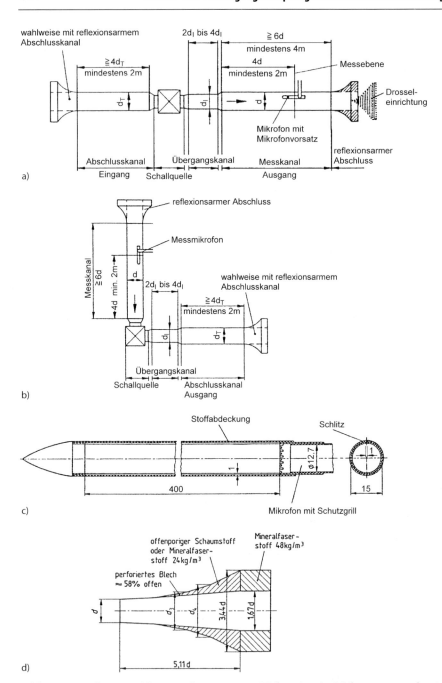

Bild L2-7 Kanalmessverfahren nach DIN 45 635 Teil 9; a) Beispiel für Messung des Austrittsgeräusches für Axialventilatoren; b) Beispiel für Messung des Austrittsgeräusches für Radialventilatoren; c) Mikrofon mit Mikrofonvorsatz. Maße in mm; d) Beispiel eines reflexionsarmen Abschlusses

L2 Schallquellen

Nachteil ist, dass reflexionsarme Abschlüsse zur Vermeidung störender Reflexionen notwendig sind und dass ein spezielles Messmikrofon benutzt werden muss.

Nach der Norm kann das Kanalverfahren für Kanäle mit Durchmessern von 0,15 bis 2 m verwendet werden. Der Schallleistungspegel L_W ergibt sich aus dem an mehreren Stellen im Kanal bestimmten mittleren Schalldruckpegel $\overline{L_p}$ nach der Beziehung

$$L_W = \overline{L_p} + 10\log\left(\frac{S}{S_0}\right) \tag{L2-1}$$

Dabei ist S der Kanalquerschnitt in der Messebene in m² und $S_0 = 1\,\text{m}^2$ der Bezugswert.

L2.2.2.3
Hüllflächen-, Hallraum- und Vergleichsquellenverfahren

Beim Hüllflächenverfahren, wie es in DIN 45635 Teil 38 [L-15] beschrieben ist, strahlt die Schallquelle ins Freie oder in einen reflexionsarmen Raum ab. Es kann damit die Schallleistung von Ein- oder Austrittsöffnungen aber auch von Ventilatorgehäusen und Leitungselementen ermittelt werden. Die hierzu erforderlichen Messanordnungen sind in Bild L2-8 skizziert. Das Messprinzip besteht darin, auf einer die Schallquelle umgebenden Hüllfläche S den mittleren Schalldruckpegel $\overline{L_p}$ zu bestimmen. Der Schallleistungspegel ist dann

$$L_W = \overline{L_p} + L_S - K_2, \tag{L2-2}$$

wobei $L_S = 10\log\left(\frac{S}{S_0}\right)$ und $K_2 = 10\log\left(1 + \frac{4S}{A}\right)$

das sog. Meßflächenmaß bzw. eine in [L-15] angegebene, meist kleine Korrektur ist. S ist die Oberfläche der Hüllfläche (bei der meistens verwendeten Halbkugel ist $S = 2\pi r^2$). A ist die Schallschluckfläche (s. Gl. (L4-8)) im Messraum. Sie sollte beim Hüllflächenverfahren möglichst groß sein. Weiter gilt $S_0 = 1\,\text{m}^2$.

Mit dem Hüllflächenverfahren kann sowohl die Schallleistung als Funktion der Frequenz als auch die Richtcharakteristik bestimmt werden. Für Ein- bzw. Austrittsöffnungen, die sich im Freien befinden, kann die Richtcharakteristik eine wichtige Zusatzinformation sein.

Beim Hallraumverfahren entsprechen die Messanordnungen den in Bild L2-8 gezeigten. Der Unterschied ist nur, dass der Messraum nicht reflexionsarm zu sein braucht. Er soll im Gegenteil eine gewisse Halligkeit besitzen, damit eine eindeutige Nachhallmessung möglich ist.

Die Bestimmungsgleichung für den Schallleistungspegel lautet in diesem Fall

$$L_W = \overline{L_p} + 10\log\left(\frac{A}{4A_0}\right). \tag{L2-3}$$

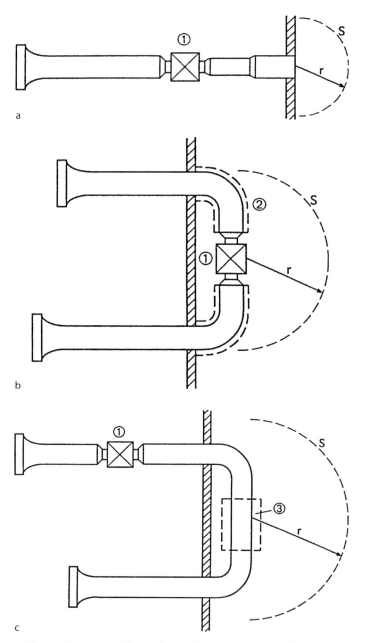

Bild L2-8 a) Messung der Einlass- oder Austrittsgeräusche; b) Messung der Abstrahlung vom Ventilatorgehäuse; c) Messung der Abstrahlung von Rohrleitungen oder Bauelementen; S = Messfläche; r = Radius; 1) Ventilator; 2) gut isolierte Kanalwand; 3) Bauelement. Beim Hüllflächenverfahren erfolgt die Messung im Freien oder in einem stark gedämpften Raum, beim Hallraumverfahren in einem Hallraum

L2 Schallquellen

Dabei ist $\overline{L_p}$ der im Bereich $r > 0{,}3\sqrt{A}$ bestimmte mittlere Schalldruckpegel. Die Schluckfläche A erhält man aus der Sabine-Formel $A = 0{,}16\ V/T$, aus dem Raumvolumen V pro m^3 und der Nachhalbzeit T pro s in Quadratmetern (m^2). Weiter gilt $A_0 = 1\ \text{m}^2$.

Bei Vergleichsmessungen [L-16] stellte sich heraus, dass das Hüllflächen- und das Hallraumverfahren praktisch dieselben Ergebnisse liefern. Der Einfluss von Ecken und Kanten (s. Bild L4-9) muss dabei natürlich beachtet werden.

Beim Kanalverfahren sind die bei den tiefen Frequenzen ermittelten Zahlenwerte für die Schallleistungspegel etwas höher als die nach dem Hüllflächen- oder Hallraumverfahren. Der Grund sind die anderen Anpassungsverhältnisse. Der Unterschied ist aus Bild L2-9 zu ersehen [L-16].

Für überschlägige Messungen wird manchmal das relativ ungenaue Vergleichsquellenverfahren benutzt, bei dem eine unbekannte Schallleistung durch Vergleich mit einer Schallquelle bekannter Leistung bestimmt wird.

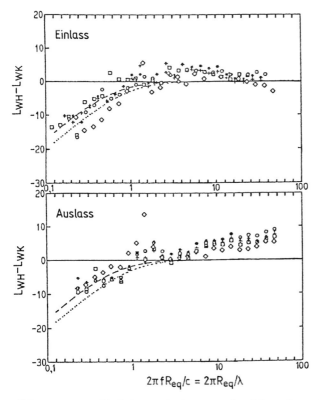

Bild L2-9 Unterschied der nach dem Kanalverfahren bzw. dem Hüllflächenverfahren ermittelten Schallpegel. Nach |16|; L_{WH} = Leistungspegel nach Hüllflächen- bzw. Hallraumverfahren, L_{WK} = Leistungspegel nach Kanalverfahren, $R_{eq} = \sqrt{S/\pi}$ = effektiver Radius, S = Fläche des Messquerschnitts; ·········· - - - - - - - theoretische Näherungskurven

L2.2.3
Messbeispiele

In Bild L2-10 sind die Oktavschallleistungspegel einiger Ventilatoren verschiedener Größe und Leistung aufgetragen. Mit Ausnahme der drei unteren Kurven handelt es sich um Kanalmessungen. In dem Bild bedeuten:

$\dot{V}$ = Volumenstrom, Δp = Druckdifferenz, L = unbewerteter Gesamtschallleistungspegel, L_{WA} = A-bewerteter Gesamtschallleistungspegel, η = Wirkungsgrad,

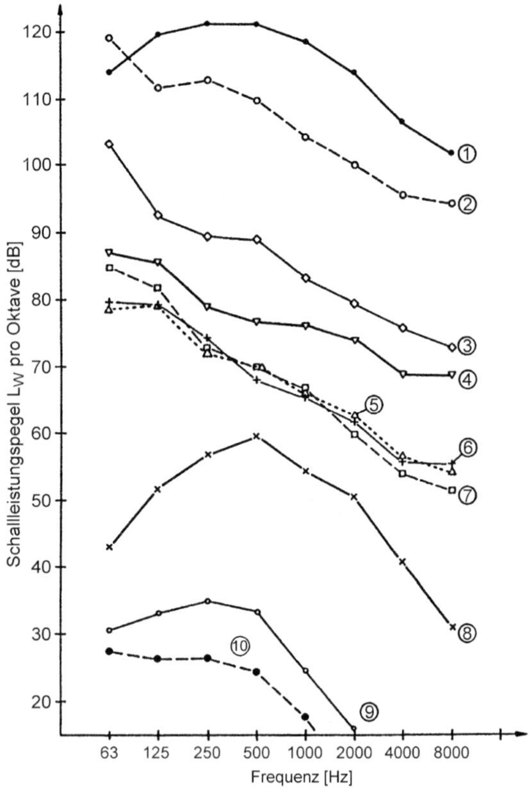

Bild L2-10 Oktavschallpegel einiger Ventilatoren (Herstellerangaben);
1) Axialventilator mit Nachleitrad. Druckseite. $\dot{V}$ = 50 m³/s; Δp = 2000 Pa; L_W = 127 dB; L_{WA} = 123 dB(A); η = 75%; D = 1000 mm;
2) Radialventilator mit rückwärts gekrümmten Schaufeln. Druckseite. $\dot{V}$ = 28 m³/s; Δp = 1000 Pa; L_W = 121 dB; L_{WA} = 112 dB(A); η = 79%; D = 600 mm; n = 1320 U/min;
3) Radialventilator mit rückwärts gekrümmten Schaufeln. Druckseite. $\dot{V}$ = 5,5 m³/s; Δp = 1000 Pa; L_W = 104 dB; L_{WA} = 90 dB(A); η = 73%; D = 600 mm; n = 1580 U/min; P_N = 7,6 kW;
4) Radialventilator mit vorwärts gekrümmten Schaufeln (Trommelläufer). Druckseite. $\dot{V}$ = 116 m³/s; Δp = 830 Pa; L_W = 91 dB; L_{WA} = 82 dB(A); n = 1100 U/min; P_N = 2,7 kW;
5) Radialventilator mit vorwärts gekrümmten Schaufeln (Trommelläufer). Druckseite. $\dot{V}$ = 0,36 m³/s; Δp = 310 Pa; L_W = 83 dB; L_{WA} = 72 dB(A); n = 1100 U/min; P_N = 0,5 kW;
6) wie 5), aber Saugseite; L_W = 83 dB; L_W = 73 dB(A);
7) wie 5), Druckseite, halber Volumenstrom; L_W = 86 dB; L_{WA} = 73 dB(A);
8) Querstromgebläse. Gesamtgeräusch. $\dot{V}$ = 0,42 m³/s; L_W = 63 dB; L_{WA} = 59 dB(A); P_N = 0,174 kW;
9) wie 8), $\dot{V}$ = 0,05 m³/s; L_W = 39 dB; L_{WA} = 33 dB(A); P_N = 0,1 kW;
10) wie 8), $\dot{V}$ = 0,03 m³/s; L_W = 33 dB; L_{WA} = 24 dB(A); P_N = 0,087 kW

D = Laufraddurchmesser, P_N = Nennleistung. Messergebnisse der hier gezeigten Art werden von Fachfirmen häufig für ihre Produkte in den Firmenunterlagen angegeben. In solchen Fällen hat man ziemlich zuverlässige Planungsunterlagen. Falls keine Messdaten vorliegen, ist man auf Erfahrungsformeln angewiesen.

L2.2.4
Erfahrungsformeln

Bei der einfachsten, auf Madison [L-17] zurückgehenden Erfahrungsformel wird der unbewertete Schallleistungspegel einfach durch den Volumenstrom $\dot{V}$ und die Druckdifferenz Δp ausgedrückt. Die entsprechende Formel ist

$$L_W \approx 40 + 10\log\left(\frac{\dot{V}}{\dot{V}_0}\right) + 20\log\left(\frac{\Delta p}{\Delta p_0}\right) \quad [\text{dB}] \tag{L2-4}$$

Die hier verwendeten Bezugswerte sind $\dot{V}_0 = 1\,\text{m}^3/\text{s}$ und $\Delta p_0 = 1\,\text{Pa}$. Um aus der angegebenen Gleichung Oktavschallpegel zu erhalten, sind zu den Gesamtpegeln L noch die in Bild L2-11 eingetragenen (negativen) Werte zu addieren.

Bei Vergleichsmessungen ergab sich, dass im Optimalpunkt der Unterschied zwischen den gemessenen und den nach der obigen Formel berechneten Pegeln etwa 5 dB beträgt. Falls ein Axialventilator oder ein Radialventilator mit rückwärts gekrümmten Schaufeln nicht im Optimalpunkt arbeitet, werden die Schallleistungspegel etwas größer. Die Erhöhung beträgt bei Halbierung und bei Verdopplung der Lieferzahl etwa 7 dB. Bei Radialventilatoren mit vorwärts gekrümmten

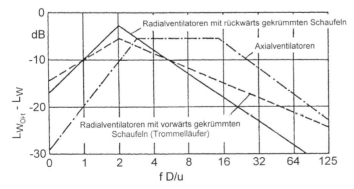

Bild L2-11 Pegeldifferenzen zur Umrechnung von unbewerteten Gesamtschallpegeln in unbewertete Oktavschallpegel; D = Laufraddurchmesser in m, $u = \pi D n/60$ = Umfangsgeschwindigkeit in m/s, n = Drehzahl im 1/min.

Schaufeln sind die Pegel bei der halben Lieferzahl um ca. 6 dB niedriger und bei der doppelten Lieferzahl um 6 dB höher als im Optimalpunkt.

In der VDI-Richtlinie 3731 [L-19] sind eine große Anzahl von Erfahrungswerten, die nach der Kanalmethode gewonnen wurden, enthalten. Sie können in Anlehnung an Vorschläge in [L-20, 21] folgendermaßen angenähert werden:

$$L_W = \alpha_1 + 10 \log\left[\frac{\dot{V}}{\dot{V}_0} \frac{\Delta p}{\Delta p_0} \left(\frac{1}{\eta} - 1\right)\right] + \alpha_2 \log\left(\frac{u}{c}\right) \quad [\text{dB}]$$

$$L_W = \alpha_3 + 10 \log\left[\frac{\dot{V}}{\dot{V}_0} \frac{\Delta p}{\Delta p_0} \left(\frac{1}{\eta} - 1\right)\right] + \alpha_4 \log\left(\frac{u}{c}\right) \quad [\text{dB(A)}]. \qquad (L2\text{-}5)$$

Dabei ist η der Wirkungsgrad, u die Umfangsgeschwindigkeit des Laufrades und c die Schallgeschwindigkeit (meist 340 m/s).

Die Konstanten sind:

	α_1	α_2	α_3	α_4
Radialventilator mit rückwärts gekrümmten Schaufeln	85,2	15,3	85,5	27,7
Radialventilator mit vorwärts gekrümmten Schaufeln	85,2	15,5	80,8	20,4
Axialventilatoren mit Nachleitapparat	90,4	15,6	89	23,7
Axialventilatoren ohne Nachleitapparat	96,6	31,6	105	50

Die Formeln gelten in der Nähe des Optimalpunktes. Als Standardabweichung werden 3 bis 4 dB angegeben. Die Oktavschallleistungspegel können erhalten werden, indem man die in Bild L2-12 aufgetragenen (negativen) Werte addiert.

In Bild L2-12 ist auch noch der mit ΔL_D bezeichnete „Schaufelfrequenz-Pegelzuschlag" angegeben. Er ist bei der Grundfrequenz des Drehklangs zum Pegel zu addieren, falls ein mehr oder weniger deutlicher Drehklang zu erwarten ist. Ob und wann das der Fall ist, hängt stark von der Einbausituation ab und kann schwer vorhergesagt werden.

Hinsichtlich des Ansauggeräusches wird in VDI 3731 festgestellt, dass es etwa ebenso laut ist wie das druckseitige Geräusch.

Vergleiche von Messwerten mit den nach VDI 3731 berechneten Pegeln [L-22, 23] ergaben hinsichtlich des Gesamtpegels eine brauchbare Übereinstimmung (±4 dB). Bei den einzelnen Oktavpegeln können die Unterschiede allerdings auch 10 dB sein.

Eine neuere, etwas genauere Erfahrungsformel ist in [L-11] angegeben.

L2 Schallquellen

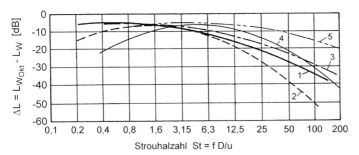

Bild L2-12 Pegeldifferenzen zur Umrechnung von unbewerteten Gesamtschallpegeln in unbewertete Oktavschallpegel; 1) Radialventilatoren mit rückwärts gekrümmten Schaufeln, Mitteldruckventilatoren ($\sigma = 0{,}21$ bis $0{,}56$) (s. Gl. G1-15) $0 < \Delta L_D < 6$ dB; 2) Radialventilatoren mit rückwärts gekrümmten Schaufeln, Hochdruckventilatoren ($\sigma = 0{,}07$ bis $0{,}20$) $0 < \Delta L_D < 8$ dB; 3) Trommelläufer. $\Delta L_D \approx 0$ dB; 4) Axialventilatoren mit Nachleitrad. $0 < \Delta L_D < 8$ dB; 5) Axialventilatoren ohne Nachleitrad. $\Delta L_D \approx 0$ dB., $\sigma = \varphi^{1/2}/\psi^{3/4}$ = Schnelllaufzahl, ΔL_D = Schaufelfrequenz-Pegelzuschlag, φ = Lieferzahl, ψ = Druckzahl, f = Frequenz, D = Laufraddurchmesser, u = Umfangsgeschwindigkeit

L2.2.5
Möglichkeiten zur Geräuschminderung

Da die Schallleistung von Ventilatoren mit der fünften bis sechsten Potenz der Strömungsgeschwindigkeit ansteigt, lautet die wichtigste Grundregel für die Geräuschminderung: Anlagen sollen so ausgelegt sein, dass die geforderten Betriebsbedingungen mit möglichst niedrigen Laufradgeschwindigkeiten und Strömungsgeschwindigkeiten erreicht werden können. Eine zweite Grundregel ergibt sich aus der Tatsache, dass bei der Wirbelentstehung, bei ungleichmäßiger Anströmung oder beim Abreißen der Strömung Wechselkräfte auftreten, die Schall erzeugen. Man sollte also bestrebt sein, die Strömung möglichst gleichmäßig verlaufen zu lassen. Weitere Gesichtspunkte, die im Zusammenhang mit der Geräuschentstehung eine Rolle spielen sind:

- Dimensionierung der gesamten RLT-Anlage (insbesondere des Leitungssystems) so, dass mit möglichst leistungsschwachen Ventilatoren die Anforderungen eingehalten werden können. Damit ist meist auch eine Senkung der Betriebskosten, aber eine Erhöhung der Investitionskosten verbunden. Wahl des Ventilatorbetriebspunktes möglichst weit von den Bedingungen entfernt, die zum Abreißen der Strömung oder zu Instabilitäten führen.
- Falls der Anwendungsfall keinen Schalldämpfer erfordert, sollten Radialventilatoren verwendet werden, die bei gleichen Betriebsbedingungen um 10–15 dB(A) leiser sind als Axialventilatoren. (Dieser Unterschied besteht nicht hinsichtlich des unbewerteten Gesamtpegels.) Wenn Schalldämpfer eingeplant sind, ist zu beachten, dass die relativ höherfrequenten Geräusche von Axialventilatoren durch Schallschutzmaßnahmen leichter zu verringern sind als die relativ tiefen Frequenzen von Radialventilatoren.

- Die Anströmung der Laufräder soll möglichst gleichmäßig erfolgen. Das bedeutet, dass auf strömungsgünstige Gestaltung des Einlaufs großer Wert zu legen ist.
- Volumenstromänderungen sollten möglichst nicht durch Drosselung, sondern durch Drehzahlregelung vorgenommen werden.
- Der Abstand Zunge–Gehäuse sollte möglichst groß sein. Eine Abschrägung der Zunge hat sich bewährt.
- Der Spalt zwischen Laufrad und Gehäuse sollte bei Axialventilatoren möglichst klein sein.
- Erhöhung der Schaufelzahl und Schaufelprofilierung ist meist vorteilhaft. Schallschluckende Auskleidung des Gehäuses von Radialventilatoren, insbesondere im Bereich der Zunge, kann in Sonderfällen vorteilhaft sein. Wie groß die Lebensdauer einer solchen Anordnung ist, ist noch ungeklärt.
- In manchen, leider nicht vorherberechenbaren Fällen kann durch Änderung der Kanaldimensionen (und damit der akustischen Anpassung des Ventilators an die Luftleitung) die Übertragung des Drehklangs um 5–15 dB reduziert werden.

Einzelheiten über diese und weitere Geräuschminderungsmaßnahmen können der Literatur [L-23–26] entnommen werden.

L2.2.6
Körperschallerzeugung durch Ventilatoren

Die Körperschallerzeugung durch Ventilatoren bereitet in der Praxis wesentlich kleinere Probleme als die Luftschallerzeugung, weil Ventilatoren meist in gesonderten Klimazentralen aufgestellt sind, weil sie keine sehr energiereichen Körperschallquellen darstellen und weil sie ohne größere Schwierigkeiten elastisch gelagert werden können.

Der Körperschall von Ventilatoren kommt durch Unwuchten und durch die (schallverursachenden) Strömungswechselkräfte, die sich am Gehäuse „abstützen", zustande.

Zur Körperschallisolation (siehe auch Bild L2-1) werden die üblichen Federelemente sowie hochelastische Rohrstutzen verwendet (siehe z. B. [L-27]). Es ist dabei darauf zu achten, dass die elastischen Elemente nicht nur durch das Gewicht sondern auch durch die nicht unbeträchtlichen, vom Über- oder Unterdruck verursachten Tangentialkräfte belastet werden.

L2.3
Elektromotore und Getriebe

Zum Antrieb von Stömungsmaschinen werden meist Elektromotore verwendet, die in seltenen Fällen noch mit Getrieben versehen sind. Bei den E-Motoren entstehen aerodynamische Geräusche durch die Kühlung, durch magnetische Geräusche wegen der nicht vollkommen gleichmäßigen umlaufenden, elektromagnetischen Felder sowie durch Lager und Bürsten. Bei Getrieben ist der Schall normalerweise auf Verzahnungsfehler und Fertigungsungenauigkeiten zurückzuführen.

Einzelheiten über die zu erwartenden Schallleistungspegel können der Literatur (siehe z. B. [L-28–30]) entnommen werden.

L2.4 Kompressoren

Bei den Kompressoren der Kältemaschinen werden zwar die Geräusche nicht direkt in das Leitungssystem eingeleitet, aber da sie viel Körperschall erzeugen, können sie bei ungünstiger Anordnung der Klimazentrale eventuell zu akustischen Störungen führen. Die Schallentstehung bei Kolbenkompressoren ist ähnlich wie bei Verbrennungsmotoren auf wechselnde Gaskräfte, Unwuchten, Ventilstöße etc. zurückzuführen. Bei Turboverdichtern sind die Gaskräfte zwar ebenfalls die wichtigste Geräuschursache, aber sie sind auf ein anderes (höheres) Frequenzgebiet konzentriert. Aus der Richtlinie VDI 3731 [L-31] kann man entnehmen, dass die Schallleistungspegel von Kompressoren etwa der Beziehung

$$L_{WA} = 92 + 10\log\left(\frac{P_N}{P_{N0}}\right) \text{ [dB(A)]} \tag{L2-6}$$

genügen. Für eine Grobabschätzung der meist wichtigeren Körperschallschnellepegel pro Oktave kann die Näherung

$$L_{WOkt} = L_{WA} + \Delta L - 10\log\left(\frac{S_H}{S_0}\right) \tag{L2-7}$$

dienen. Dabei ist P_N die Nennleistung in kW, S_H die kleinste, die Maschine einhüllende Fläche, $P_{N0} = 1$ kW, $S_0 = 1$ m². ΔL sind die Werte, die man beim Übergang von L_{WA} zu den Oktavschallpegeln zu addieren hat. Es sind dies

			63	125	250	500	1000	2000	4000	Hz
Hubkolbenverdichter	ΔL	=	+4	+5	+1	−4	−7	−10	−13	dB
Turboverdichter	ΔL	=	−14	−10	−11	−9	−6	−5	−6	dB
Drehschieberverdichter	ΔL	=	−11	−6	−5	−4	−4	−6	−13	dB

L3
Strömungsgeräusche in Luftleitungen, Umlenkungen, Auslässen, etc.

L3.1
Gerade Leitungen

In langen, geraden Leitungen erzeugen die Wirbel in der Wandgrenzschicht Geräuschpegel, die nach [L-1,33] durch

$$L_W = 7 + 50\log\left(\frac{u}{u_0}\right) + 10\log\left(\frac{S}{S_0}\right) \tag{L3-1}$$

gegeben sind. Dabei bedeuten u = Strömungsgeschwindigkeit in m/s, $u_0 = 1$ m/s, S = Leitungsquerschnitt in m^2 und $S_0 = 1$ m^2. Das Oktavspektrum erhält man durch Addition der in Bild L3-1 aufgetragenen Werte. Die Übereinstimmung von so ermittelten Werten mit Messergebnissen ist zumindest im Bereich von 4 m/s bis 20 m/s ziemlich gut (± 3 dB(A)).

Die obige Gleichung wird auch auf Schalldämpfer angewandt. Dabei ist u die meist höhere Geschwindigkeit zwischen den Kulissen des Schalldämpfers und S der Querschnitt vor oder nach dem Dämpfer.

Die Methoden zur Messung der Leitungsgeräusche (und anderer Pegel sind in Bild L3-2 skizziert.

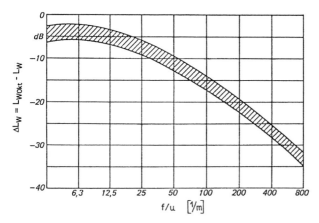

Bild L3-1: Pegeldifferenzen zur Umrechnung von unbewerteten Gesamtschallpegeln in unbewertete Oktavschallpegel (für Strömungsgeräusche in geraden Leitungen und Schalldämpfern). Nach [L-1]; f = Oktavmittenfrequenz, u = Strömungsgeschwindigkeit

L3 Strömungsgeräusche in Luftleitungen, Umlenkungen, Auslässen, etc. 625

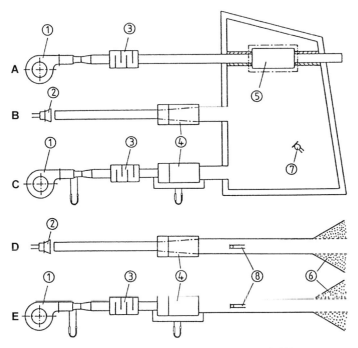

Bild L3-2 Messung der Schallentstehung und der Schalldämmung von Luftkanalelementen; A = Messung der durch das Messobjekt übertragenen Geräusche im Hallraum; B = Messung der Einfügungsdämpfung des Gerätes (Hallraum oder Freiraum); C = Bestimmung der Schallentstehung im Gerät (Hallraum oder Freiraum); D,E = wie B, C, jedoch nach der Kanalmethode; 1) Ventilator; 2) Lautsprecher; 3) Schalldämpfer; 4) Messobjekt (Abzweig, Schalldämpfer oder dgl.); 5) Messobjekt mit evtl. Zusatzisolierung; 6) reflexionsarmer Abschluss; 7) Mikrofon; 8) Mikrofon mit Mikrofonvorsatz (s. Bild L2-7c)

L3.2
Abzweigungen, Umlenkungen etc.

Bei Abzweigungen und dergleichen entstehen Geräusche, weil sich beim Abreißen der Strömung Wirbel bilden, die höherfrequente Wechselkräfte und damit Schall erzeugen. Zur Abschätzung der von Kreuzstücken erzeugten, im Abzweigkanal gemessenen, unbewerteten Oktavschallleistungspegel kann nach [L-33] die Formel

$$L_{W,Okt} = L_W^* + 30\log\left(\frac{D_a}{D_0}\right) + 50\log\left(\frac{u}{u_0}\right) + K_r + K_T + \Delta_F \qquad \text{(L3-2)}$$

benutzt werden. Der Kennwert L_W^*, die Abrundungskorrektur K_r, die Turbulenzkorrektur K_T und die Werte von Δ_F sind aus Bild L3-3 zu ersehen; außerdem sind dort die übrigen Benennungen erklärt. Die Bezugswerte sind $D_0 = 1$ m, $u_0 = 1$ m/s. Bild L3-3 lässt sich auch auf Abzweige, T-Stücke und Krümmer anwenden, in-

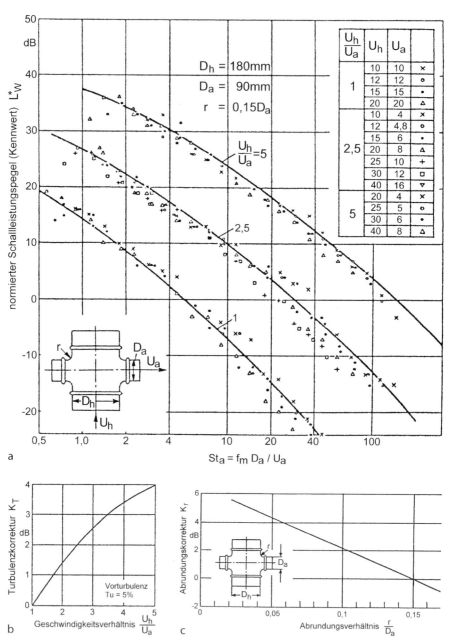

Bild L3-3 Strömungsgeräusche von Formstücken (Abzweige, Krümmer, etc.) nach [L-33]; a) Kennwert, b) Einfluss der Vorturbulenz, c) Einfluss des Abrundungsverhältnisses

dem man von Symmetriebeziehungen Gebrauch macht [L-33, 1]. Wenn es sich um rechteckige Leitungen mit dem Querschnitt S handelt, muss man den flächengleichen Durchmesser $D = \sqrt{\dfrac{4S}{\pi}}$ einsetzen.

Die Geräusche von Abzweigungen etc. können durch Verringerung der Strömungsgeschwindigkeit, Wahl eines größeren Abrundungsradius und Verringerung der Vorturbulenz reduziert werden. Bei tiefen Frequenzen hat der Einbau von Leitschaufeln eine etwas verbessernde Wirkung.

L3.3
Drossel- und Absperrelemente, Volumenstrom- und Mischregler

Die Querschnittssprünge, die in diesen Bauelementen enthalten sind, erzeugen Wirbel und damit auch Schall. Normalerweise steigt die so erzeugte Schallleistung mit der dritten Potenz des Druckverlustes und ist auf ein sehr breites Frequenzband verteilt (Strömungsrauschen). Im ungünstigen Fällen können aber auch Heul- oder Pfeiftöne auftreten, die auf Rückkopplungserscheinungen zurückzuführen sind. Dabei weist der Volumenstrom in der Leitung kleine zeitliche Schwankungen im Rhythmus des Schallsignals auf, die dann zu einer Verstärkung der für den Schall verantwortlichen Wechselkräfte führen; dadurch wird mehr Schall erzeugt, was stärkere Volumenstromschwankungen bewirkt, usw.

In Bild L3-4 sind einige Anordnungen skizziert, die aufgrund von Rückkopplungserscheinungen zur Anregung von einzelnen Tönen führen können. Glücklicherweise sind diese Phänomene (die man in der Musik bei fast allen Blasinstrumenten bewusst erzeugt) bei RLT-Anlagen selten. Wenn es gelingt, ihre Ursache zu finden, können sie meist durch kleine Änderungen (Abrunden oder Abschrägen von kritischen Kanten, Einbau von Zwischenblechen zum Verschieben von Resonanzfrequenzen etc.) beseitigt werden. Es handelt sich also im wesentlichen um ein Problem des „Gewusst-wo".

f	=	32	63	125	250	500	1000	2000	4000	8000	Hz
Δ_F	=	14	17	20	23	26	29	32	35	38	dB

Falls für Drossel- und Absperrelemente etc. keine zuverlässigen Messdaten vorliegen, empfiehlt es sich, sie hinsichtlich ihrer Schallerzeugung ähnlich zu behandeln wie Luftdurchlässe. Typische Leistungspegel sind $L_{WA} \approx 20\,\text{dB(A)}$ bei $\dot{V} \approx 50\,\text{m}^3/\text{h} = 0{,}014\,\text{m}^3/\text{s}$ und $L_{WA} \approx 65\,\text{dB(A)}$ bei $\dot{V} \approx 6000\,\text{m}^3/\text{h} \approx 1{,}66\,\text{m}^3/\text{s}$.

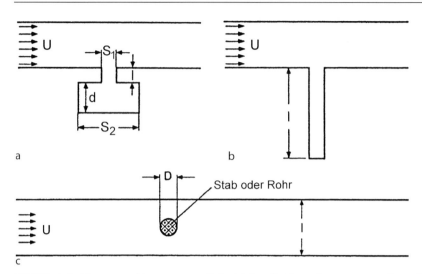

Bild L3-4 Anblasen von Resonatoren, Beispiel für die Entstehung von Heul- und Pfeiftönen; a) Helmholtzresonator $f_R \approx \dfrac{c}{2\pi}\sqrt{\dfrac{S_1}{S_2 d(l+\Delta l)}}$, $\Delta l \approx 0{,}5\sqrt{S_1}$; b) Rohrresonator $f_R \approx nc/(2l)$; c) Übereinstimmung von Wirbelablösefrequenz $f_{ST} \approx 0{,}18\,u/D$ mit einer Kanalresonanzfrequenz $f_R \approx nc/(2l)$ ($n = 1, 2, 3, \ldots$); c = Schallgeschwindigkeit; U, u = Luftgeschwindigkeit; l, d = Länge; S_1, S_2 = Fläche, D = Durchmesser

L3.4
Luftdurchlässe, Gitter etc.

Bei grundlegenden Untersuchungen [L-34, 35] zeigte sich, dass die von Luftdurchlässen in einen angrenzenden Raum abgestrahlten, unbewerteten Schallleistungspegel sehr stark vom Widerstandsbeiwert abhängen. Es gilt

$$L_W \approx 10 + 60\log\left(\frac{u}{u_0}\right) + 30\log(\zeta) + 10\log\left(\frac{S}{S_0}\right)$$

$$= 17 + 30\log\left(\frac{\Delta p}{\Delta p_0}\right) + 10\log\left(\frac{S}{S_0}\right). \tag{L3-3}$$

Dabei bedeuten u = Ausströmgeschwindigkeit in m/s, S = Ausströmfläche des Auslasses, $\zeta = 2\Delta p/(\rho u^2)$ = Widerstandsbeiwert des Auslasses, Δp = gesamter Druckverlust in Pa, ρ = Dichte der Luft = 1,2 kg/m³, u_0 = 1 m/s, Δp_0 = 1 Pa.

Zur Umrechnung auf Oktavpegel sind noch die in Bild L3-5 oben angegebenen Werte zu addieren. Dieses Bild enthält außerdem noch Messbeispiele nach Herstellerangaben.

Eine Alternative zu obiger Gleichung ist in [L-11] enthalten. Sie führt zu ähnlichen Ergebnissen.

L3 Strömungsgeräusche in Luftleitungen, Umlenkungen, Auslässen, etc. 629

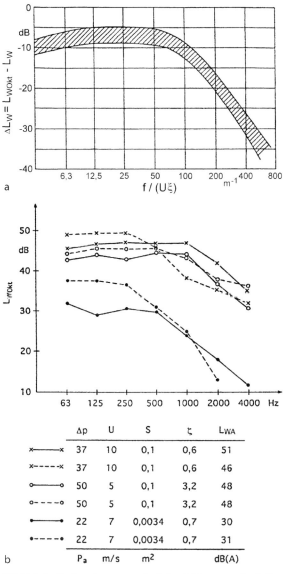

	Δp	U	S	ζ	L$_{WA}$
x———x	37	10	0,1	0,6	51
x----x	37	10	0,1	0,6	46
o———o	50	5	0,1	3,2	48
o----o	50	5	0,1	3,2	48
•———•	22	7	0,0034	0,7	30
•----•	22	7	0,0034	0,7	31
	Pa	m/s	m²		dB(A)

Bild L3-5 Geräusche von Luftdurchlässen; a) relatives Spektrum für Oktavpegel; b) Vergleich von Rechnungen nach (Gl. L3-3) und Bild L3-5a (gestrichelte Linie) und Messergebnissen nach Herstellerangaben (durchgezogene Linie); (S = Gesamtfläche, u = mittlere Geschwindigkeit, d. h. $S \cdot u$ = Volumenstrom)

Die hier angegebenen Abschätzverfahren gelten für Luftdurchlässe, die auf ihrer gesamten Fläche mit der gleichen Geschwindigkeit durchströmt werden. Falls die Geschwindigkeit ungleichmäßig über die Austrittsfläche verteilt ist, wird bei sonst gleichen Bedingungen mehr Schall erzeugt.

L3.5
Induktionsgeräte

Als Luftauslässe von RLT-Anlagen werden seit über 40 Jahren auch Induktionsgeräte benutzt. Der prinzipielle Aufbau ist in Bild L3-6 dargestellt (s. a. G7-11). Die wesentlichen Unterschiede gegenüber einem einfachen Lüftungsgitter sind:
- Die Ausströmgeschwindigkeit der Primärluft aus den in großer Zahl angeordneten kleinen Düsen ist mit ca. 10–20 m/s wesentlich höher als bei einem einfachen Lüftungsgitter. Die hohen Ausströmgeschwindigkeiten sind notwendig, damit durch Induktion genügend Sekundärluft mitgenommen wird.
- Der Druck in der Zuluftleitung ist relativ hoch, damit die hohe Ausströmgeschwindigkeit erreicht wird.
- Das Gerät wirkt wegen der starken Querschnittssprünge und wegen der sehr kleinen Austrittsöffnungen (Mündungsreflexion am Düsenende) als eine Art Schalldämpfer, der einen großen Teil der aus der Zuluftleitung kommenden Schallleistung reflektiert.

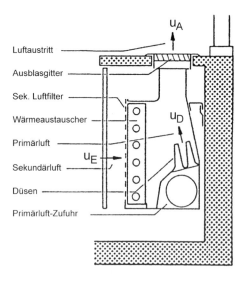

Bild L3-6 Prinzip eines Induktionsgerätes

$u_A \approx 1\text{-}2$ m/s
$u_D = 10\text{-}20$ m/s
$u_E < u_A$

Zur Abschätzung der von einem Induktionsgerät abgestrahlten Schallleistung kann nach [L-36,1] die Beziehung

$$L_{WA} \approx L_{spez} + 58{,}5\log\left(\frac{u_D}{u_{20}}\right) + 13{,}5\log\left(\frac{S}{S_{2000}}\right) - 3{,}5\log\left(\frac{l}{l_1}\right) \quad [\text{dB(A)}] \tag{L3-4}$$

dienen. Dabei bedeuten u_D = Düsenaustrittsgeschwindigkeit in m/s; S = gesamter Austrittsquerschnitt aller Düsen zusammen in mm^2; l = Länge des Geräts in m; u_{20} = 20 m/s; S_{2000} = 2000 mm^2; l_1 = 1 m. Die etwas ungewöhnlichen Bezugswerte wurden gewählt, weil sie den Daten eines typischen Gerätes entsprechen. L_{spez} ist eine gerätespezifische Konstante, die meist zwischen 30 und 43 dB(A) liegt.

Als Maßnahmen zur Verringerung der von Induktionsgeräten erzeugten Geräusche werden empfohlen:
- Die Ausströmgeschwindigkeit u_D soweit wie möglich zu reduzieren.
- Durch Verwendung von langen, konischen Düsen mit sternförmiger Ausströmöffnung dafür sorgen, dass L_{spez} möglichst klein wird.
- Vermeiden, dass der von der Düse austretende Luftstrahl, bevor er durch Vermischung eine genügend kleine Geschwindigkeit (etwa $u_D/5$) erreicht hat, feste Bauteile anströmt.
- Durch Einbringen von schallabsorbierenden Schichten in das Gerät einen Teil des Geräusches in der Nähe des Entstehungsortes schlucken.

L4
Schallpegelminderung in Luftleitungen

L4.1
Prinzipielle Möglichkeiten zur Schallminderung

In RLT-Anlagen wird nicht nur Schall erzeugt, es wird auch der bereits entstandene Schall reduziert. Dafür sind vier Mechanismen verantwortlich:
a) Umwandlung von Schallenergie in Wärme durch die Viskosität des strömenden Mediums. Dieser Effekt ist bei Luftströmungen im hörbaren Frequenzbereich vernachlässigbar klein.
b) Umwandlung von Schallenergie in Wärme durch viskose Effekte an den Kanalwänden, in der Wandgrenzschicht und vor allem in den Poren oder an den Fasern von schallschluckenden Auskleidungen.
c) Schallreflexion an Querschnittssprüngen, Umlenkungen und sonstigen eingebauten Hindernissen.
d) Anregung von Körperschall in den dünnen Leitungswänden. Dieser Körperschall wird zum Teil in Wärme umgewandelt; zum Teil wird er – was meist unerwünscht ist – in die Umgebung als Luftschall abgestrahlt.

Die Messung der Schallpegelminderung in Bauteilen von RLT-Anlagen erfolgt mit Messaufbauten wie sie in Bild L3-2 dargestellt sind.

L4.2
Gerade, nicht ausgekleidete Leitungen

Bei geraden, nicht schallschluckend ausgekleideten Leitungen mit rundem Querschnitt ist die Pegelminderung pro Meter sehr klein. Sie beträgt nur

$$\Delta L \approx 0{,}13 \sqrt{\frac{f}{pS}} \left(\frac{T}{273}\right)^{\frac{1}{4}} \left(1 + \frac{11u}{c}\right) \text{ [dB/m]}. \tag{L4-1}$$

Dabei ist f = Frequenz in Hz; p = statischer Druck in Pa; S = Leitungsquerschnitt in m^2; T = absolute Temperatur; u = Strömungsgeschwindigkeit in m/s; c = Schallgeschwindigkeit in m/s; l = Länge in m.

Bei den in der Raumlufttechnik üblichen, dünnwandigen Leitungen mit rechteckigem Querschnitt wird eine spürbare Pegelminderung durch die Körperschallanregung der Leitungswände (also durch den oben mit d) bezeichneten Effekt) verursacht. Typische Messwerte hierfür enthält Tabelle L4-1.

Tabelle L4-1 Pegelminderung [dB/m] in geraden, dünnwandigen Blechkanälen. Nach VDI 2081

rechteckige Blechkanäle						runde Blechkanäle					
Kleinste Abmessung [m]	Frequenz [Hz]					Durchmesser [m]	Frequenz [Hz]				
	63	125	250	500	>1000		63	125	250	500	>1000
0,1–0,2	0,6	0,6	0,45	0,3	0,3	0,1–0,2	0,1	0,1	0,15	0,15	0,3
0,2–0,4	0,6	0,6	0,45	0,3	0,2	0,2–0,4	0,05	0,1	0,1	0,15	0,2
0,4–0,8	0,6	0,6	0,3	0,15	0,15	0,4–0,8	–	0,05	0,05	0,1	0,15
0,8–1,0	0,45	0,6	0,15	0,1	0,05	0,8–1,0	–	–	–	0,05	0,05

L4.3
Gerade, schallschluckend ausgekleidete Leitungen

Gerade, schallschluckend ausgekleidete Leitungen stellen die einfachste Form von Absorptionsschalldämpfern dar (siehe Bild L4-1b). Ihre Wirkung beruht darauf, dass den Schallwellen während der Ausbreitung Energie entzogen wird. Das geschieht in umso höherem Maße, je höher der Schallschluckgrad der Auskleidung ist und je größer das Verhältnis von Schallschluckfläche zu Leitungsquerschnitt ist. Daraus folgt, dass bei tiefen Frequenzen, bei denen die Schluckgrade stets klein sind, die Pegelminderung verhältnismäßig gering ist und dass flache Kanäle mit ihrer relativ größeren Auskleidungsfläche mehr Schall absorbieren als quadratische oder runde Kanäle. Ein dritter Effekt, der bei geraden Leitungen auftritt, ist die sog. „Strahlbildung". Man versteht darunter die Tatsache, dass bei hohen Frequenzen (d. h. wenn die Schallwellenlänge kleiner ist als die halbe Kanalhöhe bzw. Kanalbreite) die Schallwellen in eine Richtung gebündelt sein können, so dass nur die schräg in einen Kanal einlaufenden Schallwellen geschluckt werden; in Richtung der Kanalachse verlaufende „Schallstrahlen" treffen auf das Absorptionsmaterial nicht auf und können daher auch nicht geschluckt werden.

Tabelle L4-2 zeigt einige empirische Werte für Rechteckleitungen. Näherungsweise gelten sie auch für runde Leitungen; man muss dazu nur von den Werten für den flächengleichen, quadratischen Querschnitt 1–2 dB abziehen.

Tabelle L4-2 Pegelminderung [dB/m] in absorbierend ausgekleideten Rechteckkanälen. Ausklei-dung um den ganzen Umfang mit h = 25 mm Mineralwolle, ca. 40–80 kg/m³

lichter Kanalquerschnitt	Frequenz [HZ]					
	125	250	500	1000	2000	4000
$S = 0{,}15 \cdot 0{,}15 \, m^2$	4,5	4	11	16,5	19	17,5
$S = 0{,}25 \cdot 0{,}3 \, m^2$	3,5	3	8,5	16,5	18	15,5
$S = 0{,}3 \cdot 0{,}3 \, m^2$	2,5	2	7	15,5	15	10
$S = 0{,}3 \cdot 0{,}6 \, m^2$	1,5	1,5	6	15	10	7
$S = 0{,}6 \cdot 0{,}6 \, m^2$	1	1,5	5	12	7	4,5
$S = 0{,}6 \cdot 0{,}9 \, m^2$	1	2	3,5	8	4,5	3
$S = 0{,}6 \cdot 1{,}2 \, m^2$	0,5	1,5	3,5	7,5	4	2,5

Wollte man die in Tabelle L4-2 angegebenen Werte vergrößern, müsste man dickere Auskleidungen verwenden und zur Vermeidung der Strahlbildung Umlenkungen einbauen.

L4.4
Querschnittssprünge, Verzweigungen

Wenn ein Leitungsquerschnitt sprunghaft von S_1 auf S_2 übergeht (s. Bild L4-1c), wird ein Teil des Schalls reflektiert. Bei tiefen Frequenzen ist die dabei auftretende Differenz der Schallleistungspegel

$$\Delta L_W = 10 \log \frac{\left(1 + \frac{S_1}{S_2}\right)^2}{4 \frac{S_1}{S_2}} \quad [dB]. \tag{L4-2}$$

Bei hohen Frequenzen, also wenn die Schallwellenlänge kleiner ist als die kleinste Leitungsdimension, gilt näherungsweise

$$\Delta L_W = 0 \quad [dB]. \tag{L4-3}$$

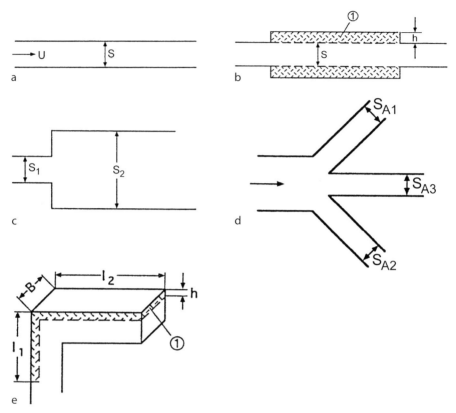

Bild L4-1 Prinzipdarstellung einiger Leitungsbauteile; a) Gerade Leitung, b) Gerade Leitung mit Auskleidung (1), c) Querschnittssprung, d) Verzweigungen, e) Umlenkung mit Auskleidung (1) aus Absorbermaterial (z. B. aus Mineralwolle oder ähnlichem Absorptionsmaterial)

Falls es sich nicht um einen plötzlichen Querschnittssprung handelt, sondern um einen allmählichen Übergang von S_1 nach S_2 (z. B. bei einem konischen Zwischenstück), wird der Schall praktisch ohne Pegelminderung weitergeleitet.

Wenn mehrere Querschnittssprünge hintereinander folgen, kann man die errechneten Pegelminderungen nicht addieren, weil der reflektierte Schall an der vorherigen Unstetigkeitsstelle zum Teil wieder zurück reflektiert wird.

Bei Verzweigungen (siehe Bild L4-1d) kann man davon ausgehen, dass sich die ankommende Schallleistung im Verhältnis der Querschnitte verteilt. Es gilt also für die Differenz der Leistungspegel im i-ten Teilkanal

$$\Delta L_{W,i} = -10 \log \left[\frac{S_{Ai}}{S_{A1} + S_{A2} + S_{A3} \ldots} \right]. \tag{L4-4}$$

L4 Schallpegelminderung in Luftleitungen

L4.5
Umlenkungen

Umlenkungen stellen für den Schall Diskontinuitäten dar, also reflektieren sie den Schall. Falls keine absorbierende Auskleidung eingebaut ist, kann man auf diese Weise keine großen Pegelminderungen erreichen (s. Tabelle L4-3).

Tabelle L4-3 Minderung der Schalleistunspegel bei 90 Grad Umlenkungen mit Rechteckquerschnitt (l_1, l_2 s. Bild L4-1e), Dicke der Auskleidung h > 0,1 B. Raumgewicht des Absorptionsmaterials 40–80 kg/m³ nach VDI 2081 [L-1].

Auskleidung	B [mm]	Frequenz [Hz]							
		125	250	500	1000	2000	4000	8000	Hz
ohne Auskleidung	125				6	8	4	3	dB
	250			6	8	4	3	3	dB
	500		6	8	4	3	3	3	dB
	1000	6	8	4	3	3	3	3	dB
Auskleidung (l_1) nur vor Umlenkung $l_1 > 2$ B	125				6	8	6	8	dB
	250			6	8	6	8	11	dB
	500		6	8	6	8	11	11	dB
	1000	6	8	6	8	11	11	11	dB
Auskleidung vor (l_1) und hinter (l_2) Umlenkung $l_1 > 2$ B, $l_2 > 2$ B	125				7	12	14	16	dB
	250			7	12	14	16	16	dB
	500		7	12	14	16	18	18	dB
	1000	7	12	14	16	18	18	18	dB

Wenn Umlenkungen absorbierend verkleidet sind, ergeben sie bei den hohen Frequenzen beträchtliche Verbesserungen (s. Tabelle L4-3 oder [L-1]). Theoretische Berechnungen zu diesem Problem findet man in [L-37].

L4.6
Durchlässe (Mündungsreflexion)

Durchlässe stellen für die übertragene Schallleistung P_i eine Diskontinuität dar. Das hat eine Schallreflexion zur Folge, so dass nur die Schallleistung P_F in den angrenzenden Raum übertragen wird. Die durch Messungen gut bestätigten Rechenwerte für die Pegelminderung an Durchlässen sind in Bild L4-2 aufgetragen.

Bei Induktionsgeräten kann die Mündungsreflexion nicht zuverlässig prognostiziert werden. Man muss sich daher auf Messergebnisse oder – falls solche nicht vorliegen – auf grobe Schätzungen verlassen. Als Hilfe dafür können die in Bild L4-3 aufgetragenen Fallbeispiele dienen, die Herstellerangaben entnommen sind.

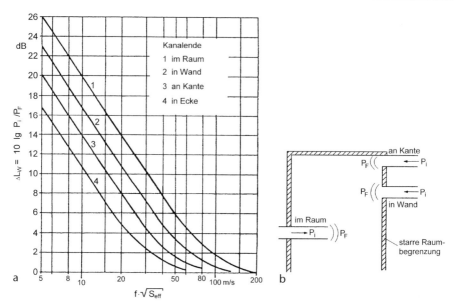

Bild L4-2 Minderung des Schallleistungspegels an Durchlässen; (S_{eff} = effektive Durchtrittsfläche $\left(\dot{V}/u\right)$ in m²)

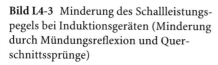

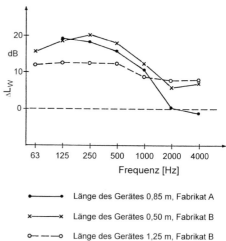

Bild L4-3 Minderung des Schallleistungspegels bei Induktionsgeräten (Minderung durch Mündungsreflexion und Querschnittssprünge)

● ———— ● Länge des Gerätes 0,85 m, Fabrikat A
× ———— × Länge des Gerätes 0,50 m, Fabrikat B
○ – – – ○ Länge des Gerätes 1,25 m, Fabrikat B

L4.7 Sonstige Einbauten

Über die schallmindernde Wirkung von Kühlern, Erhitzern, Sprühbefeuchtern, Filtern, Wetterschutzgittern etc. gibt es kaum Unterlagen. Jedes für sich genommen, bewirken solche Einbauten nur Pegelreduzierungen von wenigen dB. In ihrer Summe können sie jedoch Verringerungen von 5 bis 20 dB bewirken. In

L4 Schallpegelminderung in Luftleitungen

schalltechnischen Prognoserechnungen werden die sonstigen Einbauten meist nicht berücksichtigt.

L4.8
Schalldämpfer

L4.8.1
Funktionsweise

Bei den gebräuchlichen Schalldämpfern wird Schall sowohl reflektiert als auch absorbiert. Dadurch kann es zu beträchtlichen Pegelminderungen kommen. Bild L4-4 zeigt einige Schalldämpferformen (z. B. [L-38]) sowie einen typischen, aus Einlassdämpfung, kontinuierlicher Pegelabnahme und Auslassöffnung bestehenden Pegelverlauf. Einige Schalldämpfereinbauten zeigt Bild L4-5.

Die Einlass- und Auslassdämpfung hängt von verschiedenen Faktoren ab [L-37], so dass ihre Berechnung ziemlich kompliziert ist. Meist werden sie nur zusammen mit der Ausbreitungspegelabnahme im Dämpfer als Gesamtdämpfung gemessen. Das bedeutet allerdings, dass die Wirkung eines Schalldämpfers nicht proportional seiner Länge ist und dass man die Pegelminderung von zwei aneinander anschließenden Dämpfern nicht durch Addition erhalten kann.

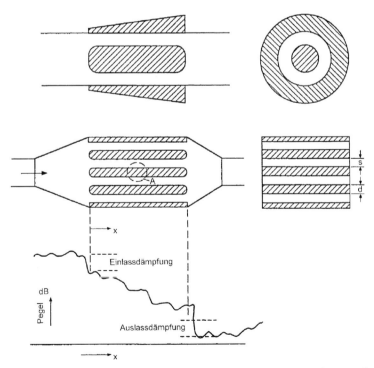

Bild L4-4 Oben: Beispiele von Schalldämpfern; Unten: Typischer Pegelverlauf; Detail A s. Bild L4-5

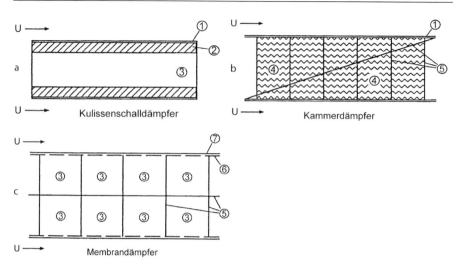

Bild L4-5 Beispiele von Schalldämpfereinbauten; 1) sehr dünne Folie oder abriebfeste aber poröse Faservliesschicht; 2) Mineralwolleplatte oder dgl. > 25 mm dick, 40–80 kg/m³; 3) Lufthohlraum, 4) sehr lockere Mineralwolle; 5) Blechgerüst, Blechdicke > 1 mm; 6) dünne geschlitzte oder gelochte Metall- oder Plastikfolie 0,1–0,3 mm dick; 7) dünne ungelochte Metall- oder Plastikfolie 0,1–0,3 mm dick

Die Pegelminderung während der Ausbreitung in Schalldämpfern beruht teils darauf, dass in den Kulissen Schall in Wärme umgewandelt wird und teils darauf, dass der akustische Wandwiderstand der Kulissen so gewählt wird, dass im Kanal keine fortlaufenden Wellen möglich sind. Die Theorie hierzu ist schon so weit ausgebaut, dass sie in Form von Rechenprogrammen zur Prognose eingesetzt werden kann [L-39, 40]. Bei richtiger Wahl der Parameter erhält man bei den einfachen Kulissenschalldämpfern etwa die in Bild L4-6 in normierter Form aufgetragenen Pegelminderungen. Es ist dabei zu beachten, dass bei tiefen Kulissen der akustische Strömungswiderstand des Absorbermaterials ziemlich gering sein muss.

Bei den sog. Kammerdämpfern sind mehrere auf verschiedene Frequenzen abgestimmte Volumina vorhanden. Dadurch ist es möglich, die Dämmwirkung einem geforderten Frequenzverlauf gut anzupassen [L-41]. Die Volumina (besonders, wenn sie tief sind) dürfen nur mit extrem lockerem Schallschluckmaterial gefüllt sein. Die sog. „Membranschalldämpfer" [L-42] beruhen darauf, dass dünne Folien durch den Luftschall in Schwingungen versetzt werden. Der so erzeugte Körperschall wird dann – unter Ausnutzung von Resonanzeffekten – durch Reibung oder durch Viskosität in der dünnen Luftschicht zwischen den Folien in Wärme umgesetzt. Diese hauptsächlich bei tiefen und mittleren Frequenzen wirksamen Absorber haben den Vorteil, dass kein poröses Material dem Luftstrom ausgesetzt ist (Verschmutzung, Hygiene).

Noch sehr wenig im praktischen Einsatz, aber für die Verringerung tieffrequenter Schallsignale nicht aussichtslos, sind Schalldämpfer, die das Antischallprinzip ausnutzen [L-43]. Siehe auch Bd. 1, D9.

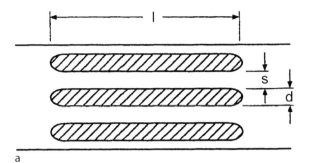

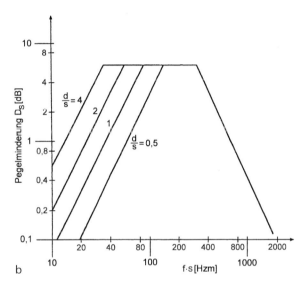

Bild L4-6 Stark idealisierte Kurven für die Prognose des normierten Frequenzverlaufes von Kulissenschalldämpfern; D_s = Pegelminderung für $l = s$ (bei $l = ns$ wäre also die Einfügungsdämpfung nD_s)

L4.8.2
Messverfahren und Messergebnisse

Die Messung der Wirkung von Schalldämpfern ist in DIN EN 27235 [L-44] geregelt. Der zur Bestimmung der Einfügungsdämpfung benutzte Messaufbau ist in Bild L3-2, Teil B oder D, dargestellt. Es werden bei gleicher Anregung ohne und mit Schalldämpfer die Pegel gemessen und daraus durch Differenzbildung die Einfügungsdämpfungen berechnet.

Da neben der Einfügungsdämpfung meist auch das Strömungsrauschen des Dämpfers und sein Druckverlust interessieren, werden diese beiden Größen mit fast demselben Messaufbau nach Bild L3-2 Teil C oder E gemessen. Bild L4-7 enthält einige Messbeispiele.

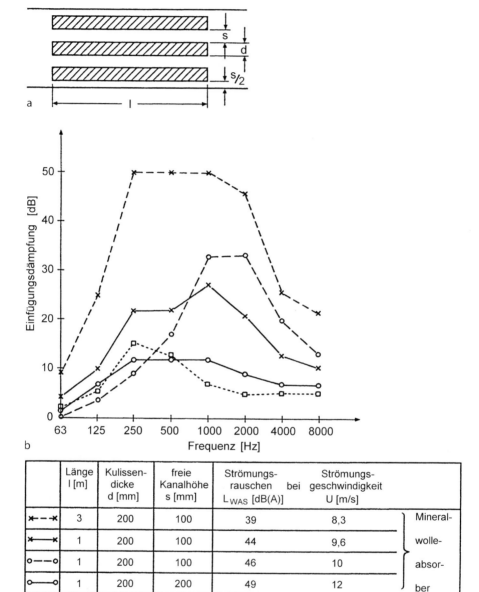

Bild L4-7 Beispiele von gemessenen Einfügungsdämpfungen (nach Firmenangaben)

Für Überschlagsrechnungen macht man häufig davon Gebrauch, dass tiefe Frequenzen vom menschlichen Ohr weniger laut empfunden werden als hohe und dass bei hohen Frequenzen Schallschutzmaßnahmen meist ziemlich effektiv sind. Das bedeutet, dass in der Praxis die Oktave um 250 Hz besonders kritisch ist. Man kann sich also für schnelle Prognosen darauf beschränken, nur die Leistungspegel und Einfügungsdämpfungen bei dieser Oktave zu betrachten. Diese Vorgehensweise wird auch als 250 Hz-Verfahren bezeichnet.

L4.8.3
Telefonieschalldämpfer

Luftleitungen stellen auch Verbindungen dar, über die Schall von einem Raum in einen anderen übertragen werden kann. Diese als „Telefonieeffekt" bezeichnete Erscheinung ist in Bild L4-8 skizziert.

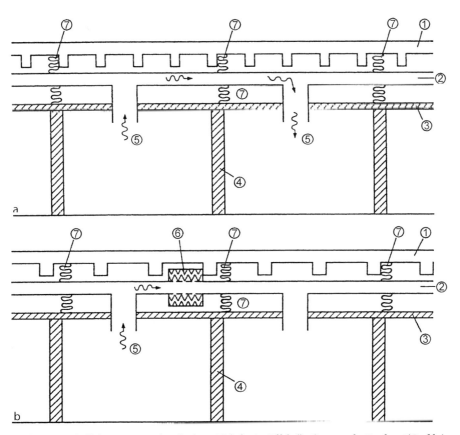

Bild L4-8 Schallübertragung durch den „Telefonie-Effekt"; 1)tragende Decke; 2)Luftleitung; 3)Unterdecke; 4)Trennwand; 5)Luftauslass (Kanalöffnung); 6)Telefonie-Schalldämpfer; 7)Abschottung (z.B. Mineralwollepropf) zur Vermeidung der Übertragung auf dem Weg Raum-Unterdecke-Deckenhohlraum-Unterdecke-Raum

Im Extremfall sehr glatter, nicht absorbierender Leitungen wird durch den Telefonieeffekt die Schalldämmung zwischen den beiden Räumen auf

$$D \approx 10 \log\left(\frac{0{,}16 V}{S T}\right) \text{ [dB]} \tag{L4-5}$$

begrenzt. Dabei ist V das Raumvolumen in m³, T die Nachhallzeit in s und S die Querschnittsfläche der Öffnung.

Bei den größenordnungsmäßig in Büros häufig vorkommenden Werten von $V = 100\,\text{m}^3$, $T = 0{,}5\,\text{s}$, $S = 0{,}05\,\text{m}^2$ ergibt sich theoretisch $D \approx 28\,\text{dB}$. In der Praxis sind die Werte, besonders bei den hohen Frequenzen, wegen der verschiedenen Einbauten in den Leitungen etwas größer, aber oft nicht groß genug, um Störungen zu vermeiden. In solchen Fällen ist der Einbau von sog. „Telefonie-Schalldämpfern" erforderlich. Wenn die Schalldämmung der Leitungswände sehr niedrig ist und wenn die Leitungen direkt dem Raumschall ausgesetzt sind (z. B. keine Unterdecke), kann es sogar vorkommen, dass auf dem Weg Raum – Leitungswand – Leitung – Leitungswand – Raum Schall übertragen wird.

L4.8.4
Weitere Gesichtspunkte für die Auswahl von Schalldämpfern

Neben der Pegelminderung muss bei Schalldämpfern noch folgendes beachtet werden.
- Wegen der gegenüber dem übrigen Leitungssystem erhöhten Strömungsgeschwindigkeit in Schalldämpfern werden Geräusche erzeugt. Siehe hierzu Bild L3-1 und Abschn. 3.1.
- Der auf einen Schalldämpfer auftreffende Schall wird nicht nur über den Luftraum zwischen den Kulissen sondern auch als Körperschall über die Leitungswände oder die Kulissenrahmen übertragen. Diese sog. Nebenwege stellen eine obere Grenze für die erreichbare Pegelminderung dar, die meist bei 35 bis 40 dB liegt.
- Der Druckverlust in einem Schalldämpfer stellt eine akustisch relevante Größe dar, da er eine höhere Ventilatorleistung und damit auch mehr Geräusche zur Folge hat. Zur Abschätzung des Widerstandsbeiwertes von Schalldämpfern kann die Beziehung [L-45]

$$\zeta = 0{,}53 + 0{,}65 \log\left(\frac{S_b}{S_s}\right) + 0{,}025 \frac{l}{s} \tag{L4-6}$$

dienen. Dabei sind S_b bzw. S_s der blockierte bzw. der freie Dämpferquerschnitt, l ist die Dämpferlänge, d die Kulissenstärke und s der Abstand zwischen zwei Kulissen ($S_b/S_s = d/s$).
- Beim Transport verschmutzter Medien kann es sein, dass sich Schmutzpartikel auf den Oberflächen der akustisch wirksamen Flächen festsetzen und damit die schalltechnisch relevanten Parameter ungünstig beeinflussen. Durch

regelmäßige Reinigung und reinigungsfreundliche Konstruktion kann diesem Problem abgeholfen werden. Schwieriger ist es, wenn durch die Strömung Fasern ausgerissen werden. In solchen Fällen hilft nur ein Austausch. Auf Fragen der Hygiene, Haltbarkeit, Wartung, Kosten etc. einzugehen, würde den Rahmen dieses Textes sprengen (s. a. I3.4). Aber es darf nicht verkannt werden, dass es sich dabei um praktisch sehr wichtige Fragen handelt.

L4.9
Zusammenhang zwischen Schallleistung und Schalldruck in einem Raum

Der Schallleistungspegel ist eine sehr geeignete Größe zur Charakterisierung der Schallemission und der Transmission; aber letztlich interessiert doch die Schallimmission, d. h. der Schalldruckpegel am Ohr eines Beobachters. Es muss also noch die Umrechnung von Leistungspegeln in Schalldruckpegel erfolgen.
Dabei sind zwei Effekte von Bedeutung.
- Wenn der Raum groß und wenig hallig ist und wenn gleichzeitig der Abstand zwischen Quelle und Empfänger klein ist, dann hat man ähnliche Ausbreitungsverhältnisse wie im Freien. S. Bd. 1, Abschn. D6.1.
- Wenn der Raum hallig ist, führen die vielen Schallreflexionen an Wänden und Decken näherungsweise zu einer Gleichverteilung des Schalldruckpegels (s. Bd. 1, Abschn. D7.1).

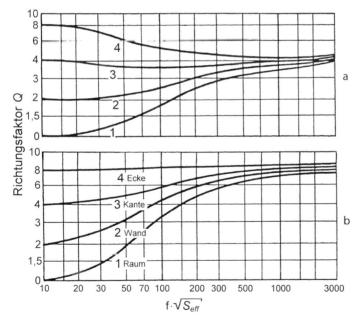

Bild L4-9 Richtungsfaktor für Luftauslässe (s. Gl. L4-7). S_{eff} = effektive Schallaustrittsfläche. Nach [L-1] (Raum, Kante, etc. s. Bild L4-2, b); **a** 45° Abstrahlwinkel; **b** 0° Abstrahlwinkel

Kombiniert man die Formeln, die die beiden Effekte beschreiben, dann findet man für den Schalldruckpegel L_p

$$L_p = L_W + 10\log\left[S_0\left(\frac{Q}{4\pi r^2} + \frac{4}{A}\right)\right]. \qquad (L4\text{-}7)$$

Dabei ist L_W der abgestrahlte Schallleistungspegel, r der Abstand zwischen Schallquelle und Empfänger in m, A die Schluckfläche in m^2, Q der Richtungsfaktor, für den man bei RLT-Anlagen die Werte nach Bild L4-9 einsetzen kann. S_0 ist der Bezugswert von 1 m^2. Die Schluckfläche A ergibt sich aus dem Raumvolumen V in m^3 und der Nachhallzeit in s nach der Beziehung

$$A = 0{,}16\frac{V}{T}. \qquad (L4\text{-}8)$$

Falls die Nachhallzeit nicht bekannt ist, kann man mit folgenden Werten rechnen:
- Wohnraum, Büro, Krankenzimmer, Großraumbüro $T \approx 0{,}5$ s
- Hörsaal, Kino, Gaststätte $T \approx 1$ s
- Großer, kahler Raum $T > 1{,}5$ s.

L5
Weitere Schallschutzmaßnamen bei RLT-Anlagen

Die mit den Leitungen zusammenhängenden Schallschutzmaßnahmen haben bei RLT-Anlagen zwar Priorität, aber es ist auch auf eine ausreichende Luftschallisolation der RLT-Zentrale sowie auf eine gute Körperschallisolation aller Aggregate zu achten. Hierbei kommen alle Aspekte der Luft- und Körperschalldämmung zum Tragen. Ihre Vielfalt kann hier nicht ausführlich behandelt werden. Es werden daher nur einige Stichworte angegeben. Im übrigen wird auf die reichhaltige Literatur in diesem Themenkreis verwiesen [L-46–50].
- Durch richtige Grundrissplanung kann man viele der hier interessierenden Schallschutzprobleme ohne große Mehrkosten lösen. Das Prinzip der schalltechnisch günstigen Grundrissplanung besteht darin, den Abstand zwischen Schallquelle und Schallempfänger möglichst groß zu machen und besonders energiereiche Körperschallquellen wie Kompressoren baulich vom übrigen Gebäude zu trennen.
- Die Luftschalldämmung von einschaligen Wänden, Decken, Kapseln, Fenstern etc. ist umso größer, je größer das Gewicht pro Flächeneinheit ist. Eine Erhöhung der Biegesteife wirkt sich – abgesehen von extrem kleinen Wänden – wegen des Koinzidenzeffekts ungünstig auf die Schalldämmung aus. Siehe auch Bild L5-1.

L5 Weitere Schallschutzmaßnamen bei RLT-Anlagen 645

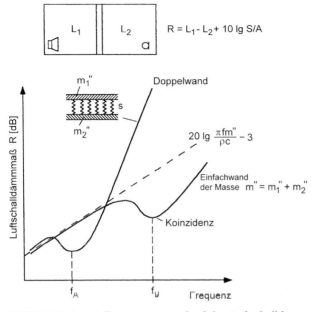

Bild L5-1 Prinzipieller Frequenzverlauf des Luftschalldämmmaßes R von Einfach- und Doppelwänden; f_A = Abstimmfrequenz: $f_A = \dfrac{1}{2\pi}\sqrt{s\left(\dfrac{1}{m_1''}+\dfrac{1}{m_2''}\right)}$; f_g = Grenzfrequenz der Koinzidenz: $f_g = \dfrac{c^2}{2\pi}\sqrt{\dfrac{m''}{B}}$; m'' = Masse pro Flächeneinheit [kg/m²]; f = Frequenz [Hz]; s = spezifische Steife der Zwischenschicht [N/m³]; ρ = Dichte der Luft; ca. 1,2 kg/m³ c = Schallgeschwindigkeit in Luft; ca. 340 m/s; B = Biegesteife der Einfachwand; S = Wandfläche; A = Schlauchfläche in m²; L = Schalldruckpegel

- Die Luftschalldämmung von zweischaligen Bauteilen (Doppelwände, Decken mit Unterdecken und/oder schwimmenden Estrichen, Doppelfenster, doppelschalige Kapseln) hängt ganz wesentlich von der Steife der Zwischenschicht ab. Falls steife Zwischenschichten (z. B. Hartschaum) benutzt werden, ist die Schalldämmung einer doppelschaligen Konstruktion fast immer schlechter als die einer gleich schweren Einfachwand. Günstig sind Zwischenschichten aus leichten Fasermatten, vorausgesetzt, sie sind so dick, dass die Abstimmfrequenz (s. Bild L5-1) unter 100 Hz liegt. Starre Verbindungen zwischen den beiden Teilen einer doppelschaligen Konstruktion (Schallbrücken) führen zu einer deutlichen Verringerung der Schalldämmung. Bei hochschalldämmenden Doppelwänden oder Doppeldecken stellt die „Nebenwegübertragung" über flankierende Wände und Decken eine obere Grenze für die erreichbare Gesamtschalldämmung dar.
- Bei allen luftschalldämmenden Bauteilen ist drauf zu achten, dass keine Öffnungen, Löcher, Schlitze oder dgl. vorhanden sind. Wenn laute Maschinen in

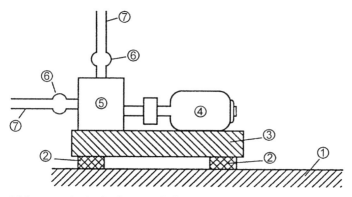

Bild L5-2 Prinzip der körperschallisolierenden Aufstellung von Kompressoren und großen Pumpen; 1) Fundament; 2) Federelemente oder weiche Schicht; 3) Zwischenfundament (Beruhigungsmasse) der Körperschallübertragung über die Rohre; 4) Antriebsmotor; 5) Kompressor oder anderes Aggregat; 6) elastischer Kompensator zur Verringerung der Körperschallübertragung über die Rohre; 7) Rohr

kleinen Räumen oder Kapseln aufgestellt werden, muss im Inneren eine schallschluckende Auskleidung vorgesehen werden, weil sonst die Innenpegel stark ansteigen und somit die Dämmwirkung der Raum- oder Kapselwände nicht voll zum Tragen kommt.
- Zur Körperschallisolation dienen elastische Elemente zwischen Maschinen und Fundamenten sowie zwischen Maschinen und Leitungssystemen. Das Prinzip ist in Bild L5-2 am Beispiel eines Kompressors dargestellt. Entscheidend ist dabei, dass die elastischen Elemente weich genug sind.
- Wenn Leitungen durch Wände oder Decken geführt werden (Mauerdurchbrüche), treten bei RLT-Anlagen meist keine besonderen Probleme auf, weil die Leitungswände sehr dünn sind und somit andere Bauteile kaum zu Körperschall anregen können. Bei dicken Wänden und Decken kann man dünnwandige Luftleitungen starr mit dem Baukörper verbinden (dadurch tritt eine gewisse Sperrwirkung für den Restkörperschall auf den Leitungen ein); man kann aber auch Isolationsmaßnahmen (z. B. Ausstopfen mit Mineralwolle) vorsehen. Wichtig ist dabei, dass keine Löcher und Schlitze bleiben. Bei flüssigkeitsführenden Leitungen (Heizungsrohre) ist das Problem der Wand- und Deckendurchführungen wesentlich schwieriger.

L6
Beispielrechnung

An Hand einer einfachen Beispielrechnung für eine fiktive RLT-Anlage wird nachfolgend die Anwendung der verschiedenen Formeln und Diagramme exemplarisch dargestellt. Das dazu benutzte RLT-System ist in Bild L6-1 skizziert.

L6 Beispielrechnung

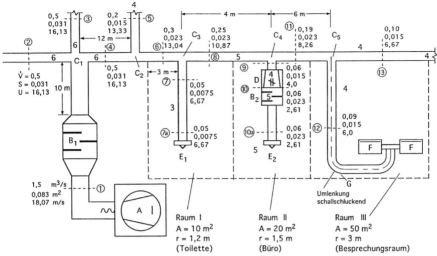

Bild L6-1 Für das Rechenbeispiel benutzte fiktive RLT-Anlage

Die Hauptschallquelle ist ein Radialventilator mit rückwärts gekrümmten Schaufeln mit einem Volumenstrom von $1,5\,\text{m}^3/\text{s} = 5400\,\text{m}^3/\text{h}$ und einem Druck von 1100 Pa. Die weiteren Geräuschquellen sind das Strömungsrauschen im Schalldämpfer B_1, in den Kreuzen bzw. T-Stücken C_1 bis C_5, im Entspannungsgerät D, an den Auslässen E_1 und E_2 sowie in den beiden Induktionsgeräten F.

Die Volumenströme, Leitungsquerschnitte und Strömungsgeschwindigkeiten an den einzelnen Querschnitten 1 bis 12 sind in Bild L6-1 angegeben. Außerdem enthält Bild L6-1 die akustisch relevanten Daten der drei betrachteten Räume. Die Rechnungen, deren Einzelheiten in Tabelle L6-1a,b,c wiedergegeben sind, geht dabei immer nach dem Schema

- Berechnung der Schallleistungspegel L_{W1} einer Quelle (z. B. Ventilator). Berechnung der Pegelabnahme ΔL in den einzelnen Bauteilen (Dämpfer, Verzweigung etc.).
- Berechnung der Schallleistungspegel L_{W2} der nächsten Quelle (z. B. Abzweig).

Addition der ankommenden und der neu entstandenen Schalleistung durch „Pegeladdition" nach der Formel

$$L_{W3} = 10 \log \left[10^{\frac{(L_{W1}-\Delta L_1)}{10}} + 10^{\frac{L_{W2}}{10}} \right]. \tag{L6-1}$$

- Berechnung der Pegelabnahme bis zur nächsten Schallquelle.
- usw., usw. ...
- Berechnung der Mündungsreflexion.

- Berechnung der am Luftaustritt ankommenden und dort neu entstehenden Schallleistung.
- Berechnung des Schalldruckpegels im Raum nach Gl.(L4-7). Wie man sieht, sind die einzelnen Rechenschritte sehr einfach, aber ihre Vielzahl macht den Einsatz eines Rechners sinnvoll.

Tabelle L6-1a Beispielrechnung für eine fiktive RLT-Anlage Raum I

		Frequenz [Hz]						
		63	125	250	500	1000	2000	4000
	A. Radialventilator; $V = 1{,}5\,\text{m}^3/\text{s}$; $\Delta p = 1100$ Pa; $U = 60$ m/s; $D = 0{,}8$ m; $\eta = 0{,}65$; $St_0 = 2{,}5$; $m = 1{,}5$. Nach Glg. (L2-4): $L_W = 102{,}6$	102,6	102,6	102,6	102,6	102,6	102,6	102,6
	$fD/U =$	0,84	1,7	3,4	6,7	13,3	26,6	53
	Nach Bild L2-11	-11,1	-6,1	-7,1	-12,1	-17,1	-22,1	-27,1
Z1		91,5	96,5	95,5	90,5	85,5	80,5	75,5
Z2	Analog nach Gl. (L2-5); Bild L2-12	97,0	96,0	92,0	89,0	86,0	80,0	73,0
Z3	Analog nach [L-11]	94,5	93,5	91,0	88,0	84,0	80,0	75,5
Z4	Mittelwert aus Z1, Z2, Z3; $L_{W,Okt} =$	94,5	95,5	93,0	89,0	85,0	80,0	75,0
Z5	Abnahme durch Schalldämpfer B_1; (Werte aus Katalog); Bild L4-7	5,0	10,0	22,0	22,0	27,0	21,0	13,0
Z6	Leistungspegel nach B_1; $L_{W,Okt} =$	89,5	85,5	71,0	67,0	58,0	59,0	62,0
Z7	Rauschen von B_1; $U = 22$ m/s; $S = 0{,}031\,\text{m}^2$; Gl. (L3-1); Bild L3-1	54,0	55,0	54,0	52,0	48,0	43,0	39,0
Z8	Z6 und Z7 nach „Pegeladdition"	89,5	85,5	71,0	67,0	58,5	59,0	62,0
Z9	Abnahme von B_1 nach C_1; $l = 10$ m, $D = 0{,}32$ m; Tab. L4-1	0,5	1,0	1,5	1,5	2,0	2,0	2,0
Z10	Verzweigung C_1; $S_1 = S_2 = S_3 = 0{,}031\,\text{m}^2$; nach Gl. (L4-4)	5,0	5,0	5,0	5,0	5,0	5,0	5,0
Z11	Z8 - (Z9 + Z10)	84,0	79,5	64,5	60,5	51,5	52,0	55,0
	Rauschen im Kreuz C_1; $U_h = 18{,}07$ m/s; $U_a = 16{,}13$ m/s; $D_a = 0{,}2$ m; $r/D_a = 0{,}1$; $U_h/U_a = 1{,}12$; $K_T = 0$; $K_r = 2$; $fD_a/U_a =$	0,78	1,5	3,1	6,2	12,4	25,0	50,0
Z12	L_W^* nach Bild L3-3	15,0	11,0	4,0	-1	-9	-17	-27
Z13	$30\lg D_a + 50\lg U_a + K_T + K_r + \Delta f$	58,5	61,5	64,5	67,5	70,5	73,5	76,5
Z14	Z12 + Z13; $L_{W,Okt} =$	73,5	72,5	68,5	66,5	61,5	56,5	49,5

L6 Beispielrechnung

Tabelle L6-1a (Fortsetzung) Beispielrechnung für eine fiktive RLT-Anlage Raum I

		Frequenz [Hz]						
		63	125	250	500	1000	2000	4000
Z15	Leistungspegel nach C_1; Z11 und Z14 nach „Pegeladdition"	84,5	80,0	70,0	67,5	62,0	58,0	56,0
Z16	Abnahme von C_1 nach C_2 $D = 0,2$ m, 12 m lang, Tab. L4-1	1,2	1,2	1,8	1,8	3,6	3,6	3,6
Z17	Verzweigung C_2: $S_1 = 0,015$, $S_2 = 0,023$	2,0	2,0	2,0	2,0	2,0	2,0	2,0
Z18	Z15 − (Z16 + Z17)	81,3	76,8	66,2	63,7	56,4	52,4	50,4
Z19	Rauschen im T-Stück C_2; $U_h = 16,13$; $U_a = 13,04$; $D_a = 0,171$; $r/D_a = 0,1$, $U_h/U_a = 1,24$; $K_T = 0$; $K_r = 2$. Analog zu Z12 − Z15. $L_{W,Okt} =$	68,0	67,0	63,0	59,0	56,0	51,0	40,0
Z20	Z18 und Z19 nach „Pegeladdition"	81,5	77,0	68,0	65,0	59,0	55,0	51,0
Z21	Z20 − Abnahme von C_2 nach C_3 (3 m)	81,2	76,7	67,5	64,5	58,0	54,5	50,0
Z22	Verzweigung C_3 nach Raum I	6,0	6,0	6,0	6,0	6,0	6,0	6,0
Z23	Z21 − Z22	75,2	70,7	61,5	58,5	52,0	48,5	44,0
Z24	Rauschen im T-Stück C_3; $U_h = 13,04$; $U_a = 6,67$; $D_a = 0,1$; $r/D_a = 0,1$; $U_h/U_a = 1,95$. Analog zu Z12 − Z15.	54,5	53,5	52,5	48,5	44,5	40,5	37,5
Z25	Z23 und Z24 nach „Pegeladdition"	75,2	70,7	62,0	59,5	52,5	49,0	45,0
Z26	Abnahme C_3 bis E_1 (3m)	75,0	70,0	61,0	58,5	51,0	47,0	43,0
Z27	Mündungsreflexion. Raum I (in Wand) $S_{eff} = 0,0075$ m². Bild L4-2	23,0	16,0	10,0	4,0	1,0	0	0
Z28	Z26 − Z27	52,0	54,0	51,0	54,5	50,0	47,0	43,0
	Auslass E1. $U = 6,67$ m/s. $\zeta = 5$; $S = 0,0075$ m2; $f/(U\zeta) =$	2,0	3,8	7,5	15,0	30,0	60,0	120
Z29	nach Bild L3-5	−10	−9	−7	−7	7	8	12
Z30	$L_{W,Okt}$ nach Gl. (L3-5)[1] und Bild L3-5.	49,5	50,5	52,5	52,5	52,5	51,5	47,5
Z31	Z28 und Z30 nach „Pegeladdition"	54,0	55,5	55,0	56,5	54,5	52,5	49,0
Z32	In Raum I abgestrahlte Leistungspegel	54,0	55,5	55,0	56,5	54,5	52,5	49,0

Tabelle L6-1a (Fortsetzung) Beispielrechnung für eine fiktive RLT-Anlage Raum I

		Frequenz [Hz]						
		63	125	250	500	1000	2000	4000
	Übergang Kanal E1 – Raum I. (In Wand) Bild L4-9. Q =	2,0	2,0	2,0	2,0	2,5	3,0	3,5
Z33	$r = 1$ m; $A = 10$ m^2; Gl. (L4-7)	2,5	2,5	2,5	2,5	2,0	2,0	2,0
Z34	Schalldruckpegel im Raum I (Z32 – Z33); L_{pi} =	51,5	53,5	53,0	54,0	52,5	50,5	47,0
	dB(A) Korrektur	26,0	16,0	8,0	3,0	0	–3	–2

[1] Nach Gl. L3-4 hätten sich mit $\dot{V} = US$ und $\Delta p = \zeta u^2 \rho / 2$ Werte ergeben, die um wenige dB niedriger wären.

Tabelle L6-1b Beispielrechnung für eine fiktive RLT-Anlage Raum II

		Frequenz [Hz]						
		63	125	250	500	1000	2000	4000
Z35	Leistungspegel vor C_3 (Z21)	81,2	76,7	67,5	64,5	58,0	54,5	50,0
Z36	Verzweigung C_3 nach Hauptkanal $S_1 = 0,0075$; $S_2 = 0,023$	1,0	1,0	1,0	1,0	1,0	1,0	1,0
Z37	Z35 – Z36	80,2	75,7	66,5	63,5	57,0	53,5	49,0
Z38	Rauschen im T-Stück C_3; $U_h = 13,04$; $U_a = 10,87$; $D_a = 0,171$; $r/D_a = 0,1$; $U_h/U_a = 1,2$; $K_T = 0$; $K_r = 2$. Wie Z12 – Z15.	65,0	62,0	58,0	54,0	52,0	47,0	–
Z39	Z37 und Z38 nach „Pegeladdition"	80,5	76,0	67,0	64,0	58,0	54,5	49,0
	Abnahme C_3 nach C_4 vernachlässigbar							
Z40	Verzweigung C4 nach Raum II	2,0	2,0	2,0	2,0	2,0	2,0	2,0
Z41	Z39 – Z40	78,5	74,0	65,0	62,0	56,0	52,5	47,0
Z42	Rauschen im T-Stück C_4; $U_h = 10,87$; $U_a = 4,0$; $D_a = 0,138$; $r/D_a = 0,1$; $U_h/U_a = 2,72$; $K_T = 2$; $K_r = 2$.	47,5	45,5	43,5	40,5	37,5	33,5	–
Z43	Z41 und Z42 nach „Pegeladdition"	78,5	74,0	65,0	62,0	56,0	52,5	47,0
Z44	Abnahme im Entspannungsgerät (Schätzwert)	10,0	10,0	10,0	8,0	6,0	6,0	5,0
Z45	Z43 – Z44	68,5	64,0	55,0	54,0	50,0	46,5	42,0

L6 Beispielrechnung

Tabelle L6-1b (Fortsetzung) Beispielrechnung für eine fiktive RLT-Anlage Raum II

		Frequenz [Hz]						
		63	125	250	500	1000	2000	4000
Z46	Rauschen im Entspannungs-gerät V = 0,06 m³/s; Schätzung VDI 2081, A1	60,0	58,0	50,0	45,0	42,0	40,0	35,0
Z47	Z45 und Z46 nach „Pegeladdition"	69,0	65,0	56,0	54,5	50,5	47,5	43,0
Z48	Abnahme durch Schalldämpfer B_2	0	5,0	15,0	20,0	20,0	16,0	10,0
Z49	Z47 – Z48	69,0	60,0	51,0	34,5	30,5	31,5	33,0
	Rauschen im Schalldämpfer B_2 $U = 2,61$ m/s, vernachlässigbar							
Z50	Mündungsreflexion Raum II. (In Kante) $S_{\mathit{eff}} = 0,023$ m². Bild L4-2.	14,0	8,0	2,5	0,5	0	0	0
Z51	Z49 – Z50	55,0	52,0	48,5	34,0	30,5	31,5	33,0
Z52	Auslass E2. $U = 2,61$ m/s; $\zeta = 5$; $S = 0,023$ m² nach Gl. (L3-3) und Bild L3-5 [1)]	33,0	34,0	34,0	34,0	32,0	25,0	16,0
Z53	Z51 und Z52 nach „Pegeladdition"	55,0	52,0	48,5	37,0	34,0	31,5	33,0
Z54	In Raum II abgestrahlte Leistungspegel	55,0	52,0	48,5	37,0	34,0	31,5	33,0
	Übergang Kanal E_2 – Raum II. In Kante, Bild L4-9; $Q =$	4,0	4,0	3,5	3,5	3,5	4,0	4,0
Z55	$r = 1,5$ m, $A = 20$ m². Gl. (L4-7)	4,5	4,5	5,0	5,0	5,0	4,5	4,5
Z56	**Schalldruckpegel in Raum II** Z54 – Z55; $L_{pi} =$	50,5	47,5	43,5	32,0	29,0	27,0	28,5

[1)] nach Gl. L3-4 hätten sich um wenige dB niedrigere Werte ergeben.

Tabelle L6-1c Beispielrechnung für eine fiktive RLT-Anlage Raum III

		Frequenz [Hz]						
		63	125	250	500	1000	2000	4000
Z57	Leistungspegel vor C_4 (Z39)	80,5	76,0	67,0	64,0	58,0	54,4	49,0
Z58	Verzweigung C_4 nach Hauptkanal	2,0	2,0	2,0	2,0	2,0	2,0	2,0
Z59	Rauschen im T-Stück C_4; $U_h = 10,87$; $U_a = 8,26$; $D_a = 0,171$; $r/D_a = 0,1$; $U_h/U_a = 1,31$; $K_T = 0,5$; $K_r = 2,0$	57,5	55,5	51,5	46,5	41,5	34,5	-
Z60	(Z57 – Z58) und Z59 nach „Pegeladdition"	78,5	74,0	65,0	62,0	56,0	52,5	47,0

Tabelle L6-1c (Fortsetzung) Beispielrechnung für eine fiktive RLT-Anlage Raum III

		Frequenz [Hz]						
		63	125	250	500	1000	2000	4000
	Abnahme C_4 nach C_5 vernachlässigbar							
Z61	Verzweigung C_5 nach Raum III $S_1 = 0{,}015$; $S_2 = 0{,}015$	3,0	3,0	3,0	3,0	3,0	3,0	3,0
Z62	Z60 – Z61	75,5	71,0	61,0	59,0	53,0	49,5	48,0
	Rauschen im T-Stück C_5 vernachlässigbar							
Z63	Umlenkung G schallschluckend Tabelle L4-3 (vor und hinter) $B = 125$ mm	2,0	3,0	4,0	5,0	7,0	12,0	14,0
Z64	Pegelminderung duch Induktionsgerät Bild L4-3 (Beispiel)	12,0	12,0	12,0	12,0	9,0	8,0	8,0
Z65	Z62 – (Z63 + Z64)	61,5	56,0	45,0	42,0	37,0	29,5	26,0
Z66	Rauschen des Induktionsgerätes $V = 2 \cdot 0{,}45$ m^3/s; $\Delta p = 100$ Pa. (Annahme)	57,0	46,0	38,0	29,0	26,0	25,0	24,0
Z67	3 dB-Zuschlag da 2 Geräte	60,0	49,0	41,0	32,0	29,0	28,0	27,0
Z68	Z65 und Z67 nach „Pegeladdition"	61,5	61,5	50,5	44,5	38,0	32,0	30,0
Z69	Übergang Induktionsgerät – Raum III in Wand mit $Q = 2$	10,0	10,0	10,0	10,0	10,0	10,0	10,0
Z70	**Schalldruckpegel in Raum III** Z54 – Z55; L_{pi} =	**51,5**	**51,5**	**40,5**	**34,5**	**28,0**	**22,0**	**20,0**

Die Endergebnisse für die drei betrachteten Räume enthalten die Zeilen Z34, Z56, Z70. (Zeilennummer jeweils am Anfang einer Zeile). Den A-bewerteten Pegel erhält man aus

$$L_A = 10\log\left[\sum_{i=1}^{7} 10^{\frac{(L_{pi}-K_i)}{10}}\right] \text{ [dB(A)].} \tag{L6-2}$$

Dabei sind L_{pi} die Schalldruckpegel in den einzelnen Oktaven und K_i die sog. A-Korrekturen unter Zeile 34. Die Endergebnisse sind Raum 1: 58 dB(A) ≈ NR 53; Raum II: 39 dB(A) ≈ NR 34; Raum III: 39 dB(A) ≈ NR 34 (s. a. Bild L1-1).

In vielen Anwendungen dienen Prognoserechnungen nicht so sehr der Bestimmung des zu erwartenden Pegels, sondern der Ermittlung der erforderlichen Schalldämmmaßnahmen. In solchen Fällen führt man erst die Rechnung ohne Berücksichtigung von Schallschutzmaßnahmen durch. Die Differenz zwischen den so erhaltenen Werten und den Anforderungen ist dann die Schallpegelminderung, die ein Schalldämpfer oder dgl. bewirken muss. Häufig genügt es dabei, die Oktave um 250 Hz zu betrachten, weil das erfahrungsgemäß der kritischste Frequenzbereich ist.

Literatur

[L-1] VDI 2081: Lärmminderung bei lüftungstechnischen Anlagen. Düsseldorf (7/2001)
[L-2] DIN EN 13779 (Ersatz für DIN 1946-2) Lüftung von Nicht-Wohngebäuden 5/2005
[L-3] VDI 2574: Hinweise für die Beurteilung der Innengeräusche von Kraftfahrzeugen. Düsseldorf, (1981)
[L-4] UVV Lärm: Unfallverhütungsvorschrift „Lärm für Seeschiffe"
[L-5] Leidel, W.: Einfluß von Zungenabstand und Zungenradius auf Kennlinie und Geräusche eines Radialventilators. Dissertation, TU Berlin (1967)
[L-6] Tyler, J.M.; Sofrin, T.G.: Axial flow compressor noise studies. Trans. Soc. Autom. Eng., 309–332. (1962)
[L-7] Dobrzynski, W; Heller, H.; et al.: Fluglärm. Kap. 14 in Taschenbuch der Technischen Akustik (Hsgb. Heckl, Müller) Springer (1994)
[L-8] Fukano, T.; Takamatsu, Y.; Kodama, Y.: The effects of tip clearance noise of low pressure axial and mixed flow fans. J. Sound Vib. 105, 291–308, (1986)
[L-9] Kameier, F.: Experimentelle Untersuchungen zur Entstehung und Minderung des Blattspitzen-Wirbellärms axialer Strömungsmaschinen. Dissertation TU Berlin (1994)
[L-10] Yudin, E.Y.: On the vortex sound from rotating rods. NACA TM 1136, Übersetzung von Zhur. Tekh. Fiz. 14, 1945 S. 591 (russisch), (1947)
[L-11] Stüber, B.; Mühle, Ch.; Fritz, K.R.: Strömungsgeräusche Kap. 9 in Taschenbuch der Technischen Akustik (Hsgb. Heckl, Müller) Springer (1994)
[L-12] Baade, P.: Die Behandlung des Axialventilators als akustisches Zweitor. Dissertation TU Berlin (1971)
[L-13] Wollherr, H.: Akustische Untersuchungen an Radialventilatoren unter Verwendung der Vierpoltheorie. Dissertation TU Berlin (1973)
[L-14] DIN 45635 Teil 9: Geräuschmessung an Maschinen, Luftschallmessung, Kanalverfahren, Rahmen-Messverfahren (1985)
[L-15] DIN 45635 Teil 38: Geräuschmessung an Maschinen, Luftschallmission, Hüllflächen-Hallraum- und Kanal-Verfahren (1984)
[L-16] Holste, F.; Neise, W.: Experimental comparison of standardized sound power measurements for fans. 3. Sound Vib. 152, 1–26, (1992)
[L-17] Madison, R.D.: Fan engineering (Handbook) 5th Edition. Buffab Forge Comp. Buffab NY, (1949)
[L-18] Neise, W.: Noise rating of fans on the basis of the specific sound power level. Proc. 10 AFMC Melbourne Australia, 1–44, (1989)
[L-19] VDI 3731 Blatt 2: Emissionskennwerte technischer Schallquellen. Ventilatoren. Düsseldorf (1990)
[L-20] Regenscheit, B.: Die Schallerzeugung von Ventilatoren. In Eck, B.: Ventilatoren, 5. Auflage. Springer (1972)
[L-21] Bommes, L.: Nomogramm zur Abschätzung des Geräusches von Ventilatoren. Heizung Lüftung Haustechnik (HLH) 43, 598–604, (1992)
[L-22] Finkelstein, W.: Vorausberechnung des Ventilatorgeräusches. Heizung Lüftung Haustechnik (HLH), 210–215, (1972)
[L-23] Neise, W.: Geräuschvergleich von Ventilatoren. Heizung Lüftung Haustechnik (HLH), 392–399, (1989)

[L-24] Stüber, B.; Ludewig, H.: Schallabstrahlung von Axialventilatoren für Luftkühler und Kühltürme. Z. Lärmbekämpfung 27, 104–108, (1980)

[L-25] Neise, W.: Fan noise. Generation mechanisms and control methods. Internoise'88, 767–776. Noise Control Foundation P.0.Box 2469 Arlington Branch. Poughkeepsie NY 12603, USA, (1988)

[L-26] Költzsch, P.; Walden, F.: Lärmminderung bei Radialventilatoren. Heizung Lüftung Haustechnik (HLH), 353–358, (1987)

[L-27] N. N.: Schwingungsisolierung und Körperschalldämmung bei Ventilatoren. Lufttechn. Information LTG Stuttgart (1975)

[L-28] VDI 3736 Blatt 1: Emissionskennwerte technischer Schallquellen. Umlaufende elektrische Maschinen. Asynchronmaschinen. Düsseldorf (1984)

[L-29] VDI 2159: Emissionskennwerte technischer Schallquellen. Getriebegeräusche Düsseldorf (1985)

[L-30] Hübner, G.: Geräusche elektrische Maschinen. Kap. 7 in Taschenbuch der Technischen Akustik (Hsgb. Heckl, Müller) Springer (1994)

[L-31] VDI 3731, Blatt 1: Emissionskennwerte technischer Schallquellen. Verdichter. Düsseldorf (1990)

[L-32] VDI 3733: Geräusche bei Rohrleitungen. Düsseldorf 1996-07

[L-33] Brockmeyer, H.: Eigengeräuschentwicklung in Kanälen sowie an Krümmern, Abzweigungen und Auslässen. Heizung Lüftung Haustechnik (HLH), 221–225, (1972)

[L-34] Hubert, M.: Untersuchungen über Geräusche durchströmter Gitter. Dissertation TU Berlin (1969)

[L-35] Colin, G.: Spoiler-generated flow noise. Part 1. The experiment. J. Acoust. Soc. Amer. 4, 1041–1048, (1968)

[L-36] Hönman, W.: Gesetzmäßigkeiten der Geräuschbildung von Klimakonvektoren. LTG-Technische Information Nr. 1 (1969)

[L-37] Mechel, F.: Schalldämpfer. Kap. 20 in Taschenbuch der Technischen Akustik (Hsgb. Heckl, Müller) Springer (1994)

[L-38] Finkelstein, W.: Schalldämpfer für Lüftungs- und Klimaanlagen. Heizung Lüftung Haustechnik (HLH), 226–229, (1972)

[L-39] Frommhold, W.: Berechnung rechteckförmiger Schalldämpfer mit periodisch strukturierter Wandauskleidung. Dissertation TU Berlin (1991)

[L-40] Mechel, F.: Schallabsorber. Band II, Innere Schallfelder. Strukturen. Anwendungen. Hirzel Stuttgart; erscheint demnächst

[L-41] Cremer, L.: Die Theorie der Luftschalldämpfung im Rechteckkanal mit schluckender Wand und das sich dabei ergebende höchste Dämpfungsmaß. Acustica, 249–263, (1953)

[L-42] Ackermann, U.; Fuchs, H.V.; Rambausek, N.: Sound absorbers of a novel membrane construction. Appl. Acoustics, 197–215, (1988)

[L-43] Eriksson, L.J.: Active noise control. Chapt. 15 in Noise and Vibration Control Engineering (ed. Beranek, Ver) 3. Wiley (1992)

[L-44] DIN EN 27235: Messungen an Schalldämpfern in Kanälen – Einfügungsdämmaß, Strömungsgeräusch und Druckverlust

[L-45] Fuchs, H.V., Ackermann, U.: Energiekosten der Schalldämpfer in luft-technischen Anlagen. Z. f. Lärmbekämpfung, 10–19, (1992)

[L-46] Gösele, K.; Schüle, W.: Schall, Wärme, Feuchte. Grundlagen, Erfahrungen und praktische Hinweise für den Hochbau. Bauverlag Wiesbaden (1989)

[L-47] Fasold, W.; Sonntag, E.; Winkler, H.: Bau- und Raumakustik. Bauphysikalische Entwurfslehre. Verlag Rudolf Müller, Köln (1987)

[L-48] Heckl, M.; Nutsch, J.: Körperschalldämmung und -dämpfung. Kap. 10 in Taschenbuch der Technischen Akustik (Hsgb. Möser, Müller) Springer (2004)

[L-49] VDI 3727 Blatt 1 2: Schallschutz durch Körperschalldämpfung. Düsseldorf (1984)

[L-50] Schirmer, W. (Hsgb.), Lärmbekämpfung. Verlag Tribüne (1989)

M Wasserbehandlung in Kühlwasser-, Rückkühl-, Kaltwasser- und Befeuchtungs-Systemen

Ludwig Höhenberger

M1
Kühlwasser- und Rückkühlsysteme

M1.1
Übersicht und Definitionen

Bei Kühlwasser- und Rückkühlsystemen ist zu unterscheiden zwischen Durchlauf- und Kreislauf-Systemen, bei letzteren noch zwischen offenen und geschlossenen Kreisläufen.

Durchlauf-Kühlsysteme nutzen im einmaligen Durchlauf Grund-, Oberflächen-, selten auch Trinkwasser als Kühlmittel, wärmen es auf und geben das erwärmte Wasser mittels „Schluckbrunnen" in den Untergrund, in das Oberflächengewässer oder in die Kanalisation zurück.

In **Kreislauf-Kühlsystemen** wird das Kühlwasser umgewälzt und steht bei **offenen Systemen** in Rückkühlwerken oder Kühltürmen direkt mit der Atmosphäre in Verbindung. Das Wasser wird durch Verdunstung direkt gekühlt, wobei sich die Inhaltsstoffe des Kreislaufwassers aufkonzentrieren und das Wasser durch Bestandteile der Luft verunreinigt wird. In **geschlossenen Systemen** erfolgt die Kühlung des Mediums indirekt entweder durch Luft, durch Verdunstung von Wasser auf Kühlflächen, oder mittels Durchlaufkühlwasser.

Verdunstungs-Rückkühlwerke haben einen technisch kaum vermeidbaren Tröpfchenauswurf, mit dem Kühlwasserbestandteile – auch Mikroorganismen und Bakterien – in die Luft gelangen. Die Ansaugluft von RLT-Anlagen darf davon so wenig wie möglich verunreinigt werden (siehe u. a. „Legionärskrankheit", Legionellose!).

Wenn die Kühlung geschlossener Kreisläufe durch Kälteerzeuger erfolgt, spricht man von Kaltwasser-Systemen, siehe M2.

M1.2
Durchlauf-Kühlsysteme

Die Entnahme und Einleitung von Grund- oder Oberflächenwasser für die Durchlaufkühlung ist genehmigungspflichtig und wird zunehmend restriktiv gehandhabt, um der Aufwärmung und der potentiellen Gefahr der Verunreinigung von Grund- und Oberflächenwasser zu begegnen. Die Verwendung von Trinkwasser ist möglich, erwärmtes Trinkwasser ist aber kein Abwasser und darf deshalb nicht direkt in die Kanalisation abgeleitet werden. Erwärmtes Trinkwasser kann ggf. für andere Zwecke genutzt und dann abgeleitet werden. Wasser-Wärmepumpen sind wasserchemisch den Durchlaufsystemen zuzuordnen.

Oberflächenwasser ist meist durch Schwimm-, Schwebe- und Sinkstoffe sowie mikrobiell aktive Bestandteile und organische Stoffe verunreinigt. Seine Zusammensetzung kann abhängig von Jahreszeit und Wetterbedingungen stark schwanken. Gereinigtes Oberflächenwasser ist korrosionschemisch meist gutmütig. Uferfiltrate sind weitgehend frei von ungelösten Bestandteilen, können aber aus dem Untergrund korrosionsfördernde Stoffe aufnehmen, an Sauerstoff verarmen und u. a. Schwefelwasserstoff enthalten.

Grund- und **Brunnenwasser** zeigen je nach Untergrund und Entnahmetiefe Unterschiede in der Zusammensetzung und können korrosionschemisch Probleme aufwerfen, siehe DIN 50930 [M-7]. In Schluckbrunnen kann durch ausfallende Wasserinhaltsstoffe und Korrosionsprodukte eine Blockade des Untergrundes auftreten, die das Einleiten von Wasser so stark behindern, dass eine (anzeigepflichtige) Reinigung erforderlich wird.

Trinkwasser wäre direkt verwendbar, scheidet aber meist aus Kostengründen aus, wenn das erwärmte Wasser nicht für andere Zwecke genutzt werden kann.

M1.2.1
Belagbildung und Korrosion

In Durchlauf-Kühlsystemen können Beläge durch Ablagerung ungelöster Stoffe (aus dem Wasser und von der Herstellung des Netzes), durch Korrosionsprodukte, mikrobielle Aktivitäten und z. B. Muschelbewuchs auftreten. Korrosion kann unter Ablagerungen, durch ungünstige Bedingungen während Stillständen oder im Betrieb bei lokal zu hoher Wassergeschwindigkeit (Erosionskorrosion) auftreten.

Wegen der meist geringen Aufheizspanne des Kühlwassers ist kaum mit der Ausscheidung von Erdalkaliverbindungen (Wasserstein) zu rechnen – ausgenommen an sehr heißen Oberflächen. Am häufigsten führen Korrosionsprodukte, Algen und Bakterien zu unerwünschten Ablagerungen und Störungen.

Korrosionsschäden an unlegiertem, feuerverzinktem und nichtrostendem Stahl sowie an Kupferwerkstoffen sind in den betrachteten Systemen nicht selten, zumal u. a. für Luftkühler sehr dünnwandiges Material verwendet wird, das zudem sowohl von der Herstellung z. B. an Lötverbindungen als auch vom Transport vorgeschädigt sein kann.

Bei Stagnation und unter Rückständen führt Sauerstoffmangel zu Veränderungen an den Schutzschichten, durch Zersetzung organischer Stoffe entsteht Schwefelwasserstoff und Ammoniak, die an Kupferwerkstoffen Schäden verursachen können.

Spezielle Bakterien können unter Ablagerungen lokal Säuren zu produzieren, die sowohl Kupfer- als auch Eisenwerkstoffe angreifen.

In Durchlaufsystemen kann an Eisenwerkstoffen Loch-, Mulden-, Spalt- und Kontaktkorrosion auftreten, die meist dem Typ der Sauerstoffkorrosion zuzuordnen ist. An Kupferwerkstoffen ist Loch-, Erosions- und auch Spannungsrisskorrosion möglich. Die Inbetriebnahme- und Betriebsbedingungen sind oft entscheidend.

M1.2.2
Schutz vor Ablagerung und Korrosion

Durchlauf-Kühlwasser soll arm an ungelösten Stoffen sein, um Ablagerungen und Korrosion zu vermeiden. Dies gilt besonders für Systeme aus metallischen Werkstoffen, die auch technisch so zu gestalten sind, dass Sedimentbildung und Luftpolster weitestgehend vermieden werden. Bei Oberflächentemperaturen < 60 °C ist eine Wasserbehandlung meist nicht notwendig, um die Ausscheidung von Wasserinhaltsstoffen zu unterbinden. Der Korrosionsschutz ist vorrangig durch die Wahl geeigneter Werkstoffe zu realisieren. Abhängig von den Betriebsbedingungen und von der Zusammensetzung des Wassers, wobei nach DIN 50930 von dessen Neigung zur Schutzschichtbildung ausgegangen wird, kommen folgende Werkstoffe in Frage:

- Unlegierter Stahl *nur* bei ausreichender und nahezu kontinuierlicher Durchströmung, sowie Füllung aller Netzbereiche (Gasblasen können zur Korrosion in 12:00 Position führen). Mit dem Austrag von Rost ist zu rechnen. Extrem korrosionsfördernd sind Betriebszeiten von nur wenigen Stunden täglich.
- Verzinkter Stahl nach DIN EN 10240 (DIN 2444) oder DIN EN ISO 1461 (DIN 50976), auch bei zeitweiliger – aber nur kurzer Stagnation, aber 100%iger Füllung, bevorzugt mit geflanschten oder verschraubten, weniger mit hartgelöteter Verbindungen. Mit geringem Rostaustrag ist zu rechnen. Verzinktes Material darf nicht mit Wasser aus Cu-Systemen beaufschlagt werden, da dessen geringe Cu-Gehalte an verzinktem Stahl Lochfraß begünstigt.
- Nichtrostender Stahl rostet nicht in Anwesenheit von Wasser und Sauerstoff, ist aber anfällig gegen Loch- und Spaltkorrosion im Bereich von Schweiß- und Flanschverbindungen sowie unter Ablagerungen. Die Verarbeitung von meist dünnwandigem Rohrmaterial mit oft lieferbedingter Unrundheit darf nur von erfahrenem Personal unter strikter Einhaltung der Verarbeitungsrichtlinien erfolgen.
Cr-Ni-Mo-Stähle, z. B. Werkstoff 1.4571, oder besser 1.4404 und Cr-Stähle mit 2–4% Molybdän sind bis zu Chloridgehalten von ca. 200 mg/l als Rohrmaterial relativ korrosionsbeständig. Für Plattenwärmetauscher sind u. U. höher legierte Cr-Ni-Mo-Stähle, z. B. Werkstoff 1.4439 oder 1.4539 zu empfehlen.
- Kupfer und Kupferlegierungen sind bei zeitweiliger Stagnation – aber 100%iger Füllung, bevorzugt in weichgelöteter Verbindungstechnik einsetzbar, wenn deren Verarbeitungs- und Inbetriebnahme-Bedingungen eingehalten werden. Am Übergang von Stahl oder verzinktem Stahl auf Kupfer sind Feinfilter erforderlich. Für Wärmeaustauscher weiche Cu-Rohre vermeiden!

- Titan ist für Plattenwärmeaustauscher besonders zu empfehlen, da es in den beschriebenen Medien korrosionsbeständig ist, aber teuer.
- Kunststoffe sind das zu bevorzugende Rohrmaterial, weil nur sie einen Betrieb mit unterschiedlichem Durchfluss und Füllzustand erlauben. Polyethylen (PE) und Polypropylen (PP) sind nur schweißbar, PVC und PVDC sind kleb- und schweißbar (aber schlechter zu entsorgen), Glasfaserkunststoffe (GFK) haben eine erhöhte Festigkeit, sind aber nur verklebbar und teurer als die genannten Thermoplaste.
- Gummierter Stahl ist sehr gut verwendbar und stabil, aber oft zu teuer.

Zum chemischen Korrosionsschutz und zur Wasserbehandlung sind in Absprache mit der Behörde, wenn überhaupt, nur wenige Mittel zulässig, deren Dosierung relativ exakt erfolgen und auch überwacht werden muss, siehe M1.2.3.

M1.2.3
Wasseraufbereitung und Konditionierung

Oberflächenwasser ist nach mechanischer Vorreinigung (Rechen, Siebbandfilter o. ä.) und Kiesfiltration (ggf. nach Flockung) von ungelösten Bestandteilen zu befreien. Uferfiltrat soll klar gefördert werden und ausreichend Sauerstoff enthalten.

Grund- und **Brunnenwasser** muss bei Sauerstoffmangel ($< 2\,mg/l\,O_2$) und Anwesenheit von Schwefelwasserstoff belüftet werden. Es muss enteisent/entmangant werden, wenn erhöhte Eisen- und Manganwerte (Fe $> 0{,}3\,mg/l$; Mn $> 0{,}1\,mg/l$) vorliegen.

Trinkwasser kann qualitativ direkt als Kühlwasser verwendet werden.

Bei Einhaltung der Temperaturgrenze für die Rückleitung von Durchlaufkühlwasser von max. 35 °C ist kaum mit Kalkausscheidungen zu rechnen und deshalb meist keine diesbezügliche Wasserbehandlung erforderlich. Für korrosive Wässer nach DIN 50930 ist die Wahl eines beständigen Werkstoffes unter Berücksichtigung der Betriebsbedingungen sehr wichtig, eine Wasserbehandlung hilft oft nur sehr begrenzt. Zum Schutz vor Algen und Bakterien können sporadisch Biozide erforderlich werden. Für Rohrwärmeaustauscher ist in Abständen eine Reinigung mittels Bürsten oder Schwammkugeln wichtig.

Zur Wasseraufbereitung sind die Anforderungen des Anhanges 31 der Rahmen-AbwasserVwV [M-1] verbindlich. Zur Wasserbehandlung dürfen nur Mittel angewendet werden, die zur Trinkwasserbehandlung [M-2] zugelassen sind und dem Anhang 31 der Rahmen-AbwasserVwV entsprechen. In Frage kommen u. a. Phosphate, Silicate und Alkalihydroxide, als Biozide im Dauereinsatz nur Wasserstoffperoxid und Ozon. Die Dosierung muss mengenabhängig erfolgen und auch überwacht werden.

M1.3
Kreislaufkühlsysteme

M1.3.1
Belagbildung und Korrosion

In Kreislauf-Kühlsystemen können Beläge und Korrosion durch Ablagerung ungelöster Stoffe (aus dem Wasser und von der Fertigung des Netzes), durch Korrosionsprodukte und – besonders bei offenen Systemen – durch mikrobielle Aktivitäten auftreten.

In **geschlossenen** Systemen aus metallischen Werkstoffen kann bei richtiger baulicher Ausführung (u. a. Sauerstoffzutritt vermeiden), geeigneter Wasserqualität und geringen Wasserverlusten ein problemloser Betrieb relativ leicht eingestellt werden. Druckhaltung mittels Pressluft ist abzulehnen, da kontinuierlich Sauerstoff eingetragen wird.

In **offenen Systemen** ist wegen der Belüftung, der Aufkonzentration gelöster Stoffe des Kreislaufwassers (durch Verdunstung von Wasser) und der aus der Luft ausgewaschenen Bestandteile organischer (Blütenstaub, Pflanzenteile, Insekten) und anorganischer Art (Staub, Ruß) die Aufbereitung und Behandlung aufwendiger als bei Durchlaufsystemen. Mit der Ablagerung von ungelösten Stoffen, von Erdalkaliverbindungen (Wasserstein) und Korrosionsprodukten sowie mikrobiellem Bewuchs ist zu rechnen. Dient das Wasser aus dem Rückkühlwerk direkt als Kühlmedium, sind die genannten Probleme auch im Kühlwassernetz zu erwarten und entsprechende Gegenmaßnahmen vorzusehen.

Bei Integral-Rückkühlwerken mit kleinem offenen Wasserkreislauf und eingebauten Kühlregistern, in denen das System-Kühlmedium indirekt gekühlt wird, ist eine aufwendige Filtration meist nicht notwendig. Probleme können sich aber durch Verkrustung und Korrosion an der Außenseite der Kühlregister ergeben, wenn z. B. an Randzonen Inhaltsstoffe des Kühlwassers zu stark aufkonzentriert werden.

Korrosionsschäden an unlegiertem, feuerverzinktem und nichtrostendem Stahl sowie an Kupferwerkstoffen sind in den betrachteten Systemen nicht selten, sind aber durch geeignete Wasseraufbereitung und -behandlung in Grenzen zu halten. Rückkühlwerke aus verzinktem Stahl sind nicht mehr Stand der Technik, da sie auch bei geeigneter Wasserbehandlung sehr schnell korrodieren.

Bei Stagnation und unter Rückständen sind die gleichen Probleme zu erwarten wie bei Durchlauf-Systemen, siehe M1.2.1; Belagbildung und Korrosion durch Bakterien tritt häufiger auf.

Die Inbetriebnahme- und Betriebsbedingungen sind meist entscheidend. Strömungsbeeinflusste Korrosion ist ebenso möglich wie die unter M1.2.1 beschriebenen anderen Korrosionsarten.

M1.3.2
Schutz vor Ablagerung und Korrosion

Kreislauf-Kühlwasser soll möglichst wenig ungelöste Stoffe enthalten, um Sedimentbildung und Korrosion zu mindern. Dies gilt besonders für Systeme aus metallischen Werkstoffen, die zudem technisch so zu gestalten sind, dass sich möglichst keine Ablagerungen und Luftpolster bilden können.

In **geschlossenen Systemen** mit Oberflächentemperaturen < 60 °C ist meist keine besondere Wasserbehandlung notwendig, um die Ausscheidung von Wasserinhaltsstoffen zu verhindern. Der Korrosionsschutz ist einfach, wenn der Zutritt von Sauerstoff (wie in Heizanlagen) weitgehend unterbunden und ein pH-Wert von 8.5–10, ideal 9–9,5 eingehalten wird. Salzarmes Kreislaufwasser mit einer Leitfähigkeit < 300 µS/cm ist anzustreben, 1000 µS/cm sollten nicht überschritten werden.

Unter diesen Bedingungen sind unlegierter und nichtrostender Stahl, Kupfer, Messing und Rotguss, auch in Mischinstallation, einsetzbar, wogegen verzinkter Stahl und Aluminium nur nach Anpassung der Wasserverhältnisse verwendet werden sollte. Verzinkter Stahl ist bei der Verwendung von Frostschutzmitteln nicht verwendbar. Kunststoffrohre können zu erhöhtem Sauerstoffeintrag führen.

Bei **offenen Systemen** gelangen immer luftgetragene Feststoffe in das Kühlwasser, weshalb eine Teilstromfiltration für ca. 5–8, max. 10% der Umwälzmenge vorgesehen werden soll. Für große und mittelgroße Systeme eignen sich automatisch arbeitende Kiesfilter, die auch Feststoffe < 10 µm abscheiden. Für kleinere Anlagen sind normale Kies-, Platten- oder Kerzenfilter sowie automatische Rückspülfilter (s. Bd. I, L5.2.1) geeignet, wobei letztere nicht so fein filtrieren aber für Integral-Rückkühlwerke ausreichen. Insekten, Laub o. ä. sollten bereits durch Gitter an den Zuluftöffnungen der Rückkühlwerke abgehalten werden. Dispergiermittel können die Ablagerung von feinen Feststoffen deutlich mindern. Für offene Verdunstungs-Rückkühlsysteme sind die Anforderungen des Anhanges 31 der Rahmen-AbwasserVwV [M-1] zu beachten.

Die Anreicherung wasserlöslicher Salze ist durch Absalzung oder Abflutung von Umlaufwasser zu begrenzen. Leitfähigkeitsgesteuerte automatische Absalzvorrichtungen erleichtern den Betrieb. Die Nachspeisung und Chemikalienzugabe soll räumlich möglichst entfernt von der Absalzung erfolgen.

Um Kalkabscheidung aus dem Wasser zu mindern, ist die Stabilisierung der Karbonathärte durch Chemikalien oder eine geeignete Wasseraufbereitung erforderlich, die auf die betrieblichen Belange abzustimmen ist. Durch Dosierung organischer Mittel kann man Karbonathärte bis ca. 5 mmol/l in Lösung halten.

Mikrobielles Leben ist durch sporadische Dosierung geeigneter Biozide (s. Anhang 31 Rahmen-AbwasserVwV [M-1]) zu begrenzen. Für Rohrwärmeaustauscher ist in Abständen eine Reinigung mittels Bürsten oder Schwammkugeln dringend angeraten.

Der Korrosionsschutz ist durch chemische Mittel und die Wahl geeigneter Werkstoffe zu realisieren. Chemische Mittel können nur bei Wasserdurchfluss, völliger Füllung der Netze und ausreichender Dosierung zum Korrosionsschutz beitragen. Regelmäßige Stagnation und zeitweise Teilfüllung erfordert die Verwendung entsprechender Werkstoffe, z. B. Kunststoff. Für offene Systeme kommen folgende Werkstoffe in Frage:

- Unlegierter Stahl *nur* bei ausreichender und weitgehend kontinuierlicher Durchströmung und Füllung in allen Netzbereichen und darauf abgestimmter chemischer Kühlwasserbehandlung. Mit dem Austrag von Rost ist zu rechnen.
- Verzinkter Stahl nach DIN EN 10240 (DIN 2444) oder DIN EN ISO 1461 (DIN 50976), siehe M1.2.2, aber auch nur in Verbindung mit darauf abgestimmter chemischer Kühlwasser-Konditionierung. Verzinkter Stahl ist für Rückkühlwerke nicht mehr Stand der Technik!
- Nichtrostender Stahl, siehe M1.2.2. Möglichst belagfreie Oberflächen sind durch Teilstromfiltration und Dispergiermittel sicherzustellen.
- Kupfer/Kupferlegierungen, siehe M1.2.2. Weitgehend belagfreie Oberflächen sind durch Teilstromfiltration und Dispergiermittel sicherzustellen.
- Titan ist für Plattenwärmeaustauscher besonders zu empfehlen, da es in den beschriebenen Medien korrosionsbeständig ist, aber teuer.
- Kunststoffe sind das zu bevorzugende Rohrmaterial, weil nur sie einen Betrieb mit unterschiedlichem Durchfluss und Füllzustand erlauben. Weiteres siehe M1.2.2.
- Gummierter Stahl ist gut verwendbar aber oft zu teuer.

M1.3.3
Wasseraufbereitung, Konditionierung und chemische Anforderungen an das Kühlwasser

Für **geschlossene Systeme** ist keine eigene Wasseraufbereitung erforderlich. Salzarmes Füllwasser z. B. entsalztes Wasser und Permeat, auch von Kraftwerken oder aus geliehenen Mischbettfiltern, ist vorteilhaft; die Nachspeisung kann dann mit Trinkwasser erfolgen. Das Umwälzwasser soll schwach alkalisch (pH-Wert 8,5–10,0 optimal 9–9,5) und sauerstoffarm ($O_2 < 0,1$ besser $< 0,05$ mg/l) sein. Wenn sich der erforderliche pH-Wert nicht selbst einstellt, soll dies durch Dosierung von Natronlauge erfolgen. Ein ausreichend niedriger Sauerstoffgehalt ergibt sich in Präsenz von unlegiertem Stahl – wie in Heizungsanlagen – i. d. R. von selbst. Die Druckhaltung mittels Pressluft ist abzulehnen. In Gegenwart von Kupferwerkstoffen sollen die Ammoniumkonzentration 10 mg/l NH_3 und der pH-Wert 9,3 nicht übersteigen.

Bei Frostschutzmittel-Füllung sind die Einsatzbedingungen der Hersteller genau einzuhalten, manche Mittel sind unverträglich mit verzinkten Werkstoffen. Die Zusammensetzung soll jährlich einmal vom Mittelhersteller u. a. auf den Frost- und Korrosionsschutz untersucht werden.

Für **offene Rückkühlwerke** ist die Wasseraufbereitung primär auf eine Verminderung der belagbildenden Karbonathärte abzustimmen, wenn deren Konzentration über 1–1,5 mmol/l liegt.

Die einfachste Art der Wasserbehandlung ist die Dosierung von Chemikalien zur Stabilisierung der Karbonathärte, was besonders für relativ weiche Wässer gilt. Je nach Wasserpreis und Zusammensetzung des Wassers kann aber eine hohe Abflutmenge die Folge sein und zu unwirtschaftlichem Betrieb führen.

Der billigste Weg, die Karbonathärte bzw. den Gehalt an Calciumhydrogenkarbonat zu reduzieren, ist die bedarfsorientierte Dosierung von Schwefelsäure (Handhabung von Schwefelsäure für kleinere Anlagen nicht zu empfehlen!), wobei freie Kohlensäure und Gips (bis ca. 3 g/l bei 20 °C in Wasser löslich!) entstehen. Die Kohlensäure muss im korrosionsgeschützten Rückkühlwerk weitgehend ausgetrieben werden, um Korrosion an metallischen Werkstoffen (ausgenommen Edelstahl) zu mindern. Durch die Schwefelsäure wird der Sulfatgehalt des Kühlwassers erhöht, über 600 mg/l SO_4 wird das Wasser betonangreifend (auch Limit für das Einleiten in Sammelkanalisationen).

Die Enthärtung ist die häufigste Art der Wasseraufbereitung und auch für kleinere Anlagen geeignet. Reines Weichwasser vermeidet Wasserstein-Ausscheidung, ermöglicht aber keine Schutzschichtbildung auf unlegiertem und verzinktem Stahl und erhöht das Risiko der Korrosion von Kupferwerkstoffen, weshalb es mit Rohwasser auf eine Härte von 0.5–1,5 mmol/l verschnitten werden soll. Zu stark verschnittenes Weichwasser führt, im Vergleich zum Rohwasser, zu einer verstärkten Ausscheidung von Wasserstein, weil sich durch enthärtetes Wasser ein erhöhter pH-Wert einstellt. Umwälzwasser ohne Härtestabilisierung mit einer Karbonathärte von ca. 1,5 mmol/l bei ca. 0,5 mmol/l im Nachspeisewasser und etwa dreifacher Eindickung ist akzeptabel, wenn zugleich ein pH-Wert von 9,3 nicht überschritten wird. Bei Dosierung von Härte-Stabilisierungsmitteln sind im Kreislauf-Kühlwasser Werte bis zu 5 mmol/l tolerierbar.

Die ausfällbare Karbonathärte ist optimal durch Wasserstoff-Entkarbonisierung (s. Bd. I, L5.5/5.6) mittels Ionenaustauscher zu entfernen. Die dabei entstehende Kohlensäure soll mittels Kohlensäure-Rieseler auf < 10 mg/l CO_2 reduziert werden; Werkstoffabhängig kann zudem die Dosierung alkalischer Mittel erforderlich sein. Die Entkarbonisierung mittels Kalk ist für haustechnische Anlagen nicht geeignet.

Die Entkarbonisierung mittels Ionenaustauscher ist erst für größere Systeme wirtschaftlich oder wenn entkarbonisiertes Wasser auch für andere Zwecke benötigt wird, z. B. zur Luftbefeuchtung oder Dampferzeugung.

Für alle offenen Systeme ist der Einsatz geeigneter Korrosionsschutz- und Dispergiermittel, sporadisch auch von Biozid, erforderlich, der nach Angaben der Mittelhersteller zu erfolgen hat. Die Mittel müssen dem Anhang 31 der Rahmen-AbwasserVwV [M-1] entsprechen.

Wasserchemische Empfehlungen an das Umwälzwasser von Verdunstungs-Rückkühlsystemen enthält die VDI 3803 [M-9], A4, Tabelle 10.

Mit neuen organischen Mitteln wie Phosphonaten, Carboxylaten und Polycarbonsäuren ist eine Stabilisierung der Karbonathärte bis zu ca. 5 mmol/l (ca. 30 °d) möglich.

M2
Kaltwasser- und Zwischenkühlkreisläufe

M2.1
Übersicht und Definitionen

Beide Systeme werden meist in geschlossener Bauart erstellt und können Frostschutzmittel enthalten.

Kaltwasser-Kreisläufe, meist bei 6/12 °C betrieben und durch Kälteerzeuger gekühlt, dienen zum Transport von Kälte, können aber auch mit Heizsystemen (z. B. in Induktionsgeräten) verbunden sein.

Zwischenkühl-Kreisläufe trennen empfindliche Verbraucher von offenen Rückkühlsystemen um Belagbildung (Verstopfungen) und Korrosion zu minimieren.

Für beide Systeme ist eine offene (belüftete) Bauweise zu vermeiden, weil dann der Korrosionsschutz sehr erschwert wird. Eine Druckhaltung mit Pressluft ist abzulehnen. Bei geschlossener Bauweise und schwach alkalischem, sauerstoffarmem Umwälzwasser ist – wie in geschlossenen Heizanlagen – die Mischinstallation diverser Werkstoffe ohne besonderen Chemikalieneinsatz möglich.

M2.2
Belagbildung und Korrosion

Für geschlossene Systeme gelten dieselben Betrachtungen wie für geschlossene Kühlkreisläufe, siehe M1.3.1. Wenn eine Verbindung zu Heizanlagen besteht, kann Wasser mit zu hoher Erdalkalikonzentration (Härte) zu Belagbildung in Heizkesseln führen. Offene (belüftete) Systeme aus unlegiertem Stahl sind korrosionsanfällig. Frostschutzmittel enthalten Korrosionsinhibitoren, schließen aber z. T. den Einsatz verzinkter Werkstoffe aus. Bei geschlossenen und offenen Zwischenkühlsystemen kann es zu Störungen durch mikrobielles Wachstum kommen.

M2.3
Schutz vor Belagbildung und Korrosion

Für geschlossene Systeme gelten dieselben Betrachtungen wie für geschlossene Kühlkreisläufe, siehe M1.3.2. Wenn eine Verbindung zu Heizanlagen besteht, sind eine geschlossene Bauweise und Füllung mit Wasser niedriger Erdalkalikonzentration (Härte) Voraussetzung. Offene (belüftete) Systeme sind von Anfang an durch geeignete Mittel und Inhibitoren vor Belagbildung und Korrosion zu schützen. Frostschutzmittel enthalten auch Korrosionsinhibitoren, schließen aber z. T. den Einsatz verzinkter Werkstoffe aus. Mikrobielle Probleme sind nach intensiver Spülung durch Einsatz geeigneter Biozide zu lösen.

M2.4
Wasseraufbereitung, Konditionierung und chemische Anforderungen an das Kalt- und Kühlwasser

Für geschlossene Systeme gelten dieselben Betrachtungen wie für geschlossene Kühlkreisläufe, siehe M1.3.3.

Wenn eine Verbindung zu Heizanlagen besteht, ist zumindest enthärtetes Füll- und Ergänzungswasser vorzusehen. Salzarmes Wasser mit Leitfähigkeit < 300 µS/cm ist vorteilhaft. Die wasserchemischen Anforderungen an diese Systeme entsprechen den von geschlossenen Kühlsystemen und Heizanlagen, d. h. schwach alkalisches und sauerstoffarmes Medium, möglichst mit geringem Salzgehalt, ist anzustreben (s. M1.3.3).

Unter diesen Bedingungen sind unlegierter und nichtrostender Stahl sowie Kupferlegierungen ohne Probleme nebeneinander einsetzbar. Technisch luftdichte Netze erfordern keine zusätzlichen Sauerstoffbinder oder Korrosionsinhibitoren.

M3
Luftbefeuchtungssysteme

M3.1
Übersicht und Definitionen

Die Befeuchtung von Luft erfolgt nach zwei grundsätzlich verschiedenen Verfahren, entweder durch Versprühen bzw. Verdunsten von Wasser oder durch Einblasen von Dampf (s. G5).

Zu den **Sprühsystemen** zählen die Umlauf-Sprühbefeuchter (Luftwäscher), Düsen-, Ultraschall- und motorischen Zerstäuber. Relativ selten sind Verdunstungsbefeuchter, die mit Wasserfilmen an großen Oberflächen ohne Tröpfchenbildung arbeiten.

Dampf zur Befeuchtung kann entweder von kleinen Elektrodampfkesseln, Dampfumformern oder aus einer zentralen Dampferzeugung stammen.

Bei den Sprühbefeuchtern erfolgt entweder eine begrenzte (Umlaufsprühbefeuchter) oder eine vollständige (Zerstäuber) Verdunstung von Wasser und damit eine unterschiedliche Belastung der Luft mit mineralischen und mikrobiellen Wasserinhaltsstoffen.

Dampfbefeuchter (s. 5.3.1) arbeiten mit praktisch keimfreiem Dampf, der aber flüchtige Stoffe und mitgerissenes Kesselwasser und dessen Inhaltsstoffe enthalten kann.

Die wasserchemischen Anforderungen für alle Befeuchtungssysteme ergeben sich deshalb aus den Anforderungen an die Luftqualität. In Systemen, die Wasser als Befeuchtungsmedium nutzen, muss zusätzlich für Keimarmut, Korrosions- und Belagsminimierung gesorgt werden.

M3.2
Sprühbefeuchter

M3.2.1
Belagbildung und Korrosion

Ablagerungen können in Sprühbefeuchtern durch ausgeschiedene Wasserinhaltsstoffe und Mikroorganismen, bei Umlaufsprühsystemen auch durch lufttragene Stoffe (Staub) und Korrosionsprodukte auftreten.

Korrosion ist an metallischen Bauteilen von allen Sprühbefeuchtern möglich, wenn die Werkstoffe nicht den Betriebsbedingungen angepasst sind. Saure Bestandteile der Luft (s. Bd. 1, L3.6) können zu stark aggressivem Umlaufwasser führen. Durch Tröpfchenauswurf und Wasserfilme kann Korrosion an Nacherhitzern, Gebläsen und in Luftkanälen auftreten; Feuchtigkeit in Luftkanälen birgt zudem hygienische Gefahren.

M3.2.2
Schutz vor Belagbildung und Korrosion

Für Düsen-, Ultraschall- und motorische Zerstäuber ist salzarmes Wasser (Leitfähigkeit < 50, besser < 30 µS/cm, bei hoher Anforderung an die Luftqualität < 10 µS/cm) Voraussetzung, um die Luft nicht zu stark mit Salzen des versprühten Wassers zu verunreinigen. Unter diesen Bedingungen ist auch Belagbildung und Korrosion minimiert.

Für Umlaufbefeuchter (z. B. Wäscher) ist Wasser mit höherem Salzgehalt akzeptabel, wenn die Aufkonzentration von wasserlöslichen Salzen durch angepasste Abflutung von Kreislaufwasser – auch wegen dessen Verkeimung – begrenzt wird (s. Bild G5-8). Die Verwendung von enthärtetem oder teilentsalztem Wasser ist anzustreben. Hohe Luftqualität erfordert teilentsalztes Wasser oder Permeat; vollentsalztes Wasser ist eher nachteilig, weil es bereits durch Luftkohlensäure sauer reagiert. In Sonderfällen kann Trinkwasser (besonders salzarmes Trinkwasser mit Leitfähigkeit < 100 µS/cm) bei angepasster Abflutung ausreichend sein. Trinkwasser mit hoher Karbonathärte (> ca. 3 mmol/l) und Leitfähigkeit > 500 µS/cm erfordert hohe Abflutung (> 400% der verdunsteten Wassermenge), s. auch G5.1.

Dem mikrobiellen Wachstum ist durch Einsatz geeigneter, nicht schäumender, geruchsneutraler und humantoxikologisch unbedenklicher Mittel oder durch Verwendung von Wasserstoffperoxid, in Kombination mit UV-Brennern, entgegenzuwirken. Für große Anlagen mit zentraler Behandlung des Kreislaufwassers optimal ist eine Behandlung mit Ozon und anschließender Filtration über Aktivkohle zum Zerstören überschüssigen Ozons (wie bei modernen Schwimmbädern). Dadurch kann sowohl mikrobielles Leben höchst effizient unterbunden, als auch die organische Belastung – auch die durch geruchsbildende Stoffe – stark vermindert werden.

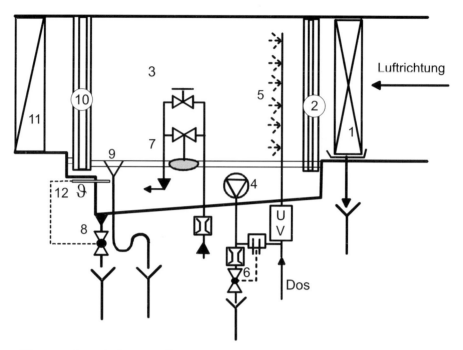

Bild M3-1 Schematische Darstellung eines Umlaufsprühbefeuchters mit wichtigen Ausrüstungsteilen:
1) Luftkühler und gut zu reinigende Kondenswasser-Ableitung,
2) Strömungsgleichrichter, korrosionsbeständig,
3) „Wäscherkammer" glattflächig, korrosionsbeständig, mit Gefälle im Boden in Luft-Strömungsrichtung,
4) Umwälzpumpe und außenliegende, leicht zu reinigende Leitfähigkeitsmesszelle, ggf. mit außenliegender Dosierstelle und UV-Brennereinheit,
5) Düsenstock mit Sprühdüsen aus Edelstahl oder Kunststoff,
6) Absalzung/Abflutung aus der Druckleitung, leitfähigkeitsgesteuert, möglichst mit Wasserzähler,
7) Nachspeisung (automatisch, niveaugesteuert) mit Wasserzähler, Injektorleitung am Boden und außen liegendem, manuell bedientem, Überstauventil,
8) Abschlammung (manuell, sporadisch) und Entleerung mit Dejektorrohr zur Entfernung von Sedimenten,
9) Überlauf- und Überstau-Rinne mit Siphon zur sporadischen Entfernung von Schwimmstoffen,
10) Tropfenabscheider, gut wirkend, korrosionsbeständig, beidseitig zur Reinigung zugänglich,
11) Nacherhitzer, möglichst ohne Al-Lamellen

Durch optimierte konstruktive Ausführung, Bilder M3-1 und G5-2, können in Umlaufbefeuchtern Probleme durch Ablagerungen gemindert und die Reinigung erleichtert werden.

Der Korrosionsschutz der Systeme ist durch Wahl geeigneter Werkstoffe sicherzustellen. In Frage kommen nichtrostender Stahl, Kupferwerkstoffe (bes. Rotguss, Bronze) und Kunststoffe (PE, PP, PVC, GFK, s. M1.2.2), bei letzteren ist ggf. auf UV-Beständigkeit zu achten. Keramische Platten sind für „Wäscherkammern" ebenfalls geeignet.

M3.2.3
Wasseraufbereitung, Konditionierung und chemische Anforderungen an Wasser zur Luftbefeuchtung

Bei **Sprühsystemen**, die Wasser restlos verdunsten, ist dessen Gehalt an nicht flüchtigen Wasserinhaltsstoffen (Salzgehalt) und an Keimen entscheidend. Der Salzgehalt kann durch Umkehrosmose (UO), Entsalzung oder Vollentsalzung (s. Bd. I, L5.6.5 und L5.7) von Trinkwasser und durch Einsatz reinen Dampfkondensates ausreichend niedrig gehalten werden.

Bei der Wasseraufbereitung können sich Probleme durch Keime ergeben, wenn die Anlagen nur sporadisch betrieben werden, da lange Standzeiten (z. B. im Sommer) das Keimwachstum auf Ionenaustauschern und Membranen von UO-Anlagen begünstigen. Im Dauerbetrieb besteht diese Gefahr kaum, auch nicht bei Verwendung reinen Kondensates (kondensierter Dampf) aus anderen Betriebsbereichen.

Bei **Umlaufbefeuchtern** (und Lamellenverdunstern) (s. G5.2) kann ein gewisser Salzgehalt im Umlaufwasser akzeptiert werden, solange die Salze wasserlöslich bleiben. Die Reinheit der befeuchteten Luft ist von der Wirkung der Tropfenabscheider und vom Salzgehalt des Umlaufwassers abhängig. Hinweise zur Wasserbehandlung enthält M3.2.2. Je nach Rohwasserqualität und Anforderung an die befeuchtete Luft ist die Verwendung von Rohwasser möglich, bzw. von Weichwasser, teilentsalztem Wasser und Permeat sowie von entsalztem Wasser erforderlich. Auch Kondensat ist gut geeignet.

Die Anreicherung wasserlöslicher Salze ist durch Absalzung/Abflutung von Umlaufwasser zu begrenzen. Leitfähigkeitsgesteuerte automatische Absalzvorrichtungen erleichtern den Betrieb.

Die Nachspeisung und Chemikalienzugabe sollte räumlich möglichst entfernt von der Absalzung erfolgen.

Wasserchemische Empfehlungen an das Umwälzwasser von Sprühbefeuchtern enthält die VDI 3803 [M-9], A4, Tabelle 9. Mit neuen organischen Mitteln ist eine Stabilisierung der Karbonathärte bis zu ca. 5 mmol/l (ca. 30 °d) möglich.

Wenn das System aus den in M3.2.2 beschriebenen Werkstoffen besteht, ist ein definierter Calciumgehalt im Umlaufwasser nicht erforderlich.

Zur Keimreduktion ist der Einsatz von Bioziden (s. M3.2.2) oder besser die Verwendung von 30–150 mg/l Wasserstoffperoxid im Verbund mit einem nach der Umwälzpumpe eingebauten UV-Brenner möglich. Da die Wirkung der UV-Strahlen in klarem Wasser nur wenige mm beträgt und Beläge stören, ist ein gut zu reinigender UV-Brenner außerhalb der „Wäscherkammer" vorteilhaft.

M3.3
Dampfbefeuchter

M3.3.1
Anforderungen an den Dampf

Dampf ist zum Befeuchten von Luft hervorragend geeignet, wenn er entsprechend rein ist. Bei Temperaturen > 130 °C ist er steril und bietet im medizinischen Bereich und in Reinräumen entscheidende Vorteile. Der Dampfbedarf kann sowohl aus einer zentralen Versorgung als auch mittels Elektro- oder sog. Reindampferzeuger gedeckt werden.

Je nach Bauart und Betriebsweise (s. G5.3) des Dampferzeugers, sowie der Wasserqualität im Dampferzeuger kann der erzeugte Dampf mehr oder weniger verunreinigt sein durch
- mitgerissenes Wasser und Salze aus dem Dampferzeuger,
- flüchtige Konditionierungsmittel (z. B. Ammoniak, Hydrazin, Amine),
- durch Kondenswasser und
- Korrosionsprodukte aus den Leitungen.

Die Qualität des Dampfes aus kleinen Elektrokesseln und Niederdruck (ND)-Dampferzeugern < 1 bar ist (durch das vergleichsweise höhere spez. Dampfvolumen und der schlechteren Wasser/Dampftrennung) meist schlechter als die von Hochdruck (HD)-Dampferzeugern ≥ 5 bar, die nach Druckreduzierung zudem trockenen, leicht überhitzten Dampf liefern. Für ND- und HD-Dampfkessel existieren Richtlinien [M-3, 4] die wasserchemische Anforderungen für einen störungsfreien Betrieb bei ausreichender Dampfqualität beschreiben (s. Bd. I, L11).

Die v. g. nationalen Qualitätsanforderungen an das Speise- und Kesselwasser von Dampfkesseln werden durch EU-Normen ersetzt, siehe DIN EN 12953-10 [M-5] für Großwasserraumkessel und DIN EN 12952-12 [M-6] für Wasserrohrkessel.

Abhängig von der Anforderung an die Luft, soll die Leitfähigkeit des kondensierten Dampfes 20 µS/cm nicht übersteigen, wobei angenommen ist, dass ca. die Hälfte dieses Wertes durch (bei der Befeuchtung unrelevantes) flüchtiges Kohlendioxid verursacht wird. Für Reinräume sollen der Festsalzgehalt des Dampfes unter 1 max. 2 mg/kg und die Leitfähigkeit bei 25 °C unter 5 µS/cm liegen. Richtig betriebene HD-Dampferzeuger mit entsprechender niedriger Leitfähigkeit im Kesselwasser und ausreichendem Dampfraum liefern im Dauerbetrieb Dampf der geforderten Qualität.

Befeuchtungsdampf soll arm an flüchtigen Konditionierungsmitteln, wie z. B. Ammoniak (< 5 mg/kg NH_3, in Krankenhäusern besser < 1 mg/kg NH_3) sein und darf keine giftigen Stoffe, wie z. B. Hydrazin (< 0,005 mg/kg N_2H_4) enthalten. Andere flüchtige Chemikalien sind zu vermeiden (s. DIN 1946), auch wenn Gutachten von Hygieneinstituten den Einsatz m. E. billigen. Ammoniak im Dampf ist bis zu den genannten Grenzen toxikologisch unbedenklich (MAK-Wert für

Ammoniak: 35 mg/m^3 Luft). Bei Befeuchtungsdampfmengen von 30 g/m^3 Luft und 5 bzw. 1 mg/kg NH$_3$ im Dampf erhöht sich der Ammoniakgehalt der Luft nur um 0,15 bzw. 0,03 mg/m^3.

Dampfleitungen aus unlegiertem Stahl verursachen keine Probleme mit Korrosionsprodukten, wenn die Leitungen dauernd unter Druck stehen, richtig entwässert werden und der Dampf schwach mit Ammoniak alkalisiert ist. Leitungen aus nichtrostendem Stahl führen, auch bei Belüftung, zu keinen Korrosionsprodukten im Dampf. Zeitweilig belüftete Leitungen sollten deshalb aus v. g. Werkstoffen bestehen.

Befeuchtungsdampf muss entwässert bzw. trocken sein. Vorteilhaft ist leicht überhitzter Dampf, wie er nach Entspannung von HD-Dampf anfällt.

M3.3.2
Maßnahmen zur Verbesserung der Dampfqualität

Hochdruck-Dampferzeuger > 5 bar liefern, besonders bei stark schwankendem Bedarf, relativ reinen Dampf, weil sie einen höheren Wärmeinhalt und eine bessere Wasser/Dampftrennung aufweisen als ND-Dampferzeuger mit < 1 bar. Bei Bedarfsspitzen sinkt der Druck in Dampferzeugern mit niedrigem Betriebsdruck relativ schnell ab, das spezifische Dampfvolumen nimmt entsprechend zu, die Trennung von Wasser und Dampf verschlechtert sich und Kesselwasser wird ggf. in den Dampf mitgerissen.

Durchgehend betriebene HD-Dampferzeuger einer zentralen Dampfversorgung liefern Befeuchtungsdampf guter Qualität, wenn eine entsprechende Wasseraufbereitung erfolgt, die aber qualitativ nicht so gut sein muss wie die für Reindampferzeuger aus nichtrostendem Stahl. In der Regel reicht dafür eine Umkehrosmoseanlage (s. Bd. I, L5.7) aus, besonders wenn aus dem Gesamtsystem über 50% des erzeugten Dampfes als Kondensat wiedergewonnen werden. Sofern zudem eine thermische Entgasung erfolgt, werden nicht nur die korrosiv auf Stahl wirkenden Gase Sauerstoff und Kohlendioxid verringert, sondern auch der Anteil nicht kondensierbarer Gase (u. a. wichtig bei Dampf-Sterilisatoren). Vorwiegend durchgehend betriebene, zentrale HD-Dampferzeuger können mit Dampfleitungen aus C-Stahl verbunden sein, besonders wenn eine geringe Alkalisierung des Dampfes mit Ammoniak erfolgt, siehe M3.3.1. Wenn das Zusatz-Speisewasser durch Umkehrosmose aufbereitet und das Kesselspeisewasser thermisch entgast werden, reichen 1–2 mg/kg Ammoniak im Dampf aus, um im Kondensat einen pH-Wert von etwa 9 zum Schutz von Stahlleitungen einzustellen.

Reindampferzeuger sind in der Lage, reinen Dampf zu liefern, erfordern aber meist vollentsalztes Wasser (s. Bd. I, L4) als Speisewasser. Wasser dieser Qualität ist besonders für Reindampferzeuger aus nichtrostendem Stahl unumgänglich, um Ablagerungs- und Korrosionsprobleme zu vermeiden. Kleine „Vollentsalzungsanlagen" ohne Mischbettfilter liefern nur selten echt vollentsalztes Wasser (das auch eine niedrige Konzentration an Kieselsäure aufweisen muss), da sie oft nur nach der elektr. Leitfähigkeit betrieben werden. Sobald die Leitfähigkeit am Ende der Laufzeit deutlich ansteigt, wird Kieselsäure abgegeben, die von der Leitfähigkeit *nicht* angezeigt wird und zu Belägen führt. Da Dampf hoher Reinheit auch von gewöhnlichen Dampferzeugern bezogen werden kann, sind Reindampferzeuger oft nicht erforderlich, die mit ihren peripheren Einrichtungen zudem relativ teuer sind. Dies gilt auch wenn Dampf z. B. in Krankenhäusern zur Sterilisation verwendet wird.

Korrosionsprodukte aus Dampfleitungen können durch thermisch beständige, teils beheizbare, Feinfilter eliminiert werden.

M4
Feuerlöschsysteme

In nassen Feuerlöschnetzen würde sich bei total stagnierendem Medium (durch anfängliche Eisen- oder Zinkkorrosion) ein sauerstoffarmes, schwach alkalisches Wasser von selbst einstellen und damit Sauerstoffkorrosion unterbunden. Bei Funktionsprüfungen wird aber immer wieder sauerstoffhaltiges Frischwasser nachgedrückt, sodass im Einspeisebereich sporadisch ein erhöhtes Angebot an Sauerstoff vorliegt und Sauerstoffkorrosion an unlegiertem Stahl unvermeidlich ist. Die Gefahr ist erhöht, wenn pressluftbeaufschlagte Druckspeicher, die selbst meist durch Beschichtung geschützt sind, benutzt werden, weil dieses Wasser noch viel mehr Sauerstoff enthält als Leitungswasser. Abzulehnen sind auch Wasseranschlüsse für Kleinverbraucher.

Für nasse Feuerlöschsysteme sind einwandfrei feuerverzinkte Rohre in verschraubter, kantengeschützter oder geflanschter Ausführung eindeutig besser als unverzinkter Stahl. Im Einspeisebereich ist ein großzügiger Korrosionszuschlag zur Wanddicke sehr vorteilhaft. Die Verwendung korrosionsbeständigen Materials in diesem Bereich (in dem der Sauerstoff dann nicht korrosiv verbraucht würde) verschiebt die Korrosionszone lediglich in Richtung Verteilnetz und löst das Problem nicht, es sei denn, der Wasseraustausch zur Funktionsprüfung würde nur in diesem korrosionsgeschützten Bereich im Kreislauf erfolgen.

Das Einspeisen von sauerstoffarmem Wasser (z. B. durch Begasen mit Stickstoff) vermindert das Risiko der Sauerstoffkorrosion an unlegiertem Stahl. Zur chemischen Sauerstoffbindung (in Behältern ohne Luftzutritt) kommt primär Natriumsulfit (s. Bd. I, L5.8.3) in Frage. Inhibitorzusätze sind möglich, aber ökologisch und wirtschaftlich fraglich.

Literatur

[M-1]   Abwasserverordnung in der Fassung vom 21.3.1997 incl. Änderung vom 17.06.2004, Anhang 31, Wasseraufbereitung, Kühlsysteme, Dampferzeugung.

[M-2]   Verordnung über Trinkwasser und Wasser für Lebensmittelbetriebe (Trinkwasserverordnung – TrinkwV) vom 5.12.1990, BGBL I S. 2612–2629 (1990) bzw. 21.05.2001, BGBL I S. 959–980

[M-3]	TRD 611: Speisewasser und Kesselwasser von Dampferzeugern der Gruppe IV. C. Heymanns Verlag Köln. (08/2001)
[M-4]	VdTÜV-Richtlinien für Speisewasser, Kesselwasser und Dampf von Dampferzeugern bis 68 bar zulässigem Betriebsüberdruck, VdTÜV-Merkblatt 1453, Verlag TÜV-Rheinland, Köln, (04/1983)
[M-5]	DIN EN 12953-10, Großwasserraumkessel – Teil 10: Anforderungen an die Speisewasser- und Kesselwasserqualität, (12/2003)
[M-6]	DIN EN 12952-12, Wasserrohrkessel und Anlagenkomponenten – Teil 12: Anforderungen an die Speisewasser- und Kesselwasserqualität, (12/2003)
[M-7]	DIN 50930-6, Korrosion der Metalle – Korrosion metallischer Werkstoffe im Innern von Rohrleitungen, (08/2001)
[M-8]	DIN EN ISO 14761, DIN 50976, Korrosionsschutz – Durch Feuerverzinken auf Stahl aufgebrachte Zinküberzüge
[M-9]	VDI 3803, Raumlufttechnische Anlagen – Bauliche und technische Anforderungen, (10/2002)

N Sensorische Bestimmung der Luftqualität

Frank Bitter, Arne Dahms, Johannes Kasche, Birgit Müller, Dirk Müller, Jana Panaskova

N1
Einleitung

Die Luftqualitätsforschung hat ihren Ursprung Mitte des 19. Jahrhunderts mit den Untersuchungen des Hygienikers Max von Pettenkofer. Er führte den CO_2-Gehalt der Raumluft als Indikator für die Verunreinigung durch Personen ein Pettenkofer [N-1]. In Innenräumen wird die Luftqualität jedoch in den meisten Fällen nicht nur durch die Verunreinigungsquelle Mensch bestimmt, sondern es müssen auch die geruchsaktiven Emissionen aus Baumaterialen und Einrichtungsgegenständen beachtet werden. Eine Bestimmung der Luftqualität auf Basis des CO_2-Gehalts ist deshalb nur bedingt möglich. Auch darauf hat Pettenkofer [N-1] schon hingewiesen, indem er schreibt: *„Erst wo die Reinlichkeit durch rasche Entfernung oder sorgfältigen Verschluss luftverderbender Stoffe nichts mehr zu leisten vermag, beginnt das Feld für die Ventilation."*

Da eine Messung der Luftqualität alleine auf Basis des CO_2-Gehalts nicht möglich war, lies Yaglou 1936 [N-2] bei seinen Untersuchungen die Luftqualität über die Geruchsintensität durch Probandengruppen bestimmen. Der Geruchseindruck der Luft wurde zur Bewertung der Luftqualität herangezogen. Fanger [N-3] nahm 1988 diesen Ansatz der Bewertung der Luftqualität mit einer Probandengruppe auf und entwickelte ein Verfahren zur Bestimmung der empfundnen Luftqualität auf Basis einer Akzeptanzbewertung (s. a. Bd. 1 C3). Er prägte mit seinem Verfahren den Begriff der empfundenen Luftqualität in der Raumlufttechnik. In den letzten Jahren entstanden, basierend auf den Studien von Fanger, einige abgewandelte Verfahren zur Bewertung der empfundenen Luftqualität in Innenräumen mit Probandengruppen, die sich in der Art der Fragestellung, des Schulungsgrades der Probanden, der Verwendung von Referenzsubstanzen und der bestimmten Messgröße unterscheiden. Daher sind die Ergebnisse aus den vielen durchgeführten Untersuchungen leider oft nicht vergleichbar.

Gerüche in Innenräumen entstehen aus einer Vielzahl chemischer Substanzen und längst sind nicht alle Stoffe erfasst, die beim Menschen eine Geruchsempfindung auslösen. Bis zu mehreren tausend unterschiedliche Substanzen können in der Raumluft nachgewiesen werden, jedoch kann mit einer quantitativen und qualitativen Bestimmung jedes Einzelstoffes bisher keine Aussage über die Geruchswirkung einer beliebigen Kombination getroffen werden. Trotz der immer besseren Analysemöglichkeiten und der Entwicklung von Multigassensorsystemen, den so genannten „künstlichen oder elektronischen Nasen", gelingt es bis heute nicht, die menschliche Nase bei der Bestimmung der empfundenen Luftqualität zu ersetzen.

In vielen Anwendungsbereichen ist die empfundene Luftqualität als Messgröße etabliert. Weiterhin werden zunehmend Verfahren für eine Charakterisierung von Gerüchen erarbeitet, damit beispielsweise markentypische Gerüche entwickelt werden können. Automobilkonzerne beschäftigen eigene Geruchslaboranten, die nicht gewollte Geruchsquellen identifizieren und einen typischen, dem Fahrzeugcharakter entsprechenden, Geruch des Fahrzeuginnenraums kreieren sollen. Umwelttechnische Labore untersuchen die Geruchsbelästigung durch Industrieanlagen und landwirtschaftliche Großbetriebe.

Im deutschen und europäischen Normenwerk finden sich Verfahrensanweisungen und Mindestanforderungen zur Bewertung der empfundenen Luftqualität in der Außenluft, allerdings fehlen bisher geeignete Messvorschriften für die Innenraumluftqualität. Da Menschen in Industriestaaten 90% ihres Lebens in Innenräumen verbringen, sollte diesem Bereich der Luftqualitätsbewertung in Zukunft ein größerer Stellenwert eingeräumt werden, zumal viele nationale und internationale Studien gezeigt haben, dass starke Geruchsbelästigungen in Innenräumen das Wohlbefinden der Menschen beeinträchtigen und sich auch auf deren Leistungsfähigkeit auswirken (s. O.3)

N2
Ursachen der Geruchsentstehung

Die Luftqualität in Innenräumen wird durch Fremdstoffe in der Luft bestimmt. Es handelt sich um chemische Verunreinigungen, Staub und sonstige Partikel, Allergene (z. B. Pollen) und Mikroorganismen, wie Bakterien, Viren und Pilzsporen (s. a. Bd. 1, N2). Auch eine erhöhte Feuchtigkeit kann als eine Verunreinigung verstanden werden.

Die Fremdstoffe in Innenräumen stammen größtenteils aus inneren Quellen, können aber auch durch die Außenluft eingetragen werden. Tabelle N-1 listet einige typische Verunreinigungsquellen in Innenräumen auf.

Für die Freisetzung von chemischen Substanzen an die vorbeiströmende Luft ist die Differenz des Dampfdrucks zwischen der Quelle und der Luft maßgeblich. Dabei stellt sich ein dynamisches Gleichgewicht ein: Ändern sich die Umgebungsbedingungen, ändert sich auch die Dampfdruckdifferenz und damit die Freisetzungsrate des Stoffes. In welcher Menge Stoffe emittiert werden, hängt somit von der Prozess- und Umgebungstemperatur, vom Stoffübergangskoeffizienten und von den Strömungsgeschwindigkeiten ab. Darüber hinaus wird angenommen, dass sich die Emissionen proportional zur Austauschfläche erhöhen [N-4].

N2 Ursachen der Geruchsentstehung

Tabelle N-1 Raumluftbelastung

Bereich	Beispiele für Quellen	Verunreinigungsart
Baumaterialien	Fußbodenbeläge (Teppiche, Linoleum, Parkett, Laminat) Wandfarben, Putze, Holzwerkstoffe, Dichtungsmaterialien, Fensterrahmen (Holz, Kunststoff)	VOC (flüchtige organische Substanzen)
Einrichtungsgegenstände	Möbel, Geräte, Bücher	VOC, Staub
Personen	Ausdünstung ausgeatmete Luft Desorption von der Kleidung	VOC (Bioeffluenzen), CO_2, Feuchte, Staub
Nutzung	Haushalts- und Reinigungsmittel Parfüm, Deodorants Waschen Rauchen	VOC, Feuchte
Raumlufttechnische Anlagen	Filter Ablagerung in Kanalen	VOC, Endotoxine
Außenluft	Verkehr, Industrie, Pollen	VOC, CO, CO_2, NO_x, Allergene, Staub, Feuchte

Verunreinigungen werden nicht nur durch Emissionen aus den in Tabelle N-1 aufgeführten primären Quellen freigesetzt, sondern können durch Interaktionen der emittierten Stoffe mit den Oberflächen, Reinigungsmitteln und anderen Verunreinigungen verursacht werden. Durch Reaktionen entstehen so genannte sekundäre Emissionen [N-5]. Neben diesen Emissionen können auch Sorptionseffekte an Oberflächen auftreten.

Geruchsstoffe sind chemische Verbindungen, die den Geruchssinn ansprechen und Geruchsempfindungen auslösen. Bis heute wurden mehrere tausend Einzelsubstanzen als geruchaktiv identifiziert. Bislang ist jedoch noch unklar, welche Strukturmerkmale die Geruchsaktivität einer Substanz bedingen. So können strukturell sehr unterschiedliche Verbindungen eine fast identische Geruchsempfindung auslösen, wohingegen ähnliche Stoffe in der geruchlichen Wahrnehmung mitunter sehr verschieden auftreten.

Es gibt jedoch einige grundlegende Eigenschaften von Geruchsstoffen: Die Stoffe müssen leicht flüchtig sein, um durch die Atmung in die Nase zu gelangen. Nur ausreichend wasserlösliche Stoffe können das wässrige Milieu der Nasenschleimhaut durchdringen und die Geruchsrezeptoren erreichen. Um in die Membranen der Riechzellen einzudringen, müssen die Stoffe zudem ausreichend fettlöslich sein. Sehr viele Geruchsstoffe sind organische Verbindungen, zum Beispiel aliphatische, aromatische oder halogenierte Kohlenwasserstoffe sowie sauerstoff-, schwefel- und stickstoffhaltige Verbindungen. Darüber hinaus zählen zu den geruchsintensiven Stoffen auch anorganische Substanzen wie Schwefelwasserstoff und Ammoniak.

Gerüche in Innenräumen setzen sich fast immer aus einer Vielzahl von Komponenten zusammen. In ihrer Wirkung sind sie kaum durch quantitative Analysen beschreibbar, da die einzelnen Bestandteile häufig nicht eindeutig chemisch-analytisch identifiziert werden können. Außerdem können sich die Komponenten überlagern oder gegenseitig beeinflussen, so dass die Geruchswirkung unter Umständen aufgehoben oder verstärkt wird. Einzelne Geruchsstoffe können sich mit der Zeit verändern, wenn sie z. B. durch Luftsauerstoff oder Lichteinwirkung chemisch umgewandelt werden. Damit kann sich auch die Geruchswirkung eines Stoffgemisches in einem Raum über die Zeit ändern.

N3
Grundlagen der Geruchswahrnehmung

Der Mensch nimmt gasförmige Verunreinigungen in der Raumluft und damit die Qualität der Luft hauptsächlich über den Geruchssinn wahr. Neben dem eigentlichen Geruchssinn (olfaktorischer Sinn) ist auch das trigeminale System (auch als allgemeiner chemischer Sinn bezeichnet) an der Wahrnehmung von Substanzen beteiligt. Das trigeminale System ist für Geruchseindrücke wie stechend und scharf verantwortlich. Aufgrund der direkten Kopplung des Geruchssinns an das limbische System ist der Geruch stark mit dem emotionalen Empfinden verbunden und hat damit Einfluss auf Wohlempfinden und Behaglichkeit. Gerüche können auch erinnerungsaktivierend wirken. Somit kann sich auf Basis persönlicher Erfahrung die Bewertung eines Geruchseindrucks durch ein Individuum deutlich unterscheiden. Daher gibt es keine prinzipiell positiv besetzten Geruchseindrücke, deren angenehme Wirkung von allen Personen bestätigt wird.

Obwohl der olfaktorische Sinn als der „verlorene Sinn" angesehen wird, hat der Geruchssinn für den Menschen weniger an Bedeutung verloren als allgemein angenommen. Der geringeren Zahl an Geruchsrezeptoren verglichen mit anderen Säugetieren steht eine vergrößerte Verarbeitungskapazität in den höheren Hirnregionen zur Wahrnehmung und Diskriminierung von Gerüchen gegenüber. Der Mensch ist mit diesem System in der Lage bis zu 10.000 Gerüche zu unterscheiden.

N3.1
Geruchssinn

Beim Einatmen gelangen die in der Luft enthaltenen flüchtigen Substanzen in die obere Nasenhöhle. An der Oberwand der oberen Nasenmuschel befindet sich das Riechepithel, ein etwa $2 \times 5\,cm^2$ großes Areal. In diesem Areal erfolgt die Erfassung der geruchsaktiven Substanzen durch schätzungsweise 20 Millionen Riechsinneszellen. Das Riechepithel ist mit einer Schleimhaut (Mucus) überzogen, deren Aufgabe es ist, die Diffusion der Geruchsmoleküle zu den Rezeptoren zu fördern und die Geruchsstoffe, nachdem der Reiz ausgelöst wurde, wieder abzuführen. Die Sinneszellen sind durch zahlreiche, in die Schleimschicht ragende Zilien (dünne Sinneshaare), verbunden, in denen sich die Geruchsrezeptoren befinden.

Um einen Reiz auszulösen, müssen die Geruchsmoleküle mit den Rezeptoren Wechselwirkungen eingehen. Nicht alle Moleküle lösen eine Geruchsempfindung aus. Geruchsmoleküle lassen sich dadurch charakterisieren, dass sie flüchtige, fettlösliche und hinreichend wasserlösliche Moleküle mit einer Molekülgröße kleiner als 300 Da[1] sind. Eine wenn auch nur geringe Fettlöslichkeit ist erforderlich, da die Geruchsmoleküle durch die Schleimschicht zu den Rezeptoren wandern müssen. Die Geruchsmoleküle können nicht an alle sondern nur an bestimmte Geruchsrezeptoren andocken. Maßgeblich für die Anlagerungen der Geruchsmoleküle an die Rezeptoren sind molekulare Eigenschaften, wie das Vorhandensein funktionaler Gruppen und deren Position, die Kohlenstoffkettenlänge und zusätzliche strukturelle Eigenschaften, wie zum Beispiel die Verzweigung der Moleküle.

Die Entdeckung der Geruchsrezeptoren ging auf die Arbeit von Buck [N-6] und Axel [N-7] zurück, die dafür im Jahre 2004 den Nobelpreis der Medizin verliehen bekamen. Geruchsrezeptoren sind G-Protein-gekoppelte Proteine, die aus Aminosäurenketten bestehen, die an sieben Stellen die Zellmembran durchspannen. Für die Ausbildung der Geruchsrezeptoren ist jeweils ein bestimmtes Gen zuständig und mit insgesamt etwa 1000 Genen bilden diese Erbinformationen die größte Genfamilie des menschlichen Genoms. Ein Großteil der Riechrezeptoren (etwa 2/3) ging durch die Evolution verloren, so dass deren zuständige Gene nur als Pseudogene fungieren, die keine Rezeptoren ausbilden. Heute geht man davon aus, dass es beim Menschen schätzungsweise 350 aktive Geruchsrezeptortypen gibt. Im Vergleich zu anderen Sinnen, weist der Geruchssinn eine hohe Zahl an verschiedenen Rezeptortypen auf. Die Geruchsrezeptoren sind nicht so gestaltet, dass sie jeweils nur ein Molekül detektieren. Vielmehr ist die Geruchsstofferkennung durch Rezeptoren durch eine mehrfach-zu-mehrfach Beziehung charakterisiert. Diese Verbindungen zeichnen sich dadurch aus, dass jeder Geruchsrezeptor mehrere Geruchsstoffe erkennen kann und jeder Geruchsstoff von mehreren Geruchsrezeptoren erkannt werden kann.

Jede Riechsinneszelle besitzt nur Rezeptoren eines Typs. Die Sinneszellen sind gleichmäßig über einen von vier Bereichen im Riechepithel verteilt. Die Axone der Riechsinneszellen werden durch das Siebbein direkt ins Riechhirn geleitet. Der Riechkolben, der Olfactus Bulbus, stellt die erste neuronale Schaltstelle bei der Geruchswahrnehmung und -erkennung dar, siehe Bild N3-1. Dort werden die ankommenden Rezeptorinformationen in den Glomeruli gebündelt. Etwa 1000 Axone der Rezeptorzellen werden über synaptische Verbindungen auf eine Mitralzelle abgebildet. Der Riechkolben stellt damit die erste Schaltstation auf dem Weg der Geruchsdetektion und -erkennung im Gehirn dar. Es besitzt mehrere Glomeruli. Jedes einzelne Sinnesneuron im Riechepithel ist über

---

[1] Das Dalton (Da) ist eine andere Bezeichnung für die atomare Masseneinheit und somit gleich 1/12 der Masse des Kohlenstoffisotops ^{12}C.

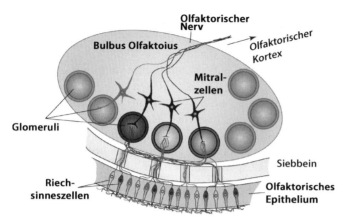

Bild N3-1 Darstellung des olfaktorischen Systems von den Rezeptoren bis zum Riechkolben (Bulbus Olfactorius)

sein Axon mit einem einzigen Glomerulus verbunden. Die Glomeruli bündeln so die Informationen der Geruchszellen. Die Anordnung ist so ausgelegt, dass Geruchszellen des gleichen Rezeptortyps an das gleiche Glomerulus geschaltet sind. Jedes Glomerulus entspricht so einem Rezeptortyp. Die Anordnung aller Glomeruli bildet so eine Karte der Geruchsrezeptoren.

In den Glomeruli sind die Axone der Riechzellen synaptisch mit den primären Dendriten der sogenannten Mitralzellen verbunden. Jede Mitralzelle ist nur mit einem Glomerulus verbunden. Die Mitralzellen bilden jedoch auch sekundäre Dendriten aus, die weit verzweigt mit den benachbarten Mitralzellen in Verbindung stehen. So ist es möglich, dass einige Geruchsstoffe die Erkennung anderer Geruchsstoffe behindern können, ohne das gleiche Glomerulus zu aktivieren.

Vom Riechkolben werden die Geruchsreize in höhere Gehirnbereiche geleitet, in denen die Verarbeitung und Bewertung der Geruchsinformationen erfolgt. Die Prozesse zur Weiterverarbeitung der Geruchsinformationen sind bisher jedoch nicht ausreichend untersucht. Eine Besonderheit der Verarbeitung von Geruchsinformationen stellt die direkte Verbindung zu Bereichen des limbischen Systems dar, das für die Verarbeitung von Emotionen zuständig ist. Die Weiterleitung der Informationen an das limbische System hat zur Folge, dass die Geruchswahrnehmung stark an das emotionale Befinden gekoppelt ist. Anders als bei den anderen Sinnen gelangt die Information von den Sinnesorganen nicht direkt zum Thalamus, einer Hauptschaltstelle und Verbindung zum Bewusstsein. So können Geruchsinformationen unbewusst wahrgenommen werden und Emotionen auslösen.

Neben den olfaktorischen Zellen befinden sich in der Nase auch freie Nervenendigungen die zum trigeminalen System gehören. Der Nervus Trigeminus ist ein Nervenstrang, der sich in drei Äste aufgliedert und das Gesicht des Menschen mit sensorischen und motorischen Fasern versorgt. Die freien Nervenendigungen befinden sich auch innerhalb des olfaktorischen Epithels. Die trigeminalen Fasern sind direkt neben den olfaktorischen Zellen, den Stützzellen und den Basalzellen lokalisiert. Anders als die olfaktorischen Zellen ragen sie nicht in die Mucus (Schleimschicht) hinein und haben keinen direkten Kontakt zur Außenwelt.

Das trigeminale System ist eng mit dem olfaktorischen System verknüpft. So entsenden auch einige der trigeminalen Fasern Kollaterale in den Riechkolben. Hierdurch entsteht eine enge Interaktion zwischen dem trigeminalen und dem olfaktorischen System. Die meisten Duftstoffe lösen neben einem olfaktorischen Reiz auch einen trigeminalen Reiz aus. Als rein olfaktorische Reize werden nur Vanillin und H_2S beschrieben. Im trigeminalen System entstehen Geruchseindrücke wie verbrannt, stechend und juckend, kühl, frisch, stechend, schmerzhaft, warm, brennend, prickelnd und süßlich.

Anosmiker, Menschen deren olfaktorisches System nicht funktioniert, können durch trigeminale Reize, Duftstoffe erkennen und unterscheiden. Das trigeminale System weist jedoch nicht die extrem hohe Diskriminationsfähigkeit des olfaktorischen Systems auf und die Wahrnehmungsschwelle des trigeminalen Systems liegt deutlich über der Schwelle des olfaktorischen Systems.

Auch das trigeminale Nervensystem besteht aus verschiedenen Rezeptoren. Unter anderem aus Thermorezeptoren, die für das Kalt-Warm-Empfinden zuständig sind, und Nozizeptoren, die auf Berührung reagieren und ein Schmerzempfinden auslösen. Da diese Sensoren auch auf chemische Moleküle reagieren, kann eine Substanz wie Menthol (Minze) als kalt empfunden und Capsaicin (Chili) als heiß. Substanzen, die Nozizeptoren anregen, werden als stechend oder beißend empfunden.

Neben dem olfaktorischen und dem trigeminalen System befindet sich in der Nase der meisten Tiere auch das vomeronasale Zentrum. Von diesem Organ wird angenommen, dass es für die Erkennung von Pheromonen zuständig ist. Pheromone sind artspezifische Stoffe, die ausgesandt und empfangen werden, um ein bestimmtes Verhalten auszulösen. Hierunter fallen zum Beispiel Sexuallockstoffe und Stoffe zur Erkennung der Mutter. Beim Menschen konnte ein vergleichbares Organ bisher nicht nachgewiesen werden.

N3.2
Geruchswahrnehmung

Die Wahrnehmung als Phänomen wurde schon seit Mitte des 19. Jahrhunderts systematisch untersucht. Zu dieser Zeit war der Aufbau der Sinnesorgane und die neuronale Verarbeitung der Reizinformation weitgehend unbekannt, so dass ohne dieses grundlegende Wissen versucht wurde, die auslösenden Reize mit Größen der Wahrnehmung in Verbindung zu bringen. Zu den Sinneswahrnehmungen gehört auch das Geruchsempfinden. Im Vordergrund stand in den ersten Experimenten die Verbindung zwischen der Reizstärke und der wahrgenommenen Intensität. Im Jahr 1860 führte Gustav Theodor Fechner [N-8] in seinem Werk die „Elemente der Psychophysik" die Psychophysik als neue Disziplin ein. Die Psychophysik verbindet die physische Welt mit der psychischen

Welt. Fechner versuchte, die Wahrnehmung der physischen Welt als Ganzes zu betrachten. Er stellte fest, dass die wahrgenommene Intensität eines Reizes durch eine mathematische Beziehung in Bezug auf den äußeren Reize ausgedrückt werden kann. Heute ist die Psychophysik zur Untersuchung der quantitativen Größen als Verbindung zwischen der physischen äußeren Welt und der Wahrnehmung etabliert, auch wenn der von Fechner getroffene Ansatz stark kritisiert wurde.

Fechners Überlegungen bauten auf Untersuchungen von E. H. Weber auf. Weber stellte bei seinen Versuchen fest, dass die Reizstärke um einen bestimmten Bruchteil des Ausgangsreizes ansteigen muss, damit eine Veränderung bei der Reizwahrnehmung auftritt. Hierfür wird häufig die englische Abkürzung „jnd" (just noticable difference) verwendet. Große Reize müssen sich um einen größeren absoluten Betrag unterscheiden als kleinere, aber in einem mittleren Bereich der Sinnesmodalität bleibt der notwendige prozentuale Zuwachs konstant. Er legte den so genannten Weber-Quotienten fest:

$$c = \frac{\Delta R}{R} \qquad \text{(N-1)}$$

mit c: Weber-Quotient
ΔR: Reizzuwachs
R: Ausgangsreiz.

Je nach Art des Sinnes liegt dieser Quotient im Bereich von 0,07 bis 0,12 (das entspricht einer Zunahme der Reizstärke um 7–12%), um einen spürbaren Reizunterschied wahrzunehmen. Der Weber-Koeffizient ist im Bereich mittlerer Reizstärken konstant. Bei schwachen Reizen im Bereich der Wahrnehmungsschwelle ändert sich der Weber-Koeffizient jedoch deutlich.

Der Zusammenhang von Weber wurde von Fechner weiterentwickelt. Er ermittelte ein allgemeines Gesetz zwischen Reizstärke und Reizempfindung. Er setzte den von Weber ermittelten Quotienten als Grundeinheit an und ermittelte die Empfindungsstärke als Zahl der überschrittenen Unterschiedsstufen. Diese mathematische Beziehung wird als Weber-Fechner-Gesetz bezeichnet:

$$E = k \cdot \log\left(R/R_0\right) \qquad \text{(N-2)}$$

mit k: Weber-Fechner-Koeffizient
E: Empfindungsstärke
R: Reizstärke
R_0: Reizstärke an der Geruchsschwelle.

Eine Zunahme der Reizstärke führt damit zu einer logarithmischen Zunahme der Empfindungsstärke. Fechner definierte eine absolute Reizschwelle. An dieser Schwelle wird der Reiz durch eine Person wahrgenommen. Die Werte für die Reizschwelle unterscheiden sich jedoch von Person zu Person, so dass meist statistische Werte für eine ausreichend große Personengruppe angegeben werden.

N3 Grundlagen der Geruchswahrnehmung

Fechner setzte für seine Formel voraus, dass das Verhältnis von Reizzuwachs zu Grundreiz über den gesamten Intensitätsbereich gleich bleibt. Für die Empfindungsstärke setzte er jedoch einen konstanten Zuwachs ΔE an. Diese beiden Annahmen wurden in den sechziger Jahren von Stevens [N-9] kritisiert.

Um zu befriedigenden Angaben über die Empfindungsstärken einer Sinnesmodalität zu gelangen, führte Stevens die Methode der Größenschätzung ein (Magnitude Estimation). Die Art der quantitativen Beziehung zwischen Reiz- und Empfindungsgröße hängt deutlich von der Skalierungstechnik ab. Stevens führte seine Experimente ausschließlich auf Basis einer Verhältnisskala durch. Die Personen sollten dabei angeben, wann ein Reiz, etwa ein Geruchreiz, doppelt so stark ist wie ein Vergleichsreiz. Es kommt hierbei nicht auf die Unterscheidbarkeit an, sondern auf eine Angabe über die subjektive Intensität der Empfindung.

Er führte Versuche zur Bestimmung der Funktionen zwischen Reizstärke und Empfindungsstärke durch und ermittelte aus den Messergebnissen eine Potenzfunktion aus dem Abstand der Reizstärke von der Wahrnehmungsschwelle des Reizes. Diese Funktion wird auch Stevens-Potenzfunktion genannt und hat folgende Form:

$$E = k \cdot (R - R_0)^n \tag{N-3}$$

mit k: Konstante
    E: Empfindungsstärke
    R: Reizstärke
    R_0: Reizstärke an der Geruchsschwelle
    n: Exponent.

In Bezug auf den Geruchssinn liegt der Exponent n für die meisten Geruchsstoffe im Bereich von 0,2 bis 0,7, ist also kleiner als 1. Das bedeutet, dass bei einer Erhöhung der Geruchslast der empfundene Geruch nicht in demselben Maße steigt. Allerdings ergibt sich nicht für alle Geruchsstoffe der gleiche Exponent, so dass die Intensität mal mehr, mal weniger stark mit der Erhöhung der Konzentration ansteigt. Der Verlauf der Intensität über der Konzentration ist daher eine wichtige Größe zur Bestimmung des Geruchs des Stoffes.

Sowohl Fechner als auch Stevens stellten einen nicht-linearen Bezug zwischen der Reizstärke und der wahrgenommenen Intensität des Reizes fest. Während Fechners Gesetz auf Untersuchungen der Unterscheidbarkeit von Reizen basiert, als indirekte Messmethode der Reizstärke, basieren die Untersuchungen von Stevens nach eigenen Aussagen auf direkten Bestimmungen der Reizstärke. Stevens Potenzfunktion konnte durch zahlreiche Untersuchungen für viele verschiedene Sinnesmodalitäten bestätigt werden. Während der Zusammenhang nach Fechner auf theoretischen Überlegungen aufbaut, ermittelte Stevens sein Potenzgesetz empirisch aus den Messdaten.

Die Stärke eines Geruchs stellt jedoch nicht die einzige Größe des Wahrnehmungsprozesses dar. Neben der Intensität erfolgt zum einen eine Charakterisierung und Einordnung des Geruchs durch den Vergleich mit bereits früher wahrgenommenen Gerüchen und zum anderen die emotionale Verarbeitung.

Eine gefühlsspezifische Komponente der Geruchbewertung stellt die hedonische Note dar. Die Hedonik stammt vom griechischen „hedone" = „Freude, Vergnügen, Lust" ab und beschreibt eine ethische Lehre, die die Lust als höchstes Gut und Bedingung für Glück und gutes Leben ansieht (Lustlehre). Die hedonische Note eines Geruchs beschreibt, ob ein Geruch angenehm oder unangenehm empfunden wird.

N3.3
Geruchsschwellen

Die Verunreinigungen in Innenräumen werden erst ab einer bestimmten Konzentration vom Geruchssinn erfasst. Diese Konzentrationen sind für jede Substanz unterschiedlich. Bei den Geruchsschwellen unterscheidet man prinzipiell zwischen der Wahrnehmungs- und der Erkennungsschwelle. Die Wahrnehmungsschwelle ist die niedrigere Schwelle, bei der gerade noch ein wahrnehmbarer Geruchseindruck einer Geruchsstoffkonzentration vorliegt. Eine Erkennung des Geruchs ist an der Wahrnehmungsschwelle nicht möglich. Dies erfolgt meist erst bei einer um den Faktor zwei- bis dreimal höheren Konzentrationen. Die niedrigste Konzentration des Geruchsstoffs, bei der eine Identifizierung des Geruchs möglich ist, ist die Erkennungsschwelle. Geruchsschwellen sind individuell verschieden. Eine verallgemeinerte Geruchsschwelle wird durch die Bestimmung durch ein Probandenkollektiv festgelegt. Hierbei müssen 50% des Kollektivs den Geruch wahrnehmen beziehungsweise erkennen können. Die Erfassung der Wahrnehmungsschwelle hängt stark von den Versuchsbedingungen und von der Zusammenstellung des Probandenkollektivs ab. Die in der Literatur aufzufindenden Geruchsschwellen variieren deshalb erheblich, da ihre Bestimmung neben den oft kleinen Probandenkollektiven auch von der verwendeten Darbietungsmethode beeinflusst wird [N-10].

Geruchsschwellen (von geruchsaktiven Substanzen) liegen meist weit unter den Schwellen, bei denen Reizungen der Nasenschleimhäute und Augen auftreten. Cain et al. [N-11] konnten zeigen, dass bereits geringe Konzentrationen eines flüchtigen organischen Stoffes für eine Geruchswahrnehmung ausreichen. Ein Ergebnis der Untersuchungen ist in Bild N3-2 dargestellt. Es wird deutlich, dass die Geruchsschwellen der untersuchten Stoffe um drei bis vier Zehnerpotenzen unter den Schwellenkonzentrationen für Schleimhautreizungen in Nase und Augen liegen. Weiterhin wird auf Basis der Daten dieser Untersuchung vermutet, dass die Geruchsschwelle mit der Kettenlänge der Moleküle und damit mit der Anzahl von Kohlenstoffatomen innerhalb einer Molekülfamilie sinkt.

Weitergehende Untersuchungen mit aliphatischen Alkoholen von Jensen et al. bestätigen dieses Ergebnis. Jansen demonstriert allerdings auch, dass die Abhängigkeit der Intensität der Geruchswahrnehmung von der Kettenlänge nur bis zu einer bestimmten Molekülgröße gilt. Danach verändert sich die Geruchsschwelle nur noch unwesentlich. In dieser Studie wurde ebenfalls deutlich, dass einige Geruchsschwellen weit unterhalb des Messbereichs analytischer Messverfahren liegen können. Die niedrigste Geruchsschwelle der untersuchten Stoffe

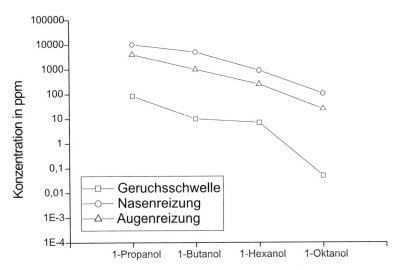

Bild N3-2 Geruchs- und Reizschwellen aliphatischer Alkohole nach Cain

wurde in diesen Untersuchungen bei einer Konzentration von nur 10^{-3} ppm (1 ppb) bestimmt.

N4
Bewertungsgrößen für die Luftqualität

Die Komplexität des Geruchsinns erschwert die Definition für Messgrößen der Luftqualität. Für technische Anwendungen haben sich in den vergangenen Jahren drei Messgrößen etabliert, mit denen eine einfache geruchliche Bewertung von Proben erlaubt werden soll. Es handelt sich um die empfundene Intensität, die Hedonik und die empfundene Luftqualität. Die empfundene Intensität ist ein Maß für die Intensität einer Geruchswahrnehmung. Sie beinhaltet keine Bewertung der Geruchsqualität. Die Hedonik charakterisiert das Geruchsempfinden und ist eine Bewertung der Geruchsqualität. Die empfundene Luftqualität beschreibt die Akzeptanz der Luft. In den Fragestellungen zur Erfassung der empfundenen Luftqualität wird oft der Kontext einbezogen. Beispielsweise kann nach der Akzeptanz der Luftqualität als tägliche Arbeitsumgebung gefragt werden. Neben der Geruchsintensität wird eine Bewertung des Geruchsempfindens implizit erfasst.

N4.1
Empfundene Intensität

Bei der empfundenen Intensität handelt es sich um ein Maß für die Stärke einer geruchlichen Reizwahrnehmung. Die empfundene Intensität lässt sich über verschiedene Methoden bestimmen. Beispielsweise können Personen direkt nach der Stärke eines Geruchseindrucks befragt werden. Dieses einfache Verfahren kommt ohne feste Bezugpunkte aus, die Personen stufen einen Geruch auf Basis ihrer Erfahrung ein. Die Genauigkeit des Verfahrens ist beschränkt, da der Kontext einer Versuchreihe das Ergebnis beeinflussen kann. Wird beispielsweise in einem Experiment eine Geruchsintensität in einer Reihe stärkerer Gerucheindrücke bewertet und in einem anderen Experiment die gleiche Geruchintensität einer Auswahl schwächerer Geruchseindrücke gegenübergestellt, so kann sich die Bewertungen der gleichen Geruchsintensität in beiden Experimenten deutlich unterscheiden.

Eine andere Gruppe von Verfahren arbeitet mit einem Vergleichmaßstab beziehungsweise mit mehreren Referenzproben mit unterschiedlicher Geruchsintensität. Mit diesem festen Bezugssystem wird erreicht, dass ein Vergleich zwischen Daten aus unterschiedlichen Experimenten möglich ist (s. Kap. 5.5.2). Bei der dynamischen Olfaktometrie wird der Luftstrom, der die zu bestimmende Geruchintensität verursacht, mit reiner Luft verdünnt, bis die Wahrnehmungsschwelle reicht ist. Die notwendige Verdünnungsstufe wird als Maß für die Intensität des Geruchs verwendet (s. Kap. N5.6.1).

Einheit für die empfundene Intensität Π
Im Folgenden soll eine Einheit Π (pi) für die empfundene Intensität eingeführt werden, die sich auf eine Bewertung der Geruchintensität nach der Referenzmethode bezieht. Der Nullpunkt dieser Skala ($\Pi = 0\,\text{pi}$) beschreibt die Geruchsschwelle eines Stoffes. Die Skaleneinteilung der empfundenen Intensität Π sei linear in Bezug auf die Wahrnehmungsstärke, das Raster wird auf Basis des Referenzgeruchstoffs (beispielsweise Azeton) vorgegeben. Für Azeton kann nach heutigem Kenntnisstand für in Räumen typische Geruchsintensitäten eine lineare Abstufung der Azetonkonzentration angenommen werden, die Geruchsschwellenkonzentration liegt bei ca. 20 mg Azeton/m^3 Luft. Da an der Geruchsschwelle definitionsgemäß nur 50% eines Probandenkollektivs einen Geruchseindruck wahrnehmen können, sind Bewertungen unterhalb von $\Pi = 0\,\text{pi}$ statistisch unsicher.

Auf Basis des Weber-Fechner-Gesetzes wird bei der empfundenen Intensität eines Geruchsstoffes von einem logarithmischen Verlauf zwischen Konzentration des Geruchstoffes oder Stoffgemisches und der Wahrnehmungsstärke ausgegangen. Alle Geruchsstoffe können mit diesem Ansatz als eine logarithmische Kennlinie in einen Konzentrations-Geruchsintensitätsdiagramm dargestellt werden. Da nur in Ausnahmefällen einem Geruchseindruck einer Materialprobe eine bestimmte Substanz zugeordnet werden kann, ist in den meisten Fällen die Angabe einer Leitkonzentration C nicht möglich. Die Angabe einer flächenspezifischen Luftdurchflussrate $\dot{q}_A$ oder einer volumenstromspezifischen Flächenlast A_q ist daher für viele Anwendungen sinnvoll.

Die flächenspezifische Luftdurchflussrate $\dot{q}_A$ ist ein übliches Maß für die Emissionsmessung in Prüfkammern [N-22]. Sie setzt den Volumenstrom $\dot{V}$ ins Verhältnis zur freien Oberfläche A_{eff} eines Stoffes.

$$\dot{q}_A = \dot{V}/A_{eff} \qquad (N-4)$$

Die Bildung des invertierten Werts führt zur volumenstromspezifischen Flächenlast A_q. Mit dieser Größe kann die auf die Lüftungsrate bezogene Oberfläche eines Baustoffes in einem Raum in einer Emissionskammer nachgestellt werden. Die Ergebnisse von Einzelstoffuntersuchungen in einer Emissionskammer sind somit übertragbar auf die Geruchsbelastung durch diesen Stoff in einem belüfteten Raum.

$$A_q = A_{eff}/\dot{V} \qquad (N-5)$$

$$\Pi = a \cdot \log_{10}\left(C/C_0\right) = a \cdot \log_{10}\left(q_{A,0}/q_A\right) = a \cdot \log_{10}\left(A_q/A_{q,0}\right) \qquad (N-6)$$

Für jede geruchsaktive Substanz oder analog für jeden geruchsrelevanten Baustoff mit einer freien Oberfläche im Raum müssen zur Ermittlung des logarithmischen Verlaufs der Geruchsintensität mindestens zwei Konzentrationen oder flächenspezifische Luftdurchflussraten gemessen werden. Es empfiehlt sich eine höhere Anzahl von Messpunkten mit einer anschließenden Ausgleichsrechnung, so dass Schwankungen von Einzelbewertungen ausgeglichen werden können. Der so bestimmte Parameter a ist ein Maß für den Anstieg der Intensitätsempfindung mit der Konzentration oder der flächenspezifischen Luftdurchflussrate. Da bei $\Pi = 0\,pi$ die Geruchsschwelle liegt, gibt der Wert für C_0 die entsprechende Geruchsschwellenkonzentration und $A_{q,0}$ die erforderliche emittierende Materialfläche zum Erreichen der Geruchsschwelle für einen Einzelstoff oder von Stoffkombinationen an.

$$\Pi = 0 = a \cdot \log_{10}\left(C/C_0\right) = a \cdot \log_{10}\left(A_q/A_{q,0}\right)$$
$$\rightarrow \quad \frac{C}{C_0} = 1; \quad \frac{A_q}{A_{q,0}} = 1 \qquad (N-7)$$

Geruchsstoffe zeigen kein einheitliches Verhalten in in Bezug auf die Empfindungsstärke bei einer Verdünnung mit geruchsneutraler Luft. So können beispielsweise unterschiedliche Baumaterialien deutliche Differenzen in den Verdünnungskennlinien der empfundenen Intensität aufweisen [N-29]. Die Verwendung einer einheitlichen Quellenstärke für unterschiedliche Stoffgemische für die Bewertung der empfundenen Intensität eines Geruchseindrucks ist daher nicht möglich.

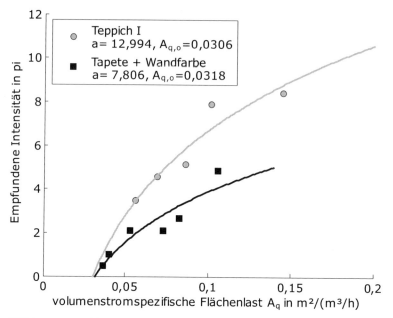

Bild N4-1 Logarithmische Kennlinien der empfundenen Intensität zweier Geruchsstoffe

**N4.2
Hedonik**

Die emotionale Wirkung des Geruchs wird durch die hedonische Note beschrieben. Mit der hedonischen Bewertung wird bestimmt, ob ein Geruchseindruck als angenehm oder als unangenehm empfunden wird. Für diese Einstufung muss die Konzentration der geruchsaktiven Substanzen oberhalb der Erkennungsschwelle liegen. Die hedonische Bewertung wird stark von der eigenen Erfahrung geprägt und sie kann zwischen einzelnen Personen deutlich differieren. Auch kann sich die Bewertung von Gerüchen im Laufe der Zeit ändern, da sich Erfahrungswerte an neue Gegebenheiten anpassen.

Die hedonische Note eines Geruchs kann sich auch mit der Geruchsstoffkonzentration verändern. So werden manche Geruchsstoffe in niedrigen Konzentrationen als angenehm, bei hohen dagegen als unangenehm empfunden [N-12]. Aufgetragen in Bild N4-2 ist die Hedonik gegenüber der Geruchsintensität ermittelt mit den VDI-Verfahren [N-13; N-14].

Für die Bewertung der Luftqualität in Innenräumen eignet sich die Hedonik als Messgröße nur bedingt, da unangenehme Gerüche in sehr niedrigen Intensitäten nicht notwendigerweise auch eine schlechte Luftqualität bedeuten. Eine Messgröße, die sowohl die Intensität als auch die hedonische Note berücksichtigt, stellt die Akzeptanz dar. Sie gibt an, ob der Geruch als akzeptabel empfunden wird, wenn man ihm über einen definierten Zeitraum ausgesetzt wird.

Bild N4-2 Geruchspegel und Hedonik [N-12]

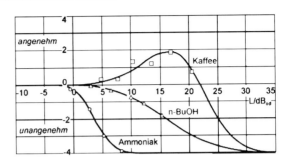

N4.3
Akzeptanz

In den 1980er Jahren entwickelte Fanger ein Verfahren zur Bestimmung der Luftqualität in Innenräumen durch die Bewertung mit Probanden (Fanger [N-13] (s. a. Bd. 1, C3)). Das Verfahren basiert auf einer Befragung nach der Akzeptanz der dargebotenen Probenluft. Er bewertete die Luftqualität über den Prozentsatz unzufriedener Personen. Die Bewertung basiert auf einer „klar akzeptabel/klar inakzeptabel"-Befragung und erfordert eine hohe Zahl an Probanden, um statistisch signifikante Ergebnisse zu erhalten. Mit einer kontinuierlichen oder geteilten Skala ist eine Ermittlung des Grades der Akzeptanz möglich.

Durch Untersuchungen der Luftqualität in einem Hörsaal mit Probanden entwickelte Fanger eine Akzeptanzmethode zur Bestimmung der empfundenen Luftqualität in Innenräumen und führte zur quantitativen Bestimmung zwei neue Größen ein. Die Verunreinigungsquellenstärke wird in der Einheit olf (lateinisch: olfactus) angegeben [N-3; N-17], s. Bild N4-3. Hierbei entspricht ein olf der Verunreinigungslast durch eine Standardperson. Da die Verunreinigung durch Personen von der Aktivität, der Bekleidung und der Hygiene abhängt, definierte er als eine Standardperson einen gesunden Erwachsenen bei Tätigkeit im Sitzen, bei behaglicher Raumtemperatur und mit einem Hygienestandard

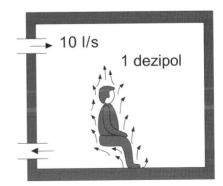

Bild N4-3 Darstellung der Einheiten olf und dezipol

von durchschnittlich 0,7 Bädern/Tag. Die Verunreinigungslast ist jedoch nicht direkt messbar, sondern wird über die empfundene Luftqualität C hergeleitet, da die Verunreinigungen erst durch die Luft verdünnt zur Nase gelangen. Diese wird in der Einheit pol (lateinisch: pollutio) angegeben.

Ein pol entspricht der empfundenen Luftqualität bei einer Verunreinigungslast von einem olf und einer Belüftung von 1 l/s. Zur Bewertung von Raumluftqualitäten ist 1/10 der Einheit, ein dezipol, geeigneter:

$$1 \text{ dezipol} = 0{,}1 \frac{\text{olf}}{\text{l/s}} \tag{N-8}$$

Die empfundene Luftqualität bestimmt sich so aus der Verunreinigungslast zu

$$C = C_{AU} + 10 \cdot \frac{\sum G}{\dot{V}} \tag{N-9}$$

mit C: Empfundene Luftqualität [dezipol]
     C_{AU}: Empfundene Luftqualität der Außenluft [dezipol]
     G: Verunreinigungslast [olf]
     $\dot{V}$:   Außenluftvolumenstrom [l/s],

Fanger ermittelte eine Beziehung zwischen der Anzahl Unzufriedener PD (Percentage Dissatisfied) und der auf den Volumenstrom bezogenen Verunreinigungsquellen. Die Bewertung wird durch eine naive (nicht trainierte) Probandengruppe vorgenommen, die einen Raum als Besucher betritt. Personen, die sich seit längerer Zeit in einem Raum befinden, können nicht für die Bewertung verwendet werden, da sich ihr Geruchsinn an die Verunreinigung adaptiert hat.

Die Akzeptanz kann durch eine einfache „Akzeptabel/nicht Akzeptabel"-Abfrage bestimmt werden. Der Anteil der unzufriedenen Personen kann direkt aus den Antworten bestimmt werden:

$$\text{PD} = \frac{\text{Anzahl der Antworten ,nicht akzeptabel'}}{\text{Anzahl aller Antworten}} \tag{N-10}$$

Eine genauere Bestimmung der Akzeptanz wird bei gegebener Anzahl von Probanden mit einer kontinuierlichen oder gestuften Skala erreicht. Der Prozentsatz Unzufriedener kann über eine statistische Auswertung des Akzeptanzwerts erreicht werden. Ein Beispiel für eine Bewertungsskala ist in Bild N4-4 dargestellt, die in Anlehnung an einen Entwurf der Technischen Universität Dänemark entwickelt wurde. Die Beurteilung wird durch einen Strich auf der Skala markiert.

Hedonik und Akzeptanz sind stark gekoppelte Größen. Wird ein Geruch als extrem unangenehm eingestuft, so ist er bereits in geringen Konzentrationen unakzeptabel, extrem angenehme Gerüche sind in der Regel auch bei mittlerer Geruchsintensität akzeptabel. Die Akzeptanz verbindet die hedonische Wirkung mit der Geruchsintensität. Auch angenehme Gerüche können bei hoher Geruchsintensität negative Werte für die Akzeptanz ergeben. Der von Fanger ermittelte Zusammenhang zwischen Unzufriedenheit und bezogenem Außenluftvolumenstrom ist in Bild N4-5 dargestellt.

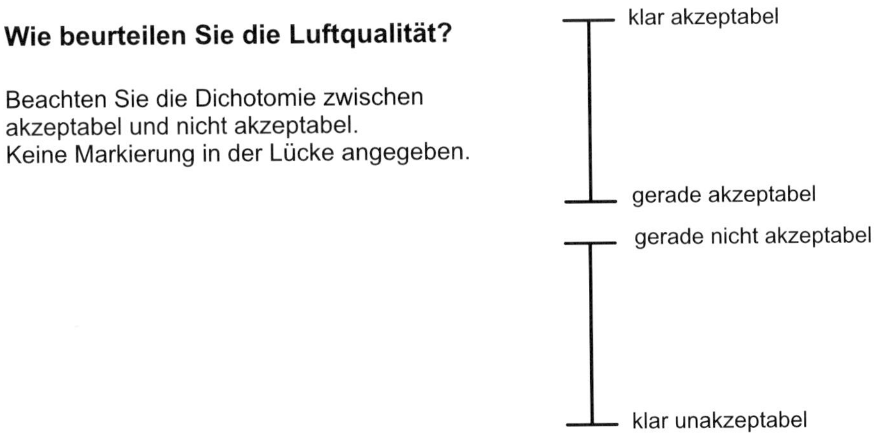

N4 Bewertungsgrößen für die Luftqualität

Wie beurteilen Sie die Luftqualität?

Beachten Sie die Dichotomie zwischen
akzeptabel und nicht akzeptabel.
Keine Markierung in der Lücke angegeben.

— klar akzeptabel

— gerade akzeptabel

— gerade nicht akzeptabel

— klar unakzeptabel

Bild N4-4 Fragestellung zur Bestimmung der Akzeptanz mit einer kontinuierlichen Skala

Unter der Annahme des Zusammenhangs zwischen olf und dezipol aus der Definitionsgleichung, erhält man folgende Beziehung zwischen der empfundenen Luftqualität (C) und der Anzahl Unzufriedener (PD):

$$PD = 395 \cdot EXP(-3{,}25 \cdot C^{-0{,}25}) \tag{N-11}$$

PD = 100% für C > 31,3 dezipol)

Der Zusammenhang zwischen dem Prozentsatz Unzufriedener und der empfundenen Luftqualität C nach Fanger ist in Bild N4-6 wiedergegeben.

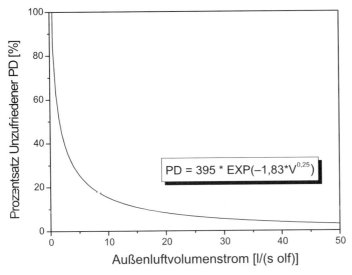

Bild N4-5 Abhängigkeit des Prozentsatzes Unzufriedener von der personenbezogenen Außenluftrate (s. Bd. 1, Bild C3-3)

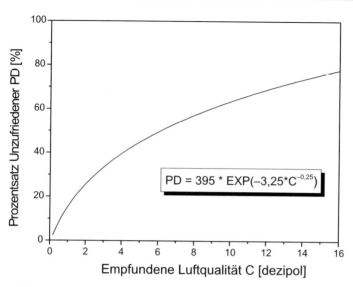

Bild N4-6 Prozentsatz Unzufriedener als Funktion der empfundenen Luftqualität C

N4.4
Klassifizierung von Gerüchen

Es gibt eine Vielzahl an Klassifizierungssystemen für Gerüche. Über Jahrzehnte versuchten die Wissenschaftler, die Geruchsysteme eindeutig zu definieren. Die Anzahl der Geruchsklassen variierte jedoch sehr stark und ist bis heute nicht abgeschlossen. 1756 wurde vom schwedischen Naturwissenschaftler C. Linnaeus ein erstes System von 7 Klassen (wie aromatisch, duftend, ekelhaft, ...) basierend auf Pflanzendüften vorgeschlagen. Ende des 19. Jahrhunderts stellte H. Zwaardemaker, ein niederländischer Wissenschaftler und Experte seiner Zeit in der olfaktorischen Forschung, ein System bestehend aus 30 Klassen und Unterklassen (wie fruchtig, ätherisch, kampferartig, nelkenartig, angebrannt, fäkalienartig, ...) auf. Am Anfang des 20. Jahrhunderts definierte der Psychologe H. Henning 6 Geruchsklassen, die angeordnet in den Ecken eines dreieckigen Prismas einen Geruchraum aufspannen. Er ging davon aus, dass alle beliebigen Düfte durch ihre Lage in den Flächen und auf den Kanten des Prismas charakterisiert werden können. Crocker und Henderson gingen 1927 in ihren Untersuchungen von nur vier Klassen aus und entwickelten für die Beschreibung beliebiger Düfte Mischungsregeln für diese Klassen. In Untersuchungen von Schutz wurden 1964 durch Versuche mit Probanden neue Klassen definiert. Wright und Michels definierten 1964 44 Klassen und deren Untersuchungsergebnis diente als eine Grundlage für eine „Vibrationstheorie" der geruchlichen Wahrnehmung.

Eine der am häufigsten verwendeten Geruchsklassifizierungen ist von Amoore [N-18]. Dieses System basiert auf sieben Grundgerüchen (vgl. Tabelle N-2). Er ging bei seiner Untersuchung von der falschen Annahme aus, dass nur eine

Tabelle N-2 Kennzeichnung von Duftklassen nach [N-18]

Duftklasse	Chemische Substanz
Blumig	Phenylethyl-methyl-ethyl-carbinol
Ätherisch	Ethylen-dichlorid
Moschusartig	ω-Hydroxypentadecansäurelacton
Kampferartig	Kampfer
Schweißig	Buttersäure
Faulig	Butylmercaptan
Minzig	Menthon

geringe Anzahl verschiedener Rezeptoren in der menschlichen Nase existieren, die jeweils auf bestimmte funktionale Gruppen ansprechen.

Neuere Systeme für Geruchklassifizierungen sind deutlich umfangreicher. Der Geruchsatlas der „American Society for Testing and Materials" ASTM besteht aus 146 Deskriptoren [N-19]. Diese umfangreichen Systeme werden hauptsachlich zur Klassifizierung der Gerüche in der Lebensmittel- und der Parfümindustrie eingesetzt. Hier kommt einer feineren Differenzierung größere Bedeutung zu.

N4.5
Einfluss von Temperatur und Feuchte

Der thermische Zustand der eingeatmeten Luft verändert die Empfindung von Gerüchen. Dies hängt wahrscheinlich damit zusammen, dass die Nase neben der geruchlichen Bewertung die Atemluft temperieren, be- und entfeuchten und reinigen muss. Diese Aufgaben werden von den Schleimhäuten wahrgenommen, mit denen die Nasenhöhle vollständig ausgekleidet ist. Je nach Zustand der eingeatmeten Luft werden die Durchblutung der Schleimhaut und der Wassergehalt der Schleimschicht variiert. Diese Schwankungen in der Dicke und der Zusammensetzung der Schleimschicht (Mucus) könnten einen Einfluss auf die Diffusion der Geruchsstoffmoleküle und damit auf die Wahrnehmung von Geruchsstoffen haben, da die Geruchsrezeptoren die Schleimschicht tragen.

Bei der Betrachtung der Abhängigkeit der Geruchsstoffwahrnehmung vom thermischen Zustand der Luft sind die empfundene Intensität und die Akzeptanz der Luft zu unterscheiden. In einer frühen Studie in 1956 untersuchten Kerka und Humphreys [N-20] den Einfluss der Feuchte und der Temperatur auf die Geruchsintensität, bewertet durch eine naive Probandengruppe. Die Bewertung erfolgte in einer 5-stufigen kategorischen Skala nach Yaglou [N-21].

Es wurden drei Substanzen und Tabakrauch bewertet. Die Untersuchung ergab, dass die Geruchsintensität mit steigender relativer Feuchte bei konstanter Temperatur abnimmt. In Bild N4-7 und Bild N4-8 sind die von Kerka und

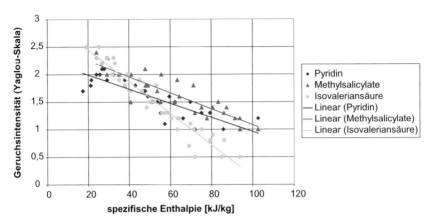

Bild N4-7 Einfluss des thermischen Zustands der Probe auf die Intensität des Geruchs von 3 Substanzen nach Kerka und Humphreys

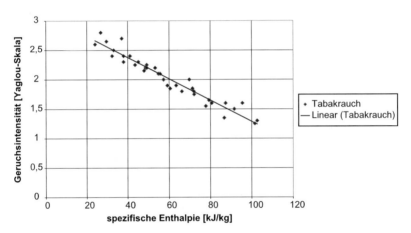

Bild N4-8 Einfluss des thermischen Zustands der Probe auf die Intensität des Geruchs von Tabakrauch nach Kerka und Humphreys

Humphreys ermittelten Bewertungen der Geruchintensität gegenüber der spezifischen Enthalpie aufgetragen. Es zeigte sich, dass die Geruchsintensität mit steigender spezifischer Enthalpie der Luft tendenziell abnimmt.

2003 untersuchte Böttcher [N-22, 29] den Einfluss von Temperatur und Feuchte auf die empfundene Intensität unter Verwendung eines Azeton-Vergleichsmaßstabs und einer trainierten Probandengruppe. Er konnte keine einheitliche Korrelation zwischen der empfundenen Intensität und der spezifischen Enthalpie finden. Bild N4-9 zeigt Messreihen für Bewertungen des Geruchs aus einem Teppich und für Azeton bei konstanter Temperatur beziehungsweise bei konstanter relativer Feuchte.

N4 Bewertungsgrößen für die Luftqualität

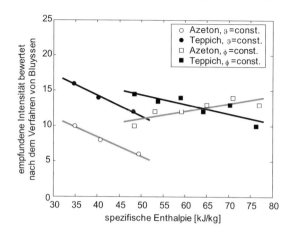

Bild N4-9 Untersuchung des Feuchte- und des Temperatureinflusses auf die Bewertung der empfundenen Intensität von Gerüchen, Daten von Böttcher [N-29]

Steigt die relative Feuchte (ϑ = konst.), so nimmt die empfundene Intensität merklich ab. Bei einer konstanten relativen Feuchte erfolgt kaum eine Veränderung der Intensität durch Zunahme der spezifischen Enthalpie und es ist keine eindeutige Tendenz für alle Substanzen erkennbar.

Zunehmende Feuchte und Temperatur der Probenluft haben auf die Akzeptanz des Geruchs einen starken negativen Effekt. Mit zunehmender spezifischer Enthalpie der Luft nimmt die Akzeptanz ab. Hierbei ist es unerheblich, ob die Änderung der Enthalpie durch eine Veränderung der Feuchte oder der Temperatur erreicht wird. Dies konnte in einer Studie von Fang [N-23] gezeigt werden. Die Enthalpie der Luft wurde in zwei getrennten Versuchsreihen variiert. In der ersten Versuchsreihe wurde die Enthalpie bei konstanter relativer Feuchte durch Änderung der Lufttemperatur beeinflusst und in der zweiten Versuchsreihe durch Änderung des Feuchtegehalts der Luft bei konstanter Temperatur. Für alle untersuchten Stoffe ergab sich eine Verschlechterung der Akzeptanzwerte mit zunehmender spezifischer Enthalpie der Bewertungsluft, siehe Bild N4-10.

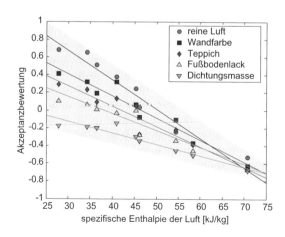

Bild N4-10 Zusammenhang zwischen der spezifischen Enthalpie der Luft und Akzeptanz nach Fang [N-23]

Bild N4-11 Zusammenhang zwischen der spezifischen Enthalpie der Luft und Akzeptanz

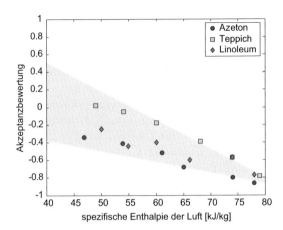

Weiter fällt auf, dass der Bereich der Bewertungen mit höheren Enthalpiewerten immer enger wird, d. h. stark unterschiedlich bewertete Gerüche bei trockener, kalter Luft werden bei warmer, feuchter Luft mit einer ähnlicheren Akzeptanzwert bewertet.

Die Bestimmung der Akzeptanz erfolgte mit einem Probandenkollektiv, das die Akzeptanz in einer kontinuierlichen Skala bewertet. Ähnliche Untersuchungen wurden von Böttcher durchgeführt. Er konnte die Abhängigkeit der Akzeptanz von der spezifischen Enthalpie von Fang bestätigen, Bild N4-11. Der graue hinterlegte Teil des Diagramms zeigt den Bereich an, in dem die Bewertungen von Fang lagen. Es zeigt sich deutlich, die Übereinstimmung der Ergebnisse der beiden Untersuchungen.

Die klare Abhängigkeit der Akzeptanz von der spezifischen Enthalpie, bei der sich die Akzeptanz mit steigender Enthalpie verschlechtert, und demgegenüber die Abhängigkeit der empfundenen Intensität von der relativen Feuchte, bei der die empfundene Intensität mit der Feuchte sinkt, zeigen, dass diese beiden Bewertungsgrößen des Geruches aus unterschiedlichen Bewertungsprozessen der wahrgenommenen Gerüche resultieren. Trotz einer Abnahme der Geruchsstärke wird der Geruch bei höherer Feuchte als unangenehmer bewertet. So dominiert bei hohen spezifischen Enthalpien der thermische Zustand der Luft die Akzeptanzbewertung. Die Geruchsintensität spielt nur eine untergeordnete Rolle.

N5
Bewertungsverfahren für die Luftqualität

Zur Untersuchung der Luftqualität wurden verschiedene Messmethoden entwickelt. Die Verfahren lassen sich zunächst, wie in Bild N5-1 gezeigt, in personengebundene und nicht personengebundene (technische) Verfahren unterteilen. Besonders im Bereich der personengebundenen Verfahren hat sich eine Vielzahl von Messmethoden entwickelt, deren Ergebnisse nur selten verglichen werden können.

Bei den personengebundenen Verfahren wird die geruchliche Belastung der Luft durch Probanden bewertet. Den starken subjektiven Einfluss versucht man durch eine geeignete Anzahl an Probanden zu minimieren.

Technische Verfahren bewerten dagegen die chemischen Verunreinigungen in der Luft unabhängig davon, ob sie beim Menschen ein Geruchsempfinden auslösen. Durch eine Gaschromatographie lässt sich die Zusammensetzung und die Konzentration der Luftverunreinigungen bestimmen. Bisher gibt es noch keine Möglichkeit, aus der Analyse auf das Geruchsempfinden des Menschen zu schließen. Eine andere technische Methode stellt die Multigassensorik dar, die keine Analyse der Luftzusammensetzung vornimmt, sondern die Summe der Luftverunreinigungen in einem mehrdimensionalen Sensormuster darstellt. Diese Messsysteme versuchen auf stark vereinfachte Weise, den menschlichen Geruchssinn nachzubilden, und sie werden deshalb auch als elektronische Nasen bezeichnet. Sie erfordert jedoch eine Kalibrierung, um die Messwerte mit dem Geruchsempfinden des Menschen in Verbindung zu bringen. Ein kombiniertes Messverfahren aus chemischer Analyse der Verunreinigungen und deren geruchliche Bewertung stellt die Gaschromatographie mit einem ODP (Olfactory Detection Port) dar, bei dem nach der Trennsäule eines Gaschromatographen ein Teilstrom abgespalten und an einem Trichter einem Probanden zur Geruchsbewertung dargeboten wird. Die aufgetrennten, separierten Substanzen können so einzeln auf ihren Geruch untersucht werden.

In den folgenden Abschnitten sollen einige Verfahren zur Bestimmung von Luftqualitätsgrößen mit Probandengruppen, dem ODP-Port und der Mulitgassensorik kurz beschrieben werden.

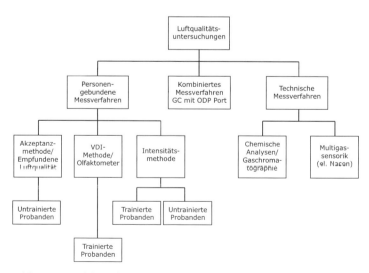

Bild N5-1 Verfahren für die Bewertung der Luftqualität

N5.1
Statistische Auswertung der Bewertungen

Für die verschiedenen Bewertungsgrößen der Luftqualität werden unterschiedliche statistische Ansätze benötigt. Bis auf die Bewertungsgröße Hedonik werden alle als annähernd normal verteilt angesehen. Der Mittelwert der Grundgesamtheit der Bewertungen μ kann nur durch den geschätzten Mittelwert $\bar{x}$ angenähert werden. Äquivalent dazu muss die unbekannte Standardabweichung σ mit der geschätzten Standardabweichung s beschrieben werden. Prinzipiell muss bei einer kleinen Anzahl (geringe Anzahl an Probanden) von Einzelbewertungen die Student T-Verteilung für statistische Untersuchungen herangezogen werden. Für eine große Anzahl von Einzelbewertungen geht die T-Verteilung in eine Normalverteilung über. Die T-Verteilung kann dementsprechend sowohl für Untersuchungen mit kleinen als auch mit großen Probandengruppen eingesetzt werden.

Der Mittelwert der Grundgesamtheit μ liegt in einem Vertrauensbereich oder auch Konfidenzbereich um den geschätzten Mittelwert $\bar{x}$. Die Konfidenz $(100\% - \alpha)$ muss vorgegeben werden, wobei α die Irrtumswahrscheinlichkeit darstellt.

Der geschätzte Mittelwert $\bar{x}$ einer T-Verteilung wird über das arithmetische Mittel berechnet:

$$\bar{x} = \frac{1}{n}\sum_{i=1}^{n} x_i \tag{N-12}$$

Die geschätzte Standardverteilung s wird berechnet mit:

$$s = \sqrt{\frac{1}{n-1}\sum_{i=1}^{n}(x_i - \bar{x})^2} \tag{N-13}$$

Für die mit Probanden durchgeführten Bewertungen der Luftqualität mit verschiedenen Bewertungsgrößen wird im Folgenden eine Konfidenz von 90% angesetzt. Um die Breite des Konfidenzintervalls zu berechnen wird ein zweiseitiger Student T-Test mit dem zweiseitigen 90% Perzentil $t_{(100-\alpha/2);n-1}$ und der Null-Hypothese $\bar{x} = \mu$ benutzt. Die Werte von $t_{(100-\alpha/2);n-1}$ sind für unterschiedliche Anzahl an Probanden n in Tabelle N-3 aufgelistet. Die Breite des zweiseitigen Konfidenzintervalls um den geschätzten Mittelwert $\bar{x}$, das den echten Mittelwerte µ enthält, wird berechnet mit:

$$\mu \in \left[\bar{x} \pm \frac{s}{\sqrt{n}} \cdot t_{(100-\alpha/2);n-1}\right] \tag{N-14}$$

N5 Bewertungsverfahren für die Luftqualität

Tabelle N-3 Zweiseitiges 90% Perzentil der T-Verteilung

Zweiseitiges 90% Perzentil $t_{(100-10/2);n-1}$ der T-Verteilung
für unterschiedliche Anzahl an Probanden n

n = 5	n = 6	n = 7	n = 8	n = 9	n = 10	n = 11	n = 12
2,132	2,015	1,943	1,895	1,860	1,833	1,812	1,796
N = 13	n = 14	n = 15	n = 16	n = 17	n = 18	n = 19	n = 20
1,782	1,771	1,761	1,753	1,746	1,740	1,734	1,729
N = 25	n = 30	n = 35	n = 40	n = 45	n = 50	n = 75	n = 100
1,711	1,699	1,691	1,685	1,680	1,677	1,666	1,660

Die Breite des 90% Konfidenzintervalls wird für verschiedene Standardabweichungen s und die Anzahl der Probanden n in Bild N5-2 angegeben.

Die resultierende Breite des Konfidenzintervalls hängt linear mit der geschätzten Standardabweichung s zusammen und kann so einfach für andere Standardabweichungen aus Bild N5-2 ermittelt werden.

Oft werden vergleichende Bewertungen durchgeführt oder Verdünnungskennlinien aufgenommen und bewertet. Für diese Auswertung ist es notwendig zu wissen, ob die Messergebnisse zweier Messungen unterscheidbar sind. Wenn 2 Messungen durch dieselbe Probandengruppe bewertet werden und der Mittelwert der ersten Messung μ_1 kleiner ist als der Mittelwert der zweiten Messung μ_2, wird ein einseitiger T-Test mit der Nullhypothese $\mu_2 \leq \mu_1$ gegen die angenommene Hypothese $\mu_2 > \mu_1$ durchgeführt.

Der minimale Abstand zwischen den geschätzten Mittelwerten $\overline{x}_1$ und $\overline{x}_2$, der notwendig ist, um $\mu_2 > \mu_1$ unterscheiden zu können wird berechnet mit:

$$\Delta x = \overline{x}_2 - \overline{x}_1 > t_{(100-\alpha);n_1+n_2-2} \cdot s_p \cdot \sqrt{\frac{1}{n_1}+\frac{1}{n_2}} = t_{(100-\alpha);2n-2} \cdot s \cdot \sqrt{\frac{2}{n}} \qquad \text{(N-15)}$$

Bild N5-2 Breite des 90% Konfidenzintervalls um den geschätzten Mittelwert, in dem der Mittelwert der Grundgesamtheit liegt, als Funktion der geschätzten Standardabweichung s und der Probandenanzahl n

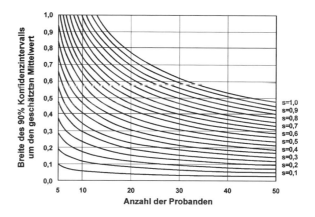

Tabelle N-4 Einseitiges 90% Perzentil der T-Verteilung

Einseitiges 90% Perzentil $t_{(100-10);2n-2}$ der T-Verteilung
für unterschiedliche Anzahl an Probanden n

n = 5	n = 6	n = 7	n = 8	n = 9	n = 10	n = 11	n = 12
1,397	1,372	1,356	1,345	1,337	1,330	1,325	1,321
n = 13	n = 14	n = 15	n = 16	n = 17	n = 18	n = 19	n = 20
1,318	1,315	1,313	1,310	1,309	1,307	1,306	1,304
n = 25	n = 30	n = 35	n = 40	n = 45	n = 50	n = 75	n = 100
1,299	1,296	1,294	1,292	1,291	1,290	1,287	1,286

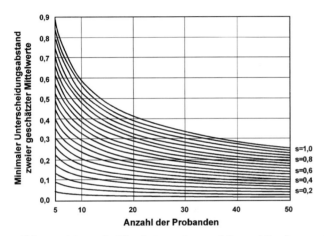

Bild N5-3 Unterscheidbarkeit zweier geschätzter Mittelwerte als Funktion der geschätzten Standardabweichung s und der Anzahl der Probanden n mit 90% Konfidenz

Der Unterscheidbarkeitsabstand für zwei Messungen mit der gleichen erwarteten Standardabweichungen (s_1 und s_2) sowie der gleichen Anzahl an Probanden (n_1 und n_2) ist in Bild N5-3 dargestellt.

Der resultierende Unterscheidbarkeitsabstand hängt linear mit der geschätzten Standardabweichung s zusammen und kann so einfach für andere Standardabweichungen aus Bild N5-3 ermittelt werden.

Konfidenzintervall und Unterscheidungsabstand sind unabhängig von Mittelwert und Bewertungsgröße.

N5.2
Probennahme und Probendarbietung

Die Bewertung der Luftqualität in Innenräumen kann durch eine vor Ort Bewertung der Luft durch Probanden erfolgen. Bei dieser Bewertungsart betreten die

Probanden den zu beurteilenden Raum und müssen sofort eine Bewertung für die empfundene Luftqualität abgeben. Durch eine direkte Bewertung soll eine Adaptation der Probanden an die Raumluft vermieden werden. Diese Methode wird bei der Bestimmung der Akzeptanz der Raumluft angewendet. Nachteil dieser einfachen Methode ist, dass die Probanden aufgrund der sie umgebenden Reize durch Personen, Einrichtung und Nutzungsart des Raumes eine Erwartungshaltung entwickeln, die sich auf die Bewertung der Raumluftqualität auswirken kann. Außerdem erfolgt auf dem Weg zu einem Raum durch einen Gebäudekomplex eine Adaption an den Grundgeruch des Gebäudes. Das Betreten der Räume durch die Probanden kann die Luftqualität ebenfalls beeinflussen, so dass die Bewertung der nachfolgenden Probanden durch die vorangegangenen Probanden verfälscht wird. Die Bestimmung der empfundenen Intensität mit einem Vergleichsmaßstab ist nicht ohne weiteres in einem beliebigen Gebäude möglich, da der Vergleichsmaßstab zu den Räumen transportiert werden müsste.

Ist eine vor Ort Bewertung der Räume nicht möglich oder gewünscht oder sollen die Emissionen einzelner Materialien untersucht werden, so sollte auf ein Verfahren zur Probennahme, -lagerung und -darbietung zurückgegriffen werden.

N5.2.1
Notwendige Luftmenge für eine Luftqualitätsbewertung

Laut Silbernagel et al. [N-24] atmet der ruhende Mensch rund 15 mal in der Minute und atmet dabei ein Volumen von 7,5 l/min ein. Das bedeutet, dass der Mensch durchschnittlich ein Atemzugvolumen von 0,5 l hat. Dieses Volumen muss dem Probanden während der Versuche mindestens zur Verfügung gestellt werden.

Knudsen [N-25] untersuchte die Bewertung der empfundenen Luftqualität in Abhängigkeit vom Volumenstrom an der Nase der Probanden bzw. am Ausgang

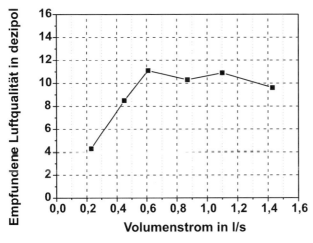

Bild N5-4 Untersuchung von Knudsen [N-25] zum Einfluss des Volumenstroms auf die Bewertung der empfundenen Luftqualität

eines Trichters, siehe Bild N5-4. Er ließ dazu Probanden an einer Probe mit einer Geruchsbelastung von 10 dezipol riechen und variierte den Volumenstrom von 0,2 bis 1,5 l/s.

Die Messungen von Knudsen zeigten, dass die Bewertung der empfundenen Luftqualität erst ab einem Volumenstrom von ca. 0,5 l/s bis 0,6 l/s im Rahmen der Messgenauigkeit als konstant angesehen werden kann. Bei kleineren Volumenströmen ist eine genaue Beurteilung der empfundenen Luftqualität nicht möglich. Üblicherweise wird ein Volumenstrom von 0,8 bis 1 l/s am Trichterausgang eingestellt.

N5.2.2
Bewertungstrichter

Die Darbietung der Luftproben für die Probanden erfolgt meist durch Bewertungstrichter, aus denen die Probenluft strömt. Als Materialien eignen sich Glas oder Edelstahl, da sie nur geringe Emissions- beziehungsweise Adsorptionseigenschaften aufweisen. Der Messtrichter ist so zu konstruieren, dass keine Umgebungsluft in den Trichter eintritt (Induktionswirkung bei einer Strahlbildung im Trichter) und sich mit der Probenluft vermischt. Um ein Abreißen der Strömung an der inneren Wand des Trichters zu vermeiden, muss der Öffnungswinkel des Trichters klein genug sein. Bei einem Öffnungswinkel kleiner als 7,5° kann davon ausgegangen werden, dass es nicht zu einem Abriss der Strömung innerhalb des Trichters kommt. In Bild N5-5 sind beispielhaft zwei Trichterformen, welche zu

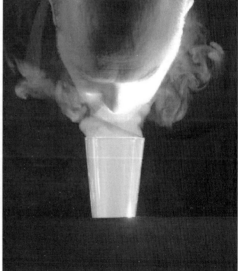

Bild N5-5 Trichterformen zur Bewertung des Geruchs von Luftproben. Ungünstige Trichterform mit großem Öffnungswinkel (links) und für Geruchsuntersuchungen geeigneter Trichter mit einem Öffnungswinkel von 6° (rechts)

Geruchsuntersuchungen eingesetzt werden, abgebildet. Die ausströmende Probenluft ist durch Rauch sichtbar gemacht. Der linke Trichter wird auf einen Probenbeutel aufgesetzt. Durch Druck auf den Beutel strömt die Luftprobe durch den Trichter. Es ist deutlich erkennbar, das der Luftstrom aus dem Probenbeutel schon im unteren Bereich des Trichters abreißt. Bei dieser Trichterart ist es schwer zu verhindern, dass ein Gemisch aus Umgebungsluft und Probenluft bewertet wird. Besser geeignet ist der im rechten Bild dargestellte Trichter mit einem Öffnungswinkel von 6°. Der geringe Öffnungswinkel verhindert ein Abreißen der Strömung. Eine ausreichende Luftmenge für die Bewertung stellt sicher, dass der Proband bei der Bewertung nur die Probenluft einatmet.

N5.3
Probennahmeverfahren

Soll die Luftprobe nicht an Ort und Stelle bewertet werden, so muss sie in geeignete Probenentnahmebehälter gefüllt und zum Bewertungslabor transportiert werden. Hier haben sich Folienbehälter als geeignet erwiesen. Für die Messung von Außenluftqualitäten mit dem Verfahren der dynamischen Olfaktometrie werden Probennahmegeräte eingesetzt, die nach dem Unterdruckprinzip arbeiten. Ein Kompressor evakuiert den Probennehmer und ein innen liegender Probenbeutel saugt sich über die Probenluftöffnung, an die der Probenschlauch angeschlossen wird, voll. Bild N5-6 zeigt einen Probennehmer der Firma ECOMA. Diese Geräte sind für PET-Probenbeutel von einem Volumen bis zu 10 l ausgelegt. Durch das Unterdruckprinzip wird die Probenluft nur über die Probennahmesonde direkt in den Folienbehälter befördert.

Probenahme und -darbietung mit Folienbehältern – AirProbe
Die bei der dynamischen Olfaktometrie verwendeten Probennahmebeutel eignen sich nicht für die Geruchsuntersuchungen zur Ermittlung der empfundenen

Bild N5-6 Probennahmegerät von ECOMA für Untersuchungen mit einem Olfaktometer

Luftqualität oder der empfundenen Intensität. Da die Probe ohne Verdünnung verwendet wird und mehr Probanden eingesetzt werden, sind größere Probenvolumen notwendig.

Von Müller [N-26] wurde das Probenahme- und Probendarbietungssystem AirProbe entwickelt, das ebenfalls nach dem Unterdruckprinzip arbeitet. AirProbe dient zum Befüllen und Entleeren von Probenahmebeuteln aus Polymerfolien. Für die Förderung der Luft in den Probenbehälter ist ein Ventilator in das Gehäuse integriert, der einen Unterdruck zwischen dem Gehäuse und dem Probennahmebeutel erzeugt und so den Probenbehälter befüllt, ohne dass die Luft durch den Ventilator strömt. Ventilatoren können aufgrund von Eigenemissionen oder Emissionen aus Schmierstoffen die Luftprobe verändern. An dem Ventilator oder an den Flächen der Verbindungsleitungen können Adsorptions- bzw. Desorptionsvorgänge stattfinden, welche die Luftprobenzusammensetzung beeinflussen. Die Zu- und Ableitungen weisen nur geringe Längen auf.

Die Probendarbietung mit der weiterentwickelten AirProbeII basiert auf dem Prinzip einer Presse (Bild N5-7). Der Probenbehälter befindet sich zwischen einer fixierten oberen Platte und einer beweglichen unteren Platte. Entsprechend der gleichmäßigen Pressgeschwindigkeit der unteren Platte wird ein konstanter Volumenstrom aus dem Probenbehälter verdrängt und durch ein Edelstahlrohr zum Bewertungstrichter gefördert. Anhand einer Druckmessung wird der Volumenstrom errechnet und in einem Display angezeigt. Die Pressgeschwindigkeit kann mit einer Feinstellskala über einen weiten Bereich verändert werden. Dadurch ist die Verdünnung der Raumluftprobe bei Anschluss an eine Neutralluftanlage möglich. Den Probanden steht zur Bewertung mehr Zeit zur Verfügung, da nur während des Riechvorgangs der volle Volumenstrom durch das Betätigen eines Schalters bereitgestellt wird. In der Zeit zwischen zwei Riechvorgängen wird der Volumenstrom soweit reduziert, dass keine Rück-

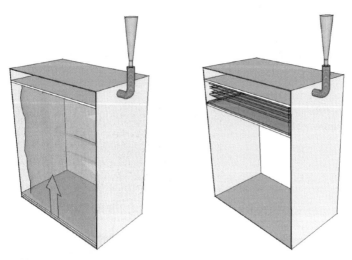

Bild N5-7 Funktionsprinzip der Probendarbietung bei AirProbe

strömung eintritt. Durch den im Mittel geringeren Volumenstrom können bis zu 12 Probanden eine Bewertung am Glastrichter mit einer Füllung vornehmen.

AirProbeII besteht aus einer leichten Aluminium-Transportbox mit den Außenmaßen 1200×800×510 mm. Für den Transport auf ebenen Flächen sind an einer Seite Rollen angebracht.

N5.4
Emissionskammern

Die Norm DIN EN V 13419-1 „Bestimmung der Emission von flüchtigen organischen Verbindungen (Teil 1: Emissionsprüfkammer-Verfahren)" beschreibt die Prüfung der Emissionen von Baumaterialien, das Prüfprinzip sowie Prüfbedingungen, Prüfeinrichtung, Prüfstück bis zum Prüfverfahren und den Prüfbericht. Es wird nur die Prüfung der VOC-Emissionen aus dem Material ohne Bewertung der empfundenen Luftqualität erläutert. Die Norm beschreibt nicht nur eine mögliche Prüfkammer, sondern definiert die Prüfbedingungen: Temperatur (23°C ± 2°C), relative Luftfeuchtigkeit (50% ± 5%), Luftgeschwindigkeit nahe der Oberfläche des zu prüfenden Materials (0,1–0,3 m/s). Ein flächenspezifischer Luftdurchfluss muss eingestellt werden. Aus Basis dieser Angaben wurden verschiedene Prüfkammern entwickelt. Bild N5-8 zeigt eine in Deutschland übliche 1 m³ Emissionsprüfkammer, die komplett aus Edelstahl besteht.

Da die großen 1 m³ Kammern viel Platz erfordern und hohe Anschaffung- und Betriebskosten verursachen, werden bei vielen Untersuchungen kleinere Kammern verwendet. Die Kammern können beispielsweise aus Glas bestehen und haben ein Volumen von ca. 20–50 l. Wenn es um die Bestimmung des Emissionsverhaltens von organischen Substanzen in geringen Konzentrationen im µg/m³-Bereich geht, sind die Parameter wie Temperatur (23 °C), relative Luftfeuchtigkeit (50%), Luftwechsel und flächenspezifischer Luftdurchfluss konstant zu halten. Darüber hinaus muss die Versorgung mit Reinstluft und die Verwendung inerter Kammeroberflächen sichergestellt sein.

In Dänemark wurde eine sogenannte CLIMPAQ-Testkammer entwickelt. Die Testmethode ist in der nordischen Prüfnorm Nordtest NT BUILD 482 [N-27] beschrieben.

Bild N5-8 Bild einer geöffneten 1 m³ Emissionsprüfkammer mit Baumaterialbeladung

Bild N5-9 Bild einer 20 l Emissionsprüfkammer nach DIN EN 13419-1

Ein CLIMPAQ ist eine spezielle Testkammer, die seit einigen Jahren weltweit zusätzlich zu den Emissionsuntersuchungen verstärkt in Untersuchungen der empfundenen Luftqualität eingesetzt wird. Der Name „CLIMPAQ" leitet sich aus dem Englischen ab und bedeutet „Chamber for Laboratory Investigations of Materials, Pollution and Air Quality". Die Testkammern wurden 1994 von Gunnarsen, Nielsen und Wolkoff an der Technischen Universität Dänemark in Kopenhagen entwickelt [N-28]. Wie in allen Untersuchungen von Verunreinigungsquellen wurden zum Bau dieser Testkammern Materialien verwendet, die als geruchsarm bezeichnet werden können.

Abweichend vom ursprünglichen Aufbau wurden diese Testkammern am Hermann-Rietschel-Institut leicht modifiziert, so dass die Kammern mit einem externen Lüftungssystem verbunden und betrieben werden können [N-29]. Der ursprünglich eingebaute Ventilator entfällt ebenso wie die Umlenkung der Strö-

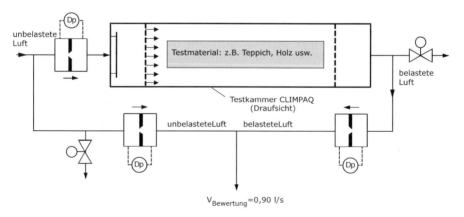

Bild N5-10 Materialuntersuchungen mit CLIMPAQs

mung, so dass eine gleichmäßigere Luftströmung über die Probenoberfläche erzielt werden konnte. Der Aufbau einer Kammer ist in Bild N5-10 ersichtlich. In der Abbildung ist die Strömungsrichtung der Luft durch Pfeile gekennzeichnet. Der Großteil der kinetischen Energie der Zuluft wird sofort nach Eintritt in die Kammer an einer Prallplatte abgebaut. Dahinter befindet sich das erste von zwei Laminarisatorblechen. Dieses sorgt für eine gleichmäßige Verteilung des Volumenstromes auf den gesamten Kammerquerschnitt. Die eigentliche Testkammer mit dem zu untersuchenden Material ist der Raum zwischen den beiden Laminarisatoren.

N5.5
Intensitätsbewertungen

Die in N4.1 beschriebene Geruchsintensität lässt sich mit verschiedenen Methoden bestimmen. Je nach Verfahren benötigt man eine große Probandenanzahl oder technische Hilfsmittel, um ein möglichst genaues Ergebnis in Bezug auf die mittlere Bewertung der Luftprobe zu erhalten. Die Methoden spiegeln unterschiedlich genaue Beschreibungen der Geruchsstärke wider. Prinzipiell ist die Bewertung in einem geruchsneutralen Labor der Bewertung durch Begehung vorzuziehen. Alle thermischen Parameter und sonstigen Bedingungen können konstant gehalten und kontrolliert werden. Dadurch sind die Bewertungen im Labor weniger anfällig für Störeinflüsse aus den Randbedingungen des Versuchs.

N5.5.1
Kategoriemethode

Bei dieser Methode wird die Geruchsintensität der Probe von den Probanden einem Begriff der Kategorienskala zugeordnet. In der Literatur sind verschiedene Begriffe und Einteilungen zu finden. Eine gebräuchliche Skala stellt die in der VDI 3882 [N-30] beschriebene 7-Punkt-Skala dar, von „extrem stark" bis „nicht wahrnehmbar", siehe Tabelle N-5.

Die Beurteilungsklassen sind verbal so belegt, dass sie das gesamte Intensitätsspektrum eines Geruches abdecken. Die Skaleneinteilung durch die Begriffe soll sicherstellen, dass die Abstände dem Weber-Fechner-Gesetz gerecht werden (gleicher Abstand in der Empfindung). So lassen sich die Intensitäten zur Aus-

Tabelle N-5 Kategorieskala nach VDI 3882 Blatt 1 [N-30]

Geruch	Intensitätsstufe
extrem stark	6
sehr stark	5
stark	4
deutlich	3
schwach	2
sehr schwach	1
nicht wahrnehmbar	0

wertung als Zahlen darstellen. Intensitäten oberhalb von „extrem stark" werden bei der beschriebenen Kategorieskala in der Intensitätsstufe 6 zusammengefasst.

Die Kategoriemethode ist mit beliebigen Probandengruppen anwendbar, da das individuelle Empfinden der Geruchsintensität des Probanden bewertet wird. Die subjektiven Empfindungen der einzelnen Probanden haben einen großen Einfluss auf die Standardabweichung der Bewertung. Um ein hinreichend genaues Ergebnis in Bezug auf das Intensitätsspektrum zu erhalten muss eine große Probandenanzahl verwendet werden.

Die Einteilung des gesamten Intensitätsspektrums in 7 Stufen ermöglicht nur eine ungenaue Bestimmung der Intensität. Je weniger beschreibende Kategorien für das gesamte Intensitätsspektrum zur Verfügung stehen, desto größer wird der Fehler, der bei gleicher Probandenanzahl gemacht wird. Für eine genauere Intensitätsbestimmung sind die Referenzmethode oder die Verdünnungsmethode anzuwenden. Die Kategoriemethode wird in der VDI 3882 Blatt 1 in Verbindung mit der Verdünnungsmethode verwandt, um genauere Ergebnisse zu erzielen und Verdünnungskennlinien in Bezug zur Kategorienskala zu erstellen.

Prinzipiell kann bei Kategorienskalen für die Intensität angenommen werden, dass die Bewertungen annähernd einer Normalverteilung genügen. Dabei ist darauf zu achten, dass die verwandte Skala linear im Bezug auf die Intensität nach Fechner ist. Für diesen Fall können als charakteristische Größen der Bewertung einer Probe das arithmetische Mittel und ein Konfidenzintervall mit vorher definierter Konfidenz verwandt werden.

N5.5.2
Referenzmethode

Bei der Referenzmethode wird die Geruchsprobe mit Referenzreizen verglichen. Die Referenzreize werden anhand unterschiedlicher Konzentrationen eines Referenzstoffes skaliert (z. B. Azeton, n-Butanol, Pyridin). Dies kann sowohl dynamisch durch eine Vergleichsstelle als auch statisch durch mehrere Vergleichsstellen realisiert werden. Die dargebotenen Konzentrationen des Referenzstoff-Luft-Gemisches sollten das gesamte Intensitätsspektrum widerspiegeln. Sie können jedoch auch auf den für die Probenbewertung relevanten Bereich beschränkt werden. Die Wahl der Abstände zwischen den Konzentrationsstufen hat einen Einfluss auf die Genauigkeit der Messung. Zu große Konzentrationsunterschiede der Referenzen führen zu ungenaueren Ergebnissen, während zu kleine Abstände mehr dargebotene Referenzreize notwendig machen.

Die Probanden vergleichen die Intensität der Probe mit verschiedenen vorgegebenen Intensitäten des Referenzstoffes. Die Bewertungen sollten in einem geruchsneutralen Labor durchgeführt werden, in dem die Referenzreize und die Probe dargeboten werden. Soll die Probe einer Felduntersuchung bewertet werden, sind geeignete Probennahme- und Darbietungsverfahren notwendig.

Durch eine geeignete, qualitative Auswahl der Probanden (z. B. anhand eines Trainings) kann die Standardabweichung der Bewertung durch eine Probandengruppe verkleinert werden. Ohne die Genauigkeit der Bewertung zu verringern, können die Kosten einer Bewertung durch eine kleinere Gruppengröße reduziert werden. Der Aufwand ist durch die Auswahl und den Vergleichsmaßstab bei dieser Methode höher als bei der Kategoriemethode. Das Ergebnis ist jedoch genauer, da es in einer präziseren Skaleneinteilung erfasst wird und verschiedene Untersuchungsergebnisse können über die vorgegebene Skala verglichen werden, da der Kontext des Experiments keinen Einfluss auf das Ergebnis hat. Das Riechvermögen variiert von Mensch zu Mensch. Durch das Training und die Verwendung von Referenzreizen wird der Einfluss der subjektiven Wahrnehmung auf das Versuchsergebnis verringert, da alle Mitglieder der Probandengruppe die Intensität der Probenluft nach dem gleichen Maßstab bewerten.

Dem konstruktiven Aufbau des Vergleichsmaßstabes kommt bei dieser Methode eine entscheidende Bedeutung zu. Der Luftvolumenstrom und die Referenzstoffkonzentrationen sollen konstant und von den Umgebungsbedingungen unabhängig sein. Die relative Feuchte und die Temperatur des Referenzstoff-Luft-Gemisches müssen konstant gehalten werden. Ein möglicher konstruktiver Aufbau des Vergleichsmaßstabs ist exemplarisch in Bild N5-11 dargestellt.

Der dargestellte Vergleichsmaßstab bietet statisch 6 unterschiedliche Referenzreize über Trichter an. Als Referenzstoff wird Azeton verwandt. Der Vergleichsmaßstab ist im wesentlichen aus drei Teilen aufgebaut: Probenluftführung, Azetonquelle und Dosiereinrichtung. Es werden nur emissions- und adsorptionsarme Materialien wie Edelstahl, Glas und Teflon für die luftberührten Bauteile verbaut, um die Referenzreize nicht zu beeinflussen. Der Vergleichsmaßstab ist an eine geruchsneutrale Luftversorgung angeschlossen. Um eine gleichmäßige Darbietung des Referenzstoffes über die verwendeten Referenztrichter zu gewährleisten muss der Referenzvolumenstrom konstant zwischen 0,9 und 1,0 l/s pro Referenztrichter betragen.

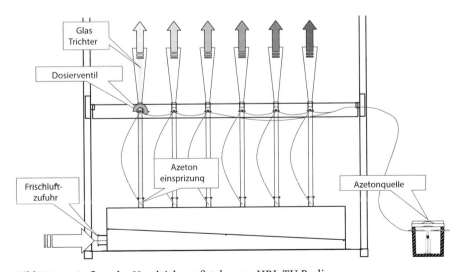

Bild N5-11 Aufbau des Vergleichsmaßstabes am HRI, TU Berlin

N5.6
Dynamische Olfaktometrie

Ursprünglich wurde die dynamische Olfaktometrie entwickelt, um bei Emissionsmessungen die Geruchsstoffkonzentrationen der Außenluft zu bestimmen. Diese Methode ist auch zur Überwachung von Anlagen und Filtern geeignet. Die DIN EN 13725 legt ein Verfahren zur objektiven Bestimmung der Geruchsstoffkonzentration durch Anwendung der dynamischen Olfaktometrie fest.

Die Geruchsstoffkonzentration wird nicht von Probanden direkt bestimmt, sondern nach dem Verdünnungsprinzip ermittelt. Zunächst wird der Probenluft ein hoher Anteil synthetischer, geruchsfreier Luft (Neutralluft) beigemischt. In festgelegten Schritten wird die Konzentration der Probenluft durch Absenken des Neutralluftanteils soweit erhöht, bis alle Probanden eine Geruchswirkung empfinden. Aus den Versuchsergebnissen wird durch ein Auswertungsverfahren die Wahrnehmungsschwelle bestimmt: Die Wahrnehmungsschwelle definiert sich als die Konzentration von Geruchsträgern, bei der 50% der definierten Grundgesamtheit der Probanden einen Geruchseindruck empfinden.

Die Bestimmung der Geruchsstoffkonzentration erfolgt aus der Anzahl der Verdünnungsstufen, die notwendig sind, um den Geruch bis zur Wahrnehmungsschwelle zu verdünnen. Die Wahrnehmungsschwelle stellt die Geruchseinheit GE dar. Die Geruchsstoffkonzentration ist entsprechend der durchgeführten Verdünnungsstufen ein Vielfaches der Wahrnehmungsschwelle.

Dieses Verfahren kann nur für Gerüche eingesetzt werden, die deutlich über der Wahrnehmungsschwelle liegen. Um statistisch gesicherte Ergebnisse zu erhalten, muss mindestens zweimal in Folge die Probenluft zweifelsfrei durch den Probanden erkannt werden. So muss die Probe zur Erreichung der Wahrnehmungsschwelle mindestens zweimal verdünnt werden können.

In Innenräumen treten Geruchsbelästigungen in niedrigen Konzentrationen, oft im Bereich der Wahrnehmungsschwelle, auf. Trotzdem können konstante Gerüche in diesem Bereich eine Belästigung darstellen, da sie immer noch von 50% der Personen wahrgenommen und möglicherweise als unangenehm empfunden werden [N-31]. Die Verdünnung einer so niedrigen Geruchsstoffkonzentration kann zu einer deutlichen Unterschreitung der Wahrnehmungsschwelle in der Probe führen und ist somit mit dem Verfahren der dynamischen Olfaktometrie nicht mehr auswertbar.

Neben der Wahrnehmungsschwelle können noch zwei weitere Größen bestimmt werden. Mit dem Anstieg der Konzentration kann über den Anstieg der Geruchsempfindung von ‚nicht wahrnehmbar' bis ‚extrem stark' die Geruchsintensität erfasst werden, über die Änderung der Geruchsempfindung von ‚sehr angenehm' bis ‚sehr unangenehm' die hedonische Wirkung.

Die in der DIN EN 13725 und VDI 3882 [N-13; N-14] beschriebenen Verfahren zur Bestimmung der Luftqualität gliedern sich in die Abschnitte Geruchsschwellenbestimmung, Bestimmung der Geruchsintensität, Bestimmung der hedonischen Geruchswirkung und psychometrische Erfassung der Geruchsbelästigung. Einige Anweisungen beziehen sich auf Problemstellungen, die nur im freien Ge-

N5 Bewertungsverfahren für die Luftqualität

lände auftreten, wie beispielsweise zeitliche Schwankungen der Geruchsbelästigung durch Windeinflüsse. Von genereller Bedeutung sind die Vorschriften zur Probandenauswahl, Messgenauigkeit, Umgebungsbedingungen, Probennahme und Auswertungsverfahren.

VDI-Gerät

Für Untersuchungen nach dem Verfahren der dynamischen Olfaktometrie werden sogenannte Olfaktometer eingesetzt. Bild N5-12 zeigt beispielhaft ein Olfaktometer TO7 der Firma ECOMA. Es ermöglicht den zeitgleichen Einsatz von bis zu vier Probanden und benötigt einen Versuchsleiter.

Das Gerät wird mit synthetischer Luft aus Stahlflaschen versorgt. Mit dieser Reinluft wird eine Gasstrahlpumpe betrieben, die Probenluft direkt aus dem Probenbeutel oder über das Vormischsystem ansaugt. Der Volumenstrom der Probenluft wird mit Nadelventilen und Schwebekörperdurchflussmesser nach einer Vorgabe durch einen PC eingestellt. Einstellbar sind Verdünnungsstufen von 1:2,5 bis 1:64.000. Mit Hilfe eines schrittmotorgesteuerten Drehschieberventils wird an den Riechmasken zwischen zwei Atemzügen der Probanden von Reinluft auf Mischluft und während der Ausatemphase auf einen sehr geringen Spülluftstrom umgeschaltet. Hierdurch arbeitet das System mit einem minimalen Probenluftbedarf von weniger als acht Litern pro Minute. Mit einer optischen Atemfrequenzvorgabe laufen diese Vorgänge für alle vier am Gerät arbeitenden Probanden synchronisiert ab. Das System wird von einem PC gesteuert, wobei nur die Einstellung der Verdünnung der Probenluft am Mischsystem nach Vor-

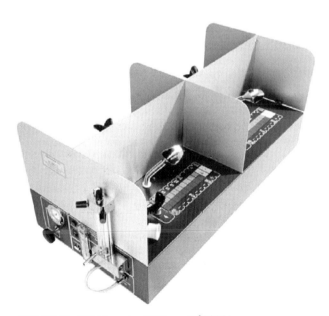

Bild N5-12 Olfaktometer TO7 von EfCOMA

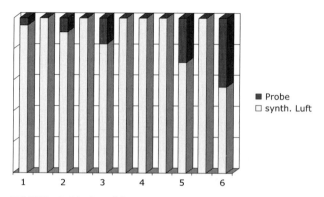

Bild N5-13 Limitverfahren

gabe durch das Steuerprogramm manuell durch den Versuchsleiter erfolgt. Neuere Systeme stellen auch die Verdünnungsstufen automatisch über die Steuersoftware des PCs ein. Die Messdaten mit der vollständigen statistischen Auswertung werden direkt nach der Messung über Bildschirmausgabe angezeigt.

Bei der Anwendung der dynamischen Olfaktometrie hat sich das so genannte Limit-Verfahren durchgesetzt, bei dem den Probanden über ein Verdünnungssystem an Riechmasken abwechselnd Probenluft und Neutralluft zugeführt wird. Zusätzlich werden zufällige Nullproben eingestreut, um Zufallsantworten herauszufiltern. Zunächst wird der Probenluft ein hoher Anteil synthetischer, geruchsfreier Neutralluft beigemengt. In festgelegten Schritten wird die Konzentration der Probenluft durch Absenken des Neutralluftanteils soweit erhöht, bis alle Probanden eine Geruchswirkung empfinden (Bild N5-13).

Durch ein festgelegtes Auswertungsverfahren kann anschließend die Geruchsschwelle bestimmt werden.

N5.7
Hedonikbewertungen

Die Hedonik eines Geruches wird von Mensch zu Mensch sehr unterschiedlich bewertet, sie ist eine subjektive Bewertungsgröße. Die Bewertung der Hedonik durch Probanden erfolgt deshalb anhand einer Kategorienskala wie in Abschn. N5.5.1 beschrieben. Verschiedene Begriffe und Einteilungen der Kategorieskala sind möglich. Eine gebräuchliche Skala stellt die in der VDI 3882 beschriebene 9-Punkt-Skala dar, von „äußerst unangenehm (–4)" bis „äußerst angenehm (+ 4)", siehe Bild N5-14.

Um eine Aussage über die Bewertung der Gruppe zu erhalten werden die Einzelbewertungen zunächst nach den Kategorien (j) sortiert und durch die Gesamtanzahl der Bewertungen aller Kategorien (n) geteilt. Daraus resultiert die relative Summenhäufigkeit der einzelnen Kategorien (H_j):

$$H_j = \frac{n_j}{n}$$

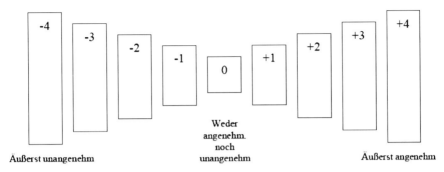

Bild N5-14 Kategorienskala nach VDI 3882 Blatt 2 [N-14]

Diese Daten lassen sich in ein Histogramm überführen. Über die Bestimmung des Flächenmittelpunkts des Histogramms kann der Mittelwert (H_c) der Bewertungen der Probandengruppe berechnet werden.

$$H_c = \sum_{j=-4}^{+4} H_j \cdot j = \sum_{j=-4}^{+4} \frac{n_j}{n} \cdot j = \frac{1}{n}\sum_{j=-4}^{+4} n_j \cdot j \tag{N-16}$$

Da die Hedonik eine sehr subjektive Bewertungsgröße ist, kann nicht von einer Normalverteilung der Bewertungen ausgegangen werden. Deshalb wird als Maß für die Streuung (H_s) die Quadratsumme der Bewertungen herangezogen.

$$H_s = \frac{1}{2}\sum_{j=-4}^{+4} H_j^2 = \frac{1}{2}\sum_{j=-4}^{+4}\left(\frac{n_j}{n}\right)^2 = \frac{1}{2n^2}\sum_{j=-4}^{+4} n_j^2 \tag{N-17}$$

H_s liegt in dem Bereich

$$0{,}055 \leq H_s \leq 0{,}5,$$

wobei der untere Wert einer gleichmäßig verteilten Bewertung entspricht und der obere Wert der singulären Bewertung.

Es ist auch möglich, in der Skala äquidistante Zwischenschritte zuzulassen oder den Bereich von „äußerst unangenehm" bis „äußerst angenehm" als kontinuierliche Skala auszuführen. Bei der Einführung von Zwischenschritten ist darauf zu achten, dass sich die untere Grenze für H_s verringert oder es sind entsprechend die Bewertungen wieder nach der 9-Punkt Skala zu gruppieren. Der Einsatz einer kontinuierlichen Skala bedarf zur Berechnung der „Streuung" H_s auf jeden Fall einer äquidistanten Gruppierung der Werte.

Umgebungseinflüsse wirken sich stark auf die subjektiv empfundene Hedonik aus. Um diesen Einfluss zu minimieren, können die Bewertungen in einer neutralen Laborumgebung durchgeführt werden, in der alle thermischen und sonstigen Parameter der Probenluft kontrolliert und konstant gehalten werden.

N5.8
Akzeptanzbewertungen

Die Akzeptanz als Bewertungsgröße ist ein Maß für die Zufriedenheit mit der Luftqualität. Die Bewertung der Akzeptanz ist oft mit einer suggestiven Fragestellung verknüpft. Die Probanden müssen die Probe unter suggerierten Rahmenbedingungen (z. B. Arbeitsplatz) bewerten. Die Akzeptanz ist wie die Hedonik stark beeinflusst durch subjektive Empfindungen der einzelnen Probanden. Es existieren verschiedene Verfahren zur Bewertung der Akzeptanz, die sich über verschiedene Funktionen in den Prozentsatz unzufriedener (percentage dissatisfied PD) umrechnen lassen.

Eine einfache und zugleich grobe Bewertung der Akzeptanz stellt die 2-Punkt Bewertung dar. Ein Beispiel für die Bewertung der Luftqualität ist in Bild N5-15 dargestellt.

Die Umrechnung in den Prozentsatz unzufriedener (PD) ist für diese Bewertung gegeben durch das Verhältnis der Anzahl der Antworten „nicht akzeptabel" zu der Anzahl der insgesamt abgegebenen Bewertungen.

$$PD = \frac{\text{Anzahl der Antworten ,nicht akzeptabel'}}{\text{Anzahl aller Antworten}}$$

Diese Bewertung muss von einer großen Probandengruppe durchgeführt werden und gibt den Probanden nicht die Möglichkeit, das Maß der Zufriedenheit selbst zu bestimmen oder dieses zu berechnen.

Der Einsatz einer Akzeptanzskala bietet den Probanden die Möglichkeit, das individuelle Maß der Zufriedenheit anzugeben. Es existieren unterschiedliche Skaleneinteilungen. Exemplarisch ist die 20-Punkt Skala in Bild N5-16 dargestellt. Die Bewertungen der Akzeptanz nach der 20-Punkt Skala sind annähernd normal verteilt. Zur Bewertung der Akzeptanz wird das arithmetische Mittel und ein Konfidenzintervall mit vorher definierter Konfidenz aus Abschn. N5.1 berechnet.

Stellen Sie sich vor, Sie müssten während Ihrer täglichen Arbeit diesen Raum häufig betreten! Würden Sie den Geruch in diesem Raum als akzeptabel bewerten?

☐ akzeptabel   ☐ nicht akzeptabel

Bild N5-15 2-Punkt Bewertung der Akzeptanz

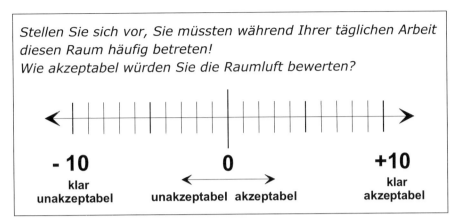

Bild N5-16 20-Punkt Akzeptanz Skala

Mit dem arithmetischen Mittelwert der Bewertungen Ak_m kann der Prozentsatz Unzufriedener nach Gunnarsen [N-42] berechnet werden.

$$PD = 100 \cdot \frac{\exp(-0{,}18 - 0{,}528 \cdot Ak_m)}{1 + \exp(-0{,}18 - 0{,}528 \cdot Ak_m)}$$

An der Universität von Dänemark in Kopenhagen wurde für die Akzeptanz eine andere kontinuierliche Skala verwendet (s. Bild N4-4). Diese wird in Werte von +1 (clearly acceptable) bis −1 (clearly not acceptable) umgerechnet. Es sind jedoch keine neutralen Bewertungen zulässig. Die Punkte „Just (not) acceptable" entsprechen den Werten ±0,1. Wie bei der 20-Punkt-Skala (Bild N5-16) wird auch hier aus allen Antworten ein Mittelwert und ein Konfidenzintervall gebildet.

Akzeptanzbewertungen sind sowohl unter kontrollierten Bedingungen (Labor) als auch direkt vor Ort durchführbar. Allerdings ergeben sich zwangsläufig größere Abweichungen, da das Geruchsempfinden individuell stark abweichen kann und somit die Bewertung negativ beeinflusst. Je kleiner die Gruppen sind, desto stärker fallen die Bewertungen der einzelnen Personen ins Gewicht und desto fehlerbehafteter sind die ermittelten Akzeptanzwerte. Das Verfahren ist sehr aufwendig, da große Gruppen benötigt werden. Umrechnungen der Ergebnisse mit verschiedenen Skalen sind im Allgemeinen nicht möglich, weil die Ergebnisse auch von den Skalen abhängig sind [N-16].

N6
Technische Messsysteme

N6.1
Chemische Analytik

Für chemische Analysen von Probenluft stehen zahlreiche Messverfahren zur Verfügung, wobei viele Messgeräte nur einen oder wenige Stoffe detektieren können. Eine umfassende Analyse der Zusammensetzung der Verunreinigungen in der Probenluft kann durch eine Gaschromatographie erreicht werden.

Die zu beurteilende Luft wird durch ein Adsorptionsmaterial gesaugt, das die Verunreinigungen adsorbiert. Die Probenahme kann mit TENAX® als Adsorbens erfolgen. Es gibt aber auch noch andere Absorbensien wie Aktivkohle, Polyurethan(PU)schaum oder Glasfaserfilter, die je nachdem welche flüchtigen organischen Verbindungen erwartet werden, eingesetzt werden können. Bei der Probenahme ist darauf zu achten, dass ein bestimmtes Probenahmevolumen (dieses Probvolumen ist substanzabhängig) nicht überschritten wird, um ein Durchbrechen der Substanzen zu verhindern. Dieses Durchbruchvolumen ist ein Maß für die wirksame Arbeitskapazität eines Adsorptionssystems. Es ist keine Konstante, sondern hängt neben dem Adsorptionssystem von der Probe und deren Zusammensetzung ab. Es darf bei der Probenahme gasförmiger Komponenten in keinem Falle überschritten werden, da sonst keine vollständige Adsorption mehr gewährleistet ist.

N6.1.1
Thermodesorption, Gaschromatographie und Massenspektroskopie

Die Gaschromatographie (GC) ist wie alle anderen chromatographischen Verfahren eine Trennmethode. Die wichtigsten Bestandteile gaschromatographischer Systeme sind, wie in Bild N6-1 dargestellt, Injektor, Trennsäule und Detek-

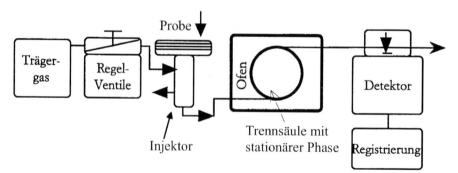

Bild N6-1 Prinzipskizze eines Gaschromatographen nach Schram (Skript [N-32])

tor. Der Injektor dient zum Einbringen und Verdampfen der Probe. Wie die Probe in den Injektor eingebracht wird, hängt ganz von den zu untersuchenden Substanzen und Proben ab. Die Trennsäule wird von der mobilen Phase, dem Trägergas, durchströmt, das den Transport der Komponenten der zu trennenden Mischung übernimmt. Die verdampfte Probe lagert sich an der stationären Phase der Trennsäule an. Die Trennsäule befindet sich in einem Ofenraum, wodurch die Auftrennung der Probe kontrolliert, isotherm oder (heutzutage üblicher) temperaturprogrammiert erfolgen kann (Bild N6-2). Der Detektor hat die Aufgabe, die aufgetrennten Stoffe zeitlich zu registrieren und eine elektrische Signalgröße zu liefern, um eine Quantifizierung und in Abhängigkeit vom Detektorsystem eine Identifizierung zu ermöglichen. Als Detektoren kommen verschiedenste Geräte zum Einsatz. Zunehmend ist eine Kopplung mit der nachweisstarken Massenspektroskopie Standard, die über die Quantifizierung hinaus wertvolle Informationen zur Substanz-Identifizierung liefert.

Flüchtige Bestandteile eines Materials oder flüchtige Bestandteile, die an ein Adsorbens gebunden sind, lösen ihre Bindung bei hohen Temperaturen. Dieses Prinzip macht sich die Thermodesorption zu Nutze.

Bei der Thermodesorption (TDS-System) werden in einem Ofen die mit einem Trägergas durchströmten Adsorptionsröhrchen bei hohen Temperaturen ausgeheizt. Die bei der Luftprobenahme adsorbierten Substanzen verlassen den Adsorber auf dem Weg, auf dem sie eingetreten sind. Das heißt, die Probenluft gelangt

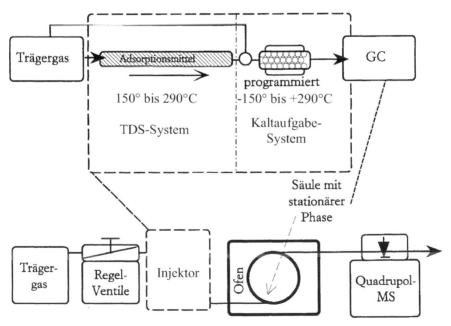

Bild N6-2 Schematische Darstellung des verwendeten Systems mit Thermodesorption und Kaltaufgabesystem, sowie Massenspektrometer

von einer definierten Seite auf den Adsorber, und die in der Probenluft enthaltenen Substanzen verlassen ihn mit einem Trägergas auf dem gleichen Wege.

Ist die Desorptionstemperatur für einen Stoff erreicht oder überschritten, wird er vom Adsorber desorbiert und vom Trägergas mitgerissen. Während der Aufheizphase werden die Stoffe je nach Desorptionstemperatur zu unterschiedlichen Zeitpunkten freigesetzt. Die Aufheizung des Desorptionsofens erfolgt mit einer konstanten Heizrate von z. B. 40°K/min auf eine definierte Endtemperatur. Diese Endtemperatur wird für 5 Minuten gehalten, um eine vollständige Desorption zu erreichen. Der gesamte Heizvorgang dauert ca. 13 Minuten.

Die desorbierten Stoffe werden in einem Kaltaufgabesystem (Kühlfalle) kryofokussiert (gesammelt). Mit Hilfe von flüssigem Stickstoff wird das System auf −150°C gekühlt, und damit werden die desorbierten Stoffe weit unterhalb ihres Siedepunktes gebracht und kondensiert.

Nach Abschluss der Kryofokussierung werden, durch schnelles Aufheizen des Kaltaufgabesystems von beispielsweise −150°C auf 290°C (Injektion), mit einer Heizrate von 10°K/s, alle Substanzen verdampft. Sie schlagen sich auf der Trennsäule nieder, wo sie in Wechselwirkung mit der stationären Phase der Säule treten. An der Trennsäule findet ein Ad- und Desorptionsprozess statt, der für jede Substanz unterschiedlich schnell abläuft. Am Ende der Kapillarsäule treten die Komponenten aufgetrennt zu unterschiedlichen Zeiten in den Detektor ein. In dieser Untersuchung wird das aus der Säule austretende Eluat (Eluat = ein Gemisch aus Trägergas, Komponenten und unerwünschten Verunreinigungen) in einem Verhältnis von 1:1 aufgeteilt. Ein Teilstrom geht in das Massenspektrometer und der andere Teilstrom zum Sniffer (ODP) (ODP = Olfactory Detector Port, wird im Folgenden noch beschrieben) oder alternativ auf einen anderen Detektor (Flammenionisationsdetektor, FID).

Die in dem Gaschromatographen zeitlich aufgetrennten Substanzen des Probengemisches werden in die unter Vakuum stehende Ionisationskammer des Massenspektrometers eingeleitet und dort ionisiert. Die Ionen gelangen in das erste Magnetfeld und werden dort beschleunigt. Das zweite Magnetfeld dient zur Trennung der Ionen. Aufgrund der Lorenzkraft werden hier Ionen je nach Masse unterschiedlich stark abgelenkt. Im eigentlichen Detektor, einem Sekundär-Elektronen-Vervielfacher, werden Signale erzeugt, welche als Gaschromatogramm sichtbar gemacht werden. Ein Massenspektrometer besteht also prinzipiell aus drei Teilen: einer Einrichtung zur Erzeugung von Ionen „Ionenquelle", einer Trennvorrichtung „Analysator" und schließlich dem Auffänger „Sekundär-Elektronen-Vervielfacher, einem so genannten Faraday-Käfig" zur Registrierung der Ionen.

Der generelle Vorteil des Massenspektrometers gegenüber anderen Chromatographie-Detektoren ist, dass neben dem reinen Messsignal, das zum „Peak" im Chromatogramm führt, auch ein Massenspektrum ermittelt wird. Dieses Massenspektrum ist, wenn es unter definierten Randbedingungen (Standard Spectra Auto Tune) ermittelt wird, als ein Fingerabdruck („Fingerprint") jeder Verbindung anzusehen. Durch Abgleich dieses definierten Massenspektrums mit einer Datenbank lassen sich wertvolle Hinweise zur Substanzidentifizierung gewin-

N6 Technische Messsysteme

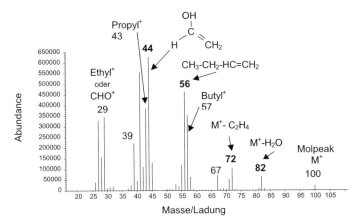

Bild N6-3 Massenspektrum von Hexanal

nen. Dem erfahrenen Analytiker liefert die Massenspektren-Interpretation auch Informationen, die weit über die Suchmöglichkeiten in Bibliotheken hinausgehen. Damit ist das Massenspektrometer den meisten anderen Chromatographiedetektoren deutlich überlegen.

Im Bild N6-3 ist das Massenspektrum für Hexanal abgebildet. Es ist die Signalgröße (Abundance) über dem Masse/Ladungs-Verhältnis aufgetragen. Das Molekül wird bei Eintritt in den Ionisator in Molekülfragmente geteilt. Es werden dabei positive Ionen verschiedener Massen erzeugt. Für den Stoff markante Masse Ladungszahlen sind im Diagramm abgebildet. Die Target-Massen für Hexanal (56, 72 und 82) sind fett hervorgehoben. Unter Target-Massen versteht man die Massen, die den Stoff hauptsächlich charakterisieren.

Die Massenspektren werden zur Analyse der Luftproben herangezogen. Es wird jedoch auf die Darstellung der Massenspektren der Substanzen im Folgendem verzichtet.

N6.1.2
Auswertung von Gaschromatogrammen

Das Chromatogramm liefert wichtige Informationen über die Zusammensetzung einer Probe [N-33]. Es wird kontinuierlich über der Zeit (x-Achse) ein elektrisches Signal (y-Achse hier (englisch) Abundance) aufgezeichnet, das zu der Konzentration der getrennten Substanz proportional ist. Solange nur das Trägergas (Helium) aus der Säule in den Detektor gelangt, wird die sogenannte Basislinie registriert (siehe Bild N6-4). Sobald eine der getrennten Komponenten mit dem Trägergas die Säule verlässt und in den Detektor gelangt, steigt das Signal entsprechend der Konzentration bis zu einem Maximum an und fällt danach wieder auf die Basislinie ab. So ergibt sich für jede getrennte Komponente ein „Peak" (Bild N6-4). Bei ähnlichen Retentionszeiten (die Zeit, bei der die Komponente detektiert wird und der Peak

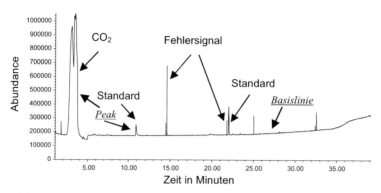

Bild N6-4 Gaschromatogramm

sein Maximum hat) verschiedener Komponenten kann es zu überlagerten Peaks kommen. Das erschwert eine Auswertung.

Die Fläche unter dem Peak liefert Informationen über die Konzentration der getrennten Substanz. Arbeitet man mit einer oder mehreren Standardsubstanzen, so kann durch Vergleich der Flächen des unbekannten Peaks mit der Peakfläche des Standards eine Konzentration abgeschätzt werden.

Aufgrund von elektronischem Rauschen werden Fehlersignale ausgelöst. Unter einem Fehlersignal versteht man Striche in einem Chromatogramm, die keine Fläche ausbilden (Bild N6-4).

N6.1.3
Olfactory Detector Port (ODP)

Für die Entwicklung von neuen Baustoffen ist eine kombinierte Analyse von chemischer Zusammensetzung und olfaktorischer Bewertung von Emissionen geeignet, da mit dieser Methodik geruchsrelevante Bestandteile eines Materials erkannt und substituiert werden können.

Über den ODP (Olfactory Detector Port) wird die chemische Analyse durch einen Gaschromatographen mit der Geruchsbewertung der Menschen gekoppelt. Mit Hilfe des ODP lassen sich unter anderem olfaktorisch interessante Komponenten in einem Chromatogramm identifizieren, falls der Geruchsstoff mit dieser Analysetechnik eindeutig bestimmt werden konnte. Bild N6-5 zeigt ein Chromatogramm gemeinsam mit den zugehörigen Geruchsbestimmungen des Probanden.

Ein Teil des vom Gaschromatographen kommenden Gasstroms wird zum sogenannten Olfactory Detector Port oder Sniffer und der andere Teil wird über einen analytischen Detektor (Massenspektrometer, Flammenionisationsdetektor) geleitet. Über diesen ODP können Personen direkt den aus dem Gaschromatographen kommenden Gasstrom olfaktorisch bewerten. Die Testperson steht am Auslass des Sniffer-Ports und hat einen Signalgeber in der Hand, mit dem sie signalisieren kann, wann sie etwas geruchlich wahrnimmt. Der Zeitpunkt wird

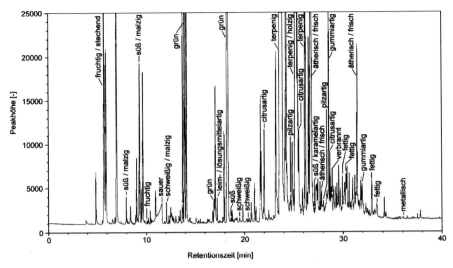

Bild N6-5 Chromatogramm mit Geruchssignalen (ALS 2000)

elektronisch registriert und kann dann mit dem Gaschromatogramm verglichen werden. Es können so die einzelnen Substanzen eines Gasgemisches herausgefunden werden, die für Personen geruchlich wahrnehmbar sind.

N6.2
Luftqualitätssensoren

In der Raumlufttechnik werden seit einigen Jahren Luftqualitätssensoren für bedarfsgeregelte Lüftungssysteme eingesetzt. Ziel ist die Reduzierung des Energieaufwands bei Bewahrung einer guten Luftqualität und der Aufrechterhaltung eines hohen Komfortstandards der Raumnutzer. Zur Erfassung der Luftqualität für die Regelung der Anlagenvolumenströme werden zwei Arten von Sensoren werden eingesetzt: CO_2-Sensoren und VOC-Sensoren. Die Luftqualitäts-Sensoren für die bedarfsgeregelte Lüftung sind in dem VDMA Einheitsblatt 24772 [N-34] beschrieben.

Die CO_2-Sensoren sollen das vom Menschen ausgeatmete Kohlendioxid (CO_2) erfassen und anhand der CO_2-Konzentration die Verschlechterung der Luftqualität ermitteln. Bereits 1858 bestimmte Max von Pettenkofer [N-1] den CO_2-Gehalt der Luft als Indikator für die Luftqualität und empfahl einen CO_2-Grenzwert von 1000 ppm (s. a. N1; Bd. 1, C3.1). Dieser Grenzwert hat bis heute seine Gültigkeit für Innenräume im Nichtwohnbereich [N-35]. Das Kohlendioxid dient als Indikator für die vom Menschen abgegebenen Geruchsstoffe. Es ist geruchlos und erst bei sehr hohen Konzentrationen für die Gesundheit des Menschen gefährlich und trägt daher nicht direkt zur Luftverschlechterung bei. CO_2-Sensoren eignen sich daher für die bedarfsgeführte Regelung in Räumen mit hoher Belegungsdichte, wie Veranstaltungssäle, Konferenzzimmer, Großraumbüros, Hörsäle und Seminarräume und viele mehr. Die Messung des CO_2 erfolgt über das Prinzip der Infrarotspektroskopie, bei der die Absorption von Infrarotstrahlen durch die Gasmoleküle gemessen wird. Die Sensoren sind hochselektiv und weisen nur geringe Querempfindlichkeiten gegenüber anderen Substanzen und der Raumluftfeuchte auf. Nachteilig ist, dass CO_2-Sensoren nicht nur die vom Menschen verursachte Verschlechterung der Luft durch CO_2 erfassen. Emissionen anderer Substanzen aus anderen Quellen, wie Einrichtungsgegenständen und Baumaterialien, haben keine Wirkung auf das Sensorsignal. In Büroräumen, in denen die Geruchsbelastungen durch Emissionen aus Einrichtungsgegenständen und Baumaterialien dominieren, ist eine Regelung der Zuluftmenge auf Basis der CO_2-Konzentration nicht möglich. Für spezielle Anwendungen können auch andere spezifische Gassensoren zur Überwachung der Luftqualität eingesetzt werden, wie z. B. CO-Sensoren für Garagen.

Die zweite in Lüftungsanlagen eingesetzte Sensorart sind die VOC-Sensoren. Diese werden auch als Mischgassensoren bezeichnet, da sie nicht selektiv eine Substanz messen, sondern ein Summensignal über zahlreiche in der Raumluft vorhandenen Substanzen liefern. Die in Gebäuden zur Luftqualitätsbestimmung eingesetzten Sensoren sind in der Regel halbleitende Metalloxidsensoren auf Basis von SnO_2. Sie verändern ihre elektrische Leitfähigkeit durch Oxidation der in der Luft enthaltenen flüchtigen Substanzen an der Sensoroberfläche mit dem dort gebundenen Sauerstoff. Eine ausführliche Beschreibung des Sensorprinzips ist in Abschn. N6.3.1 zu finden. Anders als die CO_2-Sensoren detektieren die VOC-Sensoren auch Substanzen, die aus Einrichtungsgegenständen und Baumaterialien emittieren. Voraussetzung ist, dass die Substanzen oxidierbar sind. Die Sensoren erfassen ein breites Spektrum an Substanzen und weisen so eine geringe Selektivität auf. Dies hat zum einen den Vorteil, dass viele Geruchsquellen erfasst werden können, zum anderen jedoch weisen sie hierdurch auch eine hohe Querempfindlichkeit zur Feuchte auf. Neue Weiterentwicklungen der Sensoren versuchen den Feuchteeinfluss auf das Sensorsignal durch intelligente Schaltungen zu minimieren [N-36]. Der Vorteil des Einsatzes dieser Sensoren liegt in ihrer Robustheit und in den deutlich niedrigeren Kosten als bei CO_2-Sensoren. Aufgrund der niedrigen Kosten sind die VOC-Sensoren besonders für Einzelraumregelungen geeignet, bei denen eine hohe Zahl an Sensoren eingesetzt wird. Die Sensoren erfassen zwar ein großes Spektrum der in den Innenräumen vorkommenden Verunreinigungen, jedoch entspricht dies nicht der vom Menschen über den Geruch wahrgenommenen Luftqualität. Sie detektieren oxidierbare Substanzen unabhängig davon, ob sie eine Geruchsempfindung beim Menschen auslösen oder nicht und es gibt zahlreiche Geruchsstoffe, die durch diese Sensoren nicht erfasst werden. Die unterschiedliche Empfindlichkeit der Sensoren für die einzelnen Substanzen verglichen mit dem menschlichen Geruchsempfinden kann dazu führen, dass bei einer Veränderung der Zusammensetzung der Substanzen (z. B. durch neue Verunreinigungsquellen) es zu einer veränderten Korrelation zwischen Luftqualität und Sensorsignal kommt. Da die Verunreinigungen in den verschiedenen Räumen nicht identisch sind, ist eine Kalibrierung der Sensoren auf die Verunreinigungen des jeweiligen Raumes ratsam. Die Einsatzfähigkeit der VOC-Sensoren für die Erfassung der Luftqualität hängt vor allem von der Empfindlichkeit der Sensoren in Bezug auf die Hauptverunreinigungen ab, die im ppb- bis unteren ppm-Bereich liegen sollte, um das menschliche Geruchsempfinden angemessen zu erfassen.

N6.3
Multigassensorsysteme

Multigassensorsysteme oder so genannte „Elektronische Nasen" sind Kombinationen mehrerer unspezifischer Sensoren zur Messung von flüchtigen Substanzen in der Gasphase. Das Prinzip der elektronischen Nase beruht darauf, anhand mehrerer Sensoren mit unterschiedlicher Sensitivität und Selektivität ein Signalmuster zu erhalten, das einen Stoff oder ein Stoffgemisch charakterisiert. Die genaue Zusammensetzung des Gases kann nicht oder nur schwer ermittelt werden, da alle Sensoren auf mehrere Stoffe ansprechen. Aufgabe der elektronischen Nase ist es jedoch, charakteristische, summarische Parameter des Gasgemisches zu bestimmen. Diese werden über eine multivariate Datenanalyse aus dem Signalmuster der Sensormesswerte ermittelt. Diese Sensorsysteme ahmen auf stark vereinfachte Weise das Prinzip des menschlichen Geruchssinns nach und werden daher als „elektronische Nase" bezeichnet. Der Begriff erweckt Erwartungen an die Leistungsfähigkeit der Systeme, die diese nicht erbringen können, und so werden sie im Folgenden ihrem Aufbau gemäß als Multigassensorsysteme bezeichnet. Zum einen sind sowohl die Anzahl als auch die Empfindlichkeit der Sensoren deutlich geringer als bei den Geruchsrezeptoren in der Nase und zum anderen sind die Möglichkeiten der rechnergestützten Datenverarbeitung nicht mit der extremen Parallelverarbeitung der Geruchsinformationen im Gehirn in Verbindung mit dem Erinnerungsvermögens des Gedächtnisses vergleichbar.

Multigassensorsysteme zeichnen sich also dadurch aus, dass sie aus einem Messmodul mit einem Satz aus Gassensoren mit unterschiedlicher Sensitivität und Selektivität gekoppelt mit einem multivariaten Datenanalysewerkzeug bestehen. Die ersten Systeme wurden Ende der 1980er Jahre aufgebaut [N-37], obwohl die ersten Gassensoren bereits in den 1960er Jahre von Seiyama [N-38] und Tagushi [N-39] entwickelt wurden. Da die Systeme eine rechnergestützte Datenauswertung erfordern, kam der Durchbruch mit der Einführung der Mikroprozessortechnik. Seit den 1990er Jahren wird auf dem Gebiet der Multigassensorik viel geforscht und zahlreiche Systeme basierend auf unterschiedlichsten Sensortechniken entwickelt.

Haupteinsatzgebiete der Multigassensorik sind die Parfüm- und Kosmetikindustrie und die Lebensmittelindustrie. In diesen Industriezweigen fällt dem Geruch des Produktes eine hohe Bedeutung zu. Es werden in diesen Bereichen schon seit längerem Probandengruppen eingesetzt. Neben der Entwicklung von Produkten und der Überprüfung der Qualität des Endproduktes spielt auch die Überwachung des Herstellungsprozesses oder bei Lebensmitteln des Reifeprozesses eine entscheidende Rolle. Die zeitnahe Bewertung einer Gaszusammensetzung erlaubt es, diese Systeme für eine Prozessüberwachung einzusetzen, wo sonst aufgrund der aufwendigeren Analytik nur stichprobenartig gemessen werden konnte. Hierbei ist oft nicht die exakte chemische Zusammensetzung relevant, sondern die Abweichungen und Veränderungen des Gemisches.

Multigassensorsysteme werden für immer mehr Bereiche, in denen Gerüche einen maßgeblichen Einfluss haben, interessant. Neben der Überwachung von Schadstoffausbreitungen in der Umwelttechnik fällt speziell der medizinischen Diagnostik in den letzten Jahren verstärkt Aufmerksamkeit zu. Multigassensorsysteme sollen, ohne vorher aufwendige medizinische Untersuchungen durchführen zu müssen, durch Atemluftanalyse oder Analyse der Ausdünstungen aus der Haut eine Vordiagnose durchführen können. Weitere Einsatzmöglichkeiten sind die Gefahrenstoffanalyse, die Detektion von Leckagen (Gasleitungen), die Untersuchung von Schadstoffausbreitungen und Steuerung der Lüftungsklappen in Automobilen.

Multigassensorsysteme sind weder als Ersatz für analytische Messung der Zusammensetzung noch als Ersatz für Probandenbewertungen anzusehen. Zusätzlich zu diesen Methoden erweitern sie die Möglichkeiten der Erfassung der chemischen Umwelt. Speziell dort, wo Probandenbewertungen nicht durchgeführt werden können, ist der Einsatz solcher Systeme von großem Vorteil.

N6.3.1
Gassensoren

Multigassensorsysteme können mit verschiedenen Arten von Gassensoren realisiert werden. Obwohl auch spezifische Sensoren für die Messung möglichst nur einer gasförmigen Substanz existieren, sind speziell die breitbandigen Sensoren, die auf ein ganzes Spektrum von Substanzen reagieren, von besonderem Interesse. Die geringe Selektivität ist für die Messungen einzelner Substanzen störend, jedoch begünstigt sie die Ermittlung globaler, das Stoffgemisch betreffende Eigenschaften. Hierzu ist auch der Geruch zu rechnen, da er aus der Summe aller geruchsaktiven Substanzen entsteht.

Chemosensoren, zu denen die Gassensoren zählen, wandeln eine chemische Quantität in ein elektrisches Signal und reagieren auf Konzentrationen spezifischer Partikel, Atome, Ionen oder Moleküle in Gasen und Flüssigkeiten mit einem elektrischen Signal. Gassensoren, die in Multigassensorsystemen zum Einsatz kommen, müssen speziell auf geruchsaktive Moleküle in der Gasphase reagieren, die in der Regel flüchtige organische Substanzen sind. Gassensoren bestehen im Prinzip aus zwei Komponenten: Der aktiven Sensorschicht (Messelement) und dem Signalwandler (Transducer), der die primäre Messgröße in ein zu verarbeitendes, meist elektrisches Signal wandelt, siehe Bild N6-6.

Aufbauend auf diesem allgemeinen Prinzip wurden zahlreiche Arten und Ausführungen von Gassensoren entwickelt, die sich in der Sensorschicht und in den erfassten Messgrößen unterscheiden. Die in Multigassensorsystemen am häufigsten eingesetzten Sensorarten sind Metalloxide, organische leitfähige Polymere, Schwingquarze und akustische Oberflächenwellenleiter.

Bild N6-6 Schematische Darstellung des allgemeinen Prinzips von Gassensoren

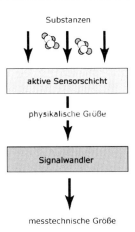

Die ersten Sensorsysteme wurden mit Metalloxidsensoren aufgebaut. Das Sensormaterial besteht aus halbleitenden Metalloxiden. Neben dem am häufigsten eingesetzten Zinnoxid (SnO_2) werden die Sensoren auch aus anderen Metalloxiden, wie ZnO, Fe_2O_3 und WO_3, hergestellt. Zinnoxidsensoren werden auch als einzelne Sensorelemente in den Luftqualitätssensoren für bedarfsgeregelte Lüftungsanlagen eingesetzt. Metalloxidsensoren weisen zwei grundlegende Mechanismen zur Detektion von gasförmigen Verunreinigungen auf: Adsorption an der Oberfläche unter Elektronenaufnahme und Oxidationsreaktionen der Verunreinigungen an der Sensoroberfläche mit dem an der Oberfläche adsorbierten Sauerstoffs. Der elektrische Widerstand des Sensors dient als messtechnische Größe, die durch Anlegen einer Spannung an das Sensormaterial gemessen werden kann. Metalloxidsensoren arbeiten nur in einer sauerstoffhaltigen Atmosphäre. Der Sauerstoff lagert sich an der Oberfläche der Sensoren an und nimmt Elektronen aus dem Leitungsband der Metalloxide auf. Dies führt zu einer Erhöhung des elektrischen Widerstands des Sensors. Zwischen den an der Oberfläche adsorbierten Sauerstoffspezies (O^-, O^{2-}, O_2^-, OH) stellt sich ein dynamisches Gleichgewicht ein. Strömt nun die Probenluft mit flüchtigen Substanzen über die Sensoroberfläche, so reagieren die Substanzen mit dem gebundenen Sauerstoff und es stellt sich ein anderes Gleichgewicht ein. Der Widerstand des Sensors verändert sich. Für einen weiten Konzentrationsbereich besteht zwischen der Konzentration einer flüchtigen Substanz in der Probenluft und dem elektrischen Widerstand des Metalloxidsensors ein potentieller Zusammenhang. Der Vorgang der Veränderung des Widerstands ist reversibel. Ist kein reduzierbares Gas mehr in der Atmosphäre, so lagert sich wieder der Sauerstoff an der Sensoroberfläche an. Das Sensormaterial selbst nimmt nicht an den Reaktionen teil.

Eine große Bedeutung bei der Detektion von Gasen kommt der morphologischen Struktur des Sensormaterials zu, das meist in polykristalliner Form vorliegt. Die Korngrenzen spielen dabei eine wesentliche Rolle. Sie bestimmen die Höhe der Leitfähigkeit und das Adsorptionsvermögen und haben einen großen

Einfluss auf die Empfindlichkeit der Sensoren. In der Forschung geht der Trend zu immer kleineren Kristallen, so genannten Nanostrukturen. Je kleiner die Kristallkörner sind, desto mehr Ladungsträger befinden sich an der Oberfläche des Metalloxids. Die Gestaltung von Sensoren mit Nanostrukturen ist jedoch schwierig, da bedingt durch die hohen Betriebstemperaturen der Sensoren ein Zusammenwachsen der Kristalle auftreten kann. Von den Nanosensoren verspricht man sich eine sehr hohe Empfindlichkeit. Untersuchungen [N-40] von SnO_2-Sensoren mit Nanobandstrukturen zeigten bereits eine hohe Empfindlichkeit gegenüber den getesteten Substanzen (Ethanol, CO und NO_2).

Metalloxidsensoren erfordern hohe Betriebstemperaturen, damit die Oxidationsreaktionen ablaufen können. Die Betriebstemperaturen liegen je nach Metalloxid im Bereich von 200 bis 500°C. Die Höhe der Temperatur des Sensors bestimmt, welche Reaktionen bevorzugt ablaufen, und so lässt sich die Selektivität und Sensitivität des Sensors über die Temperatur beeinflussen. Die Sensitivität und Selektivität der Sensoren kann zusätzlich durch Zufügen von verschiedenen Katalysatormaterialien (Platin und Palladium) in unterschiedlichen Konzentrationen zu dem Metalloxid beeinflusst werden.

Die Sensoren weisen eine Querempfindlichkeit gegenüber der Luftfeuchte auf. Wasser lässt sich zwar nicht oxidieren, lagert sich jedoch an der Oberfläche an und verdrängt den Sauerstoff. Die genauen Vorgänge sind bisher nicht geklärt. Die Abhängigkeit von der Luftfeuchte ist bei den Metalloxidsensoren aber im Vergleich zu anderen Sensortypen wie Schwingquarzsensoren und den leitfähigen Polymeren geringer.

Schwingquarzsensoren (BAW – Bulk Acoustic Wave oder QMC – Quartz Micro Balance) sind massensensitive Sensoren, bei denen die Frequenz der Akustischen Schwingung als elektrische Messgröße dient. Die Sensoren bestehen aus einer dünnen Quarzscheibe, die auf Vorder- und Rückseite mit aufgedampften Goldelektroden versehen sind. Quarze sind piezoelektrische Materialien, die die Eigenschaft besitzen, dass sie elektrische Energie in mechanische Energie transformieren und umgekehrt. Legt man an die Elektroden eine Wechselspannung an, so beginnen die Quarze aufgrund des piezoelektrischen Effekts in Abhängigkeit der Masse auf ihrer Grundfrequenz zu schwingen. Auf eine Änderung der Masse des Sensorelements reagieren die Sensoren mit einer Frequenzänderung. Die Schwingquarze sind nur der Signalwandler des Sensors, um die Änderung der Masse in ein elektrisches Signal zu wandeln. Das eigentliche sensitive Element des Sensors ist die Beschichtung des Quarzes mit verschiedenen Polymeren unterschiedlicher Sorptionseigenschaften. An der Oberfläche der Polymerschicht lagern sich die Substanzen der Probenluft an und Verändern die Masse des Sensorelements. Die Frequenzänderungen aufgrund der Anlagerung sind verglichen mit der Grundschwingfrequenz des Quarzes sehr gering (einige Hertz zu ca. 10 MHz) und so ist eine hohe Messgenauigkeit erforderlich.

Oberflächenwellenleiter (SAW – Surface Acoustic Wave) sind wie Schwingquarzsensoren massensensitiv und es wird bei diesen Sensoren ebenfalls eine Frequenzänderung detektiert. Diese Sensortypen arbeiten mit akustischen Oberflächenwellen (SAW – Surface Acoustic Wave). Die Elektroden befinden sich auf derselben Seite des Quarzes. Hierdurch schwingt nicht mehr das ganze Trägermaterial, sondern die Wellen werden nahe an der Oberfläche des Quarzes ausgelöst. Die Sensoren arbeiten bei höheren Frequenzen im Bereich von GHz als die oben beschriebenen Schwingquarze. Aufgrund der höheren Schwingfrequenz sind sie empfindlicher, erfordern aber eine aufwendigere Elektronik zur Auswertung. Der hohen Empfindlichkeit der Sensoren stehen die Querempfindlichkeit gegenüber der Feuchte und eine geringe Langzeitstabilität gegenüber.

Leitfähige Polymere sind wie die Metalloxidsensoren chemoresistive Sensoren, bei denen die Leitfähigkeit (bzw. der elektrischen Widerstand) als Messgröße dient. Sie zeigen reversible Veränderungen der Leitfähigkeit, wenn chemische Substanzen an der Oberfläche adsorbiert oder desorbiert werden. Als leitfähige Polymere werden hauptsächlich Polypyrrol, Polyanilin, Polythiophen, Polyacetylen und deren Derivate für resistive Gassensoren verwendet. Sie zeichnen sich dadurch aus, dass ihre Empfindlichkeit und Selektivität relativ einfach verändert und angepasst werden kann, durch Dotieren, durch Redoxreaktionen bzw. Protonieren, Einbau von Katalysatoren wie Pt und Pd oder nichtleitende Polymere in die Polymermatrix und durch Veränderung der Kettenstruktur durch Seitenketten, Verzweigungen und funktionelle Gruppen. Diese Flexibilität und Veränderbarkeit der Struktur der Sensoren heben sie als Gassensormaterial besonders hervor. Sie sind zudem leicht herzustellen und lassen sich einfach als dünne Schicht auf den Sensorträger auftragen. Sensoren auf Basis von leitfähigen Polymeren haben eine sehr kurze Ansprechzeit und eignen sich besonders für Echtzeitmessungen. Da sie anders als Metalloxidsensoren bei Raumtemperaturen und niedrigeren Temperaturen im Bereich von 20–100 °C betrieben werden, benötigen sie kein aufwendiges Heizsystem und weniger Energie. Neben den Metalloxiden eignen sie sich besonders für Gassensorsysteme, da sie kostengünstig sind, auf einen großen Bereich an Substanzen ansprechen, eine hohe Sensitivität aufweisen. Sie sind auch nicht auf oxidierbare Substanzen beschränkt. Bisher haben die Gassensoren auf Basis leitfähiger Polymere jedoch den großen Nachteil, dass es nicht gelungen ist, sie langzeitstabil zu machen. Polymersensoren zeigen eine Signaldrift bei der Alterung, wenn sie über längere Zeit der Luft ausgesetzt sind. Wasser stellt eine wichtige messbare Substanz der leitenden Polymere dar und so sind sie sehr feuchteempfindlich. Wasser ist unter anderem ein Kontrahent der Substanzen bei der Absorption.

Neben den beschriebenen Sensorarten gibt es noch zahlreiche weitere. In den letzten Jahren wird besonders im Bereich der optischen Sensoren und Biosensoren geforscht. Bei optischen Sensoren ändern sich bei Anwesenheit von gasförmigen Substanzen ihre optischen Eigenschaften, wie Absorptionsvermögen, Reflexionsgrad, Brechungsindex, Fluoreszenz, Polarisation und Streuung. Biosensoren kombinieren die Sensitivität eines chemischen Gassensors mit der Selektivität von biologischen Erkennungsmechanismen in einem Sensorelement. Das biologische Element des Sensors stellt die aktive Sensorschicht dar und wird mit elektrochemischen oder piezoelektrischen Messwertumsetzern kombiniert. Die aktive Sensorschicht basiert auf Enzymen, Antikörpern, Lipiden oder auf Rezeptoren. Durch die Beschichtung mit Geruchsrezeptoren sollen die Sensoren näher an das biologische Vorbild heranreichen. Bisher stellt die Langzeitstabilität die größte Herausforderung der Biosensoren dar.

N6.3.2
Multivariate Datenanalyse

Die Anwendung von Multigassensorsystemen erfordert eine multivariate Datenverarbeitung, um die Messwerte des Sensormoduls auszuwerten und zu interpretieren. Bei der multivariaten Datenauswertung werden nicht die einzelnen Sensoren isoliert betrachtet, sondern das Zusammenwirken der Sensoren und deren Abhängigkeitsstruktur untersucht. Je nach Aufgabenstellung können qualitative, klassifizierende Verfahren oder quantitative Methoden herangezogen werden. Aufgrund des Haupteinsatzgebietes der Systeme zur Qualitätsüberwachung von Produkten werden die meisten Systeme bereits mit Software ausgeliefert, welche die gängigsten klassifizierenden und mustererkennenden Verfahren beinhaltet. Dies sind die Hauptkomponentenanalyse (PCA, engl. Principal Component Analysis) und die lineare Diskriminanz-Analyse (LDA, engl. Linear Discriminant Analysis). Bei einigen Systemen sind auch neuronale Netze implementiert. Neben der Klassifizierung und der Quantifizierung kommt es bei der Datenauswertung auch auf eine Dimensionsreduktion an. Ziel der Datenreduktion ist es, den Datenraum, der durch die einzelnen Sensoren aufgespannt wird, so zu transformieren, dass zwei bis drei neue Hauptkomponenten ausreichen, einen Großteil des Informationsgehalts der Messdaten wiederzugeben und eine grafische Darstellung der Messdaten zu ermöglichen. In den grafischen Darstellungen liegen ähnliche Messwerte eng zusammen, verschiedene weit voneinander entfernt und so wird gleichzeitig zur Datenreduktion eine Klassifizierung der Daten erreicht. Die Ausbildung der Datengruppen erfolgt durch die Transformationsalgorithmen, denen je nach Verfahren unterschiedliche Kriterien zugrunde gelegt werden. Man unterscheidet zwischen überwachten und unüberwachten Verfahren. Bei den unüberwachten Verfahren, wie der PCA, wird nur die Messwertmatrix für die Ausbildung der Transformationsvorschriften herangezogen. Die Transformation erfolgt so, dass eine maximale Varianz der Messungen erreicht wird. Bei den überwachten Verfahren, wie der LDA, werden die Diskriminanzfunktionen durch eine Lernphase ausgebildet, bei der den Messungen eine Klassenzugehörigkeit zugeordnet wird. Die Funktionen werden im Lernprozess so bestimmt, dass eine maximale Unterscheidbarkeit der Klassen erreicht wird.

Zur quantitativen Erfassung des Geruches oder der Verunreinigung ist eine Kalibrierung notwendig. In der Kalibrierungsphase werden zu den Messdaten parallel Messungen der gewünschten Ausgangsgröße durchgeführt. Anhand der Daten werden die angesetzten Übertragungsalgorithmen so parametriert, dass die Ausgangswerte durch die Messdaten bestimmt werden können. Es werden hierfür Regressionsverfahren wie die Multiple Lineare Regression (MLR), die Hauptkomponentenregression (Kombination einer Hauptkomponentenanalyse mit einer MLR) und die Methode der partiellen kleinsten Fehlerquadrate (PLS engl. Partial Least Squares) eingesetzt. Eine weitere Möglichkeit liegt in der Anwendung biologisch inspirierter Verfahren, wie künstlichen Neuronalen Netzen.

Untersuchungen zur Geruchsintensität zeigen [N-42], dass ein eindeutiger Zusammenhang zwischen den Messungen von Sensorsystemen und der Geruchsintensität durch einen einfachen quantitativen Algorithmus nicht erreicht werden kann. Die Relationen zwischen der Geruchsintensität und gemessenen Geruchsstoffkonzentrationen sind von dem Stoffgemisch der emittierten Substanzen abhängig. Es zeigt sich, dass die Kombination einer Klassifizierung und einer nachgeschalteten Bestimmung der Geruchsintensität für die ausgewählte Klasse ein möglicher Ansatz für die Ermittlung der Geruchsintensität, wie sie vom Menschen empfunden wird, darstellt.

Literatur

[N-1]   PETTENKOFER, M. von: Über den Luftwechsel in Wohngebäuden. Literarisch-Artistische Anstalt der J.G. Cotta'schen Buchhandlung, München (1858)

[N-2]   YAGLOU, C.P., RILEY, E.C. und COGGINS, D.I.: Ventilation Requirements (Part 1). ASHVE Transactions Vol. 42 (1936) 133–162

[N-3]   FANGER, O.P.: Introduction of the olf and the decipol Units to Quantify Air Pollution Perceived by Humans Indoors. Energy and Buildings 12 (1988) 1–6

[N-4]   STROH, Katharina; Bayerisches Landesamt für Umwelt, Gerüche und Geruchsbelästigungen

[N-5]   NAZAROFF, W.W; WESCHLER, C.J.: Cleaning products and air fresheners. Exposure to primary and secondary air pollutants. Atmospheric Environment, 38, 2841–2865, 2004

[N-6]   BUCK, L.: Unraveling the Sense of Smell, Nobel Lecture, Stockholm, 2004 (www.nobelprize.org)

[N-7]   AXEL, R.: Scents and Sensibility: A Molecular Logic of Olfactory Perception, Nobel Lecture, Stockholm, 2004 (www.nobelprize.org)

[N-8]   FECHNER, G.T.: Elemente der Psychophysik Bd. 2. Breitkopf und Härtel Leipzig, (1860)

[N-9]   STEVENS, S.S.: On the Psychophysical Law. Psychological Review 64 (1957) 153–181

[N-10] VOCBASE: Jensnen, B., Wolkoff, P.: Odor Thresholds, Mucous Membrane Irritation Thresholds and Physico-Chemical Parameters of Volatile Organic Compounds, National Institute of Occupational Health, Denmark (1996)

[N-11] CAIN, W.S. und COMETTO-MUNIZ, J.E.: Sensory Irritation Potency of VOC's Measured through Nasal Localization Threshold, Proceedings of Indoor Air 1996 Vol. 1, (1996) 167–172

[N-12] OBERTHÜR, R.: Vergleich der olfaktorischen Geruchsmessverfahren für Innenraum- und Außenluft. VDI Berichte 1373 Kommission Reinhaltung der Luft, Gerüche in der Umwelt, VDI-Verlag (1998)

[N-13] VDI – Verein Deutscher Ingenieure: Olfaktometrie – Bestimmung der Geruchsintensität, VDI 3882 Blatt 1, Beuth Verlag Berlin (1992)

[N-14] VDI – Verein Deutscher Ingenieure: Olfaktometrie – Bestimmung der hedonischen Geruchswirkung, VDI 3882 Blatt 2, Beuth Verlag Berlin (1994)

[N-15] FANGER, O.P und BERG-MUNCH, B.: Ventilation and Body Odor. Proceedings of An Engineering Foundation Conference on Management of Atmospheres in Thightly Enclosed Spaces, ASHRAE (1983) 45–50

[N-16] YOON, Y.S.: Statistische Untersuchungen zu Ermittlungsmethoden der Empfundenen Luftqualität. Diss. TU Berlin, 2004

[N-17] FANGER O.P.: Ein neues Komfortmodell für Raumluftqualität. KI Klima-Kälte-Heizung 7 (1990) 315–317

[N-18] AMOORE, J.E., JOHNSTON, J.W. and RUBIN, M.: The Stereochemical theory of odor. Scientific American 210 (1964) 42–49
[N-19] American Society for Testing and Materials (ASTM): Atlas of Odor Character Profiles. DS 61 (1992)
[N-20] KERKA, W.F., HUMPHREYS, C.M.: Temperature and humidity effect on odour perception, ASHRAE Transactions, 62, S. 531–552
[N-21] YAGLOU, C.P. und WITHERIDGE, W.N.: Ventilation Requirements (Part 2). ASHVE Transactions Vol. 43 (1937) 423–436
[N-22] MÜLLER, D., BITTER, F., BÖTTCHER, O., KASCHE, J., MÜLLER, B.: Neue Systematik zur Bewertung der empfundenen Luftqualität; HLH Bd. 55, 2004
[N-23] FANG, L.: Impact of Temperature and Humidity on Perceived Indoor Air Quality. Dissertation, Technische Universität von Dänemark (1997)
[N-24] SILBERNAGEL, S., DESPOPOULOS, A.: Taschenbuch der Physiologie. Thieme Verlag, 4. Auflage (1991)
[N-25] KNUDSEN, H.N.: Modelling af indeluftkvalitet, Dissertation, Technische Universität von Dänemark (1994)
[N-26] MÜLLER, B.: Entwicklung eines Gerätes zur Entnahme und Darbietung von Luftproben zur Bestimmung der empfundenen Luftqualität. Fortschritt-Berichte VDI, VDI-Verlag (2002)
[N-27] NORDTEST: Building Materials – Emissions Testing using the CLIMPAQ, Nordtest method NT BUILD 482, ESPOO, Finland (1998)
[N-28] GUNNARSEN, L., NIELSEN, P.A., WOLKOFF, P.: Design and Characterization of the CLIMPAQ – Chamber for Laboratory Investigations of Materials, Pollution and Air Quality. Proceedings of Indoor Air 4 (1994) 56–62
[N-29] BÖTTCHER, O.: Experimentelle Untersuchungen zur Berechnung der Empfundenen Luftqualität. Dissertation, Technische Universität Berlin (2003)
[N-30] DIN EN 13725: Luftbeschaffenheit, 2003/7
[N-31] OBERTHÜR, R.: Vergleich der olfaktorischen Geruchsmessverfahren für Innenraum- und Außenluft. VDI Berichte 1373 Kommission Reinhaltung der Luft, Gerüche in der Umwelt, VDI-Verlag (1998)
[N-32] SCHRAM, J.: Analytik luftgetragener Schadstoffe; Skript; Fachhochschule Niederhein; Fachbereich Chemie; Krefeld 1995
[N-33] SCHOMBURG, G.: Gaschromatographie: Grundlagen, Praxis, Kapillartechnik; Zweite Auflage; VCH Verlagsgesellschaft, Deutschland 1987
[N-34] VDMA-Einheitsblatt 24772: Sensoren zur Messung der Raumluftqualität in Innenräumen, Beuth-Verlag, 1991
[N-35] DIN EN 13779: Lüftung von Nichtwohngebäuden – Allgemeine Grundlagen und Anforderungen an Lüftungs- und Klimaanlagen, Beuth-Verlag, 2005
[N-36] WETZEL, R., Steimle, F.: LUQUAS – Reduzierung des Energieeinsatzes Raumlufttechnischer Anlagen durch den Einsatz von Luftqualitätssensoren, FIA Forschungsbericht 57, 2001
[N-37] GARDNER, J.W., Bartlett, P.N.: A Brief History of Electronic Noses, Sensors & Actuators B, 46–47 (1994), S. 211–220
[N-38] SEIYAMA, T., KATO, A., FUJISHI, K., NAGATANI, M.: A New Detector for Gaseous Components Using Semiconductive Thin Films, Analytical Chemistry, 34 (1962), S. 1502–1503
[N-39] TAGUSHI, N.: Japanisches Patent 45-38200 (1962)
[N-40] COMINI, E., FAGLIA, G., SBERVEGLIERI, G., PAN, Z. WANG. Z.L.: Stable and highly sensitive gas sensors based on semiconducting oxide nanobelt, Applied Physics Letters, 81 (2002), S. 1869–1871
[N-41] BITTER, F., MÜLLER, D.: Messung der empfundenen Geruchsintensität von Baumaterialien mit Multigas-Sensorsystemen, DKV Tagungsbericht Würzburg, 4, 2005
[N-42] BITTER, F.: Modell zur Bestimmung der Geruchsintensität der Raumluft mit Multigassensoren, Diss. TU Berlin, 2007

O Rentabilität von Verbesserungen des Raumklimas

Olli Seppänen, William Fisk, Übersetzung und Vorwort von Klaus Fitzner

01
Vorwort

Seit es Raumlufttechnische Anlagen gibt, wurde über ihre Wirtschaftlichkeit nachgedacht, am häufigsten, um verschiedene Anlagenkonzepte miteinander zu vergleichen. Ein Zusammenhang von Raumklima und Produktivität wurde früher auch schon untersucht. Ein Überblick über einige sehr frühe und ausführliche Arbeiten wird in [O-36, 37] gegeben, bei denen vor allem der Einfluss zu niedriger und zu hoher Temperaturen und zu starken Lärms auf die Arbeitsproduktivität untersucht wurde. Jetzt gibt es eine viel umfassendere Untersuchung [O-25], die hier in etwas gekürzter Fassung wiedergegeben werden soll. Diese Untersuchung ist die Basis eines REHVA Guide Books [O-38]. Hier wird der Einfluss des Raumklimas, also auch der Einfluss der Luftqualität, des Außenluftwechsels auf die Leistungsfähigkeit, aber auch auf Fehlzeiten durch Infektionskrankheiten ausgedehnt. Die Schwierigkeit der Materie und die Unsicherheit der Aussagen werden nicht bestritten, aber das Argument, dass unsichere Annahmen zu besseren Ergebnissen führen können als gar keine, überzeugt und gibt den Mut sie [O-25] hier wiederzugeben.

Der Grund, weshalb Ergebnisse wie die hier dargestellten oft nicht anerkannt werden, besteht darin, dass die Wirkungen relativ sehr klein sind. Sie liegen fast immer nur im Prozentbereich. Andererseits können Änderungen im Prozentbereich aber große absolute Auswirkungen haben, wenn wie im Bürobereich hohe Personalkosten anstehen. Signifikante Aussagen über die Auswirkungen sind aber nur mit großen Studien mit sehr vielen Teilnehmern zu erreichen. Aus Einzelbeobachtungen und persönlichen Erfahrungen lassen sie sich nicht ableiten.

02
Einleitung

Es wird ein Konzept vorgestellt, das einen Zusammenhang herstellt zwischen Verbesserungen der Qualität des Innenraumklimas (IEQ indoor environmental quality), oder kurz des Raumklimas, und so verschiedenen wirtschaftlichen Vorteilen, wie geringeren Krankheitskosten, weniger Fehltagen, höherer Leistungsfähigkeit, weniger Personalwechsel und geringeren Kosten für Wartung und Instandhaltung der Anlagen, weil weniger Beschwerden über unbehagliche Luftzustände und schlechte Luft aufkommen.

Schlechte Raumluftqualität führt häufig zu einer Zunahme von Sick-Building-Syndrom-Symptomen, Atemwegserkrankungen und Fehltagen durch Krankheit und zu einer Verringerung des thermischen Komforts und der Leistungsfähigkeit. Für die Gesellschaft entstehen erhebliche Kosten durch schlechte Qualität des Raumklimas. Es wird immer deutlicher, dass die Raumklimaqualität (IEQ) Gesundheit und Produktivität stark beeinflusst. Einige Berechnungen zeigen, dass die Kosten für schlechte Raumluftqualität höher sind als die für die Gebäudeheizung [O-18]. Gesamtwirtschaftliche Abschätzungen belegen den großen wirtschaftlichen Nutzen verbesserter Raumluftqualität [O-9, 16].

Gebäudetechniker sollten eigentlich Kosten und Nutzen der Maßnahmen, die die Raumluftqualität (IEQ) verbessern, genau berechnen; da aber brauchbare Rechenansätze fehlen, werden bis jetzt üblicherweise nur Investitionskosten und Energie- und Unterhaltungskosten in Wirtschaftlichkeitsberechnungen betrachtet. Einige Beispielberechnungen haben gezeigt, dass Maßnahmen zur Luftqualitätsverbesserung sehr wirtschaftlich sind, wenn der wirtschaftliche Vorteil durch Verbesserung der Gesundheit und der Leistungsfähigkeit berücksichtigt wird [O-6, 9–11, 27–30, 34]. Deshalb sind Rechenmethoden angebracht, die die wirtschaftlichen Auswirkungen für Gesundheit und Leistungsfähigkeit in Kosten-Nutzen-Berechnungen verbinden mit den Kosten für Investitionen, Energie und Instandhaltung. Es sollen deshalb Näherungsgleichungen angegeben werden, mit denen der Einfluss des Außenluftwechsels und der Lufttemperatur auf Fehlzeiten durch Krankheit und auf die Arbeitsfähigkeit (work performance) ermittelt werden können. An drei Beispielen wird gezeigt, wie man diese Gleichungen anwendet.

O3
Raumluftqualität und Leistungsfähigkeit

Ein Konzept [O-20] für eine Berechnung der Wirtschaftlichkeit von Änderungen am Gebäude[1], an der RLT-Anlage oder ihres Betriebs zur Raumluftqualitätsverbesserung wird in Bild O3-1 skizziert. Es zeigt die vielfältigen Beziehungen dieser Änderungen mit den wirtschaftlichen Vorteilen durch bessere Gesundheit und Leistungsfähigkeit. Dabei kann eine neue oder eine sanierte RLT-Anlage in einer oder in mehreren Beziehungen die Raumluftqualität verbessern, beispielsweise

---

[1] Im Text wird nur „building design" geschrieben. Damit ist im wesentlichen die Art der RLT-Anlage gemeint, zum Teil aber auch das Gebäude, wenn es sich zum Beispiel um Sonnenschutz und Fenster handelt. Im folgenden Text wird meist mit „RLT-Anlage" übersetzt.

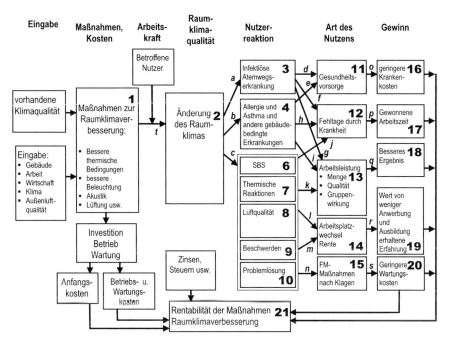

Bild O3-1 Wirtschaftlichkeit von Maßnahmen zur Raumluftqualitätsverbesserung in Gebäuden, die vom Eigentümer genutzt werden. Das Bild zeigt die Zusammenhänge zwischen Gebäude, technischer Gebäudeausrüstung und der Betriebsweise der Anlagen mit dem möglichen Nutzen durch verbesserte Innenraumbedingungen

Temperatur und Konzentration von Luftverunreinigungen, die auf die eine oder andere Weise die Reaktionen der Nutzer (Kästen Nr. 3–10) beeinflussen.

Das wirkt sich als Vorteil aus (Kästen Nr. 11–15) durch geringere Gesundheitskosten und weniger Krankheitstage. Schließlich führen diese Vorteile in den Kästen Nr. 11–15 zu Einsparungen (Kästen Nr. 16–20). Die Pfeile zwischen den Kästen stellen mathematische Funktionen für den Zusammenhang zwischen ihnen dar.

O4
Vorteile

Der mögliche Nutzen verbesserter Raumluftqualität schließt die verringerten Kosten der medizinischen Behandlung ein und weiterhin die gewonnenen Arbeitstage durch weniger Krankheit, bessere Leistungsfähigkeit bei der Arbeit, geringere Fluktuation der Angestellten und niedrigere Kosten der Wartung, weil es weniger Beanstandungen der Raumluftqualität gibt. Die finanziellen Vorteile von weniger Krankentagen (Kasten Nr. 12) liegen auf der Hand. Es ist schwieriger, die Abhängigkeit der Leistungsfähigkeit (Kasten Nr. 13) quantitativ zu bestimmen. Drei eindeutige Aspekte der Leistung sind: Quantität (Geschwindigkeit), Qualität (Anzahl von Fehlern) und Synergieeffekte, beispielsweise gute Zusammenarbeitet eines Teams. Quantität und Qualität der Arbeit sind im Labor und in Feldstudien untersucht worden. Für sich wiederholende Arbeiten, wie das Ausfüllen von Formularen, ist das relativ einfach zu ermitteln. Anders, wenn etwa schlechte Raumluftqualität zu Beanstandungen und zu Diskussionen unter Arbeitskollegen führt, die das Verhältnis zum Arbeitgeber trüben und so wiederum die Leistungsfähigkeit beeinflussen.

Wenn Probleme der Raumluftqualität nicht abgestellt werden, können sich Konflikte mit den Angestellten einstellen, die die Arbeit erschweren [O-13] und die Produktivität verringern; allerdings ist das Ausmaß dieses Einflusses unbekannt. Nicht so häufiger Arbeitsplatzwechsel (Kasten Nr. 14) kann die Personalkosten erheblich verringern. Weniger Klimabeanstandungen erfordern weniger Einsatz des Servicepersonals (Kasten Nr. 15). Die Kostenvorteile hängen auch von der Regelmäßigkeit der Arbeit ab, wie viele Tage beispielsweise gearbeitet wird. Der Kostenvorteil ist in erster Näherung proportional zu den Personalkosten der Angestellten.

O5
Investitions- und Betriebskosten

Das Rechenmodell enthält die Investitions- und die Betriebskosten. Das Ermitteln dieser Kosten ist übliche Praxis und soll hier nicht vertieft werden (s. a. Bd. 1, M). Um das Modell anwenden zu können, benötigt man normalerweise quantitative Angaben darüber, wie Anlagenart und -betrieb die Raumluftqualität beeinflussen und entsprechende quantitative Beziehungen (d-n in Bild O3-1) für den Einfluss auf Gesundheit, Abwesenheit, Leistungsfähigkeit und andere Kostenfaktoren.

Noch bessere Daten für alle Einflüsse der Raumluftqualität (a-s) auf das Nutzerverhalten sind höchst erwünscht. Allerdings müssen nicht alle diese Funktionen quantitativ bestimmt werden, weil schon Beziehungen bekannt sind, die die Art der RLT-Anlage oder ihre Auslegung (z. B. Außenluftwechsel) direkt in Be-

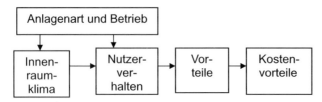

Bild O5-1 Vereinfachter direkter Zusammenhang zwischen Anlagenart und Betrieb, und Nutzerverhalten und Kostenvorteilen

ziehung zu Gesundheit oder Leistungsfähigkeit setzen (Bild O5-1). Dieser Zusammenhang wird in Bild O3-1 nicht gezeigt. In den folgenden Kapiteln fassen wir diese Kenntnisse über den Zusammenhang zwischen Temperatur, Lüftung, Gesundheit und Leistung zusammen.

O6
Außenluftwechsel und Arbeitsausfall durch kurze Krankheiten

Lüftung verringert die Konzentration von Innenraumverunreinigungen. Die Wirkung des Luftaustausches auf das Befinden der Nutzer wurde in [O-18, 9] und [O-35] zusammengefasst. Die Zusammenfassung zeigt, dass einige Arten übertragbarer Atemwegserkrankungen bei niedrigerem Luftaustausch häufiger auftreten. In einer früheren Veröffentlichung [O-10] wurde ein quantitativer Zusammenhang zwischen Luftaustausch und Krankheitstagen ermittelt, wobei Ergebnisse aus Feldmessungen und ein theoretischer Ansatz für die Übertragung aerogener Atemwegserkrankungen miteinander verbunden wurden. Bild O6-1 zeigt die Wirkung der Lüftung, der Filtration und der Partikelsedimentation auf die Konzentrationen ansteckender Keime in der Luft und den Rückkopplungsprozess, durch den mehr Krankheitsübertragungen in einem Gebäude mehr Kranke hervorrufen, die erneut Quellen ansteckender Keime werden. Der theoretische Ansatz wurde angepasst an zahlreiche Versuchsergebnisse, so dass sich verschiedene Kurven für den Zusammenhang von Luftaustausch und Krankheitshäufigkeit ergeben.

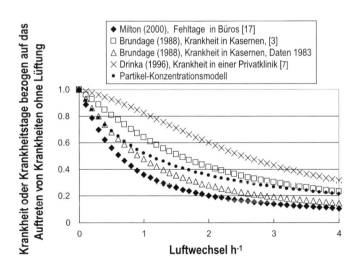

Bild O6-1 Partikelkonzentration, Krankheit und Krankheitstage als Funktion des Luftwechsels [O-10] (Fisk et al. 2003)

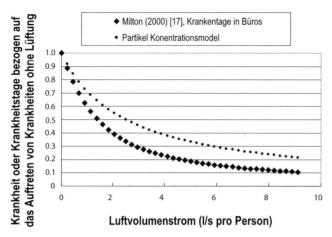

Bild O6-2 Abhängigkeit der Krankheitstage vom Luftvolumenstrom pro Person [O-10] und das Modell der Partikelkonzentration

Aus [O-17] kann man einen Wert von 2% für Krankentage mit kurzer Krankheitsdauer für ein Bürohaus mit einem Außenluftwechsel von 0,45 h^{-1} ableiten. Das erlaubt eine Berechnung der jährlichen durchschnittlichen Krankentage für höheren oder niedrigeren Luftvolumenstrom. Die Kurve in Bild O6-1 von Brundage et al. [O-3] ergibt, dass eine Erhöhung des Luftwechsels von 0,45 h^{-1} auf 1,0 h^{-1} die Krankentage 0,8 auf 0,65 und damit von 2% (5 Tage pro Jahr) auf 1,6% (3,9 Tage pro Jahr) verringert.

Aus einer Datenzusammenfassung von 100 U.S.-Bürogebäuden [O-4] wurde ein Raumvolumen von 83 m^3 je Person abgeleitet und damit wurden zwei Kurven des Luftwechsels und der Partikelkonzentration aus Bild O6-1 auf den Volumenstrom je Person umgerechnet.

Es gibt viele Unsicherheitsquellen in den Annahmen für den Zusammenhang von Luftwechsel und Krankheitstagen. Trotz dieser großen Unsicherheiten kann eine Abschätzung des Einflusses des Luftwechsel auf Krankheitstage zu besseren Entscheidungen für Anlagenart und -betrieb führen, als wenn dieser Aspekt vollkommen vernachlässigt wird. Selbstverständlich muss von Fall zu Fall entschieden werden, inwieweit diese unsicheren aber möglicherweise großen wirtschaftlichen Effekte berücksichtigt werden sollen.

07
Luftaustausch und Leistungsfähigkeit

Lüftung beeinflusst die Leistungsfähigkeit einerseits indirekt durch die Krankheitstage infolge von Infektionen, aber andererseits auch direkt. Seppänen and Fisk [O-25] stellten eine Gleichung auf für die Leistungsfähigkeit in Abhängigkeit vom Luftvolumenstrom. Sie baut auf fünf wichtigen Arbeitsplatzstudien und zwei Studien aus Laboruntersuchungen auf. Alle Arbeitsplatzstudien wurden in Callcentern durchgeführt, wo die Gesprächszeiten mit Kunden und die Bearbeitungszeit zwischen den Anrufen und andere wichtige Daten automatisch mit Computern registriert wurden. In den Untersuchungen wurde die Arbeitsgeschwindigkeit, bzw. die Zeit pro Anruf, als Maß für die Leistung benutzt. In den Laboruntersuchungen wurden realitätsnahe Aufgaben am Computer ausgeführt und es wurde die Geschwindigkeit und die Genauigkeit des Arbeitsergebnisses bewertet. Es wurden auch Versuchsergebnisse aus schwedischen Schulen einbezogen, bei denen die Reaktionszeit als Maßstab diente.

Die Versuchsergebnisse wurden durch die Berechnung der Leistungsänderung bei Steigerung des Luftaustausches in Schritten von 10 l/s je Person vereinheitlicht. Es wurde der relative Leistungszuwachs berechnet, indem die Leistungsdifferenz beim höheren und kleineren Volumenstrom auf die Leistung beim kleineren Volumenstrom bezogen wurde. Diese relative Leistungsänderung wurde weiterhin durch die Differenz der Luftvolumenströme in l/s je Person geteilt und dann wieder mit 10 l/s je Person multipliziert und in Prozent umgerechnet. Das Ergebnis repräsentiert also eine bezogene Leistungsänderung als Funktion der Volumenstromvergrößerung in 10 l/s/Person-Schritten für eine bestimmte Aufgabe.

Das Ergebnis der bezogenen Leistungsänderung in % wird als Funktion des Luftvolumenstroms in Bild O7-1 dargestellt. Das Bild zeigt die ursprünglichen,

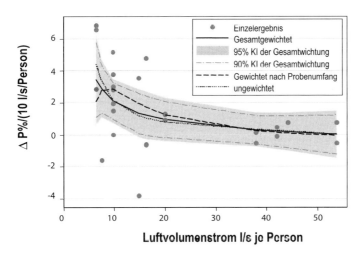

Bild O7-1 Bezogene Leistungsänderung $\Delta P\%/(10\,l/s/Person)$ bei einem Luftvolumenstromzuwachs von 10 l/s/Person als Funktion des mittleren Luftvolumenstroms je Person. Ein Ausreißer (43,8 % bei 7,5 l/(s/Person) wurde ausgeschlossen. Punktierte Linie: ungewichtet, gestrichelte Linie: gewichtet mit Probenumfang, durchgezogene Linie: gewichtet mit Probenumfang und Relevanz (gesamtgewichtet). Der grau hinterlegte Bereich stellt den 95%-Konfidenzbereich und die Strichpunktlinien die 90%-Konfidenzgrenzen für die gewichteten Ergebnisse (Volllinien) dar

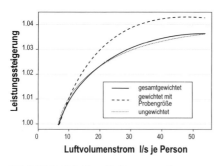 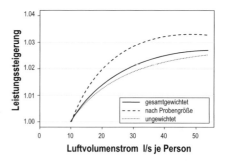

Bild O7-2 Relative Leistungsverbesserung bei Vergrößerung des Luftaustausches bei einem Anfangswert von 6.5 l/s je Person (links) und 10 l/s je Person (rechts). Punktierte Linie: keine Wichtung, gestrichelte Linie: Datenpunkte gewichtet nach Probengröße, Volllinie: Datenpunkte gewichtet nach Probengröße und Relevanz für das Gesamtergebnis

nicht gewichteten Ergebnisse und die gewichteten, wobei in einem Fall mit der Probengröße gewichtet wurde und im anderen mit der Probengröße und der Bedeutung des Einzelergebnisses für die Gesamtarbeitsleistung (gesamtgewichtet). Bild O7-1 zeigt auch den 90%-Konfidenzbereich und die 95%-Konfidenzgrenzen für die gesamtgewichteten Ergebnisse.

Die Kurven auf Bild O7-1 zeigen eine Tendenz. Werte über der Nulllinie bis ungefähr 40 l/s/Person bedeuten Zunahme der Leistung. Die Zunahme der Leistungsfähigkeit ist größer bei anfangs kleinen Luftvolumenströmen und kleiner bei großen. Bild O7-1 zeigt, dass die Leistungszunahme bei Vergrößerung des Luftaustausches statistisch signifikant ist für Luftvolumenströme bis ungefähr 16 l/s (58 m^3/h) je Person mit einer Konfidenz von 90% und bis zu 14 l/s (50 m^3/h) je Person mit 95%-Konfidenz. In der Praxis begrenzen natürlich die Anlagen- und die Energiekosten den Luftaustausch.

Durch Integration der Funktionen auf Bild O7-1 von einem Anfangswert an lässt sich die relative Leistungsverbesserung ermitteln. Das ist in Bild O7-2 links für einen Anfangswert von 6,5 l/s je Person und in Bild O7-2 rechts für 10 l/s je Person dargestellt. Die Kurven in Bild O7-2 verlaufen für einen Luftaustausch größer als 40 l/s (144 m^3/h) je Person ungefähr horizontal.

O8
Empfundene Luft-Qualität und Leistungsfähigkeit

Sensorische Bewertungen der Luftqualität mit dem Olf-decipol-Konzept wurden von Fanger [O-8] 1988 eingeführt und seitdem angewendet.

Die sensorische Bewertung ist ein Summenmaß für die Luftqualität, die durch menschliche Geruchssinne (olfaktorische und faziale Nerven) wahrgenommen

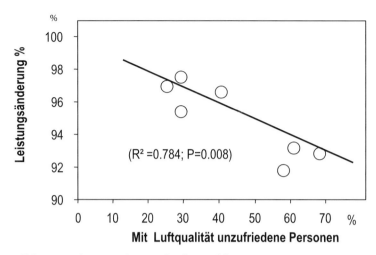

Bild O8-1 Relative Leistungsabnahme abhängig vom Prozentsatz von Testpersonen, die mit der Raumluftqualität unzufrieden sind [O-32]. Wiedergabe mit Erlaubnis von Wargocki et al

wird (s. a. Bd. 1, C3 und Abschn. D[2]). Die empfundene Luftqualität kann mit geschulten oder ungeschulten Personengruppen ermittelt werden.

Es ist nicht klar, ob die empfundene Luftqualität die Arbeitsleistung direkt beeinflussen kann. Wenn sich allerdings bei Änderungen der empfundenen Luftqualität die Arbeitsleistung in einem bestimmten Verhältnis ändert, kann man damit ermitteln, wie die Arbeitsleistung durch verschiedene Raumluftqualitätszustände beeinflusst wird, deren empfundene Luftqualität vorher ermittelt wurde. Die Untersuchungen über den Zusammenhang von empfundener Luftqualität und Leistungsfähigkeit sind überwiegend in Dänemark durchgeführt worden.

Die erste Untersuchung von Wargocki [O-31] und [O-33] ergab signifikant ($P < 0{,}05$) schlechtere Leistungen im Textschreiben und Lösen von Additionsaufgaben, wenn eine zusätzliche Verunreinigungsquelle (Anmerkung: ein 20 Jahre alter Teppich) im Raum war, und fast signifikant ($P < 0{,}1$) schlechtere Leistung durch Fehler beim Textschreiben, bei logischen Überlegungen, Additionsaufgaben und Linienverfolgungsaufgaben. Wargocki [O-32] leitete aus diesen Resultaten eine Näherungsgleichung ab, die mit den Messergebnissen auf Bild O8-1 dargestellt ist. Es ergibt sich eine Abnahme von 1,1 % in der Leistung bei Büroarbeit (Textschreiben, Additionsaufgaben und Fehlersuchen), wenn der Prozentsatz der mit der Luftqualität Unzufriedenen um 10 % zunimmt. Dabei wurde die spontane Antwort der Testpersonen beim Betreten des Raumes verwendet. Das Ergebnis gilt im Bereich von 25 bis 70 % unzufriedener Personen.

Wargocki [O-31, 33] und Mitarbeiter führten das Experiment mit einem Teppich durch, der als Verunreinigungs-Quelle aus einem Gebäude mit Sick-

---

[2] Es handelt sich um die Geruchsintensität.

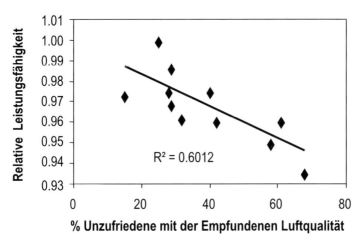

Bild O8-2 Relative Leistungsfähigkeit beim Text-Schreiben abhängig von der Empfundenen Luftqualität, dargestellt als Prozentsatz mit der Luftqualität Unzufriedener. Wiedergegeben mit Erlaubnis von Bako-Biro

Building-Symptomen entnommen wurde. Die Experimente wurden später unter ähnlichen Bedingungen in Schweden wiederholt [O-14]. Die Resultate zeigten ähnliche Trends, aber die Abnahme der Leistung mit dem Prozentsatz Unzufriedener war nicht so ausgeprägt wie in den früheren Experimenten in Dänemark.

Bako-Biro [O-1] setzte die Untersuchungen im Labor fort, indem er Testpersonen Luftverschmutzungen von Computer-Bildschirmen und von Baumaterialien aussetzte. Er erhielt in der Tendenz ähnliche, aber auch nicht eine so starke Abnahme der Leistungsfähigkeit wie Wargocki [O-31, 33]. Er kombinierte Ergebnisse seiner Experimente mit denen aus früheren Untersuchungen und stellte eine Gleichung für die Leistungsfähigkeit kombiniert aus Schreibgeschwindigkeit und Schreibfehlern beim Textschreiben auf, die in Bild O8-2 dargestellt ist. Es ergibt sich eine Leistungsminderung von 0,8% bei einer Zunahme der mit der Raumluft Unzufriedenen von 10%. Das Ergebnis gilt im Bereich Unzufriedener von 15 bis 65%.

O9
Temperatur und Leistung

In vielen Geschäftsgebäuden werden die gewünschten thermischen Bedingungen nicht eingehalten wegen unzulänglicher Kühl- oder Heizleistungen, zu hoher interner oder externer Lasten, zu großer Raumregelbereiche, unsachgemäß geplanter oder betriebener Regelsysteme und anderer Faktoren. Die Temperaturen im Gebäude schwanken zeitlich und örtlich beträchtlich, wenn sich z.B. die Außenbedingungen ändern. Während der Einfluss der Temperatur auf die thermische Behaglichkeit weitgehend anerkannt wird, wird dem Einfluss auf die Arbeitsproduktivität weniger Aufmerksamkeit geschenkt. Für den Zusammenhang von Temperatur und Leistung wurden deshalb vorhandene Kenntnisse zusammengefasst, um sie in Kosten-Nutzen-Berechnungen für die Anlagenplanung und den Betrieb anwenden zu können. Dabei ist es einfacher, für Kosten-Nutzen-Berechnungen vorhandene Daten zu benutzen, die direkt die Leistung in Abhängigkeit von der Temperatur angeben, als solche, bei denen die Lufttemperatur die Produktivität durch ihre Auswirkung auf Sick-Building-Symptome indirekt beeinflusst.

Seppänen und Mitarbeiter [O-20] hatten früher schon eine Beziehung zwischen Leistung und Temperatur aus Literaturdaten zusammengestellt. Sie ergab eine Abnahme der Leistung von 2% pro Grad Temperaturzunahme im Bereich von 25 bis 32 °C und keinen Einfluss auf die Leistung im Temperaturbereich von 21–25 °C. Inzwischen gibt es einige neuere Untersuchungen über Leistung und Temperatur. Es wurden auch noch einige ältere Untersuchungen über Büroarbeit gefunden, die in einem früheren Bericht nicht enthalten waren. In diesen Studien wurden verschiedene Maßstäbe für die Beurteilung der Leistung verwendet. Einige verwendeten Bürotätigkeit als Maß der Leistung. In Callcentern wurde die Gesprächsdauer und die folgende Bearbeitungszeit zur Eingabe der Daten in den Computer verwendet, um die Leistung zu messen. In Laboruntersuchungen wurden die Leistungen typischerweise an einzelnen oder kombinierten Aufgaben gemessen. Zwei Studien maßen die Leistung einer einzelnen Aufgabe unter Feldbedingungen. Die alten [O-23] und neuen Studien, zusammen 150 Leistungsmessungen in 26 Untersuchungen, wurden neu analysiert. Aus allen Studien wurde die prozentuale Leistungsänderung des Leistungsprozentsatzes bei einer Temperaturzunahme von 1 K ermittelt und auf die Temperaturdifferenz bezogen. Das so ermittelte Ergebnis gibt den Prozentsatz der Leistungsänderung je Grad Temperaturzunahme an. Die verschiedenen Untersuchungen schwankten stark in der Teilnehmerzahl und im Resultat, und die Ergebnisse werden deshalb gewichtet und ungewichtet wiedergegeben.

In einer Metaanalyse[3] wurden die Datenpunkte jeder Studie mit den gleichen Grundregeln wie im vorhergehenden Abschnitt zu „Leistung und Luftvolumenstrom" gewichtet und mit Probengröße und Relevanz des Resultates gewichtet. Der Wichtungsfaktor für das Ergebnis variierte von 0,15 bis 1,0 abhängig von der Relevanz der Büroarbeit (Details der Wichtung sind beschrieben bei Seppänen [O-23]). Alle Datenpunkte, die auf diese Weise abgeleitet wurden, werden in Bild O9-1 als prozentuale Leistungsänderung je 1 K Temperaturzunahme über der Temperatur dargestellt. Positive Werte bedeuten Leistungsverbesserung und negative Werte Leistungsabnahme bei steigender Temperatur. Die positiven Werte im Temperaturbereich 20–23 °C bedeuten, dass die Leistung ansteigt, und die negativen bei Temperaturen über 23–24 °C, dass sie abnimmt. Die relative Leistungsänderung beträgt null bei einer Temperatur von 21,6 °C. Der grau hin-

---

[3] Eine **Meta-Analyse** ist eine Zusammenfassung von Primär-Untersuchungen, die mit quantitativen, statistischen Mitteln arbeitet.

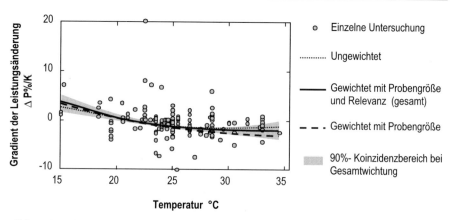

Bild O9-1 Leistungsänderung (ΔP % je K) über der Temperatur

terlegte Bereich stellt den 90%-Konfidenzbereich dar für die gewichteten Daten. Er ist positiv bis 20 °C und negativ über 23 °C. Das bestätigt, dass eine Zunahme der Temperatur bis zu 20 °C die Leistung steigert und eine Zunahme der Temperatur über 23 °C die Leistung verringert.

Positive Werte bedeuten verbesserte Leistung und negative Werte verschlechterte Leistung bei Temperaturzunahme. Das Diagramm entstand aus 150 Einzelergebnissen aus 26 Untersuchungen.

Durch Integration und Umrechnung der Kurven in Bild O9-1 ergibt sich die Leistung als Funktion der Temperatur bezogen auf die maximale Leistung (Bild O9-2). So liegt die Leistung bei einer Temperatur von 30 °C bei 90% der maximalen Leistung, die sich bei 21,6 °C einstellt.

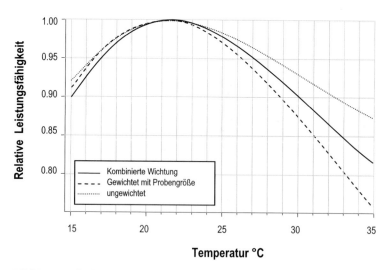

Bild O9-2 Relative Leistung über der Temperatur, berechnet aus Bild O9-1, bezogen auf die maximale Leistung 1 (Gl. O11-1)

O10
Einfluss des Betrachterstandpunktes

Die Rentabilität der Maßnahmen, die die Raumklimaqualität verbessern, hängt vom Standpunkt des Betrachters ab. Die Beurteilung eines Gebäudeinhabers ist anders als die eines Mieters oder die einer größeren Gesellschaft. Wenn der Inhaber das Gebäude nutzt, hat er direkt den Nutzen der Raumluftqualitätsverbesserung (Bild O10-1, links). Bei einem gemieteten Gebäude werden die Vorteile vom Mieter anders als vom Vermieter wahrgenommen. Nutzen aus einer Raumklimaverbesserung kann der Vermieter über eine höhere Miete erreichen (Bild O10-1, rechts); allerdings gibt es kaum Informationen darüber, wie Raumluftqualität die Miete beeinflusst. Der Marktwert eines Gebäudes und die Möglichkeit, höhere Mieten zu erzielen oder mehr Mieter anzusprechen, werden größer durch bessere Raumluftqualität.

Nach Hanssen [O-11] entstehen für den Vermieter Kosten durch verlorene Mieteinnahmen und Umbauten in der Höhe einer Halbjahresmiete, wenn ein Mieter den Mietvertrag etwa wegen häufiger Raumluftqualitätsbeanstandungen nicht verlängert. Der Vermieter hat geringere Unterhaltungskosten bei weniger Beanstandungen durch schlechte Raumluftqualität. Ein Unternehmer als Mieter profitiert von der besseren Produktivität. Mieter nehmen die Kosten der Anlage und des Betriebs nicht unmittelbar wahr. Mieter können von Mietverträgen profitieren, in denen Wartungsdienste für gute Raumluftqualität vorgesehen sind. Im allgemeinen hat allerdings weder der Mieter noch der Vermieter Vorteile durch geringere Krankheitskosten, weil sie vom Staat oder von Krankenkassen abgedeckt werden.

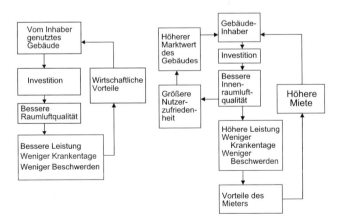

Bild O10-1 Der Nutzen verbesserter Raumluftqualität wirkt sich beim selbstgenutzten Gebäude direkt für den Eigentümer aus (linkes Diagramm), beim vermieteten Gebäude über die Miete und den Langzeitwert des Gebäudes (rechtes Diagramm)

011
Anwendung der Berechnungsmethode

Im folgenden wird an vier Beispielen die Berechnung des Nutzens der verbesserten Raumklimaqualität vorgestellt:
- Abkühlung durch Nachtlüftung,
- Unterschiedliche Einhaltung der Temperaturgrenzen,
- Freie Kühlung (Economizer),
- verbesserte Empfundene Luftqualität.

011.1
Kühlung durch Nachtlüftung

Nächtliche Kühlung durch Fensterlüftung oder mit Ventilatoren sind Verfahren, die vor allem in Klimazonen mit heißen Sommern schon lange angewendet wurden. In letzter Zeit ist das Interesse an der Nachtkühlung mit Ventilatoren auch in gemäßigten Klimazonen gewachsen, weil sie es ermöglicht, mit geringem Energieaufwand und damit umweltfreundlich die Raumtemperatur am Tage auf niedrigere Werte zu bringen. Dabei werden in der warmen Jahreszeit die täglichen Temperaturschwankungen ausgenutzt. Die typische tägliche Temperaturschwankung liegt um 12 K herum. Allerdings kann sie bei bewölktem Himmel auch viel kleiner sein und größer bei klarem Himmel, vor allem bei kontinentalem Klima. Die niedrige Nachttemperatur kann genutzt werden, um das Gebäude nachts zu kühlen. Dabei werden die Speichermassen des Gebäudes gekühlt, die dadurch am Tage zu einer Wärmesenke werden und die Raumlufttemperaturen am Tage absenken. Kolokotroni et al. [O-12] haben mit und ohne Nachtlüftung Luft- und Wandtemperaturen in einem Bürogebäude gemessen. Die Ergebnisse wurden verwendet, um die Kosten des Ventilatorbetriebs zu ermitteln und damit eine Kosten-Nutzen-Analyse für die Nachtkühlung mit Ventilatoren in einem nicht klimatisierten Bürogebäude zu erstellen. Tabelle O11-1, aktualisiert von Seppänen und Mitarbeitern [O-21], gibt die Temperaturen wieder, die auf den Daten von Kolokotroni [O-12] beruhen. Die operative Temperatur als Mittelwert aus Luft- und Wandtemperatur wird mit und ohne Nachtlüftung errechnet. Mit der Beziehung zwischen Temperatur und Leistungsfähigkeit aus Bild O9-2 wird die Leistungseinbuße in Minutenschritten für jede Stunde berechnet (Tabelle O11-1). Ausgedrückt als Arbeitszeitverlust im Gebäude ohne Nachtkühlung ergeben sich $23{,}4 - 6{,}2 = 17{,}2$ Minuten. Wenn man die Bruttolohnkosten (mit Lohnnebenkosten) mit 25,00 €/h annimmt (50 000 €/Jahr, 250 Arbeitstage, 8 Stunden pro Tag), ergibt sich ein Gewinn von 7,15 €/Tag.

Selbstverständlich tritt dieser Gewinn nur in Heißwetterperioden mit hohen Außenlufttemperaturen auf und er hängt von der Größe der Tages- und Nachttemperaturschwankung ab. Die Lüftungsanlage für die Nachtlüftung hatte eine nächtliche Laufzeit von 8 Stunden. Der Stromverbrauch wurde nach der skandinavischen Anlagenrichtlinie D2 [O-5] für den Gesamtverbrauch der Fortluft-,

Tabelle O11-1 Stündliche Temperaturen ohne und mit Nachtkühlung, Produktivitätseinbuße als Zeitverlust in min/h

Zeit h	8–9	9–10	10–11	11–12	13–14	14–15	15–16	16–17	Σ min
Ohne Nachlüftung									
$\vartheta_{außen}$	19	21,5	24,5	26,5	26,8	27,0	27,1	27,3	
$\vartheta_{Luft, innen}$	26,3	26,6	27,3	27,5	27,6	27,6	27,7	27,7	
ϑ_{Wand}	27,8	27,8	27,9	28,0	28,0	28,1	28,1	28,0	
$\vartheta_{operativ}$	27,0	27,2	27,6	27,8	27,8	27,8	27,9	27,8	
Zeitverlust min/h	2,5	2,8	2,8	3,0	3,0	3,1	3,1	3,1	**23,4**
Nachlüftung mit Ventilatoren									
$\vartheta_{Luft, innen}$	23,5	23,6	24,0	24,5	25,9	26,1	26,1	26,0	
ϑ_{Wand}	23,2	23,4	23,8	24,0	24,6	24,7	24,8	24,8	
$\vartheta_{operativ}$	23,4	23,5	23,9	24,2	25,2	25,4	25,4	25,4	
Zeitverlust min/h	0,2	0,3	0,3	0,6	1,1	1,2	1,2	1,2	**6,2**

Tabelle O11-2 Stromkosten und Wert der verbesserten Produktivität durch Nachtkühlung. Alle Werte pro Person und Tag

Strompreis, €/kWh	Stromverbrauch für 8 Stunden in kWh	Stromkosten für die Ventilatoren €	Produktivitätsgewinn €	Nutzen/ Kosten
0,05	1,84	0,09	7,15	79
0,10	1,84	0,18	7,15	40
0,15	1,84	0,28	7,15	26
0,20	1,84	0,37	7,15	19

Abluft- und Zuluft-Ventilatoren mit 2,5 kW pro m³/s Luftvolumenstrom angesetzt. Der stündliche Luftwechsel in der Nacht wurde, wie bei vielen Anlagen üblich, mit 4fach je Stunde angenommen. Das Raumvolumen wurde mit 83 m³ pro Person gewählt. Damit ergeben sich bei Strompreisen zwischen 0,05 und 0,20 €/kWh die in Tabelle O11-2 angegebenen Kosten. Die Tabelle gibt auch das Verhältnis von Nutzen zu Kosten an, das zwischen 19 und 79 liegt.

O11.2
Rentabilität der Temperaturbegrenzung in einem Bürogebäude

Im folgenden Beispiel, aktualisiert von Seppänen und von Vuolle [O-30], wird die Rentabilität verschiedener Arten der Klimatisierung bei Berücksichtigung des Temperatureinflusses auf die Leistungsfähigkeit errechnet. Eine Computersimulation der thermischen Bedingungen und des Energieverbrauchs wird für ein typisches finnisches Bürogebäude für das Klima in Finnland (Helsinki) durchgeführt. Es ist ein Betongebäude mit Einzelbüros in der Außenzone (keine Großräume). Ein Einzelbüro entsprechend den Angaben in Tabelle O11-3 wurde für die ausführliche Berechnung ausgewählt. Der Raum hat mäßigen Sonnenschutz, Blendschutz zwischen den Scheiben, und ist von schwerer Bauart, um mit der Speicherfähigkeit die täglichen Höchsttemperaturen zu verringern. Die Möglichkeiten, Höchsttemperaturen im Raum zu verringern sind: Sonnenschutz verbessern, Luftvolumenstrom erhöhen (normalerweise ist die Lufttemperatur außen niedriger als innen beim finnischen Klima), Betriebszeit der Lüftungsanlage erhöhen (gewöhnlich läuft die Lüftung nur während der Arbeitszeit plus ein paar zusätzliche Stunden) und zusätzliche Kühler verwenden. Die Ausgangssituation 1 und die Fälle (2–5) mit den Änderungsmaßnahmen sind im Detail in Tabelle O11-4 zusammengefasst.

Tabelle O11-3 Eigenschaften des Büroraumes für das berechnete Beispiel

Fläche	9,7 m^2	**Bauart**	schwer (Beton)
Raumvolumen	28,2 m^3	Fenster	3 Scheiben, Klarglas
Luftleckage	0.1 l/h	Sonnenschutz	Leichter Blendschutz zwischen mittlerer und äußerer Scheibe
Außenwandfläche (ohne Fenster)	5,3 m^2	Glasfläche der Fenster	2,5 m^2
Beleuchtungslast	15 W/m^2	Licht an	8.00 bis 16.00
Gerätelasten	100 W	Last an	8.00 bis 16.00
Solltemperatur	21 °C	Min. Zulufttemperatur	14 °C
Mittlere Raumbelegung	6,6 h/Tag	Arbeitszeit/Jahr	1550 h/Jahr

Tabelle O11-4 Beschreibung des Referenzgebäudes und der Variationen

Fall	Beschreibung
1 (Referenz)	Blendschutz zwischen der äußeren und der mittleren Scheibe als mäßiger Sonnenschutz
2	Kühlung der Zuluft mit RLT-Gerät um 20 W/m^2 bezogen auf die Bürofläche
3	Verlängerte Betriebszeit der RLT-Anlage von 10 auf 24 Stunden/Tag
4	Vergrößerter Zuluftstrom von 2 auf 4 l/(s m^2) und 24 h-Betrieb im Sommer
5	Vergrößerter Zuluftstrom von 2 auf 4 l/(s m^2) und 24 h-Betrieb im Sommer und zusätzliche Kühlung von 20 W/m^2

O11 Anwendung der Berechnungsmethode

Tabelle O11-5 Investition für Sanierungen, um zu hohe Temperaturen zu vermeiden

Sanierungsmaßnahme	Beschreibung	Gesamtkosten €	Kosten je Raum €
Erhöhung des Zuluftvolumenstroms um 2 l/(s m^2)	RLT-Gerät und Luftleitungen für 1 m^3/s	25 000	500
Zuluftkühlung im RLT-Gerät	Kälteanlage für 1 m^3/s Zuluftvolumenstrom bei 12 kW Kälteleistung	23 719	474

Tabelle O11-6 Einige Testreferenzjahr-Daten für Helsinki

Durchschnittliche Jahrestemperatur	4,2 °C
Maximum der Außentemperatur	28,5 °C
Minimum der Außentemperatur	−30,0 °C
Heizgradtage, Basis 20 °C	5693 Gradtage
Gesamte jährliche Sonneneinstrahlung auf eine horizontale Fläche	936 kWh/m^2

Die Investitionskosten der Änderungsmaßnahmen werden in der Tabelle O11-5 angegeben. Sie stammen aus einer großen finnischen Datenbank über Sanierungskosten. Die Kosten werden für den Fall, dass 50 ähnliche Räume gleichzeitig renoviert werden, angesetzt und dann auf den Einzelraum umgerechnet. Die Investition wird mit einem Annuitätsfaktor von 0,1098 (s. a. Bd. 1, Tab. M3-2) auf das Jahr umgerechnet. Das entspricht einer Lebensdauer von 15 Jahren bei einem Zinssatz von 7%.

Die verwendeten Energiekosten entsprechen durchschnittlichen Werten für Helsinki, für Wärme 0,04 €/kWh und 0,1 €/kWh für Strom. Die errechnete elektrische Energie in Tabelle O11-7 ist der Gesamtbedarf je Raum für Beleuchtung, Büroeinrichtung, Ventilatoren und Kälte-Leistungszahl $\varepsilon = 3$, (Bd. 1, F1.5). Wärmeenergie schließt nur die Energie zum Heizen der Außenluft ein. Die Wärmerückgewinnung soll eine Rückwärmzahl von 0,50 haben.

Die Minderung der Leistungsfähigkeit wird in Anlehnung an Bild O9-2 mit folgendem Polynom angenähert:

$$P_r = 0,1699901 \cdot \vartheta - 0,0059454 \cdot \vartheta^2 + 0,0000629 \cdot \vartheta^3 - 0,5325129 \qquad (O11\text{-}1)$$

Darin ist P_r die relative Leistungsfähigkeit, ϑ die Temperatur (°C).

Die Personalkosten eines Angestellten werden mit 50.000,00 € veranschlagt und die durchschnittliche Zahl Arbeitsstunden mit 1550 pro Jahr angenommen. Der Wert der Arbeitsstunde beträgt damit 32,26 €. Die operative Temperatur am Arbeitsplatz im Raum wurde für jede Arbeitsstunde berechnet und die Minderung der Leistungsfähigkeit durch zu hohe Temperatur für das ganze Jahr aufaddiert. Bei der Gesamtkostenberechnung wird der Fall 1 in Tabelle O11-4 als Bezugswert genommen und die anderen Fälle werden darauf bezogen. Drei Kostenarten wurden berücksichtigt: für die Investition, für den Betrieb (hauptsächlich Energie) und die Änderungen der Produktivität. In allen Fällen sind die Kosten für die Minderung der Produktivität kleiner als beim Referenzfall, der Unterschied drückt also einen Gewinn aus. Die Zunahme des Energieverbrauchs wird auch mit dem Basisfall 1 verglichen.

Die Ergebnisse der Berechnungen werden in Tabelle O11-7 gezeigt. Der Gesamtverbrauch der elektrischen und thermischen Energie wird für alle 50 Räume und pro Raum oder Person dargestellt (Einzelbüros). Es ergibt sich, dass alle Verbesserungen der Temperatureinhaltung die Kosten senken und zu jährlichen Einsparungen bei den Gesamtkosten führen (letzte Zeile in Tabelle O11-7). Die Kosten für Heizenergie und Strom erhöhen sich beträchtlich mit der Zunahme des Außenluftluftvolumenstromes, aber nicht proportional zur verlängerten Betriebszeit, weil das nur im Sommer gemacht wird. Es ist interessant, zu beobachten, dass die Zunahme des Stromverbrauchs höher ist, wenn die Betriebszeit erhöht wird, als wenn mechanische Kühlung angewendet wird (Fall 3 verglichen mit 2). Die besten Ergebnisse für die Temperatureinhaltung und die Produktivität (niedrigste Zahl der verlorenen Arbeitsstunden wegen Temperaturüberschreitungen) werden erzielt, wenn alle Maßnahmen zusammen durchgeführt werden (Kühlung mit Kühler, größerer Luftvolumenstrom und längere Laufzeit, Fall 5). Aber auch die längere Laufzeit im Sommer allein ergibt bemerkenswerte Einsparungen (zwei Drittel der maximalen Einsparung) und das ohne jede Investition.

Der Fall 1 (Basis) ist der Referenzfall, mit dem die Kosten und Einsparungen verglichen werden. Die Ergebnisse gelten für eine Gruppe von 50 Büros.

Energiekosten und Investition sind in allen Fällen klein verglichen mit dem Produktivitätsgewinn. Die Investition für die Kühlung mit der RLT-Anlage und für den erhöhten Luftvolumenstrom sind ungefähr gleich groß wie die längere Laufzeit, aber sie sind etwas wirkungsvoller für die Temperatureinhaltung als Kühlung mit der RLT-Anlage bei geringem Volumenstrom von 2 l/s je Person und kurzer Laufzeit von 10 h/Tag. Die Kühlung mit der RLT-Anlage wird sehr wirkungsvoll bei der Einhaltung der Temperaturen, wenn Volumenstrom und Laufzeit vergrößert werden.

Die Gesamtkosten und ihre Aufteilung sind auf Bild O11-1 dargestellt. Die Kühlung mit der RLT-Anlage trägt sehr wirkungsvoll zur Einhaltung der Temperaturen bei, wenn Volumenstrom und Laufzeit vergrößert werden. Die Kostenbalken beinhalten die Kosten der verlorenen Arbeitszeit, die Zunahme der Energiekosten und die Amortisation der Sanierungsinvestitionen.

Die Ergebnisse veranschaulichen, wie wichtig die Einhaltung der Raumtemperatur in Bürogebäuden im Sommer für eine gute Gesamtwirtschaftlichkeit ist. Selbstverständlich hängen die Investitionskosten vom jeweiligen Fall ab und können je nach den Schwierigkeiten bei der tatsächlichen Installation beträchtlich variieren. Das gilt besonders dann, wenn die Vergrößerung des Außenluftvolumenstromes auch neue Luftleitungen erforderlich macht. Ein zusätzlicher

Kühler ist normalerweise leichter in das vorhandene System einzubringen, falls das vorhandene Lüftungsgerät nicht zu klein ist.

Tabelle O11-7 Daten und Ergebnisse der Berechnungen für verschiedene Sanierungsmaßnahmen zur Verringerung zu hoher Raumlufttemperaturen.

	Fall				
	1	2	3	4	5
Zuluftvolumenstrom l/(s m^2) (keine Umluft)	2	2	2	4	4
Betriebszeit h/Tag	10	10	24	24	24
Kühlung mit RLT W/m^2	0	20	0	0	20
Gesamter Stromverbrauch kWh/a	5029	5829	7403	14790	15295
Gesamtheizenergie kWh/a	47156	47219	49103	72765	71434
Stromkosten €/a je Person	10,06	11,66	14,81	29,58	30,59
Kosten der Heizenergie, €/a je Person	37,70	37,70	39,30	58,20	57,10
Jährliche Energiekosten je Person €/a je Person	47,80	49,40	54,10	87,80	87,70
Zusätzliche Jährliche Energiekosten je Person €/a je Person (a)	0	1,60	6,30	40,00	39,90
Sanierungskosten €	0	474	0	500	974
Abschreibung je Person (15 Jahre, 7%), €/a je Person (b)	0	52,00	0	54,90	106,90
Effektiv verlorene Arbeitsstunden durch schlechte Temperatureinhaltung, h/a	1063	777	632	327	218
Wert der verlorenen Stunden, €/a je Person (c)	686	501	408	211	141
Gewonnene Arbeitstunden durch verbesserte Temperatureinhaltung h/a pro Person	0	6	9	15	17
Wert der verbesserten Produktivität €/a je Person (d)	0	184	278	475	545
Jährliche Gesamtkosten €/a le Person (a + b + c)	686	555	414	306	288
Gesamte jährliche Einsparung je Raum oder Person, €/a (d − a − b)	0	131	272	380	398

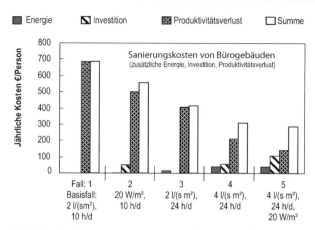

Bild O11-1 Kosten verschiedener Sanierungsmaßnahmen in €/a/Person: 1) Referenzfall; 2) Kühler in der RLT-Anlage; 3) längere Laufzeit; 4) Größerer Luftvolumenstrom; 5) Alle Maßnahmen zusammen

Aber selbst wenn die Investition doppelt so hoch wäre, blieben die Einsparungen noch positiv. Der Zinssatz von 7% mag im Augenblick hoch sein, aber er hat nur einen kleinen Einfluss auf die Amortisation. Die erwartete Lebensdauer der RLT-Anlage liegt bei 15 Jahren. Man beachte, dass Fall 3 ungefähr 70% des wirtschaftlichen Vorteils der Fälle 4 oder 5 hat mit nur 16% zusätzlichem Energieverbrauch.

Es muss auch bedacht werden, dass Klimatisierung das Risiko erhöhter SBS-Symptome [O-19] aufwirft [4], genauso wie sich durch bessere Einhaltung der Raumlufttemperatur die Produktivität erhöht. Zur Zeit können wir die wirtschaftlichen Kosten einer erhöhten SBS-Gefahr nicht angeben, so dass bei diesem Beispiel die Berechnungen des Einflusses der Klimaanlage auf Gesundheit und Wirtschaftlichkeit nicht ganz vollständig sind.

O11.3
Economizer [5]

Beim Economizer, der im Normalbetrieb mit einem hohen Umluftanteil arbeitet, wird durch Erhöhung des Außenluftanteils, wenn die Luft zum Kühlen geeignet ist, mit Außenluft gekühlt und die Leistung des Kühlers verringert. Weil Economizer den Außenluftvolumenstrom erhöhen, verringern sie Atemwegserkrankungen und Fehltage durch Krankheit. Der wirtschaftliche Vorteil durch weniger

---

[4] Anmerkung bei der Übersetzung: Die deutsche Proclima-Studie [O-39] hat ergeben, dass das Risiko besteht

[5] Economizer werden in Nordamerika angewendet. In Deutschland kommen ihnen RLT-Anlagen mit variablem Umluftanteil nahe. Sie nutzen „freie Kühlung" in der Übergangszeit, indem der Außenluftanteil erhöht wird, wenn gekühlt werden muss und die Außenluft kälter als die Raumluft ist.

O11 Anwendung der Berechnungsmethode

Krankentage wird normalerweise nicht erkannt; deshalb könnten Economizer unterbewertet werden. Im folgenden Beispiel, aktualisiert von Fisk [O-10], werden die Näherungsgleichungen (Bild O6-1 und O6-2) verwendet, um den Einfluss des Außenluftvolumenstroms auf den Krankenstand zu ermitteln, und mit einem Energiesimulationsprogramm wird der Energieverbrauch berechnet. Anschließend wird der gesamte wirtschaftliche Nutzen des Economizers errechnet. Für ein angenommenes mittelgroßes zweigeschossiges Bürogebäude in Washington, DC, wurde aus den Außenluftvolumenströmen stündlich eine Infektionsberechnung (Bild O6-2) durchgeführt. Die Außenluftvolumenströme und der Energieaufwand wurden mit dem weit verbreiteten Simulationsprogramm DOE-2 berechnet. Folgend Gebäudedaten wurden angenommen:

Grundfläche	2000 m²,
klimatisiertes Raumvolumen	5760 m³,
Anzahl der Personen	72,
innere Kühllast (Beleuchtung und Geräte)	20 W/m²,
Infiltration	0,3 h⁻¹,
Variabel-Volumenstrom-Anlage	
Maximaler Außenluftvolumenstrom	4,1 l/(s m²)
Minimaler Außenluftvolumenstrom während der Belegung je Person	10; 15; 20 l/s/Person

Tabelle O11-8 Berechneter jährlicher RLT-Energieverbrauch, Luftvolumenstrom und Krankheitstage

Min. Volumenstrom*	Luftwechsel#	Economizer Ja Nein	Jährliche RLT-Energie			Fehltage			
						kleinste Zahl		größte Zahl	
l/s	h⁻¹	J, N	Strom MWh	Gas MWh	gesamt €	Tage	€	Tage	€
10	0,74	N	298	187	24974	264	53000	340	68000
10	1,46	J	269	196	23410	186	37000	274	55000
10	Einsparung durch Economizer				1564	78	16000	66	13000
15	0,96	N	303	194	25514	216	43000	321	64000
15	1,56	J	272	201	23753	162	32000	267	53000
15	Einsparung durch Economizer				1761	54	11000	54	11000
20	1,18	N	308	203	26144	180	36000	298	60000
20	1,67	J	276	201	24266	150	30000	259	52000
20	Einsparung durch Economizer				1878	30	6000	39	7700

*je Person ; #Jahresdurchschnitt; die Ergebnisse sind gerundet für 72 Personen.

Die Simulation wurde mit und ohne temperaturabhängige Steuerung des Economisers durchgeführt. Mit eingeschalteter Steuerung wird der Außenluftvolumenstrom über das Minimum erhöht, sobald die Außenluft besser zum Kühlen geeignet ist als der Kühler. Die RLT-Anlage arbeitet von 6 bis 21 h. Die prozentuale Raumbelegung sieht so aus:

	Uhrzeit													
Zeit h		8	9	10	11	12	13	14	15	16	17	18	19	20	21
Belegung %		25	75	75	95	95	75	95	95	95	75	50	35	10	5

Folgende Energiekosten wurden angesetzt für 2001 in Washington, D.C. (s. www.eia.doe.gov):
- Strom 0,0637 €/kWh;
- Gas 0,032 €/kWh.

011.4
Empfundene Luftqualität und Leistungsfähigkeit

Mit den Ansätzen von Wargocki [O-32] und Bako-Biro [O-1] kann berechnet werden, wie Änderungen der Empfundenen Luftqualität die Leistungsfähigkeit beeinflussen. Ergebnisse eines europäischen Audits [O-2] zeigen, dass die Empfundene Luftqualität in europäischen Gebäuden bei einer Intensität zwischen 2 und 9 dezipol liegt, was einem Prozentsatz Unzufriedener von 25–60% entspricht. Mit den Ergebnissen von Wargocki [O-32] ist eine Verbesserung der Leistungsfähigkeit für Büroarbeiten um 3,8% und mit denen von Bako-Biro [O-1] eine Verbesserung beim Textverarbeiten von 2,8% möglich.

012
Diskussion

Die Ergebnisse der Literaturrecherche geben einige quantitative Abhängigkeiten zwischen Eigenschaften des Raumklimas und der Leistungsfähigkeit und dem Arbeitsausfall durch Krankheit an. Diese Abhängigkeiten haben eine große wirtschaftliche Tragweite, aber sie haben auch ihre Grenzen.

Es ist wichtig zu wissen, dass die möglichen Vorteile durch Luftqualitätsverbesserung vom Ausgangszustand des Gebäudes abhängen. Verbesserungen der Raumluftqualität sind am kosteneffektivsten, wenn sie bei Gebäuden mit schlechter Raumluftqualität oder mit vielen Beanstandungen darüber angewendet werden.

Die Empfänglichkeit der Nutzer für unterschiedliche Niveaus der Raumluftqualität variiert von Gebäude zu Gebäude. Es ist möglich, dass nur eine hochempfindliche Teilgruppe erheblich durch die Raumluftqualität beeinflusst wird.

Theoretisch würde es kosteneffektiver sein, Sanierungsmaßnahmen nur für diejenigen durchzuführen, die am meisten unter schlechter Raumluftqualität leiden. Das ist häufig unpraktisch, aber es gibt Ausnahmen, z. B. Bereitstellen individueller Temperaturregler für örtliche Heizungen oder personenbezogene Einzellluftdurchlässe. Die Vorteile durch einzelne Verbesserungsmaßnahmen kann man nicht einfach addieren, weil manche Effekte miteinander verknüpft sind oder sich überschneiden.

Es ist auch klar, dass eine kleine Firma nicht hundertprozentig von geringen Verbesserungen der Leistungsfähigkeit profitieren kann. So ermöglicht die Verringerung von einigen Fehltagen pro Person im Jahr in einer Firma mit 10 Angestellten nicht das Personal zu verringern. Wir sehen auch die große Unsicherheit bei Produktivitätsbetrachtungen. Aber wir glauben, dass das Ermitteln des Produktivitätsgewinnes, das die besten vorhandenen Informationen einbezieht, im Allgemeinen zu besseren Entscheidungen über Anlagenart und -betrieb führt als die gegenwärtige Praxis, den möglichen Vorteil zu ignorieren.

013
Zusammenfassung

Für Kosten-Nutzen-Analysen reicht die Kenntnis, dass die Raumluftqualität einen Einfluss auf die Gesundheit und die Leistungsfähigkeit hat, allein nicht aus, die Auswirkung muss quantitativ bekannt sein. Es wurde gezeigt, dass einige quantitative Beziehungen zwischen der Raumluftqualität oder die damit in Verbindung stehenden Gebäude- und Anlageneigenschaften und der Gesundheit und Leistungsfähigkeit von vorhandenen Daten abgeleitet werden können. Es wird auch gezeigt, wie diese Zusammenhänge in betriebswirtschaftlichen Kosten-Nutzen-Analysen angewendet werden können. Sie haben allerdings einen hohen Grad von Unsicherheit; dennoch sollte die Anwendung der Beziehungen der gegenwärtigen Praxis des Ignorierens vieler Auswirkungen auf Gesundheit und Leistungsfähigkeit vorgezogen werden, wenn Gebäude und Anlagen geplant werden. Anwender der Beziehungen sollten sich bewusst sein, dass hohe Unsicherheiten in den Rechnungsansätzen verbleiben, dass aber die Vorteile der besseren Raumluftqualität allen Beteiligten zu Gute kommen.

Literatur

[O-1] Bako-Biro Z. Human perception, SBS symptoms and performance of office work during exposure to air polluted by building materials and personal computers. Ph.D. Thesis. International Centre for Indoor Environment and Energy. *Technical University of Denmark*. 2004.

[O-2] Bluyssen P, de Oliviera Fernandes E, Groes L, Clausen G, Fanger PO, Valbjørn O, Bernhard C, Roulet C. European indoor air quality audit project in 56 office buildings. *International Journal of Indoor Air Quality and Climate*. Vol 6, No. 4. 1996.

[O-3] Brundage J, Scott R, Wayne M. et al. Building Associated Risk of Febrile Acute Respiratory Diseases in Army Trainees. *JAMA*. Vol. 259 (14), pp 2108–2112. 1988.

[O-4] Burton LE, Baker B, Hanson D, Girman JG, Womble SE, McCarthy JF. Baseline information on 100 randomly selected office buildings in the United States (BASE): gross building characteristics. *Proceedings of Healthy Buildings 2000*, Vol. 1 151-155, www.isiaq.org, 2000.

[O-5] D2. 2003. Finnish Building code, part D2. Indoor Climate and Ventilation. 2003.

[O-6] Djukanovic R, Wargocki R, Fanger PO. Cost-benefit analysis of improved air quality in an office building. *Proceedings of Indoor Air 2002 Conference*, vol 1 , pp 808–813, Indoor Air 2002, Inc, Santa Cruz, CA. 2002.

[O-7] Drinka P, Krause P, Schilling M. Report of and outbreak: Nursing home architecture and influenza-A attack rates, *J Am Geriatric Society* 44:910–913. 1996.

[O-8] Fanger PO, Introduction of the olf and decipol units to quantify air pollution perceived by humans indoors an outdoors. *Energy and Buildings*, 12:106. 1988.

[O-9] Fisk WJ. Health and productivity gains from better indoor environment and their relationship with building energy efficiency. *Annual Review of Energy and the Environment* 25: 537–566. 2000.

[O-10] Fisk WJ, Seppänen O, Faulkner D, Huang J. Cost benefit analysis of ventilation control strategies in an office building, *Proceedings of Healthy Buildings 2003 Conference*. Singapore. December 2003. Vol 3:361–366, 2003.

[O-11] Hanssen S-O. Economical consequences of poor indoor air quality and its relation to the total building operation costs. *Proc. EuroFM/IFMA Conference & Exhibition*, Torino, Italy, pp. 1–21, International Facility Management Association, 1997.

[O-12] Kolokotroni M, Perera M, Azzi D, Virk G. An investigation of passive ventilation cooling and control strategies for an educational building. *Applied Thermal Engineering* 21:183–199, 2001.

[O-13] Lahtinen M, Huuhtanen P, Kahkonen E, Reijula K. Psychosocial dimensions of solving an indoor air problem. *International Journal of Indoor Environment and Health* 12:33–46, 2002.

[O-14] Lagencranz L, Wistrand M, Willen U, Wargocki P, Witterseh T, Sundell J. Negative impact of air pollution on productivity: previous Danish findings repeated in new Swedish test. *Proceedings of the Healthy Buildings 2000 Conference*, vol 2:653–658, 2000.

[O-15] Mendell M. Non-specific symptoms in office workers: A review and summary of the epidemiological literature. *Indoor Air* 3:227–236, 1993.

[O-16] Mendell M, Fisk WJ, Kreiss K, Levin H, Alexander D et al. Improving the health of workers indoor environments: Priority research needs for a national of occupational research agenda, *American Journal of Public Health*. 92:9;14301–440, 2002.

[O-17] Milton K, Glenross P, Walters M. Risk of sick leave associated with outdoor air supply rate, humidification, and occupant complaint, *Indoor Air J*.10 :212–221, 2000.

[O-18] Seppänen O. Estimated cost of indoor climate in Finnish buildings. *Proceedings of Indoor Air 1999*, 3, pp 13–18, 1999.

[O-19] Seppänen O and Fisk W. Association of Ventilation Type with SBS symptoms in Office Workers. Indoor Air J. 12, 2:98–112, 2002.

[O-20] Seppänen O and Fisk WJ. A Conceptual Model to Estimate the Cost Effectiveness of the Indoor Environment Improvements. *Proceedings of Healthy Buildings 2003 Conference*. Singapore. December 2003. Vol 3, 368–373, 2003.

[O-21] Seppänen O, Fisk WJ, Faulkner D. Cost benefit analysis night-time ventilative cooling. *Proceedings of Healthy Buildings 2003 Conference*. Singapore. December 2003. Vol 3:394–399, 2003.

[O-22] Seppänen O, Fisk WJ, Lei QH. Ventilation and work performance. A manuscript submitted for publication, 2005a.

[O-23] Seppänen O, Fisk WJ, Lei QH. Effect of temperature on task performance in office environment. A manuscript under preparation, 2005b.

[O-24] Seppänen O, Fisk WJ, Mendell M. Association of ventilation rates and CO_2 concentrations with health and other responses in commercial and institutional buildings. *Indoor Air J*. 9:226–252, 1999.

[O-25] Seppänen O, Fisk WJ. A Procedure to estimate the Cost Effectiveness of Indoor Environmental Improvements in Office Work. Proceedings Clima 2005, Lausanne, 2005.

[O-26] Seppänen O, Vuolle M. Cost effectiveness of some remedial measures to control summer time temperatures in an office building. *Proceedings of Healthy Buildings 2000*, vol.1 pp.665–660, SIY Indoor Air Information Oy, Helsinki, Finland, 2000.

[O-27] Smolander J, Palonen J, Tuomainen M, Korhonen P, Seppänen O. Potential benefits of reduced summer time room temperatures in an office building. *Proceedings of Healthy Buildings 2003 Conference.* Singapore. *December 2003. Vol 3, 389–394,* 2003.

[O-28] Tuomainen M, Smolander J, Korhonen P, Eskola L, Seppänen O. Potential economic benefits of balancing air flows in an office building. *Proceedings of Healthy Buildings 2003 Conference.* Singapore. Vol 2, 516–521, December 2003.

[O-29] von Kempski D. Air and well being – A way to more profitability. *Proceedings of Healthy Buildings 2003 Conference.* Singapore. December 2003. Vol 3, 348–354.

[O-30] Vuolle M and Salin P. IDA indoor climate and energy – a new generation simulation tool. *Proceedings of Healthy Buildings 2000,* vol 2:523–528. Espoo, Finland, 2000.

[O-31] Wargocki P, Wyon DP, Baik YK, Clausen G, Fanger PO. Perceived air quality, Sick Building Syndrome (SBS) symptoms and productivity in an office with two different pollution loads, *Indoor Air J.* vol 9: 165–179, 1999.

[O-32] Wargocki P, Wyon DP and Fanger PO. Pollution source control and ventilation improve health, comfort and productivity. In: *Proceeding of Cold Climate HVAC '2000,* Sapporo, pp. 445–450, 2000b.

[O 33] Wargocki P, Wyon D, Sundell J, Clausen G, Fanger PO. The effects of outdoor air supply rate in an office on perceived air quality, sick building syndrome (SBS) symptoms and productivity, *International Journal of Indoor Air Quality and Climate,* vol 10:222–236, 2000a.

[O-34] Wargocki P. Estimate of economic benefits from investment in improved indoor air quality in office building. *Proceedings of Healthy Buildings 2003 Conference.* Singapore. Vol 3, 383–387, December 2003.

[O-35] Wargocki PW, Sundell J, Bischof W, et al Ventilation and health in non-industrial indoor environments. Report from a European multidisciplinary scientific consensus meeting. *Indoor Air J.* Vol 12 (2), pp 113–128, 2002.

[O-36] Fitzner, K. Einfluss des Raumklimas auf die Produktivität HLH Bd. 55 Nr. 9 S. 59–60, 2004.

[O-37] Fitzner, K. Productivity, in Nilsson, P E (ed.) Achieving the Desired Indoor Climate, IMI Indoor Climate and Studentlitteratur 2003.

[O-38] Wargocki, P, Seppänen, O. (ed.): Indoor Climate and Productivity in Offices Rehva Guide Book No 6, Fossan Kirjapaino Oy, Finnland, 2006.

[O-39] Bischof W, Bullinger-Naber M, Kruppa B, Schwab R, Müller BH. Expositionen und gesundheitliche Beeinträchtigungen in Bürogebäuden – Ergebnisse des Proklima-Projektes, Fraunhofer IRB Verlag, Stuttgart, 2003

Sachverzeichnis

A

A-bewerteter
- Schalldruckpegel 652
- Schallleistungspegel 647

Abheberaten 431
Abklingverfahren 177
Abkühlzahl 286
Ablagerung 429
Ablösegebiet 166
Ablösung 136
- rotierende 220

Abluft 2, 108
- Durchlässe 391

Abluftkanal 169, 393
Abluftkonzentration 32, 150
Abluftöffnung 167, 398
Abluftstrom 78
Abluftvolumenstrom
- Absaugung 169

Abluftwassergehalt 49, 51
Absalzung 337
Absaugkanal 168, 393
Absaugung von Verunreinigungen 121, 402
Absolutgeschwindigkeit 211
Absorption 457
Absorptionsgemische 496
Absorptionskältesätze 490
Absorptionsprozeß 448
Absorptionsverfahren
- Wasser-Lithiumbromid 458

Abstand von der Decke 136
Adsorption 444, 458
Adsorptionskühlsätze 491
Adsorptionsverfahren 462
aerodynamisches Geräusch 623
Aerosol 155
Aerosolbefeuchter 28
Aerosolphysik 155
Affinitätsgesetze 223
AirProbe 701
Aktuatoren 522, 526

Aktuatoren (Stellglieder) 531
Akzeptanz 687, 699, 712
Alter der Luft 177
- örtlich 177

Anemometer
- Luftbewegung 124

Anfahrverfahren 177
Anforderungszone 9, 22, 33, 175
Anlage, raumlufttechnische 57
Anlagenkennlinie 225, 232
Anordnung
- Radialdurchlass 137

Anosmiker 679
Ansaugung
- Außenluft 421

Ansprechverzögerung 585
Anströmgeschwindigkeit 277
Antrieb 262
Antriebsaufwand 97
Antriebskombination 270
Antriebsleistung 206
Antriebswirkungsgrad 206
Anweisungsliste 587, 591
Anwendungsbereich
- Mischlüftung 196
- Quelllüftung 196, 197
- Verdrängungslüftung 196

Arbeitsgeschwindigkeit 735
Arbeitsschutzgesetz 420
Arbeitsstättenverordnung 419, 420
Archimedeszahl 124, 192
- konstante 142

Asynchronmotor 253
Auftrieb
- Wärmequelle 180

Auftriebsströmung 179
Auftriebsvolumenstrom 180
Aufwandswert 88
Aufwandszahl 90, 91
Aufwärmzahl 285
Augenreizung 683
Außenluft 15, 361, 407, 421

Außenluftansaugung
– Positionierung 421
Austrittsöffnung
– kleine 127
Austrittsverlust 258
Austrocknung der Augen 200
Automationsstation 522
Automatisierungsebene 522
Axialventilator 207, 243
– dimensionslose Kennzahl 247
– gegenläufiger Axialventilator 245
– mit Vor- oder Nachleitrad 244
– ohne Leitrad 244
Azeton 693

B
BACnet 523, 524
Bandbreite der Sollwerte 82
Bebrütung 434
Bedarfsentwicklung 88
Bedarfswert 88
Befeuchten 446
Befeuchter 326ff, 424, 429, 434
– Leitfähigkeit 424
Befeuchterwasser 339, 665
Befeuchtung 60
Befeuchtungsdampf 668
Befeuchtungsgrad 332, 335
Befeuchtungslast 14, 15
Begrenzer 577
Behaglichkeit 7
Behaglichkeitsgrenze 123
Belag 429
Belastungsgrad 175
Belastungswächter 599
Beprobung 433, 434
besenrein 429, 430
Bestandsschutz 420
Betriebsbereitschaftsaufwand 99
Betriebscharakteristik 285
Betriebskosten 263, 455, 456, 732
Betriebsmittelkennbuchstabe 567
Betriebspunkt 225
Betriebszeit 81, 746
Blattspitzenlärm 612
Blindrohr 281
Blockierschutz 595, 596
Bodenluftdurchlass 142, 382
Breitbandgeräusch 611
Breitenverhältnis 219
Brown'sche Bewegung 156

Brüstungsgerät 406
Bruttolohnkosten 742
Büroarbeit 737
Bürogebäude 743
Bürstengeräusch 623
Bypassregelung 227, 410, 476

C
Carnot-Leistungszahl
– Carnot-Prozess 449, 450, 452
Chemosensor 722
CLIMPAQ 705
CO_2-Sensoren 719
Coanda 135
Coanda-Effekt 135, 138

D
Dahlander-Wicklung 573, 574
Dampfbefeuchter 29, 345
– Anforderungen an den Dampf 668
– Regelung 556
Dampfbefeuchtung 282, 322
Dampfkessel
– Speise- und Kesselwasser 668
Dampfqualität
– Verbesserung 669
Dampfstrahlverdichter 489
dB(A)-Wert 609
DDC-System 586
DDC-Technik 525
Decken- und Wandstrahlen
– anisotherme 145
– isotherme 135
Deckeninduktionsgerät 376
Deckenkühlung 120, 124, 187
Deckenkühlung mit Quelllüftung 195
Deckenluftauslass 136
Deckenstrahl 135, 138
– radialer 138, 148, 197
Deckenstrahlplatte 22
Deckscheibe 208
DEC-Verfahren 444
Desinfektion 427
dezentrale Geräte
– Anwendungsgebiete 417
– Nachteile 416
– Vorteile 416
dezentrale RLT-Anlage 405
dezipol 687
Dichteänderung 212
Differenzdruckwächter 597, 598

Sachverzeichnis

dimensionslose Kennlinie 218
dimensionslose Kennzahl 215
Dip Slides 434
Dipolquelle 609
Direkt-Energie-System 114
Direktverdampfer 292
Dispergiermittel 662
Dokumentation 429
Doppelboden
– Absaugen 167
– Zuluft 381
– Geräte 406
drallfreie Anströmung 237
Drallregelung 227, 228
Drehklang 610
Drehrichtungsumsteuerung 570
Drehzahlregelung 227, 230, 252
Drehzahlumschaltung 572, 573
Drei-Leiter-System 114
Drosselinie der Anlage 257
Drosselregelung 227
Drosselzahl 216
Druck
– dynamischer 206, 240, 262
– statischer 36, 170, 206, 211, 214, 225, 247, 258, 261, 394
Druckaufwand 69, 71
Druckbelastung 3
Druckbilanz 49, 68
Druckdifferenz 67
Druckerhöhung 213, 246
Druckkonstantregelung 252
Drucklast 13, 19, 36, 49
Druckzahl 215, 221, 247
Duftklasse 691
Durchfeuchtung
– Filter 425
– Schalldämpfer 425
Durchlass 108
– linearer 148
– radialer 148
– verstellbarer 142
Durchlauf-Kühlsystem 655
Durchlaufkühlung
– Belagbildung und Korrosion 656
– Wasseraufbereitung 658
– Werkstoffe 657
Durchlauf-Kühlwasser 657
Durchmesserzahl 216
Düse 127
– Anstellwinkel 143

– Druckkasten 143
– Düsenpaket 132
– hochinduktive 129
düsenförmige Schlitze 146
Düsenkasten 143
Düsenluftdurchlass 138, 379
Düsenlüftung
– Raumgeometrie 144
Düsenschiene 144
dynamischer Druck 206, 240, 262

E

ebener Strahl 131
EC-Motor 253, 269
Economizer 748
eff1 266
eff3 266
Effizienzklasse 266
Einbau Ventilator 257
Ein-Kanal-System 113
Einlaufdüse 220, 248
Einsparung 748
Einspritzregelung 287
Eintauchnährboden 434
Einzelbüro 744
Einzelfrequenz 608
Einzelgerätesystem 111
Einzelregelung 235
Einzelstrahl 131
elastische Lagerung 606
elektronisch kommutierter Motor 269
elektrostatische Aufladung 156
Emission
– sekundäre 675
Emissionskammer 703
Emissionsprüfkammer 704
empfundene Intensität 686, 699
empfundene Luftqualität 316
EN 378 440, 456
Energieaufwand 87
Energiebedarf 101
Energiebelastung 2
Energiebilanz 44
Energiefluss 89
Energiekonzentration 2
Energiekosten 745, 746
Energielast 35
Energiestrom 68
Entfeuchten 29, 63, 81, 286, 439, 441, 465, 536
Entfeuchter 300, 350ff, 411, 439

Entfeuchtung 29, 63, 64, 65, 446
Entfeuchtungslast 14, 15
Enthalpie
– Akzeptanz 693
Enthärtung 662
Entstoffung 71
Entstoffungslast 15
Erfassungsgrad 10, 403
Erstinspektion 428
Erwärmung 57, 58, 59
Erwärmung am Boden 189
Erzeugung (Subsystem) 88
Ethylenglykol *Siehe* Kälteträger
Eulersche Grundgleichung 212
Eulersche Turbinengleichung 247
Europäischer Installationsbus EIB 523

F
Fachpersonal 428
Fassadengerät 414
Federal Standard 209 157
Feldebene 521
Fensterblasanlage 136, 145
Fensterblasdurchlass 135
Fensterbrüstung 145
Fensterlüftung 110, 194
Feuchtebilanz 50
Feuchteeinfluss
– empfundene Intensität 693
Feuchteentzug 440
Feuchtelast 14, 37
Feuchtemessung
– absolute 529
– relative 530
Feuchterückgewinnung 80
Feuchtigkeit 198
– im Gerät 429
Feuchtigkeitsabgabe
– Auge 200
– ganzer Körper 199
Feuerlöschsysteme (nasse) 670
Filtertaschen
– falsch eingebaut 423
Filterüberwachung 597
Filtervlies 134
Flachriemen 267
Flüssigkeitskühlsätze 473, 478, 479, 482, 486, 487
Flüssigkeitsschall 605
FND 524
Förderenergieaufwand 78

Fortluftöffnung 421
frei laufender Ventilator 269
Freie Strömung 122
Freistrahl 128, 132
– anisotherme 122, 141
– hochinduktiver 129
– isothermer 125
– Mehrfachstrahl 131
– radialer 129, 136
– rechteckiger 128
– Strahlenbündel 133
– turbulenter 125
Fremdwärme 11, 78
Fremdwärmenutzung 78
Frequenzumrichter 269, 527
Frostschutz 599, 600, 601
Frostschutzschaltung 577, 578
Frostüberwachung 599
Frostwächter 529, 577, 599, 600
Fühler
– NTC 528
– Pt1000 528
Füllmenge 478
Füllmengen 477
Funktionsbaustein 593
Funktionsbausteinsprache 589
Funktionsblockdiagramm 579, 589, 590, 591
Fußbodenheizung 21
Fußbodenlack 693

G
Gaschromatogramm 717
Gaschromatograph 714
gasförmige Verunreinigungen 184
Gassensor 722
Gateways 523
Gegenstrom 534
Gegenströmer 283
Gegenstromsprühbefeuchter 329
Genauigkeitsklasse 263
Gerätegehäuse 427
Geräusch 138, 605
Geräuschentstehung 610
Geräuschminderung 621
Geräuschursache 623
Geruchsentstehung 674
Geruchsrezeptor 677
Geruchsschwelle 683
– Erkennungsschwelle 682
– Wahrnehmungsschwelle 682

Sachverzeichnis

Geruchssinn 676
Geruchsstoff 675
Geruchswahrnehmung 676, 679
Gesamtdruck 37, 206, 262, 461
Gesamtdruckerhöhung 205, 262
Gesamtkeimzahl 434, 435
Gesamtrückwärmzahl 307
Gesamtschallleistungspegel 613
Gesamtwirkungsgrad 270
Geschwindigkeit
– Erfahrungswert 125
– Transportgeschwindigkeit 124
Geschwindigkeitsabbau 132
Geschwindigkeitsbelastung 3
Geschwindigkeitsdifferenz 67
Geschwindigkeitsdreieck 210, 244
– Axialventilator 245
– Radialventilator 210
Geschwindigkeitslast 14, 19, 34, 36, 50
Geschwindigkeitsverlauf 125, 133, 379
Gewebelaminarisator 134
Glasfliesgewebe 427
Glattrohrwärmeaustauscher 299
Gleichstrom 335, 533
Gleichströmer 283
Gliederheizkörper 23
Glykol Siehe Kälteträger
Graubereich 171
Grenzschalter 577
Gruppenregelung 236
Gütegrad 450, 451, 452, 498

H

Hallraumverfahren 615
Handbedienung 575
Härtestabilisierung 662
Hauptsatz der Turbinentheorie 213
Hauptstromkreis 567, 570
Hedonik 686, 687
– Bewertung 710
Hefe 434
Heizdrahtmethode 161
Heizfläche 21
Heizfläche, integrierte 20
Heizlast 11
Hilfsstromkreis 567, 575
Hintereinanderschalten 257
Hochdruck-System 113
Hochgeschwindigkeits-System 112
Hochleistungs-Schwebstofffilter 156
Hochleistungsventilator 220

Höchsttemperatur 744
Hohlkegeldüse 334
Hubkolbenverdichter 478
Hüllflächenverfahren
– Schallleistungspegel 615
Hupe 595
hydraulisch entkoppelt 464
hydraulische Weiche 544
Hygiene 411, 419, 420
– hygienerelevante Komponente 420
Hygieneanforderung 419
Hygieneinspektion 420, 426, 428, 429
Hygienemängel 420
Hygieniker 428
Hysterese 249, 255, 585

I

Impulsfunktion 586
Induktion 129
Induktionsgerät 135, 145, 146, 372
Induktionsverhältnis 128, 129
Infektion 734
Infiltration 110
Informationsliste 546
Informationspunkt 527, 545, 546
Integral-Rückkühlwerk 659
Intensitätsbewertung 705
Investition 746, 748
– Sanierung 745
Investitionskosten 263, 456, 732, 745
Isostere 459
Istwert 81

J

Jahresnutzungsgrad 99

K

Kaltdampf-Kompressionsprozess 448
Kaltdampf-Kompressionsverfahren 450
Kaltdampfverfahren 457
Kälteleistung
– volumetrische 498
Kältemaschinenöl 495
Kältemittel
– Eigenschaften 478, 492
Kälteträger 462
– Eigenschaften 471
Kälteverfahren 447
Kaltgasverfahren 457

Kaltluftabfall 145
Kaltluftstrahl 142
Kaltwasserkreislauf 663
Kammerdämpfer 638
Kanalverfahren
– Schallleistungspegel 613, 615
Kapsel 606
Karbonathärte
– Stabilisierung 662
Kategorienskala 711
KBE 434
Keilriemen 267
– Überwachung 597, 598
Keimarmut 171
Keimgehalt 339
Keimreduktion 172
Keimzahlbestimmung
– Wasser 433
Kennlinie
– lineare 537
– theoretische 218
Kennlinien
– Axialventilator 249
– dimensionsbehaftete 222
Kennzahlen
– dimensionslose 215
Kernlänge 125, 126
Kernstrahl 132
Klappen 236
Klassifizierung der Wirkungsgrade 266
Klimaanlage 109
Klimadrant 378
Kolbenverdichter 475, 499
koloniebildende Einheiten 434
Komparator 584
Kondensat 409, 426
Kondensationsentfeuchter 351, 353
Kondensationskernzähler 157
Kondensatwanne 426, 436
Konfidenzintervall 697
Konstant-Volumenstrom-
    System 113
Kontaktfläche 296
Kontaktflächenwärmerück-
    gewinner 323
Kontaktplan 590, 591
Kontaktverriegelung 575
Kontamination 166
Kontaminationsgrad 172, 173, 175
Konvektion
– Wärmequellen 122

Konvektor 23
Konzentration 7, 19, 31
– am Boden 184
– Kopfhöhe 184, 379
Konzentrationsprofile
– horizontale 151, 185
– vertikale 183
Konzentrationsverteilung 184
Koppelrelais 576
Körperschall 605, 642
Körperschallerzeugung 622
Körperschallisolation 646
Korrosion 429, 670
Kostenfaktoren 732
– Abwesenheit 732
– Allergie und Asthma und andere
    gebäudebedingte Erkrankungen 731
– Beschwerden 731
– Gesundheit 732
– Gesundheitskosten 731
– infektiöse Atemwegserkrankung 731
– Krankheitstage 731
– Luftqualität 731
– Nutzerverhalten 732
– SBS 731
– Wartung 731
Krankentage 734
Kreislaufkühlsysteme 296
– Belagbildung und Korrosion 659
– geschlossenes System 659
– offenes System 659
Kreislauf-Kühlwasser 660
Kreislaufschaltungen der Kälte-
    träger 463
Kreislaufverbundene
    Wärmeaustauscher 295
kreislaufverbundenes System 304
Kreislaufverbundsystem 305
Kreissystem (Kälte)
– 1-Kreis 463
– 2-Kreis 464
Kreuzgegenstrom 283
Kreuzstrom 283
Kristallisation 461
Krümmer
– Drehklang (stärker) 610
– Geräuschentstehungs-
    mechanismus 610
Krümmer hinter Ventilator 242
Kühlbalken 196
Kühldecke 25, 441

Kühler 352, 426, 436, 746
Kühlfläche 27
Kühlfläche, integrierte 25
Kühlfußboden 25
Kühlkörper 26, 27, 29
Kühllast 12, 25, 27
Kühllast, konvektive 12
Kühllastdichte 123, 124
− maximale 149, 417
Kühlleistung 146
− größte 138
Kühlleistungsdichte 196, 197
Kühlturm 513
Kühlturmcharakteristik 514
Kühlung 59, 442
− freie 748
Kühlwand 26
Kühlwasser
− geschlossenes System 660, 661
− Korrosionsschutz 661
− offenes System 660
− Wasseraufbereitung 660, 661
− Wasserchemische Empfehlung 662
− Werkstoff 661
Kurzzeiteinschaltung 586

L
Ladungsbelastung 4
Ladungslast 14
Lamellenabstand 279
Lamellengitter 128, 144
Lamellenpaket 279
laminar 125
Laminarisator 134, 161
Laminar-OP-Decken 172
laminar-turbulent 125, 127, 133
Lärm 517
Last 19
Lastabfuhr 19, 20, 31, 32, 40, 94, 95
Laufrad 207, 243
Lebensmittel 156
Legionellen 435
Leistung eines Ventilators 205
Leistungsabnahme 737
Leistungsfähigkeit 730, 734
− Aspekte der Leistung 732
Leistungskennlinie 213
Leistungsregelung 475, 503, 504
Leistungszahl 217, 451, 484, 486
Leitebene 522
Leitfähigkeitsmessung 429

Leitring 250
Leitschaufel
− verstellbare 142
Leitungsanschluss 241
Leuchte 136
Liefergrad 498
Lieferzahl 216, 247
Lipidschicht 200
Lochblech 134
Lochblende 127
Lochdecke 133
Lochplatte 135
Lochplattenverteiler 134
LON (local operating network) 523
Luft, übersättigte 35, 36, 37, 38
Luft, ungesättigte 35, 37
Luftart 107, 111
Luftaustauschwirkungsgrad 177
Luftbehandlung 96, 97, 109
Luftdurchlass
− linear 197
− personenbezogen 377ff
− radial 197
− VVS-Anlage 127
Lufterwärmer 273
− Auslegung 289
− Bauform 279
Lufterwärmer im Gegenstrom 534
Lufterwärmer im Gleichstrom 534
Luftfeuchte 65, 123
Luftfeuchtigkeit 198
Luftfilter 422, 429, 436
− Abdichtung 422
− durchfeuchtet 423
− Leckagen 422
− Standzeit 422
Luftförderung 68
Luftführung 95, 96
luftgekühlter Kältesatz 474
Luftgeschwindigkeit 14, 112, 123, 124
Luftkeimmessung 437
Luftkühler 286, 291
− Hydraulik 535
− mengengeregelte 536
− temperaturgeregelte 536
Luftmassenstrom 93
Luftqualität 419, 689
− CO_2-Gehalt 673
− empfundene 737
− Geruchsintensität 673

Luftqualitätssensor 719
Luftreinigung 70
Luftschall 605
Luftschalldämmung 644, 645
Luftschichtung
- im Kanal 534
Luftstrahl 122
- anisotherm 141
- isothermer 125
Luftstrahlen 149
Lufttemperatur 96
Lufttransport 95, 96
Lüftung
- freie 56, 117
- maschinelle 117
- natürliche 117
Lüftungseffektivität 175, 176
- örtliche 176
Lüftungskurzschluss 415
Lüftungswirksamkeit 176
Luftwalze
- primäre 146
Luft-Wasser-System 114
Luftwechsel 43, 176
LVB 576

M

magnetisches Geräusch 623
Massenspektrum 717
Medikament
- steril 156
Mehrfachdüse 143
Mehrfachstrahl
- laminarer 134
- Strahlmittengeschwindigkeit 132
- turbulenter 134
Meldekontakt 576, 577
Membranschalldämpfer 638
Merkel-Zahl 513
Messung
- Druck 530
- Volumenstrom 530
Messverfahren
- hygienische 429
- Keimzahlbestimmung 428, 433, 434
- Luftkeimmessung 437
- Oberflächenuntersuchung 435, 436
- Staubflächendichte-
  bestimmung 429
mikrobiologische Belastung 427
Mikrochip 156

Mikrometerpartikel
- Oberfläche 155
- Volumen 155
Mikroorganismen 156, 434
Mikrowelt 155
Mindestabstände 258
Mindestaußenluftanteil
- dezentrale Geräte 412
Mineralfaser 427
Mischregelung 287
Mischströmung 39, 117, 118, 122, 149, 150, 182
- Anwendungsbereich 123, 196
- Strömungsbild 149
- tangentiale 148
Mischung 40, 66
Mischungsverhältnis 128
Mischzahl 125
Mittengeschwindigkeit 126
monofile Gewebe 134
Motorleistung 206
Motorschutz 577
Motorschutzrelais 578
Multigassensor 721
Mündungsreflexion
- Schallleistung 635

N

Nabe 243
Nacherwärmer 282
Nachhallzeit 617, 644
Nachlaufgebiet 165, 166, 171
Nachtkühlung
- Ventilator 742
Nachtlüftung 742
Näherungsverfahren (numerische) 103
Nährboden 434
NAND 581
Nasenreizung 683
neutrale Feuchtezone 555
Niederdruck-System 113
Niedergeschwindigkeits-
  System 112
NOR 581
Norm-Auslegungslast 16, 43
Normlast 16
Notbedienung 575
Nur-Luft-System 113
Nutzenanforderung 83
Nutzenübergabe 88
Nutzerverhalten 732

Sachverzeichnis

Nutzung 89
Nutzungszeit 81

O

Oberflächenaufwand 99
Oberflächenentstoffer 30, 31
Oberflächenkraft 155
Oberflächentemperatur 64, 101
Oberflächenwasser 443
ODP 718
Oktavschallleistungspegel 613
Öl *Siehe* Schmiermittel
olf 687
Olfaktometer 709
Olfaktometrie
– dynamische 708
OP-Decke
– laminare 174
– Untertemperatur 174
Operationsraum 156
Operationsraumdecke 134, 171

P

Parallelschaltung 233, 255
Partikelkonzentration 161, 162, 734
Partikelquelle 157, 159, 177
Partikeltransport 163
Partikelverteilung 162
Partikelzähler 157
Peer-to-Peer-
 Kommunikation 523
Personalkosten 732, 745
Perzentil 697
Pettenkofer 673
Phasenwinkelüberwachung 599
Pheromon 679
Plattenheizkörper 23
Plattenwärmeaustauscher 298
Polpaarzahl 572
Prallplattendurchlass 138
Preisleistungsverhältnis 262
Primärluft 108, 146
Proband 682, 697
Probandengruppe 673
Probendarbietung 698
Probennahme 698
Probennahmeverfahren 701
Produktivität 732
PROFI-Bus 524
profilierte Schaufel 246
Profilschaufel 208

Programmierung
– tabellarische 591
Propylenglykol *Siehe* Kälteträger
Prozessführung 83
Pumpen
– Turboverdichter 487
– Ventilator 233
Pumpensteuerung 596
– Wärmeübertrager 595
Pumpgrenze 220, 226

Q

Quelle (Luft-) 121
Quellluftdurchlass 386
– Induktionsgerät 387
– laminarer 134
– Stufe 387
– Zylinder 388
Quellluftströmung 119, 120, 150, 175, 178, 182
Quellstärke 2, 3
Queraustausch 161
Querschnittswechsel
– Drehklang (stärker) 610
– Geräuschentstehungs-
 mechanismus 610
Querströmung 413
Querstromventilator 207, 259
Quittiersignal 593
Quittiertaster 593
Quittierung 595

R

Radialdurchlass 125
Radialluftdurchlass 136, 375ff
Radialstrahl 148, 149, 376
Radialventilator 207
Rauchfaden 160
Rauchring 160
Rauchschutz 415
Raum
– hoher 136
Raumbefeuchter 94
Raumbelastung 2, 4
Raumbelastungsgrad 41, 42, 95, 150, 175
Raumbestoffer 31
Raumbilanz 43
Raumentfeuchter 29, 94
Raumentstauber 94
Raumentstoffer 30

Raumgeometrie 130
Raumheizfläche 20, 22, 94
Raumheizkörper 23
Raumkonzentration 10, 11, 32
– homogene 7
Raumkühlfläche 24, 25, 94
Raumlast 2, 7
Raumluftaustausch 31, 44, 45, 95
Raumluftbelastung
– Außenluft 675
– Baumaterialien 675
– Einrichtungsgegenstände 675
– Nutzung 675
– Personen 675
– Raumlufttechnische Anlagen 675
Raumluftqualität 730, 732
Raumlüftung 42
Raumstoffaustausch 52
Raumstrahl 129, 130
Raumströmung
– erzwungene 122
– freie 122
– stabile 136
Raumströmungsform 39, 41
Raumströmungsversuch 148
Raumtemperatur 11, 45
– Einhaltung 746
Raumumluft 108
Raumwalze 152
Raumwand 132
Raumwärmeaustauscher 46
Rauschen 608
Reaktionsgrad 214
Referenzbedarf 89
Referenzmethode 706
Referenzprobe 684
Regelkreis
– Stabilität 534
Regelung 81, 82, 252, 464, 465
– Befeuchter 341
– Dampfbefeuchter 556
– Ein- und Ausschalten 123
– Enthalpierückgewinnung 565
– Kälte 476
– Kaskadenregelung
  – Raum-Zulufttemperatur 548
  – Raum-Zulufttemperatur mit Umluftbeimischung 550
– Klimaanlage
  – h,x-geführte Mischklappenregelung 558

– Regelbarkeit 456, 461, 467, 468, 470
– schwingende 123
– Umlaufsprühbefeuchter 553
– Ventilator 229
Regeneratives System 304
Regenerator 296
Reibungskraft 156
Reindampferzeuger 669
Reine Bänke 171
Reinigung 427, 430
Reinraum 134
Reinraumdecke
– partiell beaufschlagte 171
Reinraumklasse 157, 158, 171
Reinraumtechnik 155
Rekuperatives System 298
Rekuperator 296
Relativgeschwindigkeit 211
Rentabilität
– Raumklima 730
– Temperaturbegrenzung 743
Restzone 9, 33, 175
Reynoldszahl 125
– variable 127
Riechsinneszelle 677
Riemenscheibe 239
Riementrieb 209, 267
Rieselbefeuchter 344
Rieselfilmverdampfer 510
Ringkammer 250
Rippe 274
Rippenrohrelement 277
Rippenwirkungsgrad 276
RODAC-Platte 429, 436
Rohr
– Entleerung 280
Rohrbögen 280
Rotationsüberwachung 598
Rotationswärmeaustauscher 295
Rotationswärmerückgewinner 313
rotierende Speichermasse 297, 313
RS-Speicher 583
RS-Speicherfunktion 592
Rückfallverzögerung 585
Rückfeuchtzahl 77, 318
Rückkühlsystem 655
Rückkühlwerk
– Keime (Legionellen) 421
– Schwaden 421
– Wasseraufbereitung 661
Rückkühlwerke *Siehe* Kühlturm

Sachverzeichnis

Rückscheibe 208
Rückschlagklappe 413
– selbsttätige 236, 413
Rückströmung 135
Rückwärmzahl 75, 77, 304, 315

S
Saal
– hoher 138
Sammelstörmeldung 594
Sammler 280, 281
Sättigungswassergehalt 35, 37, 38
Saugverfahren 431
Schadstofflast 15, 38, 39, 52
Schadstoffmasse 38
Schadstoffvolumen 39
Schalldämpfer 425, 429, 606, 637, 639, 642
Schallemission 605
Schallenergie 609, 631
Schallleistung
– geringste 138
– Messung 613
Schallleistungspegel 409, 613, 619
Schallleistungspegel des Ventilators im Teillastbetrieb 254
Schallpegelminderung 631
Schallquelle 606
Schallreflexion 631
Schallschluckfläche 615
– Schallleistungspegel 615
Schallschutzmaßnahme 606
Schalthäufigkeit 466, 469
Schaltung
– hydraulische 533
Schaufel (Lauf-) 243
– rückwärts gekrümmte 209
Schaufelgitter 243
Schaufelverstellung 252, 253
Schaufelwinkel 219
Schichtbildung 180
Schichtlüftung 120
Schichtspeicher 466
Schichtströmung 40, 119, 180
Schimmelpilz 434
Schlitzauslass 136, 144, 148, 371
Schluckgrenze 225
Schmutz
– Ablagerung 139
Schnelllaufzahl 216
Schrägschirm 154

Schraubenverdichter 475, 486, 501
Schwebstoff 155
Schwebstofffilter 156
Schwingquarzsensor 724
Sedimentation 166
Sedimentation von Keimen 174
Sedimentationsgeschwindigkeit 155, 166
Sekundärluft 108, 146
Sekundärluftbetrieb
– dezentrale Geräte 411
Selbsthalteschaltung 567, 583
Senke 121
Sensor 526
– CO_2 531
– Infrarot 531
Sequenzansteuerung 532, 533
Sequenzumkehr 471
Serienregelung 235
Serienschaltung 236, 256
SFPI (specific fan power, individual) 265
Sicherheit (Kälteanlage) 456
Sicherheitsbegrenzer 577
Simulationsverfahren, numerisches 101
Simultanquellen 184
Siphon 352, 426
Skelettschaufel 208, 246
Sniffer 718
Sole Siehe Kälteträger
Sollwert 81, 84
Sollwertfeld 83, 84
Sollwertpunkt 83
Sonnenschutz
– außen liegend 148
Sorptionsentfeuchter 30, 354
sorptionsfähige Speichermasse 317
Sorptionsisotherme 355
Sorptionsmasse
– feste 354
– flüssige 357
Sorptionsverfahren 457
Sorptionswärme 6
Spaltlüftung 195
Speicher 466, 467
– Kälteträgersystem 466
– Kurzzeit- 466
– Langzeit- 466, 468
Speicherfunktion
– binäre 583

spezifische Drehzahl 216
spezifische Leistung 264, 417
Spiralverdichter 475, 486, 500
Split-Bauweise 474
Sprühbefeuchter 327
– Belagbildung und Korrosion 665
– konstruktive Ausführung 666
– Wasseraufbereitung 339, 667
SPS-System 587
Spurengasmessung 176
Stabilisierung 250
Stabilität
– Verdrängungsströmung 152
Stabilitätsgrenze 153
Standardverteilung 696
statischer Druck 262
Statistische Auswertung 696
Staubflächendichte 429, 430
Staubmessverfahren 430, 431
Staugebiet 165
Staupunktströmung
– horizontale 166
– vertikale 166
Step-Down-Methode 177
Step-Up-Methode 177
Sterilität 156
Stern-Dreieck-Anlauf 571
Stern-Dreieck-Umschaltung 571
Steuerung 81, 82
Steuerungstechnik 566, 567
– konventionelle 567
– programmierbare 579
Stoff- und Wärmeabgabe 183
Stoffabfuhr 27
Stoffaufwand 87
Stoffbedarf 101
Stoffbelastung 4
Stoffbelastungsgrad 151, 175, 178
Stoffkonzentration 2
Stofflast 14, 19
Stoffstrom 68
Stoffübergang 198
Stoffübergangs
  koeffizient 199
– lokaler 199
Stoffzufuhr 27
Störungsmeldung 593
Stoßlüftung 195
Strahl
– anisotherme 141
– isotherme 125

– rechteckiger 128
– runder 128
Strahlablösung 136
Strahlausbreitung 135
Strahlenbündel 131
Strahlpumpe
– regelbare 534
Strahlung 182
Strahlungsbilanz 47
Strahlungskühllast 12
Strahlungslast 19, 46, 47
Stromlaufplan 567
Strömung 497
– erzwungene 122
– freie 122
Strömungsbild
– torusförmiges 152
Strömungsgeräusch 624
– Schalldämpfer 624
Strömungshindernis 136
Strömungsrichtung 119
Strömungswächter 598
Stuhlfuß 380
Subsystem 87, 95

T
Tabakrauch 692
Tangentialströmung 136, 146
Tapeverfahren 432
Taupunkt 83
Taupunktregelung 83, 84
Teillast 461, 483, 488
Teillastbereich 266
Teilstromfiltration 660
Telefonieschalldämpfer 641
– Nachhallzeit 642
Temperatur
– Abstand
    – logarithmisch
      gemittelter 283
    – mittlerer wirksamer 283
– Anstieg (vertikaler) 181
– Differenz 453
– im Kopfbereich 183
– Profile 188
– Regelung
    – VVS-Anlage 551
– Spreizung 452, 453, 454
– Strähne 283
– Verteilung
    – vertikale 187

Teppich 693
Teppichboden 382
Testreferenzjahr 102
Thermik 148
Thermikweiche 415
Thermodesorption 714, 715
Thermophorese 156
Thermosiphon 312
tip clearance noise 612
Transportleistung 80
Treibdüse 170, 395
Trennfläche 296
Trockenexpansionsverdampfer 485, 506
Trockenfahren 427
Trommelläufer 221
Tropfenabscheider 337, 422, 426
Tropfendurchmesser 333
Turboverdichter 475, 487, 502
Turbulenz 156
turbulenzarme Verdrängungsströmung 134
Turbulenzgrad 124, 161, 174
T-Verteilung 698

U
Überfeuchtung 282
überfluteter Verdampfer 479
Übertragungsweg 606
Überwachung
– Filter 597
Ulpa-Filter 156
Umfangsgeschwindigkeit 211
Umlaufsprühbefeuchter
– geregelt 554
Umlaufwasser 434
Umlenkung
– Drehklang (stärker) 610
– Geräuschentstehungsmechanismus 610
Umluft 108
Umluftbehandlung 112
Umluftentfeuchter 30
Umluftentstoffer 30
Umschlag
– laminar-turbulent 125
Umströmung von Personen 164
Umwälzpumpe
– regelbare 287
Umwälzverdampfer 510
Unterflurgerät 406

Unzufriedenheit
– Außenluftvolumenstrom 688
– empfundene Luftqualität 688

V
Variabelvolumenstromanlage 142, 370
Variabel-Volumenstrom-System 113
Ventil 537
– 3-Wege 527
– Auslegung 537
– Autorität a_v 537, 538
– Kennlinie 537
 – gleichprozentige 540
Ventilantrieb
– elektromagnetisch 532
– elektrothermisch 532
– pneumatische 531
Ventilator 79, 205, 413
– Betrieb 225
– doppelseitig saugend 208
– drehzahlgeregelter 413
– einseitig saugend 208
– frei laufend 209
– ohne Gehäuse 209
– radial endend 209
– rückwärts gekrümmt 209
– vorwärts gekrümmt 209
Ventilatorantrieb 265
Ventilatoraustritt 241
Ventilatoreintritt 239
Ventilatorfamilie 223
Ventilatorkonvektor 135, 145
Ventilatorleistung
– spezifische 264
Ventilautorität 540
Ventilkennlinie
– Autorität 539
Verbrauchszahlen 448
Verdampfer 293, 453, 477, 505
– überflutete 478, 508
Verdampfung
– trockene 292
Verdampfungstemperatur 454
Verdichter 454, 455, 475, 497
Verdränger 497
Verdrängungsströmung 41, 117, 118, 173
– horizontale 154
– laminare 134, 159, 172
– quasi laminare 160
– Störung 165

– turbulente 159, 172
– turbulenzarme 160
– unidirectional 159
– vertikale 152
Verdunstung 443
Verdunstungsbefeuchter 28, 29
Verdunstungseinheit 330
Verdunstungsverflüssiger 512
Vereisung 410
Verflüssiger 454, 474, 482
– luftgekühlte 512
– wassergekühlte 510
Verflüssigersatz 475
Verflüssigungstemperatur 455
Vergleicher 584
Vergleichmäßigung
– der Absaugung 169
– der Strömung 242
Vergleichsmaßstab 707
Vergleichsprozess 450
Vergleichsquellenverfahren 617
Verknüpfungsfunktion 579
Verriegelung 570, 593
Verschmutzung 430, 455, 478, 482
versetzte Anordnung 141
Versperrung durch Riemenscheibe 240
Verstärkungsfaktor (Quellluft) 192, 193
Verstellung der Laufschaufel 253
Verteiler
– druckbelasteter 527, 542
– druckentlasteter 527, 544
– im Vorlauf 280, 542, 544
Verteilung 88
Verunreinigung 673
– Absaugung 402
– Verteilung 149
Verunreinigungsquelle 737
Verzahnungsfehler 623
Vier-Leiter-System 114
Vlies-Rotationsverfahren 431
VOC 675
Volumenstrom 206
– variabel 127
Volumenstrombegrenzer 413
Volumenzahl 216
Vordrall 257
Vorerwärmer 281
Vorlaufverteiler 281
Vorrang 584

Vorrangbedienung
– lokale (LVB) 575
Vorspülung 600, 602
Vorwärmer 103

W
Wächter 577
Walzenströmung 153
Wanddurchlass 178, 385
Wandfarbe 693
Wandheizung 22
Wandkühlfläche 25
Wandlungsaufwand 99
Wandnähe 151
Wandstrahl 135
– ebener 148
– linearer 135
– radialer 138
Wärmeabgabe 23
Wärmeaustauscher 296, 429
Wärmeaustauscherkennzahl 286
Wärmedurchgangswiderstand 273
Wärmekapazitätsstrom 277, 284
Wärmelast 20
Wärmeleistung 20
Wärmeleistungsvermögen 273, 275
Wärmequelle 12, 120, 124
– Raumecke 182
– Wand 182
Wärmerohr 308
– Rückwärmzahl 311
Wärmerückgewinner 294ff
Wärmerückgewinner mit Wasserbefeuchtung 323
Wärmerückgewinnung 74, 409
Wärmeübergang 198
– Rippe 275
Wärmeübergangskoeffizient 274
– mittlerer, konvektiver 22, 26
Wärmeübertrager 426, 453
– Kreuzstrom 539
– Luftkühler 426
– Siphon 426, 427
Wärmeverhältnis 458, 490
Warmluftstrahl 142
Wartung 416
Wartungs- und Reinigungsarbeit 420
Wartungskosten 731
Wartungsplan 428
Wäscher 282, 283
Wasser als Kältemittel 489

Sachverzeichnis

Wasser als Kälteträger 471
Wasserabschlämmung
– Kühlturm 517
Wasseraufbereitung 517
– Kühlwasser 660, 661
– Rückkühlwerk 661
– Sprühbefeuchter 667
Wasserbefeuchter 326
Wassergehalt 104
Wassergekühlter Verflüssiger 474
Wassergeschwindigkeit 277
Wasserkühler 294
Wasserkühlsätze 473
Wasser-Lithiumbromid 496
Wasser-Luft-Zahl 334
Wasserstoff-Entkarbonisierung 662
Wasserweg 280
Wasserwert 284
Weber-Fechner-Gesetz 684
Wellenleistung 206
Wendeschaltung 570
Wetterschutzgitter 361, 362, 422
WHG (Wasser-Haushalts-Gesetz) 518
Wiedereinschaltsperre 499
Windeinfluss 412
Wirbelablösung 611
Wirksamkeit der Raumlüftung 175

Wirkungsgrad 70, 79
– des Ventilators 206
Wischverfahren 431, 432
Wurfweite 368

X
XOR 582

Z
Zeitfunktionen 585
Zeitkonstante
– nominale 176, 177
Zentralanlagensystem 111
Zugbelästigung 122
Zugerscheinung 136, 142, 413
zugfrei 124
Zuluft 2, 364
Zuluftdüse 128
Zuluftschicht 121, 179
Zuluftschicht am Boden 178
Zuluftstrom 78
Zuluftvolumenstrom
– Erhöhung 745
Zunge 208
Zwei-Kanal-System 114
Zwei-Leiter-System 114, 372
Zwischenkühlkreislauf 663

Danksagung

In diesem Buch werden einige Fotos verwendet, die freundlicherweise von Firmen zur Verfügung gestellt wurden. Ich möchte mich dafür bei den Firmen ebmpapst (G1-49; G1-50), Flex Coil Deutschland (G2-4), Gebhardt Ventilatoren (G1-3; G1-4), Hoval (G4-17) und LTG Lufttechnische Gesellschaft (G1-42; G1-43) bedanken.